转折与发展

——中国安全生产形势报告

REPORT OF SAFETY WORK SITUATION IN CHINA 2006

《中国安全生产形势报告》编委会

中国劳动社会保障出版社

图书在版编目(CIP)数据

中国安全生产形势报告/《中国安全生产形势报告》编委会. —北京：中国劳动社会保障出版社，2007.1

ISBN 978-7-5045-5971-5

Ⅰ.中… Ⅱ.中… Ⅲ.安全生产-研究报告-中国-2006 Ⅳ.X93

中国版本图书馆 CIP 数据核字(2006)第 146579 号

中国劳动社会保障出版社出版发行

(北京市惠新东街 1 号 邮政编码：100029)

出 版 人：张梦欣

*

新华书店经销

北京外文印刷厂印刷装订

880 毫米×1230 毫米 16 开本 47.75 印张 1247 千字

2007 年 1 月第 1 版 2007 年 1 月第 1 次印刷

定价：198.00 元

读者服务部电话：010-64929211

发行部电话：010-64927085

出版社网址：http://www.class.com.cn

序 言

近两年来，党和国家在安全生产上采取了一系列重大措施，颁布实施了《安全生产法》和一系列法律法规，国务院作出《关于进一步加强安全生产工作的决定》，改革调整了国家安全生产监管体制，开展以煤矿为重点的安全生产专项整治，依法惩处安全生产违法违规行为，加大安全投入等等。特别是中央提出的科学发展观和构建社会主义和谐社会两大战略决策，使全党、全社会对安全生产的认识实现了新的飞跃，安全生产得到了前所未有的重视。通过全党全社会的共同努力，全国安全生产状况呈现总体稳定、趋于好转的发展态势。2005 年，全国各类伤亡事故 717 938 起，死亡 127 089 人，同比分别下降 10.7％和 7.1％；亿元 GDP 事故死亡率为 0.70，同比下降 18.5％；工矿商贸从业人员十万人死亡率为 3.85，同比下降 6.8％；煤矿在全国原煤产量增长 9.9％的情况下，百万吨死亡率降到 2.81，同比下降 8.7％。大部分行业和领域伤亡事故下降；全国 32 个省级统计单位，有 26 个事故起数和死亡人数同比下降，有 30 个单位安全生产控制指标落实情况较好。进入 2006 年以来，全国的安全生产形势又有了新的好转。

同时，我们也要清醒地看到，目前全国的安全生产形势依然十分严峻。事故总量大、特大事故多发、职业危害严重的状况还没有得到扭转。近些年平均每年因事故死亡 12 万多人，伤残 70 多万人，造成的经济损失均在 2 500 亿元以上。2001～2005 年，全国共发生一次死亡 30 人以上特别重大事故 73 起，平均每年发生 15 起；共发生一次死亡 10～29 人特大事故 587 起，平均每年发生 117 起。特别是从 2004 年四季度到 2005 年底，煤矿相继发生了 6 起一次死亡百人以上的特别重大事故，给人民生命财产造成了惨重的损失。

党的十六届五中全会提出“坚持节约发展、清洁发展、安全发展，实现可持续发展”。十六届六中全会又审议通过了《中共中央关于构建社会主义和谐社会若干重大问题的决定》，提出“完善应急管理体制机制，加强安全生产”。胡锦涛总书记 2006 年 3 月 27 日在中共中央政治局第 30 次集体学习会上明确指出，“把安全发展作为一个重要理念纳入我国社会主义国家现代化建设的总体战略，是对科学发展观认识的深化。”同时指出，

“人的生命是最宝贵的。我国是社会主义国家，我们的发展不能以牺牲精神文明为代价，不能以牺牲生态环境为代价，更不能以牺牲人的生命为代价。”中央关于安全生产工作的重要决策和总书记的重要指示，是我们做好安全生产工作的行动指南。

安全生产工作的目标是促进安全发展和社会和谐。坚持以人为本的科学发展观，保障人民的生命财产安全和安居乐业，是安全生产工作的根本出发点和落脚点。安全发展的指导原则既符合国情，也符合安全生产和国民经济发展的趋势。目前，我国的经济社会发展形势很好。按照国外的发展经验和安全生产的规律，这种快速发展时期同时也是安全事故的易发期。但是，易发并不代表一定高发。只要全国安全生产战线的全体同志齐心协力，加强监管，认真学习、深刻领会中央的英明决策和总书记的重要讲话精神，用安全发展的理念来指导安全生产工作实践，我国的安全生产形势一定能够得到进一步的稳定、持续好转，为建设和谐社会做出突出贡献。

组织编写《中国安全生产形势报告》，是一项开创性工作，首先以年度报告这种形式，比较系统地概述了近两年来我国安全生产工作的发展脉络，展示了安全生产工作取得的成绩，总结了一系列可供借鉴的经验和做法，并提出了一些可供研究思考的问题。《报告》以“加强安全生产，建设和谐社会”为主题思想，体现了我国安全生产工作的发展方向。相信《报告》的出版，作为对我国安全生产形势及安全生产工作的忠实记录，能够为全国安全生产战线的实际工作者和研究者，以及关心和关注安全生产工作的各方面领导和企业界人士，提供珍贵的资料和有益的帮助。

《中国安全生产形势报告》编委会

二〇〇七年一月

目　录

第一部分　国家安全生产工作概述

第二部分　行业安全生产工作概述

第三部分　地方安全生产工作概述

第四部分　中央企业安全生产工作概述

第五部分　中央部委领导谈安全生产工作

第六部分　中央企业负责人谈安全生产工作

第七部分　2005年以来重要的安全生产法律、法规和文件

第一部分

国家安全生产工作概述

2005年全国伤亡事故统计分析报告

一、全国安全生产形势分析

2005年，各地区、各部门和各单位认真贯彻落实党中央、国务院关于安全生产工作的指示，全面加强安全生产工作，推进安全生产“五要素”的落实，坚决打好煤矿瓦斯治理和整顿关闭两个攻坚战，深入开展重点行业和领域专项整治，加强安全生产联合执法，加大执法力度，在各方面的共同努力下，全国安全生产形势总体稳定，趋于好转。全国各类伤亡事故总量下降，大部分行业和领域伤亡事故下降，大部分地区安全生产状况较为稳定，但是全国特大事故仍未得到有效遏制，部分行业和领域特大事故多发，全国安全生产形势依然严峻。

（一）全国安全生产的主要特点

2005年，全国安全生产主要表现出“七个下降、一稳定、一个较好”的特点：

1. 全国伤亡事故总量下降

全国共发生各类伤亡事故717 938起，死亡127 089人，同比分别下降10.7%和7.1%。

2. 全国重大事故下降

全国共发生一次死亡3～9人重大事故2 604起，死亡9 902人，同比分别下降6.3%和5.3%。

3. 工矿商贸企业伤亡事故下降

工矿商贸企业发生伤亡事故13 142起、死亡15 868人，同比分别下降10.6%和3.8%。

4. 高危行业和领域伤亡事故下降

高危险行业发生伤亡事故7 790起，死亡11 338人，同比分别下降11.5%、4.7%。其中：煤矿事故起数和死亡人数分别下降9.2%、1.5%，煤矿百万吨死亡率2.811，同比减少0.270；金属与非金属矿事故起数和死亡人数分别下降14.2%、13.2%；建筑业事故起数和死亡人数分别下降11.4%、6.5%；危险化学品事故起数和死亡人数分别下降26.4%、21.3%；烟花爆竹事故起数和死亡人数分别下降8.7%、31.1%。

5. 交通事故下降

道路交通事故起数下降13.1%、死亡人数下降7.8%，水上交通事故起数下降5.3%、死亡人数下降2.0%，民航飞行事故起数下降50.0%、死亡人数下降95.1%，铁路交通事故起数下降5.9%、死亡人数下降7.7%。铁路交通、民航飞行未发生特大事故。

6. 火灾事故下降

全年共发生火灾事故（不含森林、草原等）235 941起，死亡2 496人，同比分别下降6.6%和2.4%。

7. 农业机械事故下降

全年共发生农业机械事故6 116起，死亡1 473人，同比分别下降10.7%和21.2%。

8. 大部分地区安全生产状况较为稳定

全国32个统计单位（省、区、市和新疆兵团）中，有26个单位各类事故起数和死亡人数同比下降，占81.3%；17个单位工矿商贸企业事故起数和死亡人数同比下降，占53.1%。

天津、安徽、宁夏和新疆兵团4个单位未发生一次死亡10人以上特大事故。

北京、天津、上海、江苏、浙江、安徽、山东、湖北、广西、海南、西藏、甘肃、青海、宁夏和新疆生产建设兵团等15个单位的工矿商贸企业未发生一次死亡10人以上特大事故。

9. 全国安全生产控制指标落实情况较好

全国各类伤亡事故死亡人数比2005年控制指标下降7.1%。全国除渔业船舶和农业机械外大部分行业和领域死亡人数在控制指标以内。其中：

工矿商贸企业死亡人数比控制指标下降2.4%。其中：煤矿、金属与非金属矿、建筑企业、危险化学品、烟花爆竹死亡人数均比控制指标有所下降。

火灾事故死亡人数比控制指标下降3.6%；

道路交通死亡人数比控制指标下降8.2%；

水上交通死亡人数与控制指标持平；

铁路交通死亡人数比控制指标下降5.8%。

在全国32个统计单位（省、区、市和新疆兵团）中，有30个单位各类事故死亡人数在控制指标以内，占93.8%。

（二）全国安全生产中存在的主要问题

2005年，虽然全国安全生产形势总体稳定趋于好转，但部分行业、领域和企业事故上升，特大事故多发势头尚未得到有效遏制，全国安全生产形势依然严峻。主要表现为“三个上升，三个多发”。

1. 全国特大事故上升

全国发生一次死亡10人以上特大事故134起，死亡3 049人，同比增加3起、443人，分别上升2.3%和17.0%。其中，一次死亡30人以上特别重大事故起数和死亡人数同比分别上升了6.3%和28.2%。

2. 煤矿企业特大事故多发

煤矿企业特大事故起数、死亡人数同比分别上升34.9%和66.6%，占工矿商贸企业特大事故起数和死亡人数总体的85.3%和89.6%；占全国特大事故起数和死亡人数总体的43.3%和57.0%。从煤矿类型看，特大事故主要发生在乡镇煤矿。乡镇煤矿共发生特大事故47起、死亡1 187人，分别占煤矿企业10人以上特大事故起数、死亡人数的81.0%和68.3%；从事故类型看，特大瓦斯事故和特大水害事故多发。特大瓦斯事故发生41起、死亡1 331人，分别占煤矿企业10人以上特大事故起数、死亡人数的70.7%和76.5%。特大水害事故发生13起、死亡357人，分别占煤矿企业10人以上特大事故起数、死亡人数的22.4%和20.5%。

3. 部分行业和领域重特大事故上升

建筑业、水上交通、铁路交通和渔业船舶重大事故均有不同程度上升。其中：建筑业发生重大事故85起，死亡338人，同比分别上升28.8%和39.7%；水上交通发生重大事故47起，死亡219人，同比分别上升38.2%和50.0%；铁路交通发生重大事故18起，死亡75人，同比分别上升28.6%和78.6%；渔业船舶发生重大事故62起，死亡245人，同比分别上升21.6%和15.0%。建筑业和渔业船舶特大事故同比有较大幅度上升，事故起数和死亡人数分别上升了200.0%、

252.4%和100.0%、132.6%。

4. 部分地区特大事故上升

全国32个统计单位（省、区、市和新疆兵团）中，有14个单位特大事故上升，占总体的43.8%，分别是：广东（增加6起、232人）、江苏（增加4起、73人）、新疆（增加3起、113人）、江西（增加3起、46人）、云南（增加3起、24人）、内蒙古（增加3起、12人）、山西（增加2起、79人）、青海（增加2起、67人）、吉林（增加2起、33人）、辽宁（增加1起、213人）、黑龙江（增加1起、162人），河北（增加1起、92人）、海南（增加1起、12人）、重庆（增加1起、9人）。

5. 煤矿停产整顿矿井事故多发

2005年停产整顿矿井违法违规生产发生伤亡事故108起，死亡435人。其中发生一次死亡3～9人重大事故20起，死亡79人；发生一次死亡10人以上特大事故11起，死亡271人，分别是山西（3起、51人）、贵州（2起、32人）、河北（2起、87人）、广东（1起、121人）、河南（1起、27人）、内蒙古（1起、16人）、陕西（1起、12人）。

6. 重大未遂伤亡事故多发

2005年接到的78起重大未遂伤亡事故报告，涉及金属与非金属矿、石油、建筑企业、化工企业、民爆企业、公共聚集场所、城市铁路、道路交通、水上交通、铁路交通、民航飞行、渔业船舶等行业和领域，涉险及疏散近7.1万多人，铁路停运79小时，1 200多亩农田及部分河流、鱼塘受到不同程度的污染，使12万多人的生产生活受到影响。

（三）部分行业和领域特大事故多发的主要原因

2005年，全国特大事故上升，特别是发生了4起一次死亡百人以上煤矿事故，还发生了化工厂爆炸和建筑企业、道路交通、水上交通和渔业船舶等特大事故，造成重大人员伤亡、财产损失和环境污染，在国内外造成不良影响。特大事故多发的原因概括起来主要有以下几个方面。

1. 部分企业贯彻执行安全生产方针政策、法律法规不认真、不负责

部分企业对党中央、国务院关于安全生产工作的一系列部署和已经制定的各项安全措施未能做到有效的贯彻落实，有些企业还停留在文件上、会议上和口头上。一些煤矿企业负责人，安全意识淡漠，思想麻痹。有的无视法律，无视监管，无视矿工生命，甚至抗拒执法，违法生产。广东梅州兴宁市大兴煤矿在证照不全的情况下，一直违法生产，盗采防水煤柱，组织工人冒险作业。

2. 一些地方对整顿关闭不具备安全生产条件和非法煤矿态度不坚决、不得力

部分地区煤矿整顿关闭工作力度不够，防范特大事故措施不力，一些地方采矿秩序混乱，安全生产责任没有得到真正落实，该整顿的没有认真地进行整顿，该关闭的未能彻底关闭。本应关闭的煤矿，有的借“资源整合”为名继续非法生产；有的假借技改、基建和改扩建为名，逃避整顿关闭；甚至上有政策下有对策，搞形式走过场。河南洛阳市新安县寺沟煤矿就是典型的以“资源整合”为名，非法生产酿成事故。

3. 一些安全监管监察机构和行业管理部门工作不落实、不到位

一些地区的安全监管机构、行业管理部门，对非法违法行为执法不严，有的尽管查了，也进行了处罚，但没有跟踪落实，有的没有发现、没有惩处或惩处不力。对瓦斯治理和整顿关闭的政策措施有的贯彻力度不够，甚至走了过场。如山西朔州细水煤矿是被责令停产整顿矿井，但对其违法生产行为，多个检查组到该矿检查均未发现，驻矿安监员失职渎职，管理部门对该矿违法生产、越界开采、私自购买炸药的违法行为失察以致酿成事故。

4. 企业管理混乱，“三违”、“三超”现象严重

一些企业盲目追求经济效益，对已有的各项规章制度不能严格执行，使各项制度形同虚设。国有企业管理滑坡，劳动组织管理混乱。还有一些企业借改制之机，“以包代管”甚至“只包不管”，违规作业、违章指挥、违反劳动纪律冒险生产的现象时有发生，危险化学品企业习惯性违章问题突出。受利益的驱动，生产企业超能力、超强度、超定员生产现象严重。如七台河东风煤矿三个采区布置5个回采工作面、15个掘进工作面，严重超强度开采。2005年煤矿、金属与非金属矿发生的特大事故，大多是由于“三超”造成的。另外一些化工企业、烟花爆竹生产企业在市场需求增加的情况下，也存在超能力、超负荷突击生产现象。

5. 煤矿“一通三防”管理不到位，安全措施不落实

一是瓦斯治理措施不到位。部分高瓦斯、煤与瓦斯突出矿井没有严格落实“先抽后采，监测监控，以风定产”十二字方针，是煤矿特大瓦斯事故多发的主要原因之一。

二是综合防突措施不落实。一些矿井未能按安全规程规定，落实“四位一体”综合防突措施，造成特大煤与瓦斯突出事故时有发生。

三是防治水措施不落实。一些煤矿没有严格执行“先探后掘、有疑必探”的综合防治水措施，盲目施工造成重特大透水事故。

四是防尘措施不到位。部分矿井采掘部署不合理，通风系统混乱，没有采取有效的防治煤尘措施，造成特大瓦斯、煤尘爆炸事故。

6. 存在着一些影响安全生产的深层次矛盾和问题

除了上述一些造成特大事故多发的原因之外，还存在着一些深层次的问题。主要一是粗放型经济增长方式未从根本上改变；二是行业管理相对弱化，政府安全生产监管体制不健全；三是安全投入不足，欠账较多，企业和公共安全基础比较薄弱；四是农村劳动力大量转移，安全技术培训教育相对滞后；五是违法违纪、官商勾结，事故背后的腐败现象严重；六是国民经济持续快速增长，煤电油运全面紧张等问题。

（四）对下一步安全生产工作的建议

1. 认真贯彻落实全国安全生产工作会议精神，充分认识安全生产的极端重要性，坚持安全发展，全面落实安全生产各项任务，为“十一五”安全发展开好局，起好步

各地区、各部门和各单位要认真学习贯彻温家宝总理和华建敏国务委员在全国安全生产工作会议上的重要讲话精神，充分认识做好安全生产工作的极端重要性，从落实科学发展观和构建社会主义和谐社会的高度，进一步提高思想认识。要正确处理好安全与经济发展，安全与经济效益，安全与行业结构调整的关系，结合本地区、本部门和本单位实际，积极探索、认真研究解决影响当前安全生产工作中存在的重大问题的新思路、新方法，要从健全法律法规、改革体制机制、完善经济政策、增加安全投入、严格监管责任等着眼，建立标本兼治、重在治本的长效机制。要按照总局提出“三个强化、三个严格、四个突破”的总体工作思想和2006年的八项重点工作，加强领导，落实责任，明确工作目标，转变工作作风，真抓实干，推进安全生产“五要素”的全面落实，促进全国安全生产的形势稳定好转，为“十一五”安全发展开好局、起好步。

2. 以继续深化煤矿瓦斯治理和整顿关闭两个攻坚战为重点，采取断然措施，坚决遏制重特大事故发生

煤矿安全是当前安全生产工作的重中之重。各地区、各部门和各单位要认真贯彻《国务院关于预防煤矿生产安全事故的特别规定》（第446号国务院令）和《国务院办公厅关于坚决整顿关闭

不具备安全生产条件和非法煤矿的紧急通知》，采取七项断然措施，全面加大煤矿安全生产监管监察工作力度，遏制重特大事故发生。一是继续集中力量打好瓦斯治理和整顿关闭两个攻坚战，坚决遏制瓦斯爆炸“第一杀手”和小煤矿事故“重灾区”。二是本着“先关闭后整合、以大并小、以优并差”的原则，规范资源整合工作，严禁以“整合”之名行逃避整顿关闭之实。三是严格煤矿建设项目管理，加强基建矿井的安全监管，严防“三边”建设。四是落实煤矿安全生产责任，严格责任追究。五是排查煤矿事故隐患，确保安全生产。五是严格标准，切实做好矿井通风、生产能力核定工作。六是严格矿长安全资质管理，加强安全培训。

3. 加强交通运输安全综合监管

一是深入开展道路交通“五整顿”、“三加强”和“三超”治理工作，严厉打击超载、超限、违法运营和超速、疲劳驾驶、酒后驾驶等违法现象，切实抓好事故多发危险路段的治理。二是深入开展铁路公路交叉道口的综合治理，排除安全隐患，防范铁路路外事故。三是加强机场和飞机的安全检查、检修保养，减少飞行事故征候。四是深入开展渡口渡船安全管理和低质量、非法船舶的专项治理，维护水上交通安全秩序。五是建立健全交通运输事故预警机制，严格落实应急救援预案。各部门要通力协作，密切配合，认真做好春运安全工作，确保广大旅客旅途安全。

4. 加大危险化学品和烟花爆竹的安全监管力度

各地区要深刻吸取吉化双苯厂爆炸事故及重大污染事件教训，要以查“三违”、查隐患为重点，认真抓好危化品生产企业的安全生产工作，健全规章制度，完善技术标准和安全规程，严防爆炸、泄漏、污染事故；认真贯彻落实《烟花爆竹安全管理条例》和《国务院办公厅关于加强烟花爆竹安全生产工作的通知》精神，全面加强烟花爆竹安全监管。各地安全监管部门要与公安、交通、质检等部门密切配合，加大联合执法，严格烟花爆竹生产、经营、运输、燃放各个环节的安全监管，严厉打击非法生产经营。严格质量管理，严禁超能力、超定员、超药量违规生产。严格实行烟花爆竹经营许可和运输配送制度，严把市场准入关，严防不合格产品进入市场。采取切实有效措施，严防烟花爆竹重特大事故的发生。

5. 加强人员密集场所消防安全监管

要高度重视人员密集场所的消防安全工作，加强对人员密集场所特别是要对商场、市场、学校、医院、宾馆、酒吧、网吧等重点单位人员密集场所的消防安全检查和监督检查，对消防安全责任制未落实、安全管理混乱、未建立有效的防灭火应急预案，存在重大火灾隐患的生产经营单位和人员密集场所，要坚决责令整改，防止重特大火灾事故的发生。

二、全国安全生产总体情况

2005 年，党中央、国务院高度重视安全生产工作，采取一系列重大举措，有力地推动了安全生产工作。在各地政府、各部门的共同努力下，在国民经济持续快速增长、“煤电油运”仍然绷得很紧的情况下，全国各类事故总量下降，大部分行业和领域伤亡事故下降，全国安全生产保持了总体稳定、趋于好转的发展态势。但是部分行业特大事故多发，全国安全生产形势依然严峻。

（一）全国各类伤亡事故情况

1. 各类事故总体情况

2005 年，全国共发生各类事故 717 938 起，死亡 127 089 人，同比减少 85 635 起，减少 9 666 人，分别下降 10.7％和 7.1％。其中，工矿商贸企业事故 13 142 起，死亡 15 868 人，同比减少 1 562 起，减少 629 人，分别下降 10.6％和 3.8％。工矿商贸企业中，煤矿企业事故 3 306 起，死亡 5 938 人，同比减少335起，减少89人，分别下降9.2%和1.5%（各行业和领域伤亡事故详见表1.1.1）。

表1.1.1　　2005年全国各类事故情况表

	事故起数	同比		死亡人数	同比	
		±	±%		±	±%
合计	717 938	－85 635	－10.7	127 089	－9 666	－7.1
一、工矿商贸	13 142	－1 562	－10.6	15 868	－629	－3.8
其中：煤矿	3 306	－335	－9.2	5 938	－89	－1.5
二、火灾	235 941	－16 760	－6.6	2 496	－61	－2.4
三、道路交通	450 254	－67 635	－13.1	98 738	－8 339	－7.8
四、水上交通	532	－30	－5.3	479	－10	－2.0
五、铁路交通	11 220	－701	－5.9	7 380	－612	－7.7
六、民航飞行	2	－2	－50.0	3	－58	－95.1
七、渔业船舶	728	46	6.7	609	39	6.8
八、农业机械	6 116	－733	－10.7	1473	－396	－21.2
九、其他	3	－60	－95.2	43	－38	－46.9

在全国各类事故中，道路交通事故起数占62.7%，死亡人数占77.7%；工矿商贸企业事故起数占1.8%，死亡人数占12.5%，其中煤矿企业事故起数占0.5%，死亡人数占4.7%；火灾事故起数占32.9%，死亡人数占2.0%；铁路交通事故起数占1.6%，死亡人数占5.8%（各行业和领域事故起数和死亡人数比例详见图1.1.1、图1.1.2）。

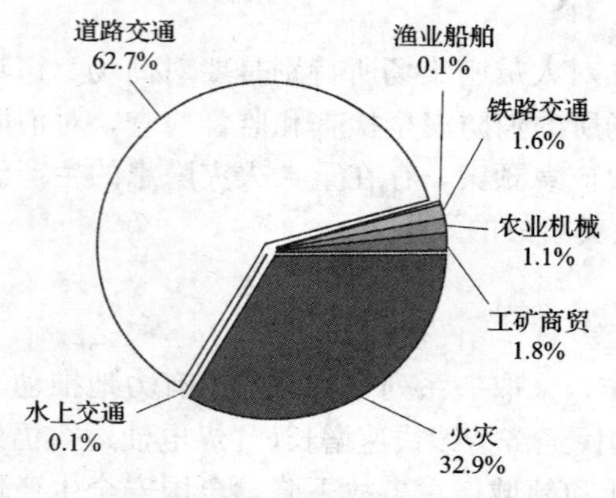

图1.1.1　各行业和领域事故起数比例图

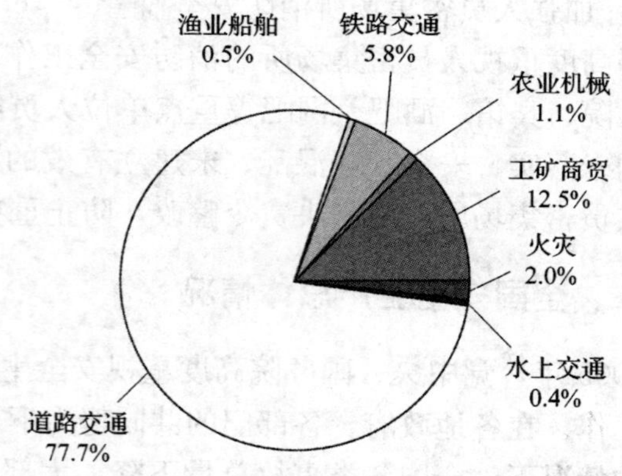

图1.1.2　各行业和领域死亡人数比例图

2. 地区伤亡事故情况

全国32个统计单位（省、区、市和新疆兵团）中，共发生各类事故709 555起（工矿商贸、火灾、道路交通和铁路交通4项合计），死亡124 525人，同比减少87 646起、9 522人，分别下降11.0%、7.1%。其中，26个单位事故起数和死亡人数同比下降，占81.3%；2个单位事故起数和死亡人数同比上升，占6.3%（详见表1.1.2）。

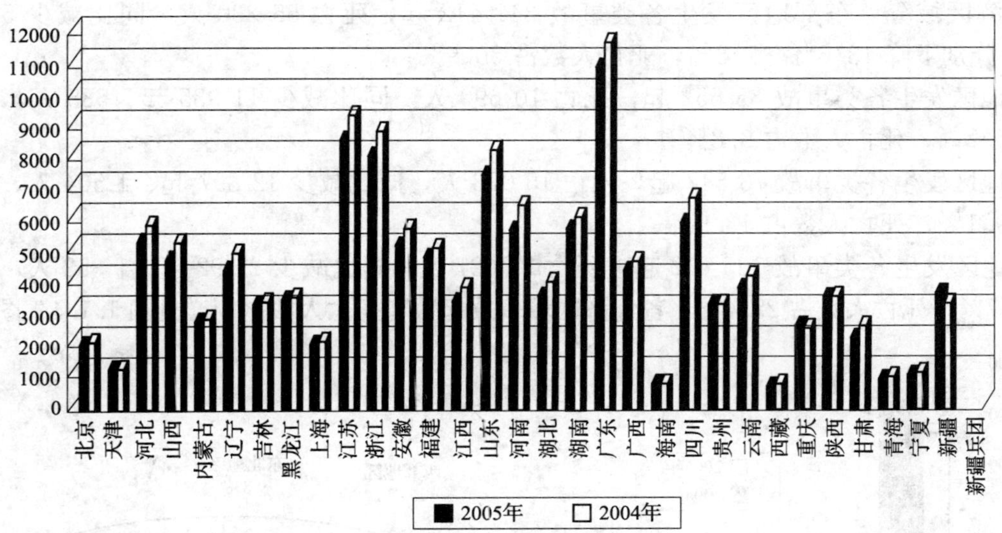

图 1.1.3　全国 32 个统计单位事故死亡人数对比图

表 1.1.2　　2005 年全国 32 个统计单位各类事故情况表

地区	事故起数	同比		死亡人数	同比		地区	事故起数	同比		死亡人数	同比	
		±	±%		±	±%			±	±%		±	±%
合计	709 559	−87 646	−11.0	124 525	−9 522	−7.1	河南	32 192	−7 777	−19.5	5 718	−1 183	−17.1
北京	16 541	−1 698	−9.3	1 916	−131	−6.4	湖北	18 978	−3 434	−15.3	3 551	−208	−5.5
天津	9 329	−1 076	−10.3	1 165	−41	−3.4	湖南	22 377	−1 686	−7.0	5 804	−113	−1.9
河北	18 998	−4 777	−20.1	5 159	−496	−8.8	广东	82 367	−3 296	−3.9	11 298	−709	−5.9
山西	17 236	−4 199	−19.6	4 705	−376	−7.4	广西	14 292	−2 923	−17.0	4 361	−269	−5.8
内蒙古	14 313	−676	−4.5	2 662	−104	−3.8	海南	2 895	−336	−10.4	598	−24	−3.9
辽宁	34 473	−7 075	−17.0	4 334	−367	−7.8	四川	42 172	2 686	6.8	6 156	−492	−7.4
吉林	29 230	−2 771	−8.7	3 197	−72	−2.2	贵州	6 981	479	7.4	3 239	−74	−2.2
黑龙江	21 849	−2 089	−8.7	3 159	−146	−4.4	云南	11 793	−4 110	−25.8	3 876	−366	−8.6
上海	16 167	−17 426	−51.9	1 898	−173	−8.4	西藏	1 138	−198	−14.8	592	−60	−9.2
江苏	43 568	−5 247	−10.8	8 439	−670	−7.4	重庆	19 515	49	0.3	2 571	−76	−2.9
浙江	50 991	−13 913	−21.4	7 952	−1 058	−11.7	陕西	20 156	−819	−3.9	3 458	−371	−9.7
安徽	25 810	−228	−0.9	5 145	−502	−8.9	甘肃	8 345	−1 475	−15.0	2 218	−199	−8.2
福建	33 335	789	2.4	4 718	−252	−5.1	青海	2 007	−311	−13.4	853	−25	−2.9
江西	16 087	−1 718	−9.7	3 299	−409	−11.0	宁夏	7 312	−447	−5.8	954	−50	−5.0
山东	52 929	−3 798	−6.7	7 826	−867	−10.0	新疆	16 154	1 851	12.9	3 673	357	10.8
							新疆兵团	29	3	11.5	31	4	14.8

按经济区域分，东部地区发生各类事故 341 412 起，死亡 55 330 人，同比减少 53 701 起、4 690人，分别下降 13.6%、7.8%，死亡人数占 50.9%；

东北地区发生各类事故 85 552 起，死亡 10 690 人，同比减少 11 935 起、585 人，分别下降 12.2%、5.2%，死亡人数占 9.8%；

中部地区发生各类事故 73 547 起，死亡 15 073 人，同比减少 12 897 起、1 504 人，分别下降 14.9%、9.1%，死亡人数占 13.9%；

西部地区发生各类事故 135 602 起，死亡 27 621 人，同比减少 2 292 起、1 352 人，分别下降 1.7%、4.7%，死亡人数占 25.4%（各经济区域事故起数和死亡人数比例详见图 1.1.4、图 1.1.5）。

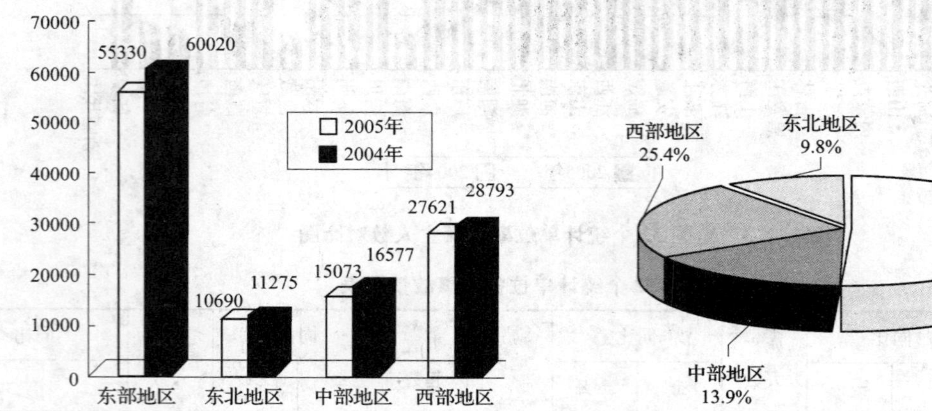

图 1.1.4　各经济区馈事故死亡人数对比图　　**图 1.1.5　各经济区域事故死亡人数比例图**

3. 事故发生时段情况

从各类事故发生时段情况看，具有以下特征：

一是各类事故同比总体逐月下降。各类事故起数和死亡人数逐月同比均有所下降，从各类事故起数情况看，除 6 月份有所上升外，其余 11 个月均下降，其中 1 月、2 月、3 月和 12 月同比下降在 1.1 万起以上，全年每月平均下降 7 130 起，降幅 0.9%；从各类事故死亡人数情况看，除 12 月份有所上升外，其余 11 个月均下降，基中有 5 个月同比下降在 1 000 人以上，全年每月平均下降 806 人，降幅 0.6%。

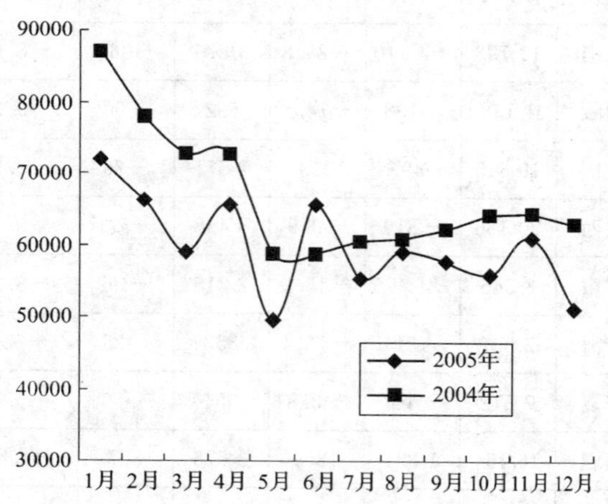

图 1.1.6　全国各类事故起数分月对比图

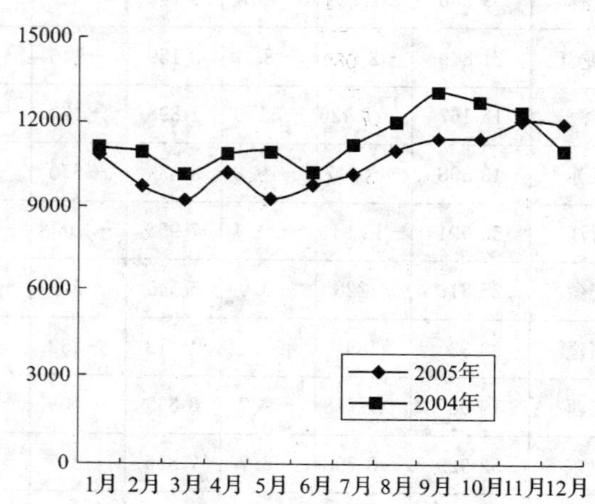

图 1.1.7　全国各类事故死亡人数分月对比图

二是各类事故起数环比总体呈下降趋势，但表现出较大的波动性。从图 1.1.8 可以看出，各类事故起数从 1 月份的 71 995 起下降到 12 月份的 51 260 起，总体呈逐月下降趋势。从月度情况看，5 月份事故起数最少，1、2、4、6 月份事故多发，4 个月平均发生事故 67 429 起，比全年月平均事故起数增加 7 601 起；从季度情况看，一、二季度事故多发。一季度发生事故 197 240 起，二季度发生事故 180 871 起，两季合计占全年事故总起数的 53%。

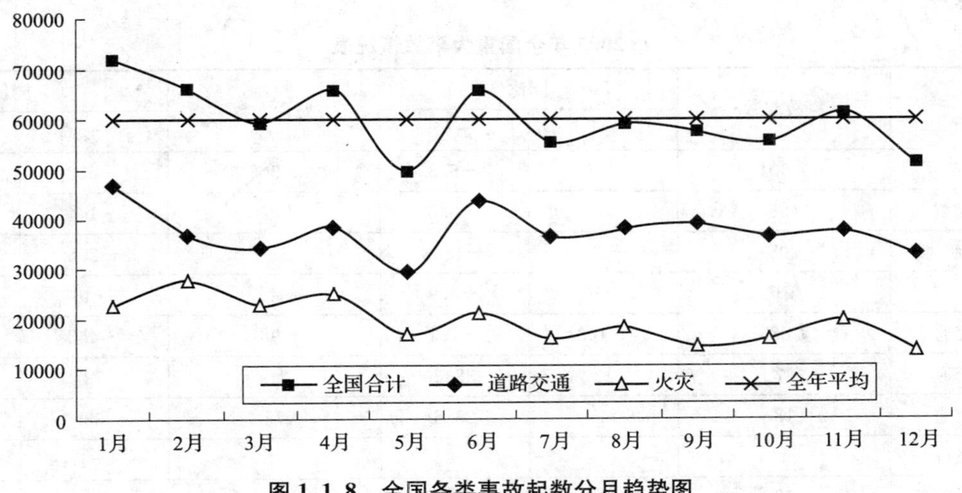

图 1.1.8　全国各类事故起数分月趋势图

三是各类事故死亡人数环比总体呈上升趋势。1～3 月份各类事故死亡人数大幅度下降，5 月份以后逐月小幅回升。全年各月各类事故死亡人数平均增幅为 0.8%，总体呈小幅上升趋势。从月度情况看，1 月、8 月、9 月、10 月、11 月和 12 月事故死亡人数较多，各月死亡人数均高于全年各月平均死亡人数；从年度情况看，下半年死亡人数明显高于上半年，下半年死亡人数比上半年每月死亡人数增加 8 671 人，平均每月死亡人数比上半年每月死亡人数增加 1 445 人，高于全年各月平均死亡人数 722 人。主要原因下半年道路交通事故死亡人数较多，下半年死亡人数约占全年的 54%，高于上半年 8 个百分点。从图 1.1.9 可以看出，全国各类事故死亡人数与道路交通事故死亡人数曲线基本一致，道路交通事故死亡人数的变化是影响全国各类事故死亡人数变化的主要因素。

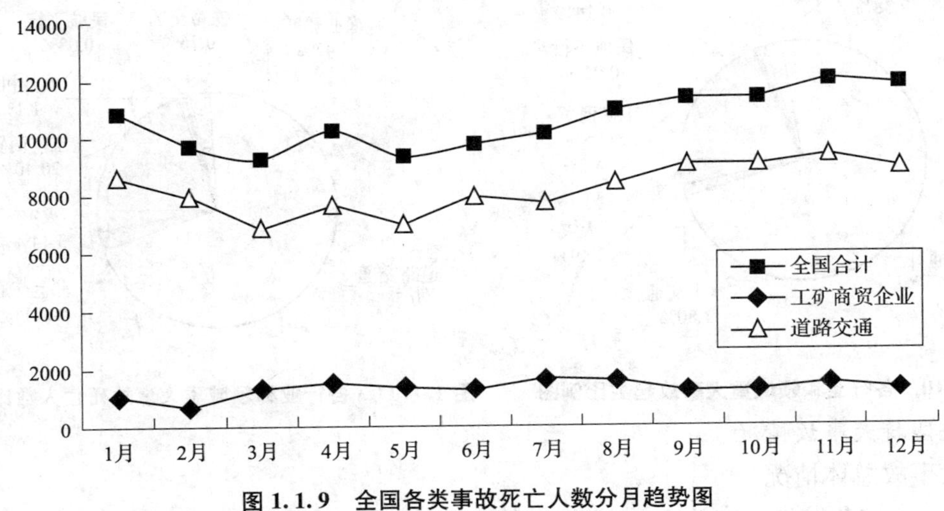

图 1.1.9　全国各类事故死亡人数分月趋势图

（二）全国重大事故情况

2005 年，全国共发生一次死亡 3～9 人重大事故 2 604 起，死亡 9 902 人，同比减少 175 起，减少 552 人，分别下降 6.3％和 5.3％。其中：工矿商贸企业重大事故 496 起，死亡 2 020 人，同比减少 45 起，减少 144 人，分别下降 8.3％和 6.7％，工矿商贸企业中，煤矿企业重大事故 208 起，死亡 877 人，同比减少 39 起，减少 208 人，分别下降 15.8％和 19.2％（各行业和领域重大事故情况详见表 1.1.3）。

表 1.1.3　2005 年全国重大事故情况表

	事故起数	同比		死亡人数	同比	
		±	±％		±	±％
合计	2 604	－175	－6.3	9 902	－552	－5.3
一、工矿商贸	496	－45	－8.3	2 020	－144	－6.7
其中：煤矿	208	－39	－15.8	877	－208	－19.2
二、火灾	91	－10	－9.9	341	－46	－11.9
三、道路交通	1 885	－143	－7.1	6 987	－442	－6.0
四、水上交通	47	13	38.2	219	73	50.0
五、铁路交通	18	4	28.6	75	33	78.6
六、民航飞行	1			3	－1	－25.0
七、渔业船舶	62	11	21.6	245	32	15.0
八、农业机械	4	－5	－55.6	12	－57	－82.6
九、其他						

在全国重大事故中，道路交通事故起数占 72.4％，死亡人数占 70.6％；工矿商贸企业事故起数占 19.1％，死亡人数占 20.4％。其中煤矿企业事故起数占 8.0％，死亡人数占 8.9％；渔业船舶事故起数占 2.4％，死亡人数占 2.5％；火灾事故起数占 3.5％，死亡人数占 3.4％；铁路交通事故起数占 0.7％，死亡人数占 0.8％。

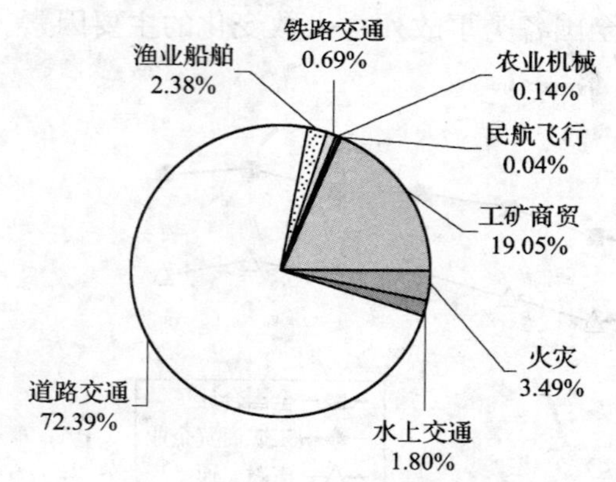

图 1.1.10　各行业和领域重大事故起数比例图

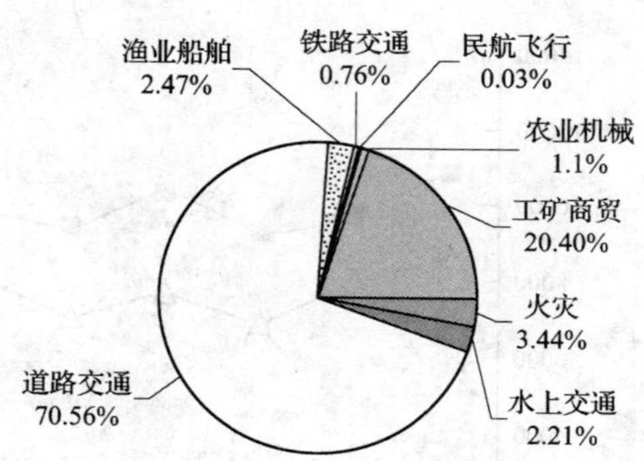

图 1.1.11　各行业和领域重大事故死亡人数比例图

（三）全国特大事故情况

1. 特大事故总体情况

2005 年，全国共发生一次死亡 10 人以上特大事故 134 起，死亡 3 049 人，同比增加 3 起，增加443人，分别上升2.3%和17.0%。其中：工矿商贸企业发生68起，死亡1942人，同比增加8起，增加595人，分别上升13.3%和44.2%。工矿商贸企业中，煤矿企业发生58起，死亡1 739人，同比增加15起，增加695人，分别上升34.9%和66.6%。

2005年全国发生一次死亡30人以上特别重大事故17起，死亡1 200人，同比增加1起，增加264人，分别上升6.3%和28.2%。其中：工矿商贸企业发生13起，死亡1042人，同比增加3起，增加412人，分别上升30.0%和65.4%。工矿商贸企业中，煤矿企业发生11起，死亡961人，同比增加3起，增加438人，分别上升37.5%和83.8%（全国特大事故情况见表1.1.4）。

表1.1.4　2005年全国特大事故情况表

	一次死亡10人以上事故						其中：一次死亡30人以上事故					
	事故起数	同比		死亡人数	同比		事故起数	同比		死亡人数	同比	
		±	±%		±	±%		±	±%		±	±%
合计	134	3	2.3	3 049	443	17.0	17	1	6.3	1 200	264	28.2
一、工矿商贸	68	8	13.3	1 942	595	44.2	13	3	30.0	1 042	412	65.4
其中：煤矿	58	15	34.9	1 739	695	66.6	11	3	37.5	961	438	83.8
二、火灾	5	1	25.0	121	−2	−1.6	2			71	−23	−24.5
三、道路交通	45	−10	−18.2	773	−79	−9.3	2	1	100.0	87	38	77.6
四、水上交通	5	1	25.0	70	−58	−45.3		−2	−100.0		−108	−100.0
五、铁路交通												
六、民航飞行		−1	−100.0		−55	−100.0		−1	−100.0		−55	−100.0
七、渔业船舶	8	4	100.0	100	57	132.6						
八、农业机械												
九、其他	3			43	−15	−25.9						

在全国特大事故中，工矿商贸企业事故起数占50.7%，死亡人数占63.7%。其中煤矿企业事故起数占43.3%，死亡人数占57.0%；道路交通事故起数占33.6%，死亡人数占25.4%；渔业船舶事故起数占6.0%，死亡人数占3.3%；火灾事故起数占3.7%，死亡人数占4.0%；水上交通事故起数占3.7%，死亡人数占2.3%（各行业和领域特大事故起数和死亡人数比例详见图1.1.12、图1.1.13）。

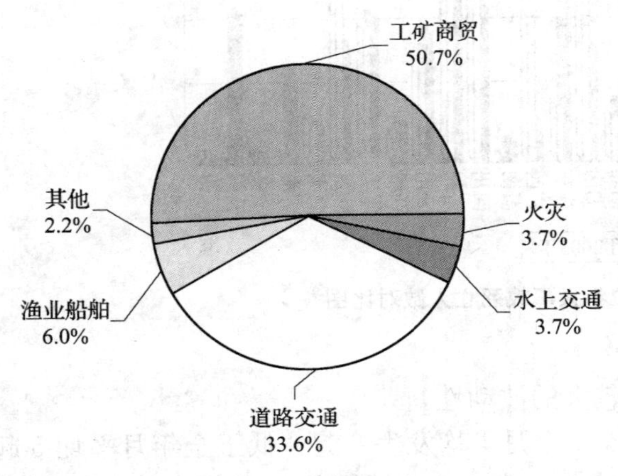

图1.1.12　各行业和领域特大事故起数比例图

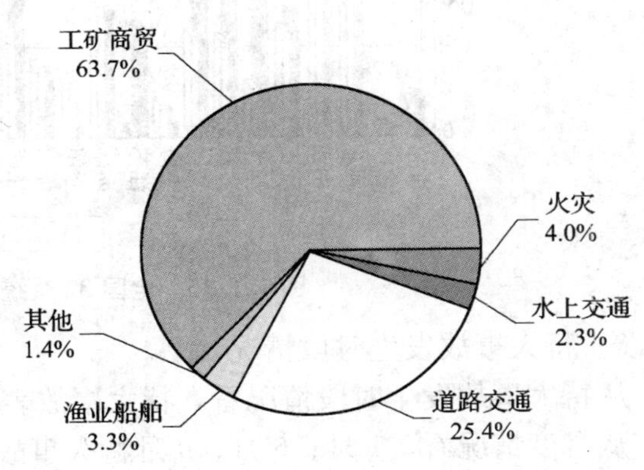

图1.1.13　各行业和领域特大事故死亡人数比例图

2. 地区特大事故情况

在全国32个统计单位（省、区、市和新疆兵团）中，有8个单位特大事故起数和死亡人数同比下降，占25.0％；有14个单位特大事故起数和死亡人数同比上升，占43.8％。天津、安徽、宁夏和新疆兵团4个单位没有发生特大事故，占12.5％；河北、山西、内蒙、黑龙江、浙江、江西、河南、湖南、广东、贵州、云南、重庆和陕西13个省（区、市）特大事故多发，特大事故起数和死亡人数占全国特大事故的72.5％和68.3％。

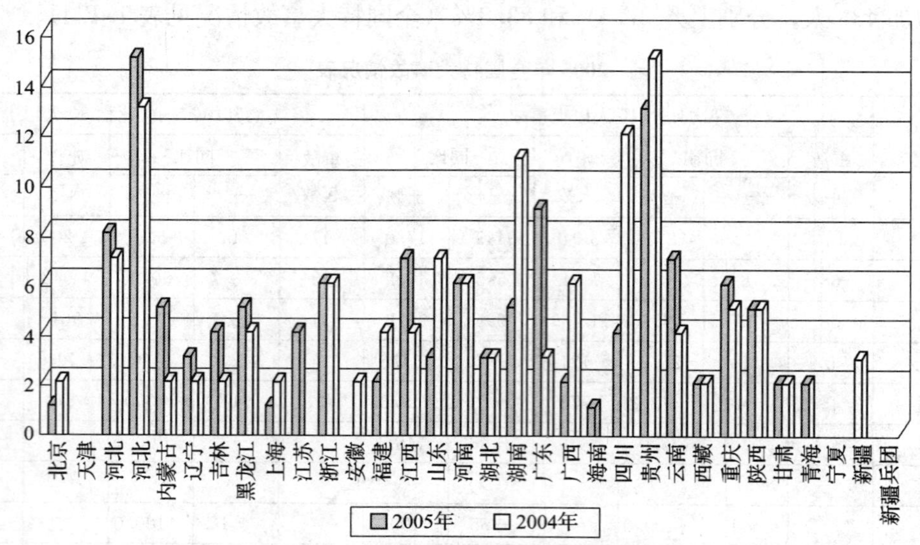

图 1.1.14　全国32个统计单位特大事故起数对比图

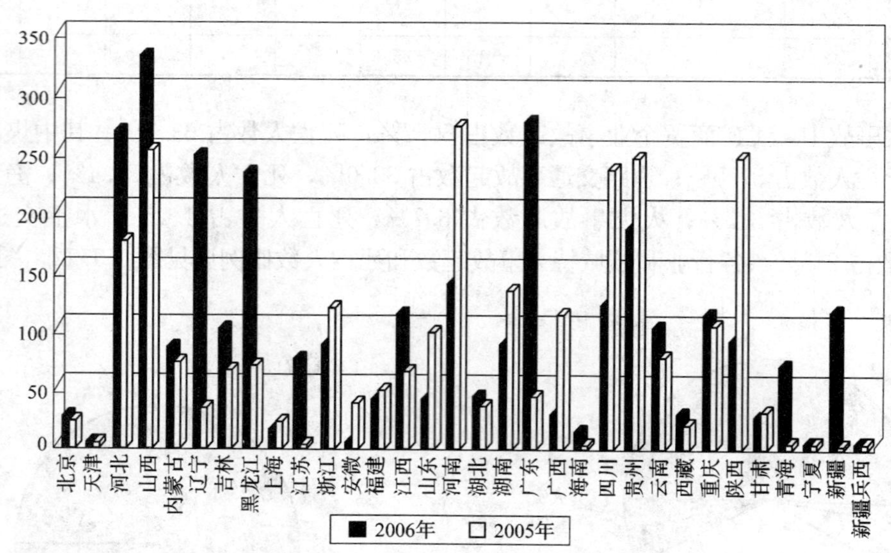

图 1.1.15　全国32个统计单位特大事故死亡人数对比图

3. 特大事故发生时段情况

从特大事故发生时段情况看，特大事故表现出较大的波动性。

从月度情况看，1月、6月、9月特大事故较少，3个月平均发生6起，低于全年月平均5起。11月和12月特大事故多发，每月均发生16起特大事故，高于全年月平均数5起，合计占全年特大事故总起数的23.9％；

表 1.1.5　　　　　　　　2005 年全国 32 个统计单位特大事故情况表

地区	事故起数	同比		死亡人数	同比		地区	事故起数	同比		死亡人数	同比	
		±	±%		±	±%			±	±%		±	±%
合计	134	3	2.3	3 049	443	17.0	河南	6			138	−134	−49.3
北京	1	−1	−50.0	24	3	14.3	湖北	3			42	7	20.0
天津							湖南	5	−6	−54.6	83	−49	−37.1
河北	8	1	14.3	267	92	52.6	广东	9	6	200.0	275	232	539.5
山西	15	2	15.4	330	79	31.5	广西	2	−4	−66.7	26	−85	−76.6
内蒙古	5	3	150.0	82	12	17.1	海南	1	1		12	12	
辽宁	3	1	50.0	246	213	645.5	四川	4	−8	−66.7	119	−116	−49.4
吉林	4	2	100.0	98	33	50.8	贵州	13	−2	−13.3	184	−61	−24.9
黑龙江	5	1	25.0	231	162	234.8	云南	7	3	75.0	99	24	32.0
上海	1	−1	−50.0	13	−7	−35.0	西藏	2			27	7	35.0
江苏	4	4		73	73		重庆	6	1	20.0	110	9	8.9
浙江	6			85	−31	−26.7	陕西	5			87	−158	−64.5
安徽		−2	−100.0		−36	−100.0	甘肃	2			26	−3	−10.3
福建	2	−2	−50.0	39	−8	−17.0	青海	2	2		67	67	
江西	7	3	75.0	110	46	71.9	宁夏						
山东	3	−4	−57.1	43	−53	−55.2	新疆	3	3		113	113	
							新疆兵团						

从季度情况看，四季度特大事故多发，共发生 45 起特大事故，高于全年季度平均数 11 起，占全年特大事故总起数的 33.6%；

从年度情况看，上半年特大事故相对较少，发生 58 起，下半年特大事故多发，发生 76 起，下半年特大事故起数是上半年的 1.3 倍多。

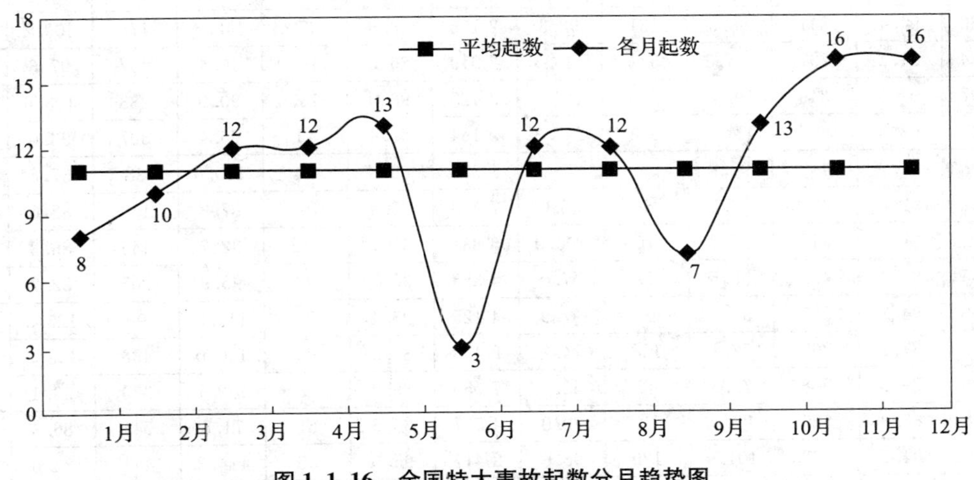

图 1.1.16　全国特大事故起数分月趋势图

（四）全国安全生产控制指标落实情况

2005 年，全国安全生产控制指标落实情况总体较好，各类事故死亡人数较控制指标下降了 7.1%。全国除煤矿、渔业船舶和农业机械外，大部分行业和领域死亡人数均在控制指标以内。其中：

工矿商贸企业死亡人数比控制指标下降了 2.4%。除煤矿死亡人数较控制指标上升 1.6%外，金属与非金属矿、建筑业、危险化学品、烟花爆竹、特种设备死亡人数比控制指标分别下降了 11.5%、4.8%、41.0%、41.3%和 22.6%；

火灾事故死亡人数比控制指标下降了 3.6%；

道路交通死亡人数比控制指标下降了 8.2%；

铁路交通死亡人数比控制指标下降了 5.8%；

水上交通死亡人数与控制指标持平；

农业机械死亡人数比控制指标上升了 5.1%；

渔业船舶死亡人数比控制指标上升了 8.9%。

全国 32 个统计单位（省、区、市和新疆兵团）中，有 30 个单位各类事故死亡人数在控制指标以内，占 93.8%。其中：工矿商贸企业事故死亡人数有 20 个单位在控制指标以内，占 62.5%；道路交通事故死亡人数有 30 个单位在控制指标以内，占 96.8%；火灾事故死亡人数有 11 个单位在控制指标以内，占 35.5%；铁路交通事故死亡人数有 21 个单位在控制指标以内，占 70.0%。

表 1.1.6　2005 年全国安全生产控制指标落实情况

	各类事故死亡人数（各省为工矿商贸、火灾、道路交通、铁路交通四项合计）		工矿商贸企业死亡人数		工矿商贸企业中煤矿企业死亡人数		道路交通死亡人数		火灾死亡人数		铁路交通死亡人数		特大事故起数	
	全年实际	%	全年实际	%	全年实际	%	全年实际	%	全年实际	%	全年实际	%	全年实际	去年同期
全国	127 089	92.9	15 868	97.6	5 938	101.6	98 738	91.8	2 496	96.4	7 380	94.2	134	131
北京	1 916	92.3	175	87.5	13	26.0	1 515	92.4	50	83.3	176	100.0	1	2
天津	1 165	96.1	101	97.1			970	97.3	40	117.6	54	70.1		
河北	5 159	90.9	651	109.8	315	193.3	4 075	88.8	92	124.3	341	81.4	8	7
山西	4 705	92.2	657	102.5	492	99.6	3 819	91.1	55	112.2	174	79.5	15	13
内蒙古	2 662	94.4	341	89.5	131	92.3	2 106	93.6	37	142.3	178	109.2	5	1
辽宁	4 334	91.2	797	107.1	321	143.3	2 919	86.8	161	90.4	457	97.6	1	2
吉林	3 197	97.0	346	102.1	212	116.5	2 428	96.0	135	90.0	288	103.6	4	2
黑龙江	3 143	93.8	601	137.5	398	207.3	2 164	87.4	71	66.4	307	93.0	4	4
上海	1 898	91.7	413	97.8			1 393	89.8	54	180.0	38	57.6		1
江苏	8 422	92.4	494	83.5	7	35.0	7 603	93.4	166	87.8	159	82.0	2	
浙江	7 952	87.9	814	85.7	16	200.0	6 881	90.7	112	32.7	145	86.3	1	4
安徽	5 145	90.4	492	93.5	77	67.0	4 355	90.4	93	95.9	205	82.7		1
福建	4 718	94.7	397	98.5	95	97.9	4 125	93.4	97	112.8	99	125.3	2	2
江西	3 289	87.9	365	72.1	138	74.2	2 428	87.5	60	150.0	436	103.3	6	4
山东	7 826	89.8	398	79.3	42	52.5	7 050	89.9	48	129.7	330	99.1	2	6
河南	5 718	83.9	529	87.0	210	70.0	4 587	83.5	61	71.8	541	86.3	6	5
湖北	3 551	94.7	637	101.9	129	95.6	2 417	95.0	56	114.3	441	82.6	2	3
湖南	5 804	98.1	958	91.1	510	93.8	3 832	99.7	117	182.8	897	93.7	5	11

续表

	各类事故死亡人数（各省为工矿商贸、火灾、道路交通、铁路交通四项合计）		工矿商贸企业死亡人数		工矿商贸企业中煤矿企业死亡人数		道路交通死亡人数		火灾死亡人数		铁路交通死亡人数		特大事故起数	
	全年实际	%	全年实际	%	全年实际	%	全年实际	%	全年实际	%	全年实际	%	全年实际	去年同期
广东	11 298	93.7	851	99.5	174	174.0	9 959	93.0	298	105.7	190	91.3	8	3
广西	4 361	93.9	419	86.2	23	47.9	3 489	95.4	118	101.7	335	87.0	2	6
海南	598	95.7	86	92.4			497	95.0	15	214.3		0.0		
四川	6 156	92.9	1 139	104.7	532	97.4	4 415	89.8	114	81.4	488	101.5	4	11
贵州	3 239	100.9	1 192	103.8	837	97.1	1 647	89.5	97	151.6	303	191.8	13	13
云南	3 876	91.0	756	91.9	265	82.8	2 901	89.9	107	117.6	112	92.6	7	4
西藏	592	90.2	43	95.6	3		540	90.5	9	64.3			2	2
重庆	2 571	95.9	867	101.5	455	111.0	1 484	91.2	57	89.1	163	119.0	6	5
陕西	3 458	93.5	431	121.8	216	130.1	2 698	91.0	64	145.5	265	78.4	5	5
甘肃	2 218	90.7	244	80.0	48	44.4	1 799	89.9	30	125.0	145	127.2	2	2
青海	853	97.0	78	86.5	12	48.0	736	98.7	14	140.0	25	75.8	2	
宁夏	954	94.4	111	111.0	29	76.3	796	91.7	7	116.7	40	108.1		
新疆	3 673	109.8	454	125.1	225	152.0	3 110	107.4	61	217.9	48	80.0	3	
新疆兵团	31	88.6	31	88.6	13	76.5								

三、全国工矿商贸企业安全生产情况

2005 年，全国工矿商贸企业安全生产形势总体稳定，趋于好转。工矿商贸企业事故总量下降，煤矿、金属与非金属矿、危险化学品、烟花爆竹、建筑业等大部分行业和领域伤亡事故有所下降，大部分地区工矿商贸企业安全生产状况较为稳定。但是部分行业特大事故上升，特别是煤矿特大事故多发，全国工矿商贸企业安全生产形势依然严峻。

（一）工矿商贸企业伤亡事故总体情况

1. 各类企业伤亡事故情况

2005 年，全国工矿商贸企业共发生伤亡事故 13 142 起，死亡 15 868 人，同比减少 1 562 起，减少 629 人，分别下降 10.6%和 3.8%。其中，煤矿企业发生伤亡事故 3 306 起，死亡 5 938 人，同比减少 335 起，减少 89 人，分别下降 9.2%和 1.5%（工矿商贸企业伤亡事故详见表 1.1.7）。

表 1.1.7　　2005 年工矿商贸企业各类事故情况表

	事故起数	同比		死亡人数	同比	
		±	±%		±	±%
合计	13 142	－1 562	－10.6	15 868	－629	－3.8
煤矿	3 306	－335	－9.2	5 938	－89	－1.5
金属与非金属矿	1 928	－320	－14.2	2 342	－357	－13.2
建筑业	2 288	－294	－11.4	2 607	－182	－6.5
危险化学品	142	－51	－26.4	229	－62	－21.3
烟花爆竹	126	－12	－8.7	222	－100	－31.1
工商贸其他	5 352	－550	－9.3	4 530	161	3.7

在各类企业事故中，煤矿企业事故起数占25.2%，死亡人数占37.4%；建筑行业事故起数占17.4%，死亡人数占16.4%；金属与非金属矿事故起数占14.7%，死亡人数占14.8%；危险化学品事故起数占1.1%，死亡人数占1.4%；烟花爆竹事故起数占1.0%，死亡人数占1.4%（高危行业和领域事故起数和死亡人数详见图1.1.17和图1.1.18）。

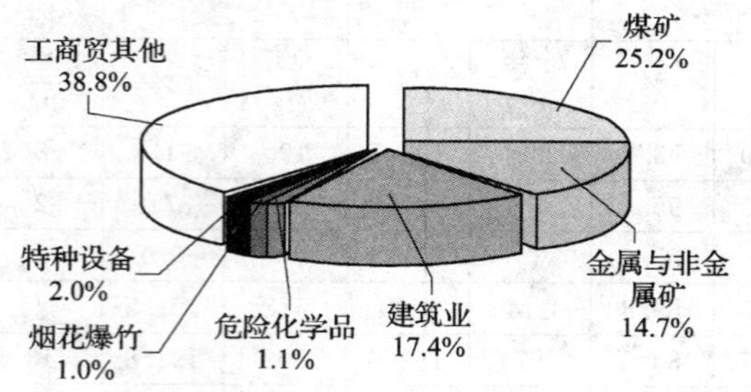

图 1.1.17 高危行业和领域事故起数比例图

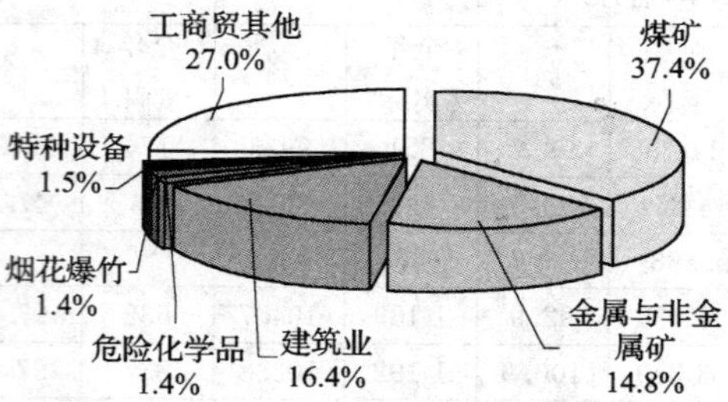

图 1.1.18 高危行业和领域死亡人数比例图

按国民经济行业分，采矿业，制造业，建筑业，信息传输、计算机服务和软件业，批发和零售业，科研、技术服务和地质勘察业，水利、环境和公共设施管理业等7个行业伤亡事故起数和死亡人数同比下降，占33.3%；交通运输、仓储和邮政业，住宿和餐饮业，房地产业，租赁和商务服务业等10个行业伤亡事故起数和死亡人数上升，占50.0%。

在各行业中，伤亡事故较多的是采矿业、制造业和建筑业。采矿业事故起数和死亡人数分别占39.8%和52.5%；制造业事故起数和死亡人数分别占29.1%和19.3%；建筑业事故起数和死亡人数分别占17.4%和16.4%（各行业事故起数和死亡人数及比例详见图1.1.19、图1.1.20和表1.1.8）。

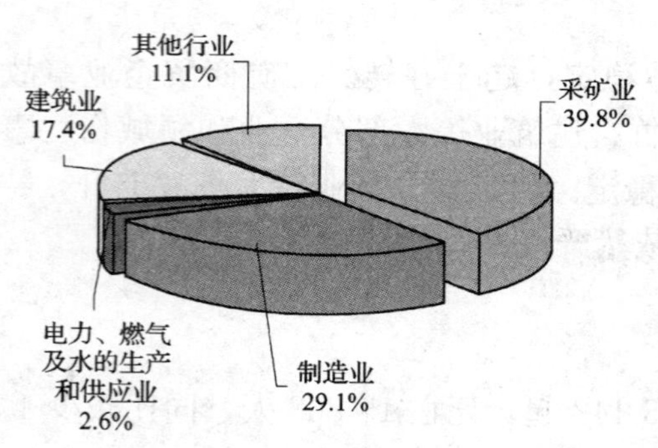

图 1.1.19 按国民经济行业划分事故起数比例图

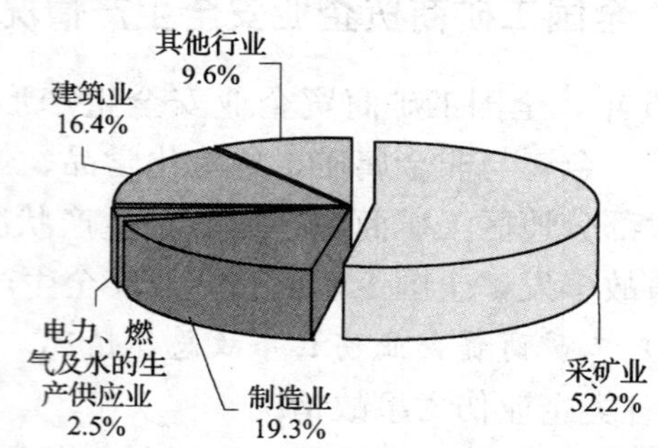

图 1.1.20 按国民经济行业划分死亡人数比例图

表 1.1.8　　2005年工矿商贸企业按国民经济行业划分事故情况表

	事故起数	同比		死亡人数	同比	
		±	±%		±	±%
合计	13 142	−1 562	−10.6	15 868	−629	−3.8
农、林、牧、渔业	178	33	22.8	183	51	38.6
采矿业	5 234	−656	−11.1	8 280	−199	−2.4
制造业	3 821	−689	−15.3	3 059	−321	−9.5
电力、燃气及水的生产和供应业	337	−31	−8.4	398	2	0.5
建筑业	2 288	−282	−11.0	2 607	−153	−5.5
交通运输、仓储和邮政业	244	13	5.6	221	13	6.3

续表

	事故起数	同比		死亡人数	同比	
		±	±%		±	±%
公共管理和社会组织	7	1	16.7	5	−1	−16.7
信息传输、计算机服务和软件业	34	−18	−34.6	35	−16	−31.4
批发和零售业	129	−6	−4.4	120	−12	−9.1
住宿和餐饮业	59	4	7.3	62	8	14.8
金融业	2			2		
房地产业	45	1	2.3	48	1	2.1
租赁和商务服务业	181	42	30.2	208	69	49.6
科学研究、技术服务和地质勘察业	38	−23	−37.7	42	−23	−35.4
水利、环境和公共设施管理业	29	−5	−14.7	38	−3	−7.3
居民服务和其他服务业	222	15	7.3	257	48	23.0
教育	30	11	57.9	33	7	26.9
卫生、社会保障和社会福利业	8	1	14.3	7	3	75.0
文化、体育和娱乐业	21	8	61.5	19	6	46.2
其他行业	235	32	15.8	244	28	13.0

按企业所属行业分，煤炭、机械、轻工、建材、电力、冶金、贸易、纺织、电信和烟草等11个行业伤亡事故起数和死亡人数同比下降，占55.0%；石油、林业、邮政和燃气等4个行业伤亡事故起数和死亡人数同比上升，占20.0%。

在各行业中，伤亡事故较多的是煤炭、轻工、机械和建筑。煤炭事故起数占25.2%，死亡人数占37.4%；轻工事故起数占7.1%，死亡人数占4.6%；机械事故起数占9.8%，死亡人数占4.7%；建筑事故起数占17.4%，死亡人数占16.4%（各行业伤亡事故起数和死亡人数及比例见图1.1.21、图1.1.22和表1.1.9）。

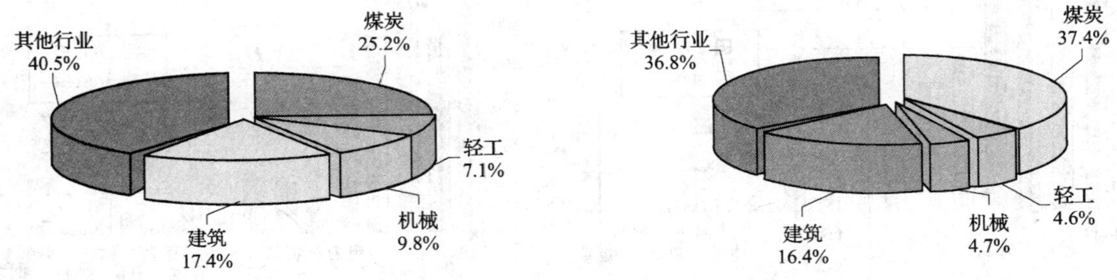

图1.1.21　按企业所属行业分各行业事故起数对比图　**图1.1.22　按企业所属行业分各行业死亡人数对比图**

表1.1.9　2005年工矿商贸企业各行业伤亡事故情况表

	事故起数	同比		死亡人数	同比	
		±	±%		±	±%
合计	13 142	−1 562	−10.6	15 868	−629	−3.8
煤炭	3 306	−335	−9.2	5 938	−89	−1.5
电信	33	−16	−32.7	34	−14	−29.2
轻工	928	−65	−6.6	727	−83	−10.2
化工	404	−22	−5.2	501	31	6.6

续表

	事故起数	同比		死亡人数	同比	
		±	±%		±	±%
医药	53	20	60.6	33	−3	−8.3
建材	469	−138	−22.7	471	−105	−18.2
冶金	301	−94	−23.8	273	−35	−11.4
有色	91	3	3.4	74	−2	−2.6
机械	1 291	−333	−20.5	749	−112	−13.0
建筑	2 288	−282	−11.0	2 607	−153	−5.5
旅游	1	−4	−80.0	1	−4	−80.0
林业	113	3	2.7	101	24	31.2
纺织	186	−28	−13.1	131	−12	−8.4
烟草	3	−3	−50.0	3		
石油	39	14	56.0	49	23	88.5
电力	297	−57	−16.1	348	−27	−7.2
燃气	22	3	15.8	30	5	20.0
贸易	129	−6	−4.4	120	−12	−9.1
邮政	6			8	2	33.3
其他行业	3 182	−222	−6.5	3 670	−63	−1.70

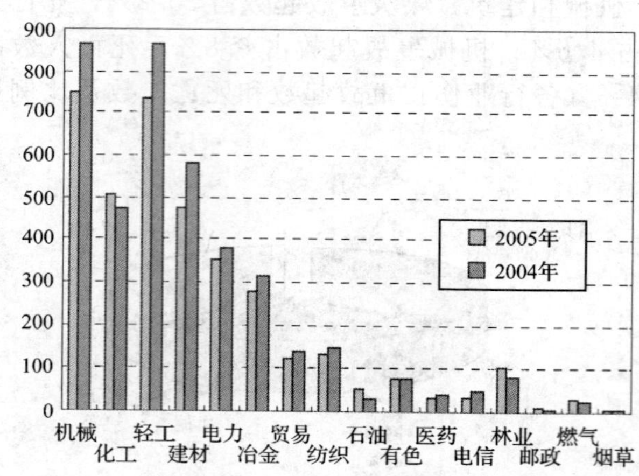

图 1.1.23　按企业所属行业分各行业事故起数对比图

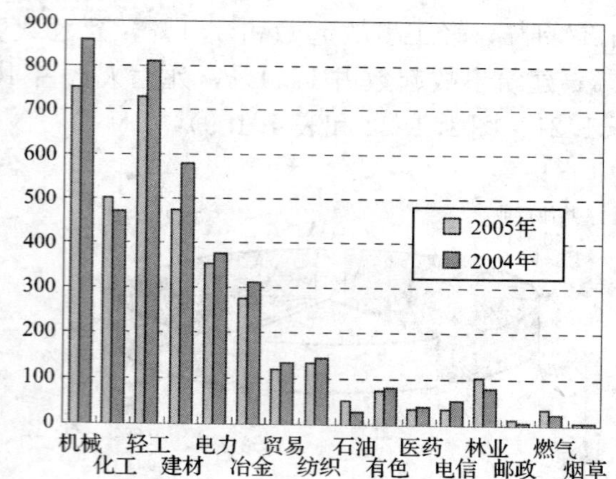

图 1.1.24　按企业所属行业分各行业死亡人数对比图

按企业经济类型分，国有经济、集体经济、联营经济、股份合作和私营经济企业伤亡事故起数和死亡人数同比下降，占 50.0%；有限责任公司、股份有限公司、港澳台投资和外商投资企业伤亡事故起数和死亡人数上升，占 40.0%。

在各类经济类型企业中，私营经济、国有经济私营和有限责任公司伤亡事故较多。私营经济事故起数和死亡人数分别占 40.7%和 46.2%；国有经济事故起数和死亡人数分别占 19.6%和 20.2%；有限责任公司事故起数和死亡人数分别占 13.7%和 11.7%（各类经济类型企业事故起数和死亡人数比例见图 1.1.25、图 1.1.26、图 1.1.27、图 1.1.28 和表 1.1.10）。

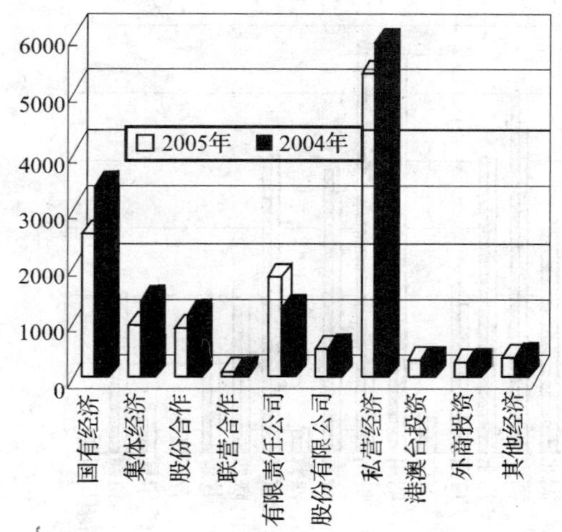

图 1.1.25　按企业经济类型分事故起数对比图

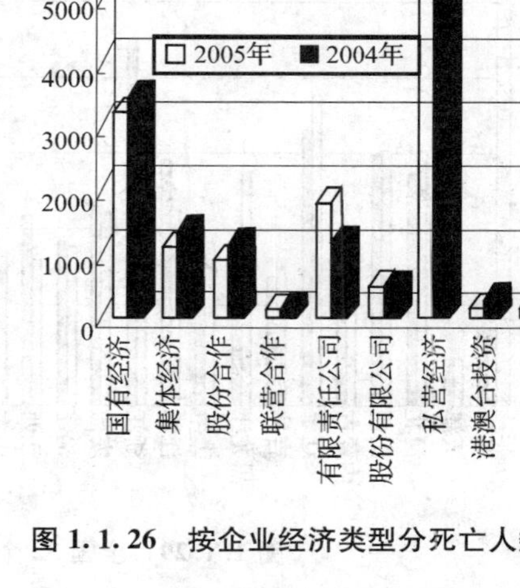

图 1.1.26　按企业经济类型分死亡人数对比图

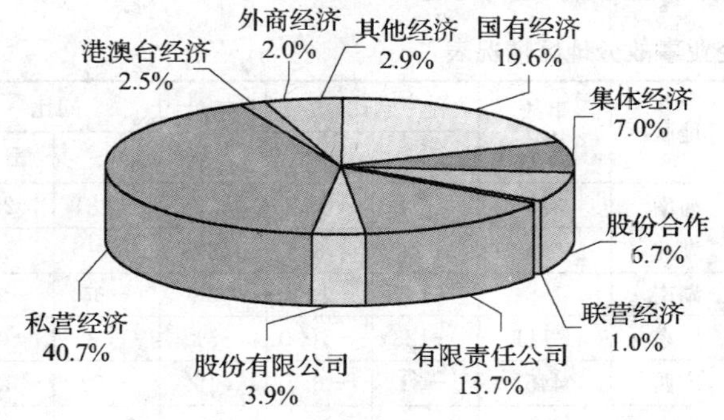

图 1.1.27　各经济类型企业事故起数比例图

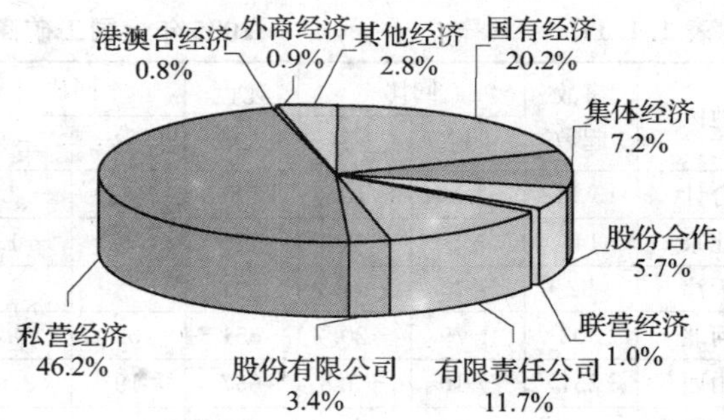

图 1.1.28　各经济类型企业死亡人数比例图

表 1.1.10　　2005 年工矿商贸各经济类型企业事故情况表

	事故起数	同比		死亡人数	同比	
		±	±%		±	±%
合计	13 142	−1 562	−10.6	15 868	−629	−3.8
国有经济	2 580	−827	−24.3	3 210	−369	−10.3
集体经济	923	−503	−35.3	1 147	−513	−30.9
股份合作	882	−237	−21.2	902	−212	−19.0
联营经济	132	−23	−14.8	151	−12	−7.4
有限责任公司	1 794	553	44.6	1 859	624	50.5
股份有限公司	518	21	4.2	535	61	12.9
私营经济	5 346	−545	−9.3	7 337	−172	−2.3
港澳台投资	324	18	5.9	129	42	48.3
外商投资	264	1	0.4	146	20	15.9
其他经济	379	−7	−1.8	452	39	9.4

按行政区分，在全国 32 个统计单位（省、区、市和新疆兵团）中，有 17 个单位事故起数和死亡人数同比下降，占 53.1%；24 个单位事故起数同比下降，占 75.0%；7 个单位事故起数和死亡人数同比上升，占 21.9%；有 12 个单位死亡人数同比上升，占 37.5%（32 个统计单位死亡人数和各地区伤亡事故情况见图 1.1.29 和表 1.1.11）。

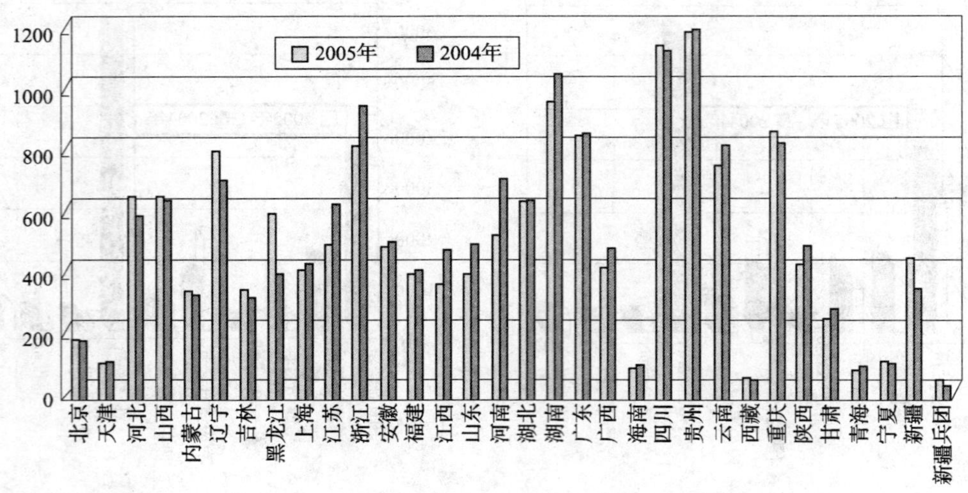

图 1.1.29　全国 32 个统计单位死亡人数对比图

表 1.1.11　　2005 年全国工矿商贸企业事故分地区情况表

地区	事故起数	同比		死亡人数	同比		地区	事故起数	同比		死亡人数	同比	
		±	±%		±	±%			±	±%		±	±%
合计	13 142	−1 562	−10.6	15 868	−629	−3.8	河南	322	−94	−22.6	529	−181	−25.5
北京	145	−5	−3.3	175	−2	−1.1	湖北	565	−21	−3.6	637	1	0.2
天津	92	−73	−44.2	101			湖南	786	−117	−13.0	958	−95	−9.0
河北	303	−79	−20.7	651	62	10.5	广东	1 111	−123	−10.0	851	−8	−0.9
山西	251	−10	−3.8	657	19	3.0	广西	445	−31	−6.5	419	−62	−12.9
内蒙古	225	−50	−18.2	341	9	2.7	海南	81	−17	−17.4	86	−9	−9.5
辽宁	520	−100	−16.1	797	96	13.7	四川	920	13	1.4	1 139	10	0.9
吉林	258			346	24	7.5	贵州	809	−18	−2.2	1 192	−26	−2.1
黑龙江	335	63	23.2	601	202	50.6	云南	555	−104	−15.8	756	−63	−7.7
上海	997	−244	−19.7	413	−18	−4.2	西藏	39	2	5.4	43	−1	−2.3
江苏	490	−172	−26.0	494	−130	−20.8	重庆	695	−1	−0.1	867	42	5.1
浙江	775	−142	−15.5	814	−137	−14.4	陕西	314	41	15.0	431	−61	−12.4
安徽	433	−33	−7.1	492	−12	−2.4	甘肃	191	−55	−22.4	244	−41	−14.4
福建	382	−21	−5.2	397	−14	−3，4	青海	70	−16	−18.6	78	−14	−15.2
江西	267	−54	−16.8	365	−112	−23.5	宁夏	103	1	1.0	111	13	13.3
山东	314	−99	−24.0	398	−96	−19.4	新疆	320	7	2.2	454	108	31.2
							新疆兵团	29	3	11.5	31	4	14.8

按经济区域分，东部地区发生各类事故 5 135 起，死亡 4 799 人，同比减少 1 006 起、414 人，分别下降 16.4%、7.9%，死亡人数占 30.2%；

东北地区发生各类事故 1 113 起，死亡 1 744 人，同比减少 37 起、增加 322 人，分别下降 3.2%、上升 22.6%，死亡人数占 11.0%；

中部地区发生各类事故 2 849 起，死亡 3 979 人，同比减少 379 起、371 人，分别下降 11.7%、8.5%，死亡人数占 25.1%；

西部地区发生各类事故 4 045 起，死亡 5 346 人，同比减少 127 起、29 人，分别下降 3.0%、0.5%，死亡人数占 33.7%。

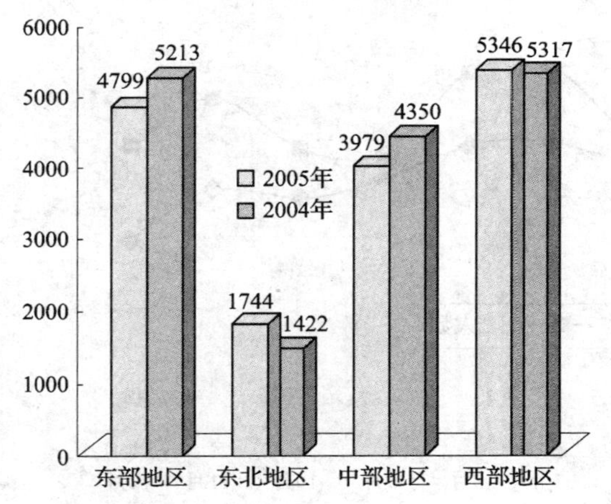

图 1.1.30　各经济区域事故死亡人数对比图

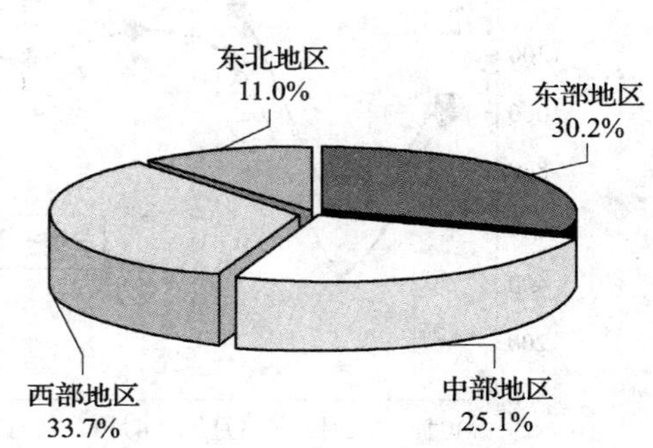

图 1.1.31　各经济区域事故死亡人数比例图

从事故发生时段看，具有以下特征：

1. 事故同比总体呈逐月下降趋势。各类事故起数和死亡人数逐月同比均有所下降，从各类事故起数情况看，除 1 月、11 月份有所上升外，其余 10 个月均有所下降，其中 2 月、3 月和 6 月同比下降在 200 起以上，全年每月平均下降 129 起，降幅 0.9%；从各类事故死亡人数情况看，全年有 7 个月同比下降，占全年 66.7%，其中 2 月份下降最多，下降近 500 人。

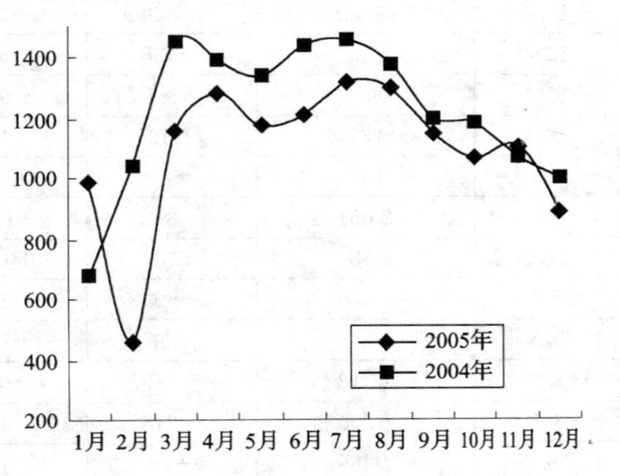

图 1.1.32　各类事故起数分月对比图

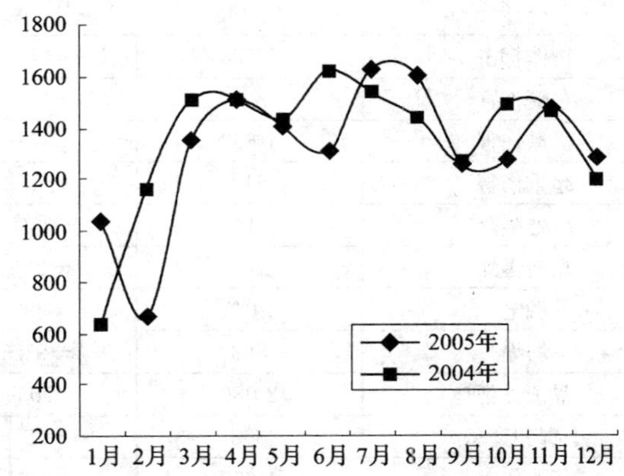

图 1.1.33　各类事故死亡人数分月对比图

2. 事故环比呈波动性变化趋势。从全年各月的事故情况看，工矿商贸企业事故时间性、季节性变化明显。

一是 2 月份事故较少。2 月份共发生 456 起事故，死亡 664 人，事故起数和死亡人数分别比各月平均事故起数和死亡人数减少 639 起、658 人。2 月份伤亡事故较少的主要原因是“春节”期间大部分工矿商贸企业停产停业。

二是 4 月、7 月、8 月和 11 月份事故多发。4 月、7 月、8 月和 11 月份为全年四个事故高峰月，其中 7 月、8 月份事故起数和死亡人数最多，四个月共发生事故 5 013 起，死亡 6 256 人，分别占全年的 38.2%和 39.4%。

三是春夏两季是事故多发期。春夏两季共发生事故 7 462 起，死亡 8 835 人，分别占全年的 57.0%和 56.0%。

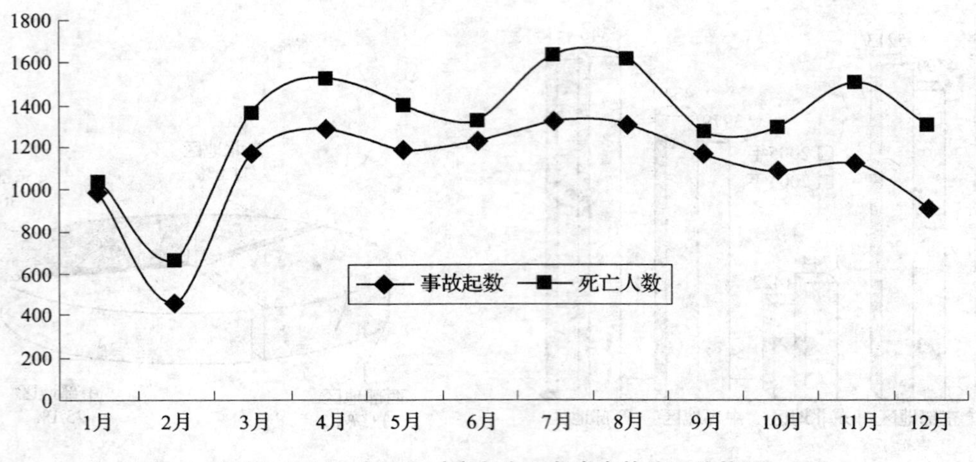

图 1.1.34　全国工矿商贸企业各类事故分月趋势图

从事故类型看，除瓦斯爆炸事故、起重伤害事故和坍塌事故死亡人数上升外，其他类型事故同比均有所下降（各类型事故情况见表 1.1.12）。

表 1.1.12　　2005 年工矿商贸企业各类事故情况表

	事故起数	同比		死亡人数	同比	
		±	±%		±	±%
合计	13 142	－1 562	－10.6	15 868	－629	－3.8
物体打击	1 528	－178	－10.4	1 359	－128	－8.6
车辆伤害	812	－94	－10.4	804	－85	－9.6
机械伤害	1 653	－253	－13.3	982	－15	－1.5
起重伤害	517	－1	－0.2	517	58	12.6
高处坠落	2 142	－389	－15.4	2 051	－312	－13.2
瓦斯爆炸	141	－23	－14.0	1 583	528	50.1
触电	1 043	－59	－5.4	1 076	－44	－3.9
坍塌	866	－91	－9.5	1 278	－98	－7.1
冒顶片帮	2 089	－203	－8.9	2 412	－289	－0.7
中毒和窒息	698	－25	－3.5	1 320	－216	－4.1
其他伤害	1 653	－246	－10.6	2 486	－28	－1.1

在各类型事故中，高处坠落事故起数占 16.3%，死亡人数占 12.9%；冒顶片帮事故起数占 15.9%，死亡人数占 15.2%；瓦斯爆炸事故起数占 1.1%，死亡人数占 10.0%；物体打击事故起数占 11.6%，死亡人数占 8.6%；坍塌事故起数占 6.6%，死亡人数占 8.1%；触电事故起数占 7.9%，死亡人数占 6.8%（各类事故比例见图 1.1.35、图 1.1.36）。

从事故发生原因看：

2005 年，全国工矿商贸企业因技术和设计有缺陷引发事故 299 起，死亡 432 人，同比分别上升 4.6%和下降 23.1%；

因设备设施工具附件有缺陷引发事故 1 136 起，死亡 1 102 人，同比分别下降 3.4%和 7.2%；

因安全设施缺少或有缺陷引发事故 1 403 起，死亡 1 501 人，同比分别下降 15.0%和 17.8%；

因生产场所环境不良引发事故 2 670 起，死亡 3 424 人，同比起数持平，人数上升 0.6%；

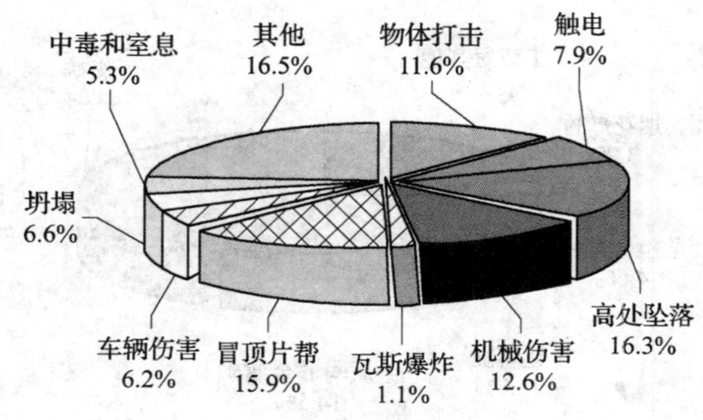

图 1.1.35　各类别事故起数比例图

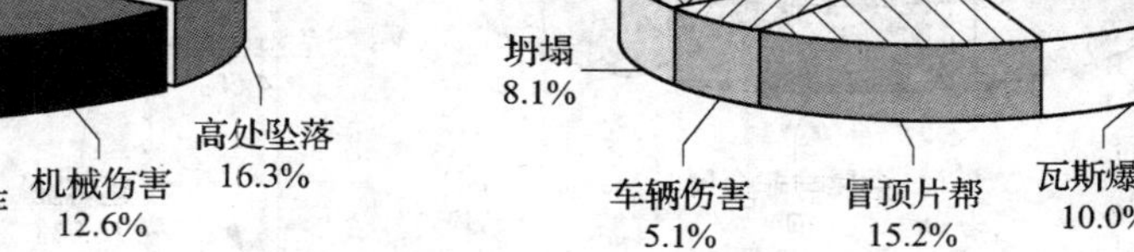

图 1.1.36　各类别事故死亡人数比例图

因个人防护用品缺少或有缺陷引发事故 965 起，死亡 1 062 人，同比分别上升 4.6%和 18.7%；

因没有安全操作规程或不健全引发事故 631 起，死亡 711 人，同比分别下降 5.3%和 6.7%；

因违反操作规程或劳动纪律引发事故 5 041 起，死亡 6 020 人，同比分别下降 15.4%和 8.3%；

因劳动组织不合理发生事故 177 起，死亡 180 人，同比分别下降 26.6%和 25.0%；

因对现场工作缺乏检查或指挥错误发生事故 534 起，死亡 653 人，同比分别下降 14.4%和 15.1%；

因教育培训不够缺乏安全操作知识发生事故 579 起，死亡 572 人，同比分别下降 24.3%和 24.5%。

3. 重大事故情况

2005 年，全国工矿商贸企业共发生一次死亡 3～9 人重大事故 496 起，死亡 2 020 人，同比减少 45 起，减少 144 人，分别下降 8.3%和 6.7%。其中，煤矿企业发生重大事故 208 起，死亡 877 人，同比减少 39 起，减少 208 人，分别下降 15.8%和 19.2%（详见表 1.1.13）。

表 1.1.13　　2005 年工矿商贸企业各类重大事故情况表

	事故起数	同比		死亡人数	同比	
		±	±%		±	±%
合计	496	−45	−8.3	2 020	−144	−6.7
煤矿	208	−39	−15.8	877	−208	−19.2
金属与非金属矿	72	−13	−15.3	293	−7	−2.3
建筑业	85	19	28.8	338	96	39.7
危险化学品	21			92	7	8.2
烟花爆竹	16	−9	−36.0	65	−33	−33.7
工商贸其他	94	−3	−3.1	355	1	0.3

在各类企业重大事故中，煤矿企业事故起数占 41.9%，死亡人数占 43.4%；金属与非金属矿事故起数占 14.5%，死亡人数占 14.5%；建筑业事故起数占 17.1%，死亡人数占 16.7%；危险化学品事故起数占 4.2%，死亡人数占 4.6%；烟花爆竹事故起数占 3.2%，死亡人数占 3.2%（各类事故比例见图 1.1.37、图 1.1.38）。

按国民经济行业分：

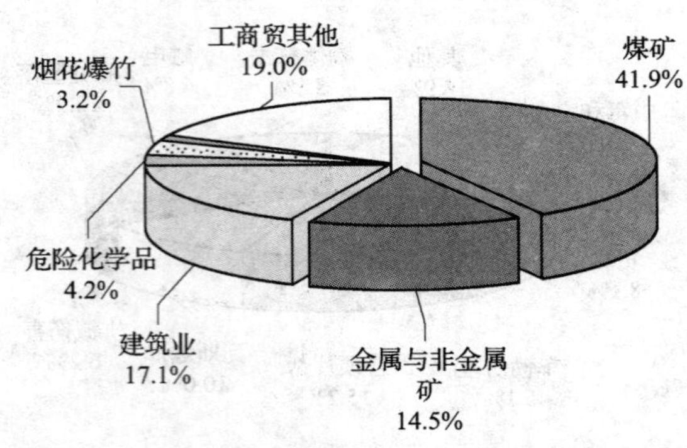

图 1.1.37　高危行业和领域重大事故起数比例图

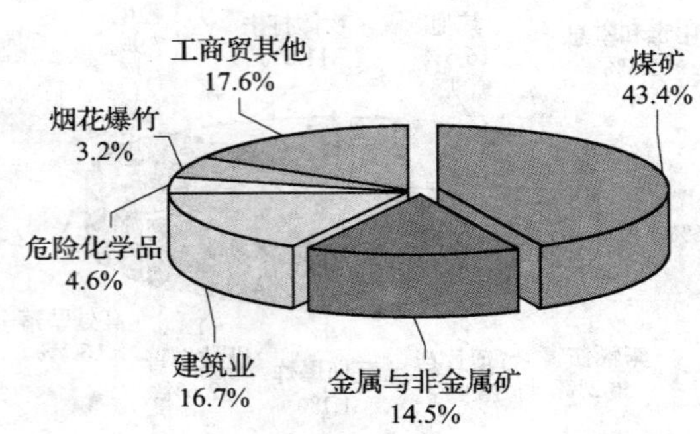

图 1.1.38　高危行业和领域重大死亡人数比例图

采矿业，制造业，住宿和餐饮业，租赁和商务服务业，科学研究、技术服务和地质勘察业，教育等 6 个行业重大事故起数和死亡人数下降，占 30.0%；农、林、牧、渔业，电力、燃气及水的生产和供应业，建筑业，交通运输、仓储和邮政业，房地产业，水利、环境和公共设施管理业，居民服务和其他服务业等 7 个行业重大事故起数和死亡人数上升，占 35.0%。（各行业重大事故情况详见表 1.1.14）。

表 1.1.14　　2005 年工矿商贸企业按国民经济行业分重大事故情况表

	事故起数	同比		死亡人数	同比	
		±	±%		±	±%
合计	496	−45	−8.3	2 020	−144	−6.7
农、林、牧、渔业	6	1	20.0	19	3	18.8
采矿业	280	−52	−15.7	1 170	−215	−15.5
制造业	80	−8	−9.1	329	−5	−1.5
电力、燃气及水的生产和供应业	14	1	7.7	53	7	15.2
建筑业	85	19	28.8	338	96	39.7
交通运输、仓储和邮政业	6	1	20.0	23	6	35.3
公共管理和社会组织						
信息传输、计算机服务和软件业						
批发和零售业	4			14	−2	−12.5
住宿和餐饮业	1	−2	−66.7	7	−3	−30.0
金融业						
房地产业	1			3		
租赁和商务服务业	3	−4	−57.1	11	−17	−60.7
科学研究、技术服务和地质勘察业	2	−1	−33.3	6	−3	−33.3
水利、环境和公共设施管理业	3	1	50.0	11	2	22.2
居民服务和其他服务业	6	2	50.0	20	4	25.0
教育		−2	−100.0		−10	−100.0
卫生、社会保障和社会福利业						
文化、体育和娱乐业						
其他行业	5	−1	−16.7	16	−7	−30.4

在各行业重大事故中，采矿业起数占 56.5%，死亡人数占 57.9%；制造业起数占 16.1%，死亡人数占 16.3%；建筑业起数占 17.1%，死亡人数占 16.7%；电力、燃气及水的生产和供应业起

数占2.8%，死亡人数占2.6%；其他行业起数占7.5%，死亡人数占6.4%（各行业重大事故起数和死亡人数比例详见图1.1.39和图1.1.40）。

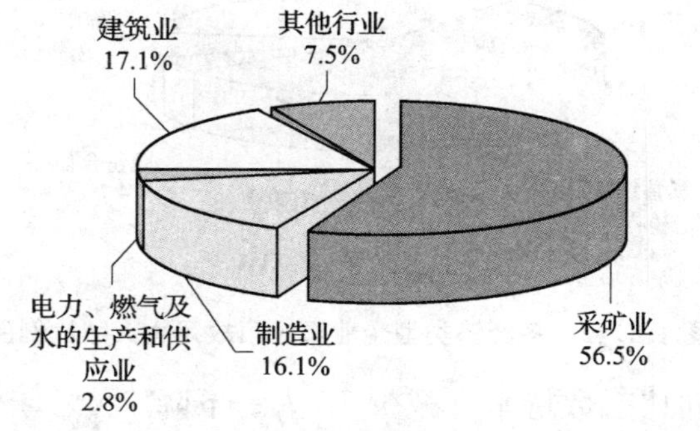

图1.1.39　各行业重大事故起数比例图

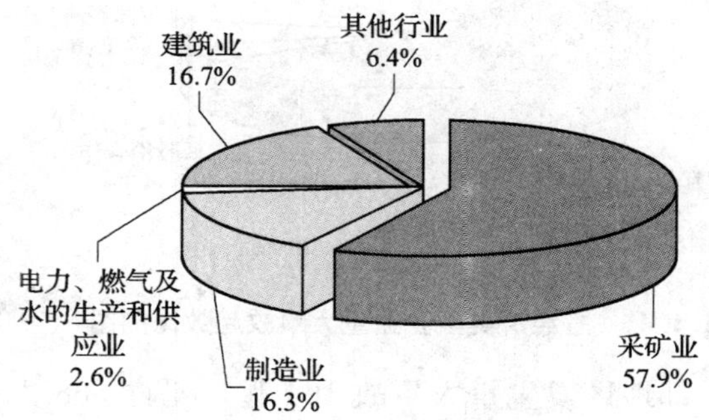

图1.1.40　各行业重大事故死亡人数比例图

按企业经济类型分：

集体经济、联营经济、私营经济企业重大伤亡事故起数和死亡人数同比下降，占30.0%，其他经济类型企业重大伤亡事故起数和死亡人数同比上升，占70.0%（各经济类型企业重大事故起数和死亡人数情况详见表1.1.15）。

表1.1.15　2005年各经济类型企业重大事故情况表

	事故起数	同比		死亡人数	同比	
		±	±%		±	±%
合计	496	−45	−8.3	2 020	−144	−6.7
国有经济	111	8	7.8	468	38	8.8
集体经济	36	−15	−29.4	140	−68	−32.7
股份合作	24	1	4.4	94	11	13.3
联营经济	4	−2	−33.3	18	−4	−18.2
有限责任公司	47	17	56.7	183	75	69.4
股份有限公司	16	2	14.3	59	10	20.4
私营经济	229	−68	−22.9	933	−268	−22.3
港澳台投资	4	3	300.0	15	12	400.0
外商投资	3	1	50.0	15	9	150.0
其他经济	22	8	57.1	95	41	75.9

在各类经济类型企业重大事故中，私营经济事故起数占46.2%，死亡人数占46.2%；国有经济事故起数占22.4%，死亡人数占23.2%，有限责任公司事故起数占9.5%，死亡人数占9.1%；集体经济事故起数占7.3%，死亡人数占6.9%（各经济类型企业重大事故和死亡人数比例见图1.1.41、图1.1.42）。

按经济区域分：

东部地区发生重大事故114起，死亡452人，同比减少20起、33人，分别下降14.9%、6.8%，死亡人数占22.4%；

东北地区发生重大事故37起，死亡172人，同比减少17起、减少63人，分别下降31.5%、26.8%，死亡人数占8.5%；

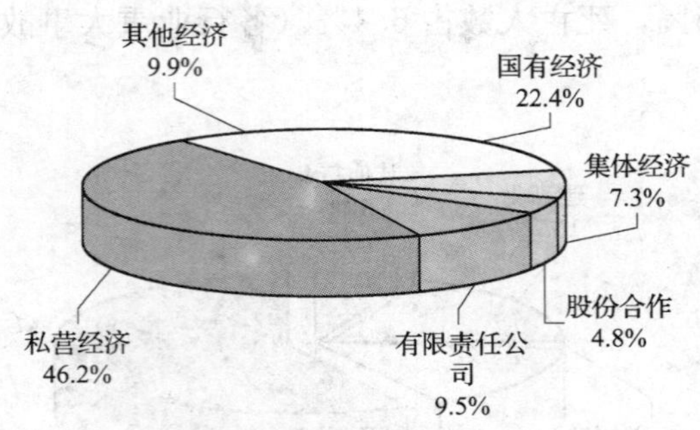

图 1.1.41　各经济类型企业重大事故起数比例图

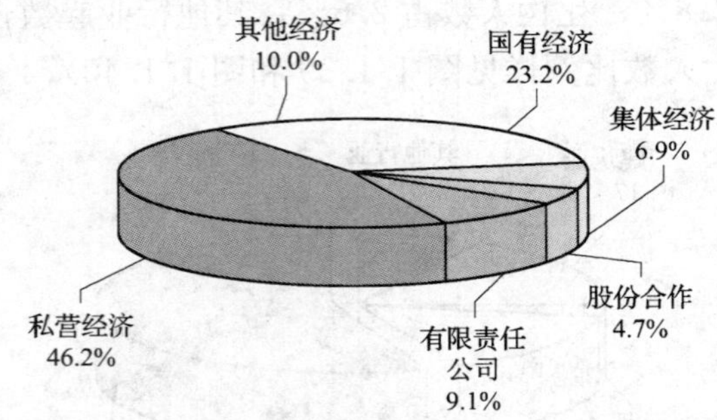

图 1.1.42　各经济类型企业重大事故死亡人数比例图

中部地区发生重大事故 164 起，死亡 668 人，同比起数持平，减少 18 人、下降 2.6%，死亡人数占 33.1%；

西部地区发生重大事故 181 起，死亡 728 人，同比减少 8 起、30 人，分别下降 4.2%、4.0%，死亡人数占 36.0%。

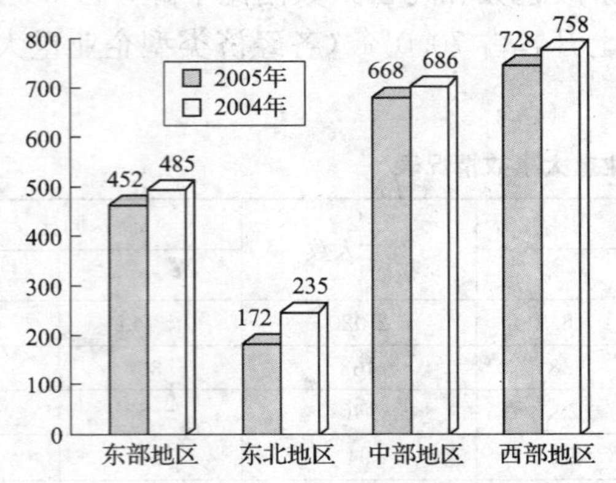

图 1.1.43　各经济区域重大事故死亡人数对比图

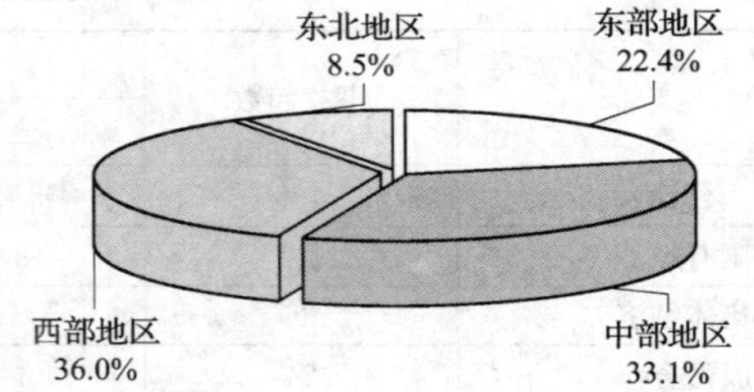

图 1.1.44　各经济区域重大事故死亡人数比例图

按行政区分：

全国 32 个统计单位（省、区、市和新疆兵团）中，有 15 个单位重大事故起数和死亡人数同比下降，占 46.9%；有 10 个单位重大事故起数同比上升或持平，占 31.3%；有 13 个单位重大事故死亡人数同比上升或持平，占 40.6%；海南省没有发生一次死亡 3 人以上事故；事故多发的有河北、山西、辽宁、浙江、河南、湖南、广东、四川、贵州、云南和甘肃，占 34.4%（详见表 1.1.16）。

表 1.1.16　　2005 年全国工矿商贸企业重大事故分地区情况表

地区	事故起数	同比		死亡人数	同比		地区	事故起数	同比		死亡人数	同比	
		±	±%		±	±%			±	±%		±	±%
合计	496	−45	−8.3	2 020	−144	−6.7	河南	27	−3	−10.0	106	−19	−15.2
北京	3	−2	−40.0	20	3	17.7	湖北	18	5	38.5	62	21	51.2
天津	6	3	100.0	24	13	118.2	湖南	45	−3	−6.3	189	−10	−5.0
河北	24	3	14.3	105	29	38.2	广东	20	−8	−28.6	76	−31	−29.0
山西	30	−9	−23.1	127	−38	−23.0	广西	7	−3	−300.0	23	−13	−36.1
内蒙古	16	12	300.0	68	50	277.8	海南		−3	−100.0		−11	−100.0
辽宁	21	−11	−34.4	92	−32	−25.8	四川	20	−23	−53.5	100	−66	−39.8

续表

地区	事故起数	同比		死亡人数	同比		地区	事故起数	同比		死亡人数	同比	
		±	±%		±	±%			±	±%		±	±%
吉林	8	−5	−38.5	41	−14	−25.5	贵州	51	−12	−19.1	216	−32	−12.9
黑龙江	8	−1	−11.1	39	−17	−30.4	云南	35	10	40.0	138	33	31.4
上海	3	−2	−40.0	11	−5	−31.3	西藏	2	−1	−33.3	6	−5	−45.5
江苏	9	−7	−43.8	38	−16	−29.6	重庆	19	−1	−5.0	73	−12	−14.1
浙江	20			63	−7	−10.0	陕西	12	4	50.0	47	14	42.4
安徽	15	11	275.0	62	49	376.9	甘肃	20	10	100.0	67	27	67.5
福建	7		.	25	4	19.1	青海	3	−1	−25.0	15		
江西	13	−13	−50.0	54	−71	−56.8	宁夏	7	6	600.0	26	22	550.0
山东	15	−1	−6.3	67	1	1.5	新疆	11			37	−8	−17.8
							新疆兵团	1			3	−3	−50.0

从事故类别情况看：除重大火药爆炸事故起数和死亡人数同比分别有所上升外，其他类型事故均有所下降（详见表 1.1.17）。

表 1.1.17　　2005 年工矿商贸企业重大事故情况表

	事故起数	同比		死亡人数	同比	
		±	±%		±	±%
合计	496	−45	−8.3	2 020	−144	−6.7
坍塌	77	−19	−19.8	31 7	−31	−8.9
冒顶片帮	42	−21	−33.3	143	−100	−41.2
透水	35	−3	−7.9	167	−12	−6.7
火药爆炸	29	1	3.6	124	14	12.7
瓦斯爆炸	59	−14	−19.2	287	−51	−15.1
中毒和窒息	118	−1	−0.8	452	−24	−5.0
其他伤害	136	2	1.5	530	60	12.8

从各类型重大事故比例看，重大中毒和窒息事故多发，事故起数占 23.8%，死亡人数占 22.4%；其次是瓦斯爆炸事故，起数占 11.9%，死亡人数占 14.2%（各类型重大事故比例详见图 1.1.45、图 1.1.46）。

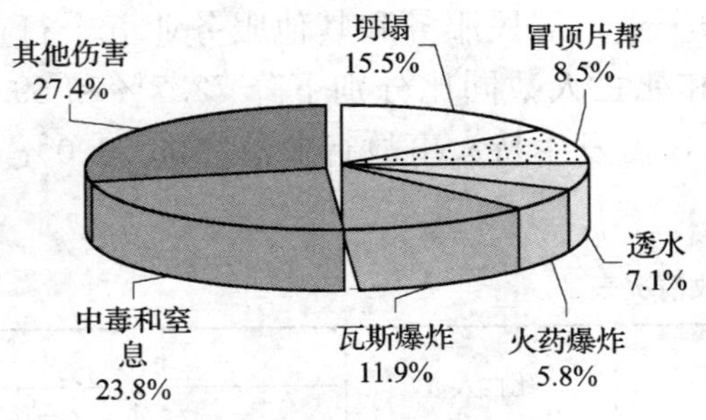

图 1.1.45　各类重大事故起数比例图

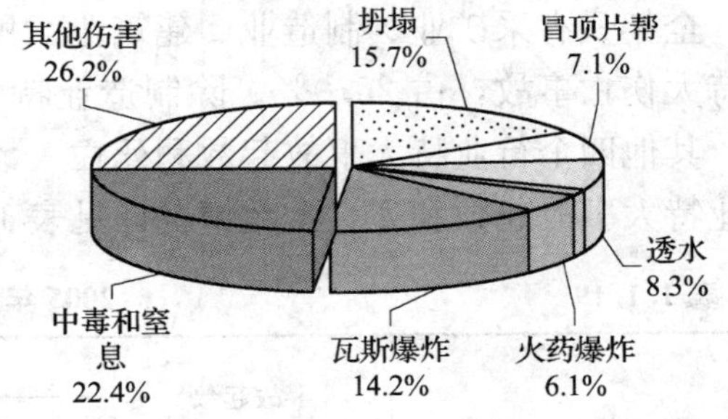

图 1.1.46　各类重大事故死亡人数比例图

4. 特大事故情况

2005 年，全国工矿商贸企业共发生一次死亡 10 人以上特大事故 68 起，死亡 1 942 人，同比增加8起，增加595人，分别上升13.3%和44.2%。其中一次死亡30人以上特别重大事故13起，死亡1 042人，同比增加3起，增加412人，分别上升30.0%和65.4%。工矿商贸企业中，煤矿企业特大事故58起，死亡1 739人，同比增加15起，增加695人，分别上升34.9%和66.6%。其中一次死亡30人以上特别重大事故11起，死亡961人，同比增加3起，增加438人，分别上升37.5%和83.8%（详见表1.1.18）

表1.1.18　　2005年工矿商贸企业特大事故情况表

	事故起数	同比		死亡人数	同比	
		±	±%		±	±%
合计	68	8	13.3	1 942	595	44.2
煤矿	58	15	34.9	1 739	695	66.6
金属与非金属矿	1	−3	−75.0	37	−69	−65.1
建筑业	3	2	200.0	74	53	252.4
危险化学品		−1	−100.0		−11	−100.0
烟花爆竹	2	−5	−71.4	39	−73	−65.2
工商贸其他	4			53		

从各类型企业特大事故比例看，煤矿特大事故多发，起数占85.3%，死亡人数占89.5%；其次是建筑行业，事故起数占4.4%，死亡人数占3.8%（各类特大事故起数和死亡人数详见图1.1.47和图1.1.48）。

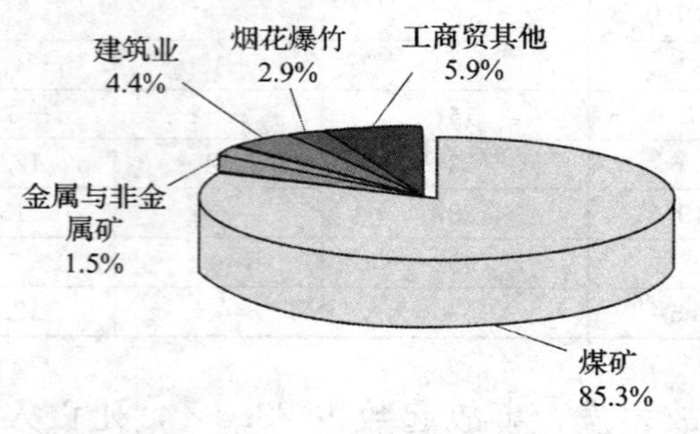

图1.1.47　高危行业和领域特大事故起数比例图

建筑业
3.8%
烟花爆竹
2.0%
工商贸其他
2.7%
金属与非金
属矿
1.9%
煤矿
89.5%

图1.1.48　高危行业和领域特大事故死亡人数比例图

按国民经济行业分：

全年只有采矿业、制造业、建筑业、租赁和商务服务业、居民服务和其他服务业五个行业发生特大伤亡事故，占25.0%。除制造业特大事故起数和死亡人数同比分别下降72.7%和69.6%外，其他四个行业特大事故起数和死亡人数同比均上升，占发生特大事故行业总体的80.0%（各行业特大事故起数和死亡人数情况详见表1.1.19）。

表1.1.19　　2005年各行业重大事故情况表

	事故起数	同比		死亡人数	同比	
		±	±%		±	±%
合计	68	8	13.3	1 942	595	44.2
采矿业	59	12	25.5	1 776	626	54.4
制造业	3	−8	−72.7	49	−112	−69.6

续表

	事故起数	同比		死亡人数	同比	
		±	±%		±	±%
建筑业	3	2	200.0	74	53	252.4
租赁和商务服务业	2	2		24	24	
居民服务和其他服务业	1	1		19	19	

在各行业特大事故中，采矿业居第一位，其次是制造业和建筑业（各行业特大事故起数和死亡人数比例详见图 1.1.49 和图 1.1.50）。

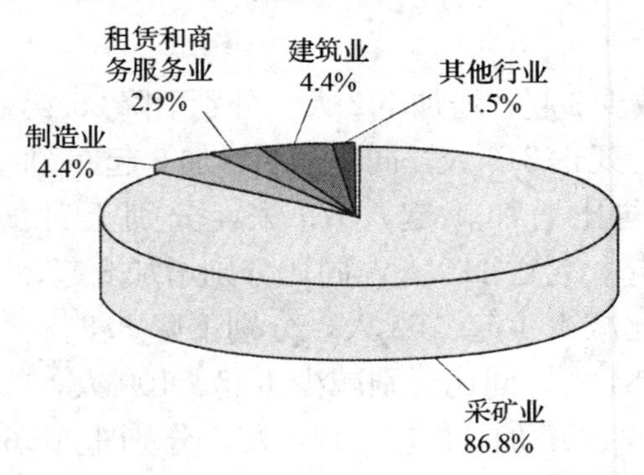

图 1.1.49　各行业特大事故起数比例图

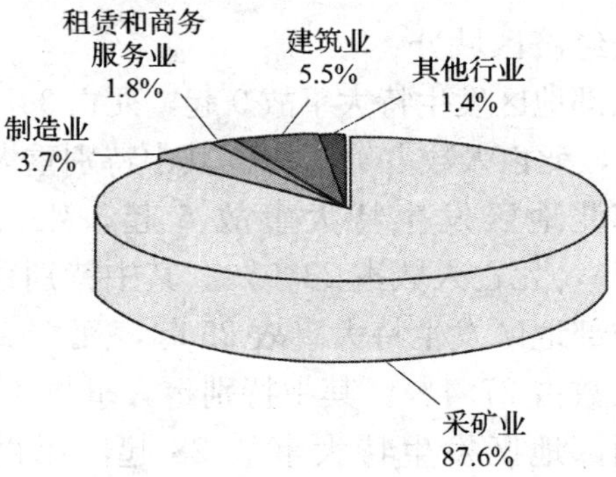

图 1.1.50　各行业特大事故死亡人数比例图

按企业经济类型分：

全年只有国有经济、集体经济、联营经济、股份有限公司、私营经济和其他经济企业发生特大事故，占 75.0%。其中，国有经济、集体经济、联营经济和其他经济企业特大事故起数和死亡人数同比分别上升，股份有限公司特大事故起数持平、死亡人数下降，有限责任公司特大事故起数和死亡人数下降。（各经济类型企业特大事故起数和死亡人数详见表 1.1.20）。

表 1.1.20　　2005 年工矿商贸企业各经济类型特大事故情况表

	事故起数	同比		死亡人数	同比	
		±	±%		±	±%
合计	68	8	13.3	1 942	595	44.2
国有经济	14	1	7.7	626	120	23.7
集体经济	5			123	14	12.8
股份合作		−1	−100.0		−13	−100.0
联营经济	1	1		13	13	
有限责任公司		−1	−100.0		−13	−100.0
股份有限公司	1			10	−1	−9.1
私营经济	45	7	18.4	1 146	464	68.0
港澳台投资						
外商投资						
其他经济	2	1	100.0	24	11	84.6

在各类经济类型企业特大事故中，私营经济企业特大事故多发，其次是国有经济企业（各经济类型企业特大事故起数及死亡人数比例详见图 1.1.51、图 1.1.52）。

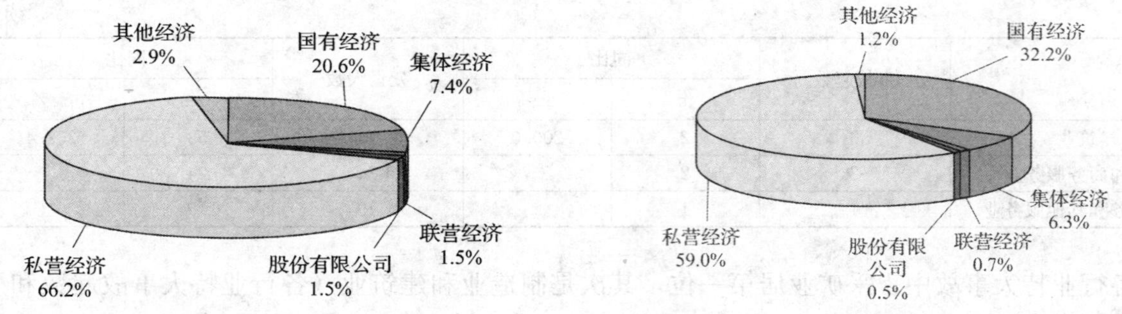

图 1.1.51　各经济类型企业特大事故起数比例图　　**图 1.1.52　各经济类型企业特大事故死亡人数比例图**

按经济区域分：

东部地区发生特大事故 9 起，死亡 387 人，同比减少 3 起、增加 142 人，分别下降 25.0%、上升 58.0%，死亡人数占 19.9%。其中特别重大事故 4 起、死亡 316 人，同比分别增加 2 起、209 人；

东北地区发生特大事故 6 起，死亡 464 人，同比增加 1 起、379 人，分别上升 20.0%、445.9%，死亡人数占 23.9%。其中特别重大事故 3 起、死亡 415 人，同比分别增加 2 起、378 人；

中部地区发生特大事故 25 起，死亡 532 人，同比减少 1 起、53 人，分别下降 3.8%、9.1%，死亡人数占 27.4%。其中特别重大事故 4 起、死亡 184 人，同比分别减少 1 起、100 人；

西部地区发生特大事故 28 起，死亡 559 人，同比增加 11 起、127 人，分别上升 64.7%、29.4%，死亡人数占 28.8%。其中特别重大事故 2 起、死亡 127 人，同比起数持平、减少 75 人。

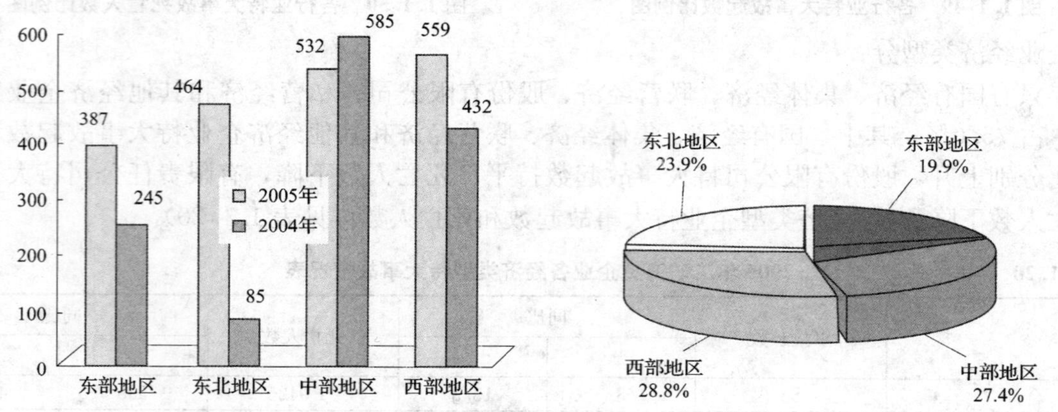

图 1.1.53　各经济区域特大事故死亡人数对比图　　**图 1.1.54　各经济区域特大事故死亡人数比例图**

按行政区分：

全国 32 个统计单位（省、区、市和新疆兵团）中，有 6 个单位事故起数和死亡人数同比下降，占 18.8%；有 8 个单位事故起数和死亡人数同比上升，占 25.0%；有 15 个单位没有发生一次死亡 10 人以上特大事故，占 46.9%，分别是北京、天津、上海、江苏、浙江、安徽、山东、湖北、广西、海南、西藏、甘肃、青海、宁夏和新疆兵团，事故多发的单位分别是河北、山西、河南和贵州，共发生 34 起特大事故，占 50.0%（详见表 1.1.21）。

从特大事故发生时段看：

从月度情况看，6 月份特大事故最少，发生 1 起，4 月、11 月特大事故多发，分别发生 9 起和 8 起，合计占全年特大事故总起数的 25.0%。2 月、11 月特大事故死亡人数较多，分别死亡 251 人和 304 人，占全年特大事故总死亡人数的 28.6%；从季度情况看，3、4 季度事故多发，分别发

表 1.1.21　　**2005 年全国工矿商贸企业特大事故分地区情况表**

	一次死亡 10 人以上						一次死亡 30 人以上					
	本期		同期对比				本期		同期对比			
	起数	死亡人数	起数		死亡人数		起数	死亡人数	起数		死亡人数	
			+，−	+−%	+，−	+−%			+，−	+−%	+，−	+−%
合计	68	1 942	8	13.3	595	44.2	13	1 042	3	30.0	412	65.4
北京			−1	−100.0	−10	−100.0						
天津												
河北	6	240	1	20.0	101	72.7	3	195	2	200.0	125	178.6
山西	12	286	2	20.0	71	33.0	2	108	−1	−33.3	6	5.9
内蒙古	3	40	200	25	166.7							
辽宁	1	214			199	1 326.7	1	214	1		214	
吉林	2	46	1	100.0	35	318.2	1	30	1		30	
黑龙江	3	204			145	245.8	1	171			134	362.2
上海												
江苏												
浙江												
安徽												
福建	1	10			−1	−9.1						
江西	2	25	1	100.0	9	56.3						
山东			−3	−100.0	−36	−100.0						
河南	5	126	1	25.0	−92	−42.2	2	76			−106	−58.2
湖北			−1	−100.0	−11	−100.0						
湖南	3	55	−6	−66.7	−55	−50.0						
广东	2	137	1	100.0	125	1041.7	1	121	1		121	
广西			−1	−100.0	−37	−100.0			−1	−100.0	−37	−100.0
海南												
四川	3	93			46	97.9	1	44	1		44	
贵州	11	155	2	22.2	−1	−0.6			−1	−100.0	−36	−100.0
云南	4	65	3	300.0	55	550.0						
西藏												
重庆	4	73	3	300.0	60	461.5						
陕西	3	60	1	50.0	−129	−68.3			−1	−100.0	−166	−100.0
甘肃			−1	−100.0	−17	−100.0						
青海												
宁夏												
新疆												
新疆兵团												

生 21 起和 20 起，高于全年季度平均 4 起和 3 起；从年度情况看，下半年特大事故多发，共发生特大事故 41 起，占全年的 60%，是上半年的 1.5 倍多。

（二）煤矿伤亡事故情况

1. 伤亡事故总体情况

1. 1 各类企业伤亡事故情况

2005 年，全国煤矿企业共发生伤亡事故 3 306 起，死亡 5 938 人，同比减少 335 起，减少 89 人，

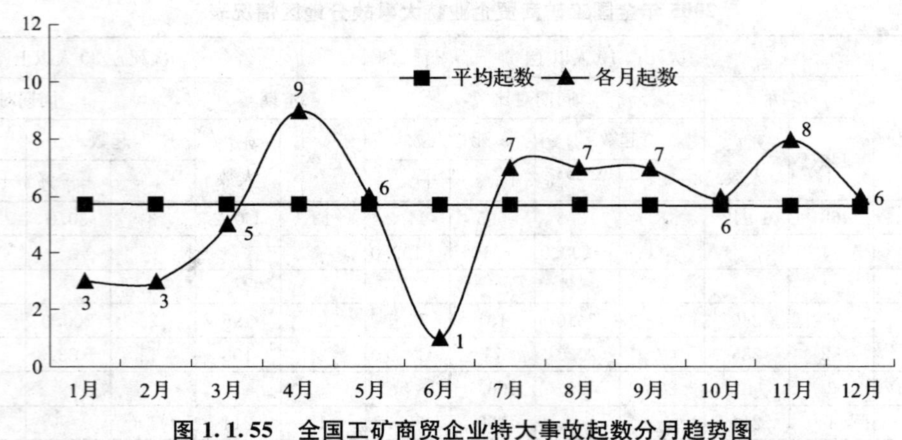

图 1.1.55　全国工矿商贸企业特大事故起数分月趋势图

分别下降 9.2%和 1.5%。在三类煤矿中，国有地方煤矿伤亡事故同比下降，国有重点和乡镇煤矿伤亡事故同比上升（各类煤矿事故见表 1.1.22）。

表 1.1.22　　2005 年全国各类煤矿事故情况表

	事故起数	同比		死亡人数	同比	
		±	±%		±	±%
合计	3 306	−335	−9.2	5 938	−89	−1.5
国有重点	416	−11	−2.6	984	130	15.2
国有地方	410	−185	−31.1	570	−246	−30.2
乡镇煤矿	2 480	−139	−5.3	4 384	27	0.6

在三类煤矿事故中，国有重点煤矿事故起数占 12.6%，死亡人数占 16.6%；国有地方煤矿事故起数占 12.4%，死亡人数占 9.6%；乡镇煤矿事故起数占 75.0%，死亡人数占 73.8%（各类煤矿事故起数和死亡人数比例详见图 1.1.56、图 1.1.57）。

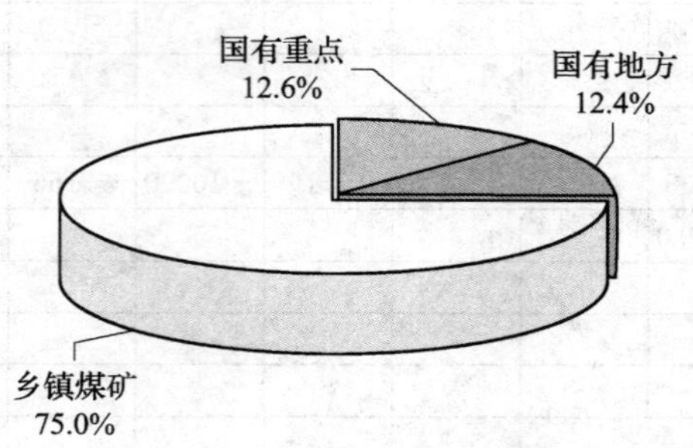

图 1.1.56　全国三类煤矿事故起数比例图

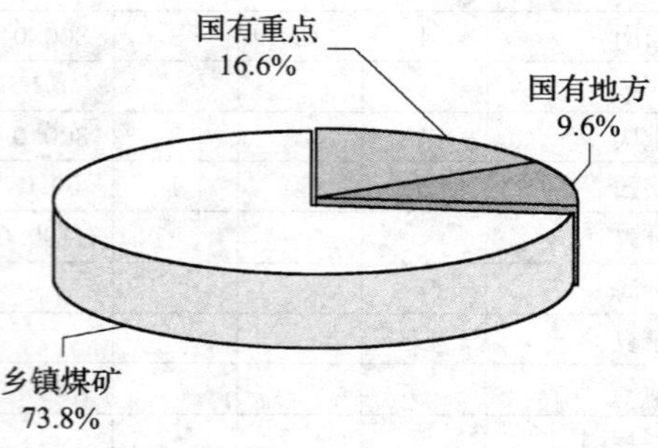

图 1.1.57　全国三类煤矿死亡人数比例图

1. 2 地区伤亡事故情况

全国 28 个产煤省（区、市）和新疆兵团中，有 14 个单位事故起数和死亡人数同比下降，占 48.3%；有 5 个单位事故起数和死亡人数同比上升，占 17.3%；有 7 个单位事故起数下降、死亡人数上升；有 2 个单位事故起数上升、死亡人数下降。贵州、四川、湖南、重庆、山西、黑龙江、陕西、云南和吉林 9 个省（市）伤亡事故多发，共发生 2 386 起，占全年的 72.2%（详见表 1.1.23）。

表 1.1.23　　2005 年全国煤矿事故分地区情况表

地区	事故起数	同比		死亡人数	同比		地区	事故起数	同比		死亡人数	同比	
		±	±%		±	±%			±	±%		±	±%
合计	3 306	−335	−9.2	5 938	−89	−1.5	湖北	109	−5	−4.4	129	−10	−7.2
北京	11	−10	−47.6	13	−20	−60.6	湖南	340	−18	−5.0	510	−34	−6.3
河北	66	−19	−22.4	315	169	115.8	广东	31	−37	−54.4	174	66	61.1
山西	165	−19	−10.3	492	7	1.4	广西	20	−4	−16.7	23	2	9.5
内蒙古	56	−13	−18.8	131	32	32.3	四川	423	−29	−6.4	532	−30	−5.3
辽宁	81	−49	−37.7	321	100	45.3	贵州	521	−57	−9.9	837	−93	−10.0
吉林	136	12	9.7	212	39	22.5	云南	165	−63	−27.6	265	−45	−14.5
黑龙江	152	74	94.9	398	220	123.6	西藏	1	1		3	3	
江苏	18	−4	−18.2	7	−5	−41.7	重庆	349	7	2.1	455	36	8.6
浙江	11	3	37.5	16	6	60.0	陕西	135	36	36.4	216	−83	−27.8
安徽	58	−20	−25.6	77	−8	−9.4	甘肃	35	−26	−42.6	48	−61	−56.0
福建	77	−7	−8.3	95	−8	−7.8	青海	12	−2	−14.3	12	−9	−42.9
江西	70	−23	−24.7	138	−31	−18.3	宁夏	42	1	2.4	29	−3	−9.4
山东	44	−6	−12.0	42	−9	−17.7	新疆	98	−3	−3.0	225	94	71.8
河南	69	−59	−46.1	210	−170	−44.7	新疆兵团	11	1	10.0	13		

1.3　各类型事故情况

在全国煤矿各类型事故中，瓦斯和水害事故死亡人数，机电事故起数和死亡人数上升，其他类型事故均有所下降。

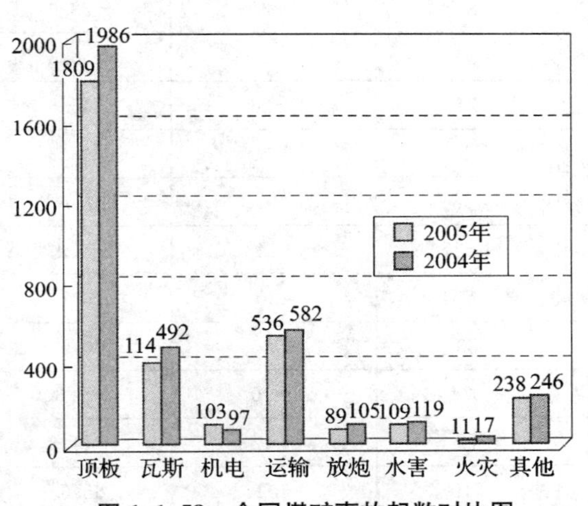

图 1.1.58　全国煤矿事故起数对比图

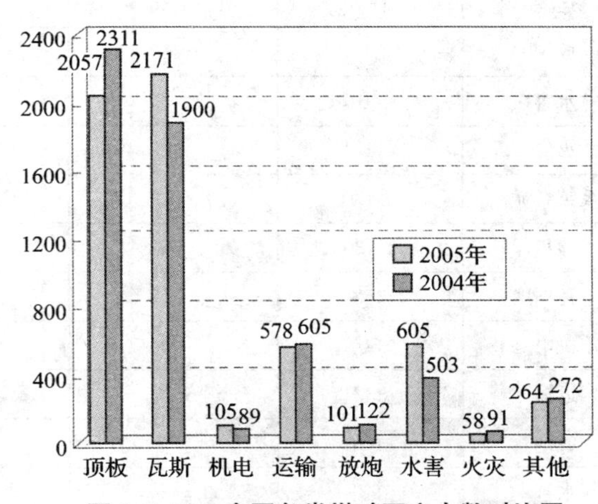

图 1.1.59　全国各类煤矿死亡人数对比图

在三类煤矿中，国有重点煤矿顶板事故和机电事故有所下降，瓦斯、水害、运输事故死亡人数上升，放炮事故起数和死亡人数上升；国有地方煤矿除机电事故有所上升，其他事故起数和死亡人数均下降；乡镇煤矿机电事故起数和死亡人数上升，瓦斯和水害事故起数下降、死亡人数上升，其他事故均下降（全国及三类煤矿各类型事故详见表 1.1.24）。

表 1.1.24　　2005 年全国三类煤矿各类事故情况表

	事故起数	同比		死亡人数	同比	
		±	±%		±	±%
合计	3 306	−335	−9.2	5 938	−89	−1.5
顶板	1 805	−180	−9.1	2 058	−251	−10.9
瓦斯	414	−78	−15.9	2 171	271	14.3
机电	105	8	8.2	105	16	18.0
运输	536	−46	−7.9	578	−27	−4.5
放炮	89	−16	−15.2	101	−21	−17.2
水害	109	−9	−7.6	605	248	69.5
火灾	11	−6	−35.3	58	−33	−36.3
国有重点	416	−11	−2.6	984	130	15.2
顶板	166	−4	−2.4	185	−4	−2.1
瓦斯	19	−6	−24	518	81	18.5
机电	35	−4	−10.3	31	−2	−6.1
运输	125	−1	−0.8	115	10	9.5
放炮	17	1	6.3	19	5	35.7
水害	7	−1	−12.5	64	36	128.6
国有地方	410	−185	−31.1	570	−246	−30.2
顶板	208	−115	−35.6	255	−107	−29.6
瓦斯	42	−2	−4.5	119	−30	−20.1
机电	20	5	33.3	21	9	75
运输	78	−33	−29.7	89	−27	−23.3
放炮	9	−10	−52.6	10	−14	−58.3
水害	10	−3	−23.1	31	−26	−45.6
火灾	1	−5	−83.3	1	−29	−96.7
乡镇煤矿	2 480	−139	−5.3	4 384	27	0.6
顶板	1 430	−63	−4.2	1 617	−143	−8.1
瓦斯	353	−70	−16.5	1 534	220	16.7
机电	50	7	16.3	53	9	20.5
运输	333	−12	−3.5	374	−10	−2.6
放炮	63	−7	−10.0	72	−12	−14.3
水害	92	−6	−6.1	510	202	65.6
火灾	10	−1	−9.1	57	−4	−6.6

在全国煤矿各类型事故中，事故起数居第一位的是顶板事故，占 54.6%，其次是瓦斯事故，占 12.5%。死亡人数居第一位的是瓦斯事故，占 36.6%，其次是顶板事故，占 34.7%（各类型事故起数和死亡人数比例详见图 1.1.60、图1.1.61）。

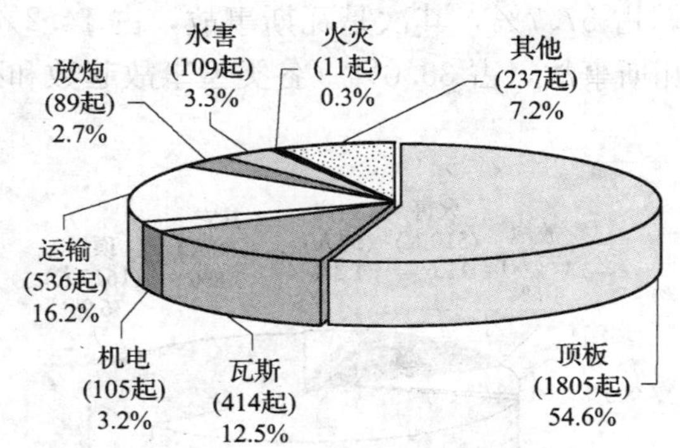

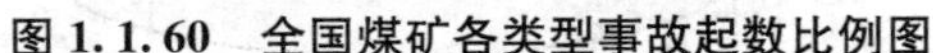
图 1.1.60　全国煤矿各类型事故起数比例图

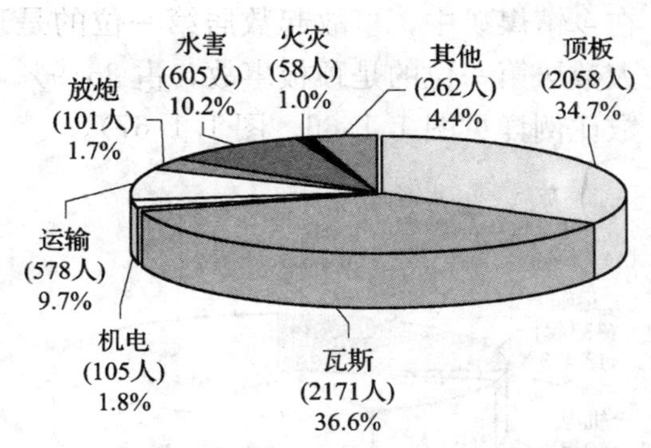

图 1.1.61　全国煤矿各类型事故死亡人数比例图

在国有重点煤矿中，事故起数居第一位的是顶板事故，占 40.2%，其次是运输事故，占 30.3%。死亡人数居第一位的是瓦斯事故，占 52.6%，其次是顶板事故，占 18.8%（各类型事故起数和死亡人数比例详见图 1.1.62、图 1.1.63）。

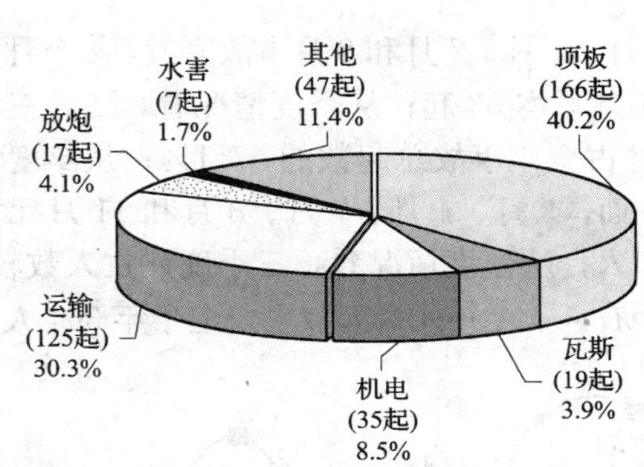

图 1.1.62　国有重点煤矿各类型事故起数比例图

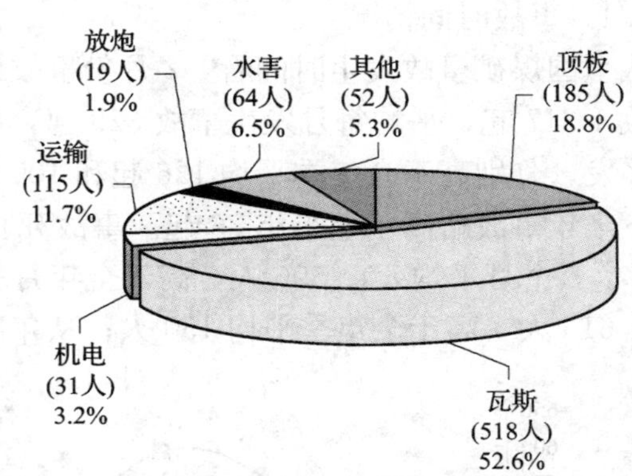

图 1.1.63　国有重点煤矿各类型事故死亡人数比例图

在地方国有煤矿中，事故起数居第一位的是顶板事故，占 50.7%，其次是运输事故，占 19.0%。死亡人数居第一位的是顶板事故，占 44.7%，其次是瓦斯事故，占 20.9%（各类型事故起数和死亡人数比例详见图 1.1.64、图 1.1.65）。

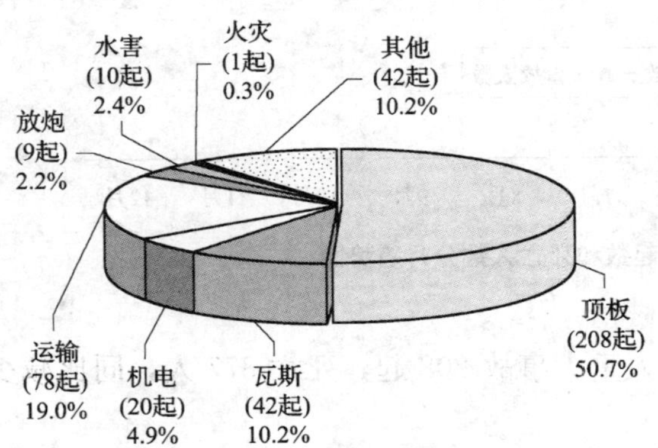

图 1.1.64　国有地方煤矿各类型事故起数比例图

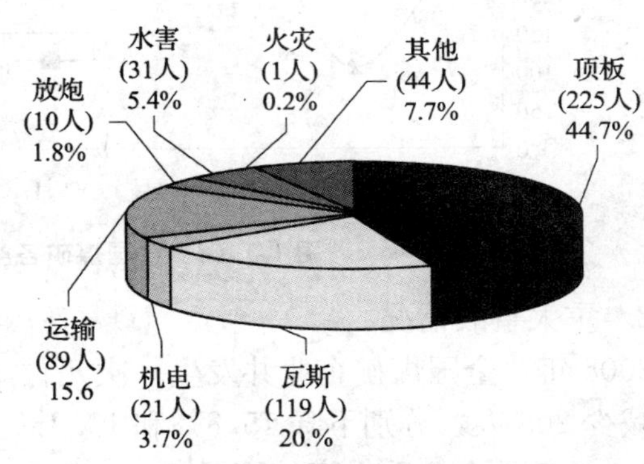

图 1.1.65　国有地方煤矿各类型事故死亡人数比例图

在乡镇煤矿中，事故起数居第一位的是顶板事故，占57.7%，其次是瓦斯事故，占14.2%。死亡人数居第一位的是顶板事故，占36.9%，其次是瓦斯事故，占35.0%（各类型事故起数和死亡人数比例详见图1.1.66、图1.1.67）。

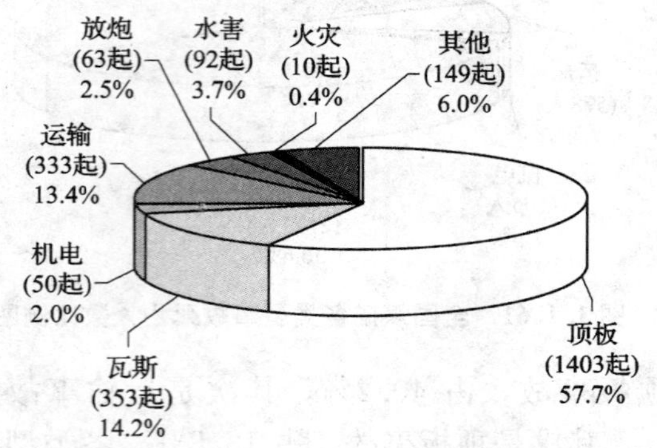

图1.1.66　乡镇煤矿各类型事故起数比例图

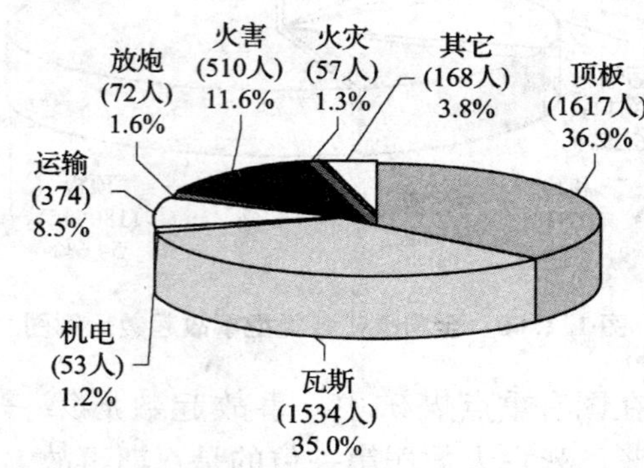

图1.1.67　乡镇煤矿各类型事故死亡人数比例图

1.4　事故时间情况

从全国煤矿事故发生时间看，2月份事故最少，3月、4月、7月和8月事故多发，4个月共发生事故1 317起，平均每月发生事故329起，高于全年月平均53起；从季度情况看，二、三季度事故多发，分别高于全年季平均126起和109起，合计占全年事故总起数的57.1%；从年度情况看，下半年事故略高于上半年76起。事故死亡人数方面，3月、4月、7月、8月和11月死亡人数较多，5个月平均死亡596人，高于全年月平均101人；从季度情况看，三季度死亡人数较多，死亡1 615人，高于全年季平均150人；从年度情况年看，下半年死亡人数多于上半年364人。

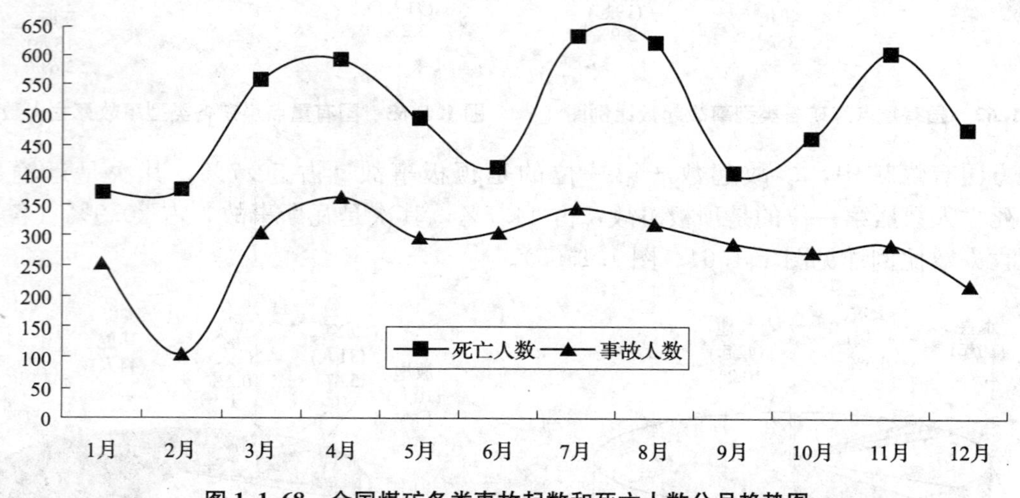

图1.1.68　全国煤矿各类事故起数和死亡人数分月趋势图

2. 重大事故情况

2005年，全国煤矿企业共发生一次死亡3～9人重大事故208起，死亡877人，同比减少39起，减少208人，分别下降15.8%和19.2%。

2.1　各类企业重大事故情况

在三类煤矿中，国有重点煤矿事故起数略有上升，死亡人数有所下降；国有地方和乡镇煤矿事故起数和死亡人数均有所下降（详见表1.1.25）。

表 1.1.25　　2005 年全国各类煤矿重大事故情况表

	事故起数	同比		死亡人数	同比	
		±	±%		±	±%
合计	208	−39	−15.8	877	−208	−19.2
国有重点	19	1	5.6	84	−3	−3.4
国有地方	30	−2	−6.3	133	−8	−5.7
乡镇煤矿	159	−38	−19.3	660	−197	−23.0

在全国煤矿重大事故中，国有重点煤矿事故起数占 9.1%，死亡人数占 9.6%；国有地方煤矿事故起数占 14.4%，死亡人数占 15.2%；乡镇煤矿事故起数占 76.4%，死亡人数占 75.3%（各类煤矿重大事故起数和死亡人数比例详见图 1.1.69、图 1.1.70）。

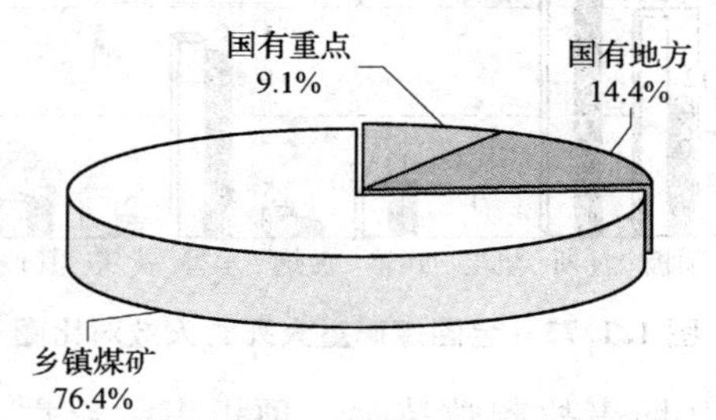

图 1.1.69　全国各类煤矿重大事故起数比例图

国有重点
9.6%
国有地方
15.2%
乡镇煤矿
75.3%

图 1.1.70　全国各类煤矿重大事故死亡人数比例图

2.2　地区重大事故情况

全国 28 个产煤（省、区）和新疆兵团中，有 16 个单位事故起数和死亡人数同比下降，占 55.2%；有 8 个单位事故起数和死亡人数同比上升，占 27.6%；北京、江苏、山东和青海 4 个省（市）没有发生重大事故。其中，河北、山西、江西、湖南、贵州、云南和重庆 7 个省（市）重大事故多发，共发生重大事故 139 起，占全国煤矿重大事故总起数的 66.8%（详见表 1.1.26）。

表 1.1.26　　2005 年全国煤矿重大事故分地区情况表

地区	事故起数	同比		死亡人数	同比		地区	事故起数	同比		死亡人数	同比	
		±	±%		±	±%			±	±%		±	±%
合计	208	−39	−15.8	877	−208	−19.2	湖北	4	−1	−20.0	13	−3	−18.8
北京		−1	−100.0		−3	−100.0	湖南	25	−4	−13.8	107	−18	−14.4
河北	11	5	83.3	56	34	154.6	广东	1	−9	−90.0	3	−39	−92.9
山西	21	−1	−4.6	87	−11	−11.2	广西	1	1		3	3	
内蒙古	9	8	800.0	34	28	466.7	四川	9	−8	−47.1	41	−23	−35.9
辽宁	4	−14	−77.8	23	−56	−70.9	贵州	43	−6	−12.2	180	−23	−11.3
吉林	6	−2	−25.0	28	−8	−22.2	云南	17	6	54.6	71	18	34.0
黑龙江	4	−2	−33.3	27	−15	−35.7	西藏	1	1		3	3	
江苏		−1	−100.0		−4	−100.0	重庆	12	2	20.0	45		
浙江	2	2		7	7		陕西	4	4		17	17	
安徽	5	5		21	21		甘肃	3	−5	−62.5	11	−22	−66.7
福建	2			6			青海		−2	−100.0		−8	−100.0
江西	10	−4	−28.6	43	−31	−41.9	宁夏	1			3	−1	−25.0
山东		−2	−100.0		−8	−100.0	新疆	5			17	−8	−32.0
河南	7	−11	−61.1	28	−55	−66.3	新疆兵团	1			3	−3	−50.0

2.3 各类型重大事故情况

在全国煤矿各类型重大事故中，除运输重大事故起数和死亡人数上升，其他类型重大事故起数和死亡人数均有所下降。

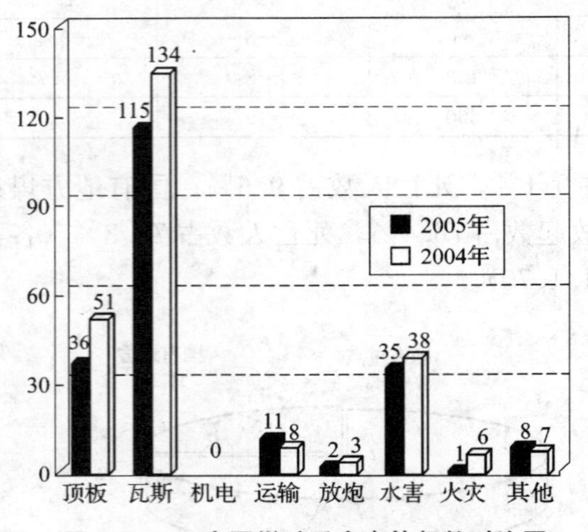

图 1.1.71 全国煤矿重大事故起数对比图

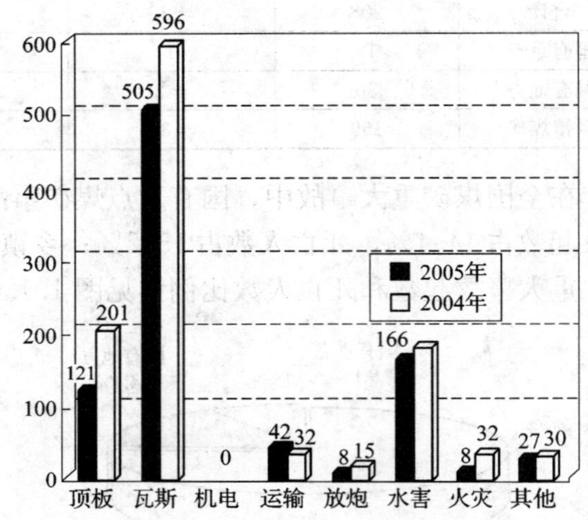

图 1.1.72 全国煤矿重大死亡人数对比图

在三类煤矿重大事故中，国有重点煤矿顶板事故和瓦斯事故起数持平，顶板事故死亡人数同比下降，瓦斯事故及死亡人数同比上升，放炮事故起数和死亡人数同比上升，水害事故起数和死亡人数同比下降；国有地方煤矿顶板、运输和水害重大事故起数和死亡人数上升，瓦斯、水害和火灾重大事故起数和死亡人数下降；乡镇煤矿除运输重大事故起数和死亡人数上升外，其他重大事故均下降（全国及三类煤矿各类型重大事故详见表 1.1.27）。

表 1.1.27　　2005 年全国三类煤矿各类重大事故情况表

	事故起数	同比		死亡人数	同比	
		±	±%		±	±%
合计	208	−39	−15.8	877	−208	−19.2
顶板	36	−15	−29.4	121	−80	−39.8
瓦斯	115	−19	−14.2	505	−91	−15.3
运输	11	3	37.5	42	10	31.3
放炮	2	−1	−33.3	8	−7	−46.7
水害	35	−3	−7.9	166	−13	−7.3
火灾	1	−5	−83.3	8	−24	−75
国有重点	19	1	5.6	84	−3	−3.4
顶板	6			18	−8	−30.8
瓦斯	6			35	3	9.4
放炮	1	1		3	3	
水害	3	−2	−40	18	−8	−30.8
国有地方	30	−2	−6.3	133	−8	−5.7
顶板	7	3	75	29	14	93.3
瓦斯	14	−2	−12.5	63	−6	−8.7
运输	3	2	200	12	9	300
放炮		−1	−100		−6	−100

续表

	事故起数	同比		死亡人数	同比	
		±	±%		±	±%
水害	4			23	6	35.3
火灾		−3	−100		−17	−100
乡镇煤矿	159	−38	−19.3	660	−197	−23.0
顶板	23	−18	−43.9	74	−86	−53.8
瓦斯	95	−17	−15.2	407	−88	−17.8
运输	8	1	14.3	30	1	3.4
放炮	1	−1	−50.0	5	−4	−44.4
水害	28	−1	−3.4	125	−11	−8.1
火灾	1	−2	−66.7	8	−7	−46.7

在全国煤矿各类型重大事故中，事故起数居第一位的是瓦斯事故，占55.3%，其次是顶板事故，占17.3%。死亡人数居第一位的是瓦斯事故，占57.6%，其次是顶板事故，占13.8%（各类型重大事故起数和死亡人数比例详见图1.1.73、图1.1.74）。

水害
16.8%
火灾
0.5%
其他
3.8%
顶板
17.3%
放炮
1.0%
运输
5.3%
机电
0.0%
瓦斯
55.3%

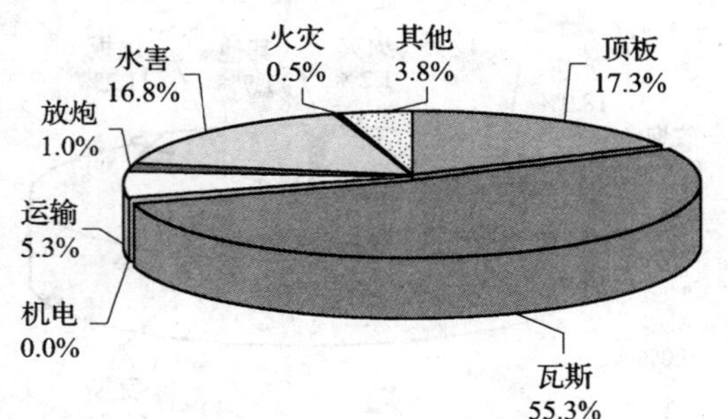

图1.1.73　全国煤矿各类型重大事故起数比例图

水害
18.9%
火灾
0.9%
其他
3.1%
顶板
13.8%
放炮
0.9%
运输
4.8%
机电
0.0%
瓦斯
57.6%

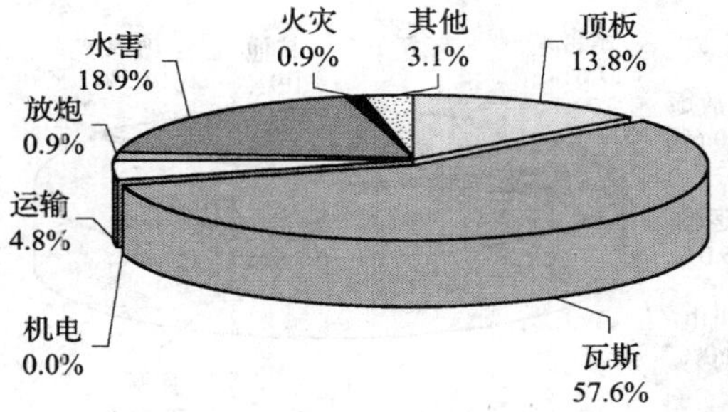

图1.1.74　全国煤矿各类型重大事故死亡人数比例图

在国有重点煤矿重大事故中，事故起数居第一位的是顶板事故和瓦斯事故，分别占31.6%，其次是水害和其他事故，均占15.8%。死亡人数居第一位的是瓦斯事故，占41.7%，其次是顶板和水害事故，均占21.4%（各类型重大事故起数和死亡人数比例详见图1.1.75、图1.1.76）。

火灾
0.0%
其他
15.8%
顶板
31.6%
水害
15.8%
放炮
5.3%
机电
0.0%
运输
0.0%
瓦斯
31.6%

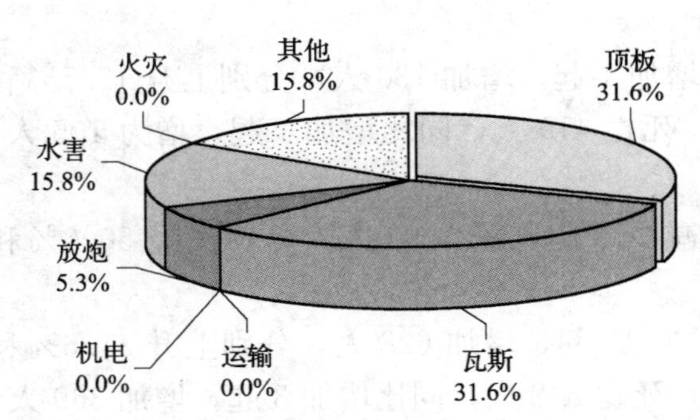

图1.1.75　国有重点煤矿各类型重大事故起数比例图

其他
11.9%
火灾
0.0%
顶板
21.4%
水害
21.4%
放炮
3.6%
机电
0.0%
运输
0.0%
瓦斯
41.7%

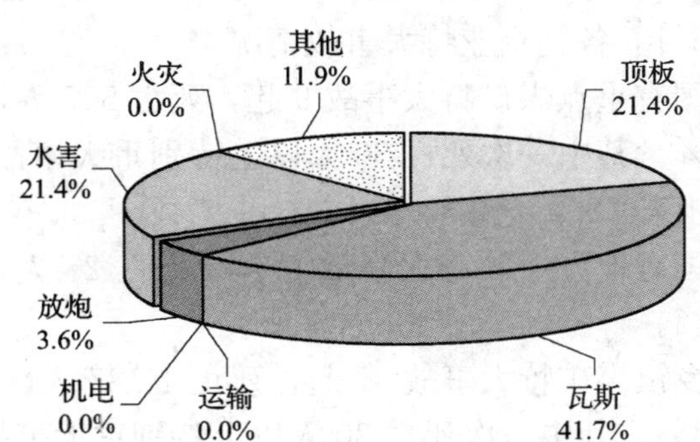

图1.1.76　国有重点煤矿各类型重大事故死亡人数比例图

在国有地方煤矿重大事故中，事故起数居第一位的是瓦斯事故，占46.7%，其次是顶板事故，占23.3%。死亡人数居第一位的是瓦斯事故，占47.4%，其次是顶板事故，占21.8%（各类型重大事故起数和死亡人数比例详见图1.1.77、图1.1.78）。

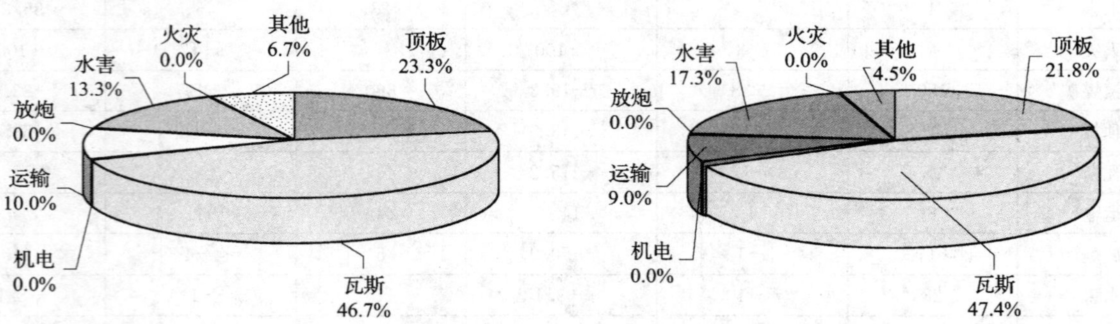

图1.1.77　国有地方煤矿各类型重大事故起数比例图　**图1.1.78　国有地方煤矿各类型重大事故死亡人数比例图**

在乡镇煤矿重大事故中，事故起数居第一位的是瓦斯事故，占59.7%，其次是水害事故，占17.6%。死亡人数居第一位的是瓦斯事故，占61.7%，其次是水害事故，占18.9%（各类型重大事故起数和死亡人数比例详见图1.1.79、图1.1.80）。

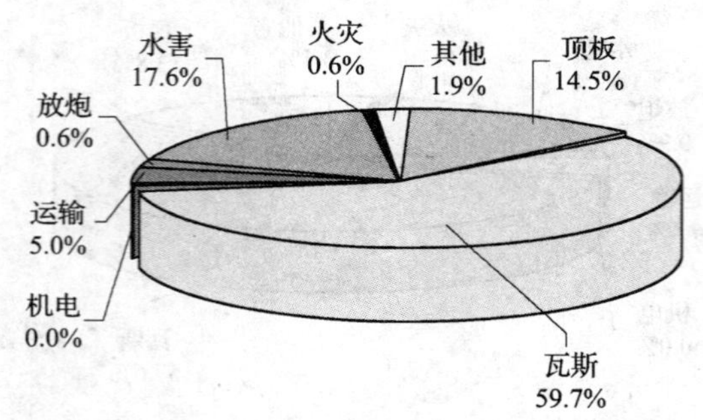

图1.1.79　乡镇煤矿各类型重大事故起数比例图　**图1.1.80　乡镇煤矿各类型重大事故死亡人数比例图**

3. 特大事故情况

2005年，全国煤矿企业共发生一次死亡10人以上特大事故58起，死亡1 739人，同比增加15起，增加695人，分别上升34.9%和66.6%。其中一次死亡30人以上特别重大事故11起，死亡961人，同比增加3起，增加438人，分别上升37.5%和83.8%。

3.1　各类企业特大事故情况

国有重点煤矿特大事故9起，死亡527人，同比增加1起，增加130人，分别上升12.5%和32.7%。其中一次死亡30人以上特别重大事故3起，死亡419人，同比增加1起，增力105人，分别上升50.0%和33.4%；

国有地方煤矿特大事故2起，死亡25人，同比减少2起，减少63人，分别下降50.0%和71.6%。

乡镇煤矿特大事故47起，死亡1 187人，同比增加16起，增加628人，分别上升51.6%和112.3%。其中一次死亡30人以上特别重大事故8起，死亡542人，同比增加3起，增加369人，分别上升60.0%和213.3%。

表 1.1.28　　　2005 年全国各类煤矿特大事故情况表

	一次死亡 10 人以上事故						其中：一次死亡 30 人以上事故					
	事故起数	同比		死亡人数	同比		事故起数	同比		死亡人数	同比	
		±	±%		±	±%		±	±%		±	±%
合计	58	15	34.9	1 739	695	66.6	11	3	37.5	961	438	83.8
国有重点	9	1	12.5	527	130	32.7	3	1	50.0	419	105	33.4
国有地方	2	−2	−50.0	25	−63	−71						
乡镇煤矿	47	16	51.6	1 187	628	112.	8	3	60.0	542	369	213.3

在三类煤矿中，国有重点煤矿和乡镇煤矿特大事故多发。其中，一次死亡 10 人以上事故起数分别占 15.5%和 81.0%，死亡人数分别占 30.3%和 68.3%；一次死亡 30 人以上特别重大事故起数分别占 27.2%和 72.8%，死亡人数分别占 43.6%和 56.4%（各类煤矿特大事故起数和死亡人数比例详见图 1.1.81、图 1.1.82）。

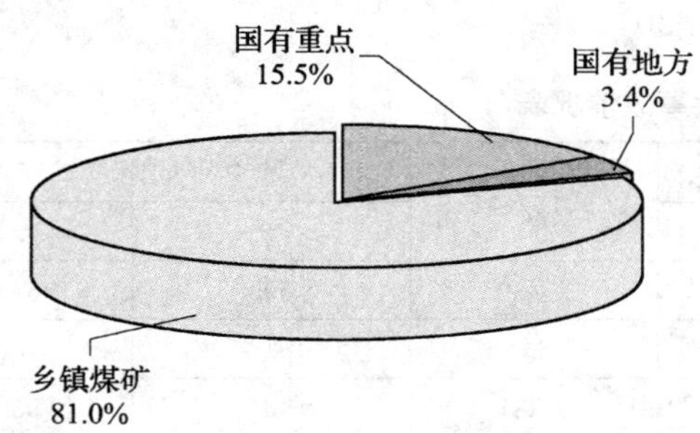

图 1.1.81　全国三类煤矿特大事故起数比例图

国有重点
30.3%
国有地方
1.4%
乡镇煤矿
68.3%

图 1.1.82　全国三类煤矿特大事故死亡人数比例图

3.2　地区特大事故情况

全国 28 个产煤省（区、市）和新疆兵团中，有 12 个单位没有发生一次死亡 10 人以上特大事故，占 41.4%，较去年同期增加 1 个单位；有 8 个单位特大事故起数和死亡人数同比上升，占 27.6%。其中，山西、贵州、河北和河南 4 个省特大事故多发，共发生特大事故 30 起，占全年的 51.7%。特别是辽宁、广东、黑龙江和河北 4 个省，均发生 1 起一次死亡百人以上特别重大事故（详见表 1.1.29）。

表 1.1.29　　　2005 年全国煤矿特大事故分地区情况表

地区	事故起数	同比		死亡人数	同比		地区	事故起数	同比		死亡人数	同比	
		±	±%		±	±%			±	±%		±	±%
合计	58	15	34.9	1 739	695	66.6	湖北						
北京		−1	−100.0		−10	−100.0	湖南	2	−4	−66.7	42	−34	−44.7
河北	5	3	150.0	203	160	372.1	广东	2	2		137	137	
山西	10	1	11.1	250	46	22.6	广西						
内蒙古	3	2	200.0	40	25	166.7	四川	2			49	16	48.5
辽宁	1			214	199	1 326.7	贵州	10	1	11.1	139	−17	−10.9
吉林	2	1	100.0	46	35	318.2	云南	1			27	17	170.0
黑龙江	3			204	145	245.8	西藏						

续表

地区	事故起数	同比		死亡人数	同比		地区	事故起数	同比		死亡人数	同比	
		±	±%		±	±%			±	±%		±	±%
江苏							重庆	3	2	200.0	54	41	315.4
浙江							陕西	3	1	50.0	60	−129	−68.3
安徽							甘肃		−1	−100.0		−17	−100.0
福建	1			10	−1	−9.1	青海						
江西	2	2		25	25		宁夏						
山东							新疆	3	3		113	113	
河南	5	3	150.0	126	−56	−30.8	新疆兵团						

3.3 各类型特大事故情况

在全国煤矿企业各类特大事故中，特大火灾事故同比下降，特大顶板事故起数持平、死亡人数上升，特大瓦斯和水害事故大幅度上升（详见表1.1.30）。

表1.1.30　2005年全国煤矿各类特大事故情况表

	事故起数	同比		死亡人数	同比	
		±	±%		±	±%
合计	58	15	34.9	1 739	695	66.6
顶板	1	0	0	11	1	10.0
瓦斯	41	9	28.1	1 331	464	53.5
水害	13	8	160.0	357	250	233.6
火灾	3	−1	−25.0	40	−10	−20.0

从全国特大事故比例情况看，全国煤矿特大瓦斯事故多发，共发生特大事故41起，占全国煤矿特大事故总起数的70.7%，其次是特大水害事故较多，共发生特大事故13起，占全国煤矿特大事故总起数的22.4%（详见图1.1.83、图1.1.84）。

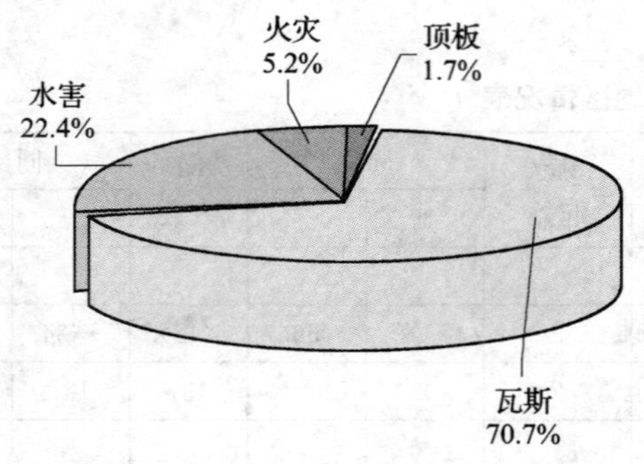

图1.1.83　全国煤矿各类型特大事故起数比例图

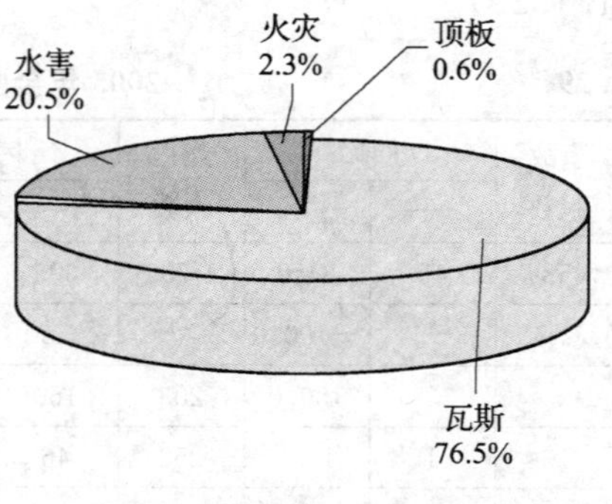

图1.1.84　全国煤矿各类型特大事故死亡人数比例图

从三类煤矿特大事故情况看，国有重点煤矿特大瓦斯事故有所下降，特大顶板和水害事故上升；国有地方特大水害和火灾事故下降；乡镇煤矿除特大火灾事故持平外，特大瓦斯和水害事故均上升（三类煤矿各类特大事故起数和死亡人数详见表1.1.31）。

表 1.1.31　　2005 年全国三类煤矿各类特大事故情况表

	事故起数	同比		死亡人数	同比	
		±	±%		±	±%
合计	58	15	34.9	1 739	695	66.6
国有重点	9	1	12.5	527	130	32.7
顶板	1	1		11	11	
瓦斯	6	−1	−14.3	472	85	22.0
水害	2	2		44	44	
其他	0	−1	−100.0	0	−10	−100.0
国有地方	2	−2	−50.0	25	−63	−71.6
瓦斯	2			25	−23	−47.9
水害	0	−1	−100.0	0	−29	−100.0
火灾	0	−1	−100.0	0	−11	−100.0
乡镇煤矿	47	16	51.6	1 187	628	112.3
顶板	0	−1	−100.0	0	−10	−100.0
瓦斯	33	10	43.5	834	402	93.1
水害	11	7	175.0	313	235	301.3
火灾	3			40	1	2.5

3.4　特大事故发生时段情况

一是 1 月、2 月、6 月特大事故较少，共发生 5 起特大事故，占全年特大事故总起数的 8.6%。

二是 4 月份特大事故多发。4 月份发生特大事故 8 起，比全年月平均事故起数多 3 起。

三是下半年特大事故多发。下半年发生特大事故 34 起，比上半年多 10 起，占全年特大事故总起数的 58.6%。

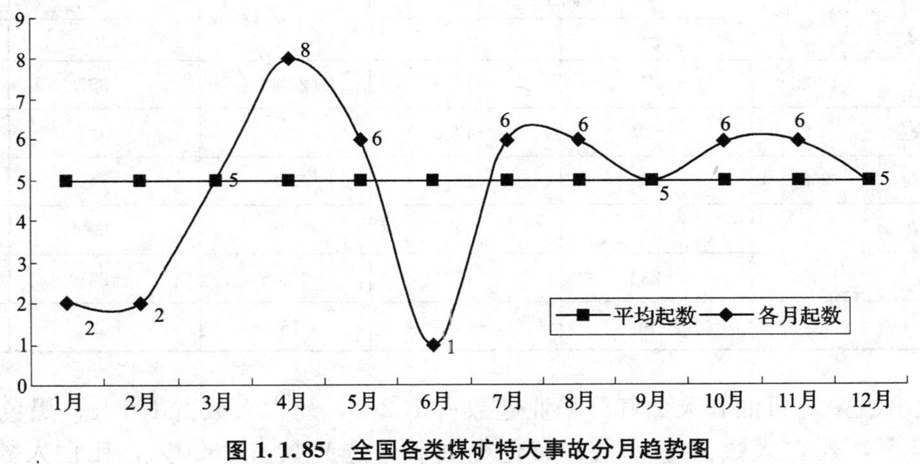

图 1.1.85　全国各类煤矿特大事故分月趋势图

4. 百万吨死亡率

2005 年，全国煤矿企业煤矿百万吨死亡率为 2.811，同比下降 0.270。其中，国有重点煤矿百万吨死亡率略有上升，国有地方煤矿和乡镇煤矿万吨死亡率下降。

表 1.1.32　　**2005 年全国煤矿百万吨死亡率表**

	本期	同期	同比	
			±	±%
合计	2.811	3.081	−0.270	−8.8
国有重点	0.958	0.929	0.029	3.1
国有地方	1.943	2.771	−0.828	−29.9
乡镇煤矿	5.533	5.870	−0.337	−5.7

（三）金属与非金属矿伤亡事故情况

1. 各类企业伤亡事故情况

2005 年，全国金属与非金属矿共发生伤亡事故 1 928 起，死亡 2 342 人，同比减少 320 起，减少 357 人，分别下降 14.2%和 13.2%。

从行业情况看：

石油和天燃气开采业发生事故 24 起，死亡 25 人，同比分别减少 22 起，增加 10 人，下降了 47.8%和上升 66.7%。

黑色金属矿采选业发生事故 208 起，死亡 268 人，同比分别减少 46 起和 140 人，下降了 18.1%和 34.3%。

有色金属矿采选业发生事故 500 起，死亡 635 人，同比分别增加 3 起、140 人，上升了 0.6%和 5.5%。

非金属矿采选业发生事故 1 052 起，死亡 1 245 人，同比分别减少 233 起和 237 人，下降了 18.1%和 16.0%。

其他采矿业发生事故 144 起，死亡 169 人，同比分别减少 22 起和 23 人，下降了 13.3%和 12.0%。

表 1.1.33　　**2005 年金属与非金属矿各行业事故情况表**

	事故起数	同比		死亡人数	同比	
		±	±%		±	±%
合计	1 928	−320	−14.2	2 342	−357	−13.2
石油和天然气开采业	24	−22	−47.8	25	10	66.7
黑色金属矿采选业	208	−46	−18.1	268	−140	−34.3
有色金属矿采选业	500	3	0.6	635	33	5.5
非金属矿采选业	1 052	−233	−18.1	1 245	−237	−16.0
其他采矿业	144	−22	−13.3	169	−23	−12.0

在各行业事故中，石油和天然气开采业起数占 1.2%，死亡人数占 1.1%；黑色金属矿采选业起数占 10.8%，死亡人数占 11.4%；有色金属矿采选起数占 26.0%，死亡人数占 27.1%；非金属矿采选业起数占 54.8%，死亡人数占 53.2%（各行业事故比例详见图 1.1.86、图 1.1.87）。

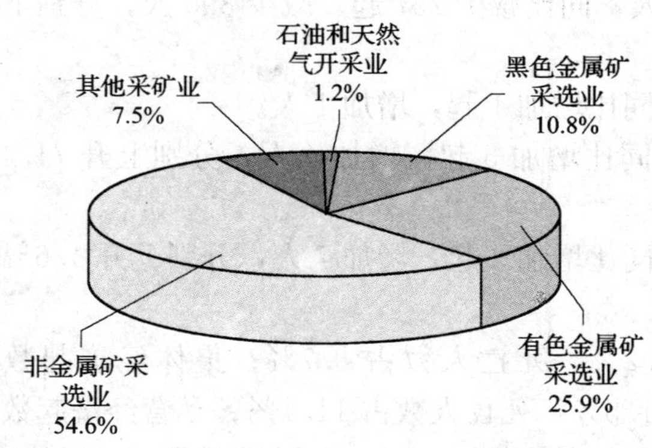

图 1.1.86　各行业事故起数比例图

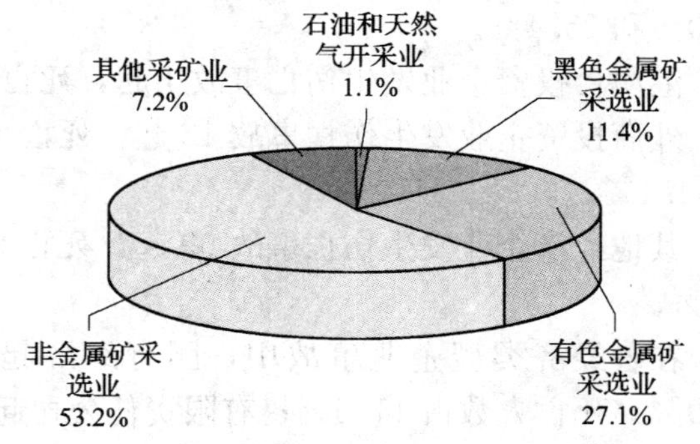

图 1.1.87　各行业事故死亡人数比例图

从经济类型情况看：

国有经济企业发生伤亡事故 177 起，死亡 204 人，同比减少 64 起，减少 34 人，分别下降 26.6%和 14.3%。

集体经济企业发生伤亡事故 211 起，死亡 272 人，同比减少 96 起，减少 91 人，分别下降 31.3%和 25.1%。

股份合作企业发生伤亡事故 146 起，死亡 181 人，同比减少 23 起，减少 10 人，分别下降 13.6%和 5.2%。

联营经济企业发生伤亡事故 37 起，死亡 55 人，同比增加 3 起，增加 14 人，分别上升 8.8%和 34.2%。

有限责任公司发生伤亡事故 222 起，死亡 259 人，同比增加 90 起，增加 118 人，分别上升 68.2%和 83.7%。

股份有限公司发生伤亡事故 83 起，死亡 104 人，同比增加 18 起，增加 29 人，分别上升 27.7%和 38.7%。

表 1.1.34　　2005 年金属与非金属矿分经济类型事故情况表

	事故起数	同比		死亡人数	同比	
		±	±%		±	±%
合计	1 928	−320	−14.2	2 342	−357	−13.2
国有经济	177	−64	−26.6	204	−34	−14.3
集体经济	211	−96	−31.3	272	−91	−25.1
股份合作	146	−23	−13.6	181	−10	−5.2
联营经济	37	3	8.8	55	14	34.2
有限责任公司	222	90	68.2	259	118	83.7
股份有限公司	83	18	27.7	104	29	38.7
私营经济	970	−257	−21.0	1 161	−395	−25.4
港澳台投资	1	1		1	1	
外商投资	12	5	71.4	13	4	44.4
其他经济	69	3	4.6	92	7	8.2

私营经济企业发生伤亡事故970起，死亡1 161人，同比减少257起，减少395人，分别下降21.0%和25.4%。

港澳台投资企业发生伤亡事故1起，死亡1人，同比增加1起，增加1人。

外商投资企业发生伤亡事故12起，死亡13人，同比增加5起，增加4人，分别上升71.4%和44.4%。

其他经济企业发生伤亡事故69起，死亡92人，同比增加3起，增加7人，分别上升4.6%和8.2%。

在各经济类型企业事故中，国有经济起数占9.2%，死亡人数占8.7%；集体经济起数占10.9%，死亡人数占11.6%；有限责任公司起数占11.5%，死亡人数占11.1%；私营经济起数占50.3%，死亡人数占49.6%（各经济类型企业事故起数和死亡人数比例详见图1.1.88、图1.1.89）。

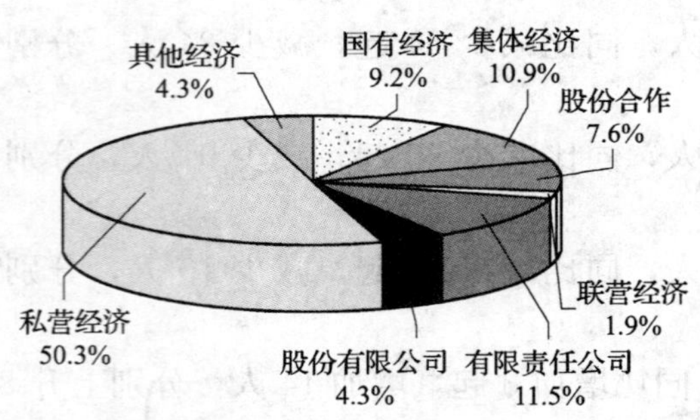

图1.1.88　各经济类型企业事故起数比例图

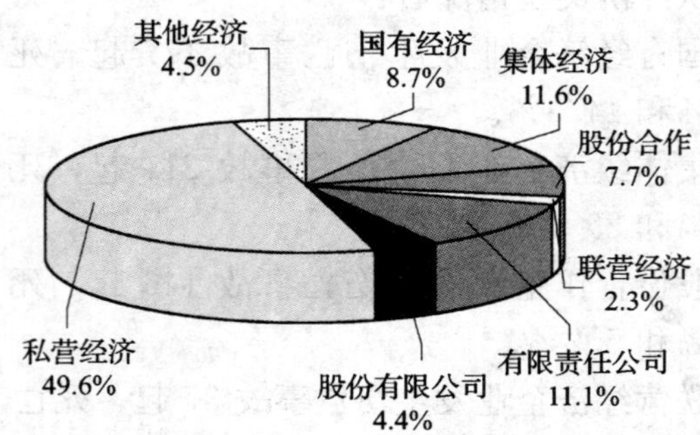

图1.1.89　各经济类型企业事故死亡人数比例图

从行政区域看：

在全国32个统计单位（省、区、市和新疆兵团）中，有22个单位事故起数和死亡人数同比下降，占68.8%；有4个单位事故起数和死亡人数同比上升，占12.5%（详见表1.1.35）。

表1.1.35　　2005年全国金属与非金属矿事故分地区情况表

地区	事故起数	同比		死亡人数	同比		地区	事故起数	同比		死亡人数	同比	
		±	±%		±	±%			±	±%		±	±%
合计	1 928	−320	−14.2	2 342	−357	−13.2	河南	45	−11	−19.6	71	16	29.1
北京	4	−2	−33.3	7	1	16.7	湖北	163	10	6.5	178	−4	−2.2
天津	1	−4	−80.0	1	−5	−83.3	湖南	110	−29	−20.9	148	−9	−5.7
河北	60	−30	−33.3	115	−65	−36.1	广东	70	−38	−35.2	83	−38	−31.4
山西	25	4	19.1	40	−21	−34.4	广西	120	−4	−3.2	122	−12	−9.0
内蒙古	65	−6	−8.5	82	2	2.5	海南	22	−6	−21.4	25	−7	−21.9
辽宁	94	−18	−16.1	116	−11	−8.7	四川	109	−23	−17.4	134	−33	−19.8
吉林	24	−8	−25.0	26	−13	−33.3	贵州	106	21	24.7	120	15	14.3
黑龙江	33	8	32.0	34	8	30.8	云南	140	−40	−22.2	174	−53	−23.4
上海	1	1					西藏	10	−1	−9.1	11	−3	−21.4
江苏	23	−8	−25.8	29	−8	−21.6	重庆	85	−30	−26.1	97	−35	−26.5
浙江	122	−57	−31.8	140	−53	−27.5	陕西	72	13	22.0	88	20	29.4

续表

地区	事故起数	同比		死亡人数	同比		地区	事故起数	同比		死亡人数	同比	
		±	±%		±	±%			±	±%		±	±%
安徽	113	−9	−7.4	129	−8	−5.8	甘肃	22	−9	−29.0	27	−7	−20.6
福建	91	−11	−10.8	103	−5	−4.6	青海	14	−6	−30.0	14	−10	−41.7
江西	81	−3	−3.6	93	−18	−16.2	宁夏	5	−1	−16.7	5	−2	−28.6
山东	39	−26	−40.0	62	−2	−3.1	新疆	59	3	5.4	68	3	4.6
							新疆兵团						

从事故类别情况看：

物体打击事故 415 起，死亡 432 人，同比减少 109 起，减少 105 人，分别下降 20.8%和 19.6%。

车辆伤害事故 80 起，死亡 90 人，同比减少 28 起，减少 18 人，分别下降 25.9%和 16.7%。

机械伤害事故 96 起，死亡 96 人，同比减少 18 起，减少 10 人，分别下降 15.8%和 9.4%。

高处坠落事故 283 起，死亡 288 人，同比减少 68 起，减少 71 人，分别下降 19.4%和 19.8%。

坍塌事故 265 起，死亡 405 人，同比减少 53 起，减少 74 人，分别下降 16.7%和 15.5%。

冒顶片帮事故 360 起，死亡 425 人，同比减少 1 起，减少 10 人，分别下降 0.3%和 2.3%。

放炮事故 160 起，死亡 198 人，同比减少 37 起，减少 32 人，分别下降 18.8%和 13.9%。

其他伤害事故 269 起，死亡 408 人，同比减少 6 起，减少 37 人，分别下降 2.2%和 0.3%。

表 1.1.36　　2005 年金属与非金属矿各类事故情况表

	事故起数	同比		死亡人数	同比	
		±	±%		±	±%
合计	1 928	−320	−14.2	2 342	−357	−13.2
物体打击	415	−109	−20.8	432	−105	−19.6
车辆伤害	80	−28	−25.9	90	−18	−16.7
机械伤害	96	−18	−15.8	96	−10	−9.4
高处坠落	283	−68	−19.4	288	−71	−19.8
坍塌	265	−53	−16.7	405	−74	−15.5
冒顶片帮	360	−1	−0.3	425	−10	−2.3
放炮	160	−37	−18.8	198	−32	−13.9
其他伤害	269	−6	−2.2	408	−37	−0.3

在各类事故中，物体打击事故起数占 21.5%，死亡人数占 18.4%；冒顶片帮事故起数占 18.7%，死亡人数占 18.1%；高处坠落事故起数占 14.7%，死亡人数占 12.3%；坍塌事故起数占 13.7%，死亡人数占 17.3%（各类事故比例见图 1.1.90、图 1.1.91）。

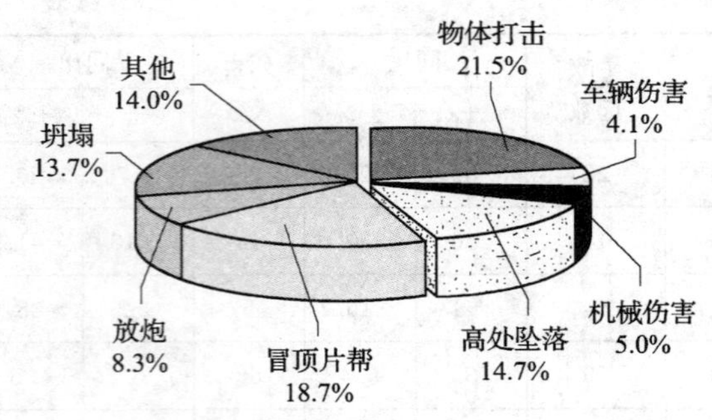

图 1.1.90　各类别事故起数比例图

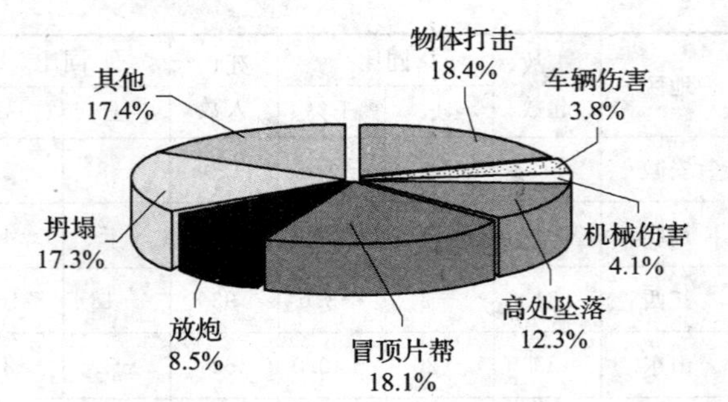

图 1.1.91　各类别事故死亡人数比例图

从事故原因情况看：

因技术和设计有缺陷发生事故 299 起，死亡 432 人，同比分别上升 1.8%和下降 23.1%。

因设备设施工具附件有缺陷发生事故 1 136 起，死亡 1 102 人，同比分别下降 3.4%和 7.2%。

因安全设施缺少或有缺陷发生事故 1 403 起，死亡 1 501 人，同比分别上升 15.0%和下降 17.8%。

因生产场所环境不良发生事故 2 670 起，死亡 3 424 人，同比起数持平，人数上升 0.6%。

因个人防护用品缺少或有缺陷发生事故 965 起，死亡 1 063 人，同比分别上升 4.6%和下降 18.7%。

因没有安全操作规程或安全规程不健全发生事故 631 起，死亡 711 人，同比分别下降 5.3%和 6.7%。

因违反操作规程或劳动纪律发生事故 5 041 起，死亡 6 020 人，同比分别下降 15.4%和 8.3%。

因劳动组织不合理发生事故 177 起，死亡 180 人，同比分别下降 26.6%和 25.0%。

因对现场工作缺乏检查或指挥错误发生事故 534 起，死亡 653 人，同比分别下降 14.4%和 15.1%。

因教育培训不够缺乏安全操作知识发生事故 579 起，死亡 572 人，同比分别上升 24.3%和下降 24.5%。

2. 重大事故情况

2005 年，全国金属与非金属矿发生一次死亡 3～9 人重大事故 72 起，死亡 293 人，同比减少 13 起，减少 7 人，分别下降 15.3%和 2.3%。

从行业情况看：

石油和天然气开采业重大事故 2 起，死亡 65 人，同比增加 2 起、增加 6 人；

黑色金属矿采选业重大事故 10 起，死亡 49 人，同比分别减少 1 起、增加 10 人，分别下降了 9.1%和上升了 25.6%；

有色金属矿采选业重大事故 30 起，死亡 112 人，同比分别增加 9 起、38 人，上升了 42.9%和 51.4%；

非金属矿采选业重大事故 28 起，死亡 120 人，同比分别减少 18 起和 40 人，下降了 39.1%和 25.0%；

其他采矿业重大事故 2 起，死亡 6 人，同比分别减少 5 起和 21 人，下降了 71.4%和 77.8%。

表 1.1.37　　2005年金属与非金属矿各行业重大事故情况表

	事故起数	同比		死亡人数	同比	
		±	±%		±	±%
合计	72	－13	－15.3	293	－7	－2.3
石油和天然气开采业	2	2		6	6	
黑色金属矿采选业	10	－1	－9.1	49	10	25.6
有色金属矿采选业	30	9	42.9	112	38	51.4
非金属矿采选业	28	－18	－39.1	120	－40	－25.0
其他采矿业	2	－5	－71.4	6	－21	－77.8

在各行业重大事故中，黑色金属矿采选业起数占13.9%，死亡人数占16.7%；有色金属矿采选业起数占41.7%，死亡人数占38.2%；非金属矿采选业起数占38.9%，死亡人数占41.0%（各行业重大事故比例详见图1.1.92、图1.1.93）。

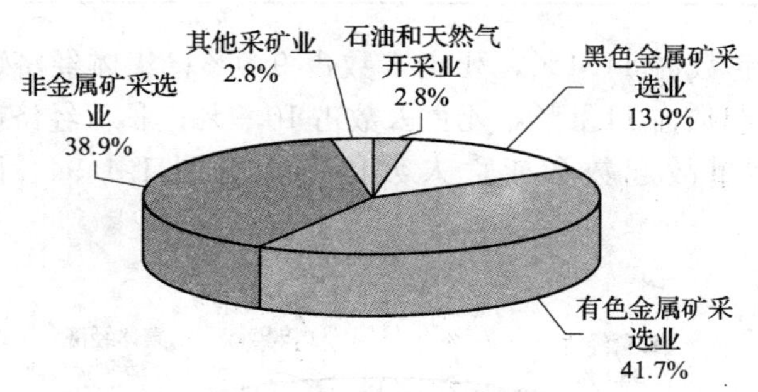

图 1.1.92　各行业重大事故起数比例图

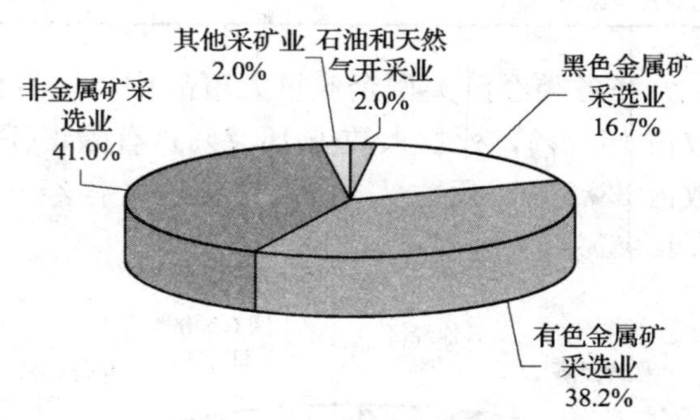

图 1.1.93　各行业重大事故死亡人数比例图

从经济类型情况看：

国有经济企业重大事故8起，死亡29人，同比增加1起，增加5人，分别上升14.3%和20.8%；

集体经济企业重大事故12起，死亡46人，同比增加3起，增加13人，分别上升33.3%和39.4%；

股份合作企业重大事故7起，死亡33人，同比增加3起，增加20人，分别上升75.0%和153.9%；

联营经济企业重大事故3起，死亡13人，同比增加2起，增加10人，分别上升200.0%和333.3%；

有限责任公司重大事故8起，死亡32人，同比增加6起，增加24人，分别上升300.0%和300.0%；

股份有限公司重大事故5起，死亡19人，同比增加3起，增加12人，分别上升150.0%和171.4%；

私营经济企业重大事故24起，死亡99人，同比减少30起，减少94人，分别下降55.6%和48.7%；

其他经济企业重大事故5起，死亡22人，同比起数持平，增加6人，上升37.5%。

表 1.1.38　　2005 年金属与非金属矿分经济类型重大事故情况表

	事故起数	同比		死亡人数	同比	
		±	±%		±	±%
合计	72	−13	−15.3	293	−7	−2.3
国有经济	8	1	14.3	29	5	20.8
集体经济	12	3	33.3	46	13	39.4
股份合作	7	3	75.0	33	20	153.9
联营经济	3	2	200.0	13	10	333.3
有限责任公司	8	6	300.0	32	24	300.0
股份有限公司	5	3	150.0	19	12	171.4
私营经济	24	−30	−55.6	99	−94	−48.7
港澳台投资						
外商投资		−1	−100.0		−3	−100.0
其他经济	5			22	6	37.5

在各类经济类型企业重大事故中，国有经济起数占 11.1%，死亡人数占 9.9%；集体经济起数占 16.7%，死亡人数占 15.7%；有限责任公司起数占 11.1%，死亡人数占 10.9%；私营经济起数占 33.3%，死亡人数占 33.8%（各经济类型事故起数和死亡人数比例详见图 1.1.94、图 1.1.95）。

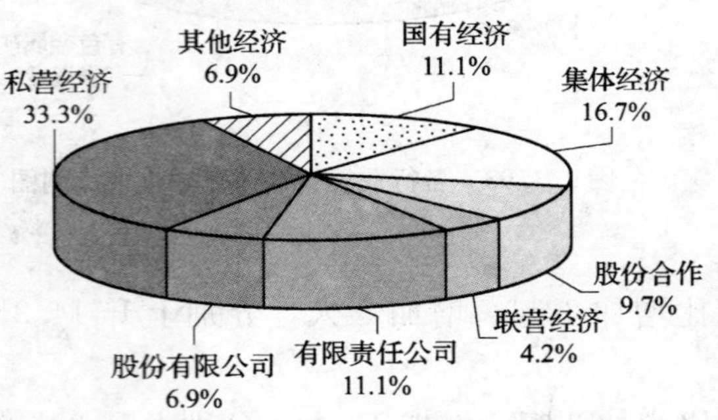

图 1.1.94　各经济类型重大事故起数比例图

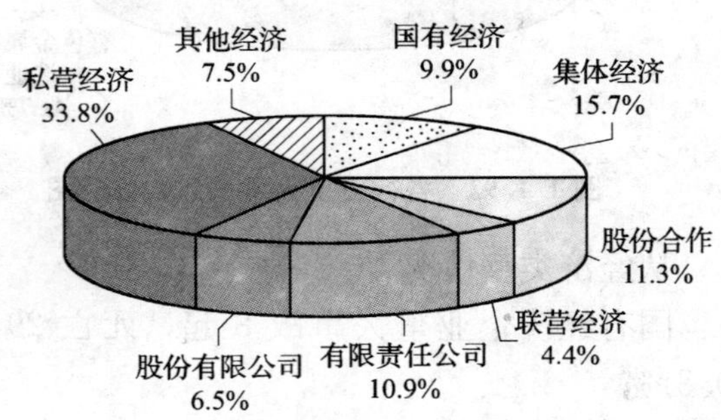

图 1.1.95　各经济类型重大事故死亡人数比例图

从行政区域看：

在全国 32 个统计单位（省、区、市和新疆兵团）中，有 13 个单位重大事故起数和死亡人数同比下降，占 40.6%；有 12 个单位重大事故起数和死亡人数同比上升，占 37.5%；有 9 个单位没有发生重大事故；有一个单位发生一次死亡 10 人以上特大事故，同比减少 2 个（详见表 1.1.39）。

表 1.1.39　　2005 年全国金属与非金属矿重大事故分地区情况表

地区	事故起数	同比		死亡人数	同比		地区	事故起数	同比		死亡人数	同比	
		±	±%		±	±%			±	±%		±	±%
合计	72	−13	−15.3	293	−7	−2.3	河南	6	1	20.0	28	13	86.7
北京	1	1		3	3		湖北	2	−2	−50.0	6	−7	−53.9
天津		−1	−100.0		−3	−100.0	湖南	7	4	133.3	31	20	181.8

续表

地区	事故起数	同比		死亡人数	同比		地区	事故起数	同比		死亡人数	同比	
		±	±%		±	±%			±	±%		±	±%
河北	4	−1	−20.0	14	−3	−17.7	广东	2	−4	−66.7	10	−10	−50.0
山西	2	−4	−66.7	14	−15	−51.7	广西	3			9	−2	−18.2
内蒙古	2	1	100.0	13	10	333.3	海南		−2	−100.0		−8	−100.0
辽宁	3	−1	−25.0	12	−3	−20.0	四川	3	−2	−40.0	21	3	16.7
吉林		−2	−100.0		−7	−100.0	贵州	1	−5	−83.3	3	−17	−85.0
黑龙江							云南	8	2	33.3	29	8	38.1
上海							西藏		−1	−100.0		−3	−100.0
江苏	2	1	100.0	8	4	100.0	重庆	2	−2	−50.0	7	−8	−53.3
浙江	4			12			陕西	3	1	50.0	10	3	42.9
安徽	4	3	300.0	14	10	250.0	甘肃	2	1	100.0	6	3	100.0
福建	2	1	100.0	7	4	133.3	青海		−2	−100.0		−7	−100.0
江西	1	−5	−83.3	3	−18	−85.7	宁夏						
山东	5	3	150.0	22	15	214.3	新疆	3	2	200.0	11	8	266.7
							新疆兵团						

3. 特大事故情况

2005年，全国金属与非金属矿发生一次死亡10人以上特大事故1起，死亡37人，同比减少3起，减少69人，分别下降75.0%和65.1%。

（四）建筑业伤亡事故情况

1. 各类企业伤亡事故情况

2005年，全国建筑行业共发生伤亡事故2 288起，死亡2 607人，同比减少294起，减少182人，分别下降11.4%和6.5%。其中：房屋和土木工程建筑业发生伤亡事故1 892起，死亡2 157人，同比减少285起，减少197人，分别下降13.1%和8.4%（各建筑业事故起数和死亡人数情况详见表1.1.40和图1.1.96、图1.1.97）。

表1.1.40　　2005年全国各类建筑业事故情况表

	事故起数	同比		死亡人数	同比	
		±	±%		±	±%
合计	2 288	−294	−11.4	2 607	−182	−6.5
房屋和土木工程建筑业	1 892	−285	−13.1	2 157	−197	−8.4
其中：房屋工程建筑	1 550	−284	−15.5	1 686	−267	−13.7
土木工程建筑	316	−21	−6.2	455	60	15.2
其他工程建筑	26	20	333.3	16	10	166.7
建筑安装业	175	−45	−20.5	193	−35	−15.4
建筑装饰业	105	−17	−13.9	104	−18	−14.8
其他建筑业	116	65	127.5	153	97	173.2

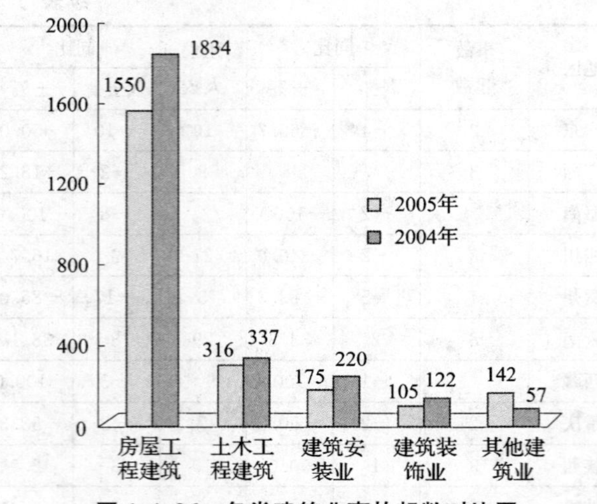

图 1.1.96　各类建筑业事故起数对比图

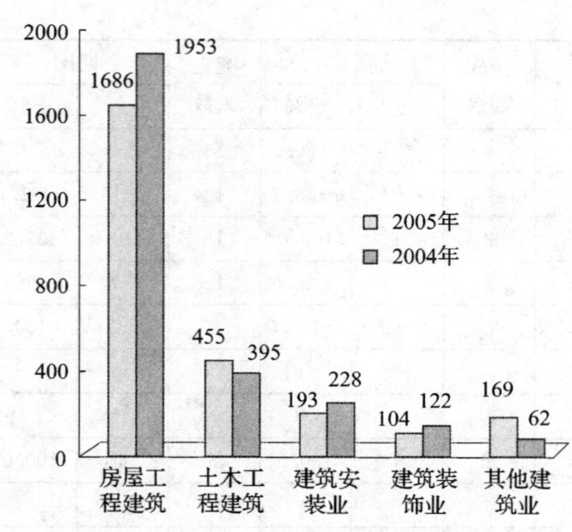

图 1.1.97　各类建筑业事故死亡人数对比图

在各类建筑事故中，房屋工程建筑事故起数占 67.7%，死亡人数占 64.7%；土木工程建筑事故起数占 3.8%，死亡人数占 17.5%；建筑安装业事故起数占 7.6%，死亡人数占 7.4%；建筑装饰业事故起数占 4.6%，死亡人数占 4.0%（各类建筑业事故起数和死亡人数比例详见图 1.1.98、图 1.1.99）。

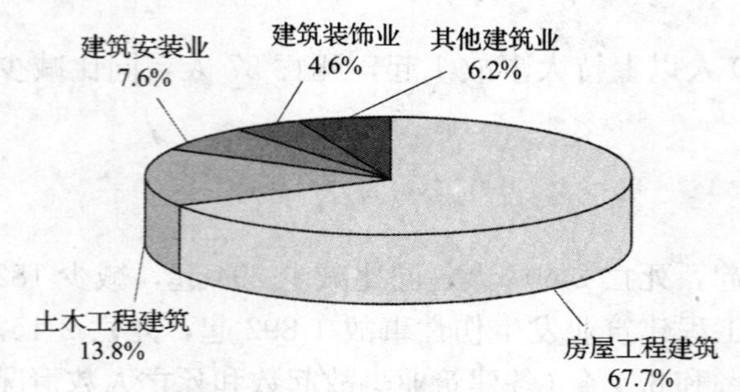

图 1.1.98　各类建筑业事故起数比例图

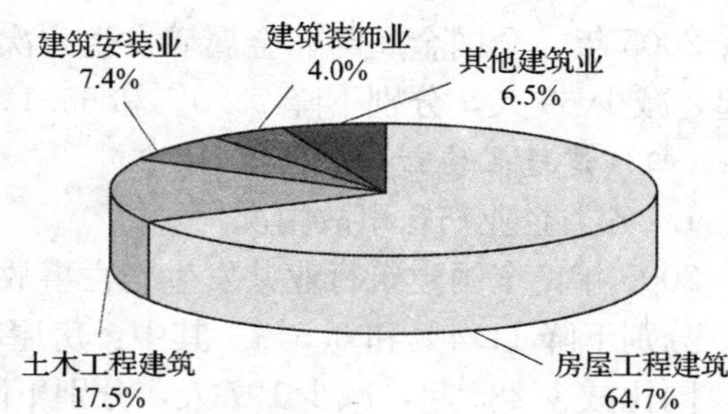

图 1.1.99　各类建筑业事故死亡人数比例图

按行政区划分，全国 32 个统计单位（省、区、市和新疆兵团）中，有 16 个单位事故起数和死亡人数同比下降，占 50.0%，有 10 个单位事故起数和死亡人数同比上升，占 33.3%（各地区建筑业事故起数和死亡人数情况详见表 1.1.41）。

表 1.1.41　　2005 年全国建筑业事故分地区情况表

地区	事故起数	同比		死亡人数	同比		地区	事故起数	同比		死亡人数	同比	
		±	±%		±	±%			±	±%		±	±%
合计	2 288	−294	−11.4	2 607	−182	−6.5	河南	52	3	6.1	69	−9	−11.5
北京	81	5	6.6	93	6	6.9	湖北	117	11	10.4	146	34	30.4
天津	24	−15	−38.5	30	−3	−9.1	湖南	47	−12	−20.3	48	−15	−23.8
河北	39	−25	−39.1	51	−16	−23.9	广东	139	−37	−21.0	140	−44	−23.9
山西	7	−4	−36.4	14	−1	−6.7	广西	92	−15	−13.9	91	−7	−7.1
内蒙古	27	−17	−38.6	34	−20	−37.0	海南	16	−13	−44.8	16	−15	−48.4

续表

地区	事故起数	同比		死亡人数	同比		地区	事故起数	同比		死亡人数	同比	
		±	±%		±	±%			±	±%		±	±%
辽宁	107	12	12.6	123	15	13.9	四川	135	22	19.5	197	54	37.8
吉林	23	4	21.1	27	6	28.6	贵州	84	7	9.3	127	36	39.6
黑龙江	58	−2	−3.3	69	2	3.0	云南	104	−8	−7.1	126	−7	−5.3
上海	204	−40	−16.4	146	−29	−16.6	西藏	14	−6	−30.0	15	−8	−34.8
江苏	147	−67	−31.3	154	−82	−34.8	重庆	139	15	12.1	157	12	8.3
浙江	154	−68	−30.6	171	−64	−27.2	陕西	52	6	13.0	57	−4	−6.6
安徽	98	3	3.2	107	7	7.0	甘肃	61	−16	−20.8	89	−2	−2.3
福建	66	8	13.8	65	7	12.1	青海	23	3	15.0	33	14	73.7
江西	35	−25	−41.7	38	−37	−49.3	宁夏	23			31	5	19.2
山东	65	−19	−22.6	83	−18	−17.8	新疆	51	−1	−1.9	56	2	3.7
							新疆兵团	4	−1	−20.0	4		

按经济类型分，国有经济企业发生伤亡事故 491 起，死亡 649 人，同比减少 136 起，减少 72 人，分别下降 21.7%和 10.0%。

集体经济企业发生伤亡事故 209 起，死亡 223 人，同比减少 132 起，减少 120 人，分别下降 38.7%和 35.0%。

股份合作企业发生伤亡事故 201 起，死亡 224 人，同比减少 105 起，减少 86 人，分别下降 34.3%和 27.7%。

联营经济企业发生伤亡事故 27 起，死亡 32 人，同比减少 9 起，减少 11 人，分别减少 25.0%和 25.6%。

有限责任公司发生伤亡事故 632 起，死亡 686 人，同比增加 176 起，增加 193 人，分别上升 38.6%和 39.2%。

表 1.1.42　　2005 年全国建筑业分经济类型事故情况表

	事故起数	同比		死亡人数	同比	
		±	±%		±	±%
合计	2 288	−294	−11.4	2 607	−182	−6.5
国有经济	491	−136	−21.7	649	−72	−10.0
集体经济	209	−132	−38.7	223	−120	−35.0
股份合作	201	−105	−34.3	224	−86	−27.7
联营经济	27	−9	−25.0	32	−11	−25.6
有限责任公司	632	176	38.6	686	193	39.2
股份有限公司	132	9	7.3	146	10	7.4
私营经济	505	−59	−10.5	522	−70	−11.8
港澳台投资	10	−4	−28.6	17	3	21.4
外商投资	6	−2	−25.0	5	−5	−50.0
其他经济	75	−20	−21.1	103	5	5.1

股份有限公司发生伤亡事故 132 起，死亡 146 人，同比增加 9 起，增加 10 人，分别上升 7.3%和 7.4%。

私营经济企业发生伤亡事故 505 起，死亡 522 人，同比减少 59 起，减少 70 人，分别下降 10.5%和 11.8%。

其他经济企业发生伤亡事故 91 起，死亡 125 人，同比减少 26 起，增加 3 人，分别下降 20.8%和上升 2.5%。

在各类经济类型企业事故中，国有经济起数占 21.5%，死亡人数占 24.9%；集体经济起数占 9.1%，死亡人数占 8.6%；有限责任公司起数占 27.6%，死亡人数占 26.3%；私营经济起数占 22.1%，死亡人数占 20.0%（各经济类型事故起数和死亡人数比例详见图 1.1.100、图 1.1.101）。

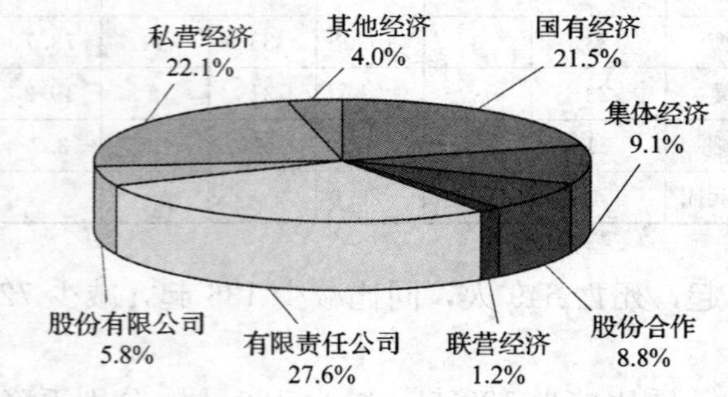

图 1.1.100　各经济类型事故起数比例图

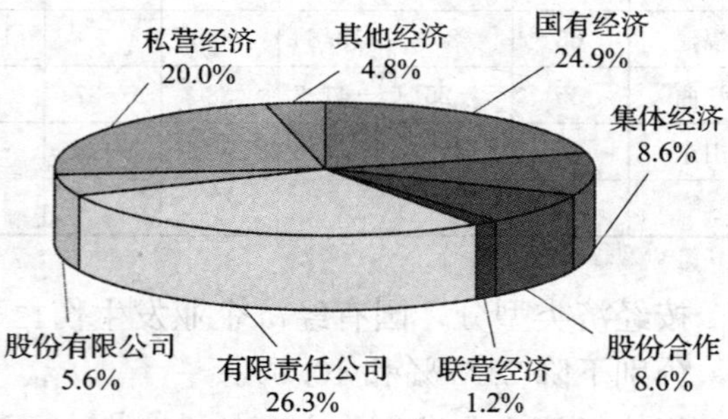

私营经济 20.0%　其他经济 4.8%　国有经济 24.9%　集体经济 8.6%　股份有限公司 5.6%　有限责任公司 26.3%　联营经济 1.2%　股份合作 8.6%

图 1.1.101　各经济类型事故死亡人数比例图

按事故类别分，物体打击事故 314 起、死亡 306 人，同比减少 41 起，减少 46 人，分别下降 11.6%和 13.11%。

车辆伤害事故 68 起，死亡 73 人，同比增加 2 起，减少 1 人，分别上升 3.0%和下降 1.4%。

机械伤害事故 123 起，死亡 118 人，同比减少 39 起，减少 35 人，分别下降 24.1%和 22.9%。

起重伤害事故 128 起，死亡 169 人，同比增加 7 起，增加 43 人，分别上升 5.8%和 34.1%。

触电事故 232 起，死亡 249 人，同比减少 16 起，减少 9 人，分别下降 6.5%和 3.5%。

表 1.1.43　　2005 年建筑业各类事故情况表

	事故起数	同比		死亡人数	同比	
		±	±%		±	±%
合计	2 288	−294	−11.4	2 607	−182	−6.5
物体打击	314	−41	−11.6	306	−46	−13.1
车辆伤害	68	2	3.0	73	−1	−1.4
机械伤害	123	−39	−24.1	118	−35	−22.9
起重伤害	128	7	5.8	169	43	34.1
触电	232	−16	−6.5	249	−9	−3.5
高处坠落	945	−194	−17.0	928	−210	−18.5
坍塌	322	5	1.6	518	70	15.6
中毒和窒息	35	−7	16.7	66	−18	−21.4
其他伤害	121	−11	−8.3	180	24	15.4

高处坠落事故945起，死亡928人，同比减少194起，减少210人，分别下降17.0%和18.5%。

坍塌事故322起，死亡518人，同比增加5起，增加70人，分别上升1.6%和15.6%。

中毒和窒息事故35起，死亡66人，同比减少7起，减少18人，分别下降16.7%和21.4%。

其他伤害事故121起，死亡180人，同比减少11起，增加24人，分下降8.3%和上升15.4%。

在各类事故中，物体打击事故起数占13.7%，死亡人数占11.7%；高处坠落事故起数占41.3%，死亡人数占35.6%；坍塌事故起数占14.1%，死亡人数占19.9%；起重伤害事故起数占5.6%，死亡人数占6.5%；机械伤害事故起数占5.4%，死亡人数占4.5%；车辆伤害事故起数占3.0%，死亡人数占2.8%；触电事故起数占10.1%，死亡人数占9.6%（各类事故比例见图1.1.102、图1.1.103）。

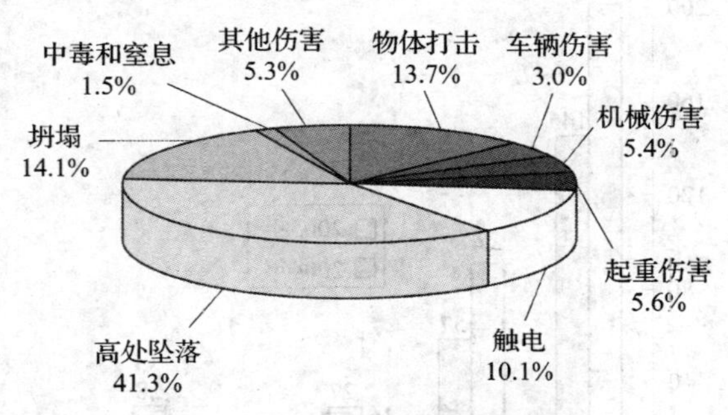

图1.1.102　各类事故起数比例图

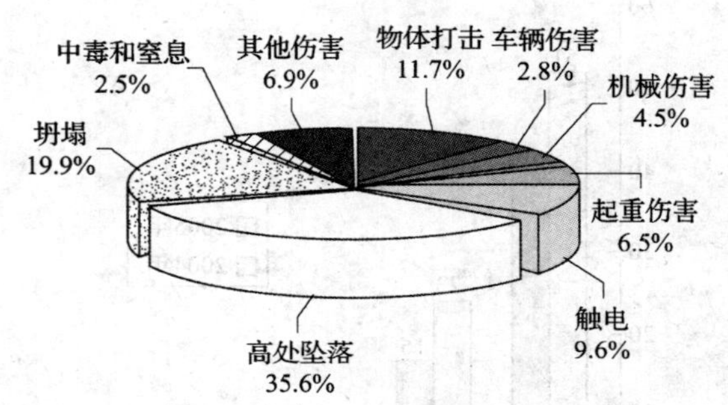

图1.1.103　各类事故死亡人数比例图

按事故原因分，因技术和设计有缺陷发生事故61起，死亡91人，同比起数持平，人数下降3.2%。

因设备设施工具附件有缺陷发生事故226起，死亡228人，同比分别下降23.9%和9.2%。

因安全设施缺少或有缺陷发生事故358起，死亡418人，同比分别下降19.2%和下降12.2%。

因生产场所环境不良发生事故369起，死亡440人，同比分别下降4.4%和1.4%。

因个人防护用品缺少或有缺陷发生事故217起，死亡221人，同比分别上升2.8%和9.4%。

因没有安全操作规程或不健全发生事故105起，死亡112人，同比分别上升6.1%和下降0.9%。

因违反操作规程或劳动纪律发生事故812起，死亡862人，同比分别下降7.1%和5.3%。

因劳动组织不合理发生事故51起，死亡56人，同比分别下降20.3%和17.7%。

因对现场工作缺乏检查或指挥错误发生事故112起，死亡135人，同比分别下降15.8%和15.1%。

因教育培训不够缺乏安全操作知识发生事故113起，死亡114人，同比分别下降26.1%和34.1%。

2. 重大事故情况

2005年，全国建筑业发生一次死亡3～9人重大事故85起，死亡338人，同比增加19起，增加96人，分别上升28.8%和39.7%。其中：房屋和土木工程建筑业发生伤亡事故74起，死亡289人，同比增加18起，增加87人，分别上升32.1%和43.1%（各建筑业重大事故起数和死亡人数情况详见表 1.1.44 和图 1.1.104、图 1.1.105）。

表 1.1.44　　2005 年全国各类建筑业事故情况表

	事故起数	同比		死亡人数	同比	
		±	±%		±	±%
合计	85	19	28.8	338	96	39.7
房屋和土木工程建筑业	74	18	32.1	289	87	43.1
其中：房屋工程建筑	51	11	27.5	200	55	37.9
土木工程建筑	23	7	43.8	89	32	56.1
建筑安装业	4	−3	−42.9	16	−11	−40.7
建筑装饰业	1	−1	−50.0	5	−2	−28.6
其他建筑业	6	5	500.0	28	22	366.7

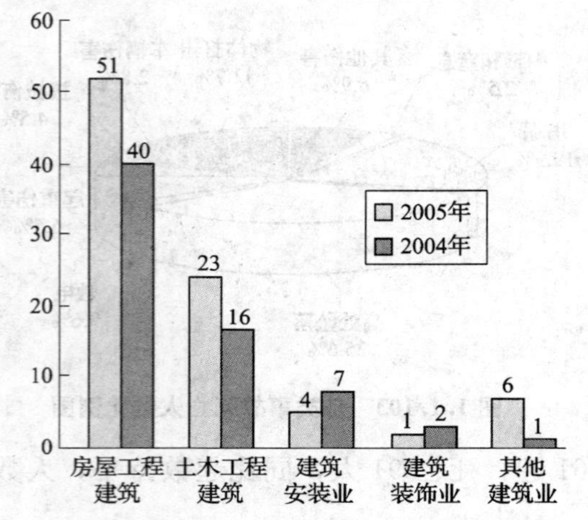

图 1.1.104　各类建筑业重大事故起数对比图

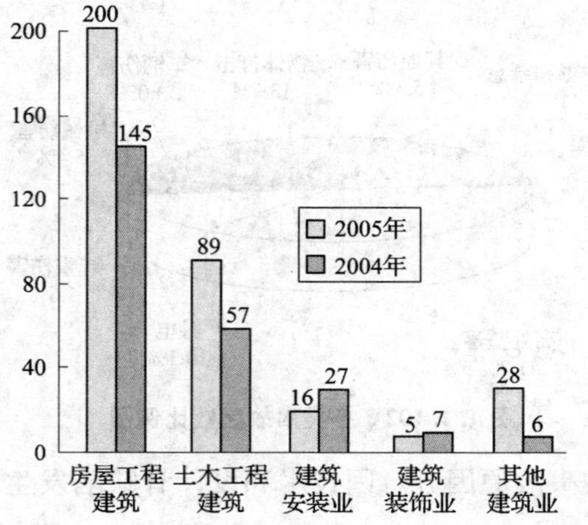

图 1.1.105　各类建筑业重大事故死亡人数对比图

在各类重大建筑事故中，房屋工程建筑事故起数占 60.0%，死亡人数占 59.2%；土木工程建筑事故起数占 27.1%，死亡人数占 26.3%（各类建筑业重大事故起数和死亡人数比例详见图 1.1.106、图 1.1.107）。

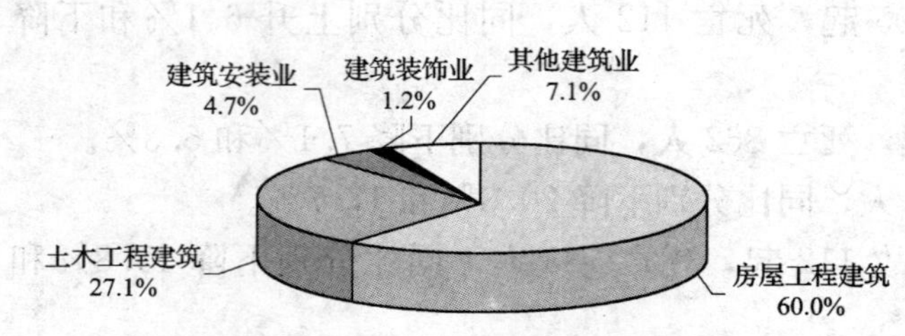

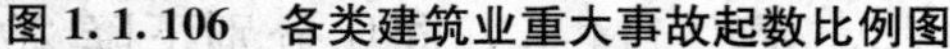

图 1.1.106　各类建筑业重大事故起数比例图

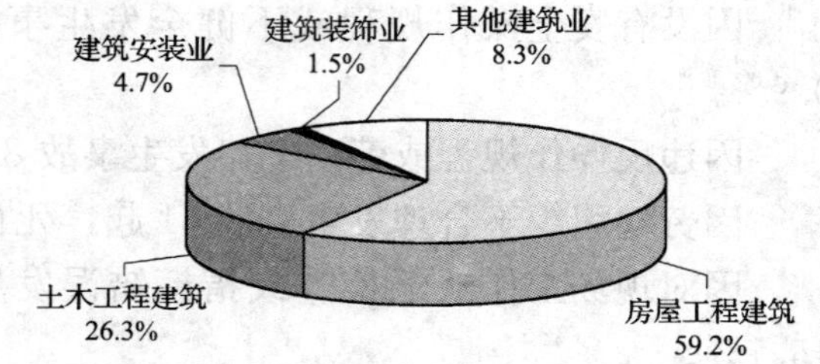

图 1.1.107　各类建筑业重大事故死亡人数比例图

按经济类型分，国有经济发生重大伤亡事故 28 起，死亡 119 人，同比增加 7 起，增加 38 人，分别上升 33.3%和 46.9%；

集体经济发生重大伤亡事故 6 起，死亡 20 人，同比减少 1 起，减少 3 人，分别下降 14.3%和 13.0%；

股份合作企业发生重大伤亡事故 7 起，死亡 25 人，同比增加 2 起，增加 7 人，分别上升

40.0%和38.9%；

有限责任公司发生重大伤亡事故18起，死亡67人，同比增加6起，增加22人，分别上升50.0%和48.9%；

股份有限公司发生重大伤亡事故5起，死亡16人，同比增加1起，增加2人，分别上升25.0%和14.3%；

私营经济发生重大伤亡事故12起，死亡43人，同比增加1起，增加2人，分别上升9.1%和4.9%；

港澳台投资发生重大伤亡事故2起，死亡9人，同比增加2起，增加9人。

表1.1.45　　2005年全国建筑业分经济类型重大事故情况表

	事故起数	同比		死亡人数	同比	
		±	±%		±	±%
合计	85	19	28.8	338	96	39.7
国有经济	28	7	33.3	119	38	46.9
集体经济	6	−1	−14.3	20	−3	−13.0
股份合作	7	2	40.0	25	7	38.9
联营经济	1	−2	−66.7	5	−6	−54.6
有限责任公司	18	6	50.0	67	22	48.9
股份有限公司	5	1	25.0	16	2	14.3
私营经济	12	1	9.1	43	2	4.9
港澳台投资	2	2		9	9	
外商投资		−1	−100.0		−3	−100.0
其他经济	6	4	200.0	34	28	466.7

在各经济类型企业重大事故中，国有经济起数占32.9%，死亡人数占35.2%；集体经济起数占7.1%，死亡人数占5.9%；有限责任公司起数占21.2%，死亡人数占19.8%；私营经济起数占14.1%，死亡人数占12.7%（各经济类型企业重大事故起数和死亡人数比例详见图1.1.108、图1.1.109）。

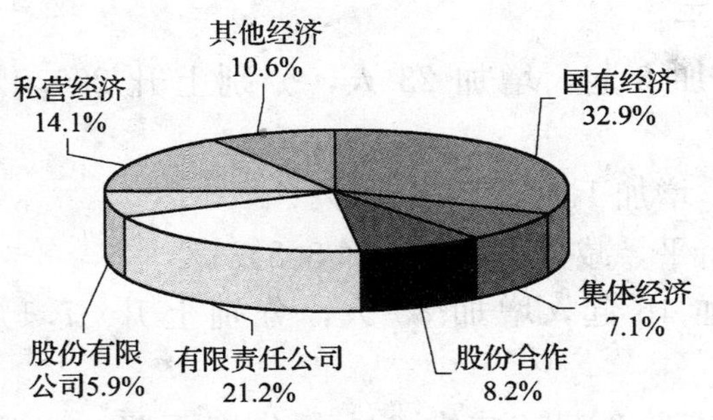

图1.1.108　分经济类型重大事故起数比例图

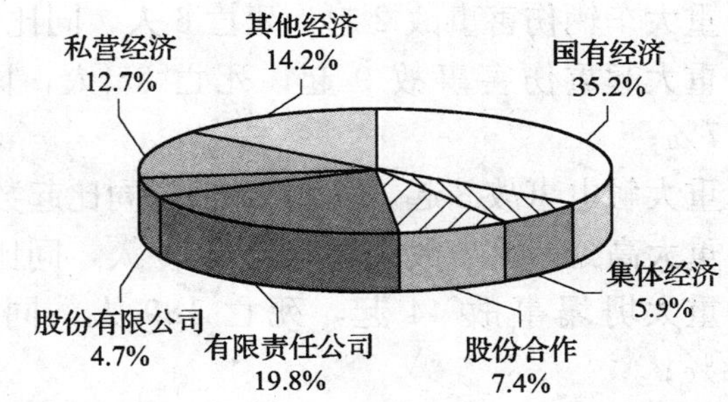

图1.1.109　分经济类型重大事故死亡人数比例图

按行政区域分，在全国32个统计单位（省、区、市和新疆兵团）中，有10个单位重大事故事故起数和死亡人数同比下降，占 31.3%；有 14 个单位重大事故起数和死亡人数同比上升，占 43.8%；有 4 个单位没有发生重大事故，占 12.5%（详见表 1.1.46）。

表 1.1.46　　2005 年全国建筑业重大事故分地区情况表

地区	事故起数	同比		死亡人数	同比		地区	事故起数	同比		死亡人数	同比	
		±	±%		±	±%			±	±%		±	±%
合计	85	19	28.8	338	96	39.7	河南	7	4	133.3	24	13	118.2
北京	1	−2	−66.7	8	−3	−27.3	湖北	7	5	250.0	25	19	316.7
天津	2			9	1	12.5	湖南	1	−1	−50.0	4	−4	−50.0
河北	3	2	200.0	12	9	300.0	广东	6	1	20.0	22	3	15.8
山西	2	1	100.0	8	5	166.7	广西	1	1		5	5	
内蒙古	1	−1	−50.0	6	−3	−33.3	海南		−1	−100.0		−3	−100.0
辽宁	5	1	25.0	22	10	83.3	四川	4	−1	−20.0	22	6	37.5
吉林	1			5	2	66.7	贵州	5	4	400.0	27	23	575.0
黑龙江	3	3		9	9		云南	2			6	−2	−25.0
上海		−2	−100.0		−7	−100.0	西藏	1			3	−2	−40.0
江苏	3	−3	−50.0	9	−10	−52.6	重庆	2	−3	−60.0	10	−6	−37.5
浙江	7	2	40.0	22	5	29.4	陕西	2	−1	−33.3	7	−10	−58.8
安徽	3	2	200.0	10	7	233.3	甘肃	8	7	700.0	28	24	600.0
福建	1			6	3	100.0	青海	2	2		11	11	
江西		−2	−100.0		10	−100.0	宁夏	2	2		8	8	
山东	2			7	−3	−30.0	新疆	1	−1	−50.0	3	−4	−57.1
							新疆兵团						

按事故类别分，重大物体打击事故 5 起，死亡 15 人，同比起数持平，减少 4 人，下降 21.1%；

重大车辆伤害事故 2 起，死亡 6 人，同比分别持平；

重大起重伤害事故 9 起，死亡 35 人，同比增加 6 起，增加 23 人，分别上升 200.0%和 191.7%；

重大触电事故 3 起，死亡 12 人，同比起数持平，增加 1 人，上升 9.1%；

重大高处坠落事故 9 起，死亡 29 人，同比起数持平，减少 1 人，下降 3.3%；

重大坍塌事故 44 起，死亡 189 人，同比增加 16 起，增加 83 人，分别上升 57.1%和 78.3%；

其他重大伤害事故 13 起，死亡 52 人，同比减少 3 起，减少 6 人，分别下降 18.8%和 10.3%。

表 1.1.47　　2005 年建筑业各类重大事故情况表

	事故起数	同比		死亡人数	同比	
		±	±%		±	±%
合计	85	19	28.8	338	96	39.7
物体打击	5	0	0	15	−4	−21.1
车辆伤害	2	0	0	6	0	0
起重伤害	9	6	200.0	35	23	191.7
触电	3	0	0	12	1	25.0
高处坠落	9	0	0	29	−1	−3.3
坍塌	44	16	57.1	189	83	78.3
其他伤害	13	−3	−18.8	52	−6	−10.3

在各类重大事故中，物体打击事故起数占 5.9%，死亡人数占 4.4%；高处坠落事故起数占 10.6%，死亡人数占 8.6%；坍塌事故起数占 51.8%，死亡人数占 55.9%；起重伤害事故起数占 10.6%，死亡人数占 10.4%；车辆伤害事故起数占 2.4%，死亡人数占 1.8%；触电事故起数占 3.5%，死亡人数占 3.6%（各类重大事故比例见图 1.1.110、图 1.1.111）。

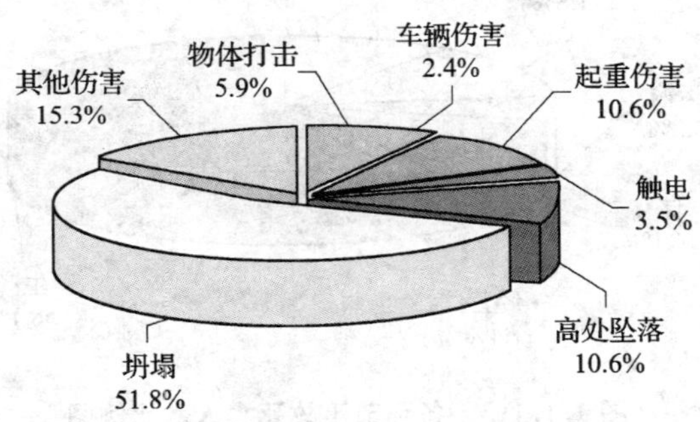

图 1.1.110　各类别事故起数比例图

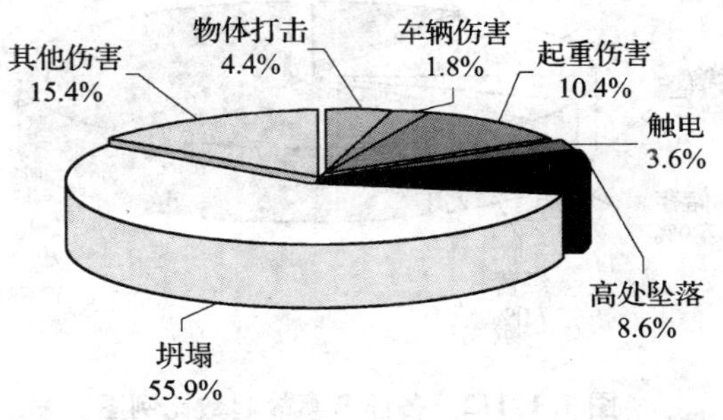

图 1.1.111　各类别事故死亡人数比例图

3. 特大事故情况

2005 年，全国建筑业发生一次死亡 10 人以上特大事故 3 起，死亡 74 人，同比增加 2 起，增加 53 人，分别上升 200.0%和 252.4%。其中发生一次死亡 30 人以上特别重大事故 1 起，死亡 44 人，同比增加 1 起、44 人。其中：土木工程建筑 2 起，死亡 60 人；其他建筑业 1 起，死亡 14 人。

从行政区域分，四川 1 起，死亡 44 人；贵州 1 起，死亡 16 人：云南 1 起，死亡 14 人。

从事故类别分，起重伤害事故 1 起，死亡 14 人；坍塌事故 1 起，死亡 16 人；瓦斯爆炸事故 1 起，死亡 44 人。

（五）危险化学品伤亡事故情况

1. 各类事故总体情况

2005 年，全国共发生危险化学品伤亡事故 142 起，死亡 229 人，同比减少 51 起，减少 62 人，分别下降 26.4%和 21.3%（各环节事故情况详见表 1.1.48）。

表 1.1.48　　2005 年危险化学品各环节事故情况表

	事故起数	同比		死亡人数	同比	
		±	±%		±	±%
合计	142	−51	−26.4	229	−62	−21.3
生产	82	−15	−15.5	133	−22	−14.2
经营	10	−8	−44.4	17	−5	−22.7
储存	7			14	−1	−6.7
运输	8	1	14.3	12	3	33.3
使用	22	−34	−60.7	27	−52	−65.8
处置废弃	13	5	62.5	26	15	136.4

在各个环节发生的伤亡事故中，生产环节事故起数占 57.7%，死亡人数占 58.1%；经营环节事故起数占 7.0%，死亡人数占 7.4%；储存环节事故起数占 4.9%，死亡人数占 6.1%；运输环节事故起数占 5.6%；死亡人数占 5.2%；使用环节事故起数占 15.5%，死亡人数占 11.8%；处置废弃环节事故起数占 9.2%，死亡人数占 11.4%（各环节事故起数和死亡人数比例详见图 1.1.112、图 1.1.113）。

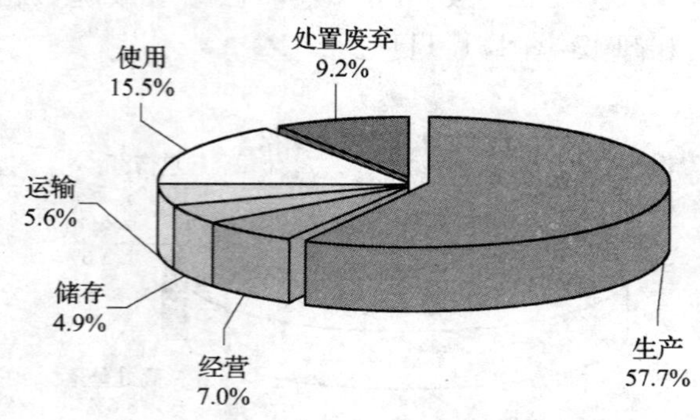

图 1.1.112　各环节事故起数比例图

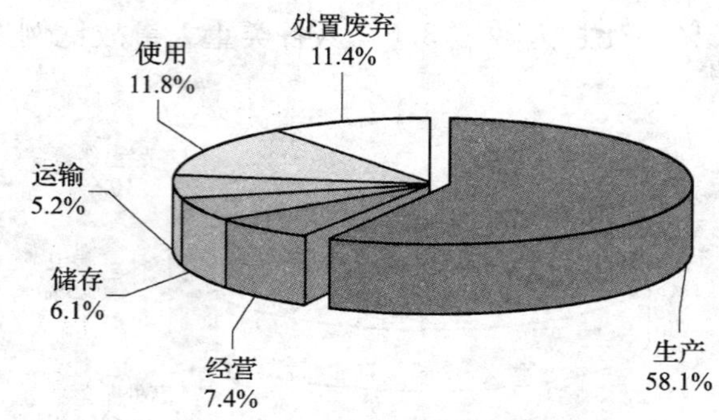

图 1.1.113　各环节事故死亡人数比例图

按行政区域分，全国 32 个统计单位（省、区、市和新疆兵团）中，有 15 个单位事故起数和死亡人数同比下降，占 46.9%；有 9 个单位事故起数和死亡人数同比上升，占 28.1%；有 7 个单位没有发生危险化学品事故，占 21.9%（详见表 1.1.49）。

表 1.1.49　　2005 年全国危险化学品事故分地区情况表

地区	事故起数	同比		死亡人数	同比		地区	事故起数	同比		死亡人数	同比	
		±	±%		±	±%			±	±%		±	±%
合计	142	−51	−26.4	229	−62	−21.3	河南	10	−8	−44.4	11	−9	−45.0
北京	2	2		3	3		湖北	11	−4	−26.7	14	−4	−22.2
天津		−4	−100.0		−5	−100.0	湖南	4	−5	−55.6	9	−1	−10.0
河北	11	−1	−8.3	19	−3	−13.6	广东	7	7		8	8	
山西		−3	−100.0		−4	−100.0	广西	1				−1	−100.0
内蒙古	5	4	400.0	6	500.0		海南						

续表

地区	事故起数	同比		死亡人数	同比		地区	事故起数	同比		死亡人数	同比	
		±	±%		±	±%			±	±%		±	±%
辽宁	11	11		13	13		四川	11	−19	−63.3	16	−40	−71.4
吉林	5	3	150.0	15	12	400.0	贵州	4	2	100.0	6	4	200.0
黑龙江	2	−3	−60.0	3	−7	−70.0	云南	8	−1	−11.1	12	−1	−7.7
上海	2	−1	−33.3	5	−2	−28.6	西藏						
江苏	19	−16	−45.7	34	−9	−20.9	重庆	3	1	50.0	4	−6	−60.0
浙江							陕西	2			2	1	100.0
安徽	5	−2	−28.6	6	−4	−40.0	甘肃	2	2		4	4	
福建	1	−3	−75.0	1	−1	−50.0	青海						
江西	2	−3	−60.0	5	−1	−16.7	宁夏	5	3	150.0	11	8	266.7
山东	8	−14	−63.6	20	−24	−54.6	新疆	1	1		2	2	
							新疆兵团						

按事故原因分，因技术和设计有缺陷发生事故6起，死亡24人，同比起数持平，人数上升100.0%。

因设备设施工具附件有缺陷发生事故18起，死亡19人，同比分别下降41.9%和58.7%。

因安全设施缺少或有缺陷发生事故10起，死亡14人，同比起数下降16.7%，死亡人数持平。

因生产场所环境不良发生事故14起，死亡20人，同比分别下降26.3%和28.6%。

因个人防护用品缺少或有缺陷发生事故13起，死亡19人，同比分别上升30.0%和35.7%。

因没有安全操作规程或安全规章不健全发生事故8起，死亡13人，同比分别上升33.3%和18.2%。

因违反操作规程或劳动纪律发生事故67起，死亡112人，同比分别下降14.1%和8.2%。

因劳动组织不合理发生事故1起，死亡1人，同比分别下降50.0%和80.0%。

因对现场工作缺乏检查或指挥错误发生事故4起，死亡8人，同比增加4起、8人。

因教育培训不够缺乏安全操作知识发生事故4起，死亡4人，同比分别下降69.2%和73.3%。

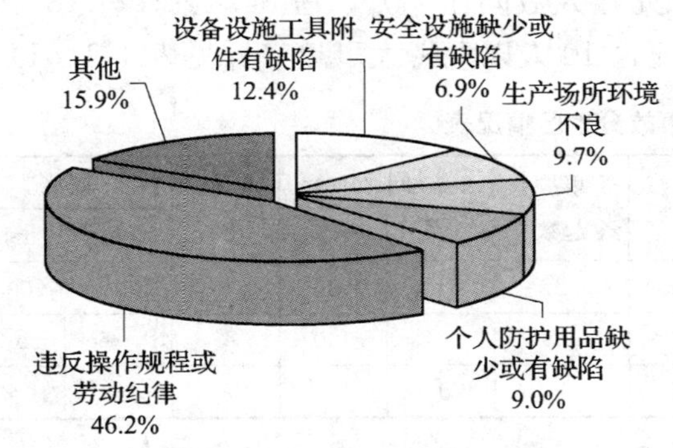

图1.1.114　危险化学品事故起数按原因比例图

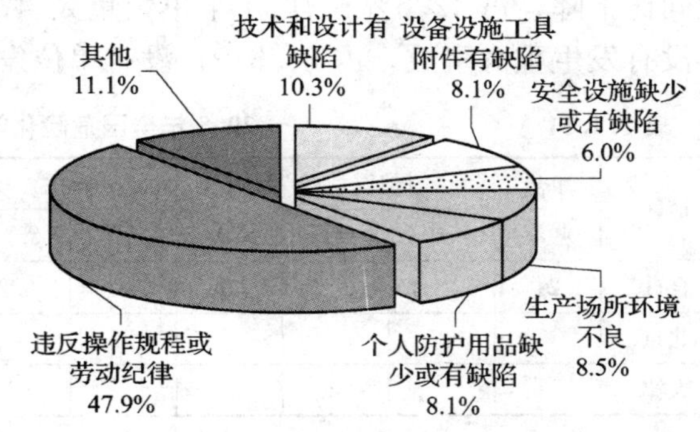

图1.1.115　危险化学品事故死亡人数按原因比例图

2. 重特大事故情况

2005 年，全国共发生危险化学品一次死亡 3～9 人重大事故 21 起，死亡 92 人，同比起数持平，增加 7 人，上升 8.2%；未发生一次死亡 10 人以上特大事故（各环节事故情况详见表 1.1.50）。

表 1.1.50　2005 年危险化学品各环节重大事故情况表

	事故起数	同比		死亡人数	同比	
		±	±%		±	±%
合计	21			92	7	8.2
生产	10	2	25.0	51	8	18.6
经营	2			8		
储存	1	1		6	6	
运输	2	1	100.0	6	3	50.0
使用	2	−5	−66.7	6	−15	−71.4
处置废弃	4	1	33.3	15	5	50.0

在各个环节发生的重大伤亡事故中，生产环节事故起数占 47.6%，死亡人数占 55.4%；处置废弃环节事故起数占 19.0%，死亡人数占 16.3%（各环节重大事故起数和死亡人数比例详见图 1.1.116、图 1.1.117）。

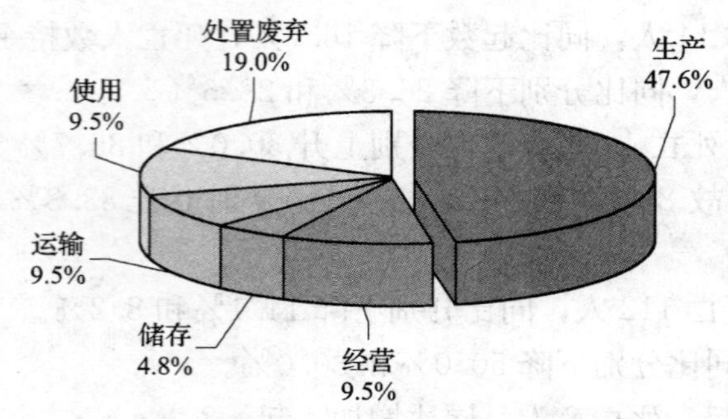

图 1.1.116　各环节重大事故起数比例图

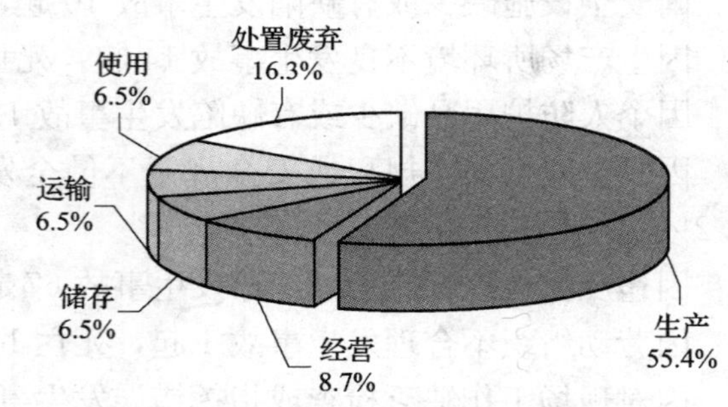

图 1.1.117　各环节重大事故死亡人数比例图

在全国 32 个统计单位（省、区、市和新疆兵团）中，有 4 个单位重大事故事故起数和死亡人数同比下降，占 12.5%；有 11 个单位重大事故起数和死亡人数同比上升，占 34.4%；有 18 个单位没有发生重大事故，占 56.3%；没有单位发生一次死亡 10 人以上特大事故（详见表 1.1.51）。

表 1.1.51　2005 年全国危险化学品重大事故分地区情况表

地区	事故起数	同比		死亡人数	同比		地区	事故起数	同比		死亡人数	同比	
		±	±%		±	±%			±	±%		±	±%
合计	21			92	7	8.2	河南	2	1	100.0	6	3	100.0
北京							湖北		−2	−100.0		−6	−100.0
天津							湖南	1	1		8	8	

续表

地区	事故起数	同比		死亡人数	同比		地区	事故起数	同比		死亡人数	同比	
		±	±%		±	±%			±	±%		±	±%
河北	2	−1	−33.3	6	−6	−50.0	广东	1	1		3	3	
山西							广西						
内蒙古							海南						
辽宁							四川	1	−7	−87.5	5	−28	−84.9
吉林	1	1		8	8		贵州	1	1		3	3	
黑龙江							云南	2	2		6	6	
上海	1	1		4	4		西藏						
江苏	2	−1	−33.3	15	5	50.0	重庆		−1	−10.0		−9	−100.0
浙江							陕西						
安徽							甘肃	1	1		3	3	
福建							青海						
江西	1	1		4	4		宁夏	2	2		8	8	
山东	3			13	1	8.3	新疆						
							新疆兵团						

（六）烟花爆竹伤亡事故情况

1. 各类伤亡事故总体情况

2005 年，全国共发生烟花爆竹伤亡事故 126 起，死亡 222 人，同比减少 12 起，减少 100 人，分别下降 8.7%和 31.1%（各环节事故情况详见表 1.1.52）。

表 1.1.52　　2005 年烟花爆竹各环节事故情况表

	事故起数	同比		死亡人数	同比	
		±	±%		±	±%
合计	126	−12	−8.7	222	−100	−31.1
生产	120	−8	−6.3	218	−73	−25.1
经营	3			1	−3	−75.0
储存	1	−4	−80.0	1	−21	−95.5
处置废弃	2			2	−3	−60.0

在各个环节发生的伤亡事故中，生产环节事故起数占 95.2%，死亡人数占 98.2%；经营环节事故起数占 2.4%，死亡人数占 0.5%；储存环节事故起数占 0.8%，死亡人数占 0.5%；处置废弃环节事故起数占 1.6%，死亡人数占 0.9%（各环节事故起数和死亡人数比例详见图 1.1.118、图 1.1.119）。

全国 32 个统计单位（省、区、市和新疆兵团）中，有 8 个单位事故起数和死亡人数同比下降，占 25.0%；有 5 个单位事故起数和死亡人数同比上升，占 15.6%；有 14 个单位没有发生事故，占 43.8%（详见表 1.1.53）。

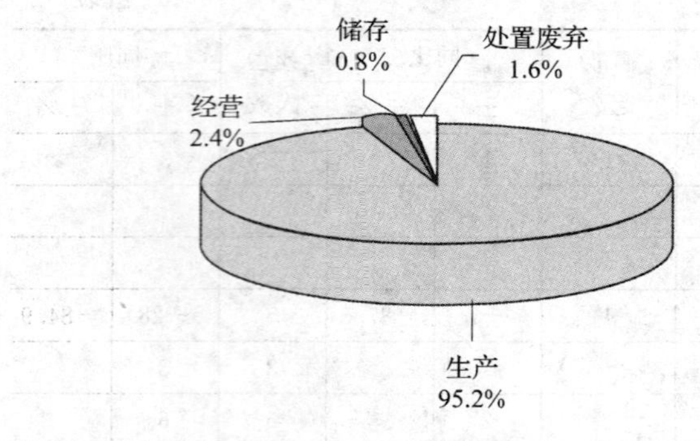

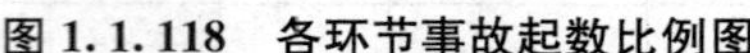

图 1.1.118　各环节事故起数比例图

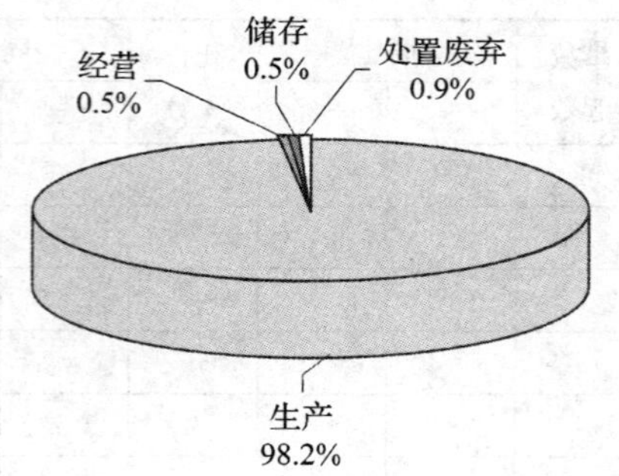

图 1.1.119　各环节事故死亡人数比例图

表 1.1.53　　2005 年全国烟花爆竹事故分地区情况表

地区	事故起数	同比		死亡人数	同比		地区	事故起数	同比		死亡人数	同比	
		±	±%		±	±%			±	±%		±	±%
合计	126	−12	−8.7	222	−100	−31.1	河南	4	−3	−42.9	11	5	83.3
北京							湖北	4	1	33.3	4	−1	−20.0
天津							湖南	39	−16	−29.1	62	−60	−49.2
河北	6	3	100.0	15	10	200.0	广东	4	4		4	4	
山西	2	−1	−33.3	29	21	262.5	广西	5	−6	−54.6	4	−43	−91.5
内蒙古	1	1		3	3		海南						
辽宁	2	2		5	5		四川	3	−1	−25.0	3	−1	−25.0
吉林							贵州	4	−3	−42.9	6	−5	−45.5
黑龙江		−2	−100.0		−2	−100.0	云南	1	−2	−66.7		−5	−100.0
上海							西藏						
江苏	3	1	50.0	2	1	100.0	重庆	11	9	450.0	18	16	800.0
浙江							陕西		−1	−100.0		−2	−100.0
安徽	18	−1	−5.3	27	4	17.4	甘肃						
福建	1			1	−1	−50.0	青海						
江西	15	7	87.5	23	−14	−37.8	宁夏						
山东	3	−4	−57.1	5	−35	−87.5	新疆						
							新疆兵团						

按事故原因分，因技术和设计有缺陷发生事故 1 起，死亡 1 人，同比分别下降 50.0％和 94.4％。

因设备设施工具附件有缺陷发生事故 1 起，死亡 1 人，同比分别下降 66.7％和 87.5％。

因安全设施缺少或有缺陷发生事故 4 起，死亡 9 人，同比分别下降 60.0％和 62.5％。

因生产场所环境不良发生事故 16 起，死亡 20 人，同比分别上升 14.3％和下降 51.2％。

因没有安全操作规程或安全规章不健全发生事故 9 起，死亡 13 人，同比分别下降 35.7％和 58.1％。

因违反操作规程或劳动纪律发生事故 78 起，死亡 133 人，同比分别下降 11.4％和 33.8％。

因劳动组织不合理发生事故 1 起，死亡 2 人，同比增加 1 起、2 人。

因对现场工作缺乏检查或指挥错误发生事故 1 起，死亡 3 人，同比起数持平、增加 2 人。

因教育培训不够缺乏安全操作知识发生事故 5 起，死亡 6 人，同比分别上升 33.3% 和 30.8%。

安全设施缺少
或有缺陷
3.2%
生产场所
环境不良
12.7%
没有安全操作
规程或不健全
7.1%
其他
15.1%
违反操作规程
或劳动纪律
61.9%

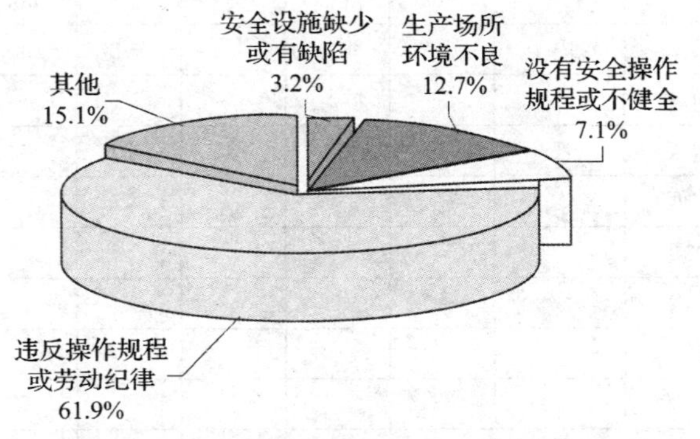

图 1.1.120　烟花爆竹事故起数按原因比例图

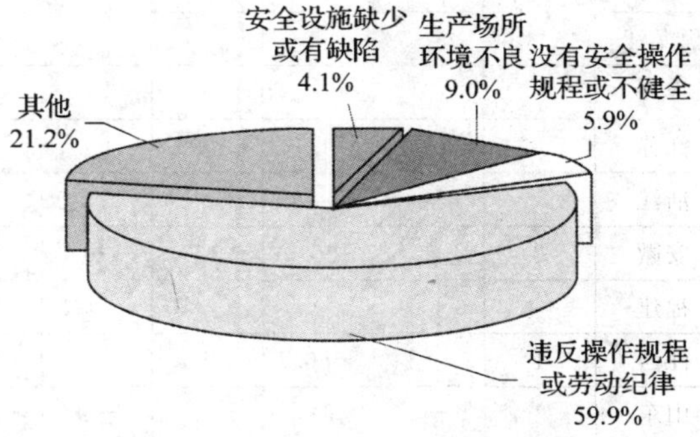

安全设施缺少
或有缺陷
4.1%
生产场所
环境不良
9.0%
没有安全操作
规程或不健全
5.9%
其他
21.2%
违反操作规程
或劳动纪律
59.9%

图 1.1.121　烟花爆竹事故死亡人数按原因比例图

2. 重大事故情况

2005 年，全国共发生一次死亡 3～9 人重大烟花爆竹事故 16 起，死亡 65 人，同比减少 9 起，减少 33 人，分别下降 36.0% 和 33.7%（各环节重大事故情况详见表 1.1.54）。

表 1.1.54　　2005 年烟花爆竹各环节重大事故情况表

	事故起数	同比		死亡人数	同比	
		±	±%		±	±%
合计	16	−9	−36.0	65	−33	−33.7
生产	16	−6	−27.3	65	−22	−25.3
经营						
储存		−2	−100.0		−6	−100.0
处置废弃		−1	−100.0		−5	−100.0

在全国 32 个统计单位（省、区、市和新疆兵团）中，有 7 个单位重大事故事故起数和死亡人数同比下降，占 21.9%；有 6 个单位重大事故起数和死亡人数同比上升，占 18.8%；有 22 个单位没有发生重大事故，占 68.8%（详细情况见表 1.1.55）。

表 1.1.55　　2005 年全国烟花爆竹重大事故分地区情况表

地区	事故起数	同比		死亡人数	同比		地区	事故起数	同比		死亡人数	同比	
		±	±%		±	±%			±	±%		±	±%
合计	16	−9	−36.0	65	−33	−33.7	河南	2	1	100.0	9	6	200.0
北京							湖北						
天津							湖南	4	−6	−60.0	15	−27	−64.3
河北	2	1	100.0	9	6	200.0	广东						
山西	1	−1	−50.0	3	−4	−57.1	广西		−1	−100.0		−3	−100.0
内蒙古	1	1		3	3		海南						
辽宁	1	1		3	3		四川						

续表

地区	事故起数	同比		死亡人数	同比		地区	事故起数	同比		死亡人数	同比	
		±	±%		±	±%			±	±%		±	±%
吉林							贵州	1	−2	−66.7	3	−6	−66.7
黑龙江							云南		−1	−100.0		−3	−100.0
上海							西藏						
江苏							重庆	1	1		3	3	
浙江							陕西						
安徽	2	1	100.0	13	10	333.3	甘肃						
福建							青海						
江西	1	−2	−66.7	4	−12	−75.0	宁夏						
山东		−2	−100.0		−9	−100.0	新疆						
							新疆兵团						

3. 特大事故情况

2005年，全国共发生一次死亡10人以上特大烟花爆竹事故2起，死亡39人，同比分别减少5起，减少73人，分别下降71.4%和65.2%。

从行政区域分，山西1起，死亡26人；湖南1起，死亡13人。

（七）特种设备伤亡事故情况

2005年，全国共发生各类特种设备事故273起，死亡254人，受伤292人，直接经济损失5599万元，同比减少22起、45人、134人，增加1046万元，分别下降7%、15%、13%，上升23%。

其中：

一次死亡1～2人事故254起，同比减少24起，下降9%；

一次死亡3～9人重大事故17起，同比增加1起，上升6%；

一次死亡10人以上特大事故2起，同比增加1起，上升100%。

四、全国消防安全情况

2005年，各地区、各部门认真贯彻落实党中央、国务院关于加强消防安全工作的一系列重要指示，以预防和遏制重特大尤其是群死群伤火灾为目标，以排查整治火灾隐患为重点，持续开展消防安全专项整治，大力提升消防工作社会化水平、社会防控火灾能力，有效预防和遏制了重特大尤其是群死群伤火灾，全国消防安全形势总体稳定，趋于好转。

（一）全国火灾事故总体情况

2005年，全国共发生火灾事故（不含森林、草原等火灾）235 941起，死亡2 496人，同比减少16 760起，减少61人，分别下降6.6%和2.4%。

按行业分：农业、工业，商业、交通运输、邮电通信、社会服务等各行业共发生火灾44 862起，死亡603人，同比事故起数上升1.1%，死亡人数下降4.4%。

按场所分：商场市场、宾馆饭店、学校、医院等人员密集场所共发生火灾9 135起，死亡302人，同比分别下降0.6%、1.6%；村民、居民住宅共发生火灾55 456起，死亡1 795人。

按地区分：全国31个省（区、市）中，有6个单位事故起数和死亡人数同比下降，占

19.4%；有11个单位事故起数和死亡人数同比上升，占35.5%；9个省事故起数同比下降、死亡人数同比上升，占29.0%；5个省事故起数同比上升、死亡人数同比下降，占16.1%；其中辽宁、吉林、黑龙江、山东、江苏、广东、四川、北京、湖北9省（市）火灾事故多发，共发生130 330起事故，占全国火灾事故的55.2%（详细情况见表1.1.56）。

表1.1.56　　2005年全国火灾事故分地区情况表

地区	事故起数	同比		死亡人数	同比		地区	事故起数	同比		死亡人数	同比	
		±	±%		±	±%			±	±%		±	±%
合计	235 941	−16 760	−6.6	2 496	−61	−2.4	河南	7 390	−4 816	−39.5	61	−23	−27.4
北京	9 781	479	5.2	50	−9	−15.3	湖北	9 250	1 731	23.0	56	8	16.7
天津	4 728	69	1.5	40	6	17.7	湖南	5 195	−414	−7.4	117	54	85.7
河北	7 041	−649	−8.4	92	19	26.0	广东	13 266	−2 490	−15.8	298	19	6.8
山西	3 319	−252	−7.1	55	7	14.6	广西	2 678	−248	−8.5	118	3	2.6
内蒙古	5 351	774	16.9	37	11	42.3	海南	1 335	243	22.3	15	8	114.3
辽宁	22 889	−4 301	−15.8	161	−15	−8.5	四川	10 676	1 535	16.8	114	−24	−17.4
吉林	18 852	−2 502	−11.7	135	−13	−8.8	贵州	2 299	271	13.4	97	34	54.0
黑龙江	13 488	−1 035	−7.1	71	−35	−33.0	云南	4 112	548	15.4	107	17	18.9
上海	5 869	736	14.3	54	24	80.0	西藏	254	52	25.7	9	−5	−35.7
江苏	15 196	−1 279	−7.8	166	−21	−11.2	重庆	7 904	516	7.0	57	−6	−9.5
浙江	6 755	−6 969	−50.8	112	−227	−67.0	陕西	7 489	618	9.0	64	21	48.8
安徽	7 621	407	5.6	93	−3	−3.1	甘肃	2526	−486	−16.1	30	6	25.0
福建	6 579	−1 148	−14.9	97	12	14.1	青海	936	−22	−2.3	14	4	40.0
江西	6 674	339	5.4	60	20	50.0	宁夏	3 347	−37	−1.1	7	3	75.0
山东	16 932	874	5.4	48	11	29.7	新疆	6 209	696	12.6	61	33	117.9

从企业经济类型看，个体私营企业火灾事故多发。2005年个体私营企业共发生火灾21188起，死亡344人，分别占企业火灾总数的78.2%、76.6%。

从事故发生时段看，全国火灾事故具有以下特征：

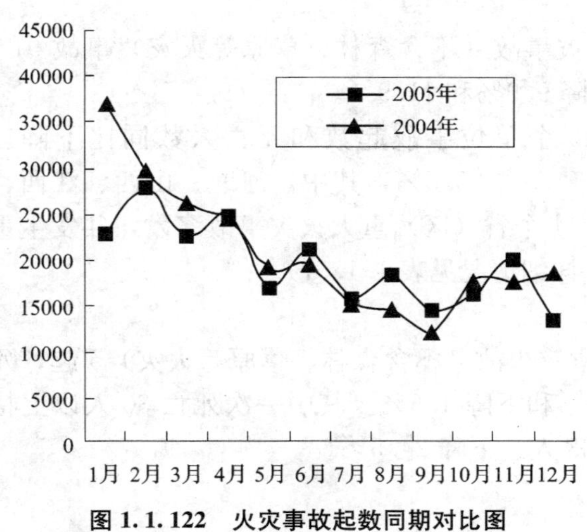

图1.1.122　火灾事故起数同期对比图

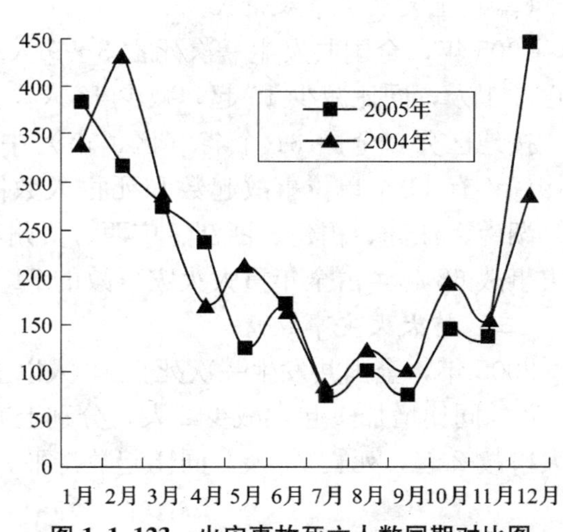

图1.1.123　火灾事故死亡人数同期对比图

一是事故死亡人数同比总体呈逐月下降趋势，全年除1月、4月和12月同比有所上升外，其余9个月同比均保持下降，其中2月、5月同比下降幅度较大，分别下降113人、88人，平均每月下降100人。

二是事故环比总体呈波动性下降趋势。从各月火灾事故情况看，总体呈下降趋势，但波动性较大。事故起数全年除10月、11月持续上升外，其余各月基本呈波动性下降趋势。

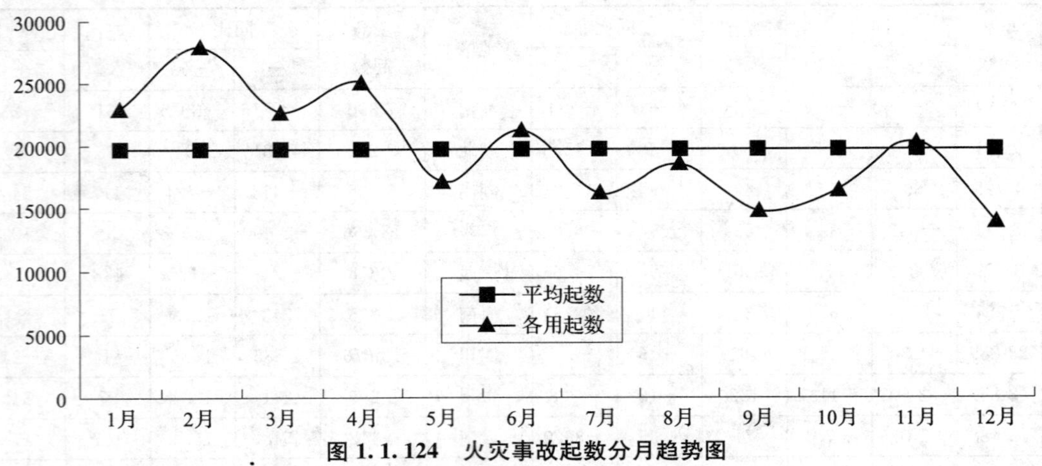

图 1.1.124　火灾事故起数分月趋势图

三是春季和冬季是事故的高发期。春季共发生火灾事故64 591起，死亡539人，冬季共发生火灾事故64 539起，死亡1 150人，两季事故起数和死亡人数分别占全年事故总起数、总死亡人数的54.7%和67.7%。

四是夜间事故多发。据统计，22时至凌晨4时全国共发生重特大火灾事故111起，死亡913人，事故起数和死亡人数分别占火灾事故总起数、总死亡人数的39.2%和36.6%。

从事故发生的直接原因看，绝大部分火灾是人为因素引起的。在公安消防部门调查的143 232起火灾中，除原因不明的外，有97.6%的火灾系生活用火不慎，违反电气安装使用规定，违章操作、吸烟、玩火和放火造成的。其中用火不慎引起的有43 883起，占30.6%；电气引起的有31 380起，占21.9%；违章操作引起的有6 129起，占4.3%；吸烟引起的有10 075起，占7%；玩火引起的有8 117起，占5.7%；放火引起的有7 342起，占5.1%。

（二）重大火灾事故情况

2005年，全国共发生一次死亡3～9人重大火灾事故（不含森林、草原等火灾）事故91起，死亡341人，同比减少10起，减少46人，分别下降9.9%和11.9%。

按地区分，全国31个省（区、市）中，有13个单位事故起数和死亡人数同比下降，占41.9%；有11个单位事故起数和死亡人数同比上升，占35.5%，其中，河北、山西、江西、广东、湖南、江苏、福建、浙江、广西、贵州和云南11个省（区）重大火灾事故多发，共发生重大火灾事故68起，占全年重大火灾事故的74.7%。（详细情况见表1.1.57）。

（三）特大火灾事故情况

2005年，全国共发生一次死亡10人以上特大火灾事故（不含森林、草原等火灾）5起，死亡121人，同比增加1起，减少2人，分别上升25.0%和下降1.6%。其中一次死亡30人以上特别重大事故2起，死亡71人，同比起数持平，减少23人、下降24.5%。

表 1.1.57　　2005 年全国火灾重大事故分地区情况表

地区	事故起数	同比		死亡人数	同比		地区	事故起数	同比		死亡人数	同比	
		±	±%		±	±%			±	±%		±	±%
合计	91	−10	−9.9	341	−46	−11.9	河南	1	−3	−75.0	3	−15	−83.3
北京		−1	−100.0		−3	−100.0	湖北	1			4	−3	−42.9
天津	1	−1	−50.0	7	−1	−12.5	湖南	7	5	250.0	24	16	200.0
河北	4			15	−3	−16.7	广东	19	−3	−13.6	63	−3	−33.0
山西	4	−1	−20.0	12	−5	−29.4	广西	4	−1	−20.0	12	−4	−25.0
内蒙古							海南	1	1		6	6	
辽宁	2	−1	−33.3	10	−5	−33.3	四川	2	−1	−33.3	9		
吉林	1	1		3	3		贵州	4	−1	−20.0	16		
黑龙江	2	−2	−50.0	7	−8	−53.3	云南	4	1	33.3	15	6	66.7
上海	1	1		3	3		西藏	1	1		3	3	
江苏	4	1	33.3	18	7	63.6	重庆		−2	−100.0		−7	−100.0
浙江	4	−6	−60.0	16	−20	−55.6	陕西	2	−1	−33.3	6	−8	−57.1
安徽		−7	−100.0		−22	−100.0	甘肃	2	1	100.0	6	3	100.0
福建	5	2	66.7	17	3	21.4	青海	1	1		9	9	
江西	9	6	200.0	40	30	300.0	宁夏				3	3	
山东	2	−2	−50.0	6	−8	−57.1	新疆	3	2	200.0	14	11	366.7

一次死亡 10 人以上特大火灾事故分别是：吉林 1 起，死亡 40 人；山东 1 起，死亡 12 人；河南 1 起，死亡 12 人；广东 2 起，死亡 57 人。

（四）十万人火灾事故发生率和死亡率

十万人口火灾发生率和死亡率均呈下降趋势。据计算，全国的十万人口火灾发生率在连续两年下降的基础上，2005 年再度比上年减少了 1.4 起；十万人口火灾死亡率比上年下降了 0.006 人，五年来首次出现下降，结束了连续四年上升的局面。

五、全国道路交通安全情况

2005 年，各地区、各部门认真贯彻党中央、国务院关于加强道路交通安全工作的指示，以预防和减少道路交通事故为中心，以降事故、保安全、保畅通为目标，全面落实“五整顿”、“三加强”工作措施，深入开展道路交通安全专项整治，认真开展平安畅通县区创建工作和预防特大道路交通事故“百日竞赛”活动，推动交通安全宣传“五进”工作，加大道路交通违法行为和危险路段的整治力度，取得了较为明显的成效。道路交通事故总量、重特大事故全面下降，全国道路交通安全形势总体稳定，趋于好转。但是重特大道路交通事故仍未得到有效遏制，全国道路交通安全形势依然严峻。

（一）全国道路交通事故总体情况

2005 年，全国共发生道路交通事故 450 254 起，造成 98 738 人死亡，同比事故起数减少 67 635起，下降 13.1%、死亡人数减少 8 339 人，下降 7.8%。道路交通万车死亡率为 7.6，同比减少 2.3。

按车辆性质分，营运车辆发生事故 135 114 起，死亡 38 752 人，同比分别下降 16.3%和

6.1%，事故起数和死亡人数分别占总数的30.0%和39.2%。其中，营运客车发生事故51 247起，死亡10 566人，同比分别下降19.9%和10.0%，事故起数和死亡人数分别占总数的11.4%和10.7%；危险化学品运输车辆发生事故403起，死亡268人，同比分别下降3.2%和15.1%，事故起数和死亡人数分别占总数的0.1%和0.3%；

按车辆类型分，大货车事故死亡21 505人，占总数的21.8%；小型客车事故死亡20 340人，占总数的20.6%；摩托车事故死亡20 774人，占总数的21.0%；低速货车、三轮汽车和拖拉机事故死亡9 874人，占总数的10.0%。

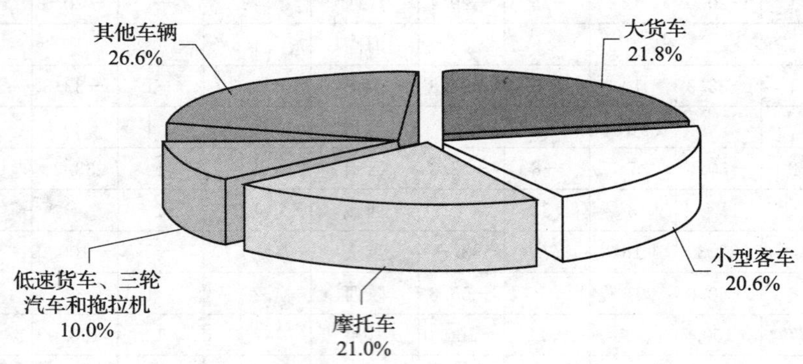

图1.1.125　各种类型车辆交通事故死亡人数比例图

按道路情况分，全国公路上发生交通事故272 840起，死亡766 89人，分别占总数的60.6%和77.7%。城市道路上发生交通事故177 414起，死亡22 049人，分别占总数的39.4%和22.3%。从公路技术等级看，二、三级公路上交通死亡事故最多，共造成47 448人死亡，占总数的48.1%。高速公路上交通事故造成6 407人死亡，占总数的6.5%。从公路行政等级看，国道、省道上交通死亡事故最多，共造成52 982人死亡，占总数的53.7%；县道、乡道等农村公路上发生交通事故造成23 707人死亡，分别占总数的24%。

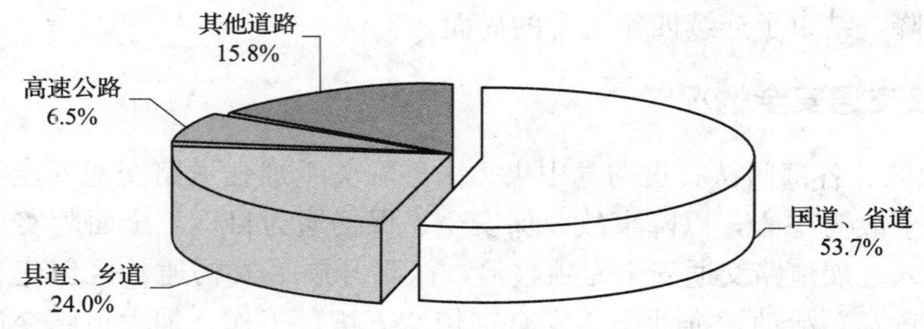

图1.1.126　各类公路交通事故死亡人数比例图

按机动车驾驶员情况分，低驾龄驾驶员造成的事故有所减少，但事故比例较高。全国3年以下驾龄机动车驾驶员肇事共导致31 534人死亡，同比下降7.6%，占全部机动车驾驶员肇事导致死亡总人数的31.9%。其中，3年以下驾龄机动车驾驶员驾驶大货车肇事较多，共造成8 299人死亡，占3年以下驾龄驾驶员肇事致死人数的26.3%；其次是驾驶小客车肇事，共造成7 669人死亡，占3年以下驾龄驾驶员肇事致死人数的24.3%；驾驶两轮摩托车肇事，共造成4198人死亡，占3年以下驾龄驾驶员肇事致死人数的13.3%。

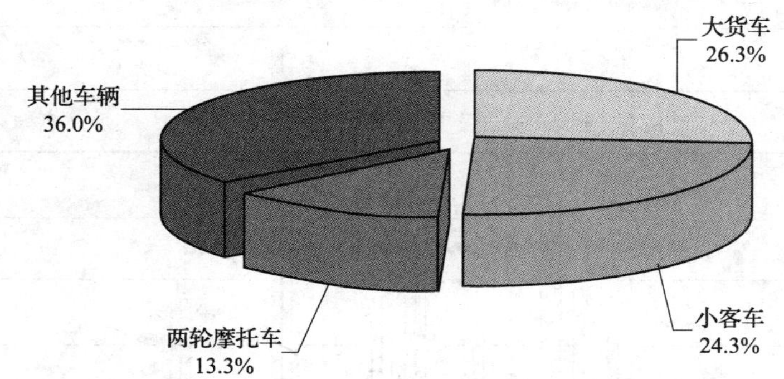

图 1.1.127　3 年以下驾龄车辆交通事故死亡人数比例图

按行政区域分，全国 31 个省（区、市）中，有 27 个单位事故起数和死亡人数同比下降，占 87.1%；有 1 个单位事故起数和死亡人数同比上升，占 3.2%；有 1 个单位事故起数同比下降、死亡人数同比上升，占 3.2%；有 2 个单位事故起数同比上升、死亡人数同比下降，占 6.4%。其中，事故多发的河北、山西、辽宁、江苏、浙江、安徽、福建、山东、河南、湖南、广东、广西、四川、重庆和陕西等 15 个单位，共发生事故 354 254 起，占全年的 78.7%（详细情况见表 1.1.58）。

表 1.1.58　　2005 年全国道路交通事故分地区情况表

地区	事故起数	同比		死亡人数	同比		地区	事故起数	同比		死亡人数	同比	
		±	±%		±	±%			±	±%		±	±%
合计	450 254	−67 635	−13.1	98 738	−8 339	−7.8	河南	23 778	−2 762	−10.4	4 587	−880	−16.1
北京	6 364	−2 172	−25.5	1 515	−116	−7.1	湖北	8 585	−4 999	−36.8	2 417	−113	−4.5
天津	4 406	−1 079	−19.7	970	−22	−2.2	湖南	15 013	−1 103	−6.8	3 832	8	0.2
河北	11 187	−3 908	−25.9	4 075	−490	−10.7	广东	67 756	−667	−1.0	9 959	−698	−6.6
山西	13 342	−3 864	−22.5	3 819	−353	−8.5	广西	10 717	−2 546	−19.2	3 489	−152	−4.2
内蒙古	8 453	−1 436	−14.5	2 106	−133	−5.9	海南	1 479	−562	−27.5	497	−23	−4.4
辽宁	10 341	−2 644	−20.4	2 919	−427	−12.8	四川	29 628	1 144	4.0	4 415	−475	−9.7
吉林	9 659	−296	−3.0	2 428	−87	−3.5	贵州	3 315	−80	−2.4	1 647	−184	−10.1
黑龙江	7 506	−1 026	−12.0	2 164	−299	−12.1	云南	6 870	−4 551	−39.9	2 901	−309	−9.6
上海	9 238	−17 898	−66.0	1 393	−150	−9.7	西藏	845	−252	−23.0	540	−54	−9.1
江苏	27 690	−3 741	−11.9	7 603	−497	−6.1	重庆	10 605	−504	−4.5	1 484	−135	−8.3
浙江	43 266	−6 773	−13.5	6 881	−668	−8.9	陕西	12 011	−1 337	−10.0	2 698	−251	−8.5
安徽	17 474	−532	−3.0	4 355	−439	−9.2	甘肃	5 414	−947	−14.9	1 799	−193	−9.7
福建	26 195	1 921	7.9	4 125	−268	−6.1	青海	952	−260	−21.5	736	−6	−0.8
江西	8 585	−1 946	−18.5	2 428	−332	−12.0	宁夏	3 803	−413	−9.8	796	−68	−7.9
山东	35 251	−4 564	−11.5	7 050	−754	−9.7	新疆	9 526	1 162	13.9	3 110	229	8.0

特别是经济发达地区道路交通事故多发。2005 年道路交通事故死亡人数居全国前 5 位的省份分别是广东（67 756 起、死亡 9 959 人）、江苏（27 690 起、死亡 7 603 人）、山东（35 251 起、死亡 7 050 人）、浙江（43 266 起、死亡 6 881 人）和河南（23 778 起、死亡 4 587 人），5 个省共发生道路交通事故 197 741 起，死亡 36 080 人，分别占全国的 43.9%和 36.5%。

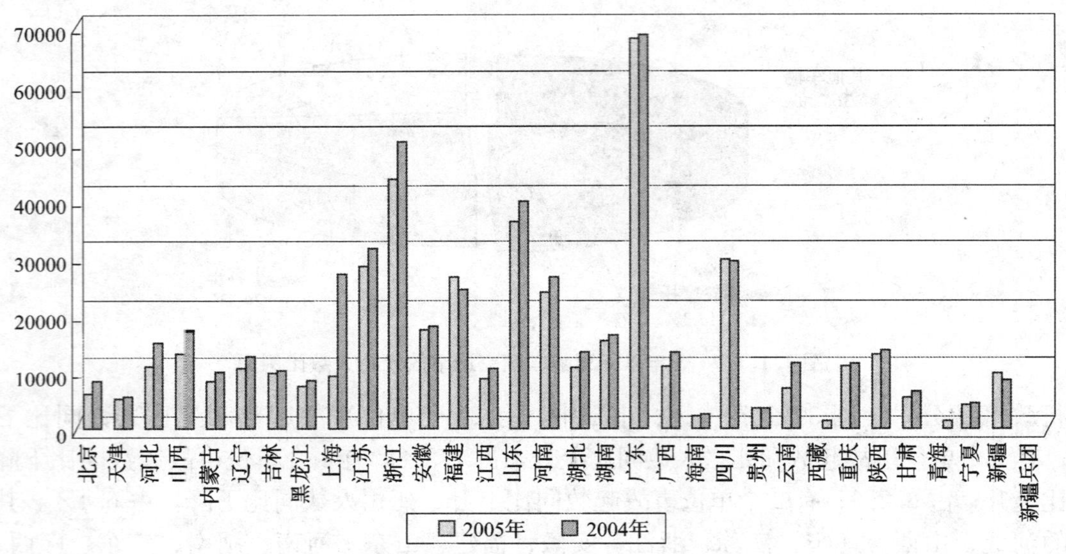

图 1.1.128　各地区道路交通事故起数对比图

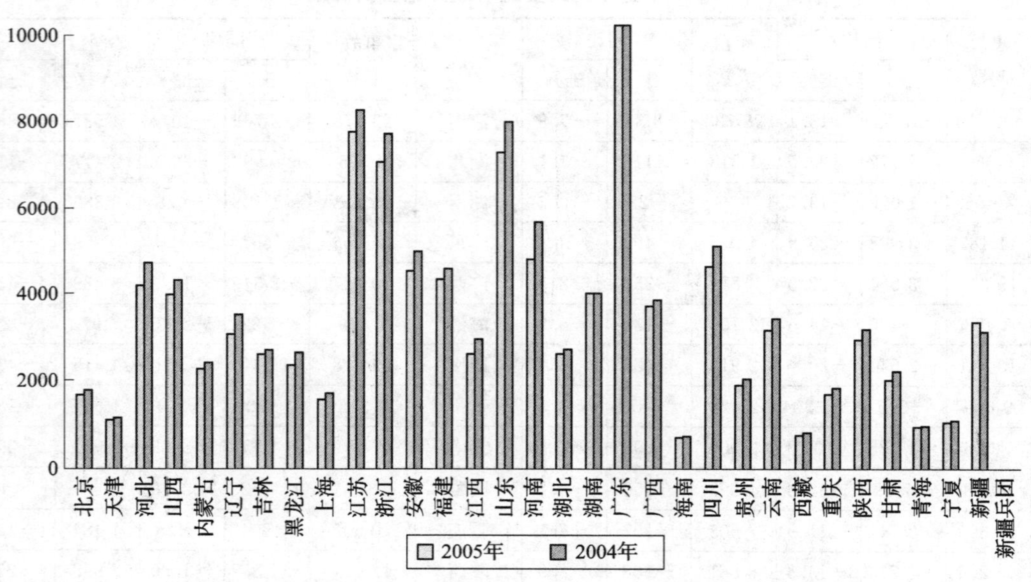

图 1.1.129　各地区道路交通事故死亡人数对比图

按造成事故原因分，因超速行驶导致 16 015 人死亡，比 2004 年下降 13.0％；因疲劳驾驶导致 2 566人死亡，同比下降 16.0％；违法超、会车导致 6 871 人死亡，同比下降 11.8％；违法占道行驶导致 4 488 人死亡，同比下降 19.8％。超员客车交通事故导致 3 039 人死亡，同比下降 19.5％。

按事故责任分，2005 年，全国机动车驾驶人交通肇事 417 355 起，造成 91 062 人死亡，分别占总数的 92.7％和 92.2％。因非机动车驾驶人、乘车人及行人过错导致交通事故 20 090 起，造成 4 207 人死亡，分别占总数的 4.5％和 4.3％。

从事故发生时段看，具有以下特征：

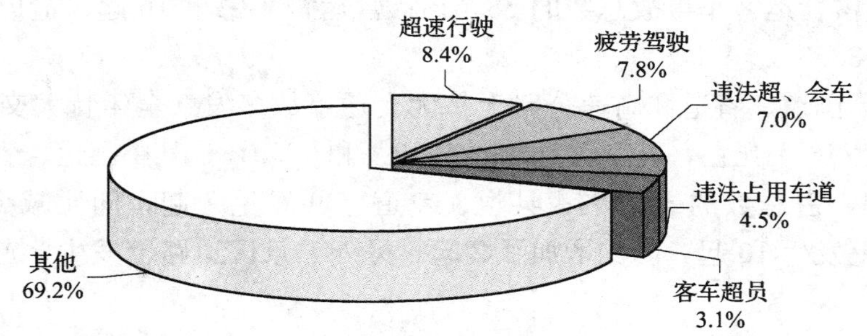

图 1.1.130　道路交通事故死亡人数按事故原因比例图

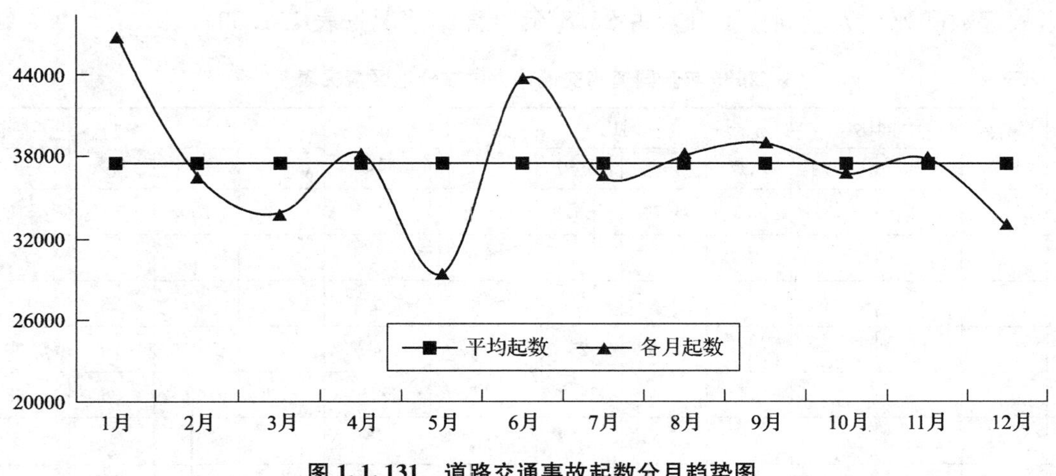

图 1.1.131　道路交通事故起数分月趋势图

一是事故总体呈波动性变化。一季度事故大幅度下降，二、三季度总体回升，四季度有所回落。

二是1月、4月、6至9月事故多发。四个月共发生事故167 812起，占全年事故总起数的37.3%，平均每月发生事故41 953起，高于全年事故月平均37 521起的11.8%。

三是下半年事故死亡人数明显高于上半年。2005年下半年道路交通事故死亡52 726人，约占全年的54%，是上半年的1.2倍。

四是下午至晚间时段事故多发。全国发生于日间的交通事故共272 715起，导致51 125人死亡，分别占总数的60.6%和51.8%；夜间发生177 539起，导致47 613人死亡，分别占总数的39.4%和48.2%。下午至晚间时段（14：00～22：00）发生交通死亡事故比例较高，共死亡44 835人，占总数的45.4%。

（二）重特大道路交通事故情况

2005年，全国道路交通发生一次死亡3～9人重大事故1 885起，死亡6 987人，同比减少143起，减少442人，分别下降7.1%和6.0%。其中：一次死亡10人以上特大事故45起，死亡773人，与2004年相比，起数减少10起，死亡人数减少79人，分别下降18.2%和9.3%。其中：一次死亡30人以上特别重大事故2起，死亡87人，同比增加1起，增加38人，分别上升100.0%和77.6%。

从车辆性质看，特大事故中，营运客车肇事29起，造成480人死亡，分别占特大事故总数的64.4%和62.1%，其中跨省长途营运客车肇事12起，占营运客车事故总数的41.4%；中短途营运客车肇事17起，占营运客车事故总数的58.6%；营运货车肇事16起，造成296人死亡，分别占总数的35.6%和38.3%。

从道路情况看，国道、省道和高速公路上特大交通事故多发。全年特大交通事故中，在公路上发生44起，造成746人死亡，分别占总数的97.8%和96.5%。其中国道、省道上共发生22起，比2004年减少2起，占总数的48.9%；县道、乡道上共发生7起，同比减少15起，占总数的15.6%。高速公路上发生10起，同比增加了2起。另外，景区道路上发生2起，道路以外发生4起。

从事故地区看，全国31个省（区、市）中，有23个单位发生特大事故，占74.2%；有8个单位没有发生特大事故，占25.8%；有11个单位事故起数和死亡人数同比下降，占35.5%；有8个单位事故起数和死亡人数同比上升，占25.8%。（详细情况见表1.1.59）

表1.1.59　　2005年全国道路交通特大事故分地区情况表

地区	事故起数	同比		死亡人数	同比		地区	事故起数	同比		死亡人数	同比	
		±	±%		±	±%			±	±%		±	±%
合计	45	−10	−18.2	773	−79	−9.3	河南		−1	−100.0		−12	−100.0
北京	1	1		24	24		湖北	2			31	7	29.2
天津							湖南	2			28	6	27.3
河北	2			27	−9	−25.0	广东	4	2	100.0	70	39	125.8
山西	3			44	8	22.2	广西	2	−3	−60.0	26	−48	−64.9
内蒙古	2	2		42	42		海南						
辽宁		−1	−100.0		−18	−100.0	四川	1	−7	−87.5	26	−96	−78.7
吉林	1	1		12	12		贵州	2	−2	−50.0	29	−20	−40.8
黑龙江	1			11	1	10.0	云南	3			34	−31	−47.7
上海		−1	−100.0		−10	−100.0	西藏	2			27	7	35.0
江苏	2	2		43	43		重庆	2	−2	−50.0	37	−51	−58.0
浙江	1	−1	−50.0	22	−13	−37.1	陕西	2	−1	−33.3	27	−29	−51.8
安徽		−1	−100.0		−26	−100.0	甘肃	2	1	100.0	26	14	116.7
福建	1			29	13	81.3	青海	2	2		67	67	
江西	4	1	33.3	75	27	56.3	宁夏						
山东	1	−2	−66.7	16	−26	−61.9	新疆						

从事故原因看，超速行驶、疲劳驾驶、客车超员等交通违法严重，机械故障导致事故增多。全年特大交通事故中，因驾驶人超速行驶导致12起，占总数的26.7%；因疲劳驾驶导致7起，占总数的15.6%；因违法超车、违法占道行驶等导致事故5起，占总数的11.1%；有17起事故中存在客车超员违法行为，占总数的37.8%。

从事故形态看，以单方事故为主，坠车事故较多。全年特大交通事故中，共发生单方事故28起，占总数的62.2%。其中，有21起为坠车事故，多发生在西部多山地区，占总数的46.7%。非单方事故中，发生正面碰撞事故8起，追尾碰撞事故7起，两者合计占事故总起数的33.3%。

从发生特大事故时段看，5月、10月份特大交通事故较多。全年平均每月发生4起特大交通事故，5月、10月份分别发生了6起，高于其他月份；春运期间发生4起特大交通事故，同比减少14起，下降77.8%。

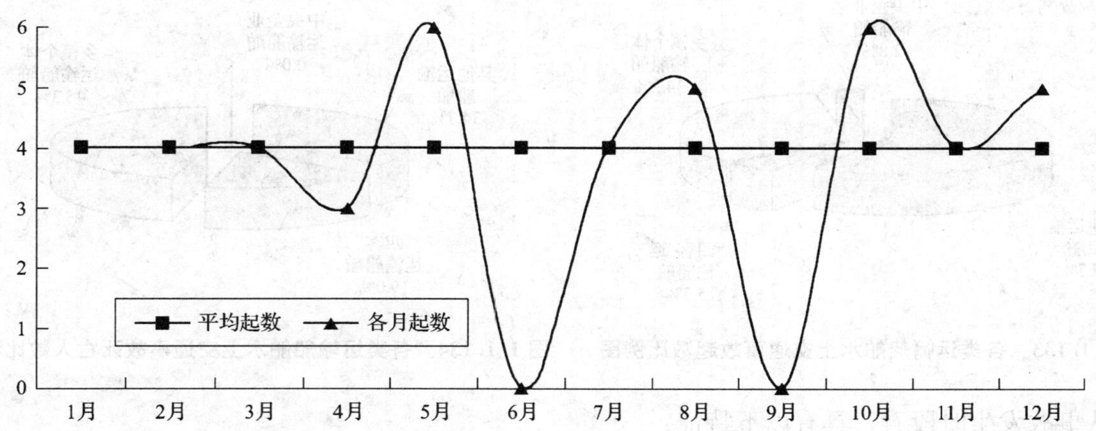

图1.1.132　道路交通特大事故起数分月趋势图

六、全国水上交通安全情况

2005年，各地区、各部门认真贯彻落实党中央、国务院关于安全生产工作的重要指示，切实加强水上交通安全监管，深入开展水上交通安全专项整治，进一步加大“四区一线”重点水域和“四客一危”重点船舶的安全监管力度，继续深化“长三角”地区水上运输反超载工作，在水上交通运输量大幅度增加，行业持续快速发展的形势下，保持了水上交通安全形势总体稳定，趋于好转。

（一）事故总体情况

2005年，全国共发生水上交通事故532起，死亡和失踪479人，同比减少30起，减少10人，分别下降5.3%和2.0%，沉船306艘，直接经济损失49 500万元，同比下降7.3%、上升34.3%。

从运输船舶性质看：“四客”船舶（客船、客渡船、客滚船、高速客船）和乡镇个体运输船舶事故起数和死亡人数同比分别有所下降；中央直属企业运输船舶事故起数下降，没有造成人员伤亡；其他运输船舶事故起数和死亡人数分别上升（各类运输船舶事故情况详见表1.1.60）。

表1.1.60　　2005年全国水上各类运输船舶事故情况表

	事故起数	同比		死亡人数	同比	
		±	±%		±	±%
合计	532	−30	−5.3	479	−10	−2.0
中央企业运输船舶	15	−3	−14.4	0	0	0
乡镇个体运输船舶	182	−46	−20.2	222	−104	−31.2
客船、客渡船、客滚船、高速客船	28	−3	−8.2	91	−100	−52.3
其他运输船舶	307	22	7.7	166	194	53.9

在各类运输船舶中，除其他运输船舶外，乡镇个体运输船舶事故总量较高，起数占34.2%，其次是中央企业运输船舶，占2.8%；死亡人数以乡镇个体运输船舶为多占46.3%（各类运输船舶事故比例见图1.1.133和图1.1.134）。

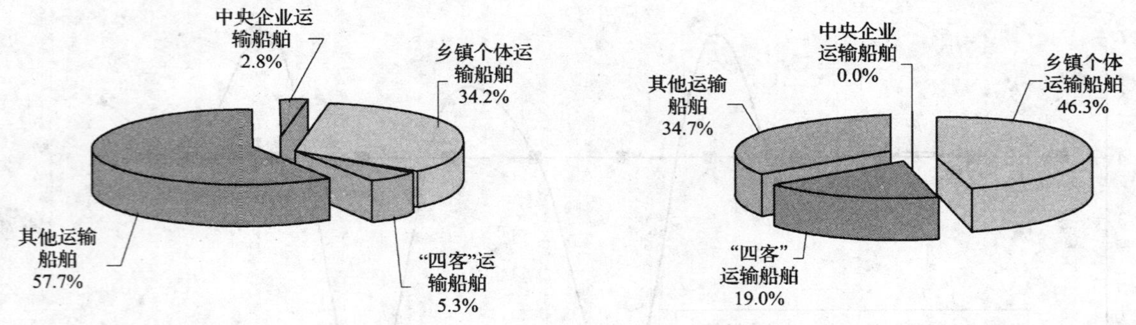

图1.1.133　各类运输船舶水上交通事故起数比例图　　图1.1.134　各类运输船舶水上交通事故死亡人数比例图

从事故发生时段看，具有以下特征：

一是2月、6月事故较少，4月、12月事故多发。2月和6月共发生事故63起，平均每月发生31起，较全年月平均44起少13起；4月和12月共发生事故121起，平均每月发生61起，较全年月平均44起多17起。

二是一、四季度事故多发，一、四季度死亡人数较高。四季度发生事故141起，高于全年季平均133起8起；一、四季度各死亡119人和160人，明显高于二、三季度。

三是下半年事故环比总体呈持续上升趋势。下半年，除10月份环比略有下降外，其余5个月环比持续上升，平均每月升幅13.9%。

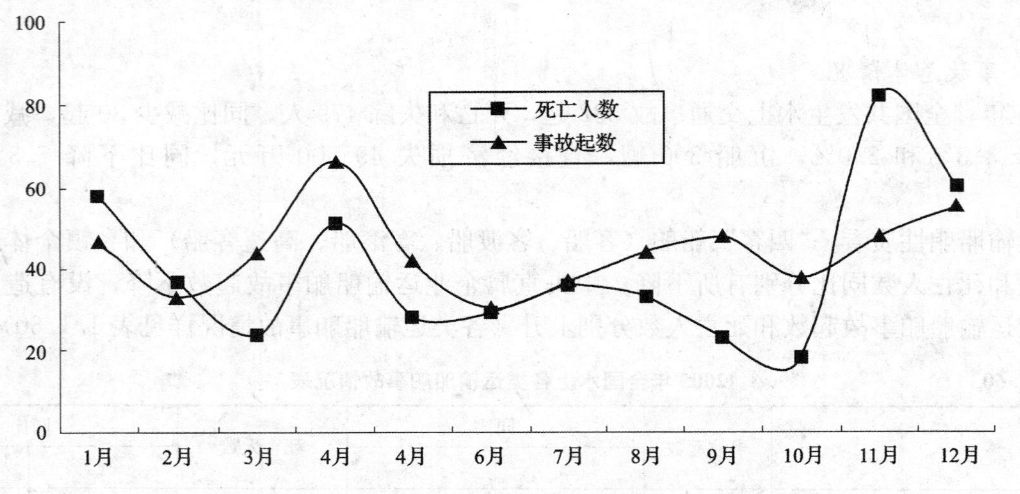

图1.1.135　水上交通事故起数和死亡人数分月趋势图

（二）重大事故情况

2005年，水上交通共发生一次死亡3～9人重大事故47起，死亡219人，同比增加13起，增加73人，分别上升38.2%和50.0%。

（三）特大事故情况

2005 年，水上交通共发生一次死亡 10 人以上特大事故 5 起，死亡 70 人，同比增加 1 起，减少 58 人，分别上升 25.0%和下降 45.3%。

（四）水上搜救情况

2005 年，共组织、协调重大水上搜救行动 1 568 次，成功救助 16 873 人，求助成功率 95.3%。

七、全国铁路交通安全情况

2005 年，各地区、各部门和铁路系统认真贯彻党中央、国务院关于安全生产工作的重要部署，以确保人民生命财产安全为己任，紧密结合铁路运输安全工作实际，狠抓各项安全措施的落实，在铁路管理体制实施重大改革、既有线施工大面积展开、主要干线超负荷运转的情况下，铁路运输安全保持了相对稳定。

（一）全国铁路交通事故总体情况

2005 年，共发生铁路交通伤亡事故 11 220 起，死亡 7 380 人，同比减少 701 起，减少 612 人，分别下降 5.9%和 7.7%。百万机车总走行公里死亡率为 2.63。

按行政区域分，全国 31 个省（区、市）中，有 19 个单位事故起数和死亡人数同比下降，占 61.3%；有 6 个单位事故起数和死亡人数同比上升，占 19.4%。其中，多发的是辽宁、黑龙江、江西、河南、湖北、湖南、四川和贵州 8 个省，共发生事故 5 971 起，占全年 53.2%（详细情况见表 1.1.61）。

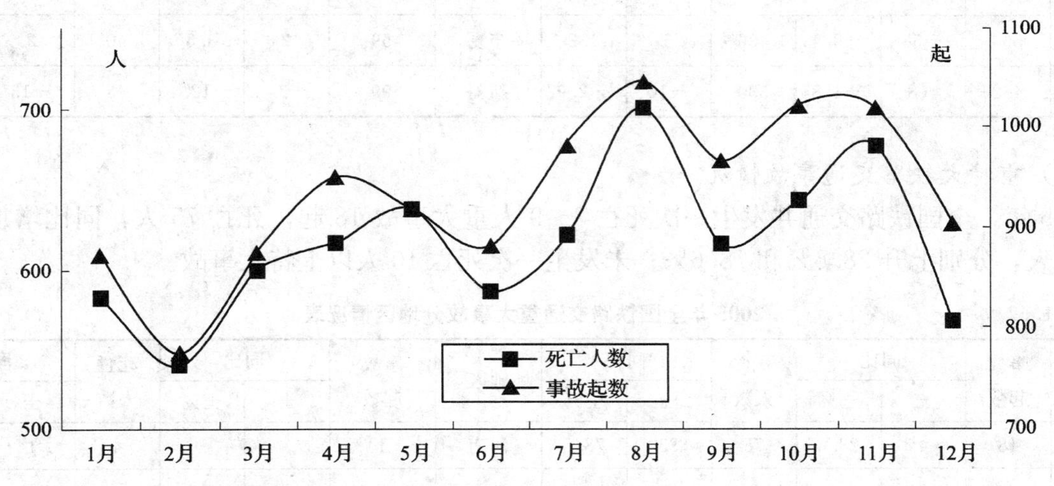

图 1.1.136　全国铁路交通事故起数和死亡人数分月趋势图

从事故发生时段看，铁路交通事故起数和死亡人数全年发展趋势除 5 月份外，基本保持同步，总体呈上升趋势，但表现出较大的波动性。从月度情况看，8 月、10 月和 11 月事故多发，死亡人数较多，共发生事故 3 086 起，造成 2 016 人死亡，3 个月平均发生事故 1 028 起、造成 672 人死亡，分别高于全年事故起数和死亡人数月平均 93 起、57 人，合计分别占全年的 27.5%和 27.3%；从季度情况看，二、三季度环比呈上升趋势，二季度事故起数和死亡人数分别上升 8.9%、6.9%，三季度事故起数和死亡人数分别上升 8.7%、5.2%；从年度情况看，下半年事故和死亡人数高于上半年，下半年共发生事故 5 938 起，死亡 3 818 人，均是上半年的 1.1 倍。

表 1.1.61　　2005 年全国铁路交通事故分地区情况表

地区	事故起数	同比		死亡人数	同比		地区	事故起数	同比		死亡人数	同比	
		±	±%		±	±%			±	±%		±	±%
合计	11 220	-701	-5.9	7 380	-612	-7.7	河南	702	-105	-13.0	541	-99	-15.5
北京	251			176	-4	-2.2	湖北	578	-145	-20.1	441	-104	-19.1
天津	103	7	7.3	54	-25	-31.7	湖南	1 383	-52	-3.6	897	-80	-8.2
河北	467	-141	-23.2	341	-87	-20.3	广东	234	-16	-6.4	190	-22	-10.4
山西	324	-73	-18.4	174	-49	-22.0	广西	452	-98	-17.8	335	-58	-14.8
内蒙古	284	36	14.5	178	9	5.3	海南						
辽宁	723	-30	-4.0	457	-21	-4.4	四川	948	-6	-0.6	488	-3	-0.6
吉林	461	27	6.2	288	4	1.4	贵州	558	308	123.2	303	142	88.2
黑龙江	519	-92	-15.1	307	-30	-8.9	云南	256	-3	-1.2	112	-11	-8.9
上海	63	-20	-24.1	38	-29	-43.3	西藏						
江苏	191	-56	-22.7	159	-39	-19.7	重庆	311	38	13.9	163	23	16.4
浙江	195	-29	-13.0	145	-26	-15.2	陕西	342	-141	-29.2	265	-80	-23.2
安徽	282	-70	-19.9	205	-48	-19.0	甘肃	214	13	6.5	145	29	25.0
福建	179	37	26.1	99	18	22.2	青海	49	-13	-21.0	25	-9	-26.5
江西	560	-58	-9.4	436	5	1.2	宁夏	59	2	3.5	40	2	5.3
山东	432	-8	-1.8	330	-10	-2.9	新疆	99	-14	-12.4	48	-13	-21.3

（二）重特大铁路交通事故情况

2005 年，全国铁路交通共发生一次死亡 3～9 人重大事故 18 起，死亡 75 人，同比增加 4 起，增加 33 人，分别上升 28.6%和 78.6%；未发生一次死亡 10 人以上特大事故。

表 1.1.62　　2005 年全国铁路交通重大事故分地区情况表

地区	事故起数	同比		死亡人数	同比		地区	事故起数	同比		死亡人数	同比	
		±	±%		±	±%			±	±%		±	±%
合计	18	4	28.6	75	33	78.6	河南	1			4	1	33.3
北京	2	2		8	8		湖北						
天津							湖南	4	4		13	13	
河北	2	1	100.0	6	3	100.0	广东		-1	-100.0		-3	-100.0
山西		-1	-100.0		-3	-100.0	广西	1			3		
内蒙古							海南						
辽宁	1	-1	-50.0	6	6		四川						
吉林	1			4	1	33.3	贵州						
黑龙江	2	2		11	11		云南						

续表

地区	事故起数	同比		死亡人数	同比		地区	事故起数	同比		死亡人数	同比	
		±	±%		±	±%			±	±%		±	±%
上海							西藏						
江苏							重庆						
浙江	1			4	1	33.3	陕西	1	1		3	3	
安徽							甘肃						
福建							青海		−1	−100.0		−3	−100.0
江西							宁夏	1			5		
山东	1	−1	−50.0	3	−3	−50.0	新疆		−1	−100.0		−3	−100.0

八、全国民用航空安全情况

2005年，全国民航系统和有关部门认真贯彻中央领导对民航工作的重要指示、国务院安全生产工作部署和全国民航工作会议精神，牢固遵循“安全第一、预防为主、综合治理”的方针，强化安全责任，力行持续监管，深化专项整治，加强基础建设，狠抓工作落实，在民航运输总周转量、旅客运输量大幅度上升的情况下，民航安全保持了总体平稳的态势，实现了航空运输安全年。

（一）民航飞行事故情况

2005年，民航飞行发生事故2起，死亡3人，同比减少2起，减少58人，分别下降了50.0%和95.1%。

（二）民航飞行事故征候情况

2005年，民航飞行发生116起飞行事故征候，同比增加10起，上升9%。飞行事故征候万时率0.40，比上年下降0.02；万架次率0.68，与上年持平。

按事故征候类型分，鸟击事故征候最多。全年共发生鸟击事故征候39起，同比增加10起，上升34%；其次是飞机发动机空中停车征候。因发动机停车征候发生21起，同比增加4起，上升24%。（详细情况见表1.1.63）。

表1.1.63　　2005年民航飞行各类型事故征候情况表

	事故起数	同比			事故起数	同比	
		±	±%			±	±%
合计	116	10	9	雷击	1	−3	−75
偏出、冲出跑道、跑道外接地	8	1	14	鸟击	39	10	34
迷航、偏航、飞错航道	0	−2	−100	起落架轮子之外的部位触地	5	0	0
发动机停车	21	4	24	重着陆	1	−1	−50
小于1/2间隔	5	2	67	系统失效	2	−4	−67
空中撞障碍物	1	−1	−50	外来物击伤飞机、发动机	4	1	33
地面撞障碍物	5	1	25	其他	24	2	9

按事故征候责任分，天气、意外事故征候最多，共发生事故征候39起，同比增加3起，上升8%；其次是机组事故征候，共发生26起，同比减少5起，下降16%；再次是机械事故征候，共发生25起，同比减少1起，下降4%（详细情况见表1.1.64）。

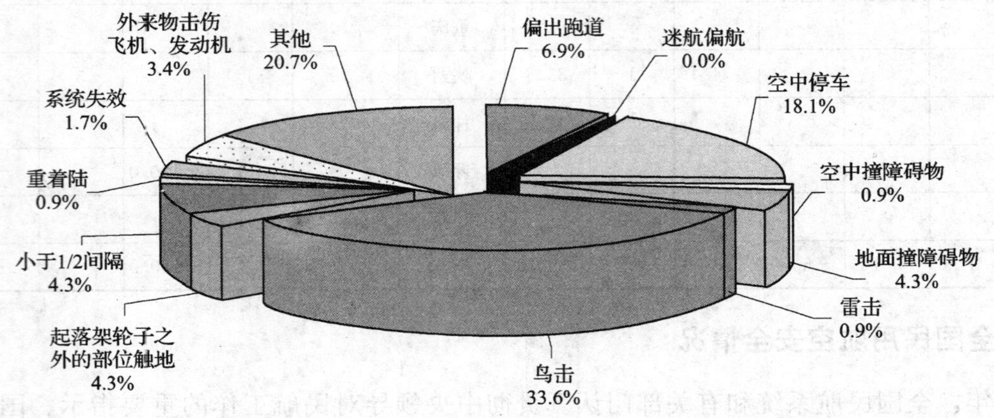

图1.1.137　民航飞行事故征候起数分类型比例图

表1.1.64　2005年民航飞行事故征候按责任划分情况表

	事故起数	同比			事故起数	同比	
		±	±%			±	±%
合计	116	10	9	民航航务管理	0	0	0
机组	26	−5	−16	民航地面保证	16	12	300
机务	3	−2	−40	其他地面保证	0	0	0
机械	25	−1	−4	天气、意外原因	39	3	8
空中交通管理	5	3	150	其他	2	0	0
空军航行管制	0	0	0	责任待定	0	0	0

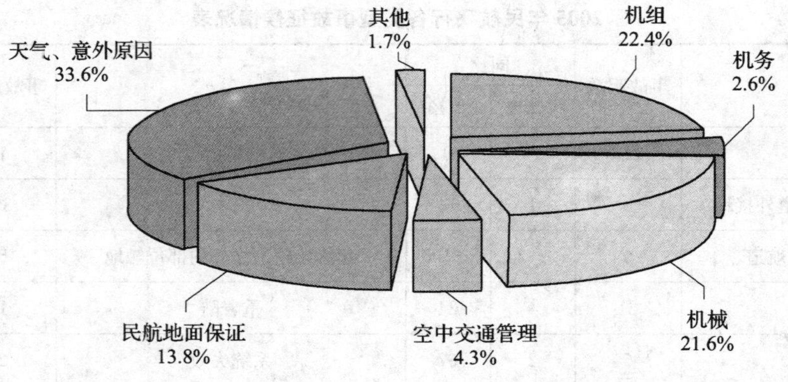

图1.1.138　民航飞行事故征候起数按责任划分比例图

九、全国渔业船舶安全生产情况

2005年，各地区、各部门和各级渔业监管部门认真贯彻落实中央关于安全生产工作的指示精神和工作部署，切实加强渔业船舶安全监管，积极开展低质量渔业船舶安全专项整治，进一步加大事故多发渔区渔船安全生产定点监管和整治力度，促进了全国渔业船舶安全形势总体趋于稳定。

（一）事故总体情况

2005年，全国共发生渔业船舶水上安全事故（未计内陆水域）728起，死亡（失踪）609人，直接经济损失达9 440万元，比2004年各增加6.7%、6.8%和18.5%。

从事故发生的时间看，4月、8月、10月和12月前后为4个事故高发期，相比于2004年的4月和10月前后增加了2个高发期，其周期也相应缩短。2005年的4月、8月和10月前后为台风多发期，台风数量多、强度大、发生频繁，渔业船舶风灾事故明显增多。这期间共发生风灾事故93起，死亡（失踪）67人，分别占全年风灾事故总起数和由此造成死亡（失踪）人数的59%和52%；10月份发生事故109起，创2002年以来单月事故数最高纪录。12月前后进入冬汛期，寒潮给近海海域带来多年罕遇的大风和暴雪天气，各类渔业船舶水上事故频繁发生，仅重大事故就发生10起，特大事故1起，共造成77人死亡（失踪）。

（二）重大事故情况

全年共发生一次死亡3～9人重大事故62起，死亡245人，同比增加11起，增加32人，分别上升21.6%和15.0%。其中，因风灾引起的31起，因碰撞引起的18起，各占重大事故总数的50%和29%。

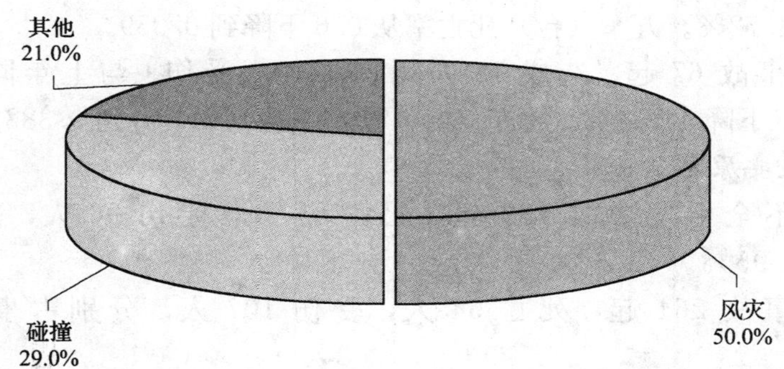

图1.1.139　渔业船舶各类重大事故起数比例图

（三）特大事故情况

全年共发生一次死亡10人以上特大事故8起，死亡100人，同比增加4起，增加57人，分别上升100.0%和132.6%。其中，因风灾引起的4起，因碰撞引起的2起。

十、全国农业机械安全生产情况

2005年，各地区、各级农机监理部门认真贯彻落实党中央、国务院关于安全生工作一系列指示，牢固树立以民为本、为民服务、帮民解难、助民增收、保民平安的“五民”观念，结合重点农时季节，深入开展农机专项监管，加强对农民机手的宣传教育力度，促进了全国农业机械安全生产形势总体稳定，趋于好转。

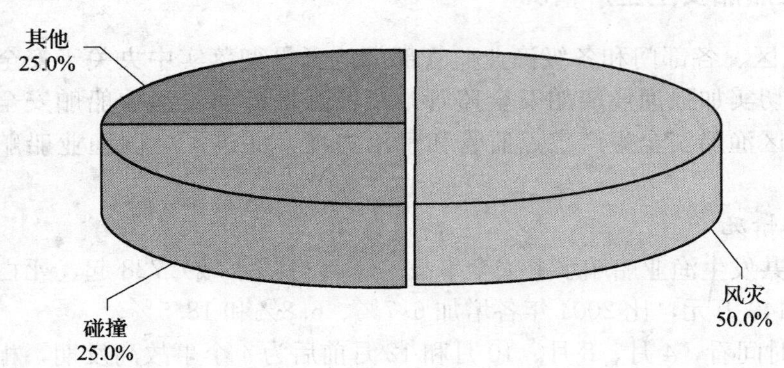

图 1.1.140　渔业船舶各类特大事故起数比例图

（一）事故总体情况

2005 年，全国共发生农业机械事故 6 116 起，死亡 1 473 人，1 936 人受伤，同比减少 733 起、减少 396 人、1 136 人，分别下降 10.7%、21.2%和 37.0%，直接经济损失 1 541.95 万元，直接经济损失上升了 10.51%。

其中，一次死亡 3～9 人重大事故 4 起，死亡 12 人，同比减少 5 起，减少 57 人，分别下降 55.6%和 82.6%；

未发生一次死亡 10 人以上特大事故。

（二）农机事故主要类型

1. 拖拉机事故 2 697 起，造成 568 人死亡、1 855 人受伤。与上年同期相比，分别下降 25.82%、41.21%、4.72%。万车（台）死亡率从 0.6 下降到 0.359。

2. 联合收割机事故 67 起，造成 18 人死亡，20 人受伤。与上年同期相比，分别下降 50.37%、上升 50%、下降 44.44%。万车（台）死亡率从 0.3 上升到 0.382。

（三）农机事故主要原因

机件失灵设施不全引发事故 182 起，死亡 84 人，受伤 96 人，分别占事故总数的 6.19%、13.2%、4.95%。

超速超载引发事故 261 起，死亡 54 人，受伤 107 人，分别占事故总数的 8.88%、8.49%、5.52%。

无证驾驶引发事故 353 起，死亡 131 人，受伤 129 人，分别占事故总数的 12.02%、20.59%、6.66%。

操作失误引发事故 399 起，死亡 114 人，受伤 168 人，分别占事故总数的 13.58%、17.92%、8.67。

表 1.1.65　　2005 年全国一次死亡 10 人以上特大事故明细

序号	日期	事故单位/事故地点	死亡人数	重伤人数	事故简要情况	经济类型	事故类型
1	2005—1—3	青海玉树州玉树县境内一辆西藏康明斯货车（藏 AB0244）	56	26	从西藏拉萨运载朝拜后返回四川甘孜、阿坝等地的信教群众 95 人，该车行驶至青海省玉树州玉治公路 80 公里处（玉树州玉树县隆宝镇以西 10 KM 处的阔拉山），发生事故，造成 56 人死亡，26 人重伤，轻伤 13 人。	个体经济	道路交通
2	2005—1—5	山西运城地区运城市新万通运业有限公司芮城分公司	12	12	所属的车辆为晋 M21596 号卧铺客车，从洛阳载客 25 人行至平陆县境内平风线 9KM 处弯道时，因制动气压偏低，导致制动失灵后翻车，造成 12 人死亡、12 人受伤。	集体经济	道路交通
3	2005—1—6	福建莆田市莆田县一辆闽 A52759 集装箱货车	29	18	行至福建同三线高速公路 339 公里莆田灵川路段，因爆胎失控冲过高速公路中间护栏，与迎面开来的一辆闽 FY1329 大客车（核载 45 人，实载 42 人、司乘 3 人）相撞，造成 29 人死亡、18 人受伤。	私营经济	道路交通
4	2005—1—11	山西临汾地区临汾市襄汾县京安村襄浏花炮厂	26		装配车间发生爆炸，造成 26 人死亡，9 人受伤。	私营经济	火药爆炸
5	2005—1—12	河南洛阳市宜阳县城关乡乔岩直井煤矿（个体有证，B 类）	11		发生一起瓦斯燃烧事故，下井人员 27 人中，11 人死亡，16 人受伤。	乡镇集体	瓦斯爆炸
6	2005—1—16	重庆南川县南城街道办事处云华煤业有限公司（乡镇有证）	12		井下发生煤与瓦斯突出事故，造成 12 人死亡。	乡镇集体	中毒与窒息
7	2005—1—23	广东开（平）阳（江）高速公路恩平市大槐镇路段	24	10	发生一起 13 辆车连环相撞事故，造成 24 人死亡，30 人受伤（其中重伤 10 人，轻伤 20 人）。	集体经济	道路交通
8	2005—1—25	广东湛江市雷州市一艘“雷州 06313”号渔船	11		在海南北部湾 18°18′N，108°19′E 海域（518 区）船体漏水并沉没，船上有 1 人生还，4 人死亡，7 人失踪。	私营经济	渔业
9	2005—2—9	山西临汾地区临汾市翼城县唐兴镇召心铁厂	10		发生炉底烧穿事故，造成 10 人死亡，6 人受伤。	集体经济	灼烫
10	2005—2—14	辽宁阜新市海州区阜新矿业集团公司海州立井	214		发生瓦斯爆炸事故，当时井下有 574 人作业，其中 330 人安全升井，30 人受伤，214 人死亡。	国有重点	瓦斯爆炸

续表

序号	日期	事故单位/事故地点	死亡人数	重伤人数	事故简要情况	经济类型	事故类型
11	2005－2－15	云南曲靖市富源县竹同镇松林村一无证煤矿	27		非法生产时发生瓦斯爆炸事故。当时井下有 42 人作业，其中 27 人死亡，15 人受伤。	乡镇集体	瓦斯爆炸
12	2005－2－18	海南三亚市临高县所属“琼临高 10021”轮	12		在 20－04.0N/108－46.8E（海南省洋浦港西北 32 海里）附近水域沉没，船上 12 人失踪。	集体经济	渔业
13	2005－2－18	陕西榆林市子洲县境内，一辆车号为陕K－06084 的个体运营中巴客车	13		（核载 17 人，实载 19 人）在行至榆林市子洲县境内周硷段 307 国道 907 KM＋93.7 M 处，翻入路南 17.5 m 深的河槽，造成 13 人死亡，6 人受伤。	个体经济	道路交通
14	2005－2－22	江苏南京市境内，国道 312 浦口段 1.5 KM 处	17		一辆浙江省嘉兴市嘉善县善通运输集团有限公司所属的车号为浙 FA3855 号金龙大客车（核载 47 人，实载 51 人，由安徽霍丘开往浙江嘉善），行至 312 国道江苏省汕口段（南京市境内）1.5 公里处时，突然起火，造成 17 人死亡，5 人轻伤。	集体经济	其他道路
15	2005－2－24	山东聊城市东昌府区省道 316 线 353KM＋950 M 处	16		一辆河南省开封运输公司所属的车号为豫 B10636 号大客车（车上共有 34 人），追尾前方临时停车的一辆车号为冀D55100 拖挂车上（挂车车号为冀 DM280），造成 16 人死亡，18 人受伤。	国有经济	道路交通
16	2005－2－25	广东韶关市新丰县一辆车号为甘 E07201 号大客车	16	9	甘 E07201 号大客车（核载 45 人，实载 50 人），行至 1055 国道梅坑镇大岭路段时，翻在公路左侧的沟里，造成 16 人死亡，9 人重伤，24 人轻伤。	集体经济	道路交通
17	2005－2－25	甘肃天水市清水县公路运输服务中心一辆大客车（核载 30 人，实载 32 人）	11		行至天免公路与兰州益民汽车服务公司的半挂货车尾随相撞，造成 11 人死亡，21 人受伤。	集体经济	道路交通
18	2005－2－25	浙江一渔船浙岱渔 02317	10		在济州岛西南 95 公里（北纬 32 度 56 分，东经 125 度 18 分）海域被一艘韩国货轮（BROTHER JOY）撞沉，船上共有 12 名船员，其中，2 人获救，10 人失踪。	私营经济	渔业
19	2005－3－5	河南郑州市二七区敦睦路针织商品批发市场仓库	12		发生火灾事故，造成 12 人死亡。	股份经济	消防火灾

续表

序号	日期	事故单位/事故地点	死亡人数	重伤人数	事故简要情况	经济类型	事故类型
20	2005—3—6	浙江台州市温岭市一艘编号为“浙岭渔9416”号渔船	10		在温岭石塘以东约45海里海域失踪，10名船员失踪。	个体经济	渔业
21	2005—3—7	江西九江市星子县人寿保险公司	22		自行组织单位营销员举行“三八”妇女节登山活动，返回途中其乘坐的中巴车（星子县公交公司车号赣G25665，核载15人，实载44人）在距县城15公里处的白露镇太乙村附近翻入山下，造成22人死亡，22人获救。	个体经济	道路交通
22	2005—3—8	山东临沂市经济开发区徐村一接送小神童幼儿园的车辆	12	5	车号鲁Q12046（核载9人，实载23人，其中儿童21人，1名老师，1名驾驶员）起火，造成12人死亡，5人重伤。	私营经济	消防火灾
23	2005—3—9	山西吕梁地区交城县岭底乡香源沟煤矿（基建矿）	29		发生瓦斯爆炸事故，造成29人死亡。该矿被县政府有关部门认定为在建矿井，不具备安全生产条件，予以查封。而矿主竟撕毁封条，砸了锁，强行组织生产，酿成特大事故。	乡镇集体	瓦斯爆炸
24	2005—3—14	黑龙江七台河矿务局新富矿	18		在停产整顿后，未经验收批准就擅自开工生产，发生瓦斯爆炸事故，造成18人死亡，还有1人生还。	国有重点	瓦斯爆炸
25	2005—3—17	重庆奉节县新政乡苏龙寺煤矿（乡镇有证，D类）	19		在安全程度评估中被确定为D类矿井、市政府公告要求停产整顿的小煤矿，发生瓦斯爆炸事故，当时井下有51人作业，其中32人升井，19人死亡。	乡镇集体	瓦斯爆炸
26	2005—3—17	江西上饶市境内浙江省衢州市汽运集团浙H00517卧铺客车（核载32人）	31		从深圳返回衢州，途径沪瑞高速公路梨温段48KM＋800M处时，与一辆赣A24929大货车（有《爆炸物品购买证》限1吨黑火药，实载6吨黑火药）发生追尾，货车发生爆炸，致使客车、货车炸毁，并炸塌高速公路路旁民房，造成31人死亡。	私营经济	道路交通
27	2005—3—19	山西朔州市平鲁区白堂镇细水煤矿（乡镇矿、15万吨/年、B类）	72		井下发生瓦斯爆炸事故，爆炸波及到邻近的康家窑煤矿，两处小煤矿共造成72人死亡。该矿2004年11月被当地政府列为停产整顿矿井，矿主无视政府监管，擅自组织生产，导致事故发生。	乡镇集体	瓦斯爆炸

续表

序号	日期	事故单位/事故地点	死亡人数	重伤人数	事故简要情况	经济类型	事故类型
28	2005－3－21	西藏林芝地区林芝县境内一辆藏 GA－2012 东风自卸车	10		严重违法载客（驾驶室乘坐 3 人，货厢载客 30 人），行至喇嘛岭路 1KM＋300M 处，因带病、超速行驶，操作不当，发生翻车，造成 10 人死亡，21 人受伤。	个体经济	道路交通
29	2005－3－28	山西大同矿务局塔山矿（基建矿）	11		井下 1070 辅运巷维护过程中，工作面发生冲击矿压，造成维修巷道中的 11 人死亡。	国有重点	冒顶片帮
30	2005－3－29	江苏淮阴市淮安市境内一辆山东鲁 H－00099 装有液氯危险品的运输车	29	17	行至京沪高速公路上行线 103KM＋300M 处，与一辆鲁 QA0938 货车相撞，导致槽罐车液氯大面积泄漏。由于肇事的槽罐车驾驶员逃逸，货车司机死亡，延误了最佳抢险救援时机，造成 29 人死亡（28 人中毒死亡，货车司机 1 人），350 多人中毒在医院抢救，公路旁 3 个乡镇 5 000 多户、10 000 多村民已被紧急疏散。	私营经济	道路交通
31	2005－4－1	湖南郴州市桂阳县荷叶镇贵达煤矿（无证）	20		主斜井距井口 250 米处发生溶洞透水，造成相邻的石灰窑煤矿（无证）井下 20 人死亡。	乡镇集体	透水
32	2005－4－5	重庆天府矿业有限公司三汇一矿	23		井下发生煤与瓦斯突出事故，造成 23 人死亡。	国有重点	中毒与窒息
33	2005－4－10	江西南昌亚细亚旅行社	10	5	组织江西建工集团老干部旅游团一行 34 人，乘一辆赣 A13935 大客车（核载 35 人）从长沙返回，行至昌樟（南昌－樟树）高速公路 96KM＋979M 处，因大雨路滑发生翻车，造成 10 人死亡，5 人重伤，19 人轻伤。	国有经济	道路交通
34	2005－4－12	四川阿坝州卧龙行政区管理局境内	26		一辆车号为川 U08378 客车（核载 38 人，实载 39 人），从小金县向成都方向行驶，行至 S303 线映（秀）小（金）路 90KM 附近时坠入公路坎下，造成 26 人死亡，12 人受伤。	其他经济	道路交通
35	2005－4－15	贵州黔西南州安龙县龙山镇龙公煤矿（乡镇有证，评估等级为 C 类矿井）	10		井下发生瓦斯爆炸事故。当时井下有 20 人作业，其中，7 人安全升井，3 人轻伤，10 人死亡。	乡镇集体	瓦斯爆炸
36	2005－4－19	重庆黔江县沙坝乡境内沙湾特大桥处	27	4	一辆车号为渝 H00182 号大客车（核载 35 人，实载 33 人），翻下 70 余米高的桥下，造成 27 人死亡，4 人重伤。	私营经济	道路交通

续表

序号	日期	事故单位/事故地点	死亡人数	重伤人数	事故简要情况	经济类型	事故类型
37	2005－4－21	重庆綦江县古南镇东溪化工厂（民爆生产企业）	19		乳化车间在强雷雨天气过程中发生爆炸，三层楼的车间厂房全部垮塌，造成19人死亡，9人轻伤。	私营经济	火药爆炸
38	2005－4－23	河南许昌市禹州市苌庄乡梨园沟福顺煤矿（乡镇有证）	12		井下发生一起火灾事故，造成12人死亡。	乡镇集体	火灾
39	2005－4－24	吉林市蛟河市腾达煤矿（乡镇有证）	30		井下发生透水事故，有69人被困井下，经抢救，其中39人生还，30人死亡。	乡镇集体	透水
40	2005－4－26	内蒙乌海市海南区康海煤矿16号井（个体企业，有三证一照，安全许可证未发）	12		发生瓦斯爆炸事故，造成12人死亡。	乡镇集体	瓦斯爆炸
41	2005－4－28	陕西渭南市韩城市西韩工贸公司上峪口煤矿（乡镇有证）	22		发生瓦斯爆炸事故，当时井下有32人作业，其中，10人生还，22人死亡。	乡镇集体	瓦斯爆炸
42	2005－4－30	贵州毕节地区纳雍县鬃岭镇嫩草冲煤矿（乡镇有证，矿井评估等级为B级）	12		井下发生一起瓦斯爆炸事故，当时井下有16人作业，其中4人受伤，12人死亡。	乡镇集体	瓦斯爆炸
43	2005－5－2	云南楚雄州南华县境内，楚（雄）一大（理）公路17公里＋300米并道路段处	11	3	大理州交通运输集团有限公司一辆卧铺客车（车号：云L07843，29座，核载、实载暂时不详），与一辆车号为陕E18031的大货车对面相撞后翻车，造成11人死亡，3人重伤，26人轻伤。	集体经济	道路交通
44	2005－5－5	内蒙兴安盟突泉县万隆煤矿（乡镇有证，评估A类）	12		发生瓦斯爆炸事故。当时井下有19名工人作业，其中7名工人安全升井，12人死亡。	乡镇集体	瓦斯爆炸
45	2005－5－12	四川攀枝花市仁和区松杰有限责任公司金江畔海煤矿	21		（乡镇有证，B级，2005年4月领取安全生产许可证）发生瓦斯爆炸事故。事故发生时，井下有31人作业，造成21人死亡，10人受伤。	乡镇集体	瓦斯爆炸
46	2005－5－12	江苏南通市海安县老坝港镇时代公司一艘渔船	13		在返回途中，于江苏东海面（东经121度、北纬32度海域）遇到大风浪发生倾斜，船舱进水。当时船上共有40人，有13人未能及时撤出导致死亡。	股份经济	渔业
47	2005－5－12	广东河源市东源县蓝口镇乐村路段（S155线180KM＋100M处）	11	2	一辆车号为粤KP3476号面包车（核载11人，实载15人），翻下26米深的山沟并起火，造成11人死亡，2人重伤，2人轻伤。	私营经济	道路交通

续表

序号	日期	事故单位/事故地点	死亡人数	重伤人数	事故简要情况	经济类型	事故类型
48	2005－5－13	山西晋中市和顺县隆华煤业有限公司二号井（地方国有，四证齐全）	15		发生瓦斯爆炸事故。当时井下有31名矿工作业，事故发生后，15人自行出井，15人死亡，1人轻伤。	国有地方	瓦斯爆炸
49	2005－5－16	江西上饶市婺源县一辆车号为赣E59296的“大富豪”中巴车	12	1	从婺源经古恒乡驶往小岚村，途中在通源观村U经过一座正在施工的桥梁时（桥面已完工，护栏未做），由于暴雨视线不良，路桥之间急转弯，无标识，驾驶员操作不当等原因，车辆翻入河中，造成11人死亡，1人失踪，1人重伤。	私营经济	道路交通
50	2005－5－16	西藏那曲地区尼玛县境内	17		青海省海东地区湟中县汉东村一村民组织24人前往西藏挖金，租乘中巴后转乘一辆车号为青ACl955号双桥康明斯车，失控翻入深沟中，造成17人死亡。	私营经济	道路交通
51	2005－5－19	河北承德市暖儿河矿业有限公司（民营矿，原国有地方，评估等级B类）	50	1	井下发生瓦斯爆炸事故，当时井下有85人作业，其中34人安全升井，造成50人死亡，1人重伤。	乡镇集体	瓦斯爆炸
52	2005－5－19	云南大理州大理市一辆依维柯客车（云L12858）	11		从昆明驶往剑川，与一辆大货车（云L15210）相撞，造成11人死亡，2人受伤。	私营经济	道路交通
53	2005－5－20	山西临汾地区临汾市蒲县克城镇后沟、沙坪子煤矿（乡镇有证）	20		后沟煤矿井下发生局部瓦斯爆炸，造成该矿14人死亡。该事故波及临近的沙坪子矿，造成沙坪子矿6人死亡，该事故共造成20人死亡。	乡镇集体	瓦斯爆炸
54	2005－5－25	吉林松源市扶余县蔡家沟境内	12	7	一辆四轮农用车（载客21人），参加庙会返回途中掉入10米深的沟内，造成12人死亡，7人重伤。	个体经济	道路交通
55	2005－5－28	福建龙岩市新罗区雁石镇坂尾村赤坑煤矿（乡镇有证）	10		发生透水事故，12人被困，其中2人生还，10人死亡。	乡镇集体	透水
56	2005－6－8	湖南娄底市冷水江市资江煤矿	22	6	（原国有地方矿，改制后转让民营股份制企业，属国家煤矿安全监察局公布的国有煤矿停产整顿矿井，年生产能力30万吨，核定能力15万吨，瓦斯突出矿井）－200水平四石门揭煤时发生煤与瓦斯突出事故，当时井下有232名作业人员，有210人脱险出井（6人重伤，94人轻伤），造成22人死亡。	乡镇集体	中毒与窒息

续表

序号	日期	事故单位/事故地点	死亡人数	重伤人数	事故简要情况	经济类型	事故类型
57	2005－6－10	广东汕头市潮南区峡山街道华南宾馆发生火灾	31	3	造成31人死亡，3人重伤，23人轻伤。	集体经济	消防火灾
58	2005－6－22	黑龙江黑河地区黑河市两艘农用船舶	16		（船名不详），载33人开往江心岛种地，途中翻沉，船上人员全部落水，经搜救，17人获救，15人死亡，1人失踪。	私营经济	其他水上
59	2005－7－2	山西忻州地区宁武县阳方口镇贾家堡煤矿（乡镇有证）	36	11	井下发生瓦斯爆炸事故，上报当班作业人员34人中，有4人生还，造成19人死亡，11人受伤。经过事故调查组与当地政府调查取证，7月11日分别从内蒙古乌兰察布市第二人民医院和集宁区火葬场找到10具转移隐瞒未报的遇难矿工尸体；7月13日又在内蒙古丰镇发现被转移的7具尸体。共造成36人死亡，11人受伤。	乡镇集体	瓦斯爆炸
60	2005－7－7	江西萍乡市上栗区赤山镇永胜煤矿（乡镇煤矿，B类，没有安全许可证）	15		发生透水事故，造成5人死亡，10人被困井下（二水平，约－10m）。初步了解大约有6 000吨水，水已淹到＋150标高。该矿为高瓦斯矿井，3万吨/年，B类。8月4日，经专家分析论证，确认井下10人已死亡，现场停止抢救。此次事故共造成15人死亡。	乡镇集体	透水
61	2005－7－9	河北保定市满城县境内，一辆冀F65291解放牌货车	10		行至西环路与保涞公路交界处闯人禁行路（中山路），与一辆冀FB2075中巴车（核载19人，实载18人）相撞，当场造成7人死亡，11人受伤。7月10日，11名受伤者有3人经抢救无效死亡，共造成10人死亡，8人受伤。	个体经济	道路交通
62	2005－7－11	新疆昌吉州阜康市神龙煤矿（乡镇有证，B类）	83		井下发生一起瓦斯爆炸事故，当时井下有87人作业，其中4人获救，83人死亡。该矿正在股份制改制之中，9万吨/年，正在申领安全生产许可证。	乡镇集体	瓦斯爆炸
63	2005－7－14	广东梅州市兴宁市罗岗镇福胜煤矿（乡镇有 证）	16		＋20米水平发生透水事故，16人死亡（7月18日，根据专家组的建议，并征得省政府的同意后，放弃抢救）。	乡镇集体	透水
64	2005－7－16	湖北恩施州恩施市一辆车牌号为渝AN1029卧 铺大客车（实载52人）	17	9	当行至318国道1528KM＋30M处（湖北恩施市白杨坪乡张家槽村境内）时，翻下90余米的陡坡，造成17人死亡，9人重伤，29人轻伤。	私营经济	道路交通

续表

序号	日期	事故单位/事故地点	死亡人数	重伤人数	事故简要情况	经济类型	事故类型
65	2005－7－17	重庆巫山县境内	10		长寿潜水龙商贸公司一辆车牌号为渝 B47288 双排座轻型解放货车（核载6人，实载15人），行至巫山县江南巫官路距县城5KM处，翻下100米的陡坡，造成10人死亡，5人受伤。	股份经济	道路交通
66	2005－7－18	辽宁一艘“辽瓦渔2588”渔船	13		在39°46′N、129°35′E海域（北朝鲜海域）进行拖网作业时，因船员操舵不当，导致船舶倾覆。船上15人全部落水，其中2人生还，1人死亡，12人失踪。	个体经济	渔业
67	2005－7－19	陕西铜川市印台区金锁五矿（乡镇有证，已申报安全生产许可证还未颁发）	26		发生瓦斯爆炸事故。当时井下有40人作业，其中14人生还，26人死亡。	乡镇集体	瓦斯爆炸
68	2005－7－23	广西梧州市金晖汽车运输股份有限公司	14		一辆由梧州开往南宁的桂D04551大客车（核载37人，实载14人），行至梧州市西江大桥叉河桥上时，因避让一自行车而撞上右边护栏后坠入西江被淹没。车上14人（其中乘客11人，司乘人员3人）中，12人死亡，2人失踪。	私营经济	道路交通
69	2005－7－27	贵州贵阳市开阳县高寨乡枫香坡煤矿（乡镇有证，C类）	14		发生瓦斯爆炸事故，造成14人死亡。	乡镇集体	瓦斯爆炸
70	2005－7－30	云南红河州元阳县县城举办彝族传统火把节活动	11	9	一宣传墙发生垮塌，造成11人死亡，9人重伤，8人轻伤。	集体经济	坍塌
71	2005－8－1	云南文山州富宁县辖区内中国水利水电建设集团公司水电第八工程局	14	1	谷拉水电站施工工地，一架龙门吊在检修时突然倒塌，造成14人死亡，1人重伤，3人轻伤。	国有经济	起重伤害
72	2005－8－2	河南许昌市禹州市文殊镇兴发煤矿（乡镇有证，B级）	27		井下采煤工作面采空区瓦斯突然大量涌出，造成27人窒息死亡。该矿为维修矿井，8月2日，许昌市同意该矿9人入井维修，但该矿擅自组织工人下井生产。	乡镇集体	中毒与窒息
73	2005－8－3	河北邯郸市邯郸县康庄乡桃顶山煤矿（乡镇有证，1万吨/年，未申请安全生产许可证）	13		井下发生火灾事故，13人窒息死亡。	乡镇集体	火灾
74	2005－8－7	广东梅州市兴宁市王槐镇大兴煤矿（无采矿证和工商执照）	121		－420掘进工作面发生透水事故，井下有121名工人被困致死（8月28日，事故现场出现了地壳震动和巨响，地面出现裂痕，根据广东省政府决定，停止抢救）。	乡镇集体	透水

续表

序号	日期	事故单位/事故地点	死亡人数	重伤人数	事故简要情况	经济类型	事故类型
75	2005－8－8	贵州六盘水市水城县发耳乡湾子煤矿（乡镇矿、无安全生产许可证）	17		发生瓦斯爆炸事故，造成17人死亡。	乡镇集体	瓦斯爆炸
76	2005－8－10	黑龙江双鸭山市集贤县哈同公路174KM处	11		（双鸭山市集贤县同三公路集贤路段），一辆由西向东行驶的客车（黑J00050）与停在路边的大货车（黑R34078）追尾相撞，造成11人死亡，19人受伤。	私营经济	道路交通
77	2005－8－19	吉林舒兰矿务局丰广煤矿五井	16		（国有重点矿）发生透水事故，事故发生后，矿井立即组织井下作业人员迅速升井，确认136人安全升井，有16人被困井下（9月13日，吉林煤矿监察局认定16人已无生还可能）致死。	国有重点	透水
78	2005－8－23	广东深圳市宝安区一辆牌号为“粤B58307”中巴车（空载）	19	8	在龙华街道油松村汇龙百货门前失控后冲向人行道，造成19人死亡、16人受伤（8人重伤、8人轻伤）。	个体经济	道路交通
79	2005－8－24	湖北恩施州利川市境内一辆牌号为“云A44111”大客车（核载47人，实载49人）	14	3	行至利川市谋道镇318国道1675KM＋500M处，翻下150米深的岩下，造成14人死亡，3人重伤，32轻伤。	股份经济	道路交通
80	2005－8－25	贵州遵义市仁怀县大坝镇竹林湾煤矿（新建，设计能力6万吨，有采矿许可证）	15		发生煤与瓦斯突出事故，造成15人死亡。	乡镇集体	中毒与窒息
81	2005－8－27	山西忻州地区五台县太原宝通达运输公司一辆依维柯客车（晋A89284）	11		（核载17人，实载23人），由太原驶往五台山，在行至台忻线49 KM＋800 M处坠入路边7.8米的沟中，造成11人死亡，12人轻伤。	联营经济	道路交通
82	2005－8－30	湖南长沙市境内，绕城高速60 KM＋500 M处	17	5	重庆三峡库区运输总公司所属一辆牌号为渝AF1224号金龙牌大客车（核载49人，实载67人），由广东深圳驶往重庆途中，行至湖南省长沙市境内的绕城高速公路60 KM＋500 M处时，与一辆逆向行驶的两轮摩托车（无牌号，载2人）相撞后翻车。截止12时，已造成17人死亡，5人重伤，19人轻伤，28人已出院。	集体经济	道路交通
83	2005－9－6	吕梁地区中阳县枝柯镇煤矿二坑（该矿已在山西日报公告属停产整顿矿井）	17		发生瓦斯燃烧事故。井下当班26人，其中有7人自行出井，2人获救，造成17人死亡。	乡镇集体	瓦斯爆炸

续表

序号	日期	事故单位/事故地点	死亡人数	重伤人数	事故简要情况	经济类型	事故类型
84	2005－9－10	贵州黔东南州天柱县凤城镇大豪煤矿	10		（国有地方煤矿，设计能力3万吨/年，有证，安全生产许可证已申报）发生透水事故。当班下井39人，有26人安全升井，经抢救3人获救，10人死亡。	国有地方	透水
85	2005－9－11	黑龙江双鸭山市金源煤矿	15		（乡镇矿，生产能力6万吨/年，低瓦斯矿井，四证一照齐全）因电缆放炮引燃木棚发生火灾事故。当时井下作业31人，有16人安全升井，15人死亡。	乡镇集体	火灾
86	2005－9－12	云南红河州弥勒县朋普镇新车村沈岗寨	13	2	发生爆炸事故。造成13人死亡，2人重伤，43人轻伤。据公安部门初步调查，该村李红文驾驶云G19855解放牌货车从事硝铵运输，9月12日15时装运硝铵18吨停放在家中，未送至红磷化工有限公司仓库。经现场勘查、调查访问、技术检验、雷管引爆等试验，排除人为所致，是一起爆炸事故。	个体经济	火药爆炸
87	2005－9－15	陕西延安市黄陵县苍村乡七丰村沟西煤矿（有五证，安全生产许可证未发）	12		（停产整顿井）小北巷掘进头发生瓦斯爆炸事故，当班18人，有4人安全升井，12人死亡，2人受伤。事故发生后，矿主隐瞒不报，经群众举报后核实。	乡镇集体	瓦斯爆炸
88	2005－9－15	湖南益阳市安化县江南镇花炮厂	13	1	发生烟花爆竹爆炸事故，造成13人死亡（男1人，女12人），4人受伤（其中1人重伤）。	个体经济	火药爆炸
89	2005－9－19	江西地方煤炭工业公司昌丰煤矿	10		（国有地方矿，已申报安全生产许可证），发生瓦斯爆炸事故，当时井下有14人作业，其中4人轻伤，10人死亡。	国有地方	瓦斯爆炸
90	2005－10－3	河南鹤壁煤业集团二矿	34	1	38煤柱工作面采空区发生瓦斯爆炸事故。当班井下有55人作业，其中21人升井（1人重伤，18人轻伤，2人无事），34人死亡。	国有重点	瓦斯爆炸
91	2005－10－4	广西百色地区田林县境内	12		广西施程汽车运输公司的一辆牌号为桂LB0923中巴车（核载19人，实载40人），从百色乐业县开往田林县在途经田林县利周乡岑王尧山地段时（县道749线29 KM＋100 M处），不慎冲下约100米的深沟，造成12人死亡，28人受伤。	集体经济	道路交通
92	2005－10－4	广安市广安区境内，四川省煤炭产业集团公司所属	28		广能集团龙滩煤矿（国有重点煤矿基本建设井，设计能力55万吨/年）发生透水事故，当时井下有50名作业人员，其中22人安全升井，造成28人死亡。	国有重点	透水

续表

序号	日期	事故单位/事故地点	死亡人数	重伤人数	事故简要情况	经济类型	事故类型
93	2005—10—4	甘肃陇南地区六运公司甘K—04883客车	15	10	（核载29人，实载42人），由成县化垭乡开往县城，途经成康路3公里处，翻下约53米高的山崖，造成15人死亡，10人重伤，17人轻伤。	国有经济	道路交通
94	2005—10—4	新疆阿克苏地区拜城县亚吐尔乡煤矿1号井	14		（乡镇B类，五证齐全2005年6月24日发放安全生产许可证），发生瓦斯爆炸事故。事故发生时井下当班25人，有11人自行出井（5人受伤），14人死亡。	乡镇集体	瓦斯爆炸
95	2005—10—8	浙江温州市永嘉县永嘉长运公司	22		一辆车号为浙CB2321的大客车（车上共有司乘人员36人，从南京前往温州永嘉），行至104国道浙江湖州开发区九九桥时，与一辆车号为浙ET1216的出租车（车上5人无事）相撞后翻入河中。大客车上有14人受伤，22人死亡。	集体经济	道路交通
96	2005—10—19	云南保山地区保山市隆阳区路江汽车服务公司	12	4	一辆牌号为云M23751的中巴车（核载19人，实载18人），行驶至国道320线3 421公里+960米处下坡时，因刹车失灵翻于坡下，造成12人死亡，3人重伤，3人轻伤。	股份经济	道路交通
97	2005—10—23	贵州黔西南州晴隆县中营镇中兴煤矿	17		（乡镇有证、安全生产许可证已申报，年设计能力3万吨，于2005年2月开始技改，3改6万吨/年），发生瓦斯爆炸事故。当班井下41人，有23人安全升井，1人轻伤，17人死亡。	乡镇集体	瓦斯爆炸
98	2005—10—24	江西抚州市临川区展坪乡展坪村付家村民21人（含船员3人）	10		乘坐展坪水库的机帆船去山上摘油菜籽，在返回途中发生沉船事故，经抢救11人生还，10人死亡	个体经济	其他水上
99	2005—10—26	渭南市合阳县一辆车号为陕西E63924的农用车	14	6	（载23人），前往黄河滩拾棉花途中，因车速过快，翻入沟内，造成14人死亡（8人当场死亡，6人在抢救过程中死亡），6人重伤，3人轻伤。	个体经济	道路交通
100	2005—10—27	新疆塔城地区乌苏市电站沟中兴煤矿	16		（私营煤矿、证照齐全、正在上报技改）发生瓦斯爆炸事故，造成16人死亡。	个体经济	瓦斯爆炸
101	2005—10—29	贵州毕节地区大方县一辆泸州运输公司大型卧铺客车	12	5	（川E10099，核载43人，实载55人），从泸州驶往厦门的途中，在广成线1 522 KM+400 M（大方县核桃乡）处翻车，造成12人死亡，5人重伤，35人轻伤。	乡镇集体	道路交通

续表

序号	日期	事故单位/事故地点	死亡人数	重伤人数	事故简要情况	经济类型	事故类型
102	2005－10－31	山西忻州市原平市长梁沟镇坟合峁煤矿（乡镇煤矿）	17		发生瓦斯爆炸事故，造成15人死亡，1人受伤。另外，与该矿相邻的小三沟煤矿也受到涉及，造成2人死亡。	集体经济	瓦斯爆炸
103	2005－11－5	遵义市务川县贵州省桥梁工程总公司	16	3	在都濡镇务川至彭水公路大桥施工过程中，悬拼拱架发生垮塌事故，造成16人死亡，3人重伤。	国有经济	坍塌
104	2005－11－5	江苏南京市浦口区安徽合肥客运公司一辆金龙大客车	14		（皖A53898，核载49人，实载48人），行驶至宁合高速公路浦口段时，与一辆捷达车（苏AD6297）发生追尾，大客车操作不当发生侧翻，造成14人死亡，7人受伤。	集体经济	道路交通
105	2005－11－6	山西太原市清徐县东于镇太平煤矿（乡镇，6万吨/年，证照齐全）	16		发生瓦斯爆炸事故，当班井下有31人作业，15人安全生井，16人死亡。	乡镇集体	瓦斯爆炸
106	2005－11－6	河北邢台市邢台县会宁镇尚汪庄康立石膏矿	37		发生坍塌事故。波及太行石膏矿、林旺石膏矿，直接塌陷区直径约60米，波及范围约600×800米。因塌陷波及地表建筑，造成康立、太行两矿生活区的十多间平房和一座二层职工宿舍楼房倒塌。三个矿均为民营企业，尚未办理安全生产许可证，属停产整顿矿。该事故共造成33人死亡，4人被困井下，34人受伤。	个体经济	坍塌
107	2005－11－8	辽宁普兰店顺达海运公司所属船舶“辽普运777”轮	19		在大连长海县海洋岛码头卸货时发生翻沉，造成19人死亡。	股份经济	水上交通
108	2005－11－11	内蒙乌海市乌达区巴音赛煤焦有限责任公司煤矿	16	3	（乡镇，有四证，安全生产许可证未发，属停产整顿矿井）发生一起特大瓦斯爆炸事故，造成16人死亡，3人受伤。	乡镇集体	瓦斯爆炸
109	2005－11－14	山西长治市沁源县境内，省道汾（阳）屯（留）线119KM处，	21		一辆黎城门龙运输有限公司的车号为晋D13513号带挂尔风大货车（挂车号为晋DC817挂），驶入沁源县郭道镇中学正在公路上跑早操的学生中，造成21人死亡，16人轻伤。	私营经济	道路交通
110	2005－11－14	浙江宁波市北仑先锋船务有限公司	14		所属的“先锋海1”轮（载船员15人），由天津驶往上海途中，在32－59.2N/122－29.3E处（长江口东北约80海里）发出请求救助的报警。事故发生后，海上搜救中心立即协调过往的船舶赶往事故现场救助。当日10时，前往救助的船舶在32－59.2N/122－29.3E附近发现一条无人救生艇，救起1名生还的船员，打捞起3具尸体，另外11人失踪。	私营经济	水上交通

续表

序号	日期	事故单位/事故地点	死亡人数	重伤人数	事故简要情况	经济类型	事故类型
111	2005－11－15	贵州毕节地区威宁县境内，一辆贵F71136中巴车（核载17人，实载20人）	17	3	从威宁向哲觉方向行驶，当行至哲觉镇公平村处（326国道852 KM＋700 M）时，翻于路旁沟中，造成17人死亡，3人重伤。	个体经济	道路交通
112	2005－11－18	贵州六盘水市水城县蟠龙乡沙沟煤矿（乡镇技改矿、未申报安全生产许可证）	16		发生瓦斯爆炸事故，当班井下有25人作业，其中9人安全升井，16人死亡。该矿为高瓦斯矿井，年设计能力3万吨。	乡镇集体	瓦斯爆炸
113	2005－11－19	湖南怀化市溆浦县坪头村凉水井路段	11	3	一辆车号为湘N52177号中型客车（核载16人，实载27人），因车辆超载，且驾驶员操作不当，导致车辆左侧车轮压垮路基后翻下7米高的坎下，造成11人死亡，3人重伤，13人轻伤。	个体经济	道路交通
114	2005－11－19	河北邢台市内丘县远大煤矿（乡镇B类、证照齐全）	14		发生透水事故，造成14人死亡。	乡镇集体	透水
115	2005－11－22	上海永正海运有限公司所属“安津”轮	13		（杂货船，总吨3124吨，有22人），在胡志明市以东180海里遇险，有9人生还，13人失踪。	股份经济	水上交通
116	2005－11－25	河北邯郸市武安市团城乡高村煤矿	18		乡镇矿（证照齐全，2005年11月15日取得安全生产许可证）发生透水事故，当时井下共有28人作业，其中13人安全生还，15人被困，事故发生后，该矿3人下矿实施自救也被困，井下共计18人被困致死。	乡镇集体	透水
117	2005－11－27	黑龙江龙煤集团七台河分公司东风煤矿	171		主皮带斜井发生一起爆炸事故，当班井下有241人，经抢救，有72人生还，造成171人（井下169人，地面2人）死亡。	国有重点	瓦斯爆炸
118	2005－11－28	山东威海市荣城市一艘荣远渔806号渔船	15		在韩国济州岛正面50海里处（北纬33度06分、东经124度52分）进行拖网作业时，在转向过程中突遇大浪袭击沉没，船上20名船员落水，经附近海域作业的40多艘渔船营救，5人生还，1人死亡，另有14人失踪。	个体经济	渔业
119	2005－12－2	河南洛阳市新安县石寺镇寺沟煤矿（停产整顿矿）	42		发生透水事故。经初步核实，当班下井76人，其中34人安全升井，35人死亡，7人下落不明。该矿为村办煤矿，低瓦斯矿井，生产能力6万吨/年，属资源整合矿井。	乡镇集体	透水

续表

序号	日期	事故单位/事故地点	死亡人数	重伤人数	事故简要情况	经济类型	事故类型
120	2005—12—2	贵州六盘水市水城县阿嘎乡仲河煤矿	16		（证件齐全乡镇煤矿、2005年4月取得安全生产许可证。该矿为高瓦斯矿，生产能力6万吨/年。10月5日，水城监察分局对该矿进行监察时，发现该矿瓦斯浓度超限为1.8%，立即对其下达了停产整顿指令，同时暂扣其安全生产许可证）发生瓦斯爆炸事故。当班下井31人，其中15人安全升井，16人死亡。	乡镇集体	瓦斯爆炸
121	2005—12—4	北京昌平县八达岭高速公路进京方向49公里处	24	1	内蒙古一辆运输电石的大货车（车号蒙B21344）因制动失灵，追撞前方同向行驶的北京市长途汽车有限公司大客车，造成两车翻入道路左侧山沟并起火。经初步核实，造成24人死亡，1人重伤，8人轻伤。	集体经济	道路交通
122	2005—12—6	内蒙哲里木盟通辽市一辆金龙大客车（蒙G16428，核载35人，实载37人）	14		由通辽扎鲁特旗驶往科尔沁区途中，当行至304国道K689+500 M处时，一辆大货车（蒙G21450）由于司机疲劳驾驶、违章越线，与大客车侧面相撞，造成14人死亡（含大货车司机），22人受伤。	集体经济	道路交通
123	2005—12—7	河北唐山市开平区栗园镇恒源实业有限公司（刘官屯煤矿）	108		井下发生瓦斯爆炸，当时井下有176人作业，其中68人生还，造成91人死亡，17人下落不明。该矿原为唐山市汇达集团公司所属国有煤矿基建井，原设计生产能力为30万吨/年。2002年改制为唐山恒源实业有限公司，属私营煤矿基建井，设计能力15万吨/年，2005年7月18口河北煤监局冀东分局下达该矿停产整顿通知书。	乡镇集体	瓦斯爆炸
124	2005—12—7	浙江宁波市象山县所属一艘“浙象渔运079”（载船员20人）	16		在27—20N/120—45E（台山列岛以北约20海里）处作业时，船体进水沉没。经抢救，4人获救，3人死亡，13人失踪。	个体经济	渔业
125	2005—12—12	青海海东地区化隆县境内，一辆车牌号为青A—14902大货车	11	5	与一辆车牌号为青A—28262中巴客车，在化隆县扎巴镇阿岱全藏桥附近相撞，造成11人死亡，8人受伤，其中5人重伤。	个体经济	道路交通
126	2005—12—15	吉林辽源市市中心医院	40		因电工室起火引起医院1—3楼发生火灾。造成40人死亡，94人受伤。	国有经济	消防火灾

续表

序号	日期	事故单位/事故地点	死亡人数	重伤人数	事故简要情况	经济类型	事故类型
127	2005—12—19	河北保定市望都县境内，京石高速公路177 KM+950处	17		一辆车牌号为辽P41215号大货车，追尾同向行驶的一辆车牌号为冀HN0576号东风大货车，冀HNO576号货车撞开中央护栏冲入对向快车道内，与由北向南正常行驶的一辆车牌号为冀D45371号大客车迎面相撞。此次事故共造成17人死亡，3人受伤。	私营经济	道路交通
128	2005—12—21	浙江台州市温岭市铭扬海运有限公司所属“铭扬少洲178”轮	13		从广东汕头开往山东莱州途中，因遇大风在龙口港抛锚避风，在紧急进港过程中发生险情，船只沉没。该船载运陶土2 700吨，船上共有14名人员，其中1人获救生还，13人失踪。	私营经济	水上交通
129	2005—12—22	四川成都市锦江区中铁一局四公司	44		都汶高速公路董家山隧道工程发生瓦斯爆炸事故，造成44人死亡，11人轻伤。	国有经济	瓦斯爆炸
130	2005—12—24	内蒙巴彦淖尔临河市市运通公司一辆大客车（蒙L07963）	28		（核载29人，实载36人），由巴彦淖尔市临河区开往鄂尔多斯市杭锦旗古日格朗图镇，进入鄂尔多斯市杭锦旗境内5公里处时，客车经过黄河冰面时冰层破裂，客车沉入水中。有8人自救生还，28人死亡。	集体经济	道路交通
131	2005—12—24	贵州盘江煤电集团盘南公司响水煤矿	12		（该矿为股份制企业，盘江煤电集团公司控股占36%，兖矿能化公司占27%，粤泉电力股份公司27%，贵州煤田地质局10%。矿井设计能力400万吨/年）播土采区（设计能力200万吨/年）19号煤层皮带运输机上山（中铁十九局三公司项目部施工，独头掘进巷道，长1380米）发生火灾事故，井下有12人死亡。	国有重点	火灾
132	2005—12—25	广东中山市坦洲镇文康路檀岛西餐厅	26	7	突然起火，10多分钟后大火被扑灭。26人死亡，7人重伤，4人轻伤。	个体经济	消防火灾
133	2005—12—25	湖北荆州市石首市长江石首段64号过河标处	11		长江港务局所属湘航3605号船与石首市船运公司所属鄂荆州渡5002号船相撞。石首渡船翻船，3名船员及所载10名乘客全部落水。2名船员获救，3人死亡，8人失踪。2006年1月4日，石首市政府决定放弃打捞。	集体经济	水上交通
134	2005—12—28	山西大同市左云县店湾镇范家寺煤矿（乡镇有证）	17		发生透水事故，当班井下22人，其中5人自行出井，17人死亡。事故发生后，该矿隐瞒事故不报，经群众举报后查实。	乡镇集体	透水

2006 年上半年全国伤亡事故统计分析报告

一、全国安全生产总体情况

（一）事故总体情况

上半年，全国共发生各类事故 330 770 起，死亡 52 425 人，同比减少 35 327 起，减少 6 258 人，分别下降 9.7%和 10.7%。其中：工矿商贸企业事故 5 198 起，死亡 6 113 人，同比减少 1 089 起，减少 1 184 人，分别下降 17.3%和 16.2%。工矿商贸企业中，煤矿企业事故 1 405 起，死亡 2 163 人,同比减少 210 起，减少 625 人，分别下降 13.0%和 22.4%。

表 1.2.1　　2006 年上半年全国各类事故情况表

	事故起数	同比		死亡人数	同比	
		±	±%		±	±%
合计	330 770	−35 327	−9.7	52 425	−6 258	−10.7
一、工矿商贸	5 198	−1 089	−17.3	6 113	−1 184	−16.2
其中：煤矿	1 405	−210	−13.0	2 163	−625	−22.4
二、火灾	129 803	−1 311	−1.0	871	−622	−41.7
三、道路交通	190 270	−31 748	−14.3	41 933	−3 582	−7.9
四、水上交通	202	−60	−22.9	152	−73	−32.4
五、铁路交通	4 657	−625	−11.8	2 943	−619	−17.4
六、民航飞行	2	1	100.0		−3	−100.0
七、渔业船舶	223	−84	−27.4	222	−87	−28.2
八、农业机械	412	−412	−50.0	141	−105	−42.7
九、其他	3	1	50.0	50	17	51.5

在全国各类事故中，道路交通事故起数占 57.5%，死亡人数占 80.0%；工矿商贸企业事故起数占 1.6%，死亡人数占 11.7%，其中煤矿企业事故起数占 0.4%，死亡人数占 4.1%；火灾事故起数占 39.2%，死亡人数占 1.7%；铁路交通事故起数占 1.4%，死亡人数占 5.6%。

从事故发生时段情况看，事故起数除 2 月、5 月同比略有上升外，1 月、3 月、4 月、6 月份同比均大幅度下降，其中 1 月份降幅最高达 26.6%；死亡人数前 3 个月逐步下降，后 3 个月除 5 月份有所下降外，4 月、6 月较上月均有所上升，同比 6 个月均下降。

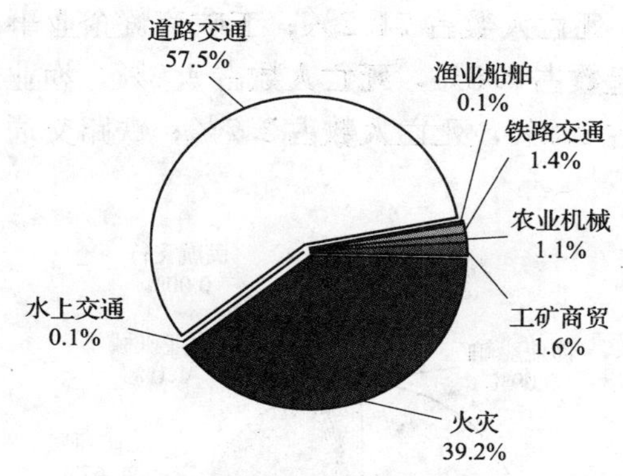

图 1.2.1　各行业和领域事故起数比例图

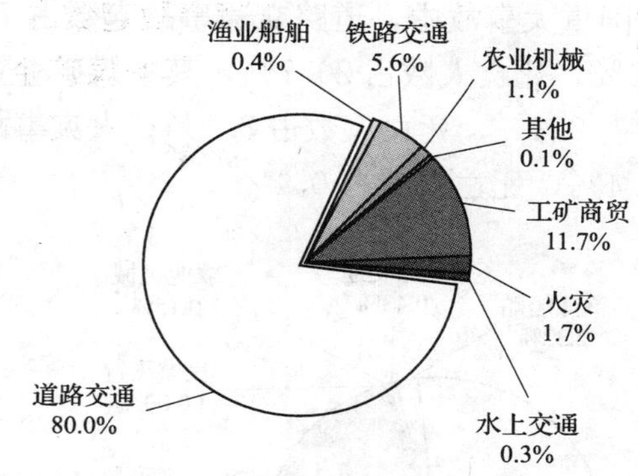

图 1.2.2　各行业和领域事故死亡人数比例图

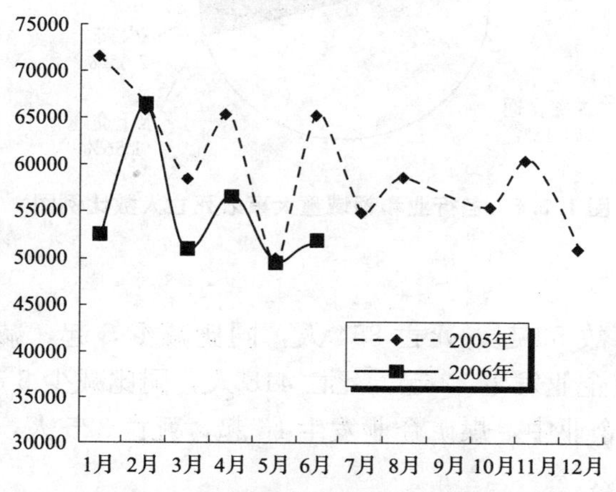

图 1.2.3　全国各类事故起数分月对比图

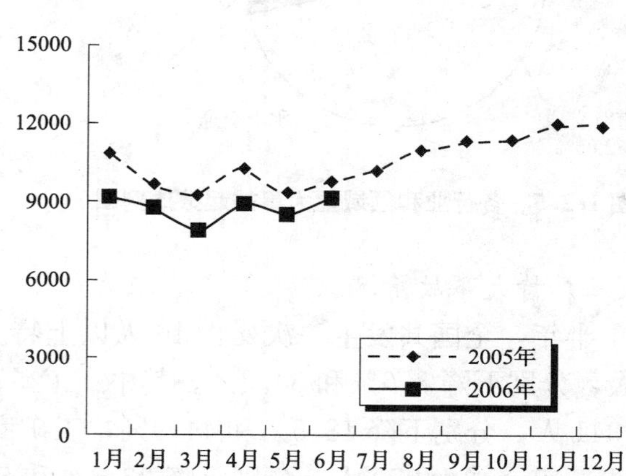

图 1.2.4　全国各类事故死亡人数分月对比图

（二）重大事故情况

上半年，全国共发生一次死亡 3～9 人重大事故 1 164 起，死亡 4 495 人，同比减少 113 起，减少 430 人，分别下降 8.8％和 8.7％。其中：工矿商贸企业重大事故 228 起，死亡 929 人，同比减少 4 起，减少 65 人，分别下降 1.7％和 6.5％，工矿商贸企业中，煤矿企业重大事故 103 起，死亡 445 人，同比起数持平，减少 18 人、下降 3.9％。

表 1.2.2　2006 年上半年全国重大事故情况表

	事故起数	同比		死亡人数	同比	
		±	±％		±	±％
合　计	1 164	－113	－8.8	4 495	－430	－8.7
一、工矿商贸	228	－4	－1.7	929	－65	－6.5
其中：煤矿	103			445	－18	－3.9
二、火灾	33	－18	－35.3	119	－74	－38.3
三、道路交通	848	－77	－8.3	3 198	－225	－6.6
四、水上交通	17	－9	－34.6	70	－54	－43.6
五、铁路交通	5	－3	－37.5	18	－12	－40.0
六、民航飞行		－1			－3	
七、渔业船舶	27	－4	－12.9	139	－9	－6.1
八、农业机械	6	3	100.0	22	12	120.0
九、其他						

在全国重大事故中，道路交通事故起数占72.9%，死亡人数占71.2%；工矿商贸企业事故起数占19.6%，死亡人数占20.7%，其中煤矿企业事故起数占8.8%，死亡人数占9.9%；渔业船舶事故起数占2.3%，死亡人数占3.1%；火灾事故起数占2.8%，死亡人数占2.7%；铁路交通事故起数占0.4%，死亡人数占0.4%。

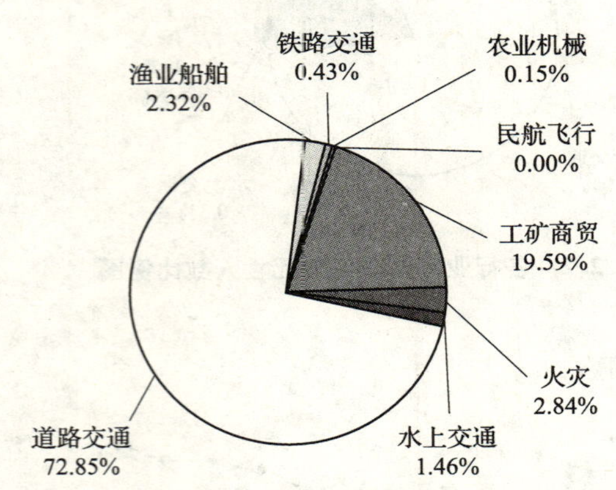

图 1.2.5　各行业和领域重大事故起数比例图

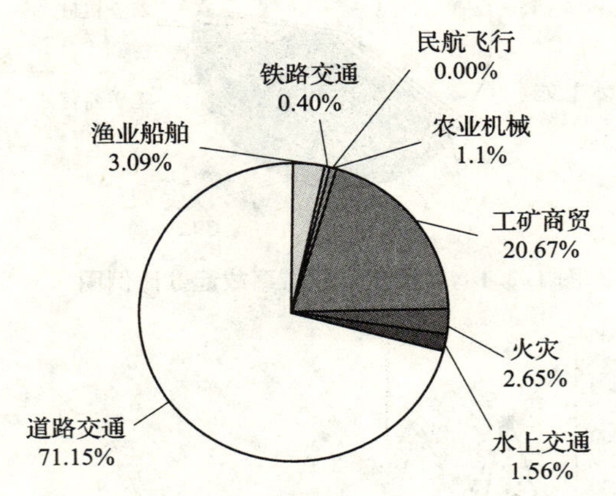

图 1.2.6　各行业和领域重大事故死亡人数比例图

（三）特大事故情况

上半年，全国共发生一次死亡10人以上特大事故53起，死亡854人，同比减少5起，减少455人，分别下降8.6%和34.8%。其中：工矿商贸企业发生22起，死亡418人，同比减少5起，减少341人，分别下降18.5%和44.9%，工矿商贸企业中，煤矿企业发生16起，死亡325人，同比减少8起，减少379人，分别下降33.3%和53.8%。

上半年，全国共发生一次死亡30人以上特别重大事故2起，死亡88人，同比减少5起，减少396人，分别下降71.4%和81.8%。

表 1.2.3　　2006年上半年全国特大事故情况表

	一次死亡10人以上事故						其中：一次死亡30人以上事故					
	事故起数	同比		死亡人数	同比		事故起数	同比		死亡人数	同比	
		±	±%		±	±%		±	±%		±	±%
合　计	53	−5	−8.6	854	−455	−34.8	2	−5	−71.4	88	−396	−81.8
一、工矿商贸	22	−5	−18.5	418	−341	−44.9	2	−2	−50.0	88	−278	−76.0
其中：煤矿	16	−8	−33.3	325	−379	−53.8	2	−2	−50.0	88	−278	−76.0
二、火灾	1	−2	66.7	13	−42	−76.4		−1	−100.0		−31	−100.0
三、道路交通	26	5	23.8	361	−45	−11.1		−2	−100.0		−87	−100.0
四、水上交通												
五、铁路交通												
六，民航飞行												
七、渔业船舶	1	−4	−80.0	12	−44	−78.6						
八、农业机械												
九、其他	3	1	50.0	50	17	51.5						

在全国特大事故中，道路交通事故起数占49.1%，死亡人数占42.3%；工矿商贸企业事故起数占41.5%，死亡人数占48.9%。其中煤矿企业事故起数占30.2%，死亡人数占38.1%；渔业船舶事故起数占1.9%，死亡人数占1.4%；其他事故起数占5.7%，死亡人数占5.9%。

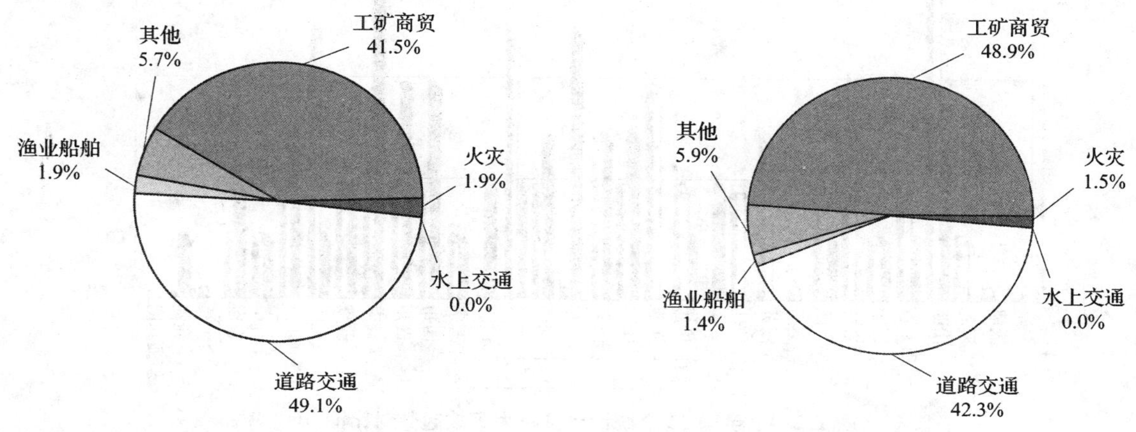

图 1.2.7　各行业和领域特大事故起数比例图　　**图 1.2.8　各行业和领域特大事故死亡人数比例图**

按行政区划分，在全国32个统计单位（省、区、市和新疆兵团）中，有22个单位发生特大事故，占68.8%，同比事故单位持平。有11个单位特大事故事故起数和死亡人数同比下降，占34.4%；有9个单位特大事故事故起数和死亡人数同比上升，占28.2%。

表 1.2.4　　2006年上半年全国32个统计单位特大事故情况表

地区	事故起数	同比		死亡人数	同比		地区	事故起数	同比		死亡人数	同比	
		±	±%		±	±%			±	±%		±	±%
合计	53	-5	-8.6	854	-455	-34.8	河南	3			38	3	8.6
北京							湖北	5	5		58	58	
天津							湖南	3	1	50.0	41	-1	-2.4
河北		-1	-100.0		-50	-100.0	广东	2	-3	-60.0	23	-70	-75.3
山西	3	-5	-62.5	107	-88	-45.1	广西	2	2		27	27	
内蒙古	1	-1	-50.0	21	-3	-12.5	海南	1			12		
辽宁	1			27	-187	-87.4	四川	4	2	100.0	61	14	29.8
吉林		-2	-100.0		-42	-100.0	贵州	4	2	100.0	63	41	186.4
黑龙江	1	-1	-50.0	12	-22	-64.7	云南	7	4	133.3	101	52	106.1
上海							西藏	2			25	-2	-7.4
江苏		-3	-100.0		-59	-100.0	重庆	1	-4	-80.0	14	-86	-86.0
浙江		-2	-100.0		-20	-100.0	陕西	3	1	50.0	59	24	68.6
安徽	2	2		28	28		甘肃	1			28	17	154.6
福建	1	-1	-50.0	10	-29	-74.4	青海	2	1	100.0	27	-29	-51.8
江西		-4	-100.0		-75	-100.0	宁夏						
山东	3	1	50.0	57	29	103.6	新疆	1	1		15	15	
							新疆兵团						

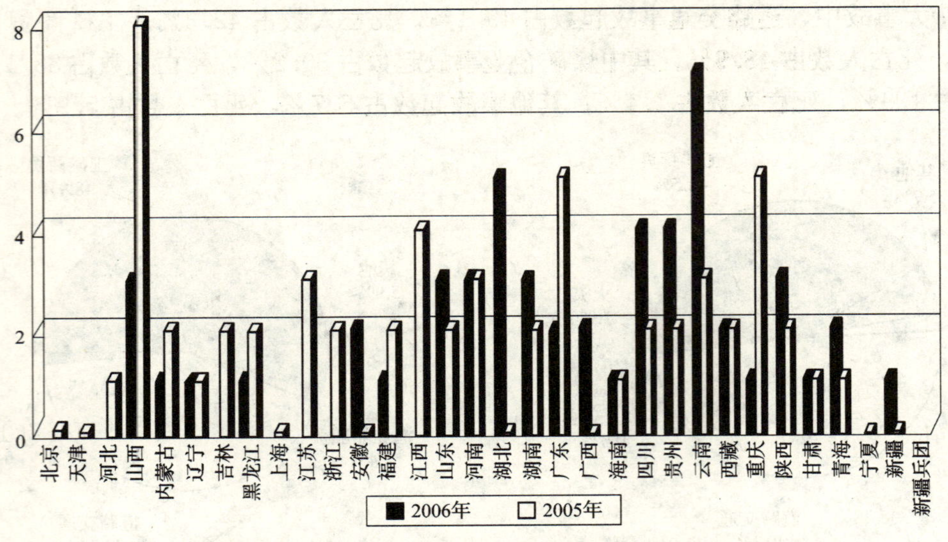

图 1.2.9　全国 32 个统计单位特大事故起数对比图

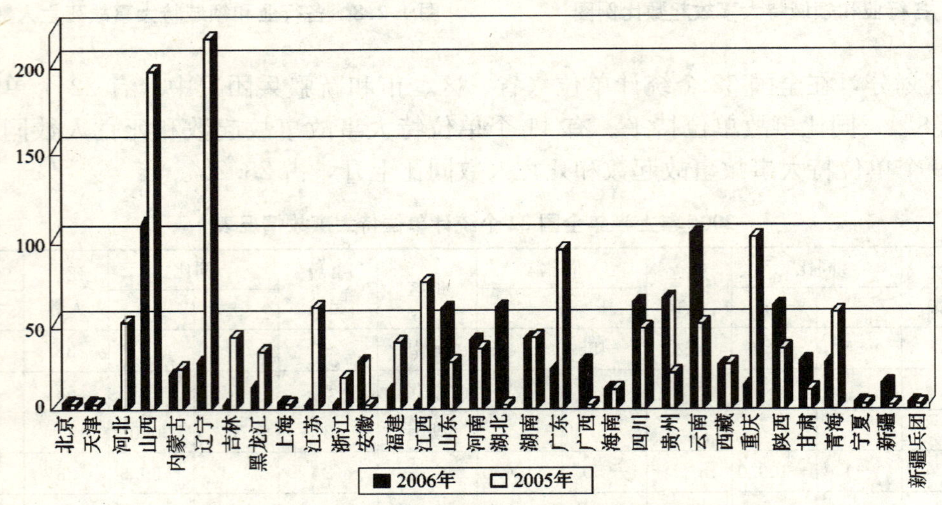

图 1.2.10　全国 32 个统计单位特大事故死亡人数对比图

从特大事故发生时段情况看，1 月、3 月、5 月特大事故起数同比下降，其中以 5 月份减少 5 起、下降 38.5%为最高；2 月同比持平，4 月、6 月份同比分别增加 2 起。

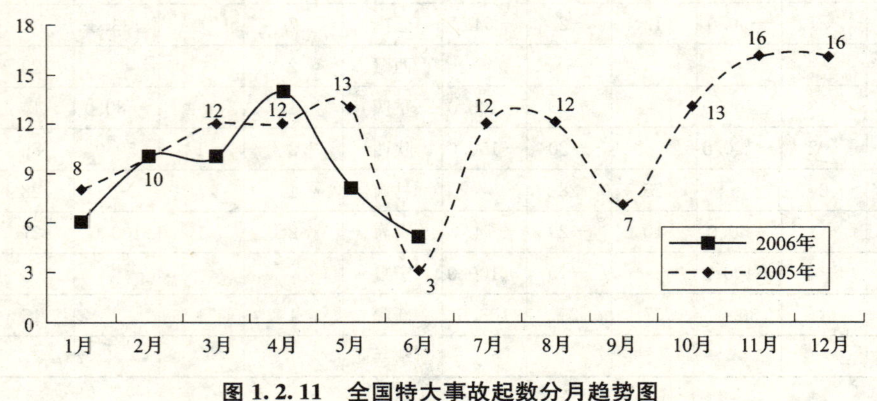

图 1.2.11　全国特大事故起数分月趋势图

（四）安全生产控制考核指标进展情况

上半年，全国各类事故死亡52 425人，占全年控制考核指标的42.5%，在控制考核指标进度目标以内。

1. 行业和领域安全生产控制考核指标进展情况

工矿商贸企业死亡6 113人，占全年控制考核指标的39.7%，在控制考核指标进度目标以内。其中：煤矿企业死亡2 163人，占全年控制考核指标的37.7%；金属与非金属矿死985人，占全年控制考核指标的43.4%；建筑业死亡1 003人，占全年控制考核指标的39.7%，其中房屋建筑及市政工程死亡456人，占全年控制考核指标的36.2%；危险化学品事故死亡96人，占全年控制考核指标的43.2%；烟花爆竹事故死亡102人，占全年控制考核指标的34.2%；特种设备死亡115人，占全年控制考核指标的49.4%。

火灾事故死亡871人，占全年控制考核指标的35.6%。

道路交通死亡41 933人，占全年控制考核指标的43.8%

水上交通死亡152人，占全年控制考核指标的32.7%。

铁路交通死亡2 943人，占全年控制考核指标的41.1%。

渔业船舶死亡222人，占全年控制考核指标的37.2%。

农业机械死亡141人，占全年控制考核指标的9.9%。

2. 各地区安全生产控制考核指标进展情况

全国32个统计单位（各省、区、市和新疆兵团）中，四项事故合计死亡人数有31个单位在控制考核指标进度目标以内，占96.9%，陕西省突破控制考核指标进度目标。其中：

工矿商贸企业死亡人数有30个单位在控制考核指标进度目标以内，占93.8%，北京市和陕西省突破控制考核指标进度目标。其中煤矿企业死亡人数有28个单位在控制考核指标进度目标以内，占29个产煤单位的96.6%，山东省突破控制考核指标进度目标。

火灾事故死亡人数有25个省（区、市）在控制考核指标进度目标以内，占31个省（区、市）的80.6%，内蒙古、上海、福建、湖北、四川和陕西6个省（区、市）突破控制考核指标进度目标。

道路交通死亡人数有28个省（区、市）在控制考核指标进度目标以内，占31个省（区、市）的90.3%，湖南、云南和陕西3个省突破控制考核指标进度目标。

铁路交通死亡人数有28个省（区、市）在控制考核指标进度目标以内，占31个省（区、市）的90.3%，天津、福建和重庆3省市突破控制考核指标进度目标。

二、工矿商贸企业安全生产情况

（一）工矿商贸企业伤亡事故总体情况

1. 事故总体情况

上半年，全国工矿商贸企业共发生伤亡事故5 198起，死亡6 113人，同比减少1 089起，减少1 184人，分别下降17.3%和16.2%。其中，煤矿企业发生伤亡事故1 405起，死亡2 163人，同比减少210起，减少625人，分别下降13.0%和22.4%。

在各类企业事故中，煤矿企业事故起数占27.0%，死亡人数占35.4%；建筑行业事故起数占17.0%，死亡人数占16.4%；金属与非金属矿事故起数占15.3%，死亡人数占16.1%；危险化学品事故起数占1.3%，死亡人数占1.6%；烟花爆竹事故起数占1.3%，死亡人数占1.7%。

表 1.2.5　2006 年上半年工矿商贸企业各类事故情况表

	事故起数	同比		死亡人数	同比	
		±	±%		±	±%
合计	5 198	−1 089	−17.3	6 113	−118 4	−16.2
煤矿	1 405	−210	−13.0	2 163	−625	−22.4
金属与非金属矿	793	−139	−14.9	985	−134	−12.0
建筑业	884	−124	−12.3	1 003	−84	−7.7
危险化学品	68	−8	−10.5	96	−28	−22.6
烟花爆竹	68	23	51.1	102	−1	−1.0
工商贸其他	1 980	−631	−24.2	1 764	−312	−15.0

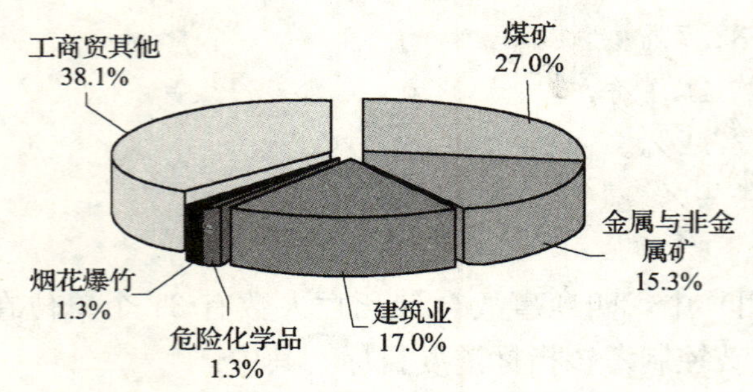

图 1.2.12　高危行业和领域事故起数比例图

工商贸其他
28.8%
煤矿
35.4%
烟花爆竹
1.7%
危险化学品
1.6%
建筑业
16.4%
金属与非金
属矿
16.1%

图 1.2.13　高危行业和领域事故死亡人数比例图

按国民经济行业分，采矿业，制造业，电力、燃气及水的生产和供应业，建筑业，交通运输、仓储和邮政业，批发和零售业，房地产业，租赁和商务服务业，科研、技术服务和地质勘察业等 13 个行业伤亡事故起数和死亡人数同比下降，占 65.0%；信息传输、计算机服务和软件业，金融业，水利、环境和公共设施管理业，卫生、社会保障和社会福利业等 4 个行业伤亡事故起数和死亡人数上升，占 20.0%。

表 1.2.6　2006 年上半年工矿商贸企业事故按国民经济行业划分情况表

	事故起数	同比		死亡人数	同比	
		±	±%		±	±%
合计	5 198	−1 089	−17.3	6 113	−1 184	−16.2
农、林、牧、渔业	53	−36	−40.5	61	−26	−29.9
采矿业	2 198	−349	−13.7	3 148	−759	−19.4
制造业	1 522	−399	−20.8	1 348	−112	−7.7
电力、燃气及水的生产和供应业	103	−52	−33.6	117	−66	−36.1
建筑业	884	−124	−12.3	1 003	−84	−7.7
交通运输、仓储和邮政业	93	−25	−21.2	72	−35	−32.7
公共管理和社会组织	1	−3	−75.0	1	−3	−75.0

续表

	事故起数	同比		死亡人数	同比	
		±	±%		±	±%
信息传输、计算机服务和软件业	15	2	15.4	16	3	23.1
批发和零售业	46	−24	−34.3	39	−19	−32.8
住宿和餐饮业	27	2	8.0	23		
金融业	1	1		1	1	
房地产业	8	−13	−61.9	9	−13	−59.1
租赁和商务服务业	59	−17	−22.4	67	−4	−5.6
科学研究、技术服务和地质勘察业	13	−6	−31.6	16	−4	−20.0
水利、环境和公共设施管理业	21	10	90.9	23	10	76.9
居民服务和其他服务业	92	5	5.8	96	−21	−18.0
教育	7	−8	−53.3	7	−10	−58.8
卫生、社会保障和社会福利业	5	1	25.0	5	3	150.0
文化、体育和娱乐业	8			10	4	66.7
其他行业	42	−54	−56.3	51	−49	−49.0

在各行业中，伤亡事故较多的是采矿业、制造业和建筑业。采矿业事故起数和死亡人数分别占42.3%和51.5%；制造业事故起数和死亡人数分别占29.3%和22.1%；建筑业事故起数和死亡人数分别占17.0%和16.4%。

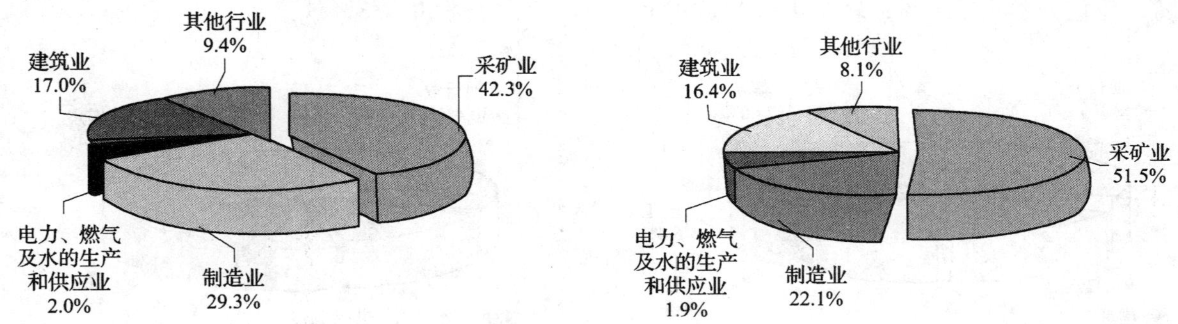

图 1.2.14　按国民经济行业划分事故起数比例图

图 1.2.15　按国民经济行业划分事故死亡人数比例图

按企业所属行业分，煤炭、医药、建材、冶金、机械、建筑、旅游、林业、纺织、电力、燃气、贸易和邮政等13个行业伤亡事故起数和死亡人数同比下降，占59.1%；电信、化工和有色3个行业伤亡事故起数和死亡人数同比上升，占13.6%。

表 1.2.7　**2006 年上半年工矿商贸企业各行业事故情况表**

	事故起数	同比		死亡人数	同比	
		±	±%		±	±%
合计	5 198	−1 089	−17.3	6 113	−1 184	−16.2
煤炭	1 405	−210	−13.0	2 163	−625	−22.4
电信	15	3	25.0	16	4	33.3
轻工	331	−141	−29.9	322	6	1.9
化工	198	5	2.6	260	22	9.2
医药	15	−10	−40.0	12	−2	−14.3
建材	196	−61	−23.7	199	−62	−23.8
冶金	111	−72	−39.3	106	−46	−30.3
有色	48	4	9.1	51	18	54.6
机械	516	−98	−16.0	305	−37	−10.8
建筑	884	−124	−12.3	1 003	−84	−7.7
旅游		−1	−100.0		−1	−100.0
林业	34	−23	−40.4	25	−23	−47.9
纺织	66	−27	−29.0	56	−8	−12.5
烟草	1			2	1	100.0
石油	19			21	−2	−8.7
电力	95	−41	−30.2	102	−54	−34.6
燃气	7	−5	−41.7	7	−9	−56.3
贸易	46	−24	−34.3	39	−19	−32.8
邮政	1	−4	−80.0	2	−5	−71.4

在各行业中，伤亡事故较多的是煤炭、轻工、化工、建材、机械和建筑。煤炭事故起数占27.0%，死亡人数占35.4%；建筑事故起数占17.0%，死亡人数占16.4%；机械事故起数占9.9%，死亡人数占5.0%；轻工事故起数占6.4%，死亡人数占5.3%。

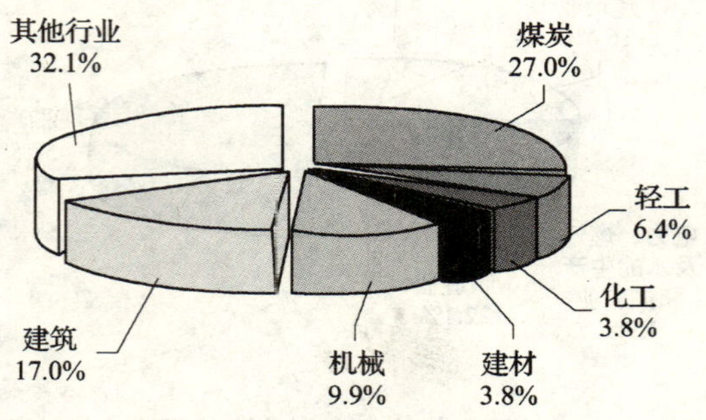

图 1.2.16　按企业所属行业分事故起数对比图

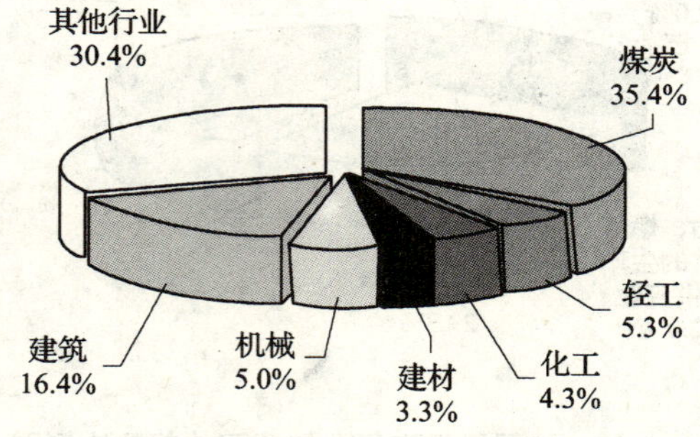

图 1.2.17　按企业所属行业分事故死亡人数对比图

按企业经济类型分，除有限责任公司事故起数同比有所上升外，其余经济类型企业伤亡事故起数和死亡人数同比均下降，其中股份合作企业、联营经济企业和港澳台投资企业伤亡事故起数和死亡人数降幅均在30.0%以上。

表 1.2.8　　2006 年上半年工矿商贸企业事故分经济类型情况表

	事故起数	同比		死亡人数	同比	
		±	±%		±	±%
合　计	5 198	−1 089	−17.3	6 113	−1 184	−16.2
国有经济	1 108	−82	−6.9	1 247	−255	−17.0
集体经济	310	−138	−30.8	368	−155	−29.6
股份合作	228	−179	−44.0	245	−161	−39.7
联营经济	36	−29	−44.6	42	−20	−32.3
有限责任公司	871	41	4.9	1 004	176	21.3
股份有限公司	236	−31	−11.6	269	−12	−4.3
私营经济	2 139	−417	−16.3	2 743	−646	−19.1
港澳台投资	73	−140	−65.7	25	−41	−62.1
外商投资	76	−73	−49.0	47	−19	−28.8
其他经济	121	−41	−25.3	123	−51	−29.3

在各类经济类型企业中，私营经济、国有经济和有限责任公司伤亡事故较多。私营经济事故起数和死亡人数分别占 41.2%和 44.9%；国有经济事故起数和死亡人数分别占 21.3%和 20.4%；有限责任公司事故起数和死亡人数分别占 16.8%和 16.4%。

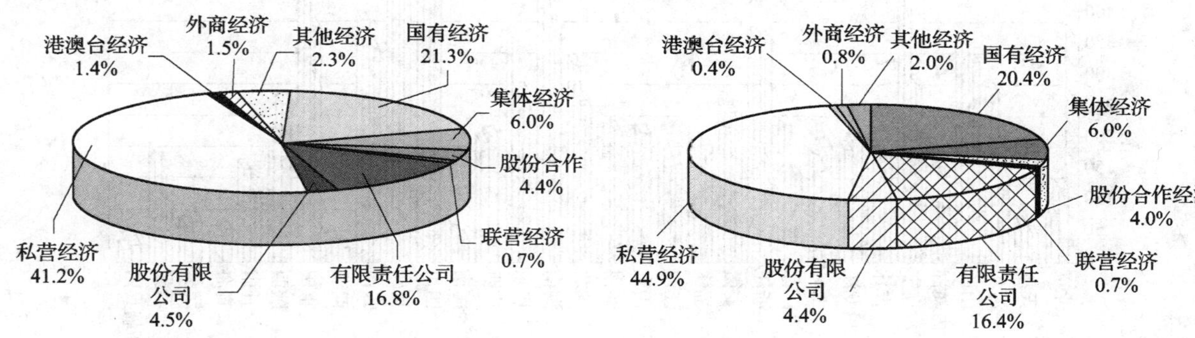

图 1.2.18　各经济类型企业事故起数比例图　　　图 1.2.19　各经济类型企业事故死亡人数比例图

按行政区划分，在全国 32 个统计单位（省、区、市和新疆兵团）中，有 21 个单位事故起数和死亡人数同比下降，占 65.6%；5 个单位事故起数和死亡人数同比上升，占 15.6%。

表 1.2.9　　2006 年上半年全国工矿商贸企业事故分地区情况表

地区	事故起数	同比		死亡人数	同比		地区	事故起数	同比		死亡人数	同比	
		±	±%		±	±%			±	±%		±	±%
合计	5 198	−1 089	−17.3	6 113	−1 184	−16.2	河南	139	−29	−17.3	200	−22	−9.91
北京	87	30	52.6	106	42	65.6	湖北	215	−58	−21.3	249	−55	−18.1
天津	35	−20	−36.4	34	−15	−30.6	湖南	267	−83	−23.7	363	−86	−19.2
河北	82	−57	−41	126	−134	−51.5	广东	364	−246	−40.3	255	−92	−26.5
山西	132	25	23.4	305	−32	−9.5	广西	189			188	9	5.0

续表

地区	事故起数	同比		死亡人数	同比		地区	事故起数	同比		死亡人数	同比	
		±	±%		±	±%			±	±%		±	±%
内蒙古	95	−23	−19.5	125	−48	−27.8	海南	21	−22	−51.2	23	−25	−52.1
辽宁	220	−20	−8.3	272	−204	−42.9	四川	351	−89	−20.2	423	−103	−19.6
吉林	132	9	7.3	151	−19	−11.2	贵州	330	−81	−19.7	472	−86	−15.4
黑龙江	129	8	6.6	180	12	7.1	云南	260	−27	−9.4	325	−49	−13.1
上海	413	−68	−14.1	170	7	4.3	西藏	9	−14	−60.9	9	−15	−62.5
江苏	119	−91	−43.3	124	−83	−40.1	重庆	293	−91	−23.7	361	−149	−29.2
浙江	319	−14	−4.2	342	−5	−1.4	陕西	163	16	10.9	241	54	28.9
安徽	191	−9	−4.5	232	−13	−5.3	甘肃	70	−38	−35.2	95	−41	−30.2
福建	162	−18	−10.0	175	−13	−6.9	青海	39	9	30.0	37	5	15.6
江西	111	−18	−14.0	143	−27	−15.9	宁夏	46	−3	−6.1	53	5	10.4
山东	109	−18	−14.2	195	31	18.9	新疆	94	−53	−36.1	123	−41	−25.0
							新疆兵团	12	4	50.0	16	8	100.0

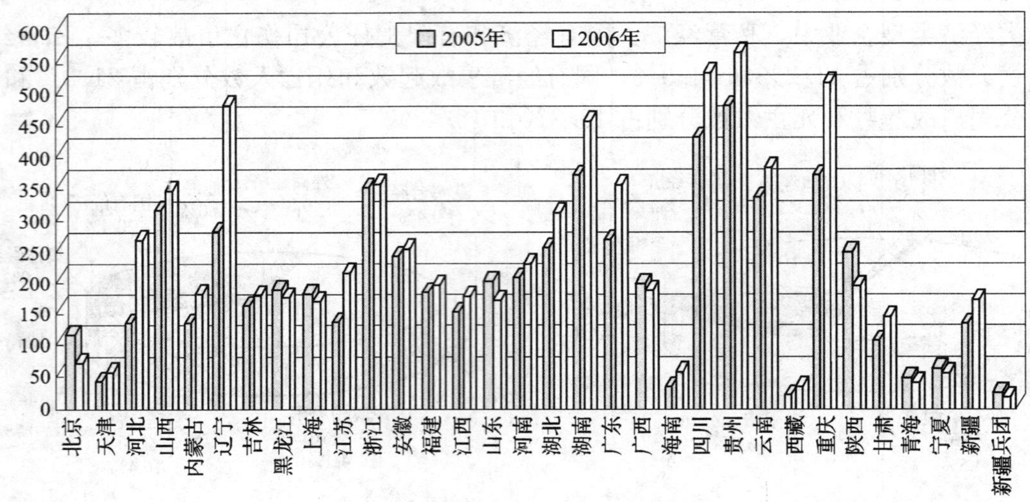

图 1.2.20 全国 32 个统计单位死亡人数对比图

按事故类型分，除火药爆炸事故起数上升，放炮、锅炉爆炸和其他伤害死亡人数上升外，其他类型事故起数和死亡人数同比均下降。

表 1.2.10　　2006 年上半年工矿商贸企业各类事故情况表

	事故起数	同比		死亡人数	同比	
		±	±%		±	±%
合计	5 198	−1 089	−17.3	6 113	−1 184	16.2
物体打击	610	−102	−14.3	559	−52	−8.5
车辆伤害	325	−74	−18.6	330	−58	−15.0
机械伤害	637	−323	−33.7	429	−97	−18.4
起重伤害	221	−32	−12.7	208	−38	−15.5
触电	298	−78	−20.7	309	−77	−20.0

续表

	事故起数	同比		死亡人数	同比	
		±	±%		±	±%
淹溺	35	−21	−37.5	56	−19	−25.3
灼烫	70	−8	−10.3	53	−17	−24.3
火灾	16	−16	−50.0	14	−49	−77.8
高处坠落	857	−119	−12.2	834	−74	−8.2
坍塌	363	−34	−8.6	530	−20	−3.6
冒顶片帮	876	−157	−15.2	1 020	−164	−13.9
透水	38	−19	−33.3	206	−1	−0.5
放炮	135	−4	−2.9	175	1	0.6
火药爆炸	90	13	16.9	146	−20	−12.1
瓦斯爆炸	47	−26	−35.6	294	−443	−60.1
锅炉爆炸	5			5	2	66.7
容器爆炸	42	−11	−20.8	76		
其他爆炸	79	−1	−1.3	129	−1	−0.8
中毒和窒息	276	−72	−20.7	575	−83	−12.6
环境污染						
其他伤害	156	4	2.6	143	35	32.4

在各类型事故中，冒顶片帮事故起数占16.9%，死亡人数占16.7%；高处坠落事故起数占16.5%，死亡人数占13.6%；机械伤害事故起数占12.3%，死亡人数占7.0%；物体打击事故起数占11.7%，死亡人数占9.1%；坍塌事故起数占7.0%，死亡人数占8.7%；触电事故起数占5.7%，死亡人数占5.1%。

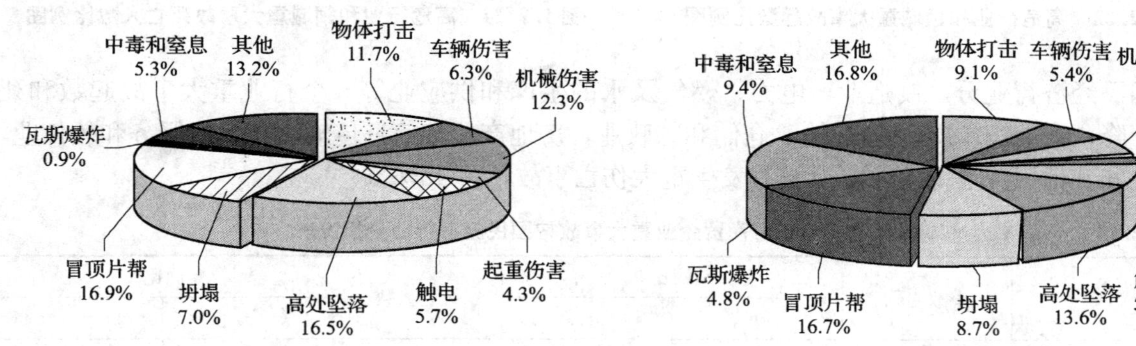

图 1.2.21　各类别事故起数比例图　　**图 1.2.22　各类别事故死亡人数比例图**

2. 重大事故情况

上半年，全国工矿商贸企业共发生一次死亡3～9人重大事故228起，死亡929人，同比减少4起，减少65人，分别下降1.7%和6.5%。其中，煤矿企业发生重大事故103起，死亡445人，同比起数持平，减少18人，下降3.9%。

表 1.2.11　　2006 年上半年工矿商贸企业各类重大事故情况表

	事故起数	同比		死亡人数	同比	
		±	±%		±	±%
合计	228	−4	−1.7	929	−65	−6.51
煤矿	103			445	−18	−3.9
金属与非金属矿	36	3	9.1	127	−15	−10.6
建筑业	42	11	35.5	156	21	15.6
危险化学品	9	−4	−30.8	44	−8	−15.4
烟花爆竹	8	1	14.3	38	4	11.8
工商贸其它	30	−15	−33.3	119	−49	−29.2

在各类企业重大事故中，煤矿企业事故起数占 45.2％，死亡人数占 47.9％；金属与非金属矿事故起数占 15.8％，死亡人数占 13.7％；建筑业事故起数占 18.4％，死亡人数占 16.8％；危险化学品事故起数占 3.9％，死亡人数占 4.7％；烟花爆竹事故起数占 3.5％，死亡人数占 4.1％。

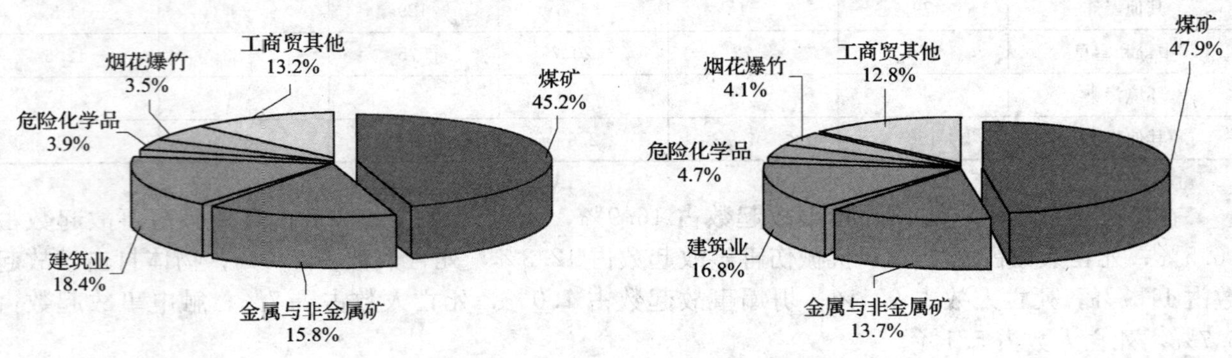

图 1.2.23　高危行业和领域重大事故起数比例图　　图 1.2.24　高危行业和领域重大事故死亡人数比例图

按国民经济行业分，制造业，电力、燃气及水的生产和供应业等 5 个行业重大事故起数和死亡人数下降，占 25.0％；交通运输、仓储和邮政业，房地产业，信息传输、计算机服务和软件业，居民服务和其他服务业等 9 个行业没有发生重大伤亡事故，占 45.0％。

表 1.2.12　　2006 年上半年工矿商贸企业重大事故按国民经济行业分情况表

	事故起数	同比		死亡人数	同比	
		±	±%		±	±%
合计	228	−4	−1.7	929	−65	−6.5
农、林、牧、渔业	3			15	6	66.7
采矿业	139	3	2.2	572	−33	−5.5
制造业	28	−12	−30.0	129	−39	−23.2
电力、燃气及水的生产和供应业	5	−2	−28.6	21	−5	−19.2

续表

	事故起数	同比		死亡人数	同比	
		±	±%		±	±%
建筑业	42	11	35.5	156	21	15.6
交通运输、仓储和邮政业		−4	−100.0		−16	−100.0
公共管理和社会组织						
信息传输、计算机服务和软件业						
批发和零售业		−1	−100.0		−3	−100.0
住宿和餐饮业						
金融业						
房地产业						
租赁和商务服务业	3	2	200.0	9	6	200.0
科学研究、技术服务和地质勘察业	1			3		
水利、环境和公共设施管理业	1			3		
居民服务和其他服务业		−4	−100.0		−14	−100.0
教育						
卫生、社会保障和社会福利业	1	1		3	3	
文化、体育和娱乐业	1	1		4	4	
其他行业	4	1	33.3	14	5	55.6

在各行业重大事故中，采矿业起数占61.0%，死亡人数占61.6%；制造业起数占12.3%，死亡人数占13.9%；建筑业起数占18.4%，死亡人数占16.8%；其他行业起数占8.3%，死亡人数占7.8%。

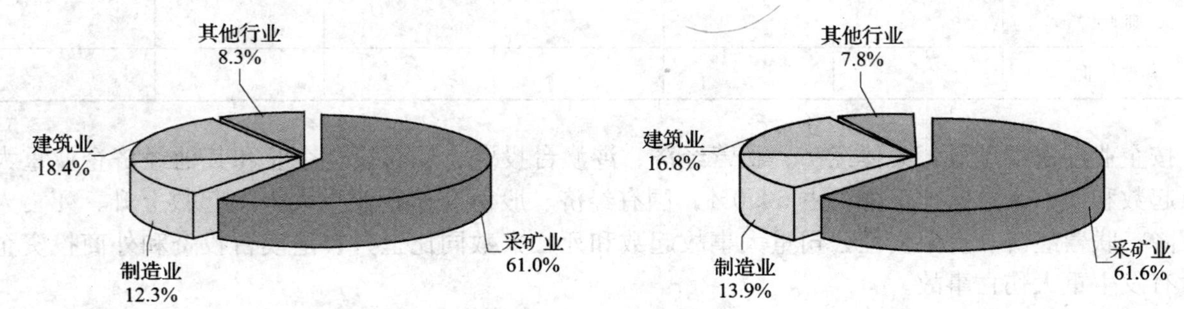

图1.2.25　各行业重大事故起数比例图　　图1.2.26　各行业重大事故死亡人数比例图

按企业所属行业分，化工、建材、机械、林业、电力、燃气和贸易等7个行业伤亡事故起数和死亡人数同比下降，占31.8％；轻工、建筑和纺织3个行业伤亡事故起数和死亡人数同比上升，占13.6％；电信、医药、机械等10个行业没有发生重大伤亡事故。

表1.2.13　　2006年上半年工矿商贸企业各行业重大事故情况表

	事故起数	同比		死亡人数	同比	
		±	±％		±	±％
合计	228	－4	－1.7	929	－65	－6.5
煤炭	103			445	－18	－3.9
电信						
轻工	10	3	42.9	47	22	88.0
化工	10	－8	－44.4	44	－41	－48.2
医药						
建材	2	－2	－50.0	6	－8	－57.1
冶金	3	－1	－25.0	19	6	46.2
有色	1			6	2	50.0
机械		－5	－100.0		－24	－100.0
建筑	42	11	35.5	156	21	15.6
旅游						
林业		－2	－100.0		－6	－100.0
纺织	1	1		3	3	
烟草						
石油	1			4	1	33.3
电力	3	－2	－40.0	12	－6	－33.3
燃气		－1	－100.0		－5	－100.0
贸易		－1	－100.0		－3	100.0
邮政						
其他行业						

按企业经济类型分，集体经济、私营经济、港澳台投资、外商投资企业和其他经济企业重大事故起数和死亡人数同比下降，占50.0％；国有经济、股份合作企业重大事故起数上升、死亡人数下降；联营经济和有限责任公司重大事故起数和死亡人数同比上升；港澳台投资和外商投资企业没有发生重大伤亡事故。

表 1.2.14　　2006 年上半年工矿商贸企业重大事故分经济类型情况表

	事故起数	同比		死亡人数	同比	
		±	±%		±	±%
合计	228	−4	−1.7	929	−65	−6.5
国有经济	58	3	5.5	227	−26	−10.3
集体经济	11	−5	−31.3	49	−11	−18.3
股份合作	11	1	10.0	40	−3	−7.0
联营经济	2	1	100.0	6	1	20.0
有限责任公司	31	14	82.4	118	46	63.9
股份有限公司	8	−2	−20.0	37	3	8.8
私营经济	103	−5	−4.6	437	−26	−5.6
港澳台投资		−3	−100.0		−11	−100.0
外商投资		−1	−100.0		−8	−100.0
其他经济	4	−7	−63.6	15	−30	−66.7

在各类经济类型企业重大事故中，私营经济事故起数占 45.2%，死亡人数占 47.0%；国有经济事故起数占 25.4%，死亡人数占 24.4%；有限责任公司事故起数占 13.6%，死亡人数占 12.7%；股份有限公司事故起数占 3.5%，死亡人数占 4.0%；集体经济事故起数占 4.8%，死亡人数占 5.3%。

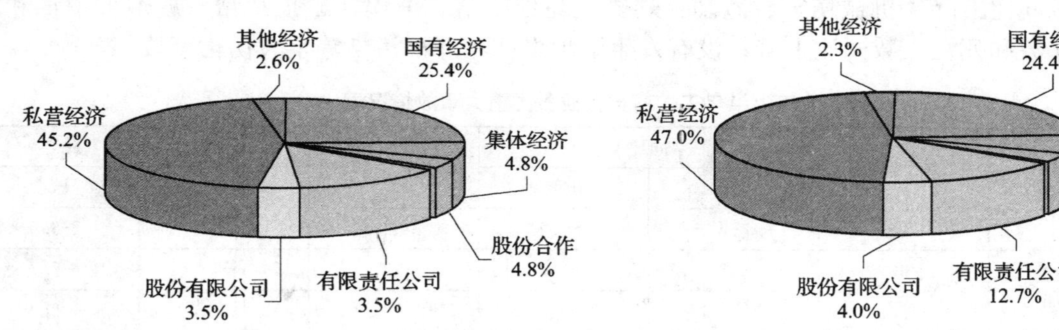

图 1.2.27　各经济类型企业重大事故起数比例图　　图 1.2.28　各经济类型企业重大事故死亡人数比例图

按行政区划分，在全国 32 个统计单位（省、区、市和新疆兵团）中，有 14 个单位重大事故起数和死亡人数同比下降，占 43.8%；有 12 个单位重大事故起数和死亡人数同比上升，占 37.5%；事故多发的有河北、山西辽宁、湖南、四川、贵州、云南、重庆和陕西 9 个省市，占 28.1%；天津、西藏和青海没有发生重大伤亡事故。

表 1.2.15　　2006 年上半年全国工矿商贸企业重大事故分地区情况表

地区	事故起数	同比		死亡人数	同比		地区	事故起数	同比		死亡人数	同比	
		±	±%		±	±%			±	±%		±	±%
合计	228	−4	−1.7	929	−65	−6.5	河南	8	−5	−38.5	43	−12	−21.8
北京	4	3	300.0	14	11	366.7	湖北	9			29	−4	−12.1
天津		−2	−100		−7	−100	湖南	15	−2	−11.8	68	−14	−17.1
河北	10	−5	−33.3	48	−22	−31.4	广东	4	−6	−60.0	16	−27	−62.8

续表

地区	事故起数	同比		死亡人数	同比		地区	事故起数	同比		死亡人数	同比	
		±	±%		±	±%			±	±%		±	±%
山西	11			59	8	15.7	广西	6	2	50.0	18	4	28.6
内蒙古	1	−5	−83.3	3	−24	−88.9	海南	1	1		3	3	
辽宁	10	3	42.9	39			四川	18	8	80.0	62	8	14.8
吉林	5			18	−6	−25.0	贵州	23	−1	−4.2	100	−11	−9.9
黑龙江	8	5	166.7	32	13	68.4	云南	20	2	11.1	74	10	15.6
上海	1			3	−1	−25.0	西藏		−1	−100		−3	−100
江苏	4	1	33.3	15	3	25.0	重庆	16	5	45.5	64	23	56.1
浙江	6	−1	−14.3	21	−2	−8.7	陕西	10	5	100	33	16	94.1
安徽	4	−7	−63.6	15	−33	−68.8	甘肃	6	−4	−40	27	−8	−22.9
福建	6	3	100.0	24	14	140.0	青海		−1	−100		−6	−100
江西	6	−2	−25.0	27	−7	−20.6	宁夏	3	1	50	10	4	66.7
山东	5	−1	−16.7	27	−5	−15.6	新疆	6	−2	−25	30	3	11.1
							新疆兵团	2	2		7	7	

按事故类型分，起重伤害、触电、火灾、透水，火药爆炸、瓦斯爆炸和其他爆炸重大事故起数和死亡人数同比下降；机械伤害、淹溺、灼烫、高处坠落、坍塌、冒顶片帮、放炮、中毒和窒息重大事故起数和死亡人数同比上升；没有发生锅炉爆炸和环境污染等重大伤亡事故。

表 1.2.16　　2006 年上半年工矿商贸企业各类重大事故情况表

	事故起数	同比		死亡人数	同比	
		±	±%		±	±%
合计	228	−4	−1.7	929	−65	−6.5
物体打击	4	1	33.3	12	−1	−7.7
车辆伤害	5			16	−5	−23.8
机械伤害	5	2	66.7	17	4	30.8
起重伤害	2	−4	−66.7	7	−19	−73.1
触电	4	−2	−33.3	15	−4	−21.1
淹溺	6	1	20.0	24	1	4.4
灼烫	3	1	50.0	11	4	57.1
火灾	1	−4	−80.0	4	−21	−84.0
高处坠落	8	3	60.0	33	17	106.3
坍塌	36	5	16.1	135	7	5.5
冒顶片帮	31	14	82.4	103	41	66.1
透水	13	−7	−35.0	68	−33	−32.7
放炮	6	1	20.0	18	1	5.9
火药爆炸	9	−6	−40.0	43	−28	−39.4
瓦斯爆炸	24	−9	−27.3	124	−44	−26.2

续表

	事故起数	同比		死亡人数	同比	
		±	±%		±	±%
锅炉爆炸						
容器爆炸	4	−3	−42.9	26		
其他爆炸	5	−2	−28.6	21	−13	−38.2
中毒和窒息	57	5	9.6	229	25	12.3
环境污染						
其他伤害	5			23	3	15.0

从各类型重大事故比例看，重大中毒和窒息事故多发，事故起数占 25.0%，死亡人数占 24.7%；其次是坍塌事故，起数占 15.8%，死亡人数占 14.5%。

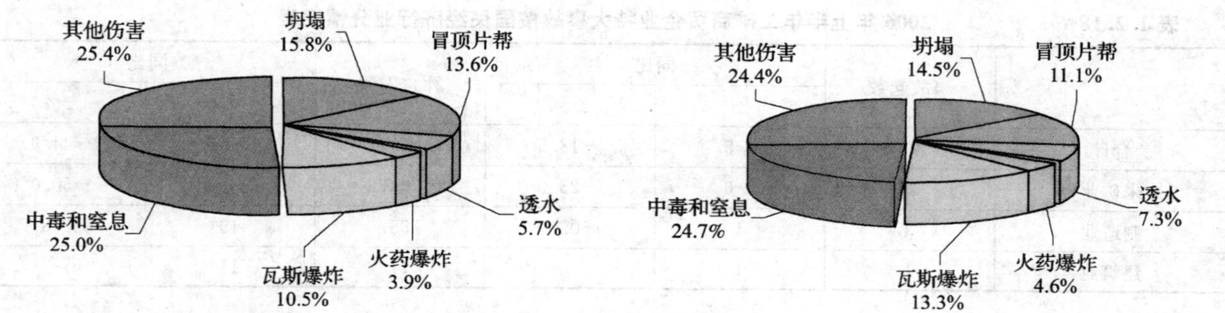

图 1.2.29　各类重大事故起数比例图　　**图 1.2.30　各类重大事故死亡人数比例图**

3. 特大事故情况

上半年，全国工矿商贸企业共发生一次死亡 10 人以上特大事故 22 起，死亡 418 人，同比减少 5 起，减少 341 人，分别下降 18.5%和 44.9%。其中一次死亡 30 人以上特别重大事故 2 起，死亡 88 人，同比减少 2 起，减少 278 人，分别下降 50.0%和 76.0%。

表 1.2.17　　2006 年上半年工矿商贸企业特大事故情况表

	一次死亡 10 人以上事故						其中：一次死亡 30 人以上事故					
	事故起数	同比		死亡人数	同比		事故起数	同比		死亡人数	同比	
		±	±%		±	±%		±	±%		±	±%
合计	22	−5	−18.5	418	−341	−44.9	2	−2	−50.0	88	−278	−76.0
煤矿	16	−8	−33.3	325	−379	−53.8	2	−2	−50.0	88	−278	−76.0
金属与非金属矿	2	2		27	27							
建筑业	1	1		11	11							
危险化学品												
烟花爆竹		−1	−100.0		−26	−100.0						
工商贸其他	3	1	50.0	55	26	89.7						

从各类型企业特大事故比例看，煤矿特大事故多发，起数占 72.7%，死亡人数占 77.8%；其次是工商贸其他，事故起数占 13.6%，死亡人数占 13.2%。

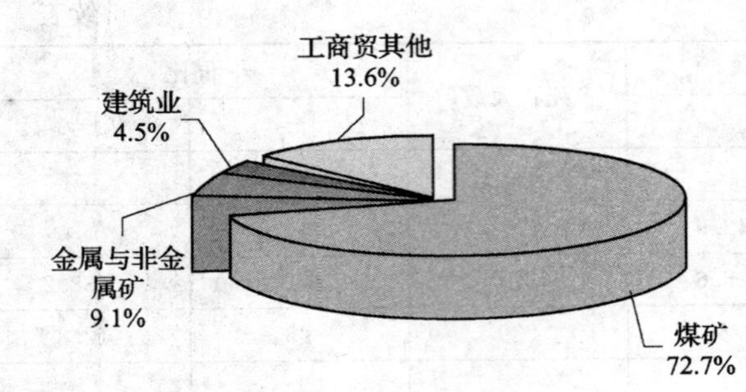

图 1.2.31 高危行业和领域特大事故起数比例图

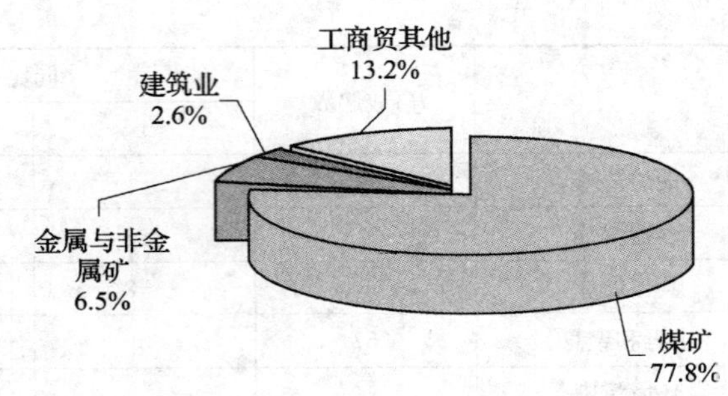

图 1.2.32 高危行业和领域特大事故死亡人数比例图

按国民经济行业分，只有采矿业、制造业、建筑业三个行业发生了特大伤亡事故，其中采矿业特大事故起数和死亡人数同比分别下降，制造业和建筑业特大事故起数和死亡人数同比上升。

表 1.2.18 2006 年上半年工矿商贸企业特大事故按国民经济行业分情况表

	事故起数	同比		死亡人数	同比	
		±	±%		±	±%
合计	22	−5	−18.5	418	−341	−44.9
采矿业	18	−6	−25.0	352	−352	−50.0
制造业	3	1	50.0	55	19	52.8
建筑业	1	1		11	11	

按企业经济类型分，只有国有经济、集体经济、有限责任公司和私营经济发生特大事故，占40.0%。其中，私营经济特大事故起数和死亡人数同比下降，有限责任公司特大事故起数和死亡人数同比上升。

表 1.2.19 2006 年上半年工矿商贸企业特大事故分经济类型情况表

	事故起数	同比		死亡人数	同比	
		±	±%		±	±%
合计	22	−5	−18.5	418	−341	−44.9
国有经济	8	3	60.0	148	−133	−47.3
集体经济	2			23	−15	−39.5
股份合作						
联营经济						
有限责任公司	4	4		73	73	
股份有限公司		−1	−100.0		−10	−100.0
私营经济	8	−11	−57.9	174	−256	−59.5
港澳台投资						
外商投资						
其他经济						

按行政区划分，全国 32 个统计单位（省、区、市和新疆兵团）中，有 12 个单位发生特大事故，占 37.5%，同比事故单位减少 4 个；发生特大事故较多的单位是：山西（3 起，107 人）、山

东（3起，57人）、陕西（2起，49人）、贵州（2起，30人）、湖南（2起，29人）、安徽（2起，28人）、河南（2起，26人）、四川（2起，21人）。

表 1.2.20　　2006年上半年全国工矿商贸企业特大事故分地区情况表

	一次死亡10人以上						一次死亡30人以上					
	本期		同期对比				本期		同期对比			
	起数	死亡人数	起数		死亡人数		起数	死亡人数	起数		死亡人数	
			+，-	+-%	+，-	+-%			+，-	+-%	+，-	+-%
合计	22	418	-5	-18.5	-341	-44.9	2	88	-2	-50.0	-278	-76.0
北京												
天津												
河北			-1	-100	-50	-100			-1	-100.0	-50	-100.0
山西	3	107	-4	-57.1	-76	-41.5	1	56			-16	-22.2
内蒙古	1	21	-1	-50	-3	-12.5						
辽宁	1	27			-187	-87.4			-1	-100.0	-214	-100.0
吉林			-1	-100	-30	-100			-1	100.0	-30	-100.0
黑龙江	1	12			-6	-33.3						
上海												
江苏												
浙江												
安徽	2	28	2		28							
福建			-1	-100	-10	-100						
江西												
山东	3	57	3		57							
河南	2	26			3	13.0						
湖北	1	11	1		11							
湖南	2	29			-13	-31.0						
广东												
广西												
海南												
四川	2	21	1	100								
贵州	2	30			8	36.4						
云南			-1	-100	-27	-100						
西藏												
重庆			-4	-100	-73	-100						
陕西	2	49	1	100	27	122.7	1	32	1		32	
甘肃												
青海												
宁夏												
新疆												
新疆兵团												

（二）煤矿伤亡事故情况

1. 事故总体情况

（1）各类煤矿伤亡事故情况

上半年，全国煤矿企业共发生伤亡事故 1 405 起，死亡 2 163 人，同比减少 210 起，减少 625 人，分别下降 13.0%和 22.4%。

表 1.2.21　　2006 年上半年全国各类煤矿事故情况表

	事故起数	同比		死亡人数	同比	
		±	±%		±	±%
合计	1 405	−210	−13.0	2 163	−625	−22.4
国有重点	218	24	12.4	352	−138	−28.2
国有地方	192	−12	−5.9	292	−3	−1.0
乡镇煤矿	995	−222	−18.2	1 519	−484	−24.2

在三类煤矿事故中，国有重点煤矿事故起数占 15.5%，死亡人数占 16.3%；国有地方煤矿事故起数占 13.7%，死亡人数占 13.5%；乡镇煤矿事故起数占 70.8%，死亡人数占 70.2%。

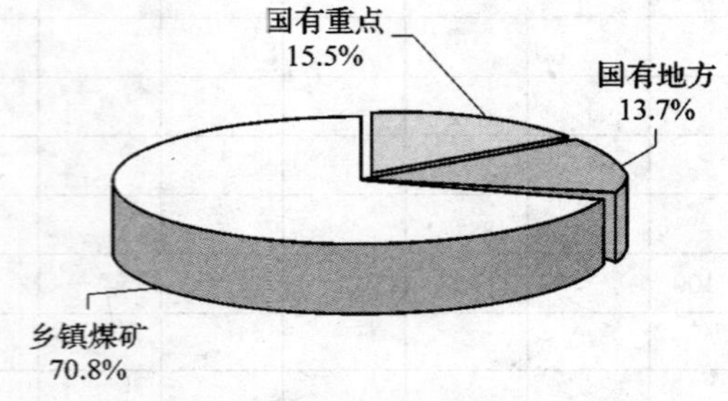

图 1.2.33　全国三类煤矿事故起数比例图

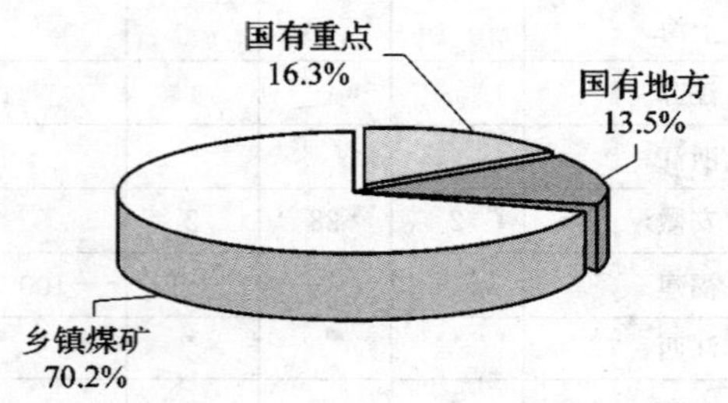

图 1.2.34　全国三类煤矿死亡人数比例图

（2）地区伤亡事故情况

全国 28 个产煤省（区、市）和新疆兵团中，浙江、广东和西藏 3 省区没有发生伤亡事故，占 10.3%；有 14 个单位事故起数和死亡人数同比下降，占 48.3%；有 6 个单位事故起数和死亡人数同比上升，占 20.7%。贵州、四川、重庆、湖南、云南、山西、吉林和黑龙江 8 个省（市）伤亡事故多发，共发生 991 起，占事故总量的 70.5%。

表 1.2.22　　2006 年上半年全国煤矿事故分地区情况表

地区	事故起数	同比		死亡人数	同比		地区	事故起数	同比		死亡人数	同比	
		±	±%		±	±%			±	±%		±	±%
合计	1 405	−210	−13.0	2 163	−625	−22.4	湖北	45	−6	−11.8	55	−2	−3.5
北京	8	4	100.0	13	9	225.0	湖南	136	−26	−16.1	217	−47	−17.8
河北	18	−15	−45.5	27	−94	−77.7	广东		−22	−100.0		−28	−100.0
山西	88	20	29.4	234	−11	−4.5	广西	12	6	100.0	15	8	114.3
内蒙古	12	−13	−52.0	33	−32	−49.2	四川	168	−39	−18.8	205	−58	−22.1
辽宁	41	6	17.1	91	−171	−65.3	贵州	221	−43	−16.3	330	−54	−14.1
吉林	61	−3	−4.7	81	−27	−25.0	云南	95	5	5.6	128	−19	−12.9

续表

地区	事故起数	同比		死亡人数	同比		地区	事故起数	同比		死亡人数	同比	
		±	±%		±	±%			±	±%		±	±%
黑龙江	67	19	39.6	103	13	14.4	西藏						
江苏	9	1	12.5	5	1	25.0	重庆	155	−45	−22.5	197	−85	−30.1
浙江		−8	−100.0		−13	−100.0	陕西	50	−18	−26.5	93	−5	−5.1
安徽	29			42	−1	−2.3	甘肃	20			34	3	9.7
福建	18	−20	−52.6	18	−34	−65.4	青海	4	−2	−33.3	3	−3	−50.0
江西	43	8	22.9	66	5	8.2	宁夏	13	−8	−38.1	17	3	21.4
山东	23	2	9.5	40	21	110.5	新疆	30	−10	−25.0	34	−14	−29.2
河南	35	−2	−5.4	75	8	11.9	新疆兵团	4	−1	−20.0	7	2	40.0

（3）各类型事故情况

全国煤矿八大类事故中，除其他事故起数和死亡人数同比上升外，其余七大类事故起数和死亡人数同比均有所下降。

在全国各类型事故中，事故起数居第一位的是顶板事故，占 55.6%，其次是运输事故，占 17.8%。死亡人数居第一位的是顶板事故，占 41.7%，其次是瓦斯事故，占 27.1%。

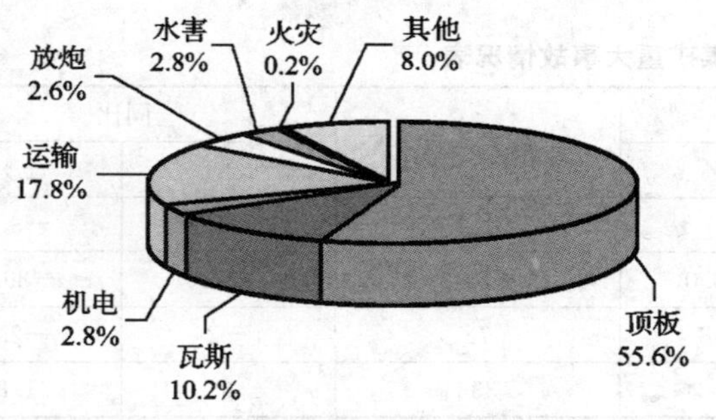

图 1.2.35　全国煤矿各类型事故起数比例图

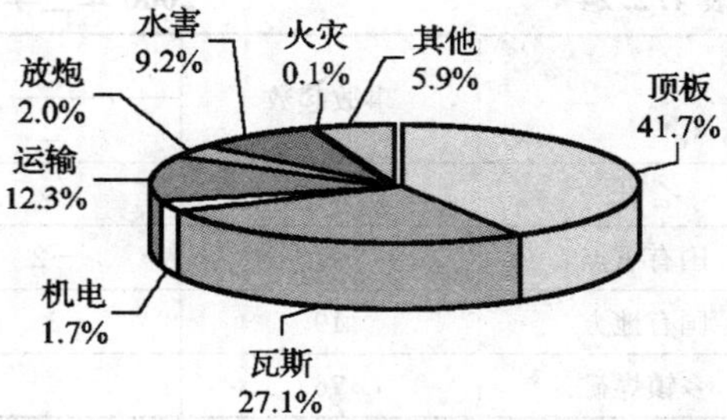

图 1.2.36　全国煤矿各类型事故死亡人数比例图

表 1.2.23　　2006 年上半年全国煤矿各类事故情况表

全国	事故起数	同比		死亡人数	同比		国有重点	事故起数	同比		死亡人数	同比	
		±	±%		±	±%			±	±%		±	±%
合计	1 405	−210	−13.0	2 163	−625	−22.4	合计	218	24	12.4	352	−138	−28.2
顶板	781	−90	−10.3	901	−93	−9.4	顶板	82			87	−5	−5.4
瓦斯	144	−71	−33.0	586	−474	−44.7	瓦斯	16	4	33.3	142	−151	−51.5
机电	39	−4	−9.3	37	−5	−11.9	机电	15	1	7.1	14	2	16.7
运输	250	−21	−7.7	267	−26	−8.9	运输	61	2	3.4	66	15	29.4
放炮	36	−7	−16.3	43	−4	−8.5	放炮	7	1	16.7	10	4	66.7
水害	39	−19	−32.8	200	−10	−4.8	水害	2	−2	−50.0	4	−15	−78.9
火灾	3	−2	−40.0	2	−15	−88.2	火灾	2	2		2	2	
其他	113	4	3.7	127	2	1.6	其他	33	16	94.1	27	10	58.8

续表

国有地方	事故起数	同比		死亡人数	同比		乡镇煤矿	事故起数	同比		死亡人数	同比	
		±	±%		±	±%			±	±%		±	±%
合计	192	−12	−5.9	292	−3	−1.0	合计	995	−222	−18.2	1 519	−484	−24.2
顶板	98	−1	−1.0	119	−8	−6.3	顶板	601	−89	−12.9	695	−80	−10.3
瓦斯	10	−9	−47.4	34	−28	−45.2	瓦斯	118	−66	−35.9	410	−295	−41.8
机电	11	−1	−8.3	10	−2	−16.7	机电	13	−4	−23.5	13	−5	−27.8
运输	44	2	4.8	47	1	2.2	运输	145	−25	−14.7	154	−42	−21.4
放炮	3			3	−1	−25.0	放炮	26	−8	−23.5	30	−7	−18.9
水害	8	4	100.0	52	36	225.0	水害	29	−21	−42.0	144	−31	−17.7
火灾		−1	−100.0		−1	−100.0	火灾	1	−3	−75.0	0	−16	−100.0
其他	18	−6	−25.0	27			其他	62	−6	−8.8	73	−8	−9.9

2. 重大事故情况

(1) 各类煤矿重大事故情况

上半年，全国煤矿企业共发生一次死亡 3～9 人重大事故 103 起，死亡 445 人，同比起数持平，减少 18 人，下降 3.9%。

表 1.2.24　2006 年上半年全国各类煤矿重大事故情况表

	事故起数	同比		死亡人数	同比	
		±	±%		±	±%
合计	103			445	−18	−3.9
国有重点	8	−2	−20.0	34	−22	−39.3
国有地方	19	2	11.8	78	−2	−2.5
乡镇煤矿	76			333	6	1.8

在全国煤矿重大事故中，国有重点煤矿事故起数占 7.8%，死亡人数占 7.6%；国有地方煤矿事故起数占 18.4%，死亡人数占 17.5%；乡镇煤矿事故起数占 73.8%，死亡人数占 74.8%。

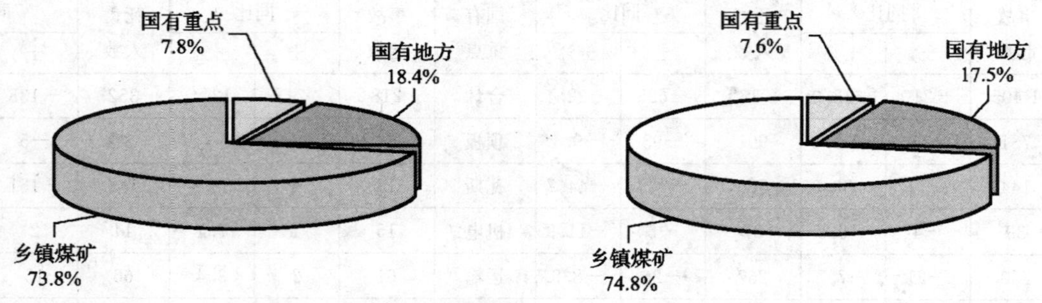

图 1.2.37　全国各类煤矿重大事故起数比例图　　**图 1.2.38　全国各类煤矿重大事故死亡人数比例图**

(2) 地区重大事故情况

全国 28 个产煤（省、区）和新疆兵团中，有 9 个单位事故起数和死亡人数同比下降，占 31.0%；有 11 个单位事故起数和死亡人数同比上升，占 37.9%。

表 1.2.25　　　　2006 年上半年全国煤矿重大事故分地区情况表

地区	事故起数	同比		死亡人数	同比		地区	事故起数	同比		死亡人数	同比	
		±	±%		±	±%			±	±%		±	±%
合计	103	445			-18	-3.9	湖北	3	2	200.0	10	7	233.3
北京	1	5	1		5		湖南	10	-1	-9.1	47	-8	-14.6
河北	1	8	-8	-88.9	-38	-82.6	广东						
山西	8	38	1	14.3	5	15.2	广西	2	2		6	6	
内蒙古			-4	100.0	-16	-100.0	四川	7	3	75.0	25	3	13.6
辽宁	7	27	6	600.0	18	200.0	贵州	18	-2	-10.0	79	-13	-14.1
吉林	4	15			-4	-21.1	云南	11	4	57.1	42	16	61.5
黑龙江	4	19	2	100.0	3	18.8	西藏						
江苏							重庆	11	4	57.1	43	19	79.2
浙江			-2	-100.0	-7	-100.0	陕西	3			11	1	10.0
安徽			-4	-100.0	-18	-100.0	甘肃	2	-1	-33.3	14	3	27.3
福建			-1	-100.0	-3	-100.0	青海						
江西	4	20	-2	-33.3	-7	-25.9	宁夏	2	2		7	7	
山东							新疆	1	-2	-66.7	4	-6	-60.0
河南	3	21	-1	-25.0	5	31.3	新疆兵团	1	1		4	4	

（3）各类型重大事故情况

全国煤矿八大类事故中，运输、水害和其他重大事故起数和死亡人数同比分别下降，顶板事故起数和死亡人数同比上升，没有发生重大机电、放炮和火灾事故。

表 1.2.26　　　　2006 年上半年全国煤矿各类重大事故情况表

全国	事故起数	同比		死亡人数	同比		国有重点	事故起数	同比		死亡人数	同比	
		±	±%		±	±%			±	±%		±	±%
合计	103			445	-18	-3.9	合计	8	-2	-20.0	34	-22	-39.3
顶板	26	10	62.5	87	29	50.0	顶板	1			4	1	33.3
瓦斯	53			250	-2	-0.8	瓦斯	5			23	-9	-28.1
机电							机电						
运输	5	-2	-28.6	17	-11	-39.3	运输	2	2		7	7	
放炮							放炮						
水害	14	-7	-33.3	72	-33	-31.4	水害		-3	-100.0		-18	-100.0
火灾							火灾						
其他	5	-1	-16.7	19	-1	-5.0	其他		-1	-100.0		-3	-100.0

续表

国有地方	事故起数	同比		死亡人数	同比		乡镇煤矿	事故起数	同比		死亡人数	同比	
		±	±%		±	±%			±	±%		±	±%
合计	19	2	11.8	78	−2	−2.5	合计	76			333	6	1.8
顶板	5			17	−6	−26.1	顶板	20	10	100.0	66	34	106.3
瓦斯	6	−1	−14.3	29	−4	−12.1	瓦斯	42	1	2.4	198	11	5.9
机电							机电						
运输		−1	−100.0		−4	−100.0	运输	3	−3	−50.0	10	−14	−58.3
放炮							放炮						
水害	5	3	150.0	21	7	50.0	水害	9	−7	−43.8	51	−22	−30.1
火灾							火灾						
其他	3	1	50.0	11	5	83.3	其他	2	−1	−33.3	8	−3	−27.3

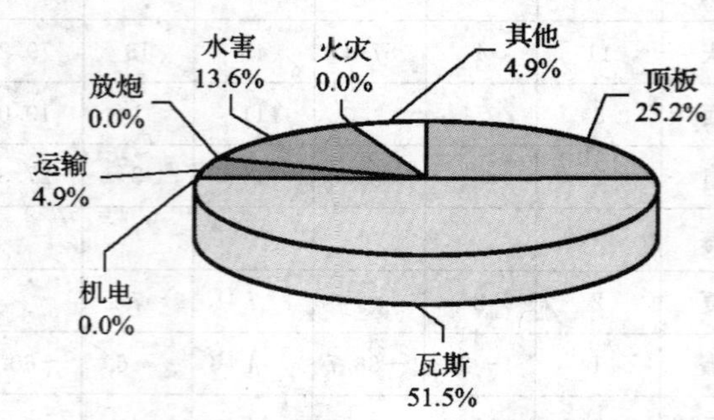

图 1.2.39 全国煤矿各类型重大事故起数比例图

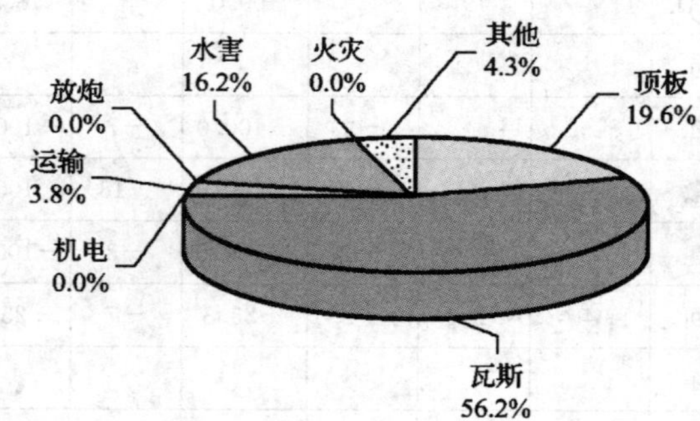

图 1.2.40 全国煤矿各类型重大事故死亡人数比例图

在全国煤矿各类型重大事故中，事故起数居第一位的是瓦斯事故，占 51.5%，其次是顶板事故，占 25.2%。死亡人数居第一位的是瓦斯事故，占 56.2%，其次是顶板事故，占 19.6%。

3. 特大事故情况

（1）各类煤矿特大事故情况

上半年，全国煤矿企业共发生一次死亡 10 人以上特大事故 16 起，死亡 325 人，同比减少 8 起，减少 379 人，分别下降 33.3%和 53.8%。其中一次死亡 30 人以上特别重大事故 2 起，死亡 88 人，同比减少 2 起，减少 27 人，分别下降 50.0%和 76.0%。

表 1.2.27　　2006 年上半年全国各类煤矿特大事故情况表

	一次死亡 10 人以上事故						其中：一次死亡 30 人以上事故					
	事故起数	同比		死亡人数	同比		事故起数	同比		死亡人数	同比	
		±	±%		±	±%		±	±%		±	±%
合计	16	−8	−33.3	325	−379	−53.8	2	−2	−50.0	88	−27	−76.0
国有重点	6	2	50.0	110	−156	−58.6		−1	−100.0		−21	−100.0
国有地方	1			28	13	86.7						
乡镇煤矿	9	−10	−52.6	187	−236	−55.8	2	−1	−33.3	88	−64	−42.1

在全国煤矿特大事故中，国有重点煤矿事故起数占 37.5%，死亡人数占 33.8%；国有地方煤矿事故起数占 6.3%，死亡人数占 8.6%；乡镇煤矿事故起数占 56.3%，死亡人数占 57.5%。

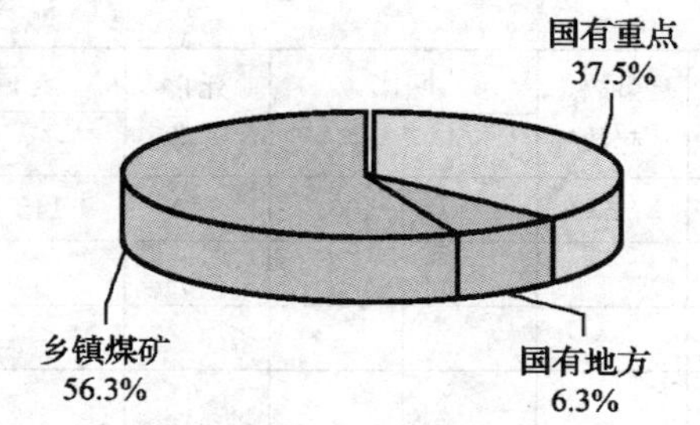

图 1.2.41　全国三类煤矿特大事故起数比例图

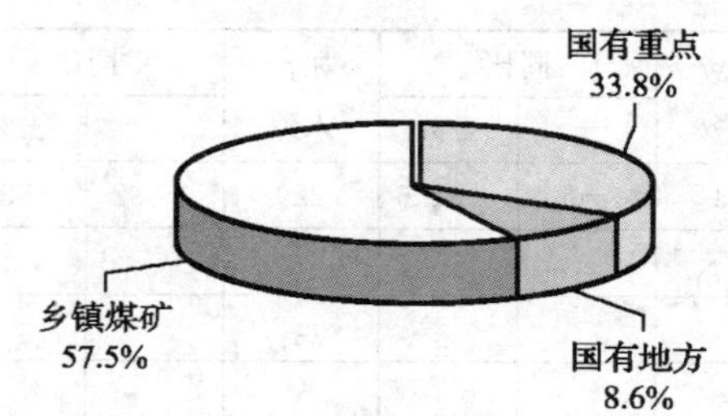

图 1.2.42　全国三类煤矿特大事故死亡人数比例图

（2）地区特大事故情况

全国28个产煤省（区、市）和新疆兵团中，有11个单位发生一次死亡10人以上特大事故，占37．9%，较去年同期减少4个单位；发生特大事故较多的省份是：山西（3起、107人）、贵州（2起、30人）、湖南（2起、29人）、河南（2起、26）。

表 1.2.28　　2006年上半年全国煤矿特大事故分地区情况表

地区	事故起数	同比		死亡人数	同比		地区	事故起数	同比		死亡人数	同比	
		±	±%		±	±%			±	±%		±	±%
合计	16	−8	−33.3	325	−379	−53.8	湖北						
北京							湖南	2			29	−13	−31.0
河北		−1	−100		−50	−100.0	广东						
山西	3	−2	−40	107	−40	−27.2	广西						
内蒙古	1	−1	−50	21	−3	−12.5	四川	1			11	−10	−47.6
辽宁	1			27	−187	−87.4	贵州	2			30	8	36.4
吉林		−1	−100		−30	−100.0	云南		−1	−100		−27	−100.0
黑龙江	1			12	−6	−33.3	西藏						
江苏							重庆		−3	−100		−54	−100.0
浙江							陕西	1			32	10	45.5
安徽	1	1		12	12		甘肃						
福建		−1	−100		−10	−100.0	青海						
江西							宁夏						
山东	1	1		18	18		新疆						
河南	2			26	3	13.0	新疆兵团						

（3）各类型特大事故情况

全国煤矿八大类事故中，只发生了特大瓦斯和水害事故，其中特大瓦斯事故起数和死亡人数同比下降。

表 1.2.29　　2006年上半年全国煤矿各类特大事故情况表

全国	事故起数	同比		死亡人数	同比		国有重点	事故起数	同比		死亡人数	同比	
		±	±%		±	±%			±	±%		±	±%
合计	16	−8	−33.3	325	−379	−53.8	合计	6	2	50.0	110	−156	−58.6
顶板		−1	−100.0		−11	−100.0	顶板		−1	−100.0		−11	−100.0

续表

全国	事故起数	同比		死亡人数	同比		国有重点	事故起数	同比		死亡人数	同比	
		±	±%		±	±%			±	±%		±	±%
瓦斯	13	−6	−31.6	229	−392	−63.1	瓦斯	6	3	100.0	110	−145	−56.9
机电							机电						
运输							运输						
放炮							放炮						
水害	3			96	36	60.0	水害						
火灾		−1	−100.0		−12	−100.0	火灾						
其他							其他						

国有地方	事故起数	同比		死亡人数	同比		乡镇煤矿	事故起数	同比		死亡人数	同比	
		±	±%		±	±%			±	±%		±	±%
合计	1			28	13	86.7	合计	9	−10	−52.6	187	−236	−55.8
顶板							顶板						
瓦斯		−1	−100.0		−15	−100.0	瓦斯	7	−8	−53.3	119	−232	−66.1
机电							机电						
运输							运输						
放炮							放炮						
水害	1	1		28	28		水害	2	−1	−33.3	68	8	13.3
火灾							火灾		−1	−100.0		−12	−100.0
其他							其他						

4. 百万吨死亡率

上半年，全国煤矿企业煤矿百万吨死亡率为2.175，同比下降0.862。三类煤矿百万吨死亡率同比均有所下降。

表 1.2.30　　2006 年上半年全国煤矿百万吨死亡率表

	本期	同期	同比	
			±	±%
合计	2.175	3.036	−0.862	−28.4
国有重点	0.641	1.000	−0.359	−35.9
国有地方	2.085	2.139	−0.054	−2.5
乡镇煤矿	4.971	6.895	−1.924	−27.9

表 1.2.31　　2006 年上半年全国煤矿百万吨死亡率分地区表

地区	百万吨死亡率	地区	百万吨死亡率	地区	地区	百万吨死亡率	地区
北京	4.440	江苏	0.343	湖北	13.736	重庆	15.726
河北	0.722	浙江	0.000	湖南	10.703	陕西	1.029
山西	0.930	安徽	1.042	广东		甘肃	2.307

续表

地区	百万吨死亡率	地区	百万吨死亡率	地区	地区	百万吨死亡率	地区
内蒙古	0.328	福建	2.141	广西	6.114	青海	0.850
辽宁	2.832	江西	6.964	四川	5.737	宁夏	1.181
吉林	6.053	山东	0.602	贵州	6.341	新疆	2.101
黑龙江	2.166	河南	1.109	云南	3.739	新疆兵团	4.560

（三）金属与非金属矿伤亡事故情况

1. 事故总体情况

上半年，全国金属与非金属矿共发生伤亡事故 793 起，死亡 985 人，同比减少 139 起，减少 134 人，分别下降 14.9％和 12.0％。

按行业分，黑色金属矿采选业、非金属矿采选业事故起数和死亡人数同比下降，占 40.0％；石油和天然气开采业和有色金属矿采选业事故起数下降、死亡人数上升，占 40.0％；其他采矿业事故起数和死亡人数同比上升，占 20.0％。

表 1.2.32　　2006 年上半年金属与非金属矿各行业事故情况表

	事故起数	同比		死亡人数	同比	
		±	±%		±	±%
合计	793	－139	－14.9	985	－134	－12.0
石油和天然气开采业	9	－4	－30.8	18	6	50.0
黑色金属矿采选业	84	－21	－20.0	112	－23	－17.0
有色金属矿采选业	221	－2	－0.9	299	20	7.2
非金属矿采选业	396	－127	－24.3	461	－152	－24.8
其他采矿业	83	15	22.1	95	15	18.8

在各行业事故中，事故起数居第一位的是非金属矿采选业，占 49.9％，其次是有色金属矿采选业，占 27.9％；死亡人数居第一位的是非金属矿采选业，占 46.8％，其次有色金属矿采选业，占 30.4％。

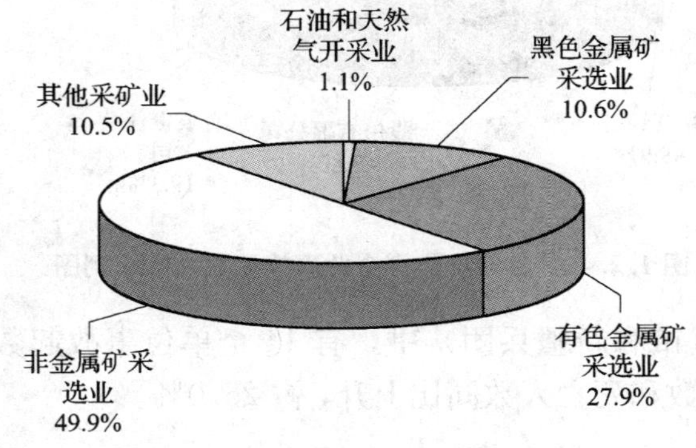

图 1.2.43　各行业事故起数比例图

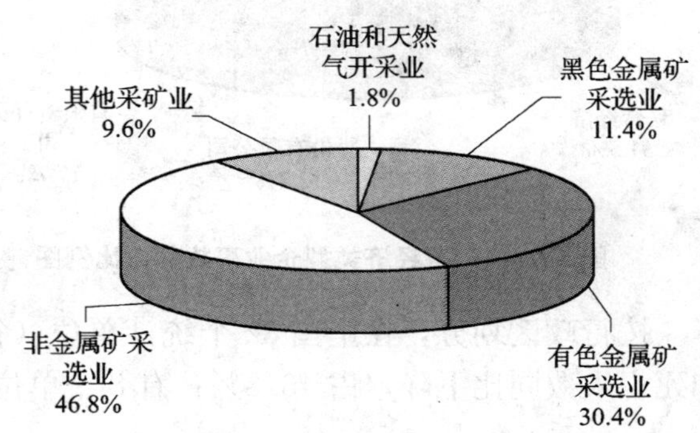

图 1.2.44　各行业事故死亡人数比例图

按经济类型分，集体经济、股份合作、联营经济、股份有限公司、私营经济、外商投资企业和其他经济企业事故起数和死亡人数同比分别下降，占70.0%；有限责任公司事故起数和死亡人数同比上升，占10.0%。

表1.2.33　　2006年上半年金属与非金属矿事故分经济类型情况表

	事故起数	同比		死亡人数	同比	
		±	±%		±	±%
合计	793	－139	－14.9	985	－134	－12.0
国有经济	73	－5	－6.4	95	8	9.2
集体经济	60	－46	－43.4	65	－73	－52.9
股份合作	43	－26	－37.7	53	－38	－41.8
联营经济	8	－10	－55.6	11	－11	－50.0
有限责任公司	140	38	37.3	190	79	71.2
股份有限公司	29	－10	－25.6	37	－12	－24.5
私营经济	408	－76	－15.7	492	－76	－13.4
港澳台投资						
外商投资	2	－2	－50.0	2	－2	－50.0
其他经济	30	－2	－6.3	40	－9	－18.4

在各经济类型企业事故中，事故起数和死亡人数居第一位的是私营经济，分别占51.5%和49.9%，其次是有限责任公司，分别占17.7%和19.3%。

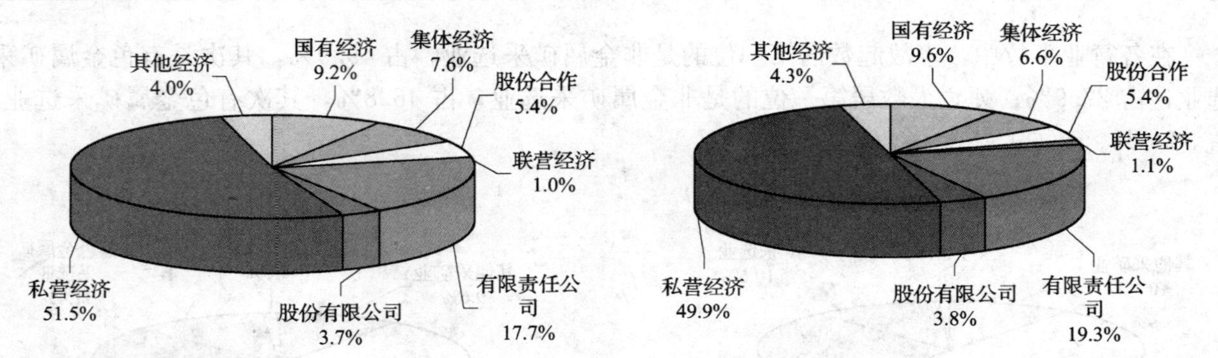

图1.2.45　各经济类型企业事故起数比例图　　图1.2.46　各经济类型企业事故死亡人数比例图

按行政区划分，在全国32个统计单位（省、区、市和新疆兵团）中，有14个单位事故起数和死亡人数同比下降，占43.8%；有8个单位事故起数和死亡人数同比上升，占25.0%。

表 1.2.34　　2006年上半年全国金属与非金属矿事故分地区情况表

地区	事故起数	同比		死亡人数	同比		地区	事故起数	同比		死亡人数	同比	
		±	±%		±	±%			±	±%		±	±%
合计	793	－139	－14.9	985	－134	－12.0	河南	25			27	－10	－27.0
北京	6	4	200.0	7	2	40.0	湖北	52	－38	－42.2	64	－36	－36.0
天津							湖南	36	－10	－21.7	52	－7	－11.9
河北	18	－6	－25.0	31	－3	－8.8	广东	20	－17	－46.0	24	－23	－48.9
山西	15	7	87.5	19	6	46.2	广西	50			57	7	14.0
内蒙古	20	－17	－46.0	23	－23	－50.0	海南	5	－8	－61.5	5	－11	－68.8
辽宁	67	21	45.7	75	20	36.4	四川	51			66	1	1.5
吉林	17	7	70.0	17	6	54.6	贵州	32	－18	－36.0	43	－13	－23.2
黑龙江	15	－3	－16.7	22	4	22.2	云南	50	－27	－35.1	61	－36	－37.1
上海							西藏	3	－2	－40.0	3	－2	－40.0
江苏	10	－3	－23.1	11	－2	－15.4	重庆	26	－24	－48.0	32	－24	－42.9
浙江	54	－2	－3.6	60	－4	－6.3	陕西	39	8	25.8	63	24	61.5
安徽	53			68	6	9.7	甘肃	14	－2	－12.5	15	－4	－21.1
福建	33	－4	－10.8	41			青海	8	3	60.0	8	3	60.0
江西	21	－18	－46.2	23	－22	－48.9	宁夏	5	4	400.0	5	4	400.0
山东	17	2	13.3	19	－7	－26.9	新疆	31	4	14.8	44	10	29.4
							新疆兵团						

按事故类型分。物体打击、车辆伤害、机械伤害、起重伤害、触电、火灾、坍塌、冒顶片帮、透水、瓦斯爆炸、容器爆炸以及中毒和窒息事故起数和死亡人数同比分别下降，占57.1%；高处坠落、放炮和其他伤害事故起数和死亡人数上升，占14.3%。

表 1.2.35　　2006年上半年金属与非金属矿各类事故情况表

	事故起数	同比		死亡人数	同比	
		±	±%		±	±%
合计	793	－139	－14.9	985	－134	－12.0
物体打击	163	－42	－20.5	168	－46	－21.5
车辆伤害	28	－18	－39.1	32	－17	－34.7
机械伤害	36	－5	－12.2	36	－4	－10.0
起重伤害	5	－3	－37.5	6	－3	－33.3
触电	18	－2	－10.0	18	－3	－14.3
淹溺	7			9	－1	－10.0
灼烫	1				－2	－100.0
火灾		－3	－100.0		－9	－100.0
高处坠落	137	8	6.2	149	22	17.3
坍塌	104	－31	－23.0	160	－25	－13.5

续表

	事故起数	同比		死亡人数	同比	
		±	±%		±	±%
冒顶片帮	146	−28	−16.1	167	−29	−14.8
透水		−5	−100.0		−17	100.0
放炮	77	3	4.1	103	8	8.4
火药爆炸	13	1	8.3	18	−8	−30.8
瓦斯爆炸	1	−1	−50.0		−11	−100.0
锅炉爆炸						
容器爆炸	2	−1	−33.3	3	−1	−25.0
其他爆炸	5	−3	−37.5	16	9	128.6
中毒和窒息	23	−15	−39.5	56	−21	−27.3
环境污染						
其他伤害	16	1	6.7	32	18	128.6

在各类事故中，事故起数居第一位的是物体打击事故，占20.6%，其次是冒顶片帮事故，占18.4%；死亡人数居第一位的是物体打击事故，占17.1%，其次是冒顶片帮事故，占17.0%。

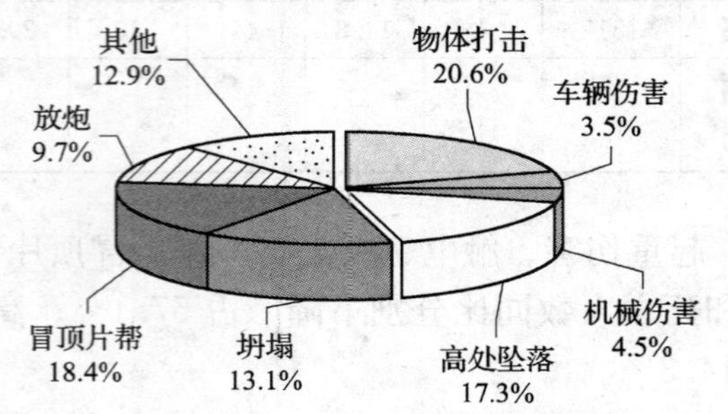

图 1.2.47　各类别事故起数比例图

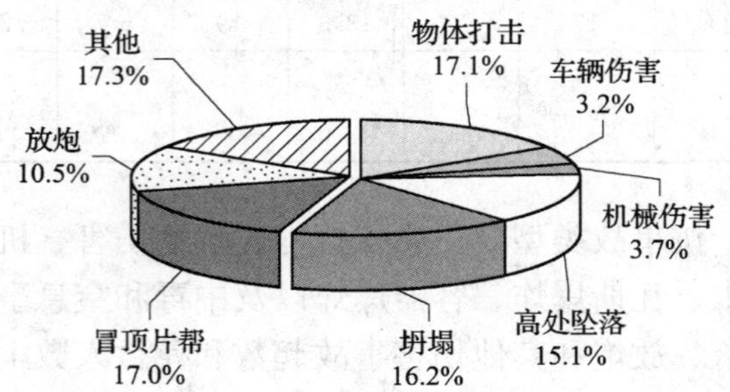

图 1.2.48　各类别事故死亡人数比例图

2. 重大事故情况

上半年，全国金属与非金属矿发生一次死亡3～9人重大事故36起，死亡127人，同比增加3起，减少15人，分别上升9.1%和下降10.6%。

按行业分，石油和天然气开采业没有发生重大事故，有色金属矿采选业重大事故起数和死亡人数同比下降，非金属矿采选业重大事故起数上升、死亡人数下降，黑色金属矿采选业重大事故起数和死亡人数同比均上升。

表 1.2.36　　2006年上半年金属与非金属矿各行业重大事故情况表

	事故起数	同比		死亡人数	同比	
		±	±%		±	±%
合计	36	3	9.1	127	−15	−10.6
石油和天然气开采业		−1	−100.0		−3	−100.0
黑色金属矿采选业	6	2	50.0	22	2	10.0

续表

	事故起数	同比		死亡人数	同比	
		±	±%		±	±%
有色金属矿采选业	12	−2	−14.3	44	−12	−21.4
非金属矿采选业	17	3	21.4	57	−6	−9.5
其他采矿业	1	1		4	4	

在各行业重大事故中，事故起数居第一位的是非金属矿采选业，占47.2%，其次是有色金属矿采选业，占33.3%；死亡人数居第一位的是非金属矿采选业，占44.9%，其次是有色金属矿采选业，占34.6%。

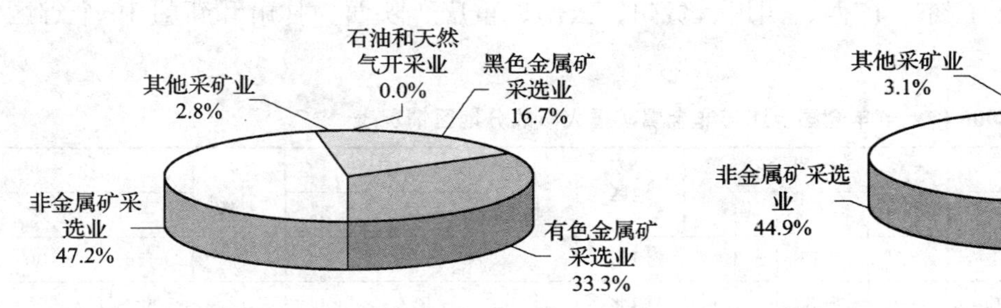

图1.2.49　各行业重大事故起数比例图　　**图1.2.50　各行业重大事故死亡人数比例图**

按经济类型分，集体经济、股份合作、股份有限公司和其他经济事故起数和死亡人数下降，占40.0%；国有经济、联营经济、有限责任公司和私营经济事故起数和死亡人数上升，占40.0%。

表1.2.37　　2006年上半年金属与非金属矿重大事故分经济类型情况表

	事故起数	同比		死亡人数	同比	
		±	±%		±	±%
合计	36	3	9.1	127	−15	−10.6
国有经济	4	1	33.3	14	2	16.7
集体经济	1	−5	−83.3	3	−20	−87.0
股份合作	3	−1	−25.0	10	−12	−54.6
联营经济	1	1		3	3	
有限责任公司	8	6	300.0	31	23	287.5
股份有限公司	1	−2	−66.7	3	−7	−70.0
私营经济	17	5	41.7	57	6	11.8
港澳台投资						
外商投资						
其他经济	1	−2	−66.7	6	−10	−62.5

在各类经济类型企业重大事故中，事故起数和死亡人数居第一位的是私营经济，分别占47.2%和44.9%。

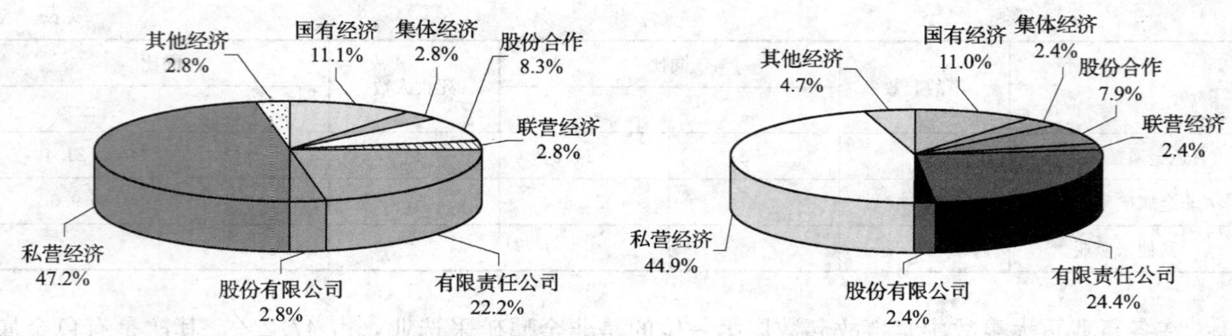

图 1.2.51　各经济类型重大事故起数比例图　　**图 1.2.52　各经济类型重大事故死亡人数比例图**

按行政区划分。在全国 32 个统计单位（省、区、市和新疆兵团）中，河北、辽宁、黑龙江、安徽、福建、湖北、湖南、广东、广西、四川、贵州、云南、重庆、陕西、甘肃和新疆 16 个省区发生重大事故，占 50.0%。

表 1.2.38　　2006 年上半年全国金属与非金属矿重大事故分地区情况表

地区	事故起数	同比		死亡人数	同比		地区	事故起数	同比		死亡人数	同比	
		±	±%		±	±%			±	±%		±	±%
合计	36	3	9.1	127	−15	−10.6	河南		−3	−100		−16	−100
北京		−1	−100		−3	−100	湖北	4	3	300	12	9	300
天津							湖南	2	1	100	7	2	40
河北	3	2	200	14	9	180	广东	1			4	−3	−42.9
山西		−1	−100		−5	−100	广西	4	2	100	12	6	100
内蒙古		−1	−100		−8	−100	海南						
辽宁	1			3	−2	−40	四川	3	1	50	10	−3	−23.1
吉林							贵州	1	1		3	3	
黑龙江	2	2		7	7		云南	2	−4	−66.7	6	−14	−70
上海							西藏						
江苏							重庆	1			5	1	25
浙江							陕西	2	1	100	6	2	50
安徽	4	2	100	15	8	114.3	甘肃	1			3		
福建	3	2	200	9	5	125	青海						
江西		−1	−100		−3	−100	宁夏						
山东		−2	−100		−10	−100	新疆	2	−1	−33.3	11		
							新疆兵团						

3. 特大事故情况

上半年，全国金属与非金属矿发生一次死亡 10 人以上特大事故 2 起，死亡 27 人，同比增加 2 起，增加 27 人。

这 2 起特大事故分别是：

2006 年 1 月 20 日中午 12 时 17 分，四川省眉山市仁寿县中石油西南油气分公司输气管理处仁寿销售部富加输气站，发生管道爆裂燃烧事故，造成 10 人死亡，3 人重伤，47 人轻伤。

2006年4月30日下午18时40分，陕西省商洛地区镇安县黄金矿业有限责任公司尾矿库发生溃坝事故。造成9户76间房屋被毁，22人被埋，其中5人受伤，15人死亡，2人失踪，直接经济损失187.7万元。

（四）建筑业伤亡事故情况

1. 事故总体情况

上半年，全国建筑行业共发生伤亡事故884起，死亡1 003人，同比减少124起，减少84人，分别下降12.3%和7.7%。其中：房屋和土木工程建筑业发生伤亡事故727起，死亡811人，同比减少101起，减少78人，分别下降12.2%和8.8%；房屋建筑及市政工程建筑事故380起，死亡456人，同比减少64起，减少42人，分别下降14.4%和8.4%。

表 1.2.39　　2006年上半年全国各类建筑业事故情况表

	事故起数	同比		死亡人数	同比	
		±	±%		±	±%
合计	884	－124	－12.3	1 003	－84	－7.7
房屋和土木工程建筑业	727	－101	－12.2	811	－78	－8.8
其中：房屋工程建筑	576	－106	－15.5	613	－86	－12.3
土木工程建筑	144	7	5.1	192	8	4.4
其它工程建筑	7	－2	－22.2	6		
建筑安装业	53	－23	－30.3	62	－20	－24.4
建筑装饰业	34	－15	－30.6	38	－10	－20.8
其他建筑业	70	15	27.3	92	24	35.3

在各类建筑事故中，房屋工程建筑事故起数占65.2%，死亡人数占61.1%；土木工程建筑事故起数占16.3%，死亡人数占19.1%；建筑安装业事故起数占6.0%，死亡人数占6.2%；建筑装饰业事故起数占3.8%，死亡人数占3.8%；其他建筑业事故起数占8.7%，死亡人数占9.8%。

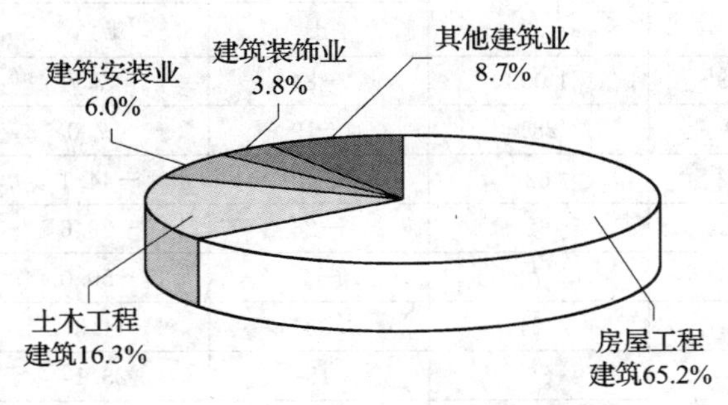

图 1.2.53　各类建筑业事故起数比例图

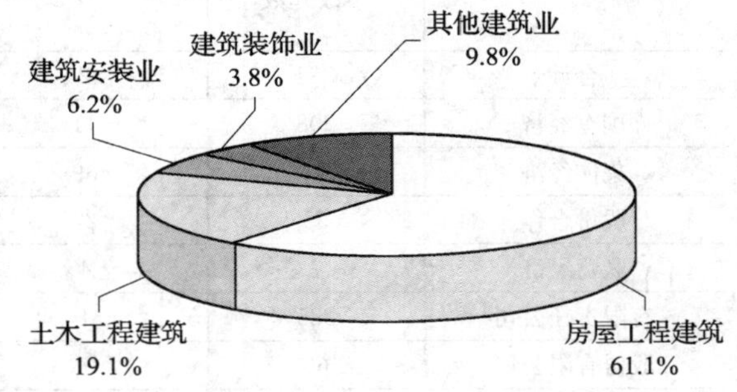

图 1.2.54　各类建筑业事故死亡人数比例图

按行政区划分，全国32个统计单位（省、区、市和新疆兵团）中，有17个单位事故起数和死亡人数同比下降，占53.1%；有11个单位事故起数和死亡人数同比上升，占34.4%。

其中：房屋建筑及市政工程建筑有17个单位死亡人数同比下降，占53.1%；5个单位死亡人数同比持平，占15.6%，分别是天津、内蒙古、宁夏、新疆和新疆兵团；10个单位死亡人数同比上升，占31.3%，分别是吉林、山西、湖南、山东、北京、江苏、陕西、浙江、贵州和辽宁。

表 1.2.40　　2006 年上半年全国建筑业事故分地区情况表

地区	事故起数	同比		死亡人数	同比		地区	事故起数	同比		死亡人数	同比	
		±	±%		±	±%			±	±%		±	±%
合计	884	−124	−12.3	1 003	−84	−7.7	河南	14	−14	−50.0	19	−19	−50.0
北京	48	14	41.2	58	24	70.6	湖北	52	−5	−8.8	67	−4	−5.6
天津	10	−4	−28.6	10	−2	−16.7	湖南	20	3	17.7	27	10	58.8
河北	11	−5	−31.3	20	1	5.3	广东	57	−11	−16.2	56	−13	−18.8
山西	5	1	25.0	13	4	44.4	广西	49	11	29.0	50	9	22.0
内蒙古	17	4	30.8	19	5	35.7	海南	7	2	40.0	7	2	40.0
辽宁	24	−20	−45.5	26	−27	−50.9	四川	49	−15	−23.4	64	−7	−9.9
吉林	18	13	260.0	20	11	122.2	贵州	33	−2	−5.7	43	−6	−12.2
黑龙江	9	−4	−30.8	11	−3	−21.4	云南	47	−4	−7.8	56		
上海	87	−13	−13.0	57	−7	−10.9	西藏	2	−7	−77.8	2	−8	−80.0
江苏	26	−38	−59.4	36	−31	−46.3	重庆	57	−15	−20.8	66	−17	−20.5
浙江	69	19	38.0	79	25	46.3	陕西	23	−3	−11.5	26	3	13.0
安徽	40	−2	−4.8	39	−8	−17.0	甘肃	10	−19	−65.5	10	−28	−73.7
福建	42	10	31.3	43	16	59.3	青海	8	−2	−20.0	8	−8	−50.0
江西	10	−13	−56.5	11	−15	−57.7	宁夏	9	1	12.5	12	3	33.3
山东	18	−5	−21.7	31	4	14.8	新疆	10	−4	−28.6	13	−2	−13.3
							新疆兵团	3	3		4	4	

按经济类型分，国有经济、集体经济、股份合作、联营经济、私营经济、港澳台投资企业和其他经济事故起数和死亡人数同比分别下降，占 70.0%；外商投资企业事故起数和死亡人数同比上升，占 10.0%。

表 1.2.41　　2006 年上半年全国建筑业事故分经济类型情况表

	事故起数	同比		死亡人数	同比	
		±	±%		±	±%
合计	884	−124	−12.3	1 003	−84	−7.7
国有经济	208	−11	−5.0	251	−19	−7.0
集体经济	63	−39	−38.2	62	−49	−44.1
股份合作	55	−27	−32.9	62	−26	−29.6
联营经济	7	−4	−36.4	7	−7	−50.0
有限责任公司	285	−1	−0.4	324	33	11.3
股份有限公司	63			80	15	23.1
私营经济	176	−34	−16.2	190	−17	−8.2
港澳台投资	1	−5	−83.3	1	−9	−90.0
外商投资	7	4	133.3	6	4	200.0
其他经济	19	−7	−26.9	20	−9	−31.0

在各类经济类型企业事故中，有限责任公司起数占 32.2%，死亡人数占 32.3%；国有经济起数占 23.5%，死亡人数占 25.0%；私营经济起数占 19.9%，死亡人数占 18.9%；集体经济起数占 7.1%，死亡人数占 6.2%。

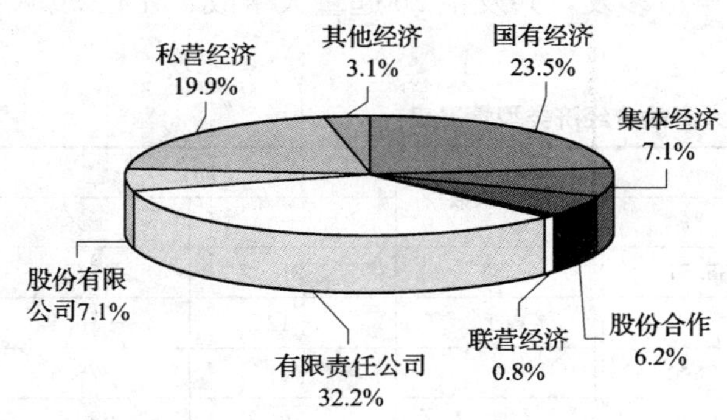

图 1.2.55 分经济类型事故起数比例图

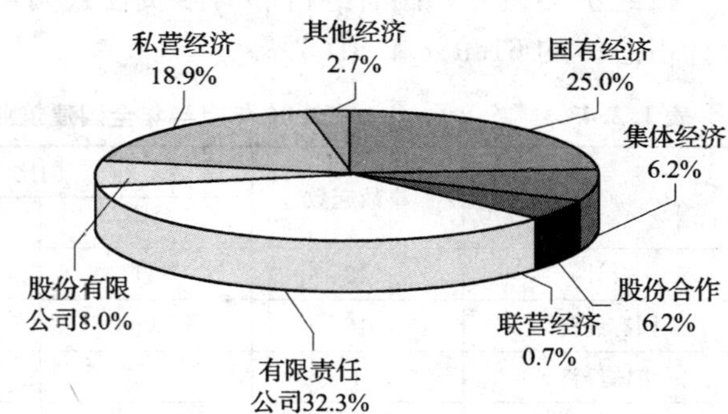

图 1.2.56 分经济类型事故死亡人数比例图

2. 重大事故情况

上半年，全国建筑行业共发生一次死亡 3～9 人重大事故 42 起，死亡 156 人，同比增加 11 起，增加 21 人，分别上升 35.5%和 15.6%。其中：房屋和土木工程建筑业发生重大事故 28 起，死亡 104 人，同比增加 3 起，增加 3 人，分别上升 12.0%和 3.0%；房屋建筑及市政工程建筑发生重大事故 19 起，死亡 73 人，同比增加 8 起，增加 27 人，分别上升 72.7%和 58.7%。

表 1.2.42 2006 年上半年全国各类建筑业重大事故情况表

	事故起数	同比		死亡人数	同比	
		±	±%		±	±%
合计	42	11	35.5	156	21	15.6
房屋和土木工程建筑业	28	3	12.0	104	3	3.0
其中：房屋工程建筑	17	4	30.8	63	11	21.2
土木工程建筑	11	−1	−8.3	41	−8	−16.3
建筑安装业	3	1	50.0	9	−1	−10.0
建筑装饰业	2	1	100.0	11	6	120.0
其他建筑业	9	6	200.0	32	13	68.4

在各类重大建筑事故中，房屋工程建筑事故起数占 40.5%，死亡人数占 40.4%；土木工程建筑事故起数占 26.2%，死亡人数占 26.3%；建筑安装业事故起数占 7.1%，死亡人数占 5.8%；建筑装饰业事故起数占 4.8%，死亡人数占 7.1%。

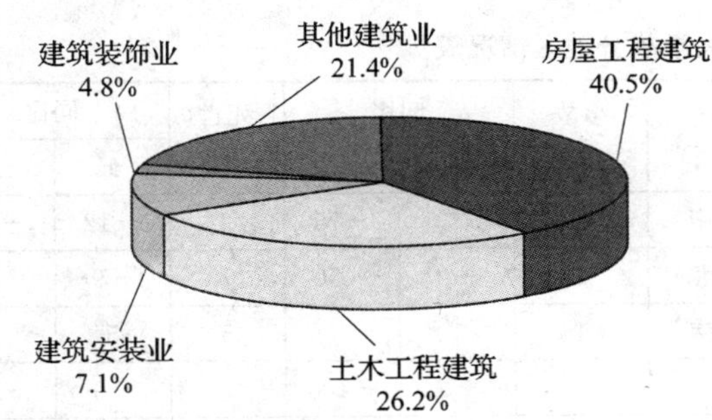

图 1.2.57 各类建筑业重大事故起数比例图

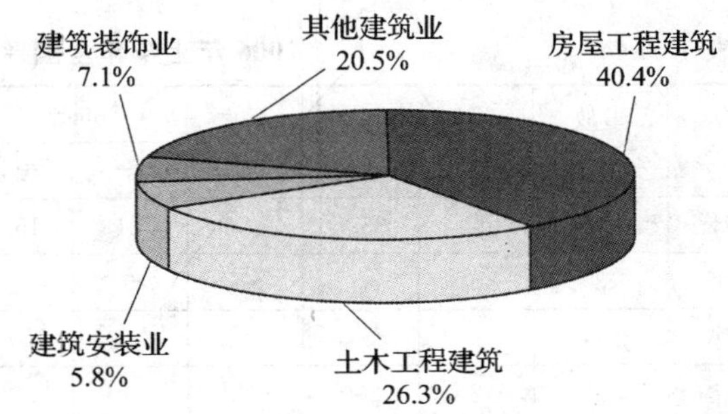

图 1.2.58 各类建筑业重大事故死亡人数比例图

按经济类型分，国有经济和有限责任公司重大事故多发，共发生26起重大事故、死亡96人，合计占总体的61.9%和61.5%。

表1.2.43　　2006年上半年全国建筑业重大事故分经济类型情况表

	事故起数	同比		死亡人数	同比	
		±	±%		±	±%
合计	42	11	35.5	156	21	15.6
国有经济	16			61	−12	−16.4
集体经济	1	−3	−75.0	3	−11	−78.6
股份合作	5	4	400.0	15	12	400.0
联营经济		−1	−100.0		−5	−100.0
有限责任公司	10	7	233.3	35	20	133.3
股份有限公司	4	2	100.0	18	12	200.0
私营经济	6	4	200.0	24	15	166.7
港澳台投资		−1	−100.0		−5	−100.0
外商投资						
其他经济		−1	−100.0		−5	−100.0

在各类经济类型企业重大事故中，事故起数居第一位的是国有经济，占38.1%；死亡人数居第一位的是国有经济，占39.1%。

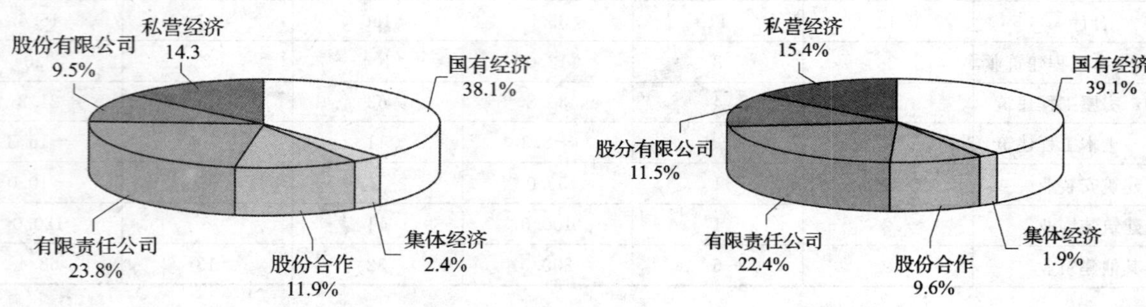

图1.2.59　分经济类型重大事故起数比例图　　　图1.2.60　分经济类型重大事故死亡人数比例图

按行政区划分，在全国32个统计单位（省、区、市和新疆兵团）中，有21个单位发生重大事故，占65.6%，事故单位同比增加3个。

表1.2.44　　2006年上半年全国建筑业重大事故分地区情况表

地区	事故起数	同比		死亡人数	同比		地区	事故起数	同比		死亡人数	同比	
		±	±%		±	±%			±	±%		±	±%
合计	42	11	35.5	156	21	15.6	河南	1	−3	−75	3	−12	−80
北京	3	3		9	9		湖北	2	−2	−50	7	−9	−56.3
天津							湖南	1	1		5	5	
河北	3	2	200	12	9	300	广东		−2	−100		−9	−100
山西	1			8	3	60	广西		−1	−100		−5	−100

续表

地区	事故起数	同比		死亡人数	同比		地区	事故起数	同比		死亡人数	同比	
		±	±%		±	±%			±	±%		±	±%
内蒙古							海南						
辽宁	1	-1	-50	6	-5	-45.5	四川	5	3	150	18	7	63.64
吉林	1			3	-2	-40	贵州	2	-1	-33.3	8	-8	-50
黑龙江	1	1		3	3		云南	3	2	200	12	9	300
上海							西藏		-1	-100		-3	-100
江苏	3	2	200	11	8	266.7	重庆	2	1	100	7		
浙江	3	2	200	9	6	200	陕西	2	2		7	7	
安徽		-2	-100		-6	-100	甘肃		-2	-100		-8	-100
福建	2	2		6	6		青海		-1	-100		-6	-100
江西							宁夏	1	1		3	3	
山东	3	3		13	13		新疆	1	1		3	3	
							新疆兵团	1	1		3	3	

3. 特大事故情况

上半年，全国建筑行业共发生一次死亡10人以上特大事故1起，死亡11人，同比增加1起、11人。

这起事故是：2006年1月21日上午11时左右，在湖北省恩施州利川市团堡乡，由中铁十一局承建的马鹿菁隧道内突然发生透水，导致隧道内11名施工人员溺水死亡。

（五）危险化学品伤亡事故情况

1. 事故总体情况

上半年，全国共发生危险化学品伤亡事故68起，死亡96人，同比减少8起，减少28人，分别下降10.5%和22.6%。

在全国32个统计单位（省、区、市和新疆兵团）中，有20个单位发生事故，占62.5%，同比事故单位减少3个。

表1.2.45　　2006年上半年全国危险化学品事故分地区情况表

地区	事故起数	同比		死亡人数	同比		地区	事故起数	同比		死亡人数	同比	
		±	±%		±	±%			±	±%		±	±%
合计	68	-8	-10.5	96	-28	-22.6	河南	5	4	400.0	5	4	400
北京		-2	-100.0		-3	-100	湖北	10	4	66.7	8	2	33.3
天津							湖南	5	3	150.0	3	-5	-62.5
河北	7	3	75.0	7	-2	-22.2	广东	3	-1	-25.0	5		
山西							广西	1			1	1	
内蒙古	4			4	-1	-20	海南						
辽宁		-10	-100.0		-11	-100	四川		-5	-100.0		-9	-100
吉林		-2	-100.0		-4	-100	贵州	4	3	300.0	6	3	100
黑龙江	2			4	1	33.3	云南	3	-3	-50.0	2	-8	-80
上海		-2	-100.0		-5	-100	西藏						

续表

地区	事故起数	同比		死亡人数	同比		地区	事故起数	同比		死亡人数	同比	
		±	±%		±	±%			±	±%		±	±%
江苏	10	−2	−16.7	11	−7	−38.9	重庆	1	1		1	1	
浙江	5	5		11	11		陕西	1	1		3	3	
安徽	2	1	100.0	2			甘肃	1			4	1	33.3
福建	1			9	8	800	青海						
江西		−2	−100.0		−5	−100	宁夏	1	−3	−75.0	2	−4	−66.7
山东	1	−1	−50.0	8	3	60	新疆	1				−2	−100
							新疆兵团						

2. 重特大事故情况

上半年，全国共发生一次死亡3～9人重大危险化学品事故9起，死亡44人，同比减少4起、8人，分别下降30.8%和15.4%；未发生一次死亡10人以上特大事故。

（六）烟花爆竹伤亡事故情况

1. 事故总体情况

上半年，全国共发生烟花爆竹伤亡事故68起，死亡102人，同比增加23起，减少1人，分别上升51.1%和下降1.0%。

在全国32个统计单位（省、区、市和新疆兵团）中，有16个单位发生事故，占50.0%，同比事故单位持平。

表 1.2.46　　2006年上半年全国烟花爆竹事故分地区情况表

地区	事故起数	同比		死亡人数	同比		地区	事故起数	同比		死亡人数	同比	
		±	±%		±	±%			±	±%		±	±%
合计	68	23	51.1	102	−1	−1.0	河南	6	5	500	12	7	140
北京							湖北	1	−1	−50	1	−1	−50
天津							湖南	20	12	150	26	15	136.4
河北	1	−2	−66.7	5	−4	−44.4	广东	1	−1	−50	2		
山西	1	−1	−50	9	−20	−69	广西	4	2	100	3	1	50
内蒙古							海南	1	1		1	1	
辽宁							四川	4	3	300	4	3	300
吉林							贵州	3	1	50	4	2	100
黑龙江	1	1		2	2		云南	2	1	100	2	2	
上海							西藏						
江苏		−1	−100		−1	−100	重庆	3	−3	−50	4	−8	−66.7
浙江							陕西	4	4		7	7	
安徽	11	1	10	10	−11	−52.4	甘肃						
福建		−1	−100		−1	−100	青海						
江西	5	3	150	10	6	150	宁夏						
山东		−1	−100		−1	−100	新疆						
							新疆兵团						

2. 重特大事故情况

上半年，全国共发生一次死亡 3～9 人重大烟花爆竹事故 8 起，死亡 38 人，同比增加 1 起，增加 4 人，分别上升 14.3%和 11.8%；未发生一次死亡 10 人以上特大事故，同比减少 1 起、26 人。

（七）特种设备伤亡事故情况

上半年，全国共发生各类特种设备事故 92 起，死亡 115 人，受伤 165 人，同比减少 49 起、5 人、1 人，分别下降 35%、4%、1%。

其中：

一次死亡 1～2 人事故 86 起，同比减少 48 起，下降 36%；

一次死亡 3～9 人重大事故 5 起，同比减少 1 起，下降 17%；

一次死亡 10 人以上特大事故 1 起，同比持平。

三、消防安全情况

1. 事故总体情况

上半年，全国共发生火灾事故（不含森林、草原等火灾）129 803 起，死亡 871 人，同比减少 1 311 起，减少 622 人，分别下降 1.0%和 41.7%。

按行政区划分。全国 31 个省（区、市）中，有 20 个单位事故起数和死亡人数同比下降，占 64.5%；有 3 个单位事故起数和死亡人数同比上升，占 9.7%；事故起数同比上升、死亡人数同比下降，占 25.8%。

表 1.2.47　　**2006 年上半年全国火灾事故分地区情况表**

地区	事故起数	同比		死亡人数	同比		地区	事故起数	同比		死亡人数	同比	
		±	±%		±	±%			±	±%		±	±%
合计	129 803	−1 311	−1.0	871	−622	−41.7	河南	3 811	−274	−6.7	5	−32	−86.5
北京	6 811	684	11.2	23	−1	−4.2	湖北	5 764	784	15.7	25	5	25.0
天津	2 777	−58	−2.1	10	−15	−60.0	湖南	2 737	−167	−5.8	37	−43	−53.8
河北	4 040	−389	−8.8	34	−20	−37.0	广东	7 393	−1 320	−15.2	101	−72	−41.6
山西	2 317	317	15.9	8	−29	−78.4	广西	1 478	152	11.5	28	−42	−60.0
内蒙古	3 738	252	7.2	28	6	27.3	海南	776	−216	−21.8	1	13	−92.9
辽宁	14 673	1 657	12.7	62	−29	−31.9	四川	6 337	218	3.6	70	9	14.8
吉林	9 671	−1 335	−12.1	37	−32	−46.4	贵州	1 204	−30	−2.4	20	−40	−66.7
黑龙江	7 156	−393	−5.2	30	−3	−9.1	云南	2 439	−330	−11.9	45	−44	−49.4
上海	2 010	−458	−18.6	32	−11	−25.6	西藏	142	12	9.2	1	−4	−80.0
江苏	9 378	−1 306	−12.2	53	−49	−48.0	重庆	4 027	−4	−0.1	14	−24	−63.2
浙江	3 757	−1 198	−24.2	49	−11	−18.3	陕西	4 134	−207	−4.8	28	−12	−30.0
安徽	4 049	−214	−5.0	24	−37	−60.7	甘肃	1 500	144	10.6	6	−16	−72.7
福建	3 921	13	0.3	50	−10	−16.7	青海	552	32	6.2	2	−6	−75.0
江西	2 036	−157	−7.2	12	−16	−57.1	宁夏	2 016	−8	−0.4	3	−3	−50.0
山东	6 121	−2 761	−31.1	5	−24	−82.8	新疆	3 038	−101	−3.2	28	−13	−31.7

2. 重大事故情况

上半年，全国共发生一次死亡 3～9 人重大火灾事故（不含森林、草原等火灾）事故 33 起，死亡 119 人，同比减少 18 起，减少 74 人，分别下降 35.3％和 38.3％。

按行政区划分。全国 31 个省（区、市）中，有 17 个单位发生重大火灾事故，占 54.8％，同比事故单位减少 2 个。

表 1.2.48　　2006 年上半年全国火灾重大事故分地区情况表

地区	事故起数	同比		死亡人数	同比		地区	事故起数	同比		死亡人数	同比	
		±	±％		±	±％			±	±％		±	±％
合计	33	-18	-35.3	119	-74	-38.3	河南	1	1		3	3	
北京							湖北	1	1		3	3	
天津		-1	-100.0		-7	-100.0	湖南	3	-2	-40.0	10	-7	-41.2
河北	1	-1	-50.0	3	-3	-50.0	广东	5	-5	-50.0	19	-15	-44.1
山西		-2	-100.0		-6	-100.0	广西		-3	-100.0		-9	-100.0
内蒙古							海南		-1	-100.0		-6	-100.0
辽宁	1	-1	-50.0	3	-7	-70.0	四川	1	1		4	4	
吉林	1			5	2	66.7	贵州		-2	-100.0		-7	-100.0
黑龙江	3	1	50.0	9	2	28.6	云南		-4	-100.0		-15	-100.0
上海	1	1		3	3		西藏						
江苏	1	-1	-50.0	4	-2	-33.3	重庆						
浙江	3	1	50.0	15	7	87.5	陕西	2	1	100.0	6	3	100.0
安徽	1	1		3	3		甘肃		-2	-100.0		-9	-100.0
福建	4	1	33.3	16	5	45.5	青海						
江西	3	-1	-25.0	10	-8	-44.4	宁夏						
山东							新疆	1	-1	-50.0	3	-8	-72.7

3. 特大事故情况

上半年，全国共发生一次死亡 10 人以上特大火灾事故 1 起，死亡 13 人，同比减少 2 起，减少 42 人，分别下降 66.7％和 76.4％。

四、道路交通安全情况

1. 事故总体情况

上半年，全国共发生道路交通事故 190 270 起，死亡 41 933 人，同比减少 31 748 起，减少 3 582人，分别下降 14.3％和 7.9％。

按行政区划分，全国 31 个省（区、市）中，有 22 个单位事故起数和死亡人数同比下降，占 71.0％；有 6 个单位事故起数下降、死亡人数同比上升，占 19.4％；有 1 个单位事故起数同比上升、死亡人数同比下降，占 3.2％；有 2 个单位事故起数和死亡人数同比上升，占 6.3％。

表 1.2.49　　2006 年上半年全国道路交通事故分地区情况表

地区	事故起数	同比		死亡人数	同比		地区	事故起数	同比		死亡人数	同比	
		±	±%		±	±%			±	±%		±	±%
合计	190 270	−31 748	−14.3	41 933	−3 582	−7.9	河南	9 194	−3 130	−25.4	1 894	−351	−15.6
北京	2 915	−137	−4.5	588	−46	−7.3	湖北	4 979	526	11.8	1 119	76	7.3
天津	2 472	389	18.7	382	−15	−3.8	湖南	6 556	−777	−10.6	1 798	108	6.4
河北	3 897	−1 278	−24.7	1 611	−135	−7.7	广东	29 019	−6 413	−18.1	4 375	−589	−11.9
山西	5 679	−457	−7.5	1 668	47	2.9	广西	4 696	−802	−14.6	1 557	−150	−8.8
内蒙古	2 954	−1 080	−26.8	770	−160	−17.2	海南	593	−112	−15.9	183	−61	−25.0
辽宁	3 845	−1 531	−28.5	1 103	−213	−16.2	四川	12 205	−2 086	−14.6	1 938	−114	−5.6
吉林	3 607	−840	−18.9	848	−171	−16.8	贵州	1 383	−268	−16.2	643	−109	−14.5
黑龙江	2 876	−428	−13.0	899	1	0.1	云南	3 327	−29	−0.9	1 435	−88	−5.8
上海	3 851	−748	−16.3	574	−62	−9.8	西藏	345	12	3.6	239	55	29.9
江苏	12 537	−1 223	−8.9	3 047	−430	−12.4	重庆	4 758	−635	−11.8	608	−155	−20.3
浙江	18 213	−3 138	−14.7	3 124	7	0.2	陕西	4 839	−1 294	−21.1	1 352	74	5.7
安徽	7 638	−828	−9.8	1 961	−148	−7.0	甘肃	2 295	−388	−14.5	830	63	8.2
福建	11 509	−1 277	−10.0	1 908	−68	−3.4	青海	421	−31	−6.9	294	−50	−14.5
江西	4 239	−303	−6.7	1 039	−110	−9.6	宁夏	1 424	−392	−21.6	297	−97	−24.6
山东	14 956	−2 000	−11.8	2 915	−340	−10.5	新疆	3 048	−1 156	−27.5	923	−337	−26.8

2. 重大事故情况

上半年，全国共发生道路交通一次死亡 3～9 人重大事故 848 起，死亡 3 198 人，同比减少 77 起、减少 225 人，分别下降 8.3%和 6.6%。

按行政区划分，全国 31 个省（区、市）中，有 18 个单位事故起数和死亡人数同比下降，占 58.1%；有 10 个单位事故起数下降和死亡人数同比上升，占 32.3%。

表 1.2.50　　2006 年上半年全国道路交通重大事故分地区情况表

地区	事故起数	同比		死亡人数	同比		地区	事故起数	同比		死亡人数	同比	
		±	±%		±	±%			±	±%		±	±%
合计	848	−77	−8.3	3 198	−225	−6.6	河南	25	−20	−44.4	94	−77	−45.0
北京	7	−3	−30.0	25	−10	−28.6	湖北	29	5	20.8	125	24	23.8
天津	7	2	40.0	26	10	62.5	湖南	35	−17	−32.7	129	−61	−32.1
河北	25	−12	−32.4	90	−39	−30.2	广东	82	2	2.5	297	6	2.1
山西	21	−10	−32.3	81	−30	−27.0	广西	36	−17	−32.1	143	−35	−19.7
内蒙古	28	1	3.7	103	3	3.0	海南	7	−3	−30.0	27	−9	−25.0

续表

地区	事故起数	同比		死亡人数	同比		地区	事故起数	同比		死亡人数	同比	
		±	±%		±	±%			±	±%		±	±%
辽宁	30	11	57.9	70			四川	37	−20	−35.1	134	−78	−36.8
吉林	21	−2	−8.7	81	−2	−2.4	贵州	28	−12	−30.0	98	−75	−43.4
黑龙江	26	−3	−10.3	94	−11	−10.5	云南	59	−1	−1.7	247	30	13.8
上海	4	−3	−42.9	12	−10	−45.5	西藏	12	2	20.0	60	25	71.4
江苏	30	−4	−11.8	109	−24	−18.1	重庆	22	−1	−4.4	79	−5	−6.0
浙江	44	18	69.2	162	64	65.3	陕西	47	22	88.0	177	90	103.5
安徽	39	−4	−9.3	147	−26	−15.0	甘肃	27	8	42.1	105	37	54.4
福建	28	−1	−3.5	115			青海	12	−4	−25.0	44	−7	−13.7
江西	26	−4	−13.3	102	−15	−12.8	宁夏	8	−11	−57.9	30	−41	−57.8
山东	22	2	10.0	97	18	22.8	新疆	24	2	9.1	95	23	31.9

3. 特大事故情况

上半年，全国共发生道路交通一次死亡10人以上特大事故26起，死亡361人，同比增加5起、减少45人，分别上升23.8%和下降11.1%。没有发生一次死亡30人以上特别重大事故，同比减少2起、减少87人。

按行政区划分，全国31个省（区、市）中，有14个单位发生特大事故，同比事故单位持平。

表 1.2.51　2006年上半年全国道路交通特大事故分地区情况表

地区	事故起数	同比		死亡人数	同比		地区	事故起数	同比		死亡人数	同比	
		±	±%		±	±%			±	±%		±	±%
合计	26	5	23.8	361	−45	−11.1	河南						
北京							湖北	3	3		37	37	
天津							湖南	1	1		12	12	
河北							广东	1	−2	−67	10	−41	−80.4
山西		−1	−100		−12	−100	广西	2	2		27	27	
内蒙古							海南						
辽宁							四川	1			12	−14	−53.9
吉林		−1	−100		−12	−100	贵州	2	2		33	33	
黑龙江							云南	7	5	250	101	79	359.1
上海							西藏	2			25	−2	−7.4
江苏		−1	−100		−29	−100	重庆	1			14	−13	−48.2
浙江							陕西	1			10	−3	−23.1

续表

地区	事故起数	同比		死亡人数	同比		地区	事故起数	同比		死亡人数	同比	
		±	±%		±	±%			±	±%		±	±%
安徽							甘肃	1			28	17	154.6
福建	1			10	−19	−65.5	青海	2	1	100	27	−29	−51.8
江西		−4	−100		−75	−100	宁夏						
山东		−1	−100		−16	−100	新疆	1	1		15	15	

五、铁路交通安全情况

1. 事故总体情况

上半年，全国共发生铁路交通伤亡事故 4 657 起，死亡 2 943 人，同比减少 625 起，减少 619 人，分别下降 11.8%和 17.4%。百万机车总走行公里死亡率为 2.18 人。

按行政区划分，全国 31 个省（区、市）中，有 17 个单位事故起数和死亡人数同比下降，占 54.8%；有 4 个单位事故起数和死亡人数同比上升，占 12.9%。

表 1.2.52　　2006 年上半年全国铁路交通事故分地区情况表

地区	事故起数	同比		死亡人数	同比		地区	事故起数	同比		死亡人数	同比	
		±	±%		±	±%			±	±%		±	±%
合计	4657	−625	−11.8	2943	−619	−17.4	河南	295	−69	−19.0	238	−42	−15.0
北京	87	−40	−31.5	63	−36	−36.4	湖北	248	−30	−10.8	185	−32	−14.8
天津	53	16	43.2	39	21	116.7	湖南	501	−192	−27.7	349	−101	−22.4
河北	187	−53	−22.1	144	−29	−16.8	广东	75	−42	−35.9	60	−33	−35.5
山西	108	−34	−23.9	67	−10	−13.0	广西	206	−34	−14.2	140	−41	−22.7
内蒙古	92	−37	−28.7	45	−52	−53.6	海南						
辽宁	266	−87	−24.7	157	−60	−27.7	四川	398	−16	−3.9	217		
吉林	174	−24	−12.1	102	−35	−25.6	贵州	266	75	39.3	106	−6	−5.4
黑龙江	268	3	1.1	97	−73	−42.9	云南	166	39	30.7	51	−6	−10.5
上海	16	−10	−38.5	15			西藏						
江苏	82	−4	−4.7	59	−12	−16.9	重庆	205	69	50.7	91	19	26.4
浙江	65	−40	−38.1	53	−31	−36.9	陕西	155	−1	−0.6	119	3	2.6
安徽	129	−14	−9.8	93	−1	−1.1	甘肃	68	−41	−37.6	48	−26	−35.1
福建	81	1	1.3	48	1	2.1	青海	18	1	5.9	12	1	9.1
江西	246	5	2.1	179	−13	−6.8	宁夏	15	−8	−34.8	7	−6	−46.2
山东	197			136	−15	−9.9	新疆	40	−8	−16.7	23	−4	−14.8

2. 重大事故情况

上半年，全国铁路交通共发生一次死亡3～9人重大事故5起，死亡18人，同比减少3起、减少12人，分别下降37.5%和40.0%。

3. 特大事故情况

上半年，全国没有发生一次死亡10人以上特大铁路交通事故。

六、水上交通安全情况

上半年，全国共发生水上交通事故202起，死亡和失踪152人，同比减少60起、减少73人，分别下降22.9%和32.4%。

其中：一次死亡3～9人重大事故17起，死亡和失踪70人，同比减少9起、减少54人，分别下降34.6%和43.6%。

未发生一次死亡10人以上特大事故。

七、民用航空安全情况

上半年，民航飞行没有发生死亡事故，同比增加1起，减少3人。

八、渔业船舶安全生产情况

上半年，全国共发生渔业船舶水上安全事故（未计内陆水域）223起，死亡（失踪）222人，同比减少84人、减少87人，分别下降27.4%和28.2%。

其中：一次死亡3～9人重大事故27起，死亡（失踪）139人，同比减少4人、减少9人，分别下降12.9%和6.1%。

一次死亡10人以上特大事故1起，死亡（失踪）12人，同比减少4人、减少44人，分别下降80.0%和78.6%。

九、农业机械安全生产情况

上半年，全国共发生农业机械事故412起，死亡141人，同比减少412起、105人，分别下降50.0%、42.7%。

其中，一次死亡3～9人重大事故6起，死亡22人，同比增加3起、增加12人，分别上升100.0%和120.0%；未发生一次死亡10人以上特大事故。

十、下一步安全生产工作的意见和建议

（一）进一步加大煤矿安全监管监察工作力度，深入打好两个攻坚战

今年上半年，全国煤矿事故起数和死亡人数虽然保持下降，但重特大事故仍未得到有效遏制。特别是进入二季度后，重大事故呈阶段性回升。针对这种情况，要进一步加大煤矿安全监管监察工作力度，继续深入打好煤矿整顿关闭和瓦斯治理两个攻坚战。一是要按照《国务院安全生产委员会办公室关于制定煤矿整顿关闭工作三年规划的指导意见》要求，督促各地区尽快落实小煤矿关闭计划，坚决关闭破坏资源、污染环境、高瓦斯、瓦斯突出、水害严重和3万吨以下的小煤矿；二是要加大整顿关闭煤矿的监督检查力度，防止整顿关闭煤矿死灰复燃，确保整顿关闭工作落到实处，取得实效；三是要进一步规范矿井资源整合，防止以资源整合为名逃避整顿关闭；全面落

实瓦斯治理“七项措施”，进一步加强瓦斯治理安全监管监察，督促各地区高瓦斯矿井加大瓦斯抽放力度，低瓦斯矿井尽快安装瓦斯监测监控系统。

(二) 加强道路交通安全监管

针对上半年道路交通特大事故多发的情况，要进一步加强联合执法，加大对道路交通安全综合监管工作力度。一是继续深化“五整顿”、“三加强”工作，加强监督检查，深入开展机动车超速、客车超员“双超”、危险化学品运输安全和无牌无证机动车行驶违法行为专项整治。二是加强道路交通安全源头管理，实施标本兼治。要继续加大对危险路段排查整治力度，研究有效措施，加大资金投入，进一步改善道路通行安全保障水平；开展公路客运车辆集中排查，督促客运企业消除车辆安全隐患，严格客运车辆源头管理。

(三) 加强渔业船舶安全监管

三季度是渔业生产旺季，渔民出海捕捞作业量将激增，渔船碰撞、触礁、搁浅等事故易发，特别是近期“碧利斯”强热带风暴登陆沿海大部分省区以来，给渔业捕捞作业安全带来极大影响。因此，要督促有关部门强化渔业船舶应急预警机制和应急救援预案，落实渔业船舶生产安全责任制，进一步加大安全宣传工作力度，增强渔民安全生产防范意识和安全观念，特别是对重点地区、重点水域和重要作业场所实施重点监管。确保作业渔船的出行安全，严防渔业船舶事故特别是重特大事故的发生。

(四) 加强危险化学品和烟花爆竹安全监管

针对二季度危险化学品和烟花爆竹事故多发的情况，要进一步加大危险化学品、烟花爆竹安全监管力度。一是重点抓好危险化学品道路运输和生产企业的安全整治，对违规运输、生产的企业要坚决责令停产整顿；二是继续深入开展烟花爆竹专项整治工作，以打击非法生产活动为重点，整治超能力、超药量、超定员生产“三超”行为，坚决查处违规使用氯酸钾。进一步推进烟花爆竹生产工厂化、标准化、机械化、科技化、集约化“五化”工作，提升烟花爆竹行业整体安全水平。三是提高危险化学品、烟花爆竹生产、运输等安全准入门槛，逐步淘汰、关闭规模小、工艺落后、安全条件差和污染环境的小企业；四是加强高温雨季危险化学品、烟花爆竹的安全监管，严防危险化学品、烟花爆竹企业在高温雨季违规生产造成重特大事故。

(五) 加强民爆企业安全监管

要认真吸取上半年民爆企业两起特大事故的教训，切实加大对民爆企业安全监管力度，以查处超员、超储、超产、超时为主要内容，对民爆企业进行一次全面彻底的安全检查，加强联合执法，防止民爆企业违规生产、超能力突击生产造成重特大事故。

第二部分

行业安全生产工作概述

全国建筑施工 2005 年安全生产形势报告

2005 年，全国各级建设行政主管部门和建设系统广大干部职工认真贯彻落实党中央、国务院关于安全生产的一系列方针、政策，以科学发展观统领工作全局，紧紧围绕年初制定的安全生产工作目标，全面落实各级安全生产责任制，夯实基础，强化监管，全国建筑施工安全生产形势继续呈现总体稳定好转的趋势。

一、2005 年建筑施工事故总体情况

2005 年，全国建筑业（包括铁道、交通、水利等专业工程）共发生事故 2 288 起、死亡 2 607 人，事故起数和死亡人数分别下降 11.4％和 6.5％（据国家安全生产监督管理总局《全国安全生产各类伤亡事故统计表》）。其中，房屋建筑和市政工程共发生建筑施工事故（以下简称“建筑施工事故”，本分析报告分析对象即为建筑施工事故）1 015 起、死亡 1 193 人，与上年相比，事故起数下降了 11.28％，死亡人数下降了 9.89％；其中共发生建筑施工一次死亡 3 人以上重大事故 43 起、死亡 170 人，未发生一次死亡 10 人以上特大事故，与上年相比，事故起数上升了 2.38％，死亡人数下降了 2.86％。

图 1　2004 年、2005 年建筑施工事故起数比较

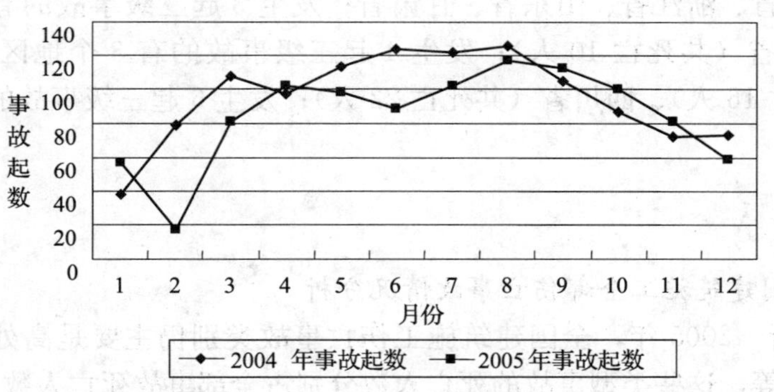

全国有 16 个地区建筑施工事故死亡人数下降，下降幅度超过全国平均值（全国下降平均值为 9.89％）的有 13 个地区。其中下降幅度超过 30％的有 5 个地区：海南省（61.9％）、山西省（50％）、广西区（50％）、河南省（43.55％）、江西省（41.38％）。

有的地区虽然事故起数下降但是死亡人数增加，如北京市事故起数下降了 11.76％，死亡人数却增加了 1.43％，天津市事故起数下降了 37.5％，死亡人数却增加了 5.88％，类似地区还有江苏和青海省。

2005 年，有 9 个地区建筑施工事故起数和死亡人数都比上年同期上升，如吉林省事故起数上升 12.5％，死亡人数上升 5.88％；黑龙江省事故起数上升 28.95％，死亡人数上升 26.09％，类似

图 2　2004 年、2005 年建筑施工事故死亡人数比较

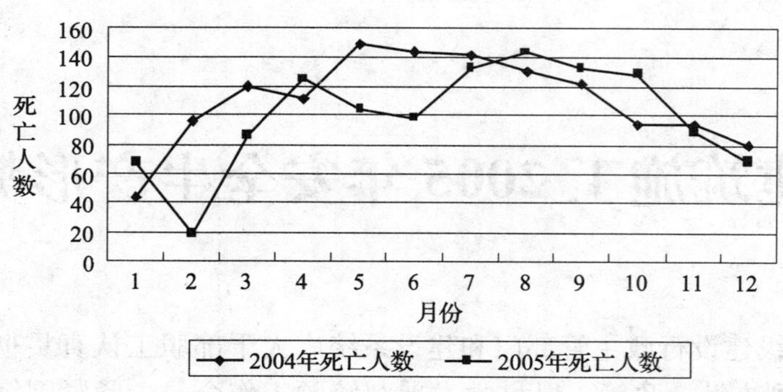

地区还有辽宁、安徽、湖南、四川、云南、陕西省和西藏区。

2005 年，发生建筑施工事故死亡人数最多的 10 个地区，它们分别是广东省（死亡 84 人）、浙江省（死亡 78 人）、江苏省（死亡 77 人）、上海市（死亡 74 人）、四川省（死亡 72 人）、北京市（死亡 71 人）、黑龙江省（死亡 58 人）、辽宁省（死亡 58 人）、云南省（死亡 54 人）、河北省（死亡 50 人）。

2005 年，全国建筑施工事故百亿元产值死亡率为 3.43（人/百亿元，以下同）。全国有 10 个地区建筑施工百亿元产值死亡率低于全国平均水平，分别是山西省（0.63）、山东省（1.41）、浙江省（1.69）、江苏省（1.76）、湖南省（2.38）、天津市（2.48）、江西省（3.13）、河南省（3.31）、湖北省（3.37），其余地区百亿元产值死亡率均比全国平均水平高，其中较高的有甘肃省（15.20）、青海省（14.79）、贵州省（14.59）、海南省（13.45）、黑龙江省（10.13）。

2005 年，全国共有 19 个地区发生了三级事故，其中发生 1 起三级事故的有 7 个地区：北京市、内蒙区、湖北省、湖南省、贵州省、西藏区、陕西省；发生 2 起三级事故的有 6 个地区：天津市、河北省、安徽省、浙江省、山东省、甘肃省；发生 3 起三级事故的有 2 个地区：黑龙江省（共死亡 9 人）、河南省（共死亡 10 人）；发生 4 起三级事故的有 3 个地区：辽宁省（共死亡 17 人）、广东省（共死亡 16 人）、四川省（共死亡 22 人）；发生 6 起三级事故的有 1 个地区：江苏省（共死亡 24 人）。

二、专项分析

（一）2005 年全国建筑施工全部伤亡事故情况分析

1. 事故类别分析　2005 年，全国建筑施工伤亡事故类别仍主要是高处坠落、坍塌、物体打击、机具伤害、触电等，这些类型事故的死亡人数分别占全部事故死亡人数的 45.52%、18.61%、11.82%、5.87%、6.54%，总计占全部事故死亡人数的 88.36%。

2. 事故部位分析　2005 年，在洞口和临边作业发生事故的死亡人数占总数的 19.20%；在各类脚手架上作业发生事故的死亡人数占总数的 12.66%；安装、拆卸塔吊事故死亡人数占总数的 10.06%；安装、拆除龙门架（井字架）物料提升机事故死亡人数占总数的 8.38%。

3. 发生事故工程基本建设程序履行情况分析

（1）履行全部程序的：2005 年在履行程序工程中发生事故 516 起，占事故起数的 50.84%；死亡 566 人，占死亡总人数的 47.44%。

图 3　2005 年各类型事故死亡人数比例图

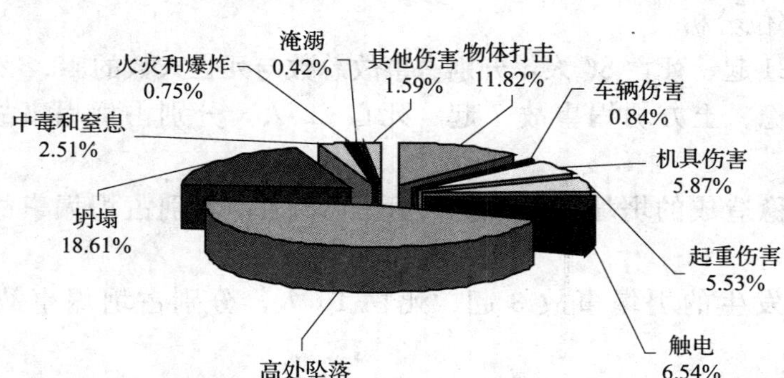

（2）未履行程序的：发生事故 311 起，占事故起数的 30.64%；死亡 403 人，占死亡总人数的 33.78%。

（3）部分履行程序的：发生事故 188 起，占事故起数的 18.52%；死亡 224 人，占死亡总人数的 18.78%。

图 4　2005 年各类型事故发生部位死亡人数比例图

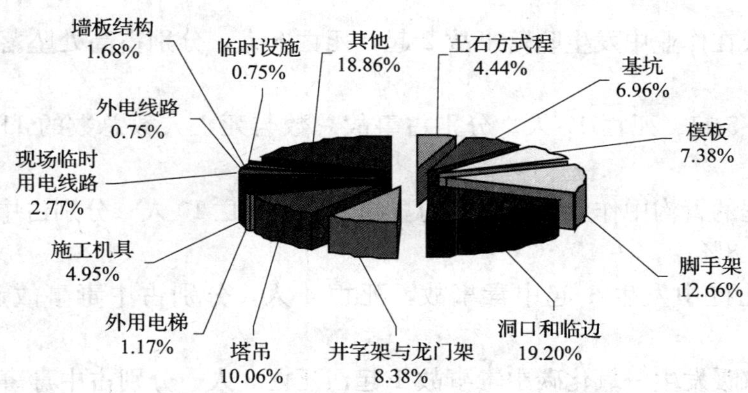

表 1　　2005 年事故涉及工程基本建设程序履行情况

基本建设程序履行情况	事故起数（起）		伤亡人数（人）			
	数量	占总数比例%	死亡	占总数比例%	重伤	占总数比例%
总计	1 015	100%	1 193	100%	152	100%
办理了立项手续	664	65.42%	749	62.78%	82	53.95%
办理了用地许可证手续	639	62.96%	713	59.77%	79	51.97%
办理了规划许可证手续	644	63.45%	719	60.27%	78	51.32%
办理了招标投标手续	619	60.99%	693	58.09%	77	50.66%
办理了施工图审查手续	609	60%	675	56.58%	75	49.34%
办理了施工许可证手续	604	59.51%	669	56.08%	76	50%
办理了质量监督手续	639	62.96%	712	59.68%	76	50%
办理了安全监督手续	622	61.28%	692	58.01%	74	48.68%

（二）2005年全国建筑施工三级以上事故情况分析

1. 事故类型、部位分析

（1）施工坍塌：21起、死亡86人，分别占事故总数与死亡人数的48.8%和50.6%。包括：

——基坑边坡失稳、土方坍塌事故7起、死亡22人，分别占坍塌事故总数和死亡人数的33.3%、25.6%。

——模板支撑失稳造成的坍塌事故4起、死亡18人，分别占坍塌事故总数与死亡人数的19.0%、20.9%。

——拆除工程时发生的坍塌事故3起、死亡15人，分别占坍塌事故总数和死亡人数的14.3%、17.4%。

——大风或暴雨使工地临时宿舍发生的坍塌事故2起、死亡7人，分别占坍塌事故总数和死亡人数的9.5%、8.1%。

——因在建工程质量引起的坍塌事故5起、死亡24人，分别占坍塌事故总数和死亡人数的23.8%、27.9%。

（2）高处坠落：8起、死亡29人。分别占事故总数与死亡人数的18.6%和17.1%。包括：

——塔吊在安装拆除时发生的事故6起，死亡23人，分别占高处坠落事故总数和死亡人数的75%和79.3%。

——吊篮脚手架在作业中发生坠落事故2起，死亡6人，分别占高处坠落事故总数和死亡人数的25%和20.7%。

（3）中毒窒息：5起、死亡17人。分别占事故总数与死亡人数总数的11.6%和10.0%。包括：

——在市政工程的管沟中作业发生中毒的3起事故，死亡10人，分别占中毒事故起数和死亡人数的60.0%和58.8%。

——在人工挖孔桩中发生1起中毒事故，死亡4人，分别占中毒事故起数和死亡人数的20.0%和23.5%。

——工人冬季取暖发生一氧化碳中毒事故1起，死亡3人，分别占中毒事故起数和死亡人数的20.0%和17.6%。

（4）触电：2起、死亡9人。分别占事故总数与死亡人数的4.7%和5.3%。两起事故都是在工地搬运钢制品构件时划破敷设在地面上的临时动力电缆线造成的事故。

（5）机械伤害：2起，死亡9人，分别占事故总数和死亡人数的4.7%和5.3%。两起事故分别发生滑模下降和电梯调试中。

（6）起重伤害：2起，死亡6人，分别占事故总数和死亡人数的4.7%和3.5%。

（7）淹溺：1起、死亡3人。分别占事故总数及死亡人数的2.3%和1.8%。原因是在顶管作业中，雨水漫过围堰并灌入沉井，造成井内施工人员被淹死亡。

（8）车辆伤害：1起，死亡3人，分别占事故总数和死亡人数的2.3%和1.8%。

（9）火灾：1起，死亡8人，分别占事故总数和死亡人数的2.3%和4.7%。

2. 事故发生地区分析

（1）发生在直辖市及省会城市的事故17起，死亡64人，分别占事故总数及死亡人数的39.5%和37.6%。

（2）地级城市事故17起，死亡64人，分别占事故总数及死亡人数的39.5%和37.6%。

(3) 县级城市事故3起，死亡11人，分别占事故总数及死亡人数的7.0%和6.5%。

(4) 乡镇事故6起，死亡31人，分别占事故总数和死亡人数的14.0%和18.2%。

三、2005年建筑安全生产形势特点

（一）建筑安全生产形势总体趋向稳定好转，但三级事故比例有所上升。如前所述。

（二）事故类型仍以“五大伤害”为主。2005年全国的建筑施工事故中，高处坠落、施工坍塌、物体打击、机具伤害和触电事故起数占事故总数的88.36%，其中又以高处坠落事故为主，占事故总数45.52%。

（三）从事故涉及工程履行基本建设程序情况来看，部分履行和未履行程序的工程项目约占一半。2005年，部分履行和未履行基本建设程序工程发生事故的起数占总数的49.16%，死亡人数占总数的52.56%。

（四）部分省市虽然事故起数和死亡人数绝对数较大，但是百亿元产值死亡率控制较好。如江苏省、浙江省等建筑大省，死亡人数都接近80人，但是百亿元产值死亡率均未超过2，反映了随着建筑业规模增大，事故得到一定的控制。

四、事故原因分析

（一）建设行政主管部门安全监管工作有待加强。一是部分地区建设行政主管部门未能深入分析本地区安全生产形势，针对薄弱环节采取的事故防范措施不到位，安全生产工作主动性和预见性差，政府主管部门安全监管存在盲点。二是未能合理组织利用建设系统各种管理资源和充分发挥各个管理层次、环节的整体效能，未能形成安全生产监管的合力。三是部分地区政府主管部门对安全生产违法违规行为和重大事故执法不严、处罚不力，缺乏强有力的手段措施，对有关责任主体的震慑力不够。

（二）建设工程各方主体安全责任未落实到位。一是部分施工企业安全生产主体责任意识不强，重效益、轻安全，安全生产基础工作薄弱，安全生产投入严重不足，安全培训教育流于形式，施工现场管理混乱，安全防护不符合标准要求，“三违”现象时有发生，未能建立起真正有效运转的安全生产保证体系。二是一些建设单位，包括有些政府投资工程的建设单位，未能真正重视和履行法规规定的安全责任，任意压缩合理工期，忽视安全生产管理。三是部分监理单位对应负的安全责任认识不清，对安全生产隐患不能及时作出应有处理，《建设工程安全生产管理条例》规定的安全生产监理责任未能真正落实到位。

（三）保障安全生产的各个环境要素尚需完善。一是一些建设项目不履行法定建设程序，游离于建设行政主管部门的监管范围，企业之间恶性竞争，低价中标，违法分包、非法转包、无资质单位挂靠、以包代管现象突出。二是建筑行业生产力水平偏低，技术装备水平较落后，科技进步在推动建筑安全生产形势好转方面的作用还没有充分体现出来。三是建筑施工安全生产领域的中介机构发展滞后，在政府和企业之间缺少相应的机构和人员提供安全评价、咨询、技术等方面服务。

全国建筑施工2006年上半年安全生产形势报告

一、2006年上半年全国建筑安全生产形势

据初步统计，2006年上半年全国共发生房屋建筑与市政工程建筑施工事故380起、死亡456人，分别比去年降低14.4%和下降8.4%。

其中，全国有17个地区死亡人数下降，分别是江西（－66.7%）、西藏（－66.7%）、四川（－62.5%）、湖北（－59.1%）、甘肃（－53.3%）、海南（－50%）、黑龙江（－46.7%）、广东（－30.2%）、重庆（－25%）、河南（－23.1%）、上海（－21.1%）、河北（－18.8%）、青海（－16.7%）、云南（－15.4%）、广西（－12.5%）、安徽（－10.5%）、福建（－5.9%）。

全国有10个地区死亡人数上升，分别是吉林（366.7%）、山西（166.7%）、湖南（80%）、山东（54.6%）、北京（53.6%）、江苏（40%）、陕西（25%）、浙江（12.5%）、贵州（10%）、辽宁（4.4%）。

全国有5个地区死亡人数持平，分别是天津市、内蒙古区、宁夏区、新疆区、新疆建设兵团。

2006年上半年各事故类型死亡人数所占总数比例分别是：高处坠落占39.5%，施工坍塌占22.6%，物体打击占14.3%，起重伤害占8.1%，触电事故占5.9%，机具伤害占5%，其余类型占4.6%。

2006年上半年全国共发生三级重大事故19起、死亡73人，分别比去年上升72.7%和58.7%。全国共有14个地区发生了三级事故，分别是江苏省（3起、12人）、北京市（3起、9人）、云南省（2起、9人）、山西省（1起、6人）、辽宁省（1起、6人）、山东省（1起、5人）、湖北省（1起、4人）、重庆市（1起、4人）、黑龙江省（1起、3人）、四川省（1起、3人）、浙江省（1起、3人）、河南省（1起、3人）、河北省（1起、3人）、陕西省（1起、3人）。

二、2006年上半年安全工作总结

一是强化了安全生产工作部署。年初制定下发了《建设领域安全生产、综合防灾与应急管理2005年工作总结与2006年工作要点》和《建设部安委会2006年安全工作措施分工意见》，并先后于今年1月26日和4月26日组织召开了建设部2006年第一、二次安全生产委员会全体会议，分别于2月中、下旬召开了各地建设行政主管部门安委会办公室主任会议、全国建筑安全生产第四次联络员会议，对上一年安全生产工作进行了总结，对今年的工作进行了部署和动员。5月24日，与国家安全监管总局联合召开了全国建设安全生产电视电话会议，提出了下一步的安全重点工作。6月8日，召开了部分地区建筑安全生产工作座谈会，从五个方面对加强安全生产工作提出了要求。

二是加强了形势分析和事故预警工作。发布了《2005年建筑施工安全生产形势分析报告》和《2006年第一季度重大事故分析报告》，并针对各地发生事故情况，发出了《关于广东省第一建筑

工程有限公司2005年连续发生四起事故情况的通报》《关于近期重大建筑安全事故情况的通报》《关于对北京市吉广饭店装修人员“1·2”中毒事故的通报》《关于对近期四起重大建筑安全事故的通报》等事故通报，并针对北京“2·21”重大事故，下发了《关于加强建筑施工现场临建宿舍及办公用房管理的通知》。另向北京市、江苏省和云南省发出了《请进一步强化安全生产措施坚决遏制重大事故发生的函》，督促有关地区加大安全工作力度。

三是推进了建筑施工企业安全生产许可工作。出台了《关于严格实施建筑施工企业安全生产许可证制度的若干补充规定》，并下发《关于开展全国建筑施工企业安全生产许可工作专项检查的通知》，在各地自查基础上，3月和5月会同国家安监总局对全国二十个地区安全生产许可制度执行情况进行了督查。与国家安全监管总局联合下发《关于严禁未取得安全生产许可证建筑施工企业从事建筑施工活动的紧急通知》，分别于2月21日和4月14日在建设部网站和中国建设报上公示了各地未取得安全生产许可证企业名单，并建立了全国建筑施工企业安全生产许可证管理信息系统和重大事故企业暂扣安全生产许可证情况季度通报制度，目前大部分地区已将取证企业信息录入信息系统。

四是建立健全安全生产长效机制。建设部制定了企业提取安全费用的调查研究和测算工作方案，就明确房屋与市政工程范围向国务院安委办提交了请示意见并得到国务院安委办的批复，还向全国转发了上海、北京、湖南、南京等地区和城市有关安全生产的工作经验。

五是部署开展了安全质量标准化活动和建筑施工专项整治工作。根据建设部第87次部常务会议部署，确定今年以预防高处坠落为主开展专项整治，下发了《关于开展2006年建筑施工安全专项整治工作的指导意见》，要求地方切实加强组织领导、精心制定实施方案、大力开展宣传活动、严格坚持边查边改，及时加强工作指导。同时，根据《关于开展建筑施工安全质量标准化工作的指导意见》，督促指导各地全面开展安全质量标准化活动，促进施工企业管理标准化、现场标准化和操作标准化。

六是加强农民工职业安全和培训教育工作。按照国发［2006］5号文精神要求，与全国总工会出台了《关于进一步改善农民工作业、生活环境，切实保障农民工职业健康的通知》，积极督促企业贯彻落实《建筑施工现场环境与卫生标准》。组织编写了《建筑工人安全操作知识读本》，开展了向农民工送书活动。还针对建筑施工企业安全管理人员举办了四期重大事故案例分析培训班。

三、下半年工作要点

下半年，各地要认真贯彻落实党中央、国务院领导近期关于安全生产的重要讲话和全国建设安全生产电视电话会议精神，紧紧咬住工作目标，突出工作重点，并在年初制定的工作计划的基础上，重点做好以下几个方面的工作：

（一）全面落实安全生产责任制。一是强化行政首长负责制，各级建设行政主管部门的主要负责人是本地区建设安全工作的第一责任人，必须亲自抓、负总责。二是明确工作目标，完善责任制度，加强对重点地区（上半年事故较多、上升幅度较大的地区）、重点环节（高处坠落和施工坍塌事故）和重点单位（安全生产管理薄弱、事故多发单位）的督促检查，抓紧建立健全安全生产控制指标体系。三是督促企业落实安全生产主体责任，重点是建立健全以企业法定代表人为核心的责任体系。

（二）深入开展建筑施工专项整治。认真贯彻建设部《关于开展建筑施工安全专项整治的指导意见》，完善工作方案，严格按照“四个阶段”完成各项环节，加强领导，务求实效，确保今年整治目标实现，高处坠落事故大幅下降。为推动全国建筑施工安全专项整治工作，建设部将对重点地区建筑施工安全专项整治情况进行调研，召开全国建筑安全生产联络员第五次会议暨专项整治工作现场会，并将各地建筑施工安全专项整治工作部署进展情况作为督查重点之一。

（三）强化安全生产许可证动态管理。一是要继续认真贯彻落实建设部、国家安全监管总局联合通知精神，采取切实有效措施坚决禁止无证企业从事建筑施工活动，坚决将一批不具备安全生产条件的施工企业清出市场。二是要研究制定安全生产许可证动态管理办法，强化对已经取得安全生产许可证企业是否降低安全生产条件的动态监管，依法暂扣发生重大事故企业的安全生产许可证，并认真核查其安全生产条件。同时建立健全建筑施工企业安全生产许可证管理信息系统，实现全国信息共享和动态管理。三是要加大执法力度，对于无安全生产许可证擅自施工且造成重大事故的，不但要严格按照《安全生产许可证条例》处罚有关企业，还要严肃追究业主和有关建设行政主管部门的监管责任。

（四）规范重大事故处理工作，加大行政执法力度。一是进一步规范重大事故调查处理工作，研究制定重大事故处罚实施细则，将对事故责任单位和责任人的处罚制度化、规范化，杜绝执法不力、处罚不严等问题。二是各地要对今年以来发生的重大事故进行梳理，强化与有关部门沟通，按照规定时限及时结案。三是要严格按照“四不放过”原则，对重大事故责任单位和责任人进行严肃处罚，并对重大事故责任单位和责任人处罚的落实情况进行督查。

（五）强化各项经济投入政策的制定和落实。一是要继续贯彻落实《建筑工程安全防护、文明施工措施费用管理规定》，强化对此项费用的监管。尚未出台本地区配套政策的，要加紧完成。二是强化企业提取专项费用的调研、测算工作，尽快制定出台建筑施工企业提取安全费用管理办法。

（六）突出抓好农民工安全培训教育。各地要认真贯彻《国务院关于解决农民工问题的若干意见》，高度重视一线操作人员基本操作技能和安全生产知识的培训，探索实行多种形式的培训方式，提高广大农民工的安全防护意识和素质。同时，要进一步落实建设部和全国总工会联合下发的《关于进一步改善建筑业农民工作业、生活环境切实保障农民工职业健康的通知》，督促企业贯彻执行《建筑施工现场环境与卫生标准》等规范，维护农民工的职业安全卫生权益。

（七）进一步落实监理单位安全责任。一是要督促监理企业认真学习安全生产有关法律法规和技术标准，提高安全监理业务素质。二是要细化监理安全责任，要求监理企业把安全监理内容纳入监理规划，并在审查施工企业相关资格、安全生产保证体系、文明措施费用使用计划、现场防护、安全技术措施，严格检查危险性较大工程作业情况，以及督促施工单位整改事故隐患等方面充分发挥监理企业的监管作用。三是要出台《关于落实建设工程安全生产监理责任的若干意见》，强化对监理企业的监督检查，同时积极支持其按规定履行安全监理职责。

（八）建立建筑施工安全技术、设备和产品公告制度。为推广应用先进适用的安全技术设备和工艺，及时淘汰严重危及安全的落后工艺、设备，将建立建筑施工安全技术、设备和产品公告制度，定期发布推广使用、限制使用和强制淘汰的技术、设备和产品目录。各地要加大推进建筑施工安全生产科技进步步伐，同时要及时总结重特大事故教训，组织修订不适应的安全技术标准，把先进适用的安全技术反映在强制性标准中。施工企业要及时提取安全生产专项费用，购置和更新施工安全防护用具及设施，改善安全生产条件。

全国水上交通2005年～2006年上半年安全生产形势分析报告

一、2005年以来水上交通安全形势概况

2005年以来，在地方各级人民政府的领导下，在各相关部门的支持配合下，经过交通系统广大干部职工的共同努力，在交通运输量大幅度增加，行业持续快速发展的形势下，水上交通安全形势保持了基本稳定。2005年1～12月，全国共发生运输船舶交通事故532起，死亡479人，同比2004年分别下降5.3%、2.0%。2006年1～6月份，全国共发生运输船舶交通事故202起，死亡152人，同比2005年分别下降22.9%、32.4%。

2005年以来水上交通安全形势的主要特点有：

一是水上运输船舶事故下降幅度较大。在目前水运生产力水平没有得到根本提高、水上交通流持续增加、监管手段没有根本改善的情况下，在2005年运输船舶事故总数和死亡人数小幅下降基础上，2006年1～6月份水上运输船舶事故起数和死亡人数下降幅度达到22.9%和32.4%。

二是恶劣天气对航行安全影响明显。2005年3月初一场寒潮大风袭击我国东部沿海几乎所有地区。另外，我国东部沿海的雾季持续时间长。2006年台风登陆我国的时间较往年提前，登陆次数较多，对我国沿海船舶航行造成重大影响。但由于我们按照早准备、早检查、早安排、早落实的“四早”原则，坚持“宁可防而不来，不可来而无防”的防抗台风策略，严格落实责任制，积极采取有效的应对措施，未造成重大损失。

三是重点水域和重点船舶的安全状况有所好转。2006年埃及发生红海客滚船事故后，交通部积极采取措施，加强客滚船安全管理，取得了明显效果，渤海湾客滚船船龄明显降低，渤海湾等重点水域的水上交通安全形势平稳。

四是外贸运输持续增长，由于外轮而导致的事故增多。近年来，我国外贸运输量快速增长，从事外贸运输的外国船舶进出我国海域艘次增加，由此造成外轮在沿海碰撞我船舶事故增多。

五是重大节日和旅游“黄金周”期间等重点时段全国水上交通安全形势平稳，维护了社会稳定的大局。

二、2005年以来开展的主要工作

近年来，交通部认真落实全国安全生产工作会议各项要求，按照“安全第一、预防为主、综合治理”的原则，加强重点水域、重点船舶和重点时段的安全监管，强化企业主体责任和政府监管责任，加大监督检查力度，深化交通安全专项整治，着力构建长效管理机制。

（一）进一步理清部内安全管理职责架构。交通部专门下发文件，明确部内各部门在安全管理方面的职责分工，进一步落实安全管理责任。

（二）借鉴科学管理经验，改善事故多发水域通航环境。针对部分水域通航环境恶劣造成事故

较多的实际情况，在长江主要航段、成山头水域、珠江口水域等实施船舶航行定线制，有效发挥了通航水域的整体功能，船舶航行安全可靠性得到全面提升。

（三）不断创新管理手段，加强“四区一线”重点水域安全管理。针对“四区一线”水域的特点和规律，交通部采取了船舶交通管理系统、船舶自动识别系统、电视监控系统等科技手段进行实时监控，在冬季第一次寒潮大风来临之前部署监管救助力量动态待命，在主要滚装码头配备大型车辆危险品检测设备，严格执行开航适航风级规定，重点水域水上安全监管能力得到全面提高。

（四）深化国际安全管理规则实施，促进航运企业提高安全预控能力。为提高国内航运企业安全管理水平，交通部积极将国际海事组织制订的《国际安全管理规则》国内化，继2003、2004年对沿海航行的客船、油轮、危险品船强制实施《国内安全管理规则》之后，2005年继续深化规则实施，制订了工作方案，将于2007年开始对所有沿海跨省航行船舶实施。

（五）深化水上交通安全专项整治，消除重特大事故隐患。

——经国务院同意，交通部与安全监管总局联合开展了为期两年的渡口渡船安全管理专项整治，截止到2006年6月30日，各地累计检查渡船93 258艘次，检查渡口49 915道次，发现各类隐患19 358项，现已整改完成8 708项，其余正在跟踪整改过程中。从2004年开始，从解决“三农”问题高度出发，从公路专项资金中切块安排农村公路渡口改造，截止目前，已安排资金13亿元，改造农村公路渡口2 906道，实施渡改桥1 116座。

——针对造船和船舶检验中存在的问题，交通部会同国防科工委、农业部和安全监管总局联合开展了低质量船舶专项治理，截止到6月30日，全国共关闭和处理存在严重问题的造船厂（点）229家，正在进行整改的436家，占治理范围总数（976家）的68%。共对6 995艘运输船舶进行了附加检验，未通过的船舶551艘。对9 741艘渔船进行了附加检验，未通过的船舶共646艘。海事部门共对4 754艘次的重点治理船舶进行了安全检查，对存在严重缺陷的261艘低质量船舶实施了禁止离港的行政强制措施。

——针对航行长江船舶船员紧缺、一些不法分子持假证任职，严重影响长江重点水域的安全的突出问题，交通部于2005年第二季度组织开展了长江整治船员持假证上船任职统一执法行动，查处假证2 900本，有效遏制了内河船员持假证上船现象。

——根据《国务院办公厅关于深化安全生产专项整治工作的通知》要求，交通部连续两年开展了船载危险货物安全专项整治活动，2005年共查获瞒报谎报危险货物行为216起，纠正违章10 251次，特别是查处了3起外国籍散化船在我国领海非法排放洗舱水案件，维护了我国海洋环境。2006年开展水上危险品运输“百日会战”期间，共对6 925个集装箱进行开箱检查，查获危险货物瞒报案件120起；对1 321家危险品运输从业单位进行检查，整改310家；对24 105艘小型液货船进行检查，滞留存在缺陷船舶235艘；对2 156座液货码头进行检查，吊销码头经营资质32家。

——继续深化“长三角”地区水上运输反超载整治工作，巩固水上“反超载”整治成果，建立完善水上运输“反超载”长效机制。

（六）采取切实措施，加强客滚船运输安全管理。2006年2月3埃及红海沉船事故发生后，交通部认真吸取教训，研究和部署开展了以下工作：一是组织航运界专家就红海沉船事故进行专题研讨，分析事故原因，提出相应对策并将逐步组织实施。二是在2月底前对全国所有老旧滚装客船和经过改装或改建的滚装客船逐艘进行了一次全面的安全检查，对查出的缺陷及时进行了整改。三是制订下发了与国际标准接轨的《国内航行海船法定检验规则》（2006年修改通报），提高现有船舶技术标准，并对现有船舶按此规则制定了追溯工作方案。四是研究对渤海湾地区交通管理系统（VTS）、船舶自动识别系统（AIS）、电视监控系统（CCTV）等监管信息资源进行整合，拟建立船舶交通信息系统（VTMIS），实现联网应用，提升渤海湾区域水上交通安全监管能力。五是对渤海湾船龄27年以上的老旧客滚船提前强制淘汰。“中鲁”、“顺鲁”、“兴鲁”、“大华”等4艘客滚船提前3年退出运输市场。至此，渤海湾的客滚船平均船龄由25年下降到18年。

（七）进一步落实交通行业中央企业安全管理责任。下发中央企业安全指标考核管理办法，对中央企业安全管理工作进行指标考核，并与交通行业7家中央企业签订了安全管理责任书。要求交通行业中央企业对所属船舶安全管理状况进行一次全面梳理，并按5%比例确定企业安全管理最差的船舶，落实加强监管和改进的措施。每年都于7月份召开了大型交通企业安全工作会议，对大型交通企业安全生产工作进行总结和部署，

（八）进一步加强了应急救助工作。对上一年度年交通系统应急工作进行了全面评估；将重大气象信息及时转发交通系统各单位；做好应急管理中的预警预防工作，切实加强搜救和应急反应。2005年在上海洋山港、2006年在渤海湾分别举行了大型联合搜救演习。部署加强长江干线的救助力量，确保长江干线至少20公里配备一艘船舶在夜间待命值班。

三、水上交通安全工作存在的突出问题

（一）船舶油污染和沉船打捞压力大。我国石油水上运输量大，增长很快，船舶污染隐患突出。但由于种种原因，我国船舶油污染损害赔偿基金征收和使用的管理办法一时还难以出台。另外，我国沉船打捞资金主要来源于船东和保险公司。大部分船舶没有强制保险，一旦发生沉船事故，打捞资金无法解决；参加保险的船舶，由于保险金额低，打捞费用高，且沉船打捞费用不是保险理赔的优先赔偿项（为最后一项），打捞资金也难以从保险费中解决。沉船一般都在重要航路上，由于打捞资金难以落实，致使沉船不能及时打捞，对水上交通安全构成重要影响。因此，急需尽快建立沉船打捞基金。

（二）加强客滚运输安全管理急需政策支持。我国客滚运输船舶大部分是国外上世纪90年代建造的，技术条件较差，运输车辆多为大型改装车，车船不适配，增加了安全风险。埃及“萨垃姆98”沉没事故发生后，我部在加强客滚运输安全管理方面，对现有老旧客滚船按照新的船舶技术规范进行追溯，企业因此造成一定的经济损失。据测算，对渤海湾和琼州海峡Ⅰ、Ⅱ、Ⅲ级客船和内河川江滚装船（共计214艘）进行追溯共需投入资金4.7亿元，需要财政资金对相关客滚船经营人给予一次性补助。

（三）现有条件下加强农村渡运安全管理难度大。近年来，水上交通中死亡30人以上的特大事故，主要是渡船事故或农用船非法载客事故。农村渡运大多在经济欠发达、公路交通不方便、河流较多的地区，多属于义渡或半义渡，难以靠经营来维持。目前，无固定资金渠道来更新改造和维修保养渡口、渡船，仅靠加强管理无法从根本上改善渡运安全状况。渡运作为人民群众出行的一种重要方式，也是公益事业和公共交通。因此，应该出台政策，要求地方政府把渡运作为社会公益事业项目列入财政预算，给予相应的经济补贴，用以改造渡口、更新渡船和培训渡工。

（四）水上交通安全监管和救助设施还不能适应需要。目前我国水上安全监管和救助系统存在着险情预控水平低、恶劣海况下的监管救助能力差、应急反应速度慢、船舶污染防治力量不足等薄弱环节，装备陈旧，技术性能落后，特别是与日本、韩国相比，缺乏实施远程监管与搜救的直升机和大马力船舶。为进一步提高水上安全监管和救助能力，交通部编制了《国家水上交通安全

监管与救助系统建设规划》，国家发改委已组织进行了审查，进一步修改完善后将上报国务院审批，根据规划方案，“十一五”期间需要投资120亿元用于水上交通安全监管和救助设施建设，目前资金缺口60亿元。

四、下一步加强水上交通安全工作的重点措施

（一）加强水上交通安全的规律性研究。对我国过去、现在和今后水上交通安全规律进行系统研究和基本判断，重点把握好“四区一线”（渤海湾、琼州海峡、舟山水域、西南山区河流及长江干线）、“四客一危”（客［渡］船、客滚船、旅游客船、高速客船及危险品运输船）、“四季三节”（春季防雾、夏季防台、秋季防火、冬季防风，“五一”、“十一”和春节防发生群死群伤事故）、“四船一链”（船公司是主体、船舶是基础、船员是重点、船长是关键，四者通过安全管理体系形成安全管理链）等特点和规律性，研究相应监管措施和办法，健全完善水上交通安全管理长效机制。

（二）继续深化水上交通安全专项整治工作。组织开展好渡口渡船安全管理专项整治、低质量船舶专项治理、水上危险品运输整治等，进一步消除事故隐患。

（三）进一步研究提高航运公司准入门槛，提高公司安全管理水平。拟在注册资本、运力规模、管理人员从业资格、强制保险、赔偿能力等方面提高要求，建立与企业资质、安全生产、诚信状况相挂钩的强制退出制度。逐步把所有国内航行船舶纳入《国内安全管理规则》实施范围，制定《航运公司诚信管理办法》。

（四）进一步提高船舶标准。按照温家宝总理“对客船要有更严格的规定”的批示，加大客滚船《06规范》的宣传和实施力度，在对渤海湾客滚船进行追溯的基础上，对琼州海峡和三峡库区的客滚船进行追溯。

（五）加大对乡镇渡口安全投入，改善渡口设施安全状况。把连接农村公路渡口的“撤渡建桥”纳入农村公路建设规划，拨出专项资金予以补助，从根本上改善农村渡口安全设施简陋和老旧问题，同时研究实施渡船更新改造补助方案。

（六）加强调研。主要是对目前农用船、库区及城市园林水域旅游船安全管理体制和责任的问题进行调研。

（七）加强人命搜救。进一步完善水上应急搜救预案，并督促各地区建立水上应急搜救机构，在内河水域推行海事巡航搜救一体化建设。开展重点水域搜救演习。

（八）抓紧水上交通安全立法。针对沿海旅游城市逐渐出现游艇热、管理薄弱的实际，制定《游艇管理规定》。

全国水利2005年～2006年上半年安全生产形势报告

一、水利安全生产工作基本情况

（一）领导重视，强化行业安全监管。水利部高度重视水利安全生产工作，2005年12月以及2006年2月和4月，先后三次召开部安全生产领导小组全体会议，传达贯彻国务院116次常务会议、全国安全生产工作会议和国务院安全生产专题会议精神，分析水利安全生产形势，研究落实安全生产12项治本之策的措施，确定2006年水利系统不发生特大伤亡事故，部直属单位不发生重大伤亡事故，安全生产事故死亡人数比2004年减少3%的目标。2005年调整充实了水利部安全生产领导小组，在新修订的部机关“三定”方案中，进一步明确了有关司局的安全生产机构和安全生产职责任务。2006年成立了水利部水利工程建设质量与安全监督总站，增加了安全生产监督职能，进一步加强了水利工程建设安全监管。许多部直属单位和地方水利行政主管部门及时调整充实了安全生产领导小组或安委会，有的还成立了安全生产专门机构。如吉林省水利厅成立了安全生产监督管理处，配备了3名专职安全管理人员，为安全生产提供了组织保障。各单位积极开展安全生产目标管理考核，层层签订安全生产目标管理责任书，落实安全生产目标责任。

（二）加强安全生产建章立制，落实安全责任。水利部认真抓好安全生产责任制的落实和安全生产规章制度、技术标准建设，颁布实施了《水利建设工程安全生产管理规定》《水利工程建设重大质量与安全事故应急预案》《关于加强农村水电安全生产监察管理工作的指导意见》。正在制定、修订《水库大坝安全管理条例》《水利工程质量与安全监督管理规定》《水利工程建设安全生产监督工作导则》等法规制度和《水利水电建筑安装安全技术工作规程》《水利水电工程劳动安全与工业卫生设计规范》等安全技术标准。通过制度建设，逐步实现水利安全生产制度化、标准化管理。

（三）加强水利建设工程安全监管，开展专项整治和检查。为加强水利建设工程安全管理，2005年9月在新疆召开了全国水利建设工程质量、安全与稽查工作会议，建立了安全生产联络员制度，印发了《关于建立水利建设工程安全生产条件市场准入制度的通知》，明确在水利工程建设中建立安全生产条件市场准入制度。2006年4月根据国务院安全生产委员会办公室部署，印发了《关于开展2006年水利工程建设安全生产专项整治工作的通知》，在全国水利系统组织开展以防止坍塌、坠落等事故为重点的安全生产专项整治工作。2006年5～6月组织了3个检查组，分别对在建治淮工程和湖南、四川、山西、甘肃、宁夏五省（区）的皂市水利枢纽、紫坪铺水利枢纽、沙坡头水利枢纽等14个水利工程项目安全生产专项整治工作进行检查，确保工程安全度汛和施工安全。

（四）加大安全投入，做好安全生产基础工作。

1. 继续推进病险水库除险加固工作，做好水库安全管理。2005年共安排37亿元用于病险水库除险加固，其中，中央投资20亿元，安排了132座病险水库的除险加固建设。2005年7月份下发了《关于开展全国病险水库除险加固第一批中央补助项目检查评估工作的通知》，对1998年以来实施的1 346座病险水库除险加固项目进行全面的检查、总结和评价，并启动了第二批中央补助病险水库除险加固项目。2006年4月印发《关于加强水库安全管理工作的通知》，全面落实水库大坝安全管理责任，逐库明确责任人，确保水库安全运行。

2. 认真做好水利工程项目安全设施“三同时”工作。根据国务院安委会《关于做好2004年国家重点建设项目安全设施“三同时”工作的通知》精神，水利部积极推动国家重点建设水利项目安全设施“三同时”工作。尼尔基、紫坪铺水利枢纽开展了安全评价工作，百色水利枢纽工程将安全设施列入设计范围与主体工程同时施工，同步投入使用，为工程安全运行提供了保证。中水新华国际工程咨询公司等12个单位被国家安监总局批准具备水利水电行业建设项目安全预评价资质，丹江口职工大学取得了国家安监总局安全生产培训二级资质。

3. 开展“四无”水电站的清理和检查。近几年一些地方农村水电行业管理职能削弱，机构不健全，农村水电无序开发现象十分突出，出现了一些无立项、无设计、无验收、无管理的“四无”水电站。这些“四无”水电站，有的违反了流域综合利用规划和河流水能开发规划，造成资源严重浪费；有的结构设计存在严重安全隐患；有的施工质量很差，属于豆腐渣工程；有的侵占行洪河道，严重影响防洪安全，成为威胁人民群众生命财产安全的重大隐患。水利部在全国范围内开展农村水电安全生产大检查，对“四无”水电站进行拉网式清理和检查，对清查出的3 000多座“四无”水电站，在进行安全鉴定的基础上，通过责令关闭拆除、限期整改、严格验收等措施，进一步加强水能资源管理和农村水电建设管理，落实责任，消除“四无”水电站安全隐患。

*（五）开展“安全生产月”活动，传播安全文化。*每年6月，水利部在全国水利系统部署开展“安全生产月”活动。利用多种宣传手段，广泛宣传安全生产。2005年和2006年“安全生产月”期间，开展了“生命之歌”大家唱活动，组织文艺巡回演出，深入流域机构和小浪底、南水北调、治淮等重点水利工程建设工地，演唱、教唱安全歌曲，传播安全文化，向水利基层单位发送“生命之歌”歌曲专集500多套，营造了浓厚的安全文化氛围。2005年，水利部获得了国家安监总局颁发的“生命之歌”大家唱活动优秀组织奖。同时，加大安全培训力度，2年来举办多期水利施工、车辆交通、应急管理、水库大坝安全监测和评价等培训班，培训各级安全管理人员5 000多人，通过培训，提高了水利干部职工的安全素质。

二、水利安全生产工作存在的主要问题和薄弱环节

2005年～2006年，水利安全生产工作取得了很大成效，安全生产形势平稳，重特大事故得到控制，伤亡事故稳中有降。但是，水利安全生产工作发展不平衡，地县水利单位安全管理工作比较薄弱，重大伤亡事故仍有发生。随着水利改革的深入，行业安全管理也出现了一些新问题，存在安全管理的“死角”。水利安全生产工作存在的主要问题是：

*（一）少数领导对安全生产工作重视不够，安全管理薄弱。*有的领导仍有“重生产建设，轻安全生产”的思想，存在麻痹思想和侥幸心理，对安全生产工作重视不够，安全工作被动应付，管理薄弱。有的单位安全责任制不落实，安全制度不健全，安全规章制度执行不力，缺乏有效的安全生产激励和制约机制。有的单位在机构改革中撤并安全机构，精简安全人员，安全干部兼职过多，削弱了安全工作。水利基层单位的安全基础工作比较薄弱，有的单位实行承包、租赁经营后，以包代管，安全生产失管失控。

*（二）行业安全生产监管工作不到位。*随着水利改革的不断深入，水利工程管理体制改革、水

利投资体制和产权制度改革力度加大，水利安全生产工作面临诸多新情况、新问题，延续多年的行政管理模式，不能全方位实施有效的行业监管和预防事故。一些地方农村水电行业管理职能削弱，机构不健全，农村水电无序开发现象突出，小型农村水利水电工程建设和运行缺少安全监管，安全管理弱，事故隐患多。水利综合经营企业迅速发展，涉足行业越来越多，存在不少安全管理“盲区”。安全规章制度和技术标准建设滞后，与依法监管的要求不相适应。近年政府机构改革，一些地方行业安全管理有削弱的趋势，水利系统安全管理队伍素质偏低，管理水平不高。

（三）安全投入不足，安全管理和技术措施经费不落实。一些单位不能正确处理安全与生产、安全与效益的关系，不重视安全投入，必要的安全经费不能保证。有的单位日常安全管理和安全宣传教育经费不足，一些水利设施、设备年久老化失修，更新改造和隐患整改资金缺少，事故隐患多。目前，水利工程概算中没有安全管理和安全措施费用，安全监管工作和安全技术措施难以落实。

（四）水利施工和车辆交通事故突出。水利工程建设实行“三制”后，水利建设工程监管工作的部门规章不配套，施工现场安全生产监管力量不足，缺乏有效的管理措施和手段，参建各方对施工安全管理工作重视不够。水利施工大量使用农民工，民工安全素质低，又缺少必要的安全教育和岗位培训，违章作业造成事故较多。水利工作点多、线长、面广，一些单位车辆安全管理和驾驶员安全教育薄弱，超速超载，疲劳驾驶。非职业司机驾驶经验不足，长途驾车，违章驾驶，单位缺乏有效的安全管理和教育措施，导致发生交通事故。

三、进一步加强水利安全生产工作的具体措施

（一）落实责任，切实加强行业安全生产监管工作。水利安全生产工作要认真贯彻全国安全生产工作会议精神，以科学发展观统领全局，坚持以人为本，安全发展和标本兼治、重在治本的方针，进一步强化行业安全生产监督管理，充分发挥水利部安全生产领导小组指导、协调、督促水利行业安全生产工作的作用，在搞好部直属单位安全生产工作的同时，加强对地方水利安全生产工作的指导协调和督促检查，进一步改善和加强水利行业安全生产工作。落实企事业单位安全生产主体责任，保持水利安全生产平稳态势，努力实现 2006 年水利系统不发生特大伤亡事故、部直属单位不发生重大伤亡事故、安全事故死亡人数比 2005 年减少 3%的目标。

（二）加快安全生产建章立制，逐步形成制度体系。加快水利行业安全生产管理制度体系建设，抓紧出台《水利工程质量与安全监督管理规定》《关于加强水利安全生产监督管理的意见》《水利工程建设安全生产监督工作导则》，完成《水库大坝安全管理条例》修订工作。制定、修订《水利水电建筑安装安全技术工作规程》《水利水电起重机械安全规程》《混凝土大坝安全监测技术规范》《水利水电工程劳动安全与工业卫生设计规范》《水工钢闸门和启闭机安全检测技术规程》等安全技术标准。

（三）加大安全投入，抓好安全生产基础工作。一是增加水利安全生产投入，加大水利安全生产科技开发力度，注重水利生产设备和工艺的更新改造，提高防汛抢险、水利工程建设、水文测验、工程勘测、水利科学实验、农田水利基本建设、农村水电的机械化、自动化水平，增强安全防御能力，降低岗位危险程度和劳动强度，不断改善水利职工的劳动条件和生产作业环境。二是继续把病险水库除险加固作为加强水库安全管理的重点工作，切实加强第二批病险水库除险加固工程建设管理工作。认真贯彻落实《关于加强小型水库安全管理工作的意见》，明确水库安全责任主体，加强安全检查，规范管理工作，严格水库管理人员持证上岗，确保工程运行安全。三是加

强农村水电企业安全管理，确保农村水电工程建设和运行安全。继续抓好无规划、无审查、无设计、无验收的“四无”水电站清理、整改和验收工作。建立农村水电站分类管理制度，保证技术改造资金投入，加快农村水电技术现代化建设步伐，提高设备自动化水平，加大农村水电设备市场准入和设备产品的认证，完善农村水电安全管理和监察制度。四是根据国务院颁布的《国家生产安全事故灾难应急预案》，研究建立水利行业安全事故应急救援体系，督促重点单位制定应急救援预案，提高应对水利重特大安全事故快速反应和抢险救援能力，减少人员伤亡和事故损失规范事故报告要求和程序，严肃责任事故查处和责任追究。

（四）深入开展安全生产专项整治和隐患排查。在督促各流域机构、各级地方水利（水务）行政主管部门成立水利工程建设质量与安全监督分站、中心站的基础上，进一步加强水利工程建设安全监管，认真执行水利水电施工企业安全生产许可证制度，建立水利工程建设安全事故应急机制。深入开展水利建设工程安全生产专项整治，按照整治工作方案，以地下工程、基础开挖、爆破作业、高处作业和高边坡等为重点，防止坍塌坠落等事故。组织开展水利工程建设安全生产检查和安全文明工地评选表彰活动，抓好国家重点水利项目建设的安全管理和安全设施“三同时”工作，完善水利工程建设安全生产联络员制度，召开联络员会议。

组织开展水利工程建设和运行、防汛抗旱、农村水电、水文测验、水利科研实验、农村水利、水土保持、水利旅游、后勤服务等领域安全生产专项检查和隐患排查。根据不同节日特点，在重大节假日前开展安全生产专项检查，及时消除事故隐患，防止发生安全事故。

（五）加强安全宣传教育和培训，提高职工安全意识。广泛开展安全生产宣传教育，树立安全发展的理念，倡导安全文化，促进安全生产与水利的同步协调发展。利用多种宣传手段，广泛宣传和认真贯彻落实安全生产法律法规和规章制度，让广大水利干部职工知法、懂法、守法。加大安全培训力度，继续开展对施工企业主要负责人、项目负责人和专职安全生产管理人员的培训考核，办好水利安全事故应急与救援、水利施工、车辆交通安全、电力安全监察培训班，重点加强各级安全管理人员、车船驾驶人员、特种作业人员、防汛抢险人员和民工的安全教育，杜绝违章行为，提高干部职工的安全素质和自我保护能力。

全国农业2005年～2006年上半年安全生产形势报告

一、事故情况

（一）农机事故的基本情况。

1. 2005年农机安全生产形势平稳，事故有所下降。全年共发生农机事故2 936起，造成636人死亡、1 936人受伤，直接经济损失1 541.95万元。与2004年相比，事故起数、死亡人数、受伤人数分别下降41.82%、55.55%、36.97%；直接经济损失上升了10.51%。全国共发生一次死亡3人以上的重、特大农机事故4起，造成12人死亡、23人受伤，与上年同期相比，分别下降55.55%、82.6%、4.16%。在以上农机事故中：拖拉机事故2 697起，造成568人死亡、1 855人受伤，与上年同期相比分别下降25.82%、41.21%、4.72%。联合收割机事故67起，下降50.37%，造成18人死亡，上升50%，20人受伤，下降44.44%。其他农业机械事故172起，造成56人死亡，83人受伤。

2005年农机事故主要原因有：一是机件失灵和设施不全。发生事故182起，死亡84人，受伤96人，分别占总数的6.19%、13.2%、4.95%。二是超速超载。发生事故261起，死亡54人，受伤107人，分别占总数的8.88%、8.49%、5.52%。三是无证驾驶。发生事故353起，死亡131人，受伤129人，分别占总数的12.02%、20.59%、6.66%。四是操作失误。发生事故399起，死亡114人，受伤168人，分别占总数的13.58%、17.92%，8.67%。因其他原因发生事故1 741起，死亡253人，受伤1 436人，占总数的59.29%、39.77%、74.17%。

2. 2006年上半年等级公路以外的农机事故发生412起，死亡141人，受伤296人，比去年同期分别下降50%、57.3%和56.9%。其中，重、特大事故6起，死亡22人，与去年同期相比，重、特大事故起数增加3起，死亡人数增加12人。

（二）渔业船舶事故基本情况。2005年全国共发生渔业船舶水上安全事故728起，死亡（失踪）609人，直接经济损失达9 440万元，比2004年各增加6.7%、6.8%和18.5%。2005年渔业船舶水上事故主要呈现两个方面特点：一是事故高发期增多，受气候影响明显。2005年事故的高发期明显增多，高发周期相应变短。4月、8月、10月和12月前后为4个事故高发期，相比于2004年的4月和10月前后增加了2个高发期，其周期也相应缩短。2005年的4月、8月和10月前后为台风多发期，台风数量多、强度大、发生频繁，渔业船舶风灾事故明显增多。这其间共发生风灾事故93起，死亡（失踪）67人，分别占全年风灾事故总起数和由此造成死亡（失踪）人数的59%和52%。10月份发生事故109起，创2002年来单月事故数最高纪录；12月前后进入冬汛期，寒潮给近海海域带来多年罕遇的大风和暴雪天气，各类渔业船舶水上事故频繁发生，仅重大事故就发生10起，特大事故1起，共造成77人死亡（失踪）。二是重、特大事故发生频繁。2005年共发生渔业船舶水上安全特大事故9起、死亡（失踪）98人，比2004年分别增加5起和49人。其中，因风灾引起的4起，因碰撞引起的2起；发生重大事故64起、死亡（失踪）245人，比

2004 年分别增加 13 起和 32 人。其中，因风灾引起的 31 起，因碰撞引起的 18 起，各占重大事故总数的 48%和 28%。

2006 年上半年渔业船舶累计发生水上安全事故 223 起，死亡（失踪）222 人，比去年同期分别下降 27.4%和 28.2%。其中，发生重、特大事故 29 起，死亡（失踪）161 人，比去年同期分别下降 17.1%和 17.4%。

二、存在的问题

（一）部分行业安全生产监管体制不顺。在农机监理方面，《道路交通安全法》规定，农机监理部门只负责拖拉机和驾驶员的登记和牌证发放，没有上路检查和处罚职能，而现行的监理职能又要求农机监理机构对农机安全生产和事故处理负责，导致农机监理权责不统一。在农药安全管理方面，农业部负责农药登记、使用和市场监管工作，发改委负责农药生产管理，技术监督、工商部门负责生产许可和市场监管等，由于多头管理，造成职责不清。在乡镇企业安全监管方面，一些保留乡镇企业安全生产管理职能的地方在工作中，只能配合安全生产监管部门开展工作，对企业存在的安全隐患，只有建议权，没有处罚权，难以保证工作效果。

（二）农业安全生产监管力量普遍不足。如渔业方面，目前渔业行业具体负责生产安全的渔港监督机构仅 250 个，管理人员 3 361 人，而我国现有渔港 1 839 个（其中沿海渔港 1 484 个，内河渔港 355 个），机动渔船约 48 万艘（其中海上渔船有近 30 万艘，内陆有近 18 万艘），现有的监管力量难以对所有的渔港、渔船进行安全监管。在乡镇企业方面，县以下乡镇企业管理职能基本上由经委承担，大部分乡镇已经取消乡镇企业管理部门，乡镇企业安全生产监管乏力。在农垦方面，目前除黑龙江垦区设有专门的安全生产监督管理部门外，大部分垦区没有专门的机构和人员负责安全生产工作。在草原防火方面，很多地方还没有专业扑火队伍，主要依靠县、乡两级畜牧干部和乡村基干民兵，一旦发生火情，需要现场组织群众扑救，费时、费力，而且战斗力弱，往往小火酿成大灾。

（三）农业安全生产投入严重不足。主要表现为两个方面：一是安全生产监管工作经费不能保证。如：地市以下有三分之二以上的农机监理机构经费是自收自支或少量财政补贴，工作经费十分困难，甚至有的地方还要对农机监理部门征收调节基金，有的征收比例高达 48%；2002 年取消乡镇企业管理费后，一些地方没有把乡镇企业行政管理部门所需经费纳入财政预算，乡镇企业安全监管工作经费无着落；草原防扑火补助、草原火情监测等方面也均没有专项资金。二是安全保障设施建设投入不足，欠账太多，难以满足安全生产需要。如：渔港安全设施陈旧落后，渔业航标建设、维护停滞，航标损坏严重，部分已失去助航导航作用，导致渔船触礁、搁浅事故时有发生；地方用于安全检查执法的舰艇残旧、适应性差，大多数 5 级风以上就不能出海执勤，更难胜任海上救助任务。一些农垦企业由于经济困难，无力进行安全生产设施改造，很多该淘汰的设备、破旧的厂房和老化的线（管）路仍在使用，安全隐患较多。草原防火物资库（中心）、草原防火站和边境草原防火隔离带建设严重滞后，目前仅建有 31 个草原防火物资库，边境草原防火隔离带建设长度远不能满足实际防火的需要。基层农机监理部门的检测手段落后，多数都没有配备拖拉机自动化检测设施，对拖拉机的检测主要还是靠听、看等人工操作，凭技术经验判断，而且检测结果人为影响因素较大。一些省市存在畜产品质量监测机构缺乏监测仪器、县级畜禽疫病防治机构化验室设备陈旧等问题。

（四）事故应急预案和救助机制尚不完善，尤其是渔业水上安全救助没有保证。长期以来，渔业水上交通和生产安全事故的救助工作主要以渔船自救互救为主。近年来，由于渔船自救互救的组织难度加大、参与救助渔船自身遭受经济损失以及救助手段落后等因素，渔船救助工作的难度越来越大。一旦发生事故，很难组织开展及时有效的救捞工作。

（五）农业安全生产基础工作仍较薄弱。一是有些地方政府和部门对农业安全生产工作重要性认识不足，管理不到位，服务不到位，宣传不到位。二是山区道路危险点（段）较多，乡村道路投入少，路况差，农机事故隐患多。三是一些从业人员安全意识不强，法律观念淡薄等。

三、下一步措施

一是督促指导各地农业部门按照农业部通知要求，将各项安全措施落到实处。要求各地农业部门高度重视，加强领导，强化措施，落实责任，以高度负责的精神和求真务实的作风，切实负起责任，认真履行监管职责，扎扎实实做好农业安全生产工作，努力避免和减少安全事故。

二是全面落实安全生产责任制度。明确各级农业部门和单位“一把手”为本部门、本单位安全生产工作的第一责任人，分管领导为主要责任人，具体工作人员为直接责任人，并把各项安全责任分解细化，落实到每个职能部门和每个人头上。

三是加强对事故多发区域、重点环节、重要设施、有毒有害物资的监控和管理。进一步加大对拖拉机违章超载、非法载客、疲劳驾驶操作以及无牌行驶、无证驾驶等行为的查处力度。在事故多发渔区开展渔船安全生产定点监管和整治，严肃查处“三无渔船”和“三证不齐渔船”。加强对垦区公众聚集场所、旅游景点、道路交通、建筑施工场所、防火防爆重点部位的安全管理，防止发生群死群伤事故。加强草原防火监测预报工作，加大火源巡查力度。

四是认真开展安全生产检查，排查整改事故隐患。组织检查人员深入生产、科研、管理一线，对重点单位、重点场所、重点部位和重点环节等开展全面、深入、彻底的安全大检查。对检查中发现的事故隐患立即整改，短时间内难以整改到位的，进行建档登记，实行动态监控，确保安全工作不留死角。

五是加强安全生产宣传教育，不断健全农业安全生产规章制度，努力夯实安全工作基础。积极开展安全生产教育培训和宣传服务活动，增强从业人员安全生产意识，营造安全和谐的社会氛围。加强农业安全生产规章制度建设，积极争取投入，不断夯实农业安全生产基础。

六是认真做好重点时期的农业安全生产工作。切实加强对“十一”、元旦、春节以及秋冬种等时节的农业安全生产监管，合理引导，防止农业生产事故反弹。

七是建立健全应急反应机制，加强值班，及时报送事故情况。结合当前农业生产实际，进一步完善农业安全生产应急预案，不断提高应对和处置突发安全事故的能力。严格落实值班安排和事故报告制度。

全国特种设备2005年安全生产形势报告

一、特种设备在用数量及安全状况

特种设备与国民经济建设和人民群众生活密切相关。截至2005年底，全国在用特种设备共3 762 578台（套、辆），其中，锅炉553 828台，压力容器1 523 023台，氧舱3 347台、移动式压力容器16 254台、电梯651 794台，起重机械710 340台，客运索道821条，游乐设施15 868台（套），场（厂）内机动车辆287 303辆。全国另有气瓶1.30亿只，压力管道82.50万公里。与2004年相比，全国特种设备增长率为8.4%。

2005年全国特种设备安全状况总体呈平稳态势，全年共发生严重以上事故274起，其中，特大事故1起，重大事故18起，严重事故255起。死亡301人，受伤293人。直接经济损失6 964.69万元。年万台设备事故起数为0.87，万台设备死亡人数为0.97。与2004年相比，特种设备事故总起数减少7%，死亡人数增加1%，受伤人数减少31%，直接经济损失增加53%，在设备总量快速增长的情况下，万台设备事故起数继续保持下降趋势。按事故发生的原因分析，2005年274起特种设备事故中，使用不当及违章操作占44%，设备本身质量问题占20%，超期未检或者未按规定检验占16%，安全附件及安全装置损坏失效占10%，气瓶混装占6%，尚未调查结案或其他原因的占4%。特种设备安全状况继续保持了稳中有降的平稳态势。

二、2005年特种设备安全监察工作实施情况

（一）完善法制建设，进一步夯实依法行政的基础。为适应依法行政的需要，国家质检总局加快构建特种设备法规标准体系，启动了《特种设备安全监察条例》的修订工作，组织起草了3件规章、38个安全技术规范、63个相关国家标准和行业标准，其中已颁布安全技术规范10个。各级质检部门加大现场安全监察和行政执法工作力度，组织开展了节日和重大活动特种设备安全检查，全国共对特种设备生产单位、使用单位和检验机构进行监督检查223.87万次，责令企业整改共41.48万次，占检查总数的18.5%，整治、取缔了一大批设备安全隐患。全国大力开展特种设备安全法制宣传活动，2005年“六一”前夕国家质检总局向社会公布了全国客运索道、游乐设施安全监督抽查结果和“十佳安全运营索道”，曝光了一批存在安全隐患的使用单位，各地质检部门组织有关企业和行业协会开展了形式多样的社会化宣传活动，在城市社区和乡村集镇普及特种设备安全使用常识，利用报纸、电视、广播、网络等多种媒体宣传特种设备安全知识，全社会特种设备安全法制意识得到增强。

（二）坚持从源头抓安全质量，严把特种设备安全准入关。2005年全国共颁发特种设备生产（设计、制造、安装、改造、维修）许可证5 316个，获得许可的特种设备生产企业数量累计达到2.82万家。依法开展制造、安装过程监督检验的固定式设备数量达179.63万台，气瓶1 552.33万只，压力管道7.52万公里，固定式设备中发现并消除安全质量问题和违法违规行为达17.49万

次，问题检出率为944次/万台。依法对特种设备作业人员实行考核，发证93.6万人。通过实施严格的市场准入制度，特种设备本质安全大幅提升，相关人员素质大幅提高。

（三）落实使用单位安全主体责任，强化使用环节安全监管。一是各级质检部门采取与使用单位签订责任状、告知书、企业承诺等形式，落实企业主体安全责任，督促指导企业切实做到“三落实、两有证、一检验”，即落实管理机构、落实责任人员、落实规章制度，设备有使用证、作业人员有上岗证，对设备依法申报检验。特种设备安全使用管理水平不断提高。二是各级质检部门加快构建动态监管体系，截止到2005年底，全国已配备安全监察人员8 286人，建立起了6.8万人的安全监察协管员队伍，安全监察组织网络初步形成；27个省（自治区、直辖市）初步建立特种设备安全监察数据库，并与国家数据库实现互联，信息化网络建设取得重大进展。动态监管体系的进一步完善，大大提高了设备登记率、定期检验率和持证上岗率。三是针对薄弱环节的专项整治工作取得新成效，质检总局与安全生产监管总局、环保总局联合开展危化品气瓶安全专项检查整治，气瓶产权转移率已达80%以上，全国基本建立了气体充装单位对气瓶安全负责的新机制。压力管道专项整治有效推进，截至2005年底，工业压力管道普查工作基本结束，检验治理工业管道5.1万公里；长输管道普查已有18个省开展，其中12个省（市）全部完成；有140个城市开展公用管道普查，其中6个省（市）全部完成。电站锅炉压力容器安全监察状况得到有效改善，2005年与2004相比，全国电站锅炉数量由6 758台上升至7 669台，使用登记率由60.6%上升至85.5%，定期检验率由81%上升至90.8%。危化品承压罐车专项整治成效显著，承压罐车定检率达100%。同时，针对2005年发生的典型事故和地方特种设备隐患特点，各地集中开展了水电工地起重机械、尿素合成塔和废旧特种设备专项整治，据不完全统计，全国共报废处理废旧设备15 484台，停用597台。四是全国特种设备检验机构严格实施定期检验制度，完成190.44万台在用设备、2 164.16万只在用气瓶、13.30万公里压力管道的定期检验，发现固定式设备中有缺陷的设备共42.06万台，问题检出率达2208次/万台，有效地消除了大批安全隐患，保证了特种设备安全运行。五是应急反应机制进一步健全。经国务院批准，国家质检总局于2005年6月30日印发了《特种设备特大事故应急预案》，31个省（自治区、直辖市）相继制定了特种设备事故省级预案，21个省（自治区、直辖市）组织开展了应急预案演练。

（四）推进五项改革创新，探索建立与社会主义市场经济相适应的工作体制和运行机制。一是积极推进行政许可的改革创新，实行审查、批准、监督三分离，将鉴定评审工作交由技术机构实施，提高了工作效率，规范了工作程序，方便了企业，体现了公开、公正、公平的原则。二是积极推进开门立法的改革创新，充分发挥技术机构和全国数百名专家的作用，实行起草过程竞争机制和审议过程民主决策机制，提高了立法质量，加快了立法进程。三是积极推进检验机构联合重组的改革创新，全国特种设备综合性检验机构总数从2004年的828个减少到2005年的665个，检验机构综合实力和安全把关能力明显提高，逐步实现做大做优做强。四是积极推进现场监管方式的改革创新，通过动态监管、安全责任制的有效建立、社会各方齐抓共管等方式，提高了现场安全监察的有效性。五是积极推进科技创新，2005年初步形成特种设备科技规划、科技投入、科研立项、成果应用等科技创新机制，中国特检中心组织开展的《压力管道安全检测与评价关键技术研究》获得国家科技进步二等奖，特种设备安全评价体系的研究工作取得阶段性成果。通过以上四个方面的工作，特种设备安全监察工作基础进一步增强，工作力度进一步加大，安全监察有效性进一步提高，各类事故明显下降。从2001年国家质检总局成立至2005年底，特种设备万台事故起数呈逐年下降趋势，分别为1.21、1.19、0.95、0.92、0.87，重特大事故得到初步遏制。

但是，当前特种设备安全形势依然严峻，仍然存在着一些突出的问题和薄弱环节：一是安全监管工作存在盲区和死角，重特大事故时有发生；二是法制基础尚不完善，依法行政的基础仍然薄弱；三是安全投入不足，历史欠账较多；四是安全监察工作体制和机制尚待进一步完善；五是安全监察队伍素质尚待提高，安全把关能力、科学监管能力和整体创新能力还不能完全适应工作需要。在今后的工作中，我们必须采取有效措施，对这些问题认真加以解决。

全国特种设备 2006 年上半年安全生产形势报告

一、特种设备事故控制指标落实情况

据事故快报统计，2006 年 1 月 1 日至 6 月 30 日，全国共发生特种设备严重以上事故 108 起，死亡 115 人，受伤 196 人。其中特大事故 1 起，重大事故 5 起，严重事故 102 起。与 2005 年同期相比，事故总起数下降 23%（其中特大事故持平，重大事故下降 17%，严重事故下降 24%），死亡人数下降 4%，受伤人数增加 18%。锅炉、压力容器、压力管道事故起数减少，电梯、起重机械、大型游乐设施、场（厂）内机动车辆事故有所增加，气瓶事故持平。

2006 年的特种设备事故控制指标是：万台设备事故起数为 0.88，万台设备事故死亡人数为 0.96。若全年特种设备数量增幅为 8%，测算 2006 年的事故控制的起数应为 290 起（半年为 145 起）、死亡人数应为 317 人（半年为 158 人）。根据目前的事故发生情况，在控制范围内。

二、联系工作实际，学习贯彻胡锦涛总书记关于加强安全生产工作的重要讲话精神

4 月 10 日、4 月 17 日质检总局两次组织有关人员学习胡锦涛总书记在中央政治局第 30 次集体学习会上的重要讲话精神，并结合工作实际，研究把总书记讲话精神落实到今后工作中。6 月 8 日，特种设备局在西安召开全国构建动态监管体系落实安全责任工作会议，向各省（区、市）特种设备安全监察机构负责人传达了胡锦涛总书记重要讲话和吴仪副总理视察总局的重要指示，并结合当前实际，强调特种设备安全监察工作要从以下八个方面践行科学发展观的要求：一是坚持有效的基本制度并在创新中发展；二是科学、客观、准确地制定安全监察工作的奋斗目标；三是完善特种设备安全法制建设；四是努力提高安全监察工作的有效性；五是努力提高科技进步对特种设备安全的支撑作用；六是统筹区域协调发展；七是实现特种设备安全性与经济性的统一；八是统筹国内发展与对外开放的一致性。根据现阶段的形势和任务，会议重点研究了上半年工作进展和下半年工作安排，提出各地要着力抓好动态监管、安全责任、应急救援等三个体系的建设，进一步完善制度，夯实基础，落实责任，严格执法，确保今年特种设备安全控制在规定的指标之内。

三、今年重点工作的进展情况

按照 2006 年全国特种设备安全监察工作会议的部署，各地质监部门的工作任务重点是加快推进三个体系建设。一是动态监管体系建设取得了新的进展。截至今年 6 月份，全国安全监察协管员人数达到 6.8 万名，乡、镇、社区安全监管组织网络基本建立；31 个省（区、市）局已初步建立起安全监察动态监管平台，28 个省实现了数据上传，年内有望实现动态监管的基本覆盖。总局特种设备行政许可网上审批软件已经开始试运行，完善了行政许可流程，制定了“三图一网”，并结合反商业贿赂活动强化对鉴定评审机构的监管。二是安全责任体系建设不断完善。主要采取了

以下措施：第一，在质检系统层层签订特种设备安全责任状。31 个省级质监部门全部逐级签订责任状，省级质监局与检验机构签订责任状，市、县级质监局分别与企业签订责任状。在上述责任状签订的同时，逐步完善考核与奖惩机制。还有 18 个省级人民政府将特种设备安全纳入政府考核指标，与市（地）政府签订责任状。第二，采取措施落实企业安全主体责任。根据特种设备事故发生情况，许多省市采取安全监察告知书、企业承诺书、签订责任状等形式强化企业主体安全责任。第三，探索新的监管方式。根据企业安全管理状况实施分类监管。对管理薄弱的中小企业，加大监督检查的次数；对管理比较好的大型企业发挥企业力量，减少检查次数，鼓励企业实行自我管理。在确保安全的基础上，按照科学监管的要求，实现安全性与经济性的统一，5 月 12 日国家质检总局决定在中石化系统内开展 RBI 检验技术试点应用。同时，各地质检部门对人员密集场所、危险性较大的特种设备实施了重点设备安全监控制度。三是应急救援体系建设进一步加快。总局按照国务院应急办的有关要求，组织编制特种设备应急救援体系建设规划，准备制定 90 多个专项预案范本，同时组织开展救援资源调查。各省（区、市）质检部门进一步完善部门应急预案，并进行了有针对性的演练。

四、组织开展两节、“五一”黄金周特种设备安全督查和六一特种设备安全宣传活动

两节和“五一”黄金周前，国家质检总局分别发出关于做好节日特种设备安全监察工作的通知。国家质检总局特种设备局组织 6 个组，分赴北京、河北、辽宁、江苏、浙江、江西、陕西、四川等八个省市进行督查和调研。节日期间特种设备安全情况总体良好，未发生较大事故。

为了在少年儿童中普及特种设备安全使用常识，帮助他们从小树立特种设备安全法制意识和自我保护意识，促进青少年安全健康成长，国家质检总局和教育部决定在全国中小学中开展“特种设备安全知识进校园”活动，作为今年全国校园安全行动、全国安全生产月活动的重要内容。2006 年 6 月 1 日，总局、教育部和北京市人民政府在北京市 171 中学举行了“全国特种设备安全知识进校园活动”启动仪式。根据安排，全国各地质检部门和教育部门也在同一天举行了启动仪式。

五、针对当前特种设备事故发生情况，积极采取有针对性的措施

一是继续保持取缔土锅炉的高压态势。今年 3 月 24 日，广东省惠州市博罗县园洲镇某个体养猪场发生一起“土锅炉”爆炸重大事故，造成 4 人死亡，1 人受伤。这起事故引起总局领导高度重视，李传卿书记在事故快报上作出了重要批示。根据广东省“土锅炉”情况，总局于 2006 年 4 月 25 日印发了《关于继续加强“土锅炉”专项整治工作的通知》，要求各地质检部门对“土锅炉”立即开展专项整治。广东省质监局出动检查人员 30 890 人次，检查锅炉使用单位 20 905 家，清查锅炉总数 10 251 台，查出并经确认为“土锅炉”1 387 台，均已责令停用、拆除和销毁，同时还查出有其他违规行为和安全隐患的特种设备 2 037 台。各地按照总局的部署，迅速采取行动。经过全国各级质监部门的努力，“土锅炉”事故上升的势头已得到初步遏止。截止到 2006 年 6 月 19 日，仅发生“土锅炉”事故 7 起，造成 6 人死亡，11 人受伤，与 2005 年同期（事故数为 10 起，死亡 6 人，受伤 28 人）相比，事故起数下降 30%，受伤人数下降 61%，死亡人数持平。

二是在全国范围内彻底清查“摩天环车”系列大型游乐设施。2006 年 6 月 24 日，重庆游乐园一台名称为“星际飞车“的“摩天环车”系列大型游乐设施，在运行中平衡臂发生断裂，造成一名乘客当场死亡，两名乘客受伤。为避免同类事故的再次发生，总局于 2006 年 6 月 27 日下发了

《关于对“摩天环车”大型游乐设施事故隐患排查的紧急通知》，要求各有关大型游乐设施生产单位立即清查本单位制造的同类型设备，责令发生事故的设备制造单位立即对本单位制造的所有大型游乐设施进行技术排查。目前全国各地正在紧急清查之中。

三是进一步加强起重机械安全监察工作。2006年6月28日，贵州省黔东南州天柱县一台正在施工作业的门座起重机发生倾翻重大事故，造成5人死亡，1人受伤。2006年7月4日，湖南省娄底冷水江市一台60吨门式起重机在拆卸过程中，发生倒塌，造成7人死亡，9人受伤。今年上半年，特别是五六月份以来，全国共发生起重机械事故13起、死亡18人，同比去年分别上升45%和125%。为了吸取事故教训，确保起重机械安全使用，国家质检总局于2006年7月18日印发了《关于加强起重机械等特种设备安全监察工作的紧急通知》，要求各级质检部门结合国务院安全生产委员会办公室发出《关于做好汛期安全生产工作的紧急通知》精神，加强以起重机械为重点的特种设备安全督查工作，将各类水电站、火电站和重点工程施工工地列为重点部位，督促企业全面落实特种设备的主体责任，检验检测机构确保检验覆盖到位、技术把关到位。

六、下一阶段重点工作

一是加强特种设备法制建设，进一步完善法规标准体系。配合国务院法制办完成《特种设备安全监察条例》的修订工作，启动特种设备安全法的立法调研，提出立法草案；完成特种设备法规标准体系与国外特种设备法规标准的研究，进一步完善特种设备法规标准体系。

二是规范许可过程和证后的监管，从源头把好安全质量关。继续完善许可过程中和证后的监管措施，规范监督检查工作，加大对获证单位和鉴定评审机构的抽查力度，进一步完善对鉴定审批工作的监督措施。大力推进电子政务，在总局和有条件的省（市、区）开展特种设备行政审批电子政务试点。

三是加快构建动态监管体系，提高安全监察的有效性。完善检验软件配置，实现检验、监察数据互联；在使用环节动态监管的基础上，逐步开展从生产源头的动态监管。

四是落实特种设备安全各方责任，在构建安全责任体系上有新突破。开展深入调查研究，总结各地成功经验，明确企业、检验技术机构和安全监察机构三方安全责任的内涵，扩大企业告知和承诺制范围，完善质检部门内部责任制考核和奖惩办法。

五是继续抓好专项整治工作，在消除事故隐患上有新突破。继续开展大型游乐设施、起重机械等专项整治，开展危险化学品运输承压罐车充装的整治；继续开展取缔土锅炉、常压锅炉承压使用的执法活动；深化简易电梯的整顿治理工作，规范电梯使用单位的维护保养与日常管理。

六是规范事故调查处理和应急救援工作，加快构建应急救援体系。制定事故调查分析导则，规范事故分析统计，建立事故调查分析专家库，开展事故调查培训，调整事故报告制度。加强应急救援体系建设，年内完成30个专项预案的制定工作。

七是积极推进检验机构改革与发展，强化安全监察的技术支撑基础。组织研究检验机构可持续发展战略，组织检验检测机构监督抽查，开展重大工程检验质量的检查（如电站锅炉、加氢反应器、长输管道、嘉年华等），开展定期检验率的检查，提高各类设备定期检验率，加强特种设备相关重点检验机构和国家质检中心建设。

全国民航 2005 年～2006 年上半年安全生产形势报告

一、安全生产基本情况

2005 年～2006 年上半年，民航认真贯彻落实党中央、国务院安全生产工作部署和民航安全工作的基本思路和任务，加强安全工作的组织领导，强化安全监督检查，开展专项整治，狠抓各项工作的落实。完成运输总周转量 399.6 亿吨公里、旅客运输量 2.123 亿人次、货邮运输量 462.7 万吨；飞行 450 万小时、264 万架次。主要抓了以下几方面的工作：

（一）开展安全生产专项整治。针对安全生产一些关键环节或重要部位存在的问题和隐患，2005 年民航开展了十项专项整治。民航总局成立了由杨元元局长任组长的专项整治领导小组和十个专项整治组，制定了《安全生产专项整治总体方案》。局领导亲自负责重点专项整治任务，参与调研、督查、整改、验收各个阶段的工作。各地区管理局深入企事业单位进行具体指导，持续开展专项整治监督检查。各企事业单位结合本单位实际，细化了各项专项整治的计划和措施，从立足于解决自身实际问题出发，自查自纠，边整边改。经过各方面的共同努力，专项整治取得了明显的阶段性成效。

2006 年一季度民航开展了安全生产专项整治“回头看”工作。各地区管理局对去年各项整改情况进行了全面复查，对一些难度较大、涉及面较广的问题，制定了中、长期计划，细化方案，完善措施。在此基础上，民航总局提出了继续抓好四个方面的整治工作：一是整治“航空公司运行控制能力薄弱”问题；二是整治“机场控制区秩序混乱”问题；三是整治“违规运输危险品”问题；四是整治“飞行冲突”问题。

（二）把握态势，做好预警。民航总局高度关注国际民航及国内其他行业的安全生产形势，重视大环境对民航的影响，吸取国际民航及国内其他行业发生事故的教训，加强对各个时期、各个阶段民航安全形势的分析，准确把握安全态势，积极抓好前瞻性安全管理；对春运、“五一”、“十一”黄金周等节假日以及“两会”等重点时期的安全工作做到早部署，早检查，早落实；根据运输生产增长态势加强宏观控制，严格控制机场及航空公司的航班量。

（三）强化监管，提高监管效能。一是强化持续监察。落实局方监察员参加企事业单位安全形势分析会制度，及时掌握安全工作动态，加大现场运行监察的力度。二是强化重点监察。组织专项督察组，分别对国航、东航的机务维修系统进行了全面深入的安全督查；责成华北、中南、西南、华东地区管理局分别对奥凯、春秋、鹰联 3 家航空公司以及南航海南有限公司进行了交叉检查。

（四）着眼长效，加强基础。重视解决人力资源、基础设施、管理水平“三个跟不上”以及可用空域资源紧缺的矛盾，大力加强基础性建设，促进安全生产长效机制的建立。一是继续加大立法的力度。制定、修订并发布实施了《大型飞机公共航空运输承运人运行合格审定规则》《民用航空安全信息管理规定》等安全管理规章。二是继续加大培训的力度。三是继续加大安全投入。完成了民航运行协调指挥系统、安全技术分析与鉴定实验室、航空安全管理信息系统一期工程的建设。四是进一步加强民航应急管理工作。五是努力改善空域环境。

二、事故及事故征候情况

2005 年～2006 年上半年，民航安全生产态势相对平稳，未发生运输飞行事故和空防安全事故，发生通用航空事故 4 起。

2005 年 2 月 10 日，广东省通用航空公司 MD902 直升机在上海执行运送轮船引航员任务时，坠入海中，机上 4 人，2 人死亡，1 人失踪，主要原因为美国厂家制造缺陷，造成方向舵脚蹬焊接处断裂，直升机操纵失控所致。

2005 年 10 月 27 日，新疆通用航空有限责任公司运 5 飞机执行大修后试飞任务，在起飞滑跑过程中，偏出跑道翻扣，机组 2 人重伤，事故原因为该公司维修人员将副翼操纵系统钢索装反。

2006 年 5 月 8 日，新疆开元通用航空公司米—8 直升机在黑龙江黑河地区执行运兵灭火任务时坠落，机上 17 人，重伤 1 人，轻伤 6 人，事故原因正在调查中。

2006 年 5 月 28 日，山东三联通用航空公司米—8 直升机在黑龙江黑河地区执行运兵灭火任务时迫降，无人员死亡，事故原因正在调查中。

三、安全工作存在的问题

当前，民航安全形势总体平稳，但也面临一些新的情况和问题。

一是航空运输需求的持续快速增长，给安全工作带来严峻挑战。当前，国民经济继续保持平稳快速增长的势头，经贸、旅游和各种交往活动共同拉动了航空运输的需求。民航必须大力发展生产，才能满足日益增长的航空运输需求，更好地服务于经济社会的发展。而制约民航发展的人力资源、基础设施、管理水平“三个跟不上”的矛盾在短期内很难得到有效解决，可用空域资源紧缺引发的问题也将更加突出。在这种条件和环境下发展生产，必然给保障航空安全带来严峻挑战。

二是保障安全生产的体制和机制还不完善，给安全工作带来不少困难。当前，民航不仅处在一个新的快速发展期，也处在一个体制转型和机制转换期。新、旧体制和机制交替，容易产生管理上的漏洞或管理力度的削弱。

三是从发生的安全问题来看，一是部分单位存在安全管理松懈，有重效益、轻安全的倾向，出现人员超时工作的问题；二是个别单位对安全隐患治理、生产环节监控不力，造成同类性质的问题重复发生；三是少数人员章法观念淡薄，有章不循、违章操作现象仍时有发生。

四、下一步安全工作部署

（一）狠抓各项安全工作措施的落实。针对民航安全形势，民航总局多次召开电视电话会议，分析安全形势，通报安全情况，部署安全工作，重点强调做好以下七方面工作：一是抓好雷雨天气飞行安全；二是抓好飞行全过程管理；三是抓好高原机场飞行安全；四是抓好飞行队伍管理，开展飞行队伍作风纪律整顿；五是抓好人员培训工作；六是抓好空防安全工作，深入开展“安检质量安全年”活动；七是大力加强通用航空安全管理，扭转通用航空安全的被动局面。

（二）抓好汛期的安全生产。入夏以来，我国部分地区气候异常，天气多变，对飞行安全带来不利影响。对此，民航总局要求全行业一要高度重视防汛工作，克服松懈麻痹思想，及时根据汛情变化和监测预报，做好应对准备工作。二要强化值班制度和信息报告制度，加强与当地政府和抗洪抢险指挥部的联系。三要加强协调互动，地处洪涝灾害地区的单位要加强重大汛情信息沟通，相互支持，确保民航运输生产安全、正常、有序地进行。

（三）认真开展安全审计。对航空公司、机场、空管单位实施安全审计是民航总局加强安全监管采取的措施。安全审计对准确、全面掌握企业安全运行状况，防范安全风险，建立长效安全管理机制，具有十分重要的作用。民航总局借鉴国际经验，已初步编制出了一套适合中国民航实际的安全审计指南和手册。按照“准备、试点、铺开”的计划，下半年将完成对1～2家航空公司、机场及空管单位审计试点工作。同时，做到“三个结合”，即安全审计要与法规、标准的建设相结合；与学习、借鉴国际上先进的安全管理体系相结合；与日常安全管理工作相结合。通过安全审计，促进行业规章标准建设、安全管理体系建设和日常安全管理工作水平的提高。

（四）积极推进安全管理体系建设。民航总局已将安全管理体系（SMS）建设列入民航“十一五”安全规划。2006年至2007年为SMS建设的准备和筹建阶段，在取得试点单位经验的基础上，进一步完善有关规章和实施操作手册，并对航空企业进行差异评估和培训。2008年至2010年，用三年时间在民航实施SMS的建设工作。民航总局已成立了SMS建设领导小组，并根据专业成立了6个分组，确定了SMS建设试点单位。各分组正在修订民航规章中有关SMS建设的规定；试点单位正在积极地开展各项工作。

（五）扎实开展安全专项整治。在巩固去年安全专项整治工作成果的基础上，下半年进一步开展对“航空公司运行控制能力薄弱”、“机场控制区秩序混乱”、“违规运输危险品”和“飞行冲突”问题的四项专项整治。按照“巩固成果、完善提高”的要求，进一步完善方案和步骤，落实责任，抓出成效。

（六）加大培训力度，提升人员素质。采取多种方式开展教育培训，缓解专业技术人员短缺的状况，提高从业人员素质。加强安全监察队伍建设，用2～3年时间，对安全监察员进行一次轮训，全面提高安全监察人员的行政执法能力。加强对飞行员、机务维修人员、签派员、管制员、各类勤务保障人员等各类专业技术人员的培训。

（七）加强民航应急管理工作。根据国务院有关要求，下半年，民航总局将组织编制《中国民用航空突发事件总体应急预案》《中国民航应急管理培训大纲》和《“十一五”期间民航突发事件应急体系建设规划》，会同部分航空公司共同组织飞行事故应急救援演练。建立重大风险源档案，制定相应的处置预案和处理程序；开展应急救援力量普查工作，建立应急资源数据库。进一步加强应急救援队伍建设，改善技术装备，充实专业应急救援力量，注重发挥兼职救援队伍、志愿者队伍和专家队伍的作用，强化培训演练，提高应对突发事件的处置能力。

全国旅游2005年～2006年上半年安全生产形势报告

一、安全生产基本情况

2005年至2006年上半年，国家旅游局共接到各地上报的旅游安全事故68起，合计造成128人死亡、416人受伤。其中，道路交通安全事故39起，占总数的57.4%，死亡93人、伤389人；景区（点）溺水、崩塌事故15起，死亡22人、伤27人；疾病意外10起，死亡10人；探险旅游4起，死亡3人。

二、重大事故情况

2005年4月10日，南昌亚细亚旅行社所组旅游团乘坐的旅行车行至昌樟（南昌—樟树）高速97公里处时，因大雨路滑造成翻车，死亡10人，5人重伤，17人轻伤。

2005年8月28日，西安古城旅行社接待的湖南湘潭旅游团乘坐的旅行车行至延安市洛川县境内时，被违章行驶的河南拉煤大货车所撞，造成6人当场死亡，22人受伤。

三、存在的主要问题

（一）旅游交通安全事故比例居高不下。长期以来，旅游交通安全是旅游安全管理工作中的薄弱环节，2005年至2006年上半年旅游交通事故就占所有事故总量的57.4%，死亡人数占总量的72.7%。

（二）自助旅游安全隐患明显增加。2006年“五一”黄金周期间发生的11起旅游安全事故，除一起发生在景区内，其余10起均是散客自助旅游或离团自行活动过程中发生的。因此，随着自助旅游在国内兴起和普及，安全隐患将明显增加。

（三）中国公民出境旅游安全形势不容乐观。2005年中国公民出境旅游达3 100万人次，目前，对中国开放的旅游目的地国家和地区已达124个。其中一些国家不安全因素较多，如春节期间埃及不仅发生了香港旅游团重大交通事故，还发生了游船沉没的特大事故。另外，各种自然灾害，如印度洋海啸、印尼日惹地区地震等都对中国公民境外旅游安全提出了挑战。

四、工作措施

（一）进一步丰富和完善旅游应急预案体系，开展形式多样的演练。2005年7月，国家旅游局下发了《关于印发〈旅游突发公共事件应急预案〉的通知》，2006年4月，国家旅游局和外交部针对境外旅游安全形势联合发布了《中国公民出境旅游突发事件应急预案》。2006年春节黄金周之前，全国假日办会同北京市政府开展了旅游突发事件应急预案的演练，取得了良好的效果。各地也结合实际开展了消防、卫生检疫等演练。

（二）针对重点时段和重点领域，突出抓好旅游安全保障。全国假日办在2006年春节黄金周期间，两次下发通知，要求做好黄金周旅游安全工作。2006年6月，在暑期旅游高峰到来之前，国家旅游局下发了《关于切实加强暑期旅游安全工作的通知》，要求各地做好暑期旅游安全保障工作。对于高风险的探险旅游领域，国家旅游局于2006年6月印发了《关于加强探险旅游安全管理工作的通知》，要求各地从风险排查摸底开始，进一步做好探险旅游安全管理工作。

（三）加强同保险业的联合，增强旅游业风险管控和抵御能力。2006年6月，国家旅游局同中国保险监督管理委员会联合印发了《关于进一步做好旅游保险工作的意见》，积极推进旅游保险产品创新和服务升级，增强保险化解旅游风险的能力，提高旅游安全保障水平。

全国电力2005年安全生产形势报告

一、2005年电力安全生产情况

（一）圆满完成了电力迎峰度夏任务，实现了安全供电。受国民经济持续快速发展的拉动，全国电力消费始终保持强劲增长的态势。2005年，全国电力供需形势虽然较上年整体有所缓和，但受夏季高温、电煤供应不足等因素的影响，电力供应仍存在较大缺口，尤其是在华东、南方、华北等地区。党中央、国务院对电力迎峰度夏工作十分关注，2005年5月19日，温家宝总理就做好电力迎峰度夏工作做出了批示，指出确保电力安全和有效供给，完善有序用电方案和应急预案，加强以节电和提高用电效率为核心的需求管理，是三个十分重要的环节。为了确保安全顺利实现电力迎峰度夏，必须加强和改善宏观调控，充分利用价格杠杆和经济手段。为了贯彻落实党中央、国务院关于迎峰度夏工作的统一部署，电监会发出了做好2005年防汛和迎峰度夏期间电力安全生产工作的通知，并召开了全国电力安委会第三次（扩大）会议进行具体部署。

各电力企业按照要求，认真做好迎峰度夏各项准备工作。发电企业提前做好了设备检修和维护，及时排查整治各类隐患，完善应急预案和防洪渡汛措施，以积极有效的工作，为迎峰度夏期间机组连续安全运行提供了有力保障。电网企业采取有效措施，加强调度管理，促进优化调度，加强需求管理，严格按照“先错峰、后避峰、再限电、最后拉电”的原则，有效减轻高峰负荷对电网安全的压力。同时，采取有效措施，加强跨区、跨省电力电量交易的力度，促进了资源优化配置。在全行业职工的共同努力下，实现了安全供电，基本满足了经济和社会发展对电力的需求，2005年全社会用电量达24 689亿千瓦时，同比增长13.45％。

（二）积极应对自然灾害的侵袭，基本保证了电力系统安全稳定运行。2005年是我国自然灾害多发的一年，电力系统也受到了严峻考验。入夏用电高峰期间，华东电网连续遭受了“海棠”、“麦莎”、“泰利”、“卡努”和“龙王”五次强台风正面袭击，其中“麦莎”的风力之大、破坏力之强和影响范围之广均为历史罕见，而“卡努”为建国以来出现的最强台风。在抗击台风的过程中，华东电网公司和四省一市电力公司及时启动应急预警机制，各级主要领导深入一线指挥，应急抢修队伍顶风冒雨抢修受损的重要设备，调度系统启动事故处理程序，千方百计确保重要联络线安全运行，避免了由此而引发的大面积停电事故，保证了华东电网安全稳定运行。

2005年9月26日凌晨，海南省遭受了近30年来最强烈的台风袭击，台风几乎导致全省负荷损失殆尽，海南电网公司在南方电网公司的统一领导和海南省委省政府的支持下，沉着应对、反应快速，仅用1小时25分钟“黑启动”成功，恢复了重点单位、重点用户、重点部位的供电，保住了发电设备的安全，保住了主网架的安全，最大程度地减轻了自然灾害造成的损失。

（三）电力安全生产设备事故和一般电网事故同比大幅减少，电力设备健康水平得到提高。2005年，面对电力供需形势依然偏紧，煤电油运矛盾突出，电煤供应质量下降，电力设备长期超负荷运行等不利情况，各电力企业高度重视，周密布置，切实采取有效措施，加强设备管理，取得了良好的效果。2005 年全国电力生产没有发生特大设备事故。发生电网事故 74 次，同比减少 127 次；发生设备事故 427 次，同比减少 132 次。

二、存在的问题

2005 年电力安全生产虽然保持基本平稳态势，但随着电力需求的快速增长和电力体制改革的不断深入，电力安全生产仍然面临着一些情况和问题。

（一）部分地区电力供需形势仍然偏紧，给安全生产带来了很大压力。受国民经济快速增长、居民生活水平不断提高、天气变化等多种因素的影响，2005 年，电力供需形势仍处于偏紧状态，部分地区仍出现了拉闸限电现象。电力供需持续偏紧，给安全生产带来了新的压力。连续紧张了两年的电力供需形势，使得部分电网在缺少备用容量的情况下运行，对电网安全造成威胁；部分发电设备长期处于超负荷运行状态，设备安全性下降。输变电设备、发电设备长时期超负荷运行，给检修、维护和正常消缺带来严重影响。设备带病运行，安全欠账较多，总体安全水平下降，设备的健康状况令人担忧。

（二）煤炭供应持续紧张，对安全生产构成了较大威胁。近年来，我国电煤供应持续紧张，成为影响电力生产的重要因素之一，给本已十分紧张的电力供需形势带来了更大的压力，对电力系统安全形成威胁。从“2005 年全国煤炭产运需衔接会”结果看，今年已签电煤合同总量严重不足，五大发电集团公司 2006 年电煤总需求量为 3.1 亿吨，实际签订供需合同 2.01 亿吨，仅占实际需求量的 65%，其中部分合同未经铁路部门核定，其有效合同量可能低于 2.01 亿吨。此外，7 300 万吨新投产发电机组用煤基本未能落实。另一方面，电煤质量每况愈下，严重影响发电机组的稳定性。电煤生产和运输的矛盾越来越突出，电煤影响电力生产和电网安全稳定表现得更为明显。

（三）网厂协调有待进一步完善，共同维护电网安全还有很多课题。厂网分开后，网厂协调，共同维护电网安全出现了很多新的情况，给安全生产工作带来新的课题。这些问题有电力体制改革中的遗留问题，如资产移交等；有运营方面的问题，如签订购售电合同、签订并网调度协议等；有运行方面的问题，如电量的组织分配、调度方式的安排等；有技术方面的问题，如电厂的接入方式等。这些问题的存在，客观上给厂网协调、统一调度带来了困难，增加了系统安全稳定运行的压力。

（四）自然灾害和外力破坏事件时有发生，给安全生产造成了危害。盗窃、破坏电力设施及恶劣天气等外部因素对电力系统安全的影响日益增大，不断导致电网事故发生。这里既有环境污染加重、灾害增加等自然原因，也有对电力设施保护不力等人为因素。

恶劣的气候条件给电网安全供电带来了很大的影响，给电力安全生产增加了难度：2 月份，华中地区遭遇罕见的大范围长时间持续雨雪冰冻天气，造成华中电网 500 千伏输电线路大量冰闪跳闸和覆冰倒塔；4 月份，清明前后扫墓和祭祖活动引发山火，严重威胁华东电网安全；6 月中旬，华东电网突遭飑线风、雷雨和冰雹袭击，引起 500 千伏输电线路故障跳闸并发生倒塔；6 月下旬，福建、广东、广西三省（区）出现强降雨，电网安全受到了严重的威胁；8 月份第 9 号台风“麦莎”在浙江登陆，华东电网又一次经受严峻的考验。今年 18 号强台风“达维”给海南电力设施造成了严重破坏，引发电厂连续跳机解列，导致系统瓦解，造成海南“9.26”全省大面积停电。灾情发生后，电力部门积极应对，一方面启动灾害抢修应急预案和保供电工作预案，全体电力职工上下一心、通力配合，确保了主电网的安全稳定运行；另一方面，认真落实防汛防风岗位责任制，实行 24 小时值班制度，加强监测，尽可能减少灾害对群众生产生活用电的影响，充分体现了电力职工长期形成的优良传统和精神风貌。

全国电力2006年上半年安全生产形势报告

今年以来，电监会系统及电力行业各单位认真贯彻落实党中央国务院关于加强电力安全、做好电力供应工作的一系列指示精神，坚持“安全第一、预防为主、综合治理”的方针，以科学发展观为指导，齐心协力，扎实工作，取得了显著的成绩，基本保证了电力系统安全生产稳定运行。

一、基本情况

今年以来，受经济增长的影响，电力消费继续保持较快增长，电力供应能力进一步增强，全国电力供需紧张形势逐步缓解，全国大部分地区的电力供求关系基本趋于缓和。这种形势下，电力系统的广大干部职工团结一心，求真务实，以高度的责任感和扎实严细的作风，圆满地完成了电力生产和供应任务，保证了城乡居民生活用电和工农业生产的用电需求。今年1至6月份，电力生产发生人身死亡事故5起，死亡5人，同比减少2次，死亡人数减少6人；电网事故24次，同比减少24次；设备事故120次，同比减少137次；火灾事故1次。

二、存在的问题

一是今年以来，特大暴雨、洪水、台风等自然灾害连续袭击南方部分地区，受灾地区沿途交通、通讯、电力中断，部分电力设施受到严重破坏，加之部分地区电网设备陈旧、结构薄弱，抵御自然灾害的能力不强，使电网的稳定运行和供电安全受到严重威胁。

二是我国电力发展已经进入大电网、大机组、高电压、高自动化的阶段，随着大容量、超高压、交直流混合、长距离输电工程的投入运行，电力系统的复杂性明显增加，给电网的安全稳定运行和管理提出了更高的要求，电网的安全稳定问题不容忽视。7月1日河南省两条500 kV线路及多条220 kV线路相继跳闸，多台机组跳机或降低出力，龙泉变电站开关B相爆裂，万龙Ⅱ线高抗中性点避雷器爆裂，华中电网发生较大范围、较大幅度功率振荡，造成四川、重庆电网与华中东部电网解列，给电网安全造成了较大影响和威胁。

三是电力设施遭受外力破坏事故频繁发生，盗窃、破坏电力设施对电网安全影响日益增大。2005年国家电网公司系统发生盗窃、破坏电力设施案件12 554起。电力设施的外力破坏已经成为影响输电线路正常运行的首要问题，极大地干扰了电网企业正常的工作安排，严重地威胁了电网的安全稳定运行。

四是电力基建安全形势严峻，重大以上人身伤亡事故多发。今年上半年，电力建设发生人身死亡事故18起，死亡42人，同比事故起数增加9起，死亡人数增加17人。其中重大人身死亡事故6起，死亡27人，同比事故起数增加2起，死亡人数增加9人。特别是5月17日河北西柏坡电厂三期工程吹管工作时由于消音器端部挡板撕裂致使高温高压蒸汽喷出造成6死5伤；6月28日贵州省白市水电站施工工地由于门机倾覆造成5死1伤；7月4日湖南省金竹山电厂扩建工地由于龙门吊倒塌造成7死9伤。以上这些事故都是由于违章指挥、违章作业、失去监护造成的，反映出事故单位在安全管理、安全责任制、安监队伍建设、安全教育培训等方面存在问题。

研究分析当前电力安全生产面临的形势和问题，要求我们必须适应不断变化的形势，努力开拓、不断探索，及时改进电力安全监管工作的机制和方法，努力提升电力安全监管工作水平，高度负责地做好电力安全监管工作。

二、2006 年上半年的电力安全监管工作

今年以来，电力安全监管主要做了以下几方面的工作。

一是及时部署 2006 年电力安全工作。为了认真贯彻落实党中央国务院领导关于电力安全生产的一系列指示精神，贯彻落实 2006 年国务院安全生产工作会议精神，年初组织召开了全国电力安全生产委员会第五次（扩大）会议，总结 2005 年电力安全生产工作，部署 2006 年电力安全工作。

二是认真做好电力应急工作。为了进一步加强对应急管理工作的组织领导，贯彻落实国务院《国家突发公共事件总体应急预案》和《国家处置电网大面积停电事件应急预案》，上半年重点抓了电网大面积停电事故处理应急机制的建立，目前已初步形成有系统、分层次、上下一致、分工明确、相互协调、信息畅通的事故应急体系，同时加强了与各级政府的协调配合，共同确保社会公共安全。为了广泛地开展《国家处置电网大面积停电事件应急预案》的宣贯工作，按照国务院有关文件要求，在电监会网站上设立了应急工作专栏，组织编制了《电网事故案例分析多媒体软件》和《电网事故案例》光盘，并利用报刊杂志等媒介开展应急管理知识的宣传，保证各级应急机构的信息通畅和信息共享。编制了“十一五”电力行业应急体系建设规划，从电力应急组织体系、电力应急运行机制、电力应急支持保障等几个方面着眼，提出了国家电力应急体系建设的具体建设内容和推进指标。

三是开展电网安全专项检查。为进一步贯彻国务院关于加强安全生产的部署，落实国务院领导同志的指示要求，电监会和安全监管总局于 5 月下旬共同组织开展了电网安全专项检查。检查的主要内容是电网企业的安全管理情况和应急工作情况。检查组现场检查了 13 个重要变电站、9 个电力调度中心、3 个电力客户服务中心和北京电力公司电力应急救援指挥中心。通过这次电网安全检查很好地推动了电网企业的安全管理和应急管理工作，为打好 2006 年迎峰度夏期间安全生产攻坚战奠定了基础。

四是做好电力建设安全专项整治的工作。针对建设施工中坍塌、高空坠落事故多发的局面，按照国家安全生产委员会的总体部署，电监会结合电力建设施工安全管理实际情况，制定了专项整治方案下发至各电力企业，通过整顿和规范安全生产秩序，改善安全文明生产环境，进一步健全和落实安全生产责任制，督促各级、各部门和人员切实履行安全生产职责，切实地提高安全生产水平，有效遏制重、特大伤亡事故的发生。

五是做好大坝安全监管工作。今年以来，将大坝安全信息管理系统作为大坝安全监管工作的重点，组织召开《水电站大坝运行安全信息报送办法》专家审查会议，明确需报送的大坝运行安全信息的内容、报送方式和时间。争取逐步实现对运行大坝安全进行实时、远程监控，重点加强对高坝、大库、问题较多和对下游安全影响较大的水电站大坝安全的安全监控，同时通过大坝安全信息管理系统加强对各电力企业大坝安全管理的技术服务。

六是努力做好可靠性监管工作。2005 年 9 月 28 日中编办以“中央编办复字［2005］116 号”文件明确将电力可靠性管理中心划入国家电力监管委员会，并更名为国家电力监管委员会电力可靠性管理中心。电监会于 2006 年 1 月 25 日发文明确电力可靠性管理中心的日常工作委托中电联

负责，具体业务工作接受电监会安全监管局的指导。上半年初步确定了可靠性工作的制度建设、体系建设、指标发布、数据采集等工作的思路和规划，与中电联联合召开了可靠性指标发布会，目前，并正在制定《电力可靠性监督与管理办法》，四季度颁布执行。

七是加强电力系统安全防护工作。今年以来先后两次组织召开了《电力系统二次防护有关规定》配套规定的审定会议，向各电力企业征求意见工作也已经完成，根据反馈意见，目前正在进行最后的修改和完善，四季度颁布执行。

八是参加并组织电力事故调查工作。今年以来，电监会及派出机构先后组织或参加了多起电力事故的调查工作，例如：小浪底水利发电厂的设备事故的调查工作、华电滕州热电有限公司“4·11”重大伤亡事故的调查工作，四川宝兴硗碛水电站调压室竖井“4·12”重大伤亡事故的救援和调查工作，以及四川柳坪水电站“5·6”重大伤亡事故的调查工作、湖南省大唐金竹山火电厂“7·4”重大人身伤亡事故、华中“7·1”电网事故调查工作，等等。通过事故调查工作，及时掌握事故情况，下发事故通报，督促并要求电力企业吸取教训，采取有效措施遏制类似事故的再次发生。

今年以来，各区域监管局、城市监管办积极贯彻落实电监会关于安全生产监管的部署和要求，并结合本区域实际，开展了一系列工作。华北电监局在确保首都安全可靠供电方面做了大量的工作，特别是在“两节”、“两会”及“黄金周”等重大政治活动和节日期间，督促各级电力企业切实做好保电工作，7月1日协同北京市人民政府和国家电网公司一起成功地组织了“华北—北京2006年电力公共突发事件应急联合演习”，通过演习检验了在电力突发事件时各电力企业的及时应对、有效处置能力以及社会应急能力，检查电力应急预案的正确性、可操作性和应急体系的执行力，检验各级调度、检修、客户服务和地方政府各部门在应急处理中的协调配合能力；东北电监局在2005年起草《安全质量管理标准化体系建设指导意见和实施办法》的基础上，今年着力开展安全质量标准化工作的试点工作，为在东北区域全面推广安全质量标准化工作创造条件；华东电监局注意加强与地方政府、电力企业的工作协调，积极探索监管机构与地方政府的合作模式和机制，努力做好迎峰度夏期间的信息发布等工作，为电力企业服好务；华中电监局针对“三误”事故增多、恶劣天气引起的污闪事故和外力破坏事故等情况下发了《关于加强安全生产管理，确保华中区域电力系统安全稳定运行的通知》，要求各电力单位切实加强安全生产管理，努力提高电气设备外绝缘水平等安全措施，这次华中电网“7·1”事故发生后，华中电监局反应迅速，立即赶赴现场，及时报送信息，协助电力企业做好事故后恢复工作；西北电监局结合已经开展的新建电厂并网安全性评价工作的开展情况，及时对新建电厂的并网安全性评价的办法、标准和程序进行总结，为此项工作的继续开展做好准备；南方电监局针对南方电网系统复杂和供电紧张的实际，确立了“预防为主、以电网为主”的工作主线，努力维护系统安全。各城市电监办也边组建，边开展工作，并在电力突发事件的信息报送、参与事故调查等工作方面取得一定成绩。

通过这些工作，树立起了电监会为电力企业服务，为电力发展服务，为做好电力安全工作服务的良好形象，为切实履行好安全监管职责打下了很好的基础，创造了好的条件。

三、当前和今后一段时间的电力安全监管工作

为了全面完成今年年初电监会制定的电力安全监管工作计划，当前以及今后一段时间要做好以下几个方面工作。

（一）认真贯彻落实国务院应急管理工作会议精神，切实做好电力应急管理工作。为了传达国务院应急管理工作会议以及国务院领导指示精神，通报2006年上半年电力安全情况，电监会在8

月召开了电力安全生产及应急管理工作电视电话会议，具体部署下一阶段应急管理工作：（1）结合电力生产的特点，要求各电力企业建立健全电力应急组织体系，全面认真做好各级各类电力安全应急预案的编制和完善工作，提高预案的针对性、有效性和可操作性；（2）加强应急预案的演练和应急培训工作，及时发现预案中存在的问题和不足，提高对突发事件处理、应变的能力和应急响应速度；（3）搞好各级电力应急体系指挥平台的建设及应急管理知识的宣传，保证各级应急机构的信息通畅和信息共享，尽可能减少电力突发事件及其造成的损失和影响。另外，将下发《关于进一步加强电力应急管理工作的意见》和《关于加强电力突发事件应急报送工作的通知》，进一步规范电力突发事件信息报送工作，加强电力应急管理，提高预防和处置电力突发事件能力。

（二）继续做好迎峰度夏的各项工作，确保夏季电力供应。进入6月份，电力供应进入用电高峰期。电监会把维护好迎峰度夏期间的电力安全生产秩序作为监管工作的重点，主要从以下几个方面开展工作：一是加强对电力调度的监管，严格调度纪律，确保电力系统安全稳定运行。二是加强“三公”调度信息披露，营造良好的调度环境。三是加强对发电厂并网、电网互联协调运行的监管，营造良好的厂网协调环境。四是加强对供电企业的供电质量、供电服务等方面的监管，营造和谐的供电、用电环境。五是要搞好与政府部门的协调配合，取得他们的支持和帮助。

（三）认真组织实施电力建设施工专项安全整治，努力遏制电力建设施工事故多发的局面。将电力建设施工安全专项整治作为一项重要工作来抓，依据《电力建设施工安全专项整治方案》的要求，结合各地区和有关企业的实际，会同国家安全监管总局、建设部等部门，对重点地区和重点企业的安全整治工作进行督查。同时，要加大宣传力度，及时宣传专项整治工作的经验、做法和成效，通报对专项整治中发生的典型案例，营造良好的舆论氛围。

（四）继续做好水电站大坝的监督和管理工作，保证大坝安全。按照《水电站大坝安全注册办法》和《水电站大坝安全定期检查办法》规定，做好水电站大坝安全注册、定检工作。对水电厂的大坝防汛工作落实情况予以抽查，以了解水电站大坝安全管理情况和加强大坝安全监督管理。做好《水电站大坝运行安全信息报送办法》下发后的宣贯和培训工作，进一步规范大坝运行安全信息的管理与报送工作，切实提高水电站大坝安全监督和管理水平。建设大坝安全信息管理系统是当前和下一阶段大坝安全监管工作的重点，通过大坝安全信息管理系统的建立，逐步实现对运行大坝安全进行实时、远程监控，重点加强对高坝、大库、问题较多和对下游安全影响较大的水电站大坝的安全监控，同时加强对各电力企业大坝安全管理的技术服务。

（五）提高对电力可靠性管理工作重要性的认识，切实做好电力可靠性监管工作。提高对电力可靠性监管工作重要性的认识，结合实际情况，积极探索在电力体制改革新形势下加强可靠性管理工作的措施和方法，建立健全可靠性监管体系，并积极开展以下两个方面的工作：一是继续做好修订原《电力可靠性管理暂行办法》和《实施细则》的工作，四季度颁布执行；二是做好下半年召开电力可靠性管理工作会的筹备工作，通过会议，宣传贯彻新颁发《电力可靠性管理办法》和《实施细则》，研讨加强新体制下电力可靠性监督和管理的方法，明确下一阶段的工作目标。

（六）加强电力突发事件信息报送工作，保障电力安全信息的准确和通畅。电力安全信息报告是电力应急管理运行机制的重要环节，直接关系到电力事故的预测预警、应急处理、善后恢复等各项工作。及时准确的信息报告有利于掌握电力突发事件的动态和发展趋势，从而采取有效的措施控制电力突发事件的蔓延扩大，最大限度减少电力事故造成的损失。电监会将结合实际，依据应急预案，研究制定立即报告电力突发事件的工作程序，将责任落实到岗位、落实到人，建立健全工作机制，采取有力措施，切实做好信息报告工作，为积极有效应对电力突发事件创造条件。

第三部分

地方安全生产工作概述

北京市 2005 年安全生产形势报告

一、2005 年安全生产情况

（一）各类事故情况。2005 年，全市共发生交通肇事、生产安全、火灾死亡事故 1 542 起，死亡 1 740 人。与 2004 年相比，事故起数减少 143 起，下降 8.5%；死亡人数减少 127 人，下降 6.8%。其中：交通肇事死亡事故 1 354 起，死亡 1 515 人，同比分别下降 9.1%和 7.1%；生产安全死亡事故 145 起，死亡 175 人，同比分别下降 3.3%和 1.1%；火灾死亡事故 43 起，死亡 50 人，同比分别下降 4.4%和 15.3%。

（二）重、特大事故情况。全市共发生一次死亡 3 至 9 人重大事故 22 起，死亡 89 人，死亡人数同比下降 3.3%；发生一次死亡 10 人以上特大事故 1 起，死亡 24 人，同比死亡人数上升 14.3%。其中发生重大交通事故 19 起，死亡 69 人；发生特大交通事故 1 起，死亡 24 人。发生重大生产安全事故 3 起，死亡 20 人。全市未发生重、特大火灾事故。

（三）全市生产安全事故情况。全市生产安全事故死亡 175 人，比安全生产控制指标减少 25 人，下降 12.5%。全市 20 个区县和单位中，有 14 个区县和单位，生产安全事故死亡人数控制在指标之内。西城区、朝阳区、丰台区、石景山区、大兴区、顺义区突破了控制指标。

按行业分：建筑业事故 85 起，死亡 99 人；制造业事故 25 起，死亡 34 人；煤矿事故 11 起，死亡 13 人；非煤矿山 4 起，死亡 7 人；服务业事故 11 起，死亡 12 人；交通、餐饮等行业事故 9 起，死亡 10 人。

按类别分：高处坠落事故 37 起，死亡 38 人；触电事故 27 起，死亡 29 人；坍塌事故 20 起，死亡 32 人；物体打击事故 20 起，死亡 22 人；中毒窒息事故 4 起，死亡 14 人；机械伤害事故 11 起，死亡 11 人；起重伤害事故 10 起，死亡 10 人；车辆伤害、煤矿顶板等事故 16 起，死亡 19 人。

经分析，生产安全事故有以下特点：

1. 重点行业和领域事故多发。建筑业发生事故 85 起，死亡 99 人，同比增加 6 起 8 人，分别上升 7.6%和 8.8%；制造业发生事故 25 起，死亡 34 人，同比增加 2 起 11 人，分别上升 8.7%和 47.8%。

2. 高处坠落、触电、坍塌、物体打击事故突出。发生高处坠落事故起 37 起，死亡 38 人，占死亡总人数的 21.7%；发生触电事故 27 起，死亡 29 人，占死亡总人数的 16.6%；发生坍塌事故 20 起，死亡 32 人，占死亡总人数的 18.3%；发生物体打击事故 20 起，死亡 22 人，占死亡总人数的 12.6%；这四类事故死亡人数占事故死亡人数的 69.1%。

3. 6 至 12 月份事故多发。2005 年 6 月份以后，生产安全事故进入高发期，安全生产形势严峻。共发生生产安全事故 103 起，死亡 130 人，与去年同期相比，分别上升 21.2%和 26.2%，占事故死亡人数的 74.3%。

4. 外地务工人员死亡人数居高不下。据统计，在生产安全事故中，外地务工人员死亡 148

人，占事故死亡人数的84.7%。

分析事故原因，主要是企业安全生产主体责任不落实。个别企业的主要负责人对安全生产法律、法规置若罔闻，安全意识淡薄，盲目追求经济效益，忽视安全生产，导致企业自身安全生产工作松懈，企业安全生产条件落后，事故隐患得不到及时整改。部分企业安全基础管理工作薄弱，防范生产安全事故的措施和手段不够。主要表现在以下方面：

一是安全措施和制度不落实，违章现象严重。据统计，违反操作规程或劳动纪律发生事故93起，死亡108人，占事故死亡人数的61.7%。主要是现场作业人员有章不循，冒险作业。如6月16日，顺义区大孙各庄镇长山石材公司第一采石场在开采过程中，违章指挥，工作面发生坍塌，造成现场3名作业人员死亡，2人重伤。

二是生产经营单位未履行安全生产教育职责，对上岗人员教育培训不够。因作业人员缺乏安全操作知识，发生事故17起，死亡18人，占事故死亡人数的10.3%。如9月12日，大兴区黄村镇北京盛德友邦纸制有限公司生产车间工人在未停止机械运行的情况下清理模切压痕机，造成头部挤夹死亡。

三是现场管理松懈，安全检查不落实。因现场安全检查不到位发生事故13起，死亡21人，占事故死亡人数的12%。如10月26日，首钢总公司所属动力厂煤气排水器发生煤气泄露事故，造成9人死亡。事故的主要原因是操作工人违章作业，未按规定执行安全检查制度，现场安全管理工作松懈。

四是事故隐患整改不及时，安全投入严重不足。因安全设施、个人防护用品缺少或有缺陷发生事故16起，死亡17人，占事故死亡总人数的9.7%。据统计，高处坠落事故中因未系安全带造成死亡14人，占高处坠落死亡人数的41.2%。

据统计，在对事故处理中，有43人被司法机关依法追究刑事责任，有115人受到党纪和行政处分。各级安全生产监管部门共对事故单位和负责人处以罚款858.13万元。

二、2005年主要工作回顾

（一）*抓好队伍建设，提高监管监察能力。*2005年，市安全生产监督管理局成立执法监察队，增设煤矿监督管理处，房山、通州、顺义、昌平、怀柔、平谷、延庆、密云等8个区县成立了执法监察队，安全生产监管监察力量进一步增强。为进一步强化执法人员业务培训，组建了北京市安全生产教育培训基地。通过举办事故调查处理等专业培训班，选派执法人员参加国家安全生产监管总局组织的专业培训，提高了安全生产执法监察人员监管监察能力。通过制定《安全生产执法工作程序》等管理制度，进一步促进安全生产执法工作实现规范化、程序化和标准化；通过开展党员先进性教育活动，加强了安全监管队伍的思想建设和作风建设。

2005年，市建委建设工程安全监督总站正式独立，充实必要的人员和设备，加强安全监管队伍建设。一些区县建委相继成立了安全生产监督管理机构，按照属地管理原则，加大了对属地施工现场安全生产的监管力度。

（二）*实施安全行政许可，加强高危行业源头管理。*认真贯彻执行《安全生产许可证条例》，严格实施煤矿、非煤矿山、危险化学品、烟花爆竹、建筑施工等高危企业的安全许可制度，严把安全准入关。截至2005年年底，全市共有200家危险化学品生产企业、91家非煤矿山企业、75家煤矿企业和2 699家建筑企业取得了安全生产许可证，2003家经营企业取得危险化学品经营许可证。对于不符合产业调整规划、不具备安全生产基本条件的企业，坚决不予发证，并责令停产停业整顿。经整顿仍不合格的，依法予以关闭。按照国务院《特别规定》和《紧急通知》两个重要文件要求，截至2005年年底，全市依法关闭煤矿83家，其中：房山区53家、门头沟区30家。

（三）制定发布安全管理规范，全面启动安全质量标准化工作。针对首都安全生产工作特点，市安全生产监督局、市商务局、市文化局、市园林局、市体育局与市质量技术监督局、市消防局等部门和有关专家认真研究、密切配合，陆续制定发布了商场超市、加油加气站、文化娱乐场所、公园风景名胜区、健身房和滑雪场等19项安全管理规范，其中8项涉及高危行业，11项涉及人员密集场所。为有效推动各项安全管理规范的落实，积极督促、指导有关行业主管部门开展多种形式的宣传和培训活动，认真做好安全管理规范的贯彻落实和修改完善工作，按照市安全生产委员会《关于开展安全管理规范检查工作的通知》要求，市商务局、市文化局、市体育局、市园林局等部门认真对安全管理规范的贯彻实施情况进行检查。市体育局成立了专项检查工作办公室，协调有关部门对健身房、滑雪场安全管理规范进行专项检查。共检查健身房524个，滑雪场8家，发放各类宣传材料2200余份，查出隐患313项，整改涉及84个单位，其中停业整改5家。

（四）深入开展安全生产监督执法，不断加大行政处罚和责任追究力度。2005年，全市各级安全监管部门共检查生产经营单位4.2万家，下达各类行政执法文书2.4万份，对生产经营单位及主要负责人罚款约858.13万元。

在监督执法工作中，各级安全生产监管部门始终坚持严格执法、公正执法和廉洁执法，不断探索新的工作模式。市安全生产监督局在全市集中执法检查中，完成了对8个区县的集中检查执法。在重要节日和重大活动期间，对重点地区、重点行业和人员密集场所进行全面的安全检查，圆满完成了“全球财富论坛”等21项重大活动的安全保障任务。通州区创新监管手段，在重点区域设立安全监督工作站，进行专项执法，监管力度进一步加大。

市公安局交管局加强运输危险化学品车辆安全监管，制订了《预防群死群伤特大交通事故专项整治工作行动方案》，认真开展对重点单位、重点车型、重点场所和危化品运输的安全监管工作，严厉查处违法行为，有效地遏制了事故的发生。

顺义区强化属地管理，创新镇级监管模式，构建区镇村三级监管网络。海淀区、朝阳区等区县，充分发挥安全生产委员会作用，不断完善联动工作制度，依靠政府行政资源综合优势，形成统一高效、监管有力的安全生产监管机制。

（五）开展重大危险源普查工作，加快事故隐患整改进程。重大危险源普查工作被列为2005年市政府折子工程。一年来，各地区、各部门密切配合、扎实工作，认真开展重大危险源的普查登记和申报、辨识工作，共确定重大危险源9大类共2949项。通过查清重大危险源的颁布情况，为今后危险源监控和事故应急救援工作打下坚实基础。平谷区针对普查出的重大危险源，在重点危险化学品企业和部分油库安装电视监控系统和网络视频监控系统，加强监管监控，明确防范措施。

为推动重大事故隐患整改工作，市政府多次就重大事故隐患整改工作召开专题会议，研究整改方案，落实工作措施、应急预案，并划拨1.47亿元专项资金用于隐患整改。各地区、各部门进一步明确职责，细化整改方案，制定保障措施，每月汇总上报隐患整改情况，督促做好治理工作，全年共消除生产安全事故隐患81项，占事故隐患总数的70%。市安全生产监督局、市公安局、市卫生局、市工商局及时下发《关于切实加强事故隐患整改工作的通知》，明确属地和部门监管责任，及时调度隐患整改情况，并加强对重大隐患的检查，督促有关单位对隐患实施严防死守，严防事故的发生。各区县政府和有关部门高度重视重大事故隐患的整改工作，采取有力措施，彻底消除了东方化工厂调车场、平谷区靠山集尾砂堆、万庄金矿尾砂堆、霞公府5号院、三台山危险品仓库等5项历史遗留的重大事故隐患。

按照市政府部署，各地区、各部门积极推动电力线、通信线、广播电视线交越和搭挂的“三线隐患”整治工作，制定整治工作方案，明确责任分工，共消除隐患1 116处。

（六）加强安全生产应急救援队伍管理，逐步提高应对突发事件的能力。各地区、各部门加强安全生产应急救援队伍日常技术培训，定期组织开展实战演练，切实提高应急救援能力。据统计，全市安全生产应急救援队伍共组织职工参加培训1 000余人次，组织应急演练50余次，投入生产安全事故应急救援100余次。通州区、怀柔区组织开展了全区性大规模应急演练，实际检验各部门之间协调配合能力。

市级12支应急救援队伍成立后，重点抓好应急救援队伍、应急救援装备和应急救援作风“三个建设”，不断提高科学排险、快速反应、连续作战“三个能力”。通过不断演练，各应急救援队的抢险救援能力得到了进一步增强。在重要节假日和重大活动期间，各单位严格值班备勤制度，确保应急救援队伍应急装备、物资的完备有效，随时应对突发事件。在西西工程工地重大坍塌事故和首钢动力厂重大煤气泄漏事故抢险中，市安全生产应急救援队伍在第一时间赶到事故现场进行救援，为有效控制事故的扩大和减少人员伤亡起到了重要作用。

（七）加强安全生产法制建设，制定“十一五”安全生产规划。参与完成《北京市烟花爆竹安全管理规定》立法工作，制定实施《烟花爆竹专营管理办法》和《烟花爆竹销售许可管理办法》，为烟花爆竹“禁改限”做了充分准备。加强部门间的沟通，研究解决安全管理规范的强制性问题。起草制订《北京市重大事故隐患治理办法》，并已列入市政府法制办立法计划。制定发布《举报生产安全事故隐患和违法行为奖励办法》，公布举报电话，鼓励市民对各类违法行为和事故隐患进行举报。市建委根据国家和建设部有关标准，制定发布了《关于加强安全生产监理工作的指导意见（试行）》《建筑工程安全防护、文明施工措施费用及使用管理规定》等。

各地区、各部门积极制订《北京市“十一五”安全生产规划》，在编制过程中，结合首都的特点，明确“以人为本，安全第一”的原则，做好与北京市国民经济和社会发展“十一五”规划的衔接论证工作，提出了“十一五”期间，全市安全生产的指导思想、基本方针、目标、主要任务、保障措施、重大项目，以指导本市未来5年的安全生产工作。

（八）广泛开展宣传教育活动，努力提高全社会安全生产意识。2005年，全市继续深化安全生产宣传工作，认真组织开展“安全生产月”、“交通安全宣传月”、“119消防宣传周”和“安康杯知识竞赛”等活动。通过广播、电视、报刊等主要新闻媒体，加大对安全检查、事故查处以及事故隐患的宣传报道力度，形成了较强的宣传态势。市安全生产监督局组建了新闻通讯员队伍，建立与主流媒体定期通报工作制度，共召开了7次新闻发布会，刊播新闻稿件1 192条，对143个事故和隐患进行公开曝光。并以“安全生产月”活动为重点，积极推进安全生产社会化宣传工作，形成了较为浓厚的舆论氛围。据统计，“安全生产月”期间，全市共张贴、悬挂安全宣传标语、招贴画21万余幅，有200余万人在“安全生产月”活动中不同程度受到教育。

市教委、市公安局交管局积极探索建立中小学生交通安全宣传教育的长效机制，将“道路交通伤害预防”作为教学内容编入全市中小学教材。海淀区建成北京市第一个面向公众的安全教育场所“公共安全馆”，提高公众的灾害意识和自救、互救能力。2005年，北京市还积极筹备“首届全国安全生产及技术装备展览会”，精心设计展览方案，全面展示北京市近年来在安全生产方面取得的成果，获得大会颁发的最佳组织奖和优秀设计装修奖。

依照《安全生产法》的规定，北京市加强对高危行业主要负责人、安全管理人员和特种作业人员的安全考核工作，据统计，全年共组织建筑施工、非煤矿山和危险物品生产经营单位主要负责人、安全生产管理人员参加的安全生产知识和管理能力考试37期，共有75 744人通过了考试；制作特种作业操作证96 858个，其中新办证53 633个，复审43 225个。通过考核工作，提高了生产经营单位负责人和从业人员的安全意识和操作技能。

三、存在的主要问题

当前，北京市安全生产状况总体平稳，但是，距离党中央、国务院和市委、市政府的要求还存在很大的差距，安全生产形势依然严峻。主要表现在以下三个方面：

（一）安全生产监管监察能力有待进一步加强。面对安全生产新形势、新问题和繁重的工作任务，要求我们必须站在全局的位置上，审视全市安全生产工作的总格局，找准定位，拓宽视野，完善思路，开拓进取，更好地履行职责。但是，从目前工作状况看，忙于具体事务多，疲于被动应付多。一是研究深层次的共性问题不够，探索安全生产监管监察规律和特点不够，工作方式方法还停留在传统、单一的模式上，缺乏预见性、创造性和主动性，安全监管能力、执法水平和业务素质亟待加强。二是监管和执法的覆盖面仍不够，区县安全监管力量有待进一步加强，属地监管和行业（领域）管理责任有待进一步落实，对高危行业和人员密集场所等重点领域的监管工作距上级领导的要求尚有一定距离，监管手段落后，缺乏精确的分类指导。三是安全监管（管理）部门之间的配合协作尚需加强，从全市看，还没有形成各部门齐抓共管、联合执法的工作机制。

（二）部分生产经营单位安全生产主体责任尚不落实。企业是安全生产的责任主体，安全生产所有工作最终都要落实到企业。但是，随着经济建设的高速发展和市场主体的多元化，一些企业的领导没有树立“安全第一，预防为主”的思想，片面追求经济效益，忽视安全工作，导致安全生产法律、法规不能得到贯彻落实，造成企业安全基础工作薄弱，缺乏抵御风险的能力；安全投入不足，导致施工作业条件不符合安全标准，事故隐患长期得不到消除；安全教育力度不够，导致职工缺乏基本安全技能、安全知识和自我保护意识；安全标准不到位，安全管理制度、安全管理计划等流于形式，导致企业“三违”现象严重，伤亡事故频发。

（三）事故总量仍然较大，重大事故时有发生。近年来，北京市发生的各类事故的死亡人数在全国32个省区中排第8位，在全国4个直辖市中排第2位，事故总量高于上海市和天津市。全市平均每天有5个人死于事故，平均每15天发生一起死亡3人以上的重大事故。2005年，北京市部分地区和行业安全生产形势严峻，有6个区县生产安全死亡人数突破了控制指标，建筑业、制造业死亡人数多于去年同期。特别是2005年6月份以后，北京市安全生产出现了事故高峰期，高处坠落、触电、坍塌等事故频繁发生，各类生产安全事故死亡占全年死亡总数的74.3%。同时，北京市还发生数起地下天然气、自来水管道泄漏和施工中挖断输电线路等重大未遂事故，虽未有人员伤亡，但造成了严重的社会影响。这充分说明了一些行业安全基础工作仍然很脆弱，也证明了安全生产形势的不稳定性和反复性。

北京市 2006 年上半年安全生产形势报告

一、1～5 月份安全生产状况

（一）交通肇事、生产安全、火灾死亡事故总体情况。截至到 5 月 20 日，全市共发生交通肇事、生产安全、火灾死亡事故 512 起，死亡 570 人。与去年同期相比，事故起数减少 22 起，下降 4.1%；死亡人数减少 23 人，下降 3.9%。其中：交通肇事死亡事故 437 起，死亡 478 人，同比事故起数减少 40 起，死亡人数减少 51 人，分别下降 8.4%和 9.6%。生产安全死亡事故 52 起，死亡 67 人，同比事故起数增加 13 起，死亡人数增加 25 人，分别上升 33.3%和 59.5%。火灾死亡事故 23 起，死亡 25 人，同比事故起数增加 5 起，死亡人数增加 3 人，分别上升 27.8%和 13.6%。

（二）生产安全事故情况。今年以来，全市生产安全死亡事故和死亡人数与去年同期相比，均有大幅上升。主要表现在以下几个方面：

1. 重大事故时有发生。今年以来，全市共发生一次死亡 3 人以上重大生产安全事故 4 起，死亡 14 人（去年同期未发生重大事故）：2 月 21 日，北京房修一建筑工程公司在海淀区四道口进行临建用房拆除作业时，发生重大坍塌事故，造成 3 人死亡，16 人受伤。2 月 27 日，中铁二十局一分公司在朝阳区地铁十号线进行土方吊运作业时，发生重大事故，造成 3 人死亡。3 月 16 日，北京飞羽建筑工程公司在怀柔区北房镇经纬工业开发区施工时，将工程转包给不具备相应资质的北京雄建钢结构工程公司，发生重大触电事故，造成 3 人死亡。5 月 18 日，房山区史家营乡莲花庵村第六煤矿发生重大塌冒事故。事后确认，5 名工人全部被埋在塌冒位置。接到事故报告后，按照市政府的指示，市安全生产事故应急救援指挥部立即启动应急预案，组织应急抢险并及时核实情况，京煤集团昊华能源股份有限公司矿山救护队赶赴现场奋力营救，经过 82 小时的紧张抢救，截止 5 月 22 日，5 名工人遗体全部找到。目前，市政府已责成市安全生产监督管理局牵头组织联合调查组，正在开展事故调查工作。

2. 建筑事故居高不下。全市建筑业发生事故 31 起，死亡 40 人，同比增加 4 起 12 人，分别上升 14.8%和 42.9%，死亡人数占全市生产安全事故死亡总人数的 59.7%。

建筑事故中，坍塌、物体打击、高处坠落、起重伤害这四类事故共死亡 29 人，占建筑事故死亡总人数的 72.5%。其中：坍塌事故 8 起，死亡 12 人；物体打击事故 6 起，死亡 6 人；高处坠落事故 5 起，死亡 5 人；起重伤害事故 4 起，死亡 6 人。

3. 煤矿事故出现上升势头。发生煤矿事故 7 起、死亡 12 人，同比增加 6 起 11 人。

4. 非煤矿山事故有所上升。发生非煤矿山事故 3 起，死亡 3 人，同比增加 3 起 3 人。

5. 发生事故的区域相对集中，部分区县事故上升。海淀区、朝阳区、房山区、怀柔区、顺义区共发生生产安全事故 31 起，死亡 45 人，占全市生产安全事故死亡总人数的 67.2%。

与去年同期相比，事故上升的区县有：房山区 9 起 14 人，同比增加 8 起 13 人；怀柔区 4 起 6 人，同比增加 4 起 6 人；海淀区 6 起 9 人，同比增加 1 起 4 人；顺义区 4 起 5 人，同比增加

2起3人；西城区3起3人，同比增加1起1人。房山区生产安全事故死亡人数已突破全年生产安全事故控制指标。怀柔区、顺义区生产安全事故死亡人数已超过1至5月份生产安全事故控制指标。

6. 外地务工人员仍是事故伤害的主体。1至5月份生产安全事故中，外地务工人员死亡57人，占生产安全事故死亡总人数的85.1%。其中建筑事故中，外地务工人员死亡人数占建筑事故死亡人数的90%。

7. 瞒报、迟报、举报事故突出。如4月4日，朝阳区安全生产监督管理局接群众举报，经查实，重庆圣华建筑劳务公司对3月31日在朝阳区丽江新城工地发生的一起死亡事故隐瞒不报，现已对事故立案调查，并做出严肃处理。房山区史家营乡第六煤矿发生的重大塌冒事故，13小时后才上报市政府和市有关部门，属于严重迟报。今年以来，市安全生产监督管理局已接到关于煤矿非法开采和煤矿事故的举报19起，其中房山区有18起，经调查情况属实的有3起，死亡4人。

今年以来本市建筑拆除工程、农村房屋建设和拆除施工事故频发，共发生10起死亡15人。仅4月30日至5月12日这段时间，连续发生了5起事故，造成6人死亡、6人受伤。

二、当前生产安全事故多发的主要问题和原因

（一）政府监管、属地监管、行业监管工作不力。生产安全事故多发，违法行为屡禁不止，不同程度地反映出政府监管及属地监管力度不够、安全执法和管理不严不到位的问题，也反映出行业监管（管理）存在盲区和死角，未依法履行安全监管职责。据调查，目前北京市仍存在着煤矿、非煤矿山违法开采情况。5月16日晚9时，平谷区金海湖镇黑水湾村4个村民在已关闭的金矿内盗采，因矿硐上部岩石冒落被困井下，经奋力抢救才安全脱险。已关闭的83个煤矿中也仍有“死灰复燃”现象，其中房山区大安山乡、门头沟区清水镇“死灰复燃”现象严重。在事故隐患整改方面，有的地方和部门行动不够迅速，态度不够坚决。一些人员密集场所存在严重的安全问题，如：5月3日，北京市领导带队随机检查湘鄂情西单店时，发现地下2层的员工宿舍约100平方米的套间里，挤住着近50个人，严重违反了有关规定。现已整改减为22人。

（二）生产经营单位主体责任不落实。由于部分企业安全生产主体责任意识不强，重效益、轻安全，致使安全生产基础工作薄弱，安全生产投入不足，安全管理混乱。如：2月27日，中铁二十局集团有限公司施工的北京地铁十号线工程，在竖井进行土方吊运作业时，起重设备钢丝绳断裂，运土料斗坠落将在井下施工的3名作业人员砸伤致死。事故的主要原因是施工现场使用设备存在严重隐患，工程以包代管，现场人员违章指挥、违章操作。

（三）存在盲目追求经济利益的倾向。主要是个别企业受利益驱使，一些建设项目不履行法定建设程序，部分工程低价中标，层层转包，导致施工现场缺乏统一管理，隐患严重。更为严重的是，有的单位将工程包给无资质和不具备安全生产条件的单位，甚至蓄意逃避安全监管，违法开工。如：3月16日，怀柔区北京飞羽建筑工程公司将工程包给不具备相应资质的北京雄建钢结构工程公司进行施工，在移动脚手架过程中没有采取防护措施，脚手架接触到工地上方的10千伏高压线，造成3名作业人员触电死亡。

（四）安全培训教育不到位。部分单位没有按规定对职工进行安全培训教育，从业人员特别是外地来京务工人员缺乏必要的安全知识和基本操作技能，从而导致在生产作业中违章作业、盲目蛮干现象严重。据统计，今年以来作业人员因违章造成事故死亡49人，占生产安全事故死亡总人数的73.1%。调查发现，有一名工人入厂不到3天就死于事故。

天津市 2006 年上半年安全生产形势报告

今年以来，天津市安全生产工作在市委、市政府的领导下，坚持“安全第一，预防为主，综合治理”的方针，以科学发展观统揽全局，进一步强化安全生产责任体系建设、加大专项整治力度、充分发挥综合监管职责，积极构建安全监管长效机制等一系列过硬措施，使全市安全生产整体工作水平得到了新的提高，保证了全市安全生产的基本稳定。

一、1～6 月份安全生产基本情况

今年 1～6 月份，全市道路交通安全、消防安全和生产安全死亡事故的起数、人数稳中有降，各项事故指标均控制在国家下达的指标范围以内，全市没有发生重特大生产安全事故。

1～6 月份，全市发生各类安全死亡事故 418 起，死亡 460 人，比上年同期死亡事故起数减少 5 起，死亡人数减少 10 人，未超过国家下达的控制指标。

其中生产安全死亡事故 34 起，死亡 34 人，死亡事故起数比上年同期减少 7 起，死亡人数减少 12 人；道路交通死亡事故 335 起，死亡 382 人，死亡事故起数比上年同期减少 19 起，死亡人数减少 15 人；发生各类火灾事故 2781 起，死亡 10 人，经济损失 247 万元，火灾起数比上年同期增加 152 起，死亡人数减少 9 人，经济损失减少 145 万元；铁路路外伤亡事故 49 起，死亡 34 人，死亡事故起数比上年同期增加 13 起，死亡人数增加 17 人。

天津市委、市政府始终高度重视安全生产工作。今年以来，市领导对安全生产工作的重要批示达 54 条。中共中央政治局委员、市委书记张立昌多次对安全生产工作做出重要批示，特别是对地铁一号线工程安全问题的重要批示，要求联合相关部门对地铁一号线工程进行严格把关，确保运行安全。市委副书记、市长戴相龙召开市政府常务会听取安全生产工作汇报，并就中国致公党名誉副主席杨纪珂的建议作出了重要批示，要求市安监局和相关部门制定方案，用典型的事故做案例，强化安全教育。副市长杨栋梁坚持每季度召开一次安委会扩大会议，研究和部署安全生产工作，并先后深入重点高危行业和企业现场指导检查安全生产工作。

天津市委、市政府的关心和支持，是全市安全生产保持基本稳定的根本原因；此外，全市工、交、建等各个部门，加强合作，开展了各个行业的专项治理，进一步强化了安全生产的综合监管职责，是全市安全生产保持基本稳定的有力保障。

二、今年以来强化的几项重点工作

（一）加强领导，进一步强化和完善安全生产责任体系。上半年天津市两次召开了全市安委会扩大会议，总结和分析前一阶段工作，部署下一阶段工作要点，明确总体目标和任务，进一步强化和完善了各级领导对安全生产工作的领导和责任制度，按照国务院的有关要求，市安委会办公室将国家下达的 2006 年事故控制指标，层层分解落实到十八个区县，开发、保税、科技园区，以及经、交、建、商、农五个委办考核单位，制定了年度考核办法。按照要求，各区县政府及有关部门，将指标层层分解到各大中型企业和每个基层乡镇和街道，并层层签订了安全生产目标责任书，确保了各项指标的分解落实。

（二）狠抓重点，进一步深化安全生产专项整治工作。一是行政审批工作步伐加快。按照国家总局的统一部署，从严加快危险化学品、非煤矿山企业生产许可证的审核工作。今年以来，组织专家及审核人员400多人次，共审核危化企业375家，审核发放安全生产许可证314家；共审核非煤矿山企业74家，工作进度处在国家整体水平的前列；二是切实加强建筑施工安全整治工作。深入开展以防火、防高空坠落、防触电、防基坑坍塌、防机械伤害、防一氧化碳、防硫化氢中毒为主要内容的专项治理；三是坚持不懈地强化交通安全的监管力度，强化了对“双超”交通违法行为的惩治力度。按照市领导的批示，市安监局由局领导带队，组织两个专家参加的检查组，对天津地铁1号线的试运营进行了安全检查，共检查了13个车站和重点控制装置及设备的安全情况，提出了安全隐患的治理意见；四是进一步加强烟花爆竹的专项治理。严厉打击涉及烟花爆竹的各类违法活动，坚决取缔非法生产、运输、销售、储存窝点。

（三）建立和完善各项安全制度，进一步夯实基础工作。一是强化了工业集团的安全监管部门机构建设，今年以来，共有近10家工业集团总公司成立了安全生产监管部门，如冶金、医药、天铁、石油、石化等集团公司，增加人员编制100人以上。加大了工业安全生产的监管力度；二是就乡镇、街道安监机构建设问题召开区县座谈会，进行深入调研和摸底，制定了“进一步加强乡镇、街道安监机构建设的实施意见”，强化和完善三级监管工作；三是召开了全市安全生产行政执法工作会议，总结、研讨近年来安全生产执法工作的经验及存在的问题，研究部署进一步加强安全生产行政执法工作的具体措施；四是召开了安委会办公室主任及联络员扩大会议，确立了信息通报、工作例会和联络员等制度，进一步强化了综合监管的职责；五是加大了安全生产各项法律法规和安全知识的培训力度，按照市领导的批示，制定并下发了“关于开展职工安全生产知识电视培训工作的实施意见”。今年以来，共举办各类特种作业培训班620期，培训特种作业人员36 426人，法人安技干部培训班25期，培训街镇领导干部、企业法人、安技干部和外来务工人员3 719人。

（四）严防死守，进一步开展重点时期和重点行业的安全生产大检查。市安委会办公室充分发挥综合监管的协调作用，组织公安消防局、总工会、质监局等有关部门在两节、两会、“五一”黄金周、安全生产月、暑期等重点时期开展了联合督查。今年以来，共督查区县、集团总公司118个，出动检查人员近1 100人次，其中组织安委会委员22人次，检查企业480家。全市21个区县、消防、交通、质监及各个集团公司和部门共出动检查人员20 000余人次，检查企事业单位7 000余家，其中消防部门检查单位4759家，督促整改火灾隐患5 217件，确保重点时期全市无重大安全事故发生。

（五）居安思危，进一步做好事故隐患的排查。今年以来，天津市安监局按照市领导关于做好快速路以内危险化学品生产企业动迁整合的指示要求，加快了对快速路以内的危险化学品生产企业和外环线以内的生产和储存企业的摸底调研，对快速路以内的17家危险化学品生产企业按照行业类型、生产规模、坐落区域逐家调研摸底，制定调整方案。同时，以市政府文件转发了市安全监管局关于进一步加强我市危险化学品从业单位安全生产工作意见的通知。按照市领导的要求，市安委会办公室连续召开4次协调会，协调交管、轻轨、市政、园林等部门加紧完善轻轨沿线隔离护栏等交通安全设施问题，尽快消除事故隐患。

（六）强化宣教，进一步营造安全文化建设氛围。积极开展安全生产月活动，营造安全文化氛围，开展了“6·11”安全咨询日活动，市委常委、副市长孙海麟携全体安委会委员出席咨询日活动，市安委会办公室组织公安消防局、公安交管局、工业系统、城建系统、交通系统等30多个单位共计400余人参加活动；安全月期间向近200万移动手机用户发送候选警句，收到反馈信息两千余条，实现了双向互动；市安委会办公室印制了“安全生产月宣传页”40万份，随主流报纸分发到千家万户，宣传安全常识；全市主干道路、临街建筑工地、商场、超市、车站、公园等公共区域都悬挂了宣传标语；组织全市职工进行安全常识和相关法律法规知识考核，发放试卷42万份；团市委联合市安全监管局及有关部门发起了“青年安全生产示范岗表彰活动”，300个班组，近50 000名职工参加了活动，83个班组受到市里表彰，其中天津钢管集团有限公司等12个单位被命名为“第四届全国安全生产示范岗”，受到团中央的表彰。市安委会办公室组织市总工会、团市委、广电局等部门对全市12个区县、36家企业、14个工地安全生产月的宣教工作进行了督察。

总的来说，今年以来全市安全生产形势保持了基本稳定，主要控制指标好于全国平均水平，但是，安全生产形势依然严峻，不容乐观，主要表现在：

一是事故多发的势头没得到有效遏制，部分重点行业呈上升态势。特别是机械伤害、物体打击、硫化氢中毒呈明显上升态势；二是二季度死亡事故人数明显高于一季度，二季度因工死亡人数比一季度上升45%；三是无主管企业的死亡事故占有一定比重。上半年安全生产死亡事故中，无主管部门的死亡事故占36%；四是城市就业人员死亡人数上升。上半年安全生产死亡事故中，城市就业者死亡人数比重上升了12个百分点；五是重大未遂伤亡事故频发。危险品运输事故、硫化氢中毒未遂事故等发生多起等，虽未造成重大伤亡事故，但社会影响极坏，群众生命和财产受到严重威胁。

造成事故发生的主要原因：一是有关部门对特种设备监管工作不到位。特别是起重、机械设备有降低检验、检测、发证标准和日常监管不到位的现象。二是“三违”、“三超”现象突出，违章操作、违章指挥、违犯规章制度和超能力、超强度、超定量冒险生产行为是发生事故的主要原因；三是一些地方、部门、单位的领导思想并未统一到中央的精神上来，企业主体责任不到位，对安全生产认识只是流于形式，工作不重视，只重视经济效益，忽视安全生产，缺乏安全生产的投入和保障措施；四是安全机制不健全。体现在责任不落实，没有把安全生产责任制落实到每个基层、车间和人员头上；五是安全生产监管力量薄弱，监管工作存在空缺，特别是对量大面广的私营企业和无主管企业，存在着无人抓、无人管的状况。六是安全教育针对性差。安全培训疲于应付，特别是对从业人员的教育培训，不少企业重形式、走过场、重数量、轻质量，没有真正掌握知识，管理者和从业人员的素质低下等现象依然大量存在。

三、近时期安全生产工作要点

（一）修订完善《天津市安全生产管理规定》，继续推进安全生产法制化进程。《规定》颁布实施两年有余，实施中的实际问题和不够完善的地方正在显露。下半年，要开展调研，找准问题，听取意见和建议，广泛吸收、借鉴其他省市的做法和经验，年内拿出《规定》的修订稿。协调市人大和政府法制办尽快进入修订程序，继续推进安全生产法制化进程。

（二）制定《天津市安全生产监管工作规则》，强化依法行政。认真落实《天津市行政审批管理规定》和《天津市行政许可违法责任追究暂行办法》等政府规章。年内拟定和出台《天津市安全生产依法行政规则》，规范行政审批行为，建立公平、公正、公开的依法行政工作机制和工作规范，推进依法行政，强化安全监管。

（三）认真抓好农村在建厂房专项治理。坚决杜绝“三无”工程。

（四）做好伤亡事故的批复和结案工作，重点打击隐瞒不报等违法行为。对上半年生产安全事故进行梳理和分析，要求按期批复和结案。按照“四不放过的原则”，重点检查事故整改措施的落实情况；重视群众举报，重点查处事故隐瞒不报或谎报的不法行为。

（五）进一步强化非公有制企业监管，强化薄弱环节。针对非公有制企业的基本特点，从法制、体制、机制和投入各个环节入手，研究掌握非公有制企业尤其是小企业安全生产工作的规律和特点，探索政府对非公有制企业安全监管的有效途径和手段，探索社会监督、支持服务的有效途径，引导促进非公有制企业加强自我约束和内部管理，总结企业创造的新鲜经验，建立起科学、系统、有效的非公有制企业安全生产长效机制。

（六）开展重大危险源普查登记，实施分级负责和重点监控。按照国家安全生产监督管理总局的工作部署，积极组织开展重大危险源申报登记工作。实施微机管理，对重大危险源进行分级，并建立市、区（县）重大危险源分级监管体系。开展重大危险源的检测、评估，组织实施和认真落实监控防范措施，同时对有缺陷和存在事故隐患的重大危险源实施治理。

（七）打好高危企业停产关闭的攻坚战，强化证后监管。做好停产关闭企业的善后工作，对不予行政许可的企业逐一说明情况，与区县共同研究，提出处理意见、依法停业或关闭，防止行政诉讼和复议；加强证后监管，对管理滑坡或安全条件不符合规定的企业采取吊扣、收回行政许可、停业整顿等不同档次的行政处罚措施，重点对剧毒和爆炸当量较大的企业实施重点监管。同时，抓好非煤矿山专项整治。联合市国土资源房管局对未申报安全许可的非煤矿山企业联合执法，报请有关政府依法关闭。对已取得安全许可证的企业加强证后监管，全面推行安全质量标准化，对安全管理滑坡严重的，发生事故的企业暂扣、吊销安全许可证。

（八）筹建危险化学品交易配送中心，实行危险化学品物流改革。协调和配合有关部门，做好物流中心的招商和前期准备工作，积极创造条件，确保危险化学品交易配送中心按计划在 9 月份顺利开业，加快推进危险化学品物流改革，确保交易配送环节的安全管理。

（九）切实抓好夏季安全生产工作，做好防暑降温。开展暑期安全大检查。完善作业和储存场所的通风、降温、防洪、防潮等措施；露天高压储罐要严格实行喷淋降温制度，确保喷淋装置完好运行；建筑施工单位要配置必要的防暑降温设施，积极改善劳动作业条件，劳动时间尽量避开烈日高温时间，杜绝疲劳作业；针对夏季台风、暴雨、洪水、雷电、高温等恶劣气候及汛期水上航行安全的特点，加强重点水域、重点航段、重点渡口的安全检查；坑、池、罐、釜、沟以及井下管道作业要严防硫化氢中毒事故发生；学校集体食堂、农民工集体食堂，要严把卫生关，防止集体中毒。

（十）开展节日安全大检查，提升公共安全水平。要精心部署，认真检查，搞好预案，加强演练，特别是旅游景区、人员密集场所和大型游乐设备要重点检查，消除隐患；开展节前安全教育，杜绝“三违”现象；交通运输部门要强化自身管理，坚决防止各类交通运输工具超载、超限或带病运行，杜绝疲劳驾驶和酒后驾车，重点防范公共领域的群伤群亡事故，提升防范水平。

河北省2005年安全生产形势报告

一、2005年安全生产基本情况

2005年，在河北省委、省政府的正确领导下，各级、各部门和各单位认真做好安全生产工作，全省安全生产形势保持了总体平稳的态势。

——事故总量和死亡人数下降。全省共发生各类事故19 471起，死亡5 035人，同比减少4 149起、402人，分别下降17.6%和7.4%，下降幅度高于全国平均水平。这是河北省自2002年以来连续第4年事故起数和死亡人数双下降。

——大部分行业和领域安全生产形势好转。道路交通事故11 187起、死亡4 075人，同比减少3 908起、490人，分别下降25.9%和10.7%；危险化学品事故11起，死亡19人，同比减少2起、3人，分别下降15.4%和13.6%；建筑施工事故39起，死亡51人，同比减少30起、16人，分别下降43.5%和23.9%。另外，非煤矿山事故60起，死亡115人，同比减少30起、65人，分别下降33.3%和36.1%。

——多数地区工矿商贸企业安全生产状况较为稳定。石家庄、秦皇岛、廊坊、保定、沧州、衡水、张家口、邯郸等8市的工矿商贸企业事故死亡人数在控制指标之内。

2005年重点抓了六方面的工作：

（一）*抓考核，严格落实责任制*。从2003年开始，省政府连续3年与各设区市和省直有关部门的主要负责同志签订《安全生产目标管理责任书》。各级各部门对省下达的责任目标层层分解，逐级签订安全生产责任状，形成了一级抓一级，一级保一级，逐级负责的安全生产目标责任体系。一些地方还采取了一些新做法，如保定市把安全生产工作纳入了政绩考核的重要内容，从年终考核结果看，大部分单位责任目标完成较好。

（二）*抓法制，加快制定政策法规*。颁布实施了《河北省安全生产条例》，省政府先后出台了《关于进一步加强地方煤矿安全生产工作的意见》《关于进一步加强非煤矿山安全生产工作的意见》《河北省安全生产风险抵押金管理暂行办法》和《关于切实加强全省安全生产应急救援体系建设的意见》等4个政策性文件，省政府办公厅、省安委会制定出台政策性文件13个。安监、煤监、公安、交通、国土等部门也都制定了一大批文件。

（三）*抓重点，深化专项整治*。在煤矿专项整治方面，向国有重点煤矿派驻了瓦斯治理督导组，加大了瓦斯治理力度，所有高突矿井全部安装了瓦斯监测监控系统；认真抓好整顿关闭工作，组织开展了打击非法生产联合执法，全省共关闭不具备安全生产条件矿井226处。在非煤矿山专项整治方面，认真抓了安全标准化工作；加强了对重点地区、重点企业的督查监控；省国土资源厅等部门开展了严厉打击越层越界、非法开采活动，全省关闭不具备安全生产条件的非煤矿山1 023处。在道路交通专项整治方面，省公安厅、省交通厅等部门开展了治理“双超”、排查治理危险路段、创建平安畅通县区等工作，取得了显著成效。在危险化学品专项整治方面，重点开展了危险化学品生产、储存、经营、使用、运输、废弃处置等环节的整治，对涉及易燃易爆品、剧毒品和有毒气体的单位进行了重点监控。在烟花爆竹专项整治方面，加大了明查暗访力度，促使企业改善了生产条件，严格按照规定进行生产。建筑、民爆等行业的整治力度也进一步加大。

（四）抓源头，认真落实安全生产许可证制度。截止 2005 年底，全省办理煤矿安全生产许可证的矿井 330 处，占矿井总数的 47.7%；办理非煤矿山安全生产许可证 1 750 家，占企业总数的 55.5%；办理危险化学品安全生产许可证 410 家，占企业总数的 34.1%；办理烟花爆竹安全生产许可证 32 家，占企业总数的 41.0%；办理民用爆破器材安全生产许可证 25 家，占企业总数的 100%；办理建筑安全生产许可证 4 106 家，占企业总数的 85.1%。

（五）抓基层，夯实管理基础。一是开展了全省安全生产示范乡镇活动。95 家乡镇达到省示范乡镇标准，其中 93 家示范乡镇没有发生重特大事故。二是积极推进安全标准化工作。20 个煤矿达到国家一级标准，8 个达到国家二级标准，4 个达到国家三级标准，1 690 家非煤矿山企业达到了我省安全标准化要求。三是进一步加强了宣传教育。认真组织开展了第四次“安全生产月”和“安全生产燕赵行”等活动。各新闻单位加大了对安全生产的宣传力度，广泛地宣传了国家和省的安全生产方针政策。开展了大范围、多层次的安全教育培训，一大批企业负责人和安全生产管理人员受到了培训。四是认真开展重大危险源普查登记工作。基本摸清了高危行业、重点企业的危险源点分布情况，进一步完善了防范措施。

（六）抓监管，强化监督执法力度。河北省政府和省安委办先后 5 次组织全省范围的安全生产大检查，查出较大隐患 960 处。省人大开展了安全生产执法检查，各有关部门开展了安全生产联合执法。省政府成立了省矿山安全生产监察总队，检查矿山企业 738 个，查出隐患 592 处。各市按照省政府办公厅要求，着手组建安全生产监察执法队伍，目前已有 3 个市组建了监察支队，其他市也在抓紧组建当中。

二、突出重点，狠抓落实，全面做好安全生产各项工作

今后一段时期，河北省安全生产工作总体思路是，以十六届五中全会和省委六届八次全会精神为指导，坚持“安全第一、预防为主、综合治理”的方针，围绕一条主线（安全生产落实年），突出两个重点（遏制重特大事故、建立安全生产长效机制），做到三个加强（安全生产法制建设、队伍建设、安全文化建设），实现四个突破（安全生产专项整治、企业主体责任、应急救援体系、双基建设），促进全省安全生产形势稳定好转。

总体目标是，全面完成国家下达的安全生产控制指标，杜绝特别重大事故，遏制重特大事故，减少一般事故，确保全省安全生产形势稳定好转。

通过抓落实，要在两项中心任务上有新突破、新进展：一是花大力气扭转重特大事故多发的状况。遏制重特大事故是党和政府的要求，人民的期待，也是 2006 年工作的重中之重。二是在建立安全生产长效机制上有所突破。遏制重特大事故，建立长效机制，要切实做到“三个加强”，努力实现“四个突破”。

（一）全面加强法制建设。一是加强安全生产法规制度建设。尽快出台《河北省安全生产违法行为行政处罚办法》等法规。二是加强执法队伍建设。充实完善省、市安全生产监察执法队伍，落实机构、人员和经费。实行特聘省级安全生产监督检查员制度，搭建全省安全生产行政执法和安全管理人才支持平台。三是加大安全生产行政执法力度。落实安全生产行政执法责任制，有执

法职能的部门要把执法内容分解到每个岗位、每个人。加大国家和河北省安全生产政策法令宣传贯彻的力度，确保各项法律法规宣传贯彻到每个乡镇、厂矿。四是强化安全生产行政执法监督。逐级开展安全生产执法监督检查，一级查一级，确保规范执法。五是加大责任追究力度。按照“四不放过”原则认真查处事故，严格责任追究制度。

（二）全面加强安全文化建设。要加大宣传教育力度，使科学发展观和“安全发展”的指导原则深入人心。要充分发挥工会等群众组织的作用，维护好广大职工的合法权益。认真落实《河北省奖励举报生产安全事故及事故隐患暂行办法》，鼓励群众举报违法、违纪和违规现象，及时公布重特大事故查处情况。要高度重视新闻宣传，把握舆论导向，大力支持新闻媒体的工作，投入必要的人力和资金，巩固和扩大安全宣传阵地，在全社会形成人人关注安全、人人支持安全生产的舆论氛围。

（三）全面加强队伍建设。安全生产工作政策性、专业性很强，对安监队伍的要求很高。各级各有关部门必须高度重视安监队伍建设，全面提高监管人员的素质，使安监人员适应形势的需要，适应监管任务的需要。一是提高执法水平。要能够熟练掌握安全生产各项法律规定以及执法程序，精通监管行业和领域的安全生产知识，成为安全监管的行家里手。二是廉洁自律。要通过加强对安全监管人员的监督和管理，建立考核奖惩制度，形成奖勤罚懒、奖优罚劣机制，督促监管人员自觉做到公正执法、严格执法、廉洁执法。三是甘于奉献，勤奋工作。从事安全生产工作很光荣，也很辛苦，必须要有不怕困难、无私奉献的崇高精神，在工作中自觉做到兢兢业业，一丝不苟。

（四）在专项整治上取得新突破。要重点做好整顿关闭工作。2005 年 12 月 31 日之前未提出安全生产许可证申请的煤矿、非煤矿山、危险化学品、烟花爆竹企业全部关闭；2006 年 3 月 31 日之前未取得安全生产许可证的烟花爆竹生产企业、未取得危险化学品经营许可证的经营单位全部关闭；6 月 30 日前未取得安全生产许可证的非煤矿山、危险化学品生产企业全部关闭；年生产能力 3 万吨以下的矿井，经核实不符合有关规定的基建、改扩建矿井，借整改、基建之名偷开偷采的矿井全部关闭。以上矿井、生产企业和经营单位关闭要彻底，不留后患，严防死灰复燃。在做好关闭工作的同时，其他工作也要力争取得突破性进展。煤矿：强力推进“先抽后采”，继续向国有重点煤矿派驻瓦斯治理督导组，并在此基础上探索建立煤矿安全监察专员制度。另外，要严格煤矿建设项目管理，对各级批准的建设项目，要按国家和省有关规定认真进行核查。非煤矿山：认真落实省政府 21 号文件，大力整顿规范矿山开发秩序。对矿山集中、矿业秩序混乱、事故多发的地区、矿区实施重点监控，将矿井安全出口、提升系统、采空区作为重点整治环节，所有企业的重点治理项目要全部达到国家标准。危险化学品：重点抓液氯、液氨、液化石油气、剧毒溶剂等重点危险物品的生产和运输整治，抓生产企业的“三违”，抓安全距离不符合要求的化工企业搬迁。烟花爆竹：严厉打击非法生产经营，抓好防超储超限和运输配送。道路交通：重点抓好事故多发路段的排查与整改，严厉查处超速、疲劳驾驶、酒后驾驶等违法行为。开展好铁路与公路交叉路口的综合治理，减少路外事故。消防安全：重点排查整改商场、市场、学校、医院、网吧等人员密集场所的火灾隐患。民爆器材、建筑等也要根据本行业的实际情况，确定整治重点，切实做好专项整治工作。

（五）在落实企业主体责任上取得新突破。落实企业安全生产主体责任，就是要求企业主要负责人认真履行第一责任人的职责，在企业内部实行严格的安全生产责任制，建立健全并严格执行各项规章制度，依法保证和加大安全投入，不断加强职工教育和培训。一是抓好各项政策在企业的落实。当前要重点抓好“三项经济制度”的落实，提高事故成本，促使企业加大安全投入。二是严格监管。政府部门要认真履行职责，依法实施监管权力，查处各类企业的违法违规行为。三是实施有效指导。根据企业的不同特点，发布行之有效的指导意见，充分发挥中介机构作用，为企业提供有效的服务。四是加强社会监督。发挥舆论监督、群众监督的作用，适时公布不具备安全生产条件企业的名单，督促企业加强安全管理，提高本质安全水平。

（六）在应急救援体系建设上取得新突破。一是加快应急救援指挥系统建设。省、市、重点县（市、区）都要建立应急救援指挥中心。二是加强应急预案的制定和演练。抓紧出台《河北省生产安全事故应急预案》、《河北省危险化学品生产安全事故应急预案》。各级各部门和各单位要组织好应急救援演练，提高预案的可操作性和实用性。三是加强应急救援队伍建设。通过整合、重组，建立 4 个省级矿山和危险化学品救援、培训、演练基地，8 支省级矿山应急救援队伍，6 支省级危险化学品应急救援队伍，2 支兼职的烟花爆竹应急救援队伍。鼓励支持市、县和企业建立应急救援队伍，没有条件建立应急救援队伍的企业，要就近与专业应急救援队伍签订有偿救援服务协议。加强应急救援培训工作，提高救援队伍和管理人员的自身素质。做好应急救援队伍的资质认定工作。四是加强应急救援装备建设。各级政府、有关部门和企业要拿出一定资金购置应急救援装备，改善装备落后状况，提高应急救援水平。

（七）在双基建设上取得新突破。在基层建设方面，要巩固和扩大安全生产示范乡镇活动的成果，通过推广示范乡镇的经验，带动全省乡镇提高安全生产工作水平。要进一步加强基层监管力量，全省高危企业集中、人口多、经济较发达的乡镇要明确承担安全生产监管职责的机构。要加强非公有制企业安全监管，做好试点工作，取得经验后在全省推广。在加强基础方面，重点抓好以下几方面工作。一是完善安全生产责任制。要把安全生产纳入各级“十一五”规划，做到有指标、有项目、有措施、有支撑体系。要继续实施安全生产工作绩效量化考核，将安全生产控制考核指标完成情况作为评价政绩、业绩的重要内容。二是抓好安全生产教育培训。建立完善的培训制度，充分利用全省各级安全培训机构，按照不同岗位要求，分级培训。做好生产经营单位主要负责人、安全管理人员、特种作业人员和其他从业人员的安全培训。开展好职工安全生产知识电视培训活动，年内培训职工 50 万人。三是认真做好建设项目安全设施“三同时”。对新建、改建、扩建的建设项目要认真开展“三同时”审查，从源头上把好安全关。各有关部门对应进行而未进行“三同时”的建设项目不予立项、审批和验收。对拒不整改的项目单位，要按照有关规定予以处罚。四是深化安全标准化活动。对国家已经下达的技术规范和操作标准，要认真贯彻执行；没有下达的，要抓紧制定我省的技术规范和操作标准；需要修订的要抓紧修订。煤炭、非煤矿山、危险化学品、烟花爆竹、机械等行业要在已有试点的基础上做好推广工作；其他行业要抓紧试点，取得经验后在全行业推广。五是落实安全科技规划，实施“科技兴安”战略。加快全省安全生产技术支撑体系建设；组织大型企业、大专院校进行科技攻关，推广应用安全生产科技新成果；进一步加强和规范安全生产中介机构的管理。六是做好重大危险源和职业危害普查登记工作。对重大危险源实施省、市、县三级监控，落实监控措施。

河北省2006年上半年安全生产形势报告

一、全省安全生产形势

今年上半年河北省安全生产形势可概括为“总体稳定、趋向好转，基础薄弱、形势严峻”。“总体稳定、趋向好转”表现为：事故总量和死亡人数下降，未发生特大以上事故，国家下达的控制指标完成较好。1～6月份，全省共发生各类生产安全事故8 294起、死亡1 884人，同比减少1 692起、284人，分别下降16.9%和13.1%。其中，工矿商贸企业事故82起，死亡126人，同比减少58起、135人，分别下降41.4 %和51.7%；发生一次死亡3～9人的重大事故36起，死亡141人，同比减少17起、61人，分别下降32.1%和30.2%。

“基础薄弱、形势严峻”突出表现为：一是安全生产形势总体稳定的基础不牢固。目前安全生产形势总体稳定，是在去年“12·7”唐山刘官屯矿难后大部分矿山企业停产整顿，“两节”、“两会”期间各地采取严厉的监管措施情况下取得的，基本上还是依赖事故后采取短期的高压手段，基础并不牢固。二是运输过程中危险化学品泄漏事故和触电事故多发。近期河北省境内和周边多次发生危险化学品运输过程中的泄露事故，4月份以来就发生了6起（另有2起是在生产过程中发生泄漏事故），另外，6月份连续发生了4起触电事故，4人死亡，这些事故需要高度警惕。三是部分市安全生产形势依然严峻。大部分市事故起数和死亡人数下降，但也有的市事故起数增加，或者死亡人数增加，有的市五、六月份事故较为集中，事故呈多发趋势，有的市某些行业和领域隐患多、事故多，安全生产形势很不稳定。

二、关于上半年主要工作

今年以来，河北省委、省政府采取了多项措施加强安全生产工作，和以往相比，以下几点尤为突出，一是省委、省政府第一次决定在全省开展“安全生产落实年”活动；二是省政府第一次以省长令的形式下发安全生产文件，即《河北省实施〈国务院关于预防煤矿生产安全事故的特别规定〉办法》；三是省政府主要领导第一次亲自分别致信各设区市党政一把手，要求抓好矿井关闭、危化企业搬迁和组建安全生产监察支队等重点工作。这些措施，体现了省委、省政府对安全生产工作的高度重视，也是对安监工作的最大支持。在省委、省政府的领导下，经过全省共同努力，各项工作有了新的进展。

（一）整顿关闭了一批不符合安全生产条件的企业。在去年关闭226处煤矿矿井的基础上，今年以来又关闭150处矿井。按照国家要求，对2005年底前未提出安全生产许可证申请的非煤矿山企业、危险化学品生产经营单位实施了关闭。省安监局会同省国土资源厅、河北煤监局等部门起草了全省煤矿整顿关闭工作三年规划，进一步修改后将呈报省政府。

（二）认真开展了煤矿瓦斯治理工作。继续向国有重点煤矿派驻了瓦斯治理督导组。5月份，在全省开展了“煤矿瓦斯集中整治月”活动，加大了隐患排查力度。进一步完善了煤矿瓦斯监测监控系统，大部分省属煤矿企业瓦斯监测监控系统实现了集团公司（局）内联网，7个产煤县实现了县内联网，年底前所有煤矿瓦斯监测监控系统将基本安装到位，重点产煤县（市）将全部实现联网。

（三）安全生产许可证发放工作取得阶段性成果。到6月30日，集中发放安全生产许可证工作已基本结束。全省569家煤矿企业、2 893家非煤矿山企业、68家烟花爆竹生产企业、25家民用爆破器材生产企业、1 351家危险化学品生产企业、2 947家建筑企业取得了安全生产许可证，8 470家危险化学品经营单位取得了经营许可证。通过发放安全生产许可证，各有关企业认真进行整改，投入了大量资金。全省45家安全距离不符合要求的化工企业，已有6家搬迁，10家正在实施搬迁，20家已制定了搬迁计划，9家拟实施关闭。

（四）安全生产监管队伍建设步伐加快。去年底，省委、省政府决定成立省矿山安全生产监察总队。今年3月27日，省编委下发了《关于组建河北省矿山安全生产监察总队的批复》，各市安全生产监察支队也在抓紧组建之中。

（五）安全生产应急救援体系建设得到加强。出台了《河北省安全生产事故灾难应急预案》等，为救护队配备救护装备200台（套），分四批对全省270名矿山救护队指挥员进行了培训，开展各级各类安全生产应急救援演练32次。

（六）安全生产月活动取得较好效果。按照国家和河北省的统一部署，河北省安委办围绕“安全发展，国泰民安”这一主题，组织开展了“安全生产燕赵行”、安全生产“心连心”艺术团慰问演出、“安全生产宣传咨询日”、发送安全生产短信等一系列活动，各市、县也开展了各种丰富多彩的活动。

三、下一步工作安排

下一阶段年河北省安全生产工作总的要求是，继续贯彻落实年初确定的工作部署，狠抓落实，加快推进，巩固总体平稳的安全生产形势，确保完成全年目标任务。重点抓好以下几项工作：

（一）采取有效措施遏制重特大事故。反思全省近几年事故发生情况，下半年是事故多发期、易发期。要提前应对，在事故高发期到来之前，提前做好准备，把能用的措施提前用上，把需要做的工作提前做好。要突出重点，以煤矿、非煤矿山、危险化学品、烟花爆竹等为直接监管行业重点，对其他行业，也要发挥安全生产综合协调部门的作用，做好配合工作。要认真做好暑期、汛期安全生产工作，特别重视尾矿库的安全监控。

（二）加快建立安全生产长效机制。在落实企业安全生产主体责任方面，河北省安监局已代省政府起草了《河北省人民政府落实生产经营单位安全生产主体责任暂行规定》，各市也要探讨一些新举措、新办法；在基层建设方面，以乡镇为重点，巩固和扩大安全生产示范乡镇活动的成果，带动全省乡镇提高安全生产工作水平；在加强非公有制企业安全监管方面，廊坊市作为全省的试点，工作很有特色，取得了一定经验，要尽快总结出一套适合河北省情况的好做法，逐步在全省推广；在落实责任制方面，7月份要集中抓好半年控制目标考核，对责任书的落实情况实行跟踪管理；在深化安全标准化活动方面，要充分利用国家修订一些行业操作标准的机会，推动全省安全标准化工作上新台阶；在做好重大危险源和职业危害普查登记工作方面，原定6月底前完成摸底建档，大部分市已经按要求上报了资料，但部分市还没有上报资料，要加快进度，为实现对重大危险源的分级监控做好准备。

（三）进一步加大整顿关闭工作力度。一是要明确要求。对整顿关闭工作，国家和省都作了全面部署，今年以来又提出了新的要求，各市要按国家的新要求尽快做相应调整，确保落实到位。二是要正视困难。截止 6 月 30 日，103 处煤矿、225 家非煤矿山、87 家危险化学品生产企业未能在国家规定最后期限内获得安全生产许可证，这么多的企业要在短期内关闭到位，工作任务十分繁重。三是要坚定信心。关闭不具备安全生产条件的企业，对遏制重特大事故、实现全省安全生产形势的稳定好转，具有至关重要的作用，全省安监系统一定要统一思想，不能因为有困难就发生动摇，要坚定不移地把这项工作做好。

（四）做好安全生产许可证发放的后续工作。一是尽快将工作重点由集中发证向加强监管转移。企业取得了安全生产许可证，并不等于进了“保险箱”。要督促企业加强管理，改善安全生产条件，防止各种事故发生。二是继续推进安全距离不达标危化企业搬迁。三是做好新建企业安全生产许可证发放工作。要一如既往的高标准、严要求，提高行业准入门槛。

（五）加强安全生产执法。要加快安全生产监察队伍组建，认真做好人员选聘、机构组建，落实执法条件，力争尽快组建到位，尽快开展工作。要切实提高安监执法队伍素质，加强新进人员的培训，提高法律素质和业务能力。要严格执法，建立执法责任制，既要赋予执法人员权力，更要强调责任。要加强廉政建设，教育执法人员严于律己，做到廉洁和规范执法。要加强省、市、县三级执法机构的配合，规范各级的执法权责，划分执法重点，建立联合执法机制，形成监管合力。

（六）发挥好安全生产综合协调部门的作用。安全生产是一项系统工程，需要全社会的支持和参与，各级安监部门要充分发挥安全生产综合协调部门的作用，多汇报、多宣传，争取各级党政主要负责人对安全生产工作的支持。同时，与其他有关部门加强配合，多沟通、多协调，形成安全监管的合力。

山西省2005年～2006年上半年安全生产形势报告

一、2005年～2006年上半年事故情况

（一）2005年安全生产基本情况。全省共发生各类安全生产伤亡事故16 914起，死亡4 510人，与去年同期相比，事故起数减少2 595起、下降13.30%，死亡人数减少354人，下降7.28%。比国家下达的控制指标5 102人减少592人，低11.60%。其中：一次死亡3～9人重大事故43起，死亡189人，与去年同期相比，事故起数减少16起、下降27.12%，死亡人数减少74人、下降28.14%；一次死亡10人以上特大事故14起，死亡302人，与去年同期相比，事故起数增加1起，上升7.69%，死亡人数增加51人，上升20.32。

（二）2006年1～6月份安全生产基本情况。1～6月全省共发生各类安全生产伤亡事故8 121起，死亡1 975人，与去年同期相比事故起数减少38起，下降0.47%。死亡人数增加3人，上升0.15%。其中：一次死亡3～9人重大事故32起，死亡140人，与去年同期相比事故起数增加15起，上升88.24%，死亡人数增加68人，上升94.45%；一次死亡10人以上特大事故3起，死亡107人，与去年同期相比事故起数减少5起，下降62.50%，死亡人数减少72人，下降40.22%。

二、安全监管工作情况

（一）把安全生产纳入到了经济和社会发展规划之中，做到了同步规划、同步部署、同步推进。省十届人大第四次会议通过了《山西省国民经济和社会发展第十一个五年规划纲要》，首次把安全生产列为专节，把亿元GDP事故死亡率和煤炭百万吨死亡率两项指标纳入了我省国民经济和社会发展指标体系之中，并将省级安全生产应急救援六个区域基地建设和安全生产监管执法网络系统建设两个安全生产项目列入全省“十一五”规划的重大建设项目之中。根据全省“十一五”规划，我们组织制定了《山西省安全生产“十一五”规划》，并进行了反复论证和修改，即将全面实施。各市、各部门和各企业也都结合实际，制定和完善了各自的“十一五”规划，进一步明确了安全生产的指导思想和任务目标。

（二）安全专项整治工作取得阶段性成果，有效推动了许可工作的全面开展。针对重点行业和领域存在的突出问题，各级安全监管监察部门采取措施，深化安全生产专项整治，促进许可工作顺利开展。非煤矿山加大对重点矿种和重点地区的治理力度，推动了整治验收工作深入开展。今年上半年又有271个企业通过了安全整治评估验收，通过验收的企业累计达到3 216个。运城市安监局实行领导分片包干负责制，晋中市安监系统干部深入企业指导服务，促进了非煤矿山安全专项整治不断向纵深推进。同时钢铁、有色、建材等相关行业企业的安全条件核准工作全面启动。

危险化学品安全整治同安全评价和安全生产许可证的审查、颁证工作有机结合起来，对在期限内未能取得许可证的经营企业，向当地政府提出了关闭建议。对不符合安全距离的20多户危险

化学品生产企业，制定了搬迁方案，下达了搬迁指令。在烟花爆竹整治方面，开展了联合执法行动，严厉打击了非法生产经营行为，督促26家不符合安全条件的批发企业新建或租赁了专门的仓库。特别是晋城市整治力度大，对未取得许可证的危险化学品经营企业和烟花爆竹企业的关闭工作成效明显。

安全整治的不断深化为许可工作奠定了基础。上半年省安监局共受理非煤矿山申请1 869个，颁发1 102个，累计许可企业2 392个，占总数的54%。受理危险化学品生产企业申请420个，颁发414个，累计许可企业923个，占总数的93%。受理危险化学品经营企业申请236个，颁发228个，累计许可企业3 744个，占总数的93%；烟花爆竹生产企业许可工作全部完成。非药品易制毒化学品生产和经营许可准备工作基本就绪。

（三）以“三大战役”为主线，深入开展了煤矿瓦斯治理和整顿关闭两个攻坚战。2005年9月份以来，我省组织开展了“第一战役”即严厉打击非法违法煤矿专项行动。到今年1月25日，全省取缔关闭非法违法矿点4 876处，停产整顿煤矿1 390矿（次），实施行政处罚近1 500万元，取得了阶段性成果。上半年又采取措施，进一步巩固了“第一战役”的成果。

今年又开展了“第二战役”，即煤炭资源整合工作。根据国务院安委办19号文件要求，结合我省实际，编制了全省三年关闭矿井的规划。第一阶段已关闭矿井1 156个，计划在现有3 771个矿井的基础上，再关闭1 000个，其中第二阶段即到明年6月底关闭500个矿井的名单已基本落实。为加强对吊证关闭和整合压减矿井的监督，保证煤矿矿井关闭到位，上半年组织了两次吊证关闭煤矿督查。通过资源整合，关小上大，减少煤矿数量，扶持煤矿现代化大集团发展，为实施“第三战役”，打下了基础。

在煤矿瓦斯治理方面，我省所有合法矿井全部建立了瓦斯监测监控系统，实现了省、市、县、矿四级联网。最近，国家发改委、国家安监总局和科技部联合召开煤矿瓦斯治理和利用现场会，推广了晋城瓦斯先抽后采和综合利用的经验。

（四）重心下移，安全监管监察的“双基”工作不断加强。各级监管部门坚持安全生产工作重心下移，始终把工作的立足点放在基层、放在企业，不断强化安全生产基础工作。

按照省政府《关于全面推广太原、临汾试点经验加强非公有制企业安全监管工作的通知》精神，非公有制企业安全监管试点工作全面推开，全省大多数乡镇设立了安监站，增加了人员编制，非公有制企业安全监管工作得到加强。

开展安全质量标准化活动是提高企业安全管理水平的基础性工作。上半年，我局制定和完善了烟花爆竹、小型煤矿等行业安全质量标准化标准和考核办法，开展安全质量标准化活动的行业不断扩大。全省又有586个矿井达到了安全质量标准化标准；永济电机厂和清华机械厂通过了国家总局组织的安全质量标准化考评。

三、存在的主要问题

（一）部分县乡和企业领导对安全生产重要性的认识不到位。部分县乡领导，特别是落后地区基层领导和企业领导对安全生产重要性认识不足，还存在着重生产、重效益、轻安全的倾向。在当前煤炭市场好转、价格攀升的情况下，一些矿主急功近利，有禁不止，违法、违规、违章、超能力盲目冒险生产，埋下许多事故隐患。

（二）一些企业安全生产基础工作薄弱，事故隐患大量存在。一些企业特别是民营小企业和边远地区的企业，安全投入不足，生产经营设施差，制度不健全，管理不到位，安全防御能力低下，存在较大的问题和隐患。个别地方降低安全标准对企业进行验收，部分企业建设项目未按规定进行安全设施的“三同时”验收，进行违法生产。特别是对于隐患，企业整改不力，部门跟踪监督、采取措施不力。投入不足是一个客观原因，但主观上的不重视，没有真正确立“安全第一”的思想。

（三）安全生产监督管理不到位。一方面由于全省安全生产综合监管机构不健全和人员严重不足，安全监管的执法主体多元，相互缺乏协调配合，部门之间职责不明确，联合执法的机制没有完全建立。另一方面个别安全检查执法人员工作中执法不严，降低标准，走过场，存在严重的形式主义，做表面文章，甚至还存在着玩忽职守、权钱交易等腐败现象。

四、下一步工作措施

（一）着力打好两个攻坚战，遏制煤矿重特大事故多发势头。近一段时期，我省煤矿事故多发，安全生产形势十分严峻，煤矿安全监管任务非常艰巨。我们一定要按照国家总局和省政府的要求，突出重点，把握大局，切实抓好煤矿集中整治工作，打好瓦斯治理和整顿关闭两个攻坚战。

加强煤矿安全的联合执法工作。当前，凡是安全生产许可证、矿长资格证和矿长安全资格证过期的矿井，监管部门在媒体公告，同时移送有关部门吊扣证照，实施关闭。在资源整合中决定关闭的矿井，要注销安全许可证、矿长资格证和矿长安全资格证，并通知公安、电力等部门停电和停供火工品，实施关闭。凡批准为资源整合主体的矿井，在初步设计和“三同时”未批复前不准随意组织施工，发现擅自组织施工的，吊销证照，实施关闭。

继续打好煤矿关闭整顿攻坚战。按照三年规划，到明年6月底，全省再关闭矿井500处。目前已经核实398处，其他102处正在尽快核实，确保今明两年关井任务的完成，同时加强对整合方案批复后各整合矿井建设项目的安全监管和吊证关闭矿井的监督检查。认真贯彻全国煤矿瓦斯治理和利用工作会议精神，以“一通三防”为重点，打好瓦斯治理攻坚战。

（二）加强安全生产许可企业的监督管理，确保安全许可工作达到预期效果。到今年6月30日，大规模的非煤矿山和危险化学品企业的安全许可申请办理工作已基本结束，下一步我们要把工作重点转移到强化安全生产许可证的监督管理上来。对取得安全生产许可证的企业，要加强日常监督检查，促使企业持续符合取得许可应当具备的安全生产条件。凡发现企业降低安全标准生产行为的，要及时暂扣安全生产许可证，责令整改，拒不整改的吊销许可证，依法关闭。

凡是没有依法取得安全生产许可证的企业，要依法关闭。我们要求各市安全监管部门尽快提出未取得许可的非煤矿山、危险化学品和烟花爆竹企业名单，并通知国土、公安、供电等有关部门停止供电、供火工品，吊销有关证照，同时报请当地人民政府关闭。关闭企业名单在当地主流媒体公布，接受社会和群众监督。

按照《关于严格非煤矿山安全生产许可、关闭不符合安全生产条件的非煤矿山的通知》要求，对2005年2月1日之后领取《采矿许可证》的非煤矿山企业，可列入新建项目；对2005年2月1日之前领取《采矿许可证》，而没有施工或者未完成工程建设的非煤矿山，可列为新、改、扩建建设项目，待“三同时”验收后，再申请办理许可证；对资源整合的非煤矿山，要做到先关闭、后整合，待整合验收后，再申请办理安全生产许可证。各市安全监管部门要尽快对未取得《安全生产许可证》的非煤矿山企业进行认真清理整顿，把基本建设企业、资源整合企业和准备关闭企业的名单报告省局备案。

（三）加强安全监管的基层和基础管理工作。一是加大对安全生产法律法规在基层、在企业的宣传普及力度，增强公民法律意识，营造浓厚的安全生产氛围；二是全面推广太原、临汾试点经验，加强非公有制企业安全监管工作；三是认真总结推广煤矿安全质量标准化工作的经验，抓典型树样板，推动各行业企业深入开展安全质量标准化活动，全面提升企业安全整体素质，建设本质安全型企业；四是加强中介机构的监管，把整顿中介机构作为治理商业贿赂工作的一项重要的内容，安全监管部门同中介机构要实行政企分开，中介机构要规范行为，依法为企业提供安全技术服务，对违法违规的中介机构要依法取缔；五是继续加强安全监管的支撑服务体系建设，完成省应急救援中心的组建工作；做好矿山应急救援队伍的资质认证；加强行业应急救援工作业务指导；加快省级应急救援6个区域基地和安全执法网络系统两个重大项目的立项和建设；做好省安全生产技术支撑体系专业中心建设的论证和可行性研究。

（四）进一步强化安全生产综合监管工作。继续会同公安、交通、消防、建设等有关部门，深入开展道路交通“五整顿”、“三加强”、“超限超载治理”等整治工作，遏制重大道路交通事故；加强隧道和桥梁等建设工程的安全管理，防范冒顶和坍塌等事故；深入开展民用爆炸物品专项整治；继续深化人员密集场所专项整治，加强大型商场、贸易市场、娱乐场所、学校医院等人员密集场所消防安全监管，防止群死群伤事故发生。

（五）深入开展治理商业贿赂工作和行政效能建设活动，树立良好的社会形象。一是把开展治理商业贿赂专项工作和开展行政效能建设活动相结合；与加大安全执法力度，重点治乱工作相结合；与深化行政审批制度改革相结合；与我局正在开展的纪律教育和纪律整顿工作相结合，按照省局下发的《关于开展治理商业贿赂专项工作的实施方案》的要求，认真组织实施。严格执行国家总局“九条纪律”，重点解决安全执法中存在的收受企业和中介机构钱财、接受企业提供的娱乐服务、违规收取咨询费用等问题。二是积极开展学习党章活动和“八荣八耻”教育，教育广大安全监管监察人员把树立远大理想和做好本职工作结合起来，强化“依法行政、执法为民”的理念，忠实履行法律赋予的安全监管职责。三是切实加强政务环境建设，严格审批事项，推行政务公开，实行“一站式”服务，缩短审批时间，做到公开、公平、公正、便民、高效、诚信。

内蒙古自治区 2005 年安全生产形势报告

一、2005 年全区安全生产情况

一是总体状况趋于好转。全区共发生各类事故 14 245 起，死亡 2 624 人，同比减少 698 起，少死亡 73 人，下降 4.68％和 2.71％，占国家下达给我区的各类事故死亡人数年度控制指标的 95.07％，在控制范围之内。

二是工矿商贸企业安全状况比较平稳。全年工矿商贸企业共发生伤亡事故 225 起，死亡 341 人，同比起数下降 18.18％，死亡人数上升 2.71％。其中煤矿发生事故 56 起，死亡 131 人，同比起数下降 18.84％，死亡人数上升 32.32％；原煤百万吨死亡率 0.54，同比上升 0.06；金属与非金属矿事故 64 起，死亡 81 人，同比起数下降 9.86％，死亡人数上升 1.25％；危险化学品事故 4 起，死亡 5 人（上年同期为 1 起、1 人）；烟花爆竹事故 1 起，死亡 3 人（上年同期无事故）；建筑业事故 29 起，死亡 37 人，同比分别下降 34.09％和 31.48％；其它行业事故 71 起，死亡 84 人，分别下降 21.11％和 14.29％。

三是道路交通事故总量呈下降趋势。全年共发生事故 8 453 起，死亡 2 134 人，同比事故起数减少 1 458 起，死亡人数减少 108 人，分别下降 14.72％和 4.82％。

四是消防火灾事故起数和死亡人数均有不同程度上升。全年消防火灾事故 5 422 起，死亡 37 人，同比分别上升 17.33％和 42.31％。

五是重特大事故呈上升趋势。全区 3～9 人的重大事故 82 起，死亡 305 人，同比增加 20 起，死亡人数增加 75 人，分别上升 32.25％和 32.61％。10 人以上特大事故 5 起，死亡 82 人，同比增加 4 起，死亡增加 67 人。煤矿行业发生 3 人以上重大事故 9 起，死亡 34 人，同比死亡人数增加 26 人，10 人以上事故 3 起，死亡 40 人，同比死亡人数增加 25 人；道路交通发生 3～9 人重大事故 65 起，死亡 234 人，同比分别上升 12.06％和 11.43％。

二、2005 年的主要工作

（一）认真落实安全生产许可证制度，加强安全生产源头管理。按照《安全生产许可证条例》以及国家局对办证工作的具体要求，结合自治区实际，我们以各盟市为单位成立了 12 个安全生产许可证发放工作小组，印发了《内蒙古安全生产许可证颁发管理工作指导意见》，统一发证标准，明确职责任务，规范发证工作。为了广泛接受社会监督，将发证范围、受理审查程序、工作进度、举报方式等两次刊登在自治区级报刊进行公示。在办证过程中，多次派出工作组深入各盟市检查指导办证工作，现场解决存在的问题。截止到去年 12 月底，在全区 602 户危险化学品生产企业中，已提交申请的 590 户，受理 327 户；发证 208 户，发证率达到 35.25％；在全区 169 户烟花爆竹生产企业中，已提交申请 122 户，受理 122 户，发证 99 户（其他企业将依法关闭）；在全区 3 213 户非煤矿山企业中，已提交申请 3 089 户，受理 1 978 户，已发证 1 644 户，发证率达到

48.75％。

在煤矿安全生产许可证发放方面，内蒙古煤矿安全监察局制定了发放煤矿安全生产许可证方案和程序，并组织实施。全区应办理煤矿安全生产许可证的矿井558个，其中：国有重点矿58个，地方煤矿500个。已申请办理许可证的558个，内蒙古煤矿安全监察局已受理558个，实际颁发434个，吊销19个，发证率达到74％。

自治区建筑主管部门认真做好建筑施工企业安全生产许可证发放工作，截止去年12月底在全区应申请建筑安全生产许可证的870家企业，已发放建筑安全生产许可证449家，占应发总数的51.61％。

（二）加强安全生产法制建设，推进我区地方立法进程。《内蒙古自治区安全生产条例》已于2005年5月27日自治区十届人大常委会第十六次会议审议通过，自2005年7月1日起施行。《条例》适合地方特点，可操作性强。在对于有关人员责任的认定、建立安全生产专项基金、加大处罚力度等方面具有新意和突破。《条例》的出台，是我区安全生产工作在法制建设方面迈出的重要一步，对于我区安全生产工作具有重要的现实指导意义。

（三）认真落实安全生产责任制，量化分解年度控制指标。修改和完善了自治区政府对各盟市政府及有关部门的安全生产责任目标考核办法。根据国家下达的年度安全生产控制指标，将各项控制指标进行层层分解，直至最终落实到各乡镇和企业。在主要产煤旗县及年产煤炭30万吨以上的矿区，设立事业性的煤矿安全监督管理站，安监站对所管矿区内的煤矿实行分片包干、包矿到人、责任到人的办法。自治区党委、政府将安全生产考核列入对各级政府综合考核内容，实行安全生产“一票否决制”，年终按《安全生产责任目标考核办法》实行百分制考核和奖惩。2005年我区控制指标的覆盖面进一步扩大，控制指标考核体系的作用正在显现出来。

（四）认真配合国家各项执法检查，促进我区安全生产工作。2005年5月21日至27日，全国人大常委会李铁映副委员长带领的全国人大常委会《安全生产法》执法检查工作组来我区检查，对我区赤峰、包头、鄂尔多斯、乌海、呼和浩特市的煤矿及非煤企业进行了执法检查。内蒙古自治区党委、政府对检查组的意见非常重视，自治区政府多次召开专门会议，研究落实检查组意见，提出了一系列针对性很强的政策措施，并已抓紧实施。

此外，我们先后六次接受了国务院、国家总局对我区进行的打击煤矿非法开采和违法生产、小煤矿“五整顿、四关闭”工作的开展情况、清理纠正入股情况、安全生产许可证发放情况以及煤矿、烟花爆竹和非煤矿山的专项检查。针对检查和所提出的问题我们采取了切实有力的措施进行整改，有效地促进了安全生产工作的落实。

（五）深入开展专项整治，对重点行业实施重点治理。根据我区安全生产的实际情况，今年重点对煤矿、危化、非煤矿山、烟花爆竹、冶金、建筑施工、道路交通、消防火灾、公众集聚场所等重点行业和领域进行安全生产专项整治。

1. 煤炭行业。打好两个攻坚战：一是坚决关闭破坏资源、污染环境、不具备安全生产条件的小煤矿，严厉打击非法开采、越界开采、滥采乱挖等违法违纪行为。按照《内蒙古自治区人民政府煤矿整顿关闭实施方案》要求，自治区政府将3年整顿关闭小煤矿任务压缩到1年半完成。2005年，已公告关闭煤矿486处（国家下达关闭指标为400处），达到关闭标准的240处，其余246处正在实施关闭中，今年第一季度前达到关闭标准。二是切实做好煤矿瓦斯治理工作。根据国家发改委和安监总局文件要求，成立了自治区煤矿瓦斯集中整治工作领导小组，在重点矿区还设立了4个瓦斯治理督导组。8月下旬自治区煤炭工业局、内蒙古煤矿安全监察局联合下发了《内蒙古自治区煤矿瓦斯综合治理工作实施方案》，对我区煤矿瓦斯综合治理工作提出了具体要求。并认真组织专家会诊，建立健全瓦斯监测监控系统，制定了《地方煤矿瓦斯综合治理工作实施方案》，目前正在组织实施过程中。一年来，瓦斯督导组共检查煤矿 203 次，查处重大隐患 32 处，责令停产整顿矿井 65 矿次，责令停止作业工作面 54 矿次。

2. 非煤矿山、危险化学品行业。自治区有关厅局印发了《内蒙古自治区深化非煤矿山安全生产专项整治方案》和《内蒙古自治区加强危险化学品专项整治工作方案》，加强了两大行业的专项整治工作力度，并结合国家总局的检查，进行了两次全区性的专项检查。

3. 冶金行业。首次对全区冶金行业实施了安全生产专项检查。按照国家总局的要求，依据《全区冶金行业安全生产专项检查实施方案》，重点对呼伦贝尔、兴安盟、通辽、赤峰、呼和浩特、包头、乌海、鄂尔多斯等八个盟市，14 户冶炼加工企业高炉安全生产状况进行了全面检查，下达隐患整改通知 9 份，促进了冶金行业的安全监管工作，提高了企业的安全生产意识。

4. 建筑施工安全。针对我区发生的建筑安全事故，自治区人民政府下发了《关于开展工程建设项目屋面球型网部分质量安全检查的紧急通知》，由自治区安监局牵头，协同自治区建设厅、电力集团和石油公司组成联合督查组，对我区东、西部进行重要督查，共检查应用球型网架工程 1 015项，下达整改指令 78 份，指令相关建设单位限期整改。自治区建筑施工主管部门加强建筑施工安全管理，与各盟市建设行政主管部门签订了《安全生产责任状》，对建筑企业负责人、项目经理和安全管理人“三类人员”进行安全培训，共发安全合格证书 15 200 个。组织开展了全区建筑施工安全大检查，抽查施工现场 335 个，查出安全隐患和问题 2 700 条，向 42 家施工的建筑施工企业下达了停工整改通知书，及时消除了一批安全隐患。

5. 道路交通。重点打击超速、超限、超载行为，探索出“设置卸载点、没收拍卖非法运输煤炭”等措施，推动了治超工作，同时加大路面管控力度，规范路面行车秩序，不间断地开展专项行动，集中整治突出问题，深化“千名交警下社区”、“千堂交通安全课”等活动，此外，继续开展“平安大道”、“畅通工程”、“治理事故黑点”等安全综合治理工作，有效地控制了道路交通事故多发的势头。

6. 消防火灾。重点整治人员密集场所，并对这些场所的排查整治提出了 10 项具体要求，对易燃易爆化学品生产储存运输提出了 4 项具体要求。并要求各重点消防安全责任单位，填报《单位火灾隐患自查整改承诺书》，依法强化了单位主要负责人的法律责任。区消防总队下发了《关于集中开展火灾隐患排查整治工作的实施意见》，指导各盟市有关部门进行火灾预防和控制工作，查处重点火灾隐患建筑物 46 处，对全区 340 多户火灾隐患单位发出整改通知。

（六）*落实责任追究制度，加大对重大安全生产事故的查处力度*。2005 由自治区直接查处的 3 人以上重、特大事故 5 起，目前已批复结案 5 起，按期结案率 100%。在已查处的事故中，追究事故责任人 31 人，其中移送追究刑事责任人 5 人，给予党纪政纪处分 16 人，行政处罚 10 人。

（七）*加强安全培训工作，提高安全培训质量*。一是推进生产经营单位主要是负责人、安全管理人员和特种作业人员安全技术培训、考核与发证工作。2005 年，培训生产经营单位主要负责人 5 863 人，安全管理人员 5 485 人，特种作业人员 36 512 人；二是建立和完善安全培训规章制度。制定出台了《关于贯彻实施〈安全生产培训管理办法〉的通知》、《安全培训机构评估标准》、《内蒙古自治区三级、四级安全培训机构评估检查方案》等一系列规范性文件。三是不断加强培训基地建设。对已获得资格认证的培训单位进行评估验收，截至 2005 年底，已评估验收 26 家，占培训机构总数的 60%，有力地促进了培训基础建设。四是加强安全培训师资队伍和教材建设。举办了2期全区安全培训机构的教师岗位资格培训，共培训257人，基本满足了培训机构教师持证上岗的要求。在培训教材建设上，组织编印了《危险化学品安全管理教材》、《安全生产法律法规汇编》、《安全生产培训大纲汇编》和《安全培训机构教师培训讲议》等有针对性和实用性的教材。

（八）加大宣传教育力度，营造全社会关心支持安全生产的氛围。一是以宣传贯彻《安全生产法》为中心，把安全生产法律法规及国家相关政策宣传作为重点内容，通过发放宣传册、宣传单、播放光碟等在全社会从业人员、安全生产管理人员及相关人员中广泛普及法律知识和安全常识。特别是结合《内蒙古自治区安全生产条例》的出台，加大了宣传力度，编印了《安全生产监督管理实用手册》，并施行安全监管和安全管理人员人手一册“工程”等。二是通过“安全生产月”活动、面向全社会开展形式多样的安全生产宣传教育活动，大张旗鼓地宣传安全生产政策法规，强化了全社会的安全意识。三是积极参与国家总局组织的“生命之歌”安全歌曲大赛活动，我区有2首歌、6个单位和27名个人获奖。四是利用大众新闻媒体和监管部门的简报、通报、定期信息等形式宣传和曝光典型案例，积极发挥舆论监督作用，努力营造全社会“关爱生命、关注安全”的社会氛围。

三、2006年的安全生产工作

（一）重点搞抓好煤矿安全生产工作。今年我区煤矿安全生产工作的重点是继续打好两个攻坚战，支持中小煤矿重组改造，坚决关闭不符合安全生产条件、浪费资源，不符合产业政策要求的小煤矿，加快推进本质型安全煤矿进程，不断提高我区煤矿安全的总体水平。

一是坚决关闭不具备安全生产条件的煤矿。为改善煤矿安全生产状况，我区除完成国家下达的关闭煤矿指标外，将辖区内不具备安全生产条件、资源回采率低、不符合产业政策要求的煤矿全部列入关闭。2006年要在去年实施关闭486处小煤矿的基础上，再关闭324处煤井，目前，这些关闭矿井正在陆续公告中，在今年6月底以前，全都达到关闭标准。届时，我区去年和今年上半年共关闭810处小煤矿，全区煤矿数量由2005年初的1 310处，减至500处以内，10万吨以下小煤矿全部淘汰退出。自治区各级政府和有关部门将根据本地区的实际，针对关井工作中的细节问题认真组织“回头看”，对关闭不严不实的井口进一步采取补充措施，严格执行国务院《特别规定》要求的标准，集中力量，加强巡查，严防死灰复燃，巩固煤矿整顿关闭成果。

二是继续落实煤矿瓦斯综合治理的各项措施。根据国务院关于瓦斯治理有关政策和全国瓦斯治理会议精神，按照“抓住大企业、消除大隐患，杜绝大事故”的工作原则，将继续跟踪督查瓦斯重点防治地区和国有重点企业，对国家瓦斯综合治理专家组“会诊”意见，逐条落实，按期完成瓦斯治理补套整改工程。已经安排的各项工作，包括对重点煤矿和高瓦斯煤矿进行安全督导、推广煤矿瓦斯数字化远程监控系统、对矿井通风和生产能力进行核定、专家技术“会诊”后续整改工作和煤矿技术改造、煤矿管理人员下井带班、聘请和发挥群众安全监督员的作用等，都要抓好落实。今年还要把矿井通风、生产能力核定工作延伸到煤矿劳动组织和井下定员，坚决防止超能力、超强度、超定员生产。

三是集中力量抓好煤矿的安全质量标准化建设，创建本质型安全矿井。在完成煤矿整顿关闭工作任务的同时，要进一步抓煤矿安全质量标准化工作，并将安全质量标准化与信息化、现代化建设结合起来，致力于建设高标准的安全高效煤矿。通过安全质量标准化矿井建设，不断改善我区煤矿安全生产基本条件，使我区煤矿企业在安全装备、安全管理、人才兴安三大方面全面升级，真正实现我区煤矿企业的本质安全。

四是加快整合技改煤矿和双回路供电系统项目建设进度。根据确定保留的整合技改煤矿，严格履行建设程序办理审批手续，尽快制定技术改造方案。对有开采价值的资源尽快纳入整合范围，采取井工改露天的开采方式，进一步提高安全生产水平。矿井整合，只能有一个整合主体，整合后形成一套完整的生产系统，整合主体必须依法按照建设项目履行相关核准（审批）和安全设施“三同时”程序。按照双回路供电系统建设方案，将加快配套电网建设规划项目的建设进度，使全区保留的地方煤矿，通过整合、技术改造，尽早实现双回路供电。

五是积极推行煤矿企业风险抵押金实施办法。为了强化我区煤矿企业安全生产意识，落实安全生产责任制，保证事故抢险、救灾工作的顺利进行，根据财政部、国家安监总局出台的《煤矿企业安全生产风险抵押金管理暂行办法》要求，自治区煤炭工业局会同财政厅起草了《内蒙古自治区煤矿企业安全生产风险抵押金管理实施办法》，并在全区工业经济暨安全生产工作会议（1月22日召开）上通过出台。该《实施办法》明确要求，各盟市、旗县煤炭安全管理部门及财政部门要监督辖区内保留煤矿建立风险抵押金管理帐户，到指定银行按时一次性足额存储安全生产风险抵押金。凡未按要求存储安全生产风险抵押金的煤矿一律不允许生产。下一步根据自治区实际，将在非煤矿山、道路交通运输、建筑施工、危险化学品、烟花爆竹等高危行业陆续推行安全风险抵押金制度。

（二）切实抓好非煤矿山、危险化学品和烟花爆竹的安全监管工作。非煤矿山和危险化学品要在2006年6月底以前完成安全生产许可证的颁发工作。凡2005年12月底以前未提交申请或2006年6月底以前未能取证的企业依法进行处罚，并通知地方政府予以关闭。通过严格准入关，严格执行发证条件，明年要提前两年实现非煤矿山总量压缩15%的目标，关闭不符合安全生产条件的非煤矿山300座以上，关闭不符合安全生产条件的危险化学品企业300户。严格执行烟花爆竹安全生产许可证制度，凡在2005年12月底仍没有领证的生产企业，依法进行处罚，并通知地方政府予以关闭。明年在全区实行烟花爆竹企业总量控制，烟花爆竹生产企业总数由目前的169个压缩到100个以内，今后自治区将不再增加新的烟花爆竹企业。自治区对上述三个行业，在春、秋两季安排两次专项检查。

（三）进一步完善安全生产法律、法规体系建设。2006年根据《内蒙古自治区安全生产条例》，出台与其相配套的《内蒙古自治区风险抵押金管理办法》、《内蒙古自治区安全生产费用提取管理办法》和《内蒙古自治区“三同时”管理办法》，并研究制定对死亡事故和重、特大事故加大处罚力度和赔偿数额等办法，待时机成熟时予以出台实施，从政策法规方面加大我区安全生产监管执法力度。

（四）强化以控制指标为核心的安全生产责任制考核，建立有效的责任制考核奖惩机制。在进一步修改和完善《安全生产责任目标考核办法》和建立一套科学、完善的控制指标考核体系的基础上，全面落实各级政府和自治区有关部门安全生产责任制和控制指标任务。我们已对国家局下达的建议指标进行分解，征求意见，待正式指标下达后，将及时层层分解，直至落实到乡镇和企业。发挥考核奖惩机制的作用，该“一票否决”的坚决否决，完成目标任务优秀的地区和部门实行奖励。

（五）建立重大危险源监控体系和应急救援体系，提高应对和处置突发事件的能力。开展重大危险源普查登记、检测评估、监控防范、实施治理等工作。2006年要按照国家统一安排进行危险化学品生产企业登记工作，要综合运用安全生产许可证发证工作成果，对登记评价审查中的重大隐患，登记造册，逐步开展重大危险源的申报、辩识、登记、监控工作，并在此基础上建立较为完善的重大危险源监控体系。在应急救援体系建设方面，要做到三落实：一是机构和人员落实，成立自治区应急救援指挥中心，并做好救援基地和队伍建设；二是落实保障机制，配备基本的救援物质和专项资金；三是做好相关人员的培训和《预案》的演练工作。

（六）切实做好安全培训工作。2006 年要在全面推进生产经营单位负责人、安全生产管理人员和特种作业人员培训的同时，重点抓好非煤矿山、危险化学品和烟花爆竹等高危行业从业人员的全员培训。具体目标是：培训生产经营单位负责人 3 000 人；安全生产管理人员 3 000 人；特种作业人员 20 000 人；高危行业从业人员 30 000 人。并采取切实有力的措施，提高培训质量。一是加强培训考核工作，实现教考分离；二是对已获得安全培训资质的现有机构进行评估验收工作，年末评估验收率力争达到 100%。对于评估验收不合格者进行整改，整改不合格者，取消其资质。

（七）加大宣传教育工作力度，提高公民安全意识。一是以学习贯彻党的十六届五中全会精神为契机，大力宣传“以人为本”、“安全发展”思想，继续做好以《安全生产法》和《内蒙古自治区安全生产条例》为重点的安全生产法律、法规的宣传教育工作；二是结合全国“平安中国——《安全生产法》知识竞赛”，在全区范围内开展安全生产知识竞赛；三是发挥新闻媒体的作用，扩大安全生产宣传教育的覆盖面，面向全社会和公众进行正面宣传和警示教育，提高公民的安全意识，在全社会努力形成“关爱生命，关注安全”的社会氛围。

（八）加强对安全中介机构的监管，规范从业行为。一是要本着合理布局、适度竞争的原则，实行总量控制；二是实行年审和业绩考核制度，不符合条件的取消其资质；三是完善和细化中介机构管理办法，规范其收费标准和行为。

（九）启动作业场所职业卫生监督检查工作，初步建立职业卫生监管体系。要转变重生命、轻职业健康的观念，遏制职业危害。2006 年旗县以上安监机构应设立相应的机构（科、室）或配备专人负责此项工作，做到有人来抓。上半年，完成全区有毒物品作业场所的情况调查，为下一步监管工作打好基础。

（十）加强安全监管体系和队伍建设，建立一支高素质的安全监管队伍。2006 年要进一步贯彻落实自治区政府关于《进一步加强安全生产工作的决定》，推动全区旗县以上政府完成“单独设立安全生产监督管理机构”的工作，做到“规格、人员和经费的三到位”。并指导各地区在配备安监机构人员时必须考虑所学专业和素质，把专业对口和素质高的同志充实到安监岗位上。要加强对安全生产执法人员的岗前再培训，更新知识，加强作风建设和教育，切实提高安全生产执法人员的业务素质、执法能力和职业道德水平，建立一支廉洁高效的安全生产执法队伍。

辽宁省2005年～2006年上半年安全生产形势报告

一、安全生产形势

（一）2005年全省安全生产形势的主要特点

1. 事故总量有所下降。2005年，全省共发生各类事故37 020起，同比减少4 703起，下降11.3%；死亡4 312人，同比减少403人，下降9.1%。

2. 重特大事故起数下降，死亡人数上升。全省发生一次死亡3人以上各类重特大事故75起，同比下降24.2%，死亡489人，同比上升20.1%。

3. 多数行业和领域安全生产状况相对平稳。非煤企业发生事故429起，同比减少61起，下降12.4%，死亡457人，同比减少23人，下降4.8%。道路交通发生事故10 344起，同比减少2 673起，下降20.6%，死亡2 919人，同比减少455人，下降13.5%。发生消防火灾事故25 478起，同比减少1 938起，死亡161人，同比减少12人，事故起数、死亡人数同比分别下降7.1%和6.9%。铁路交通发生事故688起，同比增加15起，上升2.2%，死亡454人，同比减少13人，下降2.8%。军工、民爆行业及民航系统没有发生死亡事故。

4. 没有突破事故控制指标。2005年，国务院安委会下达给我省的五类事故年度控制指标总死亡人数为4 753人。我省这五类事故共死亡4 312人，比控制指标减少9.3%。

（二）2006年上半年全省安全生产形势的主要特点

1. 事故总量控制较好。上半年，全省共发生各类事故19 410起，死亡1 603人，同比分别下降9.3%和23.7%。

2. 重特大事故起数上升，死亡人数下降。截至6月底，全省发生一次死亡3人以上各类重大事故33起，同比上升17.9%；死亡144人，同比下降56.8%。

3. 大部分地区、行业和领域伤亡事故呈下降趋势。1至6月份，全省14个市的各类事故总量均控制在全年控制指标的50%以内。煤矿企业发生事故41起，同比上升20.6%，死亡91人，同比下降65.0%；非煤工矿商贸企业发生事故179起，死亡181人，同比分别下降12.7%和13.8%；道路交通发生事故3 843起，死亡1 103人，同比分别下降28.6%和16.4%；消防火灾事故15 081起，死亡71人，同比分别下降2.4%和25.3%；铁路交通发生事故266起，死亡157人，同比分别下降22.9%和26.9%。

4. 安全生产目标完成较好。全省各类事故死亡1 603人，占我省全年控制指标的38.2%。其中：工矿商贸、道路交通、火灾事故、铁路交通事故死亡人数均控制在50%以内。

二、安全生产监管工作情况

（一）加强安全生产目标管理，落实各级安全生产责任制。年初，省政府将国家下达给我省的安全生产控制指标分解到各市政府及省直有关部门，并层层分解，逐级签订了目标责任书。同时，加强了对各市、县（区）政府、省直有关部门以及省属企业的安全生产目标考评工作，并将考核结果与领导同志的职务晋升、奖励及企业主要负责人年薪挂钩，实行一票否决。

（二）加强安全生产法制建设。省政府出台了《辽宁省安全生产监督管理规定》、《辽宁省道路交通事故责任追究暂行规定》和《辽宁省工伤保险实施办法》，下发了《辽宁省人民政府关于进一步加强安全生产工作的决定》、《辽宁省重特大事故报告暂行办法》。同时，省安全生产监管局与省财政厅、国税局、地税局联合制定下发了《辽宁省企业安全费用提取和使用管理暂行办法》，与保监会联合下发了《关于加快推进高危行业企业投保责任保险工作的指导意见》，还下发了《辽宁省危化品生产企业安全生产许可证颁发管理实施细则》等 22 个规范性文件，以指导各地开展工作。

（三）进一步加强了安全生产监管机构和队伍建设。阜新“2·14”矿难发生后，省委、省政府为加强全省安全生产工作，决定将省安全生产监管局调整为政府直属机构，并增加了编制。全省 14 个市和 100 个建制县区的安全生产监管局均为同级政府的组成部门或直属机构，沈阳、大连市安全生产监管局还成立了安全监察支队，进一步加大了行政执法的力度。全省现有安全监管人员1 297人，131 个乡镇（街道）已建立安全监管所（站），基本上形成了安全生产三级监管机构和四级监管网络。

（四）将安全生产指标纳入发展规划。将亿元 GDP 生产安全事故死亡率和工矿商贸企业从业人员 10 万人生产安全事故死亡率两项重要安全生产指标纳入了《辽宁省国民经济和社会发展第十一个五年规划纲要》，将亿元 GDP 生产安全事故死亡率、工矿商贸企业从业人员 10 万人生产安全事故死亡率、煤矿百万吨死亡率和机动车万车死亡率四项安全生产指标纳入了辽宁省统计公报。

（五）组织开展全省安全生产大检查和专项检查。为确保“两节”、“两会”和“五一”、“十一”黄金周期间的安全生产，省政府多次组织开展了以煤矿、道路交通、水上交通、危化品、烟花爆竹、非煤矿山、建筑施工、特种设备以及民航、铁路、学校等行业和领域为重点的安全生产大检查和专项检查，并组成督查组分赴各地进行督查，及时发现和消除了一批事故隐患。2006 年上半年，仅全省安全生产监管系统就组成 342 个检查组，出动安全监察员和专业人员 1 700 余人，共检查企业和场所 5 985 个，查出隐患和问题 12 400 余个，责令停产整顿企业 183 家，罚款 92 万元。

（六）深化安全生产专项整治。我省自 2001 年开始，在全省范围内组织开展了民用爆破器材及烟花爆竹、道路交通、水上交通、煤矿、非煤矿山、危化品和公众聚集场所消防安全 7 项专项整治，突出抓好煤矿、非煤矿山、危化品、烟花爆竹和道路交通专项整治。全省专项整治是在省政府的统一领导下进行的，成立了各专项整治领导小组，制定了整治工作方案，将整治工作与颁发许可证、日常监管、推进安全质量标准化活动等工作相结合。目前，专项整治已取得了新的进展，力求在解决深层次问题上下功夫。

（七）加强源头管理，严格行政许可制度。截至 2006 年 6 月底，全省共发放危化品、烟花爆竹和非煤矿山安全生产许可证 7 154 个，危化品和烟花爆竹经营许可证 10 774 个。对 2005 年 12 月 31 日前未提出安全生产许可证申请的 551 户非煤矿山企业、111 户危化品生产企业、5 户烟花爆竹生产企业和 108 家危化品经营单位，依法予以关闭。

（八）加强重特大事故隐患的排查和治理工作。省委、省政府领导同志高度重视重特大事故隐患治理工作，省长张文岳和其他分管领导同志多次召开会议听取隐患治理情况的汇报，并要求各级政府要把治理重特大事故隐患纳入重要议事日程，督促企业加大安全投入，消除事故隐患。通过全省上下的共同努力，共投入5.82亿元治理资金，对2005年排查出的86项重特大事故隐患进行治理，已完成治理35项，正在治理35项。为彻底解决沈阳桃仙机场供电、中航油大连分公司油料污水倒灌浸泡库区设备和盖州市西海公铁立交桥三项重大隐患治理问题，省有关领导于2006年5月3日、9日和26日分别在沈阳、大连、营口市主持召开现场办公会议，听取市政府及有关部门关于隐患治理情况的汇报，并实地考察了现场，讨论研究了隐患治理过程中存在的问题和难点，提出了相应的措施和办法，落实了隐患治理资金，明确了责任部门和时限要求。在沈阳、大连、营口市政府和省直有关部门及单位的共同努力下，三项重大隐患的治理工作均取得了进展。

（九）落实企业安全生产主体责任。一是省政府办公厅下发了《关于加强中央驻辽企业和省属企业安全生产工作的通知》，召开中央驻辽和省属企业安全生产工作会议，明确了省、市安全监管部门及有关部门对中央驻辽企业和省属企业的安全生产监管职责，进一步强化了企业的安全生产主体责任，使绝大多数企业的安全生产状况保持了基本稳定。二是在非公有制企业比较集中的沈阳市苏家屯区、大连开发区、营口市等1市、6县区组织开展了非公有制企业安全监管试点工作。召开了全省非公有制企业安全监管工作研讨会和全省非公有制企业安全监管工作现场会，介绍交流典型经验与作法，全面推进非公有制企业安全监管试点工作。同时，在非公有制企业中推行安全主任制度，以解决中小企业中安全生产“无人管”、“不会管”、“管不好”的问题。三是开展全省机械行业安全生产标准化的试点工作，下发了《辽宁省机械制造业开展安全质量标准化活动实施方案》，选择40户企业进行安全质量标准化试点工作，积极开展培训工作，逐步完善安全生产标准化考核制度。

（十）加大事故查处力度，按时批复结案。对发生的每一起重大事故，省安全生产监管局都立即派员赶赴现场，协助当地政府开展抢救及善后处理工作。2005年以来，省安全生产监管局会同省有关部门组成联合调查组，对辽阳灯塔市恒威水泥厂扩建工地“6・4”重大事故以及大连经济技术开发区“5・19”重大事故进行了调查处理，查明了事故原因、性质，提出了处理意见，42名事故责任者分别受到法律制裁、经济处罚和纪律处分。

（十一）广泛深入开展“安全生产月”活动。全省各地区、各部门和各单位认真贯彻落实国家安全监管总局对“安全生产月”活动的部署和安排，做到了精心组织、及早部署、上下联动，除了常规性地开展活动，如下发文件、制定方案、政府主要领导发表署名文章和电视讲话、举办“安全发展”高层论坛、播放公益广告、开展咨询日活动和安全生产知识竞赛等活动外，各地还结合各自实际情况，创新形式，注重实效，广泛宣传安全生产法律法规及相关知识，倡导安全文化理念，提高全民安全意识，努力营造人人“关注安全、关爱生命”的舆论氛围。全省各地区普遍采取了组织安全生产大检查、整改事故隐患、事故应急救援演练、强化安全生产基础管理等多种措施，赋予了“安全生产月”活动更多的实际内容。省安全生产监管局组成了咨询服务队，对七家关闭破产企业遗留尾矿库重大隐患的治理情况进行了实地考察，提出了25个有针对性的意见和建议，对指导地方政府和企业加快隐患治理，起到了很好的推动作用。

（十二）强化安全生产培训工作。自2005年以来，全省共培训企业负责人10 599人，安全生产管理人员11 540人，特种作业人员51 046人。安全生产监察员517人。同时，组织开展注册安全工程师培训考核工作，有198人取得注册安全工程师资格。

三、主要问题

（一）法制建设滞后。现行的法律法规、规程和行业标准已不适应市场经济条件下开展安全监察工作的需求，亟待建立、修订、完善。

（二）部分企业对安全工作的责任主体地位认识不够，重经济效益，轻安全生产的情况依然存在。还有相当一部分生产经营单位的安全保障制度落实不到位，特别在安全投入、安全培训、建章立制等方面差距很大。一些企业特别是非公有制中小企业安全制度不健全，安全设施不完善，职工安全技术素质和自我保护能力较差，违章指挥、违章作业的现象时有发生。

（三）安全投入不足，欠账较多，事故隐患治理不力。目前纳入全省第一批隐患治理范围的项目共 86 项，需投入资金 25.4 亿元，大多数没有采取有力措施进行治理，压力较大。

（四）安全监管部门编制、装备、经费不足。虽然全省 14 个市、100 个建制县区安全监管局全部为同级政府的组成部门或直属机构，但还存在设置不规范、力量不足、权威性不够等问题。应急救援体系还没有建立，多数地区的应急预案不落实。

四、下一步措施

全省安全生产监管系统将按照构建社会主义和谐社会的要求，认真贯彻落实党中央、国务院和省委、省政府关于安全生产工作的部署，以科学发展观统领全局，以危化品、非煤矿山和烟花爆竹行业为重点，加强安全生产执法检查，全面推动安全文化、安全法制、安全责任、安全科技、安全投入落实到位，强化基层和基础工作，落实企业的安全生产主体责任，提高企业本质安全水平，推动全省安全生产状况的稳定好转。重点抓好以下工作：

（一）加强安全生产目标管理，确保不突破国家下达的控制指标。一是定期向社会公布各地及行业安全生产目标完成情况，加强社会舆论监督；二是严格考核，实行一票否决制，强化各级政府、有关部门的安全生产责任意识。

（二）强化企业安全生产主体责任。一是进一步加强对中央和省属企业的安全监管，指导和督促企业落实安全生产责任制，建立安全生产自我约束的长效机制。二是继续扩大非公有制企业安全监管试点范围，指导、帮助非公有制企业加强安全生产基础建设，提高非公有制中小企业安全监管水平。三是深入开展安全生产标准化工作。在去年开展机械行业安全生产标准化活动的基础上，选择电力行业、交通运输行业和非煤矿企业扩大试点，探索开展安全生产标准化活动的方法和途径。

（三）依法实施安全生产许可制度，严格市场准入制度。通过实施安全许可制度，督促企业加大安全投入，完善安全条件，提高本质安全水平。凡非法生产、经营的，要坚决依法取缔。对没有取得安全生产许可证的危化品、烟花爆竹和非煤矿山企业，要依法实施彻底关闭，吊销有关证照，拆除设备，做到关实关死。加强对已取得安全生产许可证企业的安全监管，加大监督检查的力度和频率，严禁出现反弹。

（四）抓好安全生产规划和科技工作。依据《辽宁省安全生产第十一个五年发展规划》，组织编制《辽宁省安全生产“十一五”规划实施方案》和《辽宁省安全生产“十一五”科技发展规划》，全面提升安全科技水平。

（五）继续深化安全生产专项整治。继续深入开展民用爆破器材及烟花爆竹、道路交通、水上交通、煤矿、非煤矿山、危化品和人员密集场所消防安全七项安全生产专项整治。做到整治工作与颁发许可证工作相结合，整治工作与日常监管相结合，整治工作与解决重点地区的重点问题相结合，力求取得明显成效，遏制重特大事故的发生。

（六）组织开展全省安全生产大检查和专项检查，排查各类事故隐患。要督促各地政府和企业加大安全投入，通过加强技术改造，落实各项安全防范措施，搞好隐患治理。组织开展使用有毒物品作业场所的普查和确认工作，开展对使用有毒物品作业场所职业卫生监督检查工作，督促企业采取措施消除隐患。

加强铁路道口安全监管。增加安全投入，改善监护条件，坚决遏制重特大铁路道口事故的发生，确保铁路大动脉畅通。

（七）认真开展安全生产宣传教育和培训工作。一是发挥各类新闻媒体的作用，加大安全生产宣传力度。二是规范安全生产培训工作，继续抓好企业负责人、安全生产管理人员和特种作业人员的培训。同时，督促企业搞好职工的“三级”安全教育。三是加强安全监察队伍建设，提高各级安全监察人员的业务素质，建立一支思想过硬、作风扎实、严格执法的干部队伍。

（八）抓好应急救援体系建设。研究编制省、市、县（市、区）三级生产安全应急救援体系建设方案，组建非煤矿山救援中心，提高应急救援整体能力水平。

（九）加强作业场所职业危害现场监管。会同省卫生厅等部门，在全省范围内组织开展一次作业场所职业危害专项整治行动，督促企业建立健全职业危害防治责任制和职业卫生管理制度，确保劳动者的健康与安全。

（十）加强法制建设。抓紧出台《辽宁省安全生产条例》、《辽宁省重特大事故隐患监督管理办法》、《辽宁省生产经营单位安全生产风险抵押金管理实施办法》，做到有法可依。

（十一）加大事故查处力度，严格责任追究。一是对发生的伤亡事故，要坚持“四不放过”的原则，依法严肃查处。二是对事故处理决定的落实情况进行跟踪，依法严肃处理事故责任者。三是加大道路交通事故的查处力度，对《辽宁省道路交通事故行政责任追究暂行规定》实施以来，全省发生的重大道路交通事故的责任追究情况进行一次检查，及时发现解决问题，推动这项制度的建立。

吉林省 2005 年～2006 年上半年安全生产形势报告

一、基本情况

2005 年，全省非煤企业、煤矿、道路交通、消防火灾和铁路交通五类事故共发生 29 693 起，同比减少 2 528 起，下降 7.85%；死亡 3 197 人，同比少死亡 46 人，下降 1.42%。其中，非煤企业发生伤亡事故 122 起，同比减少 12 起，下降 8.96%；死亡 134 人，同比少死亡 15 人，下降 10.07%。煤矿发生伤亡事故 136 起，同比增加 12 起，上升 9.68%；死亡 212 人，同比多死亡 39 人，上升 22.54%。发生道路交通事故 9 659 起，同比减少 296 起，下降 2.97%；死亡 2 428 人，同比少死亡 87 人，下降 3.46%。发生消防火灾事故 19 326 起，同比减少 2 249 起，下降 10.42%；死亡 135 人，同比少死亡 13 人，下降 8.78%。发生铁路交通事故 447 起，同比增加 17 起，上升 3.95%；死亡 288 人，同比多死亡 30 人，上升 11.63%。

2006 年上半年，全省工矿商贸企业（含煤矿）、道路交通、火灾和铁路交通共发生事故 13 855 起，同比减少 1 924 起，下降 12.19%；死亡 1 153 人，同比少死亡 244 人，下降 17.47%。其中，工矿商贸企业事故死亡 150 人，同比下降 11.76%其中煤矿企业事故死亡 81 人，少死亡 27 人，下降 25.00%。道路交通事故死亡 848 人，同比下降 16.86%。火灾事故死亡 39 人，同比下降 44.29%。铁路交通（路外）事故死亡 116 人，同比下降 15.33%。

二、安全生产工作情况

（一）强化各级政府领导责任，安全生产责任制得到进一步落实。根据国家下达的控制指标，省政府与各市州政府均在 2005 年和 2006 年签订了年度安全生产工作目标责任状，与 23 户中央和省属企业签订了目标责任书，下发了《安全生产目标责任制考核暂行办法》，省安委会办公室制定了安全生产目标责任制考核细则，组成督查组到各地督查安全生产目标责任制，并对伤亡事故频发的地区和县（市）进行了问责，进一步加大了责任追究力度，较好地完成了国家下达的控制指标，一年半来，全省总的事故起数和死亡人数呈下降趋势。

（二）突出重点行业和领域，专项整治力度不断加大。2005 年，重点开展了四项工作：

一是按照省政府决定，汲取蛟河腾达煤矿“4·24”特别重大透水事故教训，认真组织开展了为期两个月的“消除重大事故隐患，强化安全专项整治”行动。依法取缔了一批非法小厂、小矿，严厉打击了越界开采、非法开采行为，取得了阶段性成果。

二是下大力量推进安全专项整治。危险化学品安全专项整治，突出抓了“五整顿、两关闭”工作。各级安全监管机构共下达整改指令书 1 325 份，关闭企业 24 户，取缔企业 29 户，整改重大事故隐患 94 处。开展了危化品危险源排查，对排查出的 1 521 个重大危险源，落实了监控措施。制定了《烟花爆竹安全专项整治方案》，对 24 户不具备安全生产条件的烟花爆竹生产企业进行了停业整顿。下发了《深化非煤矿山安全专项整治方案》，以小矿山、小采石场安全整治为重点，加强对采石场等季节性生产的企业开工前的逐户检查。积极帮助企业提升安全生产条件，指导企业狠抓隐患整改和完善安全管理制度。在辽源市召开了非煤矿山安全整治工作会议，加大了对不符合安全生产条件又不进行整改或不按期限申办安全生产许可证企业的监管力度。对安全评估为D类的企业依法给予了关闭或停产整顿。对全省尾矿库进行了普查登记。协调有关部门，先后筹资386万元，对通化铜镍公司头道阳岔尾矿库存在的重大安全隐患进行了专项治理。

三是各级安委会办公室充分发挥综合协调和指导监督作用，及时通报情况，研究部署具体工作措施，积极帮助有关部门协调和解决安全生产工作中存在的问题，加强了安全生产的监督检查、专项督查和联合执法，形成了较好的工作格局。会同煤炭、煤监、国土资源等部门，开展了煤矿瓦斯治理和整顿关闭两个攻坚战，加大了对无证非法矿井的打击力度和乡镇煤矿的安全监管，取得了阶段性成果。会同公安、交通等部门，开展了道路交通“五整顿、三加强”和治理“双超”活动。会同公安消防部门，集中开展了“火灾隐患大排查、大整改，保安全”专项整治行动，有力地扭转了重点行业和领域重特大事故多发的势头。

四是认真实施安全生产许可制度。先后三次召开会议，就做好非煤矿山、危险化学品、烟花爆竹安全生产许可证发放工作进行部署。制定了安全生产许可证工作程序，重点抓了宣传发动、指导服务、审查把关、建立监督管理制度等四个环节。加强了对安全评价中介机构的监督管理，确保了许可证发放进度和质量。制定了《安全评价中介机构管理办法》，进一步规范了安全评价行为。到年底，全省2 980家非煤矿山企业，已提出领证申请的2 788家，占93.6%，已取得安全生产许可证的1 055户，发证率为37.8%。危险化学品经营单位2 794个，已取得经营许可证2 677户，发证率为96%。生产企业230户，已取得安全生产许可证198户，发证率为86%。烟花爆竹生产企业1户，已取得安全生产许可证。

2006年上半年，在巩固上一年成果的基础上，一是以颁发安全生产许可证为主线，继续加大了非煤矿山、危险化学品、烟花爆竹等重点行业和领域的专项整治。截至6月底，全省已有2 504户非煤矿山生产企业取得了安全生产许可证，占申请企业的90%。针对今年以来采石场事故多发和不符合安全生产条件非煤矿山企业关闭问题，召开两次专题会议进行部署。对全省尾矿库逐一进行排查，消除了一批事故隐患，有效地遏制了重大事故的发生。全省危化品生产许可证共发放244个，危化品经营许可证发放2 798个，换发危化品经营许可证243个。对在截止期限内没有提出申请的5户危险化学品生产企业、24户烟花爆竹生产企业、50户危险化学品经营企业以及59户虽已提出申请但不具备发证条件危险化学品生产企业向政府做了报告，予以关闭的企业已吊销了营业执照或注销了危险化学品项目。截至6月底，全省各级安全生产监管部门共监督检查各类生产经营单位10 759个次，其中金属与非金属矿山2 938个次，危险化学品2 230个次，烟花爆竹686个次。共查处各类事故隐患6 803条。二是发挥综合协调作用，加强有关行业的监督检查、协调指导。召开2次安委会全体会议和多次部分成员专题会议，研究解决重点行业和领域安全生产问题。从综合监管的角度，在交通、建设、军工、民爆、水运、农机等行业和领域，加强了监督检查和协调指导。参与组织协调由交通、民航、铁路、建设等九部门联合开展的春运工作，确保了节日和“两会”期间安全生产形势平稳。认真落实了在公路运输“治超治限”工作中的安全生产工作任务。与省国防工办共同开展了全省民爆生产企业、经营企业和军工企业三个方面的安全生产大检查。协调省粮食局进一步抓好全省粮食企业的安全生产工作。与省建设厅共同查处了建筑领域典型“三违”事件。

（三）加快安全生产法制建设步伐，不断提高执法能力和水平。2005年初，我省认真贯彻《全面推进依法行政实施纲要》，出台了《吉林省安全生产条例》，并加大了宣传贯彻力度。此后相继出台了《全省安全生产重要举措项目实施方案》、《吉林省安全生产培训管理办法（暂行）》、《吉林省生产经营单位重大事故隐患管理暂行规定》等14部规范性文件。近期，又将《吉林省生产安全事故调查处理办法》列入省法制办立法计划。此外，还编写并印发了《安全生产方面的法律法规和规范性文件汇编》供执法人员学习使用。在执法过程中，全省统一使用国家总局制定的执法文书，严格按照法律规定和执法程序进行安全生产监督管理，杜绝不当执法和违法行为。2005年，配合省人大对通化、辽源、吉林和延边4个市州，60多户企业进行了安全生产法执法检查，并对检查出的问题及时进行了整改。2006年5月份，配合省人大常委会对全省《安全生产法》和《吉林省安全生产条例》贯彻实施情况进行检查，检查结束后，省人大常委会对全省一法一例贯彻实施工作给予了较高评价。

（四）强化宣传培训工作，全社会安全生产氛围日益浓厚。2005年，我省充分利用社会资源宣传安全生产法律法规和中心工作，强化社会舆论监督，加强培训工作。认真组织开展了企业负责人、安全管理人员、特种作业人员培训，举办各类培训班73期，培训5 114人；考核负责人、安全管理人员18 977人，考核特种作业人员14 226人。2006年上半年，宣传和培训工作力度进一步加大，召开了全省安全生产宣传工作座谈会议，制定了2006年安全生产宣传工作要点。拓宽宣传渠道，加强舆论监督，建立了由安全生产监管系统、各媒体和企业组成的宣传网络；完成了对一汽、吉化二级培训机构的考核验收工作，并对四平、九台等培训机构进行了审核；省里举办各类培训班24期，共培训1 653人，特种作业人员办证8 760人，发放高危企业安全资格证258个、非高危企业培训证364个。

（五）加强整顿规范建设项目“三同时”工作取得初步成效。2005年，制定了《吉林省整顿规范建设项目“三同时”工作方案》，加强了指导、调度和监督检查。对《安全生产法》实施以来的非煤矿山和危化品建设项目进行了调查摸底，出台了非煤矿山和危险化学品生产、储存建设项目安全设施设计审查与竣工验收实施办法，下发了一系列规范性文件，明确了分级管理范围和安全评价、设计审查、竣工验收工作程序，全面规范了建设项目“三同时”工作。共对51个非煤矿山和危化品新建项目进行了安全设施设计审查，并及时组织专家对建成的项目进行了竣工验收。加大了清理整顿力度，依法责令31个建设项目限期补办“三同时”手续，对逾期不办的违法建设项目实施了行政处罚。在去年调查摸底的基础上，全省各地进一步对非煤矿山和危险化学品新、改、扩建项目进行了认真排查。2002年以来，全省危险化学品建设项目共116项，已有94项履行了“三同时”手续，占80%，其余的都在补办之中。结合安全生产许可证的发放，严把审查关，对没有履行建设项目“三同时”的企业，一律不予发放许可证。经向国家总局请示，对加油站等建设项目的“三同时”工作进行了明确。

（六）建立和完善应急救援体系，处理突发事件能力不断增强。2005年，我省开展了应急救援资源普查，全面了解、掌握了全省安全生产应急救援队伍、专家、设备等基本情况。整合全省应急救援资源，成立了省危险化学品和非煤矿山应急救援基地，组建了省危险化学品医疗救援中心和省化学中毒救援基地。各市州全部建立了“危险化学品、非煤矿山应急救援中心”。加强了应急预案编制、队伍培训和应急救援演练。省局在吉林和桦甸市分别举办了危险化学品和非煤矿山事故应急救援演练，进一步增强了应急救援特别是处理突发事件的能力。如在辽源市灯塔煤矿发生“7·13”井筒坍塌事故后，4名被困矿工经148小时的抢险救援全部获救。加强对重大隐患和重大危险源的监控。在全省范围内，对重大隐患和重大危险源开展了普查，基本掌握了全省重大隐患和重大危险源的基本情况和监控情况。制定了重大危险源和重大事故隐患的监控管理办法，建立了全省重大危险源管理信息系统。

2006年，经省政府同意，《吉林省安全生产事故灾难应急预案》已正式下发各地。按省政府公共突发事件总体应急预案要求，制定了非煤矿山、危险化学品、陆上石油天然气开采和陆上石油天然气储运事故等方面的应急预案。在全省实行应急预案的报送和备案制度。进一步加强重大危险源和重大事故隐患的管理。在松原市召开了全省应急救援暨重大危险源监管工作会议。总结、交流2005年全省应急救援和重大危险源监管工作情况，研究部署下步工作，并在吉林油田新木采油厂组织了陆上石油天然气储运应急救援演练。同时，在重点市州和重点行业，组织了多次事故应急救援演练，增强了处理突发事件的能力。白山市江源县在枫叶扶残煤矿“5·14”事故中，成功解救9名被困矿工，就是一个很好的示例。目前，全省共有重大危险源1 743处，其中金属与非金属矿山12处，危险化学品1 661处，烟花爆竹18处，其他生产经营单位52处。

（七）加强了科技规划和预警预报工作，安全科技水平得到提升。2005年，我省加强了事故预警预报工作，全年发布安全生产风险预警预报24期。2006年，全省安全生产“十一五”规划已经省政府批准实施。自2006年起，将亿元GDP生产安全事故死亡率、工矿商贸企业从业人员10万人生产安全事故死亡率、煤矿百万吨死亡率、道路交通万车死亡率4项重要指标，纳入省统计指标体系，在年度统计公报中发布。主持了吉林化工学院“危险品槽车泄漏事故抢险堵漏技术研究及应用”项目的科技成果鉴定，经由包括中科院院士等专家组成的鉴定委员会鉴定，研究成果总体上达到国际先进水平。进一步完善了安全生产预警预报机制，在专家预警的基础上，与煤炭、交通、建设、水利、气象、消防、旅游等重点部门建立了联合工作机制，加强行政指导，增强了预警信息的时效性和权威性，已发布6期预警信息。

（八）加强自身建设，依法监管能力和水平明显提高。2005年是我省加强安全监管队伍建设、提高依法监管能力和水平的关键年。一是大力推进监管机构建设。全省三级监管体系已经全部建立起来，编制总数达到855人，已配置到位822人。吉林、白山两市和16个县（市、区）还成立了执法监察队伍，共配置执法监察人员147名，使这些市、县（市、区）的执法监察工作得到了明显的加强。由于各级党委、政府的高度重视，安全监管队伍在机构、人员、经费和办公条件方面都有了不同程度的改善。二是坚持抓试点，推动安全监管工作。完善了非煤矿山、危险化学品安全生产标准化活动的实施方案，制定了升级达标的标准和考核办法。加强了对试点企业的工作指导，先后在吉林市、桦甸市召开了现场会，总结和推广试点经验。积极探索中小企业安全监管的方式方法，认真总结和提升九台经验，及时发现和推广了一批典型经验。三是加强学习，搞高素质。针对各级安全监督管理部门机构新、人员新的实际，把内强素质，外树形象，努力建设一支政治坚定、甘于奉献、业务精通、敢打硬仗的监管队伍当作一件大事来抓，大力加强各级安全监管队伍的培训教育工作。并在上半年共产党员先进性教育的基础上，在全省安全监管系统开展了为期两个多月的“夯实基础，提升质量，开创安全监管工作新局面”大讨论活动，通过学理论、学业务、找差距，全系统依法监管的能力和水平不断提高，有力地推进了各项工作措施的落实。

2006年，我省重点探索了加强县（区）安全生产监管工作的有效途径。通过2005年的非公有制中小企业监管试点推广工作，各地涌现出了一批好的做法和经验。省局印发了各地非公有制中小企业安全监管好的做法以及相关文件、政策汇编，供全省相互学习借鉴。针对非公有制中小企业基本分布在县（市、区）的实际，提出了以加强非公有制中小企业安全监管为突破口，全面提升县域安全监管质量，夯实安全监管工作基础的工作思路。在长春市绿园区召开了全省县区安全生产监管工作座谈会议，分别从区政府、安全监管局、街道、乡镇、中介服务机构和安全监督员等不同层面，总结了加强县区非公有制中小企业安全监管工作的做法，有力地推动了全省县（市、区）安全生产监管工作。

三、存在问题

（一）中小企业安全问题仍然突出。从2006年上半年伤亡事故情况看，主要集中在建筑业和采掘业，煤矿主要集中在乡镇企业。这反映出安全生产监管体系不适应、监管不到位的问题，也反映出企业特别是中小企业责任主体意识不强的问题。

（二）建设项目“三同时”监管工作有待加强。个别地区对本区域内的建设项目调查摸底不够，底数不清；法规体系还不完善，除了高危行业外，针对其他行业的建设项目“三同时”监管工作存在如何处罚没有明确依据的情况，这些都有待于在实践中进一步探索完善。

（三）安全监管机构建设还不能适应实际工作需要。目前，安全监管部门还存在机构设置不规范、执法人员少、监管力量不足、权威性不够等实际问题。特别是随着经济的发展、非公有制经济的不断扩大，监管机构和监管力量“层层衰减”的问题日益突出。

四、下一步措施

（一）切实抓好重点行业和领域的安全整治，坚决防范重特大事故。一是非煤矿山安全方面要落实好省政府办公厅《关于坚决彻底关闭不符合安全生产条件非煤矿山企业的通知》精神，确保关闭工作的公开、公正、公平和高标准按时完成；要严格执行《尾矿库安全监督管理规定》和《尾矿库安全技术规程》，加强对危库、险库和病库的安全监控，制定切实可行的尾矿库事故应急救援预案；要严格执行非煤矿山安全生产许可制度，凡未能在国家规定的期限内取得安全生产许可证的非煤矿山和尾矿库，要依法关闭或停止运行；要配合整顿规范矿产资源秩序工作，以实施安全生产许可制度为切入点，对重点矿区进行安全整治，推行正规开采和集约化生产，实现源头治乱。

二是危化品安全方面要切实加强对重点品种、重点地区、重点路段的安全监控，严防运输过程中发生翻车泄露、爆炸燃烧和污染事故；抓紧建立地区之间危化品运输安全协同执法机制和应急救援工作机制；要加快危化品安全生产许可证审核颁证工作；要对化工企业事故状态下地面水处置问题进行检查，督促其尽快解决；要继续指导督促化工企业开展反“三违”活动，防止发生泄露、爆炸事故。

三是烟花爆竹安全方面要坚决打击非法生产，严防已关闭的烟花爆竹生产单位死灰复燃，防止产生新的非法窝点。

四是综合监管方面要坚持“关疏并举”的原则，将国家有关煤矿安全的政策和要求落实到位，所有煤矿特别是国有重点煤矿，都要按照《特别规定》的要求，认真排查治理隐患，落实事故防范各项工作；要认真贯彻周永康国务委员在全国道路交通安全部联系会议上的重要讲话精神，加强道路交通运输企业和驾驶员的安全教育，继续治理超载超限，治理危险路段；要结合降雨量和汛情变化，加强水上交通安全监管，坚决取缔非法“三无”船舶，防范水上交通和农用船舶事故；要认真贯彻《国务院关于进一步加强消防工作的意见》，做好夏季消防安全检查、重大火灾隐患治理等工作；要按照国务院加强民爆器材安全生产工作的有关要求，认真实行安全生产许可制度，加强矿山火工品监管；要以防范坍塌事故为重点，抓好建筑施工安全工作；要深入到电力企业了解情况，促使企业加强安全防范，制定完善应急预案，防止发生重特大事故。

（二）继续加大联合执法力度。刑法修正案的公布实施，是安全生产法制建设的重大进展。要加强对刑法修正案的宣传，进一步加大安全生产综合执法力度。对一个时期来发生的重特大、特别重大事故，都要依法认真查处，尽快结案，将违法犯罪分子绳之以法，依照新的法律规定予以严惩。

（三）继续加大宣传和培训工作力度。要在总结“安全生产月”活动经验的基础上，继续把宣传重点放在基层、企业和社区，重点宣传道路交通、矿山、人员聚集场所消防、建筑施工和危险化学品等事故多发领域安全知识，深入开展安全生产法律法规的再学习再宣传再贯彻，在提高全民安全素质上狠下功夫。要进一步强化对生产经营单位主要负责人、安全管理人员及特种作业人员的上岗资格培训；加强安全生产监察人员的专业培训，组织市（州）、县（市、区）安全生产监察人员进行危险化学品、烟花爆竹和非煤矿山的安全监察、事故处理、应急救援、行政执法等专项培训。

（四）下大力气继续抓好建设项目“三同时”工作。一是要加强有关法律法规的宣传，进一步提高企业的认识，自觉依法履行建设项目“三同时”的规定，主动接受安全监管部门的监督。二是严把安全生产许可证发放审查关，凡是建设项目没有履行“三同时”程序的，一律不准发放安全生产许可证。三是加强日常的监督检查，对不履行“三同时”程序的建设单位依法责令补办，同时处以罚款，对顶着不办的项目依法责令停止生产。四是严格责任追究，对没有履行“三同时”而发生安全事故的生产经营单位，要依法严肃追究单位主要负责人和相关管理人员的行政责任。要切实解决好“理不直、气不壮、腰不硬、刀不快”的问题，切实树立起安全监管部门的监管权威。

（五）进一步加强应急救援工作，不断提高重大危险源管理水平。要加快全省安全生产应急救援体系建设，重点抓好省危险化学品应急救援基地的建设，启动全省安全生产应急救援指挥信息系统建设。要明确队伍、职责，积极探索安全生产应急救援体系建设的机制，不断完善各级安全生产应急预案，加强演练。要认真对照《重大危险源管理暂行规定》和《重大安全生产事故隐患排查治理办法》，进一步抓好重大危险源和重大事故隐患的监管工作，在普查基础上，进一步明确重大危险源和重大事故隐患的监管责任、措施，建立和完善全省各级安全监管部门重大危险源管理信息系统。

（六）认真组织实施“十一五”规划。要加快实施技术支撑专业中心实验室项目、信息化项目和宣教基地项目。尽快启动应急救援指挥中心和省局监察监管装备项目。

（七）进一步加大县（市、区）中小企业安全监管的力度。要将煤矿“两个攻坚战”和安全生产专项整治、实施安全生产许可制度、重大危险源监督管理、重大事故隐患排查整治和开展安全标准化等工作紧密结合起来，通过抓关键、抓难点、抓典型，大胆探索和尝试安全监管新体制、新机制、新手段、新方法，推动县（市、区）安全生产监管工作上台阶、上水平，促进全省安全生产形势稳定好转。

黑龙江省2005年安全生产形势报告

一、安全生产工作基本情况

——事故总量稳中有降。全省共发生各类伤亡事故22 045起，比上年减少2 031起，下降8.4%；死亡3 152人，比上年减少死亡192人，下降5.7%，比国家下达的控制指标（3 349人）减少230人（不含水上交通事故死亡33人），减少近7个百分点，是全国下降幅度超过5%的23个省份之一。

——大部分行业和领域安全生产稳定趋好。道路交通事故死亡2 164人，同比减少299人，下降12.1%；火灾事故死亡58人，同比减少48人，下降45.3%；危险化学品事故死亡3人，同比减少11人，下降78.6%；烟花爆竹领域未发生亡人事故，同比减少2人；铁路交通事故死亡296人，同比减少66人，下降18.2%。特种设备、民爆、农机、人防、旅游、教育、卫生、民航等方面安全生产状况也都保持稳定，为全省安全生产工作做出了积极贡献。

——大部分地区没有突破安全生产控制指标。鹤岗市、佳木斯市、哈尔滨市、伊春市、齐齐哈尔市、绥化市、大兴安岭地区、牡丹江市、大庆市、鸡西市等10个市地和省农垦总局、森工总局事故死亡总人数在省政府下达的控制指标以内。鹤岗市各领域均未发生一次死亡3人以上重特大事故。

——煤矿安全生产形势严峻。全省发生煤矿事故152起，同比增加74起，死亡398人，同比增加220人，百万吨死亡率4.088，比国家控制指标（1.862）增加2.226。特别是龙煤集团七台河分公司东风煤矿“11·27”事故的发生，给全省安全生产工作带来巨大压力。

回顾去年的工作，主要抓了以下几方面：

（一）进一步加强了对安全生产工作的领导。年初省政府与各市地、中省直有关单位签订了安全生产责任状，进一步推进各级政府安全监管责任和企业安全生产主体责任的落实。省政府召开安全生产工作会议和电视电话会议12次，及时研究部署全省安全生产工作。龙煤集团七台河分公司东风煤矿“11·27”事故发生后，为尽快扭转煤矿安全被动局面，省政府先后召开了第57次省长办公会议，三次全省安全生产电视电话会议，一次省政府安全生产情况通报会议，专题研究部署全省安全生产工作。为了进一步加大对安全生产工作的领导力度，先后制定和下发了省政府领导安全生产工作联系责任制度、省政府安全生产专项通报会议制度、安全生产控制指标通报制度、重大安全隐患公告制度、加强部门督办检查制度和领导干部包保责任制度。负责联系13个市地的省政府领导同志通过明察暗访、听取汇报、实地检查、现场办公等方式，狠抓了安全生产责任制的落实和重大隐患的排查整改。

（二）进一步加大了对煤矿安全生产的监管力度。按照国务院《特别规定》和国务院办公厅《紧急通知》要求，围绕瓦斯治理和整顿关闭两个攻坚战，加强领导，采取措施，着力解决当前煤矿安全存在的突出问题。一是加大了煤矿整顿关闭推进力度。省政府多次召开会议，研究部署全省煤矿整顿关闭工作，省经委作为省煤矿整顿关闭工作领导小组办公室单位，积极推进整顿关闭工作的落实，各产煤市地和龙煤集团认真落实国务院和省政府的要求，加大了整顿关闭力度。截至2005年12月31日，省政府对证照不全、不具备安全生产条件的227处矿井予以公告关闭，是全国超额完成关闭矿井任务的6个省份之一。二是加大瓦斯整治力度。省政府成立了煤矿瓦斯整治领导小组，确定2005年为“瓦斯治理年”，组织专家进行了技术“会诊”，提出10项防治瓦斯的针对性措施，进一步完善了信息化远程监控网络系统。全省煤矿去年以瓦斯治理为重点的各项安全投入达到20多亿元。三是认真组织开展联合执法行动。由省安全监管局会同省经委、煤监局、省国土厅、省工商局等部门对9个产煤市（地）进行联合执法检查，推进重点工作落实。四是进一步完善煤矿安全生产长效机制。吸取七台河东风煤矿“11・27”事故教训，制定出台了《黑龙江省人民政府关于进一步加强煤矿安全生产工作的决定》，对加强煤矿安全生产基础工作、加大惩治力度、建立激励机制、强化煤矿安全监管职能等方面做了进一步规定。五是认真开展了国家工作人员和国有企业负责人投资入股煤矿的清理纠正工作。全省共有198名党政机关干部和企业负责人撤资退股，金额达2 446万元。六是进一步理顺了煤矿安全监管体制。将省经委的煤炭安全生产日常监管等职能划转给省安全监管局，成立省煤炭工业管理局，承担煤炭行业管理职责，增强了力量。七是国家煤矿安全监察机构深入开展重点、专项、定期监察，各煤监分局进一步加大隐患排查力度和处罚力度，督促煤矿企业整改消除了一大批事故隐患。

（三）进一步深化了重点领域安全专项整治。以治理超限超载和预防群死群伤道路交通事故为重点，排查治理公路危险路段，开展预防特大交通事故百日竞赛活动，加大道路交通安全执法检查力度，使道路交通安全环境得到改善，死亡人数同比有较大幅度下降；通过开展重大火灾隐患排查和挂牌督办活动，使全省198家重大火灾隐患单位全部完成整改摘牌；通过严把非煤矿山安全准入关，加强现场执法监察，逐步推进安全标准化管理，全省关闭取缔各类非煤矿山89户，非煤矿山企业基本安全生产条件得到改善；加大对危险化学品企业监督检查力度，关闭和停产企业32家，责令搬迁企业10家；深化烟花爆竹专项整治，对存在安全隐患的11家烟花爆竹生产销售单位给予了停产整顿的行政处罚；民爆器材、建筑等重点领域的安全整治，与执行安全生产许可证制度相结合，机械、轻工、纺织、电力、烟草、贸易等行业企业认真开展安全标准化建设，都取得了较好效果。去年以来，全省组织6次安全大检查和20余次专项安全督查，各市地、各部门、各单位普遍开展安全生产自检自查，全省共组成检查组2.7万个，出动检查人员13万人次，检查各类场所7.6万余家，查出和整改各类事故隐患4.2万项，投入整改资金3.4亿元。

（四）大力推进了安全生产法制建设和宣传培训工作。省政府先后制定出台《黑龙江省人民政府关于进一步加强安全生产工作的决定》、《黑龙江省煤矿重特大安全事故行政责任追究暂行规定》、《黑龙江省关于严禁党政机关、事业单位及国有企业领导干部参与小煤矿生产经营活动的紧急通知》、《黑龙江省人民政府关于进一步加强煤矿安全生产工作的决定》等规范性文件。配合省人大起草了《黑龙江省安全生产条例》。组织开展了以“遵章守法，关爱生命”为主题的第四次“安全生产月”活动，参加全国首届安全技术装备展览会，获得优秀组织奖和优秀设计奖。依法培训生产经营单位主要负责人、安全管理人员和特种作业人员6.2万人。按照“四不放过”原则，严厉查处了各类事故的责任单位和责任人，全省共有230名事故责任人被依法追究刑事责任，有581名党员干部受到党纪政纪处分。

（五）认真实施了安全许可制度，加强源头管理。各有关部门严把煤矿、非煤矿山、危险化学品、烟花爆竹、建筑、民爆器材等高危行业企业安全准入关，全面开展安全评价、安全条件认证和审核颁证工作，加强了安全生产源头管理。通过实施安全生产许可证制度，对 2005 年 12 月 31 日之前没有提出安全生产许可申请的上述各类企业，依法实施了关闭或取消资质。

（六）进一步加强了安全监管队伍建设。各市（地）安全监管机构班子得到加强，工作条件正在逐步改善。目前全省已有 121 个县（市、区）和农垦分局成立了安全生产监督管理局，其余 21 个县（市、区）也正在筹备组建中。佳木斯市建立了安全生产监察执法支队，哈尔滨、齐齐哈尔、大庆等市也正在筹建执法队伍。加强全省安全生产应急救援体系建设，组建了安全生产应急救援指挥中心和应急救援办公室，编制了全省生产安全应急救援预案，组织各地、各单位制定生产安全应急救援预案，进行应急救援演练，增强了实战救援能力。采取集中培训、轮训、以会代训等形式对全省安全监管、监察人员进行了系统培训，依法行政的能力得到加强。

尽管全省去年安全生产形势总体上较为稳定，但安全生产工作中还存在着许多不容忽视的问题，主要表现是：一是安全发展的思想树立的不牢。一些地方的领导同志对安全生产工作的重要性认识不足，仍然摆不正安全与发展的关系，存在重效益重速度，轻安全的思想。二是安全措施不落实。部分企业安全投入不足，安全设备设施落后，制度不健全，管理混乱，隐患整改不到位，带病冒险作业，致使养患成灾；一些监管部门执法不严，督促隐患整改不力。三是责任制不落实。一些企业无视安全生产法律法规，安全主体责任得不到落实；一些地方安全监管职责不清，监管责任不落实；一些地方各级领导安全包保责任还没有真正落到实处。四是安全监管队伍力量薄弱，缺少执法队伍和专家队伍，基层安全监管机构人员少、力量弱。这些问题都需要我们认真加以解决。

二、2006 年全省安全生产工作主要任务

全省安全生产工作总体思路是：以邓小平理论和“三个代表”重要思想为指导，坚持科学发展观，认真贯彻全国安全生产工作会议和省委、省政府关于安全生产的一系列部署，坚持安全发展；突出责任制落实和隐患排查整改，深化整治，标本兼治，重在治本，强化全社会安全意识，强化企业主体责任，强化政府监管职责，严格管理，严格执法，严格责任追究；坚决遏制煤矿等领域重特大事故的发生，进一步推动全省安全生产状况稳定好转，努力开创安全生产工作新局面。重点抓好以下十项工作：

（一）坚持安全第一思想，牢固树立安全发展观。自觉坚持“安全第一，预防为主，综合治理”的方针，把安全生产摆到更加重要的位置，正确处理好安全与经济发展，安全与经济效益，安全与产业结构调整的关系，促进安全生产与经济社会的同步协调发展。

（二）明确工作目标和任务，层层分解落实。2006 年国家给我省下达的控制考核指标是：各类事故死亡人数控制在 2 986 人以内。其中，道路交通 2 164 人，火灾 81 人，铁路交通 300 人，煤矿 234 人，其他工矿商贸企业 207 人。我省近年来各类事故死亡总人数都在 3 100 人以上，今年要控制在 2 986 人以内，任务十分艰巨。道路交通事故死亡人数在各类事故中所占比重最大，其能否继续有较大幅度下降，是全省能否完成控制指标的关键；而能否遏制特大和特别重大煤矿事故发生，将左右今年全省安全生产形势。

（三）突出重点，打好煤矿瓦斯治理和整顿关闭两个攻坚战。一是全省各产煤市地和龙煤集团要组织由有关专家参加的检查组进行全面的安全隐患大排查，摸清底数，动态掌握，对存在重大隐患仍然进行生产的，要按照《特别规定》给予严厉处罚。其他重点领域也要建立重大隐患排查、整改、公告制度，形成长效机制。二是巩固煤矿整顿关闭成果，继续关闭淘汰规模小、安全没有保证、开采方式落后、破坏资源、污染环境的小煤矿，严厉打击无证开采、超层越界、以采代探

等行为。对非法采矿窝点发现一处取缔一处。三是深化煤矿瓦斯煤尘治理，严防瓦斯煤尘重特大事故发生。四是按照“先关闭后整合，以大并小，以优并劣”原则，做好规范煤矿资源整合工作。五是严格煤矿建设项目管理，对建设项目安全设计未经审批擅自违法施工和未经竣工验收擅自投入生产的，一律停产整顿或予以关闭。六是加强煤矿企业劳动组织管理。七是严格矿长安全资质管理，加强安全培训。八是各产煤市地要按照省政府的要求，尽快将煤矿安全监管职能移交到安全监管部门。

（四）推进联合执法，深化其他重点领域安全专项整治。由主管部门牵头，相关部门配合，针对关键问题和薄弱环节，进一步深入开展专项治理。各级公安交管部门要进一步加强道路交通源头管理，继续抓好“五整顿、三加强”，严把车辆检验和驾驶人培训、考试、发证关，加强路面行车秩序整治，遏制道路交通恶性事故。交通管理部门要加大对危险路段的整治力度，规范各类交通标志设置，保证道路交通安全。深化水上交通整治，杜绝重特大恶性事故发生。深入开展铁路公路交叉道口的综合治理，防范路外事故。加强机场和飞机的安全检查、检修保养，减少飞行事故征候。消防安全要把隐患排查整改和公众聚集场所日常检查结合起来，继续深入开展火灾隐患排查整治工作，整改治理隐患，防止群死群伤火灾事故发生。

危险化学品安全要深入抓好危化品生产和道路运输安全专项整治。生产企业要开展查隐患、反“三违”活动。特种设备、民爆器材、建筑施工、教育、卫生、旅游、电力、铁路、民航等行业和领域，也要从各自实际出发，加强监督检查和隐患排查整改，采取有力措施，及时发现和消除各类事故隐患。

（五）加强基础工作，强化企业安全管理。行业管理部门要完善企业安全生产技术规范和质量工作标准，使安全生产工作经常化、规范化、标准化，指导督促企业健全、落实各项规章制度，推动企业加强安全基础工作。

（六）加大安全投入，实施科技兴安。要引导督促企业有重点、有步骤地加大安全投入，进行安全技术改造，更新技术装备，并广泛应用现代科技特别是信息化手段，改善企业安全生产条件。

（七）加强法制建设，加大依法治安力度。进一步完善法规体系，配合省人大搞好《黑龙江省安全生产条例》的立法工作，抓紧制定出台我省的《工伤保险与事故预防暂行办法》、《企业安全费用提取和管理暂行办法》、《企业安全生产风险抵押金管理办法》。

（八）进一步完善安全生产责任体系，加大责任追究力度。要全面落实安全生产行政首长负责制，继续推进省政府安全生产联系责任制和各级政府安全生产包保责任制落实。在重特大事故责任追究上，要严格落实省委、省政府领导同志反复强调的三个决不放过和三个一律：即决不放过造成重特大安全生产事故的矿主和肇事者；决不放过贪污受贿，失职渎职的国家工作人员；决不放过只说不干，热衷于搞形式主义、官僚主义，玩忽职守，对重特大安全事故负有直接责任或重要领导责任的领导干部。

（九）加强安全监管和应急救援体系建设。狠抓安全监管、执法监察、专家诊断、应急救援四支队伍建设，努力形成“专家查隐患、政府抓督查、部门抓监管、企业抓整改”的工作机制，为做好安全生产工作提供组织保障。

（十）切实加强组织领导，狠抓各项措施的落实。全省各级政府主要负责同志，要按照温家宝总理讲话要求，将安全与生产放到同等重要的位置，纳入重要议事日程，切实解决安全生产工作中存在的突出问题。分管负责同志要多深入基层，对重大事故隐患要做到心中有数，跟踪督办，直到问题彻底解决，隐患彻底治理。

黑龙江省2006年上半年安全生产形势报告

一、上半年全省安全生产形势和主要工作

1～6月，全省发生各类生产安全事故10 529起，同比减少579起，下降5.2%；死亡1 188人，同比减少1 13人，下降8.7%。

大部分行业和领域安全状况相对稳定。道路交通事故死亡868人，同比减少30人，下降3.3%。铁路交通事故死亡107人，同比减少73人，下降40.6%。水上交通没有发生事故。建筑事故死亡12人，同比减少2人，下降14.3%。火灾事故死亡32人，同比持平。工矿（非煤）商贸事故死亡78人，同比持平。煤矿事故死亡103人，同比增加13人，上升14.4%。

大部分地区安全生产趋于稳定。全省13个市（地）和省农垦总局、省森工总局、哈尔滨铁路局和龙煤集团共17个统计单位中，有16个单位事故死亡总人数在省政府下达的控制指标以内，有10家与去年同期相比死亡人数下降。分别是：大兴安岭地区各类事故死亡8人，同比减少10人，下降55.6%。哈尔滨铁路局各类事故死亡108人，同比减少72人，下降40%。大庆市各类事故死亡103人，同比减少51人，下降33.1%。省农垦总局各类事故死亡30人，同比减少11人，下降26.8%。龙煤集团煤矿事故死亡34人，同比减少8人，下降19%。七台河市各类事故死亡43人，同比减少8人，下降15.7%。绥化市各类事故死亡104人，同比减少18人，下降14.8%。齐齐哈尔市各类事故死亡125人，同比减少19人，下降13.2%。双鸭山市各类事故死亡29人，同比减少4人，下降12.1%。佳木斯市各类事故死亡49人，同比减少1人，下降2%。

同比上升的有7家：伊春市各类事故死亡32人，同比增加13人，上升68.4%。哈尔滨市各类事故死亡326人，同比增加77人，上升30.9%，超控制指标7人。牡丹江市各类事故死亡65人，同比增加11人，上升20.4%。黑河市各类事故死亡31人，同比增加4人，上升14.8%。鹤岗市各类事故死亡39人，同比增加2人，上升5.4%。鸡西市各类事故死亡60人，同比增加3人，上升5.3%。省森工总局各类事故死亡2人，同比增加2人。

从统计数据看，有以下几个特点。一是上半年除4月份外，其他5个月事故死亡人数同比都有所下降。其中1月份下降16.7%，2月份下降5.3%，3月份下降17.8%，5月份下降8.9%，6月份下降12.2%。二是重、特大事故明显下降。去年同期发生一次死亡9人事故2起，今年1起，下降50%；去年同期发生一次死亡10人以上事故2起，死亡34人。今年发生1起，死亡12人，死亡人数下降64.7%。三是控制指标完成情况较好。全省各类事故死亡人数比国家下达的控制指标进度（半年为1 493人）减少305人，占全年控制指标的39.7%，低于全国平均水平3个百分点。全省17个控制指标统计单位中，除哈尔滨市外，其他单位各类事故死亡人数均控制在半年进度考核指标（50%）范围之内。

回顾总结上半年，主要抓了以下几方面的工作：

（一）深刻吸取“11·27”事故教训，进一步增强工作的主动性。去年发生的东风煤矿“11·

27”事故，教训极为沉痛，给全省安全生产带来了极大压力。事故发生后，省政府采取了一系列超常规措施加强安全生产工作。主要是：建立省政府领导联系市（地）安全生产工作和各级领导包保责任制、每月召开一次省政府安全生产情况专项通报会议制、重大安全隐患排查整改情况公告制等制度；成立省煤炭工业管理局，将煤矿安全监管职能划到安监部门，成立安全生产应急救援指挥中心，办公室设在安监部门，建立了省级安全生产专家组；整顿和强化基层安监部门力量，实行“驻矿专盯”制度；加大瓦斯、煤尘等重大隐患治理力度，完善下井带班制度，强化现场监督检查；调整充实国有重点煤矿领导班子等。为全面落实省委、省政府的重大决策，全省各级安全监管部门针对安全生产中的突出问题和安全监管工作的薄弱环节，不断增强工作的主动性、创造性，努力提高工作的实效性，认真做好以煤矿为重点的各项工作，全力扭转安全生产的被动局面。一是围绕建立领导联系安全生产责任制和安全包保责任制，充分发挥安全监管职责。二是围绕严密安全生产工作制度，充分发挥安全监管职责。三是围绕调整煤矿安全监管职能，充分发挥安全监管职责。四是围绕落实综合协调职能，充分发挥安全监管职责。

（二）突出重点行业领域安全监管，加大专项整治力度。

1. 打好煤矿瓦斯治理和整顿关闭两个攻坚战。按照国家关闭非法和不具备安全生产条件小煤矿的要求，省政府安委会发布了关闭矿井名单公告，各级安全监管部门深入煤炭企业现场督促检查抓落实，与煤监、煤炭、国土、工商、公安等部门联合执法，严格按照国家规定的六条标准予以关闭。全省先后两批共关闭小煤矿 335 处，超额完成国家下达了关闭 200 处的任务。通过这项工作，使国有大矿办小矿、立井改斜井等一些历史遗留、长期得不到解决的老大难问题得以彻底解决；使安全没有保障、没有取得安全生产许可的小煤矿彻底关闭，消除了一大批危险源；使非法盗采煤炭资源的小煤矿遭到严厉打击。在关闭非法和不具备安全生产条件小煤矿的同时，按照国家的要求，加大了调整煤炭产业结构、淘汰落实生产力的工作力度。制定了《黑龙江省煤矿整顿关闭工作三年规划》，确定了必须实施关闭的 5 类 17 种矿井，分解落实了今年关闭 94 处的工作任务，预计明年再关闭 74 处，到 2008 年上半年，将全省 1 568 处矿井减到 1 400 处。确定了七台河市极薄煤层 3 万吨矿井保留的数量以及回采率、机械化程度和人员素质等要达到的要求。为完成三年解决小煤矿问题的工作目标奠定了基础。

为防止瓦斯事故发生，各级安全监管部门将“一通三防”作为监督检查的重点，督促企业全面排查整改以瓦斯为重点的各类事故隐患，抓好瓦斯监测监控系统的管理和维护，确保系统正常运转，真正发挥作用，同时继续坚持“一炮三检”等传统有效办法，做到双保险。省局配合有关部门和龙煤集团研究制定了全省煤矿瓦斯治理规划。召开省政府安委会会议专题研究部署瓦斯治理和综合利用工作，龙煤集团确定今明两年建立 15 套地面集中瓦斯抽采系统，建设 23 项通风系统改造工程，所属 23 处“双突”和高瓦斯矿井到 2007 年末全部上齐固定和移动式抽放系统。督促地方政府和地方煤矿企业制定瓦斯治理规划和方案，进一步加大投入，今年全省煤矿安全投入和技术改造工程预计达到 27 亿元。上述措施的实施使全省煤矿瓦斯灾害得到了初步控制，与去年同期相比，瓦斯事故次数下降 80%，死亡人数下降 77%。

2. 抓好危险化学品和烟花爆竹安全监管。一是稳步推进行政许可工作。各级安全监管部门大力宣传危险化学品和烟花爆竹安全生产许可工作的有关要求，促使企业认清形势，积极整改；深入企业进行面对面的指导，面对面地解决问题；加班加点工作，提高了审批工作效率；深入重点市（地）和发证进度缓慢的市（地）作面对面的指导和督促；对逾期达不到要求，没有取得安全生产许可证，纳入关闭的危险化学品企业，采取有力措施，坚决予以取缔和关闭。经过努力，全省 314 家危险化学品生产企业取证 292 家，发证率 93%，危险化学品经营企业 5 964 家，取证 5 901 家,发证率 98.9%。全省 19 家烟花爆竹生产企业全部取证，发证率均高于全国平均水平。二是加大专项整治力度。开展了对外部安全距离不符合要求企业的整治工作，10 户需搬迁的危化企业已完成搬迁或停产 9 户，对哈尔滨中国酿酒厂加强了重点监管；深刻吸取松花江污染事件教训，加强了危化品道路运输安全整治和沿江化工企业的安全设施完善工作，清理取缔了一批无证小化工厂、小炼油厂、小农药厂；增强地方监管意识，强化对中直危化企业属地化安全监管。三是强化企业主体责任，提高企业安全管理水平。督促各类化工企业开展反习惯性违章活动，完善事故应急预案；开展质量标准化活动，落实《危险化学品从业单位安全标准化规范》；督促烟花爆竹生产、批发经营企业和零售网点进一步强化了安全管理，规范了生产企业的用工登记制度。

3. 切实加强非煤矿山安全监管。一是突出抓好安全生产许可证颁发工作。积极协调国土资源部门联合下发了《关于切实做好非煤矿山采矿许可证安全生产许可证颁发工作的紧急通知》，推动解决部分矿山无采矿许可证或采矿许可证过期失效影响颁证问题；积极引导露天矿山企业规范开采，解决“一面墙”式开采不符合安全规定的问题，推广中深孔爆破技术；简化工作程序，加快颁证速度，严格颁证标准，严把现场审查关，深入重点市（地）督办发证工作落实。经过努力，全省 3 055 家非煤矿山企业取证 2 331 家，发证率 76.3%，高于全国平均水平。二是突出抓好关闭工作。制定了《全省非煤矿山整治关闭工作实施方案》，确定了关闭原则、关闭标准、关闭步骤和具体关闭措施；在媒体上公布了部分关闭企业名单，接受社会监督；严格开工验收，经整改仍不合格的一律关闭；通过整治，全省今年累计关闭取缔各类非煤矿山 600 个左右。三是认真开展以尾矿库为重点的安全大检查。先后 9 次带领专家对部分重点地区的 79 个地下矿山、尾矿库、大中型露天矿、石油天然气开采及服务类企业进行了安全审查验收，对 29 个省内较大的尾矿库进行了检查，经跟踪整改，所查隐患基本得到控制和解决。此外，还进一步加强油田管道占压的清理和整治工作。印发了《整治实施方案》，对清除占压输油气管道建筑、减少输油气安全运行的隐患，确保油田生产安全进行了安排部署。

4. 继续抓好道路交通、消防安全专项整治。积极配合各级公安交管部门开展道路交通安全整治，以预防道路交通事故特别是特大事故为核心，从严整治道路交通秩序，开展了预防特大道路交通事故百日竞赛活动，整治超速、超员、超载和夜间违法停车以及对无牌无证机动车的专项整治活动。出动警力 18 万人次，查处超员、超速行为 4.8 万台次，查获无牌、假牌和报废车辆 1.7 万辆，拘留违法驾驶人 535 人。交通管理部门加大了道路安全隐患排查力度，在维修路段增设了警示标志，全省道路交通安全状况和行车秩序得到了明显改善。积极配合各级公安消防部门开展消防安全整治，成立了各级消防安全委员会，进一步落实消防安全责任制；持续整治重大火灾隐患，全省 198 家政府挂牌督办的重大火灾隐患单位全部销案摘牌；有针对性地开展出租屋、“城中村”、校园及周边、易燃易爆场所、建筑消防设施质量和内部装修工程等消防安全专项整治，消除重大火灾隐患 768 处，圆满完成了冬防和“两节”、“两会”期间的消防安全保卫工作。

5. 深入开展建筑、民爆等其他重点领域的安全专项整治。建筑安全专项整治以建筑施工现场管理为重点，加大检查和监督力度；落实建设工程各方主体责任，加大以预防坍塌、高处坠落事故；对没有取得安全生产许可证，不具备施工资质的单位要坚决予以取缔，对安全管理不到位、工程质量达不到安全标准和违规施工的工程责令停工整顿。民爆器材安全整治围绕生产、使用和管理等环节，对全省民用爆破器材生产经营 42 家企业进行了安全生产检查，对民爆器材直购用户进行了清理，使涉爆的关键环节得到规范。此外，铁路、民航、电力、机械、教育、旅游、农垦、森工等一些行业和领域，针对薄弱环节，开展了专项整治，取得了明显效果。

（三）*坚持预防为主，狠抓事故隐患的排查整改。*在省政府和省政府安委会的统一领导下，组织开展了全面的安全隐患排查整改活动，在全省掀起了一场“查隐患、抓整改、保安全”的热潮。中省直部门和单位组织的安全检查中累计发现各类隐患 1.49 万处，目前已整改完成 1.34 万处。各市（地）查处各类隐患 4.14 万处，整改完成 3.68 万处。其中仅煤矿安全领域各级安全监管部门就累计检查各类煤矿 12 709 矿次，查处各类隐患和问题 32 555 条，责令停产整顿或关闭 755 处；煤矿安全监察机构累计检查各类煤矿 2 222 矿次，查处各类隐患和问题 6 023 条，停产停顿矿井 69 处。各地、各单位将检查出的隐患，按地区、按系统进行分类梳理，明确整改内容和时限，督促隐患整改落实，适时组织隐患整改回头看工作，实施动态监督，各类隐患的整改率都在 90% 以上，其余的也都限期整改完成。对其中比较突出的隐患，省政府安委会及时发出通报，并组织省直相关部门跟踪问效，督促整改，促进了隐患整改工作落实。

（四）*严格事故责任追究，积极推进安全生产法制建设。*全省上半年发生各类安全生产责任事故 2 395 起，处理结案 1 955 起，有 227 人受党纪政纪处分，17 人被追究刑事责任。其中一次死亡 3 人以上的重特大事故 38 起，目前已结案 31 起，结案率 81.6%。省局直接参与调查处理的工矿（非煤）事故 4 起，全部结案，共处理相关责任人 39 人，追究刑事责任 9 人。对大庆石油管理局化工集团甲醇厂“2·20”事故、伊春市五营区兴泰铁矿“3·13”事故、黑河市小多宝山铜业有限公司“4·30”事故、省林业勘察设计院基坑坍塌事故等重大安全事故，召开了现场会和事故通报会，召集地市和相关行业企业到现场，以血的教训教育警示大家，督促相关部门及企业吸取教训，落实安全责任，强化安全管理，防止同类事故的发生。我们还积极配合煤矿监察局参与了七台河“3·13”、鸡西“4·9”等煤矿事故的调查处理。配合国家安监总局、国家煤矿监察局对“11·27”事故进行了调查处理，有 11 人被移送司法机关追究刑事责任，有 21 人给予相应的党纪、政纪处分。

以全国第五个“安全生产月”活动为契机，进一步加大安全生产法制宣传力度。通过出动宣传车、设宣传板、印发宣传品、发布短信息等方式，加强安全生产法制宣传，我省代表队在全国“平安中国—《安全生产法》知识竞赛”中奋力拼搏，荣获了第一名。依法加强安全培训工作。全省共培训各类人员 4.4 万人，其中，培训（复审）特种作业人员 3.5 万人，生产经营主要负责人 3 458 人，安全管理人员 4 943 人。

（五）*加强安全监管队伍自身建设，强化安全监管系统领导。*加强监管机构和队伍建设取得历史性突破。一是监管机构建设取得突破。经积极协调，省编委下发了《关于县（市、区）设置安全生产监督管理机构的通知》，要求各县（市、区）在机构限额内通过整合现有机构的办法，设置独立的安全生产监管机构，明确职责，保证安全生产监管专门机构、专门编制和专职领导职数。二是各地在安全监管执法队伍建设上做了积极探索。全省有牡丹江、佳木斯、双鸭山等三个市和 12 个县（市、区）组建了执法队伍，共计 145 人。三是建立了安全生产应急救援指挥机构，安全生产应急救援指挥体系正在形成。省政府成立了省安全生产应急救援指挥中心，在省局增设安全生产应急救援办公室。一些市（地）参照省里做法已陆续建立市（地）应急救援指挥机构。四是积极推进对煤矿安全监管职能的划转。全省大部分产煤市（地）、县（市、区）已将煤矿安全监管职责和机构，整建制划入安全监管局。针对近年来小煤矿事故暴露出的煤矿安全监管人员数量不够、素质不高、作风不硬的问题，提出建立煤矿监管人员“驻矿专盯”制度，落实编制和经费，整顿队伍，把住入口，加强培训，定期交流，强化激励和监督机制等 8 条措施，被省政府采纳，并以省政府文件下发了《关于切实加强地方煤矿安全监管队伍建设的通知》，通过积极推进，有关政策已逐步落实，并收到了初步成效，地方煤矿监管人员的素质和责任心明显增强，“驻矿专盯”制度以及监管人员的编制和经费正逐步得到落实。五是在各级党委政府的大力支持下，安全监管部门的班子建设进一步加强，职数进一步增加。目前全省安全监管、执法人员和驻矿监管员达到2 506人，比去年（1 055人）增加1 451人，半年内增加了138%。通过这一系列措施政策的出台，全省安全监管体系得到进一步健全，安全监管部门力量明显增强，安全监管工作力度明显加大。我省安全监管机构和队伍建设的一些做法，得到了国家总局的充分肯定。同时，安全监管系统的凝聚力和向心力进一步增强，省局的各项重大部署在各市（地）、县（市、区）安全监管部门得到很好的贯彻落实，上下级安全监管部门之间的工作指导进一步加强，不同地区安全监管部门之间的工作交流更加密切。

二、下一步工作措施

（一）突出抓好煤矿瓦斯治理各项措施的落实。要落实全国瓦斯治理晋城现场会和全省煤矿安全生产双鸭山汇报会议精神，强力推进“先抽后采”，把煤矿瓦斯治理工作推向深入。各级安全监管部门要分级负责，省局要督促各市（地）抓紧制定和落实瓦斯治理规划，配合龙煤集团抓紧落实列入计划的15套地面集中瓦斯抽采系统、23项通风系统改造工程。各市（地）、县（市、区）局要督促辖区内地方高瓦斯矿井加强管理，督促检查各县（市、区）制定瓦斯治理计划，企业制定瓦斯治理方案，并推进计划和方案落实。到明年底，国有重点煤矿没有上齐瓦斯抽放系统，国有和地方高瓦斯矿井没有达到规定抽放标准的一律不准开采生产。要继续抓好煤矿瓦斯监测监控系统建设，加强检查抽查，督促企业加强维护和管理。同时，要继续抓好煤尘和水害的防治工作，要协助煤炭行业管理部门做好矿井生产能力复核工作。

（二）强力推进煤矿整顿关闭工作。一要解决好深化整顿关闭攻坚战的思想认识问题。同心协力做好当地政府和煤矿企业的工作。二要强力推进今年列入关闭的94处小煤矿关闭工作。各级安委会办公室要加强此项工作的督促检查，推进工作落实。三要创造性地做好关闭工作。四要加强事故多发地区的重点监管。对煤矿事故多发的市（地）、县（市、区），各级安全监管部门要实行安全生产重点监管，对七台河开采极薄煤层的三万吨小煤矿也要列入重点监管范围。

（三）严格落实下井带班制度，强化煤矿安全基础管理。国有重点煤矿生产井区副科级以上干部每人每月下井18次以上；龙煤集团分（子）公司生产序列副总经理以上干部每人每月下井8次以上；龙煤集团生产序列副总经理以上干部每人每月下井4次以上。地方煤矿矿长每月下井带班10次以上。产煤市（地）、县（市、区）驻矿监管人员每月下井25次以上；产煤市（地）、县（市、区）煤矿安全监管部门、煤炭行业管理部门和煤矿安全监察分局负责人和有关科室负责人每月下井10次以上。要把落实下井带班制度情况作为监督检查的重要内容，狠抓反面典型，对不执行下井带班制度的严肃处理、公开曝光。要继续抓好煤矿安全隐患的排查整改，深入开展安全专项整治，抓紧出台相关经济政策，推动政策治本。龙煤集团和分公司要主动接受安全监管部门的检查指导，重大情况、重要问题及时报告。考虑到国有重点煤矿分布范围广，省局在实施对龙煤集团所属矿井的安全监管时，个案问题将委托市（地）安全监管部门具体办理，有关市安全监管部门要大胆负责，做好工作，龙煤集团各分公司要积极配合。

（四）进一步加大非煤矿山、危险化学品和烟花爆竹安全整治和关闭工作力度。要加大关闭工作力度。对未取得安全许可证的17家危险化学品生产企业和624家非煤矿山，要在当地媒体上进行公告，并通过联合执法等措施坚决予以关闭。要建立安全生产许可证日常监管和年审制度，加强对取证企业的动态监管，管理滑坡的要及时进行治理。要严格执行建设项目安全设施“三同时”制度，按照分级属地管理原则，做好上述行业建设项目安全设施“三同时”的安全核准、设计审查和验收工作，控制新开项目，确保新建、改扩建工程项目安全设施投资纳入概算，确保安全设施的质量。非煤矿山强力推行机械通风和采石场中深孔爆破，减少窒息事故和飞石伤人事故。严格执行尾矿库安全监督管理规定和技术规程。同时要加强露天边坡、排土场、采空区等重大隐患的排查整治，消除隐患。危险化学品企业要推行阻隔防爆技术和GPS道路运输监控系统，深化危化品道路运输安全整治，抓紧解决不符合安全距离要求的危化品生产储存企业的搬迁问题。对沿江区域39处危化企业要监管到位，确保按期完成事故状态下“缓冲池”建设。要加强对烟花爆竹生产、储存、运输、燃放等环节的安全监管，防止事故发生。要加强上述领域重大隐患排查整改制度和工作机制建设，进一步推进联合执法，加强横向协调，抓紧解决企业安全生产重大隐患和历史遗留问题。

（五）积极推进道路交通、消防、建筑等其他重点领域深化整治工作。要配合公安交管部门抓好道路交通安全专项整治，加大管控力度，增加一线警力、装备投入，在主干公路加强联勤检查，严肃查处交通违法行为；加强车辆源头管理，排查整治不符合安全技术条件的危险车辆，严格驾驶人考试工作；加强事故易发、多发点段排查整治工作，拿出妥善解决措施，及时在维修路段设置明显警示标志；强化道路交通宣传工作，提高群众交通安全意识。

要配合公安消防部门抓好消防安全专项整治，建立健全消防安全责任制考评体系；深化重大火灾隐患整治、出租屋、“城中村”消防安全专项整治、校园及周边消防安全专项治理等各项整治活动，进一步净化全省消防安全环境；加强冬季防火和“十一”、元旦等重点节日期间的消防安全保卫工作，全力预防和遏制重特大火灾尤其是群死群伤恶性火灾事故的发生。

要配合建设主管部门加强建筑安全整治，落实建设工程各方主体责任，加大以预防坍塌、高处坠落事故为重点的专项整治；对没有取得安全生产许可证，不具备施工资质的单位要坚决予以取缔，对安全管理不到位、工程质量达不到安全标准和违规施工的工程要责令停工整顿；其他重点领域也要加强安全监督管理，防止重特大事故发生。要配合各级交通、国防科工、农业、工商、质检、旅游、电力、铁路、民航等部门和单位抓好相关行业领域的安全生产工作。

（六）加强安全生产应急救援体系建设。要本着“统一领导、分级负责、条块结合、属地管理”的原则，积极做好全省应急救援的统一协调、组织指导工作，加快安全生产应急救援体系建设。一要加强安全生产应急机构和队伍建设。要进一步加大各市（地）安全生产应急救援指挥中心和办公室的组建和人员配备工作推进力度，年底前必须完成机构建立和人员配备工作，省局将会同省编办进行一次联合检查。二要抓好应急救援预案建设。要搞好调查摸底，制定详细的工作方案。要按国家总局要求依法监督生产经营单位制定和完善应急预案，并与当地政府及其有关部门应急预案相互衔接，形成有机整体。要督促组织开展应急预案的培训演练和宣传教育，并保证相关的人员熟悉和掌握预案内容。三要抓好应急救援基地建设。整合现有资源，充分依托大庆石油管理局等大型石化企业和龙煤集团及分公司等大型煤炭企业，建设大型专业化的应急救援基地。各重点产煤市、化工企业较多的市也要切实加强地方应急救援基地、队伍建设，购置必备的应急救援装备和器材，提高应急处置能力。四要要抓紧建立完善省、市应急救援管理平台，加强对应急管理人员的培训，深刻吸取近期几起因救援不力导致次生事故教训，提高应急救援能力。五要发挥省安科中心等有关科研机构、协会等中介机构和专家队伍的作用，建立科技支撑体系，组织开展应急救援基础理论研究和科技攻关。

（七）大力推进安全生产法制建设，严格事故责任追究。待《黑龙江省安全生产条例》颁布实行后，要认真抓好贯彻执行，依法加大行政处罚和经济处罚力度。要抓紧出台我省的《工伤保险与事故预防暂行办法》、《企业安全费用提取和管理暂行办法》、《企业安全生产风险抵押金管理办法》。充分运用经济、行政、法律等各种手段，依法加大经济处罚力度，严厉打击安全生产违法行为，维护国家法律尊严和政府监管权威。

在重特大事故责任追究上，要严格落实省委、省政府领导同志反复强调的“三个决不放过”和“三个一律”。按照职责分工，并加强与行政监察、工会、煤矿安全监察、公安等相关部门的配合，并邀请检察机关参加，认真调查处理各类安全生产责任事故，严肃追究有关责任人的责任，汲取深刻教训，落实防范措施。同时，要坚决查处重特大事故背后的腐败问题，继续清理国家机关工作人员和国有企业负责人违反规定投资入股煤矿问题。

（八）切实加强宣教培训和事故统计工作。要把宣教培训和事故统计工作作为当前一项十分重要的任务来抓。一是加强与新闻媒体的合作，加大宣传力度。要大力宣传安全发展的思想观念和国家有关安全生产的方针政策，提高全社会的安全意识；要大力宣传安全监管的工作措施、工作成果，使全社会理解、支持安全监管工作，提升安全监管部门的地位和形象；要发挥新闻媒体的舆论监督作用，及时揭露安全生产违法行为。二是加强信息报送工作，畅通信息渠道。各地也要结合当地实际，抓好信息工作，切实解决信息工作中存在的不畅通、不及时、反映问题不准确等问题。三是加强对企业生产经营主要负责人、安全管理人员和特种作业人员的安全强制培训。规范培训管理，提高培训质量。四是加强事故统计分析工作，做到及时准确全面。

上海市 2005 年～2006 年上半年安全生产形势报告

一、基本情况

2005 年，本市共发生各类事故 14 992 起，死亡 2 031 人，同比 2004 年事故起数下降 55.84%，死亡人数下降 6.58%。本市安全生产控制指标完成情况如下：

2005 年，国务院安委会下达本市道路交通、火灾、铁路交通、工矿商贸企业四类死亡控制指标数为 2 069 人，分别为：道路交通 1 551 人；火灾 30 人；铁路交通 66 人；工矿商贸企业 422 人（含建筑业 172 人，危险化学品 7 人）。本市四类控制指标实际死亡总人数为 1 909 人，相比控制指标减少死亡 160 人，总体下降 7.7%，占指标总数的 92.3%，分别为：道路交通死亡 1 393 人，相比控制指标减少死亡 158 人，下降 10.2%；火灾死亡 54 人，相比控制指标增加死亡 24 人，上升 80%；铁路交通死亡 49 人，相比控制指标减少死亡 17 人，下降 25.8%；工矿商贸企业死亡 413 人，相比控制指标减少死亡 9 人，下降 2.1%（含建筑业 146 人，减少死亡 26 人，下降 15.1%）。

除火灾死亡人数外，其他各类安全生产事故均控制在国家下达的指标范围内。

2006 年 1～6 月，本市共发生各类安全生产事故 6 573 起，死亡 846 人，同比起数下降 11.55%，死亡人数下降 6.83%。

二、主要措施

（一）加强重点监管，整体工作得到有效推进。

1. 扎实推进道路交通事故预防工作。重点整治事故“黑点、黑段”，扎实推进机动车第三者责任保险费率浮动机制，强化事故责任倒查制度，加强对外省市机动车及驾驶员的交通安全管理，加大对交通违法行为的执法管理力度。

2. 强化危险化学品安全监管。加强总体谋划，提出了“关于加强本市危险化学品安全监管总体思路”；按时完成危化品安全生产许可证颁发工作，截至 2006 年 6 月 30 日，对 83 家不具备安全生产基本条件的企业，分三批责令停产整顿或关闭，进一步提升了本市危险化学品生产企业的安全生产整体水平；加快推进零星危险化学品配送试点工作，零星、小批量危险化学品专业配送机制试点工作在 2005 年末正式启动；筹备建立长三角危险化学品安全运输动态监管联控机制，通过多次会商，本市安监、公安、交通等部门和江苏、浙江两省相关部门达成共识，力争尽快形成有效的运作机制，进一步提高苏浙沪三地之间对危险化学品运输领域的安全可控度；狠抓危险化学品运输治理工作，2005 年先后开展了 2 次道路运输危险化学品安全集中行动和 7 次客车超员、超速联合整治，查处违法行为 382 起，无证运输化学品 192 吨；查处货运车辆超载 11 588 起，客运车辆超载 545 起。

3. 加强小企业安全监管工作。针对小企业安全生产问题突出的情况，通过摸清小企业底数、开展评估确定分类、建立分类监管机制、开展重点治理等几个阶段逐步推进，切实强化了对小企业的安全监管。

4. 顺利实施“防消合一”消防体制改革，稳步推进公共消防基础建设。强力推进火灾隐患专项治理工作，在全市范围内分别开展了闲置厂房火灾隐患排查整治和商场市场消防安全专项治理。对重大火灾隐患单位实施了挂牌督办制度。

5. 整治内河通航秩序，突出重点航段、重要时段、重点船舶的监管，加大黄浦江上游航道通航环境整治力度，全面推进本市低质量船舶专项治理工作。认真开展船载危险货物安全整治年活动，在强化集装箱开箱查验和推进诚信管理方面形成长效管理机制。进一步完善水上交通事故、自然灾害、船舶污染等突发事件的应急预案，形成全港联动机制。

6. 针对铁路系统直管站段体制改革的实际，迅速构建新体制下的运输安全管理体系。强化专业安全管理，深化安全生产专项整治。在系统内实行投入改造计划由零小项目审批制改为核准制的试点工作，切实提高站段安全自主管理能力。将专业技术人员充实到车间和生产一线，大力强化站段现场安全管理。

7. 组织文明工地检查，深化本市工地安全管理。深入开展轨道交通、深基坑工程、建筑起重机械等专项检查，加大督查力度，落实整改措施。探索了重大工程远程视频实时监控措施，该项监控措施已被国家建设部推广到全国施工企业。进一步完善网上管理程序流程，使安全生产许可证监管工作进入常态管理阶段。修订完善了《建设工程安全事故应急预案》，通过防御2005年以来多次台风的检验，进一步提高了本市建筑业处置突发事件的能力。

8. 采取政府推动、部门合作、企业主体负责、检验单位配合等多种形式，着重开展“土锅炉”、“土电梯”、压力管道、游乐设施、危险化学品压力容器的专项整治，消除了一批不安全隐患，提高了特种设备安全状况。同时，通过特种设备动态管理信息系统的正式启用，实现了部门间的信息联动，健全了特种设备安全监察组织网络。

9. 加强和规范华东民航管理局各基层监管部门的一线监管职能。重点强化对生产现场的安全监管，进行有计划的日常性检查和专项检查。制订民航华东地区安全生产专项整治实施计划，分别对“航空公司落实规章不到位”、“货物安检”、“鸟击”、“货物隐载”等问题开展专项整治，狠抓整改，狠抓落实。

（二）各方协同作战，监管效能得到明显提升。一是组织实施了安全生产责任制的签约和落实工作；二是市安委会的工作机制得到逐步完善；三是针对“11.13”吉林石化爆炸事故的教训，市安委办及时召集环保、海事、消防、水务、港口、市政、安监等部门举行专题工作会议，研究应对措施，完善应急方案，并部署安全检查；四是组织重大节日和特殊时段的安全大检查；五是贯彻落实国办关于《认真做好今冬明春安全生产工作的通知》，重点部署了烟花爆竹、危险化学品、交通运输、建筑施工、人员聚集场所、燃气、学校安全管理等方面的安全监管工作，并于2006年元旦、春节前夕，组织开展了以查“三违”（违章指挥、违章作业、违反劳动纪律）、查隐患、查制度、查应急预案为主要内容、为期两个月的全市性安全联合大检查。

（三）深入开展专项整治，努力消除事故隐患。一是开展闲置厂房专项整治，针对“4.29”黄浦特大纵火案所暴露出的问题，2005年以来，公安、安监、消防、建委等16个部门，联合开展了闲置厂房租赁场所安全专项整治工作，2006年市、区两级政府部门进一步在整治理念、整治手段、整治绩效等方面加以优化和完善，积极探索建立闲置厂房安全管理的长效管理机制；二是开展非法经营液化气专项整治，共开展区域性集中整治50余次，查获非法运输、储存、销售液化气案件200多起，查获各类非法经营液化气钢瓶4 700余只，取缔非法经营窝点159处，一些违法当事人受到有关部门的行政处罚；三是启动地下空间安全管理专项整治。按照“突出重点、明确责任、综合整治、疏堵结合、注重长效”的要求，对本市地下空间的使用性质、生产经营范围、安全生产条件等方面进行全面整治，进一步加强地下空间安全管理，消除地下空间各种不安全隐患；四是开展大型游乐设施和简易电梯的专项整治。2005年，市质监部门共检查各类大型游乐设施1 812余台（套），出动监督检查巡查人员5 000余人次，发现简易电梯使用单位618家，简易电梯数量788台。对存在不安全隐患的单位，现场发出监察意见书，并督促相关企业及时进行整改，确保客运索道、大型游乐场所和电梯的运营安全。

（四）加强法制和机构建设，巩固安全生产基础

1. 加强安全生产法制建设。先后颁布实施了《上海市安全生产条例》、《上海市危险化学品安全管理办法》、《关于进一步加强本市大型活动安全管理的实施意见》、《上海市实施〈安生产培训管理办法〉若干意见》、《上海市安全生产警示实施暂行办法》、《上海市安全生产评价机构监督管理规定》等一批重要文件，促进了相关工作的规范管理。

2. 加强安全生产机构建设。一是市安全生产领导小组正式更名成立了上海市安全生产委员会；二是各区（县）成立了安全生产监督管理局，并由原区（县）政府部门管理机构调整为区（县）政府工作部门，负责对安全生产的综合监督管理”；三是部分区县建立了区县安全生产监察大队、分队，依据《上海市安全生产条例》的规定接受部分执法权委托，一定程度上扩充了安全生产执法队伍。

（五）强化宣传培训，安全意识得到全面提高。一是加大《上海市安全生产条例》宣传力度；二是努力拓展道路交通宣传空间；三是广泛传播消防平安文化；四是加强对从业人员的安全培训考核工作；五是组织参与全国“安康杯竞赛”活动。

三、存在问题

2005年以来，本市的安全生产工作取得了明显成效，本市的安全生产形势继续保持了相对平稳和趋于好转的态势，但本市安全生产方面也存在着一些不容忽视的困难和问题，安全生产形势依然严峻。

一是企业安全生产主体责任落实不到位。一些企业对安全生产重视不够，在安全管理机构建立、建章立制、安全培训、安全投入、事故隐患报告等方面没有很好地落实安全生产责任，“三违”现象（违章指挥、违章作业、违反劳动纪律）时有发生。

二是安全监管基础工作较为薄弱。突出表现在安全监管专业技术人员少，安全技术装备不足，安全执法力度不够，安全生产宣传教育培训有待加强，还不能适应新时期安全监管工作的需要。

三是安全生产应急救援体系建设滞后。主要表现在各级政府安全生产应急救援指挥机构和应急救援信息网络还不健全，现有的应急救援队伍和资源有待整合和科学利用。

四、下一步工作安排

（一）落实责任，不断提高安全监管综合能力。

1. 充分发挥市安委会统一领导、综合协调的作用。建立市安委会对各委员单位责任落实、工作业绩的考评制度，市安委会全体委员单位要切实按照《市安委会工作规则》和《市安委会联络员工作办法》，认真落实各项工作制度，围绕市安委会的总体工作部署，各司其职、加强协作，形

成本市安全生产齐抓共管的良好局面。

2. 继续推进安全生产责任体系建设。实施与各区（县）政府、相关委办局的安全生产责任制签约、督查和评估考核工作，并督促各控股公司、集团总公司等实施行业内部责任制层层签约工作，深化对从业人员的安全告知、安全承诺与践诺活动。要加强对企业安全生产“第一责任人”履职情况的督查，指导各类企业广泛开展安全生产标准化活动。

（二）重点整治，不断提高城市安全设防能力。一要防范危险化学品环境污染；二要维护城市燃气运营与使用安全；三要规范地下设施的管理和使用。

（三）合力推进，不断构建安全生产长效机制。

1. 强化危险化学品监督管理。研究制订本市危险化学品行业的总体规划，严格控制并压缩危险化学品生产、储存单位的总体数量；要积极引导和鼓励危险化学品从业单位入迁专用区域，对不符合安全生产条件的企业继续实行“关、停、并、转、迁”；安监部门要组织开展危险化学品储存企业的专项整治，逐步实现危险化学品行业的集约化发展和集中化管理。

2. 起步危化品气瓶电子标签标识工作。质量技监部门要会同有关部门在今年先期完成100万个危险化学品气瓶电子标签标识，利用电子标签的自动识别功能，对气瓶检验、充装、配送等信息实行计算机管理，确保危险化学气瓶生产、物流配送和使用安全。

3. 保障交通运输的安全运营。公安交警、交通管理、铁路运输、民航管理、水上运输安全管理等部门要各负其责：严格执法，作好交通安全保障工作，构筑全体交通安全格局。

4. 继续推进消防安全工作。公安消防部门要积极探索重点单位管理、安全评估、参与保险的新举措，规范本市内装修工程消防技术咨询服务市场以及消防检测和验收规程，建立预防重特大火灾特别是群死群伤恶性火灾事故的长效监管机制。年内继续以高层、地下、水上、化工、闲置厂房等重要建筑，以及大型商场、市场等人员密集场所为重点，狠抓火灾隐患排查整治，继续推行重大火灾隐患挂牌督办工作机制，明确和落实消防安全责任。

5. 加强特种设备安全监管。质量技监部门要把有可能造成特大伤亡后果、较大财产损失或重大社会影响的危险源列为重点监控对象，采取监控措施，编制重点监控设备档案，实施分级管理和动态监管。建立特种设备安全评价体系，完善安全监察、检验和绩效评价方法，实现特种设备的科学监管。深入开展“土电梯”、“土吊车”等特种设备的专项整治，组织推动特种气瓶和压力管道的检验、检测工作，确保本市特种设备的安全运行。

6. 推进建筑施工安全的行业管理。针对高处坠落、触电、物体打击、施工坍塌“四大伤害”高发事故，建设管理部门要进一步采取整治措施，强化监管执法力度。以村镇建设工程和区（县）开发园区的违规工程为重点，组织开展执法整治活动，消除违规工程的监管盲点。率先在市重大工程以及安全生产隐患严重的工地实施远程电子视频实时监控。监督检查建设单位按规定应支付的安全措施费用，改善施工现场的安全条件。结合安全生产许可证的动态监管工作，淘汰安全生产业绩差劣的企业，有效控制和减少建筑施工的伤亡事故。

7. 完善应急救援体系建设。按照“上海市应急指挥组织体系”的构架设想，推进“上海市安全生产应急处置指挥部”建设。各负有安全监管职责的部门要在各自的监管范围内，依托市应急联动中心的指挥平台，进一步完善专项应急处置预案，组织定期演练，提高快速反应能力，形成一套相对完整的城市安全生产应急救援工作机制，建立及时有效的应急救援体系。

8. 高度重视建筑外墙与压力管道的公共安全管理。由于本市部分建筑外墙饰物及玻璃幕墙老化坠落、部分压力管道与市民住宅犬牙交错，已经成为城市公共安全的重大隐患，对人民生命财产安全造成了潜在的威胁。建设、房地等管理部门应加强调研，提出建筑外墙整治的对策与措施。经委、国资委、电力部门、相关区政府就确保压力管道安全运行中涉及市民公共安全的问题，要深入开展调查研究，相互协调配合，提出解决方案和具体措施，尽快消除隐患。

（四）夯实基础，不断推动安全自律行为建设。一是加大安全预防专项经费的投入；二是大力推进安全质量标准化工作；三是探索安全生产诚信体系建设；四是推进安全社区建设。

（五）扩大宣传，不断增强全民安全防范意识。

1. 强化安全生产宣传教育和培训。各级负有安全监管职责的部门和生产经营单位要高度重视并强化对从业人员的安全宣传和教育培训工作。尤其要以非公有制生产企业和建筑、交通、机械、冶金、船舶、危化行业为重点领域，以生产第一线的外来从业人员为重点人群，提高教育培训质量，增强外来从业人员的安全意识和自防自救能力，从根本上控制事故多发势头。同时积极创造条件，对生产经营单位的主要负责人、安全生产管理人员和特种作业人员等实行考培分离，不断提高他们的安全意识和专业技能。

2. 提升安全生产社会化宣传功能。各负有安全监管职责部门要充分发挥报刊、广播、电视、网络等主流媒体的作用，以宣传安全生产法律法规、弘扬先进典型、曝光反面案例以及预防性启示教育为重点，扩大安全生产社会宣传的覆盖面和影响力，加强社会舆论监督。要注重宣传实效，采用多种形式和手段，精心组织“5·25交通安全日”、“安全生产月”、“11·9消防日”、“安康杯竞赛”等活动，让安全生产宣传进企业、进社区、进学校，努力提高全民的安全意识。

3. 积极发挥各级工会组织的监督作用。要充分发挥工会组织在安全生产的民主监督、舆论监督作用，督促各级行政管理部门和生产经营单位履行安全生产监督管理职责，积极向政府部门反映安全生产和劳动保护中存在普遍性、趋势性的突出问题，提出合理可行的意见和建议。以安全防护措施、安全教育培训、劳防用品配备为主要监督内容，把安全生产和员工保护措施纳入平等协商与集体合同的内容之中，切实保障和维护从业人员和外来务工人员的职业安全卫生合法权益，努力构筑工会劳动保护的工作格局和群众监督的长效机制。

4. 增强企业安全的社会责任意识。企业作为安全生产的责任主体，应致力于安全文化的建立，推进OHSAS、HSE和职业安全健康管理体系建设，强化自主管理和自我约束的社会责任意识。在生产经营活动中，不仅要严格遵守法律法规，遵从社会公德，更要诚实守信，坚持以人为本，接受政府和社会的监督，主动承担企业的社会责任，切实保护劳动者的合法权益，预防和控制安全生产事故，实现企业的可持续发展。

江苏省2005年安全生产形势报告

一、安全生产事故情况

（一）事故伤亡情况。2005年，全省发生各类事故47 711起，死亡8 532人，同比事故起数下降3.8%，死亡人数下降7%。具体情况为：

道路交通发生事故27 690起，死亡7 603人，同比事故起数下降11.9%，死亡人数下降6.1%。工作有成效，总量仍偏大。

消防火灾发生事故19 249起，死亡166人，同比事故起数上升12.5%，死亡人数下降11.2%。

工矿商贸企业发生事故479起，死亡494人，同比事故起数下降24.1%，死亡人数下降21.8%。其中：煤矿事故7起，死亡7人，同比事故起数减少1起，死亡人数减少4人，累计原煤百万吨死亡率为0.28，同比下降0.142；金属与非金属矿事故23起，死亡29人，同比事故起数减少8起，死亡人数减少8人；危险化学品事故29起，死亡45人，同比事故起数持平，死亡人数增加15人；烟花爆竹事故1起，死亡1人，同比事故起数增加1起，死亡人数增加1人；建筑业事故147起，死亡154人，同比事故起数减少49起，死亡人数减少69人；特种设备事故20起，死亡13人，同比事故起数增加2起，死亡人数减少5人；工商贸其他事故252起，死亡245人，同比事故起数减少97起，死亡人数减少68人。工矿商贸死亡总量大，压降空间也很大。

铁路运输发生事故80起，死亡68人，同比事故起数下降31%，死亡人数下降24.4%。

水上交通发生事故68起，死亡67人。其中长江及海上事故42起，死亡48人，同比事故起数下降27.6%，死亡人数下降5.9%。内湖（内河）事故26起，死亡19人，同比事故起数下降7.1%，死亡人数下降9.5%。

农业机械（不含上道路农机）发生事故120起，死亡48人，同比事故起数下降39.1%，死亡人数下降4%。

渔业船舶发生事故23起，死亡40人，同比事故起数下降34.3%，死亡人数下降11.1%。

民航未发生事故。

其他事故发生2起，死亡46人。

（二）重特大事故情况。2005年全省发生一次死亡10人以上的特大事故52起，死亡84人。

发生一次死亡3人以上事故103起，死亡461人，同比事故起数下降3.7%，死亡人数上升18.5%。其中：

道路交通发生一次死亡3人以上事故78起，死亡305人，同比事故起数下降13.3%，死亡人数下降5%。

消防火灾共发生一次死亡人以上事故4起，死亡18人，同比事故起数上升33.3%，死亡人数上升63.3%。

工矿商贸企业发生一次死亡3人以上事故9起，死亡38人，同比事故起数上升12.5%，死亡人数上升46.2%。金属非金属矿一次死亡3人以上事故2起，死亡8人，同比事故起数增加1起，死亡人数增加4人；危险化学品一次死亡3人以上事故2起，死亡15人，同比事故起数持平，死亡人数增加9人；建筑业一次死亡3人以上事故4起，死亡12人，同比事故起数和死亡人数均持平；工商贸其他一次死亡3人以上事故1起，死亡3人，同比事故起数减少2起，死亡人数减少6人。

长江及海上共发生一次死亡3人以上事故7起，死亡27人，同比事故起数上升133%，死亡人数上升125%。

渔业船舶共发生一次死亡3人以上事故3起，死亡27人，同比事故起数持平，死亡人数上升42.1%。

其他共发生一次死亡3人以上事故2起，死亡46人。

（三）安全生产控制指标完成情况。2005年全省考核类事故（含工矿商贸、道路交通、消防火灾和铁路运输）起数47 498起，死亡8 331人，分别占国家控制考核指标（9 115人）的91.40%、省控指标（9 111人）的91.43%。具体情况为：

道路交通事故占省下达考核指标数的93.4%。消防火灾事故占省下达考核指标数的87.8%。工矿商贸企业事故占83.6%，其中：煤矿事故占35%；金属与非金属矿事故占80.6%；危险化学品事故占107.1%；烟花爆竹事故占100%；建筑业事故66.4%；特种设备事故占65%；工商贸其他事故占102.1%。铁路运输事故占35.8%。

2005年，13个省辖市各类事故死亡总数均在控制考核指标以内，但多数省辖市接近或达到指标，其中各类事故死亡总数低于90%的只有3个市（无锡、常州、徐州）。

二、2005年安全生产监管工作情况

我省作为经济大省和安全生产工作任务很重的省份，省委、省政府一直把安全生产作为各项工作的重中之重来抓。在省委十届九次全会、全省经济工作会议上，李源潮书记、梁保华省长都对加强我省安全生产工作提出了具体要求。就2006年安全生产工作，梁保华省长在1月17日全省安全生产电视电话会议和2月10日省政府全体会议上又作出了具体部署。全省各地、各部门和各单位认真贯彻党中央、国务院和省委、省政府关于安全生产的一系列指示精神，加强组织领导，狠抓措施落实，在严格安全责任、完善监管体制、深化专项整治、加强源头治理、强化监督检查等方面做了大量工作，取得了明显成效，全省安全生产形势总体平稳。全省各类事故起数、死亡人数同比分别下降3.8%和6%，绝大多数行业、领域和地区安全状况保持稳定，考核类事故死亡人数在国务院安委会下达江苏省的控制指标之内。重点抓了以下几项工作：

（一）严格安全责任，完善目标体系。围绕全年控制指标和压降重特大事故的要求，细化工作任务，强化工作要求，量化考核指标，安全生产责任得到了落实，目标管理工作取得新的进展。一是层层分解落实控制指标。年初省政府与各市政府签订了责任书，明确控制指标，并将其作为地方政府和各级领导干部考核重要内容，实行年度评优"一票否决制"、安全生产领导班子全员责任制和"一把手"负责制。各地也因地制宜建立了控制指标体系，层层分解，进一步强化了安全生产责任制的落实。二是强化动态监控。省安委办定期召开事故分析会，公布各类事故信息，对事故多发行业和地区及时发布预警，督促各地及时采取相应措施。三是加大事故查处和行政责任追究力度。按照"四不放过"原则，对各类事故认真调查处理，依法严肃追究责任。

（二）突出工作重点，深化专项整治。从突出问题和薄弱环节抓起，深化专项整治，有力地遏

制和减少了安全事故的发生。针对道路交通事故起数和死亡人数占安全事故总量的比重偏大的状况，强化交通安全整治，狠抓“五整顿”、“三加强”工作，扎实开展路面交通秩序整治；切实加强高速公路和农村道路交通安全管理，大力开展预防重特大道路交通事故百日竞赛活动，积极排查治理道路安全隐患，努力控制和减少事故总量。2005年，全省道路交通事故起数、死亡人数同比分别下降11.9%和6.1%。加强对“三客一危”重点船舶和“三湖一河”以及长江干线等重点水域的安全管理，大力推进渡口渡船安全管理专项整治，确保水上交通安全。继续集中力量突出抓好危险化学品“五整顿、两关闭”工作，对危险化学品生产、储存、经营、运输、使用和废弃处置所有单位进行逐个评估、全面检查。加大了烟花爆竹安全监管力度，查处非法经营户，取缔私产、私销、私储窝点。继续抓好煤矿安全专项整治，认真贯彻落实国务院关于预防煤矿生产安全事故的特别规定和国务院办公厅紧急通知要求，以“一通三防”和顶板、机电运输管理为重点，严格监管监察，煤矿安全管理水平有了新的提高。开展了人员密集场所“生命畅通工程”消防安全活动，着重抓好农村消防安全，积极推进城市高层建筑火灾应急救援力量建设。同时，在非煤矿山、建筑施工、海洋渔业、作业场所职业危害防治等领域，进一步抓好专项整治，促进了安全形势的稳定。

（三）加大督查力度，消除事故隐患。针对各个时段和季节的规律和特点，认真研究和制定安全生产对策措施，在重点时段对重点地区、重点领域、重点企业开展安全生产大检查。公安、铁路、交通、民航、旅游等部门在“春运”、“两节”、“两会”、黄金周等重要时段加强监督检查和管理，保证了各个重要时段的安全生产。1月份、4月份，省安委会组织了全省范围的危险化学品专项检查，督促各地对查出的1.7万余条事故隐患进行集中治理，整改率达到96%；夏季汛期、十运会前和去年年底，又组织了全面督查，对督促地方政府、相关部门和广大企业落实安全措施、消除事故隐患发挥了积极作用。

（四）强化源头治理，夯实工作基础。落实《安全生产许可证条例》，依法加强源头管理。特别是在危险化学品、烟花爆竹、煤矿、非煤矿山、建筑施工等重点行业，严把市场准入关，严格审核，确保发证质量。去年，全省34个煤矿全部颁发了安全生产许可证；35家烟花爆竹生产企业已全部完成安全评价，已发证32家；非煤矿山从业人员的安全教育面、安全管理干部和特种作业人员持证上岗率接近100%；对符合条件的6 000余家建筑施工企业发放了安全生产许可证。非煤矿山、机械制造行业质量标准化试点工作取得积极进展，危险化学品安全质量标准化试点工作得到了国家安监总局的充分肯定。各地、各行业积极树立安全质量标准化的样板工厂、矿井、站段等，使广大企业学有榜样，赶有目标。继续深化乡镇（街道）安全生产达标工作，非公企业安全监管试点工作顺利推进。

（五）加强法制建设，完善监管体系。加快安全生产法制建设步伐。《江苏省安全生产条例》于去年7月1日起施行，各地也相继出台一系列配套规章和制度。进一步理顺了全省安全生产监管体制。经省委、省政府批准，市、县安监机构调整为同级政府的工作部门，目前13个市、106个县（市、区）两级安监机构全部到位，落实编制1 491名。省政府第58次常务会议决定，将省安监局调整为省政府直属机构，具有安全生产监督管理行政执法权力，确立了省安监局的行政执法主体地位。

（六）健全应急体系，增强处置能力。一是建立事故报告及快速反应机制。安监110联动工作有了很大进展，各地已配置专用车辆48台，提高了事故接报救援和处理效率。二是认真做好基础工作。开展了重大危险源普查、建档、监控试点工作，全省有4个市已完成重大危险源普查登记工作，其中有5个县（市、区）已启动重大危险源的登记辨识和监控工作。在全省22 367家企业推行“事故隐患和职业危害监控法”。煤矿企业运用安全卫士系统，已初步实现了对井下重点危险源的实时监控。三是整合现有救援力量和设施，积极推进省、市、县三级应急救援体系建设。成立了省水上搜救中心内河分中心。南京、连云港、宿迁等地积极组织开展了应急救援演练。四是对重特大事故及时组织抢险救援。特别是“3·29”京沪高速公路淮安段交通事故引发液氯泄漏后，省市县乡四级政府和安监、公安、交通、环保、卫生、民政、农林等部门迅速启动应急救援预案，及时有效地组织开展了应急处置工作。

（七）强化教育培训，提高安全意识。把提高全民安全意识、安全技能、安全素质，加强本质安全度作为一项重要工作，面向社会，面向基层，面向企业，开展了多种形式的安全生产宣传教育活动。初步形成了依法、分级、规范的安全生产培训工作格局，开展了注册安全工程师继续教育，督促企业加强职工安全生产知识和技能培训。加大宣传力度，紧扣“遵章守法、关爱生命”主题，认真组织开展了全省第十二个“安全生产月”、“安康杯”及“安全在我心中”职工安全知识竞赛等多项活动。

三、存在问题及体会

在认真总结经验、充分肯定成绩的同时，我们也清醒地看到存在的问题。目前，全省安全生产形势依然严峻。安全事故隐患在少数领域和地区还比较突出，安全生产工作中还存在一些薄弱环节和突出问题，切不可盲目乐观和掉以轻心。

（一）充分认识目前我省安全生产形势的严峻性，增强紧迫感和责任感。一是事故总量仍然偏大，重大事故时有发生，特大事故仍未杜绝。2005年，一次死亡10人以上的特大事故发生了2起，死亡44人，给人民群众生命财产造成了重大损失，教训十分深刻。重大事故死亡人数上升18.5%，工矿商贸企业、消防火灾、长江及海上、渔业船舶等领域的重大事故死亡人数均比2004年有一定程度的上升。二是重特大事故隐患较多。根据最新统计，各地排出的公共安全领域省级重特大事故隐患就达到57处。三是安全生产工作还不平衡。一些地方、部门安全生产意识淡薄、思想麻痹，重增长、轻安全的现象依然存在；安全生产责任制在有的地方尚未真正落实到位，缺乏应有的检查、监督和责任追究。少数地区安全生产监管机构不健全、力量薄弱的问题仍较为突出，与日益繁重的安全生产工作任务很不相称。对此，必须有清醒的认识，进一步增强抓好安全生产工作的责任感和紧迫感，采取切实有效措施，把安全生产工作抓紧抓好。

（二）充分认识新形势下安全生产工作的长期性和复杂性，牢固树立常抓不懈的思想。我省作为东部沿海经济较发达省份，跨江滨海，河湖密布，交通发达，人流、车流、物流密集，工矿商贸企业众多，安全生产涉及领域广，安全管理难度大，任务繁重。一是安全监管对象点多、面广。目前，全省共有危险化学品从业单位3.5万家，煤矿34家，非煤矿山3 000个，烟花爆竹从业单位2万家（其中生产单位35家），建筑企业8 000家，民爆企业52个。二是安全基础仍然十分脆弱。安全投入不足，企业和公共安全基础比较薄弱，不少生产经营单位从业人员的安全技能和文化素质依然偏低。三是经济持续发展，能源、原材料需求大幅增加，快速增长的工业生产和交通运输也给安全生产带来较大的压力。这些都体现了安全生产工作的长期性和复杂性，必须牢固树立常抓不懈的思想，不断改进和加强安全生产工作。

江苏省2006年上半年安全生产形势报告

一、1～6月全省安全生产基本情况和特点

各地、各部门和各单位认真贯彻国家安监总局和省委、省政府的总体要求，全面落实全省安全生产工作会议部署，加强领导，强化综合协调力度，加大执法检查，扎实工作，较好地完成上半年任务，努力实现安全发展的目标。全省安全生产形势呈现出总体平稳，事故落低、总量偏大的特点。

一是事故起数和死亡人数双下降。1～6月，全省共发生各类事故22 561起、死亡3 279人，同比分别下降9.82%、15.49%。其中考核类事故（含工矿商贸企业、道路交通、火灾和铁路运输）死亡3 227人，占全年省控指标数（7 828人）的41.22%。其中道路交通事故死亡3 017人，死亡人数占省控指标的42.98%。全省未发生10人以上特大安全生产事故。

二是多数行业和领域安全状况好转。1～6月，8个主要行业和领域安全生产事故起数“六降一升一平”，即：工矿商贸、道路交通、消防火灾、铁路运输、渔业船舶、内湖及内河水上交通下降，农业机械上升，民航持平；安全生产事故死亡人数“七降一平”，即：工矿商贸、道路交通、消防火灾、铁路运输、长江及海上水上交通、渔业船舶、农业机械下降，民航持平。

三是各市安全生产指标总体控制情况较好。1～6月，13个市安全生产考核指标均控制在全年考核指标的50%以内。其中，各类事故、工矿商贸企业事故死亡人数考核指标，13个市均低于全年控制指标的50%；道路交通死亡人数的考核指标，除连云港市外，其余12个市均低于全年控制指标的50%；消防火灾死亡人数考核指标，除徐州、扬州、宿迁等3个市外，其余10个市均低于全年控制指标的50%。

二、今年以来的主要工作成效

今年以来，省委、省政府高度重视安全生产工作。主要领导多次作出批示。分管领导多次召开会议，针对安全生产的突出问题进行具体安排并组织专项督查。各地、各有关部门加大了工作力度，认真落实全国、全省安全生产工作会议精神，学习传达胡锦涛总书记在中央政治局第30次集体学习时的重要讲话精神，全面树立安全发展的科学理念，采取了一系列有效措施，做了大量富有成效的工作。

（一）*贯彻会议精神，狠抓责任落实*。1月23日，国务院安全生产电视电话会议后，省政府立即召开全省安全生产电视电话会议，省政府主要领导出席会议并作重要讲话。2月17日省政府召开全省安全生产工作会议。全省各地、各部门和单位认真贯彻落实会议精神，狠抓责任落实。一是层层分解落实控制指标。全省安全生产工作会议上，省政府与各市政府签订了责任书，明确了各市年度控制指标并把它作为地方政府和各级领导干部重要考核内容，施行年度评优“一票否决制”、安全生产领导班子全员责任制和“一把手”负责制。各市也建立控制指标体系，层层分解，

进一步强化了安全生产责任制的落实。二是强化了对指标的动态监控。省安委办定期召开事故分析会，公布事故信息，对事故多发行业和地区及时发布预警，督促各地及时采取相应措施。三是加大了事故查处和行政责任追究力度。按照“四不放过”的原则，对各类事故认真调查处理，依法严肃追究责任。

（二）坚持标本兼治，狠抓专项整治。安全生产专项整治是一个有利于协调各方力量，集中快速解决安全生产突出问题的有效形式。今年以来，我们继续突出重点，深化整治内容，巩固整治成果，提高整治成效，重点行业和领域安全状况得到进一步改善。道路交通方面，全面落实“五整顿、三加强”工作措施，重点整治客运车辆、危险品运输车辆、接送学生车辆及其业主和驾驶人员，重点整治区域是高速公路和农村道路。省公安厅在全省开展了无牌无证机动车专项整治工作，并与省教育厅联合开展了校车交通安全专项整治。1～5月，全省道路交通事故起数、死亡人数同比分别下降12.44％和13.01％。水上交通方面，继续加强对“三客一危”重点船舶和“三湖一河一区”、长江干线等重点水域的安全管理，大力推进低质量船舶、水路运输危险货物和渡口渡船安全管理专项整治，确保水上交通安全。危险化学品方面，各地、各有关部门积极推进“五个整顿、两个关闭”工作，进一步加大整顿和关闭不符合安全生产条件的危险化学品生产企业力度，力争危险化学品生产企业“关停并转”数达300余家。继续深化危险化学品道路运输安全整治，确保不发生因道路运输事故引发的重特大伤亡和重大环境污染事故。1～5月，全省危险化学品安全事故起数、死亡人数同比分别下降9.09％和36.84％。同时，加大了烟花爆竹安全监管力度。矿山方面，重点对煤矿“一通三防”、顶板、斜巷轨道运输和水害防治进行整治，突出抓好瓦斯治理和“三违”治理。继续依法关闭证照不全和不具备基本安全生产条件的非煤矿山企业。力争年底前，依法关闭非煤矿山企业现有数的5～10％。消防、建筑施工、海洋渔业等方面，也在牵头部门和配合部门的协作努力下，按照专项整治方案，开展了卓有成效的整治工作，确保了全省安全生产形势的稳定。

（三）把握重点时段，现场监督检查。今年以来，针对各个时段和季节的规律和特点，认真研究和制定安全生产对策措施，在重点时段对重点地区、重点领域、重点企业开展安全生产大检查。各市政府也高度重视重点时段安全生产工作，分管领导亲自带队，多次组织有关部门对辖区重点地区、重点领域、重点企业开展安全生产大检查。公安、铁路、交通、民航、旅游等部门在“春运”、“两节”、“两会”、“五一”黄金周等重要时段加强监督检查和管理，保证了各个重要时段的安全生产。

（四）强化源头治理，狠抓安全基础。落实《安全生产许可证条例》，依法加强源头管理。特别是在危险化学品、烟花爆竹、煤矿、非煤矿山、建筑施工等重点行业，严把市场准入关，严格审核，确保发证质量。目前，全省34个煤矿、35家烟花爆竹生产企业全部颁发了安全生产许可证；非煤矿山从业人员的安全教育面、安全管理干部和特种作业人员持证上岗率接近100％；对符合条件的6 000余家建筑施工企业发放了安全生产许可证。非煤矿山、机械制造行业质量标准化试点工作取得积极进展，危险化学品安全质量标准化试点工作得到了国家安监总局的充分肯定。各地、各行业积极树立安全质量标准化的样板工厂、矿井、站段等，使广大企业学有榜样，赶有目标。继续深化乡镇（街道）安全生产达标工作，非公企业安全监管试点工作顺利推进。

（五）强化教育培训，狠抓安全宣传。一是把提高全民安全意识、安全技能、安全素质，加强本质安全度作为一项重要工作，面向社会，面向基层，面向企业，开展了形式多样的安全生产宣传教育活动。二是督促企业加强职工安全生产知识和技能培训，初步形成了依法、分级、规范的安全生产培训工作格局。开展了2006年注册安全工程师初始注册工作。三是加大宣传力度，积极推进以人为本的安全文化建设。扎扎实实开展宣传教育，认真开展形式多样的“安全生产月”和“安康杯”竞赛活动，开展了安全生产法知识竞赛，并选出优胜队参加全国比赛，组织全省各地广泛开展了《江苏省安全生产条例》的学习和抽查考试，加强了对农民工培训教育和对事故单位主要负责人的培训教育，全面提高全民安全意识、安全技能、安全素质。四是继续深化乡镇（街道）安全生产达标工作，非公企业安全监管试点工作积极推进。

三、存在的主要问题

在看到成绩的同时，我们也清醒地看到存在的问题。事故总量仍然偏大，重大事故时有发生。1～6月份，全省共发生一次死亡3～9人重大事故38起，死亡138人。同时重特大事故隐患较多，全省各地排出的省级公共安全领域重特大事故隐患就达到42处。安全基础仍然脆弱，全社会安全意识和安全法制观念依然比较淡漠，从业人员的安全技术和文化素质依然偏低；安全生产工作还不平衡，少数地区安全生产监管机构不健全、力量薄弱的问题仍较为突出，与日益繁重的安全生产工作任务很不相称。主要表现在以下三方面：

（一）思想认识不到位。有些地方、部门、单位和领导不能从构建和谐社会的高度来认识安全生产工作的极端重要性，重经济发展、轻安全生产的现象依然存在，安全意识和安全生产法规观念仍然比较淡薄，对安全生产工作态度消极或被动应付，或把安全工作停留在口头上、文件中，没有真正落实到实际工作中去。有的地方和重点工程单位不能正确处理经济发展与安全生产、招商引资与安全生产的关系，没有把安全生产摆上重要位置，有的甚至以挂牌保护为由，回避安全监管监察。一些干部群众安全意识不强，违章指挥、违章作业的现象时有发生。

（二）安全投入不到位。受经济发展水平和财力的制约，一部分地方政府对于涉及公共安全设施建设、公共场所重大事故隐患整改、事故预防所需的投入不够。大多数企业尤其中小型企业安全生产投入严重不足，安全生产条件差，安全设施不到位，存在大量事故隐患；不少企业建设项目没有严格执行“三同时”制度，造成许多历史遗留的隐患难以整改。从当前经济层面上看，一些生产经营单位无视国家法律法规，片面强调经济效益，忽视安全生产。

（三）安全基础不到位。由于生产力发展不平衡和产业结构的影响，安全生产工作基础薄弱，技术装备和管理手段还比较落后，安全保障能力较差，安全生产工作中的一些基础性、结构性、体制性、机制性矛盾比较突出、比较集中，一些地方、一些领域的安全生产工作容易出现时紧时松、时冷时热，安全生产形势也容易出现不稳定性和反复性。同时，随着经济社会的发展，与安全生产密切相关的各类企业从业人员、交通工具、乡村道路不断增加，渔业生产、水上作业人员和机动车辆驾驶员不断增多，给安全生产工作带来了许多新问题和新挑战。

四、下一步工作措施

（一）强化目标考核，严格落实安全生产责任制。一是强化行政首长负责制。督促和检查各地、各部门的主要负责人，作为本地区和本部门安全生产工作第一责任人，必须把安全与生产放到同等重要的位置，亲自抓、负总责。二是强化企业法定代表人负责制。企业是安全生产的责任主体，企业法定代表人必须切实履行企业安全生产第一责任人的职责，把安全生产的责任落实到每个环节、每个岗位、每个人。三是进一步完善安全生产控制指标体系。根据国家要求，在今年省安委会下达的安全生产控制考核指标中，将亿元国内生产总值生产安全事故死亡率、工矿商贸企业从业人员十万人生产安全事故死亡率与煤炭生产百万吨死亡率、道路交通万车死亡率一起纳入统计。各地将对安全生产责任和指标层层分解，以进一步强化市、县、乡安全生产行政首长负责制，做到一级抓一级，一级保一级，逐级抓落实。四是加强考核奖惩，形成强有力的激励约束机制。并把日常检查与年终考核紧密结合起来，对指标超控单位及时预警，加强监督。去年 12 月 3 日省政府第 58 次常务会议决定省财政预算列支 500 万元，对完成考核目标的各市政府和省有关部门给予奖励。今年将进一步完善考核奖罚办法，推动安全生产责任真正落实到位。

（二）深化专项整治，着力改善安全生产环境。多年来我省持续开展安全生产专项整治，取得了积极的成效。今年将结合实际，从突出问题和薄弱环节抓起，在交通运输、危险化学品等 8 个行业和领域继续深化安全生产专项整治，进一步遏制和减少安全事故。

继续深入开展交通运输安全专项整治：进一步抓好“五整顿”、“三加强”工作，扎实开展路面交通秩序整治，严格车辆、驾驶人和运输企业管理，加强事故多发危险路段治理，进一步推进治理车辆超限超载工作，努力控制和减少事故总量。加强对“三客一危”重点船舶和“三湖一河一区”、长江干线等重点水域的安全管理，大力推进低质量船舶、水路运输危险货物和渡口渡船安全管理专项整治，确保水上交通安全。加强铁路运输、机场和飞机的安全检查，防范安全事故。

重点抓好危险化学品安全专项整治：认真贯彻《危险化学品安全管理条例》，继续集中力量抓好“五个整顿、两个关闭”工作，对危险化学品所有从业单位进行逐个评估、全面检查。加大化工产业结构调整力度，花大力气、下大决心坚决关闭不符合安全条件的小化工，继续推进不符合安全距离要求的化工企业搬迁工作。突出抓好危险化学品道路运输安全整治，防范翻车泄漏事故。

持续推进矿山安全专项整治：继续以“一通三防”为重点，严格监管监察，扎扎实实地把国务院确定的煤矿瓦斯治理“七项措施”落到实处，提高煤矿安全管理水平，确保煤矿生产安全。突出重点地区、重点矿种，制定和实施非煤矿山安全生产专项整治方案，对未按规定取得许可证的矿山坚决依法予以关闭。

此外，在消防、建筑施工、烟花爆竹、海洋渔业和作业场所职业危害防治等行业和领域，也都将针对突出问题，组织开展集中整治，消除事故隐患，坚决堵塞漏洞。做到专项整治工作与日常安全监管相结合，与隐患查处和整改相结合，与促进安全生产重点行业和领域安全管理水平的提高相结合，在创新内容方法、建立长效机制上下功夫。全省各地、各专项整治牵头和配合部门切实加强对专项整治工作的领导和协调，制定整治方案，明确整治目标，严格整治责任，落实整治措施。省安委办组织开展好检查、抽查、督查和验收考评工作，以确保专项整治工作取得实效。

（三）加强源头治理，夯实安全生产基础。实现安全生产长治久安，必须转变思路，从源头抓起，构建长效机制。一是加强安全生产源头管理。按照《安全生产许可证条例》和《江苏省安全生产条例》等法律法规的要求，认真把好市场准入关，督促有关单位、企业加大安全投入，提高安全生产水平。严格执行建设项目“三同时”制度，认真把好建设项目设计审查、竣工验收关。新建项目不允许出现新的安全欠账，对历史遗留的安全欠账明确要求制定计划，尽早弥补。高度重视，认真解决农村道路建设的规范和管理问题，不能使其成为新的不安全因素和事故高发领域。二是狠抓重大危险源监控。抓紧完成重大危险源调查和申报登记工作，建立重大危险源数据库，开展监测和评估，完善监控管理制度和措施，积极推广危险源辨识等先进方法，增强安全监管工作的主动性和预见性，依靠科学管理防范重特大事故的发生。年底前，各市、各有关部门将形成重大危险源安全监控管理体系。三是加快产业结构调整步伐。落实国家宏观调控政策，转变经济增长方式，加快调整经济结构，坚决淘汰严重耗费资源和污染环境的落后生产能力，改善经济运行环境，减轻安全生产压力。通过科学规划，合理布局，促进产业集聚，引导化工等企业进入工业园区，提高资源综合利用水平，控制和减少环境污染，增强安全保障能力。

（四）加大安全投入，完善安全生产经济政策。持续、稳定的安全投入，是实现安全生产的重要保障。一是督促和要求各级政府加大安全投入。近年来，省政府通过多种方式不断加大对安全生产的投入。各地、各部门也针对当前安全生产基础比较薄弱的现状，加大了在应急救援、重大危险源和重大事故隐患整改等方面的投入。有关部门也积极支持企业进行安全生产技术改造，对国家安排的安全生产专项资金，安排配套资金予以保障。二是督促和要求企业加大安全投入。各生产经营企业是安全投入的责任主体，必须自觉加大安全投入，努力弥补安全欠账。凡安全条件不达标的企业，必须通过多种方式，积极筹措安全投入资金，限期达标。三是认真落实有利于安全生产的经济政策。有关部门正在抓紧研究提出企业安全费用提取、伤亡事故经济赔偿和安全生产风险抵押金三项经济政策，争取早日实施，强化政策导向作用。积极推进工伤社会保险与事故预防结合工作，推动雇主责任险等商业保险进入安全生产领域。通过上述措施，切实使企业事故伤亡补偿与赔偿成本高于安全生产投入成本，建立一种促使业主自觉增加安全投入、自觉防范事故的机制，改变高危行业事故发生后政府承担大部分赔偿责任的现状。

（五）完善工作机制，提高安全生产管理水平。一是完善应急救援体系。整合现有资源，抓紧建立健全应对各类突发事件的机制，按照“居安思危、有备无患”的原则，制订和完善应急预案，积极预防和有效化解生产经营过程中出现的事故和隐患。加快建立省、市两级安全生产应急救援指挥中心，逐步在全省形成信息畅通、反应快捷的应急救援工作机制。制定完善重特大安全生产事故应急救援预案，有重点地组织开展演练，提高重特大事故应急处置能力。二是继续发挥好安委办综合协调和监督检查职能。我们要求安委会各成员单位和从事安全生产管理的各有关部门既要突出抓好职责范围内的安全生产工作，又要搞好部门间的协调和配合，积极探索和创新联合监管的有效形式，共同解决安全生产中出现的新情况、新问题。三是创新安全生产社会化服务体系。建立健全安全生产科技创新体系、认证认可体系、安全生产信息体系，抓紧筹建省安全生产技术支撑中心，积极推进全省安全生产信息网络建设。加强安全生产专家委员会和相关协会建设，促进安全生产中介机构规范有序发展，充分发挥他们对安全生产工作的服务作用。四是积极实施“科技兴安”战略。加强安全科技的基础研究和应用研究，针对重点行业和领域亟待解决的共性、关键性技术难题，组织开展安全科研攻关。大力推广应用煤与瓦斯突出预测预报、重大危险源风险评估和监控等先进技术，制定和发布全省严重危及安全的技术、工艺、设备淘汰目录，引导企业积极采用先进安全适用的技术装备。

（六）严格行政执法，严厉打击安全生产违法行为。一是强化执法意识，加大执法力度。加强安全生产监管执法队伍建设，努力建设一支作风顽强、业务精通、保障有力的安全生产监管监察队伍。各级安全生产监管监察部门和负有安全监管职能的部门将认真履行职责，加大执法力度，推进联合执法、集中执法，树立执法权威，严厉打击各类违法行为，做到以强化执法推动专项整治，以强化执法推进行政许可，以强化执法加强安全管理，以强化执法促进隐患整改，以强化执法落实企业安全责任。二是突出工作重点，提高执法效能。对事故多发地区和企业、事故多发的行业和领域，实施重点监管监察，坚决遏制重特大事故发生。进一步加强事故分析，把握安全生产工作规律，有针对性地开展专项执法，整改薄弱环节，防范安全事故。三是创新工作手段，提高执法水平。积极采用安全执法科技手段，保障必要的装备和经费，不断改进和加强执法工作。切实加强安全生产信息网络建设，严格事故报送制度，加强事故分析预测，为工作决策提供科学准确的依据。四是严格事故查处，强化责任追究。坚决按照“四不放过”的原则，及时认真组织事故调查，对有关责任人员特别是负有领导责任的人员的从严查处。

（七）切实加强领导，狠抓安全生产措施落实。安全生产涉及面广，工作复杂，全省各部门、各方面将通力合作，进一步完善“政府统一领导、部门依法监管、企业全面负责、群众监督参与、社会广泛支持”的安全生产工作格局。转变作风，真抓实干，做到政令畅通，严肃法纪，令行禁止。广泛开展安全宣传教育，加强安全文化建设，增强全民安全意识，营造全社会“关爱生命、关注安全”的舆论氛围，为安全生产创造良好的环境。

浙江省2005年安全生产形势报告

一、各类事故总体情况

据统计，2005年全省共发生各类事故53 928起、死亡8 247人、受伤48 509人、直接经济损失3.96亿元，同比分别下降17.5％、11.6％、5.3％和28.6％。

工矿企业共发生事故783起、死亡824人、受伤98人、直接经济损失13 845.8万元，同比分别下降14.7％、15.0％、43.7％和5.4％。

道路交通共发生事故43 266起、死亡6 881人、受伤48 262人、直接经济损失15 718.0万元，同比分别下降13.5％、8.9％、4.9％和43.6％。

水上交通共发生事故42起、死亡47人、直接经济损失282.8万元，同比分别下降30.0％、20.3％和22.8％。

火灾共发生事故9 262起、死亡112人、受伤82人、直接经济损失6 373.0万元，同比分别下降32.6％、67.0％、58.6％和34.2％。

渔船水上交通及捕捞作业共发生事故389起、死亡247人、直接经济损失3 253.7万元，同比分别上升8.1％、6.0％和14.9％。

铁路路外共发生事故186起、死亡136人、受伤58人、直接经济损失283.0万元，同比分别下降12.7％、25.7％、28.4％和13.9％。

二、安全监管工作情况

（一）继续完善安全生产责任制，严格落实各级各部门安全生产责任。去年以来，各级安全生产监督管理部门认真履行综合监管的职责，按照《浙江省人民政府关于切实加强安全生产工作的决定》及8个配套文件要求，把落实安全生产责任作为安全生产工作的首要环节来抓，将省安委会下达的控制指标层层分解落实到基层，并加强督促检查，加大考核力度，努力构筑“纵向到底、横向到边”的责任网络，有力推动了“政府统一领导、部门依法监管、企业全面负责、社会参与监督”的安全生产格局的形成，促进了基层安全生产工作责任的落实。杭州、温州、湖州等地实行安全生产“一岗双责”、“一票否决”和“安全生产履职报告制”等，较好解决了安全生产职责不清、工作不落实的问题。

（二）加强监管机构和队伍建设，为安全监管提供有力组织保证。去年以来，在省委、省政府的高度重视下，全省安监机构建设取得突破性进展。按照规范设置、提高权威、理顺关系和强化职能的要求，各地狠抓基层监管机构和队伍建设。到去年底，全省安监机构组建率已达到93％，有46％的县（市、区）组建了安全生产监察执法队伍，强化了安全生产综合监管工作。杭州、温州各县（市、区）已实现安全执法队伍的全覆盖。多数市、县的一些乡镇还建立了安全生产监察执法中队，安全监管工作不断延伸，监管机构不健全、监管力量不足、监管工作缺位的矛盾有所缓解，为实现全省安全生产目标奠定了组织基础。

（三）强化宣传教育培训，努力营造“关爱生命、关注安全”的氛围。去年工作中，各级安监部门紧紧围绕构建和谐社会、建设“平安浙江”这一主题，加强安全生产宣传教育与培训工作，着力推进安全文化建设。省安监局经商省委组织部同意，举办了1期县（市、区）分管领导干部安全生产学习班，36名县级分管领导干部参加了培训学习；另外，还培训了安全生产监察员559名，中央在浙企业和省属企业主要负责人47名，培训机构师资490名，其他各类企业负责人和安全管理人员5 150名。各级安监部门按照分级管理的要求，认真抓好生产经营单位各类人员的安全培训和考核，普及安全知识，提高各类从业人员的素质。温州市开展了安全生产“千十百万”培训工程，将在三年内对全市所有从业人员进行一遍轮训；丽水市将创建“一千个平安示范企业”作为政府十件实事。在去年的全国“安全生产月”中，各市都举行了安全生产咨询日活动，各地、各部门开展了形式多样，企业欢迎，群众喜闻乐见的宣传活动。通过这些工作，促进了企业经营者的安全管理水平以及全民安全文化素质的提高。

（四）深入开展专项整治，抓好重大隐患整改。去年，根据国家总局的部署和省政府的要求，我省以整改隐患，严密管理为重点，先后部署开展道路交通、消防、危险化学品、烟花爆竹、矿山、建筑、船舶修造、渔业捕捞和运输等行业领域的安全生产专项整治。在有关地方政府的支持下，我省加大煤矿整顿关闭力度，全省10个煤矿关闭7个；关闭不符合安全条件的地下矿山85家，占地下矿山总量的36%，地下矿山整治投入整改资金11 300万元，矿山安全条件得到改善；通过整治，烟花爆竹生产企业由原来的58家减少到37家；危险化学品行业没有发生一次死亡3人以上的重大事故；在专项整治工作中，各地步调一致、部门联动，专项整治有声有色，省级公布的第二批27家工矿企业重大安全隐患、第三批26家重大消防隐患和第四批100处道路交通事故多发点（段），均都基本完成整改，少数一时难以整改的也已采取了确保安全的严密措施。温州市针对部分区域企业安全隐患严重、事故多发的现状，部署开展了“铁网二号”行动；台州市根据本地区事故特点，深入开展了造船修船、海上运输及捕捞、矿山等专项整治，全市共检查各类生产经营单位38 454家，查出安全隐患11 572条，发出整改指令书和强制整改通知书400多份。各地诸如此类的措施，有效防止了重特大事故的发生。

（五）贯彻落实安全生产许可证制度，严把安全生产准入关，加强基层基础工作。去年以来，按照《安全生产许可证条例》以及实施细则的要求，全省开展了对矿山、危险化学品、烟花爆竹等高危企业的安全生产许可证发放工作。各级安全生产监管部门认真把好安全生产准入关，通过安全评价、评估，督促企业建立健全各项规章制度，加强安全投入和内部安全管理，把安全生产各项工作落实到车间、班组和岗位，强化企业的安全生产基础，提高本质安全水平。到去年底，全省已颁发矿山安全生产许可证464家，危险化学品生产经营企业安全生产许可证705家、经营许可证13 561家，烟花爆竹安全生产许可证37家，批发经营和零售许可证23 236家，建设企业安全生产许可证4 380家。

（六）加强安全生产法制建设，强化依法监管。在省人大的关心支持下，通过上下共同努力，《浙江省安全生产条例》已完成起草工作，进入审批阶段。在安全生产法制建设方面，各级安监部门也都作了积极努力。宁波出台了《关于进一步加强安全生产工作的决定》、《宁波市重大安全事故行政责任追究规定（试行）》等一系列规范性文件，对全市的安全生产工作起到了规范和指导性作用。与此同时，各地按照有关规定和“四不放过”的原则，严肃查处各类事故，并追究有关人员的责任。绍兴市及时做好事故结案工作，去年发生的64起工矿企业死亡事故已全部按规定时间结案，并查处事故责任单位37家，罚款87万元，提交公安部门立案查处的责任人7名；查处违规企业4家，罚款15万元，提交公安部门立案查处的责任人3名，关闭企业1家。

（七）*对重大危险源实施监控，加强应急管理，提高处置重特大事故能力*。为切实防止重、特大事故，加强事故预警和应急处置工作，去年，全省各级安监部门加快实施“科技兴安”战略，认真开展重大危险源调查和申报登记工作，并逐步建立重大危险源数据库。目前，全省已完成登记重大危险源2 870个，并对各类重大危险源实行分级动态管理，按照有关要求建立了各项严密的管理措施。为提高应急处置能力，各级安监部门协调各有关部门加强对重点企业应急预案编制、管理、执行的检查督促力度，重点企业单位应急预案编制管理已纳入安全监管的重要内容。目前，省政府已出台了《浙江省特大（特别重大）生产安全事故应急救援预案》、《浙江省危险化学品重特大事故应急救援预案》、《浙江省矿山事故应急救援预案》等生产安全事故预案，作为省政府总体应急预案的重要组成部分。各级安监部门也积极制定当地生产安全事故应急预案，并会同有关部门和企业开展了针对危险化学品泄漏、高层建筑消防等事故的应急救援演习。金华市的市、县两级均制定了重特大事故应急预案，对全市34支应急救援队伍和专业人员进行摸底，建立了全市各专业应急救援体系和近百名应急救援人员信息库。去年成功处置了一起铁路危化品罐车二甲苯泄露事故，并组织了一次危险化学品道路运输事故应急救援演习。

（八）*履行综合监管职能，协调各部门齐抓共管*。安全监管是全社会的共同工作，要有效控制各类事故，实现三个“零增长”目标，发挥行业主管部门的作用至关重要。在去年的工作中，各地安监部门在管好本职监管范围内工作的同时，按照省委的要求，积极完成“平安浙江”建设的有关工作。主动配合公安、消防、交通、建设、教育等部门，积极开展安全检查和专项整治，全力防范各类事故。嘉兴市除了建立安委会和安委办定期会议制度外，党委、政府和人大、政协也经常召开安全专题会议，听取汇报，研究解决不同时期、不同阶段安全生产重点、难点问题，落实责任单位，并加强过程、结果督办。目前已基本形成重大安全问题由安委办调研提出意见，安委会讨论决定，部门落实，政府督办，人大、政协监督的工作机制，有力推动了安全生产工作。

三、安全生产工作中存在的主要问题

（一）*全民安全意识反差巨大*。一方面，随着生活水平的提高，人们对自身安全的要求越来越高。2005以来，我局共收到安全投诉182件，同比增长了31.9％，其中举报安全隐患的投诉134件，占总数的73.6％。但另一方面，一些生产经营单位负责人利欲熏心，重生产轻安全，心存侥幸，冒险生产，完全没有安全法制观念；大量的外来务工人员没有接受必要的安全培训教育，无证上岗，缺乏遵章守纪的意识和安全技能，还往往违章作业。如冲压行业，一些职工为了提高工作产量，擅自拆除安全装置，导致断指事故频频发生；还有道路交通安全、消防安全等，尽管我们每年都在开展“安全生产月”活动、普及安全生产知识和防范意识的宣传教育，但总体覆盖面还是很小，群众自觉防范事故的安全意识与经济社会发展之间，尚存在巨大反差。这种状况，对我们预防和减少事故无疑是十分不利的。

（二）*安全设施基础欠账太多*。近年来，我省经济高速发展，国内生产总值每年均以10％以上的速度增长。我省的公路里程越来越长，企业越来越多，楼越造越高，但是相配套的安全基础设施却没有跟上，留下了大量的事故隐患。如我省实施的“康庄工程”，实现了县乡村村通公路。然而由于安全设施没有同步跟上，县乡道路上的死亡人数亦随之大幅上升。目前全省24米以上的高层建筑约 4 800 多座，但全省消防举高车仅有 37 部（可救 32 米以上建筑，最高只能达到 50 多米），高层建筑一旦发生重大火灾后果不堪设想。截至 2005 底，我省累计建设公路隧道 512 座，计 254.23 公里，其中特长隧道 4 座（共计 15.4 公里）、长隧道 69 座（共计 110.7 公里）。这些隧道普遍存在着通风差、无照明、无安全缓冲带等安全隐患；还有一些新建化工园区，由于种种原因未经安全设施“三同时”审查，建成后相应的安全环保设施没有跟上，消防设施缺乏，没有危险化学品泄漏处置装备，应急救援队伍也未建立，一旦发生危险化学品泄漏、爆炸事故将造成严重的社会影响。

（三）安全监管力量相对薄弱。2005 年，各地加强了安全生产监管机构建设，到目前全省安监系统工作人员已达到 1 304 人。尽管安全监管人员有所增加，但有近一半的人员以前从未从事过安全生产工作，安全业务能力不强，还需要一段适应时间。从总量来看，我省各类企业和个体工商户约 230 万家，若以目前监管力量，是难以做到及时监管的。2005 年，全省公路总里程已达 46 935公里，车辆约 800 万辆。仅“康庄工程”实施以来的道路优化、硬化的里程，去年底已达到 3.9 万公里。繁重的安全监管任务与相对不足的监管力量之间的矛盾，必然会造成管理上的空白点。

（四）部门依法监管存在盲区。从现实情况看，安全工作还存在职责不清、无人负责的盲区。如煤气发生炉到底归哪个部门管，没有一个结论性的说法。此外，有些部门之间安全管理职能交叉，往往出现“谁都能管，却谁也不管”的情况，这样必然造成监管工作中的死角。

（五）安全监管手段缺乏力度。目前我们的监管还处在靠经验管理的状态，与依法、规范、科学管理尚有很大差距，安全监管手段已经不能适应经济社会发展的要求。比如信息化管理水平差，经济处罚的力度太小，企业“违法成本”太低，而行政手段对中小企业来说缺乏有力的约束。

（六）安全法制建设仍然滞后。《安全生产法》已实施三年多时间，但其配套的实施细则却迟迟没有出台，一些安全监管工作甚至出现了“有法可依、无法实施”的无奈局面。如国务院制定了《特大安全事故行政责任追究的规定》，但对什么是特大安全事故却没有一个明确的定义和解释，造成行政责任追究难以到位。此外，执法环境、执法主体等发生了很大的变化，但相应的法律法规却没有得到及时修改或重新制定。如 1991 年制定的《企业职工伤亡事故报告和处理规定》(国务院 75 号令)，目前已过去十几年，经济和社会情况发生了很大的变化，安全生产的执法主体已由劳动部门变为安监部门。但由于没有新法出台，按照依法行政的要求，目前还只能依据此项过时的法律来开展事故调查处理。

浙江省2006年上半年安全生产形势报告

一、全省事故伤亡情况

2006年上半年，全省共发生各类事故22 536起、死亡3 649人、受伤2 418人、直接经济损失14 970.9万元，同比分别下降16.3%、3.1%、10.7%和19.9%。其中，一次死亡3人以上的重大事故60起、死亡231人，同比增加20起、66人，分别上升50.0%和40.0%；未发生一次死亡10人以上的特大事故。

工矿商贸企业共发生事故319起、死亡342人、受伤46人、直接经济损失5 602.8万元，同比分别下降5.3%、2.8%、上升12.2%、下降11.5%。其中，重大事故6起、死亡21人，同比增加1起、5人。

道路交通共发生事故18 188起、死亡3 117人、受伤21 324人、直接经济损失6 283.1万元，同比分别下降13.4%、0.06%、10.7%和21.4%。其中，重大事故44起、死亡162人，同比增加18起、64人。

水上交通共发生事故21起、死亡18人、直接经济损失55.7万元，同比分别上升5.0%、下降18.2%和57.3%。未发生重大事故。

火灾事故共发生3 840起、死亡49人、受伤34人、直接经济损失2 534.0万元，同比分别下降19.5%、16.9%、上升3.0%、下降9.1%。其中，重大火灾事故4起、死亡19人，同比增加3起、14人。

渔船水上交通及捕捞作业共发生事故110起、死亡76人、直接经济损失464.3万元，同比分别下降36.4%、42.0%和68.1%。其中，重大事故6起、死亡29人，同比减少1起、12人。

铁路路外共发生事故58起、死亡47人、受伤13人、直接经济损失31.0万元，同比分别下降39.6%、48.4%、45.8%和上升3.7%。

国家下达给我省的年度控制目标为：各类事故死亡总数不超过7 850人，其中火灾事故死亡人数不超过196人、道路交通事故死亡人数不超过6 663人、工矿商贸企业事故死亡人数不超过836人、铁路交通事故死亡人数不超过155人。至6月份，我省实际发生数分别为全年控制目标的45.3%、25.0%、46.8%、40.9%、30.3%，均在50%的控制进度之内。

二、上半年主要工作

（一）着力强化安全生产责任制。今年年初按照《浙江省人民政府关于切实加强安全生产工作的决定》及8个配套文件要求，把落实安全生产责任作为安全生产工作的首要环节来抓，将国务院安委会下达的控制指标层层分解落实到基层，并加强督促检查，努力构筑“纵向到底、横向到边”的责任网络，有力推动了“政府统一领导、部门依法监管、企业全面负责、社会参与监督”的安全生产格局的形成，促进了基层安全生产工作责任的落实。

（二）开展全省生产企业安全标准化活动。省安监局把开展安全标准化作为落实企业安全生产主体责任的重要内容来抓，在机械制造企业安全标准化试点基础上，开展了危险化学品生产企业和非煤矿山企业安全标准化的试点活动，并会同建设、电力等部门研究提出了全省生产企业安全标准化活动指导意见，督促、指导各级安监部门扎实开展工作。通过开展生产企业安全标准化活动，建立和规范生产企业安全生产规章制度和安全操作规程，强化企业生产安全监管，促进安全生产基层、基础工作。

（三）全面启动全员安全培训工程。为加强安全生产基础工作，我省今年制定了全员安全培训工程实施方案，并在全省范围内进行动员。按照“统一规划，分级实施，属地管理，分类指导，步步推进”的方式，将培训指标任务层层分解到市、县（市、区）再落实到企业，争取在2006年组织开展对1 000万各类从业人员安全生产基本知识教育培训，用2年左右时间对全省生产经营单位所有从业人员普遍培训一遍。截至上半年，各市、省级有关部门和省属有关单位已经全面开展此项工作，累计培训各类人员达120多万。

（四）开展隐患排查和专项整治工作。为进一步落实各级政府和生产企业的安全责任，深化道路交通、火灾和工矿企业重大事故隐患的排查和整改工作，根据各地排查上报的名单，省安监局已经公布二批共28家工矿企业重大事故隐患单位的名单，省公安厅、交通厅公布了2006年全省100处道路交通事故多发点（段）名单，省消防局也公布了21家重大火灾隐患整改单位的名单。省级有关部门已经督促各地、各有关部门及时制定计划和整改措施，落实责任，确保重大事故隐患能整改到位。同时，省安监局已按照省政府要求和国家总局的部署，进一步实施危险化学品和矿山专项整治工作，特别对人口密集区危险化学品企业的关闭和搬迁，督促和配合相关地方政府，开展了大量基础性的工作。

（五）完善生产安全事故应急救援队伍网络建设。根据我省实际情况，积极开展调查研究，深化《浙江省应急救援体系建设方案》，按照“属地为主、优化整合；整体设计、分布实施；条块结合、合理布局”的原则，依托社会力量，初步拟订了全省危险化学品和矿山事故应急救援“两个中心、五个次中心”的方案。目前这项工作正在实施过程中。

（六）制订安全生产“十一五”发展规划。今年，省安监局在广泛征求各有关部门意见的基础上，起草了《浙江省安全生产十一五发展规划》，已报省政府批准转发各地，并拟要求省政府将“单位国内生产总值（GDP）生产安全事故死亡率、工矿商贸就业人员生产安全事故10万人死亡率、道路交通万车死亡率”等3个安全生产重要指标纳入我省社会发展总体规划。同时，省安监局督促各地按照省政府的要求，抓紧制订安全生产“十一五”发展规划。

（七）贯彻实施安全生产许可制度。全省认真贯彻《安全生产许可证条例》，按照《安全生产许可证条例》及其实施细则的要求，全面开展高危行业企业的安全生产许可证申报、审核与发放工作。为进一步贯彻落实《国务院办公厅关于认真抓好今冬明春安全生产工作的通知》的有关规定，抓紧做好危险化学品、烟花爆竹和非煤矿山安全生产许可证颁发管理工作，确保具备安全生产条件的生产企业在6月30日前取得安全生产许可证，省安监局积极组织专家或委托各市安全监管局对申请企业的生产现场进行审核。经过努力，截至6月底，非煤矿山安全生产许可证发证率达85.6％，危险化学品安全生产许可证发证率达92.3％，烟花爆竹生产企业安全生产许可证发证率达100％。

（八）广泛开展安全生产宣传活动。为积极开展第五个“全国安全生产月”活动，省安监局会同省委宣传部、省广播电视局、省总工会和团省委等五部门共同组织开展的“安全生产千里行”

活动，与10家省级新闻媒体和有关专业媒体组成的采访团赴绍兴、台州、嘉兴等地进行为期7天的“安全生产千里行”活动。这次“安全生产千里行”重点报道了全省各地安全生产有效做法和成功经验。各地针对新形势下安全生产中存在的突出问题，通过宣传安全生产先进事例，曝光典型安全生产违法事件，采取了积极有效的措施，努力预防和减少各类事故的发生，引起了全省普遍关注和重视。省安监局还与杭州市在武林门广场联合开展“全国安全生产月”咨询日活动，举办了安全生产文艺晚会。

（九）配合省人大开展安全生产执法检查。今年省人大常委会统一部署在全省范围开展安全生产执法检查，为积极配合这次执法检查，全省安监系统积极行动起来，配合各级人大搞好安全生产执法检查工作。省安监局多次召开相关专题会议，上下联动，研究制订执法检查工作实施方案。同时，根据省人大执法检查的重点工作，对全省重点化工区域分布、危险化学品重大危险源分布和存在的重大事故隐患进行摸底调查，并陪同省人大对全省各地安全生产法律法规的执行情况进行检查。目前，执法检查工作已进入督促整改阶段。省安监局将配合省政府办公厅做好省人大向省政府反馈意见的落实工作，督促各地及相关部门落实整改执法检查中发现的问题和事故隐患。

三、当前安全生产工作中存在的问题

（一）事故总量仍在高位。从统计数据看，事故总量仍在高位，事故死亡总人数仍处全国前列，主要是道路交通安全问题相对突出。

（二）一些行业和领域事故隐患不少。尤其是道路交通、消防、危险化学品、建筑施工等行业在安全生产管理上漏洞较多，安全隐患不少；一些地方“三合一”现象仍屡禁不止，不少商场市场、娱乐场所、生产车间等人员密集场所的消防安全隐患突出，有些隐患还十分严重，发生重特大事故的可能性仍存在。

（三）法制建设滞后，制约安全监管工作。《安全生产法》已实施3年多时间，但其配套实施细则却迟迟没有出台；有的法律法规其执法环境、执法主体等发生了很大的变化，但相应的法律法规却没有得到及时修改或重新制定。致使一些安全监管工作甚至出现了“有法可依、无法实施”或是“无法可依、有法难依”的无奈局面。

（四）基层监管网络不全，安全监管力量薄弱，存在失管漏管现象。一是我省中小企业多，大量的监管对象分散在乡镇（街道），而乡镇（街道）的专职安全监管人员严重缺乏，监管力量最薄弱；二是各级安全监管人员严重不足，大多数同志超负荷工作；三是乡镇（街道）安全管理人员没有执法权，安全监管工作难以落实到位。面对量大面广的中小企业和繁重的安全监管任务，必须发挥基层乡镇政府的作用，但是，由于目前乡镇政府和街道办事处没有安全生产执法权，对辖区内的生产经营单位安全生产违法行为缺乏处置手段，难以从根本上遏制各类生产安全事故。

（五）中小企业安全生产问题突出。从省安监局和省总工会联合开展的企业安全生产“三基”（基层组织、基础管理、基本功建设）调查情况来看，我省量大面广的中小民营企业和作坊式居民企业的安全状况令人担忧，主要表现在：基层安全组织不健全，安全责任制不够落实；安全投入严重不足，事故隐患大量存在，基础管理薄弱；职工劳动保护差，职工安全素质偏低，“三违”（违章作业、违章指挥、违反劳动纪律）现象严重，事故自救应急能力差。如在抽样调查1 000家企业中，约65％的企业没有安全生产台账，也没有规章制度；企业职工参保率不到25％；95％以上的企业没有实行省政府规定的安全费用提取制度；约20％的中小企业没有签订安全责任书。由于这些问题的存在，造成了我省企业各类事故居高不下。

（六）安全生产监管工作出现了一些新情况。如“康庄工程”、隧道安全、农机和学生接送车辆的安全、城市化进程中的安全工作、渔民转产带来的安全工作、危险化学品的运输安全和危险化学品生产企业规模化带来的重大危险源增加等。不少农村道路缺乏安全设施，一些地方通行秩序比较混乱，安全监管力量薄弱。

四、下一步工作措施

（一）进一步落实安全生产责任制。省安监局将会同有关省级部门对各市、省级有关部门和省属有关单位上半年度贯彻和落实安全生产责任制情况进行督查；年底，将对全年安全生产责任制完成情况进行督查。督促各市、各有关部门和单位，切实加强领导，狠抓各项措施的落实，确保实现省政府提出的“三个零增长”目标和不突破国务院安委办下达给我省的指标。

（二）进一步开展重点行业的安全生产专项整治和重大事故隐患整改工作。切实加强对道路交通、海上渔业捕捞运输、水上交通和人员密集场所消防等领域十项安全专项整治工作，加强对危险化学品、矿山、建筑等高危行业的安全监管，针对存在的突出问题，要落实责任和措施，做到抓住源头，关口前移，努力遏止群死群伤重特大事故的发生。同时，要严肃查处各类安全生产违法行为和各类事故，认真实施《安全生产许可证条例》，严格把好安全生产准入关，提高企业安全保障条件。对在整治工作和检查中发现的各种安全生产隐患和问题，要制定切实有效的整改措施，落实责任，及时加以消除，预防和减少重特大事故的发生。督促各地、各有关部门加大对全省28家工矿企业重大事故隐患、21家火灾重大事故隐患和100个重大道路交通事故多发点（段）的整改力度，确保重大事故隐患及时整改。全面开展全省化工、医药等行业的安全隐患大排查，着力解决当前存在的突出问题，保障危险化学生产安全。

（三）切实加强基层、基础安全生产工作。因上半年我省安全生产形势平稳，一些地方和部门容易产生麻痹松懈思想。为此，我们继续认真学习贯彻中央、国务院领导同志关于做好安全生产工作的重要指示，要进一步认识做好安全生产工作的极端重要性，增强做到安全生产工作的责任感、紧迫感和使命感，做到警钟长鸣。同时，要在督促各地政府落实安全监管责任的同时，进一步落实企业安全生产的主体责任，强化各项措施，整改各类事故隐患，建立健全各项安全生产管理制度，提高企业员工的安全法制意识、岗位操作技能和自我保护意识，杜绝违章指挥、违章作业、违反劳动纪律的“三违”现象。特别要督促各地及相关部门加强对中小企业的监管，加大安全生产投入，促进企业建立自我约束、不断完善的安全生产长效机制，预防和减少各类事故的发生。进一步推进安全标准化工作，使企业的各个部门、各个环节的安全生产工作有机地组合，形成一个既有明确的目标和任务，又能相互协调、相互促进的有机整体；使企业依照有关法规和标准，持续改善安全生产管理，改进安全生产条件，做好安全生产工作的过程，也是帮助和促进企业落实政策主体责任，强化安全生产“双基”工作，建立自我约束、自我完善的安全管理长效机制，减少事故的根本途径。

（四）健全完善安全生产应急救援体系建设，提高处置重特大事故的能力。要按照省政府《关于加强应急机制建设提高政府保障公共安全和处置突发公共事件能力的意见》、《浙江省特大（特别重大）生产安全事故应急救援预案》和《浙江省突发公共事件总体应急预案》的总体要求，制定相关安全生产应急救援预案，并认真开展演练。进一步完善应急救援体系，整合应急救援资源，提高应急救援能力。同时，要加快建立省、市两级生产安全应急救援指挥中心，逐步在全省形成信息畅通、反应快捷的应急救援体系和工作机制。

（五）加强安全文化建设，提高全民安全法制意识。要利用下半年《浙江省安全生产条例》颁布的有利时机，充分利用各种宣传媒体，加大安全生产宣传力度，努力在全社会营造“关爱生命、关注安全”的舆论氛围。继续加大贯彻实施“全员安全培训工程”，注重开展对外来务工人员的安全教育和培训，增强全民的安全法制意识、责任意识和防范意识，形成全社会重视安全、人人遵章守纪、人人关心安全的局面。

（六）落实省人大执法检查中查出隐患和重大问题整改工作。督促各地、各有关部门抓紧梳理人大执法检查和自查中发现的事故隐患，根据其性质实行分级管理。对性质严重、危害巨大、整改难度大的重大事故隐患，实行省级挂牌督办；对需要市里督促整改的重大事故隐患，实行市级挂牌督办。年底前，我局将要会同省有关部门对省级挂牌督办的重大隐患的情况进行一次检查验收，确保整改措施落到实处。

安徽省2005年安全生产形势报告

一、基本情况

——事故总量下降。全年发生各类安全生产事故18 306起，同比减少748起，下降3.9%。事故起数比“十五”前四年大幅减少，“十五”前四年平均每年发生事故25 178起。

——事故死亡人数下降。事故造成死亡5 165人，同比减少545人，下降9.5%，其中道路交通事故死亡4 355人，减少439人，下降9.2%，下降幅度高于全国1.4个百分点。

——工矿商贸企业事故起数和死亡人数下降。工矿商贸企业发生事故432起，死亡491人，同比下降7.7%和4.7%。其中煤矿事故58起，死亡77人，下降25.6%和9.4%。煤矿百万吨死亡率0.98，低于全国，全国平均是2.81。

——重大事故起数下降。发生一次死亡3人以上重大事故101起，死亡382人，同比下降11.4%和16.2%。

——安全生产主要指标控制在国家和省要求的范围内。各类事故、工矿商贸企业事故、煤矿企业事故、道路交通事故死亡人数，分别比国家下达的控制指标减少537人、35人、38人、463人。没有发生10人以上特大生产安全事故，是全国没有发生特大事故的4个省份之一。

二、主要措施

一是围绕贯彻落实省政府《关于进一步加强安全生产工作的决定》，着力推进安全生产政策措施落实。先后两次在全省开展贯彻落实情况大检查，从机构建设、责任制落实、经济政策执行、行政许可、重大隐患整治、重大事故查处等8个方面28项内容进行检查，按照“缺什么补什么”原则认真整改。先后组织14个检查组对各市督查，发现重大隐患并提出整改意见61条。通过检查和督促整改，使政策措施得到更好落实。

在监管体制上，市县级安全监管机构和人员编制基本明确得到加强，合肥、安庆、阜阳等市和凤阳、岳西、繁昌、肥东等县成立了安全生产执法大队。宣城市107个乡镇有97个乡镇设立了安全监管机构，配备了专职人员。

在隐患整治投入上，安排了29个省重大隐患整治贴息项目，总投资5.91亿元，其中省财政贴息1 000万元，带动银行贷款4.32亿元，企业自筹1.58亿元，去年底有8个项目完成整改。芜湖、合肥、滁州等市积极筹措隐患整治资金。

在目标管理上，年初省政府安委会与各市政府签订了安全生产目标管理责任书，各地各有关部门层层分解落实到基层和生产经营单位。安委会办公室加强对指标控制情况监督检查，编发《简报》，在省级媒体上发布全省安全生产形势。按照安全生产目标管理考核规定，通过自查自评、复评复核，综合考核和量化打分，经省政府安委会议审议，2005年安全生产工作考核优秀的有5个市，先进的有7个市，合格的有5个市，没有不合格的市。

在基础管理上，以开展企业安全质量标准化活动为抓手，强化企业主体责任，夯实基础，涌现出一批安全质量标准化建设成绩显著的企业，安徽叉车集团获国家一级安全质量标准化企业授牌。

在安全投入上，各地积极落实省安监、财政和税务部门关于企业安全费用提取的规定，去年煤矿4大矿业集团提取安全生产费用17.8亿元，比上年增加近10亿元；全省非煤矿山、危化企业提取安全费用4亿多元。铜陵、淮北、淮南、宿州等市积极实施风险抵押金制度。

在安全科技上，有26个安全科技项目列入国家年度科技发展计划。我省研制的“铁路无人道口自动监护预警设备”技术示范项目在北京、山西等地得到推广应用。合九铁路我省境内54个无人道口监护设备通过验收使用。组织参加全国安全生产技术装备展，获“最佳组织奖”和“优秀设计奖”。

*二是认真实施安全许可制度，加强源头管理。*去年全省煤矿、危化品、烟花爆竹、非煤矿山、建筑和民爆器材6个高危行业全面开展了企业安全生产许可证颁发工作。各地、各有关部门在坚持严格标准、确保质量的前提下，加快审查发证进度。截至去年12月31日，6个高危行业企业共颁发安全生产许可证4 925个，发证率为51.5%，其中：煤矿发证284个，发证率100%，非煤矿山发证1 513个，发证率26.26%，危险化学品发证188个，发证率42.73%，烟花爆竹发证282个，发证率84.68%，建筑施工发证2 647个，发证率88.27%，民爆器材9个企业，全部发证。

*三是持续开展事故隐患排查整治工作，防患于未然。*去年，省安委会组织了5次全省性的安全生产大检查，各级政府及各有关部门开展了多次专项检查和督查。据统计，全省各级安全监管部门监督监察生产经营单位34 360个，累计监督监察生产经营单位59 327次，下达各类安全生产执法文书25 221份，其中整改指令书4 381份，行政处罚决定书328份，查处事故隐患39 958条，90%以上的隐患得到整改，其中完成重大事故隐患整改1 433条，对1 772处重大危险源实施建档监控。省市县都列出一批重特大安全事故隐患，由各级政府重点督促整治，并落实相应的隐患整治资金。

*四是不断深化重点行业和领域安全整治，开展联合执法，把监管落到实处。*省有关部门和各产煤市县政府认真贯彻落实国务院关于加强煤矿安全生产的《特别规定》和《紧急通知》精神，集中精力打好煤矿瓦斯治理和整顿关闭两场攻坚战。对所有煤矿开展多次地毯式的隐患排查和专项督查，对高瓦斯、瓦斯突出和水害严重的162对矿井进行重点监控，对重点煤矿派驻瓦斯治理督导组，对全部矿井进行通风能力核定。开展煤矿安全专家会诊，落实安全改造矿井15对，国债资金补助4.24亿元。开展联合执法，严厉打击违法生产行为，责令89对矿井停产整顿，对18对验收不合格矿井予以关闭。开展机关工作人员和国企负责人投资入股煤矿专项清理，初步清理24人，撤出入股资金286万元。

公安部门进一步加强预防道路交通新机制建设，开展了道路交通“五整顿、三加强”、治理车辆超载超限、预防群死群伤道路交通事故、创建平安畅通县区等工作。全年纠正各种严重交通违法行为386万起，处罚违法人员344万人次，查处超载车辆81 389辆，更正“大吨小标”车辆117 996辆。去年发生道路交通事故起数和死亡人数分别下降3%和9.2%，是“十五”期间下降幅度较大的一年。

公安消防和旅游部门结合旅游黄金周开展了人员密集场所专项治理、火灾隐患排查整治和游乐设施专项督查工作。在全省消防监督检查中，责令停产、停业、停止使用243家。政府挂牌督办的38处重大火灾隐患有35处整改完毕。

交通部门深化水上交通和道路运输企业安全专项整治，对低质量船舶进行重点检查，清理出低质量船舶 1 171 艘，取缔 20 家非法违规船厂，责令 117 家船厂限期整改。开展淮河、新安江、巢湖水域为重点的通航秩序和渡口、渡船的专项治理，投入 1 000 多万元开展了“渡改桥”试点工作。加大对道路运输企业监管力度，认真抓好“三关一监督”工作，整顿和规范道路运输安全秩序，取得成效。

建设部门狠抓项目安全管理，强化责任落实，开展施工现场安全生产达标创建和建筑安全生产专项治理活动，对高处坠落和施工坍塌等多发事故进行专项整治，去年高坠事故占建筑事故的比重下降了 12.3 个百分点。

国土资源部门把矿山安全生产和整顿矿产资源开发秩序工作有机结合，加大对无证勘查开采等违法行为的打击力度，去年查处无证采矿和越界开采 343 起，责令停产整顿矿山 273 家，关闭整顿不合格矿山 121 家，注销和吊销采矿许可证 135 个，进一步加强了矿山安全生产。

质监部门强化对重要设备、重点场所、重点行业和重大事故隐患现场安全监察，开展电梯、工业管道、起重机械和危化品容器等特种设备的安全检查督查，取缔土制特种设备 119 台和非法制造窝点 3 家，完成重大隐患整改 113 个。

国防科工部门扎实开展火工品安全生产专项整治，加大行业检查和督促隐患整治力度，会同公安部门依法对军品风险储存库实行行政许可。民爆行业生产流通企业全面开展安全评价工作，对新、改、扩建工程项目，一律实行安全“三同时”，强化行业监管。

安监部门以实施安全生产行政许可为契机，深入开展非煤矿山、危化品和烟花爆竹专项治理，会同公安、国土、环保、工商等部门，开展联合执法，加强对火工原料的源头管理，加强对市场销售检查，加强对高危企业的检查督促，加强综合监管工作，严厉打击非法开采、生产、运输和经营行为。2005 年，非煤矿山企业停产整顿 807 家、关闭 628 家，危化品企业停产整顿 22 家、关闭 10 家，烟花爆竹企业停产整顿 35 家、关闭 31 家。查处重大事故隐患 778 处。

铁道、民航、教育、国有资产监管及有关部门也都突出重点开展了安全专项整治，取得积极进展。

*五是积极推进安全生产法制建设，依法查处各类安全生产事故。*去年 6 月，全国人大常委会许嘉璐副委员长带队，对我省贯彻实施《安全生产法》特别是煤矿安全生产情况进行执法检查，各地各部门高度重视密切配合，认真落实执法检查意见，积极采取措施推进法制建设。省安监局组织起草《安徽省安全生产条例（草案）》，已列入今年省政府、省人大立法计划。宣城、马鞍山、淮南等市在安全费用、举报奖励、烟花爆竹和乡镇安全监管等方面制定落实了许多措施。

一年来，各级安全监管部门不断强化依法监管，强化执法监督，强化事故查处，对生产经营单位依法实施行政处罚 1 955 次，其中对主要负责人实施行政处罚 233 次，实际收缴罚款 524 万元。全省查处各类安全生产事故共 462 起，已结案 378 起，受行政处分 385 人，其中行政部门领导干部 104 人，生产经营单位主要负责人 238 人。由省安全监管局查处或批复结案的重大事故 88 起，处罚生产经营单位 36 个，移交司法机关 52 人，追究行政责任 47 人，处罚金额 155.4 万元。特别是严肃查处了宁国方塘粉末材料厂爆炸、舒城杭埠镇花炮厂爆炸和铜陵市金港钢铁公司氧气爆炸、滁州市铜鑫矿井下火灾等重大事故，依法追究了有关人员的责任。

*六是加强应急救援机制和体系建设，开展应急预案演练。*按照省政府统一部署，经过各地各部门共同努力，编制了《安徽省安全生产事故灾难应急预案》和 5 个专项预案。省公安、质监、建设、交通等部门和各市编制了专项预案和预案规划。发挥和整合现有资源，依托大企业初步建

立起安庆、铜陵、合肥、淮南、淮北 5 个救援基地，煤矿、危险化学品和非煤矿山 6 支救援队伍，逐步形成以省级基地为核心，各市救援中心为支撑辐射全省的应急救援体系。芜湖、黄山等市开展了生产安全事故应急救援实战演练，取得经验。

七是坚持安全发展指导原则，研究编制“十一五”全省安全生产发展规划。根据党的十六届五中全会精神，按照国家和省部署，组织编制了《安徽省“十一五”安全生产规划》。《规划》明确了我省“十一五”时期安全生产工作的指导思想、目标任务和工作措施，安排了 10 个方面共 290 多项安全科研和建设工程项目。这些项目的实施将成为实现“十一五”安全生产目标的重要支撑。与此同时，蚌埠、芜湖、安庆、宿州等市也都结合地方实际编制了“十一五”安全生产规划。省十届人大四次会议审议通过的省“十一五”《规划纲要》已将安全生产规划列入其中，同时将建设省、市两级安全生产应急救援中心和省级专业应急救援体系；治理尾矿、危库、险库和危险性较大的病库，搬迁城市内安全距离不达标的危险化学品生产和储存企业等重大事故隐患治理，列为“十一五”省重点工程。

八是加大安全生产宣传教育力度，营造安全生产的社会氛围。以“遵章守法、关爱生命”为主题，组织开展安全生产警示教育和安全生产月活动，举办首届安全生产知识电视大赛，组织文艺团体巡回演出，将《煤矿工人安全知识 50 条》和《煤矿瓦斯治理 50 条经验》编印成册送到煤矿企业，编印《中小学自我保护安全常识》手册送到中小学校。开展安全教育培训，全省培训各类人员 94 058 人，其中，生产经营单位主要负责人 13 268 人，安全生产管理人员 9 458 人，特种作业人员 70 824 人，省级培训安全监管执法人员 508 人。通过新闻媒体及时向社会通报安全生产工作重大举措，在安徽卫视开播《安全为天》警示教育片，强化全社会安全意识。

安徽省2006年上半年安全生产形势报告

一、基本情况

今年1～7月全省共发生各类安全事故9 159起，同比下降11.5%；事故死亡2 651人，同比下降8.6%；直接经济损失7 647.7万元，同比下降17.1%。其中，发生重大、特大安全事故52起，死亡206人，同比减少6起、24人，同比分别下降10.3%和10.4%。按照国家下达的安全生产控制指标统计口径，主要指标在国家下达的范围之内。

（一）强化责任，层层落实安全生产责任制。根据国家下达的2006年安全生产控制指标，省政府安委会与各市政府签订了安全生产目标责任状，将全省安全生产控制指标予以层层分解，通过签定安全生产目标管理责任状，将年度安全生产工作目标、任务和责任落实到了基层政府及生产经营单位，基本形成了“横向到部门、纵向到企业”的安全生产责任体系，并建立月通报制度，明确实行“一票否决”制度。

（二）强化重点行业和领域，持续开展事故隐患排查整治工作。根据各阶段安全生产工作的重点和季节性的特点，今年以来共组织全省性安全生产大检查6次，协调组织省安委会各成员单位26个督查组对全省各地的安全生产工作进行全面督查。特别是6月份以后，按照省政府办公厅关于开展安全工作督查的要求，省局由5位局领导带队，分为5个组，对全省范围非煤矿山、危险化学品、烟花爆竹生产经营单位开展安全生产检查，对8个市的14个县（区）、16个乡镇和34个生产经营单位的安全生产工作进行了督查。与此同时，各市、县、乡镇对本地区的安全生产工作进行重点检查，并层层签署意见汇总上报，全省各地共查出各类隐患13 000多处，并及时下达了执法文书，提出整改要求。

加强交通、建设、民爆、水运、农机等行业和领域综合监管和协调指导。参与公安、交通部门共同治理车船超员、超速、超载行为，并会同省交通部门、省国防科工办、民航安监部门联合对在建高速公路工程、低质量船舶安全、民爆器材生产行业安全生产、规范通用航空飞行活动等进行督查和整治工作。召开了全省电力线路保护区特大安全事故隐患治理工作协调会议，总结和推广近年来全省电力线路保护区内违章建筑和树障特大安全事故隐患整治经验。组织参与了对煤矿的各项检查督查。起草煤矿风险抵押金管理办法，配合有关部门提出我省煤炭资源整合实施意见和2006年煤矿关闭计划。

（三）强化源头监管和基础工作，认真完成安全生产许可证审查发证工作。以颁发安全生产许可证为抓手，继续加大重点行业和领域的监管工作，基本完成了对非煤矿山、危险化学品、烟花爆竹生产企业的安全生产许可证以及危险化学品经营许可证的审查发证工作。截至今年6月底，全省累计受理非煤矿山企业申报材料5 673家，发证5 076个，发证率89.5%；全省危险化学品企业459家，发证382家（其中，短期证19家），发证率83.2%；全省烟花爆竹生产企业349家，发证312家，发证率89.4%。目前，已有73个非煤矿山企业、38个危险化学品生产企业和35个烟花爆竹生产企业提请地方政府依法予以关闭。

在基础工作方面，严格执行建设项目安全设施“三同时”制度，推进安全质量标准化工作，完成对烟草、军工行业企业安全质量标准化摸底和拟定开展安全质量标准化方案工作，完成非煤矿山 8 个项目的初步设计专篇审查批复，督促各地严格按要求规范做好已建项目安全设施“三同时”管理工作，有效提高了建设工程项目本质安全度。

为认真贯彻全国非公有制企业安全监管经验推广现场会精神，省局组织了第二批非公有制企业试点市，赴广东学习考察，推动安全监管工作上台阶、上水平。通过试点工作的推广，各地涌现出了一批好的做法和经验，芜湖市开展企业安全评估工作，制订了评估标准，实施科学的分类监督管理，努力提高安全管理水平。

（四）*强化安全生产法制建设，不断提高执法能力和水平*。一是受省政府委托向省十届人大常委会第 24 次会议作《关于全省安全生产情况的报告》，与会代表对我省近几年的安全生产工作成绩予以肯定，对贯彻实施《安全生产法》工作给予了较高评价，同时也提出了五条意见和建议。二是以贯彻安全生产法为主线，认真做好《安徽省安全生产条例（草案）》调研论证和修改工作，已经省政府 39 次常务会议通过，提请省人大审议。同时制定了省安全生产罚款处罚管理办法、省局行政复议工作规则、省安全生产事故报告和调查处理程序暂行规定等有关配套的规范性文件。

（五）*强化安全投入，落实安全生产各项经济政策*。今年以来，各地申报安全隐患项目和去年申报结转的项目共 34 个，经我局和省财政厅审核，初步研究对 27 个项目给予贴息，贴息总额 615 万元，贴息项目总投资 4.94 亿元，其中，企业自筹 1.09 亿元，中央或地方补助 1 961 万元，银行贷款 3.65 亿元。与此同时，各地采取多种形式，推进安全生产各项经济政策的落实。六安市上半年提取安全费用 3 085 万元；池州市按照市政府制定的《安全生产风险抵押金暂行办法》，加大征收力度，共收缴风险抵押金 700 余万元。

（六）*强化监管力量，基层安全监管机构和队伍逐步增强*。各地、各部门和各单位结合各自实际，勇于实践，大胆探索，在安全监管机构建设工作中创造了一些新鲜经验，安全监管机构和队伍得到进一步增强。据统计，目前我省 105 个县级安全监管机构人数由去年的平均 5 人，增加到目前平均 7.5 人。合肥市还制订了安全生产监管协理员管理办法，明确在每个乡镇、街道聘用 3 名安全生产监管协理员。安庆市 12 个县（市、区）中已有 7 个县（市）成立了正科级安全监管局，岳西、望江、桐城 3 县还成立了安全生产执法大队，人员力量显著加强。淮南市开展安全生产乡镇达标活动，拟定了乡镇安全生产标准，要求乡镇人民政府和街道办事处必须成立安全生产委员会或相应的安全生产领导机构。

（七）*强化规划工作，安全科技水平得到提升*。一是全省安全生产“十一五”规划已经省政府批准实施。《规划》中提出的“亿元 GDP 生产事故死亡率、工矿商贸企业十万人生产事故死亡率、道路交通万车事故死亡率、煤矿百万吨事故死亡率”4 个重要指标已被纳入省政府统计指标体系，从今年开始实施统计公告。其中，“亿元 GDP 生产事故死亡率”和“工矿商贸企业十万人生产事故死亡率”2 个重要指标已列入省政府《国民经济和社会发展第十一个五年总体规划纲要》。二是加快省安全生产信息系统项目和省安全生产技术支撑中心项目建设，省局网站改版升级工作已经完成。三是认定了两批安全评价乙级资质机构和三级、四级资质安全培训机构。

（八）*强化应急管理，进一步做好对重特大安全生产隐患的重点督促整治工作和处理突发事件的能力*。在《安徽省安全生产事故灾难应急预案》下发实施后，又认真修订了省危险化学品、非煤矿山、尾矿库、石油天然气、烟花爆竹 5 个专项预案，即将下发各地。同时，进一步加强重大危险源和重大事故隐患的管理，开展重大危险源普查、登记建档和申报工作。各市、各重点行业和企业的应急救援预案逐步完善，并加强救援演练，增强了处理突发事件的能力。铜陵市和淮南矿业集团救护大队发扬一方有难、八方支援的精神，在安庆大龙山“5·13”突发事故的救援中，发挥了积极作用，成功解救5名被困职工，受到省政府安委会的通报表彰。

（九）强化安全文化建设，积极营造全社会安全生产浓厚氛围。以“安全生产月”活动为契机，紧紧围绕“安全发展，国泰民安”这一主题，除了举办安全生产宣传咨询日、劳动安全防护知识竞赛、出版“安全专刊”和在省主要媒体集中开展“安全生产月”专题宣传报道等活动以外，经层层选拔，在17个市预赛的基础上，还在安徽电视台组织了《安全生产法》知识竞赛，并录制播出，收到一定的宣传效果。获得我省第一名的阜阳市参加了全国总决赛，获得优秀奖，为我省赢得了荣誉。在开展“安全生产江淮行”宣传活动中，省主要新闻媒体分为南北两个采访组，对2005年度省政府表彰的7个全省安全生产工作优秀单位进行集中专题采访，并在安徽卫视新闻联播黄金时段播放，扩大宣传效果。组织参加安全发展年会暨第二届“安全·责任·文化·传播”论坛，收到论文50多篇，从理论和实践的结合上深入探索安全生产的治本之策。与此同时，各地、各行业、企业和社区还积极开展了丰富多彩的区域性活动，寓教于乐，进一步增强了全民的安全意识。

（十）强化转变作风，加强机关效能建设。根据省委、省政府的统一部署，在局机关集中开展效能建设活动，围绕强化服务意识、更新思想观念、推行依法行政、改进机关作风、规范机关行为、创新监管方式、提高行政效率、树立安监队伍良好形象等，开展学习讨论和交流，切实整改工作中存在的实际问题。组织参加安徽人民广播电台“政风行风热线”节目，现场办公，解答群众提出的安全生产热点、难点和焦点问题39个，提高了工作效率。全面推行办文办事限时制、首问负责制、责任追究制，对12项行政许可、155项行政处罚、2项行政强制和9项其他行政行为、行政执法权的法律依据进行了整理核实。对我局保留的12项行政许可项目全部进入省政务中心办理，并公布办文办事承诺时限，接受公众监督。同时，“走出去”学习借鉴外省的安全管理经验，先后组织部分市安监局、重点企业安全管理部门负责人赴山东、湖南、浙江学习考察非煤矿山、烟花爆竹工厂化管理标准、生产设施更新及有关政策的制定等经验。

二、存在主要问题

——从企业的角度看，与落实企业安全生产的主体责任要求不相适应。主要是以法定代表人负责制为核心的企业内部安全生产责任体系没有建立起来，安全主体责任不落实，一些企业业主重生产、重效益、轻安全，不重安全投入，不抓安全管理，不搞安全培训，不按规程办事，严重忽视安全生产，安全意识淡薄，违章指挥、违章作业和违反劳动纪律的“三违”现象严重，要钱不要命，不能摆正安全与生产的关系，导致事故频频发生。特别是非公有制中小企业重效益、轻安全的倾向仍十分严重，一些新的建设项目有的也不实行“三同时”。一些生产经营单位的业主为节省安全技术培训、安全设施、劳动防护用品的开支，追逐利润最大化而压缩安全成本，错误地认为只要效益上去，在安全上降低一些标准、减少一些投入，甚至受到一些处罚也是值得的，少数企业为获取高额利润，缺少必要的安全技能培训，在时刻可能发生伤亡的情况下冒险组织生产。同时，由于经济快速增长，有些行业生产绷得过紧，超负荷运转、超能力生产带来不安全因素。受生产力水平的限制，一些行业和企业的安全设施和生产设备落后，安全生产保障程度低。不少企业还是靠拼设备、增加劳动强度、粗放经营来支撑，企业安全管理严重滞后。

——*从政府监管角度看，与加大安全监管工作的力度不相适应。*安全生产的责任没有逐级落实，安全生产的方针往往在实际工作的贯彻执行中打了折扣。在少数地方仍然存在着对安全生产工作认识不到位、思想不重视，重发展、重速度、轻安全，工作只停留在文件上、会议上和口头上，对企业加强安全基础管理的监督指导不力。一些地方监管工作不力、基层监管力量不足，安全监管工作不到位，有关部门没有很好地去履行自己的职责，对打击非法、关闭不具备安全生产条件的企业态度不坚决，工作不得力，“严不起来，落实不下去”的问题依然突出。工作浮在上面，不能发现深层次的问题，在实际工作中，往往站在局部利益上看问题，口头上也讲以人为本、安全第一，但遇到实际问题就变成了以经济为本和生产第一，致使安全生产工作效应层层递减、抓安全工作的力度和措施逐级递减。

——*从监管工作本身来看，与日益繁重的安全监管任务不相适应。*基层监管力量不足，人员结构不合理，呈“倒金字塔”形。目前省、市、县三级只有安全监管人员 1 169 人（其中市、县级安全执法队伍仅有 140 人），全省 1 700 多个乡镇多数没有专职安全生产监管人员，仅有 1 154 个乡镇明确分管副乡长负责安全工作，基层监管力量薄弱。按 2005 年全省生产总值 5 375.8 亿元和工矿商贸从业人员 1 886.3 万人经济数据统计来看，平均每亿元生产总值对应安全机构人员不足 0.22 人，对应安全执法队伍人员不足 0.03 人；平均每 10 万工矿商贸从业人员对应安全监管人员不足 6.2 人，对应安全执法队伍人员不足 0.75 人。这些指标均低于全国平均水平，远远不能满足日益繁重的安全监管任务需要。

——*从监管手段看，与实现安全发展的要求不相适应。*由于我国安全生产监管体制多次变化，政出多门、职能交叉尚未完全解决，监管效率低下。同时，有些安全生产行政执法人员依法行政、依法办事的意识还不够强。在执法工作中，没有严格执法，往往碍于情面，失之于软、失之于宽的现象时有发生，加上安全生产监管力量不足，技术装备落后，业务素质、执法能力参差不齐，致使安全监管不到位，搞形式，走过场，检查中往往“一查了之”。执法不规范，以罚代法的现象比较突出。另外，监管的方法手段比较单一，往往单枪匹马，仍然主要依靠行政手段和强制执法，大量精力用在突击检查、集中整治、抢险救灾和事后查处上，源头管理、过程控制两个关键环节比较薄弱。

针对当前和今后一个时期安全生产工作面临的严峻形势，我们要化压力为动力，切实增强对安全生产工作长期性、艰巨性、复杂性与规律性的认识，充分认识安全生产工作的极端重要性，牢固树立“安全第一、预防为主、综合治理”的思想，树立责任心、落实责任制、树立抓经济发展是政绩，抓安全生产也是政绩的观念，坚持安全发展的指导原则，采取各种有力措施，促进各级行政首长负责制落实到位，采取经济的、行政的、组织的、法律的等手段，促进企业法定代表人切实依法履行好职责，从而保证企业主体责任落实到位，真正做到把安全工作摆在一切工作的首位，把实现安全发展作为企业的第一追求，正确处理生产和安全的关系，千方百计克服困难，增强紧迫感和责任感，创新思路，强化责任，强化基层，夯实基础，不断提高驾驭安全生产工作的能力，坚定做好安全生产工作的信心，为实现安全发展做出不懈的努力。

三、下一步工作措施

（一）*突出重点，大力推进非煤矿山、危险化学品和烟花爆竹的安全监管工作。*非煤矿山：一是落实好省政府办公厅转发 7 部门关于进一步加强非煤矿山安全整顿工作的意见，明确责任分工，逐级严格督察，强化工作措施，以实施安全生产许可制度为切入点，加强非煤矿山安全监管，整顿规范开采秩序，对重点矿区进行安全整治，推行正规开采和集约化生产，实现源头治乱，坚决遏制安全事故的发生。二是切实解决无证开采、一证多矿、越层越界和名探实采的问题，严禁扩壶爆破，实行中深孔爆破技术，不断改善矿山安全技术水平。三是严密防范尾矿库溃坝垮坝事故。要严格执行《尾矿库安全监督管理规定》和《尾矿库安全技术规程》，加强对危库、险库和病库的安全监控。各地安监局和矿山企业要对尾矿库安全状况进行一次检查。加强排洪、泄洪设施的维护，制定切实可行的尾矿库事故应急救援预案。

危险化学品：一是加强日常监管工作，全面开展反“三违”活动，加强安全隐患的排查，坚决克服“重发证、轻监管”的现象。各地要组织开展对本辖区内已领取危险化学品安全生产许可证企业的专项安全检查，对检查中发现的问题，依法予以查处。二是按照《危险化学品汽车运输安全监控系统通用规范》要求，会同公安、交通部门深入抓好危化品道路运输安全整治，推广阻隔防爆技术和GPS道路运输监控系统，加强对液氯、液化石油气、液氨、剧毒溶剂等重点品种道路运输安全整治与监控，严防运输过程中发生翻车泄露、爆炸燃烧和污染事故。三是联合环保部门，对化工企业事故状态下地面水处置问题进行检查，特别是对沿江、沿淮两岸危险化学品储罐，在摸清底数的情况下，落实责任单位严加监控。继续做好化工企业事故状态下的“清净下水”工作。四是开展城区化工企业周边防护距离的整治。对已列入各地搬迁计划的危险化学品从业单位，要加快实施搬迁步伐。抓紧协调解决不符合安全距离要求的危化品生产储存企业的搬迁问题，落实资金，加快进度，通过调整做好危险化学品行业规划，实施集中治理，建设高水平的化工园区，实现本质安全。

烟花爆竹：一要严厉打击和严肃查处非法生产、经销和运输活动，加强监督检查，严防已关闭的烟花爆竹生产单位死灰复燃，防止产生新的非法窝点。二要严格把关，做好复产验收工作。夏季高温停产休整结束后，各地要对照工厂化、规范化的生产要求进行整顿验收，严禁超能力、超药量、超定员、超时间违规生产，对擅自改变工房用途以及违规使用氯酸钾生产烟花爆竹等行为要采取严厉措施，直至吊销证照。要参照《烟花爆竹生产企业安全评价导则（试行）》的具体标准，明确验收程序，邀请有实际经验的专家和技术人员参加验收工作。验收合格的，要及时下达复产通知书。要积极推广和使用高氯酸钾、芳香环保安全型和华安一号等新型药物。三要针对当地烟花爆竹生产企业存在共性问题和薄弱环节，对照有关法律法规和国家标准，有计划分阶段地重点解决突出问题，逐步提高本地区烟花爆竹安全生产整体水平，进行烟花爆竹结构调整，建立烟花爆竹等高危企业的有序退出机制，使其尽快步入“工厂化、机械化、标准化、科技化和集约化”发展轨道。

（二）形成合力，大力推进综合监管工作取得实效。加强综合监管势在必行。不抓好综合监管，就难以调控全省安全生产形势。我们要按照“综合不代替，监督不失职，协调有权威，指导有成效”的综合监管思路，认真履行安全综合监管职责，参与有关主管部门组织的重点安全专项整治活动，督促有关部门和单位落实安全生产责任，形成工作合力，做好相关行业和领域的安全生产工作。

一是参与公安、交通部门道路运输安全“五整顿、三加强”活动，加大危险路段整治，推广以危险路段防护栏建设为主要内容的安全工程；学习推广四川经验，以长途客车、危化品运输车辆、大型货车为重点，推行道路运输GPS安全监控系统。结合降雨量和汛情变化，加强水上交通安全监管，抓好内河水域的客渡船、渡口的安全监管，坚决取缔非法“三无”船舶，防范水上交通和农用船舶事故，严厉打击“黑船”和非法渡运行为。二是认真贯彻《国务院关于进一步加强消防工作的意见》，支持、配合公安部门做好消防安全检查、重大火灾隐患治理等工作。三是参与建设主管部门实施的深化建筑安全专项整治。加强对各类经济开发区、城乡结合部、村镇等工程建设管理薄弱环节的安全管理，做好建筑施工安全工作。

（三）依法行政，大力推进安全生产执法工作的创新。一是加强法规制度建设，积极配合省纪检委、监察厅做好对2003年10月以来重大、特大事故责任追究落实情况的督查。加强依法行政工作，强化效能建设，按照省政府规定，清理执法依据，明确执法责任，强化岗位职责，完善行政许可有关事项，提高工作效能。开展安全生产治本之策的调查研究工作，落实省十届人大常委会第24次会议对《关于全省安全生产情况的报告》审议意见的整改措施。

二是严格和规范事故调查处理。要把事故查处作为提高安全监管权威的大事来抓，要坚持“四不放过”原则，重典治乱，严肃追究有关责任人的责任，下决心解决“执法不严，工作不实”、“失之于宽、失之于软”的问题。凡一个乡镇发现有2处或者2处以上非法生产的，或者一个县发现有2个或2个以上乡镇有非法生产、3处或3处以上非法生产的，将追究乡镇、县级政府主要负责同志的行政责任。

三是大力推进惩治安全生产犯罪的力度。修正后的刑法，规定强令他人违章冒险作业，造成重大伤亡事故，情节特别恶劣的“处5年以上有期徒刑”。新规定加重了对不法分子的惩处力度。修正案还新设立了不报、谎报安全事故的刑事责任，情节严重的处3年以下有期徒刑，特别恶劣的处3年以上7年以下有期徒刑。我们要以新的刑法修正案为法律武器，强化各级干部和从业人员的安全生产责任意识，对严重忽视安全生产的企业和个人，要依法加大行政执法和经济处罚的力度；触犯法律的，要依法追究法律责任。同时，要加强与司法机关的密切配合，联合执法，依法严惩安全生产违法犯罪分子，切实增强对安全生产不法分子的震慑力。

（四）抓好“十一五”规划，大力推进规划项目的落实。《安徽省“十一五”安全生产规划》是我省安全生产工作的综合性规划和建设蓝图，我们要把《规划》提出的各项任务落到实处。

一是要抓紧制定《规划》实施方案，把《规划》确定的各项指标，按年度加以分解；要把按照《规划》分解的年度指标与国家总局每年安排的年度控制指标结合起来，分解到各地、各部门。同时，要把《规划》确定的各项工作任务按地区、按部门进行分解，按年度检查考核。

二是要认真编制并实施好本地的“十一五”安全生产规划。省局将把各市“十一五”安全生产规划编制工作列为今年的年度考核指标，把每年度完成规划项目进度等情况列为当年的考核指标。各地要进一步加快做好本地“十一五”安全生产规划工作，市、县的规划要注意与全省《规划》相衔接。尽快把“亿元GDP生产事故死亡率”和“工矿商贸企业十万人生产事故死亡率”两个重要指标列入本地政府国民经济和社会发展“十一五”总体规划纲要；把上述两个指标，连同“道路交通万车事故死亡率”和“煤矿百万吨事故死亡率”共4个重要指标，纳入当地统计局的统计指标体系。安全生产基础条件好、安全监管力量较强的地方，“十一五”安全生产指标应当高于全省平均水平；其他市也应当按照“积极而留有余地，经过努力可以达到”的原则，合理确定指标，做到目标明确，措施具体可行。

三是抓好规划建设工程项目的实施。《规划》安排的10方面共250多个建设工程项目，原则上分别由省直有关部门牵头组织实施，具体工作由各地组织、督促完成。按照《规划》所列项目的实施年限，各地、各部门和有关项目单位应分别抓紧项目实施或者做好项目的前期工作。要充分论证，加强协调，跟踪调度，加快进度，确保当年的工作量当年完成。

（五）强化基础工作和源头管理，大力推进安全生产长效机制。一是严格高危行业安全生产许可证的动态监管，加快建立安全生产许可证日常监管和年审制度，将颁证、审核、监管工作纳入规范化、经常化和制度化之中，严防重发证、轻监管的现象。对颁证后放松管理、隐患严重，不具备安全生产条件的非煤矿山、危险化学品和烟花爆竹生产企业，要严格按照省安委会办公室下发的关闭工作标准与程序要求，由县级以上安全监管部门依据管辖权限责令应关闭企业停产停业，并报请同级人民政府作出关闭决定。作出关闭决定后，应在当地主要新闻媒体公告关闭企业名单，妥善处置有关装置、设施和原材料，有关部门要加强对企业现场处置和关闭情况的核查，确保关闭工作到位。

二是落实安全生产“三同时”制度。要按照分级属地管理的原则，认真做好建设项目安全预评价工作，精心编制安全设施设计，严格设计审查，保证安全设施与主体工程同时设计、同时施工、同时投入生产和使用。对不履行“三同时”程序的建设单位依法责令补办，同时处以罚款，对顶着不办的项目依法责令停止生产，对没有履行“三同时”而发生安全事故的生产经营单位，要严格责任追究，依法严肃追究单位主要负责人和相关管理人员的行政责任。

三是进一步加强和完善安全中介机构的建设和监管。按照“调整结构、重点指导、创造环境、加强监管和提高整体水平”的思路，切实加强安全中介机构队伍建设。各级安全监管部门及工作人员在履行安全监管职责的过程中，要按照《公务员法》和《行政许可法》的规定严格自律，加强自身廉政建设，依法对安全中介机构实施监管。安全中介机构必须依法依规开展业务，一律不得以不正当手段谋取非法利益。各类安全中介机构都要加强自身建设，注意吸纳专业人员、完善专业结构，不断提高自身业务素质，更好地为安全生产工作提供技术支撑作用。

（六）进一步加强应急救援工作，大力推进重大危险源管理水平。一是要加快全省安全生产应急救援体系建设，重点抓好应急救援基地的建设。各地区、各从业单位要从组织领导、指挥协调、事故预警、应急处置、人员物资准备等，制订完善的事故应急处置预案，并经常组织开展演练，增强对事故的防范和处置能力。二是加强安全生产应急救援体系和信息化建设。加快省级应急救援指挥中心和应急救援基地建设，对地方政府的救援队伍给予适当的装备扶持，严格救援队伍资质管理，强化救援队伍建设。各地要积极配合做好省政府组织的危险化学品应急救援演练工作，切实提高事故救援的实战能力。三是要认真对照《重大危险源管理暂行规定》和《重大安全生产事故隐患排查治理办法》，进一步抓好重大危险源和重大事故隐患的监管工作。在普查基础上，进一步明确重大危险源和重大事故隐患的监管责任、措施，建立和完善全省各级安监部门重大危险源管理信息系统。

（七）加强安全生产宣传教育和培训，大力推进全社会安全意识和安全素质的提高。一是充分发挥各种媒体的作用，搞好安全生产的舆论导向，实施有效的舆论监督。各地要在总结今年安全生产月活动经验的基础上，再接再厉，继续把宣传重点放在基层、企业和社区，深入开展安全生产法律法规的学习宣传和贯彻，在提高全民安全素质上狠下功夫。二是加强安全教育培训工作，进一步强化对特种作业人员的上岗资格培训。加强与工会组织的合作，继续推广海安县职工安全生产电视培训工作，深化“安康杯”群众性安全知识竞赛活动，规范安全行为，提高从业人员的安全技术素质。三是与省政府法制办共同举办乡镇监管人员委托执法资格培训班。

（八）建立完善安全监管体制，大力推进安全监管队伍自身建设。在重点完善县级安全监管机构，督促地方政府按编制配足人员的基础上，抓好乡镇安全监管机构和人员配备的调研，利用乡镇机构改革后的富余人员充实安全监管队伍，研究出台加强乡镇安全监管工作的指导意见。

福建省2005年～2006年上半年安全生产形势报告

一、安全生产事故情况

2005年，全省共发生各类事故35 249起，同比增加800起，上升2.3%；死亡4 901人，同比减少451人，下降8.4%；受伤28 024人，同比增加2 085人，上升8.0%；经济损失21 644万元，同比减少3 146万元，下降12.7%，全省安全生产形势总体保持较为平稳态势。

2006年1～6月，全省共发生各类事故15 829起，同比减少1 051起，下降6.2%；死亡2 247人，同比减少96人，下降4.1%；受伤13 706人，减少446人，下降3.2%；经济损失10 052万元，减少967万元，下降8.8%，事故四项指数全面下降。

二、安全生产监督管理工作情况

（一）强化组织领导，认真贯彻落实。省委、省政府高度重视安全生产工作，卢展工书记、黄小晶省长特别强调各级、各单位“一把手”必须亲自抓安全生产工作，切实落实安全生产第一责任人的责任，实行重特大事故追究地方和各单位主要领导人责任的制度，强调安全生产工作要强化领导、强化责任、强化落实，切实把安全生产抓紧抓好。省政府坚持每个季度召开一次防范重特大安全事故工作会议，针对不同阶段的工作重点，及时召开专题会议，研究探讨存在的主要问题，提出解决问题的措施对策。去年底、今年以来，为了贯彻落实胡锦涛总书记、温家宝总理等中央领导的一系列重要讲话精神，省政府主要领导要求全省各级各部门要从落实安全生产责任制、制定和完善促进安全生产的经济政策、抓好安全生产专项整治、创新安全监管工作机制等四个方面细化落实工作方案。省安监局将温家宝总理今年初提出的十个方面工作措施细化成36项工作，省政府办公厅以闽政办［2006］38号通知转发了该分工方案。随后，对36项工作进行了具体分解，要求各级各部门认真研究本地区、本部门的安全生产工作措施，制订具体工作方案，研究细化措施，明确时间进度，确保各项工作落到实处。

（二）严格安全责任，完善目标体系。2005、2006年，省政府都将国务院安委会下达给我省的安全生产控制指标进行分解，以省政府文件下达给各设区市、省单列考核单位。根据省政府下达的安全生产目标责任和要求，各级各部门都把安全生产责任层层分解，签订责任书，把安全生产目标管理责任指标逐级细化分解，逐级落实到市、县、乡镇，落实到企业，落实到具体岗位、具体人。为切实落实安全生产目标责任，我们主要采取以下强化措施：一是抓重大事项的部署落实。根据全国、全省安全生产工作会议部署，我们及时细化任务，分解到省直有关单位和各设区市安委会，并及时将落实情况向省政府汇报。每季度召开的重特大事故防范会议部署的工作任务，我们都及时抓好跟踪指导和督促检查。针对不同阶段、特殊时期安全生产工作特点，我们还及时下发文件，提出有针对性的防范措施和具体要求，确保安全。二是抓安全生产目标责任的督查。坚持半年责任制督查、分阶段安全专项检查和全年考核的做法，每年都多次组织开展明查暗访，要求建立整改责任制，明确整改责任单位及责任人，明确整改期限和整改措施，确保整改到位。三是抓安全生产控制目标进度通报制度。我们坚持每季度在省政府防范重特大事故会议上通报全省安全生产控制目标进度情况，每月在《福建安全生产信息》上发布各类生产安全事故统计和分析，对事故多发行业和地区及时发出预警。四是抓一系列制度的执行，确保责任制落实到位。近年来，省政府安委会相继建立了重大安全问题现场办公和督办制度、各级政府和部门行政正职安全生产履职情况报告制度、安全生产责任目标进度通报制度等。五是开展考评，兑现奖惩。每年坚持对各设区市政府和省单列考核单位贯彻执行安全生产责任制情况进行考核评比，省政府对安全生产工作责任和措施落实比较到位的设区市政府和省直部门给予表彰、奖励。六是加大事故查处和行政责任追究力度。各级安全生产监管部门严格按照国务院302号令和省政府66号令的规定以及“四不放过”的原则，依法严肃查处各类生产安全事故。

（三）认真抓好煤矿安全生产工作。2005年以来，我省认真贯彻落实《国务院关于预防煤矿安全事故特别规定》、《国务院办公厅关于坚决整顿关闭不具备安全生产条件和非法煤矿的紧急通知》精神和国家安监总局的部署，强化措施，狠抓落实。一是贯彻两个文件，打好煤矿关闭攻坚战。省政府出台了《关于进一步贯彻落实〈国务院关于预防煤矿生产安全事故的特别规定〉的通知》等一系列文件，明确产煤市、县地方政府和各有关部门的工作职责和任务，各产煤市、相关县（区）和省煤炭集团公司都认真部署、落实煤矿关闭整顿工作。2005年对全省89个矿井实行了停产整顿。二是开展联合执法，严查煤矿违法违规行为。省政府成立了煤矿安全生产专项整治工作领导小组，多次组织省联合打击煤矿违法生产联合执法检查组。三是狠抓基础，加强制度建设。省政府下发了《关于进一步加强煤矿安全工作的意见》等文件，各产煤市、县政府相继建立了政府领导分工联系负责制度、煤矿企业领导干部下井带班作业制度、国有煤矿企业内部安全生产机构派驻制度、乡镇煤矿安全监督派驻制度等，省政府办公厅还特别规定各产煤县（市、区）政府必须按5元/吨的标准划拨专项资金，用于补助煤矿企业安全技术改造，督促企业加大安全投入。四是搞好防治水害、“一通三防”工作。各产煤地有关部门按照省里的统一部署，开展水患普查，制定并落实了防范措施。各级煤炭管理部门开展了煤矿瓦斯等级鉴定和矿井通风能力核定工作，为我省防治水害和“一通三防”工作打下基础。五是强化源头，严格核发煤矿安全生产许可证。我省先后制定颁证办法、申办程序、评价大纲，按照分级审查、省级受理颁证的原则，截至2005年12月31日，我省共审核颁发安全生产许可证375本，其中管理企业38家，生产矿井337家，停产整顿的61家煤矿在今年3月底前已完成审查颁证工作。六是开展煤矿投资入股的“清纠工作”。全省共有153名干部、职工登记投资入股煤矿，撤资金额2 485.85万元，对逾期没有如实登记撤资的两名干部进行了免职处理。

今年以来，我们以预防水害、顶板和瓦斯中毒事故为重点，继续认真组织各产煤地区和企业全面排查煤矿井田范围内的老窑、采空区、废弃巷道的水患，采取“有疑先停”、“先探后采”等防范措施。5月份召开了防治水害工作现场会，贯彻落实“八有”防治措施，接着又连续下发了三个防治水害的文件，并派出三个工作组下矿督查，确保制度措施和文件精神落实到位。此外，煤监局还多次派人深入现场、井下，认真落实矿井“一通三防”措施，严格矿井顶板管理。同时，制定了《关于福建省煤炭资源整合工作实施方案》，确定资源整合矿井，并对资源整合工作提出了4个方面的具体要求，抓好煤炭资源整合。6月底制定了《福建省煤矿整顿关闭工作三年规划》，于7月份正式下发执行。

（四）突出重点行业领域，深化专项整治。在抓好煤矿安全工作的同时，2005、2006年，我省继续深入开展非煤矿山、危险化学品、道路交通、水上交通、烟花爆竹、建筑施工、公众聚集场所消防、特种设备、科研机构和学校安全等十个方面安全专项整治。非煤矿山整治方面，按照整治工作方案，对非法开采和工艺落后、规模过小、破坏资源、污染环境，以及达不到基本安全生产条件的小矿山加大取缔力度，同时，以申办安全生产许可证为突破口，督促企业加大资金投人、加快整改进度，对不符合安全条件、整改无望的企业，坚决予以关闭，2005年全省共关闭近100家小矿山，2006年上半年，全省又关闭222家。为确保今年汛期尾矿库安全，我局组织了四个督查组，对全省30座尾矿库进行安全检查，对查出的事故隐患立即责令企业整改，对其中的2座尾矿库下达了停产整改通知书。危险化学品整治方面，加大了“五整顿、两关闭”工作力度，开展槽罐车充装单位安全整治，2005年全省共停产整顿危险化学品从业单位211家，关闭369家，搬迁36家，2006年全省又关闭危险化学品生产、经营单位105家。道路交通整治方面，以“五整顿、三加强”和治理车辆超限超载为重点，加大对事故多发点段的排查和整治力度，推进农村客运网络化工作，实行营业性车辆投保承运人责任险制度，采取责任倒查等措施，效果明显，2005年全年道路交通事故比上年减少死亡461人。公众聚集场所消防安全整治，采取政府挂牌督办等形式，投入隐患整改资金9 000多万元，全省确定的117家重大火灾隐患单位已整改完毕。水上交通和渔业生产安全整治，以落实船舶管理责任、改善船舶质量和救生、通讯、导航设施为重点，有效降低了海上事故的发生。建筑施工专项整治从制度建设入手，把安全管理与资质管理挂钩，促进了工作开展。省科技厅牵头的科研单位安全专项整治，主要领导亲自抓，工作目标明确，措施有力，季度有汇报，半年有总结，取得一定成效。民爆器材和烟花爆竹以查处非法生产经营为重点，安全生产形势有所好转。电力设施安全整治以防盗窃、防破坏为重点，有效保护电力设施设备的安全。特种设备安全整治以整治土制起重机械设备为重点，全省共查封、拆毁各类不合格特种设备22 187台。学校安全整治以建设平安校园为契机，着力治理学校及周边治安环境，校内事故明显减少。为确保专项整治的顺利开展，省政府安委会加强专项整治工作的协调、指导，多次召开省直有关部门会议，理顺关系，明确职责，加强协调，落实措施，建立沟通联系制度，推动各专项整治工作有效推进，促进了全省安全生产环境的改善。

（五）强化源头管理，落实各项措施。一是认真实施安全生产许可证制度，严把高危企业市场准入关。研究制定了我省《安全生产（经营）许可证颁证暂行办法》，确立了“企业申请，分级审查，依照法律法规规定受理、省级审核发证”的原则，与省财政厅联合下发《关于安全生产行政许可有关问题的通知》，明确安全生产行政许可经费采取划分项目、分级承担的办法解决，在此基础上，细化了煤矿、非煤矿山和危险化学品发证工作的有关规范要求，严格审核，确保发证质量。

（六）强化基层，夯实基础工作。一是积极推进创安全生产合格乡镇（街道）活动。在全省范围内全面推进创安全生产合格乡镇（街道）活动，各级安办把这项工作作为抓基层、打基础、强监管的一项重要工作，切实加强指导、协调和检查、考核，采取了一系列行之有效的措施，使全省乡镇（街道）安全管理人员增加到3 000多人。通过创建活动，达到了乡镇（街道）安全管理机构人员加强、制度标准完善、工作有效推进、事故明显下降的目的，涌现了一批先进单位和先进个人，受到省政府的表彰。今年初，省政府出台了《福建省人民政府关于同意委托乡镇（街道）安全生产监督管理机构行使部分安全生产综合监督管理行政执法权的批复》，省安监局、省政府法制办联合下发通知，在全省乡镇（街道）开展了委托执法工作，同时，委托省安全生产管理协会，对全省乡镇（街道）近3 120名安全管理人员进行行政执法资格培训，为乡镇（街道）开展委托执法工作打下良好基础。二是加强危险源监督管理。首先在福州、厦门、泉州、龙岩市开展重大危险源动态监控网络建设试点，目前四个设区市已基本完成了普查登记工作。省安全生产隐患监控中心开发了重大危险源监控软件，获得国家安监总局审查通过，并在全国首届安全生产及技术装备展览会上展示，得到了广泛关注和好评。三是加强非公企业管理。制定了《福建省推广非公有制企业安全监管经验实施方案》，提出了推广工作的具体要求，在全省推广广东佛山非公有制企业安全监管经验。四是进一步完善安全生产应急救援预案。海上搜救预案实施以来，福建省海上搜救中心共启动应急预案306次，成功救助遇险人员3 463人，遇险船舶180艘。去年，省安监局又牵头制定了《福建省危险化学品事故应急救援预案》、《福建省重特大道路交通事故应急处理暂行规定》，有效规范了事故应急救援及处置工作。五是开展安全质量试点工作。根据国家安监总局的部署，在全省确定了13家企业作为机械制造企业安全质量标准化工作试点企业，这些试点企业已成立了自评小组，着手开展工作。

（七）加强监督检查，强化安全监管。去年以来，对涉及安全生产的重大问题，省政府安办加大了督查、协调力度，及时解决存在的问题，先后组织了10次全省性安全生产大检查、专项督查和责任制督查、考核，多次开展明查暗访，凡检查中发现的重大隐患和安全问题，都及时通报所在地政府和单位的主要领导，要求明确整改责任，落实整改措施，确保整改到位，有效地提高了安全生产监督检查的针对性、实效性和权威性。2005年6月份，我们积极配合省人大常委会组织的《安全生产法》、《矿山安全法》执法大检查，下发了《整改通知》，督促有关政府和部门抓好整改措施的落实，有力促进了“两法”的贯彻落实。为强化社会舆论监督，省政府安委会制定了《福建省各类生产安全事故和安全生产违法行为举报暂行规定》，省财政厅、省安监局联合出台了《各类生产安全事故和安全生产违法行为举报奖励办法》，明确了举报范围、调查核实职责等事项，公布了接受举报的电话和电子邮箱，同时，省政府拨出50万元专项资金，用于举报奖励。

（八）强化教育培训，提高安全意识。一是认真开展“安全生产月”宣传活动。2005年，我们紧紧围绕“遵章守法、关爱生命”这个主题，组织开展安全生产咨询日、“安全生产八闽行”、安全生产行政执法督查等活动，首次组织的“安全生产八闽行”活动，组织新闻媒体和有关专家，深入福州、莆田、泉州、厦门、龙岩等地采访，集中报道安全生产的重点、热点和难点问题，曝光了一批存在重大隐患以久拖不改的生产经营单位。各级安监部门也结合实际，组织了内容丰富、形式多样的活动。2006年，省政府安委会、省安监局、福建煤监局围绕“安全发展、国泰民安”这个主题，重点组织开展了“海峡西岸经济区安全发展论坛”、安全生产咨询日活动、安全生产专家咨询服务、安全生产科技周等四项活动。二是强化安全生产培训工作，去年全省共组织培训生产经营单位主要负责人、安全管理人员、特种作业人员10万多人次，有效提高了安全生产技能。三是认真抓好安全生产信息工作。去年，省局《福建安全生产信息》共编发47期、424条，许多市、县（区）安监局信息反映及时，大量信息被省局刊用。四是组织参加首届全国安全生产及技术装备展览会，福建省被评为首届全国安全生产及技术装备展览会优秀组织奖和优秀设计装修奖。五是省总工会、省安监局组织开展了“安康杯”竞赛活动和推广“一法三卡”工作，全省有1.9万多家企业、270万职工参加了“安康杯”竞赛活动。

三、当前存在的主要问题

我省安全生产工作虽然取得了明显成效，安全生产形势也较为平稳，但由于多方面的原因，安全生产领域的新情况、新问题不断出现，安全生产形势依然不容乐观。一是事故伤亡人数总量仍然比较大，去年全省事故死亡人数为 4 901 人，占全国的 3.86%，居全国第十位，全省每天平均死亡 13.4 人、受伤 76.8 人；二是一些行业、领域事故死亡人数上升，2005 年，全省火灾、铁路交通、水上交通、农业机械事故死亡人数共增加 51 人；三是重特大事故仍然多发，去年全省共发生重特大事故 95 起，平均每 4 天发生 1 起；四是今年以来重大事故呈上升趋势。头两个月全省共发生各类重大事故 23 起、死亡 93 人，同比增加 8 起、32 人，分别上升 53.3%和 52.5%；6 月份全省重大事故出现反弹，重大事故 9 起、死亡 35 人，同比增加 4 起、14 人，分别上升 80%和 66.67%。全省安全生产监管工作的开展还存在一些困难，主要表现有：

（一）对安全生产重要性的认识没有真正到位。

（二）安全生产责任制在有的地方和单位没有真正落实到位。

（三）企业主体责任不明确。

（四）企业对职工的安全教育和培训不到位。

（五）安全生产监管队伍建设尚待进一步加强。

四、下一步工作措施

（一）*严格落实安全生产控制指标体系。*各级安监部门要督促各地政府把安全生产切实纳入经济和社会发展的总体规划，统一部署实施。要按照省政府《关于下达 2006 年安全生产目标责任的通知》精神，强化工作要求，完善目标体系，强化市、县、乡镇安全生产行政首长负责制，一级抓一级，一级对一级负责，逐级抓好落实。同时，要严格监督考核，对安全生产控制指标落实情况加强监督和跟踪检查。

（二）*切实抓好全省煤矿整顿关闭和煤矿安全生产工作。*根据国务院的要求和省政府的部署，福建煤监局组织有关部门制定了《福建省煤矿整顿关闭工作三年规划实施意见》，从现在开始到明年 3 月份，以整顿关闭和煤炭资源整合为重点，淘汰落后生产能力，改变乡镇煤矿过多、过散、生产能力低等状况，在全省关闭煤矿 35 家。同时，以矿井水害防治、顶板管理和“一通三防”为重点，组织专项检查，要以技术为手段，进一步提高煤矿安全生产条件，并督促企业积极引进技术人才，做好从业人员安全技术培训工作，提高企业技术和现场管理水平。

（三）*针对薄弱环节和突出问题，进一步加强重点行业领域的安全生产工作。*各级安监部门在做好协调、指导和督促开展道路交通、水上交通、烟花爆竹、建筑施工、人员密集场所消防、特种设备、旅游、学校等方面安全专项整治工作的同时，重点抓好非煤矿山、危险化学品专项整治工作。非煤矿山方面，加强矿山溶洞和采空区水患、顶板冒落等管理，尤其要加强对尾矿库的安全监控，严防尾矿库滑坡，对逾期未取证的非煤矿山，按分级、属地管理原则按时完成关闭程序工作。同时积极配合国土资源部门推进资源整合工作，逐步解决一个矿山多个开采主体问题。危险化学品方面，以查隐患、反“三违”为重点，切实加强危险化学品生产、经营、储存、运输、使用等各个环节的管理，特别是加强危险化学品运输、使用企业的整治和管理，同时，做好危险化学品登记、重大危险源的登记、辨识工作，夯实监管工作基础。

（四）*认真执行安全生产行政许可制度和“三同时”制度，强化源头管理。*一是安全生产行政许可制度，通过严格许可证的审核发放，从源头上防止不具备安全生产条件的单位进入市场，也迫使不具备安全生产持证条件的企业退出市场。同时，加强对已取证的煤矿、非煤矿山企业和危险化学品生产、经营单位安全生产条件的督促检查工作，适时组织全省性的督查，对存在重大事故隐患的，将暂扣其安全生产许可证，并责令其停产整顿。二是严格建设项目安全设施“三同时”

制度，通过“三同时”设计审批、竣工验收，把住市场准入关。我们将按照分级属地管理原则，认真抓好煤矿、非煤矿山、危险物品等建设项目安全设施“三同时”的设计审查、验收工作，确保新、改、扩建设工程项目安全设施投资纳入概算，确保安全设施的质量，防止建设工程先天不足而造成新的事故隐患。

（五）进一步夯实安全生产基础工作。一是抓好安全生产“十一五”规划和重点课题的调研工作，认真做好安全生产“十一五”规划的编制，将国家安监总局提出的单位国内生产总值（GDP）生产安全事故死亡率等四个安全生产指标在省重点专项规划的目标任务中予以明确，并纳入全省统计指标体系，定期公布落实情况。同时，做好我省安全生产六个重点课题的研究。二是继续推动我省“创安全生产合格乡镇活动”开展，搞好乡镇专兼职安全管理人员的培训、考核工作，推进对乡镇安全生产综合行政执法委托工作的到位，对“创安全生产合格乡镇”的考评办法进行修改，督促市、县安监机构加强对被委托乡镇安全生产行政执法工作的指导、检查与监督。三是做好生产安全事故应急救援与技术支撑体系建设，加强生产安全应急救援建设，并对建设全省生产安全应急救援指挥中心的有关问题进行必要的研究，提出具体意见。四是认真开展安全质量标准化工作，切实抓好非煤矿山、危险化学品及机械行业质量标准化试点工作，积累经验，为全面铺开作好准备。

（六）进一步加强部门之间的沟通、协调。一是对今年上半年事故情况进一步进行分析，主动与事故上升的行业和部门进行沟通，共同研究相关对策、措施，共同做好事故预防工作。二是按照国务院安办的要求，进一步建立健全省直有关部门的工作通报制度、工作协调制度、整改报备制度、监督检查制度和综合分析制度。三是建立省政府安委会联络员制度，加强对安全生产重大问题的协调、沟通。

（七）加强对安全评价等安全中介机构的监督管理工作。针对目前中介机构存在的一些区域垄断、安全评价质量不高、互相挂靠等问题，在清理的基础上，加强对中介机构运行过程的监督管理，不断完善中介机构的资质管理和考核体系，提高安全评价水平和服务质量。

江西省2005年安全生产形势报告

据统计，今年全省共发生各类事故15513起，死亡3321人，同比减少2571起，少死亡422人，分别下降14.22%和11.27%。其中一次死亡3至9人重大事故70起，死亡269人，同比减少8起，少死亡45人；一次死亡10人以上特大事故5起，死亡69人，同比增加1起，多死亡5人；一次死亡30人以上特别重大事故1起，死亡31人，同比增加1起，多死亡31人。各类事故情况分析如下：

（一）工矿商贸企业死亡事故273起，死亡365人，同比事故起数减少48起，少死亡112人，分别下降14.95%和23.48%。其中一次死亡3至9人重大事故11起，死亡44人，同比减少15起，少死亡81人，分别下降57.69%和64.8%；一次死亡10人以上特大事故2起，死亡25人，同比增加1起，多死亡9人。按行业分：

1. 煤矿企业事故76起，死亡138人，同比减少17起，少死亡31人，分别下降18.28%和18.34%。

2. 金属及非金属矿事矿82起，死亡94人，同比减少2起，少死亡17人，分别下降2.38%和15.32%。

3. 建筑业事故35起（其中房屋建筑12起，死亡12人），死亡38人，同比减少25起，少死亡37人，分别下降41.67%和49.3%。

4. 危险化学品事故1起，死亡4人，同比减少2起，少死亡1人。

5. 烟花爆竹企业事故14起，死亡21人，同比增加5起，少死亡17人。

6. 工商贸其他企业事故65起，死亡70人，同比减少7起，少死亡9人。

（二）火灾事故6 105起，死亡42人，同比事故起数减少409起，下降6.28%，死亡人数持平。其中一次死亡3至9人重大事故6起，死亡25人，同比增加3起，多死亡16人。

（三）道路交通事故8 585起，死亡2 428人，同比减少1 946起，少死亡332人，分别下降18.48%和12.03%。其中一次死亡3至9人重大事故51起，死亡194人，同比增加3起，多死亡11人，分别上升5.77%和4.85%；一次死亡10人以上事故3起，死亡44人，同比起数持平，少死亡4人。

（四）铁路交通事故529起，死亡438人，同比减少86起，少死亡16人，分别下降12.17%和3.78%。无重、特大事故。

（五）水上交通事故21起，死亡17人，同比增加9起，多死亡7人。其中一次死亡3至9人重大事故2起，死亡6人，同比增加2起，多死亡6人。

（六）民航系数无飞行事故。

2005 年全省工矿商贸企业一次死亡 3～9 人重大事故明细表

发生地市	发生日期	单位名称	经济类型	事故类型	死亡总数
萍乡市	2005－3－5	莲花县琴城镇益新采石场	私营经济	坍塌	3
	2005－5－23	莲花县界化垅煤矿	国有地方	透水	5
	2005－6－15	上栗县桐木镇宝塔岭非法煤矿	非法小井	窒息	4
合计 3 起，死亡 12 人					
上饶市	2005－1－6	广丰县大温煤矿	乡镇有证	顶板	3
合计 1 起，死亡 3 人					
九江市	2005－5－18	湖口县九江富达实业有限公司	私营经济	容器爆炸	4
	2005－12－4	九江武宁县鲁溪镇小泉煤矿	乡镇有证	瓦斯爆炸	3
合计 2 起，死亡 7 人					
景德镇市	2005－6－18	乐平涌山镇大鸽非法煤矿	非法小井	透水	7
合计 1 起，死亡 7 人					
宜春市	2005－4－22	丰城市曲江镇杰路振丰煤矿	乡镇有证	运输提升	4
	2005－3－30	宜春市袁州区慈化镇柳亭村李祖招家	个体经济	火药爆炸	4
合计 2 起，死亡 8 人					
新余市	2005－7－5	新余欧里白煤新办煤矿	乡镇有证	顶板	3
合计 1 起，死亡 3 人					
省煤炭集团公司	2005－4－28	乐平矿务局涌山煤矿	国有重点	煤与瓦斯突出	4
合计 1 起，死亡 4 人					
全省重大事故合计 11 起，死亡 44 人					

2005 年全省一次死亡 10 人以上特大事故明细表

发生地点	发生日期	单位名称	经济类型	事故类型	死亡总数
九江市	2005－3－7	星子县公交汽车有限责任公司	私营经济	道路交通	22
梨温高速	2005－3－17	江西银轮汽车租赁服务有限公司	私营经济	道路交通	31
昌樟高速	2005－4－10	南昌旅游有限公司	国有控股	道路交通	10
上饶市	2005－5－16	婺源县詹文个体司机	个体经济	道路交通	12
萍乡市	2005－7－7	上栗县赫山镇永胜煤矿	乡镇有证	透水	15
丰城市	2005－9－9	江西省地方煤炭工业公司昌丰煤矿	国有地方	瓦斯爆炸	10
全省特大事故合计 6 起，死亡 100 人					

江西省2006年上半年安全生产形势报告

据统计，今年1～7月全省共发生各类事故9 006起，死亡1 609人，同比减少418起，少死亡263人，分别下降4.44％和14.05％，其中一次死亡3至9人重大事故39起，死亡154人，同比减少8起，少死亡32人，分别下降17.02％和17.20％，无特大事故。各类事故情况分析如下：

（一）工矿商贸企业死亡事故135起，死亡173人，同比减少16起，少死亡42人，其中一次死亡3至9人重大事故8起，死亡35人，同比减少2起，少死亡7人，无特大事故。按行业分：

1. 煤矿企业事故47起，死亡72人，同比增加4起，上升9.30％；少死亡19人，下降20.88％。

2. 金属及非金属矿事故34起，死亡36人，同比减少9起，少死亡13人，分别下降20.93％和26.53％。

3. 建筑业事故11起，死亡12人，同比减少13起，少死亡15人，分别下降54.17％和55.56％。

4. 未发生危险化学品引起的死亡事故，同比减少2起，少死亡5人。

5. 烟花爆竹企业事故6起，死亡15人，同比增加4起，多死亡11人。

6. 工商贸其他企业事故37起，死亡38人，同比起数持平，少死亡1人。

（二）火灾事故3593起，死亡20人，同比减少89起，少死亡14人，分别下降2.42％和41.18％，其中一次死亡3至9人重大事故4起，死亡13人，同比减少1起，少死亡8人。

（三）道路交通事故4982起，死亡1202人，同比减少291起，少死亡148人，分别下降5.52％和10.96％，其中一次死亡3至9人重大事故27起，死亡106人，同比减少5起，少死亡17人，无特大事故。

（四）铁路交通事故286起，死亡208人，同比减少20起，少死亡25人，分别下降6.54％和10.73％，无重、特大事故。

（五）水上交通事故10起，死亡6人，同比减少1起，少死亡3人，分别下降9.09％和33.33％。

（六）民航系统无飞行事故。

山东省 2005 年安全生产形势报告

一、2005 年事故情况

我省共发生各类安全事故 49 335 起，死亡 7 898 人，同比分别下降 10.6%和 11.2%，事故起数减少 5 855 起，减少死亡 996 人。发生一次死亡 3 人以上的重特大事故 60 起，死亡 295 人，同比起数减少 8 起，死亡减少 42 人，其中，重大事故减少 6 起，死亡减少 20 人；特大事故减少 2 起，死亡减少 22 人。连续 29 个月没有发生一次死亡 30 人以上的特别重大事故，安全生产形势持续稳定好转。分行业事故情况如下：

1. 道路交通事故 35 251 起，死亡 7 050 人，同比分别下降 11.5%和 9.7%。
2. 火灾事故 13 232 起，死亡 35 人，同比分别下降 6.7%和 5.4%。
3. 水上交通事故 16 起，死亡 17 人，同比分别上升 23.1%和 30.8%。
4. 铁路交通事故 427 起，死亡 326 人，同比分别下降 28.4%和 29.6%。
5. 渔业船舶事故 52 起，死亡（失踪）70 人，同比分别上升 44.4%和 14.8%。
6. 工矿商贸事故 312 起，死亡 397 人，同比分别下降 24.5%和 19.6%。其中，煤矿事故 44 起，死亡 42 人，同比分别下降 12.0%和 17.6%；金属非金属矿事故 39 起，死亡 62 人，同比分别下降 40.0%和 3.1%；危险化学品事故 8 起，死亡 20 人，同比分别下降 63.6%和 54.5%；烟花爆竹事故 3 起，死亡 5 人，同比分别下降 57.1%和 87.5%；建筑业事故 65 起，死亡 83 人，同比分别下降 22.6%和 17.8%。

农业机械事故 7 起，死亡 3 人；森林火灾事故 38 起，无人员死亡；民航飞行未发生事故。

二、主要工作

总结回顾 2005 年的工作，我省主要抓了以下几个方面：

（一）加强“三个体系”建设，落实安全生产责任制。按照省委加强“三个体系”建设要求，在安全生产领域建立了安全生产控制目标、落实责任、监督考核“三个体系”。一是制定事故控制目标。根据国家下达的事故控制指标，结合我省安全生产实际，提出了“减少死亡人数、防止特大事故、杜绝恶性事故”的工作目标和各类生产安全事故死亡人数比上年下降 3%的事故控制指标。二是逐级落实责任。省政府将 2005 年度的工作目标和事故控制指标，纵向下达给 17 个市政府，横向下达给省公安、交通、建设、煤炭等 22 个省有关部门。各市政府、各有关部门细化、分解到各县（市、区）和乡镇政府、有关部门、村（居委会）和各生产经营单位，逐级落实责任。三是加大监督考核力度。省委、省政府把安全生产工作作为考核各级领导班子和领导干部的重要指标之一，并把安全生产控制指标完成情况纳入“平安山东”建设和县域经济建设的考核内容。省政府每月将各市安全生产控制指标的进展情况与经济指标一起公布，增强了各级党委、政府主要领导同志抓好安全生产工作的责任感和紧迫感。

（二）深化安全生产基层和基础工作，夯实安全管理根基。2005 年 4 月 2 日，省政府在滕州市召开了全省安全生产“双基”工作现场会，从政府、部门、企业三个层面，全面总结推广了基层加强安全生产监管机构建设、落实安全责任、加大安全投入、强化安全管理的典型经验。为提高企业的本质安全水平，我省在黄金、冶金、化工、烟花爆竹、机械、电力等重点行业积极开展安全标准化工作，先后召开了非煤矿山和机械行业安全标准化现场会，大力推进规范化管理和标准化作业。为提高从业人员的安全意识和安全技能，各级安监部门利用培训机构对 5 万多名企业负责人、管理人员和 10 万多名特种作业人员进行了安全培训。“安全生产月”活动期间，全省有 230 万名职工参加了安全生产法律法规知识竞赛。

（三）加强安全生产法制建设，推进安全生产法制化进程。一是加快制定安全生产配套法规。省政府颁布了《山东省重特大生产安全事故隐患排查治理办法》，并制定了许多加强矿山、危险化学品、道路和水上交通等重点领域安全生产工作的规范性文件。《山东省安全生产条例》已经省人大常委会第十七次会议第一次审议。二是加强安全生产执法监察队伍建设和安全生产执法工作。在建立省、市、县、乡四级安监机构的基础上，2005 年，在全国率先建立了安全生产执法监察队伍，省、市、县（市、区）全部建立了安全生产执法监察队伍，人员编制达 1 323 人。各级安全生产执法监察队伍建立后，立刻在排查事故隐患、查纠违法违规行为等方面发挥了积极作用。2005 年，各级安全执法监察队伍依法下达整改指令 15 688 次，行政警告 386 次，责令停产停业整顿 984 处，吊销有关证照 77 个，提请关闭企业 88 家，有效地稳定了安全生产形势。

（四）强化源头管理，建立严格的市场准入机制。一是认真做好安全生产许可证的发放工作。严格程序、标准和条件，严把市场准入关，从源头上杜绝不具备安全生产条件的企业进入市场。2005 年，我省分别为具备安全条件的 7 234 家非煤矿山、2 228 家危险化学品生产企业和 58 家烟花爆竹生产企业发放了安全生产许可证。二是从严开展安全生产专项整治。连续五年在道路和水上交通运输、煤矿、非煤矿山、公共聚集场所、危险化学品、民用爆破器材和烟花爆竹等六个重点领域开展安全生产专项整治。2005 年，全省共检查生产经营单位 3.5 万家，整改事故隐患和不安全因素 12.7 万处，取缔关闭非法生产经营单位 315 家。

（五）创新监管方式，提高安全监管水平。一是创新检查机制，突出检查实效。我省在总结以往工作的基础上，确立了“专家查隐患、政府搞督查、部门抓监管、企业抓落实”的安全检查机制，聘请 139 名安全专家为省安全生产专家组成员，定期组织开展对重点企业的安全检查，提高了安全检查的权威性、专业性和实效性。二是加强对重点企业的安全监控。我省在非煤矿山、危险化学品和烟花爆竹等高危行业排查确定了 1 169 家企业进行重点监控。对每家企业按照分级、属地监管的原则，明确监管主体，建立台账和监管档案，加强监督检查，有效地防止了重特大事故的发生。三是建立重要时期安全工作制度。针对重要节假日的特殊性以及夏季汛期、冬季安全生产特点，建立了早部署、早落实和安全自查、专业检查、包市督查、信息报送等一系列工作制度，为维护社会稳定发挥了重要作用。

（六）加强应急救援中心建设，完善应急救援体系。2005 年，我省在不断完善矿山、危险化学品等 15 个安全生产行业应急救援预案的基础上，按照省长办公会的要求，会同有关部门规划设计了依托大企业利用两年时间建设 6 个区域性省级非煤矿山、危险化学品、渔业安全生产应急救援中心的总体框架，并制定了《山东省安全生产应急救援中心建设方案》。2005 年 12 月 22 日，省政府办公厅印发了建设方案。

三、主要问题及下一步措施

尽管2005年我省安全生产工作取得比较好的成绩，但是，冷静地分析全省情况，我省安全生产任务繁重、形势严峻的状况不容乐观。一是认识上的不平衡性。个别地区和部门特别是领导同志对安全生产工作的重要性认识不足，“重发展、轻安全”，盲目乐观，麻痹松懈，对安全生产监管“严格不起来、落实不下去”。二是工作上的不平衡性。个别负有安全生产监管职责的部门存在工作不扎实，执法不严格，对监管的领域、对本行业的安全生产深层次问题研究不透，治本措施得不到落实。三是受管理体制的影响，一些行业管理弱化，少数国有大中型企业安全管理工作滑坡，基础工作退步，管理松懈。有些行业生产绷得过紧，满负荷运转、超能力生产带来了一些不安全因素。受生产力水平的限制，个别行业和企业的安全设施和生产设备落后，安全生产保障程度低。四是部分企业特别是非公有制中小企业安全生产主体责任不到位，安全投入不足，隐患整改不及时，培训教育跟不上，干部职工安全素质差，违章指挥、违章作业、违反劳动纪律的现象大量存在。

下一步我们将以党的十六届五中、六中全会精神为指针，以科学发展观和安全发展观统领全局，认真贯彻“安全第一、预防为主、综合治理”的方针，深化“双基”，突出重点，重心下移，加强法制、机构、队伍建设，加快实施“科技兴安”战略，强化企业安全生产主体责任，确保全省安全生产形势持续稳定。一是加强安全生产法制工作，推动安全生产法制化进程。二是推进安全标准化，深化“双基”工作，提升企业管理水平和抗风险能力。三是强化安全培训教育工作，提高职工安全素质。四是深化重点领域的安全专项整治。五是加强安全生产许可证管理，建立有效的退出机制。六是加强安全生产执法监察工作，督促企业落实主体责任。七是进一步加强应急救援工作，完善安全生产应急救援体系，提高处置灾难事故能力。

山东省2006年上半年安全生产形势报告

一、安全生产事故基本情况

1～6月份，我省累计发生各类生产安全事故21 428起，死亡3 294人，同比减少3 468起、317人，同比分别下降13.9%和8.8%；杜绝了特别重大事故。全省安全生产形势总体稳定。分行业事故情况如下：

1. 道路交通事故14 943起，死亡2 914人，同比分别下降11.9%和10.5%。
2. 火灾事故6 157起，死亡5人，同比分别下降18.4%和70.6%。
3. 水上交通事故13起，死亡33人，同比分别上升44.4%和450%。
4. 铁路交通事故174起，死亡122人，同比分别下降12.6%和19.7%。
5. 渔业船舶事故13起，死亡（失踪）24人，同比事故起数下降40.9%，死亡人数上升60%。
6. 工矿商贸事故108起，死亡191人，同比事故起数下降14.3%，死亡人数上升16.5%。其中，煤矿事故23起，死亡40人，同比分别上升9.5%和110.5%；金属非金属矿事故17起，死亡19人，同比事故起数上升13.3%，死亡人数下降26.9%；危险化学品事故1起，死亡8人，同比事故起数下降50%，死亡人数上升60%；建筑业事故17起，死亡24人，同比分别下降26.1%和11.1%。

民航飞行和烟花爆竹行业没有发生生产安全事故。

二、主要工作

（一）认真学习贯彻胡锦涛总书记重要讲话精神，进一步加强我省安全生产管理工作。胡锦涛总书记在中央政治局第三十次集体学习时的重要讲话发表以后，我局立即召开党组扩大会议进行学习贯彻，并以省安委会名义迅速下发通知，要求各级各部门牢固树立以人为本的安全发展理念。为贯彻落实胡锦涛总书记的重要讲话精神和国务院第116次常务会议提出的12项治本措施，省政府下发了《关于进一步加强安全生产管理工作的通知》，提出了10个方面36条工作措施。

（二）狠抓《山东省安全生产条例》宣传贯彻工作，推动安全生产法制化进程。今年3月30日，山东省十届人大常务委员会第19次会议审议通过了《山东省安全生产条例》。为贯彻落实《条例》，我局制定下发了3个配套办法，举办了5期培训班。《山东省非高危小型生产经营单位安全助理制度暂行办法》，也即将出台。

（三）深化“双基”工作，提升安全生产管理水平。一是开展安全标准化样板企业创建活动。我们制定了创建活动方案和考核验收办法，在全省确定了20家省重点监管的危险化学品生产储存企业、100家地下开采和300家露天开采矿山企业开展安全标准化样板企业活动。二是启动全省安全生产综合监管应急救援指挥平台建设。在充分调研和论证的基础上，我们研究制定了《山东省安全生产综合监管应急救援指挥平台建设方案》，计划用三年时间，建立起省、市、县和重点企业四级安全生产综合监管应急救援指挥平台。三是认真开展重大危险源普查登记工作。我省重大危险源普查登记工作已全面展开，截至目前，已普查登记重大危险源4 220个。对普查确认的重大危险源，都采取了严密的监控措施。

（四）认真落实安全生产行政许可制度，严把市场准入关。认真做好安全生产许可证工作，截至集中发证的最后期限6月30日，我省有7 855家非煤矿山企业、2 341家危险化学品生产企业、58家烟花爆竹生产企业取得安全生产许可证，发证率分别为98.78%、90.1%和100%。对未申请安全生产许可证的企业在《大众日报》上进行了公布。目前，全省所有逾期未申领安全生产许可证的危险化学品、非煤矿山和烟花爆竹生产企业，已经全部关闭。

（五）加强安全生产应急管理工作，6个区域性的省级专业应急救援中心挂牌成立。5月26日，我省召开了6个应急救援中心成立大会，省政府领导为6个省级专业应急救援中心统一授了牌。根据国家总局的部署，从6月下旬开始，我们组织各非煤矿山和危险化学品应急救援中心对服务区域以内的企业开展预防性的安全检查和技术服务工作，受到企业好评。

（六）加强安全综合监管工作，认真开展重点领域、重点企业、重点时期的整治检查工作。充分发挥省安委会办公室的综合指导、监督、协调作用，督促有关部门加强对重点领域的专项整治。今年4月份，在全省组织开展了“严格落实、严格检查、严格整顿、严格管理”安全大检查活动。会同有关部门对17家100万立方米以上的尾矿库进行了检查；组织公安、工商、质监等部门开展了5次烟花爆竹安全专项检查；会同交通、公安、质监等部门检查危险化学品运输车辆8 000余辆。

（七）加强安全生产宣传教育工作，提高职工群众的安全意识和安全技能。一是认真开展“安全生产月”活动。6月1日，在泉城广场举办了《山东省安全生产条例》法制宣传日暨全省“安全生产月”启动仪式。“安全生产月”期间，我局会同有关部门举办了“信发杯”全省安全生产法律法规知识电视大奖赛；会同省总工会和团省委联合举办了山东省特种作业人员安全技能大赛。二是加强安全培训教育工作。上半年，我省共培训师资470余人，发放企业主要负责人、安全管理人员安全资格证书22 000本，特种作业人员操作证63 000套。

（八）加强执法监察工作，提高执法水平。在建立完善省、市、县三级执法队伍的基础上，今年突出抓了乡镇执法队伍的建设，目前，全省有452个乡镇建立了执法中队，配备执法人员1 412名。为了提高执法人员的业务技能和素质，连续举办了4期执法监察员培训班。开展了“济炼杯”全省执法监察业务技能竞赛活动。加大执法监察力度，上半年，全省各级执法监察队伍共实施行政处罚14 734次，其中，行政警告1 774次，罚款662万元，责令改正11 580次，责令停产停业整顿229处，提请关闭企业146家。

（九）加强党风廉政建设，为做好安监工作提供政治保障。我们始终把加强党风廉政建设作为保证安监队伍健康发展的一项长期工作，3月份，下发了《关于2006年党风廉政建设和反腐败工作实施意见》，并配合省监察厅开展清纠干部投资入股煤矿工作。在全省民主评议行风中，安监部门2005年度满意率比上年增加了2.48个百分点，不满意率下降了1.95个百分点。

三、主要问题及下一步工作打算

随着经济社会的快速发展和改革开放的日渐深入，安全生产工作不仅内涵和外延发生了很大变化，而且也出现了一些新情况和新问题，特别是一些深层次问题开始显现，反映出安全生产工作的长期性、复杂性、反复性和艰巨性。上半年全省安全生产形势虽然总体稳定，但形势相当严峻，下半年保指标、压事故，完成全年工作目标的任务非常重，存在部分市和行业没有达到事故控制指标进度、重特大事故多发、工矿商贸企业事故死亡人数呈上升趋势，新建和改制企业增多，企业安全意识较差，安全素质不高，安全投入少，设备、工艺和管理上存在缺陷等问题。下半年，省安监局将在省委、省政府的正确领导和国家安全监管总局的指导下，进一步提高认识，解放思想，制定措施，扎实工作，坚决遏制住重特大事故多发的势头。

总的指导思想是：以党的十六届五中全会精神为指针，以科学发展观统领全局，坚持安全发展的指导原则，认真贯彻“安全第一、预防为主、综合治理”的方针，围绕完成全年工作目标，提升和创新各项安全生产监管工作，努力提高各级安监部门特别是领导干部的驾驭能力和整体水平，确保全省安全生产形势持续稳定。

总的工作要求是：坚持一个目标，加强四化建设，抓好七项工作。

坚持一个目标：努力完成年初确定的工作目标。全省各类生产安全事故死亡人数确保下降3％、力争下降5％，遏制重特大事故，杜绝特别重大事故，实现全年安全生产形势持续稳定。

加强四化建设：一是法制化建设。严格落实《山东省安全生产条例》，完善配套实施办法，加快建立安全生产法治秩序。加大安全生产执法监察力度，认真查处安全生产违法行为，严肃追究事故责任者。二是规范化建设。认真贯彻山东省政府66号文件，出台政府规章，建立更加规范、完备的安全生产管理体系，综合运用法律、经济、行政、科技手段，研究和实施安全生产治本措施，解决影响和制约安全生产深层次问题，建立严密、规范的安全生产保障体系。三是信息化建设。依靠科技进步，加大安全投入，把先进的科学技术应用到各项安全生产监管工作中，用信息化带动安全监管水平的提高。四是标准化建设。深入开展企业安全标准化建设，使企业始终处于安全运行状态，实现本质安全。

抓好七项工作：一是狠抓事故控制指标的落实，确保全年事故控制指标的完成。二是推进安全生产标准化工作，提高企业本质安全水平。三是加快实行安全助理制度，与现有的安监机构、执法队伍、安全专家、中介机构形成严密的安全管理网络。四是加快综合监管应急救援指挥平台建设，提高各级安全生产监管能力。五是进一步抓好执法监察工作，严厉查处各类违法违规行为。六是有针对性地开展专项整治工作，严防重特大事故发生。七是加强队伍建设，提高队伍素质。

河南省 2005 年安全生产形势报告

2005 年，全省各地区、各部门认真贯彻落实《国务院关于加强安全生产工作的决定》、《中华人民共和国道路交通安全法》、《国务院关于预防煤矿生产安全事故的特别规定》和省委、省政府领导同志关于安全生产工作的一系列重要指示，切实加强安全生产监督管理和煤矿安全监察工作，深入开展安全生产专项整治，加大安全生产行政执法和事故查处力度，有效开展安全生产监督、监察，积极整改事故隐患，加大行政处罚力度，强化执法效果，为促进全省安全生产状况的好转做了大量工作。全省各类事故总量大幅下降，全省安全生产形势明显好转，但重特大事故时有发生，安全生产任务艰巨。

一、2005 年各类事故基本情况

2005 年全省共发生各类伤亡事故 31 520 起，死亡 5 194 人，万人死亡率为 0.53，亿元产值死亡率为 0.52，同比减少 7 722 起，少死亡 1 070 人，事故起数和死亡人数分别下降 19.68%和 17.08%；万人死亡率下降 18.46%；亿元产值死亡率下降 33.33%。其中，一次死亡 3～9 人重大事故 105 起，死亡 404 人，同比减少 41 起，少死亡 127 人，事故起数和死亡人数分别下降 28.1%和 23.9%；一次死亡 10 人以上特大事故 6 起，死亡 138 人，同比增加 1 起，少死亡 92 人，事故起数上升 20%，死亡人数下降 40%。

（一）道路交通。全省共发生道路交通事故 23 804 起，死亡 4 604 人，同比减少 2 736 起，少死亡 863 人，事故起数和死亡人数分别下降 10.3%和 15.8%。其中，一次死亡 3～9 人重大事故 77 起，死亡 295 人，同比分别下降 31.3%和 24.0%；未发生一次死亡 10 人以上特大事故，同比减少 1 起，少死亡 12 人。

（二）工矿商贸企业。全省工矿企业共发生伤亡事故 322 起，死亡 529 人，同比事故起数减少 94 起，死亡人数减少 181 人，事故起数和死亡人数分别下降 22.6%和 25.5%。其中，一次死亡 3～9人重大事故 27 起，死亡 106 人，同比减少 3 起，少死亡 19 人，事故起数和死亡人数分别下降 10.0%和 15.2%；一次死亡 10 人以上特大事故 5 起，死亡 126 人，同比增加 1 起，少死亡 92 人，事故起数上升 25.0%，死亡人数下降 42.2%。

1. 煤矿企业。全省煤矿企业共发生伤亡事故 69 起，死亡 210 人，同比减少 59 起，少死亡 170 人，事故起数和死亡人数分别下降 46.1%和 44.7%。其中，一次死亡 3～9 人重大事故 7 起，死亡 28 人，同比减少 11 起，少死亡 55 人，事故起数和死亡人数分别下降 61.1%和 66.3%；一次死亡 10 人以上特大事故 5 起，死亡 126 人，同比增加 3 起，少死亡 56 人，事故起数上升 150%，死亡人数下降 30.8%。百万吨死亡率为 1.16（其中国有重点煤矿百万吨死亡率 0.60；地方国有煤矿百万吨死亡率为 0.72；乡镇煤矿百万吨死亡率为 2.24），同比减少 1.3，下降 52.85%。

2. 非矿山企业。非矿山企业共发生伤亡事故 208 起，死亡 248 人，同比减少 24 起，少死亡

27 人，事故起数和死亡人数分别下降 10.3％和 9.8％。其中，一次死亡 3～9 人重大事故 14 起，死亡 50 人，同比增加 7 起，多死亡 23 人，事故起数和死亡人数分别上升 100％和 85.2％；未发生一次死亡 10 人以上特大事故，同比减少 2 起，少死亡 36 人。

3. 非煤矿山企业。非煤矿山企业共发生伤亡事故 45 起，死亡 71 人，同比减少 11 起，多死亡 16 人，事故起数下降 19.6％，死亡人数上升 29.1％。其中，一次死亡 3～9 人重大事故 6 起，死亡 28 人，同比增加 1 起，多死亡 13 人，事故起数和死亡人数分别上升 20％和 86.7％。

（三）消防火灾。全省共发生消防火灾 7 394 起，死亡 61 人，同比减少 4 892 起，少死亡 26 人，事故起数和死亡人数分别下降 39.8％和 29.9％。其中，一次死亡 3～9 人重大事故 1 起，死亡 3 人，同比减少 3 起，少死亡 15 人，事故起数和死亡人数分别下降 75％和 83.3％；一次死亡 10 人以上特大事故 1 起，死亡 12 人，同比增加 1 起，多死亡 12 人。

二、存在的主要问题

2005 年全省安全生产总体上趋于稳定好转，但一次死亡 10 人以上特大事故起数有所上升，特别是煤矿企业特大事故多发的势头没有得到有效遏制；一些行业和领域事故总量较大的局面没有明显改善，全省安全生产的基础工作比较薄弱。主要有以下几方面问题：

（一）一次死亡 10 人以上特大事故起数上升。全省发生一次死亡 10 人以上特大事故 6 起，死亡 138 人，同比事故起数增加 1 起，事故起数上升 20％；煤矿企业发生一次死亡 10 人以上特大事故 5 起，同比增加 3 起，事故起数上升 150％。

（二）一些行业和领域事故多发。全省采矿业共发生各类事故 114 起，死亡 281 人，占全省工矿商贸企业事故死亡人数的 53.12％；制造业共发生各类事故 115 起，死亡 124 人，占全省工矿商贸企业事故死亡人数的 23.44％；建筑业共发生各类事故 52 起，死亡 69 人，占全省工矿商贸企业事故死亡人数的 13.04％。

（三）部分地区工矿企业事故多发。洛阳市工矿商贸企业伤亡事故死亡 102 人，占全省工矿企业伤亡事故死亡人数的 19.28％；发生特大事故 2 起，死亡 53 人，占全省工矿商贸特大事故起数的 40％，死亡人数 42.06％。许昌市工矿商贸企业伤亡死亡 66 人，占全省工矿企业伤亡事故死亡人数的 12.48％；发生特大事故 2 起，死亡 39 人，占全省工矿商贸特大事故起数的 40％，死亡人数的 30.95％。

河南省2006年上半年安全生产形势报告

2006年，在省委、省政府的正确领导下，全省上下认真学习贯彻胡锦涛总书记、温家宝总理关于安全生产工作的重要讲话精神，坚持“安全第一，预防为主，综合治理”的方针，不断强化安全监管监察和基层基础工作，强力推进各项安全措施的落实，积极促进安全生产与经济社会协调发展，确保了安全生产形势总体稳定、趋于好转。1～6月，全省共发生各类事故13 328起，死亡2 326人，同比减少3 370起、459人，事故起数和死亡人数同比分别下降20.1%和16.5%；其中一次死亡三人以上重特大事故36起，死亡163人，同比减少24起、90人，重大事故起数和死亡人数同比分别下降40%和35.6%。

一、主要工作及措施

（一）加强领导，强化安全生产政策治本。省委、省政府对安全生产高度重视，省委、省政府领导经常听取安全生产汇报，多次作出重要指示，及时召开专题会议研究部署安全生产，带队深入生产一线，现场协调解决安全生产重大问题。省委、省政府出台了《关于进一步加强安全生产工作的通知》，将安全生产列入领导干部政绩考核体系、国有企业负责人业绩考核体系、平安河南建设绩效考核体系，从事后追究转变为事中考核、过程控制。省政府与各省辖市政府签订了安全生产责任目标，并修订完善了省政府安委会工作制度、联席会议制度和联络员制度，用规章制度和考核机制来规范领导干部安全生产行为，督促各部门将安全生产列入正常工作序列，有效解决了“有任务临时拉壮丁、回去后无人办理落实”的问题，推动了安全生产政府监管工作的经常化、制度化。

狠抓安全生产“三进一策”（进规划、进体系、进目标和治本之策），强力推进安全生产方针政策的源头治理。省委、省政府将“安全发展”摆上突出位置，在编制安全生产“十一五”规划的基础上，将安全发展列为中原崛起和产业结构调整政策的重要原则，作为平安河南建设规划的重要内容，纳入了县域经济评价体系，制定了安全费用提取、安全风险抵押金等经济政策，初步形成了有利于安全生产的发展环境。

（二）加快支撑体系建设，为安全监管提供体制保障。加快监管执法体系建设。18个省辖市和158个县（市、区）设立了安监机构，15个省辖市和102个县成立了执法监察队伍。郑州市在重点乡镇设立了安监所；一些县（市、区）将安全生产小额罚款的执法职能授予乡镇安管办，并通过县财政为村级安全协管人员发放一定补贴，极大地调动基层安管人员的积极性，增强了安全管理网络的整体合力。

加快安全生产科技体系建设。编制了安全生产科技“十一五”规划和2006年计划，危险源探测监测等项目列入《河南省中长期科学与技术发展规划纲要》，70个科技项目列入国家指导性计划。完成了省第二届安全生产专家组换届工作，组织了第二届安全科技评审奖励活动，从106个项目中评出10个一等奖、23项二等奖、41项三等奖。5月20日至26日，还以“科技兴安，安全发展”为主题，组织开展了安全生产科技活动周活动。

加快应急救援体系建设。组建了省安全生产应急救援指挥中心，开展了全省应急救援资源调查登记，建立了全省应急救援资料库，编制了全省应急救援体系规划方案，督促企业进一步完善了安全事故应急预案并按规定进行了演练，有力地提升了处置各种事故（事件）和险情的能力。

（三）深化专项整治，狠抓安全生产秩序稳定好转。在煤矿专项整治方面，认真打好煤矿瓦斯治理和整顿关闭两个攻坚战，强化打击煤矿违法生产联合执法，认真做好煤矿安全专项监察、重点监察和定期监察，及时组织了煤矿瓦斯治理、汛期防水害、打击非法生产等专项执法。上半年共监察矿井543处、938次，查处事故隐患5 365条（其中重大隐患161条），行政处罚204矿次，责令停产整顿矿井64处。省属煤矿安全专项监察，共查出各类隐患816条（其中重大隐患105条），依法下达执法文书215份，责令停止作业工作面44个，停用设备2 419台，责令停产整顿矿井45对。

在交通专项整治方面，认真做好国家标准《道路运输危险货物车辆标志》的贯彻落实，继续做好治理车辆“双超”等交通秩序整顿活动，加大国省干线公路交通事故多发点段排查治理，95%以上的“大吨小标”车辆的标定吨位得到更正，车辆超限超载比例由治理前的70%下降并稳定在目前的4%左右。水上交通方面，开展了渡口渡船安全专项整治，对水上浮桥、浮动设施进行集中治理，加强了渔业船只安全管理，加大了对滩涂造船和低质量船舶的打击力度。

在消防专项整治方面，组织开展了“三合一”、“二合一”场所消防安全整治、建筑消防专项治理、出租用房消防专项行动和寄宿制中小学、幼儿园、托儿所、敬老院、网吧专项检查，对重点单位和重点部位进行认真排查检查。强力推进重大火险隐患整治，确定99处严重危及公共安全的重大隐患，由省防火委员会实施挂牌督办，要求年底前整改到位。

在危险化学品和烟花爆竹专项整治方面，认真组织开展了硝酸铵、氯酸钾、合成氨、氯碱、加油站（点）、石油库安全专项检查，在加油站、储油罐、油罐车等重要设备设施上，大力推广HAN阻隔防爆技术，对69家周边安全不达标化工厂责令搬迁，关闭取缔危险化学品单位1 500多家。开展道路运输危险化学品安全专项整治，1 800多辆运输车辆安装了卫星定位系统。烟花爆竹专项整治，以企业内外部防火间距为重点，强力推行办公、生活、生产、仓库“四区分离”，对不符合安全要求的仓库全部进行了改造。

在非煤矿山专项整治方面，将洛阳、安阳、三门峡作为重点整治市，将栾川、禹州作为重点整治县，着力解决了栾川三道庄矿区、禹州采石矿乱采滥挖问题；在去年关闭取缔2 775家的基础上，今年又对未申请安全生产许可的1 069家实施了关闭；结合墙体材料改革，关闭了粘土砖瓦场1 266家。开展了石油天然气长输管线专项整治，认真清理违章占压管道的建筑物，新野段输油管线违章占压问题得到较好解决，西气东输管线河南段全线实现零占压。

（四）严格现场监管，推动安全生产标准化、规范化管理。严格实施安全生产条件许可，推动企业安全管理、安全装备升级达标。核发煤矿安全生产许可证342个，危险化学品安全生产许可证1 151个，危险化学品经营许可证11 106个，烟花爆竹安全生产许可证223个，烟花爆竹经营许可证50 159个，非煤矿山企业安全生产许可证2 710个，民爆器材生产许可证16个，建筑施工安全许可证3 808个。

稳步推进安全质量标准化，强化安全生产基层基础。13 128家企业、476万名职工报名参加“安康杯”竞赛，80%以上的工矿企业推行了安全生产“一法三卡”，在煤矿企业推行了群众安全监督员聘任，工矿商贸企业普遍开展了安全质量标准化活动，有13家企业被国家评定为安全质量标准化一级企业，有力地推动了安全生产科学化、规范化、程序化、标准化管理。

（五）深入开展安全检查，严格安全生产执法监管。在认真组织安全生产综合性大检查和双节、两会、五一重点检查的同时，及时对重点领域进行了专项检查。今年以来共组织综合性大检查4次，发现隐患200多万处。组织开展了煤矿越层越界开采、煤矿整顿关闭、汛期煤矿安全、煤炭安全费用提取使用情况等联合执法行动。对依法关闭的同时吊销工商营业执照、采矿证、生产许可证、安全许可证，有关部门统一行动，协调配合，有力地提高了执法整体效能。

（六）加强宣传教育，提高职工群众法制意识和安全素质。广泛开展群众性、社会性宣传教育活动。以“安全生产月”活动为依托，开展了“平安中国——《安全生产法》”电视竞赛、劳动防护用品知识竞赛、安全生产咨询日、安全生产下基层服务等活动。认真办好河南日报安全专版、今日安报安全周刊，拍摄了20集安全警示片《安全为天》，完成了省电视台法制频道安全专栏的前期准备工作。深入开展交通、消防知识进农村、进社区、进学校、进机关、进家庭和“保护生命、平安出行”等宣传教育活动，进一步普及了安全常识，浓厚了安全生产社会氛围。

加强重点岗位人员安全资格培训。继续推进煤矿矿长学历教育工程，加强大专院校和煤矿协作，加快煤矿紧缺人才培养。培训企业负责人、安全管理人员和特种作业人员47 257人、复审再培训10 974人（其中煤矿企业培训8 899人、复审再培训3 404人）。

（七）严肃事故查处，严格责任追究。严肃事故查处和责任追究。去年发生的32起重特大工矿事故已经全部批复结案，责任追究341人。今年上半年发生的2起煤矿特大事故已经完成调查，建议将14人移交司法机关追究刑事责任，对32人给予党政纪处分。为了督促事故处理意见的落实，每起事故处理情况都通过新闻媒体向社会公布，省监察厅、省安监局对责任追究意见的落实情况开展了专项检查。

加大对瞒报事故的查处力度。今年以来受理举报煤矿隐瞒事故案件98件，已经办结60件，查实瞒报事故9起，查出隐瞒死亡人数11人，对隐瞒事故的责任单位和人员，依法给予了严肃惩处。省安委会制定了《关于严厉打击隐瞒事故违法行为的紧急通知》，对事故报告时限、程序、抢险救援及责任进行了细化，在严厉打击瞒报、谎报和拖延报告的同时，明确对及时报告事故、抢险救灾有功的业主和有关人员，可以建议有关方面从轻或者免于党政纪处分、刑事责任追究和经济责任处罚，有利于鼓励企业在事故后抢险救援，减少瞒报事故和事后逃匿等现象。

推动安全责任追究关口前移。在严肃事故责任追究的基础上，大力推行安全生产过程追究、过失追究和事故背后追究，积极构建安全生产“四位一体”责任追究机制。及时组织对小煤矿偷生产等进行突击性专项检查，对不认真执行资源整合、关闭整顿小煤矿不力的县乡领导，及时移交有关方面依法依纪予以处理。

二、存在的主要问题

（一）煤矿安全生产问题相当严重。一是矿井开采条件日趋恶化，瓦斯、水害、地热、冲击地压等自然灾害威胁加剧。目前在省属煤炭企业中，高瓦斯、煤与瓦斯突出矿井35对，占矿井总数的49%；受水害威胁严重矿井30对，占矿井总数的42%；煤尘具有爆炸危险矿井59对，占矿井总数的83%；煤层具有自然发火威胁矿井37对，占矿井总数的52%；有6对地热严重矿井和3对矿井发生过冲击地压。二是随着煤炭资源整合和打击非法煤矿，大矿周边的许多小煤矿已经关闭，由于小矿遗留的图纸不实、不全，地质资料不清，在大矿上方残留了许多隐形“小水库”和“瓦斯罐”，严重威胁大矿的安全生产。三是国有重点煤矿整合的小煤矿，数量多，安全标准低，集团公司以包代管，没有向这些对煤矿派驻“五大员”，也不投入，依然是小煤矿的水平，矿井安全保障程度低。四是一些地方政府对小煤矿整顿关闭不到位，小煤矿非法生产和技术改造矿山井以维护、检修之名偷生产现象严重，超能力、超定员和超强度突击生产问题突出。我局在3月份对新密、荥阳、宝丰、伊川、济源等市县小煤矿偷生产进行突击检查，所检查的9对矿井都存在偷生产行为。

（二）烟花爆竹非法生产严重，一些地方政府打击不力。一些烟花爆竹、煤矿、危险化学品企业在取得安全生产许可证后放松安全管理，减少安全投入，已经不再具备安全生产条件。

（三）重大事故隐患和重大危险源监管立法滞后，隐患排查治理责任不清，整改投入难以保障。我省现有的572座尾矿库中，90%以上为危库、病库、险库，在今年雨水较多的情况下，极易发生群死群伤的恶性溃坝事故。

（四）省委、省政府已经将安全责任纳入领导干部政绩考核和国有企业负责人业绩考核内容，但还缺少可操作性的具体政策。建议由省委组织部、省人事厅、省国资委出台具体措施。

（五）安全生产应急救援组织体系不完善。省应急救援指挥中心编制少、经费不足，建设项目尚未立项；大部分市、县还未建立安全生产应急救援组织机构。

（六）宣传工作滞后。对全民的安全宣传教育工作严重滞后，安全宣传经费严重不足。

三、下一步工作措施

（一）开展矿山安全专项检查，对有水害危险的煤矿、非煤矿山、尾矿库进行逐家排查，严防透水、淹井、溃坝事故发生。

（二）将煤矿安全放在突出位置，督促地方政府继续做好资源整合和煤矿关闭整顿工作，严厉打击以整顿代关闭、以联合代整合和非法生产、偷生产现象。

（三）开展安全生产联合执法，加强对取证企业的后续监管，对不再具备安全生产条件的，及时暂扣或者吊销相关证照。

（四）加强全民安全宣传教育，普及安全生产法律法规和安全常识；加强安全培训，提高职工安全技能和素质；深入开展安全质量标准化，强化安全生产基层基础工作。

（五）加快安全生产立法，提请省政府及时出台我省重大事故隐患和重大危险源排查治理和监控办法。

（六）进一步完善我省应急救援体系，加快省应急救援中心建设。

湖北省2005年安全生产形势报告

一、2005年全省安全生产工作主要情况

2005年，在省委、省政府和各级党委政府的正确领导下，各地、各级安全监管部门全面贯彻落实国家和省里有关安全生产的部署安排，认真履行监督管理职能，扎实工作，较好地完成了各项工作任务，共同推进了全省安全生产形势的稳定好转。

（一）各类安全生产事故继续全面下降。2005年，全省共发生各类安全生产事故（含新增地方统计的铁路伤亡事故）2.01万起，同比下降10.80%；死亡3 575人，同比下降5.22%，受伤10 968人，同比下降10.37%；直接经济损失1.41亿元，同比下降2.77%。其中各类事故死亡人数比国家下达我省控制数3 751人减少死亡176人，下降幅度比省政府提出的目标多下降3.61个百分点。

（二）主要行业和领域的安全生产状况较好。全年全省工矿企业伤亡事故起数和死亡人数同比分别下降4.78%和1.73%，其中煤矿分别下降5.26%和7.91%，非煤矿山死亡人数下降4.40%。道路交通伤亡事故起数和死亡人数分别下降29.88%和5.10%，其中死亡人数减少130人，占全省减少量的66%。铁路交通事故死亡人数下降13.72%，下降幅度为各行业之首。

（三）绝大多数市州的各类事故死亡人数控制在省政府下达的指标之内。全省17个统计单位中，有武汉、黄石、襄樊、宜昌、十堰、孝感、荆门、鄂州、黄冈、咸宁、恩施、潜江、天门、林区等14个市的各类事故死亡人数控制在省政府下达的指标之内。其中：工矿事故在控制指标之内的有武汉、黄石、襄樊、荆州、十堰、孝感、鄂州、黄冈、咸宁、潜江、林区11个市；煤矿事故在控制指标之内的有襄樊、荆州、宜昌、十堰、荆门、咸宁6个市；非煤矿山事故在控制指标之内的有黄石、襄樊、宜昌、孝感、鄂州、黄冈、咸宁、随州、林区9个市；道路交通事故在控制指标之内的有武汉、黄石、襄樊、宜昌、十堰、孝感、荆门、鄂州、黄冈、咸宁、恩施、仙桃、潜江、天门、林区15个市。17个市州中，各类事故死亡人数与上年同期相比，下降幅度高于全省平均水平的有黄石（－11.11%）、襄樊（－15.38%）、宜昌（－6.50%）、十堰（－10.07%）、孝感（－5.88%）、咸宁（－14.96%）、潜江（－23.33%）、天门（－5.41%）、林区（－75.00%）9个市。

（四）重特大事故有所遏制。去年全省发生一次死亡3人以上重特大事故69.5起，死亡290人，同比事故起数和死亡人数分别下降6.71%和2.68%。其中特大事故3起，死亡42人，与上年同期相比减少1起，减少3人。17个市（州）中，黄石、宜昌、十堰、黄冈、孝感、潜江、随州、林区等8个市重大事故比上年同期下降；鄂州、潜江、天门、林区等4个市全年没有发生一次死亡3人以上重大事故。

（五）“十五”时期的安全生产形势平稳好转。“十五”期间，全省各类事故总量逐年下降。2005年各类事故死亡人数比2000年减少1198人（不含铁路），平均每年减少死亡240人，年均下

降 5.55%。“十五”期间，各类事故累计死亡 16 814 人，平均每年 3 363 人，比“九五”期间共减少 4 294 人，平均每年减少 859 人。

（六）部分安全生产控制指标好于全国平均水平。“十五”期间，我省各类事故死亡人数下降幅度多数年份高于全国平均水平。2005 年，全省亿元 GDP（普查调整数）死亡率为 0.55，比全国平均水平低 0.15；10 万人口死亡率为 5.91，比全国平均水平低 3.87；万车死亡率为 7.3，比全国平均水平低 0.30。

二、存在的问题

2005 年安全生产工作存在的主要问题差距：一是各类伤亡事故的总量从严要求还偏高，其中煤矿、非煤矿山事故死亡人数尽管近些年来一直在下降，但绝对数还是较大；二是高危行业重特大事故还是时有发生，其中工矿企业重大事故起数和死亡人数同比分别上升 14.29%、5.77%。去年全省发生 3 起一次死亡 10 人以上特大事故，与省政府年初提出的力争不发生特大事故的要求有差距；三是有些行业的伤亡事故同比上升，其中工商企业（非矿山）同比上升 2.54%，水上交通上升 63.64%，火灾事故上升 21.74%，重点建设工程伤亡事故多发；四是有些地方伤亡事故超出控制指标，其中有 3 个市各类事故死亡人数超控制指标，有 6 个市州工矿事故死亡人数超控制指标，有 2 个市道路交通事故死亡人数超控制指标，有 6 个市火灾事故死亡人数超控制指标；五是非国有生产经营单位事故起数和死亡人数分别占全省工矿事故总量的 87.60%、87.2%；六是安全意识淡薄，“三违”事故占工矿事业的比重为 62%。违章行为引发的事故占道路交通事故的比重达 87.5%。

湖北省2006年上半年安全生产形势报告

一、全省安全生产工作的主要情况

2006年上半年，全省安全生产的总体态势是：基本平稳、逐步改善，没有发生特别重大恶性事故，但形势依然严峻。与去年同期相比，1～6月份，全省各类事故四项指标“一降三升”。各类事故死亡1 586人，同比下降1.37%；发生各类生产安全事故11 371.5起，同比上升4.25%；受伤6 677人，同比上升28.18%；直接经济损失7 683.66万元，同比上升11.75%。

（一）上半年全省安全生产的主要特点

1. 各类事故呈现“高开低走、逐步改善”的运行曲线。
2. 工矿企业、水上交通和铁路交通三个行业的安全状况稳定。
3. 道路交通事故大幅上升的状况有所缓解。
4. 多数地区安全生产形势较为平稳。
5. 全省各类事故控制指标总体控制较好。

（二）上半年安全生产监管的主要工作

1. 认真学习贯彻胡锦涛同志关于安全生产工作的重要讲话精神，进一步增强了责任感和紧迫感。一是各级领导带头学。省局和各市州县局党组都召开了党组会或办公会议集中学习，带头钻研，加深理解，并认真抓好机关和系统的学习。二是突出重点学。对安全发展理念、安全生产工作方针等重要论点进行专题讨论，深化理解，加深了对安全生产规律的认识。三是联系工作实际学，总结经验教训，进一步理清了工作思路。四是向党政领导宣传，促进解决突出问题。总的看，通过多种形式的初步学习，有效地促进了我们对安全生产工作极端重要性的认识，进一步增强了搞好安全监管工作的使命感、责任感和紧迫感。

2. 以“安全生产年”活动为载体，促进安全生产目标责任制的落实。
3. 推进安全法制建设，依法行政取得新成效。
4. 强化安全生产检查督查，努力消除事故隐患。
5. 强化安全宣传教育和培训工作，加强安全文化建设。
6. 严肃查处事故，严格追究责任。

二、存在的问题

上半年全省安全生产也还存在不少问题和薄弱环节。

在安全生产形势方面，一是各类事故死亡人数虽有所下降，但只下降1.37%，比全国平均下降13%低11.6个点。二是道路交通事故同比还在上升，近期事故仍然较多，遏制和减少事故的任务十分艰巨。三是火灾事故四项指标全面上升。四是重特大事故持续上升。上半年，一次死亡3人以上的事故41起，死亡171人，同比分别上升28.13%和31.54%。

在安全监管工作方面，一是各地工作进展不平衡，上半年还有6个市州的事故死亡人数同比上升，有3个市的事故死亡人数超出上半年的控制数。二是整顿关闭任务十分艰巨。特别是在新一轮煤矿关闭工作中，全省到2008年6月底前要关闭214家小煤矿，煤矿业主抵触情绪较大，工作难度较大。三是安全生产行政执法统计工作还存在很多薄弱环节。有的不够重视，没有落实统计科室和人员；有的应付凑合，统计不全、不准确；有的迟报漏报、数字失真。另外，重特大事故按期结案率偏低。等等。

省长办公会议指出，对当前的安全生产形势不能过于乐观，对存在的问题，必须引起高度重视。我们一定要按照省委、省政府领导的指示要求，深入分析问题及原因，采取针对性的措施，切实加以解决和改进，努力使今后的工作取得更好成效。

三、下一步安全生产工作思路和措施

下半年，全省安全生产面临的形势仍然十分严峻。当前又正进入夏季高温和主汛期，各类事故发生的机率增大，安全监管任务十分繁重。关于下半年的安全生产工作，全国工作座谈会、省长办公会议都提出了要求，省安委会电视电话会也作了部署，我们要认真贯彻落实。根据上述会议精神，省局研究提出下半年全省安全生产工作的总体要求是：以减少事故总量为目标，以遏制重特大事故为重点，进一步细化重点行业和领域的专项整治，坚决关闭不具备安全生产条件的生产经营单位，严格监管监察，强化基础工作，改进工作作风，狠抓落实到位，确保安全生产事故总量有明显下降，确保不突破国家下达的控制目标。

（一）要进一步深化“安全生产年”活动，切实加强事故控制指标监控。

（二）要突出抓好高温和汛期各项安全生产工作，预防和遏制群死群伤事故。一是要深入细致开展隐患排查整改工作，重点加强对雨季易发生透水、滑坡、坍塌、垮坝等事故的煤矿、非煤矿山、尾矿库、重点建设工程的专项检查督查。二是认真落实各项防控措施，督促指导企业针对薄弱环节，全面做好防灾减灾工作。三是要认真抓好非煤矿山特别是各类小采石场的整顿关闭。四是要根据夏季高温容易引发危化品事故的情况，督促化工生产企业和民爆企业加强设备检修，广泛开展反“三违”活动。五是抓好道路交通安全工作，尽快扭转事故多发状况。六是要配合抓好消防安全工作，努力扭转事故上升势头。七是要按照年初工作部署，做好作业场所职业安全卫生工作，搞好职能交接，正式启动工作。

（三）下大力气搞好小煤矿整顿关闭工作，提升煤矿安全保障能力。一是要统一思想认识，切实加强领导。二是要抓紧制订三年整顿关闭和资源整合规划，落实关闭矿井数量和名单。三是要建立既各负其责、又相互配合的联合执法机制。四是严格整顿关闭和资源整合工作责任制。五是加大宣传教育工作力度，使煤矿业主了解国家、省里有关整顿关闭和资源整合的政策规定，同时做好思想政治工作，尽力化解矛盾，确保整顿关闭和资源整合工作积极稳妥推进。

（四）继续深化“四个一”创建活动，扎实推进基层基础工作。

（五）认真宣传贯彻《湖北省安全生产条例》，严格执法监管。

（六）切实加强应急管理工作，努力提高应对水平。一是按照部门职责分工，进一步指导协调各地完善有关预案，督促重点企业完善企业应急预案，努力形成配套的预案体系。二是抓好专业救援队伍、装备建设。三是要熟练掌握启动和实施应急救援预案的相关知识。四是要加强应急预案的演练，提高应对能力。

湖南省2005年安全生产形势报告

一、基本情况

（一）事故总量有所减少。1～11月，全省共发生各类生产安全事故20 509起，死亡5 308人，同比少发生事故2 146起，少死亡465人，分别下降9.47%、8.05%。

（二）特大事故明显减少。截至12月30日，全省发生一次死亡10人以上的安全事故5起，死亡83人，比去年同期减少事故4起，少死亡21人，我省多年来特大事故高发的状况明显改观。

（三）直管行业事故减少。1～11月，全省工矿商贸企业发生事故646起，死亡802人，同比分别下降23.7%和17.2%。其中烟花爆竹事故同比少死亡65人，下降56.5%；非煤矿山事故同比少死亡33人，下降21.7%；煤矿事故同比少死亡47人，下降9.7%。全省共有12个市州的工矿商贸企业安全事故死亡人数同比下降，其中降幅超过20%的有：怀化、张家界、常德、岳阳、娄底和邵阳。

（四）多数地区安全形势好转。全省共有10个市州事故死亡人数同比分别下降，其中降幅超过10%的有：娄底（－24.53%）、永州（－18.26%）、郴州（－17.97%）、邵阳（－17.18%）、湘西州（－14.2%）、常德（－10.85%）、长沙（－10.4%）。邵阳、永州、株洲、岳阳连续三年来没有发生过一次死亡10人以上的特大事故。

（五）事故指标控制较好。国务院安委会下达我省道路交通、工矿商贸、火灾和铁路交通事故控制指标共5 916人。1～11月，全省四类事故共死亡5 129人，比进度控制指标少死亡294人。14个市州事故死亡人数都没有超控。

二、主要问题

（一）我省事故总量偏高，重特大事故没有从根本上得到遏制，与国家和省委、省政府的要求不相适应。我省“十一五”安全发展规划初步提出，到2010年，全省重特大事故起数下降10%，杜绝特别重大事故，安全生产状况明显好转，总体上达到国内中等以上水平。近几年来，全省每年安全事故死亡的总人数一直维持在6 000人以上。由于特大事故起数经常排在全国前几位，我省被国务院安委会列为安全事故的重点监控省份，全省安全生产形势仍然十分严峻，与党和政府的要求、人民群众的期望有较大差距。

（二）监管对象点多面广，整体水平较低，与实现企业本质安全的要求不相适应。目前全省共有11 767家高危生产企业，39 348家危险化学品和烟花爆竹经营网点，其中既有现代化的大中型企业，又有大量标准低的小型企业，生产力水平不平衡。全省2 099处煤矿，五大灾害齐全，煤矿百万吨死亡率为全国的3.3倍，单矿平均产量仅有2.5万吨，矿点多、规模小、标准低、灾害重的问题十分突出。据统计，今年来全系统共排查重大事故隐患3 224处，目前尚有515处没有整改到位，重大危险源1 554处，39处没有得到有效监控，实现企业本质安全任重道远。

（三）全社会的安全法制和责任意识不强，与安全发展、科学发展的要求不相适应。少数地方政府、部门和企业不能正确处理经济增长与安全生产的关系，片面追求经济效益和规模扩张，存在上有政策下有对策甚至是乱作为的现象，安全生产的责任意识和政治意识不强，党和国家关于加强安全生产的政令不够畅通。部分企业安全法制意识淡薄，拒不执行安全监管监察指令，以停代整、明停暗开甚至无证违法组织生产，潜伏着很大的事故风险。随着全省农业产业化、城镇化和工业化进程不断加快，基础设施建设规模不断扩大，能源、原材料需求旺盛，粗放型的经济增长方式一时难以转变，给安全生产工作增加了难度。

（四）监管监察工作不够扎实，安全执法不够规范，与严格执法、公正执法、廉洁执法的要求不相适应。少数安全监管监察机构仍然习惯于传统的工作方式方法，满足于以文件贯彻文件、以会议落实会议，习惯于以管理和检查代替执法，执法不严、监管不力的问题比较突出。有的把监管职能作为创收的手段，把行政处罚简单等同于罚款，存在乱收费、乱罚款现象。有的不依法行政，执法主体不合法，执法程序不到位，自由裁量不严谨，适用法律不准确，执法文书和执法档案不规范，执法方式简单粗暴，影响了安全生产监管队伍的形象。

（五）乡镇安监站建设发展很不平衡，安全生产基层基础工作亟待加强。目前全省乡镇安监站建设大致可分为三类，一类是单独设立，工作有效开展；一类是挂个牌子，有名无实；一类是没有设立，无人管事。乡镇安监站的建设，市州之间、县市区之间发展不平衡。部分市州乡镇安监站设立不到三分之一，部分安监站变成了安置站，还有的在新一轮机构改革中被撤并。安监站人员偏少、素质不高、业务不熟、经费紧张、装备落后的现象比较普遍，与基层繁重的监管监察工作不相适应。

三、下一步工作措施

（一）指导思想。认真贯彻落实党的十六届五中全会和省委八届十次全会精神，以科学发展观统领安全生产工作全局，坚持“安全第一、预防为主、综合治理”的方针，以实施安全发展规划为主线，加强宣传教育培训，强化安全执法，深化安全专项整治，推进支撑体系建立，加强队伍素质建设，夯实基层基础工作，确保全省安全生产形势的稳定好转，为建设平安湖南营造安全稳定的环境。

（二）工作目标。杜绝特别重大事故，控制特大事故，工矿商贸事故死亡人数降低5%，全面完成国家下达我省的安全生产控制指标。

根据以上指导思想和工作目标，重点抓好以下工作：一是实施安全发展规划，加强安全生产基础设施建设；二是强化安全教育培训，提高全民安全素质；三是强化安全行政执法，提高行政执法质量和效能；四是深化安全专项整治，确保重点行业的安全稳定；五是加强机构和队伍建设，落实安全生产组织保障；六是加强“四项管理”和“五大体系”建设，夯实安全生产基础。

湖南省2006年上半年安全生产形势报告

一、基本情况和主要问题

（一）基本情况。

1～6月，全省事故死亡2 645人，同比下降5.64%，重大事故54起211人，分别下降33.3%和32.4%。其中煤矿1～6月死亡217人，同比少死亡47人，下降17.8%。全省安全生产形势依然严峻，主要表现在：

一是安全生产事故起伏较大。尽管二季度以来安全生产形势逐月好转，但全省安全生产工作年初开局不利，一季度事故死亡人数逐月上升，特大事故较往年提前发生，安全生产形势一度异常严峻。

二是部分地区和行业事故多发，安全形势严峻。上半年全省有5个市州事故同比上升，其中邵阳市同比上升78.46%，超进度控制指标60人，衡阳市事故死亡总人数同比上升15.27%。全省烟花爆竹事故死亡26人，同比上升1.36倍；建筑施工死亡27人，同比上升68.75%；道路交通死亡1 801人，同比多死亡108人，上升6.38%。

（二）主要问题。

当前影响我省安全生产工作的因素很多，比较突出的有：

一是矿山、烟花爆竹非法生产反弹严重。一些地方煤矿非法生产现象还十分突出，烟花爆竹安全管理严重滑坡，非法窝点死灰复燃。

二是400处煤矿整顿关闭质量不高。按照国家和省里的标准，全省400处煤矿的关闭还没有完全到位。有的资源整合矿井存在以整合逃避关闭的现象；多数资源整合煤矿没有执行先关闭后整合的原则，随时有恢复生产的可能。不少停产整顿煤矿只停产不整顿，甚至违规突击组织生产。

三是下半年整顿关闭任务十分繁重。按照国家总局领导的要求，省政府已经明确，今年下半年我省将关闭煤矿220处，明年关闭煤矿280处，到“十一五”期末我省煤矿数量控制在1 120处以内。在上半年关闭400处煤矿尚未全部到位的基础上，下半年再关闭220处合法持证煤矿，工作的压力和难度很大。

四是基层安全监管力量薄弱，安监站建设任重道远。市县特别是乡镇安全监管队伍的编制、经费、装备不能适应安全生产工作的需要，一些县市局还要靠租房子办公，租车子执法，一些乡镇安监站工作经费多数要靠自筹，监督检查多数是走走看看，有的只是挂了个牌子没有开展工作，形同虚设。

五是队伍思想作风与工作要求不相适应。少数同志对安全生产工作的极端重要性与长期性、艰巨性、复杂性、反复性认识不到位，工作信心不足，思想负担过重，有的甚至怕担责任只想到灾害轻的单位执法。少数市州局半年没有一次经济处罚，自由裁量权运用不够严肃，违反执法程序、错误适用法律的现象时有发生。中介机构管理不严，有的评价报告与现场核查反差很大。多数市州没有明确事故查处的分管领导，没有建立主办安监员制度，事故调查报告不规范，刑事责任追究落实不到位。有的习惯于传统的方式方法，工作缺乏主动性与创造性，形式主义、主观主义和官僚主义比较严重。有的向企业、中介机构收费，挪用安全生产风险抵押金；有的在安全评审评估中收钱拿好处，收受监管监察对象的红包礼金，发人情证、执人情法。

二、下一步工作措施

（一）扎实推进整顿关闭工作，深化煤矿、非煤矿山、危险化学品与烟花爆竹安全生产专项整治。一是要突出工作重点，整顿安全生产秩序。非煤矿山以自治州、郴州为重点，煤矿以郴州、衡阳、娄底为重点，积极配合国土资源部门开展矿产资源开采秩序整治，严厉打击非法开采、超深越界、死灰复燃等违法行为。烟花爆竹安全专项整治以醴陵、浏阳为重点，严厉打击非法窝点和非法使用氯酸钾、非法下单等违法行为。危险化学品要突出液氯、液氨、液化石油气、剧毒溶剂充装单位的整治，重点打击违法、违规充装行为；严把危险化学品包装物、容器生产企业定点审查关，加强危险化学品道路运输源头管理；打击取缔无证非法加油站，整顿规范小化工和改制化工企业，防止发生化学品泄露爆炸事故。

二是要加强协调配合，积极推进整顿关闭工作。各级安监局作为安委办工作的具体承担者，要加强监督检查与指导协调，督促各有关部门积极推进煤矿整顿关闭工作。各监察分局要按照三年解决小煤矿问题的监察计划，积极配合煤矿安全地方监管、国土、工商部门，组织开展专项监察，吊销关闭煤矿的相关证照，坚决淘汰落后生产力。对已受理但整改不合格的16家危险化学品生产企业、58家烟花爆竹生产企业以及400多家非煤矿山，一律提请地方政府关闭并公告全社会。按照关闭工作的程序与标准，确保这些不符合安全条件的生产经营单位关闭取缔到位。

三是要组织重点排查，整改事故隐患。煤矿要加强对瓦斯、水害威胁严重矿井的隐患排查，特别是对446号令规定的15大事故隐患，发现一处坚决督促整改一处。非煤矿山要以井工矿和尾矿库隐患排查治理为重点，强制推行矿井机械通风，实行采石场中深孔爆破技术，重点抓好二、三等库、危库、险库及尾砂坝下游居民区或重要设施的安全整治，同时加强对露天边坡、排土场和采空区等重大隐患的排查整治，消除事故隐患。烟花爆竹重点排查药物车间工序、外部安全距离、车间定员和药物原料储存等环节，积极开展违规使用氯酸钾的专项整治。危险化学品重点排查操作规程的落实、储存容器的安全等环节，防止发生泄露爆炸事故。对不符合安全距离的危化品生产储存企业，要落实资金加快搬迁进度，消除重大危险源。省市县三级年内必须建立健全重大事故隐患与危险源台帐，切实加强动态管理与监控。

（二）强制推进安全监察执法，真正把依法治安、重典治乱落到实处。执法是安全生产监管监察部门的生命线，务必作为我们的第一要务来抓。

一是严格两个市场准入门槛。即严格安全生产行政许可与三同时审查。对已颁证企业，要组织开展回头看活动，凡是不符合条件蒙混过关的，要采取扣证措施限期整改到位，同时严肃追究有关人员及中介组织的责任。对新办证企业，要严格资料审查与现场核查，坚决做到不安全不发证。对企业新改扩建项目安全设施“三同时”的安全核准、设计审查和验收工作，要严格审查验收。同时，要研究简化安全生产行政许可程序，按照抓住重点、简化一般的原则，对小规模的非煤矿山以及加油站，要取得法制部门的支持，适当下放审查发证的有关权限。

二是切实加大“三个力度”。即加大提请关闭的力度，加大经济处罚的力度，加大刑事责任追究的力度。对不符合安全生产条件、重大事故隐患长期整改不到位以及发生重特大事故的单位，要果断依法提请关闭。安全监管和煤矿安全监察要按照各自职责，切实加大对安全生产违法行为的经济处罚力度，不得随意降低处罚标准。要以新的刑法修正案为武器，凡是依法应追刑的一律移送司法机关追究责任人的刑事责任，切实增强对安全生产不法分子的震慑力。

三是大胆创新执法方式。对安全生产秩序混乱的重点地区，要借助省委、省政府督查室和纪检监察部门等强势部门的力量，大力开展集中联合执法，着力解决难点热点问题。要把集中执法与专项整治结合起来，充分发挥其他职能部门的作用，重拳出击、重典治乱。要大力推广使用安全生产执法软件，建立安全生产执法档案，加强执法分析，切实提高和改善执法效能。

四是要积极推行计划执法，实行有效的监管监察。要针对执法力量不足与监管监察任务繁重的矛盾，紧紧围绕安全生产的重点地区、薄弱环节与关键部位，科学制订执法计划，完善执法预案，认真开展有重点的计划执法，切实增强执法的针对性，减少执法的盲目性。下半年要重点开展对煤矿瓦斯水害防治、暂扣证企业整改情况、尾矿库安全、烟花爆竹主产区等开展专项执法，重点解决和突破一两个执法工作难点。

五是加强安全生产行政执法监督。要建立健全安全生产行政执法责任制、执法过错责任追究制，切实做到公开、公正、廉洁执法。要加强对监管监察人员的业务教育培训，组织开展安全生产执法比武，切实提高依法行政能力。要坚持定期开展执法质量考评与专项执法质量检查工作，对各市州安监局和煤监分局的执法质量实行定期通报制度，及时发现和解决执法过程中存在的问题。

（三）切实加强安全生产综合监管，确保重点地区和重点行业指标不超控。今年以来我省安全生产形势严峻，主要受到部分地区非法开采死灰复燃以及道路交通事故大幅上升的影响，加强综合监管势在必行。综合监管不抓，就难以调控全省安全生产形势，丧失应有的工作地位；检查指导不落实，煤矿安全国家监察就缺乏应有的地位。

一是必须严格落实部门责任，形成工作合力。对煤炭部门的日常监督管理、国土部门的资源管理、公安部门的火工品管理、交通交警部门的运输安全管理等职责，我们要从综合监管、国家监察的角度，帮助督促有关职能部门切实履行到位。今后凡是监管监察、举报信访、上级交办事项涉及其他部门职责的，一律依法依规移送其他部门办理，安全监管监察部门不能越位、错位，不能因此承担无限责任。

二是必须明确工作思路，健全综合监管机制。要按照“综合不代替，监督不失控，协调有权威，指导有效果”的综合监管思路，安委办和相关业务处科室要加强与下级政府与同级部门的沟通联系，全面掌握安全生产情况，认真分析安全生产形势，及时提出有针对性的工作部署。对上半年事故上升的市州以及有关部门，要采取督办、督查、通报、警示等方式，帮助分析事故上升的原因，积极支持配合采取整改措施，坚决扭转事故多发的被动局面。

三是必须重点落实检查指导，提高煤矿安全国家监察权威。以国务院调整煤炭行业管理职能为契机，突出抓好检查指导职责的落实，充分发挥地方煤矿安全监管部门的作用，特别是对煤矿安全生产形势严峻，问题较多的地区，要通过专题督办、情况通报、联合执法、事故查处等手段，要督促其切实履行对煤矿安全生产的日常监督管理职责，真正把预防为主的工作方针落到实处。

（四）积极推进各项基础工作，建立安全生产长效机制。一是认真落实安全发展规划。要积极向省政府汇报，争取早日通过安全发展专项规划。要加强与地方政府的沟通联系，督促市县人民政府把安全生产纳入“十一五”经济社会发展的总体规划，把两大指标纳入“十一五”指标体系。加强与发改委等部门的沟通联系，争取落实和启动一批安全生产基本建设项目，逐步建立健全安全生产支撑体系，提高安全生产整体保障能力。

二是加强中央在湘、省属企业以及非公有制企业的管理。要按照省政府办公厅的有关文件规定，坚持分级属地管理的原则，明确监管责任和监管名单，把责任落实到每一个处室科室。依法依规加强对中央在湘、省属企业与非公有制企业的安全监管，确保全省骨干企业的安全生产，坚决扭转非公有制经济安全生产事故多发的局面。

三是严格和规范事故调查处理。要把事故查处作为提高安全监管监察权威的大事来抓，高度重视、切实加强事故调查处理工作。对各类安全生产事故，要坚持“四不放过”原则，严肃追究责任人的责任。对事故背后的腐败现象，要及时移送纪检监察部门；涉及刑事责任的，要及时移送司法机关追究刑事责任。要加强对事故调查人员的业务培训，建立事故查处质量考核检查制度，认真组织开展精品事故案例评比活动，切实提高事故调查质量。

四是加强安全生产应急救援体系和信息化建设。加快省级应急救援指挥中心和应急救援基地建设，对地方政府的救援队伍给予适当的装备扶持，严格救援队伍资质管理，强化救援队伍建设，加强应急救援演练，切实提高事故救援能力。加快安全生产信息化建设，升级并推广安全生产监管监察执法软件与事故调查软件，加快安全生产内外网和专网建设，提高安全生产监管监察科技水平。

五是加强对企业负责人与农民工的教育培训。对高危生产经营单位主要负责人，实行严格的持证上岗和继续再教育制度。要会同有关部门加强对农民工的安全培训，针对农民工流动性大、基础素质差的特点，改进培训方法，增强培训效果，切实提高农民工的安全意识和自我保护技能。

六是要认真落实科技兴安战略。争取把安全科技列入全省重大科技专项，建设安全科技攻关和技术转化平台，重点解决我省安全生产领域的重大安全技术问题。积极推广应用危化品阻隔防爆技术和GPS道路运输监控系统，在全省所有煤矿建立瓦斯监测监控系统并联网。烟花爆竹要重点推广安全环保火药，提高烟花爆竹安全生产系数。

（五）加强队伍建设，切实提高监管监察队伍的凝聚力和战斗力。

作风与廉政建设关系重大，必须摆上重要议事日程紧抓不放，切实解决干部队伍思想作风、工作作风、领导作风和生活作风等方面存在的突出问题。

一是要加强政治思想建设。继续深入开展保持党员先进性教育活动，认真组织开展学习党章、贯彻党章、遵守党章、维护党章活动，进一步坚定党员干部的理想信念，树立正确的权力观，增强党员干部的党员意识、责任意识、忧患意识与使命意识，不断提高执政为民和反腐败的自觉性。

二是要加强业务教育培训。要通过集中轮训、现场教学、交流学习等方式，加强对各级特别是县乡两级安全监管监察人员的业务教育培训，切实提高其依法行政的能力。认真落实全省安全生产示范乡镇建设会议精神，坚持创建标准，严格考核验收，加强督促检查，确保安全生产示范乡镇创建活动取得实效。

三是要加强机关作风建设。要全面贯彻落实“八个坚持、八个反对”和“八荣八耻”的要求，弘扬正气，打击歪风邪气，大力倡导求真务实、一丝不苟、一抓到底、雷厉风行的工作作风，教育广大监察员明是非、辨荣辱，把风气搞正，把作风搞实，努力建设一支政治合格、纪律严明、作风优良、业务过硬的安全监管监察队伍。省局决定，除继续组织开展目标管理表彰奖励外，每年再评选10个先进县市局、10名优秀安监局长和30名优秀监察员，努力营造鼓励人干事、激励人上进的工作机制。

四是要加强党风廉政建设。建立健全并严格落实公开办事、岗位责任、首问负责、服务承诺、限时办结、效能告诫、绩效考核等制度，加强党内民主监督，严格落实党风廉政建设责任制，通过制度管人，依靠制度管事，深入开展治理商业贿赂专项工作，在确保公开、公正、廉政执法的同时，切实提高办事效率，提高工作质量，提高服务水平。严禁安全监管监察人员收受监察对象的红包礼金，严禁在监管监察对象入股分红，严禁在安全评审评估中收取任何费用好处，已经收受的红包礼金和专家评审费，要限期申报上缴，逾期不缴的要严肃处理。

（六）突出抓好当前工作，严防高温季节与汛期安全生产事故。

一是要认真落实烟花爆竹高温季节停产措施，严格执行六条断然措施，严厉打击烟花爆竹非法生产。高感度工房室温超过 32℃、一般工房室温超过 35℃时，烟花爆竹生产企业必须全线停产。要加强巡查监控，督促烟花爆竹生产企业深入排查、切实整改事故隐患。要积极开展联合执法，严厉打击烟花爆竹非法生产经营等违法行为。

二是要督促煤矿企业切实加强瓦斯治理与水害防治。认真贯彻全国瓦斯、水害防治会议精神，加强对地方煤矿安全监管部门的检查指导，积极组织开展瓦斯水害防治的专项执法监察，督促企业严格落实瓦斯和水害防治措施。要认真开展水情水害专项排查分析，落实各项防洪防汛措施，一旦发生洪水、泥石流等地质、气象灾害不能确保安全生产的，要果断停止作业或坚决撤人以确保安全。

三是要督促非煤矿山加强水害防治和尾矿库管理，防止淹井溃坝事故。要督促国土部门坚决打击超深越界行为，对采空区形成的老窿水威胁，要加强排查整治，严防透水淹井事故。要加强对尾矿库的巡查监控，对病库、险库、危库，要立即组织力量进行治理，防止发生溃坝事故。

四是要加强危险化学品生产、经营、储存、运输等环节的安全监管，防止发生泄露、爆炸事故。要从强化生产、经营、储存企业主体责任入手，规范企业的安全管理，对易积水的危险化学品生产、储存区，要采取围堰和加高护堤护坝等措施；对遇湿容易分解出易燃、有毒气体的原材料和产品，要采取严格的防水、防潮措施，严防发生各类爆炸、泄漏、中毒等重特大事故。同时，要加强对建筑施工、民爆器材、道路和水上交通、消防等行业的综合监管，坚决遏制重特大事故的发生。

广东省2005年安全生产形势报告

一、全省各类事故基本情况

2005年，全省共发生各类事故86 523起、死亡11 441人、受伤78 652人、直接经济损失4.62亿元，4项指标呈“一升三降”：事故起数比上年同期上升0.37%，死亡人数、受伤人数和直接经济损失比上年同期分别下降6.54%、1.23%和8.98%。

（一）工矿企业。全省发生工矿商贸企业职工伤亡事故1 111起、死亡851人、受伤666人、直接经济损失10 471.61万元，呈“两升两降”态势：事故起数、死亡人数同比分别下降9.82%、0.70%，受伤人数和直接经济损失同比分别上升4.72%、75.74%。

（二）火灾。全省发生火灾17 276起、死298人、伤350人、直接经济损失8 051.62万元，事故起数和死亡人数同比分别上升7.37%和6.43%，受伤人数和直接经济损失同比分别下降8.85%和29.84%。

（三）道路交通。全省发生道路交通事故67 756起，死亡9 959人，受伤77 591人，直接经济损失20 882.79万元，同比下降0.97%、6.55%、1.24%和12.79%。

（四）水上交通。水上交通运输发生事故62起、死亡63人、直接经济损失6 750.67万元，事故起数、死亡人数和直接经济损失比上年同期分别下降了11.43%、43.75%和25.88%。

（五）铁路路外。铁路路外发生事故243起，死亡206人，伤45人，直接经济损失88.24万元，同比分别下降18.46%、17.27%、11.76%和37.25%。

（六）渔业船舶。渔业船舶发生事故75起，死亡64人，分别比上年同比下降14.77%、25.58%。

二、工矿企业事故情况分析

（一）重特大事故。2005年全省共发生一次死亡3～9人的事故20起，死亡76人，同比减少8起，少死亡31人，分别下降了28.57%和28.97%；发生一次死亡10人以上的事故2起，死亡137人，同比多发生1起，多死亡125人，分别上升了100.00%和1 041.67%。

（二）煤矿事故。全省煤矿共发生事故31起，死亡174人，同比少发生32起，多死亡76人。其中一次死亡3～9人的重大事故1起，死亡3人，同比减少8起，少死亡33人；一次死亡10人以上的事故2起，死亡137人，分别是：7月14日，梅州兴宁市罗岗镇福胜煤矿发生透水事故，造成16人死亡；8月7日，梅州兴宁市大兴煤矿发生透水事故，造成121名矿工被困井下死亡。

（三）从经济类型看，事故主要集中发生在非公有制企业。公有制经济（含国有和集体经济）发生事故135起，死亡99人，只占总数的12.15%和11.63%；而非公有制经济（包括股份合作、联营、有限责任、股份有限、私营、外商投资、港澳台投资及其他经济）共发生事故976起，死亡752人，占总数的87.85%和88.37%。

（四）从行业类型看，事故集中发生在制造业、采矿业和建筑业。具体情况是：制造业：共发生事故734起，死亡315人，同比减少1起，多死亡12人，事故起数下降0.14%，死亡人数上升3.96%。采矿业：发生事故101起，死亡257人，同比减少75起，多死亡28人，事故起数下降42.61%，死亡人数上升12.23%。建筑业：共发生事故139起，死亡140人，同比减少36起，少死亡43人，事故起数和死亡人数分别下降20.57%和23.50%，说明2005年建筑行业事故明显下降。

（五）从事故发生的时间看，3月～8月全省工矿企业事故多发，到9月份后逐渐回落。

（六）从事故原因看，主要是由五方面造成事故。由于违反操作规程、设备设施工具附件有缺陷、安全设施缺少、场所环境不良、个人防护用品缺少五方面的原因造成事故981起，死亡629人，分别占总数的88.30%和73.91%。

三、全省安全生产控制指标完成情况

2005年，全省安全生产控制指标数为11 975人，各类事故造成11 441人死亡，同比下降6.54%，比应控制数少534人。各类事故控制指标具体情况如下：

（一）工矿企业控制指标。全省工矿企业事故死亡人数851人，比控制指标少死亡6人，其中煤矿事故死亡人数174人，比控制指标多死亡76人。从各地区完成指标控制的情况看，有16个市完成了工矿企业事故控制指标，占76.19%；未完成工矿企业事故控制指标的5个市分别是深圳（超标4人，下同）、肇庆（4）、惠州（3）、梅州（118）、云浮（1）。

（二）道路交通控制指标。全省道路交通事故死亡9 959人，比控制指标少死亡461人。有19个市完成了道路交通事故控制指标，占全省90.48%；未完成道路交通控制指标的2个市分别是珠海（超标45人，下同）、揭阳（4）。

（三）火灾：全省火灾死亡人数应控制数为282人，实际死亡298人，占全年指标的105.67%，比控制指标多死16人。

（四）渔业船舶：全省渔业船舶事故死亡人数应控制数为84人，实际死亡64人，占全年指标的76.19%，比控制指标少死20人。

（五）水上交通：全省水上交通事故死亡人数应控制数为110人，实际死亡63人，占控制指标的57.27%，比控制指标少47人。

（六）铁路路外：全省铁路路外事故死亡人数应控制数为244人，实际死亡206人，占控制指标的84.43%，比控制指标少38人。

四、全省安全生产事故特点

（一）全省安全生产形势趋于好转。2005年，全省安全生产形势呈总体稳定、趋于好转的态势，虽然各类事故起数轻微上扬，但其他三项指标均下降，尤其是各类事故死亡人数在2003年比2002年下降了5.35%，2004年同比下降了3.84%的基础上，2005年同比又下降了6.54%，比国家下达给我省的控制指标数少死亡614人，比省政府确定的全省安全生产控制目标少死亡534人。

（二）一次死亡3～9人的事故大幅下降。全省共发生一次死亡3～9人的事故192起，死亡694人，与去年同比少发生30起，少死亡112人，分别下降了13.51%和13.90%，其中水上交通、铁路交通、渔业船舶没有发生一次死亡3～9人的事故。

（三）大部分行业和领域安全生产形势继续好转。2005年，道路交通、水上交通、铁路路外事故4项指标同比分别下降。其中事故起数和死亡人数除了火灾事故有所上升以外，其他行业均有不同程度的下降，工矿商贸、道路交通、水上交通、铁路交通及渔业船舶等行业和领域伤亡事故死亡人数分别少死亡 6、698、49、43、22 人，分别下降了 0.70%、6.55%、43.75%、17.27%、25.58%；受伤人数和经济损失除了工矿企业有所上升外，其他行业和领域均有所下降。

（四）部分地区安全状况比较稳定。从安全生产控制指标进度的情况看，大部分地区安全生产形势比较稳定。在工矿企业事故方面，全省 21 个市有 16 个市死亡人数控制在进度目标内，13 个市工矿企业没有发生过一次死亡 3 人以上的事故；有 19 个市将道路交通事故控制在指标之内。

五、存在的主要问题

（一）全省一次死亡 10 人以上的事故大幅上升。2005 年，全省共发生一次死亡 10 人以上的事故 8 起，死亡 264 人，同比起数增加 5 起，多死亡 221 人，分别比 2004 年上升了 166.67%和 513.95%，其中还发生了两起死亡人数超 30 人的特别重大事故，汕头“6·10”火灾事故是当年全国最大的火灾事故；梅州“8·7”矿难造成 121 人死亡，成为我省死亡人数最大的煤矿透水事故，不仅惊动了党中央和国务院领导，在国内外造成了严重的负面影响。说明全省安全生产工作的基础仍不牢固。

（二）部分行业和领域特大事故上升。煤矿企业一次死亡 10 人以上的事故起数和死亡人数同比增加 2 起、137 人；火灾一次死亡 10 人以上的事故起数和死亡人数同比增加 2 起、57 人；道路交通一次死亡 10 人以上的事故起数和死亡人数同比增加 2 起、39 人。

（三）部分地区一次死亡 3～9 人的事故多发。2005 年，工矿企业方面，广州、江门、惠州等 3 个市发生了 3 次以上一次死亡 3～9 人的事故，分别是：广州市 7 起，死亡 26 人；江门市 3 起，死亡 10 人；惠州市 3 起，死亡 9 人。在道路交通方面，广州、韶关、惠州、汕尾、河源、清远 6 个市发生 10 次以上一次死亡 3 人以上的事故，分别是：广州市 12 起，死亡 44 人；韶关市 15 起，死亡 67 人；惠州市 17 起，死亡 56 人；汕尾市 10 起，死亡 38 人；河源市 14 起，死亡 63 人；清远市 14 起，死亡 48 人。

（四）安全生产控制指标完成情况不平衡。2005 年，我省安全生产控制指标完成情况良好，但是，部分行业和地区的控制指标完成情况仍不容乐观。

分行业看，道路交通、渔业船舶、水上交通、铁路路外等四个行业较好的完成了安全生产控制指标。工矿商贸企业和火灾事故未完成进度目标，均超出应控制指标 16 人，其中，煤矿事故死亡人数应控制数为 99 人，实际死亡 174 人，超出应控制数 75 人。

从地区看，全省 21 个地级以上市有 16 个完成了工矿商贸企业安全生产控制指标，深圳、肇庆、惠州、梅州、云浮 5 个市突破控制指标，其中茂名、揭阳、汕尾、阳江等 4 个市工矿商贸企业控制指标完成情况良好，实际死亡人数控制在全年控制指标的 40%以内。全省有 19 个市完成交通事故控制指标，珠海、揭阳没有完成控制指标，其中珠海市实际死亡 183 人，比全年控制指标多死亡 45 人，韶关、湛江、阳江分别比控制指标少死亡 81 人、34 人、40 人。

（五）一些行业和领域安全生产事故发生多发。一是火灾事故多。今年，全省共发生火灾 17 276 起，同比增加 1 186 起，死亡 298 人，同比多死亡 18 人，分别上升 7.37%和 6.43%。二是煤矿透水事故死亡人数多。2005 年梅州兴宁市连续发生两起特大的透水事故，死亡 137 人。三是建筑坍塌事故多。2005 年广州市海珠区发生“7·30”建筑工地坑基垮塌事故，导致 3 人死亡，海员大厦等周边楼群不得不实施人工爆破炸毁或加固修缮；清远英德一商场正在准备开业的时候发生坍塌，导致 5 人死亡。这些事故引起了社会广泛的关注。

广东省2006年上半年安全生产形势报告

一、上半年安全生产事故分类情况

今年1～6月份，全省共发生各类事故36 966起、死亡4 877人、受伤35 880人、直接经济损失16 254.84万元，分别比去年同期下降13.54％、13.77％、12.71％和27.17％。

（一）工矿企业。全省发生工矿企业职工伤亡事故364起、死亡255人、受伤210人、直接经济损失2 778.2万元，四项指标同比分别下降40.33％、26.51％、48.66％和5.51％。

（二）火灾（不含森林草原）。全省发生火灾7 455起、死103人、伤114人、直接经济损失2 610万元，事故起数同比上升14.18％，死亡人数、受伤人数和经济损失分别比去年同期下降38.32％、30.49％和26.44％。

（三）道路交通。全省发生道路交通事故28 979起，死亡4 373人，受伤35 534人（其中重伤8 937人，轻伤26 597人），直接经济损失9 180.51万元，分别比去年同期下降18.18％、11.96％、12.28％和15.95％。

（四）水上交通。水上交通运输发生事故33起、死亡38人、直接经济损失1 638.67万元，三项指标分别比去年同期下降2.94％、5.00％和66.25％。

（五）铁路路外。铁路路外发生事故107起，死亡85人，受伤22人，直接经济损失47.46万元。四项指标分别比去年同期下降15.08％、15.84％、12.00％和11.83％。

（六）渔业船舶。渔业船舶发生事故28起，死亡23人，同比分别下降22.22％和32.35％。

二、安全生产控制指标完成情况

（一）工矿企业。上半年，全省各地工矿企业事故控制指标完成情况较好，工矿企业事故共造成255人死亡，占全年控制指标总数的33.73％，全省有19个市实际死亡人数控制在全年指标的50％以内，其中，广州、韶关、汕头、湛江、茂名、肇庆、梅州、汕尾、河源、清远等10个市工矿企业事故死亡人数控制在全年总数的30％以下（含30％），较好地完成了上半年控制指标。但全省仍有惠州、云浮2个市没有完成上半年控制指标，死亡人数分别占全年控制指标总数的66.67％和100.00％，其中以云浮市最为严峻。

（二）道路交通。上半年，全省道路交通事故共造成4 373人死亡，占全年控制指标总数的44.81％，道路交通事故控制指标基本完成。全省有19个市实际死亡人数控制在全年指标的50％以内，但大部分都接近全年控制数的一半，形势不容乐观。全省还有湛江和阳江等2个市没有完成上半年控制指标，死亡人数分别占全年控制指标总数的53.85％和54.32％。

（三）各行业和领域安全生产控制指标完成情况。上半年全省火灾、道路交通、工矿企业、渔业船舶、水上交通和铁路路外等安全生产控制指标死亡人数分别占全年的35.64％、44.81％、33.73％、31.51％、44.71％、43.37％，从这些情况看各领域的安全生产控制指标都基本完成。

三、上半年全省安全生产的主要特点

（一）全省上半年安全生产形势总体稳定好转。今年上半年，全省共发生各类事故 36 966 起、死亡 4 877 人、受伤 35 880 人、直接经济损失 16 254.84 万元，同比下降 13.54%、13.77%、12.71%和 27.17%。

（二）重特大事故有所下降。今年上半年，全省共发生一次死亡 3～9 人的事故共 92 起，死亡 337 人，同比减少 8 起，少死亡 31 人，分别下降了 8.00%和 8.42%；发生一次死亡 10 人以上的事故 2 起，死亡 23 人，同比减少 2 起，少死亡 59 人，分别下降了 50.00%和 71.95%。

（三）工矿企业职工伤亡事故下降。今年上半年，我省发生工矿企业职工伤亡事故四项指标同比分别下降 40.33%、26.51%、48.66%和 5.51%。其中采矿业共发生事故 20 起，死亡 24 人，与去年同期对比减少 39 起，少死 51 人，分别下降了 66.1%和 68%；制造业共发生事故 224 起，死亡 118 人，与去年同期对比减少 201 起，少死 29 人，分别下降了 47.29%和 19.73%；建筑业共 57 起，死亡 56 人，与去年同期对比减少 11 起，少死 13 人，分别下降了 16.18%和 18.84%。全省工矿商贸企业未发生一次死亡 10 人以上特大事故。

四、下一步安全生产工作的措施

（一）切实加强危险化学品安全监管。各级安全监管部门要进一步加大危险化学品安全监管力度，按照国家和省已做出的部署，坚决关闭 2005 年 12 月 31 日之前未提出安全生产许可申请的生产企业，以及今年 3 月 31 日之前未取得经营许可证的危化品经营单位。认真开展危险化学品运输环节安全专项整治，督促有关地区和部门加强危险化学品企业生产、储存、运输环节的安全监管，防止发生泄漏、爆炸事故。加强对危险化学品运输环节中的车辆、驾驶员资质、危险化学品准运资格监督检查，加大对非法、违规运输危化品企业和人员的查处力度，严防危险化学品在生产及运输中发生重特大事故。

（二）加强人员密集场所消防安全监管。认真吸取汕头“5.19”特重大火灾事故教训，切实加强人员密集场所的安全监管，对宾馆饭店、商场、文化娱乐等人员密集场所加强安全监督检查，对安全责任制不落实、未建立防灭火应急预案、疏散通道不畅、消防设施不完善、不具备安全条件、违章经营、存在重大火灾隐患的场所，要坚决予以停业整顿。要进一步加大消防安全监管执法力度，严肃查处违法违规行为，杜绝类似特大火灾事故的发生。

（三）认真做好安全生产控制指标的落实工作。各市、各部门要认真总结本地区和本部门上半年控制指标的进展情况，分析本地区、本部门控制指标落实工作的特点、存在问题，认真部署下半年的安全生产控制指标落实工作，落实各级政府和有关生产经营单位的责任，建立健全安全生产控制指标考核机制，充分发挥媒体的监督作用，采取有力措施，促进安全生产控制指标全面落实，确保今年控制指标任务的完成。

（四）抓好道路交通事故隐患的排查整改工作。进一步落实运输企业安全生产责任制，严格管理营运驾驶人，减少营运车辆造成的交通死亡事故；全面排查公路危险路段，加大公路安全保障实施力度；继续深入开展道路交通、危险化学品运输等专项整治，治理非法载客和超载超限，着力解决影响交通安全的突出问题；大力开展交通安全宣传教育工程，提高公众的交通安全意识；加强农机驾驶和农村道路管理；加强督促检查，确保各项措施落到实处，重点落实道路交通安全责任制和责任追究。相关部门要密切配合，加强和完善道路交通安全联合执法，及时制止、严厉查处交通安全违法行为。

广西壮族自治区 2005 年～2006 年上半年安全生产形势报告

一、全区安全生产工作情况

（一）2005 年基本情况。全区共发生各类安全事故 14 601 起，死亡 4 428 人，受伤 12 995 人，直接经济损失 11 574.34 万元，同比分别下降 18.63％、8.38％、13.76％和 6.05％。全区各类事故死亡人数占国家下达年度控制考核指标的 95.31％，占自治区下达年度控制考核指标的 97.38％，比国家下达的年度控制考核指标少死亡 218 人，比自治区下达的年度控制考核指标少死亡 119 人。2005 年全区安全生产主要特点是：

一是安全生产形势继续保持平稳下降态势，各类安全事故起数、死亡人数、受伤人数和直接经济损失四项主要统计指标均有较大幅度的下降。

二是特大事故得到有效的遏制。一次死亡 10 人以上特大事故发生 2 起，死亡 25 人。去年同期 5 起，死亡 95 人，同比事故起数、死亡人数分别下降 60％和 73.68％。

三是大部分行业和领域安全状况良好，除水上交通事故上升外，其余其他行业事故起数和死亡人数同比明显下降：工矿商贸分别下降 6.90％和 12.89％；道路交通分别下降 21.42％和 7.43％；煤矿事故起数下降 13.64％，死亡人数上升 4.76％；火灾事故起数下降 9％，死亡人数上升 2.61％；农机分别下降 22.75％和 51.06％。

四是大部分地市安全生产形势稳定。14 个地市中有 8 个市事故死亡人数同比有所有下降，除梧州市、百色市外，其他 12 个市没有发生一次死亡 10 人以上的特大事故。五是通过加强重特大事故防范工作，全区没有发生一次死亡 30 人以上特别重大事故。

存在问题：一是各类事故隐患大量存在，一些非法小煤窑、锰矿区非法开采和私炮加工等非法行为屡禁不止，隐患重重；二是水上交通、采石场事故上升；三是部分地市和领域事故死亡人数超过年度控制指标；四是部分市县领导对安全生产的重视程度有待提高等。这些问题有待我们采取有力措施认真加以解决。

（二）2006 年上半年基本情况。今年以来，全区各地、各部门和各单位认真贯彻落实胡锦涛总书记关于安全生产工作的重要讲话精神，按照全国、全区安全生产工作会议的总体部署，进一步加大安全生产监管力度，深入开展专项整治和联合执法，强化基层和基础工作，切实排查整改事故隐患，全区安全生产继续保持平稳发展的态势。1～6 月，全区共发生各类安全生产事故 6 703 起，死亡 1 952 人，受伤 6 219 人，直接经济损失 4 756.63 万元，与上年相比分别下降 10.00％、10.21％、6.28％和 14.12％。各类事故死亡人数占全年控制指标 45.47％，比进度控制指标少死亡 194 人。2006 年上半年全区安全生产主要特点：

一是各级政府对安全生产的重视程度有了新的提高，抓工作的力度加大。各市县政府高度重视安全生产，把安全生产纳入“十一五”规划，与地方经济社会发展统一规划、同时部署、共同发展，层层分解安全生产控制指标，逐级签订责任状，深入开展安全生产大检查和事故隐患整治，建立联合执法工作机制。特别是在全国、全区“两会”期间，各市县集中力量开展对煤矿、非煤矿山、道路和水上、交通、烟花爆竹和民爆器材、危险化学品、公众聚集场所消防和建筑施工等专项整治，确保了“两节”、“两会”期间安全生产。

二是四项统计指标全面下降，重特大事故得到了有效遏制。全区事故起数、死亡人数、受伤人数和直接经济损失同比分别下降10.00%、10.21%、6.28%和14.12%。没有发生一次死亡30人以上的特别重大事故和一次死亡10人以上的工矿商贸企业特大事故。全区一次死亡3～9人重大事故大幅度下降，发生45起、死亡173人，同比分别下降26.23%和15.20%。

三是多数行业和领域安全状况明显好转，各类伤亡事故总量下降。道路交通事故起数、死亡人数、受伤人数、直接经济损失同比分别下降14.48%、8.85%、5.69%和35.70%。一次死亡3人以上事故起数、死亡人数同比下降32.08%和19.66%；工矿商贸企业事故起数与上年持平，死亡人数、直接经济损失分别上升5.03%和10.92%，受伤人数下降27.59%。一次死亡3人以上事故6起，死亡18人，同比分别下降50%和28.57%；火灾事故起数上升13.79%，死亡人数、受伤人数和直接经济损失分别下降57.75%、49.06%和16.52%；铁路路外（含地方铁路）事故起数、死亡人数分别下降14.01%、21.76%，受伤人数上升14.75%。一次死亡3人以上事故1起，死亡3人，去年同期无一次死亡3人以上事故；农机事故起数、受伤人数分别下降88.50%、51.43%，死亡人数和直接经济损失分别上升7.14%和173.86%。

四是大部分地市安全状况相对稳定，控制指标完成较好。全区14个地级市，有12个市事故死亡人数没有突破进度控制考核指标。各行业和领域死亡人数均在控制指标以内。

存在的主要问题有以下几个方面：

一是重特大事故时有发生，安全生产形势依然严峻。今年1～6月发生2起一次死亡10人以上特大交通事故，共造成27人死亡，5人重伤。分别是：3月1日，一辆由四川省遂宁市开往广东省顺德市的大客车，途经南梧高速公路3 km＋76 m处时，大客车前部发动机突然起火，造成16人死亡，2人重伤，7人轻伤；4月7日，南宁市白马公共交通有限公司11路车在由北往南行驶至良庆区银海大道228号门前路段时，与对向行驶的一辆微型面包车发生相撞，造成11人死亡，3人受伤。

二是一些行业和领域安全事故多发。煤矿事故起数12起，死亡17人，与上年同期有较大幅度上升；高速公路事故死亡人数77人，上升14.92%：工矿商贸事故死亡人数也有所上升，导致工矿商贸事故死亡人数上升，主要是由于采掘业、建筑业事故多发所致。

三是非法生产有所抬头。受经济利益驱动，一些地方不法分子铤而走险，利用夜间、节假日或隐蔽地形进行非法生产和盗采乱挖。比较严重的是河池金城江、白土矿区、宜州市矿区等非法小煤窑，打击非法生产活动任务十分艰巨。

四是一些重大隐患没有得到有效整治和整改。列入去年自治区政府重点督办的16项重大安全生产事故隐患中，仍有2项隐患没有完成整改任务。煤矿企业投入严重不足，设备陈旧老化，管理落后，粗放经营。一些国有煤矿企业在扩大生产经营规模时，技术、安全管理存在滑坡现象。全区40%以上加油站安全距离不符合国家有关标准要求；危险化学品运输事故时有发生；烟花爆竹企业“三违”现象严重，超人员、超药量、超能力组织生产的问题突出。此外，道路交通、工矿商贸、铁路、火灾等领域和行业隐患较多，伤亡事故居高不下。

二、主要工作

（一）全面落实安全生产责任制，建立健全安全生产责任追究。在全面落实安全生产目标管理、层层分解落实安全生产控制指标的基础上，加强指标完成情况动态监控。自治区安监局对各市事故控制指标完成情况，每月按排名顺序进行通报，对指标超控市县和行业进行预警，并提出针对性的措施。完善考核制度，严格奖惩兑现。在今年政府与各市签定安全生产责任书中，将安全生产纳入各级政府、部门和企业政绩考核的重要内容，实行量化考核和“一票否决”制度。凡各类事故死亡人数超过年度安全生产控制指标20%以上，年度内发生一次死亡30人以上特别重大事故，道路交通年内发生三次死亡10人以上事故，工矿商贸及其他行业发生一次死亡10人以上事故的，实行“一票否决”。各地各部门按照自治区的统一部署，逐级签订责任状，层层落实安全生产责任，基本形成了“横向到部门、纵向到企业”的安全生产责任体系。

（二）认真贯彻国务院两个重要文件精神，全力抓好煤矿安全生产工作。一是组织制定煤矿整顿关闭工作规划。明确今年提请地方政府予以关闭的14对矿井名单，2007年关闭矿井的数量及2008年保留矿井的数量。二是加强煤矿安全改造。组织合山、右江、百色和钦州矿务局等地方国有重点煤矿做好安全改造项目申报工作，配合自治区发改委、经贸委完成15个项目申报。目前，自治区已安排了500万元安全改造资金。三是抓好瓦斯集中整治。在督促煤矿进一步建立完善并落实瓦斯防治各项规章制度、防范煤矿超能力、超强度、超定员组织生产的基础上，重点推进煤矿数字化瓦斯远程监控系统，全区煤矿数字化瓦斯远程监控系统累计增加到11套。四是做好水害防治工作。认真督促煤矿企业制定完善并落实防治水的各项规章制度，特别是加强对老塘采空区积水的管理和“雨季三防”工作，杜绝在采空区积水区域附近进行采掘作业。积极推广应用国内外先进探水技术，减少矿井突水危害。五是加强煤矿建设项目“三同时”审查。上半年完成3个煤矿新建项目安全预评价的备案审查，完成煤矿建设项目安全设施设计审查43个，其中40个项目通过审查批复；完成2对矿井安全设施竣工验收。全区合法煤矿没有发生瓦斯事故和水害事故，没有突破国家下达的进度控制指标。

（三）加强重特大事故预防和隐患排查整改，消除了一大批隐患。建立并实施了区、市、县、乡、村五级隐患整治监督管理制度。今年自治区级重点监督整改重大安全隐患14项，地级市级120项，县（市、区）、乡、村级的事故隐患整改项目也已确定，并都分别落实了整改的具体内容、时间、措施、责任单位和人员。其中属自治区级的北山矿区4号采空区隐患和合浦县河道整治隐患已经消除。为预防事故，及时消除隐患，对事故隐患实行“六不放过”：一是对发生事故和未遂事故的企业、市县（区）吸取教训不放过；二是对列入的重点隐患的整改监督不放过。对安全生产问题比较严重，有可能发生特大以上事故的企业、市县（区）的主要领导和分管领导，自治区安监局领导和相关处室负责人定期、不定期或随时打电话警示、提醒、打招呼、到现场检查；三是在别的省市区发生特大以上事故后，对我区同类型的企业进行督促提醒不放过。别人患病，我们也吃药，提前预防；四是对接到举报的事故隐患督办整改不放过；五是对新闻媒体曝光的隐患和违反安全生产的情况不放过，一追到底，决不含糊；六是对倾向性、苗头性问题不放过，及早发现，果断采取措施，努力把重特大事故消灭在萌芽状态。

（四）深入开展安全检查和专项整治，着力解决事故多发行业和领域的突出问题。上半年全区组织两次全区性的安全生产大检查，各市县（区）每月组织一次大检查。同时定期不定期开展专项整治活动，集中力量着力解决矿山、道路交通、危险化学品、烟花爆竹、消防火灾等领域的突出问题。煤矿：重点是检查领导下井带班制度落实、职工培训教育、现场管理、“一通三防”工作、安全仪器配备、水害预防、违法及超能力生产、应急救援等情况。并对存在非法开采的矿区进行专项整治。非煤矿山：重点是开展尾矿库和防治水害专项检查。尾矿库专项检查的重点是查领导决策、查设计、查施工、查管理、查隐患治理等。并组织对大厂矿区、北山矿区等自治区重点监控区域的矿业秩序整顿、重大隐患治理、企业安全生产基础工作等情况进行了专项督查。危险化学品：重点是以“五整顿、两关闭”为主要内容，深入开展成品油、烟花爆竹专项整治，并配合交通、公安、质监、环保等部门开展危险化学品道路运输、槽罐车充装单位、化工企业事故状态下防范环境污染措施等专项整治。此外，积极配合有关部门，开展道路交通、水上交通、消防火灾安全专项检查。据不完全统计，上半年，全区依法炸毁非法开采和死灰复燃的小煤井200多处，关闭不符合安全生产条件的矿山389个；关闭和取缔非法生产经营单位144个，下达限期隐患整改通知书1 357份，吊销证照2户，并对不符合安全距离的柳州东风化工有限责任公司下达停产搬迁文件。

（五）严格实施安全生产许可证制度，强化源头管理。根据全国安全生产工作会议的部署，要在6月30日前完成煤矿、非煤矿山、危险化学品和烟花爆竹等高危行业安全生产（经营）许可证颁证任务。为此，我们把颁证任务作为上半年工作的重中之重，全力以赴打好颁证攻坚战。一是各地市和有关部门提高认识，加强领导，明确责任，积极督促企业按规定完成整改，按时限要求，分门别类，时间“倒推”，按月、按周细化工作程序和阶段性目标，确保在规定时限内完成颁证任务。二是组织召开了非煤矿山发证工作会议，对于低危的黏土、砂场等，只要申请材料基本齐全、现场核查无重大安全隐患的即可发证；对小型露天采石场要进行区别对待，乡村农民自用的小石场可不列为非煤矿山安全生产许可证管理对象；委托地市安监部门发证的非煤矿山企业原则上不进行评价报告评审；危险性小的矿山现场审查可不请专家。三是成立烟花爆竹许可证发放办公室，主任由局分管领导担任，成员由局机关、自治区经委、自治区国防工办和烟花爆竹培训中心等熟悉业务人员组成，配备相应交通、办公等设备，并保证经费。办公室人员原则上不准出省（区）外开会、不准请假、节假日不休息，办公室分8个小组分赴烟花爆竹企业，白天现场核查，晚上整理材料，加快烟花爆竹许可证审查与颁证进度。四是抓好整顿关闭工作。目前，全区逾期未提出申请的25家危险化学品生产企业已全部落实停产；逾期未提出申请的71家烟花爆竹企业，企业所在地方政府已决定关闭；逾期未提出申请的762家危险化学品经营企业，正提请当地政府依法予以关闭。对已确定关闭的企业要求按规定关实关死，并要求做到当地政府下达整顿关闭决定并发布公告；国土、工商、公安等部门注销相关企业工商营业执照、采矿许可证并将注销情况予以公告；通过企业关闭或政府强制关闭完成了遣散人员、拆除设备、填平井口等工作。截至6月30日，全区接收并受理煤矿申请企业87家（对），完成现场核查矿井78对，经区安监局行政审批会议讨论通过发证67家（对）；非煤矿山申请企业5339家，发证4332家；危险化学品生产申请企业505家，完成现场核查430家，发证373家；烟花爆竹生产申请企业317家，受理271家，完成现场核查271家，发证270家；危险化学品经营单位申请企业1 758家，完成现场核查1 746家，发证1 711家。

（六）狠抓应急救援体系建设，提高突发事故应对能力。一是加快各地应急救援机构和指挥中心网络建设。自治区安全生产应急救援指挥中心机构建设方案已经自治区主席办公会议讨论通过，目前正加紧与有关部门协调落实。同时继续完善自治区应急救援指挥中心网络建设，桂林、柳州、南宁等市已相继完成应急救援指挥中心网络建设，其他地市也正在紧锣密鼓规划建设中；二是切实抓好应急预案的编制。完成了安全生产事故灾难、矿山事故、危险化学品事故、烟花爆竹事故等应急预案的编制。全区14个地级市、109个县政府都制定有安全生产事故灾难应急救援预案。全力推进高危行业制定安全生产应急救援预案，要求凡需办理安全生产许可证的企业都要按有关规定制订应急救援预案；三是加强应急救援队伍建设。明确要求自治区矿山救援大队华锡中队、合山中队、右江中队、百色中队、钦州中队、河池中队、桂林中队、南宁中队、贵港中队和崇左中队等救援队伍坚持天天体能测试考勤、周周单项竞赛评比、月月举行演练总结。规范队伍日常管理，加强应急救援培训和演练，确保救援队伍召之即来、来之能战、战之能胜。

（七）创新安全监管方法，提高安全监管效能。一是加强安监队伍作风建设。在全区安监系统全面推行半军事化管理，用铁的制度、铁的纪律、统一的意志要求和规范全体安监人员，用铁的手腕抓好安全生产各项工作。把“预防事故，拯救生命，减少伤亡和损失”作为安监部门天大的责任，树立“安全生产责任重于泰山，从事安监工作责任比泰山还要重”的观念，要求所有安监人员都必须具备一颗红心、一副黑脸、一张快嘴、一双铁手、一对勤腿，敢于得罪人，不怕得罪人。要宁做“恶人”，不做罪人。在保持共产党员先进性教育活动中，要求全区所有安监人员积极投身先教活动，争做“平安广西的忠诚卫士”，为各级党委、政府和全区人民生命财产安全站好岗、放好哨；二是实行安全生产约见警示、黄牌警告制度。出台了《安全生产约见警示、黄牌警告暂行办法》，自治区安委办、安监局先后给予12家企业、5个市安监局以及7个县市区政府一把手和分管副职安全生产约见警示，责成他们消除重特大事故隐患；三是建立部门联合执法机制，实施多部门联合执法。上半年安监、公安、国土、工商、经委等部门多次联合执法，严厉打击非法开采的煤矿、非煤矿山和私炮生产等非法行为。

（八）加强安全生产宣传教育和培训，组织开展“安全生产月”活动。围绕“安全发展、国泰民安”这一主题，2006年“全区安全生产月”活动声势大、效果好。自治区层面组织的活动主要有：一是6月3日，在南宁市民族广场举行隆重的安全生产月启动仪式。自区党委副书记马铁山、人大常委会副主任韦家能、自治区政府副主席吴恒、政协副主席章崇任四位领导出席了会议并为宣传月活动揭幕。自治区和南宁市各新闻媒体进行了现场采访报道，来自社会各界的2 000多人参加了启动仪式。二是组织新闻宣传活动。组织十多家新闻媒体入钦州、北海、玉林、梧州、贺州五市进行新闻采访。通过开展领导访谈、采访活动现场和隐患整治情况，用12天时间发送了30多篇新闻稿件，各媒体适时进行了报道。三是组织“平安中国——《安全生产法》知识竞赛”活动，全区共有11个市组织了21支参赛队，共有6支队伍进入广西电视台演播厅进行决赛；四是开展企业文化建设。组织安全文化产品发行、编写出版《安全留言版》、安全生产月主题挂图、安全教育片《法佑平安》、《安危一线间》等，推进企业“五个一”活动的开展，为全面营造企业安全生产月活动的气氛提供了保障。

安全生产培训方面也取得了较好的进展。大力强化各级管理者和企业生产经营单位作业从业人员的责任意识，推动安全生产各项要素落实到位。增加安全生产培训教育投入，加强培训基础建设，完善培训教育机制。发挥各级培训机构和企业的作用，进一步推动企业全员安全培训工作的全面开展。特别是为了配合和结合高危行业安全生产许可的实施，强化安全培训的源头管理。加强了对高危行业的生产经营单位负责人、安全生产管理人员的培训，尤其是对非煤矿山和危险化学品生产经营单位人员的培训。组织高危行业安全管理培训班17期，培训企业负责人和安全管理人员1 130人；组织高危行业及通用行业特种作业培训，培训人员6 900人。

三、下一步工作要点

（一）严格落实政府安全生产监管主体和企业安全生产责任主体职责，确保全年安全生产控制考核指标的落实。一是督促企业落实好安全生产主体责任，强化日常管理，认真开展安全质量标准化工作，真正把安全生产责任落实到各个环节、各个岗位、每个员工；二是督促有关部门依法履行监管职责，强化安全生产监管力度，严格执法，坚决查处安全生产违法行为，严厉打击非法生产活动；三是督促地方各级人民政府切实加强对安全生产工作的领导，严格落实安全生产行政首长负责制，精心组织，周密部署，确保安全生产。按照自治区政府与各市政府签订的 2006 年工作目标责任状，进一步建立健全安全生产控制指标体系，落实各级、各部门安全生产行政领导责任，采取有力措施，促进安全生产控制指标全面落实，确保今年控制指标任务的完成。

（二）严格实施安全生产许可条例，强化日常动态监管工作。凡是 2005 年 12 月 31 日前未提出办理安全生产（经营）许可证申请，虽按期提出安全生产许可证申请但安全评价不合格或整改无望，今年 6 月 30 日之前未能获得安全生产许可证的生产（经营）单位，一律依法实施关闭。所有关闭生产（经营）单位，都要按照分级管理、属地管理的原则，由当地安监部门向同级政府提出关闭申请，政府组织实施关闭；二是加强对持证企业的日常动态监管工作。实施许可证年检制度，对持证企业进行抽查和回访，加大对持证企业的监管力度。对持证企业，安全生产条件发生重大变化、降低安全生产条件或发生事故的，必须重新审核安全生产条件，并责令整改，并针对不同情况，依法暂扣、吊销许可证和实施经济处罚等；三是加强执法监督检查。对无安全生产许可证仍擅自进行生产经营活动的企业，要依法严格处罚。安全生产监管部门、建设行政主管部门和有关行业主管部门，应加强协调配合，及时沟通信息，推进联合执法，强化监督检查，确保法律的权威性和有效实施。四是严格执行建设项目安全设施与主体工程同时设计、同时施工、同时验收的“三同时”管理制度。新建企业和新建、改建、扩建项目，凡不符合产业政策、技术标准和规划布局、未经“三同时”审查、环评和安全设施未经验收或验收不合格的，一律不得立项、施工和生产。各级发改、工商、国土资源、建设等部门一律不予办理行政许可手续。各类企业特别是危险化学品生产、经营、储存企业，必须严格论证审查和安全评价，绝不能降低门槛、放宽标准。

（三）抓好薄弱环节的安全生产工作。一是以煤矿“一通三防”和防治水害为重点，严禁超通风能力生产，严禁瓦斯超限作业，严格执行“有疑必探、先探后采”的探放水原则，防止重大瓦斯事故和水害事故的发生；二是加强对非煤矿山尾矿库坝体和库区边坡稳定性的监测，及时排查事故隐患，对存在重大隐患的尾矿库，必须进行 24 小时监控，并及时落实整治措施，组织抢险；四是防范火灾事故。各地要对旅馆、饭店、商场、游戏娱乐等人员密集场所，以及容易发生火灾事故的单位，进行一次全面的检查，认真整改隐患，落实消防安全责任制。隐患严重的要坚决停业整顿；五是防范道路交通和水上交通事故。各地要以治理车辆超载超限、长途客车超员、货车违章载人、驾驶员违章驾驶为重点，落实客运企业安全责任制，整顿客运秩序，强化道路交通安全监管。要加强水上交通运输安全工作，抓好渡口、渡船、渔船载客、低质量船舶等隐患的治理，坚决取缔非法“三无”船舶，防范水上交通和农用船舶事故。

（四）突出抓好第三届中国一东盟博览会等“三会一节”期间安全生产工作，确保社会稳定。一是认真组织开展安全生产检查和督查，切实抓好重点防范目标的安全工作。组织开展全区性安全生产大检查和督查，认真排查、整改各类事故隐患；重点检查容易造成群死群伤的煤矿、非煤矿山、烟花爆竹；打火机、建筑施工等高危行业，凡“三会一节”期间不能确保绝对安全生产的，视具体情况采取停产整顿等强制措施。组织有关专家对在“三会一节”期间组织重要活动的重点场馆进行安全专项检查，以及对有接待任务的宾馆饭店和演出场所、市场、网吧等场所进行消防安全专项检查；二是切实加强“三会一节”期间值班、调度和应急救援工作。“三会一节”期间坚持24小时安全生产调度值班制度，全区19支应急队伍必须24小时值班待命，保证召之即来，来之能战，迅速有效的实施救援。

（五）深化安全专项整治，落实各项安全措施，确保重点行业和领域的安全生产。在前一阶段专项整治的基础上，下半年要继续深入开展煤矿、非煤矿山、危险化学品、烟花爆竹、道路交通、水上交通、公众聚集场所消防安全、建筑施工和作业场所职业危害防治等重点行业和领域的安全生产专项整治工作。坚持开展经常性的安全生产检查和督查，边查边改，限期整改，务求实效。继续把防范重特大事故特别是群死群伤事故作为安全生产工作的重中之重来抓。建立完善重大事故隐患整治五级监管网络，增强安全预警意识，建立重大隐患公告制度、重大事故约见警示和黄牌警告制度。抓好重大危险源的监控管理。采取科学、标准的方式，抓紧开展重大危险源调查和申报登记工作，建立重大危险源数据库，开展监测和评估，完善监控管理制度和措施，制订应急预案，依靠科学管理，防范重特大事故。对事故多发地区和重大危险源实行重点盯防，提高预防和控制事故的能力。

（六）贯彻“依法治安”方略，健全党委政府统一领导、相关部门共同参与的联合执法机制。一是推动《广西安全生产条例》尽快出台实施，加快《安全生产法》地方性配套法规的立法进度；二是强化部门依法监管，发挥各专门执法机构的作用。认真贯彻落实《区安委会成员单位安全生产工作职责规定》，充分发挥负有安全生产监管责任部门在专业执法方面的作用，落实有关部门的安全生产工作责任；三是开展联合执法，加大安全执法力度。要有重点地在煤矿、危化品、烟花爆竹、非煤矿山等重点领域和行业实施部门联合执法，建立联合执法机制，关停不具备安全条件、无证非法小矿小厂，切实做到有法必依、执法必严、违法必究，坚决维护安全生产法律法规的严肃性，切实解决安全执法“腰不硬、理不直、气不壮、刀不快”的问题。特别是要按照国家五部（委、局）《关于严厉打击煤矿违法生产活动的通知》要求，采取切实有效措施，加强对“五整顿、四关闭”矿井的联合执法，严厉打击煤矿非法开采和违法生产活动；四是加大事故查处力度，严肃事故责任追究。按照“四不放过”原则认真查处事故，严肃追究责任。对玩忽职守、失职渎职的要严肃处理，对重大事故背后的腐败问题要坚决查处。认真贯彻中央纪委、最高人民法院、最高人民检察院等六部门联合印发的《关于对重特大安全事故责任追究落实情况开展检查的通知》精神，对2003年10月以来已结案的重特大事故责任追究落实情况进行认真检查，发现问题及时纠正解决，维护法纪尊严和权威。

（七）强化安全管理，着力加强基层和基础工作。切实加强对企业的安全管理，建立严密、完整、有序的安全管理体系和各项规章制度，使安全生产工作日常化、规范化、标准化。指导和督促企业全面贯彻安全生产法律法规，依法建立健全安全生产责任制，逐步建立自我约束、不断完善的安全生产长效机制。督促企业加强安全设施建设，及时淘汰危及安全的落后技术、工艺和装备，引导企业广泛应用现代科技特别是信息化手段，提高安全装备水平，改善企业安全生产条件。继续推广安全质量标准化经验，完善各行业的安全质量标准，规范安全生产行为，推动企业安全质量管理水平的提高。各地、各行业要抓好典型，树立安全质量标准化的样板工厂、样板矿井、样板站段等，使广大企业学有榜样，赶有目标。继续抓好非公有制企业和国有重点企业的安全监管，做好试点工作，以典型引路，以点带面，推动小企业的安全生产工作。认真贯彻落实国务院办公厅《关于加强中央企业安全生产工作的通知》精神，严格按照自治区政府关于加强中央在桂和区属企业安全工作的要求，本着分级和属地管理的原则强化安全监督管理工作。

（八）研究和实施安全生产的治本之策，提高本质安全水平。一是认真实施科技兴安战略。加大安全生产科研成果推广应用工作力度，实施安全技术示范工程。下半年要在推广煤矿瓦斯数字化集中监控、危化品HAN阻隔防爆技术、CPS客运车辆、危化品运输车辆监控和车辆船舶行驶记录仪等成熟适用技术上，有大的进展。结合技术支撑体系建设，建立完善各级安全生产专家库，发挥专家在安全技术会诊、事故调查、安全评估等方面的作用。积极发展和规范安全评价中介机构，加强监督管理。二是研究制定安全生产的经济政策。积极研究和推进高危行业企业安全生产费用提取、安全生产风险抵押金、意外伤害保险、工伤保险及事故死亡、伤害的经济赔付标准等，并制定可操作的实施办法，发挥经济政策对安全生产的保障作用。

（九）加快市、县两级安全生产应急救援体系建设，全面提高安全生产突发事故应对能力。一是抓紧筹备建立区安全生产应急救援指挥中心，各地级市也参照自治区的做法，成立14个地级市安全生产应急救援指挥中心；二是推广桂林市安全生产应急救援指挥中心信息网络建设经验，加快建立完善14个地级市应急救援指挥中心信息网络，尽快实现国家、自治区、市、县应急救援指挥信息共享、系统四级联网；三是严格执行国家总局《安全生产调度统计业务规范》，各地级市必须坚持24小时值班调度制度，严格执行事故快报的范围、时限、内容、方式和事故跟踪续报等有关规定，切实提高安全生产突发事故的信息处理、事故处置能力；四是继续加强区域性应急救援基地建设，建设具有快速反应能力的专业救援队伍。14个市逐步建立完善服务本市的矿山、危险化学品、烟花爆竹事故应急救援专业队伍，切实提高事故初期处置能力；五是做好各级政府、各部门、各行业和各生产经营单位事故应急预案的制定、修订工作。各地区、各从业单位要从组织领导、指挥协调、事故预警、应急处置、人员物资准备等，制订完善的事故应急处置预案，并经常组织开展演练，增强对事故的防范和处置能力。

（十）加强安全宣传教育和培训，提高从业人员安全防范意识。把安全月期间形成的舆论声势延续下去，巩固和扩展安全月活动的效果。把安全生产教育纳入社会教育的总体布局，全面规划，同步推进。加大安全生产宣传教育工作的力度，推动安全生产知识进农村、进社区、进工厂、进学校，推动在中小学校和幼儿园普及安全生产基本常识。开展群众性安全文化活动，普及安全生产常识，提高国民的安全生产意识。加强安全技术培训，特别注重提高企业主要负责人、管理人员和从业人员的安全技术素质。把安全技能培训纳入农民工就业培训的重要内容，制定和实施强制性培训教育的规定和办法，明确政府及企业的职责和任务、农民工从业的条件、培训教育内容、考试考核办法、违规处罚责任等。充分发挥电视、网络、报刊等新闻媒体的作用，搞好安全生产的舆论导向，实施有效的舆论监督。建立新闻发布会制度，及时向社会通报全区安全生产形势，发布安全预警信息。

海南省 2005 年安全生产形势报告

一、2005 年全省伤亡事故基本情况

2005 年全省共发生各类伤亡事故 3 255 起，死亡（失踪）651 人，受伤 2 006 人，直接经济损失 3 013.64 万元。与去年同期相比，事故起数增加 10 起，上升 0.31 %；死亡人数增加 8 人，上升 1.24%；受伤人数减少 298 人，下降 12.93%；直接经济损失减少 306.33 万元，下降 9.23%。

（一）行业事故情况。

1. 道路交通。2005 年全省共发生道路交通事故 1 479 起，死亡 497 人，受伤 1 964 人，直接经济损失 638.182 万元。与去年同期相比，事故起数减少 558 起，下降 27.39%；死亡人数减少 22 人，下降 4.24%；受伤人数减少 300 人，下降 13.25%；直接经济损失减少 153.86 万元，下降 19.43%。

2. 工矿商贸企业。2005 年全省工矿商贸企业共发生伤亡事故 80 起，死亡 86 人，受伤 9 人，直接经济损失 946.3 万元。与去年同期相比，事故起数减少 18 起，下降 18.37%；死亡人数减少 9 人，下降 9.47%；受伤人数减少 15 人，下降 62.50%；直接经济损失减少 80.83 万元，下降 7.87%。

3. 城乡火灾。2005 年全省共发生城乡火灾事故 1 666 起，死亡 15 人，受伤 21 人，直接经济损失 749.97 万元。与去年同期相比，事故起数增加 574 起，上升 52.56%；死亡人数增加 8 人，上升 114.29%；受伤人数增加 8 人，上升 61.54%；直接经济损失增加 337.11 万元，上升 81.65%。

4. 水上交通。2005 年全省共发生水上交通事故 6 起，死亡 7 人，受伤 5 人，直接经济损失 378.4 万元。与去年同期相比，事故起数增加 3 起，上升 100%；死亡人数减少 2 人，下降 22.22%；受伤人数增加 5 人；直接经济损失减少 481.6 万元，下降 64.30%。

5. 渔业船舶。2005 年全省渔业船舶共发生事故 7 起，死亡（失踪）34 人，受伤 0 人，直接经济损失 297 万元。与去年同期相比，事故起数增加 3 起，上升 75%；死亡（失踪）人数增加 28 人，上升 466.67%；受伤人数持平；直接经济损失增加 274 万元，上升 1191.3%。

6. 铁路运输。2005 年全省共发生铁路运输事故 15 起，死亡 10 人，受伤 7 人，直接经济损失 3.74 万元。与去年同期相比，事故起数增加 6 起，上升 66.67%；死亡人数增加 5 人，上升 100%；受伤人数增加 4 人，上升 133.33%；直接经济损失减少 1.20 万元，下降 24.29%。

7. 农业机械。2005 年全省共发生农业机械伤亡事故 2 起，死亡 2 人，受伤 0 人，直接经济损失 0.05 万元。与去年同期相比，事故起数、死亡人数和受伤人数均持平；直接经济损失增加 0.05 万元。

8. 民航飞行。2005 年全省民航实现全年安全飞行。

（二）重特大事故情况。

1. 重大事故情况：2005 年全省共发生一次死亡 3～9 人的重大事故 19 起，死亡 74 人，受伤 49 人，直接经济损失 252.60 万元。与去年同期相比，事故起数增加 3 起，上升 18.75%；死亡人数增加 9 人，上升 13.85%；受伤人数下降 9 人，下降 15.52%；直接经济损失减少 3.06 万元，下降 1.20%。其中：道路交通 15 起，死亡 52 人，受伤 45 人，直接经济损失 25.98 万元；城乡火灾 1 起，死亡 6 人，直接经济损失 3.62 万元；水上交通 2 起，死亡 7 人，受伤 4 人，直接经济损失 73 万元；渔业船舶 1 起，死亡 9 人，直接经济损失 150 万。发生重大事故的市县分别是：海口 4 起（道路交通 3 起、死亡 10 人；火灾 1 起，死亡 6 人。）、三亚 4 起（道路交通 4 起、死亡 17 人）、文昌 1 起（道路交通 1 起、死亡 3 人）、临高 1 起（水上交通 1 起、死亡 3 人）、东方 4 起（道路交通 3 起、死亡 10 人；渔业船舶 1 起，死亡 9 人）、澄迈 1 起（道路交通 1 起，死亡 3 人）、琼中 1 起（道路交通 1 起，死亡 3 人）、乐东 1 起（道路交通 1 起、死亡 3 人）、陵水 1 起（水上交通 1 起，死亡 4 人）、白沙 1 起（道路交通 1 起、死亡 3 人）。

2. 特大事故情况：2005 年全省共发生一次死亡 10 人以上的特大事故 2 起（均系渔业船舶事故），死亡（失踪）21 人，直接经济损失 75 万元。与去年同期相比，事故起数增加 2 起，死亡（失踪）人数净增加 21 人，直接经济损失净增加 75 万元。其中临高 1 起，死亡 11 人，直接经济损失 40 万元；儋州 1 起，死亡 10 人，直接经济损失 35 万元。

（三）市县事故情况。2005 年全省各类事故死亡人数排在前 5 位的市县依次是：海口市 141 人（占全省 21.66%）、三亚市 109 人（占全省 16.74%）、儋州市 59 人（占全省 9.06%）、东方市 40 人（占全省 6.14%）和临高县 35 人（占全省 5.38%）。上述 5 个市县事故死亡共 384 人，占全省 58.99%。

二、2005 年全省伤亡事故特点

2005 年全省伤亡事故主要特点是：总体平稳，喜中有忧。具体是：

（一）全省伤亡事故总体平稳。经过全省各市县、各部门和各单位的共同努力，在我省经济快速发展，特别是工业生产高速增长的前提下，全省伤亡事故总体平稳。虽然 2005 年全省各类事故“四项指标”总体上“两升两降”，但具体分析来看，全省各类事故起数和死亡人数基本维持去年水平，受伤人数和直接经济损失呈现出持续下降的良好发展态势。其中各类事故死亡人数控制在国家下达的控制指标以内。

（二）工矿商贸、道路交通等行业伤亡事故呈下降态势。经过连续 5 年的安全生产专项整治，全省重点行业的安全生产形势逐步好转。工矿商贸、道路交通等占全省伤亡事故比重较大的行业，伤亡事故“四项指标”均呈下降态势。这在一定程度上反映出安全生产专项整治取得初步成效。

（三）全省重特大事故有所上升。近年来，我省重特大事故主要发生在渔业生产和道路交通领域。2005 年全省共发生一次死亡 3～9 人重大事故 19 起（其中 16 起是道路交通事故），比去年同期增加 3 起。发生一次死亡 10 以上的特大事故 2 起（均为渔业生产事故），同比增加 2 起。据统计，这 16 起重大道路交通事故主要集中发生在岁末年初，这在一定程度上反映出我省在重特大事故的预防工作上，特别是在节日期间重特大道路交通事故预防工作尚需进一步加强。

（四）城乡火灾、铁路运输和渔业生产等部分重点监管领域安全生产形势严峻，死亡人数突破全年控制指标。在全省安全生产形势总体平稳好转的形势下，个别部门伤亡事故增多，形势严峻。2005 年全省火灾事故共死亡 15 人，与去年同期相比，增加 10 人，超出全年控制指标 8 人。全省铁路运输事故共死亡 10 人，与去年同期相比，增加 5 人，超出全年控制指标 8 人。全省渔业事故共死亡（失踪）34 人，与去年同期相比，增加 28 人。并发生一次死亡 10 以上的特大事故 2 起。另外值得关注的是，12 月份全省道路交通事故死亡多发，较上年同期相比增幅较大，在一定程度上反映出我们在对安全生产重点防范领域的监督管理方面还缺乏必要的手段，基础还不牢靠。

三、工作要求

（一）加强领导，提高认识。各市县、各部门和各单位要进一步提高对安全生产工作重要性的认识，切实加强对安全生产工作的领导，按照《海南省人民政府关于进一步加强安全生产工作的决定》的要求，认真履行安全生产工作职责，切实做好预防事故工作。

（二）加强安全生产执法监督工作。全省各级负有安全生产监管监察职责的机构要切实加强安全生产执法监督工作，依法对生产经营单位安全生产情况进行监督检查，指导督促生产经营单位建立健全安全生产责任制，落实各项防范措施。对严重忽视生产安全的企业及其负责人或业主，要依法严肃处理。

（三）加强对安全生产重点领域的监督管理工作。各市县、各部门要重点加强对道路交通、水上交通、铁路交通和渔业生产等重点领域的监督管理工作，加强对危险化学品、矿山、建筑安装、烟花爆竹和民爆器材等高危险行业的监督检查和管理，进一步加强日常安全生产监督检查工作，严防重特大事故发生。

（四）继续加强安全生产宣传教育工作。要充分发挥新闻媒体在安全生产宣传教育工作中的特殊作用，大力弘扬安全文化，营造全社会“遵章守法、关爱生命”的良好氛围，促进全社会安全生产意识的进一步增强，提高全民的安全素质。

海南省2006年上半年安全生产形势报告

一、基本情况

（一）上半年全省伤亡事故基本情况。2006年上半年，全省共发生各类伤亡事故1 580起，死亡（失踪）278人，受伤1 138人，直接经济损失1 404.35万元，与去年同期相比，事故起数减少178起，下降10.13％；死亡人数减少56人，下降16.77％；受伤人数增加137人，上升13.69％；直接经济损失减少345.24万元，下降19.73％。

（二）行业事故情况。

1. 道路交通。上半年，全省共发生道路交通事故772起，死亡231人，受伤1 129人，直接经济损失329.974万元，与去年同期相比，事故起数增加67起，上升9.50％；死亡人数减少14人，下降5.71％；受伤人数增加147人，上升14.97％；直接经济损失减少17.293万元，下降4.98％。

2. 工矿商贸企业。上半年，全省工矿商贸企业共发生伤亡事故21起，死亡23人，受伤2人，直接经济损失342.5万元，与去年同期相比，事故起数减少22起，下降51.16％；死亡人数减少26人，下降53.06％；受伤人数减少3人，下降60.0％；直接经济损失减少239.8万元，下降41.18％。

3. 城乡火灾。上半年，全省共发生城乡火灾事故777起，死亡1人，受伤3人，直接经济损失527.88万元，与去年同期相比，事故起数减少216起，下降21.75％；死亡人数减少13人，下降92.86％；受伤人数减少7人，下降70％；直接经济损失减少71.951万元，下降12％。

4. 水上交通。上半年，全省共发生水上交通事故1起，死亡0人，受伤4人，直接经济损失150万元，与去年同期相比，事故起数减少2起，下降66.67％；死亡人数减少3人，下降100％；受伤人数增加2人；直接经济损失减少4.4万元，下降2.85％。

5. 渔业船舶。上半年，全省渔业船舶共发生事故4起，死亡（失踪）18人，受伤0人，直接经济损失54万元，与去年同期相比，事故起数持平；死亡（失踪）人数增加3人，上升20％；受伤人数持平；直接经济损失减少8万元，下降12.9％。

6. 铁路交通。上半年，全省共发生铁路交通事故3起，死亡3人，受伤0人，直接经济损失0万元，与去年同期相比，事故起数减少5起，下降62.5％；死亡人数减少3人，下降50.0％；受伤人数减少2人，下降100％；直接经济损失减少3.74万元，下降100％。

7. 农业机械。上半年，全省共发生农业机械伤亡事故2起，死亡2人，受伤0人，直接经济损失0.05万元，与去年同期相比，事故起数、死亡人数和受伤人数均持平；直接经济损失减少0.05万元。

8. 民航飞行。上半年，民航飞行没有发生伤亡事故。

（三）重特大事故情况。

1. 重大事故：上半年，全省共发生重大事故 8 起，死亡 31 人，受伤 33 人，直接经济损失 80.2 万元，与去年同期相比，事故起数减少 4 起，下降 33.33%；死亡人数减少 14 人，下降 31.11%；受伤人数增加 2 人，上升 6.45%；直接经济损失增加 11.9 万元，上升 17.42%。其中：道路交通 6 起，死亡 24 人，受伤 32 人，直接经济损失 25.2 万元；渔业船舶 1 起，死亡（失踪）4 人，直接经济损失 5 万元；工矿商贸 1 起，死亡 3 人，受伤 1 人，直接经济损失 50 万元。

发生重大事故的市县分别是：海口 2 起（道路交通 2 起、死亡 9 人）、三亚 2 起（道路交通 1 起、死亡 5 人，工矿商贸 1 起、死亡 3 人）、定安 1 起（道路交通 1 起、死亡 4 人）、保亭 1 起（道路交通 1 起、死亡 3 人）、澄迈 1 起（道路交通 1 起、死亡 3 人）、万宁 1 起（渔业船舶 1 起、死亡失踪 4 人）。

2. 特大事故：上半年，全省共发生 1 起渔业船舶特大事故，死亡（失踪）12 人，直接经济损失 25 万元，与去年同期相比，事故起数持平，死亡（失踪）人数增加 1 人，直接经济损失减少 15 万元。

（四）安全生产控制指标执行情况。上半年全省大部分市县安全生产控制指标控制情况良好。在全省 19 个市县（含洋浦）中，仅有 4 个市县上半年各类事故死亡人数超过全年控制指标的一半。分别是：东方市、三亚市、澄迈县和保亭县。

全省各类事故死亡人数排在前 5 位的市县依次是：海口市 54 人、三亚市 43 人、儋州市 22 人、东方市 19 人和澄迈县 14 人。上述 5 个市县伤亡事故死亡共 152 人，占全省 58.91%。

二、主要工作

（一）认真组织开展全省安全生产工作责任目标考核工作，强化安全生产目标责任管理。为进一步加强对各市县政府安全生产目标责任管理，落实市县政府安全生产责任，结合全国安全生产控制指标制度的实施，我局按照省政府的部署和指示，依据《海南省安全生产工作责任目标考核办法》的相关规定，认真组织开展了对 2005 年各市县安全生产工作责任目标完成情况的考核工作。通过考核，共有 8 个市县被评为安全生产优秀市县，4 个市县被评为安全生产良好市县，4 个市县被评为安全生产达标市县，另有 3 个市县被评为安全生产不达标市县。并按照国务院安全生产委员会的要求，及时向市县人民政府下达了 2006 年度安全生产控制考核指标，签订了 2006 年度安全生产工作目标责任书。

（二）继续组织开展全省安全生产专项整治工作，加强对安全生产重点领域的监督管理。为贯彻落实温家宝总理 1 月 23 日在全国安全生产电视电话会议上的讲话精神，按照国家的统一部署和要求，结合我省实际，上半年我省在全省范围内继续深入开展以道路交通、水上交通运输、渔业生产、危险化学品和烟花爆竹、非煤矿山等为重点的安全生产专项整治工作。目前省安全生产委员会办公室已制定了《2006 年全省安全生产专项整治工作方案》，各项整治的牵头单位也相应制定了具体实施方案，并开始实施。

（三）做好非公有制企业安全监管经验推广工作。按照国家安监总局的统一部署，在去年下半年我省非公有制企业安全监管试点工作的基础上，我局继续加强对非公有制企业安全监管经验推广工作的领导，认真做好儋州市、五指山市、文昌市和澄迈县等四个市县的非公有制企业安全监管试点工作。今年以来我局对试点市县推广安全主任制度情况进行了调研和指导，进一步明确了试点市县的工作思路，各项工作进展顺利。

（四）严格实施安全生产许可证制度。去年底，国务院对危险化学品、非煤矿山等行业的安全生产许可证发放工作提出了明确要求。上半年，我局按照国务院的具体规定和要求，对许可证发放实施严格审批，严把安全生产条件关。据统计，全省共受理非煤矿山安全生产许可证申请310家，现已发证113家；受理危险化学品经营许可证发证申请127家，发证69家；受理危险化学品生产许可证发证申请31家，发证5家。

（五）切实做好重特大事故预防工作。2006年上半年，为切实防止重特大事故的发生，按照省政府和国家安监总局的总体部署，结合我省实际，我局主要采取了以下措施：一是认真组织全省开展安全生产大检查。我局认真组织开展了多次全省范围的安全生产大检查和专项安全检查。如组织开展了“两节”（元旦春节）、春运、“两会”和“五一”黄金周等期间的全省安全生产大检查，并按照博鳌亚洲论坛安全生产保障工作要求，会同省公安厅、省交通厅等单位对东线高速公路交通安全设施进行了专项检查，对存在的问题责令有关单位限期进行整改。还组织省气象局和省质量技术监督局对论坛会议中心和有关场所进行设施安全检查工作。二是认真组织开展建设项目“三同时”工作。对于新建、改扩建的矿山建设项目和用于生产、储存危险物品的建设项目，我局按照国家有关规定督促项目单位进行安全条件论证和安全评价。上半年完成了6个建设项目的“三同时”审查工作。三是继续加强重大危险源的普查、登记和监控管理工作。上半年，省局组织开展了全省危险化学品从业单位普查工作，通过普查进一步摸清了全省危险化学品从业单位的安全管理状况，对调查评估确认的重大危险源进行了登记，限期建档，并积极推广危险化学品从业单位安全标准化工作和阻隔防爆技术。

（六）认真部署2006年“安全生产月”活动。按照国家统一部署，我局与省委宣传部、省文体厅、省总工会、团省委等部门研究制定了2006年“安全生产月”活动方案，对活动的各项工作积极作出部署，共同组织开展了形式多样、群众喜闻乐见的安全生产宣传教育活动。通过“安全生产月”等活动，我们充分发挥新闻媒体的舆论导向和舆论监督作用，广泛宣传安全生产基本知识，积极营造全社会关爱生命、关注安全的氛围，大力推进安全文化建设，取得了良好的社会效果。

（七）切实做好博鳌亚洲论坛年会的安全保障工作。按照省委、省政府的部署和要求，省局继续承担了博鳌亚洲论坛2006年年会的安全生产保障工作。在保障工作中，我们认真研究制订了《博鳌亚洲论坛2006年年会安全生产保障工作方案》，充分发挥省安委会的组织、协调职能，充分依靠和调动各行业主管部门的工作积极性，加强指导和协调，各部门分工负责、密切配合，确保了安全供电、供水、通信保障、消防安全、道路交通安全和水上交通安全、民航安全等方面保障工作的落实，顺利实现了“零差错，无事故”的工作目标，得到了各级领导和有关部门的肯定。

（八）认真做好安全生产行政执法和行政复议工作。为进一步加强和规范全省安全生产执法工作，做到依法行政，文明执法，提高执法工作水平，提高执法人员业务素质，省局进一步完善全省安全生产监察人员年度轮训制度，并于4月份举办了今年第一期全省安全生产监察人员培训班，对各市县安监人员共62人进行了业务培训，提高了执法队伍的业务素质，对加强队伍建设起到了积极的作用。除此之外，我局还进一步加强了安全生产行政处罚备案工作。

上半年我局共受理安全生产行政复议案件1起，已按期结案。

（九）认真组织开展安全生产培训工作。上半年，全省共举办了3期非煤矿山和危险化学品安全管理资格培训班，338名企业主要负责人和安全管理人员受训并取得安全管理资格证书。还培训特种作业人员2 983人，其中申领新证1 287人，复审1 696人。

（十）认真做好事故调查处理工作。根据国家有关法律法规及有关规定，我们按照“四不放过”原则，牵头或指导有关部门和市县政府开展了对儋州“11·15”特大沉船事故、陵水分界洲岛“12·18”重大沉船事故的调查处理工作。目前这2起事故已经省政府同意，批复结案。

三、存在问题

（一）全省重大伤亡事故仍居高不下，安全生产形势依然严峻。当前，我省社会经济建设快速发展，伤亡事故呈多发上升趋势，安全生产面临的压力也相应增大。但由于全社会关注安全的程度普遍不够，广大群众的安全意识较为薄弱，特别是部分基层领导对安全生产工作的不重视，给安全生产的各项工作的推进造成相当大的阻力。

（二）安全生产执法工作难度大，问题多。目前，全省大多数市县安全生产执法工作仍然没有开展起来，少数市县的安全生产行政处罚工作存在问题较多。究其原因，主要有：一是有相当部分市县的领导对安全生产执法工作不够重视，执法人员普遍较少，甚至个别市县至今仍只有1～2人，且工作条件差；二是全社会对安全生产的认识水平有待于进一步提高，安全生产执法环境有待于进一步改善。三是安全生产执法人员的业务素质有待于进一步提高。

（三）对生产经营企业的安全监督管理还不够完善。目前我省基层安全生产监督管理力量普遍不足，办公和执法条件也相当差，普遍缺少必要的执法监察车辆等，因而对企业的日常监督难于正常开展。并且由于我省企业普遍规模小，安全生产投入不足，设备陈旧、老化，职工的安全教育和培训不落实，造成企业总体安全状况低下。

四、下一步采取措施

（一）以安全生产工作目标责任制为主线，以事故预防措施为重点，进一步落实安全责任，采取措施，确保安全生产控制考核目标的实现。

（二）突出重点，把专项整治引向深入，继续开展安全生产专项整治，加大工作力度，重点加强对道路交通、矿山、建筑等行业的安全生产专项治理，切实加强安全监察执法，采取有力措施，坚决遏制重特大事故多发的势头。

（三）推动市（县）、乡镇（街道）、村（居）委会的安全生产监管机构建设，形成全省的三级监管网络，配齐人员，加强监管人员培训，重点解决有人管和有人会管的问题。

（四）按照省政府突发公共事件总体应急预案的要求，不断加强安全生产应急救援工作，增强处置突发性安全事故的救援能力。

重庆市2005年安全生产形势报告

2005年，全市安全生产工作在市委、市政府的领导下，以“双基三专”为工作重点，实施“113”安全生产示范工程，致力于构建乡镇安全监管体系，建立企业安全保障机制。强化了道路、水上和煤矿三个专项整治，开展了道路交通、煤矿和消防安全“三个百日会战”和“迎峰会促安全60天战役”，“排查、建档、整治”各类安全隐患。工作力度前所未有，安全状况持续好转，超额完成了市政府下达的事故死亡人数同比下降2%的年度控制目标，并确保了市长峰会期间的安全稳定。

一、安全事故情况

（一）综合情况。全市共发生各类死亡事故2 117起，死亡2 596人，比2004年减少120起，少死亡98人，分别下降5.4%和3.6%。其中：

——道路交通事故1 333起，死亡1 616人，同比减少101起，少死亡91人，分别下降7.0%和5.3%。

——煤矿事故349起，死亡455人，同比增加7起，多死亡36人，分别上升2.0%和8.6%。

——水运事故21起，死亡41人，同比增加1起，多死亡13人，分别上升5.0%和46.4%。

——非煤矿山事故78起，死亡90人，同比减少32起，少死亡37人，均下降29.1%。

——工商贸企业事故268起，死亡322人，同比增加24起，多死亡42人，分别上升9.8%和15%。

——火灾事故54起，死亡57人，同比减少2起，少死亡6人，分别下降3.6%和9.5%。

——其他事故14起，死亡15人，同比减少17起，少死亡55人，分别下降54.8%和78.6%。

（二）重大事故情况。全市共发生一次死亡3～9人重大事故74起，死亡284人，同比增加4起，多死亡25人，分别上升5.7%和9.7%。道路交通和煤矿两个行业事故起数和死亡人数的合计数分别占总数的85.1%和82.7%。其中：

——道路交通事故51起，死亡190人，同比增加11起，多死亡53人，分别上升27.5%和38.7%。

——水运事故4起，死亡21人，同比增加3起，多死亡18人，分别上升300%和600%。

——煤矿事故12起，死亡45人，同比增加2起，事故起数上升20%，死亡人数持平。

——非煤矿山事故2起，死亡7人，同比减少2起，少死亡8人，分别下降50%和53.3%。

——工商贸企业事故5起，死亡21人，同比减少1起，少死亡4人，分别下降16.7%和16%。

（三）特大以上事故情况。全市共发生一次死亡10人以上特大事故5起，死亡91人，同比事故起数持平，少死亡11人，死亡人数下降10.8%。杜绝了一次死亡30人以上的特别重大事故，2004年发生特别重大事故1起。

二、事故特点分析

2005年全市安全事故呈现出“五降四升一平一杜绝”基本特点。

——“五降”：事故总量及道路交通、非煤矿山、火灾、其他等行业事故起数和死亡人数同比下降；

——“四升”：重大事故及煤矿、水运交通、工商贸等行业事故起数和死亡人数上升；

——“一平”：特大以上事故起数持平；

——“一杜绝”：杜绝了有严重社会影响的特别重大事故。

具体分析如下：

（一）事故总量总体下降。在2004年事故死亡人数下降16%的基础上，2005年各类事故总量又比2004年同比下降3.6%。月均死亡216人，日均死亡7人，比直辖以来平均数分别减少27人和1人。

实现2005年事故总量总体下降，经历了“先升后降”的艰辛过程。2005年1～4月，事故出现大幅上升势头，同比上升16.8%。5月以后，按照王鸿举市长在二季度安全生产工作专题会上提出“前四个月的损失，后八个月要补回来”的严格要求，全市各级、各部门、各单位思想上高度重视，工作上狠抓落实。5～12月事故死亡人数同比连续8个月下降，全年下降3.6%，回落了20.4个百分点，超额完成全年下降2%的控制目标。

从发生事故的行业和领域看，道路交通和煤矿两个行业的死亡人数占总死亡人数的79.8%，比2004年增加0.9个百分点。

“十五”期间（2001～2005年），各类事故综合死亡人数呈现前三年逐步上升，后两年稳步下降态势；特大以上事故起数呈现前两年大幅上升，后三年平稳下降趋势。

（二）道路交通安全形势稳定好转。2005年道路交通事故在2004年下降的基础上，继续保持下降态势，事故死亡人数同比减少91人，下降5.3%。充分说明了道路交通安全整治卓有成效，特别是乡村道路安全监管力度进一步加强，乡镇安全专管员和协管员发挥了重要作用。但道路客运公司化经营进展缓慢，市政府推行石柱县农村客运运力调度的经验做法未得到认真贯彻实施。一些乡村道路改造后未重新进行等级鉴定，部分已具备客运条件的路段，通行9座以上客车受限制，导致区域客运运力与运量矛盾突出，不能满足老百姓节日出行和学生放假回家的需求，助长了超载、非法载客行为滋生，农用车、改装车非法载客久禁不绝。一些地方委托乡镇综合执法工作落实不力，乡镇安全监管人员执法阻力很大，作用发挥不好。

同时，高速公路事故上升幅度较大，2005年死亡132人，同比上升50%，占道路交通事故死亡总数的8.2%。高速公路事故上升的原因有通行里程增加的因素。2004年纳入事故统计的高速公路里程为461公里，2005年为714公里，按此计算，2004年百公里平均死亡19.1人，2005年为18.5人，同比下降3.1%。

（三）煤矿安全形势依然严峻。2005年，煤矿安全生产状况没有好转，尤其是重特大事故多发。1～4月，死亡人数同比上升50.4%。通过后8个月的艰苦努力，回落了41.8个百分点，但全年仍同比上升8.6%，重特大事故起数上升36.4%。与全国煤矿事故死亡人数同比下降1.5%相比，我市存在较大差距。

煤矿事故上升，与煤炭市场变化有一定关系。我市电力的30%靠外购电，其余主要靠火电。从2004年开始，我市电力告急，煤炭需求量增大，煤价上涨。一些煤炭企业盲目追求最大利益，超能力、超负荷生产，安全压力增大，导致煤矿事故频发，重特大事故高发。同时，也暴露出煤矿安全基础薄弱，管理松懈，违章指挥、违章作业、违反劳动纪律现象严重等问题。

2005年煤矿事故在4月份达到顶峰，5月以后逐步下降。国有重点煤矿事故死亡人数同比上升79.3%。乡镇煤矿事故死亡人数占煤矿死亡总数的83.7%。顶板和瓦斯事故为主要类型，死亡人数分别占死亡总数的46.4%和31.9%。3起煤矿特大事故均是瓦斯事故。

（四）水上交通事故出现反弹。2004年水上交通事故死亡人数同比下降73.1%，事故发生率为近10年最低。但2005年出现反弹，死亡41人，事故起数虽然只增加1起，但死亡人数却同比上升了46.4%。特别是发生了4起重大事故（均是砂石等货船所致），死亡21人，死亡人数占总数的51.2%。另外还发生了多起重大事故险情。从近五年情况看，2005年水上交通事故虽有所上升，但与“十五”期间年平均死亡81人相比仍下降了49.4%，并杜绝了特大事故。由于我市江河密布的自然环境，水上交通发生重特大事故的潜在危险巨大。

（五）非煤矿山安全状况明显好转。2004年非煤矿山事故死亡人数同比上升32.3%，2005年下降29.1%，事故由大幅上升扭转为大幅下降。同时，非煤矿山死亡人数占各类事故总量的比例由2004年的4.7%降为3.5%。非煤矿山安全整治成效显著。

（六）消防安全形势趋于稳定。2004年火灾事故起数和死亡人数分别上升18.2%和12.5%，2005年分别下降3.6%和9.5%，消防安全形势稳定好转，并且杜绝了重大以上事故。火灾事故的主要原因是电气失火和用火不慎。烟花爆竹由禁放改为限放后，给消防安全带来新的压力。消防通道堵塞等火灾安全隐患依然严峻。

（七）工商贸企业事故呈上升态势。2005年工商贸事故死亡322人，同比上升15%，占各类事故总量的12.4%，仅次于道路交通和煤矿事故。该类事故总量较大，暴露出一些非高危行业企业的安全管理松弛，对安全生产的重视程度不够，安全工作的力度不大。

在工商贸企业中，建筑施工事故死亡166人，同比上升7.1%，并占工商贸事故的51.6%。其中，中央在渝企业事故死亡18人，占建筑事故的10.8%，并且发生了一起死亡7人的重大事故。建筑施工安全监管力度应进一步加强。

（八）其他类事故大幅下降。2005年其他类事故死亡15人，同比下降78.6%，无重大事故发生，成效明显。

（九）重大事故呈上升趋势。重大事故在2004年同比下降28.6%的基础上，2005年出现反弹，上升5.7%。特别是道路交通和煤矿两个行业重大事故起数占了各类重大事故总量的85.1%，问题十分突出。

（十）特大以上事故控制较好。直辖以来，共发生一次死亡10人以上特大以上事故88起，平均每年发生9.8起。2005年发生5起，与2004年持平，比直辖以来平均数下降49%。特别是杜绝了一次死亡30人以上有严重社会影响的特别重大事故，是直辖以来第二个未发生特别重大事故的年份（直辖以来发生9起特别重大事故，平均每年1起，1997年和2003年各发生2起，2000年未发生）。

三、各区县（含经开区、高新区）安全生产情况

（一）事故上升及重特大事故集中的区县。发生特大事故的4个区县是：南川市、奉节县、黔

江区、巫山县。

事故死亡人数与去年同比上升20％以上的8个区县是：巫山县、荣昌县、潼南县、黔江县、忠县、渝中区、酉阳县、南川市。

（二）安全生产形势稳定的区县。未发生重大以上事故的10个区县是：沙坪坝区、九龙坡区、渝北区、巴南区、荣昌县、大足县、合川市、垫江县、万盛区、经开区。

事故死亡人数与去年同比下降20％以上的11个区县是：石柱县、江津市、云阳县、秀山县、北碚区、巫溪县、万盛区、九龙坡区、涪陵区、合川市、双桥区。

四、事故死亡控制目标完成情况

突破事故死亡控制目标的区县只有奉节县和黔江县2个区县，其余40个区县（含经开区、高新区）均完成事故死亡控制目标。

按部门统计口径，仅煤矿行业突破事故死亡控制目标，并发生了3起特大事故。

五、与全国安全事故情况对比

2005年，我市各类安全事故死亡人数同比下降3.6％，但与全国7.1％的降幅有一定差距。

重庆市 2006 年上半年安全生产形势报告

今年以来，市委、市政府进一步加大了安全生产工作力度，各地、各部门认真汲取了去年前松后紧的教训，立足于早思考、早安排、抓关键，深化“双基三专”工作内涵，突出“两化四加强”工作重点，各项工作有序推进。近两年制定的各项安全生产防控措施也逐步显现效果，安全生产形势趋于平稳。但进入 6 月份以来，道路、煤矿、非煤矿山、电力等行业重特大事故频发，安全生产形势由总体平稳趋于严峻。

一、上半年安全生产情况

（一）上半年各类事故总体情况。

1. 综合情况。全市共发生各类死亡事故 973 起，死亡 1 141 人，比去年同期减少 219 起，少死亡 349 人，分别下降 18.4%和 23.4%。其中：

——道路交通事故 562 起，死亡 660 人，同比减少 116 起，少死亡 180 人，分别下降 17.1%和 21.4%。其中：高速公路交通事故 27 起，死亡 43 人，同比减少 14 起，少死亡 23 人，分别下降 34.2%和 34.9%。

——水上交通事故 7 起，死亡 11 人，同比事故起数持平，少死亡 4 人，下降 26.7%。

——煤矿事故 155 起，死亡 194 人，同比减少 45 起，少死亡 88 人，分别下降 22.5%和 31.2%。

——非煤矿山事故 24 起，死亡 30 人，同比减少 20 起，少死亡 20 人，分别下降 45.5%和 40%。

——火灾事故 15 起，死亡 16 人，同比减少 22 起，少死亡 23 人，分别下降 59.5%和 59%。

——工商贸企业事故 112 起，死亡 129 人，同比减少 28 起，少死亡 49 人，分别下降 20%和 18.5%。

——铁路交通事故 96 起，死亡 96 人，同比增加 15 起，多死亡 15 人，均上升 18.5%。

——其他事故 2 起，死亡 5 人，同比增加 3 起，上升 60%，死亡人数持平。

2. 重大事故情况。全市共发生一次死亡 3～9 人重大事故 38 起，死亡 141 人，同比减少 1 起，少死亡 6 人，分别下降 2.6%和 4.1%。

——道路交通事故 22 起，死亡 79 人，同比减少 4 起，少死亡 18 人，分别下降 15.4%和 18.6%。其中：高速公路交通事故 2 起，死亡 7 人，同比减少 4 起，少死亡 17 人，分别下降 66.7%和 70.8%。

——水上交通事故 1 起，死亡 3 人，同比减少 1 起，少死亡 6 人，分别下降 50%和 66.7%。

——煤矿事故 10 起，死亡 38 人，同比增加 3 起，多死亡 14 人，分别上升 42.9%和 58.3%。

——非煤矿山事故 1 起，死亡 5 人，同比事故起数持平，多死亡 1 人，上升 25%。

——工商贸企业事故3起，死亡12人，同比事故起数持平，少死亡1人，下降7.7%。

——其他事故1起，死亡4人，去年同期未发生重大事故。

3. 特大以上事故情况。全市共发生一次死亡10人以上特大事故1起（万州区“6.23”道路交通事故），死亡14人，同比减少3起，少死亡67人，分别下降75%和82.7%。杜绝了一次死亡30人以上的特别重大事故。

（二）各区县（含经开区、高新区）安全生产情况。

上半年，在全市42个统计单位（含经开区、高新区）中，事故死亡人数与去年同期相比下降的区县有31个，占73.8%；上升的区县有11个，占26.2%。这11个区县是：万盛区、铜梁县、九龙坡区、大足县、南岸区、武隆县、石柱县、潼南县、合川市、渝北区、涪陵区。

今年以来，有19个区县未发生重特大事故，占45.2%；有23个区县发生了重特大事故，占54.8%，其中：万州区发生特大事故1起、重大事故1起；万盛区发生重大事故4起；涪陵区和石柱县各发生重大事故3起；永川市、南川市、云阳县和武隆县各发生重大事故2起。

（三）安全生产控制指标完成情况。

上半年，全市各类事故共死亡1 141人，占全年控制指标的42.6%，在控制指标进度以内。

1. 区县情况。未超控制指标的区县有32个，占76.2%。

与控制指标持平的2个区县是：大渡口区、经开区，占4.8%。

超控制指标的8个区县是：万盛区、酉阳县、南川市、九龙坡区、武隆县、石柱县、大足县、涪陵区，占19.1%。

2. 重点行业情况。

——道路交通事故死亡660人，占全年控制指标的42.6%，在控制指标进度以内。其中：一般道路事故死亡617人，占全年控制指标43.5%；高速公路交通事故死亡43人，占全年控制指标32.6%。

——水上交通事故死亡11人，占全年控制指标的26.8%，在控制指标进度以内。其中：长江流域水上交通事故死亡4人，占全年控制指标15.4%；内河水上交通死亡3人，占全年控制指标21.4%；渔业船舶水上交通事故死亡4人，占全年控制指标66.7%，超出控制指标进度数1人。

——煤矿事故死亡194人，占全年控制指标的48.5%，在控制指标进度以内。

——火灾事故死亡16人，占全年控制指标的28.1%，在控制指标进度以内。

——铁路事故死亡96人，占全年控制指标的68.1%，超出控制指标进度数25人。

（四）事故特点分析。

1. 事故总量总体大幅下降，6月份事故高发。上半年，各类事故总量与2005年同期相比下降23.4%，月均死亡190人，日均死亡6人，比直辖9年以来月均死亡243人、日均死亡8人分别下降21.8%和33.3%。并且比今年控制指标进度数少197人。除铁路外，道路、煤矿、非煤矿山、工商贸企业、火灾等行业事故总量均大幅下降。但6月份事故高发，死亡人数较前5个月平均数高出23%。

2. 道路交通安全总体稳定，但形势依然严峻。道路交通死亡人数比去年同期下降21.4%，占全市事故死亡总数的57.8%，比去年同期多1.4个百分点。从统计数据分析：营运车辆发生事故造成的死亡人数占总数的54%，与去年同期基本持平；私家车发生事故造成的死亡人数占总数的34%，比去年同期增加7.3个百分点；机动车驾驶员违法行为造成的事故占总数的88.2%，比去年同期下降了5.3个百分点，超速、酒后驾驶、疲劳驾驶等违法行为得到了一定程度的遏制；低驾龄驾驶员肇事情况比去年同期有所好转，3年以下驾龄驾驶员导致的事故占总数的43%，比去年同期下降了4.3个百分点。

上半年，道路交通发生重特大事故23起，但6月份就发生了6起重特大事故，比前5个月的平均水平高出76.5%。随着万州区“6.23”特大道路交通事故的发生，打破了我市保持11个月无特大以上事故发生的纪录。

3. 煤矿事故稳中有降，但重大事故频发。今年以来，煤矿安全形势较好，事故起数和死亡人数与去年同期相比分别下降22.5%和31.2%，并且已连续15个月杜绝了煤矿特大事故。但重大事故发生频繁，共发生10起，死亡38人，同比增加3起，多死亡14人。

煤矿事故中，顶板和瓦斯事故为主要类型，死亡人数分别占煤矿事故死亡总数的52.6%和13%。10起重大事故中，有4起为瓦斯事故，占40%；3起为顶板事故，占30%；2起为透水事故，占20%。

4. 水上交通重特大事故得到有效控制，但砂船事故仍高居不下。上半年，发生水上交通事故7起，死亡11人，同比事故起数持平，但死亡人数下降20%。发生重大事故1起，比去年下降50%。并且，自2003年涪陵“6.19”事故后，全市已连续36个月杜绝了水上交通特大事故。

从事故地域分布看，长江流域死亡4人，占总数的36.4%；内河流域死亡3人，占总数的27.3%；渔业船舶死亡4人，占总数的36.4%，超出控制指标进度数1人。

近几年水上交通事故大多是运砂船所致，去年运砂船事故死亡27人，占水上事故死亡41人的65.9%；今年又发生运砂船事故4起，死亡5人，占水上事故死亡11人的54.6%。

5. 非煤矿山安全状况良好，但6月份事故上升。上半年，非煤矿山事故起数下降45.5%，死亡人数下降40%，形势良好。从经济类型看，私营企业事故占了70%以上。从事故类别来看，高处坠落事故占50%，坍塌事故占16.7%，放炮事故占12.5%。6月份事故高发，死亡人数是5月份的3.3倍，是前5个月平均水平的2.5倍。

6. 消防安全形势较为平稳，但火灾事故频率增加。上半年，全市发生火灾死亡事故15起，死亡16人，同比分别下降59.5%和59%。从事故发生原因看，绝大部分火灾是人为因素引起，电气短路、用火不慎、吸烟、放火造成的事故占总数的86.7%。从事故发生时段看，火灾事故的季节性较强，一、二月份发生事故11起，占总数的73.3%；从3月开始，事故有所减少。

1～6月，全市发生火灾4 035起，同比上升5.4%，经济损失916万元，同比上升3.1%。特别是渝中区合力村、南岸区长江村棚户区、江北区青草坝重庆船厂、高新区六店子新铺、万州区宏远市场家电百货仓库、城口县葛城镇居民住宅等火灾，造成了较大的社会影响和财产损失，如果扑救不及时，极可能造成重特大火灾事故。

7. 工商贸企业事故总量下降，但重大事故起数仍未下降。上半年，发生工商贸企业事故112起，死亡129人，同比分别下降20%和27.5%。其中，建筑业事故57起，死亡67人，同比分别下降21.9%和20.2%。在各类企业事故中，建筑业占50.9%，烟花爆竹占2.7%，危化品占0.9%。从事故类别看，物体打击事故占21.4%，机械伤害事故占18.1%，高处坠落事故占32.1%。

1～6月，工商贸企业发生重大事故3起，与去年同期持平，没有下降。特别是6月30日，梁平县电力线路旧网改造触电事故，死亡5人，伤7人，影响很大。

8. 铁路交通事故上升，形势十分严峻。今年以来，铁路交通事故发生96起，死亡96人，同比增加15起，多死亡15人，均上升18.5%，并且超出控制指标进度数25人，形势非常严峻。

随着渝遂、渝怀铁路的开通和列车提速，铁路运输安全问题日趋突出，其主要原因是铁路安全宣传不到位，铁路沿线群众的自我保护意识淡薄，监管不力，行人、耕牛上道，4～6月发生4起列车撞牛事故。铁路部门与沿线区县和乡镇政府应尽快建立完善安全工作联系制度，采取有力措施，遏制铁路路外事故多发势头。

二、上半年主要工作

（一）深化安全生产“双基”工作。市政府制定出台了《重庆市乡镇安全生产监管规范化建设指导意见》，相关行业管理部门制定了企业安全生产标准化管理指导文件，为推进乡镇安全监管规范化和企业安全管理标准化建设提供了政策依据和管理标准。市政府于6月5日召开全市安全生产基层基础工作电视电话会议，总结交流近两年基层安全工作经验，直接将市政府加强安全监管规范化和企业安全管理标准化建设工作，部署落实到乡镇、企业。

（二）抓好重点行业“三专”整治。一是采取“一竿子插到底”的方法，对全市大交通（包括道路、水上、铁路、民航）、大矿山（包括煤矿、非煤矿山）、大危化（包括生产、经营、储存、运输）三个安全专项整治重点，制定相应的安全整治工作方案。召开了3个安全专项整治工作会议及19个片区会，直接开到长途汽车驾驶员、小煤矿矿长，扎扎实实与企业、与老板、与重点相关人员对接，直接参会人员达4.2万人。二是各区县政府、市级有关部门结合本地区和行业实际，有针对性制定了道路交通、水上交通、煤矿、危险化学品、消防、非煤矿山、建筑施工、烟花爆竹、民爆器材、中小学校等10个行业和领域的重特大事故防控指导意见，建立重大事故隐患整治、重大危险源监控长效机制，确保了重特大事故始终处于受控状态。

（三）制定“十一五”安全生产规划。市政府下发了《重庆市国民经济和社会发展第十一个五年规划安全生产重点专项规划》，《规划》中明确到2010年，亿元GDP死亡率、工矿商贸企业十万人死亡率、道路交通万车死亡率、煤矿百万吨死亡率四项指标，均比2005年下降45%～50%。同时，将这4项指标纳入了全市统计公报和《重庆市统计年鉴》予以公布。

（四）狠抓重大危险源监管。我市是国家确定的全国重大危险源登记建档8个试点省市之一。今年6月，市政府办公厅发出《关于进一步加强重大危险源监督管理的通知》，总的要求是，立足事前防范，强化过程监控，确保重大危险源处于安全受控状态。

（五）完成安全生产许可证发放工作。按照安全生产许可证的发放要求，对申报安全生产许可证单位进行了严格审查，严把企业安全生产条件关。截至6月底，发证煤矿矿井1 303个（占100%）、金属与非金属矿山2 448个（占64.4%）、危化品生产企业263个（占96.3%）、建设施工企业2 647个（占72.7%）、烟花爆竹生产企业40个（占100%）、民爆企业4个（100%）。

三、下半年工作思路

（一）抓目标考核。市安委会专门制定下半年安全生产目标考核办法，对上半年超控制指标的8个区县和2个行业部门，以及虽然未超指标但事故死亡人数同比上升的5个区县，进行重点督办，守住下半年，确保实现全年目标。

（二）抓基层基础。基层主要是抓乡镇安全监管规范化；基础主要是抓企业安全管理标准化。10月底前，市政府组织专项检查。同进，今年年底前完成重大危险源登记、建档和电子地图编制，实行重大危险源属地化管理，健全完善快速应急救援机制。

（三）抓专项整治。一是要大力推进煤矿整合工作。国家安监总局、国家煤监局与市政府共同研究决定，我市今年关闭小煤矿要确保100个，力争关闭175个。2008年底，全市煤矿企业减少到1000个以内。各区县政府要坚决落实整顿关闭任务。二是要加强农村公路的安全防护设施建设。对现有通客车的危险路段，要按时完成警示标识的设置。

（四）抓安全文化。一是要把安全发展理念、安全人文精神贯穿到各级政府和各个部门的实际工作中。二是要弘扬群众安全文化。在交通、矿山、危化、建设等行业，广泛开展群众性的查隐患、提建议、促整改、保安全的活动，大力培育全社会的安全文化氛围。

（五）抓规划实施。“十一五”安全生产专项规划已下发，市发改委、市安监局和各区县要制定实施意见，落实重大项目的责任单位，细化项目内容，多渠道解决投入问题。要尽快编制“十一五”安全生产科技规划，储备一批安全科技项目，建立科技支撑体系。

四川省 2005 年安全生产形势报告

一、事故情况

2005 年全省发生各类伤亡事故 42 738 起，死亡 6 267 人，受伤 31 854 人，直接经济损失 25 885.81万元，与 2004 年相比，事故起数下降 1.07%，死亡人数下降 8.35%，受伤人数上升 6.78%，直接经济损失上升 12.86%。死亡人数占省政府下达全年控制指标的 89.15%。

1. 道路交通：发生事故 29 748 起，死亡 4 426 人，受伤 30 906 人，直接经济损失 10 185.76 万元。同比事故起数下降 6.29%，死亡人数下降 3%，受伤人数上升 7.75%，直接经济损失下降 11.13%。其中：高速公路发生事故 1 829 起，死亡 182 人，同比下降 15.75%和 2.67%。

2. 水上交通：发生事故 31 起，死亡 38 人（其中：渔业船舶发生事故 2 起，死亡 2 人），同比下降 38.88%和 64.81%。

3. 工矿企业：工矿商贸企业发生事故 1 082 起，死亡 1 095 人，受伤 376 人，直接经济损失 10 314.19 万元。同比事故起数上升 0.27%，死亡人数上升 2.24%，受伤人数下降 10.70%，直接经济损失上升 37.86%。其中：矿山企业发生事故 586 起，死亡 677 人，同比下降 8.43%和 1.45%（煤矿发生事故 438 起，死亡 532 人，同比事故起数下降 8.7%，死亡人数下降 5.3%）。非矿山企业发生事故 496 起，死亡 418 人，同比事故起数上升 2.98%，死亡人数上升 8.85%。

4. 农业机械：发生事故 39 起，死亡 30 人，受伤 4 人，直接经济损失 70.50 万元，2004 年同期发生伤亡事故 122 起，死亡 76 人，受伤 121 人，直接经济损失 65.07 万元。

5. 火灾：发生火灾事故 10 848 起，死亡 106 人，受伤 111 人，直接经济损失 4 905.07 万元（其中：发生生产性火灾事故 1824 起，死亡 26 人）。同比事故起数上升 18.05%，死亡人数下降 10.92%，受伤人数下降 0.90%，直接经济损失上升 61.90%。

6. 铁路路外：铁路交通发生事故 1 040 起，死亡 572 人，受伤 491 人，直接经济损失 316.27 万元，同比事故起数下降 0.95%，死亡人数上升 3.06%，受伤人数下降 7.70%，直接经济损失下降 43.88%。

其中重特大事故情况如下：2005 年发生重大事故 143 起，死亡 568 人，同比事故起数减少 5 起，下降 3.37%，死亡人数减少 35 人，下降 5.80%；2005 年全省共发生特大事故 4 起，死亡 119 人，同比事故起数减少 8 起，下降 66.67%，死亡人数减少 115 人，下降 49.14%。

二、安全监管工作情况

（一）党政主要负责人亲自抓，各级责任进一步落实。张学忠书记、张中伟省长高度重视安全生产工作，一再强调安全生产必须“一把手”亲自抓，要扭住落实责任这个关键，铁腕整治安全。在省委、省政府主要领导身先士卒的带动下，全省各级领导实现了三个“亲自”：一是针对不同时期安全生产工作所面临的形势和任务，主要领导亲自召集会议，亲自研究部署。特别是在“两节”、“两会”以及春运期间，各级主要领导组织近400个检查组深入基层明查暗访，有力地促进了安全生产形势稳定好转。春节大雾期间，省公安厅、省交通厅立即启动春运应急预案，主要负责人亲自到高速公路一线，结合实际采取统一组织、限速运输、集中护送、加强宣传等有效措施，在成都等地政府、成都铁路局等部门和新闻媒体的共同努力下，安全疏导160余万滞留返乡过节群众，受到社会广泛好评。元旦、春节和春运期间，在客运量大幅增长的情况下，全省发生2起重大事故，事故起数和死亡人数分别下降50%和60%。二是针对重特大安全事故，各级主要领导亲自过问，亲赴一线，有效开展应急救援和善后工作，有效降低了事故损失，减少了负面影响，维护了社会稳定。三是针对安全生产的突出问题，各级主要领导亲自主持研究、督促落实。分别以常委会、常务会、党组会、办公会深入研究，安排部署标本兼治的措施。如成都市政府主要领导针对煤矿安全生产的严峻形势认真分析，周密安排，坚决推进煤矿关闭整顿，圆满完成省政府下达的关闭任务，实现了依法关闭、有序关闭、稳定关闭。达州市委、市政府认真贯彻省领导批示精神，采取果断措施严肃查处了在煤矿清理纠正工作中顶风作案的大竹县县长助理等违纪干部，使群众反映的问题得到正确解决，清理纠正工作得以顺利开展。巴中市委、市政府针对基层薄弱问题在县、乡机构改革中充实加强安全监管力量，给足编制，配强干部。甘孜州在财力极为紧张的情况下比照公安系统对安全生产监管部门工作经费予以保障，由年人均7 000元提高到3万元。

（二）深入开展重大安全隐患排查工作。持久深入开展重大安全隐患排查整治，是坚持以人为本、坚持标本兼治、注重治本的制度保障和重要手段。全省上下把排查整治重大安全隐患作为加强安全生产工作的治本措施，迅速行动，深入“两个重点”（重点行业、重点场所），抓住“三个关键”（关键部门、关键企业和关键岗位），认真开展以“三查”（企业全面自查、部门专业检查、政府综合督查）为主的隐患排查活动。省公告的首批25项重大安全（环境）隐患已经整治完成9项，市（州）公布的459项安全隐患已整治完成237项。同时，各地、各部门加大安全投入力度，不断深化专项整治。交通投入近3亿元，煤矿投入3.4亿元，非煤矿山、危险化学品、烟花爆竹等行业和领域投入隐患整治资金3.8亿元。省政府常务会议决定用5 000万元来加强全省矿山应急救援队伍建设，更新装备，提高应急抢险救援水平，得到了国家安监总局各位领导的充分肯定。

（三）强化科技兴安，推进依法治安。科技兴安是加强政府监管、提升本质安全水平、推动安全生产形势稳定好转的关键之一。全省上下抓住道路交通和煤矿安全两个重点深入实施“科技兴安”战略。从2004年开始，全省用2年时间投资7 000万元建成道路交通GPS监控系统，建成三级监控平台665个，对1.4万辆营运客车进行全过程监控。同时加强监管资源整合，把公安交警过程监管和交通部门源头监管整合在同一平台，实现GPS监控系统与40个公安交警监控平台的对接，重特大事故得到有效遏制，特大道路交通事故下降了71.43%。2005年，四川煤监局会同各产煤市（州）、县（市、区）投资4 000余万元建立了23对国有重点煤矿和27个重点产煤县的瓦斯监控监测系统，1 080对矿井实现了单井监控，300对矿井实现了省、市、县三级监控。去年全省国有重点煤矿未发生通风瓦斯死亡事故，全省87对重点骨干煤矿瓦斯事故起数和死亡人数分别下降60%和72%，瓦斯这个制约煤矿安全生产的突出问题和关键薄弱环节基本得到较好的监控。

（四）关口前移，重心下移，不断深化安全生产示范乡镇活动。始终把“抓基层、打基础、强监管”作为安全生产工作的着力点，深入开展安全生产示范乡镇活动。各地集思广益，针对乡镇是安全欠账区、管理艰难区、事故多发区、农民受害区的主要矛盾集中地，把“示范乡镇”活动的主要着力点放在落实责任、健全制度、立足防范、强化宣传、整治隐患上，并根据不同时期、不同地区安全生产的实际适时区别调整创建“示范乡镇”的工作重点，不断充实内容，加强分类指导。德阳市把示范活动与加强非公有制企业安全监管有机结合，广元市把示范活动由乡镇向县区扩展，由硬件建设向文化建设渗透，阆中市把示范活动由农村向城市社区发展。通过近几年的不断深化，示范活动的机制更加健全，实践的指导意义更加明显，示范活动催生了崭新工作理念，极大地推动了基层和基础安全生产工作。

（五）依法严肃查处，健全责任追究制度。严格责任追究是安全生产各项措施落到实处的纪律保障。全省纪检监察和安监部门加大事故查处和责任追究力度，按照“四不放过”原则，去年共对137起重特大事故进行了调查处理，对240人实施了责任追究。同时，结合矿业秩序整治深入开展清理纠正党政机关工作人员和国有企业负责人投资入股煤矿工作，截止目前全省有213人登记撤资，涉及金额8 400万元，一些身陷非法利益格局的人员受到严肃处理。

三、主要问题

我省安全形势依然严峻，去年以来相继发生的“5·12”攀枝花特大瓦斯爆炸事故、“10·4”龙滩矿井特大透水事故、“12·22”都江堰—汶川高速公路董家山隧道特大瓦斯爆炸事故、“1·20”仁寿富加输气站输气管道特大爆炸燃烧责任事故等特大事故，死亡103人，给人民群众生命财产造成了严重损失，社会影响较大，教训十分惨痛。这些事故充分暴露了我省安全生产工作的薄弱环节和突出问题。

1. 对安全生产长期性、艰巨性、复杂性和特殊性认识不足。有些重视不足、有些流于形式，从会到会，从文件到文件，停留在口头上，落实在会议上，贯彻落实不深入，个别地方和部门还存在厌战情绪。

2. 企业安全生产责任不到位，基础工作薄弱，管理混乱，“三违”现象比较严重，不断发生。

3. 各级政府安全执法和监督不完全到位，责任不完全落实，还习惯于大吹大擂的做法，措施缺乏穿透力和执行力。

4. 有些地方、企业有令不行、有禁不止，对安全事故背后隐藏的深层次问题认识不够，没有彻底查清。

5. 一些地方和单位对清理纠正党政机关工作人员和国有企业负责人投资入股煤矿工作的复杂性认识不足，清理不彻底，有的干部身陷非法利益格局；还有的对煤矿整顿关闭工作的认识不到位，态度不坚决，行动迟缓。

6. 随着经济的快速增长，能源资源制约、基础薄弱的矛盾日益突出，给安全生产带来新的问题和压力。如怎样正确处理好依法整顿关闭煤矿与保证煤炭生产供应的关系，怎样解决好山区道路交通安全和农民行路难的矛盾。

7. 城市烟花爆竹“禁改限”已是大的趋势，怎样做到依法管理、全过程控制，规范有序地确保人民群众安全、喜庆过节，是我们面临的又一新问题。

8. 今年国家对安全生产控制指标进行了调整，加大了对各级地方政府的考核力度，特别是要突出交通、煤矿、危险化学品等重点领域和行业来怎样科学分解控制指标，落实政府部门和企业主体责任，也是我们必须研究处理好的问题。

四川省2006年上半年安全生产形势报告

一、上半年安全生产基本情况

（一）总体情况。2006年上半年全省发生各类伤亡事故17 839起，死亡2 540人，受伤14 111人，直接经济损失10 892.14万元，与去年同期相比，事故起数下降16.61%，死亡人数下降10.97%，受伤人数下降10.65%，直接经济损失下降3.83%。上半年全省各类事故伤亡人数占省政府下达全年控制指标的39.70%。其中：

道路交通发生事故11 936起，死亡1 791人，与去年同期相比，分别下降16.47%和12.76%。

水上共发生事故4起，死亡35人，与去年同期相比，事故起数下降20%，死亡人数上升288.88%。

工矿商贸企业发生事故478起，死亡458人，与去年同期相比，事故起数上升7.17%，死亡人数下降3.78%。其中：矿山企业事故251起，死亡288人，与去年同期相比，分别下降10.03%和9.71%。煤矿发生事故169起，死亡206人，与去年同期相比，分别下降17.56%和21.07%。非矿山企业发生事故227起，死亡170人，与去年同期相比，分别上升35.92%和8.28%。

农用机械发生事故10起，无死亡，受伤9人，与去年同期相比，分别下降100%（去年同期死亡2人）和上升800%。

火灾事故5 070起，死亡59人，与去年同期相比，分别下降18.10%和3.27%。

铁路交通发生事故341起，死亡197人，与去年同期相比，分别下降23.71%和21.82%。

民用航空未发生事故。

（二）重特大事故情况。上半年发生重大事故57起，死亡206人，与去年同期相比，事故起数减少14起，下降19.72%，死亡人数减少67人，下降24.54%。

截至目前，发生特大事故4起，死亡61人，与去年同期相比，事故起数增加2起，上升100%，死亡人数增加14人，上升29.79%。

（三）行业和地区分析。

1. 行业或领域情况

①道路交通、工矿商贸、矿山、煤矿、铁路运输、火灾等行业、领域安全生产形势稳定，趋于好转（其中，与去年同期相比，死亡人数下降幅度较大的有：铁路运输21.82%、煤矿21.07%、道路交通12.76%、矿山9.71%、火灾3.27%）。

②水上交通、高速公路、非矿山工矿商贸企业事故死亡人数大幅上升。与去年同期比，水上交通增加26人，上升288.88%；高速公路增加21人，上升27.27%；非矿山工矿商贸企业事故增加13人，上升8.28%。

2. 市州情况

①自贡、攀枝花、泸州、德阳、广元、遂宁、内江、乐山、宜宾、南充、达州、巴中、雅安、

眉山、资阳、阿坝、甘孜、凉山18个市、州同比事故死亡人数下降，安全生产形势趋于好转。（其中，同比事故死亡人数下降幅度大的有：阿坝42.15%，泸州26.31%，甘孜24.13%，自贡21.69%，达州20.28%，攀枝花19.60%）。

②广安、成都、绵阳3个市事故同比上升（其中，广安增加27人，上升34.17%；成都增加25人，上升4.57%；绵阳增加1人，上升0.54%）。

（四）控制指标进度目标完成情况。

1. 国家下达我省控制指标情况

①绝对指标　上半年，全省各类事故（道路交通、工矿商贸、火灾、铁路运输四项合计）事故死亡2 505人，占国家下达我省年度控制指标的41.23%，比全国平均水平（41.7%）低0.47%。

其中道路交通死亡人数占国家下达我省全年控制指标的40.82%，比全国平均水平（43.0%）低2.18%；工矿商贸企业死亡人数占国家下达我省全年控制指标的41.71%，比全国平均水平（38.0%）高出3.71%。工矿商贸企业中煤矿死亡人数占国家下达我省全年控制指标的37.12%，比全国平均水平（35.5%）高出1.62%；火灾死亡人数占国家下达我省全年控制指标的51.75%，比全国平均水平（35.0%）高16.75%；铁路运输死亡人数占国家下达我省全年控制指标的41.39%，比全国平均水平（40.4%）高0.99%。

②相对指标　上半年，全省亿元GDP死亡率0.73，与国家下达我省指标持平；10万从业人员事故死亡率以半年数估算为3.76，较国家下达我省指标低0.94（4.7）；万车死亡率以半年数估算为7.58，较国家下达我省指标（8.41）低0.83；煤矿百万吨死亡率5.74，较国家下达我省指标（6.858）低1.118。

2. 省下达各市、州控制指标进展情况。全省除凉山州突破省下达控制指标进度（目前指标占全年指标的50.16%），其他20个市、州均在省下达控制目标进度之内。

高速公路超进度目标8人，目前指标占全年指标的54.44%；

（五）事故特点。从全省发生的事故情况看，上半年安全生产有如下特点：

第一，从事故及死亡人数的总量看，虽然各类事故起数、死亡人数和重大事故起数、死亡人数都有不同程度的下降，但特大事故起数和死亡人数反弹（特大事故4起，死亡61人，分别占全国的7.55%和7.14%）。

第二，从事故发生行业看，道路和水上交通、煤矿、石油天然气等高危行业仍然事故多发，是安全生产的重点。上半年全省发生道路交通事故11 936起，死亡1 791人，分别占全省各类伤亡事故总数的66.91%和70.51%。上半年发生的特大事故中道路交通、水上交通、煤矿及石油天然气各有1起；发生的57起重大事故中，道路交通事故37起，占64.91%；煤矿事故7起，占12.28%；非矿山工矿商贸企业事故10起，占17.54%。

第三，从重特大事故发生的区域看，以前“三州”的重特大事故突出，今年全省尤其是一些安全生产基础好的地区，如成都、广安等地区安全生产形势出现反弹，而广安已成为我省特大事故高发市，该市已经连续两年发生特大事故。

第四，个别行业和领域安全管理滑坡，事故呈现上升趋势。今年以来，我省已发生了3起道路运输危险化学品事故，九寨沟县“5.14”剧毒危险化学品甲苯二异氰酸脂运输车辆翻车事故引起社会广泛关注，在我省历史上罕见，在全国也非常典型，引起了党中央、国务院的高度重视，温家宝总理、周永康国务委员都分别作了重要批示，影响十分恶劣，集中暴露出了我省危险化学品运输管理方面的薄弱环节和突出问题。此外，水电施工事故高发，上半年水电施工现场已相继发生4起事故，死亡11人（其中重大事故2起，死亡9人）。

第五，中央和省属等大型国有企业重特大事故呈上升趋势。去年年底“12·22”董家山隧道施工特别重大瓦斯爆炸事故以及今年仁寿县富加输气站“1·20”特大（管道）爆炸伤亡事故、雅安宝兴华能硗碛电站工程“4·12”重大垮塌事故的责任单位都是中央企业。

二、安全监管的主要工作

（一）强化领导，抓责任落实。省委、省政府高度重视安全生产工作，主要领导率先垂范，强化领导。全省上下坚持“主要领导亲自抓、分管领导具体抓、班子领导共同抓”，狠抓了责任落实。同时，省政府将国家下达的安全目标进行了层层分解落实，落实到地区、部门、企业。前不久，按照国家统一要求，又将亿元GDP生产安全事故死亡率、工矿商贸企业从业人员10万人死亡率、道路交通万车死亡率、煤炭百万吨死亡率考核指标补充到考核体系并纳入统计。

（二）突出重点，抓深化整治。一是以煤矿安全为重点，继续深化了煤矿、道路和水上交通、非煤矿山、危险化学品、民用爆破器材和烟花爆竹、人员密集场所消防安全等高危行业和领域安全专项整治。始终把煤矿安全作为全省安全生产重中之重，集中力量打好瓦斯治理和关闭整顿两个攻坚战。围绕贯彻落实瓦斯治理七项措施，开始了瓦斯“先抽后采”试点工作，继续向87对重点骨干煤矿派驻督导组，加快煤矿数字化瓦斯远程监控系统建设，全省1460处煤矿安装了瓦斯监控系统，5个重点国有煤矿企业和29个主要产煤县完成县级平台建设。1～6月，全省关闭不具备安全生产条件矿403处，取缔非法矿井和采矿点1 352处，煤矿瓦斯事故比例降至16.5%，创近年最好水平。此外，公安交通部门将客运和农村交通安全作为管控“两大重点”，重点抓了无牌无证机动车、客车超员、机动车超速“三项整治”；公安消防部门重点开展了“整治火灾隐患百日会战”；水上交通以乡镇船舶、码头为重点，重点开展了水上交通运输安全专项整治；非煤矿山结合矿业秩序整顿，深化了尾矿库和煤系矿山瓦斯整治；危险化学品重点开展了危险化学品道路运输安全专项治理，强化生产、运输、储存、销售、使用等环节安全监管。二是继续加强对7个安全生产重点市和30个重点监控县进行重点帮扶和监控，加强基层基础安全生产管理，强化安全生产监管。三是以“百日安全生产活动”为抓手，强化重点时期、重点时段的安全监管，采取针对性措施，确保了元旦、春节及全国“两会”、“五一”黄金周期间全省安全生产形势的稳定。

（三）强化源头，抓隐患排查。一是按照《安全生产许可证条例》的要求，严格了矿山、危险化学品、烟花爆竹、建筑施工和民爆生产等高危企业安全生产许可证的发放，加大对申领、办理的过程控制，促进高危企业加大投入，进一步提升安全生产水平。截至6月30日，全省煤矿审核发证1 827个（含163处在建矿井）；5 810个非煤矿山中，审核发证5 400个；786个危险化学品生产企业中，审核发证542家企业611个；139家烟花爆竹生产企业中，审核发证136个；6 400余个建筑企业中，审核发证4 910家；民爆企业审核发证25个。二是继续完善道路交通GPS监控系统，加强公安交警过程监管和交通部门源头监管的资源整合，完善过程监控技术支撑，实现了全省665个三级GPS监控平台与40个公安交警监控平台的对接，被监控的1.4万辆营运车辆违章次数下降了60%。三是继续把建立和完善重大安全隐患排查、公告、整治制度，落实隐患整改责任和措施，作为加强安全生产工作的治本措施来抓。目前省公告的两批50项重大安全（环保）隐患，已完成整治37项，累计投入资金1.76亿元；各市、州公告了459项，已完成整治371项，累计投入资金2.3亿元。

（四）严查事故，抓举一反三。上半年以来，根据《安全生产法》、国务院302号令、《四川省劳动安全条例》等法律法规的有关规定，我省对发生的重特大事故都按照“四不放过”原则和“倒查与顺查”的要求，严格依法追究了有关责任人员的责任。此外，按照“查处一起事故，整治一批隐患，教育一批干部，确保一方平安”的总体要求，狠抓了举一反三。广安岳池“3·15”特大沉船事故发生后，省委常委会、省政府常务会议及时研究对策措施，要求全省深刻吸取血的教训，举一反三，进一步加强基层安全生产工作。采取针对性措施，把解决基层乡镇干部工作不落实与解决形式主义相结合，把查处事故责任与维护群众利益相结合，把责任落实与破除干部非法利益格局相结合。省交通厅采取以桥代渡的果断措施，派员实地踏勘，帮助岳池县西溪镇修路架桥。省安监局、四川煤监局及时派出工作组，深入调研，帮助广安市研究制定煤矿和非煤矿山、道路和水上交通等5个重点行业和领域安全专项整治和示范乡镇规范化建设工作方案，从体制、机制、制度、培训、教育、责任等方面提出了加强广安市安全生产工作的具体措施。

（五）“安全生产月”活动开展情况。开展安全宣传、倡导安全文化，是安全生产工作行之有效的重要手段。按照全国“安全生产月”活动的安排部署，省委、省政府高度重视，对“安全生产月”和“安全生产万里行”西南行四川段活动的各项工作提出了要求。5月以来，省政府先后五次召开专题会、协调会，省政府常务会还专题研究“安全生产月”活动有关工作。为加强组织领导，省安委会成立了活动组委会，明确了职责，提出了活动的总体工作思路、目标任务，制定了活动实施方案，具体安排了“安全生产天府行”川南行、安全生产咨询日、“安全意识”大讨论、安全生产知识竞赛、“安康杯”和“安全生产青年岗”等五项活动和安全生产公益广告、安全生产咨询服务、安全生产法规宣传、安全生产巡回演讲等四项宣传活动。

全省各地、各部门、各单位根据全省的统一部署，按照“热情周密、紧张有序，要求具体、责任明确，准备充分、有序推进”的要求，建立了相应活动组织领导机构，细化了活动方案，明确了工作职责，并按照属地负责原则，在人力、物力、财力上予以了充分保障。6月2日，成都市在双流县黄甲镇成都交通油料股份有限公司公兴油库，开展安全事故应急救援演练活动，启动了该市“安全生产月”活动。德阳市及时组建了“《生命之歌》安全生产文艺宣传队”，6月1日在二重集团公司启动“安全生产月”仪式，举行了《生命之歌》作品颁奖晚会，并巡回赴各县（市、区）、乡镇和企业进行文艺演出15场次。省建设厅结合行业特点，开展本行业安全生产法律法规、技术标准的学习培训，委派安全专家深入施工现场授课，并由厅领导带领机关干部开展“送安全知识到现场活动”。省质监局在全省范围内集中开展“安全生产月”现场咨询日活动和“安全生产月”安全大检查活动。省公安厅交警总队结合行业特点，突出预防为主，认真开展一次与客运车和校车驾驶员面对面的交通安全教育、一次送交通安全知识到学校、一次交通安全知识下乡、一次交通安全大检查行动的“四个一”活动。省公安消防总队在全省组织开展消防安全诚信承诺行动。省交通厅、省公安厅、省安监局在全省共同开展安全优质服务活动，表彰了100名安全优质服务明星驾驶员，对提高驾驶员安全、服务素质起到了极大的推动作用。

6月11日，由中共中央宣传部、国家安监总局、回家广电总局、中华全国总工会、共青团中央联合组织开展的“安全生产万里行”西南行（以下简称“万里行”）活动来到我省，历时8天，行程1 500多公里，深入到泸州、宜宾、成都三市的县、乡和工矿企业、学校、码头，广泛开展安全生产宣传教育活动。采访团通过听取省、市情况汇报，深入实地采访和督查，全面了解安全生产状况，中央及省主流媒体共编发我省安全生产报道100余篇，对我省安全生产工作给予了客观的报道。

“安全生产万里行”西南行活动是我省有史以来规模最大，时间最长，影响最广的一次安全生产宣传教育活动，得到了全社会的广泛关注，活动取得了圆满成功。

三、存在的主要问题

上半年，在全省上下的共同努力下，做了大量工作，取得了一定成效，但仍然存在不少问题，主要表现在：

一是思想认识上存在松懈和麻痹大意。个别地区、部门和单位的思想认识还没有统一到胡锦涛总书记3月27日的重要讲话精神上来，对安全生产工作的长期性、艰巨性、复杂性和反复性认识不足，安全发展的理念还没有真正树立起来，安全生产工作紧一阵、松一阵，工作被动，针对性措施和方法不多，没有真正做到警钟常鸣，常抓不懈。

二是企业主体责任不落实。企业作为安全生产的责任主体，“安全生产，预防为主，综合治理”的方针和安全发展的理念没有真正得到贯彻落实。一是一些企业和企业的主要负责人，重生产、重效益、轻安全，安全管理不到位。据查，兴文县“5·10”特大煤与瓦斯突出事故就是因高瓦斯矿井防突安全措施不严密、采掘布置不合理、安全教育培训不落实（3名新工人未经培训合格就下井作业）而导致的事故。二是一批高危行业企业不重视安全生产的管理工作，而只把精力放到如何转移和分散安全风险成本。一些企业的安全生产投入和安全生产管理不适应生产的发展，有的制度办法形同虚设，本应严格管理的驾驶员在一些客运公司中却游离在管理制度之外，没有通过公司化的管理，把分散的安全责任通过有效的公司化的管理来落实。冕宁县“5·10”特大道路交通事故就是一起挂靠客运车辆发生事故，其对关键岗位驾驶员的安全管理、教育和责任相当不落实，经查，事故发生时，驾驶员在车辆行驶途中违规使用手机，加之车辆超速失控，最终酿成惨祸。

三是监管不到位。其一，安全生产基层和基础薄弱，安全监管不到位，责任不落实。岳池“3·15”特大沉船事故反映出基层安全生产工作“停留在布置上，制度挂在墙上”、“管理严格不起来，责任落实不下去”，对乡镇船舶安全监管和监督不到位，执法不严，打击非法客渡不力。其二，一些高危行业行政监管部门的安全监管力量不足，行政监管难以落实到位。九寨沟“5·14”剧毒化工品道路运输事故车辆，无准购证、无准运证、无线路图、无时间表、无标识，驾驶员无资质，严重超载（核载9吨，实载21吨），却在我省境内一路畅通，直至事故发生。类似问题不仅存在于危险化学品运输管理，在水电施工、建筑施工等领域，安全监管不到位，隐患突出，发生事故是必然的。

四是事故查处的警示作用不够。企业是事故责任的主要承担者，目前事故查处总体失之于宽，失之于软，对企业及其责任人员处理乏力，主体责任偏轻，有的不仅不能起到应有的警示作用，甚至存在发生事故的企业、业主不怕、不急。一方面道路有车辆保险、企业有职工意外伤害保险，另一方面现有法律法规及行政手段对企业监管的行政处罚力度不足，特别是对民营企业的处理更难有效落实，有的企业因经济困难，连处罚都交不上，更谈不上巨额赔付了，只有政府买单。对管理混乱，多次发生交通事故的企业，依照有关法规对企业的处罚最高额度为20万元，顶格处理都不足以达到惩戒和警示作用。因此，一些车主、业主、矿主对一般伤亡事故麻木不仁。

五是全民安全意识有待提高。群众安全生产自我保护意识普遍较差，安全生产法律意识较为淡薄，尤其是有法不依、违章指挥、违章操作、违反劳动纪律的现象仍普遍存在。

四、下一步工作采取的措施

（一）牢固树立安全发展理念，强化两个主体责任

1. 各地、各部门要继续深入学习、贯彻胡锦涛总书记、温家宝总理的重要讲话精神，进一步统一思想，把安全发展的理念纳入发展战略，以安全发展的理念统筹经济工作，用“以人为本”的科学发展观统揽安全生产工作全局。

2. 把安全发展的科学理念和国家、省有关安全生产的规划，融入地方、部门和行业、企业的发展战略和中长期规划中，把安全指标纳入社会发展指标体系。结合本地的情况，把国家新增的亿元国内生产总值生产安全事故死亡率、工矿商贸企业十万从业人员生产安全事故死亡率等指标补充到本地“十一五”规划。

3. 进一步建立健全安全生产控制指标体系，落实各级、各部门安全生产行政领导责任，切实发挥安全生产目标责任体系的凝聚、导向、激励和评价作用。加强对各地控制指标落实情况的监督检查、跟踪检查，加大对指标落实过程的控制和进度考核。各地要认真总结本地上半年控制指标的进展情况，分析控制指标落实工作的特点、存在问题，认真部署下半年的安全生产控制指标落实工作，采取有力措施，促进安全生产控制指标全面落实，确保全年控制指标任务的完成。

4. 督促各类生产经营单位依法依规，自觉保证和增加安全投人，改善安全条件，加强改进安全基础管理，搞好安全教育培训，排查和治理隐患，创建本质安全型企业。

（二）综合治理，不断深化重点行业和领域安全专项整治

1. 把预防作为安全生产工作的主体性任务，关口前移、重心下移，把工作重心转移到治理隐患上来，继续抓好重大安全隐患的排查和公告，在规定时限前完成公告的隐患整改任务，加强重大危险源监管，掌握安全生产工作的主动权。

2. 继续把煤矿安全作为安全生产工作的重中之重，围绕煤矿整顿关闭和瓦斯整治两大目标，加大矿业秩序整顿力度。坚定不移地执行国家和省确定的煤矿关闭任务，坚决关闭列入关井计划名单和不具备安全生产条件的矿井，严厉打击非法煤矿，淘汰减少不符合产业政策的小煤矿；紧紧盯住高瓦斯矿、煤与瓦斯突出矿，加快推进瓦斯监测系统建设；切实加强国有重点煤矿安全基础管理；从三季度起在煤矿企业开展安全质量标准化活动，首批选择50个煤矿企业开展安全质量标准化建设，树立先进典型，推广先进经验，实现安全与质量的统一、安全与管理的统一；推进小煤矿支护改革和采煤方法改革。

3. 继续深化非煤矿山、危险化学品、烟花爆竹、道路和水上交通、民爆器材、消防、建筑施工等重点行业和领域安全生产专项整治，严把安全生产市场准入关。对今年6月底未取得安全生产许可证的非煤矿山、危险化学品、烟花爆竹等高危生产企业坚决依法予以关闭取缔；督促化工企业解决“清净下水”问题，按时达标；认真贯彻落实国务院《关于进一步加强消防工作的意见》，重点整治人员密集场所和商住楼消防通道及消防设施，对列入各地重点监控的重大火灾隐患部位，要加快整改进度；坚决执行公安部的部署，集中开展为预防特大道路交通事故专项行动，抓住事故易发、多发的重点地方，解决突出问题，以重点突破带动全局，消除一批安全隐患，整改一批公路危险路段，查处一批严重交通违法行为，使公路和农村地区道路通行秩序进一步好转，遏制群死群伤特大道路交通事故的发生。

4. 坚持标本兼治，在采取断然措施遏制重特大事故的同时，探寻和采取治本之策。加紧研究出台非煤矿山、危险化学品、烟花爆竹和民爆器材、建筑施工等高危行业的生产企业安全技措费、

风险抵押金提取使用办法。

（三）加大投入，加强安全生产基层基础工作

1. 增加公益和公共安全设施与应急救援建设的投入，加强应急救援队伍建设，建成各市州、县区级重大危险源监控中心以及重大危险源网络化动态监控系统。

2. 结合新农村建设，以深化“示范乡镇”建设活动为切入点，继续加大县乡道路、码头和消防安全设施建设投入，加大乡村公路改造和建设力度，重点抓好民族地区“示范乡镇”建设活动，在三季度组织召开示范乡镇工作现场会。

（四）健全体制，加强安全生产监管能力建设。大力推进“三级机构、四级网络”建设，健全市、县安全生产监督管理机构和执法队伍，加强乡镇、非公有制小企业和行业安全生产监管能力建设，完善和规范乡镇安全委托执法，健全安全生产监管体系。创新安全生产监管方式和手段，综合运用法律、经济和行政等多种手段，努力提高安全生产监管能力和水平。

（五）吸取事故教训，严格事故责任追究。加强行政机关与检察机关在重大责任事故调查处理中的联系和配合，按照“四不放过”原则和“倒查与顺查”相结合的要求，继续探索和完善事故查处机制，严肃查处重大责任事故和涉及的职务犯罪。全面清理责任追究落实情况，督促事故处理决定落实到位，解决“上严下宽、上紧下松”的问题。深挖细查事故背后的腐败问题，对因腐败失职、渎职、滥用职权等行为造成严重事故后果的，严惩不贷。要认真剖析事故，开展警示教育，深刻吸取教训。

（六）加强安全文化建设，营造良好安全氛围。把安全生产月和安全生产万里行期间形成的舆论声势延续下去，巩固和扩展安全月活动的效果。加大安全生产宣传教育力度和广度，倡导社会化、全员化的安全生产教育。扶持、引导和发展安全文化产业，推动安全文化建设的社会化和产业化。

（七）抓住薄弱环节，切实搞好夏季和汛期的安全生产

1. 抓好火灾事故防范。对旅馆、饭店、商场、游戏娱乐等人员密集场所，以及容易发生火灾事故的单位，进行全面的检查，认真整改隐患，落实消防安全责任制。隐患严重的坚决停业整顿。认真落实危险化学品和烟花爆竹高温季度安全生产的各项措施，坚决落实烟花爆竹企业有药车间气温超过32℃停止生产，一般车间超过35℃停产的硬性措施，从源头上消除事故隐患。

2. 重点加强对矿山、水利、电力、冶金、建材、铁道、交通、通信、建设、石油、化工等行业和露天采场、油田、水库、大坝、电网、尾矿库、电厂灰坝、危险路段、桥涵、渡口、码头、危险品生产和储存设施、危房、工地、通讯设施以及人员密集场所等重要环节的排查和检查，认真做好防透水、防雷击、防淹井、防滑坡、防垮塌和防泥石流等防灾减灾工作以及水上交通运输安全；建立健全应急救援组织指挥机构和专兼职应急救援队伍，储备好救援装备及物资，加强值守和应急救援工作；做好督查落实工作，有效预防各类重、特大水害事故和突发性灾害的发生。

贵州省 2005～2006 年上半年安全生产形势报告

一、基本情况

（一）事故基本情况。

2005 年，全省共发生各类生产安全事故 6 981 起，死亡 3 239 人，与上年同口径相比减少 22 起，少死亡 74 人。其中：发生重大事故 130 起，死亡 546 人，同比减少 19 起，少死亡 36 人；发生特大事故 13 起，死亡 184 人，同比减少 2 起，少死亡 61 人。

——交通安全状况趋于好转。2005 年全省新增等级公路 1 618 公里，全省公路通车总里程达到 46 449 公里，机动车辆比上年增加 22 万台，道路交通发生事故 3 315 起，死亡 1 647 人，与上年同比减少 80 起，少死亡 184 人，分别下降 2.36％和 10.05％，水上交通安全取得较好成绩。

——煤矿安全生产取得一定成效。2005 年全省煤炭产量达 1.06 亿吨，比上年增加近 850 万吨，煤矿发生事故 521 起，死亡 837 人，同比减少 57 起，少死亡 93 人，分别下降 9.86％和 10％。煤炭百万吨死亡率为 7.90，同比下降 1.63。

——大部分地区安全生产状况比较稳定。安顺市、铜仁地区、遵义市、贵阳市、毕节地区、黔东南州未超过省下达的事故死亡人数控制指标。

2006 年上半年，全省共发生各类事故 3 194 起，死亡 1 246 人，比控制考核指标进度少 314 人，与去年同期相比减少 275 起、少死亡 240 人，分别下降 7.93％和 16.15％。其中：发生重大事故 52 起，死亡 201 人，同比减少 11 起、少死亡 74 人，分别下降 17.46％和 26.91％。有六个市（州、地）的事故起数和死亡人数同比实现了“双下降”；从行业来看，道路交通、煤矿、金属与非金属矿和水上交通继续保持同比“双下降”，火灾、铁路交通和建筑业事故死亡人数同比也有所下降。

（二）安全生产工作基本情况。

1. 进一步加大了安全生产监管部门的组织建设和机构建设。根据工作需要，省政府对省安委会和省煤矿瓦斯集中整治工作领导小组及省煤矿整顿关闭工作领导小组进行了调整，进一步加强了安全生产工作的领导。省政府办公厅印发了《贵州省安全生产监督管理局职能配置内设机构和人员编制规定的通知》，明确由安监部门履行煤矿安全监管职责，为省安监局增设了处室，增加了编制，充实了力量。各市（州）政府、地区行署也正在按省委、省政府的要求，进一步完善和配备安全监管队伍。如黔西南州政府明令要求全州 130 个乡、镇和办事处均要设立安全生产监督管理站；毕节地区编委修订了地区安监局的“三定”方案，增设了煤矿安全监管科和职业卫生安全监管科，并相应增加了领导职数和人员编制。在全省各级政府和各有关部门的共同努力下，到目前为止，省、市、县三级安全生产监管机构已达 125 个，人员编制 1 650 个，实际到位人员 1 346 名，到位率 81.5％。全省 1 540 个乡、镇和街道办事处中有 916 个乡（镇、街道）建立了安全生产监管机构，现有工作人员 2 929 名。

2. 积极推进安全生产法制化、规范化建设，制定下发了一系列法规规章和规范性文件。《贵州省安全生产条例》已经7月19日召开的省十届人大常委会第22次会议通过，9月1日正式实施。此外，省政府办公厅、省安委会、省直有关部门还下发了《关于印发省安委会成员单位安全生产责任制等5项制度的通知》、《关于煤矿整顿关闭工作的指导意见》、《关于加强煤矿建设项目安全监察工作的意见》、《关于进一步规范我省煤矿事故调查处理工作的意见》、《关于做好2006年非煤矿山及冶金、石油、有色、建设、地质等行业安全生产监管工作意见》、《贵州省加强危险高发路段联合整治的规定》、《贵州省农村消防管理规定》、《关于加强渔业船舶安全生产管理工作的通知》、《关于加强安全生产技术培训机构建设和管理的通知》等规范性文件，为做好全省安全生产工作提供了制度保障。各地党委、政府也结合当地实际，制定出台了一系列加强安全生产的规范性文件，稳步推进各地的安全生产工作。

3. 强化目标管理，督促安全生产责任落实。省人大审议通过的《贵州省国民经济和社会发展“十一五”规划》中，明确提出了到2010年全省安全生产四项指标，将安全生产纳入了经济社会发展的总体战略。为进一步落实好国家下达我省2006年安全生产控制考核指标，省政府与各市（州）政府、地区行署和省直有关部门签订了2006年安全生产工作目标责任书，在此基础上，又决定把安全生产控制指标平均下浮10%作为奋斗目标另行考核，年终兑现奖罚。各市（州）政府、地区行署及省直有关部门认真落实，进行了逐级分解，层层签订了安全生产责任状，并建立了月公布、季分析、半年总结、年终考核的监督检查制度。此外，各级政府对2005年安全生产目标完成情况进行了考核，严格兑现奖惩。贵阳市政府拿出250万元表彰奖励了2005年安全生产先进集体和个人，并对突破指标的地区和部门按规定收缴了安全生产责任金87万元；遵义市政府兑现41.96万元目标责任奖金，对2005年安全生产先进集体、达标单位和个人进行了表彰。

4. 组织开展安全生产大检查，确保“两节”、“两会”和“五一”黄金周期间的安全生产稳定。重点开展了煤矿、非煤矿山、道路交通、危险化学品、消防、建筑等行业和领域的安全大检查，排查隐患，督促企业整改，确保了节日和重要会议期间安全生产状况的平稳。组织各级领导和安监人员认真听取了国家安监总局李毅中局长所作的安全形势报告，进一步提高了大家的认识，收到了良好效果。按照中办、国办联合督查调研组和李毅中局长对我省安全生产工作的指导意见，提出了进一步做好我省安全生产工作的办法和措施，并认真抓好落实。

5. 以煤矿、道路交通等为重点，深入开展安全生产专项整治。

煤矿安全：按照省政府对煤矿瓦斯治理和整顿关闭的工作部署，组织编制完成了《煤矿企业瓦斯治理中长期方案》《贵州省煤矿瓦斯治理规划》和《贵州省煤矿整顿关闭工作三年规划》。邀请加拿大、南非和澳大利亚的专家介绍和推广国外瓦斯抽放与应急救援先进技术与装备。我省已关闭346对不具备安全生产条件的煤矿，完成了国家下达我省的2005年度煤矿关闭任务，提出了2006年～2008年的煤矿整顿关闭工作任务。同时，把“五个必须落实”作为日常安全监管监察工作的重点，加大对煤矿安全检查的执法力度。共检查监察煤矿2 300余矿（次），查处事故隐患10 312条，行政处罚260次。为认真汲取我省在建大中型矿井近期几起重特大事故教训，专门成立了省大中型矿井建设期间安全施工监督管理领导小组，对基建、改扩建矿井进行清理，组织开展了审批程序、施工资质、边施工边生产的“三查”活动。

道路交通：省公安厅、交通厅和省安监局相互配合，组织开展创建“平安畅通县区”和“五进”宣传活动。为强化源头管理，加强省际协作配合，我省与四川省、重庆市在泸州召开两省一市道路交通安全联动管理工作会，确立了两省一市联动管理工作方案。加大治理“双超”违法行为的力度，通过飓风行动、春雷行动、旋风行动，查处了一大批违法违章行为。进一步加强了中小学和幼儿园周边道路的监控，在上学、放学等重点时段增派警力疏导交通，在学校周边道路增设交通标识、标线和警示牌，进一步完备了消防设施和安全通道。

消防、建筑、民爆、特种设备等方面的专项整治也取得了阶段性的成果：消防机构通过检查，发现火灾隐患 12 984 处，整改火灾隐患 11 897 处，实施处罚 323 次。对 145 起重大火灾隐患，进行了立项整改和挂牌督办。建设部门开展了建筑施工企业安全生产许可证和施工现场临建宿舍及办公用房安全情况专项检查，督促建筑施工企业通过整改消除了一大批重大安全隐患。省质监局重点开展了电站锅炉安装监检、气瓶使用登记、重点工地起重机械、公用管道普查、取缔土锅炉等专项治理。省国防工办重点对已实施破产企业的原材料、半成品、产成品、易燃易爆品、有毒有害品的管理、火灾安全防范措施进行了检查。此外，各级政府和有关部门结合实际，针对非煤矿山、水上交通、危险化学品、烟花爆竹、人员密集场所以及教育、旅游、冶金、机械、农机、民航、铁路等行业和领域存在的安全问题和隐患开展了专项整治，做了大量工作，并取得了阶段性成果。

6. 认真落实安全生产行政许可制度，加大审查颁证工作力度。截至 6 月 30 日，省安监局、贵州煤监局共颁发安全生产许可证、安全经营许可证 10 506 个。其中，颁发煤矿安全生产许可证 1 684 个，颁证率 78.4％；非煤矿山安全生产许可证 5 531 个，颁证率 91.3％；危险化学品安全生产许可证 237 个，颁证率 74.1％，经营许可证 2 935 个，颁证率 96.1％；烟花爆竹安全生产许可证 119 个，颁证率 100％；省建设厅颁发建筑施工企业安全生产许可证 638 个，颁证率 80％；省国防科工办颁发民爆企业安全生产许可证 7 家，颁证率 100％。省安监局会同省公安厅、省国土厅、省工商局等八厅局依法对 505 家未按国家规定时限申办安全生产许可证的非煤矿山企业进行了关闭，对未在限期内提出申请或经审查达不到颁证条件的 11 家烟花爆竹企业和 62 家危险化学品企业也提请地方政府依法予以关闭。

7. 狠抓安全生产宣传教育和培训，努力营造“以人为本、关注安全”的社会氛围。在各级党委、政府的大力支持和配合下，成功举办了全国安全生产万里行“西南行”活动的首发仪式和贵州活动周，并紧紧围绕“安全发展、国泰民安”的安全生产月活动主题，认真组织开展了安全生产咨询日、安全生产法律知识竞赛、矿山应急救援演练等一系列活动。仅安全生产咨询日活动，在贵阳市就有 102 个部门（单位）参加宣传咨询，宣传人数达 2 000 余人、展板 600 余块、空飘 150 个、拱门 36 个、横幅 300 余条、彩旗 600 余面、发放宣传资料 50 余万份，共接待咨询群众近万人次。安全生产月期间，各地广泛开展了内容丰富，形式多样的宣传活动。贵阳市组织开展了安全知识竞赛、安全生产征文、生命之歌演唱、“安全杯”蓝球赛以及向摩托车驾驶员赠送头盔等群众性安全生产宣传教育活动；遵义市举办了以“安全发展、国泰民安”为主题的文艺晚会、“平安保险杯”安全生产法律法规知识竞赛、安全生产进农家演讲报告会、安全生产大型图片展等活动。安顺市以举行升“安全旗”仪式拉开了安全生产月活动的序幕，相继开展了“安供杯”法律法规知识竞赛、安全生产科技周活动、安全生产演讲比赛等活动。黔南州举办了“生命之歌”文艺晚会、在电视台设置“安监剧场”、举办“安康杯”蓝球赛、“安全杯”乒乓球赛等。总之，今年我省的安全生产月活动，从内容上、形式上、规模上都比往年有了新的拓展，全社会对安全生产的关注程度进一步提高。

省安监局、贵州煤监局为全面提升安全生产监管队伍的综合业务素质，集中组织全省安监系统行政执法人员进行业务培训，已举办了4期培训班，共培训240人。此外，全省共培训、复训煤矿、非煤矿山、危险化学品、烟花爆竹等生产经营单位主要负责人和安全管理人员4 839人，培训和复训各类特种作业人员35 757人。

8. 依法严查生产安全事故，落实事故责任追究。在各地、各部门的大力支持和配合下，安全生产事故查处和责任追究工作进展良好，并且受到了国家重特大安全事故责任追究落实情况督查组的充分肯定。今年以来，贵州煤监系统共批复结案煤矿事故222起，处理事故责任者443人，其中，追究刑事责任63人，追究党纪、行政处分185人（其中：乡镇领导54人、县级领导7人）。此外，省委、省政府对贯彻落实上级政策措施不力、对煤矿安全监察机构整改建议置若罔闻、造成非法采煤窝点事故频发的县级政府负责人进行了问责和责任追究，并在全省进行通报。

9. 依靠科技进步，实施“科技兴安”战略。组织制定了《贵州省安全生产“十一五”规划》和《贵州省煤矿安全生产“十一五”规划》。组织推荐申报了处理突发性危险化学品事故的工艺技术及装置的综合利用、煤矿支护设备安全环保水介质单体液压支柱的产品研究与开发、贵州煤矿抽采瓦斯（煤层气）的综合利用途径研究、贵州煤矿强化瓦斯抽放技术研究、贵州突出煤层突出敏感指标及临界值的研究等七个安全生产科研项目。24个产煤县1 000个煤矿的“一通三防”监测监控系统联网工程正在加紧建设。进一步加大了“HAN”阻隔防爆技术的推广运用。目前，贵阳市城区内安全距离不符合要求的20家加油站已开始采用“HAN”阻隔防爆技术。同时，烟花爆竹新型安全原料的推广、试用工作也正在抓紧进行中。

10. 稳步推进了应急救援体系建设，加强了对安全生产中介机构的监管：通过开展全省矿山救援技术比武，选拔了一支优秀代表队，参加了在平顶山举行的第六届全国矿山救援技术竞赛，并获得优胜奖。实施了贵州省矿山救援储备物资项目计划，按规定程序完成了设备采购。并对全省矿山救护队员进行了集中培训。六盘水市积极建立健全安全生产应急救援体系，制定了突发公共事件总体应急救援预案和各行业领域事故应急救援预案26个，建立矿山救援队伍6支，500余人，其中六枝工矿（集团）公司救护大队被选定为国家西南救护基地。

认真组织开展安全评价中介机构的资质申报、推荐和审定工作。召开了全省安全评价工作座谈会，制定了安全评价人员资格登记管理和考试管理实施细则，规范了安全评价人员资格注册登记和资格考试等工作程序。同时，对安全评价机构提交的评价报告和年度业绩报告进行抽查，对发现的违法违规行为给予相应的行政处罚，进一步加大了对安全中介机构的监督管理。

11. 狠抓了职业卫生监督管理和重大危险源监控工作。上半年，组织开展了对生产经营单位主要负责人、职业卫生专（兼）职人员的职业卫生培训工作，启动了职业病危害项目申报工作，并为做好申报工作专门购置了职业病危害项目申报的管理软件，年底完成整个职业病危害项目申报工作。省安监局还会同省卫生厅、省总工会和省劳动与社会保障厅就我省职业病防治工作开展了专题调研。

切实加大了重大危险源监管工作，对重大危险源申报登记和评估工作进行了部署，州、县（市）安监局明确专人负责重大危险源监管工作。

二、我省安全生产工作存在的主要问题

尽管我们在安全生产方面做了一些工作，取得了一定成绩，实现了事故起数和死亡人数的双下降，但是，由于多种原因，事故起数和死亡人数仍居高不下，特大事故时有发生，特别是因我省现阶段生产力发展水平相对较低，煤矿产业化程度不高，集中度差，小矿多而分散，致使煤矿

安全生产基础薄弱，煤矿事故死亡人数居全国首位，全省安全生产的形势仍然十分严峻。

一是部分地区、特别是部分县乡领导干部对安全生产的重要性认识不足，不能正确处理安全生产和经济发展的关系，不能真正从树立科学发展观的高度认识安全生产的重要性，领导不力，“严格不起来，落实不下去”的问题比较突出。

二是由于历史、体制等多方面原因，安全生产的基础工作薄弱，技术装备和管理手段相对落后，安全保障能力差。一些企业安全生产制度不完善，管理混乱，违章指挥、违章作业的现象时有发生。

三是我省安全生产监督管理机构成立不久，存在力量薄弱，人员不齐，经费缺乏等问题，还没有形成强有力的安全监管工作体系，大量精力用在突击检查、集中整治、抢险救灾和事后查处上，源头管理、过程控制两个关键环节仍然比较薄弱。

四是对一些事故查处不严，责任追究不到位，存在对事故责任人处理失之于轻，失之于宽的现象，没有使事故责任者受到教育，从而吸取事故教训。

五是我省经济发展水平低，地方财政非常困难，安全生产投入十分有限，历史欠帐多。加上我省特殊的地理条件和产业结构，造成道路交通安全和煤矿安全事故多发。近年虽然加快了大矿的建设，但两年内尚不能达产，当前的煤炭生产水平和规模依然存在着较大的安全生产隐患。

六是文化教育相对落后，特别是农村从业人员文化水平低、安全技能等方面存在一定的差距，自我保护意识差。

三、下一步全省安全生产工作重点

以邓小平理论和“三个代表”重要思想为指导，以科学发展观统领全局，坚持安全发展；坚持“安全第一、预防为主、综合治理”的方针，紧紧围绕建立安全生产长效机制、实现安全生产状况稳定好转这一总体目标，强化全社会安全意识，强化企业主体责任，强化政府监管职责，突出重点、狠抓落实、求真务实、讲求实效，不断探索和创新加强安全生产的手段和方法，努力推进本质安全水平的提高，促进全省安全生产状况的稳定好转。

（一）加强学习、提高认识，坚决防止盲目乐观和麻痹松懈情绪。进一步认真学习胡锦涛、温家宝同志关于安全生产的重要讲话精神，贯彻落实十六届五中、六中全会、全国和全省安全生产工作会议精神，以科学发展观和安全发展理念统领安全生产工作全局，充分认识安全生产形势的严峻性和做好安全生产工作的极端重要性，增强危机感、紧迫感和责任感，坚决防止盲目乐观和麻痹松懈情绪，围绕实现全年安全生产控制指标，坚持不懈地把安全生产各项工作抓细、抓实、抓好。

（二）广泛宣传和全面贯彻落实《贵州省安全生产条例》。要抓紧做好《贵州省安全生产条例》的宣传贯彻工作，认真开展《条例》宣传进企业、进社区、进农村、进学校、进家庭的“五进”活动，使之家喻户晓。各级安全生产监管部门及安全监管人员，必须加强学习，深刻理解《条例》的立法宗旨和执法要求，自觉宣讲和贯彻执行好《条例》，及时把《条例》单行本发放到每一个执法对象手中，把宣传贴画张贴到每一个生产经营单位。各地还要积极协调各主流媒体充分发挥舆论宣传的导向作用，以形式多样、内容丰富的宣教活动，广泛深入地宣传贯彻好《条例》。

（三）坚定不移地推进煤矿整顿关闭工作。今年我省的煤矿关闭计划已经上报国务院安委会，按计划 2006 年将再关闭 417 个煤矿。从目前的工作进展看，距国家的要求还有较大差距，部分地区的关井名单仍在调整，整合方案仍未确定。“争取三年解决小煤矿问题”，必须完成整顿关闭、整合技改和管理强矿“三步走”任务。要抓紧沟通协商，建立和完善党政统一领导、部门协作的联合执法机制，及时发现和解决关闭过程中出现的问题。总之要痛下决心，周密部署，妥善安排，环环相扣，一抓到底，坚持不懈打好这场攻坚战，确保完成煤矿整顿关闭、整合技改和管理强矿“三步走”任务。

（四）针对薄弱环节和突出问题，加强和改进重点行业和领域的安全工作。

1. 煤矿安全：认真落实晋城现场会议和盘县现场会议精神，继续加快瓦斯治理。进一步落实国家煤矿安全技术专家组“会诊”我省省属煤矿企业时提出的安全整改措施，推动大中型煤矿瓦斯整治到位。以完善“一通三防”基本条件和做好通风能力核定工作以及煤矿生产能力核定工作为重点，加大小煤矿瓦斯整治的工作力度。进一步加快监测监控系统联网工作进度。继续把“五个必须落实”作为下半年煤矿安全监管监察工作的重点内容来抓，督促各地政府、各有关部门及煤矿企业认真落实到位。严格煤矿建设项目安全“三同时”管理，严防新建、改扩建矿井出现新的安全隐患。在煤矿推广入井人员电子监控技术，监控超定员生产；安装井口出煤数量的“税控”计量装置，控制偷税漏税和超能力、超强度生产。

2. 非煤矿山：以重点地区、重点矿山为工作重心，解决无证开采、一证多采、超层越界和以采代探等问题，实现源头治乱；强制矿井机械通风和推行中深孔爆破技术，推动矿山技术进步；切实加强对尾矿库“病库”、“危库”和电厂灰渣库的安全监控；防范雨季溃坝、垮坝、井下透水事故；督促指导各类矿山企业完善应急预案，规范应急处置，防范次生事故，矿山救护队在强化组织建设的同时，精心组织好应急救援物资的储备，规范配套，完好备用，确保矿山应急顺利实施。

3. 道路和水上交通：公安、交通、安监等部门要加大协调配合力度，以预防群死群伤重特大交通事故为重点，坚决查处非法客货运、货运和超载、超限，加大危险路段的整治，加快整治进度。以长途客车、危化品运输车辆、大型货车为重点，推行道路运输 GPS 安全监控系统。切实加强雨季、汛期的道路交通和水上交通安全监管。

4. 危险化学品：认真贯彻落实国家安监总局、公安部、交通部《关于加强危险化学品道路运输安全管理的紧急通知》，下半年要推广应用危险物品道路运输车辆安全监控管理应用系统，提高危险化学品等危险物品安全运输监测监控能力。对危化品生产、承装、储存和运输单位实施有效监管，全面开展危险化学品槽罐车充装单位专项整治。各地安监机构要会同环保部门，对化工企业解决“清净下水”问题的情况认真检查，所有化工企业都必须在如期建成或完善事故状态下防止“清洁下水”引发环境污染的设施和措施，避免可能造成的污染事件。

5. 烟花爆竹：按照 7 月中旬国家安监总局召开的烟花爆竹安全生产专题会议上总局领导提出的工作要求，重点是：由县级人民政府牵头，组织公安、安监、工商、质监等部门开展烟花爆竹专项整法，重点是打击非法生产经营活动；查处违规使用氯酸钾；严禁关闭的矿山将民爆物品流入烟花爆竹领域。整治生产企业超能力、超药量、超定员组织生产。高温季节，高感度工场温度超过 32℃、一般工场温度超过 35℃以及雷雨天气，立即停止生产活动。用经济政策规范企业经营行为，建立和完善财务制度，依法纳税，提取安全费用。实行农民工最低工资制。

6. 民爆器材：7 月份，国防科工委以查处“四超”（超员、超储、超产、超时）为主要内容，对全国的炸药厂进行一次全面彻底的安全检查，违章行为和隐患严重的，采取停产整顿措施，或依法取消资质、关闭转产。国家已将农用硝酸铵和氯酸钾列为民爆物品管理，各地政府和主管部门，对辖区内的民爆企业逐个进行安全排查。加大对已关闭矿山剩余民爆器材的收缴力度，杜绝非法流向社会，危害社会安全。严厉打击私炒制造炸药的非法窝点，保障群众安全。

7. 消防安全：重点抓好人员密集场所，以及易燃易爆单位、耐火等级低的密集建筑区的消防安全、电气电路安全检查，防范重特大火灾事故。

8. 建筑安全：建设主管部门要切实加强建筑施工企业的资质管理，严格安全生产许可制度；要探索防止施工项目非法转包、以包代管的有效办法，严肃查处违反操作规程和偷工减料引发安全隐患的行为，落实防范坍塌事故的各项措施。

（五）认真执行国务院加强宏观调控的决策，提高安全生产布场准入门槛。严格执行安全生产许可制度，建立安全生产许可证日常监管和年审制度，对不具备安全生产条件的煤矿、金属非金属矿山、危险化学品、烟花爆竹生产企业，建筑施工、民爆器材企业，要依法关闭或取消资质。严格执行建设项目安全设施“三同时”制度，按照分级属地管理原则，做好煤矿、非煤矿山、危险化学品、烟花爆竹等工矿商贸建设项目安全设施“三同时”的安全核准、设计审查和验收工作，确保新建、改扩建工程项目安全设施投资纳入概算，确保安全设施的质量，杜绝产生新的安全隐患。

（六）进一步加强联合执法，积极探寻安全监管工作新机制。要把安全生产工作重点、工作中存在的问题、解决问题的思路等，及时告诉相关部门，征求意见，形成共识，商量办法，要尽可能地动员相关部门参与到安全生产工作的全过程中来，使他们充分了解安全生产工作，自觉支持配合安全生产联合执法。属于其他部门牵头、需要各级安全监管监察部门配合的工作，要积极主动，摆正位置、当好配角。要真正建立起政府统一领导，有关部门积极配合参与，全社会广泛关注的安全生产长效机制。

（七）进一步加强安全监管监察队伍建设，下功夫解决“执法不严，工作不实”的问题。要善于思考，勤于实践，总结经验，吸取教训，要及时了解，准确把握安全生产的新形势、新动向，切实采取有效的办法措施，要做到“五个必须”：必须明确责任重于泰山；必须深入基层，扎实工作；必须监管到位，发现和解决问题；必须标本兼治，重在治本；必须依法行政，廉洁从政。进一步提高执法效率，确保安全生产责任制的落实。要把开展治理商业贿赂作为加强执法队伍廉政建设的重要内容，坚决杜绝权钱交易等问题，保持队伍坚强的战斗力和良好的执法形象。

（八）近期正在开展的几项具体工作。一是 6 月 30 日是非煤矿山、危化品生产企业、建筑施工、民爆器材企业领取安全生产许可证的最后期限。凡到期未能依法获得安全生产许可资格的上述四类企业，要立即关闭取缔和取消资质。国家安监总局要求各地在近期必须把应停产关闭、取消资质的企业名单上报，并在当地主要报纸上发布关闭公告，接受舆论和群众的监督。省有关部门要按规定抓紧落实，严格标准、规范运作，对没有受理安全许可申请的，以及整顿不合格的企业坚决依法关闭，防止走过场。

二是省人大常委会把贯彻落实《安全生产法》作为今年执法检查的一项重点工作，决定从 6 月份开始，用 4 个月的时间在全省范围内开展安全生产执法检查活动，目前督查活动正在进行中。本次活动由省人大 11 位副主任分别带队组成督查组，其中 9 个督查组赴 9 个市（州、地）检查，1 个专项督查组检查全省道路交通安全。各地、各部门要高度重视，积极配合好此次执法检查，对督查组在检查中发现的问题要进行认真梳理，制订措施立即进行整改，并按要求报告整改落实情况。

三是要加强对事故责任追究落实情况的督促检查，确保落实到位。近期，由省安委办牵头，会同省安监局、省监察厅、省公安厅、省检察院、省工会等部门，拟对已批复结案事故处理意见落实情况进行统计汇总。并对各地未按规定处理和批复结案的道路交通，火灾重大事故进行督办。

四是加强对《中华人民共和国刑法修正案（六）》的学习和宣传。刑法修正案的公布实施，是安全生产法制建设的重大进展，体现了国家依法治安、重典治乱的方略。各地、各有关部门务必抓好《刑法修正案）》的学习，并进行广泛的宣传，一定要把这部法律贯彻到基层，落实到企业，让广大职工和群众掌握和了解法律、法规的内容，进一步营造“以人为本，关注安全”的社会氛围。

五是各地要认真贯彻落实国家煤监局煤矿水害防治安全督查组对我省提出的意见和建议，深刻吸取“7·15”和“7·17”两起透水事故的教训，切实整顿和规范矿业秩序，严查煤矿超层越界违法行为。进一步完善井田范围内的水文地质资料，建立健全防治水专门机构，制定煤矿水害事故应急处置预案，配备专业技术人员和足够数量的探放水设施设备，完善矿井排水系统，补充、备足防排水设备和物资，坚决遏制透水事故的发生。

云南省2005年安全生产形势报告

一、伤亡事故基本情况

全省各类事故总数83 475起,死亡3 897人。其中,工矿商贸(不含煤矿,不同)事故391起、死亡491人;煤矿事故165起、死亡265人;道路交通事故82 716起、死亡2 901人;火灾事故69起、死亡90人;水上交通事故1起,死亡8人;渔业船舶事故2起,死亡1人;农业机械事故30起,死亡39人;铁路路外事故101起,死亡102人。

全省发生一次死亡3～9人重大事故135起，死亡501人。其中：工矿商贸事故13起，死亡45人；煤矿事故17起，死亡71人；道路交通事故100起，死亡362人；火灾事故4起，死亡15人；水上交通事故1起，死亡8人。

全省发生一次死亡10～29人特大事故5起，死亡75人。其中：工矿商贸事故1起，死亡14人；煤矿事故1起，死亡27人；道路交通事故3起，死亡34人。

未发生一次死亡30人以上特别重大事故。

（一）与去年同期对比情况。全省工矿商贸、煤矿、道路交通、火灾、水上交通、渔业船舶、农业机械、铁路路外伤亡事故死亡3 897人，与去年同期相比减少422人。其中：工矿商贸事故死亡人数同比减少18人，下降3.5%；煤矿事故死亡人数同比减少45人、下降14.5%；道路交通事故死亡人数同比减少309人，下降9.6%；火灾事故死亡人数同比增加22人，上升32.4%。水上交通事故死亡人数同比增加2人，上升33.3%；渔业船舶事故死亡人数同比增加1人，2004年未发生事故；农业机械事故死亡人数同比减少53人，下降57.6%；铁路路外事故死亡人数同比减少22人，下降17.7%。

（二）指标控制情况。全省工矿商贸、煤矿、道路交通、火灾事故死亡3 747人，比国务院安委会下达我省控制指标4 140人减少393人。从行业控制情况看，工矿商贸事故死亡人数比控制指标减少12人；煤矿事故死亡人数比控制指标减少55人，道路交通事故死亡人数比控制指标减少325人；火灾事故死亡人数（不含刑事纵火案件）比控制指标减少1人。从地区指标控制情况看，2005年，全省首次实现16个州、市事故死亡人数全部控制在下达控制指标范围内。各地死亡人数与控制指标对比情况为：昆明市，低60人；昭通市，低60人；曲靖市：低26人；楚雄州，低11人；玉溪市，低47人；红河州，低5人；文山州，低4人；思茅市，低26人；西双版纳州，低12人；大理州：低17人；保山市，低6人；德宏州，低24人；丽江市，低3人；怒江州：低2人；迪庆州，低16人，临沧市，低9人。

二、安全生产基本走势

（一）工矿商贸安全生产走势平稳。工矿商贸事故走势小幅震荡，呈先降后升再降的趋势，2月份死亡人数最低为13人，1、7、8月份死亡人数较高，分别为50人、56人、51人，其余9个月死亡人数均在36～47人之间。

（二）煤矿安全生产状况相对较好。我省煤矿事故死亡人数较高的月份为2、3月份，死亡人数分别为32人、36人，最低的1、10月份分别为15人和13人。其余月份死亡人数均在24人以下，均低于月控制指标，且无一次死亡30人以上的特别重大事故，与全国发生4起一次死亡100人以上特别重大事故比较，安全生产状况相对较好。

（三）道路交通安全态势稳中趋紧。道路交通事故走势较为平稳，除1、2月份死亡人数较高，分别为285人、273人，超月控制指标外，其余各月死亡人数都在月控制指标内，特别是6～9月份，各月死亡人数都控制在220人以下，但发生了3起一次死亡10人以上的特大事故，安全态势稳中趋紧。

（四）火灾形势相对趋缓。1～5月火灾事故接连攀升，但自6月份开始，事故渐趋下降，特别是7～9月3个月死亡人数均为1人，6、8月死亡人数均为2人，严峻的火灾形势得到有效控制。

三、事故的主要特点与状况

（一）工矿商贸事故。从事故类别看，坍塌、物体打击、高处坠落、触电事故多发。坍塌事故死亡97人，物体打击事故死亡70人，高处坠落事故死亡60人，触电事故死亡52人，分别占工矿商贸企业事故死亡人数的19.8%、14.3%、12.2%、10.6%。

从事故原因看，生产场所环境不良造成事故76起、死亡105人，分别占工矿商贸企业事故起数和死亡人数的19.5%和21.4%；违反操作规程和劳动纪律造成事故114起，死亡127人，分别占工矿商贸企业事故起数和死亡人数的29.2%和25.9%。

从事故发生的行业看，事故多集中在建筑业、有色金属矿采选业、电力、煤气及供水业。建筑业事故死亡112人，有色金属矿采选业事故死亡104人，电力、煤气及供水业事故死亡59人，分别占工矿商贸企业事故死亡人数的22.8%、21.2%、12%。

（二）煤矿事故。煤矿顶板和瓦斯事故多发。顶板事故死亡105人，瓦斯事故死亡112人，分别占煤矿事故死亡人数的39.6%、42.3%。乡镇煤矿事故高发。乡镇煤矿事故155起，死亡251人，占煤矿事故死亡人数的94.7%。

2005年，全省原煤产量6 475万吨，煤矿百万吨死亡率为4.093。其中：国有重点煤矿为0.227；国有地方煤矿为10；乡镇煤矿为4.975。

（三）道路交通事故。从事故原因看，超速行驶、酒后驾车、违章超车导致的事故尤为突出。超速行驶事故死亡265人，酒后驾车事故死亡159人，违章超车事故死亡144人，分别占道路交通事故死亡人数的9.13%、5.48%、4.96%。

从肇事驾驶员情况看，3年以上驾龄驾驶员造成事故死亡1 211人，3年以下驾龄驾驶员造成事故死亡868人，分别占道路交通事故死亡人数的41.74%、29.92%。

从事故形态看，碰撞和翻车是事故的主要类型。碰撞事故死亡1 498人，翻车事故死亡553人，分别占道路交通事故死亡人数的51.64%、19.06%。

从事故路面状况看，平直路段发生事故死亡1 469人，占道路交通事故死亡人数的50.64%。

从事故发生时间看，每日14时至18时、19时至23时为事故高发时段。

云南省2006年上半年安全生产形势报告

一、伤亡事故基本情况

2006年上半年全省各类伤亡事故总数6 017起，死亡1 822人。其中，工矿商贸事故当月28起、死亡32人，累计164起、死亡195人；煤矿事故96起、死亡128人；道路交通事故3 194起、死亡1 418人；火灾事故2 490起、死亡45人；水上交通事故1起，死亡1人；铁路路外事故72起、死亡35人；未接报渔业船舶、农业机械事故。

（一）与去年同期对比情况。全省工矿商贸、煤矿、道路交通、火灾伤亡事故死亡1 786人，同比减少176人。其中：工矿商贸事故死亡人数同比减少20人、下降9.3%；煤矿事故死亡人数同比减少19人、下降12.93%；道路交通事故死亡人数同比减少108人、下降8.96%；火灾事故死亡人数同比减少29人、下降39.2%。

（二）指标控制情况。全省工矿商贸、煤矿、道路交通、火灾事故死亡人数与控制指标进度目标比较低74人。从行业控制指标进度目标看，工矿商贸事故死亡人数低45人；煤矿事故死亡人数低24人；道路交通事故死亡人数超2人；火灾事故死亡人数低3人。

从地区指标控制情况看，上半年，全省有9个州、市死亡人数在控制指标进度目标以内，分别是：昆明市，低4人；曲靖市，低63人；玉溪市，低15人；红河州，低6人；思茅市，低1人；大理州，持平；保山市，低25人；丽江市，低8人；迪庆州，持平。7个州、市死亡人数超控制指标进度目标，分别是：昭通市，超25人；楚雄州，超11人；文山州，超4人；西双版纳州，超9人；德宏州，超27人；怒江州，超4人；临沧市，超3人。

二、安全生产基本走势

（一）工矿商贸安全生产形势稳定。今年以来，工矿商贸企业安全生产形势较为稳定，除3月份死亡人数上升幅度较大，突破控制指标以外，其余月份事故走势小幅震荡，均未突破进度控制指标。

（二）煤矿安全形势仍不容乐观。6月份以来，煤矿安全形势比上月有了一定好转，但仍然突破了月进度控制指标，曲靖市本月煤矿伤亡事故控制得较好，死亡人数比上月有了明显下降，昭通市本月煤矿死亡人数再次突破10人，占煤矿月死亡总人数的37%，形势严峻。

（三）道路交通形势依然严峻。5～6月份以来道路交通死亡人数虽然都控制在月进度指标以内，但是3人以上事故仍然接连不断，6月以来，发生一次死亡3～9人事故6起，死亡21人，6月5日，文山州文山县发生一次死亡11人的特大交通事故。1～6月，我省共发生一次死亡3～9人事故59起，死亡247人，形势非常严峻。

（四）火灾安全生产形势平稳。1～6月，火灾事故走势波动不大，自3月以后呈现稳中有降的态势，6月出现了本年度火灾零死亡。

三、事故的主要特点

（一）工矿商贸事故。从事故类别看，坍塌、物体打击、高处坠落、冒顶片帮事故多发。1～6月，坍塌事故死亡36人，物体打击事故死亡31人，高处坠落事故死亡27人，冒顶片帮事故死亡24人。分别占工矿商贸企业事故死亡人数的18.5%、15.9%、13.8%、12.3%。今年以来，工矿商贸领域一次死亡3～9人事故9起，死亡32人；未发生一次死亡10人以上事故。

从事故原因看，1～6月，生产场所环境不良造成事故46起、死亡58人，分别占工矿商贸企业事故起数和死亡人数的28%和29.7%；违反操作规程和劳动纪律造成事故46起，死亡53人，分别占工矿商贸企业事故起数和死亡人数的28%和27.1%。

从事故发生的行业看，采掘业和建筑业事故高发，1～6月，采掘业发生事故50起，死亡61人，占工矿商贸企业事故起数和死亡人数的30.5%和31.3%；建筑业事故46起，死亡56人，占工矿商贸企业事故起数和死亡人数的28%和28.7%。

（二）煤矿事故。从事故类别看，冒顶片帮、中毒窒息、机械伤害事故多发。上半年，冒顶片帮死亡61人；中毒窒息事故死亡31人；机械伤害事故死亡13人，分别占总死亡人数的47.7%；24.2%；10.2%。

今年上半年，煤矿发生一次死亡3～9人事故11起，死亡42人，分别占煤矿总事故起数和死亡人数的11.7%和32.8%，未发生一次死亡10人以上的事故。

（三）道路交通事故。从事故原因看，超速行驶、违章超车、酒后驾车为事故发生主要原因。1～6月，超速行驶事故死亡115人，违章超车事故死亡65人，酒后驾车事故死亡52人，分别占道路交通事故死亡人数的8.12%、4.59%、3.67%。其中，非驾驶员开车导致的事故死亡人数高达278人，占道路交通总死亡人数的19.63%。

从事故形态看，碰撞和翻车是事故的主要类型。1～6月，碰撞事故死亡716人，翻车事故死亡329人，分别占道路交通事故死亡人数的50.49%、23.2%。

从事故路面状况看，1～6月，平直路段发生的事故死亡551人，占道路交通事故死亡人数的47.39%。

四、下步工作措施

（一）认真做好安全生产控制指标的落实工作。各州市、各部门要认真总结本地区和本部门上半年控制指标的进展情况，分析本地区、本部门控制指标落实工作的特点、存在问题，认真部署下半年的安全生产控制指标落实工作，落实各级政府和有关生产经营单位的责任，建立健全安全生产控制指标考核机制，充分发挥媒体的监督作用，采取有力措施，促进安全生产控制指标全面落实，确保今年控制指标任务的完成。

（二）继续加强道路交通安全监管。道路交通是我省生产安全事故的高发行业，是安全生产工作的重中之重。针对道路交通重特大事故多发的现状，要切实加大监管力度，继续深入开展安全专项整治工作，加强安全执法检查，遏制重特大事故多发的势头；继续治理超载、超限，严禁货运、农用和证照不全车船违法从事客运业务；继续抓好对事故多发危险路段的治理，加强对道路运输企业安全监管，杜绝超速、疲劳驾驶、酒后驾驶等违章现象。安监部门要与公安、交通、农业等相关部门密切配合，加强道路交通安全执法，及时制止、严厉查处。抓好危险路段治理，对公路危险路段进行全面排查，落实治理项目、资金和进度；对急弯、陡坡等隐患进行治理，设置警示标志和安全防护设施。同时还要加强农村道路管理。

（三）继续加强对非煤矿山、危险化学品及相关行业的安全监管。要认真按照省安监局召开的抓大促小工作会议和入滇施工企业监管工作会议的部署和要求，切实抓紧抓好示范企业的安全生产工作，从整体上降低安全生产事故、提高安全管理水平、促进企业经济发展。各级安监部门要与国土资源管理部门密切配合，开展好整顿规范矿产资源开发秩序的专项治理工作，从源头上加大对不具备基本安全生产条件和非法矿山的整治力度，加快非煤矿山、危险化学品和烟花爆竹安全生产许可证的审核发放工作进度，严格发证标准；要针对薄弱环节和突出问题，加强和改进重点行业领域的安全工作；要认真执行安全生产许可制度和“三同时”制度，提高市场准入的门槛；要加大执法力度，推动依法治安，重典治乱。

（四）紧抓煤矿整顿工作不放松。继续关闭不具备安全生产条件煤矿和非法煤矿，对已经关闭的矿井实施定期检查，严防死灰复燃。新出现的非法采矿窝点，发现一处取缔一处。不能依法取得安全生产许可证的矿井要关；安全管理滑坡、已经不再具备安全生产条件的矿井要关；存在重大隐患，现有技术条件下难以整改治理的矿井，也要关闭。尤其要防止假借“整合”逃避关闭。

（五）加强对安全生产的舆论监督和社会监督。建立强有力的舆论监督、社会监管机制是社会文明进步的表现，是对安全生产工作的有力支持和促进。媒体要宣传安全生产可信可学的好典型、好经验，揭露安全生产领域各种非法、违法行为，及时曝光重特大事故。各州市部门要定期公布安全生产重点工作进展情况，接受群众和社会监督。关闭不具备安全生产条件企业要发布公告。对群众举报的重大隐患和事故要彻底核查，举报属实的要给予奖励。

陕西省2005年～2006年上半年安全生产形势报告

一、2005年安全生产形势

2005年全省共发生各类事故20 240起，同比减少1 027起，下降4.83%；死亡3 504人，同比减少469人，下降11.80%。其中发生一次死亡3～9人重大事故75起，同比增加11起，上升17.2%；死亡278人，增加25人，上升9.9%。发生一次死亡10～29人特大事故5起，同比减少1起，下降16.7%；死亡87人，同比减少168人，下降65.88%。没有发生死亡30人以上的特别重大事故。

综合分析各类事故：一是煤矿事故起数有所增加，死亡人数下降，原煤生产百万吨死亡率低于全国同期水平，控制在国家下达我省的指标范围之内。2005年全省生产煤炭15 341.23万吨，同比增长17.92%，百万吨死亡率为1.382，比2004年的2.298低0.916，比2005年全国煤炭百万吨死亡率2.836低1.454，也大大低于国家下达我省煤炭百万吨死亡率2.216的控制指标。

二是其他行业安全生产形势相对稳定。道路交通事故起数和死亡人数全面下降，但重特大事故时有发生；金属与非金属矿、危险化学品、烟花爆竹、建筑施工企业和人员密集场所没有大的事故发生；铁路运输和农业机械事故起数和死亡人数同比下降幅度较大；民航飞行未发生事故。

2005年主要抓了以下8项工作：

（一）认真安排部署，全面落实安全生产责任制。2005年初，省政府召开了全省安全生产工作会议，对全年各项安全生产工作进行了全面的安排和部署，省政府与11个市（区）政府和省级14个行业主管部门签订了安全生产目标责任书，各市（区）政府和省级相关部门把省上下达的控制指标和重点任务层层分解细化到县（区）、乡（镇）政府和下属部门，直至生产经营单位、车间和岗位。多数市（区）还与中央在陕及省属企业签订了安全生产责任书，形成了比较完善的安全生产责任网络。2005年4月份，国务院安委会下达我省安全生产总体控制指标后，我们经过认真研究并报省政府同意后，很快以省安委会文件分解下达到11个市（区）及省级各部门，进一步明确了具体目标和工作要求。

在严格夯实各级政府和部门安全生产责任制的基础上，不断完善安全生产工作机制，调整充实了省安委会成员单位及其办事机构，研究制定了安委会的工作规则，进一步改进安全生产监督管理方式，把主要精力放在法规建设、重大危险源普查、隐患治理和预防为主上。2005年先后召开了3次省安委会全体会议和两次省安委会联络员会议，对全省安全生产阶段性工作进行安排部署。2005年12月5日，省政府召开第30次常务会议，专题听取了我省安全生产形势和今后工作意见的汇报，对去冬今春全省安全生产工作进行了研究和部署。2005年全省组织开展了春节、“两会”、春季、“五一”、“十一”期间和冬季安全大检查等6次安全生产大检查，通过全面排查和整治重大事故隐患，落实企业安全生产各项保障制度和措施，促进了安全生产重要任务的全面落实。

为了做好冬季尤其是“两节”期间的安全生产工作，坚决遏制煤矿等高危行业和领域重特大事故多发的势头，国务院安委会第8督查组于2005年12月20日至27日对我省安全生产工作进行了督查，并向省政府反馈了督查意见，充分肯定了去年以来我省安全生产工作取得的成效。

针对国务院安全生产督查组反馈意见提到的我省煤矿超能力生产、个别地区煤矿整顿关闭工作进度缓慢以及小煤矿超层越界开采严重等主要问题，省政府办公厅已于2005年12月30日要求相关市政府及省级有关工作部门、直属机构举一反三，狠抓落实，省煤炭局、陕西煤监局已严格落实了各生产煤矿节前停工和节后复工以及各停产整顿煤矿停工期间和复工前的各项安全防范措施；对年底前经整顿仍未取得安全生产许可证的煤矿，按照《特别规定》的要求，坚决予以关闭。对国务院督查组明确指出存在安全隐患的神府经济开发区赵家梁煤矿、神木二道峁煤矿和彬县水帘洞煤矿，要求榆林、咸阳市政府督促煤矿监管部门，严格按照执法程序下达执法文书，坚决予以停产整顿。

（二）不断深化安全生产专项整治和隐患整改。2005年在全省继续深入开展了以煤矿、非煤矿山、道路交通、危险化学品、烟花爆竹和人员密集场所消防安全为重点的安全专项整治，治理成效进一步显现。

煤矿安全方面，深刻吸取陈家山煤矿“11.28”特大瓦斯爆炸事故血的教训，认真贯彻落实国务院关于进一步加强煤矿安全生产工作的一系列重要指示和紧急通知精神，以高瓦斯矿井、煤与瓦斯突出矿井为重点，深入开展瓦斯集中整治，以小煤矿安全整治为重点，严厉打击煤矿超层越界等非法开采行为。2005年3月省政府制定下发了《关于进一步加强煤矿安全生产工作的决定》。4月初成立了煤矿瓦斯集中整治领导小组，省政府主要领导和分管领导分别联系国有重点煤矿的安全生产工作。省属企业和高瓦斯矿井陆续安装了瓦斯抽放系统，部分矿务局实现了局内集中联网监测。特别是8月下旬后，认真贯彻《国务院关于预防煤矿生产安全事故的特别规定》和《国务院办公厅关于坚决整顿关闭不具备安全生产条件和非法煤矿的紧急通知》，进一步加大煤矿安全整治工作力度，省政府出台了《贯彻落实国务院关于促进煤炭工业健康发展的若干意见的实施意见》，并实施《陕西省瓦斯和煤与瓦斯突出矿井治理工作规定》，省安委会制定下发了《关于在全省严厉打击煤矿超层越界非法开采等违法行为的专项整治方案》，省政府制定下发了《关于开展联合执法检查严厉打击煤矿违法生产活动的紧急通知》，并在《陕西日报》公告了全省584处停产整顿矿井名单，由省煤炭局、陕西煤监局、省国土资源厅、省工商局、省公安厅联合组成两个联合执法检查组，对重点产煤市区关闭整顿工作进行全面的检查督查，严格落实“五整顿、四关闭”措施，其中537处矿井停产整顿后，市县政府已验收合格。先后对关闭不到位和有恢复迹象的34处矿井进行了填埋关闭，闭毁洛河沿岸露头煤矿非法开采窝点123处，拘捕非法矿主16人，处分县、乡政府及有关部门干部和责任人员23人。同时全省清理纠正国家机关工作人员和国有企业负责人投资入股煤矿的“涉煤”官员89名，撤资1 144万元。

非煤矿山安全方面，进一步加强和做好石油天然气开采及长输管道安全监管工作。2005年，先后在榆林市靖边县和西安市召开了两次全省石油天然气长输管道安全监管工作会议，主管省长与8个设区市主管市长签订了责任书，我局与5个企业签订了责任书，进一步落实了相关市、县政府与石油天然气长输管道运输企业的安全管理责任，并对管道沿线存在的62处重大事故隐患发出整改指令书，督促有关部门制定整改方案，限期消除隐患，整改合格率达85%以上。在深化非煤矿山安全专项整治中，不断完善日常监管和信息监管工作措施，建立健全企业安全监管档案，基本做到了底子清，情况明。2005 年共关闭非法开采企业 66 个，实现了全省非煤矿山非法开采企业为零的目标。

危险化学品和烟花爆竹安全方面，建立了负有安全监管职能部门之间的联席会议制度，理顺了工作关系，加强联系与协作，共同履行职责，形成了齐抓共管的工作局面。一是认真开展了危险化学品和烟花爆竹安全专项督查活动，针对检查中发现的隐患和问题，制定措施，落实责任，跟踪整改，有效预防和减少了危险化学品伤亡事故发生。二是在全省筛选了西安热电化工股份公司等 25 户重点监控企业，实行省、市、县三级属地监管和分级监控，目前，宝鸡、汉中等市已对辖区重点危化品企业实施动态监控。三是建立了全省危险化学品生产、储存企业审批制度。四是逐步在危险化学品储存运输企业推广使用 HAN 阻隔防爆技术，提出了 6 项具体措施，积极协助有关市、县排除了深圳天民液化天然气运输公司滞留在陕西境内 10 辆槽罐车的事故隐患，总结了经验和教训。

道路交通安全方面，进一步强化对全省危险和事故多发路段的整治工作，我局会同省公安厅、省交通厅联合对全省 2004 年以来重、特大交通事故的集中发生地进行了调查摸底，将 8 处国道、省道事故多发路段列入省级整治重点，制定了工程和工作措施。目前，各项整治任务已全部完成。同时，为提高预防交通事故的科技水平，经省政府同意，正在全省范围内开展营运车辆安装行驶记录仪工作，进一步规范驾驶员的驾驶行为，遏制道路交通事故频发的势头。

消防安全方面，2005 年全省公安消防部门以宾馆、商场、市场、医院、学校等单位为重点，深入开展了人员密集场所安全专项治理活动，共组成检查组 1 500 多个，对 3 400 多个单位的火灾隐患进行集中排查，全面查找了这些单位疏散通道和安全出口封堵、疏散指示标志和火灾应急照明灯缺少损坏、火灾自动报警系统和自动灭火系统不能正常运行以及易燃易爆化学品生产、储存、经营场所存在的安全布局、消防水源、灭火设施和防雷、防爆、防静电设施不符合要求等火灾隐患。对重大火灾隐患坚持跟踪整改，明确具体的整改责任，整改措施，整改期限，务求落实。并对火灾预防知识进行了广泛宣传，组装宣传车 230 多台，印发宣传资料 180 万份，在全社会营造了一个人人重视消防、人人关注消防、人人参与消防的舆论氛围。

（三）积极在非煤矿山、危险化学品和机械制造行业推行安全标准化工作。各项推行工作按照“一年打好基础，两年基本完善，三年初步规范”的安全标准化目标稳步在全省全面开展。2005 年分别在汉中市、咸阳市和富平县组织召开了全省非煤矿山、危险化学品和烟花爆竹安全生产现场会，在全省推广陕西华奥矿业有限公司煎茶岭金矿、金堆城钼业公司、长庆油田采气一厂以及长庆石化公司、汉江药业集团公司等单位安全标准化管理的先进经验；同时选择 5 家中央和省属企业管理基础好的机械制造企业先行开展此项工作，发挥示范带动作用，促进全省企业安全管理向源头管理、过程控制和本质安全转变。由于此项工作开展较好，比较超前，国家安全监管总局在西安召开了全国非煤矿山及相关行业安全监管工作会议，推广了我省的工作经验。为了加强与各个行业及企业之间的密切联系与协作，2005 年 8 月份组建成立了陕西省安全生产协会，充分发挥协会在政府部门与企业之间的桥梁与纽带作用。

（四）加强重大危险源普查和事故应急救援体系建设。制定下发了《陕西省重大危险源监督管理工作实施方案》，确定了全省重大危险源监控治理三年规划。对各市（区）、各行业调查上报的危险源按贮罐区、库区、生产场所、压力管道、锅炉、压力容器、煤矿、金属与非金属地下矿山、尾矿库等 9 个类别，建立全省重大危险源数据库；第二阶段从今年下半年开始，组织专家或中介机构对全省重大危险源实施现场评估，确定重点监控对象，落实分级管理责任，对存在缺陷和事故隐患的危险源进行整改治理；第三阶段从2007年下半年开始，选择2个市、5个县进行远程监控试点；第四阶段力争到2008年6月初步实现省、市、县、企业四级重大危险源动态监控。

在做好重大危险源普查登记工作的同时，分批分期举办了全省重大危险源普查建档管理信息系统培训。要求各市（区）、相关行业和重点企业针对重大危险源制定应急救援预案，并组织开展演练。2005年组建成立了全省危险化学品应急救援指挥部，先后在中石油长庆石化公司、中石化西安分公司和核工业794矿组织开展了液化气泄漏、硫化氢泄漏事故和非煤矿山炮烟中毒事故的应急救援演练活动，并取得圆满成功，提高了处置危险化学品和非煤矿山灾害事故的能力水平。2005年6月15日西安天力危险化学品运输公司一辆载重15吨的油罐车，从咸阳运输液化气行驶至陇海线杨凌西农路立交桥时，因车体高卡于立交桥下，罐体顶部安全阀损坏，导致液化气大量外泄，闪爆事故随时可能发生，出事地点周围1公里内的万余居民受到严重威胁，陇海线被迫中断。我局接到事故报告后，迅速启动了应急救援预案，组织危险化学品专家与公安、消防、交警等部门官兵，于第一时间赶到现场，成功地排除了险情，整个抢险过程没有发生人员伤亡，受到了国家有关部门的肯定。

在加强事故预防工作的同时，我们多次征求省安委会成员单位和各市（区）意见，进一步修订完善了《陕西省安全生产事故灾难应急预案》，并于2005年11月24日经省安委会全体会议审议通过，由省政府颁布执行。目前，全省11个市（区）中已有8个市（区）完成了市级安全生产事故应急救援预案，省安委会绝大多数成员单位也制定了安全生产事故应急处置预案。我局《非煤矿山事故应急救援预案》，《危险化学品事故应急预案》及《石油天然气开采、储运事故应急预案》编制工作即将完成。

（五）认真贯彻实施安全生产行政许可制度。按照国务院《安全生产许可证条例》规定，2005年我局与陕西煤监局、省建设厅、省国防科工委集中精力狠抓安全生产许可证的颁发管理工作，多次召开会议明确有关规定和具体实施办法，不断加快省内企业安全生产许可证申请、发放工作进度。至2005年底全省煤矿企业发放安全生产许可证739家，占应发总数885家（包括应关闭矿井50家，技改矿井11家）的83.5%；建筑施工企业发放安全生产许可证1 110家，占应发总数2 400家的46.25%；非煤矿山企业发放安全生产许可证237家，占应发总数1 161家的20.4%；危险化学品生产企业发放安全生产许可证157家，占应发总数308家的50.97%，烟花爆竹生产企业发放安全生产许可证33家，占应发总数47家的70.21%。

（六）大力开展安全生产宣传教育工作。2005年初研究并下发了全省安全生产宣传工作要点，对各市（区）、各行业、各单位开展安全生产宣传教育活动，普及安全知识，建设安全文化提出了明确要求。6月份，由我局和省委宣传部、省广电局、省总工会、团省委联合组织开展的第四个“安全生产月”活动，在全省产生了广泛影响，取得了积极的宣传效果。6月12日在西安市大雁塔北广场举行了大型安全生产宣传咨询日活动，全省上下积极响应，形成了浓厚的舆论氛围。宣传月期间，全省同时开展了同唱“生命之歌”、安全生产理念用语征集、安全生产理论研讨、安全警示教育、新技术演示推介以及事故应急救援演练活动，进一步增强了人民群众安全生产意识，创造了全社会重视安全生产的良好环境。7月份，我省参加了首届全国安全生产及技术装备展览，获最佳组织奖和优秀设计奖。同时，为了加强政务信息工作，对陕西省安全生产公众信息网进行了改版，自8月1日正式启用。在安全生产培训教育方面，加强了对特种作业人员的培训教育，全省初培考核23 000多人，复审考核3 100多人，培训生产经营单位主要负责人和安全生产管理人员305人，为全省培训单位提供教材24 000多册，同时还对全省农电系统38个县的7 600多名电工进行了培训、考核。

（七）加强安全生产地方法规建设，加大重特大事故查处力度。为了深入贯彻实施《安全生产法》，全面加强我省安全生产监督管理工作，去年9月省人大常委会颁布了《陕西省安全生产条例》，并于2005年12月1日起正式施行，受到了国家有关部门的高度肯定，为全面加强我省的安全生产工作将发挥重要作用。对全省2004年以来发生的重特大事故负有责任的人员进行了严肃查处，其中36人被追究刑事责任，138人受到党纪、政纪处分，起到了良好的警示教育作用。

（八）大力加强机关建设，深入搞好反腐倡廉。2005年我局狠抓各项工作措施的落实，切实把各项安全监管执法工作与落实“以人为本”的科学发展观和构建社会主义和谐社会的要求有机结合，大力推进安全生产工作方式方法的创新。

一是健全完善了安全生产工作机制，进一步理顺了安全生产综合监管和行业监管的关系，为协调和解决安全生产的重大问题，及时组织事故应急救援发挥了重要作用，确保了省委、省政府和国家安监总局各项工作要求的贯彻落实。

二是切实转变工作思路，坚持把落实企业安全生产各项保障制度和措施，全面排查和整治重大事故隐患作为重点，坚持做到从过去的人治手段向法治手段转变，从被动防范向源头管理、强化基础转变，从集中整治向规范化、制度化和经常化转变，收到了警钟长鸣的效果。

三是高度重视并切实加强安监队伍自身建设，建立健全各项规章制度，结合全省安全生产工作实际，认真研究新形势下安全生产的新情况、新问题和新对策。局党组中心学习组坚持集中学习与分散自学相结合的制度，局机关每月举办安全生产知识技能的专题讲座，不断提高干部的业务素质和政策水平，经常深入生产经营一线狠抓安全监管措施的落实，促进了全省安全生产各项工作的顺利开展。

四是按照省纪委、省监察厅的部署要求，从安全生产监管的角度出发，把党风廉政建设和反腐败工作任务分解细化为领导干部廉洁自律、查办案件、纠风、执法监察、源头治理、党风监督、宣传教育、落实党风廉政建设责任制等8类23项，明确了局领导、牵头处室和承办处室以及具体人员的责任，建立了任务完成情况报告制度，严格落实了国家安全监管总局关于安全生产的“九条纪律”。加强对安全生产许可证发放权、行政处罚权、重特大事故处理权、行政责任追究权等权力运行的制约和监督；坚定不移地预防安全生产工作中损害国家和群众利益的不正之风，坚持在安全生产监督检查和事故查处时，依法行政，秉公办事，不徇私情，树立了公正廉洁的政府形象，保障了安全生产各项工作目标的实现。

二、2006年上半年安全生产形势

2006年上半年全省共发生各类事故9 373起，同比减少1 459起，下降13.47%；死亡1 760人，同比增加95人，上升5.71%。发生一次死亡3～9人重大事故49起，同比增加20起，上升69%，死亡182人，同比增加82人，上升82%。其中：道路交通事故37起，比上年同期增加16起，死亡143人，上升85.7%。发生一次死亡10人以上特大事故3起，同比持平，死亡59人，同比增加24人。从事故分类情况看，水上交通、民航飞行未发生事故；煤矿、火灾、铁路运输事故起数和死亡人数同比有所下降；农业机械事故起数同比增加，死亡人数同比减少；道路交通、建筑施工事故起数同比减少，死亡人数同比增加；金属与非金属矿、危险化学品、烟花爆竹及工矿商贸其他企业事故起数和死亡人数都有不同程度上升。上半年我们主要抓了以下几项工作：

（一）以安全发展的新理念为指导，统筹协调和做好全省安全生产工作。为了确保“十一五”

开局之年全省安全生产形势继续稳定好转，按照省委十届八次全会和省政府全体会议对今年工作的总体部署，我局在认真总结去年工作的基础上，结合全国安全生产工作会议的部署，有针对性地研究提出了全年安全生产的总体目标和主要任务，并在年初省政府召开的全省安全生产工作会议上予以落实。明确了面向基层，从基础工作入手，突出重点，依法监管，有效预防生产事故的指导思想。具体工作中正确把握和处理安全生产全局与局部、直接监管与综合协调、治标与治本的关系，并结合全省安全生产季节性特点，适时作出安排，提出阶段性工作任务和具体要求。

为了强化安全生产责任制，确保全年目标任务的完成，在年初的全省安全生产工作会议上，省政府主管领导与11个市（区）政府和省级14个部门的领导签订了全年安全生产目标责任书，各市、县、区政府及省级相关部门又层层分解落实了省政府下达的安全生产控制考核指标。5月初国务院安委会补充下达我省“亿元国内生产总值生产安全事故死亡率、工矿商贸企业从业人员10万人死亡率、道路交通万车死亡率”3项相对控制考核指标后，我局按照省政府批示要求，商省级有关部门以省安委会文件将3项指标层层分解到市、县，纳入了市县（区）政府安全生产目标考核体系。

今年十届全国人大四次会议通过的《政府工作报告》、《中华人民共和国国民经济和社会发展第十一个五年规划纲要》发布后，特别是3月27日胡锦涛总书记在中共中央政治局第三十次集体学习时的重要讲话发表后，我局迅速组织全省安全监管系统的广大干部职工进行了认真学习，深刻领会其精神实质，并坚决贯彻落实。

上半年我局除认真研究并制定下发了非煤矿山、危险化学品和烟花爆竹安全生产专项整治方案外，还协调有关部门制定下发了煤矿、道路交通、消防、建筑等行业的安全专项整治方案。延安市子长县“4.29”煤矿瓦斯爆炸事故和商洛市镇安县“4.30”尾矿库溃坝事故发生后，省政府先后紧急召开现场会、省安委会扩大会议、省政府常务会议、全省小煤矿专项整治会议和全省非煤矿山专项整治工作会议。重点研究了加强全省小煤矿和非煤矿山安全生产工作的意见和措施。今年以来，全省已开展了元旦、春节、全国“两会”期间的安全生产大检查以及小煤矿、非煤矿山尾矿库的专项检查工作。同时按照国家安全监管总局和国务院国资委通知要求，在全省国有重点企业中开展了重大事故隐患的排查整改工作。各类检查结束后，对检查中发现的突出问题，结合各检查组的反馈意见，分别以省政府办公厅和省安委办名义下发文件，要求省级相关部门和市、县政府督促企业认真落实整改措施，并跟踪督查，有效促进了全省安全生产工作的开展。

（二）*以整顿和规范矿产资源开发秩序为契机，继续深化矿山安全专项整治工作。*今年以来，我们协调有关部门进一步加大煤矿、非煤矿山安全生产专项整治和联合执法力度，坚决打击各类非法、违法开采行为。

结合矿产资源秩序整治，煤矿全力抓好高瓦斯矿井瓦斯抽放和治理，加强瓦斯监测监控系统监管，确保可靠运行；通过现场管理和强制执法等措施，促使各类煤矿按核定能力组织生产；按照国家四部委规定，督促煤矿企业全额提取安全生产费用，集中解决重大安全问题，提高安全技术水平和防灾抗灾能力。我局加强与省煤炭、煤监部门的联系与配合，加大对重点地区、重点煤矿企业的监管监察力度，多次对煤矿安全进行专项监察联合执法，集中开展整顿关闭工作，对不具备安全生产基本条件和非法的煤矿坚决予以取缔，对“一通三防”隐患严重的煤矿、超通风能力和超生产能力生产而拒不整改的煤矿，一律予以停产整顿；对去年关闭的50处煤矿，按照关闭的六项标准进行了重点督查，严防死灰复燃。

子长县瓦窑堡镇煤矿事故发生后，按照省委、省政府的要求，我局以省安委办名义连续发出紧急通知，积极配合省煤炭、煤监部门在全省组织开展了煤矿安全生产大检查、大整顿，重点查处小煤矿存在的突出问题，各类矿井“一通三防”设施运行情况，瓦斯监测监控系统运行情况，对不具备安全生产条件和存在重大隐患的矿井停止生产、限期整改，逾期仍达不到要求，坚决予以关闭。同时，扎实推进煤炭资源整合工作，坚持先关闭后整合、以大并小、以优并差的原则，坚决关闭非法或不具备安全生产条件的矿井、资源枯竭的矿井，破坏，浪费资源的矿井。

按照6月初省政府批转省煤炭工业局关于加强小煤矿安全管理若干意见的通知精神，开展了全省煤矿安全生产许可证颁证、煤矿建设项目安全设施、煤矿建设工程安全设施设计审查及竣工验收项目3项专项监察执法。另外，对层层转包而不落实安全生产责任的煤矿进行重点监察，并做好各类矿井防治水工作。为了解决全省煤矿安全投入不足等突出问题，上半年我局联合有关部门制定下了《陕西省煤矿企业安全生产风险抵押金管理实施办法》，对各类煤矿风险抵押金的提取、管理和使用都作出了明确规定，为促进煤矿生产安全起到了重要作用。

非煤矿山安全方面，重点加强对中、省企业和地下开采每班作业人员30人以上矿井的安全监管，对矿山相对集中、事故隐患突出的潼关、洛南等县区进行重点整治；按照省政府《关于对逾期未申请安全生产许可证的非煤矿山企业依法实施关闭的紧急通知》要求，我们实地督查有关市县，对省政府公告关闭的184户逾期未申请安全生产许可证的非煤矿山企业全部依法实施关闭。组织专家组到非煤矿山集中的潼关县、洛南县，对重点区域大面积采空区、露天高陡边坡等重大危险源和事故隐患进行了调查。同时加大西气东输等石油天然气管道安全隐患的督查整改工作，5月下旬，省政府在西安召开了省天然气长输管道安全保护工作会议，主管省长与管道沿线市政府签订了责任书，安排部署了重大隐患治理工作，我局组织有关专家进行了现场检查。

商洛市镇安县黄金矿业有限公司“4·30”尾矿库溃坝特大事故发生后，4月30日晚，我局连夜发出事故通报，要求省、市、县安全监管局紧急动员起来，迅速开展尾矿库及高危行业的安全生产大检查。按照省政府在延安市和商洛市召开的两个现场会议部署，狠抓国家安监总局和省政府办公厅两个通报精神的贯彻落实，就深刻汲取事故教训，加强全省安全生产工作多次发出紧急通知，迅即部署各地、各部门组织力量排查整改各类生产事故隐患，并加强对重大危险源的监控。“五一”期间我局组织四个检查组赴汉中、宝鸡、渭南、延安、铜川五市，对高危行业和尾矿库进行了重点检查和督查，严密防范同类事故的再次发生。

5月份省局组织市县安监部门在“五一”大检查的基础上再次进行了深入、细致的隐患排查工作，省安委会也相继派出5个由省级部门组成的检查组，到尾矿库相对集中的市县进行了检查督查。共查出各类事故隐患417处，全部下达了整改指令及整改意见，限期整改，目前已整改完成了294处。对无资质单位设计、施工，不按设计筑坝、外坡比不符合设计要求、干滩长度不足、安全设施不健全、存在重大事故隐患的责令停产整顿，共有38座尾矿库被责令停止使用进行整顿。

5月22日，省政府第12次常务会议后，我局组织各级相关部门认真抓好《陕西省人民政府关于进一步加强非煤矿山安全监管工作的通知》和《陕西省人民政府批转省煤炭工业局关于加强小煤矿安全管理若干意见的通知》的贯彻实施工作。根据袁纯清代省长的指示，6月14日和6月28日，分别在安康市和延安市召开了全省非煤矿山和小煤矿安全整治工作会议，各项工作正在加紧落实。

（三）以其他生产事故易发行业为重点，切实加强安全生产监督管理。道路交通安全方面，认真贯彻全国、全省道路交通安全联席会议的各项部署，按照今年全省道路交通安全专项整治工作方案要求，公安交管部门开展了预防群死群伤特大交通事故“百日竞赛”和创建“平安畅通县区”活动，对严重影响交通安全的超速、超员、超载、疲劳驾驶、酒后驾驶以及交通事故中比较突出的骑摩托车不戴头盔、农用车和拖拉机非法载客、行人上高速公路等交通违法行为开展严厉的整治行动。交通部门规范运输市场，强化企业主体责任，加大国省干线危桥险路改造，开展治理超限超载专项整治。我局还配合公安、交通部门开展了农机安全专项治理整顿活动和低质量船舶及渡口、渡船等水上交通秩序的专项整治。对全省境内国道、省道的事故多发路段进行了排查摸底，列出了今年全省 198 条危险路段整治名单，其中省级重点治理 9 条，市级 52 条，县级 137 条，认真落实治理资金和工程工作措施，对急弯、陡坡等隐患进行治理，设置警示标志和安全防护设施，进一步改善了道路交通安全环境。

危险化学品安全方面，继续深化危险化学品安全专项整治，认真执行新建、改建、扩建建设项目安全设施设立审批和“三同时”制度，切实加强安全生产许可证审批后的监督检查。上半年先后组织了 3 批 10 多个危险化学品安全专家组对 25 户重点监控企业进行了检查，开展了 6 次全省性危化品安全大检查，对查出的问题和隐患及时下达了整改通知，责令限期整改。召开了西安、咸阳、渭南、宝鸡等四市安全监管局长参加的 HNA 阻隔防爆技术推广应用汇报会，大力推广应用先进技术，并在 10 余个外部安全距离不达标、规模较大的加油站安装该装置，确保了加油站周边居民财产安全；组织西安等市县对 938 辆危险化学品运输车辆和 900 多辆原油运输车辆及 106 辆营运车辆安装了 GPS 卫星定位监控装置，大大提高了危险化学品储运设施的本质安全。对逾期未提出许可证申请的 7 家企业依法实施关闭。积极协调配合省公安、质监等部门狠抓道路运输危险化学品安全专项整治和移动式压力容器安全监察工作，确保了危化品道路运输安全。

烟花爆竹安全方面，认真贯彻《烟花爆竹安全管理条例》和国务院办公厅、省政府办公厅《关于加强烟花爆竹安全生产工作的通知》，督促企业严格贯彻财政部、国家安监总局关于烟花爆竹生产企业安全费用提取与使用管理办法的通知，加大安全生产所需资金的投入；重点打击非法违法生产经营，取缔家庭作坊，推动传统产区烟花爆竹生产实行公司化改造。上半年由各级安全监管、公安、工商、质监、供销等部门分别组成检查组，采取分片包干的办法，在全省范围内开展了大规模的烟花爆竹安全专项检查、督查活动，共检查生产企业 47 家，生产工区 700 多家，销售企业 109 家，销售摊点 3 000 多个，入户检查 9 000 多户；下发整改指令 200 多份，取缔和关闭违规和非法生产工区、作坊 80 家，封存生产工区 48 个，责令停产整顿生产企业 1 家，吊扣安全生产许可证生产企业 1 家；查收成品炮 8 439 万头，收缴半成品 2 000 多箱，花炮机 123 台，引线 7 万余米；集中销毁成品烟花爆竹 4 192 箱，半成品 360 万头。依法刑拘 7 人，行政拘留 25 人，有力地促进了我省烟花爆竹安全生产工作。

民爆、消防和建筑施工安全方面，国防科工委把解决军工企事业单位外部安全距离不足问题作为重点，积极协调解决此类问题造成的安全生产隐患；要求炸药生产企业安装电子监控系统，全省已有 5 家企业投入 210 万元完成了安装工作，通过了安全评价和验收，投入正常使用，下一步还将扩大安装单位。公安消防部门在做好日常安全监管的同时，认真组织开展了春节、元宵节、“五一”节等重大节日期间消防安全检查，重点对文化娱乐、大型商场、超市、宾馆饭店、商住混合楼以及迪吧、慢摇吧、网吧等人员密集场所、易燃易爆单位进行了“地毯式”排查整治，及时清理疏散通道、安全出口和维护好消防设备设施，切实消除了火灾隐患。省建设厅在建筑施工行业组织开展了以预防高处坠落事故为重点的安全专项治理，认真排查隐患，严格落实安全许可制度，凡是在规定期限前经整顿仍然达不到安全生产颁证标准的建筑施工企业，依法取缔其建筑资质和其他所有证照，进一步规范了建筑施工企业安全管理。

（四）以许可证颁发为关口，强化安全生产源头管理。今年上半年是安全生产许可证审核发证的关键时期，省安监局与陕西煤监局、省建设厅、省国防科工委把这项工作作为上半年的工作重点，在统筹抓好各项工作的同时，严格执行安全生产许可证申请条件、发放办法和管理程序，区别不同情况，严格把关、严格审核，不断加快颁证工作进度。对已经提出颁证申请，但经审查不具备安全生产条件的企业，责令其先停产后整改；属于应关未关的企业和没有注册登记的非法厂点，提请当地政府依法关闭；属于资源整合的企业，严格予以规范，整合后只能有一个法人主体；属于技术改造的企业，严格检查是否履行了合法手续，是否符合安全设施“三同时”要求，是否遵守施工安全规定。截至6月底，全省具备安全生产条件的22家民爆器材生产企业，3 300家危险化学品经营企业，已全部发放了安全许可证；全省835处煤矿企业中，具备安全生产条件的822处已发放了安全生产许可证，其余13处正在进行技改；已发放烟花爆竹安全生产许可证45家，占应发总数47家的95.74％；发放危险化学品生产企业安全生产许可证209家，占应发总数313家的66.77％；发放建筑施工安全生产许可证1 274家，占应发总数2 205家的57.78％，发放非煤矿山安全生产许可证571家，占应发总数1 444家的39.54％。同时，加强许可证的动态监管，对已颁证的企业进行“回头望”，发现其因放松管理、降低标准、不再具备安全生产条件，甚至酿成事故的，暂扣以至吊销安全生产许可证。

（五）以重大危险源普查建档为基础，进一步完善生产安全事故应急救援预案。为规范重大危险源监督管理，保证重大危险源申报登记和监控工作有效运行，按照年初全省安全生产工作会议的统一部署，各级安全监管部门在去年工作的基础上，精心组织，认真做好重大危险源普查信息软件培训和录入建档工作，正在建立本地区重大危险源数据库，西安市已将非煤矿山、危险化学品、危险货物运输、烟花爆竹等高危行业基础资料和应急救援资料信息，进行了收集、分类、整理并编印成册。据调查摸底，全省重大危险源共有6 653处，其中西安市765处、咸阳市371处、宝鸡市3 706处、渭南市130处、商洛市162处、榆林市650处、延安市349处、汉中市165处、铜川市172处、安康市173处、杨凌示范区10处。我们计划8月底之前对各市上报的重大危险源分门别类进行汇总，建立起全省重大危险源数据库。

为了更有效地应对可能发生的生产安全事故，按照省政府颁布的《陕西省安全生产事故灾难应急预案》总要求，进一步充实完善分类安全生产事故灾难应急救援分预案，认真落实应急措施，组织开展预案演练活动，不断提高处置重特大生产事故的应急能力。上半年以省安委会文件下发了《陕西省重特大危险化学品事故应急救援预案》、《陕西省非煤矿山事故灾难应急预案》、《陕西省石油天然气储运（长输管道）事故灾难应急预案》和《陕西省石油天然气开采事故灾难应急救援预案》。同时还建立了危险化学品、烟花爆竹等重点行业的安全生产专家组，以便发挥其在安全生产监督检查、事故抢险救援和事故技术鉴定等方面的作用。今年6月3日，榆林市榆阳区芹河乡苗家伙场村在道路施工取土时，施工机械将陕京一线管道撞裂半径约2厘米的缺口，致使天然气泄漏。事故发生后榆林市政府迅速启动应急预案，组织有关专家开展抢险救援工作，及时封闭道路、疏散群众，排空事故段残存天然气，并采用管道抢修新技术，使损坏管道迅速更换，15小时后输气恢复正常，避免了人员伤亡，保证了人民群众生命财产安全。

（六）以宣传教育为引导，努力提高安全监管人员和公众的安全生产意识。加强宣传教育是搞好安全生产的治本之策之一，上半年我们把此项工作抓住不放，认真制定下发了今年安全生产宣传工作要点和安全生产培训计划，明确了全年宣传教育工作的指导思想、主要任务和具体措施。

一是组织开展了“平安中国—《安全生产法》知识竞赛”活动。为了深入学习贯彻胡锦涛总书记在中央政治局第三十次集体学习时的重要讲话精神，不断增强广大人民群众安全生产意识及法制观念，按照全国组委会的部署，我省精心组织，认真准备，在各市、县、区和煤炭行业层层竞赛的基础上，省上选拔了12支代表队，于5月30日至31日，在省电视台演播厅举行了全省性的安全生产知识竞赛预赛和决赛，省委、省政府有关部门的领导现场观看竞赛，收到了良好的宣传效果。竞赛后我省选拔出优秀选手组队参加了6月28日至30日在北京举行的全国安全生产知识竞赛活动，并荣获优秀奖。

二是开展了全省市、县政府领导干部安全生产专题培训。培训聘请中国安全生产科学研究院院长刘铁民研究员等知名专家学者，分别就安全生产形势与对策、事故应急体系与事故预防做了精彩讲座；重点辅导了《国务院关于特大安全事故行政责任追究的规定》、《国务院关于预防煤矿生产安全事故的特别规定》和《陕西省安全生产条例》，使参加培训的同志深受教育，受益匪浅。与此同时，上半年全省还培训安全生产特种作业人员13 585人，培训生产经营单位主要负责人和安全管理人员366人，对市、县安监系统123人进行了执法资格培训，共发放培训资料6 007册。

三是广泛深入地开展了“安全生产月”宣传活动。按照中共中央宣传部、国家安监总局等五部局的统一安排，今年全国安全生产月活动的主题是“安全发展，国泰民安”。为此我局与省委宣传部、省广电局、省总工会、团省委联合制定了《关于在全省开展2006年“安全生产月”活动的方案》，并认真组织实施。宣传月期间，各市（区）、各部门积极响应，通过丰富多彩、形式多样的宣传活动，面向基层、面向职工、面向社会，大力普及安全生产法规和安全知识，进一步强化了各级干部职工的安全责任意识和人民群众的安全素质。

*（七）以教育和警示为主线，加强机关建设和廉政建设。*在去年设置机关党委的基础上，今年初，按照上级规定，我局设置了纪检组和监察室，紧紧围绕省委、省政府和省纪委、省监察厅的部署要求，以加强安全生产监管队伍建设和廉政建设为重点，狠抓机关党的建设和反腐倡廉各项任务的落实，推动安全生产严格执法、公正执法和廉政执法，为全省安全生产形势稳定好转提供思想政治和组织保证。

甘肃省2005年～2006年上半年安全生产形势报告

一、2005年安全生产情况

1～12月，全省共发生各类生产安全事故8 371起，死亡2 176人，受伤5 564人，直接经济损失6 746万元。与2004年相比，呈现“三降一升”的特点，事故起数减少1 474起，下降14.95%；死亡人数减少287人，下降11.58%；受伤人数减少176人，下降3.07%；直接经济损失增加178.9万元，上升2.72%。

全省安全生产指标控制情况较好。按国家控制指标口径，2005年，全省各类事故共死亡2 163人，比控制指标2 445人，少死亡282人，低于控制指标11.5%。

（一）各类事故情况。

1. 工矿商贸。1～12月，共发生生产安全事故172起，死亡194人，受伤30人，直接经济损失2 108.3万元。与2004年相比，事故起数减少66起，下降27.73%；死亡人数减少93人，下降32.4%；受伤人数减少5人，下降14.29%；直接经济损失增加246.5万元，上升13.24%，呈现出“三降一升”的特点。比国家控制指标305人，少死亡111人，低于控制指标36.4%。

（1）煤矿共发生事故35起，死亡48人，直接经济损失754万元。与去年同期相比，事故起数减少26起，下降42.62%；死亡人数减少61人，下降55.96%；经济损失增加152.3万元，上升25.31%。

（2）金属与非金属矿山共发生事故20起，死亡24人，受伤1人，直接经济损失164.5万元。与去年同期相比，事故起数减少9起，下降31.03%；死亡人数减少9人，下降27.27%；直接经济损失增加23.6万元，上升16.75%。

（3）建筑业共发生事故50起，死亡58人，受伤9人，直接经济损失572万元。与去年同期相比事故起数减少16起，下降24.24%；死亡人数减少18人，下降23.68%；受伤人数增加4人，上升80%；经济损失增加104.5万元，上升22.34%。

（4）危险化学品共发生事故2起，死亡4人，直接经济损失18万元。

（5）工商贸及其他共发生事故65起，死亡60人，受伤20人，直接经济损失599.8万元。与去年同期相比事故起数减少17起，下降20.73%；死亡人数减少9人，下降13.04%；受伤人数减少7人，下降25.93%；经济损失减少52万元，下降7.96%。

2. 消防火灾。1～12月，共发生火灾事故2 553起，死亡30人，受伤41人，直接经济损失2 252.7万元。同比呈现“三升一降”的特点，事故起数减少494起，下降16.21；死亡人数上升6人，上升25%；受伤人数增加11人，上升36.67%；直接经济损失增加162.1万元，上升7.91%。比国家控制指标24人，多死亡6人，高于控制指标25%。

3. 道路交通。1～12月，共发生道路交通事故5 414起，死亡1 799人，受伤5 406人，直接经济损失2 252.7万元。同比呈现“四下降”的特点，事故起数减少901起，下降14.27%；死亡人数减少199人，下降9.96%；受伤人数减少151人，下降2.72%；直接经济损失减少287.1万元，下降11.31%。比国家控制指标2 002人，少死亡201人，低于控制指标10%。

4. 铁路路外。1～12月，共发生铁路路外事故208起，死亡140人，受伤70人。同比呈现“三升一降”的特点，事故起数增加10起，上升5%；死亡人数增加28人，上升25%；直接经济损失增加61.2万元，上升54.8%；受伤人数减少14人，下降16.67%。

5. 农业机械。1～12月，共发生农机事故22起，死亡8人，受伤17人，直接经济损失1.5万元。

6. 水上交通。1～12月，发生水上交通事故1起，死亡4人。

7. 民航飞行。1～12月，发生民航飞行事故1起，死亡1人，无人受伤。

（二）重、特大事故情况。

1. 重大事故。一次死亡3～9人的重大事故60起，死亡218人。同比减少5起，少死亡37人，分别下降7.35%和13.07%。

工矿商贸：重大事故11起，死亡36人，同比减少1起，少死亡12人，分别下降8.33%和25%。

煤矿重大事故3起，死亡11人。同比减少5起，减少22人，分别下降62.5%和66.67%。事故分布：兰州1起，死亡5人；金昌1起，死亡3人；张掖1起，死亡3人。

金属与非金属矿重大事故2起，死亡6人。同比增加1起，多死亡3人。

工商贸企业重大事故6起，死亡19人。同比增加3起，多死亡7人，分别上升100%和58.33%。其中建筑业重大事故3起，死亡10人，同比增加1起，多死亡1人，分别下降50%和11.11%；危险化学品重大事故1起，死亡3人；其他重大事故2起，死亡6人，同比均上升100%。

非煤工矿商贸重大事故分布：兰州3起，死亡9人；白银1起，死亡3人；定西1起，死亡4人；陇南1起，死亡3人，平凉1起，死亡3人；庆阳1起，死亡3人。

消防火灾：重大事故2起，死亡9人。与去年同期相比，增加2起（属非生产性火灾事故）。事故分布：兰州1起，死亡6人；平凉1起，死亡3人。

道路交通：重大事故46起，死亡169人。同比减少5起，减少29人，分别下降9.43%和13.06%。事故分布为：高速公路11起，死亡43人；定西5起，死亡19人；陇南4起，死亡15人；兰州4起，死亡13人；庆阳3起，死亡9人；酒泉4起，死亡13人，平凉4起，死亡20人；甘南3起，死亡9人；白银3起，死亡12人；临夏3起，死亡10人；金昌1起，死亡3人；嘉峪关1起，死亡3人。

水上交通：重大事故1起，死亡4人。事故分布：白银1起，死亡4人。

2. 特大事故。一次死亡10人以上特大事故2起，死亡26人。同比起数持平，少死亡3人，下降10.34%。两起事故均为道路交通事故，事故分布为：陇南1起，死亡15人；高速公路1起，死亡11人。

3. 武威市和天水市未发生重特大事故。

（三）各市州事故四项指标情况。2005年14个市州四项指标情况，白银、天水、酒泉、武威、定西、庆阳6个市四项指标全面下降；金昌、张掖、平凉、陇南、嘉峪关、甘南6个市州四项指标“三降一升”；兰州四项指标“二降二升”，上升指标为死亡人数和受伤人数；临夏四项指标

“三升一降”，下降指标为死亡人数。

全省14个市州各类事故死亡人数均低于省上下达的控制指标。

二、2005年各类事故中暴露出的主要问题

1. 安全意识淡薄仍是安全生产事故高发的主要原因。全年170起工矿企业事故中有109起事故是因为“三违”和缺乏基本安全生产知识所造成的。

2. 企业对安全生产投入不足导致生产安全事故频发。劳动防护用品缺少或存在缺陷导致生产事故20起，死亡18人。安全设施缺少、设备和技术设计缺陷导致生产事故40起，死亡49人。建筑企业51起安全事故中，因防护缺陷而发生高处坠落事故21起，死亡24人。物体打击事故5起，死亡4人。

3. 道路交通事故占各类事故比例。全年共发生道路交通事故5 414起，占各类事故起数的65%，死亡1 799人，占各类事故死亡人数的83%，受伤人数5 406人，占各类事故受伤人数的97%，经济损失2 252.7万元，占各类事故经济损失的33.4%。

三、2006年上半年全省安全生产情况

（一）基本情况。1～6月，全省共发生各类生产安全事故3 932起，死亡959人，受伤2 559人，直接经济损失3 666.5万元。与去年同期相比，事故起数减少408起，下降9.4%；死亡人数减少5人，下降0.52%；受伤人数减少237人，下降8.48%；经济损失减少1.6万元，下降0.04%。其中：

道路交通事故2 276起，死亡816人，受伤2 509人，直接经济损失864.2万元。与去年同期相比，事故起数减少408起，下降15.2%；受伤人数减少219人，下降8.03%；经济损失减少172.5万元，下降16.64%；死亡人数增加49人，上升6.39%。

火灾事故1 522起，死亡7人，受伤20人，直接经济损失798.3万元。与去年同期相比，事故起数增加66起，上升4.5%；死亡人数减少15人，下降68.18%；受伤人数增加1人，上升5.26%；经济损失减少830.9万元，下降51%。

工矿商贸事故68起，死亡92人，受伤10人，经济损失1 942.7万元。与去年同期相比，事故起数减少22起，下降24.4%；死亡人数减少10人，下降9.8%；受伤人数与去年同期持平；经济损失增加986.5万元，上升103%。其中：煤矿事故20起，死亡34人，与去年同期相比，事故起数持平；死亡人数增加3人，上升9.68%。金属与非金属矿事故14起，死亡15人，经济损失283.8万元。建筑业事故10起，死亡10人，经济损失140.7万元。危险化学品事故1起，死亡4人。工矿商贸其他事故23起，死亡29人，受伤4人，经济损失414.2万元。

铁路路外事故59起，死亡42人，受伤17人，经济损失61.2万元。与去年同期相比，事故起数减少49起，下降45.37%；死亡人数减少31人，下降42.5%；受伤人数减少20人，下降54%；经济损失增加16.2万元，上升36%。

农机事故7起，死亡2人，受伤3人。

1～6月，全省共发生一次死亡3人以上各类重、特大事故33起，死亡157人。与去年同期相比，事故起数增加4起，上升13.79%；死亡人数增加55人，上升53.92%。在33起重大事故中，道路交通事故28起，死亡133人；煤矿事故2起，死亡14人；工矿事故3起，死亡10人。

（二）全省安全生产指标控制情况。全省安全生产指标控制较好。按国家控制指标口径，2006

年 1～6 月，全省各类生产安全事故共死亡 957 人，比控制指标 1 106 人，少死亡 149 人，低于控制指标 13%，其中：

道路交通事故死亡 816 人，比控制指标 900 人，少死亡 84 人，低于控制指标 9.3%。

火灾事故死亡 7 人，比控制指标 14 人，少死亡 7 人，低于指标 50%。

工矿商贸企业死亡 92 人，比控制指标 132 人，少死亡 40 人，低于控制指标 30%。其中，非煤工矿商贸企业事故死亡 58 人，比控制指标 92 人少死亡 34 人，低于控制指标 35%；煤矿事故死亡 34 人，比控制指标 40 人少死亡 6 人，低于控制指标 15%。

铁路路外事故死亡 42 人，比控制指标 61 人，少死亡 19 人，低于控制指标 31%。

（三）全省生产安全事故的主要特点。

1. 四项指标全面下降，安全生产形势总体稳定。从统计情况来看，1～6 月份事故起数、死亡人数、受伤人数、经济损失四项指标与去年同期相比均有不同程度下降。

2. 重特大生产安全事故上升。1～6 月份，发生一次死亡 3 人以上重特大事故与去年同期相比，起数增加 4 起，上升 13.79%；死亡人数增加 55 人，上升 53.92%。其中道路交通重特大事故与去年同期相比，起数增加 7 起，上升 33.3%，死亡人数增加 50 人，上升 60.24%；工矿重大事故减少 1 起，下降 16.67%，死亡人数增加 4 人，上升 20%。

3. 道路交通事故死亡人数居高不下。1～6 月份，我省交通事故总量虽有大幅下降，但交通事故死亡人数与去年同期相比增加 49 人，上升 6.4%。重特大交通事故四项指标同比升幅较大。

4. 火灾事故起数呈上升趋势，形势依然严峻。1～6 月，全省共发生火灾 1 522 起，死亡 7 人，受伤 20 人，直接财产损失 7 982 874 元，受灾 573 户，烧毁建筑面积 15 452 平方米。与去年同期相比，火灾起数、受伤人数分别上升 4.5%和 5.3%。其中，兰州市发生特大火灾事故 1 起（华邦女子饰品广场火灾）直接经济损失正在进一步核查之中。

5. 全省工矿商贸企业事故下降幅度较大。1～6 月全省工矿商贸企业共发生生产安全事故 68 起、死亡 92 人，与去年同期相比，分别下降 24.4%和 9.8%。

6. 安全生产许可证制度初见成效。截至 6 月 30 日，全省已受理金属与非金属矿山安全生产许可证单位 1 942 家，已发证单位 1 360 家，占应办理安全生产许可证单位的 62%；已受理危险化学品生产企业安全生产许可证单位 323 家，已发证单位 321 家，占应办理安全生产许可证单位的 99.3%；已受理烟花爆竹生产企业安全生产许可证单位 7 家，已发证单位 6 家。安全生产许可证制度的实施，极大的提升了全省高危行业的安全生产基础和安全管理水平，各类工矿生产安全事故明显减少，安全生产许可证制度的实施初见成效。

7. 部分市、州事故死亡人数上升。与去年同期相比，甘南州死亡人数增加 19 人，上升 86.36%；天水市死亡人数增加 11 人，上升 40.74%；白银市死亡人数增加 25 人，上升 43.86%；平凉市死亡人数增加 6 人，上升 8%；庆阳市死亡人数增加 5 人，上升 7.14%。天水市、甘南州、庆阳市、平凉市 4 个市、州死亡人数上升的主要原因是道路交通事故多发所致；白银市死亡人数上升主要由煤矿事故和道路交通事故上升所致。

（四）事故原因分析。

1. “三违”仍是造成工矿事故多发的主要原因。在 48 起非煤工矿事故中，有 19 起是因违反操作规程或劳动纪律所致，占工矿事故的 40%；9 起是因违章指挥所致，占工矿事故 19%；4 起是因安全设施有缺陷所致，占工矿事故 8.3%；5 起是因没有配备防护用品所致，占工矿事故的 10%；7 起是因无操作规程和缺乏安全操作知识所致，占工矿事故的 15%。

从事故发生的行业分析，采矿业、制造业和建筑业是工矿事故高发行业。在48起非煤工矿事故中，采矿业发生事故14起，占工矿事故的30%；制造业发生事故13起，占工矿事故的27%；建筑业发生事故10起，占工矿事故的21%。

2. 机动车驾驶人交通违法导致交通事故上升。因机动车驾驶人交通违法肇事1 905起，导致703人死亡，2 146人受伤，占总数的80%以上，与去年同期相比，事故起数、死亡人数、受伤人数分别上升8.7%、9%和9.7%。

3. 用火不慎和电气火灾是火灾事故发生主要原因。在已查处的1 138起火灾来看，因用火不慎引起的火灾是343起，直接财产损失92.13万元，分别占已查处总数的30.1%和11.7%；电气火灾190起，直接财产损失260.6万元，分别占已查处总数的16.7%和33.1%。

四、下一步工作措施

（一）加强法制建设，进一步完善地方法规体系。抓好《甘肃省安全生产条例》的宣传贯彻；根据国家《矿山安全法》的修订进程，适时启动《甘肃省实施矿山安全法办法》修订工作；研究制定《甘肃省实施〈烟花爆竹安全管理条例〉办法》；根据国家即将出台的《事故调查处理条例》、《安全生产风险抵押金管理办法》、《安全生产费用提取和管理办法》法规规章，研究制定配套地方性规章和政策，建立、完善经济调控手段；围绕全省经济发展的重点战略，研究制定相关的安全生产政策，不断完善安全生产的地方政策法规体系。

（二）坚持预防为主，努力转变监管方式。一是加大安全生产行政许可力度，把好市场准入关，对在规定时间内未提出申请和不具备基本安全生产条件、没有取得安全生产许可证的高危行业生产经营单位依法予以关闭，对已取得安全生产许可证的单位做好“回头看”工作，加强对生产经营单位的监督管理。二是全面落实建设项目工程安全设施“三同时”制度，强化源头管理；三是加大安全事故隐患的整改力度，对未完成整改的事故隐患，落实整改责任，集中力量进行整改；四是进一步加大重大危险源的监控力度，分级落实监控责任；五是指导企业继续开展安全生产标准化活动，加强职业危害防治，强化安全基础，提升安全生产水平。

（三）突出重点，继续深化专项监管和整治。按照遏制煤矿重特大事故、深化专项整治、探索实施治本之策、加强企业安全基础管理方面实现“四个突破”的要求，针对重点行业、重点领域、关键问题和薄弱环节，继续深化煤矿监管整治、非煤矿山监管整治、危险化学品监管、民用爆破器材和烟花爆竹监管、交通运输监管、消防安全监管、建筑、输油气及其他监管等七个方面的安全生产专项整治。

（四）推进安全科技支撑体系建设，建立安全生产长效机制。稳步推进应急救援、重大危险源监控、事故统计分析等体系建设。依靠科技进步，实施“科技兴安”战略，督促企业加大安全生产投入和技术改造力度，推广应用安全生产科技成果，逐步淘汰不符合安全生产标准的落后技术、工艺和设备，改善安全生产条件，提升安全生产水平。

（五）加强安全生产综合监管，建立联合执法机制。进一步加大协调、指导的力度，组织好安全生产大检查工作。充分发挥综合监管的职能，加大协调、督办和配合力度，在对有色、冶金、石油管道、机械、轻工纺织、烟草、商贸等行业实施直接监管的同时，强化对建设、民爆、水利、电力、交通、消防、特种设备、铁路、军工、民航、教育、旅游等行业的综合监管。督促行业管理部门在各自的职责范围内，不断加强安全生产监督管理，使综合监管与专项监管有机结合起来，形成安全监管的合力，并根据新的情况建立安全生产联合执法机制。

（六）加大事故查处力度，严肃事故责任追究。按照“四不放过”原则，严肃查处责任事故，追究有关人员的责任。对玩忽职守、失职渎职的要严肃处理。积极配合监察部门和司法机关，坚决查处事故背后的以权谋私、官商勾结等违法违纪案件和腐败问题。建立事故倒查责任追究制，确保国家安全生产各项政策、法律法规及时传达贯彻到基层，充分运用经济、行政、法律等各种手段，严厉打击无视法律、无视监管、无视生命安全的非法违法行为，维护人民群众利益，维护国家法律尊严，维护政府威望。

（七）加强安全文化建设，强化宣传教育培训。一是加大宣传教育力度，大力宣传党和国家关于安全生产的法律法规和方针政策。二是进一步加强对各级安全生产监管人员、企业负责人、安全生产管理人员、特种作业人员的培训工作，提高监管人员依法行政的能力、企业负责人和安全生产管理人员的管理能力、特种作业人员的操作技能。三是发挥新闻媒体的宣传教育和监督作用，保持正确的舆论导向，大力营造关爱生命、关注安全、科学发展、安全发展的社会氛围。

（八）切实加强对汛期安全生产工作的领导。汛期是各类事故的易发期，做好汛期的安全生产工作十分重要。各地、各部门和各单位要落实行政首长负责制和企业法定代表人负责制，认真研究、周密部署、抓实抓细本地区、部门、单位汛期的安全生产工作。要增强防洪水、滑坡、泥石流和雷电等自然灾害的意识，进一步强化应急救援工作，提高防灾、减灾应急救援能力，加强企业与政府以及各部门间的协调与配合，及时掌握水情预测预报和地质灾害气象等预报，超前做好预防工作。要认真分析查找本地区、本部门和本单位汛期安全生产的薄弱环节，完善汛期各项安全生产工作措施和应急救援预案，狠抓落实，有效防范和应对各类事故的发生，最大限度地减少人员伤亡和财产损失。

青海省2005年～2006年上半年安全生产形势报告

一、2005年安全生产基本情况

（一）总体情况。2005年，青海省的安全生产工作在省委、省政府的正确领导下，依靠各地区、各部门和各单位的共同努力，取得了一定成效。主要表现在：一是事故总量有一定幅度的下降。各类事故与2004年相比减少285起、死亡人数减少27人、重伤人数减少156人，分别下降12.61%、3.02%和22.32%。二是工矿商贸安全生产较为稳定，取得一定成效。工矿商贸企业发生事故70起、死亡78人，比上年分别下降18.6%和15.22%。其中煤矿事故12起，下降14.29%；死亡12人，下降42.85%。三是多数地区和行业安全生产状况相对稳定，指标控制状况良好。全省除海西、果洛、玉树地区和个别行业突破控制指标外，其他地区和行业事故死亡人数均在控制指标以内。四是有效遏制了特大事故的发生。除道路交通外，其他行业未发生一次死亡10人以上的特大事故。

2005年青海省共发生各类事故1976起，死亡868人，重伤543人。与上年相比，事故起数减少285起，下降12.61%；死亡人数减少27人，下降3.02%；重伤人数减少156人，下降22.32%。其中，重大事故41起，死亡148人，与上年相比，起数增加2起，上升5.13%，死亡人数减少2人，下降1.33%；特大事故2起，死亡67人，重伤29人，上年未发生。

2005年国务院安委会下达青海省的安全生产控制指标控制状况良好。各类事故共死亡868人（国家下达的指标为879人），占年度控制指标的99%；其中，火灾事故死亡14人（10人），占140%；道路交通死亡736人（746人），占99%；铁路交通死亡28人（33人），占85%；工矿商贸企业死亡78人（90人），占87%。煤矿百万吨死亡率为2.22（国家指标为4.371），占年度控制指标的51%；亿元GDP死亡率为1.6（2.23），占72%；10万人死亡率为16（16.33），占98%；道路交通万车死亡率为18.6（36.94），占50.35%。

（二）安全监管工作情况。1. 进一步完善安全生产控制指标体系，强化安全生产责任。根据国务院安委会下达的控制指标，结合我省实际，兼顾地区差异和部门特点，坚持总量控制的原则，省政府与各州（地、市）政府签定了安全生产责任书，落实了安全生产控制考核指标，向省政府14个部门（行业）、18户中央驻青企业、15户省管企业下达了年度安全生产管理目标和工作任务。同时，建立激励约束机制，把指标考核结果作为评价政绩、业绩的重要标准进行奖惩，并采取定期公布、年中抽查的办法，加强对控制指标落实情况的督查。通过实行控制指标考核，极大地调动了各级政府、部门和单位搞好安全生产工作的积极性和主动性，促进了安全生产责任制的落实，强化了企业的主体责任，形成了有效的制约机制，进一步加强了全社会对安全生产工作的监督。

2. 整顿关闭非法和不具备安全生产条件的煤矿，深入开展煤矿瓦斯治理工作。2005年以来，根据国务院第81次常务会议精神和省政府要求，我们会同相关部门组成多个联合执法检查组，分赴重点产煤地区，对煤炭企业非法开采、违法生产情况以及瓦斯集中整治等工作情况开展了联合执法检查和隐患排查工作，严厉打击了非法生产和非法基建行为，全年共取缔关闭非法煤矿5家，停产整顿不具备安全生产条件和未取得安全生产许可证的煤矿11家。同时，深入开展了煤矿安全改造和瓦斯集中治理工作，选择4家省属重点煤炭企业开展了数字化瓦斯集中监控系统的安装试点工作，并对全省80%以上的煤矿企业按规定完成了瓦斯等级鉴定、煤层自燃倾向和煤尘爆炸系数测定工作。另外，还制定实施了全省煤矿企业安全生产风险抵押金及安全费用提取制度。通过以上工作，促进了煤炭资源的统筹规划、合理布局、规模开采和可持续发展，提高了全省煤矿的安全技术装备水平，从而使煤矿安全生产状况趋于好转，全省煤矿企业连续6年未发生特大生产安全事故，煤矿生产矿井从专项整治前的209处减至目前的39处，矿井年生产能力从整治前的220万吨提高到目前的600万吨。

3. 深化安全生产专项整治，组织开展专项督查。安全监管、公安、交通、建设、铁道、民航、教育、国土资源、国有资产监管以及总工会、纪检监察等部门密切配合，联合执法，开展了重点行业的安全专项整治。一是加强了对非煤矿山行业的整顿。对存在重大事故隐患和不具备安全生产条件的小矿（场）以及事故多发地区，进行了重点排查。全年共检查各类金属矿山和采石场、采砂场、砖瓦粘土矿等非金属矿山企业125家，查出不安全隐患483条，责成地方政府进行了整治；全年共关闭、取缔露天小型矿山12个，并对危及铁路运输安全的4个采石场依法予以了关闭。同时，组织开展了涩宁兰石油天然气管道占压调查摸底工作，共检查出占压问题123处，制定了整改方案。二是加强了对危险化学品和烟花爆竹行业的整顿。对全省的危险化学品从业单位重新进行了复核，摸清了各生产、经营、储存和运输单位的基本情况；开展了重点化工企业的监控工作，共排查各类事故隐患567条，责令限期整改55家，停业整顿1家；开展了道路运输危险化学品和危险化学品气瓶充装的安全专项整治工作；重点对西宁、海东地区相对集中的28家烟花爆竹储存、销售网点进行了安全大检查，成立了青海省烟花爆竹协会。三是加强了对交通运输行业的整顿。公安、交通、农机等部门开展了“预防特大交通事故百日竞赛活动”等一系列专项行动，采取督促落实安全防范责任制、严格路面执法、治理道路黑点、加强交通安全宣传、加大道路安保工程投资、增设和维护标志标线、安装行车记录仪、治理车辆超限超载、查处低质量运输船舶等一系列行之有效的措施，加强了对重点时段、季节、事故易发地段及薄弱环节的安全防范，通过努力，使全省道路和水上交通安全事故起数、死亡和受伤人数、直接经济损失全面下降。铁路、民航部门强化安全监管工作，加大隐患整治力度，确保了铁路运输、民航运输的安全。四是加大了公众聚集和人员密集场所的整顿。各级政府和公安消防部门组织开展了火灾隐患“大排查、大整改、保安全”专项治理活动。省政府挂牌督办的50家和各州（地、市）、县政府挂牌督办的80家存在重大火灾隐患的单位，除西宁市水井巷、乐都瞿坛寺外，已全部按规定期限整改完毕。五是加强了特种设备行业的整顿。开展了取缔“土锅炉”和危险化学品气瓶、道路运输危险化学品承压罐车的全面检查和整治，并对发生事故易造成群死群伤的重点场所、重点设备实施了重点监察。六是加强了建筑施工行业的专项治理。建设行政管理部门开展了以防范高处坠落、坍塌、触电、机具伤害、物体打击等为重点的安全专项活动，促进了施工企业的安全生产工作。七是教育、文化、水利、商务、工商、环保、食品药品、气象、旅游、林业、地震、邮政、通信、电力等部门也从各自职能和工作实际出发，采取切实有效措施开展了专项整治。通过专项整治，解决了事故多发行业和领域的一些突出问题，及时淘汰了一批危及安全的落后技术、工艺和产品，提高了企业的安全生产保障能力，进一步完善了安全生产监管机制，规范了全省市场经济秩序，促进了经济发展，维护了社会稳定。

4. 加强安全生产法制建设，逐步完善安全生产法规体系。2005 年，以省政府第 46、48、50 号令分别颁布了《青海省水上交通安全管理办法》、《青海省电力设施保护办法》、《青海省安全生产监督管理规定》；《青海省职工伤亡事故报告处理办法》也已列入省政府 2006 年立法修订项目。同时，还制定出台了《煤矿企业安全生产风险抵押金及安全费用提取制度》等一系列规范性文件。各州、地、市也结合各自实际，加大了安全生产法规建设力度。如西宁市政府结合省会城市实际，出台了《西宁市商场、超市安全管理规范》、《西宁市娱乐场所安全管理规范》等 6 个规章。通过一年来的努力，全省安全生产法规体系正在逐步完善，为安全监管提供了可靠保障。

5. 认真实施安全许可制度，加强源头管理。去年，按照国家安全监管总局的统一部署，在全省范围内全面实施了高危行业安全生产行政许可制度，全年共核发安全生产许可证 413 个。其中，煤矿企业发证 36 个，颁证率 92.3%；非煤矿山企业发证 53 个，颁证率 8.73%；危化品生产企业发证 41 个，颁证率 62.12%；建筑施工企业发证 281 个，颁证率 60.56%；民爆器材生产企业发证 2 个，颁证率 100%。通过实施安全许可制度，推动了安全生产工作从事后查处向源头管理转变，促使高危行业生产企业增加安全投入，达到准入条件，提高本质安全水平，从源头上防止和减少了生产安全事故。

6. 加大宣传教育培训力度，强化全民安全意识。一是全省上下深入开展了“安全生产月”、“安全歌曲大家唱”、“安康杯”竞赛等形式多样的安全生产宣传教育活动，强化了社会公众的安全意识和安全生产法制观念，进一步营造了“关爱生命，关注安全”的浓厚社会氛围，取得了良好的社会效果，为加强安全生产工作提供了舆论支持和思想保证。二是安全培训工作得到进一步加强。省安全监管局共培训考核生产经营单位主要负责人、安全管理人员和特种作业人员 7 489 人，复审 6 200 人；省建设厅、省交通厅、省公安厅、省质监局等部门也结合各自实际，先后共组织培训班 80 余期，培训人员达 1 万余人。通过安全培训，提高了生产经营单位各级各类从业人员的安全管理和技术素质，把住了从业人员的安全操作技能准入关，从一定程度上消除了生产过程中人的不安全因素。

7. 加强安全生产综合监督管理，加大综合协调力度。2005 年，我省继续发挥省安委会办公室的综合协调职能，指导、协调各地区、各部门的安全生产工作，组织相关部门多次开展了安全生产大检查、专项督查和重特大事故的调查处理工作；对省政府挂牌督办的存在重大火灾隐患单位进行了督办；督促省级各有关部门及相关生产经营单位相继制定了专项（专业）应急救援预案，初步构成了我省生产安全应急救援工作的预案体系。部分地区和企业还结合各自实际，开展了有特色、具有实战性的应急预案演练，使预案、队伍、装备、指挥、信息等各方面得到了进一步的检验，为处置突发事故应急救援积累了经验；对涩宁兰天然气管道占压、铁路平交道口安全、释放气球影响航空安全、防雷电灾害等安全生产工作中存在的重大问题及时进行了协调，消除了一些重大隐患。同时，协调各相关地区、部门做好应对突发事件和生产安全事故的各项应急救援准备工作，确保了重大节日和活动期间全省的安全生产，维护了社会稳定。

二、2006 年上半年安全生产基本情况

（一）总体情况。1～6 月，全省共发生各类生产安全事故 1 020 起，死亡 357 人，重伤 221 人。同比事故起数增加 1 起，上升 0.1%，死亡人数减少 38 人，下降 9.62%，重伤人数减少 47 人，下降 17.53%。其中，1 次死亡 3～9 人的重大事故 15 起，死亡 53 人，同比事故起数减少 3

起，下降16.67%，死亡人数减少9人，下降14.52%；1次死亡10人以上的特大事故2起，死亡27人，重伤4人，同比事故起数增加1起，死亡人数减少28人，下降51%。

2006年上半年全省各类伤亡事故死亡人数357人（国家下达816人），占年度控制指标的43.8%。其中，火灾事故死亡3人（国家下达12人），占年度控制指标的12%；道路交通事故死亡292人（国家下达679人），占年度控制指标的43%；铁路交通路外事故死亡13人（国家下达30人），占年度控制指标的43%；工矿商贸事故死亡40人（国家下达95人），占年度控制指标的42%；亿元GDP死亡率1.32（国家下达1.37），占年度控制指标的96.4%；工矿商贸十万人死亡率2.67（国家下达6.28），占年度控制指标的42.5%；煤矿百万吨死亡率0.85（国家下达3.016），占年度控制指标的28%；万车死亡率7.3（国家下达15.34），占年度控制指标的47.6%；农机事故死亡9人，未列入国家考核指标。从地区来看，上半年除海东和海西已突破控制进度以外（海东地区发生事故276起，死亡92人，占全年控制指标的58.22%。海西州发生事故132起，死亡89人，占全年控制指标的53.29%。），其他地区均在进度范围之内。

（二）安全监管工作情况。一是分解落实了安全生产控制指标。按照国务院安委会下达给我省的安全生产控制指标，为了切实做好今年的安全生产控制指标工作，我们认真总结了实行安全生产控制指标考核工作以来一些好的经验，在反复测算和广泛征求各州（地、市）政府（行署）和省级各有关部门意见的基础上，研究确定了2006年全省安全生产控制指标，下发了《关于印发各地区和省级有关部门2006年度安全生产管理考核目标的通知》，将指标分解下达给8个州（地、市）政府和13个省级部门。2月23日省政府组织召开全省安全生产工作会议，省政府与各州（地、市）政府签定了安全生产责任书。同时，省安办还下发了《关于下达中央驻青企业2006年度安全生产工作管理考核目标的通知》，向19户中央驻青企业下达了年度安全生产管理目标和工作任务，并加强了对安全生产控制指标执行情况的日常动态监管，每月初对上月控制指标的控制进度进行通报，对突破控制进度的地区和省级有关部门加大督查力度，并有针对性地提出具体措施，从而使上半年全省的各类事故死亡人数控制在进度以内。

二是制定了青海省“十一五”安全生产发展规划，为做好“十一五”期间的全省安全生产工作，我们在认真调研的基础上，起草了《青海省“十一五”安全生产发展规划》，并报经省发改委批复。根据国家“十一五”规划和国家安全监管总局的要求，我们对规划做了进一步的补充和修改，将安全生产亿元GDP死亡率、工矿商贸企业从业人员10万人死亡率和煤矿百万吨死亡率、道路交通万车死亡率4项指标纳入规划，经省政府同意将规划列入省级重点专项规划。为了提高安全生产工作的透明度，督促各级政府全面落实安全生产责任制，经与省统计局协调，已将煤矿百万吨死亡率、亿元GDP死亡率、工矿商贸企业从业人员10万人死亡率、道路交通万车死亡率4项指标纳入全省统计公报中，拟在年底公布。

三是继续开展了安全生产专项整治。

1. 煤矿安全生产方面。一是加大联合执法力度，认真开展整顿和关闭不具备安全生产条件及非法煤矿工作，上半年依法关闭整顿不合格煤矿1处，达到关闭标准。二是加快安全生产行政许可工作，完成了全省38家煤矿生产矿井安全生产许可证的审核发放，并在青海日报上予以了公告，上半年还对5处矿井组织进行了安全设施设计审查。目前，工作重点已转入基建矿井“三同时”的审查，并加强了对已取得安全生产许可证生产矿井的监察和监管。三是近期利用10天时间对西宁、海北等重点产煤地区的35个煤矿（矿井）开展了专项监察，共查出安全隐患211条，下达行政执法文书24份，实施行政罚款10.2万元。四是加大瓦斯治理工作力度，全省数字化瓦斯监控系统取得进一步进展，督促指导西海煤电公司和西海煤炭公司分别投入300万元和490万元建立了企业内部监控网络，培训了56名专业技术人员。五是按照国务院安委办督查组和省政府的要求，督促各产煤地区和各煤矿企业对存在的隐患和问题进行认真整改，整改情况已专报省政府。目前，对整改工作尚未到位的地区和企业，我们正在加大督办力度。六是研究制定了《青海省煤矿安全监察工作规则》，进一步规范了煤矿安全监察行为。七是加大了煤矿安全生产风险抵押金的收缴力度，已累计收缴800多万元，为煤矿安全事故的调查处理提供了资金保障。

2. 非煤矿山安全生产方面。一是上半年组织开展了3次联合检查，及时与西宁、海东地区政府和有关部门协商铁路沿线非法开办采石（砂）厂影响铁路运输安全问题，提出了解决问题的方案和要求。二是我们与兰州天然气输气管道公司先后几次对西宁市湟中县和海东地区民和、乐都、平安县涩宁兰石油天然气管道占压问题进行了调查，共查出隐患123处，并向省政府上报了专题报告。根据省政府的要求，及时会同省公安厅、省经委、省发改委等10家省级部门联合印发了《涩宁兰天然气管道占压专项整治工作实施方案》，明确细化了整治工作目标、原则、重点及时限。三是针对全省非煤矿山安全生产许可证颁证率低的问题，分别下发了《关于做好非煤矿山安全生产许可工作的通知》和《关于加快办理安全生产许可证的紧急通知》，组织有关专家对西宁、海东、海北、海西等地区的审查颁证情况进行了督查，加快了办证速度。截止目前，对已提出申请、符合办证条件的非煤矿山企业进行了审查，共发证450家，办证率达到79.93％；对2005年12月31日前未提出安全生产许可申请的29家非煤矿山依法实施了关闭，并会同当地政府和有关部门对所有关闭矿山进行了全面核查。

3. 危险化学品安全生产方面。一是年初及时下发了《关于危险化学品许可证审批发放和监督管理工作有关问题的通知》和《关于做好危险化学品经营许可证换证工作的通知》，要求各级安全监管部门提前做好发证前的资料审查、培训和评价工作。在发证期间，我们积极主动深入企业，上门服务、分类指导，截止目前，已累计审核发放危险化学品安全生产许可证49家，发证率达98％；累计审核发放危险化学品经营许可证576家，发证率达99％。二是按照危险化学品综合监管部门的职能分工，为加强部门间的统一协作，建立了以省安全监管局、省监察厅、省发改委、省公安厅、省质监局、省交通厅、青藏铁路公司、省民用机场公司等22家相关部门和单位为主要成员的“危险化学品安全监管部门联络员会议制度”，并制定了相应的工作规则和制度。三是与省农牧厅、省工商局联合下发《关于青海省杀鼠剂经营单位办理危险化学品经营许可证换证有关问题的通知》，提出了对我省杀鼠剂经营单位进行整合、规范和换证的有关要求。四是为规范危险化学品生产储存企业的生产经营行为，成立了危险化学品登记注册管理办公室，举办了首期危险化学品登记注册培训班，为年内完成危险化学品生产储存企业的登记注册工作创造了条件。五是对我省非药品类易制毒生产、经营单位进行了调查摸底，配合省公安厅对各级公安干警、易制毒生产经营单位的负责人和管理人员进行了业务培训，保证了发证和备案工作的顺利进行。

4. 烟花爆竹安全生产方面。针对春节期间烟花爆竹销售旺季的特点，年初集中力量对西宁、海东地区相对集中的烟花爆竹储存、销售网点进行了安全大检查，及时提出了隐患整改意见，由县级安监部门进行复查、验收。根据《烟花爆竹安全管理条例》的规定，会同质监、供销联社联合下发了《青海省贯彻＜烟花爆竹安全管理条例＞工作实施意见的通知》，明确了各部门的工作职责，同时，对全省的烟花爆竹销售网点进行了调查摸底。

此外，为保障青藏铁路7月1日正式通车，我们还会同省建设厅、青藏铁路公司等部门对青藏铁路西格二线应急工程施工进行了为期半个多月的安全专项检查，同时又对青海境内青藏铁路沿线平推式排查了1 000多公里，及时消除了一批安全隐患，保障了青藏铁路的安全通车。

四是加强了生产安全事故应急救援体系建设。按照《青海省人民政府关于印发突发公共事件总体应急预案的通知》和《青海省人民政府关于成立青海省突发公共事件应急管理委员会的通知》、《国务院办公厅关于印发国家安全生产事故灾难应急预案的函》要求，我们在去年工作的基础上，督促、指导各州（地、市）安委会以及涉及安全生产事故灾难类的省级有关部门和中央驻青企业、省管企业进一步建立完善了安全生产事故应急预案。目前，已制定《青海省生产安全事故灾难应急预案》、《青海省处置电网大面积停电事件应急预案》和《青海省处置铁路行车事故应急预案》等8个专项预案，省级有关部门和中央驻青企业制定了《青海省建筑工程重大质量安全事故灾难应急预案》、《青海省通信保障应急预案》和《青海省公路交通突发公共事件应急预案》等25个专项预案，基本形成了事故灾难类安全生产事故应急救援体系。同时，根据省政府第43次常务会议和省政府《关于组建青海省重大灾害应急救援队伍有关问题专题会议纪要》精神，研究制定了《青海省矿山和危险化学品应急救援队伍组建方案》，目前正在征求有关地区和部门意见。此外，按照省政府“选择一些安全生产重点领域举行应急救援事件演练”的要求，已编制完成危险化学品应急演练方案，拟在湟中县组织一次危险化学品运输途中发生道路交通事故造成危险化学品（浓硫酸）大量泄漏事故应急救援演练。为保障安全生产应急救援工作的顺利开展，今年上半年，我们在全省范围内选择了32名专家分别建立了两局危险化学品、矿山安全生产和省级生产安全应急救援专家库。

五是严肃查处重特大事故。根据省政府要求，我们对去今两年发生在海东地区化隆县境内的“12·12”、“1·09”和海南州境内发生的“4·14”3起重特大道路交通事故正在会同有关部门抓紧处理当中，处理结果近期上报省政府。对6月22日门源县宁缠二矿发生的重大生产安全隐瞒事故，省、州联合调查组正在调查中，将依法严肃处理有关责任人员。

六是加强安全生产宣传教育培训工作。一是会同省委宣传部等5部门下发了《关于开展2006年安全生产月活动的通知》，对2006年安全生产月活动进行了周密的安排部署，组织指导各地区、部门、企业开展了以“安全发展、国泰民安”为主题的全省安全生产月活动，6月11日全省各地区在政府所在地开展了形式多样、内容丰富的安全生产咨询日活动。同时，以安全月活动为契机，我们在全省范围内组织开展了一次安全生产大检查，整改消除了一批安全隐患。二是为进一步规范我省的安全生产培训和评价秩序，开展了安全培训评价机构的整顿工作，将不再具备条件的2家安全培训机构取消了培训资质，责令1家培训机构停业整改。在整顿培训评价机构的同时，我们借鉴省外经验，制定下发了《青海省安全生产培训管理办法实施细则》、《青海省安全生产考培分离办法》及《安全评价机构考核管理规则》，建立了安全培训考试题库，实行了安全生产培训的“考培分离”制度，从源头上加强了对安全培训机构和评价机构的监督管理。三是加大了安全培训和持证上岗监管工作力度，上半年共组织培训生产经营单位主要负责人190人、安全管理人员680人、特种作业人员2 252人，并核发了资格证书。提高了培训率和持证率。

（三）主要问题。一是我省安全生产监管体制几经变革，目前从全省来看还很不健全，大多数州、县的安监机构属经贸系统的内设机构，普遍存在设置不规范、力量不足、不具备执法主体地位、安监队伍层层衰减等实际问题。二是今年上半年，全省工矿商贸企业发生事故40起，死亡40人，重伤9人（其中，一次死亡3～9人的重大事故1起，死亡3人，去年同期未发生重大事故），同比事故起数增加10起，上升33.33%，死亡人数增加8人，上升25%，重伤人数增加3人，上升50%，全省安全生产形势依然严峻。三是对非公有制企业缺乏有效监管，加之有相当一部分非公有制企业规模小、工艺落后、装备水平低、技术条件差、缺乏安全生产投入，导致事故隐患不能及时消除，事故多发。四是我省的安全生产应急预案体系虽已初步建立，但由于财政特别是州、县财政资金匮乏，应急救援技术装备及经费得不到落实，现有的救护力量和技术装备满足不了应急救援的需要。一些高危行业的重大危险源监控系统尚未建立，应急预案的演练有待进一步加强。

三、下一步措施

（一）继续开展联合执法，强化高危行业安全生产专项整治工作

1. 加强煤矿安全监察工作。一是继续开展联合执法，坚持瓦斯治理十二字方针，突出抓好各煤矿“一通三防”和防治水安全管理，加大生产矿井安全隐患治理力度，强化对基建矿井的“三同时”审查和日常监管，确保监察、复查、执法到位，提高矿井监察覆盖率、隐患复查整改率、执法文书使用正确率；二是制定《青海省小煤矿安全生产管理办法》，规范小煤矿安全生产行为，下半年重点打击违法生产活动，关闭一批证照不全、层层转包、不具备安全生产条件以及发生 3 人以上重大生产安全事故的煤矿企业；三是制定《青海省煤矿安全生产事故调查处理报告暂行规定》，严肃查处重特大生产安全事故和瞒报、拖延不报等事故；四是对已取得安全生产许可证的 38 家煤矿企业进行“回头看”，对不再具备安全生产条件的企业吊销安全生产许可证，责令停产整顿。

2. 强化非煤矿山安全监管工作。会同有关部门抓紧落实《涩宁兰天然气管道占压专项整治工作实施方案》，逐县开展占压清理，把省政府决定落到实处；做好未按时取得安全生产许可证非煤矿山的整治关闭工作，对尚未取得安全生产许可证的企业，坚决依法予以关闭，确保关闭工作到位；对铁路和高速公路沿线影响运输安全的采石厂等重大安全隐患进行联合执法、重点整治，保障青藏铁路和高速公路的安全畅通。

3. 加大危险化学品和烟花爆竹安全监管力度。（1）严格实施危险化学品安全生产行政许可制度，做好第一批经营许可证到期单位的换证工作；对未能按时取得安全生产许可证的企业依法予以关闭；对已取得危险化学品安全生产许可证、经营许可证的单位进行定期专项检查和抽查，实行动态监管，对不再具备安全生产条件的生产经营单位，及时吊销证照。（2）对危险化学品从业单位安全技术措施和应急救援预案的落实及演练情况开展重点检查、专项抽查和定期督查工作，近期会同有关部门在湟中县开展一次危险化学品道路运输泄漏事故应急救援演练。（3）进一步完善危险化学品安全监管部门联络员会议制度，组织召开联络员会议，有针对性地开展联合执法。（4）继续做好危险化学品包装物、容器生产单位的定点审查和危险化学品生产企业的化学品登记注册工作；试点开展危险化学品生产、储存企业安全标准化规范工作。（5）做好烟花爆竹批发企业发证工作，研究制定烟花爆竹销售网点的规划布点方案。根据人口密集程度和经济发展现状，通过整合筛选，择优布点，将原有的 809 家烟花爆竹零售网点缩减为 350～400 家。同时，积极做好烟花爆竹许可证的发证工作。

（二）加强安全生产控制指标督查考核力度，落实地方各级政府及有关部门的安全监管责任

会同有关部门对海西、海东、西宁等重点地区开展专项督查，从政府、部门和企业三个层面，进一步落实安全生产责任，深化控制目标考核，对突破控制指标进度的进行通报批评，督促其制定切实有效的措施，努力降低下半年的事故率，力争各项指标控制在全年控制指标范围内，年终进行考核、评比、总结。

（三）建立完善安全生产投入机制，逐步形成安全生产服务和科学技术支撑保障体系

1. 广泛征求意见，进一步修改完善《青海省“十一五”安全生产科技发展规划》；全面实施

《青海省安全生产专项基金管理办法》，以安全生产新技术、新工艺、新设备的推广应用为重点，加快矿山实验室、非矿山实验室和职业危害实验室的建设，并组织专家认真研究提出在城区加油站试点推广阻隔防爆技术，在烟花爆竹和危险化学品储存库、高瓦斯矿井建设重大危险源监控系统等安全生产科技重大项目，通过安全生产科技重大项目和技术的推广实施，提高安全监管监察和企业本质安全水平。

2. 进一步规范安全生产培训机构和评价机构的培训和评价行为，提高服务质量；开展区域性注册安全工程师事务所前期调研工作，扶植一批在安全生产技术、管理、咨询服务岗位上的专业人才，普遍提升我省各类生产经营单位的安全生产管理水平；依托省安全生产科学技术中心逐步开展安全生产检测检验工作，弥补我省在安全生产检测检验方面的不足。

3. 进一步建立完善全省安全生产专家库，制定专家库管理办法，形成安全监管监察、安全法规建设、安全形势分析研究、事故调查分析、安全评价、安全验收、安全咨询、安全培训等各环节的专家参与机制，促进安全监管监察工作的专业化、科学化。

（四）落实安全生产经济政策，强化企业安全生产主体责任

根据省政府《关于进一步加强安全生产工作的决定》和《青海省安全生产监督管理规定》的要求，建立完善矿山、危险化学品等危险性较大行业和领域的安全费用提取制度和安全风险抵押金制度，并会同省劳动保障厅在煤矿、非煤矿山企业组织实施工伤保险制度；与省保监局共同研究制定《青海省危险化学品生产经营储存单位和各类矿山采掘企业推行从业人员团体意外伤害保险实施办法》，着手开展高危行业安全生产意外伤害保险推广工作，通过实施安全生产经济政策，强化企业安全生产主体责任，有效降低企业事故风险。

（五）做好安全生产培训工作，提高从业人员安全技术素质

继续整合安全生产培训机构，加强培训机构资质的动态绩效管理，进一步完善考培分离制度，规范安全培训秩序。指导各级安全监管部门加大检查力度，提高生产经营单位从业人员安全培训和持证上岗率。

建立健全安全评价人员、注册安全工程师、安全监察人员的取证档案管理制度，完善生产经营单位主要负责人、安全生产管理人员安全资格证书和特种作业操作资格证书的档案管理制度。

（六）充分发挥省安委会综合指导协调作用，推进安全生产联合执法

加强省安委会的工作，全面落实省安委会工作职责和联络员会议制度，通报今年以来省安委会开展工作情况及全省安全生产形势，研究部署下一步工作重点。通过联络员会议，充分发挥省安委会成员单位的作用，形成联合执法合力，提升安全生产工作层次和水平。

（七）加强安全生产信息网络建设，提高安全生产工作信息化水平

做好青海省安全生产信息网的试运行工作，力争年底正式运行，并开展与省安委会各有关成员单位和六州、一地、两市安全生产信息连接的前期调研工作，为青海省安全生产信息网络二期建设工程提供条件。同时，编印全省事故灾难类应急救援和全省安全监管系统、省安委会、中央驻青与省管企业通讯录。

（八）继续加强内部建设

进一步规范工作程序和制度，细化工作职能，加强内部管理和新招公务员及军转干部的业务培训工作，对全体工作人员高标准、严要求，努力创建学习型机关、服务型机关，树立良好的执法部门形象。

宁夏回族自治区 2005 年～2006 年上半年安全生产形势报告

一、2005 年安全生产基本情况

一是各类事故总量有一定幅度下降。全区共发生各类伤亡事故 8194 起，死亡 956 人，与 2004 年相比减少 468 起、减少 55 人，分别下降 5.4%、2.65%，没有发生一次死亡 10 人以上的特大生产性事故。

二是煤矿连续 5 年杜绝了一次死亡 10 人以上特大事故，各类煤矿原煤百万吨死亡率为 0.79，比全国平均水平 2.836 降低 2.046。

三是道路交通连续两年没有发生一次死亡 10 人以上的特大事故。2005 年，道路交通事故四项考核指标在 2004 年全面下降的基础上三项主要指标大幅下降，万车死亡率从 2004 年 10.4 下降到 9.35，下降了 1.05，居全国中上水平。

四是安全生产控制指标没有突破国家下达指标。2005 年，国家下达我区控制指标 1011 人，全年各类事故死亡人数为 956 人，控制在国务院下达的指标之内。从总体上看，2005 年全区安全生产继续保持了相对稳定、趋于好转的态势。

2005 年全区安全生产工作有以下六个特点：

（一）抓控制指标落实，各市的安全生产工作得到了进一步强化。各市、县（区）政府都明确了各市市长、县（区）长、乡长、厂长和经理是安全生产的第一责任人，对安全生产负全面责任。全区各级政府与生产经营单位和有关部门签订安全生产责任书 7.8 万份。各市、县（区）都多次召开安全生产工作会议或电话会议，主要领导和主管领导亲自到会讲话，亲自部署，制定了一系列安全生产责任制和规章制度，调整和充实了市、县（区）安全生产委员会，成立了安全生产专项整治领导小组，有的还成立了安全生产专家组，在安全经费上各级财政部门给予了支持。如银川市政府去年拿出 35 万元资金同自治区奖励的 30 万元安全生产奖金捆在一起，对 2004 年度安全生产先进单位、先进个人进行表彰奖励。还筹措 215 万元资金，重新修建了套门沟民爆仓库。目前，全区五市政府的安全生产监督管理机构相对独立，职责明确。20 个县（区）绝大多数安监机构逐步健全，人员得到了充实，基本做到了“机构、人员、经费、办公场所”四落实。尤其是吴忠市政府率先在 12 个乡镇府中明确一名领导主管安全生产，聘请一名乡镇干部作为乡镇兼职安全员；石嘴山、中卫市还率先建立行政执法队伍。

（二）抓安全专项整治，各有关部门发挥了主力军作用。公安厅交警总队在道路交通安全专项整治中，紧密配合有关部门，联合开展了以“三整顿、五加强”和“双超一违”为重点的道路交通安全整治，全区共出动警力 14.8 万人次，查获客车超速 14.2 万余起，查获客车超员 4 400 余起，卸客转运 1.23 万人次，暂扣证件 5 428 本，行政拘留 317 人，去年共排查 11 个自治区级、34 个市、县（区）级事故多发点段，先后投入 98 万元改造了 18 个市、县（区）级事故“黑点”。自治区各级公安消防机构，重点开展了火灾隐患排查工作和专项整治，共检查各类社会单位（场所）10 113个（次），发出各类法律文书5 709份，督促整改火灾隐患6 030处，对506处消防违法行为实施了处罚，关停各类单位场所240个，全区确定的64家政府挂牌督办重大火灾隐患单位全部按期整改合格。去年各级消防机构筹措经费5 000多万元，新增特种和大吨位消防车49台，特勤器材、地震、水上救援特种装备器材198个品种12 039件套，增幅达58%，改变了宁夏特种车辆短缺的现状。宁夏煤矿安全监察局和宁夏煤业集团认真贯彻落实国务院第81次常务会议确定的各项措施和国家安监总局提出预防煤矿重特大事故的七项断然措施，集中力量开展煤矿瓦斯治理和整顿关闭两个攻坚战，有效地提高了"一通三防"监测、监控水平；配合国家煤矿安全监察局专家组对宁夏煤业集团14对瓦斯灾害严重的矿井进行安全技术"会诊"，提出了各矿存在的重大安全隐患和深层次问题。还筹措资金4 252万元，建立了24户国有重点煤矿，54户市、县、乡镇煤矿的瓦斯监控系统。自治区建设厅加强建筑施工企业施工现场安全监管，重点检查了建筑施工企业无资质施工、层层转包、以包代管等问题。自治区质量技术监督局对全区游乐场所的安全设施和特种设备的安全状况进行了专项整治，保证了节日期间游客的人身安全。自治区交通厅会同有关部门对水上旅游、渡口船舶超载航行、低质量船舶航行和违章驾驶等行为开展了集中整治，取得了全年未发生水上安全事故的好成绩。自治区农牧厅在农用机械安全整治中，重点查处了无证驾驶、无牌无证行驶、违章载客、人货混装等违章行为，共出动农机执法人员75 353人次，检查各种拖拉机15万台次，纠正违章行为3.6万起。自治区供销社在烟花爆竹安全专项整治中，会同有关部门对全区3 200多个烟花爆竹销售网点进行了清理，查获非法销售烟花爆竹2 056件，集中销毁非法劣质烟花爆竹2 056件，有效地打击了非法购销商贩的违法行为。自治区教育厅组织开展了中、小学、幼儿园的安全治理工作。自治区劳动和社会保障厅会同安监部门对进城务工农民工的特种作业人员进行安全技术培训，为就业人员拓宽了就业渠道。与此同时，国防科工委开展的民用爆破器材安全专项整治以及自治区安监局开展的危险化学品、非煤矿山的安全整治工作也都取得了良好的效果。通过上述各部门的共同协作，密切配合，已初步形成了联合执法机制。

（三）抓法制建设，地方安全生产法规的出台加快了步伐。自治区安监局按照《安全生产法》等有关安全生产的法律、法规，结合我区实际，起草了《宁夏回族自治区人民政府关于进一步加强安全生产工作的决定》和《安全生产行政问责制度》，以自治区政府文件印发全区有关单位；还组织人员起草了《宁夏回族自治区烟花爆竹安全管理条例》，已经自治区人大常委会议审议通过，于去年7月份颁布，自2005年9月1日施行。去年还起草了《宁夏回族自治区安全生产条例》，《安全生产风险抵押的规定》、《安全生产经费管理办法》，现已提交自治区政府审议，争取今年出台。各市、县（区）安监机构也结合本地实际，制定和修改了安全生产监督管理方面的规定和工作制度。石嘴山市安监局共修订和起草各类规定和制度26种；固原市安监局还指导150多家企业建立和完善了各项安全生产管理制度和操作规程。

（四）抓宣传教育和培训，进一步强化了全民安全意识。组织开展了以"遵章守法，关爱生命"为主题的全国第四个"安全生产月"活动，为了扩大安全生产教育的覆盖面，自治区安委会办公室与宁夏能源报社联合创办了《宁夏安全生产》杂志，积极参加了首届全国安全生产展览会，并被国家组委会授予优秀组织奖和优秀设计奖。吴忠市在《吴忠日报》开辟了"关注安全，共建和谐社会"专栏；自治区消防总队还在全区28个社区、42个学校、127个企业和13个乡镇建立了消防宣传教育阵地，累计接待社会群众10万余人次，使安全宣传教育深入到社会的各个层面。与此同时，自治区宣传部和各类新闻媒体给予了大力的支持与配合。

在安全技术培训方面，各级安全监管、监察机构通过狠抓培训机构资质认证、教师队伍建设和考核管理工作，有效地提高了安全管理人员的管理水平和特种作业人员的自我保护能力。一年来，全区各类培训机构共培训各类人员近2万人。

（五）抓实施安全生产许可制度，加强了安全生产源头管理。各级安全监管机构、建设行政主管部门和煤矿安全监察机构，主动工作，深入企业，督促、指导企业改进安全生产条件，落实整改意见，使多数企业及时申领了安全生产许可证。截至2005年12月31日，累计颁发安全生产许可证819个。其中：煤矿应持证单位122个，申请121个，申报率为99%，已发证117个，颁证率96%；非煤矿山应持证单位847个，申请661个，申报率23.9%，已发证202个，颁证率31%；危险化学品生产应持证单位162个，申报132个，申报率81%，已发证11.2个，颁证率69%；危险化学品经营应持证单位863个，申报736个，申报率85.28%，已发证724个，颁证率84%；烟花爆竹生产应持证单位2个，申报1个，申报率50%，已发证1个，颁证率50%；建筑施工应持证单位567个，申报414个，申报率73.15%，已颁证403个，颁证率71.08%。

（六）抓事故查处，进一步强化了行政执法力度。各级安全生产监督、监察机构和公安交警、消防、农机监理机构，在自治区有关部门的紧密配合下，深入事故现场，调查了解情况，指导抢救和善后工作，严格按照“查明事实，分清责任，实事求是，依法处理”和“四不放过”的原则，秉公执法，不徇私情，对全区发生的各类伤亡事故进行了严肃查处。去年，全区共查处工矿商贸企业事故58起，追究有关人员责任76人。与此同时，各级安全生产监管、监察机构主动深入生产一线，重点对煤矿、非煤矿山、危险化学品、建筑、道路交通等行业和领域进行了行政执法检查，及时排查了一批事故隐患。仅中卫市安监系统发现事故隐患629条，当场责令整改206处，下发隐患整改通知书186份，责令停产整顿11家。宁夏煤矿安全监察局在行政执法中，依法对各类煤矿实施监察2 986个矿次，覆盖率为100%，共查处事故隐患6 437条，共下达各类执法文书1 019份，行政罚款186.16万元，共查处煤矿事故24起，事故按规定时间结案率为100%。

二、2006年上半年安全生产基本情况

（一）基本情况。2006年1～6月份，全区共发生各类生产安全事故4 192起，死亡364人、受伤1 649人、直接经济损失1 488.08万元，与2005年同期相比事故起数、死亡人数、受伤人数分别下降5.46%、21.38%、13.66%，直接经济损失上升6.45%。各行业事故情况如下：

——道路交通发生事故1 434起，死亡298人，受伤1 649人，直接经济损失338.86万元，四项指标分别比去年同期分别下降21.12%、24.56%、13.13%、37.15%。

——火灾事故2 695起，死亡3人，受伤2人，直接经济损失371.45万元，事故起数、直接经济损失同比分别上升5.2%和0.7%，死亡人数、受伤人数同比分别下降50%和81.82%。

——铁路运输事故17起，死亡9人，受伤8人，直接经济损失L87万元，事故起数、死亡人数、受伤人数、直接经济损失同比分别下降32%、35.71%、46.67%和92.14%。

——煤矿企业发生事故13起，死亡17人，受伤2人，经济损失393.9万元，事故起数、受伤人数同比分别下降31.58%和81.82%，死亡人数、直接经济损失同比分别上升21.43%和69.76%。

——工矿商贸企业发生事故33起，死亡37人，受伤16人，直接经济损失382万元，事故起数、死亡人数、受伤人数、直接经济损失同比分别上升17.86%、5.88%、77.78%和64.63%。

——农业机械、民航、水上交通未发生事故。

（二）安全生产控制考核指标进度情况。1～6月份，全区各类事故死亡364人，占全年安全生产控制考核指标944人的38.56%。其中：

银川市：1～6月份共死亡91人，占全年控制指标228的39.91%；

石嘴山市：1～6月份共死亡65人，占全年控制指标158的41.14%；

吴忠市：1～6月份共死亡69人，占全年控制指标190的36.32%；

固原市：1～6月份共死亡61人，占全年控制指标138的47.66%；

中卫市：1～6月份共死亡44人，占全年控制指标128的34.38%。

高速公路：1～6月份共死亡22人，占全年控制指标45人的48.89%；

铁路交通：1～6月份共死亡9人，占全年控制指标35人的25.71%；

神华宁煤集团：1～6月份共死亡3人，占全年控制指标19人的25.71%。

从控制指标情况看，自治区、各地区、各行业均在安全生产控制考核指标进度要求以内。

（三）全区安全生产的主要特点。上半年，全区安全生产形势总体稳定。主要表现出“三个下降、一个稳定”的特点：

1. 各类事故死亡人数总体下降。全区各类事故共造成364人死亡，比去年同期少死亡99人，下降了21.38%，总体形势稳中有降。

2. 道路、铁路交通事故四项指标全面下降，是全区安全生产事故总量下降明显的关键因素。今年以来，全区道路交通发生一次死亡3～9人的事故8起，死亡30人，同比少11起，少死亡41人，分别下降了57.89%和57.75%。没有发生一次死亡10人以上的事故。

3. 部分行业和领域伤亡事故下降。上半年，全区农业机械、民航飞行、水上交通未发生伤亡事故；煤矿企业伤亡事故总量有所下降，全区煤矿发生事故13起，同比少6起，下降31.58%。

4. 大部分地区安全生产形势较为稳定。从控制指标完成的情况看，大部分地区安全生产形势比较稳定。在工矿商贸企业事故方面，全区五个市有2个市（银川市、固原市）在控制指标范围以内，共有3个市工矿商贸企业没有发生一次死亡3人以上的事故。

三、存在的主要问题

（一）各类事故直接经济损失上升。全区各类事故直接经济损失1 488.08万元，比去年同期多了90.18万元，上升了6.45%。其中火灾、煤矿、工矿商贸企业事故直接经济损失比去年同期分别上升0.7%、69.76%、64.63%。

（二）火灾起数上升明显，形势较为严峻。共发生火灾2 695起，同比多发生146起，上升了5.2%。其中发生重大火灾2起，造成直接经济损失104.75万元。用火不慎、玩火、吸烟、电气是引起火灾的主要原因，堆场、房屋、交通工具火灾居多，乡村火灾占75.6%。

（三）工矿商贸企业事故各项指标上升。起数、死亡人数、受伤人数、直接经济损失全面上升，分别上升17.86%、5.88%、77.78%和64.63%。发生一次死亡3～9人的重大事故3起，造成10人死亡。这3起重大事故分别是：

1月4日，石嘴山市大峰贺兰煤矿，在去底部装运平台打眼途中，工作面迎头底板侧的山体突然滑坡，造成4人死亡。

6月2日，石嘴山市矿业集团公司惠丰火区灭火工程在处理浮石过程中，发生一起物体打击的重大事故，造成3人死亡、2人重伤的重大事故。

6月26日，宁夏路桥工程股份有限公司在金波南街与西夏工业园二号路交叉口的公路下水井中，进行打通下水管道闭水试验堵头作业时，发生一起中毒与窒息的重大事故，造成3人死亡。

四、下一步安全生产措施

（一）继续深化安全生产专项整治工作，加大安全生产行政执法力度。各级政府、各部门要根据本地区、本部门的实际，针对前一阶段煤矿、危险化学品、道路交通、水上交通、公众聚集场所等领域专项整治工作发现的问题和隐患，采取切实有效措施，要在充分剖析问题的基础上，制定切实可行的方案或计划，严格排查事故隐患。加大安全生产执法力度，对查出的问题和隐患不仅要发出整改指令，而且要登记建档，实行挂牌督办制度，及时跟踪整改情况，对拒不整改的，依法予以处罚。

（二）切实加强危险化学品安全监管。各级安全监管部门要进一步加大危险化学品安全监管力度，认真开展危险化学品运输环节安全专项整治，督促有关地区和部门加强危险化学品企业生产、储存、销售、运输环节的安全监管，研究采取针对性的措施，加强危险化学品运输环节中的车辆、驾驶员资质、危险化学品准运资格监督检查，加大对非法、违规运输危化品企业和人员的查处力度，严防危险化学品在生产及运输中发生重特大事故。

（三）加强人员密集场所消防安全监管。各级公安消防部门要切实加强人员密集场所的安全监管，对宾馆饭店、商场、文化娱乐等人员密集场所加强安全监督检查，对安全责任制不落实、未建立防灭火应急预案、疏散通道不畅、消防设施不完善、不具备安全条件、违章经营、存在重大火灾隐患的场所，要坚决予以停业整顿。要进一步加大消防安全监管执法力度，严肃查处违法违规行为，遏制火灾事故多发的势头。

（四）认真做好安全生产控制指标的落实工作。各市、县（区）、各部门要认真总结本地区和本部门上半年控制指标的进展情况，分析本地区、本部门控制指标落实工作的特点、存在问题，认真安全生产控制指标落实工作，落实各级政府和有关生产经营单位的责任，建立健全安全生产控制指标考核机制，充分发挥媒体的监督作用，采取有力措施，促进安全生产控制指标全面落实，确保不突破今年安全生产控制考核指标。

新疆维吾尔自治区 2005 年～2006 年上半年安全生产形势报告

一、基本情况

（一）2005 年事故情况。2005 年，全区共发生各类事故 14 787 起，死亡 3 755 人，受伤10 568 人，直接经济损失 7 880.92 万元，同比分别上升 11.75%、9.80%、16.50%和 9.11%；其中，一次死亡 3～9 人事故 94 起，死亡 349 人，同比分别下降 20.34%和 19.59%；发生一次死亡 10 人以上特大事故 3 起，死亡 113 人。

2005 年事故的主要特点：一是 2005 年全区各类事故四项指标与 2004 年同期相比，全面上升。从近 10 年全区各类事故总量来看，除经济损失外，全区各类事故起数、死亡人数和受伤人数三项指标均呈逐年上升趋势。二是 1～12 月份，各类事故死亡人数起落很大，1 月份到 3 月份比较平稳，3 月份以后各类事故死亡人数急剧上升，从 3 月份的死亡 218 人上升到 10 月份的死亡 431 人，达到当年单月死亡人数的最高点，11、12 月份死亡人数大幅回落。三是全区各类事故中，按行业分析，道路交通事故所占比例最大，占各类事故死亡人数的 83%；工矿企业（不含煤炭）占 7%，煤炭占 6%，火灾占 2%，铁路路外和农机事故分别占 1%。按地州市和自治区直辖单位分析，巴州、昌吉州、喀什地区、伊犁州和自治区直辖单位所占比例较大。四是全年一次死亡 3 人以上事故死亡人数同比略有上升；煤炭企业和火灾事故死亡人数呈三位数上升。全年发生一次死亡 10 人以上事故 3 起，全部发生在煤炭企业。五是全年非煤企业事故中，采掘业、建筑业、制造业事故所占比例较大，分别占非煤企业事故死亡人数的 27.42%、24.19%和 19.76%。六是 2005 年，各类事故死亡人数与 2004 年同期相比下降的有 6 个地州，分别为：塔城地区下降 27.90%，和田地区下降 22.73%，哈密地区下降 14.11%，乌鲁木齐市下降 5.16%，喀什地区下降 1.38%，克州下降 1.18%。各类事故死亡人数与 2004 年同期相比上升的有 9 个地州市，昌吉州上升 44.07%，阿勒泰地区上升 36%，博州上升 33.88%，巴州上升 26.71%，石河子市上升 25.77%，伊犁州上升 22.87%，阿克苏地区上升 20.33%，克拉玛依市上升 7.62%，吐鲁番地区上升 5%。

兵团和直辖单位各类事故死亡人数分别上升 28.57%和 11.11%。

（二）2006 年上半年事故情况。1～6 月份，全区共发生各类事故 5 430 起，死亡 1 098 人，受伤 3 675 人，造成直接经济损失 3 370.52 万元，同比分别下降 19.90%、27.24%、21.96%和 6.41%。其中，一次死亡 3～9 人事故 33 起，死亡 135 人，同比分别增加 1 起、25 人。其中，道路交通事故 2 982 起，死亡 896 人，受伤 3 630 人，直接经济损失 1 359.52 万元，同比分别下降 29.05%、29%、21.78%和 2.06%。一次死亡 3～9 人事故 24 起，死亡 95 人，同比增加 2 起、23 人。火灾事故 2 284 起，死亡 29 人，受伤 31 人，直接经济损失 1 041.55 万元，同比分别下降 3.18%、23.68%、34.04%和 8.42%。一次死亡 3～9 人事故 1 起，死亡 3 人，同比减少 1 起、8 人。煤矿事故 34 起，死亡 41 人，同比分别下降 24.44%和 22.64%。一次死亡 3～9 人事故 2 起，死亡8人，同比减少1起、2人。非矿山企业伤亡事故39起，死亡53人，重伤4人，直接经济损失509万元，同比分别下降52.44%、36.90%、63.64%和33.72%。一次死亡3～9人事故4起，死亡18人，同比分别增加2起、12人。非煤矿山企业伤亡事故31起，死亡44人，重伤2人，直接经济损失370万元，同比分别上升14.81%、29.41%、下降71.43%和上升20.60%。一次死亡3～9人事故2起，死亡11人，同比分别减少1起、死亡人数持平。铁路路外事故41起，死亡24人，同比分别下降16.33%和14.29%。农机事故19起，死亡11人，受伤8人，直接经济损失10.45万元，同比分别上升35.71%、10%、166.67%和749.59%。

全区15个地、州、市各类事故死亡人数，除克州同比上升9.09%、阿克苏地区同比上升0.69%外，其他十三个地、州、市同比下降：石河子市下降47.06%、阿勒泰地区下降45%、伊犁州下降41.01%、巴州下降37.44%、昌吉州下降36.89%、吐鲁番地区下降34.72%、和田地区下降33.82%、塔城地区下降29.69%、哈密地区下降29.41%、克拉玛依市下降27.45%、乌鲁木齐市下降26.47%、喀什地区下降21.99%、博州下降21.28%。

兵团和直辖单位死亡人数分别上升100%和下降25.58%。

分析上半年的安全生产工作，主要特点：一是重大事故突出。1～6月，全区发生一次死亡3—9人重大事故33起、死亡135人，同比增长3.12%和22.73%。特别是还发生了一起死亡15人的特大道路交通事故。二是非煤矿山事故上升。受有色金属价格上涨等因素的影响，非煤矿山活动十分活跃，事故明显上升。1～6月发生事故31起、死亡44人，同比分别增长14.81%和29.41%。三是煤矿、道路交通依然是安全生产的重点行业和领域。上半年虽然煤矿、道路交通各项指标同比明显下降，但群死群伤的恶性交通事故多发，仅6月份，全区就发生一次死亡3人以上道路交通事故10起，造成36人死亡。四是施救不当引发多起重大安全事故。“5·7”且末县供排水公司气体中毒事故和“6·13”八钢雅满苏矿气体中毒事故，分别造成6死亡，均是因施救不当而造成的重大伤亡事故。

二、安全监管工作情况

（一）加强领导，强化责任，进一步完善安全生产责任体系。2005年初自治区人民政府与15个地州市、12个厅局、43个大中型企业签订了安全生产目标管理责任书。各地、各部门、各单位层层签订了安全生产责任书。2006年2月27日召开了全区安全生产工作会议，7月12日召开了安委会扩大会议，专题研究部署安全生产工作。在以往签订责任书的基础上，自治区今年又扩大了签订范围，增加了相关部门和单位，进一步落实了“一岗双责”。今年，自治区党委组织部门在表彰各地优秀党组织之前，首先征求了自治区安监部门的意见，安全生产工作“一票否决”的作用得到进一步落实，安全生产责任体系进一步完善。

（二）加强安全生产法制建设。2005年以来先后出台了《新疆维吾尔自治区人民政府关于加强安全生产工作的意见》、《关于建立安全生产联合执法工作制度》和《关于实行安全生产重特大事故情况报告制度》等一系列规范性文件。《新疆维吾尔自治区安全生产条例》已经自治区人民政府报人大，人大已组织调研论证。进一步推动了自治区安全生产法制建设。

（三）加强源头管理，夯实安全生产基础。按照《安全生产法》、《安全生产许可证条例》、《危险化学品安全管理条例》等法律法规，严格发证的标准、条件和要求，认真做好危险化学品生产经营许可证的发放和危险化学品经营许可证的换发工作。2005年发放危险化学品生产经营许可证4 704家，非煤矿山企业安全生产许可证1 650个，烟花爆竹生产企业安全生产许可证5家。2006

年以来，为43家整改合格的危险化学品生产企业发放了安全生产许可证，为122家危险化学品经营企业换发了经营许可证；对6家烟花爆竹生产企业中问题较多的4家企业暂扣了安全生产许可证，督促企业进行整改，对其中2家经营企业的生产规模、生产经营品种进行了重新核定，换发了安全生产许可证和经营许可证，验收并发放烟花爆竹生产许可证1家；受理非煤矿山企业安全生产许可证250份，审核发放非煤矿山安全生产许可证224个。

（四）认真组织开展安全生产检查，消除事故隐患。2006年春节前，自治区主席和8位副主席亲自带队深入企业生产一线进行安全生产检查。根据自治区不同时期安全生产工作特点，分别组织开展了非煤矿山企业春季开工前复产验收督查、部分地州非煤矿山关闭工作督查，及专项督查和全面检查，通过检查，及时发现事故隐患，下发整改指令书，限期整改，整改后经验收合格的，方可恢复生产。

（五）进一步深化安全生产专项整治。2005年以来，先后开展了危险化学品安全专项整治、非煤矿山安全专项整治、烟花爆竹安全整治等专项整治活动，消除了一大批安全事故隐患。

（六）认真开展建设项目“三同时”工作。对新改扩建危险化学品生产、经营、储存等建设项目实行分类管理，严格建设项目的安全审查、设计审查和竣工验收的审批工作。审批危险化学品预评价项目12个。对12个非煤矿山建设项目进行评审和备案。

（七）举办应急救援演练，完善救援预案。6月4日，自治区在乌石化公司化肥厂举办重特大危险化学品泄漏事故应急救援演练，此次演练是国内省一级首次在生产场地进行的重特大危险化学品泄漏事故应急救援的大型演习。国家安监总局、自治区、乌鲁木齐市人民政府、有关部门、单位和乌鲁木齐石化公司、石化总厂等应急救援队伍900多人参加了演练，出动应急救援指挥车、消防车、救护车、环境监测车、气象监测车、通信指挥车等近百辆。自治区安委会成员单位、有关部门、15个地州市的安监、环保局长、部分大中型企业的负责人等200余人现场观摩了演练。针对演练中暴露出来的问题，专家作出科学评价，提出了好的意见和建议，为进一步修改完善预案提供了科学依据。

（八）加大安全生产宣传教育培训，提高全社会安全生产意识和从业人员安全生产素质。今年年初，自治区成立了安全生产宣传工作领导小组，办公室设在自治区党委宣传部。各大新闻媒体都制定了各自的安全生产宣传方案，将安全生产宣传工作作为一项重要工作加以落实。通报各类事故情况，定期向社会公布事故隐患，开展灾难自救常识宣传，使广大群众知道身边是否存在事故隐患，存在哪些事故隐患，发动群众协助排查身边的事故隐患，以加大对隐患的监控力度。

加强了对生产经营单位负责人、安全生产管理人员及特种作业人员进行安全培训，进一步提高企业从业人员的安全素质。上半年，举办非煤矿山主要责任人培训班3期，油田公司负责人和安全管理人员培训班2期，事故单位主要负责人和安全管理人员培训班1期，共培训各类非煤矿山企业负责人700余人；继续开展危险化学品生产经营单位主要负责人、安全管理人员及特种作业人员的考核、发证工作，培训特种作业人员6 760人，管理人员1 314人，主要负责人330人。

（九）加大执法力度，严格重特大事故调查处理工作。依据《安全生产法》、国务院《关于特大安全事故行政责任追究的规定》及有关法律、法规，按照“四不放过”原则，依法严肃查处了一批事故责任人，认真做好伤亡事故的调查处理及协调工作。先后对2003年以来的重大事故处理情况进行了复查，基本上落实了处理结果，广大干部职工和群众受到教育。自治区今年直接组织调查处理的昌吉市“5·16”炮烟中毒、鄯善县“5·25”炮烟中毒2起重大事故，组织有关部门组成事故调查组对且末“5·7”重大事故、喀什“5·21”特大道路交通事故进行了调查处理。上半年，共组织调查处理了8起事故。

三、全区安全生产存在的问题

主要的有：一是安全意识不强，思想麻痹大意；二是安全监管责任不到位；三是企业安全主体责任不落实；四是不具备安全生产条件、非法违规生产现象有所抬头；五是从业人员安全教育培训不到位等。

四、今后一段时期的工作重点

（一）强化主体责任，全面落实安全生产责任制。政府是安全生产的监管主体，企业是安全生产的责任主体。安全生产工作必须建立、落实政府行政首长负责制和企业法定代表人负责制，并纳入干部政绩、业绩考核。同时，加强对各级安全生产责任制落实情况的检查，及时进行通报，年底组织对各级政府、有关部门和单位进行安全生产目标管理考核，加大奖惩力度，督促各级安全生产责任制的进一步落实。

（二）认真组织开展好百日安全生产集中整治活动。自治区政府决定在全区各重点行业和领域开展百日安全生产集中整治活动，各地区、各部门和各单位要按照“标本兼治，重在治本，综合治理”的原则，把工作重点放在防范事故、治理隐患上，围绕容易发生重特大事故的重点行业和领域、重点部门及关键环节，认真查找隐患，研究和完善安全生产各项制度和措施，充分利用经济手段、法律手段和必要的行政手段，加强安全管理，狠抓措施落实，形成“严格执法、严密防范、严肃查处、严历处罚”的严管态势，有效预防和减少事故的发生。

（三）加强非煤矿山的安全监管。一是加强对非煤矿山开采中承租、承包的安全管理。非煤矿山企业在矿山采掘施工发包中，要认真审核承租、承包单位的安全生产条件、设备设施和安全资质等情况，绝不能向不具备基本安全生产条件的施工单位发包采掘施工工程。二是加强对持证非煤矿山企业的日常动态监管工作。发现安全生产条件发生重大变化、降低安全生产条件或发生事故的企业，必须重新审核安全生产条件，并责令整改，并针对不同情况，依法暂扣、吊销许可证和实施经济处罚等。三是加强执法监督检查。对矿业开采中的采掘施工单位，要严格按照安全生产有关标准和规程进行一次全面清理，对无安全生产许可证仍擅自进行采掘施工活动的企业，要依法严格处罚，清除出采掘施工市场。四是采取有力措施，对今年6月30日前经整顿仍达不到安全生产颁证标准的非煤矿山企业，坚决依法关闭，并向社会公布，强化社会监督。

（四）强化危险化学品安全监管，消除重大事故隐患。一是认真做好危险化学品生产经营企业整顿、关闭工作，严把安全生产条件。目前，经整改仍不具备发证条件的企业18家，将按有关程序报请当地政府实施关闭。二是对已经取得安全生产许可证的企业，组织专家进行回头检查，对检查中发现的隐患限期整改，对停产整改不落实或整改后仍达不到基本安全生产条件的，坚决吊销安全生产许可证。三是规范危险化学品生产、经营、运输和使用单位的安全生产行为，实行危险化学品标准化管理。先开展试点，逐步在全区推广。突出抓好剧毒化学品的安全监管，督促企业落实剧毒化学品来源、销售流向、出入库登记等安全生产管理制度。四是突出抓好危险化学品运输环节的安全监管，防止发生危险化学品泄漏事故。

（五）加强煤矿安全生产工作。煤矿安全依然是我区安全生产工作的重中之重。继续抓好整顿关闭，扎扎实实开展瓦斯治理，坚决杜绝越能力、越强度、越定员生产。

（六）狠抓道路交通和旅游安全监管工作。一是要对客运企业进行清理整顿。二是进一步加强路面管控，依法从严查处严重交通违法行为。三是加大对危险路段的整治力度。四是认真开展创建“平安畅通县（市、区）”活动，有效预防和减少道路交通事故的发生。

（七）全面开展消防安全大检查。各地、各部门和各单位以商场市场、宾馆饭店、寄宿制学校、幼儿园、医院等公众聚集场所，加油站、液化石油气站、棉花等各类易燃易爆场所和大型仓储场所为重点组织开展一次消防安全大检查。对查出的火灾隐患，要专人负责、落实措施、限期整改、坚决消除。

（八）加强建筑施工及市政公用工程安全工作。加强对施工现场及市政公用工程现场的安全监管和检查，督促建筑施工企业落实安全生产责任制；对隐患严重或不符合安全生产条件的施工企业，责令停业整顿；对整改不合格的，应暂扣或吊销安全生产许可证，直至取消相关资质；对施工企业违法违规施工、分包和转包行为，要严肃查处，切实消除事故隐患。对从事抢修、疏通下水的企业，必须配备必要的检测仪器，必须为从业人员配备必要的劳动防护用品。坚决防止坍塌、高处坠落以及城市排水疏通、天然气泄漏爆炸等重特大事故的发生。

（九）督促企业大力加强基础工作，促进企业的主体责任到位。督促企业建立健全企业的各项安全生产规章制度，建立健全企业重特大事故隐患排查、报告、监控和治理制度，设置机构、配备专职安全管理人员，落实安全经费，保障安全投入，不断改善安全生产条件，并为员工配备必要的劳动防护用品，加强安全生产培训工作，对所有从业人员都要进行必要的安全生产技术培训，提高企业农民工和其他从业人员的安全技能和安全防护意识，规范从业人员的安全生产行为，减少并杜绝“三违”现象的发生，维护职工生命健康权益，实现企业安全生产。

（十）进一步加强安全生产宣传教育和培训。加大宣传力度，扩大宣传面，不仅要面向企业，更要加大面向广大群众进行社会化的安全生产宣传教育，强化安全知识和技能培训教育，使广大职工群众具备基本的知识与技能，杜绝人的不安全行为，消除安全隐患，切实将预防事故的关口前移；更重要的是要使广大群众知道一旦发生了事故应该如何逃生、如何自救，避免一旦发生事故，造成重大的人员伤亡，实现对事故隐患的群防群治，避免重特大事故的发生。进一步加强安全生产培训工作。继续认真组织好生产经营单位主要负责人、安全管理人员和特种作业人员的培训，进一步提高从业人员的安全素质。

（十一）认真做好重大危险源监控，完善重特大事故应急救援预案。对重大危险源进行分级、分类和评估、建档，并建立数据库。研究探索重大危险源和事故隐患监管办法，逐步建立监控系统，实现重大危险源和事故隐患监控的系统化、规范化和科学化。进一步加强应急救援工作，在有效整合全区应急救援资源的基础上，积极争取国家支持，加大投入，建立和完善以危险化学品、矿山救援为核心，专业齐全的全区生产安全应急救援体系。做好危险化学品重特大事故应急救援演练，进一步完善各级政府和企业、特别是重大危险源和事故隐患的应急救援预案。

（十二）认真查处各类事故，严格事故责任追究。依照有关法律法规规定，严格按照“四不放过”原则，做好事故的调查处理工作，严肃查处责任事故。重特大事故调查处理和责任追究结果要向社会公布，接受群众监督。依法加大对瞒报事故的打击力度。加强对中介机构的管理，严格准入条件和资质审查，对中介机构安全评价报告不真实、出具虚假证明等违法违规行为，要坚决取消其从业资格，依法严惩。

（十三）进一步加强安监机构和队伍建设。以增强创新意识、服务意识、廉政意识、协调意识和依法行政意识，不断探索安全生产工作的规律、特点，推进安全生产理论、安全文化建设、安全生产体制和机制的创新。

厦门市2005年~2006年上半年安全生产形势报告

一、基本情况

2005年厦门市共发生各类事故4 295起、死亡303人、受伤3 206人、直接经济损失2 308.4万元。其中，道路交通事故3 630起、死亡247人、受伤3 163人，直接经济损失1 087.5万元。火灾事故608起、死亡9人、受伤28人，直接经济损失337.1万元；工伤事故48起、死亡44人、受伤13人，直接经济损失714万元；渔业事故5起，死亡1人，受伤2人，直接经济损失9.2万元；2006年上半年，全市共发生各类事故1 139起，死亡145人，受伤779人，直接经济损失787.96万元，事故起数、受伤人数和直接经济损失分别同比去年下降44.33%、62.17%、37.58%，死亡人数上升4.32%。其中道路交通事故865起，死亡112人，受伤747人；火灾237起，死亡5人，受伤21人；工伤事故28起，死亡24人，受伤8人；水上交通事故3起，死亡1人；火车路外事故6起，死亡3人，受伤3人。

二、主要做法和工作体会

（一）市委市政府高度重视安全生产工作。市委常委多次召开会议，专题听取安全生产工作情况汇报，研究安全生产工作，强调安全生产工作要增强安全意识、责任意识、落实意识；要抓住重点，加强监管；要强化责任，狠抓落实，特别强调要加强易燃、易爆物品和危险化学品安全监管，要预防火灾事故，要加强道路交通安全监管。

在春节和“五·一”黄金周期间，市委政府重要领导分别带队检查安全生产工作，并就节日期间安全生产工作提出特别要求，反复强调：全市各级各部门要高度重视安全生产工作，要组织节前的安全大检查，要针对薄弱环节，认真履行安全生产职责，对可能出现的安全隐患要及时整改，制定有效的防范措施，坚决防止重、特大事故的发生，确保人民群众度过一个欢乐、祥和、安全的节日。

（二）抓好安全生产目标责任制的落实。一是根据市领导的指示，2006年元月由市安委会各位副主任委员带队，按照《2005年厦门市安全生产目标责任书》的要求和考核办法，组织开展安全生产目标责任制年度考核工作，对各级政府和有关单位安全生产目标责任完成情况进行严格的考核和评比，促进安全生产责任制进一步落实。二是在市安委会组织的年度安全生产目标管理责任制考核基础上，做好迎接省政府对我市安全生产目标责任制考核的准备工作。三是根据省政府下达给我市的新一年度目标责任制要求，按照属地管理、分级管理、条块结合的原则，及时拟订《2006年厦门市安全生产目标责任书》，由市政府下达给各级、各部门。各级、各部门将安全生产责任指标和任务层层分解下达，层层抓落实，严把安全生产控制指标。

（三）开展节日期间安全检查工作。各级、各部门开展安全大检查，加强节日期间交通运输、人员密集场所、烟花爆竹、危险化学品安全监管力度，加强对在岗职工的安全教育。市安监、交警、运管、公路部门召开春运道路交通安全联席会，研究部署春运道路交通安全工作。在“五一”黄金周期间，市安委办派出3个督查组，组织市总工会、消防、交警、安监部门，对6个区节日期间安全生产工作情况进行督查。各区、各部门对重点单位及部位，加强监督检查。节日期间，坚持领导带班值班，尤其是重点单位、重要部位加强了值班保卫。

（四）加强市重点建设工程安全监管工作。按照全市重点工程督查工作会议精神，各有关部门继续做好翔安（火炬）产业区、东通道（翔安隧道）、集美机械工业集中区专项安全监管工作；抽查东渡立交桥等工地生产安全情况；开展重点工程服务活动，先后到同安工业园区、翔安产业区开展咨询服务；有关部门联合开展东通道（翔安隧道）事故应急救援演练。

（五）深入开展道路、消防、建筑施工等安全整治。各级各有关部门加强监管，落实责任，采取措施，狠抓道路交通、水上交通安全、建筑施工各项防范措施落实，遏制重特大事故。统一校车安全标示和颜色；开展无牌无证机动车专项整治行动，重点强化土方运输车辆源头管理，加大道路斑马线交通安全监管、督导，解决道路交通安全隐患；开展对市第一码头及附近海域水上交通安全整治工作；对部分码头安全现状进行评审。消防部门强化消防安全监管工作，做好马拉松比赛等重点活动场所及来宾下榻的宾馆酒店的消防安全保卫；启动校园消防“十个一”活动；开展以私房出租户为重点的居住建筑消防安全专项整治。市政园林部门加强对湖滨南路燃气管道改造施工现场安全监管，做好汛期在建工地、林场山坡、垃圾填埋场防塌安全工作；海洋渔业部门联合交通部第二救助飞行队举行我市外海渔业船舶安全教育培训；渔港监督部门就渔船救生筏维修、存放、应急使用等事项进行部署；粮食部门对粮食收储企业的安全监控系统运行情况进行验收；旅游部门开展旅游安全专项整治活动；贸发部门对大卖场节假日购物安全工作进行检查；海事部门开展低标准船、砂船、渡口渡船安全专项整治和雾灯安全专项检查；劳动、建设、地税、总工会、安监部门大力推进建筑和矿山等高危险行业参保工作。各有关部门对国际马拉松比赛、花车巡游、第十届“台交会”、厦大85周年校庆、全国足球超级联赛、2006全国足协厦门赛区比赛、第二届海峡巾帼健身大赛等大型活动进行安全监督。

（六）深入开展非煤矿山专项整治。安监部门组织召开全市非煤矿山整治观摩会、申办安全生产许可证会议，督促、指导各区对非煤矿山存在的隐患和问题进行整改，进一步推动非煤矿山申办许可证工作的开展。做好安全生产许可证申办审查工作，有26家企业通过审核，上报省安监局颁发许可证；组织专家审查19家非煤矿山企业安全设施“三同时”设计方案。为吸取“1·11”海沧明发石料场碎石滑坡事故教训，会同市国土局、海沧区政府研究海沧非煤矿山安全生产整治工作。

（七）继续开展危险化学品专项整治。市安委会按省的整治要求，提出了我市整治工作重点，各有关部门认真履行安全监管责任，加强危险化学品各个环节的安全监管工作，加大对危险化学品安全生产执法查处力度。6月21日，召开全市危险化学品安全管理点评会。截至6月底共有危险化学品经营企业414家取得乙证，165家取得甲证；40家危险化学品生产企业中，有3家关闭，1家停产搬迁，对36家生产企业组织专家进行了复核并上报省安监局审批，其中28家取得了安全生产许可证，另8家待审批。

（八）加大隐患查处、整改力度。市安监部门共受理群众举报、市长专线转办的安全隐患153件，每件都及时核查处理。行政处罚违法企业25家，罚金31.82万元。开展国有重点企业重大事故隐患排查整改工作；完善部分道路交通安全设施，消除交通安全隐患。

（九）做好事故调查和批复工作。市安监部门开展“1·8”高速公路重大道路交通事故、“1·11”海沧明发石料场碎石滑坡事故的调查工作并将调查报告上报审批；指导翔安区对“1·14”重大道路交通事故调查，指导同安区对“6·25”重大道路交通事故调查处理，对各区上报的9起工伤死亡事故调查报告进行批复，督促有关部门对所辖单位生产安全事故进行调查处理；及时、准确地做好全市工矿企业工伤事故的归口统计和报告工作。

（十）广泛开展宣传教育培训工作。一是充分发挥各种媒体的宣传作用，在电视台、电台每周定期播放《安全你我他》专题栏目和安全生产公益广告，在广播电视报设《关注安全，关爱生命》专栏，分析事故案例、讲解安全常识。二是以“全国安全生产月”和“安康杯”竞赛活动为契机，按照国家和省的部署，紧紧围绕“安全发展，国泰民安”这一活动主题开展宣传活动。今年6月份我市“安全生产月”集中开展了在公交场站、交通护栏做安全生产公益广告、安全生产宣传咨询日、安全生产进社区（进企业）咨询服务、安全生产知识竞赛、安全生产事故应急救援演练、“安全在我心中”演讲比赛等活动。各级、各部门广泛发动职工、居民、外来人员、学生积极参加活动，促进全民安全生产意识的提高。三是向企业员工、进城务工人员赠发《企业员工安全教育读本》，使其通过学习提高安全意识和安全生产技能。四是开展安全教育培训活动。市、区安监部门组织镇、街、村（居）安监员参加行政执法培训；组织非煤矿山、危险化学品生产经营单位负责人、安全生产管理人员、特种作业人员参加岗位安全资格培训班；加强对生产经营单位负责人、安全管理人员培训。

三、下一步工作打算

（一）强化道路交通综合整治工作。一是进一步采取措施，加快道路交通设施建设，完善交通标志、标线，整改事故隐患“黑点”，消除隐患。二是加强路面管控力度。开展非法载客、超载、超速等交通违法行为专项整治工作；加大夜间时段和郊线、重点工程等路段查纠道路交通违法行为力度；开展斑马线文明礼让活动，提高驾驶人员的文明安全驾驶意识。三是开展土方车辆安全专项整治工作。抓好源头管理，督促运输企业建立安全责任制，建立驾驶人跟踪管理制度，规范土方车道路交通运输管理。四是在岛外开展摩托车违法驾驶专项整治工作，严厉打击摩托车交通违法行为。五是广泛宣传教育。通过交通安全进社区、媒体曝光以及召开隐患点评会、事故现场会等多种形式，切实提高全民的道路交通安全意识和交通法制观念。

（二）加大预防工伤事故工作的力度。一要强化建筑施工安全监管。要针对今年来高空坠落死亡事故多发的情况，分析事故原因，提出有效措施，遏制事故多发势头，加强建筑工人的安全教育，提高员工安全素质；督促施工企业加大投入，完善各项安全防范措施，确保设施、设备、生产环境安全。二要强化工业企业安全监管。开展生产经营单位安全管理机构设置、安全管理人员配备专项检查，发现有未按法律规定设置机构和配备人员的，责令其限期改正；逾期未改正的，按《安全生产法》的有关规定进行处理。三要强化企业主体责任。督促企业建立健全以法定代表人为第一责任人的安全责任体系，把安全责任分解落实到车间、班组、岗位，落实到人；建立、健全安全生产规章制度和操作规程；建立事故隐患巡查、整改、报告制度。四要强化安全教育培训。加强对企业主要负责人、安全管理人员、从业人员的安全培训，确保从业人员掌握必要的岗位安全技术和知识，并督促、教育从业人员在作业过程中严格遵守规章制度和操作规程，服从管理，正确佩戴和使用劳动防护用品。

（三）强化非煤矿山专项整治工作。一是强化监管责任。各级安监、国土、公安、工商、环保等部门建立联合执法机制，加强监督管理。二是依法持证开采，严格“三同时”审批，做好关闭工作。对6月30日前未取得《安全生产许可证》的非煤矿山企业，依法组织相关部门坚决实施关闭。加强对列入新、改、扩建和改造、整合的非煤矿山企业安全设施“三同时”审批验收工作。建立定期和不定期巡查制度，防止关而不闭和死灰复燃。三是提升矿山开采水平。要按照省有关部门要求，对现有规模小、资源浪费严重的非煤矿山进行科学、有效的整合；要深入矿山进行检查，要在企业中大力推广新工艺。

（四）强化危险化学品专项整治工作。一是继续做好许可证发放工作，对已经取得危险化学品许可证的企业进行回访检查，严查超量存放、超范围经营、非法储藏现象。二是重点加强对使用危险化学品量大的企业和液氨、液氯、液化气等危险性大的企业的检查督查力度。对存在重大安全隐患的企业，要落实责任和整改措施，切实做到隐患整改到位。三是研究制定我市危险化学品城市布点规划。在规划建设上规范危险化学品生产、储存企业的设立，保证其周边的安全。四是要做好危险化学品新仓库的建设，使其早日建成投入使用，缓解我市库容不足的问题。

（五）继续开展特种设备整治工作。清查取缔“土锅炉”，做好简易载货升降机专项普查整治工作；加大对特种设备生产、安装、使用监察力度，严格查处无证操作行为；推行科学管理方法，实时监控特种设备安全状况。

（六）加快重大危险源安全监控系统的建设。一是继续做好重大危险源调查摸底工作，进一步摸清企业重大危险源的情况，督促企业自觉进行登记、建立档案和数据库，落实监控措施，制定应急救援预案。二是按国家和省的要求在我市建立监控中心，对重大危险源点的危险因素、周边环境、居住居民、安全距离、疏散距离等数据进行全面的计算录入登记，建立全市的重大危险源数据平台。三是建立厦门市重大危险源监控预警应急系统，使安全生产工作从事后处理转变为事前预防与控制，把事故消灭在萌芽状态提升本质安全。

宁波市 2005 年～2006 年上半年 安全生产形势报告

一、2005 年以来全市安全生产总体情况

（一）去年以来安全生产事故情况。2005 年，全市共发生各类事故 8 282.5 起，死亡 1 073 人，受伤 6 063 人，直接经济损失5 435.7万元，同比分别下降 13.9%、11.6%、23.3%和 9.4%。其中，共发生一次死亡 3 人以上事故 6 起、死亡 20 人，同比分别减少 5 起、26 人，分别下降 45.5%和 56.5%。全年实现了省政府提出的“三个零增长”目标。今年 1～6 月，全市共上报各类安全生产事故 3 358 起，死亡 487 人，受伤 3 177 人，直接经济损失 1 833.6 万元，同比分别下降 16.6%、上升 0.6%、上升 22.9%、下降 28.9%。一次死亡 3 人以上重大事故发生 2 起。各项指标均在控制进度之内。

（二）安全生产行政执法监督情况。2005 年，全市安监部门共发出整改指令书 643 份，其中年内整改复查 460 起，余下的现已复查完毕；全年实施行政处罚 244 次，其中停产停业整顿 105 次，收缴罚款 411 万元；查处事故 103 起，结案 92 起，当年结案率为 93.88%；追究发生事故单位有关人员刑事责任 9 人，有 3 名政府机关工作人员受到行政处分。今年上半年，安全生产执法力度明显加强，执法检查企业 5 531 家，查处事故隐患 2 203 条，完成整改 2 172 条，经济处罚 107 次、罚款 259.38 万元，其中监督监察罚款占 57.6%；责令限期整改企业 255 家，责令停产停业整顿企业 31 家；行政处罚 126 次，处罚生产经营单位主要负责人 36 人（次）。

二、去年以来重点工作情况

（一）积极争取市领导对安全生产工作的重视和支持。市四套班子领导高度重视安全生产工作，分别主持召开不同形式的会议或在不同场合强调安全生产及其执法工作。今年 4 月份，市委召开了全市建设“平安宁波”暨社会治安综合治理工作会议，市领导就当前全市安全生产工作、特别是依法监管问题作了特别强调。6 月份，巴音朝鲁书记还专门为全市安全生产月活动题字“安全发展，国泰民安”，使全市安全监管人员深受鼓舞。

（二）安全生产地方性政策规范建设取得突破性进展。去年以来，我市在安全生产地方性政策规范建设方面取得了突破性进展。市政府出台了《关于进一步加强安全生产工作的决定》，全面提出了当前和今后一个较长时期内不断加强我市安全生产工作的目标任务和政策措施。与之配套的《宁波市安全生产事故报告和调查处理暂行规定》和《关于切实加强全市生产安全应急救援体系建设的意见》以及加强工矿商贸、道路交通、特种设备、建筑施工、交通运输、消防安全的意见等 8 个系列文件（简称安全生产“1+8”文件）也相继出台，初步形成了我市安全生产地方性政策规范体系，为我市安全生产工作走向制度化、规范化和法制化打下了良好基础。目前全市范围内初步形成了主次分明、衔接合理、专业较全、科学规范的应急救援体系。去年底，又出台了《宁波

市烟花爆竹零售经营管理暂行办法》，为进一步加强我市烟花爆竹安全管理工作打下了坚实的基础。此外，还编制完成了《宁波市安全生产“十一五”规划》，对“十一五”期间我市安全生产的目标任务等作了具体规划。

（三）《安全生产法》的宣传教育活动深入广泛。《安全生产法》颁布实施以来，我市逐步加大了安全生产法律法规的宣传教育力度，先后发放各类宣传资料100万余份，举办各类安全生产法律法规培训班500余期，组织了100万余人次参加省、市安全生产法律法规知识竞赛；每年组织安全生产月活动和安全生产法律法规咨询活动，推动了安全生产法律法规的宣传和普及。

（四）重点领域安全专项整治取得明显成效。依法开展安全生产专项整治是近年来的一项重点工作。2005年，先后开展了道路交通、消防、危险化学品、矿山和“三合一”企业等重点领域的安全专项整治，取得了明显效果，全年安全生产事故各项指标同比全面下降。今年以来针对道路交通事故和危化品安全事故等多发的势头，有关部门已部署在相关领域继续开展安全专项整治，力争把事故多发的势头降下来。

（五）安全生产依法监管力度不断加大。去年以来，除正常监管执法外，还在重大节日和高温、台风季节等特殊时段，由市政府或市安委会领导分头带队，组织全市性的安全生产大检查10次。检查组深入各有关重点行业、重点部位，对发现的事故隐患当场依法处置或责令限时整改，并事后跟踪询查结果，强化了企业经营管理者和员工的安全生产意识和法律法规观念。

（六）各类重大危险源监控不断加强。我市是华东地区重化工基地，重大危险源众多，安全设施比较薄弱，部分危险源的形成有复杂的历史原因，依法处置的难度较大。市政府有关部门从实际情况出发，切实加大对重大危险源的监控力度。市安监部门已对全市各类重大危险源进行了全面排摸，据初步统计，目前全市共有各种重大危险源500余个，仅镇海、北仑两地就有153个。目前各地、各有关部门对重大危险源的监控比较到位，监控责任落实到具体单位和人员，基本保证了重大危险源的安全。

（七）安全监管组织体系和责任体系不断完善。根据工作需要，成立了道路交通事故预防领导小组、防火安全委员会、海上搜救中心、森林防火指挥部等四个协调小组，全市安全监管机构设置和人员配备在去年上半年就已基本到位。全市145个乡镇（街道）已全部建立了安监站（所），市安全生产执法支队正在组建之中；有9个县（市）区已建立了人数不等的执法大队。

按照“谁主管、谁负责”和“属地管理”原则，全市各级、各方面层层签订安全生产责任书，明确了各级政府、政府有关部门、乡镇（街道）和企业等安全生产责任，建立起了四级安全生产责任体系。

（八）积极配合省市人大开展执法检查活动。今年省人大安全生产执法检查电视电话会议后，市政府领导召集有关部门专题研究迎接人大执法检查工作，明确要求全市各级各有关部门要高度重视、积极行动、精心部署，做好配合检查和自身被检工作，市政府及其有关部门领导参检55人次，参加检查人员11 021人次，被检查单位15 220家，发现事故隐患6 560条、整改隐患4 875条，发出整改指令书112份、整改情况复查意见书25份。

（九）全面启动并实施全员安全培训工作。市政府办公厅转发了《全员安全培训工程实施方案》，对整个全员培训工作进行了具体部署。编印下发了《从业人员安全常识读本》10万余册。制订了《关于进一步加强安全生产培训考核工作的意见》，对市、县（市）区两级安监部门在安全生产培训工作方面的职责作了具体明确。至6月底，全市已先期培训特种作业人员12 500余人，烟花爆竹经营人员3 551人。特别是对去年发生生产事故的66家企业法人代表进行安全生产知识集中强制培训，并由有关事故企业做典型案例剖析，取得了很好的效果。

（十）安全监管信息化系统建设稳步推进。依据安全监管业务应用系统的实际要求，确定了信息化网络平台的基本架构；重大危险源监管综合信息系统建设目前正在进行安装调试工作，不久能够实现网络普查申报、动态监管、事故应急救援等功能；开发出了企业安全生产基本信息、特种作业人员（烟花爆竹）资格培训、矿山管理、危化企业经营许可管理等一批业务应用系统；办公自动化系统已投入试用；危险化学品道路交通运输管理信息系统目前也正在积极建设当中。

三、存在的主要问题和原因分析

当前我市安全生产形势虽然总体上比较平稳，但我们也清醒地看到，由于基础和基层工作薄弱，安全生产仍然面临着许多亟待解决的矛盾和困难：

突出问题之一：落实企业的安全生产主体责任任重道远。

主要原因分析：一是有关企业安全生产管理机构和管理人员没有真正按要求落实到位，有的企业虽有安全监管机构和人员，但多是仅仅挂牌和人员兼职；二是我市中小企业量多面广，企业管理层尤其是主要负责人重生产、轻安全的现象比较普遍，少数企业有“以包代管”的现象，致使分包实体频频发生安全事故；三是企业管理人员和岗位操作人员安全法规意识淡薄，缺乏必要的安全生产知识，事故防范和应急处置能力低下；四是企业生产技术和设备落后，安全保障资金投入严重不足，缺乏必要的安全条件和设施。

突出问题之二：安全监管的手段和力度不强。

主要原因分析：一是安全监管力量不足，监管队伍素质和监管力量已不能满足日常监管工作需要；二是监管手段不强，目前的安全监管手段基本上还是传统方法，科技手段相对缺乏，信息化管理和重大危险源网络监控目前都处在起步阶段，技术监管人才和监管装备、资金缺口较大；三是监管力度不够，国家相关法律法规和规章对安全生产违法行为处罚的力度相对于我市的经济和社会发展水准来说明显偏轻，致使违法成本相对偏低，对事故责任人惩戒力度不够，达不到应有的处罚效果。

突出问题之三：从业人员安全法规和安全保护意识不强。

主要原因分析：一是有关人员参加教育培训的积极性不高；二是目前我市安全生产的社会教育和公益宣传力度还不够；三是教育培训经费缺口较大。

四、解决问题的措施和下一步工作打算

解决以上存在的突出问题，需要政府、企业和社会各方面共同努力，将采取以下几项措施：

（一）依法督促企业配齐配足安全生产管理机构和人员。各级政府及其有关监管部门将督促所有生产经营单位严格按照《安全生产法》规定，配齐配足安全生产管理机构和人员，尤其是矿山、建筑施工和危险物品生产、经营、储存、运输单位以及从业人员超过300人的其他企业，一定要设置安全生产管理机构，配备专职安全生产管理人员；其他生产经营单位，也要配备专职或者兼职的安全生产管理人员，或者聘请具有国家规定的相关专业技术资格的工程技术人员提供安全生产管理服务。市政府将在年内适当时候组织专项督查组，对县（市）区政府（管委会）和市级有关部门督促企业贯彻落实《安全生产法》情况再一次进行专项督查，对没有达到规定要求的，要追究政府（管委会）和有关部门“一把手”及分管领导的责任。

（二）采取有效手段落实企业的安全生产主体责任。采取“宣传、制度、查处”并重的原则，

把企业的主体责任真正落实下去：一是进一步加大安全生产法律法规的宣传力度和企业人员的培训教育力度，强化企业安全生产主体责任意识，使企业主自觉加大安全投入和安全管理力度，自觉加强对企业员工的安全培训。今明两年我市将按照省安监部门的统一安排，进行200万人的全员安全培训；二是通过政府挂牌、媒体曝光等形式，加大社会公众对事故隐患的知情度和监督权，从而促使企业自觉加大对事故隐患整改的力度。同时市政府或有关部门将在适当时候出台文件，将工商保险费率与企业安全生产状况挂钩，以鼓励企业自觉提高安全生产水平；三是进一步加大事故查处的力度，在有关法律法规规定的幅度内从严从重处罚，包括对事故企业负责人的行政追究和经济处罚，以强化企业的主体责任意识，实现被监管对象“不想违法”、“不能违法”和“不敢违法”。

（三）进一步提高监管部门工作人员依法监管水平。一是不断探索依法监管的新方法，下一步将首先在制度上规范，严格实行安全生产许可证制度，严把安全生产准入关，把对企业安全监管的关口前移，加强源头管理。同时在试点的基础上，逐步推进企业安全管理标准化工作；二是对涉及多个监管部门职责、单个部门执法有难度的执法事项，采取政府牵头、多个部门联合执法的形式，解决执法难或推诿扯皮的问题。同时，各有关部门之间要建立有效的联合协调机制和安全信息资源共享平台，提高执法效能；三是试行在事故隐患排查阶段进行执法处罚，以防止或减少更大事故的发生；四是不断提高安全监管工作人员依法行政的能力。特别是安监、公安、建设、交通、质监和海洋渔业等重点安全生产监管部门，要采取一切可能的措施，进一步提高监管人员的行政能力、政策水平、法规水平和专业水平，真正做到执法程序合法、适用法规准确、执法手续完备。

青岛市2005年～2006年上半年安全生产形势报告

2005年以来，青岛市安全生产工作在国家和省委、省政府的正确领导下，认真贯彻落实以人为本的科学发展观，坚持科学发展和“安全第一、预防为主、综合治理”的方针，突出重点，加强监管，落实责任，有效地遏制了重特大事故的发生，全市安全生产形势持续稳定好转。

2005年，全市共发生各类安全事故9 058起，死亡838人，伤6 652人，直接经济损失3 837.85万元。与上年同期相比，分别下降了21.93%、19.88%、4.18%、9.76%，没有发生特大事故。各项指标均低于省政府给我市下达的控制指标，创五年来青岛市最好水平。

2006年上半年，全市发生各类安全生产事故3 564起，死亡387人，伤2 798人，直接经济损失1 575.63万元。同比分别下降25.22%、5.61%、17.49%和3.71%。事故死亡总人数控制在省政府下达给我市的控制指标以内。其中，道路交通和消防火灾事故呈平稳下降趋势。但重大安全生产事故呈上升态势。

一、2005年以来主要工作情况

（一）抓机构建设，健全安全监管网络。在2004年8月市安监局升格为市政府工作部门后，按照市委市政府的要求，各区市积极推进区、市“三级机构、四级网络”建设，市安监局多次研究，并起草了《青岛市乡镇人民政府、街道办事处安全生产管理工作规范》上报给市政府，市政府主要领导非常重视，专门作出批示。目前，12区（市）安监局已经全部升格为政府组成部门，并全部成立了监察大队，青岛保税区也成立了安监局。全市173个乡镇办事处大部分设立了安监机构，有专职和兼职安监人员400多人，安全生产监管网络不断完善。

（二）抓目标责任考核，落实各级安全生产责任制。抓安全生产，责任落实是关键。我们不断强化政府、部门和企业的安全责任，并根据实际，不断调整安委会成员单位和被考核单位。2005年，我们与102个被考核单位签定了安全生产责任书，提出了“双下降”工作目标（事故起数下降到万起以下，死亡人数下降到千人以下），市政府制定下发了《安全生产目标责任考核办法》和《考核细则》。2006年，我们与104个被考核单位签定了责任书，按照每月一通报、每季一分析、半年、年度考核的方法，强化日常督查，督促责任落实，半年考核情况良好。

（三）狠抓“双基”工作，夯实安全生产工作基础。2005年，我们推出了127家非公有制企业“双基”工作试点，年底又对24个国有市直企业，185家改制为非公有制企业中小企业实行属地管理。参照世界卫生组织（WHO）创建标准，我们开展了“安全社区”创建活动，“安全社区”创建活动由点到面，逐步展开，由2005年的市内四区8个试点单位，发展到今年的12区市125个重点培育单位，“安全社区”创建活动与非公有制企业“双基”工作形成了“面”“点”互促机制。

（四）抓重点企业和重大危险源监控，防止重特大事故发生。组织专家排查出全市1 985处重大危险源，针对不同特点，制定实施了监控方案8个，审定企业监控方案20个，确定21个项目为重大危险源监控试点单位，投入300万元监控资金，完善监控设施，加强监控力度。

（五）抓重大安全隐患排查整改，大力消除各类事故隐患。我们充分发挥安委会办公室的综合协调作用，组织各部门齐抓共管，形成工作合力。2005年，我们对黄岛石化工业区的安全监管等六大公共安全问题进行了专题调研，得到市领导的高度重视。今年上半年，我们组织开展了重大安全隐患百日集中整治联手大行动，公布了全市十大安全隐患，实行领导包案，跟踪督查。全市共排查治理各类安全隐患20 000余项，其中重大（较大）隐患500余项，投入整改资金8 000余万元，为创建“平安青岛”、“和谐青岛”，创造了良好的安全环境。

（六）抓群众监督，实行安全隐患举报制度。下发实施了《青岛市安全隐患举报查处奖励试行办法》，向社会公布了举报电话和电子信箱。对群众举报的安全事故隐患和违法行为，按照工作规则，督促有关部门认真查处，并给予举报人100～10 000元不等的奖励。自去年以来，收到举报和安全咨询4 000多件，下发督办通知书360多件，排查整改隐患240多件，隐患整改奖励资金（仅截至2005年年底）发放近20万元。

（七）抓行政许可和执法工作，严肃查处安全生产违法行为。认真贯彻落实《安全生产许可证条例》，严把安全生产许可证的受理和初审关口，共受理非煤矿山企业申请681家，已发证659家；受理危化品生产企业申请196家，已发证138家；烟花爆竹企业发证2家，危化品经营许可证累计发放1 430家。通过严把发证审验关口，提高了从事危险行业的准入门槛，从源头上加强了安全监管力度。全市各级执法机构开展了多层面、多种形式的执法检查监督活动，共检查企业上千家，检查隐患3 000余项，下达隐患整改通知书1 700多份，对800多家企业进行了处罚，罚款近百万元，责令停产关闭企业120多家，有力地震慑了安全生产违法行为。

（八）抓应急演练，提高安全生产事故应急救援能力。青岛市政府十分重视应急预案的制定和演练工作，各有关部门和企业均开展了应急预案演练。2005年，我们市级19项应急救援预案相继组织了演练。在地震次生灾害演练中，危险化学品、燃气和海上救助等三项演练，得到国家、省有关部门的高度评价。非煤矿山、烟花爆竹、危险化学品均演练1～2遍。今年，我们汇编了《青岛市安全生产事故应急救援预案演练选编》，指导基层开展演练工作，并下发了《关于进一步加强安全生产事故应急救援体系建设和预案演练工作的通知》，要求预案演练沉到基层，争取全市所有企业、学校、商场、医院应急预案都演练一遍。目前全市学校、幼儿园、商场、市场、街道、中小企业、医院等上报应急救援预案演练278项，60%进行了演练。

（九）抓宣传教育，加强安全文化建设。先后组织开展了“安全生产岛城行”和“安全生产月”等多项活动，印发了《实用安全生产管理教程》、《市民安全生产常识手册》、《外来务工人员安全常识手册》和夏耕市长《关爱生命关注安全—给全市市民一封信》，制作“关爱生命，关注安全”大型广告宣传牌14块；举办了“安全与发展”论坛、2006中国（青岛）安全发展年会暨第二届“安全、责任、文化、传播”论坛、“首届青岛（国际）安全生产新技术装备展览会”等多项活动。组织对高危行业进行全员培训，并实行“五个一”培训工程（即培训100名安全监察人员，1 000名乡镇办事处分管领导、村长和安管人员，10 000名企业主要负责人和安全管理人员，10 000名特种作业人员，10万名企业从业人员），收效良好。

（十）抓防范督查，切实加大重点领域专项整治和大检查工作力度。根据国家和省委省政府的工作要求，结合青岛实际，制定了10项专项整治方案，先后组织开展了道路交通、海洋渔业、危险化学品、非煤矿山、液化石油气经营市场等专项整治。每逢春节、五一和十一黄金周等重大节庆和防台风等特殊时期，市安委会高度重视，通过下发通知、召开电视会议、组织大检查等形式，把安全预防措施落实到实处，确保重大节日和特殊时期全市安全生产形势稳定。

虽然我市安全生产工作取得了一定成绩，但安全生产工作也存在不少问题：

一是重大事故还没有得到有效遏制，海洋渔业、道路交通等重点行业领域事故不断上升，安全形势十分严峻。今年1～6月份，全市共发生一次死亡3～9人的各类重大安全事故15起，死亡62人。其中，道路交通事故11起，死亡43人；重大渔业海损事故3起，死亡（失踪）13人；海上交通事故1起，死亡（失踪）6人。与去年同期相比，重大事故总数增加10起，上升200%；死亡人数增加45人，上升264%。

二是我市安全生产监管对象点多、面广，企业生产规模小、安全投入少、事故隐患多。据初步统计，我市基层重大隐患就有5 000多项，这给我们安全生产工作带来了很大压力。

三是安全生产监督管理的基本框架已经形成，但由于安监部门成立时间晚，各项工作尚处于起步阶段，特别是涉及多个部门的综合监管和重大隐患整改工作，综合协调有难度，在部门间互通情况、联合执法、及时研究协调解决问题方面需要加强。

四是在乡镇、街道一级，人员不足、业务不熟、经费不足、装备落后的现象比较突出，影响了安全生产工作的顺利开展。

三、下一步工作打算

一是继续抓好全市重大安全隐患的整改。坚持领导包干督查制度，要一抓到底，抓出成效，使重大安全隐患得到彻底整改。同时，按照下发的重大安全隐患排查整治工作规则要求，继续抓好道路交通、危险化学品、非煤矿山、烟花爆竹等重点行业领域重大隐患的排查整治，力争再公布一批、消灭一批。

二是抓好基层和基础工作。出台青岛市“安全社区”创建标准和实施方案，组织各区市结合各自实际，制定本地创建标准和实施方案，并抓好实施，年底准备授牌。结合下半年《青岛市乡镇人民政府、街道办事处安全生产管理工作规范》的出台，抓好基层安监机构、队伍的建设，并考虑对乡镇、街道研究具体可行的考核办法。

四是抓好非煤矿山、危险化学品、烟花爆竹等高危行业的安全监管。非煤矿山要继续推进安全标准化工作，做好已关闭的未申请安全生产许可证企业的监管工作，重点落实省非煤矿山实施关闭标准，加强对已取证矿山的动态监管。危险化学品在抓好液氯、液氨安全监管的同时，认真做好国家和省局近期部署的非药品类易制毒化学品许可管理、危化品登记、包装物和容器生产企业定点审查、危化品经营许可证换证等工作，开展好以道路运输为重点的危化品安全专项整治。烟花爆竹要建立起市政府有关部门参加的工作协调机制，学习北京经验，全面安排好明年春节烟花爆竹零售监管工作。

五是加大执法力度，严肃事故查处。坚持日常检查与重点检查相结合、现场检查与调查询问相结合，检查重点企业制度落实情况，抓好建筑装饰用品、棉花仓储企业等专项整治，对检查中发现的安全隐患，督促责任单位及时整改消除。坚决纠正和查处安全生产违法违章行为，并按照“四不放过”的原则，查清事故原因，分清事故责任，依法严肃追究有关人员的责任。

六是继续开展培训“五个一”工程。召开全员培训现场会，推广全员培训工作经验。实施“科技兴安”战略，引导企业加快技术进步、加大安全投入，鼓励企业开展安全科技创新，提高企业安全生产管理的技术水平，同时对社会中介机构的活动进行有效监督。

深圳市 2005 年～2006 年上半年安全生产形势报告

一、2005 年全市各类事故累计情况

1 至 12 月份，我市累计发生道路交通、工矿商贸类企业、火灾等安全事故 10 434 起，死亡 1 114人，受伤 8 940 人，直接经济损失 4 932.47 万元。其中道路交通死亡 971 人，工矿商贸类企业死亡 114 人、火灾死亡 29 人；累计发生重、特大安全事故 12 起，其中特大交通事故 1 起、重大交通事故 5 起、重大火灾事故 5 起、重大工矿商贸类企业生产安全事故 1 起。与去年同期相比，事故起数下降 8.48%，死亡人数下降 11.24%，受伤人数下降 21%，直接经济损失下降 15.3%。

（一）道路交通。1 至 12 月份全市累计发生道路交通事故 7 105 起，死亡 971 人，受伤 8 598 人，直接经济损失 4 443.21 万元，发生 1 起特大事故，5 起重大事故。与去年相比，事故起数下降 24.96%，死亡人数下降 13.61%，受伤人数下降 21.97%，直接经济损失下降 21.18%。

（二）工矿商贸类企业。1 至 12 月份全市累计发生工矿商贸类企业安全事故 386 起，死亡 114 人，受伤 304 人，发生 1 起重大事故。与去年相比，事故起数上升 10.29%，死亡人数上升 1.79%，受伤人数上升 15.59%。

（三）火灾。1 至 12 月份全市累计发生火灾事故 2 943 起，死亡 29 人，受伤 38 人，直接经济损失 489.26 万元，发生 5 起重大事故。与去年相比，事故起数上升 85.91%，死亡人数上升 52.63%，受伤人数上升 8.57%，直接经济损失上升 162.2%。森林火灾累计发生 2 起，造成 3 人受伤，受害森林面积 25.5 亩，直接经济损失 58 万元。

（四）水上交通。水上交通事故累计发生 3 起，死亡 3 人，直接经济损失 150 万元。

二、2005 年全市各类安全事故的主要特点

（一）全市各类事故情况相对平稳，各项指标与去年同比均有所下降。1 至 12 月份各类事故起数同比减少 967 起，死亡人数同比减少 141 人，受伤人数同比减少 2 377 人，直接经济损失同比减少 891.24 万元。

（二）道路交通事故总量大，事故各项指标与去年同比下降幅度较大。1 至 12 月份道路交通事故起数占各类事故总起数的 68.09%，同比减少 2 363 起，死亡人数占 87.16%，同比减少 153 人，受伤人数占 96.17%，同比减少 2 421 人，直接经济损失占 90.08%，同比减少 1 193.9 万元。

（三）工矿商贸类企业生产安全事故各项指标均呈上升趋势。1 至 12 月份，工矿商贸类企业生产安全事故死亡人数与去年同期相比上升 2 人，事故起数上升 36 起，受伤人数上升 41 人。

（四）火灾事故各项指标与去年比较呈较大幅度上升。1 至 12 月份火灾事故起数同比增多 1 360 起，死亡人数同比增多 10 人，受伤人数同比增多 3 人，直接经济损失同比增多 302.66 万元。

（五）亿元国内生产总值死亡率。2005 年一～三季度全市国内生产总值 2 993.23 亿元，各类

安全事故死亡总人数 845 人，计算出一～三季度亿元国内生产总值死亡率为 0.28 人/亿元。

三、2006 年上半年全市各类事故累计情况

上半年，我市累计发生道路交通、工矿商贸类企业、火灾等安全事故 3 663 起，死亡 518 人，受伤 3 784 人，直接经济损失 2 237.6 万元。其中道路交通死亡 466 人，工矿商贸类企业死亡 51 人、火灾死亡 1 人。与去年同期相比，事故起数下降 37.95%，死亡人数下降 2.63%，受伤人数下降 22.51%，直接经济损失下降 12.33%。

（一）道路交通。上半年全市累计发生道路交通事故 2 862 起，死亡 466 人，受伤 3 656 人，直接经济损失 2 016.47 万元。与去年同期相比，事故起数下降 26.88%，死亡人数下降 2.71%，受伤人数下降 22.00%，直接经济损失下降 14.06%。

（二）工矿商贸类企业。上半年全市累计发生工矿商贸类企业安全事故 146 起，死亡 51 人，受伤 110 人。与去年同期相比，事故起数下降 27%，死亡人数上升 24.39%，受伤人数下降 38.55%。

（三）火灾。上半年全市累计发生火灾事故 655 起，死亡 1 人，受伤 18 人，直接经济损失 221.13 万元。与去年同期相比，事故起数下降 63.39%，死亡人数下降 91.67%，受伤人数上升 5.88%，直接经济损失上升 7.41%。

（四）重、特大事故情况。上半年共发生 3 起重大道路交通事故，共造成 17 人死亡、7 人受伤。没有发生特大事故。

2006 年 1 月 25 日，惠盐高速公路深圳往惠州方向 34 公里处，发生一起重大道路交通事故，造成 8 人死亡、4 人受伤。

2006 年 2 月 24 日，深圳光明农场与黄江镇交界路段发生一起重大道路交通事故，造成 4 人死亡、3 人受伤。

2006 年 3 月 5 日，布澜路清湖供气站路段发生一起重大道路交通事故，造成 5 人死亡。

四、上半年全市各类安全事故的主要特点

上半年，全市安全生产形势总体稳定。主要表现出“四个下降、一个稳定”的特点，也存在一些不足之处，必须予以高度重视：

（一）全市各类事故情况相对平稳，四项指标与去年同比均有所下降。上半年各类事故起数同比减少 2 240 起，死亡人数同比减少 14 人，受伤人数同比减少 1 099 人，直接经济损失同比减少 314.63 万元。道路交通事故的四项指标呈较大幅度下降，没有发生特大事故，形势持续好转，总体形势稳中有降。

（二）火灾事故起数和死亡人数大幅度下降。今年以来，消防安全生产形势继续好转，上半年共发生火灾事故 655 起，少发生 1134 起，下降了 63.39%；死亡 1 人，同比少了 11 人，下降了 91.67%。

（三）工矿商贸企业事故起数和受伤人数总体下降。今年以来，全市工矿企业安全生产形势继续好转，事故起数和受伤人数等两项指标全面下降。上半年共发生事故 146 起，少发生 54 起，下降了 27%；受伤 110 人，同比少了 69 人，下降了 38.55%。

（四）部分行业和领域伤亡事故下降。上半年，全市铁路交通、特种设备等行业和领域伤亡事故总量有所下降。其中，铁路交通、特种设备和交通等行业和领域事故下降幅度较大，死亡人数同比分别下降了 100%和 75%。

（五）大部分地区安全生产形势较为稳定。从控制指标完成的情况看，大部分地区安全生产形势

比较稳定。在工矿商贸企业事故方面,全市有4个区上半年生产安全事故在控制指标进度内,6个区工矿商贸企业均没有发生一次死亡3人以上的重大事故;有2个区完成了道路交通事故半年控制指标。

（六）工矿商贸企业死亡人数增幅较大。上半年工矿商贸企业死亡事故呈现多发态势，在制造业、建筑施工行业、交通运输业、船舶修理业、批发零售业、住宿和餐饮业、房地产业、社会服务业等行业均有发生，虽未发生重大事故，总数也在事故控制指标进度内，但与去年同期相比，死亡人数上升幅度较大，工矿商贸企业共死亡51人，比去年同期多了10人，上升了24.39％；其中建筑施工行业死亡人数在工矿商贸企业事故中所占的权重较大，上半年建筑施工行业死亡15人，比去年同期多了2人，上升了15.38％。

（七）部分地区和行业没有完成上半年事故控制指标。在道路交通方面，有四个区上半年突破道路交通事故控制指标进度，其中，罗湖区死亡21人，占全年控制指标总数的60％；盐田区死亡7人，占全年控制指标总数的53.85％；龙岗区死亡169人，占全年控制指标总数的51.52％；福田区死亡39人，占全年控制指标总数的50.65％。在工矿商贸企业方面，罗湖、南山等两个区上半年突破控制指标进度，死亡人数分别占全年控制指标总数的100％、80％；建筑施工行业上半年突破控制指标进度，死亡人数占全年控制指标的68.18％。

五、下一步工作措施

（一）增强责任意识，严防各类事故的发生。各区、各部门要高度重视，深刻认识当前安全生产的严峻态势，加强“三个认识”（安全责任来源于党性的认识、安全责任重于泰山的认识、安全责任贵在落实的认识），加强“三个到位”（领导到位、工作到位、资源到位），做到“三个力求”（工作求实、措施求细、执法求严），实现“三个力戒”（力戒盲目乐观、力戒疲劳厌战、力戒形式主义），确保“三个落实”（落实责任制、落实责任人、落实责任追究），真正做到安全管理“够威、够硬、够严、够细”，采取铁腕措施，永不言胜、长抓不懈、警钟长鸣，以一万的努力防止万一的发生，严密防范各类事故的发生。

（二）突出重点，加强监管。重点加强节日安全、消防火灾、道路交通、建筑施工、危险化学品、烟花爆竹、民用爆炸物品、特种设备、燃气安全、旅游安全，森林防火等方面的安全监管，确保全市安全生产工作继续平稳发展。

（三）加强宣传教育，提高安全意识。重点宣传普及自防、自救、互救和逃生等安全知识和常识，努力提高群众日常安全意识，营造良好的安全氛围。

（四）从严执法，严惩责任事故单位，落实企业主体责任。2005年，工矿商贸类企业生产安全事故死亡114人，按事故原因分析，“设备设施工具附件有缺陷、安全设施缺少或有缺陷、生产场所环境不良、个人防护用品缺少或有缺陷”等安全生产条件不足造成的死亡人数为76人，约占70％；“违反操作规程或劳动纪律”等人为因素造成的死亡人数为26人，约占30％。企业是安全生产的责任主体，开展生产经营活动必须具备安全生产条件，企业主体责任不落实是造成安全事故的根本。安全监管执法部门要从严执法，加大责任追究和行政（刑事）处罚力度。对无视法律、无视监管、无视生命，甚至抗拒执法，违法生产造成事故的要依法严惩，要让非法追逐利润造成重大伤亡事故的非法经营者倾家荡产；对不具备安全生产条件、不符合资质的生产经营单位，该关闭的要坚决关闭，该清出的要坚决清出，真正起到警示和震慑作用。

大连市2005年～2006年上半年安全生产形势报告

一、各类事故情况

2005年，全市共发生各类事故4 072起，死亡737人，同比分别下降40.3%和0.14%。其中工矿商贸单位发生事故77起，死亡81人，同比分别下降19.8%和2.4%；发生火灾事故1 453起，死亡16人，同比分别下降47.4%和38.5%；发生道路交通事故2 394起，死亡474人，同比分别下降38.1%和13.3%；发生渔业事故25起，死亡或失踪72人，同比分别上升212%和279%；发生铁路路外交通事故122起，死亡73人，同比分别上升38.6%和15.9%，其中铁路道口事故29起，死亡7人，同比分别上升123%和75%；发生水上交通事故1起，死亡21人，2004年水上交通无死亡事故。

2006年上半年，全市发生各类事故1 676起，死亡192人，同比分别下降22%和28.6%。其中工矿商贸企业生产事故24起，死亡29人，同比事故起数下降17.2%，死亡人数上升11.5%；火灾事故776起，死亡6人，同比分别下降5.3%和25%；道路交通事故840起，死亡118人，同比分别下降32.8%和25%；海上渔业生产事故9起，死亡（失踪）21人，同比分别下降40%和54%；铁路路外交通事故27起，死亡18人，同比分别下降44%和42%，其中铁路道口交通事故2起，同比下降83%，无死亡。海上运输没有发生事故。

二、安全监管工作情况

（一）*建章立制，加强安全生产法规建设。*根据《安全生产法》和国家、省有关文件精神，大连市先后制定了《市政府关于进一步加强安全生产工作的决定》、《大连市有关部门安全生产职责》、《大连市安全生产专项资金管理暂行办法》、《大连市安全生产事故报告制度》、《加强中央、省属驻连企业和市属企业安全生产工作的通知》、《危险化学品管理规定》等一系列规范性文件，制订了《大连市安全生产“十一五”规划》。通过完善法律建设，规范了政府安全生产监管工作和企业安全生产行为。

（二）*健全机构，完善安全生产监管体系。*继2004年市安监局组建为市政府组成部门后，2006年市政府又决定增加市安监局的内部机构和编制人员。市安监局已从原来的5个处室增加到8个，编制从46人增加到54人，成立了市安全生产监察支队（对内称执法处）。各区市县安监部门也都建立了独立安监机构，并将筹建安全生产监察大队。队伍建设为安全生产监管工作提供了组织保障。

（三）*严格奖惩，落实安全生产责任。*市政府每年召开全市安全生产工作会议，层层签订责任状，将各项安全生产控制指标分解到各区市县、各部门和各企事业单位，对安全生产实行目标管理，通过加强过程督查、年终考核和严格奖惩，强化各级政府的安全生产监管主体和企业的安全生产责任主体，切实落实政府行政首长和企业法定代表人两个负责制。

（四）增加投入，提高安全生产保障能力。实现安全发展，必须有实实在在的安全投入。2005年市政府设立5 000万安全生产专项资金，对企业的安全项目投入实施补贴政策，引导、鼓励企业加大安全投入，弥补安全欠账，整改事故隐患，增加安全设施，改善生产环境，切实提高安全保障能力。从2006年起市政府将安全生产专项资金改为安全生产与城市安全专项资金，规模增加到1亿，用于安全生产专项补贴和公共安全隐患治理，仅上半年就投入1 000多万元治理公共安全隐患。市政府还将设立安全生产专项资金作为年终对区市县政府目标考核的一个主要内容，目前各区市县也都设立了专项资金。

（五）未雨绸缪，提高应急救援能力。根据全国应急管理工作会议精神，大连市成立了突发事件应急委员会，建立了市级突发事件的应急指挥中心。各职能部门也相应设立了应急指挥机构，制定了应急预案并定期演练。基于大连市石油化工企业、危险化学品企业较多的特点，市政府决定搞一次市级危险化学品应急救援演练，以此检验应急预案的效果，总结经验教训，进一步完善应急预案。

（六）认真检查，加大事故隐患整改力度。全市坚持以防止重特大事故为重点，适时和有重点地开展了全市性安全生产大检查，2005年开展全市性安全生产大检查4次，专项检查多次。组织开展了全市性“排查整治事故隐患百日会战”活动，排查整改事故隐患1万多项。

2006上半年各级安监、公安、交通、港口口岸、建筑、消防、渔业部门密切配合，切实履行职责，深入开展了危险化学品、非煤矿山、烟花爆竹和民爆器材、公众聚集场所消防、建筑、道路和水上交通、渔业等安全生产专项整治，消除了大量事故隐患。仅“5·1”前后开展的为期一个多月的全市性安全生产大检查，就检查单位32 402家，检查车辆5 730台次，发现各类事故隐患20 780项，整改事故隐患14 759项。

（七）加强宣传，提高安全生产意识。市政府高度重视安全生产的宣传工作，采取多种形式宣传安全生产法和安全生产知识。如设立安全讲坛，多次邀请国家安全生产总局的领导和有关专家来连作报告，分析安全生产形势。市政府主要领导每年都发表电视讲话，号召全社会关注安全生产。开展“安全生产月”宣传活动，大张旗鼓地宣传《安全生产法》，普及安全生产法律知识，“关注安全、关爱生命”的社会氛围正逐渐形成。

（八）严格执法，打击安全生产违法行为。严格执行安全生产许可证制度，从源头控制不符合安全生产条件的企业。2005年以来，依法关闭危险化学品生产企业8家，依法关闭烟花爆竹生产企业2家，撤销烟花爆竹销售网点500多个，依法关闭非煤矿山企业57家。

依法查处安全责任事故，严肃追究和处理事故责任人。2005年共处理106个事故责任单位的247名责任人，其中行政处分22人（开除厂籍2人，行政撤职2人，记大过2人，记过8人，警告8人），经济罚款225人，共罚款197万元。

三、存在的主要问题

（一）“严格不起来，落实不下去”的问题仍然突出。基层安监机构（尤其是乡镇街道机构）不建立，人员不稳定，素质不高，监管装备落后，导致抓安全工作的力度逐级递减。

（二）基础薄弱制约安全生产状况好转。长期投入不足，欠账较多，企业安全生产设施设备落后，隐患重重。随着城市化进程加快，一些原来位于郊区的工业危险设施，逐渐被包围在繁华闹市中，成为威胁公共安全的重大隐患。一些建设项目不进行“三同时”审核，形成新的事故隐患。

（三）一些行业管理不到位影响安全生产。许多建筑工地安全管理极其混乱，安全管理规章制度和操作规程形同虚设，职工安全意识淡薄，违章指挥、违章作业现象极其严重，造成事故频发。

（四）企业安管人员待遇低，工作积极性不高。许多企业负责人不重视安全生产工作，配置安管人员比较随意，不给安管人员应有的待遇，责任、义务和权利不匹配，致使安管人员不安于本职工作，优秀安管人才流失现象严重。

四、下一步工作安排

今后，我们将继续紧紧围绕“努力减少一般事故，全力遏制重大事故，坚决杜绝特大事故”的总体目标，全面贯彻实施《安全生产法》，围绕“加强十个体系建设”，致力于建立安全生产长效机制，确保安全生产形势进一步稳定好转，努力建设本质安全型企业和安全保障性社会。

（一）加强法规体系建设。是实现依法监管、依法规范企业安全生产管理的基础。要严格贯彻落实《安全生产法》和《市政府关于进一步加强安全生产工作的决定》，制定和出台符合大连实际，有利于提高我市安全生产管理水平，有利于严格执法的相关配套法规、制度。要尽快出台《大连市安全生产监察规定》，保证《大连市安全生产管理条例》列入立法计划。为强化对非公有制企业安全监管工作，出台《大连市非公有制企业安全生产监督管理办法》，《大连市乡镇街道安全生产巡查实施办法》和《企业安全生产监督检查标准》。这些地方性法规文件的制定出台，对企业自身如何抓好安全生产工作，安监部门如何加强对企业安全生产依法监督检查具有很现实的指导作用。

（二）加强监管组织体系建设。各级政府设立的安全生产监督管理机构，是依法对企业实施安全监管的职能部门。继续做好市、县两级安全生产监管机构建设，年内必须做到编制、人员到位。在全市乡镇、街道建立安监站（科），通过区市县政府委托方式，承担辖区内安全生产部分监管职能。社区和村委会也要相应配备安全生产专职、兼职人员，加强对辖区内安全生产的监督管理。在全市形成安全生产“三级监管”、“四级网络”，做到安全监管纵向到底、横向到边。

（三）加强安全生产责任体系建设。责任不到位是安全事故多发的一个重要原因，要继续研究探索建立科学的安全生产指标控制体系，加强督查和检查，强化各级政府的安全生产监管主体和企业的安全生产责任主体，切实落实政府行政首长和企业法定代表人两个负责制。

（四）加强预防监控体系建设。利用现代网络技术，大力加强安全生产信息化建设，建成市与区市县、重点企业互联重大危险源监控网络，适时监控重大危险源动态变化，提高重特大事故预警能力。

（五）加强应急救援体系建设。按照“合理设置机构，整合公共资源，优化救助机制，确保高效运行”的工作思路，建立健全应急管理制度，形成统一指挥、功能齐全、反应灵敏、运转高效的应急机制。确保一旦出现突发事件，各地区、各部门能够有效组织、快速的反应、成功处置。

（六）加强安全质量标准化体系建设。安全质量标准化是加强“双基”工作的基本途径。推进安全生产标准化工作，有利于促进企业自觉贯彻执行国家安全生产法律法规，建立自我约束机制，落实安全生产主体责任，提高本质管理水平。要力争市级企业60％达标，每个区市县至少两家企业达标。

（七）加强基础设施体系建设。要按照国家安监总局《关于加强各级安全生产监督管理机构装备配置工作的通知》的要求，高度重视监管装备配置工作。市政府将从安全生产与城市安全专项资金中安排一定数量的资金，用于安全监管装备的配置、补充与更新，切实提高安全生产监管能力。

（八）加强社会中介服务体系建设。要积极扶持安全生产中介机构的发展。大力开展安全评价、隐患评估、检测检验、安全生产培训及为企业提供安全生产咨询等方面的工作。

建立中介服务救援制度。对那些经济效益差，无力支付安全生产中介服务费又确需安全服务的企业，提供减费或免费服务，由市、县安全生产专项资金进行补贴。

（九）加强执法监察体系建设。市级安全生产监察支队框架已经搭好，下一步要做好区市县监察大队的组建工作，有条件的乡镇街道还要组建监察中队，从企业招聘具有丰富安全生产工作经验的同志充实到各级监察队伍，实行专家型监察。各级监察队伍要认真抓好新录用人员的业务培训工作，强化依法行政观念，努力建立一支政治坚定、业务精通、作风过硬的监察执法队伍。加大执法力度，严厉处罚安全生产违法行为，严肃查处安全生产事故。

（十）加强宣传教育培训体系建设。加快安全生产培训基础设施建设，建立市安全生产培训考核中心，提升安全培训资质。采取考培分离措施，进一步规范培训市场，切实提高培训质量。

要创新工作机制，改进方式方法，增强安全生产宣传教育的针对性和实效性，为加强安全生产工作提供强有力的思想保障、精神动力和舆论支持。组建市宣教中心，完善市局网站，着手建立覆盖全市的安全生产宣教体系和网络。同时加强与各类媒体的沟通和协作，充分发挥各类媒体的舆论宣传、舆论监督作用。

第四部分

中央企业安全生产工作概述

中国兵器装备集团公司
2005年～2006年上半年安全生产形势报告

2005年～2006年上半年，中国兵器装备集团公司及所属企事业单位以“争创一流，敢为人先”为工作理念，以进一步健全完善安全生产责任制为基础，以狠抓“反三违”为切入点，以重点企业安全生产专项整治为目标，把确保广大职工生命健康和国家财产安全作为工作的源动力，积极开展各项工作，取得了明显成效。2005年及2006年上半年共发生3起重伤事故、重伤三人，死亡事故为零，创立了兵器装备集团公司成立以来安全生产最好水平。

一、主要工作情况及工作经验

（一）*确立更高目标，竭尽全力抓好安全生产工作。*从2005年以来，由于重点企业生产任务比历年都要繁重，出现了危险物品的超量生产和储存的问题，而且，有许多企业处于关闭破产的过程中，使安全生产的管理难度加大，事故风险也明显增大。在这种比较严峻的形势下，我集团公司党组站在讲政治的高度，在安委会会议上明确提出了“进一步提高认识、强化责任制、对重点企业重点监控治理”的工作方针，制定了明确的工作目标：杜绝重特大事故、大幅度降低一般事故起数。我集团公司总经理、安委会主任徐斌同志在2006年的安委会上提出：要以铁的工作制度，铁的工作队伍，铁的工作纪律抓好安全生产工作。

（二）*深入开展重点企业的安全生产专项整治工作。*根据集团公司安委会会议的决定，针对重点企业订货任务大增，安全生产条件不足，部分企业外部安全距离不够、科研任务和生产交叉、超量生产、超量储存的问题突出等情况，我们着力进行了重点企业的安全生产专项整治工作。

1. 深入企业调研，掌握实际情况。2005年一季度，深入重点企业进行了多次调研和座谈，对现存的安全问题进行深入全面分析，以书面报告向集团公司领导汇报，集团公司领导做出了重要指示，要求增派安全监督力量，协助企业落实整改措施，对重大问题要深入一线解决。这一指示得到了迅速贯彻执行，特别对严重不具备安全生产条件的个别企业，坚决要求其停止生产，不论生产任务是否紧急，必须立即整改严重的安全问题，完成整改并符合要求后才允许恢复生产。

2. 制定符合实际的工作方案。为此，我们制定了《中国兵器装备集团公司重点企事业单位安全生产专项整治工作方案》，明确了专项整治工作的指导思想、工作目标、整治范围、重点内容、具体安排、组织机构和工作要求，并成立了专项整治专家巡查组。各所属有关企业也制定了自查整治方案，切实落实了责任，认真做好了自查工作，积极配合专家巡查组开展工作。

3. 现场动员，积极推进。我们在某一重点企业召开了专项整治工作启动暨动员会，要求企业积极贯彻集团公司领导的指示精神，把专项整治工作落到企业安全工作的实处，引起了企业的强烈反响。

4. 专家巡查，形成体系。为适应专项整治工作的需要，抽调了一批理论功底扎实、工作经验丰富的专家，组成四个专家巡查组，按照安全规范和标准进行检查，如实记录，并形成书面报告。

5. 坚持“三查”，严格规范。在专项整治过程中，坚持了企业自查、专家组巡查和集团公司督查三级检查紧密结合，严格依照兵器工业有关标准和规范，进行全面检查，真正摸清了影响安全生产的关键因素，查清了存在的重大隐患和突出问题，并及时迅速开展整改工作。

6. 推行“四抓”，确保实效。一抓源头，着手建立企业重大危险源档案，实行动态分级管理，有效监控重大事故隐患；对新建、改建和扩建项目中的安全与职业卫生条件建设严格按照国家和行业的标准规范进行审查和把关，做到新建项目不留安全隐患。二抓重点，针对前几年重伤以上事故主要原因是违章操作所致，以及2005年以来任务量急速增长的情况，把加强企业安全管理和反“三违”作为安全整治的重点，加大了对违章现象的处罚力度。三抓基础，从加强班组安全标准化建设入手，加强基础和基层安全建设。四抓长效，坚持安全评价工作，全面掌握和监控重点企业生产的安全状况，并制定了未来几年的安全现状评价周期表。

（三）开展反“三违”和“党员身边无事故”活动。2005年以来，我集团公司把“反违章，降事故”作为专项整治工作的重点。各所属企业加大了纠正“三违现象”的力度，加重了对“三违现象”的惩罚，认真修订和执行岗位安全操作规程，加强职工的安全培训，2005年以来，轻伤事故和未遂事故也明显减少，重伤以上事故明显下降。

我们还以企业开展保持共产党员先进性教育为契机，在企业中开展了“党员身边无‘三违’、无隐患、无事故”活动，发挥基层党支部的战斗堡垒作用和基层党员的先锋模范作用，带领和引导职工学安全、讲安全，做到身边的人无违章违纪，身边的人和物无隐患，保证身边的人无事故。

（四）加强军品生产的安全管理，规范易燃易爆危险点管理制度。针对重点企业2005年以来满负荷或超能力生产的情况，要求这些企业根据实际生产能力认真研究生产方案，合理组织生产，禁止突破安全规范要求而冒险组织生产，凡是生产方案不能保证安全的要及时进行调整，并提出谁决定谁负责的要求。

2005年，我们重新印发了《易燃易爆危险点分级管理要求》，要求各所属企业严格按照标准对危险品生产场所进行管理。坚持巡回检查，落实整改工作。

（五）开展“安全生产月”活动，营造安全文化氛围。

1. 做好所属企业的安全生产月活动。在《中国兵器报》上开辟了企业领导谈安全的专版。刊登企业主要负责人或主管安全生产的领导撰写的安全生产工作经验和体会；《中国兵装集团安全简报》增发了安全生产月增刊，集中刊登了各所属单位的安全生产工作经验和好的做法。委托集团公司安全技术教育中心印制了一套“集团生产安全事故挂图”，在6月的第一周分发给企业张贴，用身边的事故警示职工“遵章守法，关爱生命”。

2005年6月，在成都市组织了安全知识抢答赛，得到所属企业的热烈响应，共有37家所属企业派队参加。2006年6月，举办了“中国兵器装备集团高层安全论坛”，召集所属企业进行了论文交流，并邀请了有关专家学者到会进行了企业安全文化建设的讲座。

2. 做好机关总部的安全生产月活动。安全生产月期间，我们给总部每位职工送上一本《公共安全常识》，提高职工安全意识和规避风险能力；为集团公司领导和安委会成员提供了安全生产参考书；在机关组织一次“安全知识答卷”活动，总部机关在册员工全部积极参与。

3. 做好安全生产月活动的督查工作。按照国家的有关要求，2005年在安全月期间组织了三个督查组深入到部分企业中检查安全月活动情况。先后深入到火工企业和破产企业中进行检查。2006年，组织咨询服务组到企业进行安全法规和安全技术标准的宣贯和培训等咨询服务活动。

（六）健全集团公司安全生产管理制度。2005年，我集团公司制定印发了两项法规制度，即《集团公司关于进一步加强安全生产工作的决定》和《中国兵器装备集团公司安全生产管理办法（试行）》。从而明确了今后一段时期内，集团公司安全工作的指导思想和奋斗目标。2006年，我们又制定印发了《班组安全管理办法》，进一步强化了安全生产基础工作。

（七）建立集团公司重大危险源及重大事故隐患档案。根据国家标准和2005年的工作计划，我们制定下发了《集团公司重大危险源和重大事故隐患档案建档要求（试行）》，并对所属企业有关人员进行了培训，要求所有企业尤其是重点企业和危险化学品企业在进行彻底清查摸底的情况下，建立本企业的重大危险源和重大事故隐患档案。在此基础上我们进一步汇总后，建立集团公司重大危险源和重大事故隐患档案，通过建立档案掌握情况，实行动态管理，从源头上控制事故、杜绝事故。

二、存在的主要问题

一是设备设施陈旧老化，本质安全条件差。集团公司所属企业有很大一部分是旧中国留下的老企业，设备、设施陈旧老化。有的企业仍在使用日伪时期的设备，年久失修，本质安全条件极差。二是所属企业高素质的安全管理人员缺失，安全生产“双基”工作不牢。部分企业还存在着招聘的临时工未经培训就上岗作业的现象。三是安全理念有待更新，安全文化建设滞后。部分企业在遇到生产紧张、生产任务重的具体问题时，仍然出现“重生产、轻安全”的现象。四是部分所属企业由于重组其他地区的企业，出现了安全生产管理须及时跟进，及时加强安全管理，避免出现安全管理空白的问题。对以上问题我集团公司已采取了相应措施，积极改进和纠正，争取及早解决。

三、下一步措施

（一）推广职业安全健康管理体系。经过认真研究和调查，我们将推行国家《职业健康安全管理体系规范》。我集团公司已有几家企业通过了上述体系认证，还有的企业正在积极推行，或在内部开始运行了。因此，我们计划明年初进行体系设计，在企业完成内审的基础上，我集团公司组织专家对运行情况进行评估、外审。

（二）建设重大危险源信息系统。实现安全生产的信息化管理是我集团公司《安全生产发展“十一五”规划》中明确的一项重要内容。在建设过程中，除充分利用现有的资源外，在软件开发、硬件配置、人员培训等方面，还将进一步投入。

（三）加快对重大危险场所改善的步伐。主要是采取以所属企业为主、集团公司扶持的方式，切实加大安全投入，加快科技攻关，尽快提高工艺水平，淘汰落后设备，消除重大隐患；并加快企业“退城进郊”的步伐，在新建项目中提高安全建设标准，严防新的隐患产生。

（四）实现安全生产管理工作由以治标为主向标本兼治的转变。坚持“三铁”精神，狠抓“五强化、四坚持”，为实现“零”目标努力奋斗。“五强化”：一是强化企业安全生产的主体意识以更好地落实责任制，二是强化企业“双基”工作，三是强化重大危险源监控和应急救援能力，四是强化安全教育与培训，五是强化企业安全文化培育、创新先进的安全理念。“四坚持”：坚持做好安全生产专家队伍和安全监督员建设，坚持加强建设项目安全“三同时”管理，坚持深入开展重点企业安全专项整治工作，坚持加大安全投入，倡导科技创新。要建立以零重大事故为目标的安全生产管理的模式，并要加紧树立和建设“以人为本，避免事故”的安全理念和文化。

根据“十一五”规划，到今年年底，基本完善集团公司安全生产制度体系建设，确立并继续推进安全生产0345管理模式，大力推广集团公司安全文化，初步建立安全生产信息体系建设，健全安全生产专家队伍和监督员队伍，重伤死亡人数得到有效控制。

中国船舶重工集团公司
2005年～2006年上半年安全生产形势报告

一、基本情况

2005～2006年上半年，中国船舶重工集团公司进一步加强了对安全生产工作的领导，强化主体责任，加强了基层和基础工作，针对重点、薄弱环节开展专项整治，推进超前防范、持续改进。集团公司安全生产状况总的形势比较平稳，安全生产出现了新局面。

2005年全系统无重特大生产安全事故、火灾爆炸事故、重大经济损失事故。与2004年同期相比，职工因工伤亡事故频率下降了23.2%，死亡事故下降了67%。2006年上半年全系统无重特大生产安全事故、火灾爆炸事故、重大经济损失事故。杜绝了死亡事故，一般事故较去年同期下降幅度较大。绝大多数成员单位安全生产状况相对稳定。2005年93.0%及2006年上半年96.5%的成员单位未发生重伤以上事故。各造修船厂安全生产工作成效明显，各类事故明显减少。2005年与2004年同比，死亡事故减少了66.7%；2006年上半年未发生死亡事故。

二、主要工作

（一）深化开展军工产品企事业单位安全生产专项整治工作，组织开展专项督查

1. 加强火工品安全生产专项整治工作组织和领导。2005年3月11日总经理办公会专项研究了集团公司军工企事业单位的火工品（高危品）安全生产管理工作，会议决定：紧密结合集团公司军品科研生产实际，按照国防科工委的要求，从2005年开始，以抓“四落实”（安全责任制落实、安全操作规程落实、安全防范措施落实、事故应急预案措施落实）、反“三违”（违章指挥、违章作业、违反劳动纪律）、防“二超”（危险作业场所超定员、生产和储存场所超限量）为重点，用三年的时间开展一次火工品安全生产专项整治工作。为此，2005年集团公司制订了《火工品企事业单位安全生产专项整治工作的方案》，相继成立了火工品专项整治工作领导小组；成立了专项整治工作办公室。组成了火工品安全生产专项整治专业巡回检查组。

2005年6月、9月和12月，2006年3月、6月集团公司组织了五次专业巡回检查。检查、督查过程中，对火工品单位安全生产责任制落实情况，各项安全生产规章制度、安全操作规程的执行情况，存在的重大问题和隐患；隐患整改落实情况和事故责任追究落实情况，事故应急救援预案制定及应急措施、器材设备落实情况和应急演练情况，安全距离、定员定量、安全防护设施等，按照规范进行了检查。

2. 安全措施常备不懈，有效保证核安全。集团公司认真贯彻落实国家“常备不懈、积极兼容、统一指挥、大力协同、保护公众、保护环境”的核应急方针，在国务院有关部委和国家核应急办公室的关心指导下，完善了核安全管理体系，建立了两级核应急机构、办公室和专家咨询组；经过调研和论证，编制完成了应急预案，并结合生产科研各阶段工作要求，对应急预案进行了认

真的宣贯；对有关人员进行了严格的培训和应急演练，提高了核事故应急响应能力。严格执行核安全报告制度，确保报告渠道的畅通。

（二）切实加强重大危险源监控，做好应急救援准备工作

1. 进一步做好重大危险源安全管理工作。2005 年集团公司进一步对重大危险源进行调查及对 2004 年各成员单位报告的重大危险源情况进行确认。这次调查及确认按照国家安全生产监督管理总局《通知》进行，调查及确认的目的，一方面要发现存在的问题，及时整改，另一方面对重大危险源数量、类型、等级和状态要进行认真统计、分析和评价，确定重点监控对象，做到心里有底、心中有数，有效监控。目前集团公司成员单位做到了重大危险源安全管理制度健全，重大危险源档案完善，应急预案规范，逐步实现了对重大危险源的动态监控、有效监控。对存在缺陷和事故隐患的重大危险源采取有效措施，加大投入进行治理，消除事故隐患，确保安全生产。

2. 加强应急预案体系建设和管理。集团公司根据《国家总体应急预案》，编制修订了本系统的各类应急预案，构建了覆盖各成员单位的预案应急体系，并做好上下应急预案的衔接工作。加强了对应急预案的动态管理，不断增强预案的针对性和实效性，同时做好与社会应急救援力量的协调，提高事故应急救援能力。狠抓应急预案落实工作，经常性地开展应急预案演练，据不完全统计，2005 年集团公司系统各成员单位共举行应急预案演练 155 次。

（三）进一步推进“5S”活动，加大现场环境整治力度

广大成员单位把“5S”活动纳入本单位日常百理工作中，使安全生产工作从事后查处向强化基础转变，向安全质量标准化转变，创造整齐、清洁、卫生的作业环境。为了开展好“5S”活动，成立“5S”活动指导委员会或领导小组，成员单位主要领导应出任“5S”活动指导委员会主任或领导小组组长职务。制定“5S”活动的标准、规章制度；建立各级“5S”工作检查与考核制度，定期或不定期对“5S”工作进行检查；建立激励机制，激励员工更积极地参与“5S”活动。

通过推进“5S”活动，部分成员单位厂所作业现场、办公环境明显改善，为员工创造一个干净、整洁、舒适、合理的工作场所和空间环境，最大程度地提高工作效率和员工积极性，有效地保护了员工的安全和健康，让员工工作的更安全、更舒畅。

（四）开展“五防二提高”工作

集团公司于 2005 年 4 月至 6 月底开展了防范起重伤害、高空坠落、物体打击、机械伤害和触电五类事故发生，提高员工安全意识和作业现场安全管理水平（简称“五防二提高”）工作。整治范围主要是船厂，整治的重点安全生产管理制度和操作规程漏洞；生产现场员工有章不循、有禁不止，随意违章，冒险作业；一线管理（指挥）人员安全管理不到位、懈怠、粗放，该管不管、该严不严、该细不细；外包工程队法人代表的安全责任落实等。集团公司对活动情况进行了验收。

（五）组织开展“四规范”工作

2005 年 8 月至 10 月在生产科研高峰时期，集团公司组织开展了规范涂装作业、立体交叉作业、热工作业和外包工程队安全管理薄弱环节的专项整治（简称“四规范”）工作。各单位领导充分认识做好“四规范”工作的重要意义，在集团公司安全生产领导小组统一领导下，依照法律法规、规章制度自上而下全面规范每个过程、各个环节的安全管理。认真贯彻全员、全方位、全过程管理原则，综合整治。抓实重点环节、薄弱环节，进一步完善安全生产确认制度；2005 年 11 月上中旬，集团公司对“四规范”专项整治工作进行了验收。

（六）加强安全生产重点管理和控制工作

1. 组织开展安全生产大检查、督查。2005 年全年和 2006 年上半年共进行各类检查 16 次（全

系统大检查3次，复查1次，“五防二提高”、“四规范”验收检查2次，工品巡查5次，重点督查5次）。集团公司领导带队对安全生产工作进行督查。

做好春节、“两会”期间安全生产工作。各单位在春节、“两会”前组织召开了一次安全生产专门会议，研究和部署“两会”期间安全生产工作，并加大力度落实解决当前安全生产工作中存在的突出问题；全面落实安全生产责任人的责任，层层落实安全生产责任制，对存在的安全生产薄弱环节采取了有效的防范措施。

3. 确保重要时期的安全。2005年国庆节前，结合集团公司实际，就认真做好国庆节期间安全生产工作提出要求。各成员单位加强了组织领导，落实了责任，对国庆节前及期间的安全生产工作全面统筹、精心组织安排，周密部署，保证人员、责任、措施、监督“四到位”。

4. 做好“四防”（防潮汛、防风、防雷、防暑）工作。立足于防大汛（潮）、抗大风、抢大险，两年中，进一步健全了“四防”工作组织体系，按照专业与业余、平时与应急相结合的原则，加强抢险队伍建设。充实了骨干力量，明确了组织形式、人员、岗位职责，并有针对性地实施抢险演练。制订和完善了抢险应急预案。加大了投入，特别是建立了完备的指挥和信息通讯系统，保证汛前产生防护效能。台风来临前，沿海各单位及时启动应急预案，加固抢险，预案在抗台防潮中显现了实战功能，保证了安全度汛。

（七）加大宣传教育力度，提高管理水平，营造安全生产氛围

1. 组织开展了本系统“安全生产月”和“全国安全生产月”活动。2005年3月份集团公司开展了以“加强管理，落实责任，警钟长鸣，保障安全”为主题的“安全生产月”活动。6月份在全系统组织开展了以“遵章守法，关爱生命”为主题的“全国安全生产月”活动。2006年3月份集团公司在全系统开展了以“识隐患，反三违”为主题的“安全生产月”活动。6月份在全系统又组织开展了以“安全发展，国泰民安”为主题的“全国安全生产月”活动。

2. 举办成员单位主要负责人安全生产管理培训班。集团公司领导参加国家安监总局举办的安全资格培训班，取得资格证后，集团公司于2005年9月在北京举办了成员单位主要负责人安全生产管理培训班，集团公司成员单位83名领导同志参加了学习。通过学习，强化了做好安全生产工作的责任心和事业心，明确了安全生产职能职责，为加快“三个转变”奠定了思想认识基础。

3. 举办可燃性气体测试技术培训班。根据各单位需求和安全生产管理工作需要，集团公司分别于2005年5月、10月及2006年3月在武汉、上海举办了三期可燃气体测试技术和涂装作业审批培训班，集团公司成员单位共109名同志参加了学习，考核全部合格，取得证书。

4. 举办火工品、爆炸品安全管理研讨班。集团公司于2006年6月中旬举办了火工品、爆炸品安全管理规范研讨班。请行业资深专家讲授火工品、爆炸品安全生产、储存管理国家规范和标准；学习了火工品、爆炸品安全生产、储存管理方法，对火工品、爆炸品安全管理问题及对策进行了研讨。集团公司火工品企事业单位使用、管理部门领导和管理人员，火工品、爆炸品企事业单位保卫、安全生产部门领导或管理人员，集团公司火工品专项整治工作专业巡回检查组成员53名同志参加了学习。

（八）推进职业健康安全管理体系的建设

1. 举办危害辩识、风险评价和风险控制研讨班。2005年4月20日在七二三所举办了危害辨识、风险评价和风险控制研讨班。各研究院所安全生产（科研）管理部门主管、管理人员或危害辨识工作人员参加了学习。研讨班介绍了开展危害辨识、风险评价和风险控制工作的方法、步骤；作业活动分类的标准、识别危害和危害分类的方法、确定风险的程序、风险控制方法等实际操作

的过程及效果。

2. 开展危害辨识、风险评价和风险控制工作。按照《中国船舶重工集团公司推进职业康健安全管理体系建设的指导意见》，2005 年年底以前各单位完成了危害辨识、风险评价和风险控制的工作。各单位加强组织领导，制订建立危害辨识、风险评价和风险控制的工作计划；逐步逐项地全面辨识、科学评价，并按责任和时限监督检查计划执行情况。对不可承受风险制定预防预控的整改计划，采取措施、投入资源，切实将风险降低到可承受范围内，教育员工认知危害。

3. 推进职业健康安全管理体系认证工作。目前部分成员单位在积极推进职业健康安全管理体系的认证工作，有船厂及外向型、骨干单位，也有研究所。在推进职业健康安全管理体系的认证工作中，将自身管理体系、责任体系、组织体系的强有力支撑，有机地融入了全面管理之中。目前全系统已经有 12 家企业通过了认证，取得了证书。

中国石油天然气集团公司
2005 年～2006 年上半年安全生产形势报告

一、安全生产基本情况

2005 年至今年 6 月底，集团公司共发生各类事故 245 起，死亡 116 人，受伤 365 人。其中，较大及以上工业生产员工伤亡事故 41 起，死亡 70 人。其中，2005 年发生 29 其，死亡 44 人；2006 年 1～6 月份发生 12 起，死亡 26 人。发生交通事故 55 起，死亡 46 人，受伤 60 人。发生火灾事故 7 起，无人员伤亡。

二、主要做法

2005 年以来，是集团公司安全生产工作非同寻常的时期，安全生产工作得到进一步加强和改善、取得新进展的时期。集团公司坚持以“三个代表”重要思想为指导，努力树立并落实科学发展观，积极深入而广泛地组织开展“安全生产基础年”、“安全环保基础年”活动，加大安全生产工作力度，取得了实质性的效果。主要做法是：

（一）狠抓安全生产责任制的落实。在集团公司党组的主持下，制定了《集团公司关于进一步加强安全生产工作的决定》，各企业、地区公司随后制定了贯彻落实《决定》的实施细则，并加大工作力度，狠抓落实，各方面工作迅速推进。之后又印发了集团公司《安全生产责任制通则》、《机关部门安全生产责任制》等配套制度，进一步建立、健全了总部机关、企业各级主要负责人、副职、职能部门和岗位员工的安全生产责任制，形成了操作性强、便于检查考核和责任追究的控制指标体系。自上而下层层签订责任状和合同书，将安全生产指标纳入单位领导业绩考核，并实行“一票否决”。在企业广泛推行了行政领导干部安全生产述职工作，进一步增强了各级领导干部的安全生产责任心，安全生产责任意识进一步强化，基本形成了“谁主管、谁负责”的良好工作局面。坚持企业局处两级干部挂点关键生产装置和要害部位制度。严肃行政责任追究制度。去年以来，集团公司对发生各类安全生产事故的 10 个超标单位，否决了安全生产达标企业资格。按照“四不放过”原则，集团公司对 2005 年以来发生的各类事故处理情况进行了全面检查，严肃事故处理，认真追究事故责任者的责任。集团公司党组专门听取了 2005 年以来较大及以上事故结案处理情况的汇报。截止 6 月底，对较大及以上事故责任者给予组织处理或行政处分 391 人。其中，对 38 起较大及以上工业生产员工伤亡事故，处理责任者 268 人；对 24 起较大及以上交通事故，处理责任者 80 人；对 4 起其它生产安全事故处理责任者 43 人。集团公司出台了进一步切实加强安全环保工作的 7 条措施。对于发生不同等级事故得单位，先行对有关领导进行免职，待事故处理有结果后，再追究行政责任。今年发生事故的西南油气田分公司“1.20”天然气特大（管道）爆炸事故、大庆石油管理局“2.20”重大氮气窒息事故、兰州石油化工公司“5.29”重大火灾事故，相关企业都按集团公司规定先行免去了二级单位行政一把手的职务，接受事故调查处理，对广大干部员工起到了警示和教育作用，有力地促进了安全生产责任制的落实。

（二）狠抓安全生产管理基础工作。去年以来，集团公司把安全工作的基本着力点放在基层、把安全工作的重心下移至基层，积极推动基层安全生产管理上水平。持续组织安全生产主题活动，开展了“安全生产基础年”、“安全环保基础年”系列活动。为深入扎实、有效地推进“基础年”活动，又将活动任务分解到总部机关各有关部门。召开系列安全工作会议，认真剖析典型事故案例，分析存在问题，研讨解决安全环保问题的治本之策。还召开了炼化企业生产受控管理现场会，全面推广大连西太平洋石油化工有限公司的“四有”工作法。按照中央企业安全生产工作会议精神，集团公司加大了安全规章制度的整合力度，颁布了以《集团公司安全生产管理规定》为主体制度的 16 项集团公司管理办法。按照“从严要求、从严管理、从严处罚”原则，各企业共修订各类安全制度 4 983 项，重新制定 2 142 项，进一步规范了安全生产管理工作。全面加强了 HSE 体系建设，“风险管理”在基层普遍实施。进一步加大了生产过程的动态风险管理力度，在生产和主要工程技术服务基层单位全面实行 HSE“两书一表”管理。已有 74 家企业实施了 HSE 管理体系，6 000 多个基层队（站）实行“两书一表”，覆盖面分别达到 62.7%和 80%。去年以来，集团公司和各企业把提高员工安全素质作为安全培训教育的重要内容，按照增强安全法制意识、安全责任意识、安全环保意识等三种意识和提高“安全操作技能、行为约束能力、应急反应能力等三种能力要求，加大工作力度。组织开展以岗位责任制为中心的安全生产知识教育、安全处长岗位资格培训，通过利用建立仿真培训基地，开展形象具体化的岗位操作技能和安全知识培训；各企业进一步加大反违章工作力度，认真制修订反违章处罚规章制度，建立违章记分台帐和处罚档案，在基层大力整治薄弱环节，深入整顿和规范生产施工作业现场安全操作行为，加大督查、抽查、巡查、互查的检查力度，着力解决影响安全生产的突出性违章行为，初步形成了机关、基层、岗位三级反违章责任网络。部分单位颁布了“安全生产禁令”，与员工签订了反违章承诺书，建立了反违章责任制度和定期通报制度。各单位还充分利用宣传媒体，营造反违章的浓厚氛围。对近年来发生的重大生产事故和企业内外的典型事故汇编成事故案例读本，发放基层单位，组织岗位员工学习讨论，认真查找身边的违章行为和事故苗头，收到了很好效果。集团公司加大了事故隐患的督查和整改力度，“下决心、下力气、下本钱”全面排查和治理事故隐患，按照抓源头、抓防范、抓要害的事故隐患治理原则，企业全面排查，机关综合分析，对排查出的事故隐患，集团公司、股份公司加大投入，按照轻重缓急，对涉及油气田开发、炼化装置、管道占压、环保“三级”防控等方面 7 060 项事故隐患，决定投入资金 300 多亿元，分年度逐项治理。今年计划安排 2 781 项，投入 187 亿元。通过对现场事故隐患的整改，生产、施工作业现场安全生产基本条件进一步改善，本质安全系数有了显著提高。集团公司进一步加强应急管理，今年上半年，针对安全环保事故多发的严峻形势，集团公司狠抓了应急管理工作，各级应急管理机构进一步健全，应急预案体系进一步完善，突发事件信息管理进一步加强。《集团公司突发事件总体应急预案》和与之配套的 16 个专项应急预案已经发布。各企业按照层次、类别编制、修订应急预案，加强演练，收到较好效果。股份公司组织编制“陆上石油天然气开采生产安全应急预案”、“陆上石油天然气储运生产安全应急预案”，以及西气东输、陕京输气、涩宁兰输气、兰成渝成品油输送等四条长输管道的突发事故应急预案，并向国家安全生产监督管理局进行备案。

（三）狠抓安全监管体制建设和运行。集团公司自推行安全监督工作以来，一直把完善安全监督体制，加强安全监督管理机构建设和人员配备作为重点，并积极探索切实有效的安全监督运行模式。不断加强各级安全管理机构力量配备，对企业安全总监、安全副总监配备情况进行了督查，全部配齐了安全总监、副总监。集团公司、股份公司机关加强了安全环保部门的力量，增加了编制及人员。企业整合了消防资源，将专职消防队统一纳入股份公司地区分公司管理，完善补充了消防设施和装备。企业安全部门新增安全管理人员 151 人，企业所属二级单位新增安全管理人员 352 人，三级重点生产经营单位新增安全管理人员 543 人。大部分企业所属二级单位都配备了安全总监、副总监，主要工程技术服务和工程建设单位按专业普遍组建了安全监督站，有 11 个企业建立了局级安全监督总站。基层单位安全监督站总数达到 197 个，专职安全监督人员达到 2 161 人，兼职安全监督人员达到 3 363 人。集团公司推行了“钻井实行驻井监督、井下实行划片监督、物探和炼化检维修实行项目监督”运作模式，各工程技术服务企业积极探索适应本企业生产实际的安全监督运行机制，认真研究各种监督方法，加强对重大工程、重要施工、关键工序的检查，有力的保证了安全生产。

（四）突出抓好安全生产专项整治。集团公司始终坚持突出重点，常抓不懈，每年都有针对性地对重点领域、关键环节和要害部位开展安全生产专项整治。开展了井控安全专项整治。集团公司井控巡视制度得到有效落实，去年 24 位井控巡视员对各类重点复杂井检查 947 井次，查出问题 1 845 个。各油气田企业及时修订和完善井控管理制度，加大对井控操作人员持证上岗培训，加强对不同工况的井控操作演练，实行井控安全一票否决。各油田分公司进一步强化安全合同管理，严格队伍资质审查，加大现场监理力度，有效地减少了井喷事故的发生。开展了施工现场安全专项整治。各企业始终把现场作为预防事故的重点，加强对高危施工作业、关键环节、重点工程、交叉作业施工现场的安全管理，认真执行“两书一表”，严格施工作业队伍资质准入，严格生产施工人员持证上岗和资格审查，严格按照标准规范和生产流程组织生产，认真制定安全施工方案，全面进行安全技术交底，狠反现场违章，各类事故明显下降。大连西太平洋石油化工有限公司在生产过程中推行“四有工作法”和操作确认制，只有规定动作，杜绝自选动作，有效避免了误操作和“三违”行为。开展了炼化装置安全专项整治。炼化企业重点开展了装置“五整顿、两关闭”督查，组织了易燃易爆、剧毒化学品和炼化生产安全运行专项检查，对 7 632 套在役装置、22 000 多台重点设备进行了安全评价，14 000 多个单位取得了危险化学品经营许可证。开展了管道违法占压安全专项整治。股份公司积极配合国家各部委及地方政府开展油区生产治安秩序专项整治工作，重点检查了部级挂牌督办的 45 个涉油重点地区、37 家涉油厂点、58 处违章占压建筑物和 13 起涉油案件的清理整治和侦破情况，取得了初步效果。经统计，共清理油气管道违章占压 241 处，破获打孔盗油和盗窃油田设施案件 1 813 起，进一步改善了油气管道运行安全状况。开展了交通安全专项整治。各企业针对交通安全这一薄弱环节，加强了驾驶员职业道德教育和安全技能训练，严格执行车辆内部准驾制度，认真对道路运输各类风险进行全面识别，对特殊危险路段实行分片、分区管理；认真落实车辆“三检制”，积极采用和推广先进技术，对载人车辆和危险化学品运输车辆安装行车记录仪 7 949 台，安装 GPS 定位系统车辆 3 036 台。通过抓风险识别、抓关键环节、抓人车协调，基层车队交通安全管理水平进一步提高，交通事故大幅下降。开展了对“三高”地区安全专项整治。今年针对高压、高含硫、高危地区勘探开发和四川油气田“3.25”重大井漏事故暴露出来的问题，集团公司印发了《关于加强“三高”地区勘探开发安全生产工作的紧急通知》，制定了《关于进一步加强油气田企业安全环保工作的意见》和《关于进一步加强井控工作的实施意见》，出台了集团公司《石油与天然气钻井井控规定》、《石油与天然气井下作业井控规定》。开展了对“三高”地区的逐井排查。突出生产受控管理，针对炼化企业制定了 16 项管理制度，对未上市企业危险化学品生产装置进行了专项评估和评价。

三、主要问题

一是认识不到位。部分企业和个别领导仍然对安全生产工作重视不够，“说起来重要，干起来次要”的现象依然存在，没有按照“严、细、实”要求，认真贯彻落实集团公司《决定》，缺乏具体贯彻措施。二是责任制不够落实。部分单位没有按照“一岗一责”、“一职一责”要求，建立各级领导、职能部门安全生产责任制，现行安全生产责任制还比较笼统、不明确，“谁主管、谁负责”原则没有很好落实，没有形成各级领导、各部门齐抓共管的局面。三是施工现场管理不规范。在基层生产施工作业场所，仍然存在抢工期、压缩检修时间致使疲劳施工作业的问题，简化操作程序，盲目蛮干，不执行作业程序和操作规程的现象依然存在，还没有建立起有效的安全监督约束机制，甲乙方安全责任界定不十分明确，导致事前风险管理不到位。四是“三违”行为大量存在。部分单位对安全工作要求不严、力度不够，加之少数干部和员工素质不高，尚未形成浓厚的反“三违”氛围，致使“低、老、坏”和习惯性违章现象还时常发生。五是重大隐患较为突出。个别单位对重大危险源监控不到位，还有一些重大事故隐患没有得到治理。

四、下一步措施

为进一步加强集团公司安全生产工作，确保各项工作落实到位，努力构建“总部监管、企业负责、齐抓共管、全员参与”的安全环保工作格局，完善“各级行政正职负全面责任，分管安全副职负主管责任，其它副职负分管责任，安全总监负监督责任，安全环保责任横向到边、纵向到底、层层分解、逐级传递，分系统负责、分层次管理、一级抓一级、一级对一级负责、层层抓落实”的安全环保责任体系，坚决遏制重特大事故的发生。突出抓好以下五项具体工作。

（一）继续扎实推进“安全环保基础年”活动。“安全环保基础年”活动是安全环保管理工作的主线。要坚持做到基础工作常抓不懈，利用三年事件，在全公司持续开展以“强三基、反三违、严达标、除隐患”为主题的“安全环保基础年”活动。突出加强基层安全管理，全面修订已有操作规程，完善岗位作业程序和安全规章制度体系，严格监督检查和考核，从严查处“三违”行为。突出加强全员培训和教育，努力提高领导组织决策能力、基层干部指挥能力和员工规范操作能力。突出加强设备和现场安全管理能力，重点抓好井控、炼化装置、管道和天然气、工程技术服务、海外工程，“三高”地区勘探开发等要害部位、关键装置的监督检查，提高安全防范能力。总部机关部门和各企业要按照“基础年”任务分解要求，做到牵头部门和配合部门、责任人、时间进度安排、监督检查和考核“四落实”。特别是要按照增强安全环保意识、责任意识、法制意识和提高安全环保技术操作能力、行为规范约束能力、应急反应能力的要求，继续加大对员工，尤其是生产一线员工的安全技能和操作技能培训，务求实效。要根据季节变化开展针对性安全教育，特别是要在入冬前组织一次全员安全教育，做到不漏一人。要层层组织检查验收，确保“安全环保基础年”活动各项任务按期完成，不图形式，不走过场。年底前，集团公司将适时组织对“安全环保基础年”活动进行全面考核验收。

（二）继续健全和完善安全监督管理体制。要健全安全环保监督管理机构，加强监管队伍建设。按照集团公司《关于进一步加强安全生产工作的决定》和《关于落实科学发展观加强环境保护的意见》，企业所属二级单位要在下半年按规定配备安全总监、副总监及安全管理人员。要抓好安全监督管理人员素质和业务技能的培训，提高监督管理水平。要加强安全合同管理，明晰建设单位的安全环保主体责任和施工单位的安全环保责任。要加强作业现场监督，进一步探索切实可行的监督方式、方法和手段，继续完善物探、钻井、井下、基建、炼化装置检维修等监督模式。要加强对生产过程操作确认、检维修作业许可、特殊作业票证管理的监督，充分发挥监督机制的作用，使安全监管人员敢管、会管、能管，建设一支真正起作用的施工现场监督队伍，保证生产过程安全。

（三）突出重点领域和关键环节。油气田企业要突出抓好井控工作，坚持井控巡视制度，加强井控人员培训。要继续加大对“三高”地区工程项目的排查力度，全面开展对“三高”气田的集中整治，确保油气生产安全。炼化企业要认真学习和大力推广大连西太“四有”工作法，全面加强生产受控管理。要继续推行和实施 HSE 体系管理，广泛开展岗位危害识别，提高员工的危害识别能力和关键作业的风险控制能力。要严格生产装置停工和开工安全管理，特别是兰州石化大乙烯和抚顺石化大炼油将陆续投产，要制定严密、详细的投产方案，确保投产成功。要加强检维修施工组织，严肃现场作业安全确认，加强装置停工、检修和开工全过程安全监督管理。管道和天然气企业要进一步加强对管道的检验检测、巡检和维护工作，认真开展管道完整性评估和管理，继续深化管道违法占压和打孔盗油专项整治。要继续突出抓好事故隐患排查和整改工作，进一步深入排查事故隐患，制定严密的监控措施，对今年立项的事故隐患要加快治理，确保达到预期效果。要继续抓好汛期安全生产工作，特别是要加强对自然灾害的预警预测预防工作。同时要继续抓好交通安全和消防安全，进一步加强消防队伍专业化建设，实施区域联防。

（四）进一步加强应急管理。《集团公司突发事件总体应急预案》和 16 个专项预案已经批准发布，集团公司将分期组织预案培训。各企业要按照总体应急预案的要求，认真修改和完善企业级应急预案，做好本单位应急预案与集团公司总体应急预案的衔接。尤其是临江海、沿河湖和环境敏感区的企业要针对风险评价、可能引发的后果及波及范围，对预案进行重新审视和评估，预案必须经得起现场检验。加强对预案的宣传工作，要按照统一指挥、分级负责、功能齐全、反应灵敏、运转高效的应急机制要求，组建应急指挥机构，完善和落实重大事故信息报送制度和报送程序。各单位应急办公室要制定应急演练计划，企业所属二级单位专项应急预案每半年至少演练一次，基层处置预案每月至少演练一次，对生产启动、开停工、关键施工环节等必须做到随时演练。要组织专家对应急预案的演练情况进行评估，做到持续改进。集团公司拟在三季度召开应急管理工作会议，进一步推动应急管理体系建设。

（五）加强事故管理。各单位要严格执行集团公司《安全事故责任追究暂行规定》和关于强化安全环保工作的七项措施，事故处理要从领导抓起，坚持“四不放过”原则，严肃责任追究。要用好事故资源，有针对性地采取防范措施，避免同类事故重复发生。今后发生的各类事故，不管当地政府及主管部门是否进行事故调查，事故发生单位和企业都要认真进行调查处理，并按事故管理权限报上一级单位备案。要加强未遂事故管理，对发生的未遂事故，要进行统计和调查，真正从小事故抓起，从苗头抓起，搞好预防工作。

中国石化集团公司
2005 年～2006 年上半年安全生产形势报告

一、2005 年以来的安全生产情况

2005 年集团公司累计发生上报事故 28 起，死亡 14 人，重伤 12 人，事故死亡率、重伤率分别为 0.02‰、0.017‰，上报事故、死亡人数分别比上年下降 48.1％和 46.1％；2006 年 1～6 月份，集团公司累计发生上报事故 17 起，死亡 9 人，重伤 2 人，事故死亡率、重伤率分别为 0.013‰、0.005‰，实现了安全生产总体平稳。

二、2005 年以来安全生产方面所做的主要工作

2005 年以来，在安全生产方面，我们主要开展了以下工作：

（一）抓好安全制度建设，层层落实安全生产责任制。2005 年以来，新制定下发了《安全生产重大事故行政责任追究规定》（试行）等规章制度，进一步完善了中国石化安全管理制度体系。

为了真正将制度落实下去，总部每年与各直属企业签订安全责任书，将安全考核指标纳入企业生产经营目标进行考核，与企业工资总额和企业负责人的承包奖金挂钩，并在干部任用、年终评比、绩效考核中实行安全环保一票否决制。各企业层层签订安全责任状，落实“一岗一责制”和安全承诺制，严格执行事故处理“四不放过”的原则，落实安全生产事故责任追究制度。2005 年以来，总部对发生典型事故企业的 5 名负责人进行了行政问责。企业对事故中负有责任的管理干部进行了责任追究，进一步强化了各级安全生产责任制的落实。

（二）积极实施安全、健康、环境（HSE）管理体系，落实危害识别与风险控制。中国石化 HSE 体系于 2001 年发布实施。2005 年以来，我们继续在全系统进行多层次、多方位的 HSE 培训，认真开展生产经营环节的危害识别和风险评估，制定预防危险和控制风险的措施及应急计划，努力将风险控制到最低限度。2006 年上半年，总部组织对部分企业开展 HSE 体系审核，促进了体系的健康运行。

（三）积极进行隐患治理，提高系统本质安全性。2005 年投资 13.89 亿元，治理了 628 项安全隐患。2006 年第一批隐患治理项目计划投资 9.74 亿元，安排隐患治理项目 401 项。

为确保隐患治理项目的落实，我们制定了《隐患治理管理规定》，实行“总部监督、分级管理、企业负责”的管理原则，将影响全局、危害严重的重大安全隐患，列为总部领导重点监管项目，由党组分管同志亲自督办；对影响较大的安全隐患项目列为总部部门重点监管项目；其他在总部立项的项目，列为各企业“一把手”监管项目。在年终考核中将隐患项目治理情况作为一项主要内容进行考核。同时，我们实行了隐患项目治理进度月报制，并对重点企业、重点项目进行了现场调研督查，促进了隐患治理项目的完成。

（四）严格执行安全生产“三同时”。在重大项目投产前，由总部统一组织进行《开工前安全

条件确认》，重点检查安全、环保、职业卫生预评价报告中各项措施落实情况，为项目安全投用提供了有力保证。

（五）重视安全及消防装备的配置。在炼化企业关键装置配置了带有智能化自诊断的紧急停车系统和故障安全控制系统。进一步完善了消防队伍建设，配备了先进大型化的消防装备。目前，全系统专职消防员1.2万人，拥有各类消防车、气防车1 100多台，进口了大型消防干粉车、泡沫车、联用车和化学救援车占14%以上。2005年安排8 020万元资金，购置19台进口消防车。2005年在新疆塔河和四川达州建立了西部地区和川东北地区两个应急救援中心，提高了两个地区应对突发事件的能力。

（六）坚持开展安全检查、督查，促进企业安全管理。总部每年组织两次全系统的安全大检查，对重点企业组织不定期的安全抽查。结合全国安全生产形势和行业特点，每年还要进行多次有针对性的专项、专业安全检查。2005年4月我们组织了全系统设备大检查，6月份组织了油田企业井控专项检查，组织了3轮安全督查。9月份组织了153名同志，分成15个组，对78家企业进行了为期1个月的安全大检查。2006年上半年开展了全系统设备大检查、油气集输场站和管道安全专项检查等，对查出的各类问题责令限期整改，促进了现场安全管理水平的提高。

在坚持安全大检查、安全督查、安全专项检查的同时，每季度召开一次安全生产电视电话会议，就存在的突出问题进行通报，传递安全压力，部署当前安全工作，也促进了各类问题的整改进度。

（七）加强安全教育培训，提高全员安全素质。建立了燕山石化、青岛安工院、中原油田、河南油田教培中心等一批取得国家安全教育培训资质的培训基地。全系统分企业领导干部，安全生产管理人员，特殊作业人员和其他从业人员，一线生产作业人员4个层次，进行安全意识和安全知识技能两类安全教育培训，实行持证上岗制。近年来，针对企业重组改革、人员变动大的实际，重点加强了生产一线职工的转岗培训。针对重点工程施工项目多特点，加强对外来承包商的安全监督管理，制定专门管理制度，对承包商和外来施工人员进行安全教育培训，经考核发放许可证后方可入厂作业。

（八）积极做好员工的职业健康保护工作。以“抓四率，建四档”（职业健康体检率、职业病危害因素监测率，职业病危害因素点合格率、建设项目职业卫生审查率，职业卫生档案、职工健康监护档案、职业卫生教育培训档案和职工个人劳动保护用品发放登记档案）为切入点，夯实职业卫生基础工作。2005年有毒有害岗位检测覆盖率达98.1%，检测点合格率达95.8%，职业健康体检率达95.1%，建设项目职业卫生“三同时”审查验收率达到了100%，在岗职工职业病发病率控制在了0.1‰以下，杜绝了一次3人以上急性职业中毒事故的发生，保障了职工健康。

三、当前安全生产中存在的突出问题

（一）违章和管理不善造成的安全事故时有发生，违章已经成为造成事故发生的主要原因。一些企业不能严格执行国家的法律法规、行业标准和集团公司安全生产管理制度，安全责任制执行考核不严格，违章作业、违章指挥、违反劳动纪律的现象比较普遍，导致事故发生。2005年以来发生的45起上报事故中，由于违章造成的事故就多达35起，占全部事故的77.7%。

（二）生产施工现场“低标准、老毛病、坏习惯”现象屡禁不止。部分企业对现场管理重要性认识不高，“三基”工作不扎实，基层管理存在漏洞，对生产施工现场的安全监督管理不到位，生产施工现场“低标准、老毛病、坏习惯”还有不同程度的存在，严重影响了装置的安全生产，甚至直接导致了安全事故发生。

（三）部分企业对承包商及各种临时用工录用把关不严，安全教育不到位，导致事故发生。部分企业没有严格执行承包商的管理规定，对承包商的安全资质把关不严，造成不具备安全资质的承包商进入生产区作业，安全监督难度增大；少数企业对季节性临时用工管理不规范，招录的临时用工文化素质较低，再加上安全教育培训不到位，安全意识淡薄，对作业中存在的风险没有认知，工作随意性大，违章冒险作业，导致事故发生。

（四）油田企业井控管理问题较多。2005 年以来虽未发生重大井喷失控事故，但井控装备和管理方面仍存在一些突出问题，主要表现在：一是在老油区滚动开发过程中，对储层油气水分布及其压力变化研究不够，预测、解释的准确度不高，不能采取有效的防范措施，甚至导致井喷事故。二是对采油工以及钻井、井下作业、测井、射孔、采油气井等施工人员的培训力度不够，实际操作技能和井控意识不强。三是随着增储上产工作的开展，各专业化公司施工队伍之间密切配合、协同作战的能力还不能满足要求。

四、下一步的主要工作

集团公司党组要求，2006 年集团公司全体干部职工要全面贯彻落实科学发展观，坚持“安全第一、预防为主、全员动手、综合治理”的方针，继续落实“完善制度、练好功夫、打好基础、落实问责”的总要求，全面推行 HSE 管理体系，最大限度地防止和降低事故的发生，努力实现安全、清洁生产。要以防范重特大安全、环境污染事故为重点，力争实现“五个避免”：努力避免重大井喷失控事故、中毒死亡事故、重大火灾爆炸事故、一次死亡 3 人以上的重大责任事故、重大环境污染事故和环境破坏事故。当前要重点抓好以下工作：

（一）坚持以人为本，强化各级领导干部安全责任意识和员工的业务技能。各级领导及安全管理干部都要发扬中国石化“严、细、实、恒”的优良传统，既要坚持严字当头，敢抓敢管，严格要求，又要深入基层、深入生产一线，检查和指导安全生产工作。要积极推进安全管理从粗放管理向精细化管理转变，要通过扎实细致的工作，下功夫做好一件件具体实在的事情，解决一个个实际问题。要进一步严格现场管理，扎实推进以基层管理为重点的“三基”工作，要突出抓好岗位巡检、关键机组特护、润滑油管理等各项规章制度的落实，真正使安全生产的各项制度落到实处。

继续加强广大员工的安全教育和业务技能培训。要不间断地在广大员工中进行安全责任教育，开展“我和企业双平安，平安责任在于我”的主题教育。要以建立企业安全文化为主线，从员工安全教育入手，充分利用各种有效手段，警示教育职工时刻不忘安全生产，养成自觉遵章守纪的习惯，努力加快从“要我安全”的被动管理到“我要安全”的自主管理转变；要从强化职工的安全技能入手，认真开展技术培训、岗位练兵、事故预案演练。通过反复培训、考核，将职工的业务技能和安全环保操作规程转化为职工的行为本能。

（二）坚持依法治企，从严治内，促进各项安全规章制度的落实。进一步抓好各项规章制度的落实。要在全系统开展“遵章守纪年”活动。要求各企业按照党组的统一部署，以狠反“三违”为切入点，着力提高全员对规章制度的执行力，在遵章守纪上下功夫。特别是要严格落实“四不放过”原则，严肃严厉事故处理，在坚持原则、实事求是地将事故原因分析清楚的基础上，严格执行集团公司重大安全生产事故行政责任追究的规定，加大事故责任追究力度，严肃追究有关人员责任，绝不姑息，绝不能敷衍搪塞、得过且过。同时，要进一步严肃重大突发事件信息报送制度，从严从重追究瞒报、漏报、迟报事故的企业相关人员的行政责任，并辅以相应的经济处罚。

（三）进一步加强关键装置要害（重点）部位和重大危险源的安全监控管理，预防重特大安全事故发生。把防范重特大安全事故、环境污染事件作为安全工作的主攻方向，从落实制度、完善预案、加强人员培训等方面抓好关键装置要害部位的安全管理。各企业主要领导要亲自抓，亲自部署落实。油田板块高度重视高含硫化氢区块的安全管理，落实相应规章制度，配足相适应的井控装备；炼化板块继续加大电气隐患治理。充分认识装置高负荷、高硫、高酸原油量增加等不利因素，认真抓好设备管线防腐及在线监测工作；销售板块进一步加强油库、加油站、油码头、长输管线的设备管理，落实巡检、监护职责，落实油品运输车船租用管理制度，杜绝不合格车船进入生产运营环节；贯彻落实集团公司《境外企业安全生产管理规定》，实现境外企业的安全健康发展。

进一步严格重大危险源的监控管理，对放射源、火工器材、大型液态烃罐区等重大危险源配备必要的监测手段，定期进行检测、评估，加大监控力度。加强生产区及重大危险源的治安保卫和封闭化管理，确保万无一失。继续加强输油（气）管道的安全运营管理，配合政府部门加大整治力度，防止恶性事故的发生。

进一步完善安全生产应急救援体系，提高应对突发事件的能力。2006 年集团公司把宣传贯彻重特大事件应急预案作为重点，要求各企业按照相关要求，针对本单位重大安全风险和环境灾害的评估结果，不断完善企业级重大突发事故和重大环境污染灾害应急救援预案，编制各生产系统、生产装置、关键工序和施工作业关键环节的各级子预案。进一步加强应急队伍的管理，配备必要的应急救援器材装备，增强综合应急救援的能力。做好与当地政府应急救援体系的衔接，搞好应急救援预案的培训和联合演练，并对相关方和周围群众进行应急知识宣传教育，落实警戒、疏散等各项应急措施，提高应对突发事故的能力。

（四）强化隐患治理责任制，落实安全“三同时”，全方位消除安全环保隐患。进一步落实隐患治理责任制，严格按照集团公司党组“安全隐患不根治不能上新项目”的要求，优先安排隐患治理资金，用好安保基金、维修费等，加大隐患治理力度，分期、分批解决各类隐患。进一步提高对隐患治理工作的认识，增强“隐患不除、厂无宁日”的责任感和紧迫感，按照国家有关部门和集团公司的要求，认真开展好重大事故隐患的排查整改工作，确保及时发现和整改各类隐患。狠抓事故苗头管理。对事故苗头、未遂事故等要抓住不放，从管理上查找深层次的原因并采取相应的防范措施，真正做到防患于未然。

严格执行新建、改扩建项目的安全、环保、消防与职业卫生“三同时”制度，有关部门要认真监督审查。从工程设计、设备制造、原材料采购、建设施工等环节严格把关，重点加强普光油气田建设、天津石化炼化一体化项目、福建炼油乙烯项目、青岛大炼油工程等重点建设项目“三同时”审查工作，做好巴陵、安庆和湖北化肥等 3 套化肥油改煤工程及海南炼化项目、茂名 100 万吨/年乙烯改扩建等重点工程开工“三同时”监督检查，从源头消除隐患。

继续全面推行 HSE 管理体系，深化 HSE 管理体系的运行。在生产、检维修作业中，认真做好危害和环境因素识别及风险评估，采取切实可行的措施控制风险；组织全体员工参与危害识别和风险评估，使员工对本岗位的危害因素及危害程度有清楚的认识，熟练掌握应急措施，增强员工的 HSE 意识。

中国海洋石油总公司
2005年～2006年上半年安全生产形势报告

一、安全生产工作目标完成情况

中海油系统内从总公司领导到基层的操作员工对安全生产工作都给予了充分的关注，安全责任逐级分解、细化管理；安全文化气氛逐渐形成；各级安全管理都在强调执行文化建设；事故的管理与统计有本质的改善；员工职业健康意识得到普遍认同。

2005年，在各方面的努力下，完成了总公司2005年年度健康安全环保工作目标，保障了生产顺利进行，未发生重大恶性事故和重大伤亡责任事故，公司没有发生溢油等环境污染事故，持续推进全系统各单位的健康安全环保体系化建设和审核，有限公司的OSHA可记录事件率为0.317，处于国际油公司较好的水平；但在总公司管理统计范围内，各所属单位及其承包商作业过程中发生了142起事故（件），其中包括2起承包商死亡事故（共死亡2人），人员伤害事故86起。事故（事件）的数目较去年同期有所上升，这也反映出随着生产经营活动的作业量增加而成熟承包商数量不足、部分平台、设施的设备老化，存在的隐患未能得到及时治理、作业现场的安全管理依然有薄弱环节等问题。

2006年上半年，总公司领导提出了安全生产“五想五不干”的指示精神，各单位加强宣传贯彻，未发生环保污染事故，但在所属单位及承包商作业过程中出现了一些职业伤害事件，并发生了3起人员死亡事故，其中也反映出作业前应做到风险辨识清楚、安全措施落实到位、配备使用合适的安全工具、创造安全的作业环境、人员具备相应的安全技能等要求的重要性。

二、主要工作措施

（一）管理制度建设和执行文化的促进。2005年1月1日，总公司颁布了《海洋石油总公司重大安全、环境污染责任事故行政责任追究的规定（试行）》，根据“谁主管、谁负责”分级管理的原则对于总公司各所属单位的主管领导在发生了重大安全环境污染责任事故时规定了行政责任追究的管理办法。随后各所属单位也分别以此为基础，制定了各自单位的强化安全生产责任制度，分级细化管理，落实各级领导及单位的安全环境的管理责任，使总公司从最高管理层到基层操作员工把安全责任落实到每个人，使个人从心里明确安全管理与岗位的关系。

在培训和信息管理角度，分别颁布了《中国海洋石油总公司安全监督资质管理办法》和《关于加强总公司HSE月报管理的通知》，并以《加强食品卫生工作的紧急通知》《关于加强爆炸物品、危险物品管理工作的紧急通知》的要求在职业卫生和危险品管理角度予以促进。

为了更好的落实国家的法规和总公司的各项规定的要求，总公司还专门制定了文件执行情况评估表，细化各项规定的落实情况。

（二）管理体系审核和持续改进。在继续推进全系统的健康安全环保管理体系建立的基础上，

总公司在持续有计划地组织各种安全检查和HSE体系审核工作，促进各单位的持续改进，2005年对下属的基地集团进行了HSE体系审核、对东南亚分公司进行了年度审核、对湛江分公司、天津分公司进行了专项的海上油气生产安全管理情况审核；邀请专业咨询公司对总公司各属单位租用的11架直升机进行了专项的年度安全状况审核；在年末公司安全电视电话会后，还组织了对重大危险源和影响较重的位置的突击抽查。总公司级别的审核检查约27次，并参与了国家安全监督管理局海洋石油作业安全办公室组织的多次检查，都取得了较好效果。

（三）贯彻落实安全许可证制度。总公司带头参加了企业负责人的安全生产许可证资格培训、考试。并强调公司各单位要依法取证，相关工作迅速逐级展开。为按时高效的办理安全生产许可证，部门指派专人员配合许可证的申办工作。

利用这一契机，总公司首先对培训的方案进行了系统的策划，并自主编制培训教材，结合海洋石油的特点和管理，在贯彻国家法律法规的基础上，人力宣贯了总公司HSE管理理念、安全文化和各项管理制度，并结合总公司情况，增加了环保管理和职业健康管理的内容，取得非常好的效果。年度内总公司以安办海油分部共举办安全许可证培训班10期，培训生产单位负责人和安全管理人员579人次，下游各单位的企业主要负责人和安全管理人员也积极参加了当地安全生产监督管理部门组织的培训。

各单位按要求及时提交了申请，并逐级接受审查。2005年年底前，申请率达到100%；共取得47份非煤矿山安全生产许可证取证率达到100%；并取得6份危险化学品生产企业全生产许可证，取证率超过50%。在国内各大企业中，申请率、取证率、申报材料的质量均得到国家安全生产监督管理总局有关司局的认可和鼓励。

（四）推进职业健康促进活动。2005年1月31日卫生部颁发了《深海石油作业职业卫生管理办法》，这是继卫生部以卫监督发［2004］110号文批准中国海洋石油总公司在海洋石油行业职业病防治中承担政府的监管职能后，通过法规形式，明确了中国海洋石油总公司设立的海洋石油作业职业卫生监督管理办公室对海洋石油上下游项目职业病防治监管的主体地位。

年度内推动渤海、湛江两大基地建立员工电子档案并运行，已经完成了天津分公司、湛江分公司、海工公司、油服公司员工基本信息及2004年健康体检资料的录入。目前基地集团油建分公司、采技服分公司以及海南化学公司正在着手开展此项工作。约为3 000人建立了电子档案信息。

为了及时应对海上各种突发性应急医疗事件，为员工提供更好医疗保障，上半年对现有的海上平台医疗设备、急救常备药品配置情况进行了调研。从调查情况来看，由于平台新旧、经济状况等不同，医疗设备、人员、药品配备相差较大，而这些差异将对海上急救产生致命影响。因此，总公司着手制定了《海上医疗服务管理规定》（初稿），对于海上医疗、设备、人员资质、急救保障进行了规范。

（五）增大宣传培训力度，加强队伍建设。2005年总公司加大了HSE理念和安全文化的宣传力度，“HSE理念和安全文化”已经成为一门重点课程，在总公司组织的包括部门的培训、新员工培训、各所属单位的HSE会议的场合为各级管理人员讲解。

为了加强现场安全监督的队伍建设，逐步提高其管理水平和素质，颁布了《中国海洋石油总公司安全监督资质管理办法》，明确了总公司对现场安全监督的配备比例要求和资质培训要求，对于安全管理人员将逐步执行资格认定和注册管理制度，并对各所属单位安全监督管理人员配备情况进行了摸底，初步调查情况表明：多数单位已经积极开展人员的配备和培训工作，人员比例已经达到了44∶1的配备。

组织安全管理人员参加国家安全监察员资格培训，全部获得国家安全监察员的执法资格。派员参加了国家安全生产监督管理总局组织的重大危险源管理技术的培训，掌握国家管理重大危险源的新要求。

各单位对于培训工作也非常重视，2005年里，各单位都在专项的HSE培训如体系培训、特殊作业培训、安全生产许可证培训方面做了很多细致的安排。既有内部培训机构做了专业培训，也有邀请外单位专家做的多种培训，其中渤海、湛江两家培训机构年内总培训人数就超过2万人次；总公司直接组织的公司级别相关培训也达到1000人次以上。

（六）继续鼓励信息交流。公司从2005年10月起建立了各所属单位HSE月报制度，要求各单位按月将健康安全环保管理重点工作进展情况、事故情况、统计数据上报，并在内部单位予以分享，使公司和各单位能及时了解到公司各层面的工作情况，分享成果吸取教训。

根据工作专业不同，在公司内部网络上公开交流部分信息，如工作管理结构、重点工作会议情况、培训教材、气象信息等信息，其中2005年内共发布健康信息11期、安全警示35期、环保信息25期；并将公司出版发行的24期良好作业实践、知识手册的电子版放在网络中供内部员工参考了解。

（七）建设项目HSE“三同时”执行良好。2005年协助进行安全预评价报告审查、审核、备案上游建设项目共5项；中下游建设项目共4项。

2006年已经完成非煤矿山建设项目安全预评价报告审查备案共8项。

根据卫生部的授权，总公司下发了职业病危害评价报告的审查程序，并组织审查了浙江LNG项目、CFD11－1项目、惠州炼油项目、锦州21－1项目、乐东项目职业病危害预评价报告，得到卫生部批准，保证了项目符合国家法律要求。

总公司积极参与工程项目的设计施工中的健康安全环保检查和审查工作，2005年内，从海上油气田到陆地的油气等下游项目，参与了40余次的各种项目的基本设计审查、项目论证等工作，使HSE的工作全程介入项目开发与生产过程中，并且开展了油气田投产前环保设施预检查工作，共组织7个项目的预检查。为了及早发现问题，不影响项目按时投产，还通过中间检查及时发现及解决安全环保问题，提前解决，保证项目投产。

（八）加强了事故统计与管理力度。对事故都进行细致的分类统计，并从中的数字、比例发现并提示管理上的重点改进，加强了事件和险情上报的情况；从事故的统计角度促进了管理不安全行为的指导，从领导层也强化事故管理的要求。对于不同类别的事故进行科学统计和与以往记录进行对比。

按年度内召开总公司承包商案例分析会，在会上对于承包商事故进行了综合分析，对发生在生产经营活动中的事故进行剖析，从多方面找原因，找措施，促进各方面管理改进。

（九）危机管理及应急。9月13日，总公司在渤海地区和北京总部联合举行了针对海上油田进行的重大事故的大型综合海上—陆地—总部应急演习。总公司和有限公司两级机关、下属公司、承包商等单位近300人参与了演习方案编制讨论、演习培训和现场演习。演习现场共动用演练了大量的应急设备和资源。这次综合演习在海洋石油系统是规模最大、演习内容最多、应急级别最高的一次。国家安全生产监督管理总局的应急中心和监管一司、国家海洋局和国家海事搜救中心等多个政府部门的相关领导和人员也应邀观摩了演习，对演习情况给予了肯定，总公司机关还专门演练了危机状态下的媒体应对。这也是总公司落实2004年颁布的《海洋石油总公司危机管理》的一大有效举措。各单位在2005年内也在危机与应急管理方面做了很多工作，据不完全统计，年

度内举办各类应急演习超过3 000次。

（十）科研促进及关键技术管理。总公司继续把直升机安全管理措施、潜水作业、吊装及高空作业、设备完整性、安全阀维护、挡风墙的改造及设计规范、无人平台、硫化氢防护、带压堵漏技术和专业环保项目作为HSE关键技术工作，根据这些关键技术工作，从事了多方面的研究，如完成直升机安全审核、平台挡风墙、带压堵漏的专项研究和培训；还组织协调《渤海油田石油指纹库建立的系统研究》；完成《废弃平台环境影响评估导则》（送审稿）。组织完成海洋石油勘探开发重大溢油应急响应能力、薄弱点和对策研究项目。推动编制中国全海域海洋石油开发溢油污染预测软件；组织相关单位对于员工的身体健康、心理健康进行研究的课题海上工作人员心理生理健康状态调研及应对措施。

此外，按照国家安全监督管理总局的要求，总公司还初步完成重大危险源监督管理系统建设。

（十一）推动HSE标准化建设。HSE标准是安全管理的依据之一，既是强制性的、又是指导性的；标准是对设施安全性的最低要求；是规范作业行为的准则；是调查和处理违章事故的依据；也是衡量企业安全管理水平的标尺。

总公司在制定了《海洋石油健康安全环保标准管理办法》，起草编制了含硫化氢油气田钻井推荐作法等标准宣贯材料，在2005年内对《海洋石油直升机检查规范》《海洋石油直升起降培训要求》《FSPO人员安全培训要求》等标准进行审查，还对于《防硫化氢系列标准》《海洋石油环境保护设计规范》《可燃气体探测报警仪检验要求》等标准组织了各单位的宣贯培训，丰富各单位标准的培训与应用。此外，按照国家安全监督管理总局的工作要求，2005年参与制定了《海上石油天然气开采安全规程》，该规程已经于2006年7月组织了讨论稿的再次修订工作。

（十二）以人为本，重视工作外安全。除了加强职业健康管理以外，公司在员工的工作外安全特别是交通安全上做了很多工作，按期召开年度的机动车交通安全管理研讨会，对于公司车辆管理和车辆租赁安全提出管理要求，各单位对员工进行道路交通安全教育和事故案例分析，加强自驾车员工和公车司机遵章守法教育，提高道路交通安全意识，大大减少了道路交通责任事故。

三、下一阶段的重点工作

（一）2006年的健康安全环保工作目标。根据总公司的发展目标，在持续加强HSE管理的基础上，确定了总公司及有限公司的年度健康安全环保工作目标。总公司年度健康安全环保工作目标是：在生产活动中推动健康安全环保管理体系有效运行；不发生重大伤亡责任事故；不发生直接经济损失超过100万元的各类责任事故；不发生小型以上溢油责任事故；全面推进OSHA统计。

有限公司年度健康安全环保工作目标是：在生产活动中推动健康安全环保管理体系有效运行；在公司石油活动中，不发生人员死亡责任事故；职业病伤害及职业病的OSHA统计指标保持在国际油公司中上等水平，低于0.8；不发生小型以上溢油责任事故；不发生单次事故直接经济损失12万美元以上的其他各类责任事故。

（二）2006年的健康安全环保重点工作。配合国家、社会对于健康安全环保及社会责任等多方面的关注，总公司将进一步推进各所属单位健康安全环保工作，主要集中在以下几个方面：一是加强安全监督队伍建设，加大安全管理人员资质培训力度；二是强调科研和标准化的建设，促进HSE的科学管理和规范管理；三是推动合资公司、合作油田HSE管理，明确母公司的管理责任和义务；四是加强对海外业务中HSE管理，明确不同合同条件下的HSE管理模式；五是加强职业健康教育和管理，推动员工职业健康监护管理；六是健全总公司应急响应准备中心，提高各单位的应急和危机处理能力；七是推进清洁生产活动，推动基地污染源治理工作，强化对项目建设过程环保监督管理；八推进体系化管理，完善中下游及工程项目的 HSE 体系建设；九是推动企业落实社会责任，规范行为模式；十是对 HSE 薄弱环节加强专项治理。

继续推进体系化管理和持续改进，从生产管理、职业健康到工作外安全，针对管理、制度、工程项目、操作程序等存在的薄弱环节采取专项审核、专项治理、检查和督促整改等工作加强执行文化、提高安全素质。

中国化工集团公司
2005年～2006年上半年安全生产形势报告

一、安全生产基本情况

（一）企业简况。中国化工集团公司（以下简称“集团公司”）是经国务院批准在原化工部所属企业的基础上重新组建的国有大型企业，2004年5月9日正式挂牌运行，总资产700多亿元，纳入统计的生产经营企业108家，科研设计院所24家，并控股“蓝星清洗”、“星新材料”、“天科股份”等6家上市公司，具有外贸进出口经营权、特殊化学品专营权和外事审批权。集团公司所属企业主要从事化工新材料、基础化工原料、国防化工产品、特种橡胶制品、专用化学品、化工机械、感光材料等领域的产品开发、生产与销售，现有危险化学品生产企业48家，经普查统计，分布在全系统的重大危险源156个。

（二）工伤事故情况。2005～2006年上半年安全生产形势基本平稳：2005年共发生死亡事故3起，造成6人因工死亡。2006年上半年，集团公司系统共发生死亡事故4起，因工死亡4人。所发生的生产安全事故原因主要有以下几个方面：1. 习惯性违章操作；2. 误操作；3. 生产作业现场存在地面物品摆放杂乱、坑孔不平等不安全状况；4. 设备陈旧老化，工艺落后，本质安全化程度低；5. 执行安全生产规章制度不严等。

（三）安全管理的主要措施。集团公司成立以来，认真贯彻落实国家“安全第一，预防为主，综合治理”的安全生产工作方针，严格执行国家颁布的《安全生产法》等一系列有关安全生产的政策和法规，并结合本行业实际情况，在安全生产工作方面采取了以下措施：

1. 建立并完善各项安全生产规章制度。根据国家有关法律法规，集团公司建立并修订了《中国化工集团公司企业安全卫生管理制度》；《中国化工集团公司重大事故应急救援预案》（试行及第二版）；《中国化工集团公司关于加强安全生产管理的规定》；《中国化工集团公司重大危险源管理制度》；《中国化工集团公司安全生产技术管理专家管理办法（试行）》、《中国化工集团公司安全评价管理暂行办法》等安全生产规章制度，使集团公司系统的安全生产管理工作有法可依、有章可循。

2. 建立健全安全管理机构，配备安全管理人员。集团公司总部及全系统各专业公司、所属企业都进一步建立健全了安全生产管理机构，配备了专（兼）职安全生产管理人员，初步形成了横向到边、纵向到底的安全生产管理网络。

3. 签订《安全环保责任书》，落实“一把手”安全生产责任。为了真正体现安全工作由企业行政“一把手”负责，实现集团公司各类重大安全事故为零，有效控制和减少一般事故的安全工作目标，集团公司总经理与各专业公司主要负责人签订了《安全环保责任书》，各专业公司与生产企业主要负责人签订《安全环保责任书》，将企业安全生产情况的好坏与企业主要负责人的经济利益直接挂钩，对安全生产情况好的企业给予重奖，对安全工作业绩差的企业给予重罚，既落实了安全工作“一把手”责任制，也极大地调动了企业主要负责人加强安全生产管理的积极性。

4. 积极开展《危险化学品安全生产许可证》的申领工作。国家安全生产监督管理总局《危险化学品生产企业安全生产许可证实施办法》颁布以后，集团公司领导高度重视，明确提出，总部和所属各危险化学品生产企业都要认真开展《危险化学品安全生产许可证》的申领工作，通过申领过程，改善企业的整体安全生产状况，提高全系统的安全生产管理水平。为此，全系统认真学习有关文件精神，按照文件的要求，组织制定《安全生产责任制》等安全生产管理制度，编写重大事故应急救援预案，积极开展安全评价工作，参加安全培训和考核，使集团公司成为第一个领到《危险化学品安全生产许可证》的中央企业。所属 48 家危险化学品生产企业全部取得了《危险化学品安全生产许可证》。

5. 大力开展安全生产督查工作。为真实了解企业安全生产现状，落实国家和企业有关安全生产的法律法规和制度，改善企业安全生产状况，集团公司系统各专业公司每年组织各种形式的安全生产督查组，到重点企业进行安全生产督察，对查出的安全隐患和管理中存在的问题，提出整改要求。2006 年上半年，集团公司系统内开展各类安全检查活动 1 267 次，查出各类不安全隐患 3 446项，整改了 3 304 项，隐患整改率 95.9%。

6. 认真进行重大危险源普查工作。集团公司所属企业大部分是原国有化工老企业，生产过程具有高温、高压、易燃、易爆、易中毒等特点，且许多产品或半成品属于危险化学品，安全生产管理工作难度很大。为有效防止事故发生，使预防工作做到胸中有数，我们在全系统范围内开展了重大危险源和事故隐患普查工作。通过普查，基本掌握了集团公司现有的重大危险源，建立了危险源档案，为监控和防范重特大事故的发生提供了依据。

7. 进一步完善了全系统的重大事故应急救援体系。由于集团公司系统具有多种危险化学品，易发生各类事故，所以做好应急预案工作是减少事故发生后经济损失和人员伤亡的重要手段。为提高应急处理能力，我们组织有关专家，根据各专业公司重大危险源的危害程度和实际应急能力，修订完善了集团公司《重大事故应急预案》（第二版），要求基层企业编制具有可操作性的应急救援预案，在重点危险化学品生产企业中，已建有应急救援机构 28 个，专职人员共 554 人，能够做到对事故的发生有预测、有预警、有预案，力求一旦事故发生，能够正确处理。

8. 建立了集团公司安全生产技术专家库。为了广泛汲取基层安全生产专家的宝贵意见，做好集团公司安全生产管理工作，我们组建了集团公司第一届安全生产技术专家组，聘任了 26 名安全生产技术专家，在集团公司统一领导下开展系统内的安全生产检查、安全技术咨询、事故调查处理等工作。

9. 开展企业班组安全生产达标和“百日安全生产竞赛”活动。班组是企业安全生产的基层单位，也是大多数事故的发生地，加强班组建设是提高操作员工安全素质和事故处置能力，培育企业安全文化的有效方式。通过在全系统开展班组安全达标活动，大大提高了班组员工搞好安全工作和学习安全知识的积极性，改善了企业基层班组的安全生产管理状况。通过“百日安全生产竞赛”活动，提高了企业做好安全生产工作的积极性，也使企业的每个员工时时处处绷紧安全的弦，做到警钟长鸣。

10. 加强安全教育培训工作，促进企业安全文化建设。通过对集团公司安全生产现状的分析，我们认识到：集团公司全系统生产设备和工艺上确实存在很多不尽如人意的地方，与先进的生产装置相比安全设施不足。但是，就目前来讲，所发生的绝大部分事故都来自于违章、违纪和违规操作。因此，在安全生产管理工作中，目前主要问题是包括企业领导人在内的全体员工，在安全生产理念和安全生产意识上存在较大的差距，对安全工作的重视还不够。为从根本上解决员工安全理念和安全意识不强的问题，公司总经理任建新同志提出在集团公司培养以“热爱生活，珍惜生命，不要带血的利润”为核心的集团公司安全文化。

二、典型的工作经验

（一）引入国际先进的安全理念，开展国际培训交流。集团公司先后邀请美国、英国、德国、日本等国家的安全管理专家到所属重点化工生产企业进行安全生产工作专项调研和交流。通过交流，使我们的管理者和员工对国际上著名化工企业集团的安全生产工作理念有了一定的了解，了解到任何一个企业要达到真正意义上的安全生产，必须经历“自然本能、严格监督、自主管理和团队管理”四个发展阶段，理解了国外大多数企业之所以能够做好安全生产工作，是全体员工对安全生产都具有自发要求，即团队都要有“我要安全”的意识。

（二）聘请国外安全生产管理专家任安全总监。为把发达国家企业的安全理念引入我们的企业，集团公司所属蓝星总公司进行了聘请国外安全生产管理专家任安全生产总监的试点工作，要求安全生产总监深入到重点企业中，了解员工的安全理念、企业的安全管理方式及安全生产设施状况，帮助企业加强安全生产管理。通过外国专家的日常工作和行为，与企业员工进行安全理念上的交流，使企业学到国际先进的安全管理经验和手段。

（三）强化对员工的安全培训。结合本系统的实际情况，积极开展多种形式的安全培训活动，有的开设岗位技能培训班，根据职工岗位不同，对职工进行培训，以提高他们的岗位安全意识；有的在各班组广泛开展安全教育“一日一岗一题”活动，把安全教育工作“化整为零”，变集中培训为分散教育，通过灵活的方式对职工进行日积月累的教育，使员工从事故中吸取教训，克服侥幸麻痹思想，总结经验，自觉要求安全生产。

三、主要问题

（一）企业现行的安全管理存在着“四种”矛盾。一是安全管理与员工队伍安全意识不强的矛盾；二是安全管理与当前经济发展和社会变革的矛盾（国有企业安全人才流失、安全管理人员压力大）；三是中央企业安全管理与地方行政管理上的矛盾；四是安全管理与事故处理方式的矛盾（注重事故的后处理，而处理的对象则注重最基层的员工，很难了解到事故的真实原因，由此容易导致类似事故的重复发生）。

（二）危险化学品生产、储存企业外部安全距离被蚕食的问题比较突出。由于城市发展、基础建设、城市规划等诸多历史遗留问题，居民区建到了化工生产区附近，造成危险化学品生产区与周边居民区安全距离不够，人为形成了一些重大安全生产隐患。多年来企业与有关市安委会、市安监局协调，各地答复都是在城市统一规划时一并解决，但实际上长期得不到解决，因而存在着很大的事故风险。

（三）“三违”及习惯性违章现象仍是事故发生的主要原因。

四、下一步工作措施

（一）严格建设项目的安全预评价和安全验收评价工作。确保新、改、扩建项目不留先天性安全隐患，使其建设之初就具有较高的本质安全程度。

（二）积极开展在用生产线的现状安全评价。通过现状安全评价查找在用生产线设备设施及安全管理与现行标准的差距，进而进行整改完善，消除事故隐患，提高在用生产线的本质安全程度。

（三）推动企业建立HSE管理体系，与国际安全环保管理标准接轨。同时，把企业行之有效的“党政工团齐抓共管的安全保障体系”与HSE管理体系融合起来，形成人人关心安全、处处注意安全的全员、全过程安全管理局面。

（四）坚持执行企业日常性安全检查、季节性安全检查及上级专项安全抽查相结合的安全检查制度。通过日常性安全检查，监督生产作业现场的日常工作，及时整改事故隐患并纠正“三违”现象；通过季节性安全检查，提醒员工在换季时要保持健康的身体及良好的情绪，减少误操作；通过上级安全专项抽查，帮助企业查找安全管理的死角及盲点，消除安全管理工作的薄弱环节，并给予安全工作上的指导及安全文化的传播。

（五）严格进行“三级”安全教育培训。坚持做好的“新工人入厂三级教育”、“特种作业人员教育”、“变换工种教育”、“中层以上干部教育”、“复训教育”、“班组长教育”、“全员教育”等八种安全教育培训。集团公司及各专业公司安全生产管理人员接受国家安监总局的安全资格培训；各专业公司对所属企业的“行政一把手”、主管安全的副厂长及安全生产管理人员进行安全教育培训；企业对全体员工进行安全生产技能培训及遵章守纪培训，特种作业人员接受地方专管部门的专业技能培训及操作实践培训等。

（六）继续深入开展班组安全达标活动。在安全班组建设中开好班前、班中、班后安全分析会。要求企业的每个生产班组在上班、换班、轮班、值班时，抽出时间研究讨论、检查生产过程中的工艺安全、设备安全、现场安全、人员安全、安全操作规程及安全生产规章制度的执行情况等，及时消除安全生产隐患，并对安全管理及安全技术提出有关改进措施，通过班组安全达标活动促进安全生产工作上水平。

（七）做好危险化合品企业“清净下水”工作。在沿江河湖海危险化学品企业事故状态下“清净下水”应急处置措施落实后，逐步建立企业的污水排放和事故状态下“清净下水”统一排放和处理系统，使现有装置能够得到充分的利用，并建立解决事故状态下“清净下水”污染问题的长期装置。

（八）继续建设健全规章制度。要求所属企业随着项目建设、技术改造后出现的新工艺、新技术及生产产品种类的增加，必须及时修订和完善各工种安全操作规程、安全生产规章制度等，并编制成册，发到每一位员工手中，要求做到应知应会，全部达标。

（九）加强各单位的危险化学品的运输管理。要求各企业严格按照国家的《危险品运输安全管理》有关规定执行，绝不允许出现雇佣非法运输单位或个人运输企业的危险化学品、瞒报货物名称等非法行为。

（十）建立起安全生产管理信息系统。以信息化手段登记、监控重大危险源；逐步完善重大事故应急救援体系，要求具备条件的企业定期进行《应急预案》演练。

中国铝业公司
2005年～2006年上半年安全生产形势报告

中铝公司成立以来，以对员工负责、对环境负责、对子孙后代负责的态度，积极汲取国内外职业健康和环境保护工作的经验，以极大的热忱做好员工健康、安全和环境的保护工作。在遵守国家和当地职业健康和环境保护法律、法规要求的基础上，公司以创建一流的职业健康和环境保护绩效为目标，积极履行相关内容，至今没有发生一起重大职业健康安全责任事故或重大环境污染责任事故，有多家成员企业被授予“绿色企业”称号，“非煤矿山安全生产管理”等一些成功做法得到国家有关部门认可并在全国推广，良好的职业健康安全绩效和环境保护绩效受到国家发改委、国资委、国家安监总局、国家环保总局等部委的表彰，也得到员工和社会的广泛好评。

一、明确安全生产工作方针目标，健全组织机构和管理体系

在中铝公司，每年度下发的第一个文件，是《安全生产工作要点》。我们的这一做法基于这样一种理念：人的生命至上，保护员工的职业健康安全、保护环境是公司生产经营的前提。

公司成员单位分布在全国13个省（直辖市、自治区）。公司的生产领域多数分布在风险较高的行业，包括矿石的采选、公路铁路运输、冶炼、加工、建筑施工以及化工、电力生产，涉及高温、高压、强腐蚀、大电流、强磁场以及危险化学品的生产和使用。其中，氧化铝、电解铝生产属连续化作业，工艺条件复杂、技术条件苛刻，需要生产、储存、使用煤气、氧气、天然气等危险化学品。这些情况使公司的职业健康和环境保护工作极具挑战性。

（一）工作方针与目标。“员工就是财富，安全就是效益”，本着这样的价值观，公司制定了职业健康安全和环境保护的工作方针：以人为本，立足防范，持续改进，构建和谐中铝。

遵循这一方针，中铝公司郑重承诺：遵守所在国家和地区关于质量、职业健康安全和环境保护的法律法规及其他要求；将质量、职业健康安全、环境问题作为公司经营管理的重要内容；实施QHSE培训，培育QHSE文化；所有员工都遵守公司QHSE方针，所有员工行为都符合规范，QHSE绩效列入全员考核；关注相关方的权益；推行清洁生产，发展循环经济，创建节约型企业；认真履行社会义务，建立良好的社区关系；向社会坦诚公布我们的QHSE绩效；持续改进。公司认为，所有的事故都是可以避免的，公司积极致力于实现零事故、零伤害、零污染。

（二）主要工作。公司在总部、各成员单位(含中国铝业各分公司)、厂(矿)三级管理机构分别设立职业健康安全和环境委员会，作为各级职业健康安全和环境保护工作的管理机构。中铝公司总部职业健康安全和环境委员会由公司总部党组成员、各部门主要负责人、各成员单位主要负责人(董事长、总经理、经理、厂长)组成，委员会主任由公司总经理担任。截至2004年年底，公司共有专(兼)职安全管理机构132(178)个，专(兼)职安全员1 055(3 620)名，占职工总数的9.1‰(31.2‰)。

（三）管理体系建设。QHSE管理体系的纲领和行动准则，是中铝公司成员单位实施和持续改

进质量管理体系、职业健康安全管理体系和环境管理体系的指导性文件之一。这项工作的出发点是，广泛宣传遵守法律法规的重要性和公司依存于顾客、依存于员工、依存于社会的观念，建立起一个主动守法和满足顾客需求、满足员工职业健康安全要求、满足社会环境要求的渠道。

从2004年开始，中铝公司按照《质量管理体系要求》、《职业健康安全管理体系规范》和《环境管理体系要求及使用指南》规定的标准，在全公司范围内推行质量、职业健康安全和环境管理体系的整合、认证工作。

2005年11月16日，中国铝业股份有限公司获得了国际认证联盟等单位颁发的“卓越管理组织证书”。截至2005年12月，除5家单位因机构整合未完成体系建设外，公司总部和其他成员单位（含中国铝业各分公司）全部建立起了质量、职业健康安全和环境管理体系，并通过了方圆标志认证中心、中国质量认证中心、国际认证联盟（IQNet）颁发的体系认证证书。

二、高度重视职业健康

中铝公司高度重视职业病防范和治疗工作，积极贯彻“预防为主、防治结合”的方针，依法开展职业病防治工作，切实保护劳动者的健康权益。

具体做法是：公司按计划开展职业健康体检；对职业病患者，先告知本人及所在单位，然后由所在单位的人力资源部和安全环保部门联合下发调整职业病患者岗位的通知；将患者调离原岗位，安排在基本不接触或接触有毒有害作业时间短的岗位；安全环保部门对职业病患者建立档案，上报中铝总部安全环保部及地方职业卫生监督部门。

（一）开展的主要工作。

（1）宣传教育。公司加大力度宣传职业病防治的有关知识，让劳动者了解本企业的生产特点、职业病危害和防治常识，增强劳动者的基本防护技能。同时还加大《职业病防治法》、《使用有毒物品作业场所劳动保护条例》等法规的宣传力度，切实让员工了解国家法律赋予的各项权利以及如何有效地维护自己的合法利益。

（2）完善制度，加强管理。为预防、控制和消除职业危害，公司各成员单位结合自身实际，不断完善规章制度。

中国铝业股份有限公司制定的《职业健康管理制度》规定：

——企业设置职业健康管理机构，配备专职或兼职工作人员。

——新建、改建、扩建项目的职业健康设施要做到“三同时”，即与主体工程同时设计、同时施工、同时投入生产和使用。

——人力资源管理部门在与员工签订劳动合同时，要将岗位的职业危害因素如实告知员工，内容包括：工作过程中可能产生的职业病危害及其后果，职业病防护措施和享有的待遇等，并在所签合同中写明。

——尽量采用有利于职业健康防治和保护劳动者健康的新工艺、新技术和新材料。对确实需要使用但存在职业危害的设备和材料，采购部门应向供应方索取其成份、性能、安全操作规程、维护和使用方法及相应的防护、应急措施。

——各单位要定期监测工作环境中有害因素的浓（强）度，建立监测档案。发现工作环境中有害因素浓（强）度超过健康标准时，要查明原因，采取有效的防护措施。

——不得安排有职业禁忌的劳动者从事其所禁忌的作业；不得安排未成年工从事接触职业危害的工作；不得安排孕期、哺乳期的女工从事对其本人和胎儿有危害的工作。

——各单位要为接触职业病危害因素的员工提供必要的防护用品，并教育员工正确使用。

(3) 消除或减少职业危害的努力

——粉尘治理　2002年以来，中国铝业股份有限公司在粉尘治理方面做了大量工作，使作业环境的粉尘污染状况得到改善。2005年，中国铝业股份有限公司委托湖南有色冶金劳动保护研究院对所属8个分公司及郑州研究院呼吸性粉尘危害情况进行了调查与评价，以全面评价所属单位产尘岗位的粉尘及其对工人健康危害状况，为粉尘监测管理及粉尘治理提供可靠的依据。

——噪声治理　近年来，公司部分企业开展了遏制噪声工作，以减少对员工听力的损伤。2005年，中铝股份贵州分公司为氧化铝厂烧成车间3台煤磨、熟料溶出车间3台溶出磨安装了隔声罩。结果表明，熟料车间噪声≤85 dB (A)，烧成车间煤磨作业场所噪声低于91 dB (A)，分别达到《工业企业噪声卫生标准》提出的要求。

——高温作业的健康保障　在中铝公司，员工在锅炉、电解槽、煤气发生炉、氧化铝压煮器等发热设备工作面操作、巡检与维修，都属于高温作业。公司对高温作业职工的身体健康采取的保障措施有：①改善作业面的工作条件。如把电解槽等的底座设计成高于地面一个楼层的高度，使每台电解槽都处于良好的通风状态；在高温工作区装配鼓风机或空调，加大空气流通量等。②缩短员工在高温区持续工作时间。③发放高温保健食品，如清凉茶、绿豆粥等。

(4) 健康体检　中铝公司按照《职业病防治法》的规定，对接尘人员每两年体检一次，对已检查出的尘肺病人和尘肺观察对象每年体检一次。

（二）职业病情况。一些成员单位的职工医院对铝行业涉及的职业病成因和防治方法长期进行着研究，尽管付出了较大努力，但目前在生产现场工作的员工仍不能完全免除职业病的危害。从各年度职业病种类及患病人数的统计情况看，2004年以来，公司的职业病患病人数呈现了上升趋势。这一不幸现象产生的主要原因是部分生产场所工作条件未及更新，另外的原因是这些数据中增加了公司新近并购企业的统计数字。

三、加强安全管理

安全是人的基本需求。安全生产是以人为本理念的最基本要求和最集中体现。安全生产事关员工的生命，事关企业生产稳定的大局，也关系到中铝公司的生存和发展。

中铝公司认真贯彻国家制定的《安全生产法》和《国务院关于进一步加强安全生产工作的决定》等文件精神，始终把安全生产工作作为一件大事来抓。工作的落脚点，是培养员工的安全意识，规范员工的作业行为，提升员工的安全技能。安全意识、安全规程、安全技能，三者共同织就安全管理的防护网络。

（一）开展的主要工作。

(1) 加强安全生产考核，落实安全生产责任。公司坚持“谁主管、谁负责，谁签字、谁负责”的原则，严格落实安全生产责任制，全面推行安全生产目标管理，自上而下签订安全环保责任书，自下而上做安全承诺，实施安全风险抵押，形成了完备的安全责任制体系。

2004年，公司重新修订了《安全生产考核办法》。规定：发生重大安全生产事故，否决事故单位领导班子年终绩效；发生1～2起工亡事故，扣罚事故单位领导班子年终绩效5～15分；要求各企业千人负伤率控制在1‰以内。

在安全管理上，公司强调必须要有铁的心肠、铁的纪律和铁的手段，“宁听骂声，不听哭声”。公司坚持所有事故及违章都要统计上报，按照“四不放过”原则进行处理和考核，并在全公司通报。2002年以来，共有6名所属企业负责人因安全生产事故受到通报批评以上处分，10名高级主管受到行政警告及以上处分。

（2）安全生产标准化。安全生产标准化是一项以安全生产为中心的企业标准化体系。中铝公司成立以来，把安全生产标准化建设作为安全生产工作的一项重要内容，并努力将其融入到职业健康安全和环境管理体系之中。为推进此项工作，制定了《中国铝业公司安全生产标准化管理规范（试行）》。目前已有10家企业通过了公司验收，被授予“安全生产标准化工厂”称号。

（3）安全检查及隐患治理。公司每年至少组织一次全公司范围的安全生产大检查。其余层面为：企业每季度一次，节假日期间组织专门检查；分厂（矿）每月至少一次；车间每周至少组织一次，班组实行班班安全检查。对安全生产检查中查出的问题必须按“三定四不推”（定时间、措施、负责人员，个人不推班组、班组不推工段、工段不推车间、车间不推厂部）的原则，限期整改；对重大隐患暂时不能解决的，制定出切实可行的防范措施。2002年以来，中国铝业各分公司已累计投入21.28亿元，用于系统地消除锅炉、压力容器、电气系统、建筑物等方面的安全隐患。

（4）传输安全理念，营造安全文化氛围。中铝公司注重安全生产理念的宣传和安全文化建设。在公司指导下，各单位积极开展安全生产月、安康杯竞赛等活动，还通过升“安全旗”、安全知识竞赛、安全演讲比赛、安全签名等形式，烘托安全文化氛围，提高员工的安全意识。2004年6月，公司组成了由23名员工参加的巡回演讲团，赴各成员单位进行了安全生产宣传。

（5）安全生产教育培训。安全生产的关键在于人，中铝公司始终把提高人的安全素质作为安全生产管理最有效的手段。

——除所属企业的相关领导和安全管理人员都接受过安全管理部门的培训外，中国铝业公司的相关领导也参加了国家安全生产监督管理总局举办的培训，并取得了资格证书。

——公司有48 650人次特种作业人员取得“特种作业证”，做到100%持证上岗。

——建立了四级安全教育培训制度，对新入厂人员及转岗人员按制度进行培训。

——公司每年用于安全培训的费用在2 000万元以上，每个员工培训时间不少于16小时/年。

——公司及所属企业多次举办职业健康安全管理体系内审、外审员培训班。全公司已有162人通过注册安全工程师资格考试，初步建立起一支职业化的安全生产专家队伍。

在建立和运行HSE管理体系中，公司共确定了各类重大危险源279个，制定了相应的应急救援和事故处理预案，并有针对性地分别开展演练，使安全生产事故应急救援体系初具规模。

（6）安全生产“三同时”。中铝公司对新建、改建、扩建项目，严格按照“三同时”的要求，做到安全设施与主体工程同时设计、同时施工、同时投用。对于重大项目在可行性研究阶段、设计过程、竣工过程，分别请有资质的中介机构和专家，对于安全问题进行严格的评价、设计、验收。

（7）以班组为重点，加强基层和基础工作。中铝公司始终认为，生产、检修、施工等现场管理和班组安全生产管理，是安全生产工作的重中之重。2004年，中国铝业股份有限公司制定《中国铝业股份有限公司关于创建“无伤害班组”活动的指导意见》，以无伤害为目标，在各分公司认真开展创建活动。2005年，该公司3491个班组中，有2 335个达到无伤害班组标准，达标率为66.89%，取得了阶段性成果。

（二）安全生产绩效。经过不懈努力，中铝公司的十万人死亡率、千人负伤率基本呈现下降的良好趋势。根据统计资料，美国和欧洲1997年以后制造业10万人死亡率在3～4之间，与之相比，中铝公司的10万人死亡率在1.04～4.31之间，处于欧美平均水平。根据2000～2002年统计资料，我国10万人死亡率在8.27～10.85之间。与国内相比，中铝公司处于领先水平。

中国华电集团公司
2005年～2006年上半年安全生产形势报告

一、安全生产总体情况

2005年以来，中国华电认真贯彻落实党中央、国务院以及国家有关部委关于安全生产工作的一系列指示和部署，以科学发展观为统领，坚持“安全第一，预防为主，综合治理”的方针，坚持以人为本，坚持安全发展，突出“安全是第一责任，安全是第一工作，安全是第一效益”的企业安全理念，以高度的责任感、使命感和紧迫感，不断强化安全生产工作。未发生重大及以上人身事故和设备事故，未发生火灾事故。82家发电企业中有30家实现了安全生产2 000天。

二、安全生产主要工作

（一）坚持“三个第一”，安全生产管理工作进一步得到加强。公司党组不断加强组织领导，强化措施落实，召开专题会议，研究和部署安全生产工作。每月组织召开经济运行分析会议，及时解决安全生产存在的问题；每季度由集团公司总经理召开一次集团公司安全生产委员会会议，听取安全生产工作汇报，分析研究安全生产新形势，解决新问题。各单位认真实践“三个第一”的安全理念，及时布置、开展季节性安全生产大检查、防汛和大坝安全工作，制定、落实防汛方案和应急预案，发现、消除大量设备缺陷和事故隐患。

（二）全面落实安全生产主体责任，安全生产保证体系和监督体系不断得到巩固和加强。一是落实安全生产责任制。2005年开始实施《中国华电集团公司企业领导人员经营业绩考核暂行办法》，进一步细化安全考核指标，极大地调动了各级领导人员抓安全生产工作的积极性；2006年制定了《发电企业典型岗位安全生产责任标准》，围绕安全生产工作目标，强化“一级包一级、一级保一级”的安全生产包保体系以及“横向到边、纵向到底”的安全生产领导责任制和各级人员工作责任制，安全责任体系不断得以完善。

二是强化安全生产目标控制措施。在公司系统形成了集团公司、分支机构、企业三级安全网；在企业内部形成了部门安监人员、车间安全员、班组安全员组成的三级安全网。

三是加强安全监督体系建设。发布实施《中国华电集团公司发电生产事故调查规程（试行）》，按照“四不放过”原则，加大安全生产责任追究工作力度。发布实施《中国华电集团公司反违章管理指导意见》，纠正安全生产工作中存在的作业性违章、装置性违章和指挥性违章现象，以“三铁”反“三违”，将反违章工作不断引向深入，以“零违章”确保“零事故”。

四是采取积极措施，遏制重特大事故发生。认真开展安全专项检查和整改工作。加强在建项目的安全管理，确保基建安全；规范重大危险源管理，开展重大事故隐患排查和整治工作；加强临时用工和对外发（承）包安全生产管理，严格“两票三制”，加大安全检查整改力度。

（三）努力构建安全生产长效机制，加快建设本质安全型企业步伐。中国华电以建设本质安全型企业为目标，以巩固安全生产机制建设，巩固安全生产标准化建设，巩固安全生产技术支撑，巩固安全生产文化支撑为主线，突出管理创新、机制创新和手段创新，努力构建安全生产长效机制。

一是完善安全生产规章制度。修订、发布《中国华电集团公司电力生产安全工作规定（A版）》和《中国华电集团公司电力生产安全工作奖惩管理办法（A版）》等8个规定和办法，突出安全生产主体责任，为建立安全生产长效机制奠定了基础。

二是安全质量标准化工作不断深入。编制出版《发电企业生产安全设施配置标准》和《发电生产典型作业潜在风险与预控措施》，作为安全质量标准化工作的基础性、规范性要求，规范了安全生产。

三是加大安全投入，提高设备本质安全水平。将检修技改费用重点使用在防人身伤害措施和设备安全方面，保证了设备安全可靠运行，有效预防了人身事故的发生。

四是与专业院所合作，研究探索建立长效机制的途径和有效方式；在公司开展安全质量标准化工作试点，不断积累经验，推动长效机制工作向纵深开展。开展NOSA管理体系试点，组织内蒙古公司先后赴国华电力、东郊热电厂、福建湄州湾进行NOSA安健环体系调研，与NOSA管理咨询公司进行了沟通衔接，积极探索安全生产管理新机制。

五是加强应急救援体系建设。加强应急救援制度建设，健全了集团公司、分支机构、基层企业、车间、岗位五个层次的应急救援体系。

六是以文化人，“大安全”格局进一步巩固。开展群众性安全活动，通过大力进行安全文化建设，向员工宣传先进的安全理念，培养正确的安全价值观，灌输科学的安全知识，努力为加强安全生产工作提供精神动力、智力支持和良好的舆论氛围。

（四）发挥集团管理优势，加强防汛和大坝安全工作。一是加强防汛和大坝安全的组织体系建设工作。与中国水利水电科学研究院联合成立“大坝安全协作网”，讨论并通过了《大坝安全协作网章程》及华电集团第三轮大坝安全定检计划。标志着中国华电的大坝管理工作将步入系统化、科学化、横向协作的轨道，为大坝安全管理提供有力的技术支撑和保障，大大促进大坝安全管理工作。

二是加大安全投入和技术改造。2005年以来，共安排资金2 700万元对大坝进行补强加固，大大提高了大坝的安全性。

三是汛前抓好组织落实工作。结合气候情况和防汛重点工作进行全面部署，对重点单位进行抽查，指导协助解决困难和问题。按照《防汛检查大纲》的要求开展防汛检查工作，做到了领导到位，组织到位，工作到位。在各方面的共同努力下，保证了公司系统大坝和发电设施的安全度汛，并取得了良好的经济效益。

四是切实做好汛期的机组安全满发和防汛工作。各单位加大了设备治理力度，超前做好汛期事故预想和应急准备工作，认真落实保人身、保设备、保电网的各项措施，积极做好防大汛、抗大灾的准备。

（五）以人为本，抓好安全教育培训，提高员工安全素质。一是加强对安全生产主要管理人员培训。每年的3月份，中国华电都要邀请国内知名专家、学者，借助视频会议系统举办安全生产决策者和管理人员专题培训。各分支机构、各发电企业的行政正职、分管副职、安全生产部门主要负责人全部参加培训并进行考试。各分支机构组织对所属发电企业的主要管理人员进行抽考，目前已累计培训、考试3 000余人次。

二是推广开展注册安全工程师执业资格认证、注册工作。华电集团申请设立部门注册管理机构，在公司系统开展注册安全工程师执业资格考试，通过系统培训，提高基层广大安全监督管理人员以及工程技术人员的政策水平、理论水平和事故案例剖析能力。

三是抓实常规培训，带动企业安全生产水平的提高。主要通过开展安全讲座、分析事故案例、安全知识竞赛等灵活多样的培训形式，对职工进行了安全教育。充分利用“全国安全生产月”的大好时机，对各级安全生产人员分层次、分阶段组织开展安全生产有关法律法规、条例以及电力行业和集团公司各种管理规定、规章制度的学习、教育和培训。再次，积极培育“以人为本，安全第一”的安全文化，提高其知法、懂法、守法、护法的自觉性。

四是通过举办专题培训，提高员工安全生产水平。2005年以来，中国华电先后举办了6期安全性评价标准培训班，共计460余名参培人员全部取得了合格证，具备安全性评价资格，成为华电集团安全性评价工作的主力军。

（六）开展安全性评价，进一步夯实安全基础。中国华电在制定《发电企业安全性综合评价标准》和《查评依据》、《中国华电集团公司发电企业安全性评价工作管理规定（试行）》，开展“以点带面”试查评的基础上，把安全性评价作为发挥管理优势的重要手段，在公司系统全面开展安全性评价工作。由19名火电安全性评价专家和12名水电安全性评价组成的专家组，按照“区域查评、以老带新、新老结合”的模式，实行动态动管理，完成了公司所属65家发电企业的专家查评，形成了一支460多人的安评专家队伍，为公司系统不断深化安评工作储备了人才。

三、目前存在的主要问题

1. 个别单位的领导对“安全发展”的内涵理解不够，对“三个第一”的安全理念没有深刻领会，“安全第一”的基础地位不够突出，抓安全生产的精力投入不够，致使对安全生产缺少研究，有些措施落实不到位，造成在安全工作中还存在薄弱环节，留有事故隐患。

2. 个别新机单位安全生产组织、指挥系统不完善，对外委托运行、维护工作存在管理真空，不能实现闭环。部分单位对生产准备工作重视不够，不能按定员组织生产，人员培训严重不足；安全生产责任制落实不到位，分工不明确，不能尽快实现从基建到发电生产的平稳过渡。

3. 一些工地的施工方、监理单位抓安全生产的力度难以满足业主要求，分包协作队伍素质相对较低，安全教育缺乏针对性，人员安全观念淡薄，个别建设单位施工现场安全监督人员配备不齐全、工作不到位是事故发生的重要因素。另外，个别基建单位工程安委会的作用和业主安全管理职责未全面有效发挥。

4. 公司系统老小机组安全设施投入相对不足，设备老化，事故隐患较多。安全性评价查出问题整改工作中，主要受资金影响，重大问题的整改率还达不到集团公司的要求。

四、进一步做好安全生产工作的一些设想

（一）注重引导，编制集团公司“十一五”安全生产规划。结合集团公司“十一五”规划的修订，把“安全发展”的指导原则纳入企业发展的总体战略，加强安全生产导向作用，唱响安全发展，建设安全和谐型企业。加强防范，抓好“安全第一、预防为主、综合治理”方针的落实，注重以科技、投入保证安全，逐步提高本质安全水平，实现安全生产“可控、在控”。

（二）强化管理，推动各级安全生产责任制的落实。切实加强对安全生产工作的领导，精心组织，周密部署，确保安全生产。企业是安全生产的责任主体，建立、落实各级一把手负责制，建

立安全生产分级监督工作体系。强化日常管理，认真开展安全质量标准化工作，真正把安全生产责任落实到各个环节、各个岗位、每个员工，不断加大查处安全生产违法、违章行为力度。

（三）加强试点，推进安全生产管理工作上水平、上台阶。进一步做好 NOSA 管理体系的试点工作，深入开展安全质量标准化工作，不断推进安全生产的机制创新和手段创新。加强对安全管理不够规范、基础不够牢固的单位进行重点监督、检查和指导，落实责任，限期解决。

（四）突出重点，继续抓好生产准备和新机稳定工作。健全机构，抓好生产准备工作计划的制定、执行、效果检查等工作；加强新机安全生产人员的培训；结合投产达标工作，抓好新机安全设施“三同时”的落实，开展建设项目安全设施竣工验收工作，抓好已投产单位尾工整改工作落实，规范安全生产管理，优化提升机组性能，尽快实现新机稳定和经济运行。

（五）抓好落实，全力做好迎峰度夏工作。针对电力迎峰度夏的特点，督促各级电力企业全力以赴，加强协调，各项措施及时到位。精心做好发电设备的检修维护工作，确保发电机组在迎峰度夏期间良好运行。抓好燃料、防汛、防台工作，做到准备充分，措施有力，确保大坝安全，确保安全度汛，顺利完成迎峰度夏各项任务，实现企业和社会效益的双赢。

（六）规范管理，进一步夯实安全生产管理基础。一是继续督导安全生产管理人员到位，并加强培训，指导制度建设，规范工作，有效发挥作用。二是加强技术监督和可靠性管理，充分发挥动力中心作用，推动集团公司技术监督服务全面起步，重点推进点检定修管理工作的实施。三是持续做好营运改善工作，抓好节能、降耗管理，进一步降低煤耗。四是抓好安全标准、规范的制定和推广使用工作，推进安全生产长效机制的不断完善。五是加快建立电力安全应急管理体系，不断完善预案，提高应对突发事件的能力。六是全面开展“安全性评价”整改复查工作，进一步提高风险防范和控制能力。七是改善和加强交通安全管理，遏制事故的发生。三是加强电力建设施工安全管理，推进建设项目安全生产工作的规范化和标准化，提高建设项目的安全水平。

（七）源头治理，加强安全评价工作。华电集团安全性评价复评工作已全面展开，这是落实“安评整改年”的重要举措。同时，在公司系统各建设项目开展安全设施竣工验收评价，切实提高企业本质安全程度。

（八）全面推进，加强安全文化建设。宣传普及安全法律和安全知识，进行安全培训和教育，深入开展反“三违”（违章指挥、违章操作、违反劳动纪律）工作，提高员工的自我保护意识、遵章守纪意识和安全操作水平。营造“遵章守法，关爱生命”的舆论氛围，推动集团公司安全生产形势稳定好转，营造良好的安全生产舆论支持。

中国冶金科工集团公司
2005 年～2006 年上半年安全生产形势报告

一、集团 2005 年安全生产工作简要回顾

2005 年以来，集团各子公司认真贯彻落实党中央、国务院关于进一步加强安全生产工作的指示精神，认真贯彻执行集团关于抓好安全生产工作的各项要求，不断完善企业安全生产管理规章制度建设，充实和加强安全生产管理队伍，加强施工现场的安全管理，增加安全投入，加强现场的安全检查力度，安全生产形势有了新的好转，2005 年全集团共发生安全责任事故 133 起，与上年同期相比减少 13 起，下降 8.9%；重伤 17 人，比上年减少 4 人，下降 19%；轻伤 101 人，比上年减少 19 人，下降 16%。我们的主要做法是：

（一）召开施工现场安全会树立安全样板。为了确保安全生产，集团根据施工高峰即将到来，易出现事故频发的客观规律，于 2005 年 3 月份在上海召开了各子公司驻沪办事机构和施工单位的安全生产现场会。会议集中分析了上海地区的安全生产形势，各单位交流了工作经验，认真查找存在的问题。集团公司紧密结合上海地区集团子公司相对集中，所承揽项目的规模都比较大，安全管理工作有一定难度等特点，有针对性地就上海地区的安全生产工作进行具体部署，提出具体要求。为了抓好集团安全生产的本质管理，推行安全质量标准化，集团于 2005 年 10 月份在山东青岛华冶分公司召开推广施工安全质量标准化管理的现场会，推广华冶实行施工现场标准化管理的经验。集团随后将推行安全质量标准化管理比较突出的二十冶宝钢 1880 热轧项目也树为典型。这个工地自开工以来，既将安全质量标准化管理融入日常项目管理之中，各项指标都得到有效控制，受到各方面好评，在宝钢地区树立了全新的安全管理形象。集团将以上两个典型项目授予为 2005 年中冶集团安全质量标准化管理示范工地，在全集团大会上进行颁奖表彰。榜样的力量是无穷的，两个样板工地的推出对 2006 年中冶集团安全质量标准化管理必将起到积极的推动作用。

（二）组织开展安全生产大检查，杜绝安全隐患。开展安全生产大检查，是我们目前抓好安全生产工作的重要手段之一，是安全管理部门了解施工现场实际情况，有针对性地开展安全生产管理工作的重要途径。根据集团的要求，各单位结合项目进展情况，积极组织开展了安全生产自检和现场巡查活动，对重点地区和重点项目加强了现场检查密度，有效地控制了安全事故的发生。集团公司 2005 年共组织了 3 次规模比较大的安全生产大检查活动，并将检查情况在全集团通报。从几次检查的情况看，多数施工单位的领导对安全生产工作是重视的，一些公司主管安全的领导和项目经理都积极参与检查，并认真听取了检查组对检查情况的讲评，对检查中提出的问题进行认真整改。除了集团组织的安全生产大检查外，各子公司也加大了检查力度，多数子公司主管安全工作的领导都积极参加了安全检查，通过上下多次检查，现场违规、违纪现象明显减少，职工的安全生产意识有所提高，现场的安全管理工作得到了进一步加强。

（三）积极开展“三标一体化”的认证工作。《安全生产法》和《建设工程安全生产管理条例》

开始实施以后，各子公司用不同的形式进行宣传贯彻，举办了各种形式的学习班。特别是施工企业，一方面要参加地方组织的三类人员上岗证的培训考试，另一方面在已经取得安全生产许可证的同时，还要搞好“三标一体化”的认证工作，任务是繁重的。但是各企业安全生产管理部门克服了困难，圆满完成了任务。到目前为止，多数企业都完成了“三标一体化”的认证工作，一些以设计为龙头的总承包企业也积极开展了项目经理及安全员的培训取证工作。同时为了提高集团总部安全生产管理人员的专业技术水平，集团公司总部组织20多名项目经理和安全员参加了由建设部组织的安全生产培训。通过这些培训，进一步提高了项目负责人、安全生产管理骨干人员的专业素质，对加强安全管理工作起到了重要作用。

（四）加强安全生产管理基础工作。集团一贯重视和强调加强日常安全生产管理基础工作。各单位根据集团的要求，细化了日常的管理工作，定期召开会议。各施工企业每年年初的第一个工作会议基本上都是安全生产工作会议，提早部署全年安全生产工作，研究和分析企业内部的重大安全生产问题。同时加强了日常检查督导，狠抓安全生产基础建设，制订和完善了企业内部管理办法或在工程承包中的安全生产规章制度。集团修订颁发了“中冶集团安全生产管理办法”，进一步落实安全生产责任制，有效保证了安全生产工作的开展。

（五）进一步落实安全生产专项整治措施。根据建设部和国家安监总局的要求，积极开展专项整治工作。为了更有针对性、更有效地防止各类事故的发生，集团在安全工作会上和多次安全检查中，与从事安全生产一线工作的同志认真分析了安全生产事故产生的原因和建筑施工的特点。通过分析发现：高处坠落、脚手架及土方坍塌、机械伤害这三类事故发生频率最高。因此，集团将这三类事故的防范作为专项治理的内容，在安全投入、安全检查、日常管理中都把这三项内容作为重点，有效地防范了事故的发生。

二、集团2006年安全生产工作要点

2006年是集团“二五”规划实施的第一年，安全生产工作肩负着更加重要的责任。集团2006年安全生产工作的总体要求是：以“三个代表”重要思想为指导，认真贯彻集团创新提升发展战略，认真落实科学发展观，努力构建和谐企业。坚持安全第一、预防为主、综合治理，落实安全生产责任制，强化企业安全生产责任，健全安全生产管理体制，提升安全工作管理能力，采取有效措施，稳步推进安全质量标准化工作开展，把中冶集团的安全生产工作提高到一个新的水平。根据总体要求，全年要重点做好以下工作：

（一）认真贯彻全国安全生产工作会议精神，进一步提高对安全生产重要性的认识，牢固树立“安全第一”、“安全责任重于泰山”的思想。安全生产是企业永恒的主题，我们将以对党、对人民、对社会、对企业高度负责的精神，紧紧抓住建筑施工中关系员工生命安全的突出问题，强化治本，着眼长效，扎实工作，切实加强安全生产工作。

（二）做好境外分支机构和工程项目上的安全工作。进一步建立和完善国外项目安全生产管理机构，配备人员，完善制度，堵塞漏洞；进一步健全安全防护和应急救助机制，一旦遇到风险和事故，能够及时进行救助和事故处理；进一步教育境外员工加强安全防护和反恐意识，确保境外工作的顺利进行和施工人员的生命安全。

（三）积极推进安全质量标准化管理，从事故源头抓起改变施工现场管理粗放的局面。集团公司于2005年下发了《关于开展施工安全质量标准化活动的指导意见》，2006年是具体贯彻实施的第一年，工作的重点是抓典型，树样板。集团公司要求各施工单位下半年必须拿出1—2个样板工

地接受集团考核评定，然后将继续表彰2006年度涌现出的标准化工地，对典型的样板工地组织召开现场观摩会推广经验，使安全质量标准化管理工作在全集团得到广泛推广。

（四）建立健全应急救援预警机制。集团将结合企业自身特点和实际需要进一步完善突发事故的应急预案，同时要求各子公司也要完善应急预案，各项目部在施工现场的应急预案也必须完善，做到对事故的发生有预测、有预警、有预案、有演练，确保事故一旦发生时拿得出、用得上、起作用。

（五）组织开展重大危险源排查，消除事故隐患，建立重大事故隐患排查管理的长效机制。为贯彻国家安监总局、国资委关于开展重大事故隐患排查工作，集团已作了全面部署，包括：对项目开工前重大危险源辩识和防护工作提出具体要求；要求各单位抓紧对施工现场重大事故隐患的自查、互查、巡查和对重点项目的安全大检查；及时消除重大事故隐患，防患事故发生；同时要求各子公司以国家安监总局、国资委对中冶集团重大事故隐患排查工作检查为契机，完善并建立健全长效机制。集团公司决定，根据排查工作进展情况，有重点地组织抽查或对子公司较集中区域组织大检查，通过各项有力措施，坚决消除重大事故隐患，将各项排查落实到实处。

（六）强化安全教育，实施全员培训。安全教育是企业安全生产的首要环节。《安全生产法》明确规定，生产经营单位必须对职工进行三级安全教育，未经安全教育的不得上岗作业。针对安全生产的形势和薄弱环节，以一线操作人员安全技能和安全保护知识为重点，全面开展安全生产教育培训。要强化企业主要负责人、建筑施工项目负责人和专职安全生产管理人员的安全生产知识和政策法规培训，推行岗位资格认证，将安全生产责任切实落实到每个岗位和每个员工。

（七）强化企业基础工作，落实企业主体责任。认真贯彻国务院办公厅《通知》精神，全面落实企业是安全生产的主体责任，健全和完善生产各项制度，完善安全管理机构，配置安全管理人员，强化安全培训教育，确保安全生产投人，强化基础工作，改善生产作业环境，实现自我约束管理，创造以人为本的安全生产管理氛围。

一是要深入落实党中央国务院关于安全生产各项方针政策，严格执行相关法律法规和标准。全面实现安全生产的体制创新、机制创新、管理创新和科技创新。

二是要狠抓安全生产责任制的落实。要建立完善的安全生产责任体系，把责任落实到企业决策、执行、监督、考核奖惩等各个层面，以及生产经营的各个环节和各个岗位。

三是严格重特大事故调杳，落实事故责任追究。按照事故处理“四不放过”的原则，积极配合安全生产监督管理部门做好事故调查处理工作，严肃追究事故责任人的责任和有关负责人的领导责任，严肃安全生产问责制。

四是抓好安全生产工作统筹规划。切实按照中央提出的树立和落实科学发展观的要求，统筹兼顾、协调发展，把保障人的安全、生命与健康放在可持续发展的重要位置，将安全生产纳入企业长期发展规划。

五是要完善健全安全生产监管组织体系。按规定设置安全生产管理机构；加大安全生产监管的力度；建立长期、持续投入机制，保证足够的安全投入，使企业安全生产的各种隐患能得到及时处理和消除。

六是加强考核，严格奖惩。把安全生产情况作为企业负责人经营业绩考核的重要内容。对于子企业负责人、项目部经理、分管安全生产的副经理在安全生产工作方面存在的失职、渎职行为，严肃党纪政纪实施责任追究。

中国南车集团公司
2005 年～2006 上半年安全生产形势报告

2005～2006 年上半年，集团公司及成员单位的各级领导和全体员工，同心同德，共同努力，按照国家安监总局、国资委对安全生产工作的要求，围绕集团公司的发展战略和总体工作部署，在职业安全健康体系全面实施和深化的基础上，突出安全质量标准化建设这条主线，一手抓制度建设，一手抓责任考核，通过分级管理、分线负责、分项控制，严管重点企业，严控事故源头，严查制度执行，严细安全责任，确保安全生产“有序可控、总体稳定”目标的基本实现。

——安全生产目标基本实现，杜绝了重大伤亡事故（1 次死亡 3 人以上）、重大火灾事故、重大交通事故的发生。2005 年发生死亡事故四起，死亡四人，2006 上半年发生死亡事故一起，死亡一人；2005 年未发生重伤事故，2006 上半发生重伤事故一起，重伤一人；2005 年及 2006 上半年发总计发生轻伤事故 191 起。死亡事故、重伤事故和轻伤事故率均在控制指标范围之内。

——85％的生产型企业通过职业安全健康体系认证，尚未通过认证的企业也力争在今年通过认证。

——安全质量标准化工作全面展开。2005 年二个成员单位通过一级审核，预计今年将有七个单位通过审核。

总结 2005 年～2006 年上半年安全生产管理工作，主要有以下几方面：

一、领导高度重视，工作全面展开

集团公司党政领导一如既往地高度重视安全生产工作。每年年初，公司领导主持召开安委会会议，认真分析集团公司的安全生产形势，研究布置当年的安全工作计划。公司党委也通过召开全委会扩大会议，推动安全工作全面深入展开。每年 3 月份，召开集团公司所有成员单位参加的安全生产工作会议，对全年的工作做统筹安排。各成员单位也在集团公司的指导下结合自身工作实际，立足防范，将安全生产工作摆在重中之重的位置来抓。通过各级组织的有效组织和积极实施，有力促进了各项安全生产措施的有效落实，各项管理工作的全面展开。

二、加强制度建设，落实安全责任

为将集团公司的安全生产工作纳入法制轨道，充分体现“分级管理、分线负责、分项控制”的管理原则，在充分论证的基础上，依据《安全生产法》，先后下发了集团公司《安全生产责任制》、《重大安全事故责任追究和经济处罚的规定》等一系列制度性文件，明确了各单位主要领导是安全生产的第一责任人，明确了集团公司各职能部门和各级各类人员的安全生产职责，把责任落实到企业决策、执行、监督、考核、奖惩等各个层面，落实到生产经营的各个专业、各个环节和各个岗位，安全管理“横向到边，纵向到底”的思想得到较好地体现，为实现安全生产长治久安提供了制度依据和基础保障。

三、加强基础管理，推进安质体系

集团公司紧紧抓住安全质量标准化建设这条主线，按照“典型引路，经验共享，选对级别，稳步推进”的思路开展工作。一是要求已通过一级达标单位在保持巩固、精益求精上下功夫；二是推动有条件的单位争取年内通过评审，目前五家成员单位正在组织进行一级评审，这些单位都将在今年通过审核；三是要求暂不开展评审工作的单位，从组织领导、工作规划、规范标准、制度建设等基础环节入手，研究、学习安全质量标准化的有关文件和标准，组织开展建标、对标工作，为下一步实施安全质量标准化达标工作打好基础。通过这些活动，各单位安全本质度得到了提高。

四、组织安全检查、整改事故隐患

为保证安全检查的实效性，集团公司及各成员单位在安全检查及隐患整改的方式方法等方面做了大量的改进，收到了良好的效果。一是实现了安全检查制度化。各单位按照“定期和不定期相结合、专项和普查相结合、自查和抽查相结合”的检查原则，每次安全检查都做到有计划、有执行、有记录，形成了一整套比较完整规范的检查制度。二是隐患整改程序化。各单位根据安全检查结果和重大危险源管理，对查处的隐患分门别类进行整改，对重大隐患项目采取了：立项—评审—确定资金来源—实施整改—过程检查与考核（职工代表督办）—综合验收年终报告的工作程序，保证了主要整改项目的落实。对一般性隐患采取边查、边改，有效提高了隐患整改率。2005年及2006上半年，全系统共查出隐患14 056项，整改13 998项，整改率达到98%。

同时，集团公司依据国家安监总局、国资委的要求，每季度集团公司组织设备安全检查组对所有成员单位进行设备/安全大检查。并针对检查中发现的典型安全问题，通过OA网络进行通报，要求其他单位对同类情况进行对照检查；同时坚持跟踪问效，落实整改情况。通过检查，一是提升了领导干部安全责任意识，增加了安全生产的法律意识，加强了对安全生产的领导；二是明确了安全责任，确保集团公司“分级管理、分线负责、分项控制”管理理念的有效落实；三是推进了各项工作的的落实，促使安全管理系统化、科学化、规范化和标准化；四是改善了生产现场的安全状况，有针对性的强化了对起重机械、吊索具的管理。

五、倡导安全文化，营造安全氛围

为进一步深入开展群众性安全实践活动、提高员工安全生产意思，弘扬富有南车特色的企业安全文化，集团公司从2005年始在各成员单位开展创建“班前安全讲话优秀班组”活动，通过建设无隐患的作业环境，推进无违章的岗位操作，实现无事故的安全目标，进一步强化了企业安全基础管理，提高了班组安全工作质量，增强了班组长及全体员工责任意识，推动了集团公司安全生产形势的不断好转。

二个安全月期间，集团公司按国资委、国家安监总局的要求，积极行动，围绕活动主题，全面开展活动。主要通过三个渠道，强化全体员工的安全意识。首先，全方位调动各种宣传舆论工具，大力宣传“安全第一、预防为主”的安全方针，宣传安全生产的重要性、必要性和紧迫性，宣传报道安全生产的典型经验、事故教训、安全常识等，形成了贯穿整个安全月的大密度、高强度的安全宣传氛围；其次，积极组织各单位参加“安康杯”竞赛活动，重点突出安全教育的社会化和家庭化，促进了安全意识的进一步强化；第三，强化安全教育培训的，通过集团公司组织厂所级领导干部和专业管理人员安全培训班水平以及各单位自行组织的班组长安全讲话知识培训、特殊工种安全培训、转岗转职培训、三级安全教育等，提高了的安全意识，普及了安全生产知识。

六、结合安全形势，突出监管重点

总结回顾2005年及2006年上半年的工作实践，我们感到以下几条，是需要我们认真总结和长期坚持的。一是必须坚定不移地贯彻国资委、国家安监总局的指示精神，按照集团公司2005年度《关于进一步加强安全生产工作的决定》中已经明确的方向，坚定不移地走下去。二是必须通过完善以安全生产责任制为核心的安全生产规章制度，充分发挥各方面的优势，调动各级领导和各部门的工作积极性，一手抓制度建设，一手抓责任考核，坚决实施“分级管理、分线负责、分项控制”，努力形成党政工团齐抓共管的安全生产局面。三是必须紧紧盯住企业这个责任主体，促使企业建立自我约束、持续改进的安全生产长效机制。四是必须实施安监总局提出的科技兴安战略，坚持技术装备和培训并重，把安全生产状况的根本好转，建立在依靠科技进步、加强科学管理、提高员工素质的基础之上。五是必须建立独立有效的安全监管机构和网络体系，建设一支懂安全、会管理的安全专业队伍。

（一）当前安全生产管理工作存在的问题

一是部分领导干部安全责任意识不强。部分成员单位中层领导仍不能正确处理安全和生产、安全和效益的关系；不能正确对待“分线负责”的管理理念，将安全工作完全推给安全部门；管理不严、工作不细、作风不实、眼光不远的问题都有不同程度地存在。一些长期没有发生事故的单位领导安全生产意识不强，侥幸心理严重，甚至对集团公司从严实施管理有抵触情绪，集团公司对安全生产工作的要求和部署，没有结合自身实际情况和生产特点，得到有效落实，只是泛泛而谈，安全状态令人担忧。

二是各成员单位间安全状态存在较大差异。横向比较不仅集团公司与国际、国内先进水平差距很大，而且集团公司不同的成员单位间安全状态存在严重差异，一方面是各企业间管理水平的差异，而另一方面是因为一些企业经济效益差，甚至企业自身的生存都存在问题，安全投入、安全保障更无从谈起。

三是从管理工作自身看，存在着较多的不适应。思想观念不能适应形势任务的需要，工作思路不够开阔；安全生产过程中出现的新情况、新问题只是被动应付，没有主动采取有针对性的管理措施；管理方法手段比较单一，仍然主要依靠行政手段和强制管理。工作前瞻性不够，大量精力用在突击检查、集中整治和事后查处上，源头管理、过程控制两个关键环节仍然比较薄弱。

四是现场管理有所下滑，部分单位本质安全度下降。现场管理着重管理结果多，关注管理过程少；就事论事多，就事论理少；应付检查多，由表及里进行深层次考虑和治理少。历次检查中发现的许多问题，如起重设备状态不良，吊索具管理欠缺，成品、半成品无序堆放，安全通道堵塞，电器线路乱接，电焊条满地乱扔，可燃气瓶管理不合规范，计量仪表不按要求检验，消防器材过期，工具状态欠佳，生产现场停放自行车、摩托车，设备跑冒滴漏等多是同类问题重复发生。

（二）今后一段时期的重点工作

一是完善安全生产规章制度体系。加快制定和颁发集团公司《职业健康管理制度》、《安全检查制度》、《事故管理制度》等一系列安全管理制度，完善以安全生产责任制为核心的集团公司安全生产规章制度体系，各成员单位根据国家、集团公司和地方法律法规的要求，完善企业具体的规章制度。

二是健全安全生产监督管理体系。建立权责明确、精干高效、执行力强的安全生产监督管理体系。加强安全生产监督管理机构和安全管理队伍建设，创新安全生产监督管理方式和手段，提高安全生产监督管理水平。充分发挥集团公司和成员单位安全生产委员会的作用，协调解决安全生产中的重大问题，构建“分级管理，分线负责，分项控制”的安全生产工作格局。

三是推进职业安全健康体系。督促尚未通过职业安全健康体系论证的个别单位尽快通过论证；已经通过论证的企业确保体系的持续改进，并具体结合质量和环保体系实施情况，完善职业安全健康体系，提高三体系的综合效益。

四是创建安全质量标准体系。从组织领导、工作规划、标准规范、制度建设等基础环节入手，对照有关文件和标准，全面开展建标、对标和达标升级工作，确保实现所有成员企业全面达标的要求。

五是完善重大危险源监管体系。认真实施和完善集团公司现有的重大危险源监控制度，严肃重大危险源申报、登记（普查）、检测、评估制度。确保集团和所属企业两级重大危险源监控体系的正常运行，根据各单位的实际情况对重大事故隐患及时进行治理。

六是建立应急救援体系。开展应急救援方案的研究，制定具体的应急救援实施方案，建设集团公司级和厂所级二级应急救援指挥中心，建设应急救援队伍，配备相应的应急救援装备，形成集团公司安全生产应急救援体系。

七是加快安全生产技术保障体系建设。积极推广成熟、先进、适用的安全生产技术；加快安全生产技术支撑体系中相关的设备、设施和工程项目建设；重点提高重要岗位和重点部位的本质安全度。

八是加强安全生产培训和宣传教育体系建设。实现安全生产培训和宣传教育的制度化、科学化、专业化。建立适应集团公司发展要求的安全生产培训和宣传教育体系

九是强化职业健康监督检查。完善职业健康管理制度，配备必要的专业检测装备。重点加强对电焊烟尘、铸造和喷漆等作业环境的治理。严格实施建设项目职业卫生设施“三同时”，落实职业危害防治与整改措施，加强从业人员的劳动保护，有效防止职业危害。

十是加快安全生产信息化建设。研究和开发安全生产信息系统，及时掌握安全生产动态，提高安全生产监督、管理信息化水平。

十一是深化与安全生产密切相关专业的管理。进一步深化设备设施、工艺工装和消防等专业的管理，将安全生产纳入其日常的管理内容。安全管理部门要通过专项检查，督促各专业管理部门进一步落实相关的安全生产工作。

十二是开展安全生产专项整治活动。根据集团公司实际情况，制定计划，逐年对锅炉、压力容器、易燃易爆品储运、起重机械等重点设备、关键岗位和作业场所的设备状态和安全管理情况进行专项整治。

中国长江三峡工程开发总公司 2005年～2006年上半年安全生产形势报告

一、三峡总公司安全生产基本情况

（一）三峡工程安全生产基本情况

1. 努力实现“三个转变”安全生产总体受控。三峡工程规模宏大，建设周期长，施工极其复杂，安全风险高，在工程建设初期，就提出了“一流的工程、一流的质量、一流的管理”的目标。三峡工程安全管理工作在参建各方的共同努力下，认真贯彻执行《国务院关于进一步加强安全生产工作的决定》等一系列精神，坚持“双零”管理目标不动摇，积极探讨三峡工程安全生产管理的长效机制，逐步实现“三个转变”：即从事后查处向事前防范转变，从集中整治向规范化、制度化、日常化管理转变，从人治向法治转变。以建立“安全不留死角、责任无缝连接、全员共同参与”的安全生产工作格局和责任体系为目标，保持一种持续、稳定安全生产局面。各参建单位不断完善、创新管理制度，不断加大工作力度，使各项安全措施进一步落实，工程建设、电力生产、船闸运行的安全生产总体受控，2005年三峡工地共发生较大事故3起（其中车辆伤害、起重伤害、高处坠落各一起），死亡3人，重伤1人，2006年上半年全工地未发生重伤、死亡事故。

2. 建立起一套机构健全、制度完善、保障有力的安全生产管理体系。根据三峡工程安全生产管理体系要求，三峡总公司成立了三峡工程安全生产委员会和三峡总公司安全总监办公室。安全总监办在三峡安委会和三峡工程建设部的领导下，对工程建设各项安全管理工作进行组织、协调、监督与指导，适时完善制度，规范管理，落实责任；监理单位根据施工承包合同和国家有关安全生产法规，成立了专门的安全管理部门，每家监理单位都设置了2～5名专职安全监理工程师，有专职安全副总监；施工单位设置了安全管理机构，明确了专管安全负责人，其专职安全员达10‰，形成了三峡工程业主、监理、施工三位一体的安全管理体系。

在这个体系中，三峡安委会受三峡总公司的领导，行使行业管理职能。安全总监办在三峡安委会和工程建设部的领导下，对工程建设部各项目部的安全管理工作进行检查、监督。工程建设部各项目部对所管合同项目的安全生产承担全面管理责任，对监理单位履行监理合同所规定的安全职责进行检查、监督。监理单位根据施工承包合同和国家有关安全生产法规，对施工承包单位、运行管理单位安全生产进行检查、监督。施工单位负责承包项目的施工安全，接受三峡安委会的统一领导和业主项目部、安全职能部门的监督指导和监理单位的监督管理。

3. 适时提出新“双零”管理目标，以安全零违章零隐患来保证安全零事故。2001年，陆佑楣总经理提出工程“零质量事故、零安全事故”的双零管理目标，是三峡总公司实现“三个转变”，安全管理打开新局面的动员令，揭开了三峡工程安全管理的新篇章，几年来，三峡工程的安全管理水平、全员安全意识逐年提高。2006年3月，三峡总公司结合到三峡工程安全形势日趋稳定，管理水平普遍提高的现状，在安全管理上主动加压，提出安全生产要创“新双零”，即“安全零违章、零隐患”，从而实现零事故的管理目标。

（二）溪洛渡工程安全生产基本情况

1. 逐步完善各项规章制度，努力营造良好的施工安全环境。溪洛渡工程安全生产委员会充分发挥组织、协调、监督和指导的作用；落实各级安全生产责任制。进一步理顺施工、监理单位各部门各级安全管理人员的职责权限和工作程序，严格执行安全生产问责制。进一步理顺了“四个层次”的监督检查关系，现场严格执行“四个层次”监督检查，分级控制、层层把关，将“四个层次”的检查情况纳入施工单位的月考核，以“零违章、零隐患”保“零事故”；隐患整改实行问责制，对隐患整改未落实的要追究责任单位相关领导和部门负责人的责任，隐患整改上基本实现了闭合管理；组织开展安全管理人员、特殊工种、瓦斯防治等专项安全培训，提高全员安全意识；进一步规范管理，补充完善了相关制度，制定了《溪洛渡工程文明施工实施细则》，新开工项目安全措施审批与安全许可制度、爆破“四证”制度、责任追究制度与考核制度执行力度加强；积极营造安全氛围，倡导安全文化；文明施工标准明确，文明施工意识加强，习惯性违章得到了遏制。

2. 开展多渠道、不同层次的安全教育培训，提高各参建单位的安全意识。各参建单位积极主动开展安全教育培训工作，加大教育力度，提升认识水平；统一协作队伍员工的三级安全教育，保证培训效果，持证上岗；开展雇主责任专项讲座，增强员工的保险意识，熟悉工伤理赔程序，掌握紧急情况下伤员应急救护本领，降低风险，减少损失。

3. 施工安全事故及人员伤亡情况。2005 年，溪洛渡工程共发生施工死亡事故 14 起，死亡 18 人（其中：施工责任事故 7 起，死亡 7 人；非责任事故 7 起，死亡 11 人）；发生施工重伤事故 14 起，重伤 14 人；发生坝区道路交通死亡事故 3 起，死亡 3 人，重伤 5 人。

2006 年上半年安全形势依然较严峻，一是事故严重，共发生 6 起事故，其中死亡事故 4 起，主要原因是缺乏安全教育，员工自我防护意识不强，安全防护措施不到位，隐患整改不及时，二是领导重视不够，安全许可证制度流于形式，未能认真落实；三是有的单位的管理人员及部分监理人员没有认真履行职责，使管理失控，安全系数分低于 3 分的单位占很大比例。

（三）向家坝工程安全生产基本情况

1. 建立健全各项规章制度，初步形成安全管理体系。向家坝工程安全管理工作坚持“零安全事故”管理目标，由前期准备工程开始，首先制定和完善各项规章制度，贯彻执行三峡总公司职业健康安全管理体系文件，建立向家坝工程安全生产管理责任体系。建设部结合向家坝工程实际制定了《向家坝工程施工安全管理办法（试行）》、《向家坝工程爆破安全统一管理实施细则》、《向家坝工程安全生产奖罚暂行办法》、《向家坝工程建设安全生产年度考核实施细则》、《向家坝工程协作队伍安全管理实施细则》、“半月、月安全生产例会制度”等管理办法和规章制度。各监理、施工单位结合自身工作特点也分别建立、补充完善了安全管理体系，各项安全生产管理办法和各项规定。随着工程进展，监理、施工单位逐步增多，向家坝工程建设部于 2005 年 4 月 1 日正式成立“向家坝工程安全生产委员会”，加强向家坝工程安全管理工作的组织协调与监督指导。目前向家坝工程安全管理责任体系已初步形成。

2. 加强施工现场安全管理，层层落实安全生产责任。随着前期工程项目施工单位开始进场作业，各施工单位按照合同文件要求和向家坝工程各项安全生产管理规定，层层签订安全生产责任书，明确安全生产责任目标，落实安全生产责任。建设部和监理单位严格执行周安全联合检查制度，分项目组织施工现场联合安全文明施工检查和针对性的专项安全检查，对查出的隐患督促进行及时整改，并对施工中比较突出的安全问题现场提出整改要求。各施工单位也依据各项规章制度，不断加强现场安全管理人员力量，加大现场安全管理和纠违力度，严格执行向家坝工程安全生产奖罚办法，努力克服习惯性违章。目前各施工现场基本做到管理有序，安全文明施工有较大进步，习惯性违章现象得到一定程度的克服。

组织开展“安全生产月”活动，围绕“安全发展，国泰民安”的主题，向家坝所有参建单位积极开展了形式多样的活动，推动安全生产。葛洲坝施工局、中国水电三局、中国水电七局、中国水电八局、中国水电十一局等单位先后召开了安全月动员会、悬挂安全宣传标语、制作安全宣传栏，分别组织了安全签名、劳动安全防护知识考试安全大检查、安全教育培训等活动，在施工现场营造出良好的安全生产氛围。

3. 加强协作队伍（民工）管理，杜绝擅自分包和转包工程。向家坝工程建设部为加强对协作队伍和民技工安全管理，强化协作队伍（民工）的资质审核，对协作队伍实行统一管理，健全协作队伍安全保证体系，以确定承包单位职能部门对协作单位的管理职责，杜绝擅自分包、转包和“以包代管“的现象，及时制定下发了“向家坝工程协作队伍安全管理实施细则”，各施工单位严格按照承包合同文件要求和实施细则，审查协作队伍资质条件，与外协队伍签订安全生产责任书，把安全风险抵押金纳入合同内容，明确规定协作队伍不得将所从事的工程项目擅自分包和转包，并在施工过程中对协作队伍施工安全适时进行监督检查，对不符合要求的队伍及时进行清退。

4. 加强安全教育培训，提高全员安全意识。各参建单位注重安全教育培训，提高全员安全意识，积极参与安全生产月等安全宣传活动，认真贯彻执行三级安全教育和入场前安全培训制度，积极开展班前会和危险预知活动。各施工单位对特殊工种人员进行专项培训，取证后挂牌上岗。

5. 施工安全事故及人员伤亡情况。2005年度发生施工安全事故死亡2人，重伤5人。死亡事故率和重伤事故率分别为0.3‰和0.8‰（水电行业死亡和重伤率控制指标为0.2‰、0.3‰，施工总人数约6 000人），均超出了水电行业控制指标，安全形势不容乐观。

2006年通过全体建设者的努力，现场安全文明施工有了较大的改进，安全管理水平总体上有所提高。截至6月份，向家坝工程仍共发生施工死亡事故1起，死亡1人。

（四）长江电力安全生产基本情况

中国长江电力股份有限公司是由中国长江三峡工程开发总公司联合华能国际电力公司等五家，于2002年11月4日以发起方式在原葛洲坝水力发电厂基础上改制设立的股份公司。公司现有员工1 725人，本部设置了总经理工作部、财务部、人力资源部、生产计划部、市场营销部、资本运营部和稽核部6个职能部门。下辖三峡电厂、葛洲坝电厂、检修厂、三峡梯调通信中心四个生产单位，以扁平化管理组织结构，主营电力生产、经营和投资，电力生产技术咨询，水电工程检修维护。公司拥有的葛洲坝水力发电站总装机容量2，715 MW，2003年和2004年先后收购三峡工程共计6台700 MW发电机组后，总装机容量达到6，915 MW。并受中国三峡工程总公司的委托，统一管理三峡工程已建成投产但暂未进入公司的发电机组。

2005年，公司按照中国长江三峡总公司“抓好电力生产与经营，努力打造一流上市公司”的要求，以安全生产为第一要务，坚持“安全第一，预防为主，”的方针，认真落实安全生产责任制，推行安全质量管理标准化，以安全经济目标责任制为手段，全过程、全方位控制生产经营风险，圆满完成了公司年度发电运行、设备检修、防洪度汛、迎峰度夏等电力生产任务，实现全年安全生产无事故，年累计发电量653.391 5亿千瓦时，完成计划发电量的102.09%，其中三峡电站发电490.900 7亿千瓦时，葛洲坝电站发电162.490 8亿千瓦时。按国家电监会《电力生产事故调查规定》统计，全年没有发生人身重伤及以上事故，没有发生设备、水淹厂房和重大交通事故，发生火灾1次，发生设备障碍13次，与去年同期持平，发生人身伤害4次，轻伤4人，比去年同期增加1人次。

2006年以来，公司领导高度重视安全生产工作，为实现“全年安全生产零事故，不发生人身死亡和一般设备事故，杜绝重特大电力生产事故”年度安全生产目标，提出以全面管理保安全、三精生产保安全、技术创新保安全、优秀文化保安全、责任到人保安全、预案演练保安全、系统防范保安全，推行质量、安全、环境国际标准贯标活动，有力地促进了电力安全生产工作，截止6月30日，公司安全生产情况总体较好，没有发生设备事故和人身死亡事故，安全发电275.52亿千瓦时，其中三峡211.17亿千瓦时，葛洲坝64.5亿千瓦时，比去年同期多发电3.17亿千瓦时。

二、工作经验

（一）三峡工程形成了项目法人、监理、施工单位三位一体的有效安全管理体系。三峡总公司统一组织、协调、监督、指导三峡工程安全管理工作；监理将质量、进度、成本“三控制”转变为安全、质量、进度、成本“四控制”，对现场安全生产进行全过程控制；施工单位建立了生产、技术、安全各负其责、融为一体、有效运行的责任体系。

（二）按“统一规划、归口管理、分级负责、分类实施”的原则，开展多层次的安全培训教育。坚持施工人员进场“三级教育”，三峡建设者的安全意识、素质和职业技能不断提高。

（三）不断完善各项安全管理规章制度，安全管理程序化、规范化、标准化基本形成

1.“严格执行“十项硬性管理规定”和“十种禁止作业规定”，对工地全过程安全管理起到了强制性制约作用，对预防事故的发生起到了实效。

2.“三项安全管理工作制度”促进了制度化、规范化安全管理进程：“周联合检查制度”营造了“安全第一”的权威性，各单位主管领导亲自抓安全，各级领导重视安全，提高了现场协调解决问题的时效性；“干部对口班组管理制度”起到了划小责任区，明确责任人，落实干部安全管理职责，指导班组安全活动，管理下沉、责任层层落实的作用；“班组六项工作循环制度”对保证作业班组切实做好安全文明施工，起到了很好的实际效果，夯实了安全管理工作的基础。

3. 规范了现场监理工程师安全职责检查考核制度。明确了监理工程师安全职责，充分发挥监理工程师现场监督把关作用。

4. 班前会、危险预知活动、作业程序指导书、监理和施工单位联合检查验收签证制度、现场联合检查制度、重大隐患停工整改制度、奖罚制度、例会制度等具体措施，对预防各类事故发生起到了积极的作用。

（四）发挥样板作用，抓典型，以点带面，全面推动现场文明施工管理，不断提高自主安全管理水平。如：开展“创文明施工示范区”活动、组织文明施工观摩、全工地交流职工带班、干部对口班组管理经验等。

（五）贯彻“以人为本”的主导思想，从关心生活、尊重人格、关注成长三个方面，推行民工的“四统一”管理。即统一用工、统一培训、统一食宿、统一劳保来保证施工队伍的稳定和素质的提高。

（六）关心建设者权益。三峡总公司和施工单位以费用分担的形式（三峡总公司承担90%，施工单位承担10%）为三峡建设者投保了雇主责任险，确保了事故善后处理赔付到位。

（七）严格奖罚制度。每年按照《三峡工程安全生产年度考核实施细则》对参建各方进行考核评比奖励。根据考核结果，对先进单位、先进集体和先进个人进行表彰，每年总奖励金额近200万元。

（八）认真贯彻《国务院关于进一步加强安全生产工作的决定》和国家安全生产监督管理局《关于开展安全质量标准化活动的指导意见》文件精神，根据电力生产特点和以往开展质量标准化、安全性评价工作经验，积极推行安全质量标准化活动，于2005年7月20日召开质量安全管理标准化体系文件发布会，初步建立起公司“管理制度化，预防标准化，方法体系化，评价数量化”的安全质量标准化体系。通过安全质量标准化管理体系运行，公司建立并落实了安全生产责任制，规范生产场所安全设施标志，促进了发电设备技术改造提高设备可靠性，完善安全质量标准化考核制度，提高了安全生产水平。

（九）开展质量环境职业健康安全管理体系管标认证工作。2006年6月28日，公司召开质量环境职业健康安全管理体系文体发布会议，通过管理体系运行，引入国际标准，也同时引入管理理念，使安全生产和职业健康、环境以及质量活动受控，在运行中发现不符合及时整改，持续改进电力生产与经营工作。

（十）以安全生产为基础，推行精益化生产理念。认真开展“安全大检查”和“全国安全生产月”活动，认真开展安全隐患排查和治理工作。以零违章确保零安全事故，以零质量事故确保设备高可靠性，切实提高公司的安全生产水平。

（十一）贯彻《国务院关于全面加强应急管理工作的意见》和国家安全生产监督管理总局《关于督促生产经营单位制定和完善安全生产事故应急预案的通知》精神，加强公司电力生产应急管理工作。2004年公司组织各生产单位编制了24个生产安全事故应急预案，2005年公司成立生产安全事故应急指挥中心，制定了发布《重特大生产安全事故应急救援管理制度》，编制了应急救援基本预案和《三峡—葛洲坝梯级水库年度防洪调度应急预案》、《三峡—葛洲坝梯级水库防汛抢险应急预案》、《三峡水利枢纽遭遇1981年型1%设计洪水调度预案》、《三峡—葛洲坝梯级水库失控船舶危及大坝事件应急救援预案》等专项预案。通过开展电网事故预案、防汛抢险预案、火灾灭火预案等预案的演练，提高了岗位员工应急处理能力，在2006年“7·1”系统振荡中，三峡电站和葛洲坝电站运行值班人员，反映迅速，决策果断，处理正确，为及时平息电网振荡作出贡献。

三、目前安全生产工作中存在的主要问题

1. 部分施工、监理单位对安全生产工作的重要性认识不到位。主要表现在重进度，轻安全，没有真正执行安全生产一票否决，安全措施的落实有时只是停留在会议、文件和口头上，安全措施没有得到认真的执行。

2. 施工管理科学性有待提高，施工计划与工程进度不统一。施工计划没有充分考虑施工的力量，施工单位组织措施不到位，造成赶工和交叉作业较多，客观上造成安全管理的难度加大。

3. 安全意识仍有待提高，三峡工程工程已临近尾声，装修，零散工程多，协作队伍进出频繁，有些不能很好地执行三峡工地安全管理的要求，主要体现在人员进厂培训、个人防护和班组安全活动上不到位。

4. 安全教育、培训体系不完善。缺少统一的培训规划、实施计划和培训教材，造成培训走过场，效果不理想。

5. 向家坝工程由于前期准备工作点多线长，存在安全管理人员力量不足和素质偏低的问题；个别施工单位未将协作队伍纳入安全管理体系统一管理，管理粗放，不同程度的存在以包代管现象。

6. 长电公司管理运行的三峡电站是新建电站，机组未经受满负荷运行考验，且运行经验有待积累；葛洲坝电站投运20余年，设备老化，技术改造压力大，均存在设备事故风险。

7. 长电公司管理运行的三峡—葛洲坝梯级枢纽电站，防洪抢险依赖政府主管部门。在这方面还需要加强与政府主管部门联络沟通，得到政府的支持。

四、下一步工作的措施

1. 强化安全生产监管体系，落实安全生产责任，严格按照国家有关规定，实行安全生产行政责任追究制度，按照“四不放过”原则严肃查处责任事故。

2. 加强培训，进一步开展安全标准活动，推进标准化管理，按专业制定有关的规章制度、岗位操作规程、安全文明施工标准，对三峡工地部分大型、高危作业进行标准化管理，并在全工地积极推广。

3. 加强重大危险源监控、重大事故隐患的治理，继续对工程施工、电力生产、运行管理、生产经营等领域开展重大危险源辨识、评估、分级、监控、建档，制定应急预案，开展重特大事故应急救援预案的补充、修订工作，并积极开展演练，提高紧急情况下的应急能力。

4. 继续抓好施工队伍的进退场管理，加大对装修施工、零星消缺等零星工程的监控力度，严格按照两个十项硬性规定把关，作好人员稳定工作，加强对承包方安全培训的组织指导和监督检查，重点抓好协作队伍民、技工的安全培训，做到收尾有序。

宝钢集团有限公司
2005年～2006年上半年安全生产形势报告

一、2005～2006年上半年工伤事故情况

宝钢2005年全年5人死亡、7人重伤、67人轻伤；2006年上半年2人死亡、3人重伤、12人轻伤，同比2005年上半年死亡下降2人、重伤下降1人、轻伤下降30人。

二、安全生产基本情况及存在的不足

宝钢的安全管理理念是“永不停顿找差距”。要求全体员工切实做到安全生产“100”（安全第一、违章为零、事故为零），努力实现安全管理从“结果管理”到“过程控制”的转变。

（一）公司各级领导高度重视安全生产工作。宝钢集团设立安全生产委员会，安委会每年召开两次会议，讨论、决定安全生产重大事项。宝钢集团党委常委会每年听取两次安全工作汇报。在集团公司每二月召开一次、股份公司每月召开一次的经营例会上，安全生产工作作为第一项汇报内容。股份公司分管安全工作领导每月主持召开一次安全生产例会，集团、股份各分、子公司参加；听取相关职能部门和各单位安全工作汇报、布置下月安全生产工作，并下发会议纪要。

（二）以职业健康安全管理体系为抓手推进安全管理工作。宝钢以各分、子公司为单元大力推进职业健康安全管理体系，从危险源辨识和控制入手，并将已经过实践证明行之有效的安全管理办法融合进职业安全健康管理体系中，将其规范化、文件化、系统化。目前已有15家分、子公司通过了英国BSI公司等的认证审核。

（三）积极落实各级安全生产责任制。每年年初，集团公司总经理和各子公司（含股份公司）总经理签订安全生产目标责任书：股份公司总经理和各分公司、子公司总经理签订安全生产目标责任书，明确当年安全生产指导思想、目标、指标、考核办法、奖罚方式，将考核指标层层分解，将安全责任逐级传递。公司要求安全生产目标责任书签订到每一个班组，安全承诺签订到每一位在岗员工，形成了从集团公司领导覆盖到全体员工的共同安全责任体系。

（四）建立健全安全生产规章制度。根据集团和股份公司的管理现状，建立健全16项共32个管理规章制度。公司每年将下发的制度、总结、计划、汇报、通知等资料汇编，刻录成光盘留档案。

（五）公司对下属单位按照危险性程度大小分类管理。一类单位是指危险性较大的化工、冶炼、矿山等单位：二类单位：危险性一般的钢铁压力加工、深加工业、维修检测等单位：三类单位：危险性较小的金融、贸易、信息产业等单位。对三类单位分别设立不同的安全生产控制指标，进行考核。

（六）每年对各单位进行生产安全绩效监督评价。评价内容包括安全生产责任制、安全生产机构及制度、安全宣传和培训、安全生产检查和整改、安全生产专项管理、事故报告和管理六大部分。评价总分300分，评价结果与企业的评优和考核直接挂钩。

（七）针对违章是造成事故的主要原因，公司实行违章记分制度。公司出台了《关于进一步加大安全违章考核力度的通知》，将现场常见的35项违章纳入检查考核的内容。其考核原则是“严守规则，违规必纠，下级违规，上级有责”；对违章违规人员按其所在分、子公司安全违章记分管理制度中违反条款双倍记分标准进行考核处理：其上一级管理者负连带管理责任，按其所在分、子公司安全违章记分管理制度中违反该条款进行考核处理。

（八）加大安全宣传教育培训力度。为全面提高安全专职管理人员专业素质，邀请上海市安全专家对公司全体安全专职管理人员分五期，每期10天、80学时进行培训。在公司全体员工中推进不少于8学时的安全继续教育培训工作。

（九）加强特种设备和危险化学品的管理。宝钢建立了特种设备的检测、检验、办证管理信息系统。对34个重大危险源进行了安全评价控制重大风险。严格按照国家和上海市的要求对列入危险化学品名录的516种危险化学品建立了四牌（操作规范牌、作业危险性牌、应急措施牌、安全责任牌、一图（作业场所平面布置图）。

（十）以人为本，加强职业卫生管理工作。推进清洁生产，采用低排放工艺，控制职业病危害“源头”：定期监测岗位职业危害因素，实施超标治理；实行岗位职业危害因素告知（合同告知、安全标志）；开展职业健康岗前、岗中、离岗体检；配备完善的个人防护、报警和急救装备。

（十一）各单位总结出多种行之有效的安全管理方法。如宝钢分公司把安全与职工的诚信结合起来，建立安全诚信体系，“聚焦诚信保安全”。实施“违章记分、满分下岗”的违章记分制。使得安全管理由被动变为主动，改变原来事故处理为事先预防、过程控制。安全管理的侧重点由“物”向“人”转移，更加强调以人为本。变虚为实对违章行为和总体趋势有了量化的分析。大力加强外协安全管理，强化外协单位的安全生产条件资质审核和过程管理，实施安全风险抵押金和外协人员违章二次清退出厂等举措。不锈钢分公司充分借鉴已建不锈钢工程的成功经验，对整个不锈钢二期扩建工程外协单位实施“大安全管理”，实现了从正式开工到热负荷试车连续549天无重伤、无工亡的安全管理目标。梅钢、梅山公司实施安全区域负责制，强化每一位员工的责任意识，建立“见违章不纠正，本身就是违章”的理念，人人遵章守纪反违章，保证了本区域内的遵章守纪。开发总公司建立了三级安全监督评价机制。

通过公司党、政、工、团各级领导大力宣传，宝钢安全生产“100”的理念已得到广大员工认同。通过加强教育培训、加大安全查处力度等有效手段，事故总量、尤其是轻伤事故得到大幅度的下降。但是现场员工的违章，尤其是习惯性违章还屡禁不止，仍是造成各类事故的主要原因。虽然安全管理规章制度较为齐全，但制度执行过程中还存在偏差、执行力不足。此外，部分应急预案可操作性不强，员工知晓度、定期演练还有待加强。

三、下阶段重点推进的工作

一是继续宣传宝钢安全生产“100”的理念，加大对习惯性违章行为的考核力度；二是系统梳理公司安全检查标准，使安全检查工作科学化、规范化、系统化；三是继续举办对专职安全管理人员80学时的安全培训班，提高安全管理人员的自身素质。完成全员8学时安全培训；四是汇编2004～2005年重伤及以上事故案例，组织员工学习，汲取教训、举一反三；五是在公司范围内强制推广宝钢分公司及其他公司的安全管理先进经验；六是加强对防汛防台、防暑降温工作的组织领导，落实各级责任；七是继续修订、完善各类事故应急救援预案；八是继续推进职业健康安全管理体系建设。

中国葛洲坝集团公司
2005年～2006年上半年安全生产形势报告

一、总体情况概述

2005年以来，集团公司严格遵循“依法、从严、精细”的工作原则，以贯彻落实国务院《决定》为主线，坚持把“消除一切隐患风险，确保全员健康安全”的方针和“以人为本”的科学发展观切实贯穿到实际工作中，在强化管理，落实责任，夯实基础，深化整治，加大现场监管力度等方面做了大量工作，较好地控制了各类生产性事故的发生，促进了集团公司生产经营持续健康稳步发展。

二、安全生产主要工作情况

（一）高度重视，认真贯彻落实上级安全生产指示精神

针对近年来国家、省、市多次召开的安全生产电视电话会议、安全生产经验交流会以及颁发的一系列法律法规和文件精神，集团公司及时召开专题会议，认真贯彻落实指示精神和各项要求，分析集团公司安全生产形势，研究制定对策，集团公司领导多次在全局性的年度及半年安全工作会、生产经营会、在建项目管理工作会上部署安全生产工作。同时，根据上级指示精神和集团公司生产经营实际，先后转发了国务院安委会《关于认真做好元旦、春节期间安全生产工作的通知》、国务院安委会办公室《关于加强安全生产事故应急救援监督管理工作的通知》、国家安监总局、建设部等五部委《关于加强隧道施工安全管理工作的紧急通知》等多个文件，并结合春节、冬季施工、两会期间及夏季和汛期安全生产工作的特点，提出相关要求，督促各单位认真贯彻执行。今年上半年，又结合全国安全生产工作会议和全国电力安全生产委员会第五次（扩大）会议及上级一系列重要指示，采取转发文件、召开安全工作会、下发安全生产简报、传真、电子邮件等形式，进行了传达学习，并结合集团公司实际提出了具体明确的要求。各单位迅速传达贯彻到基层、项目部，认真组织员工学习，结合讲话精神及要求认真研究部署2006年的安全生产工作。

（二）明确职责，进一步落实安全生产责任

1. 明确安全生产工作目标。年初，在总结上年度安全生产工作经验，吸取教训，严格考核，奖惩兑现的基础上，对本年度的安全生产工作进行认真的策划，制定安全生产工作目标、重点工作及主要措施，并召开全局性安全生产工作会议进行布置。

2. 层层签订安全生产责任书。为进一步明确各级主要领导的安全生产责任，使之切实担负起对本单位安全生产工作的领导责任，2005年，集团公司与20个子（分）公司和11个直管项目部签定了安全生产责任书。2006年随着生产经营的发展，又与33个子（分）公司和直管项目部签定了新一年度安全生产责任书。各单位按照集团公司的总体部署和要求，结合各自实际，细化责任，分解目标，层层签定了安全生产责任书，有的直至签定到班组和个人，一级抓一级，层层抓落实。

同时，分别半年和年终对安全生产责任制履行及单位安全工作开展情况进行了检查考核和奖惩兑现，推动各级安全生产责任的落实。

3. 加强安全监督队伍建设。一是充实安全监督人员，根据建设部《建筑施工企业安全生产管理机构设置及专职安全生产管理人员配备办法》，集团公司认真组织贯彻落实，专门转发了此文件，要求各单位、项目部设置独立的安全监管机构，配齐能满足要求的专兼职安全生产管理人员，并根据集团公司和各单位生产经营发展的需要，从生产一线挑选责任心强的人员充实到安全队伍中，通过专门培训考核，116 名新上岗人员取得国家主管部门颁发的专职安全员资格证。二是不断提高安全监督人员业务素质，为切实加强重大危险源的监控，提高应急救援预案的编制质量，有效防止事故的发生，集团公司组织举办了一期应急预案编制及重大危险源监控管理培训班，邀请中国安全技术研究院领导及专家前来授课，对 126 名专职安全管理干部和现场安全员进行了培训，并取得合格证书。同时，为进一步规范集团公司安全生产事故调查、处理、报告、信息报送等工作程序，根据国家电力监管委员会《电业生产事故调查暂行规定》、《关于做好电力安全生产信息报送工作的通知》等相关规定要求，在派专人参加国家电力监管委员会举办的《电力生产事故调查暂行规定》培训班学习的基础上，开办了一期《电业生产事故调查暂行规定》培训班，对各单位安全部门负责人、内业人员共 46 人进行了培训。三是加强安全人员的考核培训，结合三类人员的考核，组织 380 多人参加水利部、交通部安全管理人员安全资格考核和取证培训。

4. 加大对各类生产性事故的责任追究和惩处力度。对发生的各类事故，严格按照“四不放过”的原则，认真分析原因，找出差距和存在的薄弱环节，制定措施，狠抓整改。同时针对上年度在安全考核中成绩较差单位的安全生产现状，集团公司主管领导专门主持召开安全工作专题会，查找问题，分析原因，吸取教训，督促改进工作，以进一步强化安全管理，促进安全生产工作。

（三）强化基础，促进安全生产管理水平不断提高

1. 进一步抓好法规体系建设。一是在充分识别、获取国家、行业、地方政府现行的职业健康安全法律法规的基础上，收集了适合集团公司的职业健康安全法律法规、国际公约，标准规范及集团公司安全管理制度共 360 多篇，并整理刻录成《职业健康安全、质量与环境保护法律法规汇编（2005 年版）》光盘 100 份，分发到集团公司领导、机关各部门和所属各单位、项目部进行学习。

2. 狠抓安全管理制度完善。随着国家对安全工作要求的不断提高及集团公司当前安全生产及管理工作的需要，对集团公司现有安全生产管理制度的适宜性和有效性进行了全面清理，制定了集团公司安全管理制度的补充、修订方案，对不适应的管理制度做出了统筹计划和安排，已先后发布实施了《爆破器材安全管理规定》、《集团公司生产事故应急救援预案》、《集团公司安全生产考核办法》，正在编制的《安全费用管理规定》、《重大危险源安全管理规定》待修改完善后发布执行。同时督促各单位、项目部结合现场实际和重点部位、设施、岗位，有针对性地修订、补充和完善了安全管理制度和作业指导书共 203 个，以规范各工序、各岗位的安全行为。

3. 坚持安全例会制度。每月通过安全工作例会及时与各单位沟通情况，掌握信息，分析集团公司安全生产状况，总结经验教训，找出差距，提出对策。同时根据国家及省、市主管部门有关安全生产指令精神，布置下阶段安全生产工作。

4. 完善安全生产月度考核制度。结合实际，从目标责任、制度落实、信息反馈等环节入手，编制了集团公司安全生产工作月度考核标准，对各单位、项目部日常的安全生产基础管理工作每月实行考核评比，有效地促进了安全生产基础工作落实到位。

5. 开办《安全生产简报》。为加强安全生产情况的沟通与交流，集团公司组织定期编制了安全生产简报，通过这种形式，大力宣传普及安全法规，传播安全知识，分析安全形势，传递安全信息，交流安全生产经验，通报安全生产问题，促进了安全生产管理。

（四）强化教育，努力提高全员安全生产意识

1. 扎扎实实开展安全生产月活动。根据中共中央宣传部、国家安全生产监督管理总局等五部委《关于开展“全国安全生产月”活动的通知》及省、市有关通知精神要求，2005 年、2006 年，在全集团公司范围内分别组织开展了以“遵章守法，关爱生命”、“安全发展，国泰民安”为主题的“安全生产月”活动。为促进活动有效、深入、扎实开展，集团公司下发了《安全生产月活动实施方案》；成立了活动领导小组；召开了安全生产月活动动员会；组织后方 20 多个单位和各在建工程项目部设立咨询点，采取发安全生产传单、有奖猜谜、万人签名、播放安全录像、应急救援演练等形式，宣传安全生产政策、法规及各种安全生产、生活常识。每年的“安全生产月”活动第一天和安全宣传咨询日活动中，由集团公司主要领导带领有关职能部门负责人和专业人员到现场进行检查和指导。各级工会、共青团、宣传、保卫、城管及各有关部门密切配合，积极开展群众性的安全活动。2005 年，集团公司工会动员广大员工开展了“安全警言警句”征集活动，征集自编自创的“安全警言警句”共 1 890 条，其中筛选出了 1 026 条汇编成书下发至基层学习，并对 10 个优胜单位进行了表彰；共青团组织开展了“青年安全生产示范岗”活动，并评选出十个集团公司级“青年安全生产示范岗”进行了表彰；组织开展了“安全短信温馨提示”活动：征集自己编写的安全生产提示短信文稿 500 余条，评选出优秀短信文稿 22 条；以基层团组织或团员青年个人名义向所在单位干部职工发送安全提示、祝福用语短信息；组织中、小学生向亲人寄发写有安全提示话语的明信片，借助朴实真诚的语言将关爱和祝福送到了前方员工手上，增强了安全意识，有力地促进了安全生产工作。同时，结合集团公司实际，把工作重心放在了基层、现场和项目，扎扎实实开展咨询宣传、教育培训、考试竞赛、应急演练等各种有特色的活动，提高全员安全意识，营造了浓厚的安全生产氛围。

2. 抓好重点对象的安全培训。一是进一步强化各级领导干部的安全意识培训。2005 年组织集团公司党政领导 12 人参加了国家电力监督委员会、湖北省建设厅举办的企业负责人安全管理知识培训；组织 259 人参加了交通部举办的企业负责人、项目负责人考核培训。2006 年组织对集团公司及各子分公司、直管项目部党政领导、安全主管负责人、技术负责人、安全部门负责人和直属机关部门负责人进行了一期安全生产专题讲座培训，邀请杜邦公司安全管理咨询中国区有关专家来集团公司宣讲杜邦公司的安全文化、理念及安全管理的成功经验。二是抓好工程技术人员的安全培训。按照省公安厅“关于举办湖北省爆破工程技术人员培训考核班的通知”精神，协助湖北省爆破工程协会组织 70 余人参加的爆破工程技术人员安全取证培训班。三是抓好特种作业人员的安全培训。2005 年～2006 年上半年共组织开办电工、焊工、起重机械、厂内机动车辆驾驶等培训班 19 期，共培训 1 910 人，合格率 97.5%。四是抓好基层干部、现场专兼职安全员、三级安全教育培训。督促各单位、项目部针对施工生产的特点，认真抓好队长、车间主任、班组长、基层技术人员及新入场人员安全知识的培训教育，共举办培训班 113 期，培训 6 005 人。在此基础上，集团公司对新增或未取证的基层干部 150 多人进行了安全资格考核。

（五）精心组织，狠抓安全生产许可证取证工作

在继续 2004 年下半年申办安全生产许可证工作的基础上，2005 年顺利通过了湖北省建设厅、安监局等有关部门的安全生产评价，共有 4 323 名企业负责人、项目负责人、安全管理人员取得了

水利、交通、建设、安监系统的安全资格证书。集团公司持有建筑施工特级资质的集团有限公司，持有建筑施工一级资质的股份有限公司、第四工程有限公司、第五工程有限公司、第六工程有限公司、第七工程有限公司、基础工程有限公司、电力工程有限公司、三峡实业有限公司、机械有限公司、重庆葛洲坝易普力化工有限公司等10个单位；持有建筑施工二级资质的第三工程有限公司、第八工程有限公司、机电建设有限公司、宜昌市风景园林公司、湖北省宜昌市葛洲坝葛兴实业总公司、宜昌市预应力公司等6个单位；持有建筑施工三级资质的宜昌市中葛建筑装饰工程总公司、宜昌市葛洲坝土石方工程公司、宜昌市陵峡建筑安装公司、宜昌市葛洲坝新创金属防腐工程公司等4个单位；从事危险化学品生产的化工公司、粘合剂公司2个和从事非煤矿山生产的宜昌市矿产品公司、股份有限公司水泥厂2个单位以及从事民用爆破器材生产的重庆葛洲坝易普力化工有限公司，分别于2005年1月、2004年6月、2005年8月、2005年6月和2005年3月取得了湖北省建设厅、重庆市建委、湖北省安全生产监督管理局、国防科工委颁发的安全生产许可证。

（六）强化监控，狠抓重大危险源监控和重大事故隐患排查整改工作

1. 加强重大危险源的监督管理。针对作业活动、设施、环境的不断变化，组织各单位、项目部开展了全员的动态危险源辩识、评价和控制活动，更新和完善控制措施。在此基础上，集团公司对各单位、项目部上报的重大危险源进行了统计分析、登记、建档，并按专业类型和监控管理的责任进行了划分，确定集团公司监管的承包工程重大危险源79项，工业三产重大危险源31项，股份公司重大危险源12项，确定各子分公司监管的重大危险源共142项。并完善监控体系和控制措施，落实监控责任，实行分级管理。

2. 加强源头治理，及时排查、整改和消除事故隐患。按照国家安监总局、国资委《关于立即在国有重点企业中开展重大事故隐患排查整改工作的通知》（安监总协调字［2005］192号）精神要求，结合集团公司实际转发了文件，提出具体要求。通过层层开展安全检查，共排查出事故隐患920个，确定了40多个重大事故隐患，并组织各单位、项目部认真研究制定具体详细的整改方案，落实整改资金、整改责任人、整改进度和整改期限，确保事故隐患得到及时有效的整改和消除。

3. 完善安全生产应急救援机制。2005年以来，集团公司把建立健全突发事件应急机制，提高应对突发事件能力的相关工作列入重要议事日程，采取综合措施加强应急体制、机制建设，编制发布了《集团公司生产事故应急救援预案》。为了促进应急救援工作的有效实施，2006年初，召开了集团公司生产事故应急救援预案专题宣贯会议。对国家及地方政府重大危险源控制、应急预案编制等基本要求和集团公司生产事故应急救援预案作了宣贯。集团公司杨继学总经理、向永忠副总经理在会上做了重要讲话，要求进一步提高对做好事故应急预案工作重要性的认识，切实加强领导，建立应急预案机制，完善应急预案体系，明确职责、措施，落实经费及应急救援资源，确保应急预案得到有效实施。同时，为了促进应急管理工作落实到基层，集团公司将《中国葛洲坝集团公司生产事故应急救援预案》印刷500份，分发到各基层单位、学校、项目部组织贯彻学习。在此基础上，组织对各层次、专业和现场的应急预案进行全面清理、修订和完善，共编制和完善工程施工、自然灾害、火灾爆炸、危险化学品、机械设备、交通运输、公共卫生等类型的应急预案360多个。目前正着手对各层次的应急预案进行收集、整理、汇编。

（七）强化整治，加强现场监督检查和指导

集团公司和各单位根据“关口前移，重心下移”的工作原则，把工作重心放到基层和现场，把管理重点指向安全生产中的薄弱环节，预防为主，超前控制，开展了有重点、有针对性的安全

生产专项整治和检查。

1. 认真组织开展建筑施工安全专项整治工作。根据国务院安委办及电监会关于开展建筑施工安全专项整治工作的精神要求，集团公司迅速成立了以向永忠副总经理为组长的建筑施工安全专项整治工作领导小组，转发了《电力建设施工安全专项整治方案》（中葛集团办［2006］161号），结合集团公司当前施工生产特点和安全工作实际，制定下发了“关于开展预防坍塌专项整治工作的通知”，并就如何认真贯彻实施专项整治工作方案，召开安全工作专题会议，要求各单位、项目部迅速成立相应的领导机构，切实加强对安全专项整治工作的领导，精心组织，制定措施，落实责任，确保各项工作措施有效落实。

2. 开展了安全生产交叉检查。2005年“安全生产月”期间，集团公司采取“互查、互纠、互学”的方式，从下属生产单位抽调了近20名懂专业、懂技术并长期从事安全管理工作的专业人员组成了6个安全交叉检查组，分别对西南、华北、中南等6个片区近25个单位、项目点、城区45个要害部位进行了检查。2006年又结合电监会《电力建设施工安全专项整治方案》12项内容和集团公司预防坍塌专项整治的重点，组成3个专项检查组，分别对云南片、四川片及华北片的17个在建工程进行了检查，对查出的60多个问题，全部下达到有关项目部进行整改和落实。

3. 结合管理体系内部审核，开展安全检查。集团公司分别于年初组成专项审核组，对集团公司直接管理的单位及三峡指挥部、四川施工局、溪洛渡施工局、澜沧江施工局、黄河上游施工局等直管项目部进行了审核和检查，并结合内外部审核发现的不符合项，组织各单位、直管项目部进行整改关闭，纠正职业健康安全管理体系运行中存在的偏离和不符合，规范管理，完善和落实控制措施。

4. 加强节假日施工生产安全。针对节假日和不同季节施工生产的特点和形势，集团公司适时有针对性地提出安全生产工作要求，并认真组织开展了元旦、春节、五一、十一的节前安全检查及季节施工安全生产大检查，加强重点部位、要害部位的安全监控，督促落实各项防范措施和隐患整改以及安全保卫、领导值班等工作，确保了各个重要阶段的生产安全和社会稳定。2006年元旦、春节节前，集团公司副总经理向永忠、陈邦峰同志带队，对集团公司辖区内液化气站、加油站等易燃易爆场所；氯气等危险物品的储存及使用；宾馆、酒店、市场及人员密集场所；锅炉及电梯等特种设备进行了安全检查，共查出事故隐患12起。针对12起事故隐患，集团公司下发了隐患整改通知书。相关单位认真制定整改措施、积极落实整改资金，按照整改要求按期进行了整改。

三、存在的主要问题

1. 少数基层单位和项目部的安全法规教育没有落到实处。少数员工安全意识淡薄，遵章守纪自觉性不强，违章违纪现象还有发生，安全操作技能和自我保护能力有待提高。

2. 个别单位仍然存在安全监督管理力量薄弱的现象，有的项目部的现场安全监督人员在生产作业现场发现和解决问题的能力有待进一步提高。

3. 少数项目部编制的专项安全技术方案不具体，危险性较大工程未编制独立的安全技术专项方案，或编制的方案未经严格的设计、审批和把关，有的施工组织设计中关于安全措施的内容针对性不强，安全技术措施没有层层交底。

4. 对劳务组织和外协队的安全管理仍然存在管理制度不落实，有的在对分包工程的管理中，履行甲方安全生产管理职责的意识不强。

5. 少数单位对基层组织的安全管理工作缺乏力度，监管不严，监督检查不深入、不细致，使上级的各项安全指令精神不能得到有效贯彻和实施。

6. 对职业健康安全管理体系标准和文件的学习理解有待进一步加深。特别是有的项目部仍然存在危险源辨识、评价不准确的现象；新开工项目危险源辨识不能及时开展。

四、下步主要措施

进一步认真贯彻实施《安全生产法》，坚持“消除一切隐患风险，确保全员健康安全”的方针，牢固树立以人为本的思想，以控制危险源为主线，以遏制重特大事故为重点，以减少人员伤亡和设备财产损失为目标，严格遵循“依法、从严、精细”的工作原则，落实安全责任，加大安全投入，强化基础管理，加强源头整治，狠抓风险控制，努力实现安全生产状况的根本好转。

（一）狠抓安全生产责任制的落实

1. 加强安全生产责任制落实情况的检查考核。并加大安全生产责任制落实的奖惩力度，参照国资委有关规定，研究将安全生产的好坏与各级领导的业绩评价和年薪挂钩，以警示各级领导充分认识到安全生产是关系全局的工作，更加重视安全生产工作。要进一步明确职责，层层分解目标，将安全生产责任落实到每一个人，将职工的收入与安全生产挂钩，形成人人重视安全、人人抓安全的良好局面。

2. 严格责任追究，对不认真履行职责、安全管理不到位、发生各类责任事故的要严格追究处罚。要对今年以来发生的各类大小事故进行一次全面认真的清理，严格按照“四不放过”的原则严肃认真地查处每一起事故，分析原因，找出差距，制定措施，狠抓整改。对不认真吸取事故教训，重复发生类似事故的，要逐级追究有关单位领导、部门和相关者的责任，绝不能避重就轻，大事化小或不了了之。对发生事故不及时报告、拖延时间、谎报甚至瞒报的，要加重处罚力度，严肃查处。

3. 进一步修订和完善安全生产规章制度。目前正在修订《集团公司安全费用管理规定》、《集团公司安全岗位服务贡献奖试行办法》、《集团公司安全生产奖惩规定》、《重大危险源安全管理规定》等安全管理制度。

（二）以在建工程为重点，进一步加强现场安全监督管理和专项整治

1. 针对夏季、雨季和汛期现场施工特点，督促落实各项安全防范措施，预防各类事故发生。要重点抓好对易发、频发事故的预测预防和对各危险工种作业人员的现场监管工作，防止因坍塌、触电、高处坠落、物体打击、车辆伤害或因劳动强度大、劳保防护不到位所造成的人员伤害和财产损失；督促落实汛期和防暑降温的各项安全防范措施。特别要高度重视和抓紧抓好防汛防洪的各项准备工作，制定和落实各项防范措施和预防各类突发事件的应急预案，确保在发生紧急情况时能作出应急响应，并实施有效的应急控制，预防和减少人身伤害和财产损失。

2. 进一步加强外协队和劳务组织安全管理。要督促各单位和项目部进一步规范对各类劳务组织、外协队和分包队的安全管理，严格履行总包方的各项安全管理职责，按照“谁用工，谁负责”和“谁管理，谁负责”的原则，切实搞好对劳务组织和外协队的安全管理、安全监督。目前已下发了“关于进一步加强外协队安全管理的通知”，切实加强对承建工程在外协队使用管理过程中合同评审及合同履约、终止等环节的安全管理，组织开展一次全面的清理整顿和专项检查，针对存在的问题和薄弱环节，采取切实有效的对策及措施，扎扎实实抓整改落实到位。

3. 突出抓好建筑施工安全专项整治和重大事故隐患的排查整改工作。按照国务院安委办及电

监会关于开展建筑施工安全专项整治和集团公司预防坍塌专项整治工作的精神要求，在认真分析安全生产形势和施工生产特点的基础上，深入整治洞室施工、高边坡作业中存在的突出问题，督促落实防范措施，有效防止坍塌、滑坡等重特大事故的发生。要加强源头治理，分析查找危险源和控制点，及时排查、整改和消除事故隐患，对洞挖作业、高边坡施工、高处作业、爆破作业、起吊作业等危险作业要进行重点监控和重点整治，对存在的重大事故隐患，制定和督促落实整改方案，落实整改资金、整改责任人、整改进度和整改期限，确保事故隐患得到及时有效的整改和消除。对由于条件所限，一时难以立即整改消除的重大事故隐患，要及时采取防范措施，严密监控，掌握动态变化情况，切实把重大危险源分级监督管理责任落到实处，坚决杜绝各类重特大事故的发生。

（三）加强重大危险源控制

1. 开展动态的危险源辨识、评价和控制工作。要增强全员的参与意识，发动全员开展危险源辨识活动，促进危险源辩识更具有广泛性和针对性；要针对作业活动、设施、环境的不断变化，对危险源以及风险进行重新识别和评价，建立动态的危险源辩识、评价、控制管理体系，并不断更新和完善控制措施，加大督促、检查和指导的力度，确保有效落实，尤其要督促危险作业专项安全施工方案的制定和落实。

2. 抓好应急管理工作。在全面清理修订应急预案的基础上，对各层次、专业、现场的应急预案进行整理汇编。根据上级政府部门要求，组织开展集团公司应急管理科普宣教活动，并组成活动领导小组，会同相关部门对活动方案进行认真策划和组织实施，以普及应急防护知识。同时，抓好应急预案的培训演练和宣传教育工作，以保证相关的管理人员、组织、队伍、专家、职工及周边群众熟悉和掌握应急预案规定的任务和行动，以及相关的知识和技能，以提高其执行应急预案的能力、协调配合能力和防范安全生产事故的意识。

3. 加大安全生产投入。建立和健全安全费用管理制度，安排一定比例的安全生产专项资金，保证其用于重大危险源监控、事故隐患治理、事故应急救援、宣传教育培训、安全施工措施的落实、安全生产条件的改善等。

（四）进一步抓好安全生产宣传教育培训工作

拟于三季度开办一期专职安全员取证培训班；四季度开办一期厂长、经理安全培训班；有计划地组织抓好特种作业安全教育培训；完成《安全生产常识宣传手册》的编制工作，并下发到基层各单位认真组织学习。

中国国际航空公司
2005年安全生产形势报告

2005年公司全面完成总局和集团下达的安全指标和运输生产任务，全年共安全飞行59.94万小时，24.3万个起落架次，发生事故征候8起（含国货航2起），事故征候万时率为0.13，发生严重差错14起，严重差错万时率为0.23。与2004年相比，飞行时间同比增加8.93万小时、增幅为17.5%，起落架次同比增加3.86万个、增幅为18.9%，事故征候次数同比减少5起，事故征候万时率同比降低0.121，严重差错次数同比减少8起，严重差错万时率同比下降0.197，安全生产水平明显提高，并首次荣获民航总局颁发的航空安全最高奖“金鹏杯”。

一、主要安全工作回顾

（一）大力开展安全专项整治，认真治理安全薄弱环节。按照民航总局安全生产专项整治工作的要求，公司成立了专项整治工作领导小组，确定了专项整治工作指导思想，结合公司实际情况提出了14项安全生产专项整治工作内容，以发现问题、查找隐患、解决难点为核心，制定了整治方案，并开展了大规模的安全生产专项整治工作检查和验收。

总体来看，空勤人员值勤时间得到了较好的控制，机务维修和签派单位的排班制度也更趋合理；驻外机组的行政管理工作得到了加强；同时，对局方要求的11个机场制定了单发失效应急程序，并进行了模拟机演示和补充训练。工程技术分公司和各维修单位完善了对适航指令的评估、执行和监控程序。公司明确将飞机的重点系统及老旧飞机的维护作为安全工作的重点，颁布了《国航老龄飞机管理手册》，为实施老龄飞机的工程管理提供了依据；同时，重点增加了在老旧飞机安全保障方面的投入，提高了老旧飞机安全运行裕度。成都维修基地获得了FAA维修许可证。

同时，结合专项整治工作，公司领导深入工程技术分公司和AMECO调研，针对机务一体化过程中产生的瓶颈问题，出台了《国航股份关于加强机务系统建设的意见》，明确了机务系统定位、发展方向等一系列重大问题，为系统长期健康、持续发展提供了有利的政策保障。

此外，公司进一步加强了AOC对异地飞行的运行控制，努力提高了飞行监控和通讯能力，完成了拉萨高频电台、运控大楼天线以及北京短波电台的二期建设，安装调试了HF电台集成系统，并对90%以上的飞机安装了ACARS。在AOC设立了飞行技术专家席位，开设北京、天津、内蒙联合签派席位，实施72小时计划管理模式，提高了AOC决策、指挥和调配航班的能力。

（二）加强飞行训练管理，狠抓训练质量。公司加强了新飞行员和复训人员的理论教育，为飞行学员的发展奠定了较好的基础；加强了飞行程序、驾驶舱资源管理和基本驾驶术的训练；加强了对检查员、飞行教员、模拟机教员的管理工作，对各类模拟机训练严格检查、严格把关，暂停放机长20余人，确保了新放机长的质量。

训练工作加强了计划性、前瞻性，完成了各机型初始、升级、差异训练、定期复训和机型理论培训，组织各类飞行员执照考试N人次；培养飞行模拟机教员N人，培养机长N人，飞行教员N人，初步形成清晰的“梯级”飞行员培养思路。

为快放机长、多放机长、满足飞行员培训，公司增加1.5亿元人民币的成本从生产中抽调了2架B737—300飞机组建了飞行训练大队，2005年，飞行训练大队共组织本场飞行1 101小时，总起落6 370架次，全公司1 012人次参加了训练，夯实了飞行训练基础，提高了飞行员技术水平，超计划放机长41名。

（三）整章建制，自我完善。公司为提高安全管理水平，与国际安全管理接轨，聘请了国际航协审计组织对公司的安全、运行质量和技术管理水平等8个方面进行了国际运行安全审计，查找出存在的37项大小问题，在此基础上公司进行了全面整改。

同时，公司在整章建制上狠下功夫，按照总局新121部的要求，专门组织各相关人员修改、完善了运行规范和运行手册体系，修订了《公司应急处置手册》，训练大纲、提纲和飞行技术训练管理手册，颁布了一系列工作程序，为实施科学化管理奠定了基础。工程技术分公司制定了《安全长效机制方案》实施细则，编写了《航线维修管理手册》，在全公司范围内率先实行了符合新版121部要求的《工程手册》。公司通过加强规章制度建设，做到了有章可循、有法可依，巩固了安全基础。

（四）加大安全监察力度。公司大力加强了对飞行、机务、货运、地服等单位安全生产工作的持续监督检查和各种专项检查，强化了对各类不安全事件的调查、分析，出台了《国航股份航空安全信息管理规定》，实现了从结果检查向过程监察的转变，初步形成公司内部安全监察闭环管理。

为加强QAR建设，公司统一了8种机型12类飞机的飞行品质监测标准，2005年共监测到N万个航段的飞行数据，分析和处理了N万个严重超限事件和N万个轻度超限事件；实现QAR数据三维仿真演示，并开通了飞行品质网上查询系统，在提高飞行品质监控能力的同时，拓展了飞行品质监控数据的应用领域。

（五）加强安全教育，牢固树立安全理念。航空安全监察部历经半年的准备，在全公司范围内举办了由100多幅照片、37块展板构成的“2005年航空安全警示教育展览”活动，参观人数累计9 330人次。通过在各部门、各分公司和基地进行的巡回展览教育，在全公司范围内营造出“人人想安全、事事讲安全”的良好氛围。

（六）努力确保空防安全。公司加强了空防安全的管理力度，客舱服务部门高度重视客舱安全，把安全工作细化、落到实处；完成了空警大队的组建并完善了空防安全预案措施，开展了空防安全专项整治，并协助举办了应急处置演练和国家反劫机演习。

二、安全管理中面临的问题和不足

2005年公司的安全状况总体较好，但发生的不安全事件有的性质还是比较严重的，尤其是严重差错的人为因素突出，这一点必须引起各级领导和同志们的高度重视，我们应当清醒地认识到：公司的安全基础还不够牢固，安全管理方面还存在很多隐患，对此，我们要时刻保持清醒的头脑。

具体来看，2005年的安全工作存在着以下我们必须面对的实际问题和矛盾：

（一）机械故障率居高不下。2005年全年发生因机械故障原因导致的事故征候6起，同比持平，但值得注意的是，这6起事故征候均为发动机空中停车，同比增加3起，并多次出现因起落架、液压、操纵系统故障导致的不安全事件，对飞行安全构成了很大威胁。

租赁的二手飞机状况较差，而且随着老旧飞机机龄的不断增加，飞机部件疲劳损伤的事件也必将越来越突出，这些问题都对机务维修提出了特殊要求。

（二）人为差错原因导致的问题不容忽视。2005年公司全年发生了人为原因事故征候1起，严重差错14起，同比分别减少了6起和8起。

但是，从发生的事件看，1起人为事故征候和9起人为严重差错机组原因较为突出。在我们的飞行部队中仍然存在着飞行准备不够充分，部分机组训练质量不高，个别机长在决策和决断上存在不足，机组资源管理有待完善，机组间相互提醒和严格的管理还不够等问题。在机务维修方面，个别人员不按工作单卡做工作，不执行标准工作程序，因漏做、漏检工作项目导致的不安全事件也时有发生，甚至出现不接飞机、不做航前、航后的情况。这些问题反映出了我们的部分员工规章意识不强，工作作风不严谨，管理工作不到位等一系列问题；我们的管理和制度建设仍需进一步细化和完善，防治人为差错的工作仍然任重道远。

（三）运行控制能力不能满足一体化运行的需要。一体化运行后，运行控制中心成为整个公司的指挥核心，但运行控制部门的角色还没有完全转变过来，对全公司范围内的控制、协调、指挥力度还不够，异地运行的控制力较弱；在实施动态监控的硬件保障能力，“地对空”联系的程序性以及规范化管理方面存在明显的薄弱环节。

（四）发展速度与运行生产保障能力之间矛盾突出。公司运输生产高速发展与生产保证能力之间矛盾突出，飞机引进速度与专业人才训练不匹配，人员培训不能完全满足公司生产的需要，飞行、机务、签派、乘务等专业存在严重的人员短缺情况，个别人员还存在超时工作现象。特别是飞行员队伍快速发展，新飞行员比例增加，飞行员训练的矛盾突出。

同时，随着公司快速的发展、基地的不断增加和内部改革的深入，公司的管理在某些方面没有及时跟上，造成外站的安全管理责任落实不到位，异地保障工作难度加大，导致外站地面和机务原因发生的问题较多。

中国国际航空公司
2006年上半年安全生产形势报告

一、主要安全工作回顾

2006年1至6月份，公司安全保障了春运和“五·一”黄金周的运输生产；安全优质地完成了“两会”代表的保障、台商春节包机和朝觐包机任务；执行党和国家领导人专机、要客包机、救援任务等16次。内蒙古分公司和培训部分别取得了安全飞行30周年、万次起落无差错的优异成绩。

上半年，公司全面完成总局和集团下达的安全指标和运输生产任务，共安全飞行330 805小时，发生事故征候3起，事故征候万时率为0.091，发生严重差错9起，严重差错万时率为0.272。与2005年同期相比，飞行时间增加52 721小时，增幅为18.96%；事故征候增加2起，事故征候万时率上升0.055；严重差错增加3起，严重差错万时率上升0.092。

按照公司对上半年安全工作的总体要求，重点抓了飞行、机务作风建设和对不安全事件的查处工作。

（一）狠抓飞行、机务作风建设。公司认为，人为差错事件仍旧频繁发生的主要原因在于不严谨的工作作风。公司从2月份开始，在全公司范围内开展了飞行、机务作风大整顿；雷雨季节到来后，为确保安全飞行，公司又召开动员会，决定在空勤、运行控制、机务维修和地面服务人员中开展安全、作风、纪律教育，要求各单位结合自身的工作特点，认真查找薄弱环节，制定有针对性的、切实可行的、注重实效的整改措施，从根本上提高从业人员遵章守纪的自觉性，改进飞行和机务作风。

（二）深入整章建制工作。在去年修改、完善公司运行规范和运行手册体系的基础上，进一步加强了规章制度建设。目前，《运行手册》、《除防冰大纲》、《航站手册》、《乘务员手册》、《乘务员训练大纲》等已获得局方批准；此外，出台了《航空安全管理手册》，制定了《航空安全差错标准》，为科学化管理提供了遵循的章法，一定程度上夯实了安全基础。

（三）强化安全监察工作。上半年，公司全面强化了航空安全监察工作，从安全监察的计划性、针对性和程序化方面入手，加大了安全检查和事件调查的力度。完成了一次对全公司范围的安全大检查；对3个分公司和3个航站进行了航空安全审计；针对水产品运输、机组配载清单、加入机组程序、雷雨季节飞行准备等开展了专项检查；采用问卷调查的形式对部分飞行人员就应急程序的掌握情况进行了测试。此外，针对部分单位实施一体化管理后的新特点，在分公司安全监察部门聘用了40多名公司航空安全监察员，出台了《关于加强各分公司、基地属地航空安全监管的指导性意见》，推动了全公司范围安全监察的整体联动。

通过近一年时间的推动，目前，航空安全信息报告制度在公司已基本确立。上半年，经由现场监察、网络查询、机组报告、现场（运控）报告等多种方式，公司共收集到各类不安全信息300

余件，对其中的130余起不安全事件进行了调查，提交了20余份比较深入的调查报告，并就相关问题及时发布了通报和整改通知单，初步实现安全闭环管理。

在掌握大量安全数据的基础上，公司积极与中国民航飞行学院合作，着手制定未来5至10年的安全战略规划。此外，公司承办了民航总局“欧盟—中国航空合作计划”中的SMS培训，与法航专家进行了SMS专题咨询，为公司引入SMS打下了基础。

（四）拓展飞行数据监控的应用。1至6月份，共监测到N万个航段的飞行数据，分析和处理了N个严重超限事件和N个轻度超限事件；发布QAR重点监控项目超限事件调查通知单、特殊超限事件整改通知单、检修通知单等10余份文件；通过与机务部门的合作，解决了部分飞机监控数据丢失的问题；重点分析了2004年10月至今北京地956起着陆垂直重力加速度大的轻度、严重超限事件，有针对性地提出了改进各机型在大风、低能见情况下着陆技术的意见，提高了飞行数据监控的质量，拓展了监控数据的应用范围。

二、不安全事件回顾与分析

上半年，共发生各类不安全事件175起，其中属机械原因99起，人为原因48起，意外原因28起。上述不安全事件共造成90起后果，其中返航45起，滑回6起，中断起飞15起，复飞14起，备降10起。

具体分析1至6月各类不安全事件的发生趋势，可以看出，公司各月的安全形势总体平稳，没有出现大起大落的情况。

从48起人为原因的不安全事件可以看出，人为差错存在于公司生产运行的各个系统中。根据事件的责任界定，共涉及公司12个相关单位，另有15起为外部代理责任原因，分别涉及到飞行、机务、运控、客舱、货运和地面安全等6个专业。

通过分析归纳公司上半年发生的不安全事件，可以看出，公司在安全运行方面仍然存在以下几方面的主要问题：

（一）人为差错原因导致的问题比较突出。根据各类安全信息报告，上半年统计全公司共发生48起人为原因的不安全事件。对比过去几年的统计数据，我们可以发现，以前报告的人为差错事件是很少的，但这并不表明真的很少发生人为差错。随着公司安全信息报告制度的日渐完善，我们获得了较多的人为差错事件报告，这就为我们进行人为因素分析提供了更有力的数据支持，这一点是较为值得欣慰的。

分析1至6月的48起人为差错事件，根据事件调查掌握的情况，按照事件的主要原因基本可以归纳为4类，其中管理原因16起，惯性违章10起，能力不足6起，个体失误15起。

要减少个体失误造成的人为差错，互相监督和互相纠错是提高可靠性的重要途径：通过驾驶舱资源管理以及班组内部的互相提醒、交叉检查，不仅可以大大降低班组的整体出错频率，还能够提高班组的整体意识和整体功能。

（二）重点系统机械故障率居高不下。在99起机械原因的不安全事件中，按发生故障的系统分，发动机17起，操纵系统13起，起落架13起，导航系统10起，空调系统8起，通讯系统7起，舱门5起，仪表指示系统5起，自动驾驶系统4起，液压系统3起，其他14起。可见，发动机、起落架、操纵系统仍然是威胁飞行安全的三大重点系统。在99起机械原因的不安全事件中，值得关注的是：B737—300机型共发生40起，该机型占公司机队飞机的比例为23.07%，但其发生的不安全事件占到了总数的40.4%。具体分析，40起事件中，空调系统7起，起落架7起，导航系统6起，这3个系统就占到了该机队所有不安全事件的一半。

（三）外站安全隐患不容忽视。根据1至6月份统计数据，外站代理原因的不安全事件共15起，其中危险品当普货运输4起，车辆刮碰飞机3起，水产品运输漏水3起，此外还发生数起配载错误、动物逃逸、运输违禁货物等不安全事件，已严重危及到飞行安全和航空地面安全。

虽然导致这些事件的原因是多方面的，包括货物本身包装不合格、收运检查及安检把关不严、装卸作业不规范等具体操作方面的原因，同时也再次暴露出公司在外站安全监管工作上存在的漏洞：对代理人发生的问题长期不够重视；信息沟通不畅；缺乏追究制度；签署代理协议的部门并不具备在外站的监管能力；对代理人缺乏日常管理；外站发生问题时，公司内部没有明确的责任单位等。

（四）客舱安全方面存在的问题须引起重视。今年以来，公司已发生3起客舱乘务员误放滑梯事件。连续的误放滑梯事件暴露出的不仅仅是事件当事人个人的问题，也不局限于单纯的放滑梯问题，结合公司、集团及局方日常监察中发现的问题，我们认为公司的客舱安全需要引起各级领导的高度重视。在公司高速发展的背景下，乘务队伍安全技能的训练、安全意识的养成、客舱安全规章制度的建设，以及日常的客舱安全管理工作都需要予以强化。

（五）技术分析和研究需要加强。通过对上半年发生的不安全事件的分析，我们认为，如果我们能够提高技术研究能力，有一部分事件是可以避免的，有一部分事件如果处置得当，也可以避免产生较大后果。这一方面，我们的改进空间很大。例如，上半年，因起落架系统问题造成6起返航，6起复飞，1起中断起飞，占到所有不安全事件后果的14%。我们看到，起落架系统的问题很多都是信号问题，如果机务维修部门能够从技术上深入分析，加强排故方面的研究，发现其中的共性问题，提前实施预防性维修，就可以减少此类同样性质问题的反复发生。

在飞行机组方面，我们认为许多起返航事件是由于飞行机组的决策带有一定的盲目性。针对飞行中可能存在的问题，如果有技术研究部门进行较为深入的分析和研究，为飞行人员的操作提供更为明确的标准和技术指导，许多事件的后果都可以避免。

公司应加强技术研究机构的建设，加快培养高水平的技术研究队伍，下功夫营造技术研究的氛围，为不断提高公司的安全运行水平提供技术保证。

三、下一步工作

（一）抓好作风整顿。安全的基础是由多个要素构成的。前几年，公司狠抓了规章制度的建设和培训这两个要素；今年，公司提出了抓工作作风这个要素。工作作风是在工作中长期养成的习以为常的不易改变的行为方式和方法。回顾我们发生的人为原因的不安全事件，深究起来大部分都可以归结为工作作风不严谨。公司反复抓作风整顿，正是把握了安全工作的症结点。

做好飞行、机务等单位的作风整顿工作，最关键是要突出一个“严”字，狠抓一个“实”字。“严”就是要不折不扣严格执行规章制度和操作程序；“实”就是要踏踏实实使一系列行之有效的规章制度在每项工作任务的各个环节得到全面落实。飞行部队要克服经验与经历的认识问题，经验来自于学习、总结、反复练习，与单纯的飞行小时数、工作年限未必有正比关系，要把预料之中的特殊情况处置方法想得更周到。机务维修人员要强化按规章程序办事、按工作单卡维修的意识，切实提高飞机维护质量。

需要特别提出的是，抓工作作风绝对不能搞运动，搞一阵风。只有持之以恒，切实改进公司全体员工的工作作风，才能真正为公司的安全运行打下坚实的基础。

（二）落实规章制度。夯实安全基础需要继续落实规章制度。在上半年发生的人为差错事件中，我们看到惯性违章和能力不足占到相当比例，这些事件都是规章、程序和标准不落实的表现。我们应当以新版运行手册体系被批准为契机，强化规章、程序、手册的培训，把手册规定的程序和标准真正融入到生产运行的每一个环节。

此外，下半年《航空安全管理手册》和《航空安全差错标准》将正式实施，我们的安全管理也要从“零打碎敲”定规矩向标准体系建设转变，从“单纯抓飞行差错”向抓各工种差错转变，这也是我们实施安全规范化管理的重要组成部分。

公司领导一直强调我们要做“手册公司”、“手册飞行员”、“手册员工”，只有扎扎实实抓好手册的培训，不走形式，使公司的规章制度真正落到实处，我们的安全基础才能更牢固。

（三）完善安全管理体系。完善安全体系，首先要从安全体系的系统化着手。从我们发生的问题来看，公司发生的不安全事件，有相当部分是由于管理原因导致的。这暴露出我们在安全管理链条上存在缺陷，安全系统缺少自我修复功能。解决这一问题就需要我们从安全管理的系统性上下工夫。

民航总局大力推行的SMS，其本质正是建立并实施系统的、清晰的、全面的安全风险管理系统和安全基础运行体系。应当说公司现在运行的体系已经具备了SMS的基本框架，但有欠完善。我们应当利用好组织转型的机会，借鉴国外SMS的一些理念，健全各级安全管理机构，逐步理顺安全信息管理流程，进而推动公司安全运行各相关系统建立自我完善机制，从“寄希望于不出问题”转向积极防御，从“应付上级检查”转向积极自我纠错，从而在全公司形成全方位、立体化的安全管理体系。

（四）强化预防性监察工作。在安全体系中，要突出事前预防功能。安全监察要围绕“预防”主题逐项展开。

要持续大力开展安全检查，围绕法规、规章的落实和执行，增强监察工作的持续性、计划性和针对性。各级安全监察部门都要根据飞行、机务、运行等工作的特点，从“拉网式检查”转向有针对性检查和调查，努力发现运行中可能存在的问题，特别要防止人为违章、人为差错事件的出现，并积极为解决问题提出合理建议。

要建立公司的安全风险评估制度，在安全信息报告制度基础上，进一步拓展安全信息来源，扩大安全信息数据量，并加大对安全信息数据的分析深度，挖掘不安全事件发生的规律，指导生产运行单位提前做好预防性工作。

要加大对不安全事件的调查力度。特别是对人为差错事件，要推广人为因素分析方法，从根源上剖析人为差错产生的原因，有针对性的研究制定整改措施，并追踪落实情况，直至问题的解决。针对人为原因不安全事件频发的问题，今后，我们要将治理人为差错作为治理安全薄弱环节的重点。

（五）减少重点系统机械故障。针对发动机、操纵系统、起落架机械故障率居高不下的问题，机务部门应给予重点关注，加强相关系统的可靠性分析和技术研究，加大维护检查和排故的力度，减少同类型故障的反复发生。

发动机系统要特别给予关注。虽然机务维修单位加强了对发动机的日常监控，发动机空中停车事件有所减少，但空停，仍然是去年和今年上半年公司事故征候万时率的主要因素。目前，已进入生产旺季，机务维修单位要提高警惕，防止因工程管理不到位或维修质量原因造成空中停车。

针对B737—300机型空调、起落架、导航系统故障导致的不安全事件数占到其机队所有事件

50%这一特点，我们建议机务部门重点对 B737—300 机队的这 3 个系统加强研究，制定有效措施，减少多发性、关键性故障的反复出现，扭转 B737—300 机队机械原因不安全事件高发的局面。

（六）解决外站安全隐患。针对外站运行存在的安全隐患，公司各有关单位要给予高度重视，拿出较为系统性的解决方案。首先，要借助组织转型的机会，赋予新组建的航站管理部安全管理职能，明确其对外站的安全管理责任，并由其对公司各外站的安全运行实施业务指导。其次，要重新梳理、完善公司在外站运行的安全政策、标准和程序，修订相关手册，并在各外站贯彻实施，使公司飞机在外站的安全运行有章可循、有法可依。第三，要建立对航站和代理人的评估、审计机制，强化航站对代理人的监管，使外站的运行真正纳入到公司的安全运行体系中。第四，对于有过夜飞机的外站，要明确安全协调/管理单位，要建立并逐渐完善“安全协调、安全信息报告、安全监督、安全应急”等机制，配强专职安全管理人员。我们将以温州过夜基地为试点，逐渐推广。

此外，要重新理清国航与国货航对客机腹舱安全的责任，明确各有关单位的职责。国货航要针对外站货运发生的一系列不安全事件，制定并完善各类作业标准和程序，加强对代理人的业务培训，落实对代理人的监管工作，全面承担起客机腹舱的安全责任。

（七）强化客舱安全管理。针对客舱安全存在的问题，公司在组建服务发展部时，要强化客舱安全管理职能，明确客舱安全管理思路，清晰职责界面，统一客舱安全的政策、标准和程序，推进客舱安全的规范化管理。

各客舱服务部门要高度重视客舱安全培训工作。要整合培训资源，提高整体培训能力；要与乘务培训中心配合，优化新乘务员的初始训练；要对客舱安全设备、滑梯操作、紧急撤离等项目进行专项培训，提高乘务员应急设备实际操作能力。要在乘务员队伍中加强安全教育，强化乘务员的安全意识，明确安全责任，把保障客舱安全融入到客舱服务的各个环节当中。

（八）推进飞行数据监控一体化。为适应公司机队快速扩大的现状，解决 QAR 持续监测方面各地面站数据下载、分析、管理等工作及时性、准确性，可靠性不足的问题，公司将建立以北京、成都为中心的飞行数据监控体系，设立上海飞行数据下载地面站，利用公司内部网络共享数据；要统一飞行数据监控工作的管理流程，缩短飞行数据监控周期，全面推进公司飞行数据监控工作一体化，为今后 QAR 数据的深度应用打下基础。

第五部分

中央部委领导谈安全生产工作

安全生产形势及对策*

国家安全生产监督管理总局局长　李毅中

（2005 年 6 月 24 日）

一、安全生产事关以人为本的执政理念，事关构建和谐社会，要切实提高对安全生产重要性的认识

以锦涛同志为总书记的新一届中央领导、新一届政府，在理论上有两条建树：一是明确提出了以人为本，全面、协调、可持续的科学发展观；二是提出构建社会主义和谐社会。我认为这两项重大的理论建树与安全工作关系都非常紧密，在安全生产上完全可以落实科学发展观，为构建和谐社会贡献我们的力量。

首先说说以人为本的科学发展观。我认为以人为本首先要以人的生命健康为本，保障生命健康这是人的第一需要，如果不顾及人的生命健康，不顾及在生产过程中人的安全，怎么能谈到以人为本？经济发展必须建立在依靠科技进步和提高劳动者素质的基础上，以人为本，注重人的全面发展。党的十六大指出，要走科技含量高，经济效益好，资源消耗低，环境污染少，人力资源得到充分发挥的新型工业化道路。对支撑经济的工业发展应该逐步转变经济增长方式，不能靠牺牲环境、靠浪费资源、靠一味增加投入，而要靠科技进步、靠人力资源的充分发挥。经济发展除了不能浪费资源、牺牲环境以外，也不能一味地增加人的劳动强度。当然，更不能像资本主义原始积累以人的生命为代价来换取经济的发展、换取 GDP 的增长，那不是科学发展观。如果不重视安全生产，就没有执行以人为本的科学发展观。

从构建和谐社会来讲。社会是由社会成员、家庭、企业、法人单位、社区等基本细胞构成的。从企业来说，一个企业不能够安全生产，事故频发，怎么能够保证经济效益的提高？所以，企业如果没有安全，其他事情就无从谈起。企业一旦发生了伤亡事故，不仅是直接损失，更重要是对人的心理的伤害、对积极性的挫伤，使人很长时间走不出事故的阴影。从企业的职工来说，他更加期盼着安全生产。因为如果发生了事故，受伤害最大的是职工。所以一个明智的企业领导，不管是国有企业还是民营企业，如果是称职的、清醒的，他必定要把安全放在第一位。对一个家庭来说，如果家庭成员因为安全事故受到伤害甚至遇难，那么对这个家庭来说是灭顶之灾。从政府层面讲，安全状况是政府管理经济和社会水平高低的一个反映。许多国家都建立了社会安全、安全生产的评价体系、指标，从指标来看这个社会的管理水平，来看政府治理社会的能力。对社会来说，人的生命健康如果没有保障，人民就不能安居乐业，社会就不能安定和谐。所以我理解，

---

* 这是 2005 年 6 月 24 日李毅中同志在中宣部等部门和北京市组织的形势报告会上的发言。

安全生产是构建和谐社会的重要方面。

同时，我认为从一定意义上讲安全生产也涉及到加强党的执政能力建设的问题。和谐社会包括六个方面含义：和谐社会要民主法治，搞好安全生产必须依法治安；和谐社会要公平正义，首先是每个人都有劳动的权利、生存的权利；和谐社会要诚信友爱、充满活力、安定有序，只有保障人民的生命财产安全，大家积极性才能调动起来，社会才能充满活力，家庭才能幸福安康。和谐社会要人与自然和谐相处，人类生产活动要适应自然规律，违背自然规律就要受到事故的惩罚。所以，关于和谐社会的六大因素，我觉得和安全生产都是紧密挂钩的。我们要从理论和实践结合的高度，认识、体会党中央、国务院、全国人大常委会为什么这样高度重视安全生产。因为这牵涉到以人为本的执政理念，牵涉到整个社会的安定和谐，牵涉到是不是落实科学发展观。归根到底，是不是体现了“三个代表”重要思想。

党和政府在建国初期就提出“安全第一，预防为主”的方针，江泽民同志讲的三句话，大家记忆犹新，即“隐患险于明火，防范胜于救灾，责任重于泰山”，生动、形象地阐述了安全第一、预防为主。近年来，党中央、国务院对安全生产采取了一系列重大措施。

首先，加强安全生产法制建设。2002 年出台了《安全生产法》，在过去基础之上，这两年出台了《煤矿安全监察条例》《安全生产许可证条例》等法规，现在有一套比较完整的安全生产法律法规。我到安监总局工作后，开始学习这些安全法律，一寸厚的装订本有三本，汇集了建国以来的各种有关安全的法律、法规、规章制度等等。可以说，基本覆盖了我们所有的行业、所有的安全行为。任何一个事故发生后，总能找到违反了哪个法、哪个条例、哪个规章。

第二，安全生产监管体制不断健全。2000 年成立国家煤监局，2001 年组建国家安监局，今年又把国家安监局升格为安监总局。同时，每个省都建立了安全监管机构，各地市大部分也都有了安监机构。全国安监、煤监系统专职的监管监察执法人员近 3 万人。

第三，不断深化安全生产专项整治。像去年搞的治理超载超限，实践证明，很多公路交通事故都是超载超限造成的，公安部、交通部抓这项工作，尽管社会有些不同看法，但实践证明是对的，经过治理以后，安全状况好转，公路运输并没有受到很大的影响，促进了经济的发展。与此同时，煤矿、矿山、危化品、烟花爆竹、公共聚集场所消防等专项整治，都取得了显著效果。

第四，建立安全生产问责制。特别是对公务人员、国有企业领导人的责任追究。2001 年国务院出台了《关于特别重大事故行政责任追究的规定》，2002 年出台了《党政干部辞职的暂行规定》，根据这些规定对一些重大事故进行了责任追究。比较典型的是 2003 年的重庆开县井喷事故，还有今年的 2 月 14 日辽宁阜新特大瓦斯爆炸事故的追究。总的来看社会反响比较好。

从全国安全生产形势看，2003 年以前，事故起数和死亡的总人数是上升的，2003 年开始略有下降。经济在快速发展，道路纵横交错、车船星罗棋布，给安全生产带来了挑战。2003 年比 2002 年事故总起数下降 11%，死亡人数下降 1.9%；2004 年比 2003 年事故起数下降 15.7%，死亡人数下降 0.2%。有位省长在人代会发言，说他们经过努力，和同期比死亡人数减少 100 人，有的媒体还不大理解，在报纸头版头条报道《少死 100 人也是成绩吗?》。我说是成绩，了不起的成绩！为什么这样说呢？因为我们是社会主义的初级阶段，是工业化的初期，也是安全生产的初级阶段。这个阶段的任务就是要遏止重特大事故的发生，减少伤亡。经过努力少死亡 100 人，挽救了 100 条生命，是很了不起的成绩，是贯彻以人为本的具体体现。可见我们安全生产还要取得全社会的关心和支持。

煤炭行业事故多发。2000 年产量不到 10 亿吨，去年 19.5 亿吨，四年产量翻了一番。在看到事故多发情况的同时也要看到党和政府、企业、行业为此作出的努力，700万煤矿工人作出的努力。百万吨煤的死亡人数从2000年的5.77下降到去年的3.1。经过各省、市、各行业、全社会共同的努力，安全生产形势总的估价是在稳定中开始略有好转。但并不是没有问题，而是问题严重、形势严峻，事故多发势头并没有得到有效遏制。去年全国因为各类事故死亡13.67万人，伤残70多万人，如果加上职业危害的话，一年就有近百万的家庭因为安全生产事故造成了不幸。如果20年累计，那就是2000万个家庭，牵动着社会的安定。和国际比一比，我国GDP13.6万亿元，1亿GDP死亡1个人，是美国的20倍；全国人口不算港澳台13.2亿人，一万居民里要死一个人，是美国的2.6倍。道路交通事故的死亡人数是第一位的，大概是10.6万人，全国的各种车辆、各种机动车，包括农用机车、摩托车1.1亿辆，万车死亡率10人，是美国的6倍，是日本的10倍。去年，一次死亡10人以上的特大事故，全国129起，3天一起；一次死亡30人以上特别重大事故，去年14起，一个月一起。我是今年2月28日到任的，三个多月了，一次死亡30人以上的特别重大事故共5起。可见安全生产的严峻形势没有得到遏制，而且事故的损失据统计全年是2500亿，占了GDP2%。特别是去年10月份以来，连续发生三起死亡百人以上的煤矿特别重大瓦斯爆炸事故。建国以来，煤矿死亡百人以上的事故19次，最大的是山西大同1960年死亡600多人。辽宁阜新的“2.14”事故是建国以来第二大、45年以来最大的一次煤矿事故。今年以来煤矿安全生产开局不利，形势严峻，一次死亡10人以上的事故多发，1～5月份23起，死亡人数682人，比去年同期增加10起，死亡人数比去年同期增加1.6倍。5月份以来，内蒙、山西、河南、重庆、吉林、河北、湖南、福建等省区发生了煤矿一次死亡10人以上的特大事故。江苏、江西、重庆等省市发生了交通、危险化学品特大事故。上海、广东发生了特大火灾事故，广东汕头“6.10”火灾是今年最大的火灾事故。每时每刻我们都在为社会创造财富，每时每刻都有可能发生事故，造成人员伤亡，所以要增强安全工作的紧迫感、危机感、责任感。抓安全生产要有忧患意识，当前最关键的是遏制重特大事故的发生，减少人员伤亡。

事故多发、安全生产形势严峻有深层次的原因、浅层次原因，有历史原因、发展中的原因，概括讲有以下几条：

第一，经济快速增长，增长方式落后。经济快速增长给安全生产带来了挑战。经过多年的发展，我们很多的总量都是世界第一或名列前茅。但落后的经济增长方式没有改变，还是高耗能、高污染、高投入、高排放、低回报、低收益。我国用了全世界31%的煤炭、29%的钢材、8%的石油、45%的水泥，创造了全世界4%的GDP，当然我们是发展中国家，得有个过程。但是要承认，环境和资源已不能支撑，这种增长方式如果不转变到依靠科技进步和人的素质上来，是支撑不下去的。去年煤炭产量19.5亿吨中，有安全保障能力的12亿吨，剩下7亿吨安全保障能力不足。但经济增长方式不是一两年能够转变的，是个深层次的问题，党中央、国务院高度重视，我们必须下功夫、下决心来解决这个问题。

第二，长期投入不足，安全欠账严重。特别是煤矿、重化工企业。比如说，国有煤矿统计有505亿的安全欠账，大概有三分之一的设备要淘汰。对煤矿建设的投入也不足，电厂一年建5千万千瓦，需要1.5亿吨煤。要建大煤矿，需要提供精查储量，大概全国探明储量9000亿吨，但是，能够用于建矿的精查储量不到600亿吨，而建一个年产1亿吨的大矿，要有200亿吨的精查储量。投入不足不仅是安全投入不足，基础产业更是投入不足。

第三，行业管理弱化，企业管理滑坡。我国仍处于工业化初期，到2020年实现工业化。我们不是后工业化国家，中国不是美国、日本，要从国情出发。我国是一个发展中的大国，不是小国，政府不管企业，但是不能不管行业。这些年行业管理没有跟上去，行业的技术标准、设计规范有的多年没修改，执行的还是原来七八年前的规定，时代在进步，科技在发展，用落后的规程、标准，不可能建成具有时代先进水平的矿山、工厂，也不可能生产出具有国际竞争力的产品。行业的重大技术攻关也有缺失，煤矿瓦斯形成的机理、瓦斯防治手段、奥灰水患、静电危害、高压井喷许多问题没有解决。另外，我们安全监管也存在问题，发了多少文件、开了多少次会、进行了多少检查，但是归结起来，监管不扎实，执法不严格，责任不落实，措施不到位。

第四，农村劳动力转移。这是个历史规律，是社会进步的体现，是不可阻挡的。去年我们的城镇化率 40.5%，每年增加 0.5%，到 2010 年达到 50%。已经有 1 亿 3 千万农村劳动力转移，这是社会进步的体现。还有 1 亿农民等着劳动力转移，他们来了做什么工作？苦、脏、累、险的工作，从工种上讲，煤矿、建筑、城市、环境保护、卫生这些行业，一出事故就埋怨农民工素质不高，这不公平，不能埋怨我们的农民兄弟。谁去培训他们？谁是培训主体？煤矿招来工人，企业、政府有关部门要对他们进行培训。要大力提高农民兄弟的文化素质，提高作业能力。

第五，我国煤矿地质条件和其他国家不能比。和美国、西方发达国家甚至和发展中国家比先天不足，井工矿占 95%，露天矿太少了。我国高瓦斯矿占 46%，煤层容易自燃的占一半，条件比较恶劣。我国是百年产煤大国，现在矿井的平均深度是 420 米，而且每年往下延伸 20 米，煤矿工人为此付出更多的劳动和艰辛。我们百万吨死亡人数 3 人，美国是 0.03，波兰和南非是 0.3。我国煤矿产量占全世界的 31%，但煤矿死亡人数占全世界煤矿死亡人数的 79%。形势严峻，任务繁重。

为此，国务院 2 月 23 日召开第 81 次常务会，专门研究煤矿安全生产，提出一系列措施，非常具体。从管理措施来讲，国务院决定 20 个产煤大省，成立煤矿安全整治领导小组，要向 45 个重点矿派督导组，煤矿领导干部要下矿带班，要拿出 30 亿元支持国有重点煤矿的安全技术改造。看到这些我既感动又惭愧，其中一条煤矿领导干部要下井带班，“工人三班倒，班班见领导”，这是我国工业的优良传统，工人身上有多少汗，干部身上有多少汗。结果进入 21 世纪，一些企业把 50 多年的优良传统丢掉了，要由国务院作决定煤矿领导干部下井带班。同时，拿出治理瓦斯的七项措施，包括向 45 个煤矿派督导组、对瓦斯动力煤矿进行鉴定、组织专家会诊、建立瓦斯警报系统并联网、以风定产核实能力、进行煤炭科技攻关、建立煤层气工程研究中心等。从国务院常务会议以来，各项措施逐步在落实，全国有 17 个省成立了领导小组，向 45 个重点矿派督导组，组织了 84 名专家、11 个工作组到 45 个重点煤矿进行会诊，现在还在下面摸情况，以风定产核定能力，制定以风定产管理办法。瓦斯动力现象 44 户，有 27 户已经鉴定，没鉴定的停产整顿。安装数字化瓦斯远程监控设施正在做，年末大矿要联网，小矿要县乡联网。技术攻关、组建煤层气工程研究中心也在进行。前几天，在安徽淮南召开了煤矿瓦斯治理现场会，黄菊副总理做了重要讲话。山西省对煤矿领导干部和经营者下井作出明确要求，不仅是国有矿，包括乡镇小煤矿都要这样做。推广了河南平顶山市向小煤矿派安全副矿长、技术副矿长、安全特派员做法。

二、认真总结经验教训，严格执法检查，落实安全责任，遏制重特大事故发生，促进安全生产状况的好转

今年以来全国安全生产状况总体平稳，1～5 月份全国共发生各类事故 328 391 起，死亡 49 594 人，同比减少 37 637 起、2 796 人，分别下降 10.3%、5.3%。但是特大事故多发，1～5 月份全国发生一次死亡 10 人以上特大事故 55 起，死亡 1 194 人，其中一次死亡 30 人以上特

别重大事故5起，死亡397人，同比分别上升25%和148%。特别是煤矿的特大、特别重大事故上升，1～5月份全国煤矿特大事故发生19起、死亡316人，同比增加9起、162人，分别上升90%、105.2%；特别重大事故发生4起、死亡366人，同比增加1起、260人，分别上升33.3%、245%。

对此，国务院加大事故责任追究力度，实行严格的问责制。比如对辽宁阜新的“2.14”事故，决定对事故负主要责任的孙家湾矿长宋加木等四人移交司法机关处理，对事故负有主要领导责任的阜矿集团董事长、总经理梁金发撤销党内外职务，并按照程序免去其董事长职务，其余27人分别给予党纪行政处分，对负有领导责任的辽宁省副省长刘国强给予行政记大过处分；责成辽宁省人民政府向国务院作出书面检查。向全社会公布后，总的反映是正面的、认同的。

随着“以人为本”理念的日益深入人心，全社会对安全生产的关注程度越来越高，特别是对以下几个问题，大家比较关注。

1. 企业管理滑坡怎么办，如何强化企业安全主体责任？安全生产最终要落实到企业，所以要加强企业的安全管理。一是要强调企业是安全责任主体，法定代表人是第一责任者。煤矿企业领导人员和经营管理人员要下矿带班，可以了解井下安全情况，有针对性地治理隐患，可以言传身带，密切与职工关系。大同煤矿实施了下井考核办法。二是企业党政工团都要把安全责任落实到车间、井下、班组。工会要维护职工在安全方面的合法权益。要在井下设立专兼职安全员、瓦检员，阜新煤矿叫“安全专盯”。各地的煤监局要加强专项监察、定期监察、重点监察。三是要加强生产技术管理，落实管理责任制。煤矿要建立健全以总工程师为核心的技术管理责任体系。一个企业总工程师是技术负责人，小矿也要有技术负责人。要坚持“三同时”，技术改造方案要审查，竣工要验收，机电设备要合格、要维修。四是要督促煤矿加强现场劳动组织管理，落实各项管理制度，合理定岗定员，控制入井人员数量，杜绝多工种交叉作业。制定并严格执行对外包工队的管理制度，防止以包带管。

2. 安全管理要抓源头治本，有哪些经济政策？应该说在安全生产上，近年来国务院相继采取了一系列重大措施，去年《国务院关于进一步加强安全生产工作的决定》中就确定了强制性提取安全费用、实行安全生产风险抵押金制度、大幅度提高事故伤亡赔偿标准等政策措施。今年又在补还安全欠账、实行矿权有偿使用等方面作出规定。比如，对国有煤矿505亿的安全欠账，国家拿30亿，30亿对500是个小数，但体现了国家对煤矿的关心，要加快落实进度。企业是投资主体，现在政策宽松，每吨煤可提8～10元的安全费，高瓦斯煤矿可提15元，确有需要经核准可据实列支。其中三分之一相当于国家退还所得税，自有资金有保证，煤矿要自主确定隐患治理项目。其他高危行业的非煤矿山、危化品生产、建筑行业、民爆器材等，不少省也制定了相关规定。关于风险抵押金制度，目前一些省已经制定了具体的实施办法。思路是首先解决小煤矿发生事故后的抢险救助和善后处理问题，同时提高了小煤矿的安全准入条件。矿产资源有偿使用问题已列入议事日程，思路是以储量为基数计征资源税费。我们会同财政部、国土资源部等相关部门正在研究有关办法。

3. 煤矿的瓦斯灾害究竟能不能治理，怎样治理？应该说经过多年来的探索、实践，在瓦斯防治上已经有了一套较为成熟的办法，我们概括为“先抽后采，监测监控，以风定产”12个字。

第一，先抽后采。美国煤田没有开发之前通过三维地震、煤藏精细描述，把地质情况搞得一清二楚，然后打立井、斜井、水平井、丛式井、羽状井等各式各样的井，用一年多的时间把煤层的瓦斯抽出，再去开巷道，人再下去瓦斯就很少了，就本质安全了，这是真正的先抽后采。可惜，我们国家没有这个技术、没有这个装备。在石油方面这套技术是有的，可以借鉴，也可以引进，更可以自己开发。我们所谓先抽后采，是人与瓦斯共存，边抽边采。这就不是本质安全了。所以治理瓦斯必须依靠科技，必须要投入。

第二，监测监控。瓦斯矿井里面要有报警仪，煤矿要连网，随时在地面监测矿井瓦斯是多少，不能超过1%。现在瓦斯矿井正在落实这项工作，年底要完成。但是在落实这项工作中有的不落实责任，比如说：5月5日内蒙古兴安地区一个小煤矿发生了瓦斯爆炸。有监测仪，但一查线路接错了，没有和电源连锁，超过1%不能自动切断电源，导致瓦斯爆炸，死亡12人。同样内蒙古乌海市一个小煤矿4月26日瓦斯爆炸，也是死了12人。原因是监测系统4月10日坏了，没有进行维修，麻痹大意，4月26日就发生了爆炸。举这两个例子说明，如果弄虚作假，大自然要给你惩罚。

第三，以风定产。重要的措施是通风，必须保证瓦斯的浓度在1%以下。通风能力是一定的，产量就受到了制约。你不能超能力开采，超能力开采瓦斯涌出量大，瓦斯浓度就要升高。以风定产，这是血的教训。现在我们在重新核定，但是有些煤矿不严格按这个办。我们下去检查，有的领导人说，什么核定能力，我能产多少，能力就有多少，还讲不讲科学？如果以风定产是弄虚作假，自欺欺人，那是在制造新的隐患，是对人的生命极端的不负责任。

4. 农民工素质不高怎么办，有什么措施？刚才已经讲到，全国已经有1.3亿农村劳动力转移，还有1亿农民等着劳动力转移，这是社会进步的必然趋势。这个不要埋怨农民工，要落实企业和政府相关部门培训的责任，强制培训。比如煤矿，矿厂资格、瓦检员、绞车司机、电工、爆破工等等，这些特殊工种要由安监系统、煤监系统去培训，培训以后发给资质证书。其他一般工种的培训是煤矿的责任。我们正准备制定一个关于小煤矿农民工培训的指导意见，争取7月初出台。另外，教育怎么办？教育部非常支持，主要有这么几条措施：一是能够定向招生；二是增加煤矿专业的奖学金；三是增加职业培训。我建议煤矿把过去的办法再捡回来，自己还得办技校、还得办职业学校。我到淮南煤矿看，他们自己还有一个职业学校，每年培养6000名毕业生，解决大问题。煤矿把自己的职工、子女送去，跟学校谈好降低一个分数段，将来还回来。国家非常重视农村九年义务制的普及，尽快的在农村普及九年义务制教育，将来我们的农民工至少是初中文化，这个层次就不一样了。

5. 关停小煤矿，不执行怎么办？为什么有些矿主拒不执行政府的监管，三令五申拒不执行？比如说山西3月9日、3月19日两次事故，你贴了封条，他给撕掉，你再贴，他再撕，你上了锁，他给砸掉，胆大妄为到这种程度。比如说河北承德刚刚发生的“5.19”事故，50人死亡。今年1月18日、4月13日两次给他发停产整顿通知书，他不听，照样生产。比如6月8日湖南娄底资江煤矿发生的煤与瓦斯突出事故死了22人。3年前发生过同样事故。当时井下232人，大部分逃生了，如果要有火源爆炸的话，就不堪设想了。这个矿4月8日当地煤监局发了停产通知书，他不听，5月27日国家煤监局对停产整顿的矿井登报公告，这个矿榜上有名，他也不听。为什么这样猖狂，一个原因是执法不严、处罚不力。现在我们想的办法有这么几条：第一条办法，煤监系统、安监系统发停产整顿通知书，第一次抄送当地人民政府。他不听，第二次抄送上级人民政府。他不听，第三次抄送本省主管工业副省长。第二条办法，和发改委、国土资源部、工商总局商量，实施联合执法，认定他停产整顿，就把所有的证没收，什么时候验收合格，什么时候退给你。还有就是要加大惩罚的力度。现在各省纷纷立法，发生死亡事故至少赔偿20万，同时加大罚款，没收非法所得，根据《安全生产法》并处1倍到5倍的罚款。比如山西省3月9日的事故，没收非法所得，从下达停产整顿通知书算起，处以5倍罚款，共3500万。非法矿主使得矿工家破人亡，那么就罚你倾家荡产。还有一个原因是有的公务员失职、渎职。我还举山西这两个事故，都派了督导员督查，前面的督查员派的是计划生育干部，不具备监督资质，而这个计划生育干部在3月6日、7日脱岗回去了，矿主决定3月8日下井采煤，9日就出事故了。下了停产整顿通知书，煤主拿不到炸药，便从黑市上拿，被派出所长抓住了，抓住了又放掉了，现在这个派出所长被逮捕了。三是官商勾结，事故背后的不正之风。最典型的是黑龙江七台河市一个小煤矿3月14日发生瓦斯爆炸，死了18个人。后来一查，矿主是七台河市桃山区安监局副局长。他的哥哥是七台河市矿业公司国有矿的副总经理，这个国有矿收购了这个小矿，哥哥就把这个小煤矿包给了他做安监局副局长的弟弟。这个事故出来以后，败坏了我们政府的形象、败坏了我们安监队伍的形象。黑龙江人民政府采取措施对安监局副局长开除党籍、开除公职，逮捕法办。对国有矿副总经理开除党籍、开除公职，对这些蛀虫和败类发现一个清除一个。当然，这种事情不能说是大量的，但绝不是一个，要查处事故背后的不正之风和腐败现象，还要查处安监人员中的不正之风。

6. 如何提高市场准入的安全门槛？过去对这个门槛设定不高，所以好多不具备安全生产的小矿拿到了矿权证、采矿许可证，拿到了资质证，拿到了工商执照，可见我们过去对安全这个门槛没有给予足够的重视。现在采取补救的办法实行安全许可，为此国务院在2004年1月13日发布了《安全生产许可证条例》。大家知道，贯彻行政许可法，政府要尽量减少行政审批，但是破例设定一个安全许可证，可见对这个问题的重视。条例规定得很明确，从公布之日起生效，已经建立的厂矿一年之内要提出申报；新建的厂矿从2004年1月13日开始，必须拿到安全生产许可证，才能够生产。煤矿、非煤矿山、危化品生产经营单位、烟花爆竹、建筑施工和民爆器材等六个行业必须实行这个制度。现在煤矿进展得还可以，据我了解，到5月底全国97%的国有重点矿，71%地方国有矿报了，问题在乡镇小矿，大概不到一半，这些小煤矿不要存在幻想，到7月13日要是不申报安全许可证，立即停产整顿，没收已经拿到的资源证、生产许可证、矿长资质证、工商执照。这是对人民负责、对国家负责，也是对矿主负责。我们的安监部门、煤监部门要对本辖区的煤矿进行指导、帮助。至于其他危化品、非煤矿山等进展得可能要差一点，我们也和省市交谈过这个问题，采取得力措施，要维护国家法律法规的严肃性和权威性，同时要帮助企业提升安全能力。

7. 如何看待安全工作和经济发展的周期规律？目前，我国处于经济的快速增长期，到2020年，处在人均1 000美金到3 000美金的过渡阶段，经济的快速增长，给安全生产提出挑战。分析世界发达国家和发展中国家走过的这一段历程，确实是事故的易发期。但我们不能重走别的国家的老路，我们要用几年走过别的国家十几年、几十年走过的历程。我们是社会主义国家，是中国共产党执政的国家，处在科技迅猛发展的21世纪，我们有后发优势，加上我们正确的政策，有力的监督管理，通过全社会共同的努力，我们会缩短这个过渡期。不能因为经济快速增长，以及深层次的原因，产生埋怨情绪、抱怨情绪、无所作为的情绪。少一点抱怨，多一点尽责，靠我们自己的努力，可以遏制重特大事故的发生，减少伤亡，推动安全形势的好转。

同时也要看到，我们国家很大，安全工作很艰巨。我到安监总局以后，有一些数字记在脑子里，比如全国26 000个煤矿，10万个非煤矿山，哪个国家也没有这么多煤矿和矿山。全国有58 000个加油站，美国也不过这么多。全国有汽车2 800万辆，加上摩托车、机动车总共有1.1亿辆。全国铁道和公路交叉口有1.3万个。每天民航起落的飞机1万架次。海上水上各种大小船只150多万艘。安全生产不仅要万无一失，还要做到几十万无一失、几百万无一失啊！我们要看到安全生产的长期性、复杂性、艰巨性，赋予安监人员和全体职工包括全体公民的责任是重大的。

三、全面领会《安全生产法》的立法精神，严格执行《安全生产法》，实现安全生产形势的好转

《安全生产法》最初是1981年由国家劳动总局提出的立法建议，经过20多年的努力，饱含着各方的心血，2002年6月29日全国人大常委会通过了《安全生产法》，并于2002年11月1日起开始施行。两年多来，各地区、各部门、各单位都很重视，一是通过广泛宣传，得到社会的共识。二是以《安全生产法》为母法，形成了相配套的比较完整的法律体系，出于人大立法的还有《矿山安全法》《煤炭法》《道路交通法》《水上交通法》《铁道法》《民航法》《建筑法》《消防法》《电力法》等。另外还有相关的法律，如《劳动法》《工会法》等等。从人大立法的层面上和安全有关的大法有10多部，从国务院这个层面上，制定的各种条例有50多部，另外，建国以来，国务院发布了30多个加强安全生产的通知，各部委的规章制度有100多个。三是全国安全生产监管体系逐步形成。四是依法监管、依法行政的力度不断加大，按照“四不放过”的原则，对事故追查、问责、处理的力度已经加大。五是企业安全生产责任制得到进一步落实。对全国来说，已初步形成国家监督监察，部门和地方监管，企业负责、群众参与，社会支持这样一个全社会的安全生产大格局。但是从《安全生产法》的贯彻上看，还不尽如人意，还存在一些问题。

1. 以人为本、安全第一、预防为主的理念不牢固。有些地方理解片面，认为严格进行安全管理，抬高了市场准入，会影响招商引资，安全投入影响财政收入、影响经济效益。再比如，一些地方学习《安全生产法》做表面文章，满足于开会转发文件，没有真正做到让《安全生产法》的精神实质家喻户晓，造成从业人员安全意识淡薄，特别是新入厂的年轻人和农民工，他们或文化水平低、或经验少，缺乏保护自己的能力。而一些企业，包括国有企业和民营企业的一些负责人，摆不正效益和安全的关系，说是安全第一，实际是利润第一、产量第一，甚至出现无视国法、无视政府监管、无视职工生命安全的违法行为。

2. 监管力量不足，法律素质不高，执法主体工作力度不够大。从全国看，还有7%的地市、18%的县没有建立安全监管机构。有的建立了机构，并没有相应的级别，没有配备应有的定员，包括总局在内，人员的素质也有待于提高，执法不够严格，工作不够扎实，甚至存在一些不正之风，损害了执法人员的形象。

3. 行业安全管理弱化。行业的技术标准、工作规范没有进一步的修订，这方面的情况前面我已讲过了。

4. 安全生产责任主体不到位。企业进入市场、减员增效，精简机构，但有的不恰当地把安全机构给取消了。有的经理人、投资人不重视安全隐患整改，安全责任不落实，一些小企业安全基础薄弱，国有企业这方面有些基础，但问题也不少。

5.《安全生产法》执法不严，惩处不力。根据现在的法律《刑法》131条和139条规定由于触犯法律导致安全事故判处有期徒刑最多不超过7年。省、市反映量刑太低，我们提出意见能不能修改刑法或者可以司法解释。修改是很难的，但是可以数罪并罚，依法严惩。根据《安全生产法》《煤炭法》，罚款最多20万，作用不大。但是，有一条是没收非法所得并处1～5倍罚款。所以还是可以作为的。在进一步贯彻《安全生产法》中，不作为是违法，执法不严也是违法，一定要严格执法。如果不按照法律办、不执行这个法律，当然是违法的。

安全生产的立法宗旨主要有四条：一是以人为本，突出保障人的生命财产安全；二是预防为

主，重点不是在事故发生后怎样处理，而是怎样健全保障体系，防止发生事故；三是落实责任。包括企业的责任、政府的责任、中介机构的责任、社会的责任。四是依法加强监管，发生事故以后依法惩处。

下面，结合实际讲一下《安全生产法》的主要内容。归纳起来主要包括七个方面：

（一）强调企业是安全生产主体，企业法定代表人是安全生产第一责任者

生产必须安全，安全才能生产，不安全就是违法。违法了就要找法定代表人，对法定代表人要处理。企业的法定代表人要按《安全生产法》的规定，做好六件事情。

一是贯彻党和国务院安全生产方针，即：安全第一，预防为主。不能简单照搬照抄，而是要结合行业、企业特点，制定本行业、企业的安全生产方针、原则。此外还要根据新情况、新问题，提出安全工作的新思路、新措施。

二是要层层落实责任制。企业法定代表人是第一责任者，但要把安全责任制落实到副手，落实到下级，落实到车间、井下、班组、岗位，形成全员的责任。

三是把《安全生产法》变成自己本企业的各项规章制度。各项规章制度应该是《安全生产法》的延续，它是整个社会依法治安不可或缺的制度。落实与否，首先看规章制度是否落实，规章制度是否符合法的要求。《安全生产法》是历史经验的结晶，是职工生命鲜血换来的宝贵财富，必须一丝不苟的执行。

四是对隐患治理要做到胸中有数。隐患不除，永无宁日。而治理隐患要投资，只有一把手说了算。我在中石化工作的时候，每年投入12亿元用做隐患治理。这项工作只有一把手才能决策。

五是要履行安全工作的“三同时”。治理老隐患，不要出现新隐患，否则隐患永远都存在。基建技改项目的“三同时”要扩展到发展规划，五年规划、中长期规划里一定要有安全篇，做到同步规划、同步实施、同步兑现。

六是发生重大事故要亲自处理，要掌握应急预案。一旦发生重大事故，主要负责人要在第一时间赶到亲自处置。如果贻误时机没有采取措施，就是企业领导者失职。

（二）企业要建立各项安全保障制度

企业是安全责任主体，安全是进入市场的必备条件，不符合《安全生产法》要求，就要关闭、取缔。不符合安全条件的小煤矿，坚决关停整顿，这也是不久前黄菊同志作的重要批示。安全生产要作为市场准入的必备条件，达不到标准就不能开业。企业内部要有安全管理机构，《安全生产法》规定，煤矿、非煤矿山、危险化学品、烟花爆竹、建筑行业等高危行业，不论企业大小，必须有安全生产的管理机构和人员。其他行业，300人以上的企业必须有机构、专职人员；300人以下的，必须有专职或兼职人员。同时，要注意人的素质的提高，经营管理人员要考试合格取得资质证，没有资质就不能当矿长、厂长、经理。特殊工种，如电工、瓦检员等也要有当地安监部门颁发的资质证件。企业的其他人员要培训，要有上岗证。从检查的情况看，问题很大。对职工要进行培训，岗前培训、在职培训、集中培训、岗位练兵要落实。要按照设计规程、行业标准、技术规范、购置装备设备，按规范进行设计，煤矿不可以找没有资格的设计单位进行设计。买设备，该防爆要防爆，不能降低等级，否则，本质上就是不安全的。一些专用的设备、特殊设备要经过质检总局或者授权单位给予鉴定。《安全生产法》明确规定，要淘汰明令禁止的工艺和设备，但一些企业现在还在采用落后工艺和设备，很多是国家和行业已经公布淘汰的，用了就是违法。

（三）从业人员享有安全生产的权利，还有应尽的义务

职工有享受工伤保险的权利，有发生事故后求得赔偿的权利。所有企业都要依法给职工上工

伤保险，发生事故要给予赔偿。职工有知情权、批评权、检举权，在安全管理工作中要体现厂务公开。职工还要有拒绝权。从业人员发现直接危及安全的，有权停止作业，采取应急措施，撤离作业场所。生产经营单位不得因从业人员在紧急情况下停止作业而降低其工资、福利待遇，或者解除其签订的劳动合同，法律在保护职工的拒绝权。可惜，我们有很多矿工不懂得保护自己，即使知道有那些不安全隐患，还是下井。要让工人提高文化素质，提高安全素养，懂得不伤害自己，不伤害别人，不被别人所伤害。在享有这些权利的同时，必须有义务遵章守法，必须服从管理，自觉接受安全培训，掌握安全技能，提高自己发现隐患、保护自己、保护企业的能力。

（四）对政府作为安全监管主体的要求

企业是安全生产的责任主体，政府是安全生产的监管主体。一是地方政府对辖区内所有企业，不论是地方企业还是省直、中直企业，对其安全生产都负有监管责任。二是行业主管部门对本行业的安全生产负有监管责任；三是安监总局代表国务院履行安全生产综合监管责任。按照国务院领导同志的指示，安监总局要站在全局监督地方政府，监督行业主管部门是否履行安全生产监管责任。家宝总理说，安监总局提格，就是要增强政府安全监管的权威性。黄菊副总理找我谈话时说，总局要找准自己的定位，要站在全局的高度，审视全国安全生产的大格局。还有一些没有行业主管部门，如石油、化工、煤炭、机械、冶金、有色、轻工、纺织、建材等部门，安全监管总局负责对这些行业的安全监管，同时监管相关的中央企业，和《安全生产法》是一致的。就省来讲，省里安监局应该代表省政府履行省安全生产的综合监管，有权对市、县、乡进行安全监督，有权对省里的各个行业主管部门是否履行安全监管责任进行监督，有权对辖区内的企业进行安全监管。省安监局要找准自己的定位。抓安全生产，大家目标一致，讲明道理，大家会理解、会支持的。只有上下共同努力，形成联合执法、协调工作的局面，事故才能得到有效遏制。

（五）安全生产要靠社会监督

公民、各个法人单位、工会、各种社会组织都要关心安全。一是公民要有安全的知情权和举报权，对任何一个企业的不安全行为有权力举报、有权力知情。所以现在全社会十分关注，这是社会进步的体现。出了事故，媒体肯定会在第一时间进行报道。全社会去关心、关注安全，也是社会的进步。二是工会和其他群众组织维护职工群众合法权益，首先要把维护人的生命安全放在第一位。全国总工会做得很好，我们两家决定在煤矿开展聘请群众安全监督员活动。各级工会组织要把维护职工生命安全的权益作为重点，同时希望在其他所有制企业都要建立工会。三是接受媒体监督。媒体的监督很有效，事故发生后媒体在第一时间、第一地点进行了解报道，有的甚至比我们了解得还要多、还要早、还要细。尽管受时间和地点的局限，报道的事例不是完全真实，但我感谢媒体朋友的监督。我们要定期新闻发布，把安全生产的情况及时向社会公布，同时希望媒体不仅要报道事故，更要报道政府为此而作出的努力和取得的效果，既要抓坏典型曝光，也要总结好的经验进行宣传。

（六）安全中介机构的服务

会计师、审计师、律师事务所大家都很熟悉，安全工程师事务所也已经诞生，我们授权有资质的研究院、设计院、学校作为安全生产中介机构。这是市场经济的需要。《安全生产法》规定，依照法律、法规和职业准则，接受生产经营单位委托，为企业安全生产提供技术服务。特别是中小企业要学会利用中介机构，政府也要学会利用中介机构政事分开。中介机构服务包括生产经营单位开办、建设、生产、经营、政府监管等全过程，业务范围很广泛。中介机构正在发育之中，要增强中介机构资质的认证和行为的监管。中介机构必须诚信、科学、公正、负有法律责任，不能出假的资质报告和认定。在这些方面，《安全生产法》对中介机构也提出了要求。

（七）对生产事故的应急救援和调查处理作了规定

首先要建立应急救援体系。去年国务院努力建立105项应急救援方案，包括公共安全、自然灾害、卫生防疫各方面内容。其中一项内容就是安全生产，共有30多个方案，涵盖了各个行业。法律要求县以上人民政府必须制定应急救援方案。同时，还要有相应的机构、人员、器材。煤矿企业救援体系比较健全，它是分布在重点企业中的，一个煤矿出现了矿难，调动附近重点煤矿的矿山救援队赶来救援。发生事故后要在第一时间进行报告，组织抢救，要求地方政府领导、企业负责人立即赶到现场组织抢救。对事故按照死亡人数多少确定事故等级，分别由国务院组织调查、地方政府调查。对事故调查追究责任做出明确规定，对事故处罚，一是不符合行业安全规定的要关闭；二是作出行政处罚，一些罚没条款尽管规定比较低，但可以数过并罚，可没收其非法所得，并处1～5倍的罚款。三是问责制。对管理人员、政府人员进行撤职等行政处分，取消资质。四是对触犯刑律的，移交司法机关追究刑事责任，司法机关严肃执法，处罚结果要向社会公开。

以上根据自己学习的体会，把《安全生产法》概括为七个方面内容。下一步，我们安监总局以及安监系统要带头学好《安全生产法》，更好地贯彻《安全生产法》。

如前所述，造成目前事故多发、安全生产形势严峻有深层次的原因，我们要认真分析研究，积极提出改革的建议。但是深层次原因不是短期所能解决的。我们从事安全工作的同志要更尽职尽责地做好本职工作。在中央决定我到国家安全生产监督管理总局任职后的几天内，我再次学习了党中央、国务院的一系列指示，回顾总结了多年来的体会，提出了安全生产的“五要素”。我想我们的职责就是在不同的岗位上，推进安全生产“五要素”到位，实现安全生产状况的好转。

一是安全文化，即安全意识。要加强宣传教育工作，普及安全常识，强化全社会的安全意识，强化公民的自我保护意识。领导干部要按照“三个代表”重要思想要求，树立“以人为本”的执政理念，真正树立和落实科学发展观，时刻把人民生命财产安全放在首位。要切实落实“安全第一、预防为主”的安全生产方针。行业和企业要确立具有自己特色的安全生产管理原则，落实各种事故防范预案。加强职工安全培训，确立不伤害自己、不伤害别人、不被别人伤害的安全生产理念。安全是企业和社会永恒的主题，永远是企业管理的薄弱环节，真正做到警钟长鸣，居安思危，言危思进，常抓不懈。

二是安全法制。《安全生产法》要广为宣传，深入人心。要健全《安全生产法》的配套法律、法规、规章和安全标准，行业、企业要结合实际建立和完善安全生产规章制度，要将那些被实践证明切实可行的措施和办法上升为制度和法规。逐步建立健全全社会的安全生产法律法规体系，用法律法规来规范政府、企业、职工和公民的安全行为，真正做到有章可循、有章必循、违章必纠，体现安全监管的严肃性和权威性，使“安全第一”的思想观念真正落实到日常生产生活中。

三是安全责任。责任心是安全生产的灵魂。企业是安全管理的责任主体，企业法定代表人、企业“一把手”是安全生产的第一责任人。第一责任人要切实负起职责，制定和完善企业安全生产方针和制度，层层落实安全生产责任制，完善企业规章制度，治理安全生产重大隐患，保障发展规划和新项目的安全“三同时”。各级政府是安全生产的监督管理主体，要切实落实地方政府、行业主管部门及出资人机构的监管责任，要科学界定国家安全生产监督管理总局的综合监管职能，要建立严格而科学合理的安全生产问责制，严格执行安全生产责任追究制度，深刻吸取事故教训。

四是安全科技。安全是企业管理、科技进步的综合反映，安全需要科技的支撑，实现科技兴安。企业要采用先进实用的生产技术，组织安全生产技术研究开发。国家要积极组织重大安全技术攻关，如煤与瓦斯突出、华北奥灰水患、静电危害、高压油气井喷等重大安全技术，研究制定行业安全技术标准、规范。积极开展国际安全技术交流，努力提高我国安全生产技术水平。

五是安全投入。安全需要投入，安全生产要付出成本，设备老化、安全设施缺失是安全的心腹之患，隐患不除，永无宁日。要解决历史欠账，消除不安全隐患，加快安全技术改造，需要解决资金渠道，建立企业、地方、国家多渠道的安全投资机制。企业是安全投资主体，要按规定从成本中列支安全生产专项资金，加强财务审计，确保专款专用。国家和地方要支持企业的设备更新和技术改造，要制定源头治本的经济政策，并严格依法执行。

在现有的体制、机制下靠大家的努力推动安全生产五要素到位。无论在哪个岗位，哪个企业、哪个行业只要五要素到位，在现有条件下事故就会得到有效遏制，安全状况会得到好转。深层次的原因中央和各级政府会解决这个问题，我们不要等待，不要无所作为，要靠脚踏实地努力。当前，尤其要抓好安全法制，全社会都要遵章守法，用安全法制规范政府、企业、职工、社会、每一个公民的安全行为。这次安全生产月的活动主题就是“遵章守法，关爱生命”。只要全社会从领导到群众，从政府到企业，13亿人都按国家规定的法律法规来规范自己的行为，重特大事故就会得到有效的遏制，人员伤亡就会减少。

贯彻《安全生产法》要严格执法，公正执法，廉洁执法。安监部门要大力加强自身建设。我说从态度上就是严格执法、铁面无私、六亲不认、不怕得罪人，目的是遏制事故、减少伤亡，大家都会理解。事实上大家都很支持我们，同时我们自己要严格要求自己。人大执法检查中李铁映副委员长指出安监队伍“气不壮、腰不硬、理不直、刀不快”，执法不严不力，点到了问题的要害。我们要按照全国人大对我们的要求加强执法建设，查处事故背后的失职渎职和腐败现象，查处安监队伍中的不正之风，提高人员的素质，努力把工作做好。

在首届“中国企业安全生产高层论坛”上的讲话

国家安全生产监督管理总局局长　李毅中

（2005年7月15日）

安全生产事关人的生命健康，是最广大人民群众的根本利益所在，事关改革开放和稳定大局，历来受到党和国家的高度重视。一个时期以来，胡锦涛总书记、温家宝总理、黄菊副总理、华建敏国务委员以及其他领导同志，相继作出一系列重要指示，明确了安全生产工作的方向和当前必须抓好的重点任务。国务院第81次常务会议专题研究了煤矿安全问题，提出了煤矿瓦斯治理“七项”措施。全国人大常委会组织开展了建国以来首次大规模的安全生产执法大检查。所有这些，都有力地推动了全国特别是煤矿的安全生产工作。国家安全生产监管总局按照国务院领导同志的要求，站在全局的高度，审视全国安全生产工作的大格局，明确职责定位，明晰监管监察工作思路，努力推动职能、工作方式和工作作风“三个转变”。各地区、各部门和各单位贯彻落实党和国家安全生产方针政策、法律法规，政府安全监管力度普遍加大，企业安全生产基础工作有所加强，全社会对安全生产的重视程度进一步提高。依靠大家的共同努力，上半年事故总量有所下降，全国各类事故为356 916起。死亡人数为58 644人，与去年同期相比分别下降16.2%和7.7%。煤矿百万吨死亡率为2.75，同比减少0.22。大部分行业、领域和省区安全状况比较稳定。在肯定成绩的同时，我们也清醒地看到存在的巨大差距。突出表现在事故总量仍然过大，一些行业和地方重特大事故多发的势头尚未得到遏制。上半年全国发生一次死亡10人以上特大事故59起，同比减少13起，死亡1 319人，同比增加164人，增幅14.2%。高危行业特别是煤矿的安全生产基础仍然相当脆弱，上半年全国煤矿事故死亡2 672人，增加3.3%，发生一次死亡10人以上特大事故24起，死亡704人，分别上升33.3%和114.6%。火灾、道路交通、危险化学品等事故多发。全国安全生产形势仍然严峻，安全生产工作任重而道远。搞好安全生产，稳定安全形势，是政府、企业和社会各界共同的目标和任务，需要方方面面的大力支持和共同参与。但是说到底，企业是安全生产的责任主体，安全生产所有工作最终都要落实到企业。以企业为着眼点和立足点，坚持抓基层、打基础，促使各类企业建立自我约束、持续改进的安全生产长效机制，是安全生产工作必须自觉遵循的一条方针和原则，也是扭转被动局面、推动安全状况稳定好转的治本之策。

借此机会，简要地谈谈我对企业安全生产工作的一些认识，与大家共勉。

一、搞好企业安全生产是构建社会主义和谐社会的必然要求

构建社会主义和谐社会，是党中央从贯彻落实“以人为本”的科学发展观、全面建设小康社会的全局出发而提出的一项重大任务，既是中国共产党人的治国理想，也是治国方略和机制，是目标和过程的统一。企业是工业化社会的基本构成单位。企业内部安全生产状况及其和谐稳定程

度，直接影响整个社会，作用于构建社会主义和谐社会的历史进程。和谐社会的六个基本特征，都与企业安全生产有着密切的内在的联系，同时也对企业安全生产工作提出了新的更高的要求。

——民主法治。即社会主义民主得到充分发挥，依法治国方略得到贯彻落实。具体到企业安全工作，就是要在组织职工群众参与安全决策、依靠职工群众搞好安全管理的同时，坚持“依法治安”、“依法治企”，形成安全生产的法治秩序。

——公平正义。即各方面利益都能够得到妥善协调，社会公平和正义得到切实维护。目前少数企业在高额利润的驱动下，忽视职工劳动条件和安全环境，甚至无视国家法律，无视政府监管，无视从业人员生命和健康，使劳动者的生命安全和健康受到威胁，生存权和健康权益得不到保障。对这种蔑视和践踏社会公平正义的现象，绝不能漠然视之，听任其发展蔓延。

——诚信友爱。即互帮互助，诚实守信，友爱融洽。安全诚信是企业诚信的重要内容。企业必须认真贯彻“安全第一、预防为主”方针，自觉遵守国家安全生产法律法规，积极为员工提供能够确保安全的作业环境和劳动保护条件，珍重爱护每一个员工的生命安全和身体健康，在企业内部营造“关注安全、关爱生命”的浓厚氛围。大力倡导诚信友爱，有助于建立企业安全生产的道德防线。

——充满活力。即人的积极性充分调动，社会成员的创造才能得到尊重和发挥。伤亡事故多发的企业，职工队伍缺乏凝聚力，员工的积极性受到损害。重特大事故常常造成全社会的心理伤害。因此搞好安全生产，是企业生存发展的基础和前提，也是整个社会保持健康向上活力的重要条件。

——安定有序。即人民安居乐业，社会安定团结。各类事故尤其是重特大事故，给职工及其家庭带来不幸，直接影响企业内部和社会稳定，干扰破坏正常的生产经营秩序和社会生活秩序。要实现安定有序，必须切实加强企业安全生产，坚决遏制重特大事故的发生。

——人与自然和谐相处。即做到生产发展、生命安全、生活幸福、生态良好。企业生产活动必须尊重客观规律，科学合理地利用自然资源，自觉保护自然环境。如果不是这样，而是违背科学，掠夺资源，破坏自然，必然受到大自然的惩罚，甚至让人付出生命代价。

总之，构建社会主义和谐社会重大任务的提出，进一步凸现出企业安全生产的重要性。我们要认清面临的新形势和新任务，增强责任感、危机感和紧迫感，采取切实有效的对策措施，把企业安全生产工作抓上去。

二、强化责任主体意识，认真履行“第一责任人”职责

企业在安全生产上的责任主体地位，一是由法律所赋予。《安全生产法》明确规定，生产经营单位必须确保安全生产，其主要负责人必须对本单位的安全生产全面负责。企业要依法履行安全生产的责任和义务，切实保障职工生命安全和身体健康，任何企业都不能非法增加劳动强度甚至以牺牲职工安全和健康为代价来换取经济利益。二是由安全与生产的基本特征所决定。安全与生产具有“一体化”特征，生产必须安全，安全才能生产。企业从发展规划、筹备建设到投入生产运营，必须始终把安全生产摆上重要位置，作为根本任务和基本职责来抓，真正实现“三同时”。三是由企业的市场经济主体地位所决定。企业是独立承担民事责任的法人实体，必须自觉遵守国家安全生产法律法规，自主负责地搞好安全生产。政府对安全生产的监督管理，主要是严格执行法律，制定相关法规，依法进行执法检查，纠正违法违规行为，追究相关责任。要正确把握企业安全生产责任主体和政府安全监管主体的关系，做到政企分开。政府监管不能越位，不能代替企

业工作；企业责任主体不能缺位，不能有依赖思想。企业安全生产责任主体地位，主要体现在以下述方面：一是安全管理的主体。企业应当在党和国家安全生产方针政策指导下，按照安全生产法律法规，紧密结合本企业及其所属行业、所在地区的特点，自主确定本单位安全生产的管理原则和各项规章制度，创新安全生产理念，改进安全管理方法，健全完善安全生产管理机制。二是安全投入的主体。所有企业都必须依法保障安全生产所必需的投入。企业要依靠自身的努力来增加投入，治理隐患，不断完善安全生产基础设施和基本条件。国务院决定今年从国债资金中拨款30亿元，支持国有重点煤矿进行安全技术改造，体现了政府的关心。国有重点煤矿安全欠账高达500亿元，煤矿企业必须通过加大安全费用提取和投入额度，来解决安全欠账问题。三是安全生产技术创新的主体。各类企业必须采取先进适用的技术。特别是大型企业、各行业和领域的“龙头”企业，一定要承担起安全生产技术创新主体的责任，增强自主创新能力，加强安全生产技术研究开发和科技成果的转化与应用，起到带头、示范作用。四是职工安全培训教育的主体。随着工业化进程的加快，农村、农业人口向城市和工业转移，大量农民工、临时工进入矿山、建筑施工等行业和领域，这是历史发展的必然。农民工、临时工素质不高，责任不在他们。企业有责任对自己的员工进行培训教育，使之熟悉安全生产规章制度，掌握本岗位的安全操作技能。政府有关部门要加强对特殊工种的培训考核。五是安全生产应急救援的主体。所有企业都应当建立应急预案，并定期进行演练。要具备事故自救能力。发生事故要立即采取措施组织抢救，防止事故扩大，减少伤亡和损失。要结合全国安全生产应急救援体系建设，依托大企业建立区域性应急救援队伍和基地，提高应对重特大事故的能力。六是事故风险责任的主体。即对事故的发生承担经济、行政等方面的责任。要为职工办理工伤社会保险，对事故中的遇难者家属和伤残职工予以必要的经济赔偿。对在事故中负有责任的企业生产经营管理人员和相关人员，要追究行政、党纪或刑事责任。企业法定代表人是本单位安全生产的第一责任者。企业安全生产出了问题，首先要追究法定代表人的责任。“第一责任者”必须是“安全第一、预防为主”方针的坚定贯彻者，安全生产法律法规的自觉执行者；必须把安全生产摆在企业改革发展各项工作的首位，始终保持清醒的头脑。对于第一责任人来说，以下几个关键环节必须抓住：要确立具有本企业特色的安全生产的大政方针，制定企业安全发展规划，明晰安全工作思路；要建立企业安全生产责任体系，层层落实；要加强制度建设，用规章制度来规范约束企业各级、各方面的安全行为；对重大隐患和重大危险源要胸中有数，加大投入治理隐患；要严格执行企业发展规划、新建和改扩建项目安全生产“三同时”制度，防止发生新的安全欠账；要落实应急预案，完善应急手段。一旦发生重大事故，企业主要负责人要在第一时间赶到现场，采取得力措施组织抢险救灾。

三、努力推动“五要素”落实到位，建立企业安全生产长效机制

影响安全生产的要素，既有浅层次原因，又有深层次原因；既有历史的积淀，更有新形势下的新问题。经济的快速发展，落后的增长方式，给安全生产带来挑战。我们不能重复走其他国家走过的老路，要发挥后发优势，缩短事故“易发期”。我们要积极研究探索，对涉及经济增长方式、经济管理体制机制等深层次重大问题提出意见建议。对从事安全监管和企业的同志来讲，要尽心尽职地做好本职工作。企业安全生产工作是一个由各方面因素所构成的有机整体。要彻底改变企业安全状况，建立企业安全生产长效机制，必须从以下五个方面的基本要素入手，逐项抓好落实。

一是安全文化，也即安全意识。安全是企业永恒的主题。要真正做到警钟长鸣，居安思危，

言危思进，常抓不懈，就必须重视安全文化建设，把安全文化作为企业文化的重要内容。通过持续不懈、广泛深入的宣传教育，强化企业各级领导和全体从业人员的安全意识。企业领导人要牢固树立“以人为本”的科学发展观，“以人为本”首先是以人的生命为本，真正把安全生产提升到“第一”的位置上来，时刻把职工的生命安全和身体健康放在首位。职工要有自我保护意识，掌握安全技能，自觉遵章守纪，克服老毛病、坏习惯，不伤害自己，不伤害别人，也不被别人所伤害。所有企业都应当确立自己的安全理念和安全管理原则，从制度约束和亲情关怀两个方面入手营造有利于企业加强安全生产的安全文化氛围。

二是安全法制。目前我国安全生产法律法规体系已经基本形成。《安全生产法》的条文是血铸的。企业安全生产各个方面的工作，都有明确的法律规范。企业要自觉做到有法必依，认真执行各项法律规定。企业行之有效的规章制度是法律法规的延伸，是长期实践的结晶。要健全完善企业内部安全生产规章制度，把企业安全生产工作纳入法律化、制度化的轨道。

三是安全责任。责任心是安全生产的灵魂，要层层落实安全生产责任制。责任心强，责任制完善，企业安全工作的思路就广，办法就多，力度就大，工作就落实，效果就明显。实践证明，凡是安全工作比较扎实、安全周期较长的企业，其领导班子特别是主要负责人，对安全生产都有着强烈的紧迫感、危机感和责任感；企业内部都建立了比较完善的责任制体系，厉行考核奖惩，把责任落到实处。而那些安全工作长期被动的单位则恰恰相反，要认真接受经验教训，在强化责任心、落实责任制上继续狠下功夫。

四是安全科技。安全是企业管理、科技进步的综合反映，安全要靠技术来支撑，需要实施“科技兴安”战略。企业要加快科技创新步伐，及时淘汰危及安全的落后工艺和设备，采取安全性能可靠、先进适用的新技术、新工艺、新设备和新材料。要推动产学研相结合，开展安全生产重大科技攻关，搞好科技成果转化和新产品研发、新技术推广应用。大力加强职业培训，提高职工素质，开展内外交流合作，培养企业急需的安全生产技术和管理人才。

五是安全投入。安全需要投入，需要付出成本。设备老化、安全设施缺失是企业安全生产的心腹之患。隐患不除，永无宁日。目前煤矿、危化品等行业和领域事故多发，很重要的一个原因就是安全投入不足。一批国有厂矿历史包袱重，安全生产欠账。一些中小企业技术装备落后，基础薄弱。必须加大投入，加快进行隐患治理和安全技术改造。国家已经出台了煤矿安全费用提取办法，危化品、非煤矿山等行业的安全费用提取政策正在抓紧进行调研和制定，各地政府也相继制定出台了一些地方性政策。企业要用足用好这些政策，要抓住目前市场供需两旺、企业效益普遍好转的有利时机，更新技术装备，改善作业环境，提高企业安全保障水平。

同志们，如何做好市场经济条件下的企业安全生产工作，是我们面临的一个非常重要的课题。希望大家发扬改革创新、与时俱进精神，解放思想，实事求是，勇于探索，大胆实践，不断发现新情况，探索新途径，提出新举措，解决新问题。通过我们扎实有效的工作，努力建设本质安全型企业，全面提升我国企业的安全生产水平，为促进全国安全生产形势的逐步好转，为落实科学发展观和构建社会主义和谐社会，做出应有的贡献！

加强安全生产　保障人民群众生命财产安全*

国家安全生产监督管理总局局长　李毅中

（2005年10月）

《中共中央关于制定国民经济和社会发展第十一个五年规划的建议》（以下简称《建议》）从贯彻落实“以人为本”的科学发展观和构建社会主义和谐社会的客观要求出发，把安全生产纳入经济社会发展的总体布局，进一步明确了安全生产的地位作用、奋斗目标、工作重点和政策措施，为当前和“十一五”期间的安全生产工作指明了方向，提出了要求。

一、安全发展是落实科学发展观、构建社会主义和谐社会的必然要求

《建议》指出，要坚持以科学发展观统领经济社会发展全局，转变发展观念，明确发展思路，创新发展模式，为此要做到“六个必须”，强调“必须加快转变经济增长方式”，“切实走新型工业化道路，坚持节约发展、清洁发展、安全发展，实现可持续发展”。

安全发展是指国民经济和区域经济、各个行业和领域、各类生产经营单位的发展，以及社会的进步和发展，必须以安全为前提和保障。其中包括要自觉遵循党和国家安全生产方针政策和法律法规，把发展建立在安全保障能力不断增强、安全生产状况持续改善、劳动者生命安全和身体健康得到切实保证的基础上，促进安全生产与经济建设、社会进步、产业结构调整优化、企业规模效益和市场竞争能力等的同步提高。安全发展也包括了减灾防灾、卫生防疫和社会公共安全等相关方面。广义的安全发展，还延伸到各类经济安全。

安全发展体现了“三个代表”重要思想的深刻内涵，反映了科学发展观“以人为本”的本质特征。安全关系到最广大人民群众的切身和根本利益。生命最珍贵，保障生命安全是人最基本的需求。从这个意义上说，“以人为本”首先要以人的生命为本，科学发展首先要安全发展，和谐社会首先要关爱生命。落实科学发展观，构建社会主义和谐社会，就要高度重视、切实抓好安全生产工作。

安全发展观念的提出，丰富了科学发展观的内涵及其理论体系，标志着我们对发展认识的深化。发展是硬道理。发展应当具有持久和后续能力，既要以资源、环境能够承载为前提，也要建立在人力资源合理利用、安全状况不断改善的基础上，不能以损害劳动者的生命安全和身体健康为代价来换取短期的局部的经济发展。节约发展、清洁发展、安全发展和可持续发展，共同构成科学发展的深刻内涵，系统地反映了国家关于资源、环境、安全等方面的基本政策，任何一个方面都不可或缺，必须并举并重，共同推进。

---

* 本文选自人民出版社2005年10月出版的《中共中央关于制定国民经济和社会发展第十一个五年规划的建议》辅导读本。

倡导和树立安全发展观念，是构建社会主义和谐社会的必然要求。和谐社会的六个基本特征，即民主法治、公平正义、诚信友爱、充满活力、安定有序、人与自然和谐相处，都与安全生产有着密切的联系。安全生产需要健全的法律法规，建立完善的法治秩序；需要保障劳动者的安全权益，维护社会公平和正义；需要建立安全诚信机制，营造“关爱生命、关注安全”的社会氛围。只有生命安全得到切实保障，才能调动激发人们的创造活力和生活热情；只有使重特大事故得到遏制，大幅减少事故造成的创伤和震荡，社会才能安定有序；只有顺应客观规律，讲求科学态度，才能有效防范事故，实现人与自然和谐相处。加强和谐社会建设，必须从关系人民群众切身利益的现实问题入手，抓好安全生产这个世人关注的热点和难点。

落实安全发展的要求，概要地说，一是应当进一步强化各级领导干部、企业负责人的安全责任意识，树立正确的政绩观，增强安全生产的紧迫感、危机感和责任感。二是应当把安全生产纳入国家和地方经济社会发展以及行业、企业改革发展的总体布局，做到统一规划、同时部署、同步推进。三是应当加快转变经济增长方式，坚决扭转一些地方、行业和单位高投入、高消耗、高污染、低效率、低回报、事故居高不下的状况，把经济增长转移到依靠科技进步和提高劳动者素质的轨道上来，走新型工业化发展道路。四是应当着眼长远，立足当前，从突出问题和薄弱环节抓起，在遏制重特大事故的同时，逐步建立长效机制，实现本质安全。使安全生产与构建社会主义和谐社会和全面建设小康社会的历史进程相适应。

二、正确认识安全生产形势，明确“十一五”安全生产发展目标

“十五”期间，党和国家采取一系列措施加强安全生产工作。颁布实施了《安全生产法》和一系列法律法规，国务院作出了《关于进一步加强安全生产工作的决定》，改革调整了国家安全生产监管体制，确立了“政府统一领导、部门依法监管、企业全面负责、群众参与监督”的安全生产工作格局，出台了一系列经济政策，加大了安全投入，对人民群众普遍关注、事故多发的行业和重点领域开展了安全生产专项整治，依法严惩安全生产违法违规行为。从2003年起，事故总量开始下降。2005年1月至9月，全国事故起数和死亡人数比2004年同期分别下降10.2%和8.9%，大部分行业领域和省区安全状况比较稳定。

在充分肯定成绩的同时，也要认清我国安全生产形势的严峻性。主要是重特大事故尚未得到遏制，煤矿等高危行业事故多发，事故总量过大。2004年全国发生10人以上特大事故129起，其中30人以上特别重大事故14起。从2004年10月到2005年8月，先后发生了4起一次死亡百人以上煤矿事故。2004年全国发生各类事故80.36万起，死亡13.67万人，大约每亿元国内生产总值死亡1人，每万人中有1人在事故中丧生，伤残70余万人，加上职业病危害，每年大约近百万个家庭遭受不幸；事故造成约2500亿元的经济损失，约占国内生产总值的2%。

导致我国目前安全生产形势严峻的原因是多方面的，有浅层次因素，也有深层次矛盾；有历史的积淀，也有新形势下出现的新问题。一些地方和单位忽视安全、管理松懈，监管不扎实、执法不严格、责任不落实、措施不到位；同时，安全生产与经济社会发展阶段、生产力发展水平等也有着密切关联。最近，有关科研机构选择四类、27个国家为样本，进行了较为全面系统的研究：在农业经济为主时期和工业化初期，生产伤亡事故较少；随着工业化进程的加快，事故也呈快速上升趋势；进入工业化后期，事故开始大幅下降，安全状况明显好转。美国、德国等工业化国家的安全生产，大致上都经历了这样一个周期。一般来说，人均国内生产总值1000美元到3000美元这个区间，是事故的“易发期”。一方面，经济持续快速发展，工业产品的产量和交通运输规

模等急剧扩大，传统的粗放型经济增长方式尚没有根本转变，高投入、高消耗，能源、原材料等需求大幅度上升，企业增产超产的冲动强烈；另一方面，科学技术和生产力发展水平仍然较低，安全生产基础比较薄弱；农业人口向城市和工业大量转移，而培训教育又相对滞后；加之安全法制不健全，企业安全生产责任主体不到位、政府安全监管机制不完善、一些行业管理弱化等多方面原因，给安全生产带来严重挑战。

但“易发”并不必然等于“高发”、“多发”和“频发”。与西方国家相比，我们不仅有后发优势，可以学习借鉴国外先进技术和成熟经验；同时还具有特殊的制度优势、政治优势。只要我们坚持和依靠党的领导，充分调动广大人民群众的积极性，思路对头，真抓实干，就能缩短西方国家普遍经历的安全周期。用几年、十几年时间，走过西方国家几十年走过的路，尽快实现我国安全生产状况的明显好转，任何无所作为的认识都是没有根据的。

2004年初国务院作出的《关于进一步加强安全生产工作的决定》，提出了我国安全生产中长期奋斗目标。第一阶段：到2007年，即本届政府任期内，建立起较为完善的安全监管体系，全国安全生产状况稳定好转，重点行业和领域事故多发状况得到扭转，工矿企业事故死亡人数、煤矿百万吨死亡率、道路交通万车死亡率等指标均有一定幅度的下降。第二阶段：到2010年即“十一五”规划完成之际，初步形成规范完善的安全生产法治秩序，全国安全生产状况明显好转，重特大事故得到有效遏制，各类生产安全事故和死亡人数有较大幅度的下降。第三阶段：到2020年即全面建成小康社会之时，实现安全生产状况根本性好转，亿元国内生产总值死亡率、十万人死亡率等指标达到或接近世界中等发达国家水平。

《建议》第5条明确提出“十一五”期间，要使“社会治安和安全生产状况进一步好转”。这一目标，与国务院作出的《关于进一步加强安全生产工作的决定》是一致的，反映了经济社会发展的必然要求和全党、全国人民的迫切愿望。“十一五”期间，在国民经济持续快速协调健康发展、人均国内生产总值比2000年翻一番的同时，有效遏制重特大事故，较大幅度地降低事故总量，把安全生产纳入较为完善的法治轨道，实现安全生产状况的进一步好转，是全党、全社会的共同任务。

三、从国情和实际出发，采取有效措施加强安全生产工作

我国是一个发展中大国，安全生产摊子大、任务重。目前全国有2.6万处煤矿，10.2万处非煤矿山，世界上哪个国家也没有这么多。全国汽车量2 830万辆，加上摩托车、农用车辆等，机动车保有量1.1亿辆。加油站7万多座。铁路与公路交叉道口1.44万处，每天民航起落飞机1万多架次，内河和海上飘泊行驶大小船只150多万艘。安全工作要做到万无一失、几万无一失，任务重、难度大。我国又是一个正在工业化的国家，生产力发展水平较低，安全生产基础薄弱，与先进国家相比差距大。目前我国煤炭产量约占全球的33%，煤矿事故死亡人数约占全球的79%。2004年全国煤炭生产百万吨死亡率3.08，约为美国的75倍，波兰的12倍。万车死亡率9.2，约为美国的6倍，日本的10倍。必须从国情和实际出发，正确认识安全生产工作的长期性、艰巨性和复杂性，有针对性地采取对策措施，《建议》第38条等处提出了明确要求。

（一）坚持安全第一、预防为主、综合治理

贯彻这个方针，一是要把安全作为经济建设、社会进步的前提条件，纳入各级总体规划和考核指标体系。当安全与生产、安全与效益等发生矛盾时，必须自觉服从和保证安全的需要。二是要把预防事故作为安全生产工作的主要任务，关口前移，落实防范措施，防患于未然。三是要综

合治理、标本兼治。既要立足当前，通过强化检查、专项整治、查处事故等，实现“治标”；又要着眼长远，通过改革发展解决深层次问题，通过推动安全文化、安全法制、安全责任、安全科技、安全投入“五要素”落实到位，建立安全生产长效机制。

（二）落实安全生产责任制，强化企业安全主体责任，健全安全生产监管体制

责任是安全生产的灵魂。安全生产工作必须建立明确的责任制，权责一致、重心下移。要把安全责任分解落实到工矿企业，落实到车间和井下区队、班组、岗位，企业法定代表人是本单位安全生产第一责任人，必须切实负起责任。要落实各级地方政府、行业主管部门及出资人机构的安全监管责任，明确国家和地方各级政府安全生产综合监管部门的职责职能。建立严格的安全生产行政问责制，厉行责任追究。

企业是独立承担民事责任的法人实体，也是安全生产的责任主体。所有企业都必须自觉遵守安全生产法律法规，落实责任制，加强安全管理，搞好职工培训；都应当具备法律法规和国家标准、行业标准规定的安全生产条件，不具备安全生产条件的不得从事生产经营活动。

安全监管监察是政府履行社会管理、市场监管职责的重要内容。要进一步明确安全生产综合监管机构职责定位，推动职能、工作方式和工作作风的“三个转变”。国家安全监督管理总局是国务院安全生产综合监管的直属机构，行业管理部门负责本行业的安全监管，各级地方政府负有对本区域内各类企业安全生产进行监管的责任。要充分发挥行业主管部门和出资人机构的安全监管职能，加强和规范地方安全监管机构建设，县级以上各级地方政府都要依法建立健全能够独立履行《安全生产法》执法主体责任的安全监管机构，进一步理顺煤矿安全国家监察与地方监管的关系，建立事业编制的安全监管执法队伍。

（三）严格安全执法，建立联合执法工作机制

目前，由国家法律、行政法规、部门规章以及地方性法规规章所组成安全生产法律体系和“依法治安”的舆论环境正在形成，关键在于贯彻执行，用法律来规范各级政府、企业、从业人员和全社会的安全行为。企业要有法必依，不执行《安全生产法》就是违法犯法。政府部门要执法必严，不作为、乱作为、不严格执法也是违法。要探索建立地方政府统一领导、部门联合执法机制，发挥政府各有关部门、公检法和纪检监察机关的作用，提高执法的权威性和实效性。加大执法力度，综合运用经济处罚、行政处罚和法律手段，依法严惩重特大事故责任人，严厉打击无视法律、无视监管、无视生命安全的非法违法行为，严肃查处失职渎职、官商勾结、权钱交易等腐败现象。构成犯罪的，依法追究刑事责任。

（四）加强安全生产基础设施建设

“十一五”期间，国家要继续安排资金支持国有煤矿安全技术改造，要形成以国家经济政策为导向，以企业投入为主体，企业、国家、地方和社会多渠道的安全投入机制。企业要依法提足大修、折旧、维简费、安全费用等专项资金，优先用于隐患治理和安全技术改造，淘汰落后的工艺技术和设备。依法整顿和关闭破坏资源、污染环境和不具备安全生产条件的企业。新建项目要严格执行“三同时”制度，防止出现新的隐患。各级政府、行业主管部门要安排一定数量的安全生产专项资金，主要用于安全领域基础研究、重大科技攻关和科技进步示范工程、安全信息通讯、应急救援体系、安全文化、教育培训等基础设施建设。

（五）加强煤矿、危险化学品等高危行业的安全生产，有效遏制重特大事故

认真贯彻《国务院关于预防煤矿生产安全事故的特别规定》和《国务院办公厅关于坚决整顿关闭不具备安全生产条件和非法煤矿的紧急通知》两个重要文件，要用更严格的制度、更坚决的

措施，集中力量打好煤矿瓦斯治理和整顿关闭两个攻坚战，努力实现全国人大常委会提出的煤矿安全工作两个阶段性目标：即力争用两年左右的时间，使煤矿重特大瓦斯爆炸事故有较大幅度的下降；争取用三年左右的时间，解决小煤矿问题。要把国务院确定的煤矿瓦斯治理各项措施落到实处，提高煤矿防范瓦斯事故的能力；全国8000多处逾期没有提出安全生产许可证领证申请和经审查不具备颁证条件、退回申请要求整顿的煤矿，2005年年底之前完成整顿任务，经整顿仍不合格的坚决关闭；整治开采秩序，整合煤炭资源，调整改造中小煤矿。严格执行《国务院关于预防煤矿生产安全事故的特别规定》以及国家安监总局等部门制定下发的配套细则，规范煤矿隐患排查整改、停产整顿和关闭三个关键环节，落实安全培训、煤矿负责人和生产经营管理人员下井带班、监督举报、查处腐败和专家安全评估五项安全保障制度，把事故防范工作抓实抓细。

认真贯彻《危险化学品安全监督管理条例》，深化危化品道路运输专项整治，突出抓好液氯、液氨、石油液化气、剧毒溶剂等生产、储运环节的安全监管，解决好安全防护距离不够企业的“转停搬关”问题。非煤矿山要继续整顿治理非法采矿，关闭非法和不具备安全生产条件的小矿山。认真研究一些城市烟花爆竹“禁改限”等政策变化带来的新情况和新问题，搞好总量预测，加强源头管理，推行工厂化生产、专营批发配送和定点销售制度，严密防范重特大烟花爆竹事故。严格执行建筑施工企业、民爆器材企业安全生产许可制度。

（六）加强交通安全监管，减少交通事故

道路交通事故死亡人数占全国事故死亡人数的78%。要认真贯彻执行《道路交通安全法》和《道路交通安全管理条例》，增强全社会道路交通安全意识，改善道路状况，加强道路运输企业安全管理，继续治理超载超限。加强水上交通安全监管，对渡口渡船安全管理进行专项整治，杜绝非法渡运。贯彻落实《铁路运输安全保护条例》，加强铁路沿线和交叉道口、机车车辆、危险和特种货物运输的安全管理，加强设备维护，保证铁路提速安全运行。建立和完善与国际接轨的民用航空安全管理系统和飞行运行监察系统，提高安全保障能力。

（七）加强职业病防治和职业危害治理工作

据不完全统计，全国有50多万个厂矿存在程度不同的职业危害，接触粉尘、毒物、噪音等职业危害的职工2500万人以上。截至2004年底，尘肺病累计报告病例59万例，现有尘肺病患者44万人、疑似患者60万人。“十一五”期间，要在遏制重特大事故多发、减少事故伤亡的基础上，大力加强职业安全卫生工作。开展职业危害普查登记，加强对作业场所职业危害的监督检查，查处严重危害事故；改善作业环境，完善劳动保护，开展职业病的预防、保健、检查和救治，提高职业病防治能力。

（八）建立安全生产应急救援体系，提高应对和处置重特大事故的能力

在国家突发事件应急管理体制框架下，建立安全生产应急救援指挥中心和全国应急救援体系，加快矿山、危化品、交通、海事、铁路、民航、消防、电力、核工业、旅游以及医疗救护等专业性应急救援子系统建设。整合现有资源，依托骨干企业，建设一批综合性、专业性应急救援基地和骨干救援队伍，形成区域应急救援能力。制定重特大事故应急预案，定期进行预案演练，提高国家、地方政府、生产经营单位应对重特大事故的能力。继续深入开展消防安全整治，防范、减少重特大火灾事故。

（九）全社会都应当更加关注安全，支持和监督安全生产工作

安全是企业和社会永恒的主题。实现安全生产要依靠职工群众，依靠全社会的支持和监督。要发挥工会等组织的作用，维护职工群众的生命安全和健康权益，积极推进和完善工商保险。保

障职工和公民安全生产知情权、参与权和监督权，鼓励人民群众举报安全生产中的违法违规行为，重大事故处理结果要向社会公布。新闻媒体在宣传普及安全生产方针政策和法律法规，加强安全社会监督，促进企业安全管理和政府安全监管等方面，具有重要作用，要继续探索实践加强舆论监督的有效途径，保持正确的舆论导向。继续培育和规范安全生产中介机构，依法承担起评估评价、监测检验、科学研究、宣传教育、信息咨询等服务工作，中介机构要遵守相关法律法规和职业准则，自觉接受政府监管。

“十一五”期间，还要加强各种自然灾害的预测预报，提高防灾减灾能力。要在国务院统一领导和国家减灾委员会协调下，进一步健全自然灾害管理体制，完善社会动员机制，建立各种自然灾害预警预报系统和应急救助系统，落实防灾减灾措施，减少灾害损失。

要切实加强对食品、药品、餐饮卫生等的监管，保障人民群众的健康安全。深入开展食品安全专项整治，严厉打击生产加工领域制售假冒伪劣食品行为，进一步整顿和规范经营秩序，建立科学有效的食品安全标准体系、检验检测体系，加强监督检查。强化药品生产经营监管，严厉打击制售假劣药品行为，整顿和规范药品广告，完善价格形成机制。

在全国建设安全生产工作电视电话会议上的讲话

国家安全生产监督管理总局局长　李毅中

（2006年5月24日）

一、认真贯彻落实党中央、国务院关于安全生产工作的重大决策和重要指示精神，增强做好建筑安全生产工作的责任感和使命感

党中央、国务院高度重视安全生产工作，最近一个时期来，采取一系列重大举措。十六届五中全会确立了“安全发展”的指导原则；中央经济工作会议提出了坚决遏制煤矿等重特大事故多发、加强安全生产的各项措施；去年12月21日，国务院116次常务会议强调要坚持“标本兼治，重在治本”，明确了12项治本之策；在年初国务院召开的全国安全生产工作会议上，家宝总理提出了近期要重点抓好的10项工作；十届人大四次会议上的《政府工作报告》以较大篇幅阐述安全生产问题，明确了7个方面的“标本兼治、重在治本”任务；十届人大四次会议通过的“十一五”规划纲要，提出了“十一五”期间亿元GDP生产安全事故死亡率减少35%、工矿商贸企业十万从业人员生产安全事故死亡率减少25%的目标。这两个指标和道路交通万车死亡率、百万吨煤炭死亡率，已列入统计指标体系和国家统计公报。

3月27日下午，中共中央政治局第30次集体学习，专门听取了专家学者关于“国外安全生产制度措施和加强我国安全生产的制度建设”的报告。胡锦涛总书记主持学习会并发表重要讲话，全面系统、精辟地阐述了安全生产工作的重要意义、方针原则和对策措施，为做好新形势下的安全生产工作指明了方向，提出了新的更高的要求。

4月13日，建敏国务委员主持召开国务院安全生产专题会议，对国务院116次常务会议提出的12项治本之策落实情况进行了检查。4月17日，永康国务委员主持召开了道路交通安全工作部际联席会议，研究部署遏制事故高发的重大措施。

今年以来，各部门、各地区、各单位认真贯彻落实党中央、国务院关于安全生产工作的一系列指示精神，进一步加强对安全生产工作的领导，加大安全监管力度，深入开展重点行业领域的专项整治，有力地推动了安全生产工作。建设部和有关行业主管部门高度重视建筑安全生产工作，在加强行业安全法规、规章制度、标准规范建设，以及加强安全监管，强化行政执法检查和落实企业主体责任等方面做了大量工作，取得了明显成效。从全国安全生产状况看，呈现总体稳定，趋向好转的发展态势。今年1月1日～5月21日，全国发生各类伤亡事故269 132起，死亡40 896人，事故起数和死亡人数比去年同期分别下降9.1%和9.5%。工矿商贸企业事故起数和死亡人数分别下降21.1%和20.2%；煤矿事故分别下降13.1%和29.8%。全国一次死亡10人以上特大事故同比减少7起、516人；30人以上特别重大事故减少5起、421人。1～4月建筑事故457起，

死亡579人，分别下降9%和1.2%。

在看到安全生产形势总体稳定的同时，必须认清形势依然严峻的一面。特别是进入二季度以来：一是事故面广，煤矿、非煤矿山、道路和水上交通、建筑施工、危化品、火灾、烟花爆竹、民爆器材以及粮食加工、旅游等行业和领域，都有重特大事故发生。4月到5月20日，发生13起危险品道路运输事故，涉及多种剧毒物质，造成严重社会影响。4月30日，陕西省商洛市镇安县黄金公司尾矿库发生溃坝事故，17人遇难，并造成河流污染。二是事故量大。四月下旬以来，重点行业重特大事故频发。以煤矿为例，从4月26日到5月20日，不到26天，发生一次死亡3人以上重特大事故19起，死亡89人，其中10人以上4起，死亡69人，还发生了陕西延安瓦窑堡矿死亡32人的特别重大事故。特别是5月18日，山西大同市左云县张家场乡新井煤矿发生透水事故，当时报告有5人被困。根据群众举报，我们赶赴事故现场进行调查，经初步核查，当班入井158人，自行出井101人，有57人被困。这是一起性质十分恶劣的特大瞒报事故。三是重大未遂事故多发，由于侥幸，没有导致更为严重的伤亡。总的看，重点行业和领域重特大事故仍然没有得到有效遏制。

当前建筑安全状况也很严峻，主要是重大事故多发。截止5月21日，建筑重大事故发生37起，死亡142人，同比分别增长48.%和31.5%，其中坍塌事故分别占70.2%和69.7%。4月份连续发生11起重大事故；5月15日～21日，一周内发生重大事故和未遂事故4起；今年以来，四川发生5起，北京、河北、湖北、重庆、云南各发生3起重大事故。5月18日，山西太原市敦化坊新村一座两层砖旋窑楼房发生坍塌，造成现场拆除和施救人员32人被埋，其中6人死亡，7人重伤。华建敏国务委员要求查明事故原因，追究责任，务必加强建设工地安全监管。建设部、安全监管总局已派人赶赴事故现场指导抢险救援和事故调查工作。初步分析坍塌是由于搬迁人员自行拆除窗框造成拱体受力不对称所致，而抢救措施不当造成二次大面积坍塌扩大了事故后果。5月19日，大连开发区沈阳音乐学院分院建筑工地发生模板坍塌事故，造成24名作业人员被埋，其中6人死亡，18人受伤。初步分析事故原因，是高支模在混凝土浇铸过程中，支模失稳，造成整体坍塌。华建敏国务委员再次要求我们加强施工现场安全管理，采取措施强化对建筑工人，尤其是农民工的安全培训。

从建筑重大事故多发的原因分析，当前建筑安全生产工作还存在一些薄弱环节：一是建设工程各方主体责任不落实。去年12月22日，四川都汶高速公路董家山隧道工程施工发生特别重大瓦斯爆炸事故，造成44人死亡。经国务院调查组调查认定，高瓦斯工区按低瓦斯隧道施工管理，其施工、业主、监理、设计等各方安全生产责任不落实，未认真履行各自的安全职责，是导致事故发生的重要原因。二是违章指挥和违章作业问题突出。陕西省商洛市镇安县黄金公司尾矿库溃坝事故，主要原因就是违法违规六次加高坝体，扩容从原设计的27万立方米增加到105万立方米。在第六次增高施工中发生垮坝。三是政府部门监管主体不到位。4月11日，山西运城丰喜集团复肥分公司，在进行造粒塔高空涂刷防锈漆作业时，脚手架钢丝绳断裂导致8人死亡。该项目立项审批后，从开工到建设，未履行有关建设程序，没有一个行政主管部门进行工程建设安全生产监管。大连开发区沈阳音乐学院分院施工坍塌事故，暴露出施工企业违法违规分包、转包，建设项目未经施工许可开工建设，施工人员未经安全培训上岗作业等严重问题，有关部门也未及时纠正。四是从业人员缺乏安全意识和安全作业技能，以及有针对性地安全培训教育不够的问题比较普遍。对此，要深入分析，采取有效措施，认真加以改进。

目前我国正处在工业化加快发展时期，社会生产规模急剧扩大，而企业和公共安全基础又比较薄弱，各类事故易发、多发，安全生产工作任务十分繁重。我们一定要认真学习贯彻中央领导同志一系列的重要讲话和指示精神，充分认识安全生产的极端重要性，痛定思痛，深刻吸取血的教训，切记“发展不能以牺牲人的生命为代价”，强化安全发展的理念，自觉贯彻“安全第一、预防为主、综合治理”的方针，综合采取法律手段、经济手段和必要的行政手段，标本兼治，重在治本，遏制重特大事故发生，促进安全生产状况的稳定好转。

二、强化监管，落实责任，进一步做好建筑安全生产工作

建筑安全生产工作是个系统工程，涉及多个部门和方方面面。从建筑安全生产的特点看，建筑业点多面广，劳动密集，流动作业，层次较多，事故易发；从建设工程各方主体看，涉及建设、施工、监理，以及勘察、设计、设备供应等各个环节；从政府监管主体看，涉及建设、铁道、交通、水利、电监和安全生产监管等部门；从就业人员构成看，目前建筑业从业人员主体是农民工，且流动性大。我们要认真研究和总结建筑安全生产管理的规律和特点，适应新形势新任务的要求，针对突出问题和薄弱环节，采取更加有效的措施，切实加强和改进建筑安全生产工作。

（一）强化安全基础管理，落实企业主体责任

建筑重大事故多发，施工企业安全基础管理弱化，企业主体责任不落实是重要原因。要依照《安全生产法》的规定，落实企业安全生产责任制，特别是要落实企业法定代表人安全生产第一责任人的责任，将安全责任落实到每个班组、岗位、项目经理和施工人员。制定完善的安全生产规章制度，设置独立的安全生产管理机构，配备专职安全管理人员，保障安全投入，把安全生产各项措施真正落实到位。要严格施工现场的生产管理、技术管理和劳动组织管理，总包企业不得将工程分包给不具备资质的分包企业或个人施工，要建立健全施工现场事故应急预案，提高应急处置能力。工程建设、施工、监理、设计、勘察等单位要依法认真履行有关安全职责，并承担相应的法定责任。政府有关部门要强化对企业安全生产目标责任制的监督考核，促进企业主体责任落实到位。

（二）依法落实政府监管责任，强化建筑安全的监督管理

政府及有关部门是安全生产监管主体。政府及负有安全生产监督管理职责的有关部门，要认真贯彻执行《安全生产法》《建设工程安全生产管理条例》等法律法规，根据权、责统一的原则，依法全面落实政府部门安全监管责任。建设行政主管部门是全国建筑行业的行政主管部门，对全国的建设工程安全生产实施监督管理；铁路、交通、水利等有关部门按照国务院规定的职责分工，负责有关专业建设工程安全生产的监督管理，并相应建立健全建设工程安全生产监督管理体系，落实安全监管机构和人员配置，并接受建设行政主管部门的指导、协调和监督；安全生产监督管理部门依照《安全生产法》的规定，对全国建设工程安全生产工作实施综合监督管理，指导、协调和监督各有关单位建筑安全管理工作，严格按照“四不放过”的原则，对发生的重特大事故依法严肃查处，追究责任，落实整改措施。要形成建设行政主管部门依法统一监管，各相关部门各司其职，各负其责，相互支持，密切配合，协调运转的建筑业安全生产监管机制。

（三）研究和实施建筑安全生产的治本之策

国务院领导同志指出，实施治本质之策是保证安全生产的“生命线工程”。标本兼治，重在治本，是实现安全生产长治久安的基本途径。安全生产监管部门要积极配合和支持建设行政主管部门及有关部门，结合建筑业的特点，研究和实施建筑安全生产的治本之策。一是要加强建筑安全管理法律、法规和行政规章及安全标准、规范的修订、制定工作。当前应加快制订模板支架安全

技术规范，完善脚手架产品标准等。二是研究制定建筑安全生产的经济政策。要积极研究和推进建筑施工企业安全生产费用提取、安全生产风险抵押金、意外伤害保险、工伤保险及建筑事故死亡、伤害的经济赔付标准等，并制定可操作的实施办法，发挥经济政策对建筑安全生产的保障作用。

（四）认真开展建筑施工安全专项整治工作

国务院安全生产委员会办公室印发的《建筑施工安全专项整治工作方案》提出了以预防坍塌、高处坠落事故为重点的专项整治总体目标和各项要求。目前建设部、铁道部、交通部、水利部、信息产业部、电监会已制定了实施方案，并进行了部署。希望各有关部门要强化源头治理，对整治中发现的问题，要限期整改，消除事故隐患。对隐患严重或不符合安全生产条件的施工企业，要责令停业整顿。对整改不合格的，有关职能部门应暂扣或吊销安全生产许可证，直至取消相关资质。各级安全生产监管部门要积极配合有关部门加强监督检查，严格施工安全监管，严禁施工企业违法违规施工、分包和转包行为，切实消除事故隐患。通过专项整治，坚决遏制坍塌、高处坠落等重特大事故多发的势头，力争年末取得阶段性成效，确保实现建筑业事故死亡人数较去年总体下降3%的控制目标。

（五）严格实施安全生产许可条例，强化日常动态监管工作

安全生产监管部门要按照《条例》要求，积极配合建设行政主管部门，严把建筑市场安全准入关。一是要依法对逾期未取证的施工企业严格处罚。截止今年3月底，已申领安全生产许可证的企业6.4万余家，颁证率88%，仍有2.5万余家企业未申领许可证。要采取有力措施，对今年6月30日前经整顿仍达不到安全生产颁证标准的建筑施工企业，坚决依法撤消其建筑资质，并向社会公布，强化社会监督。二是加强对持证施工企业的日常动态监管工作。要实施许可证年检制度，并对持证企业进行抽查和回访，加大对持证企业的监管力度。对持证企业，安全生产条件发生重大变化、降低安全生产条件或发生事故的，必须重新审核安全生产条件，并责令整改，并针对不同情况，依法暂扣、吊销许可证和实施经济处罚等。三是加强执法监督检查，对无安全生产许可证仍擅自进行建筑施工活动的企业，要依法严格处罚，清除出建筑市场。建设行政主管部门、安全生产监管部门和有关行业主管部门，应加强协调配合，及时沟通信息，推进联合执法，强化监督检查，确保法律的权威性和有效实施。

（六）加强安全培训教育，提高从业人员安全防范意识

各有关部门要把安全技能培训纳入建筑业农民工就业培训的重要内容，制定和实施强制性培训教育的规定和办法，明确政府及企业的职责和任务、农民工从业的条件、培训教育内容、考试考核办法、违规处罚责任等。各级安全生产监管部门，要配合有关部门采取有效措施，加强督查，对违反规定不进行培训的，要严厉处罚。通过培训教育，提高建筑施工企业农民工和其他从业人员的安全技能和安全防护意识，规范从业人员的安全生产行为，减少并杜绝“三违”现象的发生，维护职工生命健康权益，实现企业安全生产。

建筑业是国民经济支柱产业，建筑安全生产工作是全国安全生产工作的重要组成部分。希望各级安全监管部门要按照这次会议的部署，认真履行职责，改进工作，突出重点，狠抓落实，坚决遏制重、特大事故多发势头，为促进全国安全生产状况的稳定好转，实现“十一五”安全生产的目标而努力奋斗！

谈谈我国的安全生产问题*

国家安全生产监督管理总局局长　李毅中

（2006 年 6 月 16 日）

“安全生产”这个概念，一般意义上讲，是指在社会生产活动中，通过人、机、物料、环境的和谐运作，使生产过程中潜在的各种事故风险和伤害因素始终处于有效控制状态，切实保护劳动者的生命安全和身体健康。《中国大百科全书》把安全生产定义为“是旨在保障劳动者在生产过程中的安全的一项方针，企业管理必须遵循的一项原则”。

安全生产工作事关最广大人民群众的根本利益，事关改革发展和稳定大局，历来受到党和国家的高度重视。“安全第一、预防为主、综合治理”，是党的安全生产工作的基本方针。党的十六届五中全会确立了“安全发展”的指导原则。中央经济工作会议提出了坚决遏制煤矿等重特大事故多发、加强安全生产的各项措施。国务院 116 次常务会议强调要坚持标本兼治、重在治本，明确了 12 项治本之策。在国务院 1 月底召开的全国安全生产工作会议上，温家宝总理发表重要讲话，提出了近期要重点抓好的 10 项工作。十届全国人大四次会议《政府工作报告》以较大篇幅阐述安全生产问题，再次向国内外昭示了中国政府搞好安全生产的坚强决心。《国民经济和社会发展“十一五”规划纲要》把安全生产列为专节，提出了两项重要工作目标。

3 月 27 日下午，中共中央政治局进行第 30 次集体学习会，听取了专家“国外安全生产制度措施和加强我国安全生产的制度建设”专题报告。胡锦涛总书记主持学习会并发表重要讲话，全面系统、深刻精辟地阐述了安全生产工作的重要意义、方针原则和对策措施，对推动全国安全生产、实现安全发展有着重要现实意义和长远战略意义。

下面，结合学习胡锦涛总书记、温家宝总理的重要讲话，在简要介绍我国安全生产历史发展和现实状况的基础上，就如何从国情和实际出发，借鉴国外经验，有针对性地采取对策措施，实现我国安全生产状况的根本好转，谈一些认识。不妥之处，请大家指正。

一、我国安全生产的历史发展与现状

（一）我国安全生产的三个时期和 1978 年以来经历的三个发展阶段

——安全生产方针和管理体制初创时期（1949～1965）。1949 年 11 月召开的第一次全国煤矿工作会议提出“煤矿生产，安全第一”。1952 年第二次全国劳动保护工作会议明确要坚持“安全第一”方针和“管生产必须管安全”的原则。1954 年新中国制定的第一部宪法，把加强劳动保护、改善劳动条件作为国家的基本政策确定下来。中央人民政府先后颁布了《工厂安全卫生规程》、

* 这是作者 2006 年 6 月 16 日在四川省委、省政府主办的安全生产形势报告会上所作的安全生产形势报告。

《建筑安装工程安全技术规程》等行政法规，建立了由劳动部门综合监管、行业部门具体管理的安全生产工作体制，劳动者的安全状况从根本上得到了改善。但“大跃进”时期片面追求高经济指标，导致事故上升。1958～1961年期间，工矿企业年平均事故死亡比“一五”时期增长了近4倍，1960年5月8日山西大同老白洞煤矿发生瓦斯爆炸事故，死亡684人，为建国以来最严重的矿难。1963年国务院颁布了《关于加强企业生产中安全工作的几项规定》，恢复重建安全生产秩序，事故明显下降。

——受“文革”冲击时期（1966～1977）。安全生产和劳动保护被抨击为“资产阶级活命哲学”，规章制度被视为“管卡压”，企业管理受到严重冲击，导致事故频发。1970年劳动部并入国家计委，其安全生产综合管理职能也相应转移。这一阶段政府和企业安全管理一度失控，1971～1973年工矿企业年平均事故死亡16 119人，较1962～1967年增长2.7倍。1975年9月成立国家劳动总局，内设劳动保护局、锅炉压力容器安全监察局等安全工作机构。

——恢复和创新发展时期（1978年至今）。又可分为以下三个阶段：

一是恢复和整顿提高阶段（1978～1991）。粉碎“四人帮”后，治理经济环境和整顿经济秩序，为加强安全生产创造了较好的宏观环境。相继出台实施了《矿山安全监察条例》和《职工伤亡事故报告和处理规定》等法规。成立了全国安全生产委员会。工矿企业事故死亡人数下降。

二是适应建立社会主义市场经济体制阶段（1992～2002）。为发挥企业的市场经济主体作用，1993年国务院决定实行“企业负责、行业管理、国家监察、群众监督”的安全生产管理体制。相继颁布了《矿山安全法》、《劳动法》，以及工伤保险、重特大伤亡事故报告调查、重特大事故隐患管理等多项法规。1998年国务院机构改革，原劳动部承担的安全生产综合监管职能交由国家经贸委行使。2000年初，在国家煤炭工业局加挂国家煤矿安全监察局牌子，成立了20个省级监察局和71个地区办事处，实行统一垂直管理。2001年初，组建了国家安全生产监督管理局，与国家煤矿安全监察局“一个机构、两块牌子”。2002年11月出台了《安全生产法》，安全生产开始纳入比较健全的法制轨道。但这一阶段由于经济体制转轨、工业化进程加快，特别是民营小企业的迅速发展等，使安全生产面临一系列新情况、新问题，安全状况出现较大反复。

三是创新发展阶段（2003年以来）。党的十六大以来，以胡锦涛同志为总书记的党中央以科学发展观统领经济社会发展全局，坚持“以人为本”，在法制、体制、机制和投入等方面采取一系列措施加强安全生产工作。2003年国家安全生产监督管理局（国家煤矿安全监察局）成为国务院直属机构，成立了国务院安全生产委员会；2004年国务院作出《关于进一步加强安全生产工作的决定》；2005年初，国家安全生产监督管理局升格为总局；2006年初，成立了国家安全生产应急救援指挥中心。从2003年起，事故死亡人数连年上升的势头得到遏制，当年比上年少死亡2 625人，下降2.1%；2004年下降0.2%，2005年下降7.1%。

（二）建国以来安全生产呈现出的一些特点

通过对各个时期、各个阶段事故伤亡统计数据进行分析，可以发现：

一是事故总量随着经济规模的扩大而上升。建国50多年来，工矿企业事故死亡人数大致呈上升态势。值得注意的是2003年出现了“拐点”，当年在国内生产总值持续增长背景下，事故死亡人数开始下降。从事故死亡指数曲线分析，1953～1976年波动幅度较大，1978年后波动幅度相对较小，死亡人数指数波动幅度与GDP增长率的变化具有统计学关系，改革开放以来比较稳定的经济社会环境，为安全生产平稳发展创造了有利条件。

二是反映事故死亡人数与经济活动关系的一些相对性指标持续下降。煤炭百万吨死亡率和道路交通万车死亡率、以及工矿企业从业人员10万人死亡率，呈逐年下降趋势。这表明随着安全法制的健全和监管力度加大，我国安全生产确实在不断地加强和改进。

三是特大事故发生频率呈增加态势。这种现象表明，随着生产规模扩大、生产集中化程度提高、城市化进程加快、交通运输增加等，发生群死群伤重特大事故的风险随之增加；防范重特大事故，是当前和今后一个时期我国安全生产工作的重点任务。

（三）我国安全生产法制、体制建设取得了长足进展

——安全生产法律体系初步形成。目前已有一部主体法即《安全生产法》。《劳动法》、《煤炭法》、《矿山安全法》、《职业病防治法》、《海上交通安全法》、《道路交通安全法》、《消防法》、《铁路法》、《民航法》、《电力法》、《建筑法》等十余部专门法律中，都有安全生产方面的规定。有《国务院关于特大安全事故行政责任追究的规定》、《安全生产许可证条例》、《煤矿安全监察条例》、《关于预防煤矿生产安全事故的特别规定》、《危险化学品安全管理条例》、《道路交通安全法实施条例》和《建设工程安全生产管理条例》等50多部行政法规，上百个部门规章。此外，各省（区、市）都制定出台了一批地方性法规和规章。安全生产各个方面大致上都可以做到有法可依。

——安全监管体制初步形成。目前国家层面上的安全管理职责格局是：安全监管总局对全国安全生产实施综合监管，并负责煤矿安全监察和非煤矿山、危险化学品、烟花爆竹等无主管部门的行业领域的安全监管工作；质检总局负责锅炉压力容器等特种设备的安全监督检查；卫生部负责职业病诊治工作；劳动和社会保障部负责工伤保险管理，同时保留了儿童、妇女的劳动保护工作职能；国防科工委、公安部、农业部、建设部、交通部、铁道部、民航总局、国资委和电监会等，分别负责本系统、本领域的安全工作。目前各省（区、市）以及市（州、盟）、92%的县（市、旗）建立了安全监管机构，全国共有监管人员约3.5万人，初步形成了综合监管与行业监管互动的管理体制和“政府统一领导，部门依法监督，企业全面负责，群众监督参与，社会广泛支持”的安全生产工作格局。

——安全生产应急体系开始建立。国务院发布了《国家突发公共事件总体应急预案》和包括《国家生产安全事故灾难应急预案》在内的25个专项预案以及81个部门预案，其中安全生产占31%。各省区市都制定发布了安全生产应急预案，高危行业和规模以上企业应急预案基本编制完成。矿山、消防、道路交通、水上、铁路等应急救援力量已初具规模。以国家、省、市三级安全生产应急指挥中心和国家、区域和骨干应急救援队伍为核心的安全生产应急体系框架正在形成。

（四）现阶段我国的安全生产形势，表现为总体稳定、趋于好转的发展趋势与依然严峻的现状并存

2005年，在国民经济持续快速发展、煤电油运绷得很紧的情况下，全国各类事故起数和死亡人数分别比上年下降10.7%和7.1%。工矿商贸和道路、水上、铁路交通等事故都有较大幅度下降。煤矿事故起数减少9.2%，死亡人数减少1.5%，百万吨煤死亡率下降到2.81，减少0.27。全国31个统计单位（省区市和新疆生产建设兵团）中，有29个单位事故死亡人数低于控制指标。今年1～5月份事故起数和死亡人数，同比分别下降11.4%和12.1%。但形势依然严峻：

一是煤矿等重特大事故多发。从2004年10月中旬到2005年12月上旬，相继发生了6起涉难百人以上的煤矿事故。2005年全国发生一次死亡10人以上重特大事故134起，比上年增加了3起，死亡人数增加17%，其中煤矿58起，增加15起，死亡人数增加66.6%。今年1～5月份发生30人以上事故2起，多起一次死亡接近30人的事故，有的事故只是由于侥幸而没有造成更为惨重的伤亡。

二是事故总量仍然过大。2005 年全国共发生各类事故 717 938 起，死亡 127 089 人，其中道路交通事故 98 738 人，占 77.7%；铁路路外事故 7 380 人，占 5.8%；煤矿事故 5 938 人，占 4.7%；建筑施工事故 2 607 人，占 2.0%。

三是我国工矿企业事故伤亡的风险仍然很高。目前工矿企业 10 万人死亡率为 10 左右，其中煤炭行业从业人员 10 万人死亡率高达 109.1，非煤采矿业为 80.2，化学工业和建筑业分别为 10.26 和 9.95。

（五）形势严峻的原因分析

有浅层次因素，也有深层次矛盾；有历史的积淀，也有新形势下出现的新问题。大致可以归结为三个方面：

一是“严格不起来，落实不下去”的问题仍然突出。国务院和地方政府在安全生产工作上的一系列政策措施，不少仍然停留在口头上、文件中和会议上，并没有真正贯彻落实到县、乡和企业。“安全第一、预防为主、综合治理”方针在贯彻执行中打了折扣。一些同志混淆了生命安全与其他问题、主要矛盾与次要矛盾的关系，口头上也讲以人为本、安全第一，遇到实际问题就变了，甚至主次颠倒、本末倒置。如在整顿关闭不具备安全条件和非法小煤矿的工作中，一些地方的负责人，只看到整顿关闭在地方经济发展、矿区生活等方面可能带来的一些具体问题，看不到这些小矿害人死人、祸国殃民的现状，顾虑重重，久拖不决。政策的执行力、抓安全工作的力度逐级递减。

受利益的驱动。至今仍有一些地方和企业负责人认为效益风险大于安全风险。他们认为只要效益上去，在安全上降低一些标准、减少一些投入，甚至受到一些处罚，也是值得的。少数民营企业为获得高额利润，把劳动者承担的伤亡风险提高到临界点，在随时可能发生伤亡事故的情况下组织生产。有的业主事故后甚至隐瞒、逃逸。一些地方政府片面追求经济发展速度，短期行为严重，在招商引资、兴办工业时，首先考虑的是产值和利税，而往往忽略了安全和环保等民生问题，降低市场准入门槛。

监管不到位。我国安全监管体制多次变化，长期存在的政出多门、职能交叉等问题尚未完全解决，监管效率较低。另外，安全生产监管监察力量不足，技术装备落后，业务素质、执法能力参差不齐。“执法不严、工作不实”的问题普遍存在，搞形式，走过场。一些领导干部和工作人员失职渎职，甚至徇私舞弊，充当非法违法的保护伞，社会反映强烈。

二是基础薄弱制约安全生产。长期投入不足，欠账较多，企业安全生产设施设备落后。去年国家组织专家对 54 个重点煤矿、462 个矿井进行了安全技术“会诊”，查出 5886 条重大隐患，治理费用需要 689 亿元。一批老工业基地和大型国有企业，多年没有进行大的技术改造，生产工艺落后，设备陈旧老化甚至超期服役。据调查，国有煤矿在用设备约 1/3 应淘汰更新。一些小煤矿甚至靠人拉肩背，原始野蛮作业。随着城市化进程加快，一些原来位于郊区的工业危险设施，逐渐被包围在繁华闹市中，成为威胁公共安全的重大隐患。仅 11 个省市就有 407 家危险化学品生产企业需要搬迁。

安全科技整体水平不高，安全技术标准和规范滞后。近年来，一些化工园区相继立项和投入建设，其中许多是重大危险源。这些设施立项建设前，应首先进行安全评价和安全规划审查，但由于缺乏标准规范和科技支撑，很难得到严格执行。安全技术法规标准明显滞后，如对于高含硫高压油气井井喷后的点火问题，国外安全法规明确规定：井喷失控后 15 分钟内必须点火；我国的相关技术规程中，则没有严格的时间和程序规定。2003 年重庆开县“12・23”特大井喷事故发生后18小时才点火，泄出的硫化氢大面积扩散，造成大量人员伤亡。

从业人员安全素质不能适应需要。最近几年，农村劳动力大量转移，进入矿山、建筑等高风险、重体力劳动行业和领域。全国550万煤矿职工中，农民工约占半数，主要在井下一线工作，小煤矿从业人员几乎全部为农民工。3000多万建筑工人中，80%为农民工。据统计，在农民工中，文盲与半文盲占7%，小学文化为29%，高中以上仅占13%。违章指挥、违规作业和违反劳动纪律现象严重，据调查90%以上的事故都是由“三违”所引发。

三是宏观因素对安全生产具有深刻、长远影响。在传统的粗放型经济增长方式下，经济总量的扩大可能导致事故增加。总量扩大后，企业数量、工业生产规模和从业人数都相应增加，而安全投入、安全管理又相对滞后，可能导致事故总量上升。经济高速发展，必然对煤、电、油、原材料和交通运输形成巨大需求，使企业产生超产冲动，甚至不顾安全条件冒险生产。近年来发生的矿难，重要原因之一就是严重超能力、超强度、超定员开采。

工业、制造业的比重较大，加大了事故风险。2000年以来，我国第二产业增加值年均增长10.5%，分别是第一产业和第三产业增长率的2.8倍和1.3倍。2005年第二产业增加值占国内生产总值比重的47.3%。第二产业高速发展时期，往往出现事故频率高、死亡人数多和职业危害严重的情况。

一些行业管理弱化影响安全生产。全国人大常委会在去年进行的安全生产法执法检查中，特别指出了煤炭行业管理弱化问题。目前多数地方撤销或合并了煤炭管理机构，煤炭开发建设、资源管理、产业政策、重大项目科研攻关、技术进步、结构调整、经济运行、规程标准、教育培训等，缺乏统筹规划和强有力的监督管理。特别是在安全生产方面，行业安全标准、技术政策不能及时修订和调整，企业安全管理缺乏有效指导，影响和制约了煤矿安全状况的好转。

同时还要看到，国家宏观调控政策虽然作用巨大，但具有一定的滞后性。市场经济条件下，加强安全立法和执法监察是国家干预的基本途径，其他如调整产业结构、加大安全生产投入、改变粗放型经济增长方式等，都可以对安全生产起到积极作用。但其效果的显现需要有一个过程。影响制约安全生产的一些问题，特别是那些深层次、历史性问题，很难在短期内根本解决。现阶段安全生产形势具有不稳定性，容易出现波动和反复。对此应当有清醒的认识，做好攻坚克难、长期努力的思想准备。

二、我国安全生产的发展前景和有利因素

（一）安全生产是工业化过程中必然遇到的问题

人类在获取生产资料和生活资料的过程中，难免会受到来自自然界、作业场所以及劳动工具的伤害。在农业社会这种伤害程度有限。进入工业化、社会化大生产之后，安全生产成为一个必须严肃对待的社会性问题。

根据国际劳工组织的报告，目前全世界就业总人数为27亿人，每年因职业事故造成的死亡人数约21万人（指劳动者工伤事故死亡人数，不包括交通事故和职业病死亡），由职业事故和职业危害引发的财产损失、赔偿、工作日损失、生产中断、培训和再培训、医疗费用等损失，约占全球国内生产总值的4%。

世界各国既采用事故死亡人数的绝对指标，也采用反映事故死亡人数与经济发展关系的相对性指标，如从业人员10万人事故死亡率、单位国内生产总值事故死亡率、百万工时事故死亡率，以及道路交通万车死亡率、煤炭百万吨死亡率等，来反映一个国家（地区）或某些行业领域的安

全状况。如果这些指标居高不下，则意味着为经济发展付出了高昂的生命代价。

从业人员10万人死亡率，近20年来世界各国均呈下降趋势。1990年大部分国家在15左右，2000年平均降至10以下，2002年降至8以下。但是各国情况很不均衡。先进工业化国家10万人死亡率普遍较低，目前平均值为4左右，其中英国最低，在1以下；澳大利亚，由1992年的7下降到2002年的2；德国，自1990年的5.1下降到2002年的2.9；美国由1992年的5.3下降到2002年的4.2；日本2002年为4.5。发展中国家一般在10以上，其中巴西为15左右，非洲等经济相对落后国家则更高。同口径测算，我国目前为10左右。

单位国内生产总值事故死亡率，折算为人民币，英国由1990年的0.04降至目前0.02；日本由1990年的0.07降至目前的0.05；美国、澳大利亚、法国均在0.04～0.06之间。发展中国家则普遍较高，韩国目前为0.6，我国2004年为0.86，2005年为0.7。

采矿业、建筑业和运输业是各国生产安全事故死亡较多的行业领域，约占全部事故死亡的50%～60%。因此产业结构的调整优化，对降低事故死亡起着重要作用。先进工业化国家已普遍形成了服务业比重很高、工业和制造业比重其次、农业比重很低（平均约占5%）、高风险行业从业人员较少的产业格局。2001年美国采矿、建筑和运输业等行业的从业人数，仅占总从业人数的15.4%，尽管这3个行业的10万人死亡率分别为24、12和11，远高于其他行业，但由于服务和金融等低危险性行业就业人数占较高比重，使得总的10万人死亡率较低，平均为4.2。

（二）先进工业化国家普遍经历了从事故多发到逐步稳定、下降的发展周期

研究表明，安全状况相对于经济社会发展水平，呈非对称抛物线函数关系，大致可划分为4个阶段：一是工业化初级阶段，工业经济快速发展，生产安全事故多发；二是工业化中级阶段，生产安全事故达到高峰并逐步得到控制；三是工业化高级阶段，生产安全事故快速下降；四是后工业化时代，生产安全事故稳中有降，事故死亡人数很少。

日本1948～1960年处于工业化初级阶段，人均国内生产总值从300美元增加到1420美元，年均增长15.5%，事故也急剧增加，13年间职业事故死亡率增长了146.1%。1961～1968年处于工业化中级阶段，人均国内生产总值从1420美元增加到5 925美元，事故高发势头得到一定控制，但在工业、制造业就业人口仅5 000万人左右的情况下，职业事故死亡人数仍在6 000人左右的高位波动。1969～1984年进入工业化高级阶段，事故死亡人数大幅度下降到2 635人，平均每年减少5.2%。之后，日本进入后工业化时代，事故死亡人数保持平稳下降趋势，2002年为1 689人。

美国是产煤大国，煤炭储存和开采条件较好，51%为露天矿，但其煤炭工业也经历了事故多发阶段。1900～1907年美国国内生产总值增长36%，煤矿事故死亡人数也从1 489人猛增至3242人，1907年百万吨死亡率高达8.37。1900～1910年的10年间发生了10起1次死亡百人以上事故。1908～1930年国内生产总值增长88%，煤矿事故死亡人数减少到1930年的2 063人，煤炭百万吨死亡率降至3.56，事故逐步得到控制并开始下降。1931～1960年国内生产总值增长216%，安全生产状况也明显好转，到1960年煤矿死亡420人，煤炭百万吨死亡率为0.95。1970年后事故继续减少，但1972年发生了1起死亡125人的煤矿事故。美国目前年产煤10亿吨左右，死亡约30人，百万吨死亡率0.03。

英国、德国、法国等工业化国家的安全生产，也都经历了从事故多发，到下降和趋于稳定的过程。作为发展中国家的巴西，上世纪60年代以后是其经济快速增长期和调整稳定期，10万人死亡率在经历了20多年的波动后，1992年后开始出现下降趋势。

安全生产的这种阶段性特点，揭示了安全生产与经济社会发展水平之间的内在联系。当人均

国内生产总值处于快速增长的特定区间时，生产安全事故也相应地较快上升，并在一个时期内处于高位波动状态，我们把这个阶段称为生产安全事故的“易发期”。所谓“易发”，是指潜在的不安全因素较多。这个期间，一方面经济快速发展，社会生产活动和交通运输规模急剧扩大；另一方面安全法制尚不健全，政府安全监管机制不尽完善，科技和生产力水平较低，企业和公共安全基础仍然比较薄弱，教育与培训相对滞后，这些因素都容易导致事故多发。

依据世界银行关于经济发展水平的划分标准，有关机构选择4类、27个国家、14项经济社会发展指标进行了综合分析，发现安全生产除了与经济社会发展水平和产业结构相关外，还与国家安全监管体制、安全法制建设、科技投入水平、社会福利制度、教育普及程度、安全文化等因素密切相关，因此“易发”并不必然等于事故高发、频发。事实上，各国“易发期”所处的经济发展区间、经历的时间跨度也不尽相同：美国、英国处于人均1 000～3 000美元之间，时间跨度分别为60年（1900～1960）和70年（1880～1950）；战后新兴的工业化国家日本的“易发期”则处于1 000～6 000美元之间，时间跨度也缩短为26年（1948～1974）。

（三）我国安全生产发展规划和奋斗目标

2004年初国务院作出的《关于进一步加强安全生产工作的决定》，明确了我国安全生产的中长期奋斗目标：第一阶段：到2007年即本届政府任期内，建立起较为完善的安全监管体系，全国安全生产状况稳定好转，重点行业和领域事故多发状况得到扭转，工矿企业事故死亡人数、煤矿百万吨死亡率、道路交通万车死亡率等指标均有一定幅度的下降。第二阶段：到2010年即“十一五”规划完成之际，初步形成规范完善的安全生产法治秩序，全国安全生产状况明显好转，重特大事故得到有效遏制，各类生产安全事故和死亡人数有较大幅度的下降。第三阶段：到2020年即全面建成小康社会之时，实现全国安全生产状况的根本性好转，亿元国内生产总值事故死亡率、十万人事故死亡率等指标，达到或接近世界中等发达国家水平。

依据十六届五中全会《建议》提出的“十一五”期间要使安全生产状况进一步好转的奋斗目标，十届全国人大四次会议通过的规划纲要把安全生产列为专节，规划“十一五”期间亿元国内生产总值生产安全事故死亡率降低35%，工矿商贸企业十万从业人员生产安全事故死亡率降低25%。目前这两个指标和道路交通万车死亡率、百万吨煤炭死亡率，已列入国家统计指标体系和统计公报。

鉴于煤矿瓦斯事故多发、小煤矿非法违法问题严重，去年全国人大常委会提出、国务院确定了煤矿安全工作两个阶段性目标：即力争用两年左右的时间，使煤矿重特大瓦斯爆炸事故有较大幅度的下降；争取用三年左右的时间，解决小煤矿问题。

（四）“安全发展”指导原则的确立，为做好工业化进程中的安全生产工作指明了方向

十六届五中全会《建议》指出，要坚持节约发展、清洁发展、安全发展，实现可持续发展。胡锦涛总书记在中央政治局第30次集体学习会上强调指出，把“安全发展”作为一个重要理念纳入我国社会主义现代化建设的总体战略，这是我们对于科学发展观认识的深化。

“安全发展”是指国民经济和区域经济、各个行业和领域、各类生产经营单位的发展，以及社会的进步和发展，必须把安全作为基础前提和保障，自觉遵循党和国家安全生产方针政策和法律法规，把发展建立在安全保障能力不断增强、安全生产状况持续改善、劳动者生命安全和身体健康得到切实保证的基础上，促进安全生产与经济社会的同步协调发展。

“安全发展”指导原则的提出和确立，反映了我们党以人为本和立党为公、执政为民的执政理念，丰富了科学发展观的内涵及其理论体系。发展是硬道理。发展应当具有持久和后续能力，既

要以资源、环境能够承载为前提，也要建立在人力资源合理利用、安全状况不断改善的基础上，不能以牺牲人的生命、损害劳动者的健康为代价。节约发展、清洁发展、安全发展，共同构成可持续发展的深刻内涵。

坚持安全发展，也是构建社会主义和谐社会的必然要求。只有生命安全得到切实保障，才能调动激发人们的创造活力和生活热情；只有使重特大事故得到遏制，大幅减少事故造成的创伤和震荡，社会才能安定有序；只有顺应客观规律，才能有效防范事故，实现人与自然和谐相处。加强和谐社会建设，必须从关系人民群众切身利益的现实问题入手，抓紧解决热点和难点问题。

一个时期来，“安全发展”的指导原则逐步深入人心。“以人为本”首先要以人的生命为本，科学发展首先要安全发展，和谐社会首先要关爱生命，正在成为全党、全社会的共识，为进一步加强安全生产工作奠定了坚实的思想基础，提供了强大的精神动力。

（五）我国安全生产具有政治、制度优势和后发优势

——各级党组织的高度重视和坚强领导，为加强安全生产工作提供了强有力政治保证和思想保证。高度重视和切实抓好安全生产工作，是坚持立党为公、执政为民的必然要求，是贯彻落实科学发展观的必然要求，是实现好、维护好、发展好最广大人民群众根本利益的必然要求，也是构建社会主义和谐社会的必然要求。充分发挥社会主义制度优势，可以集中力量、集结各类资源办大事，攻克安全生产领域的重点、难点问题。

——通过借鉴先进工业化国家的经验教训，可以取长补短，后来居上，实现跨越式发展。运用国外安全生产科学技术创新成果，以及系统工程、控制论和风险管理等现代管理理论与方法，提高我国安全科技、安全管理水平。

特别要指出的是，西方国家安全生产也存在着问题和教训。除了在事故的防范和应急抢险救助等方面，仍然存在着不少问题之外，一些发达国家还转嫁安全风险，把危险化学工业、旧船拆卸、核废料处置等高污染、高危产业向发展中国家转移；在劳工安全福利上存在“双重标准”。漠视外籍劳工、非法入境滞留人员的安全状况，对地下工厂、“血汗”工厂从业人员的安全健康权益视而不见。在我国安全生产发展过程中，要注意吸取这些教训，少走弯路。

——通过总结我们自己的实践，可以更好地认识把握安全生产规律。我们在安全法制、体制、机制、责任制、安全文化建设等方面，探索和积累了经验。相继发生的一些重特大事故，用生命和鲜血换来的惨痛教训，更显珍贵，促使我们深刻反省，从制度、管理、技术等方面采取措施加强和改进安全工作。

——煤矿等重点行业和领域的安全工作逐步加强。从去年开始，我们组织进行了煤矿瓦斯治理和整顿关闭两个攻坚战。全面落实政府督导、专家会诊、监测监控、安全生产能力核定和以风定产、隐患排查整改等治理措施，煤矿防范瓦斯事故的能力有所提高；依法关闭了5931个非法和经停产整顿仍然不具备安全条件的煤矿，占小煤矿的1/4，消除了一批滋生事故、吞噬生命的“陷阱”。国家投资扶持重点煤矿补还安全欠账和技术改造的效果，将在今后逐步显现出来。非煤矿山、危险化学品、烟花爆竹、道路和水上交通、建筑施工、消防等重点行业领域的安全专项整治，也都取得了一定成绩。在这个基础上继续努力，我们能够扭转被动局面。

——国家为解决安全生产深层次问题而采取的一系列政策措施正在抓紧实施。去年年底，温家宝总理主持召开国务院第116次常务会议，研究提出运用经济、法律和必要行政手段，安全生产政策治本、源头治本的措施。在今年政府工作报告中提出今后一个时间内标本兼治的七个方面工作。随着经济增长方式的转变，结构调整的加快，宏观调控力度的加大，安全生产的外部环境

和内部条件将进一步好转。

当前我国经济社会发展正站在新的历史起点上，安全生产工作困难与希望同在，挑战与机遇并存。相信只要我们坚持和依靠党的领导，充分调动广大人民群众的积极性，思路对头，真抓实干，就完全可以缩短西方国家所普遍经历的安全周期。用十几年时间，走过西方国家几十年走过的路，尽快实现我国安全生产状况的明显好转。

三、加强安全生产工作的对策措施

我国是一个发展中大国，安全生产摊子大、任务重。2005年底全国共有各类煤矿2.5万处，全国非煤矿山11.5万处，危化品生产企业2.27万家，烟花爆竹生产企业7000家，建筑施工企业8.78万家。全国汽车3200万辆，加上摩托车、农用车辆等，机动车保有量1.3亿辆。加油站7万多座，铁路与公路交叉道口1.44万处。每天民航起落飞机1万多架次，内河和海上飘泊行驶大小船只150多万艘。安全工作要做到万无一失、几万无一失，任务重、难度大。同时，我国又是一个正处在工业化发展过程中的国家，生产力水平较低，安全生产基础薄弱，与先进国家相比差距大。必须从国情和安全领域的实际出发，有针对性地采取对策措施。

当前和今后一个时期，加强我国安全生产工作的基本思路是：用“以人为本”的科学发展观统揽安全生产工作全局，坚持“安全发展”的指导原则，认真贯彻“安全第一、预防为主、综合治理”方针，实施“标本兼治、重在治本”，在采取断然措施、坚决遏制煤矿等重特大事故的同时，加快实施治本之策，推动安全文化、安全法制、安全责任、安全科技、安全投入等要素落实到位，建立长效机制，加快实现我国安全生产状况的明显好转。

（一）把安全发展的科学理念纳入社会主义现代化建设的总体战略，纳入“十一五”经济社会发展规划中

要用党的十六届五中全会确立的“安全发展”的指导原则和胡锦涛总书记、温家宝总理的重要讲话统一思想，加深对安全生产极端重要性的认识，增强全党同志和各级干部搞好安全生产工作的政治责任感、历史使命感和现实紧迫感。充分认识加强安全生产工作的长期性、艰巨性和复杂性。

贯彻安全发展的科学理念和指导原则，要融入国家、地方、部门和行业、企业的发展战略和中长期规划中，纳入到“十一五”经济社会发展规划中。要坚持把实现安全发展、保障人民群众生命财产安全和健康作为关系全局的重大责任，与经济社会发展各项工作同步规划、同步部署、同步推进，促进安全生产与经济社会发展相协调。如前所述，2004年初国务院作出的《关于进一步加强安全生产工作的决定》，全国人大十届四次会议通过国民经济和社会发展“十一五”规划纲要，以及去年全国人大常委会提出、国务院确定的煤矿安全工作两个阶段性目标，上述规划和目标，都体现了党和政府加强安全生产工作、实现安全生产状况根本好转的坚强决心和坚定信心，反映了经济社会发展的必然要求和全党、全国人民的迫切愿望。

在国家规划指导下，安全生产“十一五”规划、安全科技发展规划、煤炭工业安全发展规划等，也都将陆续出台。各地政府在制定地方发展规划中，也都列出了安全生产的内容，设置了相应的安全指标，明确了奋斗目标和保障措施等，与国家的“十一五”规划相衔接，做到有目标、有项目、有资金、有措施、有支撑体系。各地的“十一五”规划要把已列入国家“十一五”规划的两个安全生产指标即单位国内生产总值生产安全事故死亡率下降35%，工矿商贸企业10万从业人员生产安全事故死亡率下降25%的目标分解落实，并结合实际，列出道路交通万车死亡率、百

万吨煤炭死亡率等控制指标。制定和实施安全规划，创建本质安全型企业，建设安全保障型社会，实现“十一五”经济社会发展的宏伟目标。

（二）贯彻“安全第一、预防为主、综合治理”方针，治理隐患、防范事故，标本兼治、重在治本

把“综合治理”充实到安全生产方针当中，始于党的十六届五中全会《建议》，并在胡锦涛总书记、温家宝总理的讲话中进一步明确。这一发展和完善，更好地反映了安全生产工作的规律特点。党的安全生产方针是完整的统一体，安全第一、预防为主、综合治理三者之间具有内在的严密的逻辑关系：坚持安全第一，必须以预防为主，实施综合治理；只有认真治理隐患，有效防范事故，才能把“安全第一”落到实处。事故发生后组织开展抢险救灾，依法追究事故责任，深刻吸取事故教训，固然十分重要，但对于生命个体来说，伤亡一旦发生，就不再有改变的可能。事故源于隐患。防范事故的有效办法，就是要主动排查、综合治理各类隐患，把工作做在事故发生之前，把事故消灭在萌芽状态。从这个意义上说，综合治理是安全生产方针的基石，是安全生产工作的重心所在。

贯彻党的安全生产方针，必须把预防作为安全生产工作的主体性任务，把工作重心转移到治理隐患上来，关口前移、重心下移，掌握安全生产工作的主动权。要把煤矿安全作为安全生产工作的重中之重，继续打好瓦斯治理、整顿关闭不具备安全条件和非法煤矿两个攻坚战，下决心解决煤矿安全生产的“第一杀手”和“重灾区”问题。其他事故多发、人民群众普遍关注的工矿商贸、交通运输行业和领域，也都要针对突出问题和薄弱环节，采取措施深入开展安全专项整治活动。

贯彻党的安全生产方针，必须坚持标本兼治，重在治本。安全生产是一项复杂的系统工程，是生产力发展水平和社会公共管理水平的综合反映。造成目前重点行业领域重特大事故多发、安全生产形势依然严峻的原因是多方面的，有浅层次因素，也有深层次矛盾；有历史的积淀，也有新形势下出现的新问题。因此必须坚持标本兼治，在采取断然措施遏制重特大事故的同时，探寻和采取治本之策。国务院研究提出了安全生产政策治本、源头治本12个方面的工作：1. 制定安全发展规划，建立和完善安全生产指标及控制体系；2. 加强行业管理，修订行业安全标准和规程；3. 增加安全投入，扶持重点煤矿治理瓦斯等重大隐患；4. 推动安全科技进步，落实项目、资金；5. 研究出台经济政策，建立、完善经济调控手段；6. 加强教育培训，规范煤矿招工和劳动管理；7. 加快立法工作，严格安全执法；8. 建立安全生产激励约束机制；9. 强化企业主体责任，严格企业安全生产业绩考核；10. 严肃查处责任事故，防范惩治失职渎职以及官商勾结等腐败现象；11. 倡导安全文化，加强社会监督；12. 完善监管体制，加快应急救援体系建设。12项治本之策的制定实施，将会促进安全生产的明显好转。

（三）加强安全法制建设，实施依法治安，建立规范完善的安全法制秩序

一是必须严刑厉法，重典治乱。西方国家普遍建立了严厉的安全生产法律制度。美国多数州取消了死刑，对安全违法行为最高可以判处终生监禁。澳大利亚《煤矿安全与健康法》规定，矿主和经理人员如果违法违规生产，不仅要予以高额经济处罚，严重的还要注销其执业执照，终生不允许再从事这一行业。1968年美国发生一起煤矿爆炸事故，78人遇难，引发全国性罢工。美国国会随后通过了《联邦煤矿安全与健康法》，规定不具备安全条件的煤矿必须关闭。此后10年间，美国虽然深受世界能源危机影响，却一直保持高压政策，1978年与1968年相比，井工煤矿数由4100多个下降到1990个，减少近52%；煤炭年产量下降29%；煤矿事故死亡人数也减少了近

73%。

目前我国安全生产领域的非法、违法现象严重。一些私营业主无视法律，无视监管，无视生命，造成恶性事故。有的性质十分恶劣，民愤极大。而我国《刑法》第131～139条的规定，安全事故责任刑罚最多判七年，执行中还可能减缓或保外，很难起到震慑作用。亟待修改，或者做出数罪并罚、加重处罚的司法解释。此外，对不具备安全生产条件并导致事故发生的企业，《安全生产法》规定最高罚款20万元，远未使非法业主伤筋动骨，也无法起到惩一儆百的作用。去年出台的《国务院关于预防煤矿生产安全事故的特别规定》明确“没收非法所得并处以1～5倍罚款”，大大加强了处罚力度。广东梅州“8.7”透水事故罚款7000万元。在全国人大法工委、国务院法制办的支持下，目前《刑法》和《矿山安全法》、《煤炭法》等相关法律的修改以及司法解释工作正在推进。

二是必须在法律的贯彻执行上动真从严。法之有威，在于“法之必行”。

社会上对安全生产执法工作有一些批评，认为失之于宽，失之于软。这种情况，与现行安全法律法规不健全有关；但执法主体依法履行职责不到位也是重要原因。要继续下决心解决“执法不严、工作不实”问题。要敢于拿起法律这个武器，纠正惩处非法违法行为，维护人民的利益、法律的尊严和政府的权威。不仅要严惩事故直接责任者，查处失职渎职行为，还要严肃查处事故背后的权钱交易和官商勾结等腐败行为。对不能认真履行执法职责的部门和人员，以行政“不作为”严肃追究其责任。中纪委、高检、高法、监察部、司法部、安监总局，将对最近两年安全生产刑事责任追究落实情况进行一次专项检查，检查结果要告知社会。

三是必须建立联合执法机制，提高执法效率。建立党委和政府统一领导、政府职能部门和公检法、纪检监察机关等共同参与的联合执法机制，是扭转当前安全执法不力的有效措施，是我国安全生产工作的一个特色。在去年开始的煤矿整顿关闭工作中，五部委局联合下发了《关于严厉打击煤矿违法生产活动的通知》，探索建立了联合执法工作制度：地方政府一旦作出矿井关闭决定，相关部门必须立即吊销其采矿许可证、生产许可证、矿长资格证书、安全生产许可证、工商营业执照等各种证照，公安部门停止供应火工品，电力部门停止供电，对抗拒执法的予以严厉惩处。实践表明，联合执法符合国情和现阶段行政、司法等资源配置现状，可以有效打击非法违法行为。

四是必须健全安全生产法律法规体系。除了对现行法律、法规及时补充修订外，还要鼓励、支持部门和地方立法，作为对国家法律体系的补充。

要把建立健全完善安全技术标准，作为安全生产法制建设的重要一环来抓。美国制定了一般工业、海运业、建筑业和农业4大类标准，并随着经济发展和技术进步而不断进行修正。德国标准化学会制定的标准涉及建筑工程、采矿、冶金、化工、电工、安全技术、环境保护、卫生、消防、运输、家政等各个方面，每年大约制定1500个标准。相比之下，我们这方面的工作比较落后，一些行业没有完整的安全标准，一些安全标准十年一贯制，必须抓紧制定修订。去年“11.13”吉化双苯厂事故暴露出这方面的问题。化工厂地面水称“清净下水”，平常没有问题，可以向江河排放；但发生事故后混入了硝基苯，再排入松花江就会造成污染。事故状态下“清净下水”如何处置，至今尚无规范和标准。年初安监总局、环保总局联合下发紧急通知，要求中央化工企业6月30日前、地方化工企业9月30日前，必须采取措施解决这个问题。

（四）落实两个主体、两个责任制，纳入政绩、业绩考核

政府是安全生产的监管主体，企业是安全生产的责任主体。安全生产工作必须建立、落实政

府行政首长负责制和企业法定代表人负责制。两个主体、两个负责制相辅相成，共同构成安全生产工作基本责任制度。

从政府的角度讲，发展经济是政绩，安全生产也是政绩，省、市、县、乡镇各级政府主要领导是本行政区域内安全生产第一责任人，要把安全生产纳入区域经济社会发展的总体规划，建立健全各级领导安全生产责任制和安全生产控制考核指标体系，逐级抓好落实；要对管辖范围内各类企业安全生产实施监管，重大隐患要胸中有数，重大问题要亲自动手抓，确保一方平安。各级安全监管监察机构、行业管理等部门是政府监管主体的组成部分，必须认真贯彻各级党委、政府安全生产工作部署，坚持严格执法、公正执法、廉洁执法，尽职尽责，任劳任怨，切实履行好监管监察、行业管理等职责。

从企业的角度来说，直接掌握生产经营决策权的法定代表人是安全生产第一责任人，必须对本单位的安全生产负总责，自觉接受政府的依法监管、行业部门的有效指导和社会的广泛监督，确保党和国家安全生产方针政策、法律法令在本企业的贯彻落实。企业领导人和经营者要依法依规，自觉保证和增加安全投入，改善安全条件，加强改进安全基础管理，搞好安全教育培训，排查和治理隐患，创建本质安全型企业。坚决纠正忽视安全、放松管理的错误倾向，切实保障从业人员的生命安全和健康权益。

党对安全生产工作的领导，主要体现在大政方针、法制建设、工作格局、运行机制、舆论导向、政治保证等方面。很重要的一条，就是明确支持两个责任制的落实，纳入政府政绩、企业业绩内容，作为评价使用干部的重要依据，加强监督考核，建立激励约束机制。

要把安全规划和控制考核指标落到实处。最近两年实行的年度安全生产控制考核指标，对强化地方政府安全责任、调动各级干部抓安全工作的积极性，很有作用。这个指标的核心在于“控制”，实质在于防止和减少伤亡事故。把事故死亡控制到尽可能低的范围内，坚决扭转重特大事故多发的状况。下达控制考核指标，体现了实事求是的科学态度。

（五）实施科技兴安战略，用科技创新引领和支撑安全发展

英国、美国、德国、日本、法国、俄罗斯等均设有国家级的安全技术研发机构，在组织开展安全生产基础理论研究、重大科研项目攻关、推广先进适用技术、控制重大灾害等方面发挥了重要作用。美国运用多分支羽状水平井等先进技术进行瓦斯抽采，把高瓦斯矿井变成低瓦斯矿井，既有效利用了煤层气这一宝贵资源，也较好地解决了煤矿安全生产“第一杀手”问题。西方国家依靠科技进步保障安全生产的经验，值得我们学习借鉴。我国在科技中长期发展规划纲要和“十一五”规划纲要中都把公共安全列为重点领域和重大专项。

一是加快安全科技重大项目、重点课题研究攻关。煤矿瓦斯重大事故防控、重大突发事件应急技术等重大研究项目，已经列入国家中长期科技发展纲要。在非煤矿山、危险化学品和特种工业设备重大事故灾难的监测、预警、防治、应急救援技术，高危职业危害预防技术等方面，也要组织开展重点科技攻关。

二是研发集成先进技术装备，为隐患治理和安全技术改造提供技术支撑。推广先进、适用技术和装备，建立安全技术示范工程，提升企业安全生产技术水平；研发、集成和推广新工艺、新技术、新设备和新材料，提高企业安全保障能力。以部门规章的形式，定期公布危及安全的工艺设备的淘汰名单。

三是发展矿业等教育，化解安全专业人才危机。目前我国安全生产人才缺乏，已经到了相当严重的程度。以煤炭为例，全国原有15所煤炭院校，除中国矿业大学之外，1998年之后相继换了

牌子，将原来的采掘工程、通风安全、矿山机电等专业进行了撤并改造。据对其中 9 所原煤炭院校统计，1999～2002 年共毕业学生 38 000 人，到煤炭行业就业的仅 3 538 人，占 9.3%，平均每年不到 900 人。教育部、发改委、财政部和安监总局正在采取扩大地矿类专业招生规模，实行对口专招、委托培养和奖学金制度等办法。今年拟招矿山专业 10 700 人，其中委托培养 4 300 人。同时还要鼓励企业与高等院校合作办学，大力发展职业教育。积极发展和规范管理从事安全评价、检测检验、安全咨询与认证和职业教育与技术培训等各类安全中介服务机构，做好注册安全工程师执业资格的管理。

（六）强化经济政策导向作用，增加安全投入

一是认真落实国务院《决定》明确的三项经济政策。2004 年《国务院关于进一步加强安全生产工作的决定》，确定了企业提取安全费用、提高事故伤亡赔偿标准、实行安全生产风险抵押三项经济政策。财政部、发改委和安监总局已经就煤矿、烟花爆竹企业安全费用提取和管理，煤矿安全生产风险抵押制度，出台了实施办法。其他高危行业的办法也正在拟定。要加强对安全费用和抵押金管理使用情况的监督，防止挪作他用。目前不少省区对事故死亡规定了不少于 20 万元的赔偿标准，得到社会支持。下一步要建立完善事故伤亡赔付法律制度。

二是抓紧矿产资源税费改革。西方国家对矿产等不可再生资源收取较高的资源税，并将税率与探明可采储量或价值、回采率、开采风险挂钩，提高采矿业准入门槛。美国和澳大利亚资源税率分别高达 12.5%和 10%。与国外相比，目前我国的矿产资源税费征收税费率过低，平均仅为 1.18%；以产量为基数的计征方法不当。不仅造成国家利益受损，而且导致产业进入门槛过低，乱采滥挖，资源浪费破坏严重，安全事故多发。实行以储量为基数、与回采率挂钩的资源税有偿使用办法，是一项重要的治本之策。

三是建立煤炭可持续发展的基金制度。煤炭开采造成了生态环境问题、资源型城市和重点煤矿接替产业发展问题，以及因采煤引起的其他社会问题，需要在煤炭生产成本中提取部分资金用于治理和解决。包括征收煤炭可持续发展基金，由政府掌握解决企业无法解决的问题；提取矿山环境治理恢复保证金和煤矿转产资金，由企业自提自用等。这样使煤炭成本中包含了资源、安全、环保、转产成本，也促使成本合理化，抑制小煤矿的暴利。最近已批准山西省开展煤炭工业可持续发展改革措施的试点。

四是发挥工伤保险的事故预防作用。首先是所有企业必须为从业人员上“工伤保险”并推进工伤保险的改革。一些西方国家目前已经形成立法监察、事故预防、工伤保险“三位一体”安全生产工作格局。保险机构不是被动地办理事故伤亡赔偿，而是主动对企业安全实施监督指导，从源头上降低事故风险和保险赔付。我国一些省区的工伤社会保险机构，也在这方面做出了积极的探索，从工伤保险账户结余中按一定比例拨出费用，专项用于安全生产教育培训和隐患整改等；采取工伤保险的差别费率和浮动费率机制，激励企业增加安全生产投入。积极鼓励、支持商业保险进入安全生产领域，推动矿山、化工和建筑等高危行业加入意外伤害险，雇主责任险或其他财产险。要建立职工最低工资制，保障工人合法权益。使人工成本合理化。

五是建立多元化的安全生产投入机制。针对国有重点煤矿安全欠账较多的情况，2005 年国务院决定用国债资金 30 亿，扶持国有重点煤矿进行安全技术改造。今年的 30 元扶持项目目前已开始着手调研。相对于接近 600 亿元的巨额欠账而言，国家扶持资金毕竟是不够的，必须调动企业和地方的积极性，主要依靠企业增加投入，提足用好安全费、维简费、折旧费；地方政府也应投入相应配套资金。此外，目前正在制定鼓励开发利用煤层气的减免税等优惠政策，鼓励煤矿先抽

后采，治理和利用煤矿瓦斯。

（七）加强安全文化建设，提高全民安全素质，加强社会监督

安全文化是安全生产在意识形态领域和人们思想观念上的综合反映，包括了一定社会的安全价值观、安全判断标准和安全能力、安全行为方式等。

对当前我国的安全文化建设，专家建议组织实施“全民安全素质工程”，做好四件事情：

一是宣传普及安全法律和安全知识。倡导和树立“以人为本”的安全价值观，营造“关爱生命、关注安全”的舆论氛围，使社会公众自觉遵法守法，人人做到不伤害自己，不伤害别人，也不被别人伤害。今年六月份开展的“安全生产月”活动主题“安全发展、国泰民安”。通过组织开展安全咨询日、安全文化下基层、安全生产西南“万里行”、安全知识竞赛、安全论坛、报告会等系列活动，大力宣传“安全发展”的理念，大力宣传“安全第一、预防为主、综合治理”方针，大力宣传安全责任制，大力宣传依法治安、严格执法，大力宣传“标本兼治、重在治本”，提高全体社会成员的社会的安全意识和安全法制观念，动员全党、全社会更加重视和支持安全生产工作。

二是强制性进行安全培训和教育。企业必须按照《安全生产法》的要求，对企业主要负责人、安全生产管理人员和从业人员进行安全培训；高危行业从业人员和特种作业人员必须经培训和考核合格，并取得相应资格证书后，才能任职和上岗作业。把安全技能培训纳入农民工就业技能培训的重要内容。安全教育要从青少年抓起，所有中小学都要开设公共安全知识课。

三是加强对安全生产的舆论监督和社会监督。建立强有力的舆论监督、社会监管机制是社会文明进步的表现，是对安全生产工作的有力支持和促进。媒体要宣传安全生产可信可学的好典型、好经验，揭露安全生产领域各种非法、违法行为，及时曝光重特大事故。各级政府要定期公布安全生产重点工作进展情况，接受群众和社会监督。关闭不具备安全条件企业要发布公告。对群众举报的重大隐患和事故要彻底核查，举报属实的要给予奖励。要充分发挥工会等群众团体的作用，保障劳动者安全健康权益。各类所有制企业都必须建立健全工会组织。要组织职工群众参与和监督企业安全工作，维护职工群众安全生产的参与权、知情权和监督权。

四是将安全生产纳入“平安建设”。把安全文化落实到建设“平安社区”、“平安乡镇”、“平安企业”、“平安校园”等基层建设中来，落实到两个文明建设中来。结合各个行业不同的特点，使各具特色的安全文化进社区、进工厂、进农村、进课堂、进家庭。进入构建和谐社会的基层组织。尤其是要推动企业采用先进的安全管理理念和方法，建立自我约束、持续改进的安全生产长效机制。

安全生产是党的事业，是人民的事业。社会主义市场经济条件下和工业化进程中的安全生产工作，面临着诸多的新情况、新问题，要认真学习贯彻胡锦涛总书记和温家宝总理有关安全生产的重要讲话，发扬实事求是、改革创新精神，大胆实践，深入探索，实现安全发展。在安全监管系统进一步加强自身建设，转变作风、真抓实干的同时，也由衷地希望各地、各部门和各单位，希望全社会，一如既往地关心支持安全生产工作，积极出主意、想办法、提建议。在党中央、国务院的正确领导下，大家同心协力，实现我国安全生产状况的明显好转。

深入开展煤矿瓦斯治理攻坚战 推动煤矿和全国安全生产状况的稳定好转*

国家安全生产监督管理总局局长　李毅中

(2006 年 6 月 22 日)

一、先抽后采是防范瓦斯事故、加强煤矿安全生产的治本之策，必须强力推进

瓦斯是煤矿安全生产的“第一杀手”。建国以来煤矿发生 22 起一次死亡百人以上事故，其中 20 起为瓦斯事故。2005 年煤矿发生的一次死亡 10 人以上的特大事故中，瓦斯事故占了 70.7%。今年 1～5 月，全国煤矿共发生涉难 10 人以上特大事故 15 起，除了 3 起透水事故外，其他 12 起都是瓦斯事故。治理瓦斯灾害，防范瓦斯事故，始终是煤矿安全和全国安全生产工作的重中之重。“先抽后采、监测监控、以风定产”十二字方针，反映了煤矿瓦斯防治的客观规律和基本要求，凝聚了血的教训，是煤矿安全生产实践经验的概括和总结。特别是“先抽后采”，对防范瓦斯事故具有釜底抽薪、源头治本作用，是煤矿安全生产的基础性、关键性措施，必须坚决实行。

去年初国务院第 81 次常务会议提出瓦斯治理七项措施以来，在国家煤矿瓦斯防治部际协调领导小组的指导推动下，依靠各部门、各地政府和煤炭企业的共同努力，全国煤矿瓦斯治理利用工作取得了新的进展。“加强煤矿瓦斯综合治理，加快煤层气开发利用”，列入了国民经济和社会发展“十一五”规划；《国务院办公厅关于加快煤矿瓦斯抽放利用的若干意见》已经下发，配套政策措施相继得到明确；煤层气开发、煤矿瓦斯重大事故防控列为国家中长期科技发展规划的重点项目，一些重点科研攻关正在组织实施。在建立健全煤矿瓦斯监测监控系统的同时，各地都新建了一批抽放利用设施。晋城煤业集团公司引进美国技术，先后建成了 210 口煤气井，地面抽放能力达到年产 1.8 亿立方米。晋城市把煤层气作为一个新兴产业，加大扶持力度，在 42 处高瓦斯矿井建设 60 套瓦斯抽放系统，初步形成了商品化的产销用体系。这方面工作比较先进的淮南、靖远、铁法、松藻等煤炭企业瓦斯抽放率达到 45%；一些煤矿如抚顺老虎台矿达到 83%，阳泉五矿大井达到 81%，创造和积累了经验。

但是也要看到，由于种种因素影响和制约，我国煤矿瓦斯抽放利用工作总体上进展迟缓。目前我国煤矿瓦斯年实际抽放量仅约 23 亿立方米，不到实际涌出量的 15%。小煤矿普遍没有瓦斯抽放系统，基本依靠井下通风排放。国有重点煤矿 280 处高瓦斯、高突矿井中，仍有 25 处没有建立抽放系统；已经建立抽放系统的 255 处矿井，由于巷道、钻孔等工程不配套，管理和维护跟不上，有 42 处矿井抽放率低于 20%，14 处矿井低于 10%。即使一些工作较好的煤炭企业，其抽放利用

* 本文为作者 2006 年 6 月 22 日在全国煤矿瓦斯治理和利用工作现场会上的讲话，略有删节。

也仍然处在较低的水平上，尚未从根本上控制瓦斯灾害。从全国来看，抽放技术和工艺比较落后，一些重大技术难题尚未解决，新开发矿区和新建矿井的瓦斯预抽放尚未真正起步，抽出的瓦斯利用率过低。

这次现场会的召开和国家相关政策措施的相继出台，为加强煤矿瓦斯治理、加快发展煤矿瓦斯抽放利用，提供了有利的契机。我们要认真学习贯彻建敏国务委员的重要指示，学习推广先进单位的经验，进一步加大工作力度。

一是把瓦斯治理摆在生命工程、资源工程的高度。瓦斯治理和抽放利用，是推动煤炭工业安全发展、节约发展、清洁发展，实现可持续发展的战略举措。既是一项重要的资源工程，更是保障矿工安全的生命工程。必须提高认识，把瓦斯治理作为当前煤矿安全工作的首要任务，增强危机感、紧迫感和责任感，增强贯彻“十二字”方针的自觉性，坚持先抽后采、治理与利用并举。所有煤炭企业都应当正确处理采煤、掘进和瓦斯抽放的关系。提高产量，要同步提高瓦斯抽放量；采掘接替紧张、预抽时间不充分的矿井，要调整采掘关系，确保抽放先行。

二是加大投入、严格标准，建立健全抽放系统。煤炭企业应该认真执行国家已经明确的煤矿安全费用政策，提足提够安全费用，加快补还瓦斯治理和抽放利用欠账。所有高瓦斯、高突矿井，必须立即建设抽放系统；系统设施陈旧、运行不正常的，要更新改造，完善配套，搞好维护管理，真正发挥作用。在开发建设煤矿时，必须统筹考虑、同步建设抽放设施，煤层中吨煤瓦斯含量要降到规定标准以下，或抽放率达到一定标准，方可进行开采生产；在扩大煤矿生产能力时，必须相应扩大瓦斯抽放能力；在核定煤矿生产能力时，必须同步核定瓦斯抽放能力。煤矿安监局将会同有关部门，加快制定煤炭开采瓦斯含量具体标准。安监总局、煤矿安监局将配合国家发改委和有关部门，继续做好扶持重点煤矿治理重大隐患和安全技术改造的工作，尽快落实今年30亿元的扶持项目。

三是解决技术难题，搞好示范工程。落实国家科技发展规划中煤矿安全重点科技项目，积极开展瓦斯突出矿井监测预警及防治、低透气性煤层瓦斯抽放等关键技术研究。强化瓦斯预抽的科研设计和工程实践，在学习借鉴国外先进经验的同时，充分考虑到我国煤层贮存、透气条件等差异性，选择和推广先进适用的抽放技术，把地面抽放与井下抽放、采空区抽放结合起来，提高抽放率。鼓励煤矿与科研机构、高等院校等合作，针对瓦斯防治和利用难题开展攻关。抓好松藻打通一矿严重突出矿井瓦斯治理技术、沈阳红菱煤矿突出煤层卸压抽放技术、铜川下石节煤矿瓦斯与油气共存自燃煤层治理技术等示范工程，推广铁法、淮南、晋城等煤炭企业综合治理利用的先进经验，发挥典型的示范引路作用。

四是落实经济政策支持，增加瓦斯治理利用的投入。国家“十一五”规划和《国务院关于促进煤炭工业健康发展的若干意见》等文件，已就煤矿瓦斯抽放利用和发展煤层气产业，做出了指导性、原则性规定。国务院办公厅出台的《若干意见》就相关政策措施，做出了具体的规定。各地区、各煤炭企业要认真贯彻，用好已经明确的煤层气产业政策和经济政策。在山西煤炭工业可持续发展政策措施试点中，国务院赋予地方政府矿产资源有偿转让、提取煤炭可持续发展基金、企业提取环保基金和转产基金四项经济政策，这些政策都可以用以促进煤矿瓦斯治理和抽放利用。各地也可以借鉴山西试点政策，积极筹措资金，解决瓦斯治理积极性不高、资金不足等问题。

五是加大监管监察力度，把煤矿瓦斯治理和安全生产各项措施落到实处。各级安全监管监察机构要把贯彻十二字方针，实行“先抽后采”，作为当前监管监察工作的一项重点任务。紧紧盯住国有重点煤矿瓦斯灾害严重的280个矿井，没有抽放系统或抽放系统不健全、运转不正常的，要限期整改；规定期限内达不到要求的，要停产整改；瓦斯灾害严重，整改无效或拖延整改的，要提请地方政府予以关闭。加强对国有地方煤矿、乡镇煤矿瓦斯治理工作的监督监察。推广晋城市的经验，凡具有一定规模、瓦斯灾害严重的地方国有煤矿和乡镇煤矿，也要建立抽放系统。

要按照建敏国务委员的要求，坚持“不超产、不超限、不超员”，切实做好煤矿生产能力复核和定员工作。劳动定员是科学管理的基础和前提。目前一些煤矿劳动定员管理混乱，确实到了非解决不可的时候。安监总局、煤矿安监局将会同发改委、劳动保障部和煤炭工业协会，在深入调研的基础上，就各煤矿的井下定员提出规范性指导意见，或者制定新的煤矿井下定员标准。通过定员，不仅可以控制入井人数，有效遏制特别重大事故，也有助于改进煤矿劳动组织，提高管理水平，推动煤炭生产的机械化，促使各煤矿走新型工业化发展道路。对这项工作，必须排除干扰，坚决推进。

大量事实说明，加强煤矿安全基础管理已成为当务之急。由国家安监总局、煤矿安监局和发改委、监察部、劳动保障部、国资委、全国总工会联合下发的《关于加强国有重点煤矿安全基础管理的指导意见》，是现阶段国有煤矿安全管理工作必须自觉遵循的规范性文件。行业管理部门要以此为依据对国有重点煤矿的安全生产进行指导；安全监管监察机构要以此为依据实施监督监察；国有煤矿企业要以此为依据建立健全企业内部安全管理规章制度，全面加强和改进技术、现场、设备、劳动组织等基础管理，建设本质安全型煤矿企业。

二、推动瓦斯治理和整顿关闭两个攻坚战向纵深发展，坚决实现煤矿安全两个阶段性目标

去年全国人大常委会提出、国务院确定：要力争用两年左右的时间，使煤矿重特大瓦斯爆炸事故有较大幅度的下降；争取用三年左右的时间，解决小煤矿问题。这两个阶段性目标，体现了党和国家对煤矿安全问题的高度重视，反映了煤炭工业安全发展和可持续发展的必然要求，得到了全党、全社会的赞同和支持。

（一）两个攻坚战取得了阶段性成效，但煤矿安全领域的问题还很严重，形势依然严峻

去年下半年，按照国办《紧急通知》和国务院《特别规定》的要求，在全国范围内组织开展了煤矿瓦斯治理、整顿关闭不具备安全生产条件和非法煤矿“两个攻坚战”。在各地政府、有关部门和煤矿企业的共同努力下，两个攻坚战取得了阶段性成绩：排查整改了大量的瓦斯事故隐患，煤矿抵御瓦斯灾害的能力总体上有所增强；全国关闭了5900多处非法和不具备安全生产条件的煤矿，依法取缔了一万多个非法采煤点，从源头消除了一批滋生事故、吞噬生命的“陷阱”。今年前5个月累计煤矿事故总量下降，瓦斯事故也有所减少。

但是5月份以来，煤矿安全形势更趋严重。5月份事故起数和死亡人数同比分别上升27.8%和11%；一次死亡3～9人的重大事故起数和死亡人数分别增加50%和45.5%，其中重大瓦斯事故上升了90%和71.7%，给我们再次敲响了警钟。从6月上中旬看，仍然未得到明显扭转。很重要的一个原因，就是一些不具备安全生产条件和非法煤矿继续违规违法生产所致：已经关闭取缔的小煤矿由于关闭不彻底，死灰复燃了一批；本来不具备领证、持证条件的煤矿，蒙混过关了一批；煤矿资源整合不规范，以“整合”、“技改”为名将本应停关闭的煤矿保留了一批；由于监管不到位，非法采矿又滋生了一批。这表明，煤矿安全领域的问题还很严重，整顿关闭任务还很艰巨。

（二）解决小煤矿问题既要有明确目标，更要有切实步骤

三年解决小煤矿问题，总的安排是要完成整顿关闭、整合技改和管理强矿“三步走”。大致步

骤是，去年下半年和今年上半年为第一阶段，主要是关闭非法和不具备安全条件煤矿；今年下半年和2007年上半年为第二阶段，主要是关闭不符合安全、资源、环保和煤炭产业政策的煤矿，通过资源整合和技改，淘汰落后小煤矿；2007年下半年到2008年上半年，在继续进行整合和技改的基础上，强化基础管理，全面改善提高小煤矿的安全素质和发展水平。这个构思和步骤，与《国务院关于加强安全生产工作的决定》所提出的本届政府安全生产工作目标，也是吻合的。

静态计算，目前全国尚有小煤矿1.7万多处，其中3万吨以下的约占三分之一。从实际出发初步规划，我国小煤矿的适当数量应控制在1万处以内。也就是说，今、明两年全国还要减少7000来处小矿。下一步，重点要关闭3万吨以下的小矿，特别是高瓦斯、高突和水患严重的小矿；存在《特别规定》所明确的15类重大隐患，迟迟未能得到有效治理的煤矿；安全管理滑坡，发生了重特大责任事故的小煤矿；以及不符合国家资源、环保和煤炭产业政策和资源枯竭的煤矿等。

目前两个攻坚战已经进入第二个年头。能否实现煤矿安全两个阶段性目标，今年的工作有着决定性作用。随着攻坚的深入，一些深层次矛盾和问题越来越突出，工作难度越来越大。国家安全监管总局、煤矿安监局已就下一步煤矿关闭工作提出了要求。希望各地在调查研究、摸清底数的基础上，尽快制定出本省（区、市）到2008年上半年保留的煤矿数量、单井规模和总体发展状况，提出今、明两年关闭工作进度，于本月底之前确定2006年矿井关闭数量和名单，并立即着手组织实施，落实到市、县、乡镇。

（三）深化思想认识，扎实推进今年的整顿关闭工作

对那些不具备安全生产条件的煤矿，包括一些瓦斯灾害严重、难以有效治理的小煤矿，依法予以关闭取缔，是现实情况下最为直接有效的一条源头治本之策。必须认识到：通过整顿关闭、重组改造，减少小煤矿数量，不仅能够从根本上改善煤矿安全面貌，同时也是调整和优化煤炭产业结构的现实需要。我国的小煤矿生产规模过小，技术和管理落后。这部分煤矿的问题迟迟得不到解决，势必影响制约煤炭工业健康发展。十届全国人大四次会议通过的“十一五”规划，明确提出要在建设大型煤炭基地的同时，“调整改造重组中小煤矿，依法关闭不具备安全生产条件、破坏资源和环境的煤矿”。为此，要把关闭对象从非法和不具备安全条件的煤矿，延伸到浪费破坏资源、污染环境、生产力发展水平落后的煤矿，关小建大，淘汰落后、扶持先进，推动煤炭行业走新型工业化发展道路。

必须继续关闭非法和不具备安全生产条件的煤矿。已决定关闭的矿井要按国务院《特别规定》明确的5条标准，切实关闭到位，关实关死，严加看管，严防死灰复燃。坚决打击取缔新滋生的非法采矿窝点，严防前面关后面开。

必须规范资源整合，防止出现偏差。整合是资源、资产、资金等生产力要素的重组优化，而不是把几个非法矿井撮合起来。列入整合对象的必须是合法矿井，而且有可以整合的煤炭资源；实施中必须先关闭、后整合；整合后的矿井只能有一个法人，一套生产系统；经整合形成的矿井规模，山西、内蒙古、陕西不得低于30万吨，新疆、甘肃、青海、宁夏、北京、河北、东北及华东地区不得低于15万吨，西南和中南地区不得低于9万吨。通过资源整合，要扩大单井生产规模，提高技术管理水平，提高地方煤炭产业集中化程度和市场竞争能力。

必须严格控制新建、改扩建规模，加强对建设项目的监管。对一些具备基础条件的小煤矿进行技术改造，扩大其生产规模，也是解决小煤矿问题的一条办法。但必须有资源，可以满足矿井规模扩大后一定的开采年限；有市场，防止煤炭供应过剩；有技术，新建或改扩建矿井要采用先进的合乎规范的技术工艺和设备，提升管理水平，提高机械化程度，不能产生新的隐患。认真贯

彻发改委、国土资源部、建设部、安监总局和煤矿安监局联合下发的《关于加强煤矿建设项目管理的通知》，切实加强对煤矿技改、基建项目的管理。

必须建立健全地方党委和政府统一领导、相关部门共同参与的联合执法机制。北京、江苏、广东、贵州等省市在煤炭产业转移、从业人员转业，以及解决关闭矿区群众生活等问题上，做出了积极的探索。各地应当学习借鉴并创造自己的经验，不断完善政策措施，积极稳妥地推进煤矿关闭工作。

在“安全发展高层论坛”开幕式上的讲话

国家安全生产监督管理总局局长　李毅中

（2006 年 6 月 24 日）

安全生产事关最广大人民群众的根本利益，事关改革发展和稳定大局，历来受到党和国家的高度重视。“安全第一、预防为主、综合治理”，是党的安全生产工作的基本方针。党的十六届五中全会确立了“安全发展”的指导原则。去年经济工作会议提出了加强安全生产工作遏制煤矿等重特大事故多发的断然措施。国务院 116 次常务会议强调要坚持标本兼治、重在治本，明确了 12 项治本之策。在国务院一月底召开的全国安全生产工作会议上，温家宝总理提出了近期要重点抓好的 10 项工作。十届全国人大四次会议《政府工作报告》再次向国内外昭示了中国政府搞好安全生产的坚定决心。《国民经济和社会发展“十一五”规划纲要》把安全生产列为专节，提出了两项重要工作目标。

3 月下旬，中共中央政治局第 30 次集体学习会上，胡锦涛总书记发表重要讲话，全面系统、深刻精辟地阐述了安全生产工作的重要意义、方针原则和对策措施，对推动全国安全生产、实现“安全发展”有着重要现实意义和长远战略意义。

借论坛这个机会，结合学习胡锦涛总书记、温家宝总理的重要讲话，谈几点认识。

一、深刻领会“安全发展”的指导原则，把“安全发展”的科学理念纳入社会主义现代化建设的总体战略，纳入“十一五”经济社会发展规划中

党的十六届五中全会提出，要坚持节约发展、清洁发展、安全发展，实现可持续发展。胡锦涛总书记指出：“把安全发展作为一个重要理念纳入社会主义现代化建设的总体战略，是我们党对科学发展观认识的深化。”安全发展体现了党的“立党为公、执政为民”的执政理念，反映了科学发展观“以人为本”的本质特征。发展不能以牺牲资源、环境为代价，更不能以牺牲人的生命和健康为代价。

“安全发展”的理念包含着深刻的内涵。经济社会的发展必须以安全为基础、前提和保障。国民经济和区域经济、各个行业和领域、各类生产经营单位的发展，都要建立在安全保障能力不断增强、安全生产状况持续改善、劳动者生命安全和身体健康得到切实保障的基础上，做到安全生产与经济社会发展各项工作的同步规划、同步部署、同步推进。安全生产是构建社会主义和谐社会的现实需要。“以人为本”首先要以人的生命为本，只有从根本上改善安全状况，大幅度减少各类生产安全事故对社会造成的创伤和震荡，国家才能富强安宁，百姓才能平安幸福，社会才能和谐安定。加强安全生产应当作为和谐社会建设的切入点和着力点。

贯彻安全发展的科学理念和指导原则，要融入国家、地方、部门和行业、企业的发展战略和

中长期规划中，纳入到“十一五”经济社会发展规划中。在国家规划指导下，安全生产“十一五”规划、安全科技发展规划、煤炭工业安全发展规划等，都将陆续出台。各地政府在制定地方发展规划中，也要列出安全生产的内容、奋斗目标和保障措施，要把已列入国家“十一五”规划的两个安全生产指标即亿元国内生产总值生产安全事故死亡率下降35%，工矿商贸企业10万从业人员生产安全事故死亡率下降25%的目标分解落实，并结合实际，列出道路交通万车死亡率、百万吨煤炭死亡率等控制指标。制定和实施安全规划，创建本质安全型企业，建设安全保障型社会，实现“十一五”经济社会发展的宏伟目标。

二、贯彻“安全第一、预防为主、综合治理”方针，治理隐患、防范事故，标本兼治、重在治本

把“综合治理”充实到安全生产方针当中，始于党的十六届五中全会《建议》，并在胡锦涛总书记、温家宝总理的讲话中进一步明确。这一发展和完善，更好地反映了安全生产工作的规律特点。党的安全生产方针是完整的统一体，坚持安全第一，必须以预防为主，实施综合治理；只有认真治理隐患，有效防范事故，才能把“安全第一”落到实处。事故发生后组织开展抢险救灾，依法追究责任，深刻吸取教训，固然十分重要，但对于生命个体来说，伤亡一旦发生，就不再有改变的可能。事故源于隐患，防范事故的有效办法，就是主动排查、综合治理各类隐患，把事故消灭在萌芽状态。不能等到付出了生命代价、有了血的教训之后再去改进工作。

贯彻党的安全生产方针，必须把工作重心转移到治理隐患上来，要关口前移、重心下移。当前以及今后一个时期，要把煤矿安全作为安全生产工作的重中之重，继续打好瓦斯治理、整顿关闭两个攻坚战，下决心解决煤矿安全生产的“第一杀手”和“重灾区”问题。其他事故多发、人民群众普遍关注的工矿商贸、交通运输等行业和领域，也都要针对突出问题和薄弱环节，深入开展安全专项整治活动。

贯彻党的安全生产方针，必须坚持标本兼治，重在治本。安全生产是生产力发展水平和社会公共管理水平的综合反映。造成目前重点行业领域重特大事故多发、安全生产形势依然严峻的原因是多方面的，必须坚持标本兼治，在采取断然措施遏制重特大事故的同时，探寻和采取治本之策。综合运用经济手段、法律手段和必要的行政手段，从发展规划、行业管理、安全投入、科技进步、经济政策、教育培训、安全立法、激励约束、企业管理、监管体制、社会监督以及追究事故责任、查处违法违纪等方面着手，解决影响制约安全生产的历史性、深层次问题，建立安全生产长效机制。

三、加强安全法制建设，实施依法治安，建立完善的安全生产法治秩序

一是必须严刑厉法，重典治乱。目前我国安全生产领域的非法、违法现象严重。一些业主无视法律，无视监管，无视生命，造成恶性事故，给人民生命财产带来重大危害，性质十分恶劣。各地反映《刑法》第131～139条规定，安全事故责任刑罚最多判七年，执行中还可能减缓或保外，很难起到震慑作用。建议尽快修改，或者做出数罪并罚、加重处罚的司法解释。此外，对不具备安全生产条件并导致事故发生的企业，《安全生产法》规定最高罚款20万元，远未使非法业主伤筋动骨，也难以起到惩一儆百的作用。去年出台的《国务院关于预防煤矿生产安全事故的特别规定》明确“没收非法所得并处以1～5倍罚款”，大大加强了处罚力度。在全国人大法工委、国务院法制办以及高检、高法的支持下，目前《刑法》和《矿山安全法》《煤炭法》等相关法律的

修改以及司法解释工作正在推进。

二是必须在法律的贯彻执行上动真从严。法之有威，在于“法之必行”。社会上对安全生产执法失之于宽，失之于软的现象多有反映。要继续下决心解决“执法不严、工作不实”问题。要敢于拿起法律这个武器，惩处非法、违法行为，维护人民的利益、法律的尊严和政府的权威。严惩事故直接责任者，严肃查处事故背后的失职渎职和权钱交易、官商勾结等腐败行为。中纪委、高检、高法、监察部、司法部、安监总局，将对最近两年重特大事故处理的党纪、政纪和刑事责任追究落实情况进行一次专项检查，检查结果要告知社会。

三是必须建立联合执法机制，提高执法效率。建立党委和政府统一领导、政府职能部门和公检法、纪检监察机关等共同参与的联合执法机制，是增强执法合力的有效措施，是我国安全生产工作的一个特色。在去年开始的煤矿整顿关闭工作中，五部委局联合下发了《关于严厉打击煤矿违法生产活动的通知》，探索建立了联合执法工作制度。实践表明，联合执法符合国情和现阶段行政、司法等资源配置现状，可以有效打击非法、违法行为。

四、落实政府和企业两个主体、两个责任制，纳入干部政绩、业绩考核

政府是安全生产的监管主体，企业是安全生产的责任主体。安全生产工作必须建立、落实政府行政首长负责制和企业法定代表人负责制。

从政府的角度讲，发展经济是政绩，安全生产也是政绩。省、市、县、乡镇各级政府主要领导是本行政区域内安全生产第一责任人，要把安全生产纳入区域经济社会发展的总体规划，建立健全各级领导安全生产责任制和安全生产控制考核指标体系，逐级抓好落实；重大隐患要胸中有数，重大问题要亲自抓，确保一方平安。各级安全监管监察机构、行业管理等部门是政府监管主体的组成部分，必须认真贯彻各级党委、政府安全生产工作部署，坚持严格执法、公正执法、廉洁执法，尽职尽责，任劳任怨，履行职责。

从企业的角度来说，直接掌握生产经营决策权的法定代表人是安全生产第一责任人，必须对本单位的安全生产负总责，自觉接受政府的依法监管、行业部门的有效指导和社会的广泛监督。企业领导人和经营管理者要依法依规，保证安全投入，加强改进基础管理，搞好教育培训，排查和治理隐患；创建本质安全型企业，保障从业人员的生命安全。

要把安全规划和控制考核指标落到实处。最近两年实行的年度安全生产控制考核指标，对强化各级安全责任很有作用。这个指标的核心在于“控制”，实质在于防止和减少伤亡事故，坚决扭转重特大事故多发的状况。下达控制考核指标，体现了实事求是的科学态度。

党对安全生产工作的领导，主要体现在大政方针、法制建设、工作格局、运行机制、舆论导向、政治保证等方面。很重要的一条，就是明确支持两个责任制的落实，纳入政府政绩、企业业绩内容，作为评价使用干部的重要依据，加强监督考核，建立激励约束机制。

五、实施科技兴安战略，用科技创新引领和支撑安全发展

发达国家依靠科技进步，开展安全生产基础理论研究、重大科研项目攻关、推广先进适用技术、控制重大灾害、保障安全生产的经验，值得我们学习借鉴。我国在科技中长期发展规划纲要和“十一五”规划纲要中已把公共安全列为重点领域和重大专项。

一是加快安全科技重大项目、重点课题研究攻关。煤矿瓦斯重大事故防控、重大突发事件应急技术等重大研究项目，已经列入国家中长期科技发展纲要。在非煤矿山、危险化学品和特种工

业设备重大事故灾难的监测、预警、防治、应急救援技术，职业危害预防技术等方面，也要组织开展重点科技攻关。

二是研发集成先进技术装备，为隐患治理和安全技术改造提供技术支撑。推广先进、适用技术和装备，建立安全技术示范工程，提升企业安全生产技术水平；研发、集成和推广新工艺、新技术、新设备和新材料，提高企业安全保障能力。以部门规章的形式，定期公布危及安全的工艺设备的淘汰名单。

三是发展矿业等教育，化解安全专业人才危机。目前我国安全生产人才缺乏，已经到了相当严重的程度。据对其中 9 所原煤炭院校统计，1999～2002 年共毕业学生 38000 人，到煤炭行业就业的仅 3538 人，平均每年不到 900 人。教育部、发改委、财政部和安监总局正在采取扩大地矿类专业招生规模，实行对口专招、委托培养和奖学金制度等办法。今年拟招矿山专业 10700 人，其中委托培养 4300 人。鼓励企业与高等院校合作，大力发展职业教育。积极发展和规范管理从事安全评价、检测检验、安全咨询以及职业教育、技术培训等各类安全中介服务机构。

六、强化经济政策导向作用，增加安全投入

市场经济条件下，必须高度重视以经济手段管理经济，实现源头治本、政策治本。国家已经出台或正在研究有关安全生产经济政策，要积极推进，认真实施。

一是认真落实国务院明确的三项经济政策。2004 年《国务院关于进一步加强安全生产工作的决定》，确定了企业提取安全费用、提高事故伤亡赔偿标准、实行安全生产风险抵押三项经济政策。财政部、发改委和安监总局已经就煤矿、烟花爆竹企业安全费用提取和管理，煤矿安全生产风险抵押制度，出台了实施办法。其他高危行业的办法也正在拟定。要加强对安全费用和抵押金管理使用情况的监督，防止挪作他用。目前不少省区对事故死亡规定了不少于 20 万元的赔偿标准，得到社会支持。下一步要建立完善事故伤亡赔付法律制度。

二是抓紧矿产资源税费改革。世界各国对矿产等不可再生资源收取较高的资源税，并将税率与探明可采储量或价值、回采率、开采风险挂钩，提高采矿业准入门槛。与国外相比，目前我国的矿产资源税费征收税费率过低，不仅造成国家利益受损，而且导致产业进入门槛过低，乱采滥挖，资源浪费破坏严重，安全事故多发。实行以储量为基数、与回采率等挂钩的资源有偿使用办法，是一项重要的治本之策。

三是建立煤炭可持续发展的基金制度。要在煤炭生产成本中提取部分资金，包括征收煤炭可持续发展基金，由政府掌握解决企业无法解决的问题；提取矿山环境治理恢复保证金和煤矿转产资金，由企业自提自用等。这样使煤炭成本中包含了资源、安全、环保、转产成本，促使成本合理化，抑制小煤矿的暴利。最近国务院已批准山西省开展煤炭工业可持续发展改革措施的试点，要积极推进，取得经验。

四是发挥工伤保险的事故预防作用。所有企业必须为从业人员缴纳“工伤保险”。要推进工伤保险的改革。应从工伤保险账户结余中按一定比例拨出费用，专项用于安全生产隐患整改和教育培训等；采取工伤保险的差别费率和浮动费率机制，激励企业增加安全生产投入。鼓励、支持商业保险进入安全生产领域，推动矿山、化工和建筑等高危行业加入意外伤害险、雇主责任险或其他财产险。此外还要制定最低工资标准，使人工成本合理化。

五是建立多元化的安全生产投入机制。针对国有重点煤矿安全欠账较多的情况，2005 年国务院用 30 亿元国债资金扶持国有重点煤矿进行安全技术改造，今年的 30 亿元扶持项目也正在落实。

相对于接近600亿元的欠账而言，国家扶持资金毕竟是不够的，主要依靠企业增加投入，提足用好安全费、维简费、折旧费；地方政府也应投入相应配套资金。此外，日前国务院办公厅已公布了《关于加快煤层气抽采利用的若干意见》，鼓励煤矿治理和利用煤矿瓦斯。

七、加强安全文化建设，提高全民安全素质，加强社会监督

安全文化是安全生产在意识形态领域和人们思想观念上的综合反映。对当前我国的安全文化建设，专家建议组织实施“全民安全素质工程”，做好四件事情：

一是宣传普及安全法律和安全知识。倡导和树立“以人为本”的安全价值观，营造“关爱生命、关注安全”的舆论氛围，使社会公众自觉遵法守法，做到不伤害自己，不伤害别人，也不被别人伤害。今年6月份开展的“安全生产月”活动主题是“安全发展、国泰民安”。要把安全生产月中行之有效的做法，如开展安全咨询日、安全发展论坛、安全文化下基层、安全生产万里行、安全知识竞赛、报告会等系列活动，坚持发扬下去。提高全民安全意识，动员全党、全社会更加重视和支持安全生产工作。

二是强制性进行安全培训和教育。企业必须按照《安全生产法》的要求，对企业主要负责人、安全生产管理人员和从业人员进行安全培训；高危行业从业人员和特种作业人员必须经培训和考核合格，并取得相应资格证书后，才能任职和上岗作业。把安全技能培训纳入农民工就业技能培训的重要内容。安全教育要从青少年抓起，所有中小学都应开设公共安全知识课。

三是加强对安全生产的舆论监督和社会监督。建立强有力的舆论监督、社会监督机制是社会文明进步的表现，是对安全生产工作的有力支持和促进。媒体要宣传安全生产可信可学的好典型、好经验，揭露各种非法、违法行为，及时曝光重特大事故。各级政府要定期公布安全生产重点工作进展情况，接受群众和社会监督。对群众举报的重大隐患和事故要认真核查，属实的要给予奖励。要充分发挥工会等群众团体的作用，各类所有制企业都必须建立健全工会组织，要组织职工群众参与和监督企业安全生产工作，维护劳动者安全健康权益。

四是将安全生产纳入“平安建设”。把安全文化落实到建设“平安社区”、“平安乡镇”、“平安企业”、“平安校园”等基层建设中来，落实到两个文明建设中来。结合各个行业不同的特点，使各具特色的安全文化进社区、进工厂、进农村、进课堂、进家庭，进入构建和谐社会的基层组织。尤其是要推动企业采用先进的安全管理理念和方法，建立自我约束、持续改进的安全生产长效机制。

深入学习中央领导安全生产重要讲话 全面提升安全监管监察队伍思想工作水平*

国家安全生产监督管理总局局长　李毅中

（2006年7月24日）

一、深刻领会中央领导重要讲话精神实质和科学内涵，用讲话精神统一思想、提高认识、理清思路、推动工作

锦涛总书记在中央政治局第30次集体学习会上的重要讲话，家宝总理在全国安全生产工作会议上的讲话以及《政府工作报告》中的有关论述，全面系统、科学精辟地回答了安全生产的重要意义、指导原则、基本方针、发展方向、奋斗目标和政策措施，以及现阶段工作重点等一系列重大理论和实践问题。讲话丰富发展了“以人为本”、全面协调可持续发展的科学发展观和构建社会主义和谐社会理论，既是安全生产多年实践经验的高度概括，更是新形势下安全生产工作的创新发展，对于做好社会主义市场经济条件下、工业化进程中的安全生产工作，具有重要的指导作用，是安全生产工作必须自觉遵循、长期坚持的方针性和纲领性文件。学习贯彻讲话精神，既是当前安全生产工作的头等大事，也是一项长期任务。

讲话发表以来，全党、全社会积极响应，认真学习贯彻，安全生产工作得到普遍加强。在全国第五个安全生产月活动中，我们以宣传贯彻总书记、总理重要讲话为中心内容，围绕“安全发展、国泰民安”这一主题，组织开展了一系列集中宣教活动，使讲话精神更加深入人心。

安全监管监察系统的学习贯彻活动初见成效。一个时期以来，机关各司局、各省级监管监察局和直属单位领导班子都组织了学习。许多同志结合工作实践，反复阅研，融会贯通，加深了对讲话精神的理解。内蒙古自治区、重庆市安全监管局，山东、江西煤矿安全监察局等单位，在讲话精神指导下，对下一步工作思路进行了调整完善，明确了工作目标、阶段性任务和当前重点。总局党组也多次组织学习和讨论，感悟深刻，收获很大。

下面，结合党组同志的学习体会和大家的一些感受，就学习贯彻中央领导重要讲话，应当着重把握的5个重要论点，谈一些体会。

（一）用“安全发展”的理念引领安全生产工作，将其纳入总体战略，落实到“十一五”规划中

胡锦涛总书记指出：“把安全发展作为一个重要理念纳入社会主义现代化建设的总体战略，这是我们对科学发展观认识的深化。”安全发展体现了党的“立党为公、执政为民”的执政理念，反

* 本文为作者2006年7月24日在安监总局党组理论学习中心组培训班暨安全生产工作座谈会上的讲话，略有删节。

映了科学发展观“以人为本”的本质特征。发展应当具有持久和后续能力，既不能以破坏资源、污染环境为代价，更不能以牺牲人的生命为代价。节约发展、清洁发展和安全发展，共同构成可持续发展的深刻内涵。要在建设资源节约型、环境友好型社会的同时，努力建设安全保障型社会。必须从落实科学发展观的高度，从政治和大局高度，从与以胡锦涛为总书记的党中央保持一致的高度，充分认识安全生产的极端重要性，增强践行“安全发展”科学理念的自觉性。

构成“安全发展”的主要内涵：一是“以人为本”必须尊重人的生命价值，以人的生命为本。生命至高无上，安全需求是人的最基本的需求，人民群众的生命财产安全必须得到保护。二是经济社会发展必须以安全为基础、前提和保障。国民经济、区域经济和各个行业、各类企业的发展，都要建立在劳动者的生命安全和身体健康得到切实保障、安全状况不断改善的基础上，保证安全生产与经济社会共同协调发展。三是构建和谐社会必须把安全生产作为重要的着力点和切入点。只有从根本上改善安全状况，大幅度减少各类生产安全事故对社会造成的创伤和振荡，国家才能富强安宁，百姓才能平安幸福，社会才能和谐安定。

要把安全发展纳入社会主义现代化建设总体战略，落实到中长期规划中。《国民经济和社会发展“十一五”规划纲要》已经明确了未来五年我国安全生产的发展目标，安全生产专项规划也即将出台。各地区、各行业的“十一五”规划，都应当在国家规划和安全生产专项规划的指导下，设立亿元GDP生产安全事故死亡率、工矿商贸企业十万从业人员生产安全事故死亡率两大指标，结合实际设立如道路交通万车死亡率、百万吨煤炭事故死亡率等重点考核指标；提出与国家规划和安全生产专项规划相吻合的奋斗目标，明确主要任务、保障措施以及重点工程；把中长期规划分解落实到年度，建立安全生产控制考核指标体系，确保安全生产与各项工作的同步规划、同步部署、同步推进。

（二）贯彻“安全第一、预防为主、综合治理”方针，把工作重心转移到治理隐患、防范事故上来

建国以来党的安全生产方针，从五六十年代的“安全第一”，到七十年代之后的“安全第一、预防为主”，再到目前的“安全第一、预防为主、综合治理”，经历了一个不断发展、逐步完善的过程，反映了随着安全生产实践活动的深入，我们对安全生产规律特点认识上的不断深化。

党的十六届五中全会首次提出、中央领导同志再次明确和强调的现行安全生产方针，是完整的统一体。坚持安全第一，必须以预防为主，实施综合治理；只有认真治理隐患，有效防范事故，才能把“安全第一”落到实处。事故源于隐患，重特大事故往往是重大隐患长期存在、恶性发作的结果。防范事故的有效办法，就是要主动排查、综合治理各类隐患，把工作做在事故发生之前，把事故消灭在萌芽状态。不要等到付出了生命代价、有了血的教训之后再去改进工作。从这个意义上说，综合治理是安全生产方针的基石，是安全生产工作的重心所在。贯彻党的安全生产方针，必须把安全生产工作的基点放在综合治理上，关口前移，重心下移，认真治理隐患、防范事故。

综合治理的基本方法和途径，就是要坚持标本兼治、重在治本，在采取断然措施遏制重特大事故、实现治标的同时，积极探索和实施治本之策，综合运用法律手段、经济手段和必要的行政手段，从发展规划、行业管理、安全投入、科技进步、经济政策、教育培训、安全立法、激励约束、企业管理、监管体制、社会监督以及追究事故责任、查处违法违纪等方面着手，抓紧解决影响制约我国安全生产的历史性、深层次问题，做到思想认识上警钟长鸣，制度保证上严密有效，技术支撑上坚强有力，监督检查上严格细致，事故处理上严肃认真。通过综合治理，使安全生产得到全面的切实的加强。

当前治理隐患、防范事故的重点任务，煤矿要深入开展瓦斯治理和整顿关闭两个攻坚战，抓紧解决煤矿安全生产“第一杀手”和“重灾区”问题；其他事故多发、人民群众普遍关注的行业领域，也都要针对薄弱环节和突出问题，有重点地深入开展安全专项整治。

（三）强化两个主体，落实两个责任制，坚持和依靠党的领导，把安全生产纳入政绩业绩考核

政府是安全生产的监管主体，企业是安全生产的责任主体。政府行政首长和企业法定代表人两个负责制，是我国安全生产工作的基本责任制度。要大力倡导和树立安全生产政绩观。发展经济、提高效益是政绩业绩；搞好安全生产，保障人民群众生命财产安全也是政绩业绩，而且是更难得的政绩业绩。

从政府的角度讲，省、市、县、乡镇各级政府主要领导对本行政区域内安全生产负总责，要把安全生产纳入区域经济社会发展规划；建立健全各级政府领导安全生产责任制体系，逐级抓落实；对重大隐患胸中有数，重大问题亲自动手抓，确保一方平安。各级安全监管监察机构、行业管理等部门是政府监管主体的组成部分，要尽职尽责，任劳任怨，做到从严执法、公正执法、廉洁执法，履行好监管监察、行业管理等职责。

从企业的角度讲，直接掌握生产经营决策权的法定代表人是安全生产第一责任人。要坚决纠正忽视安全、放松管理的错误倾向，保障从业人员的生命安全和健康权益；必须依法依规加强企业安全管理，保证和增加安全投入，不断改善企业安全基础条件和安全状况，创建本质安全型企业；自觉接受政府的依法监管、行业部门的有效指导和社会的广泛监督，确保党和国家安全生产方针政策、法律法令在本企业的贯彻落实。

安全生产工作要坚持和依靠党的领导。正确把握工业化进程中安全生产的规律特点，不断提高各级党组织在安全生产工作上的科学决策、指导协调、监督保证水平，是加强党的执政能力建设的题中应有之义。党对安全生产工作的领导，主要体现在大政方针、法制建设、工作格局、运行机制、舆论导向、政治保证等方面。很重要的一条，就是支持两个责任制，监督保证两个主体到位。要把安全生产工作绩效纳入政府政绩、企业业绩，作为评价工作、使用干部的重要依据，建立激励约束机制。中组部最近下发的《体现科学发展观要求的地方党政领导班子和领导干部综合考核评价试行办法》，已经把安全生产列为干部考核评价的重要内容，将有力促进两个负责制的落实。

（四）坚持依法治安、重典治乱，建立规范完善的安全生产法治秩序

这是贯彻党的“依法治国”方略的要求，也是解决安全生产领域非法、违法问题的必然选择。经过持续不懈的努力，我国已初步形成了以《安全生产法》为基本法，由国家相关法律、法规和国务院规范性文件，部门规章、行业标准规程、地方性法规等所组成的安全生产法律体系。行业和企业行之有效的规章制度是安全法制的延伸，也日趋健全。6月29日，胡锦涛同志签发主席令，发布实施由全国人大常委会通过的《刑法修正案（六）》。修正案将安全生产事故责任罪的刑期，由以往七年以下修改为五年以上，增设了不报、谎报事故罪，加大了对安全生产违法犯罪的惩处力度。

目前安全生产法治领域还存在不少问题。部分社会成员安全法治意识还比较淡漠；非法、违法现象仍然普遍存在，有的甚至十分猖獗；安全执法方面失之于宽、失之于软的问题还没有真正解决。为此：

一是要加大执法力度，严厉惩处违规违法，打击犯罪行为。加快重特大事故的查处和结案，对不具备安全生产条件、违法违规组织生产并导致事故发生的企业及其负责人，要加大行政处罚

和经济处罚力度，配合公安、司法机关将违法犯罪分子绳之以法；推动刑法相关条款的司法解释，体现严刑峻法，以震慑犯罪，维护人民的利益、法律的尊严和政府的权威。

二是要继续加快立法，严密罗织安全生产法网。继续推动《矿山安全法》《煤炭法》和《事故报告和调查处理条例》等法律法规的修改和制定，做好安全标准、规程的制定修订工作，不至于因为法律的缺失而使一些方面的工作无法可依、无章可循，把安全生产逐步纳入健全完善的法制轨道。

三是要建立健全联合执法机制。去年以来煤矿安全联合执法的实践表明，建立党委和政府统一领导、相关部门共同参与的联合执法机制，符合国情和现阶段行政、司法等资源配置现状，可以增强合力，提高执法权威和执法效率。要总结经验，不断健全完善，更好发挥作用。

四是要严惩事故背后的腐败和违法违纪行为。不仅要依法惩治造成事故的直接责任者，还要严肃查处权钱交易、官商勾结等腐败问题，坚决打掉非法业主的“保护伞”。严肃查处失职渎职行为，对不认真履行执法职责的部门和人员，要以行政“不作为”追究其责任。

（五）依靠人民群众，建立广泛的参与和监督机制，充分发挥社会监督和舆论监督作用

安全生产工作是党的事业、人民群众的事业，必须自觉遵循党的群众路线，调动全党、全社会的积极性，形成广泛的参与和监督机制。近年来，社会各界对安全生产的关注程度越来越高，广大人民群众和各类媒体参与、监督安全生产工作的愿望愈来愈强烈，这是社会发展进步的表现，是对安全生产工作的鞭策和支持。各级领导干部尤其是安全监管监察系统的同志，必须端正思想态度，要认真接受党的监督、人大和政协的监督，热情欢迎、真诚对待人民群众和其他各方面的监督：

一是群众监督。安全生产工作要坚持全心全意依靠职工群众，发挥工会、共青团等群众组织的作用，动员组织职工群众参与和监督企业安全生产。鼓励群众监督举报，对其举报的瞒报事故、重大事故隐患、侵害安全权益等问题，要认真受理、及时查证，切实维护人民群众安全生产参与权、知情权和举报权。

二是舆论监督。继续鼓励媒体揭露安全领域的矛盾问题，继续与主流媒体机构保持密切联系，保持媒体反映问题渠道的畅通。坚持正确的舆论导向，大力弘扬“以人为本、关爱生命”的主旋律，营造有利于加强安全生产工作的舆论氛围。普及安全生产法律和安全常识，增强社会公众和从业人员安全意识。

三是社会监督。安全生产工作进展情况、典型重特大事故查处结果、关闭取缔企业名单等，要及时向社会公布。自觉接受各类社会团体和组织的监督，认真听取意见和建议。把安全文化建设纳入社会主义精神文明建设，作为“平安建设”的重要内容，使安全发展的科学理念、安全生产方针政策和法律法规、安全意识等，进社区、进乡村、进工矿、进学校。动员全社会所有基层组织和全体成员，共同关心、参与和监督安全生产工作。

上述5个方面，反映了总书记、总理重要讲话的基本精神和要点，同时也构成现阶段我国安全生产基础理论的核心内容。讲话思想深刻，内容丰富。目前的学习和领会还是初步的，要结合思想实际和工作实践，继续深入学习，不断加深理解。

二、适应安全生产新形势、新任务和新要求，进一步加强安全监管监察队伍自身建设

我国目前正处在工业化加速发展阶段和各类生产安全事故的“易发期”，安全生产总体稳定、趋于好转的发展态势与依然严峻的现状并存，安全生产工作既面临难得的历史机遇，也面临着前

所未有的挑战。

党的十六届五中全会以来，安全生产工作有了较快进展：

一是党和国家加强安全生产工作的一系列重大举措相继出台。十六届五中全会《建议》确立了“安全发展”指导原则，提出了安全生产12字方针。国务院第116次常务会议明确了12项治本之策。今年初召开的全国安全生产工作会议上，家宝总理亲自部署了当前必须抓好的10项重点工作。十届人大四次会议上，《政府工作报告》强调了7个方面的标本兼治、重在治本任务；会议通过的“十一五”规划纲要把安全生产列为专节，提出了“十一五”期间亿元GDP生产安全事故死亡率减少35%、工矿商贸企业十万从业人员生产安全事故死亡率减少25%两大目标，并与道路交通万车死亡率、百万吨煤炭死亡率，共同列入国家统计指标体系。3月27日，中央政治局集体学习第一次把安全生产作为专题，总书记全面系统精辟地阐述了安全生产问题。

二是各地党委、政府采取切实措施加大安全生产工作力度。各省（区、市）党政主要负责同志亲自动手抓，深入煤矿等企业调查研究，指导督促基层和企业做好整顿关闭、隐患排查治理、专项安全整治等工作；健全落实安全生产责任制，积极推行安全生产“一岗双责”和一票否决制，通过逐级签订责任状，把国务院安委会下达的年度安全生产控制考核指标，层层分解落实到市、县、乡镇和企业。落实安全发展指导原则，把安全生产纳入地方经济社会发展“十一五”规划。加快地方安全生产立法，制定出台《安全生产条例》、实施国务院《特别规定》细则等地方性法规规章。在整顿关闭、产业转移、资源整合等方面，积极探索和实行有利于安全生产的经济政策。

三是各部门和各方面大力支持、密切配合安全生产工作。国家发改委、国土资源部、科技部、教育部、劳动和社会保障部、国资委、税务总局、法制办、中编办等相关部门，认真研究落实12项治本之策，有的政策措施已经出台。公安、交通、铁道、民航、建设、国防科工、农业、工商、质检、旅游等相关主管部门和职能部门，加强了重点行业领域的安全监管。中办、国办会同有关部门，对山西、河北、贵州、湖南4省安全生产进行了督查调研；中央政研室就如何加强党对安全生产工作的领导进行了专题调查；中央社会治安综合治理委员会办公室与安监总局联合发文，部署在安全生产领域开展平安创建活动。中纪委、监察部把安全生产领域的党风廉政建设作为重点工作，会同有关部门建立了煤矿“清纠”工作部际联席会议制度，正在抓紧制定安全生产违法违纪的党纪、政纪处分暂行规定。中纪委、高检、高法、监察部、司法部会同总局，对近两年特大事故党纪政纪、刑事责任追究落实情况进行了专项督查。国务院安委会其他成员单位，以及全总、团中央等，也都加大了对安全生产工作的支持、配合和参与力度。全国人大常委会密切关注安全生产法执法检查有关问题的整改情况，加快制定修订安全生产相关法律。

四是各类媒体集中反映、人民群众大量举报安全生产问题。据不完全统计，上半年仅中央电视台“新闻联播”、“焦点访谈”等重要栏目就播出安全生产消息、专题报道等120多条；新华社、《人民日报》发送登载安全生产方面的通讯报导、评论文章等350多篇。中央其他媒体、地方媒体、互联网反映安全生产的文章、报道等，更不计其数。其中，有对事故和存在问题的披露，有对安全生产经验的宣传报道，也有加强安全生产工作的意见建议。

人民群众对安全生产的关注程度空前提高。上半年中办、国办信访局收到安全生产信访函396件，同比增加10%。总局信访机构收到2327件，为去年同期的2.49倍。经过核查，有不少得到了落实。

所有这些，都使我们受到鼓舞，感到振奋，增添了安全生产工作的动力；也使我们愈发感到肩负的使命神圣、责任重大，加大了做好安全监管监察工作的压力。

去年以来，随着国家安全监管机构调整，一些地方安全监管机构设置、行政规格、人员编制等，也得到了调整和充实。目前全国所有省（区、市）和所有市（地），都建立了专门的安全监管机构，县一级建立机构的占92%。安全监管机构人员加上事业编制的执法人员，共约4.85万人，比去年同期增加约1万人。煤矿安全监察系统的办公和执法条件，也得到了一定程度的改善。

总体上看，安全监管监察队伍的主流是好的，是能够承担起党和人民赋予的职责使命的。一个时期以来，各级领导班子结合保持共产党员先进性教育和社会主义荣辱观教育，在系统内部组织开展了“党员先锋工程”、“树立监管监察队伍形象”，以及执法培训、岗位练兵、内部竞赛等活动，积极推进“三个转变”、“四个分开”，加强思想作风和业务建设，使监管监察队伍的基础素质进一步改善，爱岗敬业、吃苦耐劳和无私奉献精神得到弘扬。据总局人事部门统计，目前煤矿安全监察系统，党员占86%，本科学历占71%，煤矿专业占65%；人均年工作日290天（超出法定工作日38天），年均下井141次。广大监管监察人员以贯彻党和国家安全生产方针政策和法律法规、保护人民生命财产安全为己任，常年奋战在安全生产工作和监察执法第一线，履行职责，不惧艰险，踏踏实实，任劳任怨，表现出了良好的精神风貌和高尚的职业道德操守。各级安全监管部门特别是市、县基层的同志，在机构不完善、力量和经费不足、执法手段不健全等困难情况下，不讲条件，不计报酬，兢兢业业，埋头苦干，为改变安全生产基础薄弱状况、扭转被动局面，做了大量的富有成效的工作。全国事故总量连续三年下降，上半年全国安全生产继续保持了总体稳定、趋于好转的发展态势。这来之不易的成果，是同志们用心血和汗水换来的。事实表明，我们这支队伍是一支特别能战斗的队伍，一支可以赢得党和人民信赖的队伍。

在肯定主流、看到成绩的同时，还要看到差距。由于种种原因，目前在队伍自身建设上还存在着一些不容忽视的问题。主要是思想和工作作风还不能很好适应形势任务的需要，“执法不严、工作不实”问题还比较突出，监管监察工作效率还有待进一步提高。具体表现为：一些同志缺乏强烈的责任感和使命感，信心不足，有的甚至出现厌战情绪，敷衍应付，得过且过；一些同志缺乏求真务实的作风，不愿意做深入细致的工作，不敢碰硬，不求实效，有的甚至存在搞形式、走过场的现象；一些同志抓工作重点不突出，办法措施针对性不强，失之于空泛、一般化；一些同志缺乏创新精神，思路不宽阔，习惯于旧的套路，对新情况、新问题反应相对迟钝，有的甚至对上级提出的新举措，以及兄弟单位创造的新鲜经验，表现出不理解、不认同。

特别要指出的是，在安全监管监察队伍中，尚有个别人或直接参与办矿办厂，官商不分；或利用监管监察权力牟取私利，与不法业主搞钱权交易；或放弃职守，为非法违法行为开绿灯、行方便，严重失职渎职。尽管为数极少，但是对监管监察队伍的腐蚀、败坏作用不可低估。

对存在的问题，系统内部不妨讲得严重一些，以期引起大家的重视和警惕。为适应安全生产的新形势、新任务和新要求，必须高度重视、进一步加强监管监察队伍的思想建设、作风建设，以及组织建设和业务能力建设等，加快推动职能、工作方式和工作方法的转变。

（一）加强党的先进性建设，提高监管监察队伍的思想政治素质

在庆祝中国共产党成立85周年暨总结保持共产党员先进性教育活动大会上，胡锦涛总书记发表了重要讲话，深刻阐述了党的先进性建设的重大意义，指出了新的历史条件下需要解决的重大问题，明确了加强先进性建设的任务和目标。我们一定要认真贯彻，通过先进性建设，提高队伍的思想素质，为履行职责提供强有力的思想政治保证。

一是加强理论学习，掌握党的安全生产方针政策。总书记指出：“马克思主义政党要保持和发展先进性，必须与时俱进地研究、提出、贯彻正确的理论和路线方针政策”。邓小平理论、“三个

代表”重要思想，党的十六大以来提出的科学发展观、构建社会主义和谐社会的理论，是实践经验的总结和集体智慧的结晶。党的安全生产方针政策，反映了安全生产的客观规律和必然要求，为安全生产工作提供了必须自觉遵循的指导原则。监管监察系统各级领导班子和各级干部，必须重视理论学习，熟练掌握党的安全生产方针政策，提高理论素养、思想境界和政策水平，自觉运用科学理论指导安全生产工作实践，运用方针政策解决好安全生产领域的各种矛盾和问题。

二是持续深入地进行党的理想信念和宗旨教育，把先进性体现到做好安全生产工作上。总书记指出，加强党的先进性建设，必须围绕党的中心任务来进行，必须把最广大人民的根本利益作为党全部工作的出发点和落脚点。对于安全监管监察系统的共产党员和领导干部来讲，保持党的先进性，就是要忠诚于党的安全生产工作事业，切实维护最广大人民群众的生命安全和健康权益；就是要尽快扭转事故多发势头，促进全国安全生产状况稳定好转。学习党章，要牢记职责和使命，牢记党的全心全意为人民服务的宗旨，自觉为党的安全生产事业尽职尽责，用实际行动为党为国分忧。

三是进行社会主义荣辱观教育，加强党风廉政建设。安全监管监察系统的党员和干部，都应当模范实践以“八荣八耻”为主要内容的社会主义荣辱观，自觉抵御拜金主义、享乐主义、极端个人主义等消极腐朽思想文化的侵蚀。要把反腐倡廉作为党的先进性建设、队伍建设的重大任务，持之以恒地抓紧抓好。重申安全监管监察工作“九条纪律”，健全完善安全生产许可、矿井能力核定、各种资质审核和证书发放、安全技术改造项目审核、“三同时”设计审查和验收、中介机构资质审批和管理等方面的制度规定，堵塞漏洞。深入开展“清纠”、反商业贿赂工作。依法依规、严肃惩办极少数腐败变质分子，查处失职渎职行为，维护监管监察队伍的纯洁性。

四是培养典型，发挥先进的示范效应，建立保持先进性的长效机制。在建党85周年之际，总局直属机关党委和各省级监管监察机构党组织，都表彰了一批先进集体和个人，起到了弘扬正气、激励队伍士气的作用。要掀起学习先进的热潮，大力学习先进人物忠于事业、坚定不渝的理想信念，爱岗敬业、吃苦耐劳的工作态度，开拓创新、无私奉献的精神风貌，执法从严、工作务实的思想作风。下一步要加大这方面的工作力度，各单位都要注意发现、总结、宣传可信可学的先进典型，培养队伍建设的标兵和旗帜，树立安全监管监察队伍的正面形象。

（二）加强作风建设，养成勤勉敬业、求真务实、雷厉风行、廉洁奉献的好作风

为了更好地承担起日益艰巨繁重的监管监察任务，必须把作风建设摆在更加重要的位置上。

一是要强化忧患意识，养成勤勉敬业的作风。安全生产责任重于泰山。目前我国安全生产形势严峻，重特大事故频发，人民群众的生命财产受到威胁。安全监管监察人员使命在身、重任在肩。我们的同志特别是领导同志，要经常有泰山压顶的感觉，安全状况严峻时，固然寝食难安；即使工作取得了进展、形势有所缓解的时候，也不能有丝毫懈怠。要慎言成绩，多看问题和差距，不可轻言好转。尤其是当前，一定要看到潜伏的危机，增强忧患意识，加倍努力做好隐患治理和安全防范工作。

二是强化实干意识，养成求真务实的作风。建敏同志最近说，安全规划和安全工作一不能“空中楼阁”，二不能“束之高阁”。即不能脱离实际，放弃扎实的基础工作而做表面文章；不能把安全发展规划、加强安全生产的对策措施锁在抽屉里，把工作停留在会议上、文件上和口头上。安全生产是实实在在的工作，必须脚踏实地，真抓实干。重特大事故的遏制，事故总量的下降，重点行业领域安全状况的稳定好转，都要付出艰苦努力，都要靠点滴积累。好的经验和做法，也要从实践中来。要自觉坚持党的实事求是思想路线，大力倡导摸实情，说实话，出实招，干实事，

求实效，力戒浅薄浮躁、形式主义；大力倡导“专家监管”，熟练掌握安全生产法律法规和安全生产专业知识，苦练内功，提高执法业务能力，提高发现问题、解决问题的能力；大力倡导调查研究之风，深入基层，深入实际，深入安全工作一线，掌握真实情况，及时发现总结基层监管机构和企业安全生产工作的新鲜办法，推动面上的工作。

三是强化执行意识，养成雷厉风行的作风。中央以及地方政府的安全生产决策部署、指示指令，具有强制性作用，必须得到切实认真的贯彻执行，确保政令畅通，维护政府的公信力、执行力。安全生产是拯救生命工程，必须反应灵敏、动作迅速、贯彻坚决、执行有力。缺乏执行意识，迟迟不动，上动下不动，费很大气力也难以推动，是安全生产工作之大忌。对党中央、国务院安全生产工作一系列指示，总局党组已经做出的部署和下达的工作任务，各级监管监察机构必须立即行动、贯彻到位，不允许有令不行，不允许打折降值。全国安全生产工作“一盘棋”，局部必须服从全局，小道理必须服从大道理。有意见可以反映，有困难可以提出，但不能怀疑抵触，不能拖着不办，更不能散布与中央指示精神和党组决策不一致的消极言论。

四是强化自律意识，养成廉洁奉献的作风。监管监察机构代表国家和地方政府履行安全生产行政执法职责。各级监管监察人员手中，或多或少都有一些权力。要深刻汲取监管监察队伍中近来发生的个别腐败案件的教训，牢记权力是党和人民赋予的，必须用来为人民办事，而不能用来牟取私利。监管监察队伍中的每个同志，都应当“常修为政之德、常思贪欲之害、常怀律己之心”，从各方面从严要求自己，不盲目攀比，不被物质利益所诱惑，公正廉洁，执法为民，吃苦耐劳，乐于奉献，向社会展示监管监察队伍的高尚形象。

（三）拓展思路，改进方法，提高监管监察工作水平

解决“执法不严、工作不实”问题虽然有了较大进展，但彻底根治这一“痼疾”，仍需付出更大努力。目前除了主观努力不够之外，一些同志思想方法和工作方法欠妥、业务能力不高，也是不可忽视的问题。要自觉运用马克思主义的方法论来指导我们的工作，改进我们的思想方法和工作方法：

一是要用发展的眼光看问题，不断推动工作创新。现阶段我国的安全生产，在总体趋稳趋好的大势下，各地进展不够平衡，各个时段的情况变化较大。随着煤矿安全两个攻坚战和其他行业领域专项整治的深入，各种矛盾和问题不断涌现，也会出现反弹、回潮。我们的同志对新情况、新趋势要敏感，要善于分析思考，迅速应对。客观情形变了，办法措施也要变，不能以不变应万变。世界上没有包治百病的药方，措施对症才能管用。监管与被监管是一对矛盾，上有政策、下有对策不足为怪。关键是要迅速做出反应，抓住那些带有苗头性、倾向性的问题，有针对性地采取措施，防止蔓延和恶化。去年以来，煤矿整顿关闭工作中相继出现了假整顿真生产、明停暗开，以“资源整合”和改扩建为名拖延逃避关闭等新情况、新问题，总结大家的经验，我们及时制定了对策，推动了整顿关闭的正常进行。

二是要学会抓重点，增强工作的针对性。所谓重点，就是一个时期里影响制约本地区、本单位安全生产的主要矛盾和主要问题。找到重点，抓住重点，就在一定程度上掌握了安全工作的主动权。尤其是阶段性工作，必须有所侧重，突出抓好一两项、两三项重要措施，战线不能拉得太长，力量不能过于分散。面面俱到则容易项项浮浅，处处着力则容易处处薄弱。要集中力量攻其一点，力求在较短时间里取得突破，然后乘势深入，扩大战果。就阶段性工作而言，罗列十条八条措施摆在那里，不如认准了一条，集中力量先把这一条抓实了。若能一个月办成一件事，一年办成十来件事，几年下来，本地区、本单位的安全状况就会改观。中长期工作可以铺得开一些，

但也要注意避免主次不分，避免其他方面的工作冲淡重点工作，要象煤矿安全抓两个攻坚战那样，把注意力和主要精力始终放在重点方向和重点任务上。

三是要注意微观环节，坚持过细抓工作。“天下大事，必作于细”。总书记强调说，要把安全生产工作“抓细、抓实、抓好”。抓细是抓实、抓好的基础。落实在于细节，细节反映真实，细节决定成效。安全工作不能只是原则性地提出要求，粗线条地做出部署，大而化之地进行贯彻。安全生产工作必须严谨周密。上级部署的事情，下级要结合实际具体化；每一项任务都要尽可能细化分解，责任到人头；布置了的工作，就要跟踪检查，确保落到实处。任何细微环节上的疏漏，以及工作上的不到位，都可能造成不良后果。一个时期来这方面的教训不胜枚举。一些重特大事故发生后，尽管召开了电视电话会，下发了通报、通知，提出了若干要求，但由于工作不深入、不细致，没有督促企业真正吸取教训、改进管理，所以同类事故频频发生；对一些非法、违法现象，尽管一查再查，多次下发整改通知，却因为在抓落实这个环节上不得力，不仅没能真正解决问题，反而使一些非法业主胆大妄为，一些非法、违法行为更加猖獗。

四是要善于协调配合，用好联合执法这个机制和办法。安全生产涉及方方面面，协调配合是综合监管机构必须掌握的一门基本功。常听到一些同志抱怨说，除了本部门没人真正重视，联合执法变成了“独角戏”。困难是客观存在的，但说到底还是我们自己的功夫不到家。各部门职责分工不同，在安全工作方面表现出的态度肯定存在差异。相关部门能够参与联合执法，就是对安全工作的支持，不宜苛求。要争取相关部门的支持，必须善于沟通，把安全生产阶段性工作重点、存在的问题、解决问题的思路等，主动、及时告诉他们，征求意见，形成共识，商量办法；意见不一致时，要尽量说服，或者采取适当的变通办法，不能形成僵局。同时，对属于其他部门牵头、需要安全监管监察机构配合的工作，我们也要积极主动，当好配角。在一个时期以来的煤矿、道路交通等方面的联合执法上，我们与相关部门协作配合就比较好。一些地方的监管监察机构，也积累了经验，尝到了甜头。要善于总结提高，干一段回头看一看，在实践中不断改进方法，增长才干。

三、做好下半年工作，坚决夺取2006年全国安全生产的较好成绩

今年以来，我们认真学习贯彻中央领导的重要讲话精神，按照全国安全生产工作会议的部署，大力宣传贯彻“安全发展”指导原则，制定安全规划，落实安全生产控制考核指标；深入开展煤矿安全两个攻坚战，规范资源整合，加强建设项目监管，指导煤矿企业加强安全基础管理，做好瓦斯、水害等重大隐患的排查整改工作；认真实施高危行业安全生产许可制度，配合各主管部门推进重点行业领域的专项整治；加强安全生产法制建设，建立健全联合执法机制，加强监管监察，开展检查督查；研究制定和完善安全生产经济政策，强化政策的导向作用，推动了各项工作的落实。

在各地区、各部门、各单位和监管监察系统的共同努力下，上半年安全生产工作取得了一定成绩。据调查统计，全国各类事故起数和死亡人数，同比分别下降了10.2％和13％。其中3～9人重大事故起数和死亡人数分别下降了11.9％和12.3％；10人以上事故分别下降了8.6％和34.8％，其中30人以上特别重大事故减少5起、396人。多数行业领域的上述指标都有不同程度下降，其中煤矿事故起数和死亡人数分别下降10.9％和22.4％。上半年，全国各类事故死亡人数占全年控制考核指标的42.5％，各省（区、市）和新疆生产建设兵团在控制指标的时间进度之内，全国安全生产继续保持了总体稳定、趋于好转的发展态势。借此机会，我代表总局党组，向大家

表示感谢；并通过大家，向辛勤工作在全国安全监管监察战线上的同志们，表示慰问。

但是目前煤矿等重点行业领域的问题仍然很严重，全国安全生产形势依然严峻。一是重特大事故大幅上升。5月份全国一次死亡3～9人的重大事故起数和死亡人数，同比分别上升23.5％和30.3％；6月份同比分别上升10.1％和7％。二是煤矿事故总量连续两个月增加。事故起数和死亡人数，5月份同比分别上升27.8％和11％，6月份同比分别上升13.9％和12.4％。三是多数行业领域都出现了事故反弹。5、6两月合计，非煤矿山、烟花爆竹、建筑施工、火灾、道路交通、水上交通重大事故均有不同程度上升，道路交通、民爆器材发生了特大事故。7月份以来情况虽然有所好转，但煤矿等重特大事故多发的趋势仍未得到遏制。

造成近来事故反弹的原因，一是不具备安全条件的单位非法、违法生产问题仍然没有得到解决，甚至出现反复。以煤矿为例，非法、违法生产现象抬头：由于关闭工作不到位，死灰复燃了一批；颁发安全生产许可证等证照把关不严，蒙混过关了一批；一些地方搞假整合、假技改，保护了一批；监管不严，非法采矿又滋生了一批。非煤矿山、危险化学品、烟花爆竹等行业领域也存在这个问题。二是由于安排布置的工作没有很好落实，一些重特大事故的教训没有认真吸取，造成煤矿、危化品、民爆器材等方面的同类事故重复发生。三是上半年经济快速发展，市场需求旺盛，工矿企业超强度、超能力、超定员生产现象严重，交通运输领域超载、超限、超速、超负荷运行情况增多，也是不可忽视的原因。

在7月5日国务院召开的专题会议上，建敏国务委员对当前的安全生产形势进行了分析，要求我们认清安全生产工作的长期性、艰巨性和复杂性，紧紧抓住当前的突出问题，采取切实有效措施，转变作风，狠抓落实，坚决遏制重特大事故反弹势头。

（一）充分认识下半年工作任务的艰巨性

今年是“十一五”规划的开局之年，也是落实“安全发展”科学理念和指导原则的第一年。全国人大常委会提出、国务院确定的煤矿安全两个阶段性目标，《国务院关于进一步加强安全生产工作的决定》提出的本届政府任期内安全生产工作目标能不能实现，关键要看今年。下半年任务十分繁重，面临严重挑战。

一是整顿关闭工作和安全生产许可核准不彻底、不到位。今年前几个月，由于煤矿整顿关闭，其他高危行业安全生产许可工作力度大，加上“两节”、“两会”，大量小矿小厂处于停产和半停产状态，事故总量出现较大幅度下降；5、6月份，这些小矿小厂恢复生产，同时非法生产死灰复燃，造成全国范围的事故反弹，安全形势骤然趋紧。下半年，这些企业将会继续增加生产；一些即将关闭的小矿小厂更会抓住最后机会，超常生产；一些已经关闭的小矿小厂，稍有放松还可能死而复生。

二是粗放式经济增长方式尚未改变，刺激煤矿等生产企业增加产量。按国家统计局的数据，上半年全国煤炭产量增长12.8％，电力增长12％，原油加工增加8.2％。由此可以得出，上半年能源消费弹性系数超过1。能耗居高不下，煤电油运持续紧张，超强度、超能力、超定员生产和超载、超限、超负荷运行情况，就难以从根本上得到扭转。

三是经济发展速度偏快，加大了安全生产的压力。上半年国内生产总值增长10.9％，同比加快0.9个百分点，二季度达到11.3％。固定资产投资增长高达29.8％，而且呈上升势头。货币信贷投放过多，外贸顺差过大等问题突出。国务院第143次常务会议认真分析了经济形势，决定从提高市场准入门槛等环节着手，坚决遏制固定资产投资增长过快。但国家宏观调整存在滞后期，预计下半年国民经济将会继续快速增长。在为政治局第30次集体学习会备课时，我们对建国五十多年来的安全生产情况进行了分析，发现事故死亡人数指数（当年事故死亡人数与上年之比）波动幅度，与GDP增长率的变化曲线相互趋同吻合。GDP高速增长的年份，事故总量往往大幅上升。对这一规律，必须高度警觉。

安全监管监察系统的每个同志，对下半年工作任务的艰巨性，一定要有清醒的足够的认识。目前已是7月下旬，假如目前这种重特大事故上升势头还不能扭转，任其发展下去，不仅上半年的成绩会被吞噬殆尽，全年的工作目标也有可能因此落空；而且会影响煤矿安全阶段性目标的实现，甚至会动摇人民群众对实现安全发展的信心。希望大家一定要警觉起来，振奋起来，深入下去，落实下去，抓好下半年的工作。

（二）明确下半年工作的思路和关键环节

总体上讲，就是要在胡锦涛总书记、温家宝总理安全生产重要讲话精神指导下，按照国务院专题会议的部署，坚持用安全发展指导原则引领安全生产工作，继续落实全国安全生产工作会议确定的各项任务，贯彻“安全第一、预防为主、综合治理”方针，坚持标本兼治、重在治本，关口前移、重心下移，治理隐患、防范事故，深入开展煤矿安全两个攻坚战，有针对性地深化各个行业领域的安全专项整治，进一步加强监管监察队伍自身建设，继续解决“执法不严、工作不实”问题，增强监管监察工作的针对性、实效性，坚决完成2006年各项任务，为实现煤矿安全两个阶段性目标和本届政府任期内安全生产目标，打下坚实基础。

下半年工作要紧紧抓住以下四个关键环节：

一是要解决好深化整顿关闭攻坚战的思想认识问题。“争取三年解决小煤矿问题”，必须完成整顿关闭、整合技改和管理强矿“三步走”任务。现在一些同志的思想认识，仍然停留在只是解决非法、违法生产上，没有从调整优化煤炭产业结构，促进煤炭工业的安全发展、节约发展和清洁发展的高度来认识这个问题，甚至认为没有法律依据，存在一些思想顾虑。这是不应该的。中央领导的重要讲话、十六届五中全会《建议》、国家“十一五”规划纲要都强调要关闭不具备安全生产条件、破坏资源和污染环境的企业。国家发改委等七部委联合下发的《加快煤炭行业结构调整，应对产能过剩的指导意见》，对此也做出了明确的规定。国家规划和产业政策，本身就是有法律效力的。希望通过深入学习中央领导的重要讲话和有关文件，先把我们系统内部的思想统一起来，同心协力做好地方政府及其相关部门的工作，形成广泛共识，排除干扰，切实推动。全国关井计划和名单，7月底务必汇总上报国务院。8月份要召开部际协调会议，对需要各部门配合解决的问题进行研究。争取以国办名义下发通知，以国务院名义召开电视电话会议，随后即组织督查。3万吨及其以下的煤与瓦斯突出矿井、水害严重的矿井，要先行关闭，年内务必见到实际效果。

二是落实晋城现场会精神，强力推进“先抽后采”，把煤矿瓦斯治理工作推向深入。抓紧制定出台煤炭开采瓦斯含量具体标准。抓好地面抽放、预抽放示范工程。盯住国有重点煤矿25处尚未建立瓦斯抽放系统的矿井，以及42处抽放率低于20%矿井，督促其建立地面抽放系统、提高抽采率。建立抽放系统确有困难的矿井，可以考虑纳入国家今年30亿元的扶持项目。同时要继续抓好煤矿瓦斯监测监控系统县域联网，低瓦斯矿井也必须安装监测系统；做好矿井生产能力复核工作，尽快出台煤矿井下定员的规范性文件，防止超能力、超强度、超定员生产。

三是认真执行国务院加强宏观调控的决策，提高安全生产市场准入门槛。严格执行安全生产许可制度，建立安全生产许可证日常监管和年审制度，对不具备安全生产条件的煤矿、金属非金属矿山、危险化学品、烟花爆竹生产企业，建筑施工、民爆器材企业，要依法关闭或取消资质。严格执行建设项目安全设施“三同时”制度，按照分级属地管理原则，做好煤矿、非煤矿山、危险化学品、烟花爆竹等行业建设项目安全设施“三同时”的安全核准、设计审查和验收工作，控制新开项目，确保新建、改扩建工程项目安全设施投资纳入概算，确保安全设施的质量。在抑制投资增长过快的同时，也从根本上缓解安全生产的压力。

四是狠抓先进适用技术的推广应用工作，从根本上改善重点行业领域的安全状况。煤矿推广入井人员电子监控技术，监控超定员生产；安装井口出煤数量的“税控”计量装置，控制偷税漏税和超能力、超强度生产。非煤矿山强力推行机械通风和采石场中深孔爆破，减少窒息事故和飞石伤人事故。危险化学品推行阻隔防爆技术，抓紧建立江、浙、沪和北京周边七省区危化品道路运输安全监控系统。烟花爆竹抓紧用高氯酸钾等新型原料替代氯酸钾。道路运输以长途客车、危化品运输车辆、大型货车为重点，安装GPS安全监控系统。上述几项先进适用技术实实在在推广开了，就会取得实实在在的效果。

（三）在采取切实措施遏制事故反弹的同时，继续推动政策治本、源头治本

上半年，在各部门和各地政府的支持配合下，国务院第116次常务会议提出的安全生产12项治本之策，开始得到贯彻和实施。特别是在研究、实行有利于安全生产的经济政策方面，国务院批准了山西煤炭可持续发展试点，给予地方政府和煤矿企业矿产资源有偿转让、提取煤炭可持续发展基金、提取环保基金和转产基金四项政策；《国务院办公厅关于加快煤矿瓦斯抽放利用的若干意见》，提出了瓦斯治理利用税收等优惠扶持政策；财政部与安监总局联合下发了煤矿安全风险抵押金管理暂行办法，在已经出台煤矿、烟花爆竹生产企业安全费用提取与使用管理办法的基础上，正抓紧研究其他高危行业安全费用办法；以储量为基数、与回采率挂钩的煤炭矿产资源有偿使用的办法也正在制定。其他方面的治本工作也都取得了新的进展。下半年，要在尽快稳定重点行业领域和全国安全形势的同时，继续推动政策治本、源头治本。尚未出台的政策举措要抓紧研究制定，已经决定了的要认真落实。力求从根本上解决影响制约安全生产的深层次、历史性问题，建立安全生产长效机制。

最后讲一讲煤炭行业管理职能调整的有关问题。

7月6日，国务院办公厅下发了《关于加强煤炭行业管理有关问题的意见》，对相关职能做了调整。对此大家都很关注。

第一，正确理解这次职能调整的意义。这次调整，体现了党和国家对煤矿安全和煤炭工业的高度重视。多年来煤炭行业管理弱化是不争的事实，全国人大常委会在安全生产法执法检查中也提出了这个问题。目前煤炭行业在资源、规划、科技进步、结构调整、标准修订、基础管理、安全监管、人才培养等方面，确实存在着不少薄弱环节，这也是煤矿事故多发的深层次问题之一，不仅影响煤炭工业的长远发展，而且影响煤矿安全状况的稳定好转。

煤炭行业管理弱化是多年积累的问题，解决这个问题的基本思路，就是要遵循实事求是的原则，适应社会主义市场经济的要求，继续坚持改革的方向，有利于加强煤矿安全监管监察，有利于促进煤炭工业的持续健康发展。职能调整工作由中编办牵头，在近半年的时间里，认真调查研究，反复征求相关部门意见，最后经国务院领导批准，确定了方案。国办《意见》在维护“国家监察、地方监管、企业负责”的煤矿安全工作基本体制的同时，从当前煤矿安全生产的严峻形势出发，针对当前存在的问题，加大了国务院安委会及其办公室指导协调的力度，强化了与安全生产密切相关的煤炭行业管理手段，进一步明确了相关部门的职责，是实现煤炭行业安全生产的治本之策。

第二，职能调整的相关内容。《意见》主要有以下三个方面的内容：

1. 在国务院安委会建立和完善煤炭行业管理工作协调机制，及时研究解决行业管理中涉及安全生产的重大问题。安委会增加以下职责：研究提出煤炭行业管理中涉及安全的重大方针政策、法规标准，推动指导煤炭企业加强安全管理和科技进步等基础工作，协调解决相关问题。国务院安委会办公室承担国务院安委会协调煤炭行业管理涉及安全方面的工作，督促检查各项工作和措施的落实情况。

2. 将与安全生产密切相关的 5 项行业管理职能，由发改委划转到安监总局和煤监局，或重申强调：一是指导和组织制定拟定煤炭行业规范和标准；二是指导和管理矿长资格证发放，会同发改委指导监督煤矿生产能力核定工作和指导煤矿整顿关闭工作；三是负责对需要发改委核准的煤矿建设项目提出意见，进行安全核准；四是对省（区、市）提出的国有重点煤矿安全技术改造和瓦斯治理利用项目提出审核意见；五是指导地方相关煤炭行业管理，指导煤矿企业安全基础管理工作。

3. 对国务院有关部门的工作做了进一步明确和补充。如发改委要会同有关部门加快组织实施大集团、大公司战略；国土资源部要加大对无证非法开采、超层越界开采等违法行为的查处力度；国资委要加强对地方国资委监督考核国有煤炭企业安全生产的工作的指导等。

第三，正确对待调整，履行好国家赋予的职能。总的要求是要讲政治，讲大局，讲纪律，自觉拥护、坚决服从国务院决策，认真履行与安全生产密切相关的煤炭行业管理职能。讲政治，就是要深刻理解国务院把一些与安全生产密切相关的煤炭行业管理职能交给我们，赋予了一定的管理手段，但更多的是承担了安全生产的责任。一定要增强责任感，更加努力工作，不辜负党和国家的重托。讲大局，就是一切为了促进煤矿安全状况的好转，实现煤炭工业的健康发展。要与有关部门主动沟通，搞好协调，密切配合。讲纪律，就是用国办《意见》和国务院有关文件规范我们的言行，工作不缺位，不越位，保持监管监察系统的稳定。

总局和煤监局初步研究，关于煤炭行业规范和标准的修订制定，要在已成立安标委的基础上统盘考虑，当前重点仍放在安全标准的修订上。矿长资格证和审批发放具体办法暂时不变；煤矿生产能力的核定，暂时仍按照我们与发改委联合下发的文件执行，各省局要与省煤炭行业主管部门搞好配合。有关煤矿的整顿关闭，要继续坚定不移地贯彻国务院的《特别规定》和国办《紧急通知》，建立健全地方党委、政府统一领导，相关部门共同参与的联合执法机制，打好两个攻坚战。有关重大煤炭建设项目的安全核准，总局、煤监局还要与发改委协商，根据“分级属地”原则制定具体办法。关于安全技术改造和隐患治理扶持项目，要在前期工作的基础上，与发改委协商，进行一次核实和优化，按规定联合上报、联合审批、抓紧下达。关于对地方相关煤炭行业管理和煤炭企业安全基础管理工作的指导，当前煤监局要继续加强安全监察，检查指导地方政府履行监管煤矿安全的职能，切实贯彻落实好 7 部门联合下发的《关于进一步加强国有重点煤矿安全基础管理的指导意见》。所有这些具体工作，还要进一步听取大家的意见建议。总局还要商中编办，修订内部工作规则，修订安委会办公室工作规则。

总之，调整加强煤炭行业管理职能的目的，在于加强监管，遏制事故，减少伤亡。我们要与发改委、国土资源部等密切配合、友好协商，落实好国办《意见》。目前煤矿安全形势严峻、任务繁重。希望省局以及基层的同志要继续集中精力、心无旁骛抓好工作，坚决遏制重特大事故多发势头，确保煤矿安全两个阶段性目标的实现。

践行安全发展科学理念　促进社会安定和谐

——在第三届中国国际安全生产论坛开幕式上的致辞和主题演讲

国家安全生产监督管理总局局长　李毅中

（2006年9月19日）

中国共产党和中国政府高度重视安全生产。《中共中央关于制定国民经济和社会发展第十一个五年规划的建议》确立了“安全发展”的指导原则，强调要坚持节约发展、清洁发展、安全发展，实现可持续发展。胡锦涛总书记在中央政治局第30次集体学习会议上指出：“把安全发展作为一个重要理念纳入社会主义现代化建设的总体战略，这是我们对科学发展观认识的深化。”温家宝总理强调说：“经济发展，必须坚持以人为本，把人的生命放在第一位。”党的十六大特别是十六届五中全会以来，全党、全社会对安全生产高度关注、支持。以人为本首先要以人的生命为本，科学发展首先要安全发展，和谐社会首先要关爱生命，正在成为社会各界的广泛共识和共同行为。

本届论坛的成功举办，以及围绕着“安全发展与和谐社会”这个主题而开展的一系列研讨和交流，对于进一步拓宽我们的眼界和思路，提升政府安全监管监察和企业安全管理水平，加快促进我国安全生产状况的稳定好转，无疑有着重要的作用。我们将认真学习借鉴国外的宝贵经验，进一步加强安全生产，努力缩短与先进国家的差距，切实保障劳动者的生命安全和健康。下面我先做个发言。

一、搞好安全生产，实现安全发展，是构建社会主义和谐社会的必然要求

安全发展体现了中国共产党“立党为公、执政为民”的执政理念，反映了科学发展观“以人为本”的本质特征。生命最宝贵，生命至高无上，生命安全和健康权益是最大的人权。安全发展科学理念的提出，进一步彰显了执政党代表和维护最广大人民群众根本利益的宗旨和信念，同时也丰富了科学发展观的内涵及其理论体系。

坚持安全发展，就是要求经济与社会的发展必须以安全为基础、前提和保障，既不能以浪费资源、破坏环境为代价，更不能以牺牲人的生命和健康为代价；要求国民经济以及区域经济、各个行业领域、各类生产经营单位的发展，都必须建立在安全生产水平不断提高、安全状况持续改善、劳动者生命安全和健康得到切实保障的基础上；要求把安全生产纳入经济社会发展的总体布局，确保安全生产与其他各项工作同时规划、同时部署、同步推进。

安全发展反映了和谐社会的内在要求，是构建社会主义和谐社会的重要切入点和着力点。和谐社会所具有的民主法治、公平正义、诚信友爱、充满活力、安定有序、人与自然和谐相处等基

本特征，都与安全发展有着密切联系，都应在安全生产工作得到体现。

安全生产必须贯彻依法治安的方略，建立完备的法律体系，形成规范完善的法治秩序；必须严厉打击无视生命安全、践踏劳动者生命安全和健康权益的非法违法行为，维护社会公平和正义；必须建立安全诚信机制，使安全生产成为企业的自觉行为，在全社会营造“关爱生命、关注安全”的舆论氛围。

同时，只有生命安全得到切实保障，才能调动激发人们的创造活力和生活热情；只有大幅度减少事故所造成的创伤和震荡，国家才能富强安宁，百姓才能平安幸福，社会才能和谐安定；只有顺应客观规律，讲求科学态度，预防为主，综合治理，才能有效防范事故，实现人与自然和谐相处。构建社会主义和谐社会，必须从关系人民群众切身利益的问题入手，切实加强安全生产工作。

安全发展指导原则的确立，有力地推动了我国的安全生产事业。十届全国人大四次会议通过的国民经济和社会发展第十一个五年规划纲要，把安全生产列为专节，提出了“十一五”期间亿元GDP生产安全事故死亡率减少35%、工矿商贸企业十万从业人员生产安全事故死亡率减少25%两大目标，将这两大指标与道路交通万车死亡率、百万吨煤炭死亡率，一并纳入国家统计指标体系。各省（区、市）把安全生产纳入地方经济社会发展“十一五”规划，设立了与国家规划指标相衔接的奋斗目标，明确了保障措施，从规划上保证了安全生产与经济社会的同步协调发展。党和国家“安全第一、预防为主、综合治理”的安全生产方针得到贯彻落实。各地区和各类生产经营单位采取措施强化企业责任和政府监管“两个主体”，落实政府行政首长和企业法定代表人“两个负责制”；各部门加强配合协作，联合执法，齐抓共管；人民群众、新闻媒体积极参与和监督安全生产工作。所有这些，都为进一步加强安全生产，推动和实现安全发展，提供了可靠的政策保障和有利的社会舆论环境。

二、把握规律，迎接挑战，坚定实现安全发展的信心

在党中央、国务院的正确领导和上下各方的共同努力下，我国安全生产状况不断得到改善。从2003年起，事故总量开始下降。今年1～8月，在国民经济持续快速发展、能源需求居高不下的情况下，全国各类事故起数和死亡人数同比分别下降11.3%和10.6%；其中煤矿事故分别下降13.6%和25.5%。全国安全生产继续保持了总体稳定、趋于好转的发展态势。

但安全生产形势依然严峻。事故总量仍然过高；安全生产相对指标与先进国家相比差距甚大；煤矿、矿山、危险化学品、烟花爆竹、道路和水上交通、建筑施工、民爆器材等重点行业领域重特大事故仍然时有发生，给人民群众生命财产安全造成严重损失，给经济建设和社会和谐带来负面影响。

研究表明，世界各国在工业化过程中，普遍经历了从事故多发到逐步稳定、持续下降、最终实现根本性好转的发展周期。在工业化加速发展、人均国内生产总值处于快速增长的特定时段区间，生产安全事故也相应较快上升，并在一个时期内高位波动。这个阶段称为事故“易发期”。我国目前正处在这样一个阶段，安全生产表现为总体稳定、趋于好转的发展态势与依然严峻的现状并存，安全发展任重道远。

分析起来，造成我国现阶段各类生产安全事故“易发”的因素主要是：

（一）第二产业比重较大，高风险行业发展势头不减，加大了事故风险。2000年以来，我国第二产业增加值年均增长10.5%，分别为第一产业和第三产业增幅的2.8和1.3倍。采矿、建筑和

运输业是各国事故最多的行业领域。先进国家经过长期的产业结构调整，普遍形成了服务业比重很高、工业和制造业比重较低、高风险行业从业人员较少的产业格局。目前我国第二产业占国内生产总值的比重仍接近50%，远高于先进国家约35%的比重；采矿业、重化工业、建筑业发展势头不减，这几个行业事故死亡约占工矿商贸事故死亡总数的80%左右。

（二）*在粗放型经济增长方式下，经济总量的扩大有可能导致事故增加。*近年来我国经济持续快速增长，但粗放型经济增长方式尚未根本转变。能源原材料和交通运输市场需求旺盛，企业扩大生产规模的冲动强烈，工厂矿山超能力、超强度、超定员生产，交通运输超载、超限、超负荷运行现象比较普遍，事故隐患和安全风险增加，导致新建改扩建煤矿、危险化学品生产运输、道路交通运输事故多发。

（三）*农村劳动力大量转移，迫切需要进行教育培训。*随着工业化、城市化进程加快，农民工已成为高危行业生产一线主力。据我们对9省区的抽样调查，在煤矿、金属和非金属矿山、危险化学品、烟花爆竹4个行业的从业人员中，农民工占56.02%。其中煤矿为48.83%；非煤矿山为66.36%；危化品生产企业为33.75%；烟花爆竹企业为95.88%。另据调查了解，全国3000万建筑施工队伍中，约80%是农民工。农民工中文盲与半文盲占7%，小学文化占29%，高中以上仅占13%。近几年高危行业发生的伤亡事故，约80%发生在农民工较集中的小煤矿、小矿山、小化工、烟花爆竹小作坊和建筑施工包工队。加强对农民工的转产培训和安全教育，已成为当务之急。

（四）*现阶段我国生产力发展水平还比较低。*为数不少的小企业生产手段落后，有的甚至不具备基本的安全生产条件；一些国有企业在改制、改革过程中，忽视安全生产，企业安全管理滑坡；社会公共安全基础比较薄弱，防范和应对重特大事故灾害的能力还不强；安全法制尚待健全，非法违法生产问题还未真正解决；极少数公职人员存在的官商勾结、以权谋私等腐败现象和失职渎职行为，也在影响着国家安全生产方针政策的贯彻落实。所有这些，都加大了安全生产的压力，使安全生产面临严峻挑战。

对各国安全生产发展历程的分析还表明，安全生产除了受上述因素影响制约外，也与政府监管力度、安全文化建设等密切相关，“易发”并不必然等于事故高发、频发。事实上，各国“易发期”所处的经济发展区间、经历的时间跨度也不尽相同：英国、美国处于人均1 000～3 000美元之间，英国用了70年（1880～1950），美国用了60年（1900～1960）；日本的“易发期”则处于1 000～6 000美元之间，时间跨度为26年（1948～1974）。与发达国家相比，我国具有明显的后发优势，可以借鉴别国的经验教训，充分发挥现代科技和管理的优势，取长补短，实现跨越发展。相信只要我们敢于面对现实，迎接挑战，思路对头，真抓实干，就可以缩短发达国家所普遍经历的安全周期。用十几年时间，实现我国安全生产状况的根本性好转。

三、从国情和实际出发，确定目标，落实措施，扎实推进安全发展

2004年初国务院作出的《关于进一步加强安全生产工作的决定》，提出了我国安全生产三个阶段发展目标：到2007年即本届政府任期内，建立起较为完善的安全监管体系，全国安全生产状况稳定好转，重点行业和领域事故多发状况得到扭转，工矿企业事故死亡人数、煤矿百万吨死亡率、道路交通万车死亡率等指标均有一定幅度的下降。到2010年即“十一五”规划完成之际，初步形成规范完善的安全生产法治秩序，全国安全生产状况明显好转，重特大事故得到有效遏制，各类生产安全事故和死亡人数有较大幅度的下降。到2020年即全面建成小康社会之时，实现全国安全生产状况的根本性好转，亿元国内生产总值事故死亡率、十万人事故死亡率等指标，达到或

接近世界中等发达国家水平。

最近国务院办公厅下发的《安全生产“十一五”规划》，对“十一五”安全生产目标进行了细化和分解。确定到2010年，亿元国内生产总值事故死亡率由2005年的0.7降为0.4；工矿商贸企业十万从业人员事故死亡率由2005年的3.85降为2.88；一次死亡10人以上特大事故起数下降20%以上。提出了13个重点行业领域安全生产具体指标，其中煤矿百万吨死亡率下降25%以上，道路交通万车死亡率下降30%以上，非煤矿山、危化品、烟花爆竹、建筑、农机、渔业船舶等行业，事故死亡人数下降10%以上。

2005年8月全国人大常委会提出、国务院确定了煤矿安全工作的两个近期目标：即力争用两年左右的时间，使煤矿重特大瓦斯爆炸事故有较大幅度的下降；争取用三年左右的时间，解决小煤矿问题。

上述一系列目标，清晰地展现出我国安全发展的战略步骤，体现了中国共产党和中国政府加强安全生产工作、坚决维护人民群众生命财产安全的坚强决心，反映了构建社会主义和谐社会的必然要求和全党、全国人民的迫切愿望。既是积极的，也是切实可行的。为了实现上述目标：

——我们将继续坚持用“以人为本”的科学发展观统揽安全生产工作全局。落实安全生产规划，完善考核指标体系；深入开展煤矿瓦斯治理和整顿关闭两个攻坚战，深化重点行业领域安全专项整治；落实安全生产责任制，强化企业安全生产主体责任，认真履行政府安全监管监察职责；完善安全生产法律法规体系，依法治安、重典治乱，建立健全地方党委和政府统一领导、各部门共同参与的联合执法机制；加强群众监督、舆论监督和社会监督，倡导先进的安全文化，提高全民安全素质，依靠人民群众做好安全生产工作。

——我们将抓紧实施安全生产源头治本、政策治本各项措施，致力于建立安全生产长效机制。国务院针对安全生产领域存在的一些历史性、深层次问题，在安全规划、行业管理、安全投入、科技进步、宏观调控、教育培训、安全立法、激励约束考核、企业主体责任、事故责任追究、社会监督参与、监管应急体制等方面，研究提出了12项治本之策。近年来，国家在高危行业安全费用提取、安全风险抵押、提高事故伤亡赔偿、扶持重点煤矿进行安全技术改造、加快煤层气抽采利用等方面，相继出台了一系列有利于加强安全生产的经济政策。随着宏观、微观层次政策举措的制定实施，以及法律的、经济的和行政的治本之策的贯彻落实，影响制约安全生产的一些深层次问题势必得到解决，我国安全生产稳定好转的条件日益具备。

——我们将进一步扩大安全生产领域的对外开放。加强与国际劳工组织、世界卫生组织，以及各国政府、政府机构、社会团体、企业法人等的合作与交流，认真听取来自各个方面、各界人士的意见建议，虚心学习借鉴国外安全生产、职业健康工作方面的先进技术和成功经验，以改进我们的工作，提升我国安全生产水平。

各位来宾，经济社会发展和工业化进程中的安全生产，是一个历史性、全球性问题，也是当今人类社会共同关心的话题。安全生产无国界。由我局和国际劳工组织共同举办的这个论坛，为我们搭建了一个相互交流的平台。希望大家利用这个平台以及其他各种途径，不吝赐教，畅所欲言，集思广益，献计献策。让我们携起手来，共同推进安全生产这项造福于人类的事业，为中国人民和世界人民创造一个安全和谐的社会。

在安全生产视频会议上的讲话

国家安全生产监督管理总局局长　李毅中

（2006年11月27日）

四季度特别是11月份以来，安全生产形势日趋严峻。继山西省同煤集团轩岗煤电公司焦家寨煤矿“11·5”瓦斯爆炸、山西省晋中市灵石县南山煤矿“11·12”炸药燃烧等特别重大事故之后，本月25、26两天，黑龙江、云南、山西又发生了3起特大和特别重大煤矿瓦斯爆炸事故，83人死亡和下落不明；新疆自治区巴州地区境内发生1起道路交通特大事故，20人死亡。上述4起事故共造成103人死亡和失踪，多人受伤。

鉴于目前的严重情况，总局党组决定召开紧急视频会议，通报事故情况，传达贯彻国务院领导的重要批示，动员安全监管监察系统以及各级煤炭工业局的同志们，认清目前的危急态势，高度紧张起来，立即行动起来，采取得力措施，加大工作力度，力挽危局，坚决刹住重特大事故多发势头。

一、通报24～26日发生的4起特大、特别重大事故

——*黑龙江省鸡西市远华煤矿特大瓦斯爆炸事故*。发生时间为11月25日下午13时50分，截至目前已发现21人死亡，6人下落不明。该矿为低瓦斯矿井，设计能力3万吨。因采矿许可证到期，今年9月被黑龙江煤矿安全监察局哈南分局暂扣安全生产许可证，并责令其停产整顿。但停产整顿指令没有得到执行，继续违法进行生产。该矿井下有5个作业点，多头掘进，并违法开采保安煤柱。25日上午10点30分故障停电，只撤出了部分人员。下午13时来电后，人员重新入井。初步分析是停电后造成瓦斯聚集，在恢复通风时违章作业，引发瓦斯爆炸。事故发生后矿长逃匿，矿主被控，当地政府立即组织抢救。刘海生副省长和黑龙江煤监局负责人赶赴现场；总局梁嘉琨同志昨天上午已带人到现场，协助地方政府进行抢险救援。

——*云南省曲靖市富源县昌源煤矿特别重大瓦斯爆炸事故*。发生时间为11月25日下午17时，已造成32人死亡、28人受伤（其中3人重伤）。该矿证照不全，仅持有采矿许可证，没有生产许可证、安全生产许可证和工商执照。该矿今年1月被国家煤监局和云南省人民政府分别公告关闭，后由曲靖市用置换的方式改为保留矿井，进行改造，未办理相应核准手续。今年3月2日和11月2日，富源县煤炭局先后下达停建通知，但该矿拒不执行，非法组织生产作业。其年产规模15万吨，井下掘进头多达十多个，局扇严重不足，串联通风，以掘代采。事故发生后当地政府立即组织抢救，秦光荣省长、李新华副省长和省局的负责同志赶赴现场。赵铁锤、付建华同志带领总局和煤监局人员前往事故现场。总局、煤监局与监察部、全国总工会、高检等部门将组成国务院事故调查组。

——山西省临汾市芦苇滩煤矿特大瓦斯爆炸事故。发生时间为11月26日20时。当班井下共有32人，事故发生后8人自行脱险，24人遇难。初步了解，该矿设计规模年产5万吨，为资源整合矿井，核定为15万吨。今年二月暂扣安全生产许可证，责令停产整顿，但该矿仍在非法生产。事故发生前供电系统停电，但没有及时撤人，启动自备发电机送电后发生爆炸。山西省政府副省长靳善忠和省局负责同志昨天晚上已带人赶赴现场，开展抢险救援。总局已派煤监局、救援中心有关同志赶赴现场。

——新疆自治区巴州地区若羌县境内发生的特大道路交通事故。11月24日凌晨5时，青海省循化县一辆大卡车在行至新疆巴州若羌县阿尔金自然保护区内时，发生翻车事故，造成车上的20人死亡、4人受伤。车辆所属单位、乘车人员身份和乘车目的、事故的直接原因，以及是否非法载客等，尚待进一步查证。自治区安监局局长井植朴已从1200公里之外的乌鲁木齐赶赴现场。

初步了解的情况表明，上述4起特大、特别重大事故，都是非法违法、违规违章所造成，伤亡惨痛，性质恶劣，后果严重，教训深刻。这几起事故以及最近一段时间发生的一系列重特大事故，表明煤矿安全、道路交通安全等行业领域的问题还很严重，非法违法行为仍然十分猖獗。

二、当前重特大事故多发的原因分析

一是已关闭矿井、停产整顿矿井擅自非法恢复生产。11月25日、26日发生的3起煤矿事故，以及10月15日发生瓦斯爆炸事故、造成8人死亡的黑龙江省鹤岗市兴伟煤矿，11月7日发生透水事故、造成10人死亡的山西省太原市万柏林区冀家沟煤矿等，均属这种情况。有的是关闭之后死灰复燃，有的是无视政府及其相关部门的停产整顿指令。一方面是一些不法矿主利欲熏心，肆意妄为，挑战国家法律和政府监管，情节十分恶劣；另一方面是一些地方煤矿整顿关闭工作不认真、不负责，确实到了相当严重的程度。

二是监管不严，该停的不停，该关的不关，非法违法生产。云南省曲靖市昌源煤矿就是一个恶劣的例子。国家煤监局和省人民政府已经分别在《人民日报》和地方主要媒体发布公告予以关闭的矿井，又被当地以所谓“置换”的名义保留了下来，并且继续非法生产，酿成特别重大事故。据查曲靖市还有多处此类矿井。这种损害政府公信力，甚至弄虚作假的行为，是不能容许的。还有一些本应关闭的矿，以各种名目保留下来，逃避关闭，不少省区市都有这种情况，成为吞噬生命的事故源。

三是煤炭资源整合不规范，技改矿井问题严重。一些地方以资源整合和技改、改扩建为名，行保护落后生产能力之实，暂时掩盖了矛盾，埋下了事故隐患。最近发生特大、特别重大事故的山西省孟县东方振兴煤业公司、青海省海北州振兴煤矿、贵州省毕节市花果山煤矿，都属于这种情况。发生“11·26”特大瓦斯爆炸事故的山西省临汾市芦苇滩煤矿，是被当地列为资源整合的矿井。血的教训，应该记取。

四是矿井能力核定工作走过场。一些地方的煤矿能力核定工作走过场，上有政策，下有对策，甚至互相串通。有的在没有采用新技术新工艺、也没有进行改扩建的情况下，核定能力成倍增长。督查中发现，有的产煤地市去年、今年两次核定能力越核越高。这样的核定，非法变成了合法，隐患更为严重，无异于鼓励煤矿冒险生产，纵容不法矿主继续以矿工生命为代价来换取眼前利益。一些小煤矿核定能力提高后，势必依靠增加作业人数、延长劳动时间、提高劳动强度来实现提高产量，埋下了更大隐患。

五是基础工作薄弱，安全管理混乱。山西省同煤集团轩岗公司焦家寨煤矿“11·5”瓦斯爆炸事故、甘肃省靖远煤业公司魏家地煤矿“10·31”瓦斯事故，暴露出目前国有重点煤矿安全基础工作仍然很薄弱，兖州现场会精神在一些企业并没有得到切实认真的贯彻落实，隐患排查治理、瓦斯抽放和监测监控等基础性工作不认真、不扎实。

煤矿用电管理问题突出。发生“11·5”瓦斯爆炸事故的山西轩岗焦家寨煤矿，在故障停电、局扇停风、瓦斯严重超限的情况下不撤人；发生“11·25”瓦斯爆炸事故的黑龙江鸡西远华煤矿，停电长达两个半小时不撤人；发生“11·26”瓦斯爆炸事故的山西临汾芦苇滩煤矿停电10分钟，没有及时撤人。

以掘代采问题也很严重。云南曲靖市富源县昌源煤矿井下十几个作业点，事故发生后涉难人数不清；黑龙江鸡西远华煤矿多头掘进，违法开采保安煤柱。

*六是一些煤矿“三超”问题突出，列为关闭对象的矿井关闭之前超产冲动强烈。*由于煤炭市场进入产销旺季，一些煤矿不顾安全条件盲目扩大生产。特别是一些列为关闭对象的矿井，利用最后的机会，超强度、超能力、超定员突击生产，发生事故的几率大为增加。

三、认真贯彻国务院领导指示精神，采取切实措施，坚决遏制煤矿等重特大事故

四季度以来事故反弹，形势严峻，国务院领导同志相继作出重要批示。11月25日云南省曲靖市富源县昌源煤矿瓦斯爆炸事故发生后，家宝总理再次作出重要批示，强调指出：接连发生多起特大安全生产事故，须引起高度重视。要依法从快处理，并有针对性地对全国安全生产进行部署。建敏国务委员批示说：要坚决关闭证照不全安全不达标的乡镇小煤矿，遏制重特大事故发生。在山西临汾“11·26”事故发生后，建敏国务委员又作出批示：近日煤矿事故多发，赞成你们立即召开安全生产视频会议，做出有针对性的部署，坚决遏制事故多发势头。没有安全保障的小煤矿一定要整顿关闭，瓦斯治理的各项措施一定要落实下去，超规模、超能力、超定员的现象一定要纠正。此外，近日事故和多少因为停电造成瓦斯聚集、引发事故，要嘱各地各矿加强供电安全，决不能随意拉煤矿的电；一旦故障停电，要让矿工安全撤离，千万不能有侥幸心理。云南省曲靖市富源县昌源煤矿“11·25”事故发生时，培炎副总理在云南视察，也作了重要指示，要求加大整顿关闭、瓦斯治理力度。永康国务委员针对黑龙江双城“11·21”“送子车”重大交通事故，严肃指出此类问题要全面整治，酿成惨祸的关键是工作不落实；要求公安交通部门大清查、大整改。国务院领导的一系列重要指示，明确了当前工作的重点任务和关键环节，我们一定要认真领会，坚决贯彻落实。

四季度和年底面临的形势任务，下一步的安全生产工作特别是煤矿安全工作，在10月20日国务院安委会召开的电视电话会、11月6日的视频会等多种场合，已经作了分析和部署，关键是狠抓落实。遵照国务院领导的指示，结合党组成员分别带队开展整顿专项督查的情况，强调以下6点：

*（一）认真贯彻国务院安委会《通报》，坚决防止纠正盲目乐观、麻痹松懈思想。*11月15日国务院安全生产委员会发出了《关于近期发生的重特大事故情况的通报》。各地区、各部门和各单位要把通报内容，迅速传达贯彻到县乡基层政府、工矿企业车间区队、交通运输线路站段和其他各类生产经营厂点。各级领导要从认清安全生产工作的巨大差距和潜伏的各种隐患问题，坚决防止和纠正忽视安全、放松管理的错误倾向，防止和纠正非法违法现象抬头，年底工作越忙、越要牢牢绷紧安全生产这根弦。对国有重点煤矿和较大规模的乡镇煤矿，地方政府要派出驻矿督查员，紧盯死守，严防年底忽视安全生产。

要充分认识到安全生产工作的长期性、艰巨性和复杂性，增强危机感、紧迫感和责任感。一些地区和企业，隐患四伏而熟视无睹，严重违章却习以为常；有的光看成绩，不看问题，盲目乐观，报喜不报忧，看不到影响安全生产的深层次问题并没有解决，再加上弄虚作假，致使问题更加突出，事故多发。所有这些，都要坚决克服。

（二）紧紧依靠地方党委和政府，进一步加大煤矿整顿关闭力度，加快工作进度。要把煤矿整顿关闭工作置于地方党委、政府的坚强领导之下。各级安全监管监察机构要加强请示汇报，紧紧依靠地方党委、政府，不失时机地把整顿关闭工作推向深入。各地、各单位一是要进一步加大宣传力度，使基层干部、煤矿业主和广大群众了解国家政策，认清淘汰落后生产能力是必然发展趋势，认识到晚关不如早关，早关不如快关，早关闭早主动，排除深化攻坚的思想认识障碍，把三年关井任务往前赶；二是要对照国办 82 号文件要求，按 16 种应关闭类型，对现有煤矿重新进行一次核查，对号入座，该关的要全部列入关闭名单，对那些吞噬生命的陷阱要坚决关掉，不能再往后拖了，不能再用生命来换取我们的决心；三是关闭名单要在地方主要媒体上予以公告，接受社会公众的监督，加快工作进度，抓紧付诸实施；四是要加强与相关部门的配合协作，健全完善联合执法机制，要继续严厉打击非法开采、违法生产，严防已关闭煤矿死灰复燃；五是要从本地区实际出发，研究、采取关闭取缔合法煤矿的地方性政策，探索建立落后生产能力的淘汰退出机制。

（三）严格矿井能力核定，坚决把虚高的核定能力压下来。要认真总结吸取前一阶段的经验教训，严肃认真地组织好复核结果审查工作，坚决纠正一些地方能力核定走过场问题。总局、煤监局和国家发改委将联合下发紧急通知，再次明确审核的重点和具体要求，纠正当前在核定能力方面存在的突出问题。“四证”不全的非法煤矿，一律不得参加能力复核，而应列为关闭对象；扩能项目没有经过核准，没有正规设计的一律不予认可；新建、改扩建、技术改造、资源整合，一律以批准文件认定的设计能力为准；剩余可采储量开采年限要符合设计规定；瓦斯抽排能力没有提高的高瓦斯矿井，一律不得提高复核能力；采用落后生产方式的煤矿要淘汰，不得提高采掘工作面能力；矿井生产环节和设备要达到安全标准，扩能不能牺牲降低设备的安全系数；中介机构要认真负责，凡是提供虚假资料的要依法处理。辽宁局已吊销了本溪煤矿技术服务中心的生产能力核定资格。

（四）监管监察机构和行业管理部门要紧张起来、行动起来，严防、严查，盯紧、盯牢。从现在起到年底，是煤矿安全和全国安全生产工作的关键、要害时期。危急关头，各级安全监管、煤矿安全监察机构和煤炭行业管理部门，必须高度紧张起来，立即行动起来，超常规抓工作。

一是要严防“三超”。要坚持“安全高效”，真正落实“安全第一”，不要再提“高产高效”。目前，相当一些煤矿仍然没有搞井下定员，要严格执行有关政策规定，加强现场监督监察，坚决查处违法违规行为，对超强度、超能力、超定员组织生产，要按《特别规定》等法律法规，从严处理。

二是要严查建设、整合矿井。今年以来，基建、改扩建、整合矿井事故占煤矿事故的 35％。要增加对这类矿井安全日常检查、现场执法的频率，查项目建设是否符合规定。

三是要盯紧已经列为关闭对象的 16 种类型的矿井，实施重点监管、重点监察，必要时派人现场盯守，严防这些煤矿在关闭之前的违法生产、超产冲动。

四是要盯牢煤矿安全生产的关键环节。当前，尤其要盯住煤矿“一通三防”、井下停送电和停送风这个关键，停电之后必须立即撤出全部人员，恢复送电、送风必须有安全保障措施。要督促煤矿落实瓦斯等隐患的排查治理措施。

（五）配合公安交通部门，加强道路交通安全监管。要深刻吸取新疆境内发生的“11·24”特大道路交通事故教训，严厉查处货运车辆违法违章拉人载客。11月21日，黑龙江哈尔滨双城市的一辆运送小学生的车辆发生车祸，造成8名学生死亡、7人受伤。该车驾驶员没有资质，长期非法运营。一个黑车，一个黑司机，6年没有年检。要认真贯彻永康国务委员的批示，各地安全监管机构要积极配合公安、交通部门，认真进行排查整改，加强对道路交通运输企业、运营人员的安全监管，落实安全责任制；加强监督检查和联合执法，打击非法营运和违规违章行为，防止不具备安全条件的交通运输户和运输工具进入城乡公交市场；加快落实今年的危险路段治理任务，努力减少道路交通事故。

（六）依法从快严肃查处事故，严厉追究责任。要认真贯彻落实家宝总理关于严肃事故查处和责任追究的重要批示，坚持有法必依、执法必严、违法必究。按照《刑法》修正案（六）、《国务院关于预防煤矿生产安全事故的特别规定》和新发布的《安全生产领域违法违纪行为政纪处分暂行规定》，加大事故查处和责任追究力度，严肃查处失职渎职、违法违纪行为和事故背后的腐败问题。严刑峻法、重典治乱。对一个时期来发生的所有事故，都要按照“四不放过”原则，依法从快查处结案。各地要及时公布事故查处情况，并按规定上报。总局拟于12月中旬召开新闻发布会，将今年查处结案的特别重大事故情况向社会公布。安全监管监察系统的同志也要从严要求自己，廉洁自律、防微杜渐，依法规范监督执法行为。

目前安全监管监察和行业管理工作任务繁重，面临严峻考验。总局党组希望全系统各级领导干部和广大共产党员、公务人员，要发挥模范表率作用，带头提高认识、转变作风，警示高悬、警钟长鸣，居安思危、言危思进，带领大家扎扎实实做好工作。工作前推，事故后退；麻痹松劲，事故逼近。我们要持续不懈、尽心尽责、真抓实干，坚决遏制重特大事故多发势头，促进安全生产形势的稳定好转。

转变观念　深化改革
切实抓好建设领域安全生产工作*

建设部部长　汪光焘

（2006 年 5 月 24 日）

一、抓好安全生产是贯彻落实科学发展观的应有内涵

中央提出以人为本，全面、协调、可持续发展的科学发展观，首先要以人的生命为本。胡锦涛总书记指出："人的生命是最宝贵的，发展不能以牺牲精神文明为代价，不能以牺牲生态环境为代价，更不能以牺牲人的生命为代价"。经济发展必须建立在安全生产的基础上，"安全生产责任重于泰山"。各级建设部门一定要坚持以人为本，关爱生命、关注安全，以科学发展观统领安全生产工作，牢固树立安全发展的观念，坚持把保障人民群众生命财产安全和健康作为关系全局的重大责任，与各项建设工作同步规划、同步部署、同步推进，不断增强做好安全工作的责任意识，坚持不懈地把安全生产工作抓实抓好。

二、通过改革创新着力解决建设领域安全生产的突出问题

认真贯彻党中央国务院一系列指示精神，对照中央工作部署和要求，我们在安全工作体制、机制上，还有很多不适应和不符合的方面。必须分析建设领域安全生产工作的新内容、新特点和新格局，立足于改革和创新，着力解决建设领域安全生产存在的突出问题。在指导思想上，要牢固树立"抓经济发展是政绩，抓安全工作也是政绩"的正确政绩观，把安全发展的观念贯穿于经济和社会发展的全过程，贯穿于各项工作的全过程。在工作布局上，我们既要重视建筑施工安全生产的监管，又要重视城市供水、城市轨道交通、燃气等城市运行安全工作，还要重视工程全生命周期质量安全，以及对次生灾害的研究并制定应对措施。在工作措施上，要更加关注"三农"问题，关注农民工问题，要把保障建设领域农民工的生命安全放在维护农民工权益的首位，认真抓好农民工的安全教育和培训，切实改善农民工生活和作业环境，保障农民工的职业健康。要统筹城乡建设，下大力气抓好村镇工程建设安全，加强服务，指导农房建设。在工作定位上，企业负责人是安全生产的关键责任人，必须健全内部管理安全的机制和制度；政府部门主要应该维护社会公共利益，加强指导和监督管理。在工作方式上，在严格坚持安全生产的市场准入制度的同时，必须更加重视法制建设、制度建设和机制建设，加强行政审批后的管理和责任追究。

我们要认真总结长期以来安全生产的经验，深刻分析历史上建筑工程安全事故的教训和事故

* 这是 2006 年 5 月作者在全国建设安全生产工作电视电话会议上的讲话，本书发表时有删节。

死亡案例中大多数是农民兄弟的现实，特别是要汲取这几个月来山西、大连等地发生的事故教训，举一反三抓好建筑工程安全。我们还要认真研究和总结松花江污染事件造成哈尔滨市停水、北京京广桥道路坍塌严重影响城市交通、安徽淮北和四川泸州煤气事故影响社会秩序等诸如此类的社会公共安全事件，我们的安全生产责任，以及如何妥善应对和处置的措施。面对新时期、新任务、新特点，各级建设部门必须认真思考研究，通过改革和创新，全面履行好安全工作职责问题。

三、进一步转变观念更加注重社会管理和公共服务

随着社会主义市场经济的发展和城镇化进程的加快，安全工作面临着格局和方式的必要调整。我们必须正确区分经济社会发展中政府的责任和市场机制的作用，深化行政管理体制改革，转变政府职能。

强化社会管理和公共服务职能，不断提高保障公共安全和处置突发事件的能力。政府部门要进一步优化组织机构，创新管理模式和手段，从行业管理转向市场管理，从注重微观管理转向宏观管理，从主要依靠行政手段转向综合运用经济、法律和必要的行政手段，加快建设服务政府、责任政府、法治政府。各地建设部门在机构设置上，应当适应经济体制改革和政府机构改革的要求，根据精简、统一、效能的原则，适时调整，不能再沿袭行业管理的模式设置机构，切实改变政府在安全生产等涉及公共利益方面监管不力、力量不足的状况。政府管不好不该管的事，应该由企业负责的，明确企业责任；可以由社会组织、中介机构负责的，积极探索完善市场机制；单个政府部门管不好的事，要加强部门协调、配合，形成工作合力。

四、依法加强机制和制度建设是保证安全生产的关键

切实落实安全生产各项工作措施，必须尽快形成有利于促进安全生产的体制机制，着力加强制度建设。近几年，建设部把依法加强制度和机制建设作为抓好建设系统安全工作的重中之重进行研究，各地也要结合实际情况下功夫研究体制和机制创新，充分依靠机制和制度建设，促进安全生产形势稳定好转。当前，各地要在以下三个方面加强工作，一是建立健全协调运行机制。各地建设部门要建立健全并充分发挥安委会及其办公室的综合协调作用，制定工作规则，要形成一把手负总责、一位分管领导具体负责、一个处室负责牵头统筹安全生产、综合防灾和应急管理。明确应急管理和综合防灾的工作机构，保障必要的人员、经费等条件，完善本地区城市综合防灾和应急管理工作体系。二是进一步加强安全信息系统和事故快报制度建设。尽快建立健全覆盖全国建设系统的安全信息系统；根据国家总体预案的要求，按照国家和建设部规定的时限和要求，及时、如实地上报有关事故情况。通过加强信息统计分析和安全形势分析，形成比较完善的监测预警机制；各地还要建立重大事故评估制度。三是要建立健全行政审批和监管责任追究制度。对于涉及安全的行政许可，按照“谁审批、谁负责”的原则，认真查找存在的薄弱环节和漏洞，明确规定有关工作责任和责任追究制度。对在重大安全隐患整改、事故报告等方面工作失职的，对安全违法违纪行为不认真查处的，要严肃追究有关行政责任。

五、依靠科技和投入提高安全生产保障水平

科学技术是推动安全生产达到本质安全的强大动力，是安全工作的重要保障。企业要正确认识和处理好加强安全生产工作与企业长远发展的关系，及时提取安全生产专项费用，购置和更新施工安全防护用具及设施，改善安全生产条件。建设单位在编制工程概算时，应确定建设工程安

全作业环境及安全施工措施所需费用，作为非竞争性费用在招标时单列。各级建设部门要进一步制定有利于促进安全生产的经济政策，引导和督促企业加大安全生产投入。要抓好“科技兴安”工作，加大安全科技投入，针对建筑施工、城乡综合防灾、应急管理等领域的基础性、关键性技术和管理难题，开展安全科技攻关。大力推广应用先进适用的安全技术设备和工艺，建立安全技术示范工程，并及时淘汰严重危及安全的落后工艺、设备。及时总结重特大事故教训，组织修订不适应的安全技术标准，把先进适用的安全技术反映在强制性标准中。建立健全建设系统各级安全生产专家库，充分发挥专家在安全规划编制、政策咨询、法规和标准制定以及在事故处理中的作用，通过上述措施形成牢固的安全科技支撑体系，提高控制、应对安全事故的能力。同时，要加快安全科技人才的培养，加强对职工安全生产知识和技能的培训。

六、落实责任，务求实效

安全生产工作涉及面广，是一项系统工程。要按照“政府统一领导、部门依法监管、企业全面负责、群众参与监督”的要求，强化企业安全主体责任，层层落实生产责任制，各级建设部门要抓紧建立起较为完善的安全监管体系，针对本地区、本系统的实际情况，强化监管措施，落实监管责任。同时要明确机制和制度建设目标，力争上半年完成前面提到的三项机制和制度建设。特别要强调的是各地建设部门主要负责人是本辖区建设系统安全生产、综合防灾和应急管理工作的第一责任人，重点安全工作要亲自组织研究和部署，切实抓好责任分解、责任考核和责任追究三个环节。建筑工程既要实现死亡率指标下降的目标，又要确保死亡绝对数逐年下降。要建立健全群众投诉举报制度。各地要抓好各项制度措施落实情况的监督检查，务求取得安全工作实效。

建设部将建立对各地建设部门的安全工作目标考核机制，加强层级监督，完善约谈制度，定期发布各地控制指标的执行情况。对于在安全管理工作中作出贡献的单位和个人，要进行表扬。对于安全工作不力的地区，对于控制指标执行较差的地区，要给予严肃批评，并向省级政府通报；在有关考评考核中要实施安全一票否决制。

今年是实施“十一五”规划的开局之年，建设系统的任务相当繁重，安全生产责任十分重大。我们一定要牢固树立和落实科学发展观，以更大的决心，以更扎实的工作，为推动建设系统安全生产形势的稳定好转而不懈努力，为促进我国国民经济和社会健康发展，构建和谐社会做出新的贡献。

总结工作 认清形势
不断增强做好安全生产工作的紧迫感责任感

农业部副部长、安委会主任 尹成杰

（2006年1月）

2005年，在部党组的领导下，部安委会仅仅围绕农业和农村经济建设中心工作，从实践“三个代表”重要思想、坚持执政为民、落实科学发展观和构建和谐社会的高度，始终坚持“安全第一、预防为主”和“综合治理”的工作方针，认真贯彻落实中央关于安全生产的一系列指示精神和工作部署，狠抓了各项安全生产措施的落实。

一是加强领导，扎实工作，认真贯彻落实党中央、国务院关于安全生产的指示精神。年初及时调整了部安委会组成人员，全年4次召开部安委会扩大会议，认真学习贯彻中央关于安全生产工作的一系列指示精神，研究部署各时期农业安全生产工作。针对不同时期农业生产特点，多次下发文件积极指导农业行业做好安全生产工作。有关行业司局也多次召开本行业安全生产工作会议，及时研究解决行业安全生产中的突出问题。

二是落实责任，加强督查，认真排查整改事故隐患。进一步明确了安全责任，努力做到职责清楚、任务明确、责任到人、工作到位。加大监督检查和事故查处力度，结合先进性教育活动，组织了7个安全生产专项督查组，深入农业生产一线开展检查，督促落实安全措施，排查整改事故隐患。农机、渔业、农垦等行业（系统）和办公厅、机关服务局等单位也多次组织开展安全生产检查，对促进各项安全措施的落实起到了积极作用。此外，还参加了国务院组织的安全生产督查，派人赴江西、湖南对煤矿、烟花爆竹安全生产进行了检查。

三是突出重点，加强监管，深入开展安全生产专项整治。开展了低质量渔业船舶专项整治，与国家安监总局联合下发了《关于进一步加强渔业安全生产监督管理工作的紧急通知》，在事故多发渔区开展渔船安全生产定点监管和整治。开展了拖拉机及驾驶员专项集中整治工作，进一步加大了对拖拉机违章行为的查处力度，使得农机事故得到大幅度的下降。强化对垦区公众聚集场所的安全监管，杜绝群死群伤事故的发生。加强草原防火监测预报工作，加大火源巡查力度，有效地控制了草原火灾损失。

四是加强宣传，强化培训，不断增强从业人员安全生产意识和能力。组织参加了“首届全国安全生产及技术装备展”，向全社会宣传农业安全生产，获得中宣部、国家安监总局等7个单位颁发的“最佳组织奖”和“最佳设计奖”。组织开展了“安全生产月”活动，在农民日报、中国农业信息网等媒体上开展经常性的安全生产宣传，积极营造安全和谐的氛围。进一步加强对农业从业人员的安全生产培训，启动了对全国20多万涉外渔业船员及相关管理人员的3年培训计划，深入开展了“农机安全村”建设活动，取得了比较好的效果。

五是建章立制，夯实基础，努力提高安全生产规范化管理水平。开展了《草原防火条例》修订工作，进一步完善了农业安全生产事故报告制度和渔业应急值班制度，出台了《农业部拖拉机驾驶培训管理办法》、《草原防火物资储备库管理规范》等多项规章制度。修改完善了《渔业船舶水上安全突发事件应急预案》、《草原火灾应急预案》等事故应急预案。组织编制了《全国草原防火基础设施“十一五”建设规划》，并开展了农业安全生产长效机制、农作物药害控制与安全生产等课题研究。加大了全国海洋渔业安全通信网建设力度，不断提高渔业海难事故的自救和互救能力。

六是严格管理，着力防范，狠抓部机关和直属单位的安全保卫和消防安全工作。重点加强了对机关大楼、有关单位实验室、品种资源库、建筑施工场所以及有毒有害物资、危险化学品的安全监管。2005 年，我部被北京市评为“首都平安示范单位”（中央国家机关只有 2 个单位获此称号）、“综合治理先进单位”，在创建安全单位活动中被评为“优秀安全单位”。

在部党组的高度重视和各成员单位的共同努力下，2005 年农业安全生产形势总体平稳，事故发生率与去年同期大体持平，重大事故得到有效遏止。这些成绩的取得，离不开大家的辛勤工作，也凝聚着广大农业安全生产工作人员的心血和汗水。在此，我代表安委会对大家表示衷心的感谢！总结一年来的工作，有以下三个方面的体会：一是部党组高度重视安全生产工作，坚持以科学发展观为指导，把安全生产工作放在农业农村工作的全局中去思考，立足当前，谋划长远，杜青林部长多次对做好农业安全生产工作作出重要批示，为我们做好农业安全生产工作指明了方向。二是努力加强重点行业安全监管机构的建设，不断完善安委会与行业、地方主管部门的分工协作机制，积极研究建立长效机制，促进了农业安全生产管理水平的提高，为确保各项安全措施的落实提供了有力保障。三是部安委会和各成员单位坚持从基础工作入手，加强制度建设，完善应急预案，加大安全投入，为做好安全生产工作奠定了坚实基础。

2005 年的农业安全生产工作虽然取得了一定的成绩，但是我们也要清醒地看到，当前农业安全生产形势依然严峻，主要表现在：一是事故隐患还大量存在，拖拉机违章载人、“黑车非驾”现象还比较普遍，“三无”渔船和“三证不齐”渔船依然较多，从业人员违反安全生产规章制度的现象大量存在。二是部分单位对安全生产工作重要性认识不足，重生产、轻安全，对安全生产疏于管理，使安全责任制流于形式。有的单位将房屋、设备等承包、租赁给个人经营，而没有真正履行安全监管的责任，安全监管中还存在盲区和死角。从业人员安全生产意识普遍淡薄，有的未经培训就上岗，缺乏基本的安全知识。三是农业安全生产基础薄弱，一些安全设施老化、功效降低、技术落后，发挥不了应有的防护作用，难以应对自然灾害影响。此外，农业安全生产监管力量有限，管理手段落后，监管力量薄弱，难以满足安全生产工作需要。对此，我们一定要有清醒的认识。特别是近一段时期以来，连续发生的煤矿爆炸、吉化爆炸、交通安全、火灾等重大事故，给我们敲响了警钟。要求我们必须牢固树立常抓不懈的思想，切实做到警钟长鸣，绝不能有丝毫的松懈和麻痹。

全面贯彻落实科学发展观 努力开创特种设备安全工作新局面*

国家质量监督检验检疫总局副局长　支树平

（2006年2月14日）

一、特种设备安全工作特别重要，要特别地予以重视

特种设备安全工作是安全生产的重要组成部分，是实现安全发展的重要内容。作为国务院负责特种设备安全监督管理的职能部门，国家质检总局对特种设备安全工作一直高度重视。每年都要召开党组会议和局长办公会专题研究特种设备安全工作。各级地方质检部门特别是负责特种设备安全工作的广大干部职工，本着对事业高度负责的精神，按照“忠于职守、勇于负责、严格把关、保国安民”的要求，开拓进取，真抓实干，为确保特种设备安全，确保一方平安，付出了大量的心血和汗水，做出了积极贡献，取得了优异的成绩。

安全生产，任重道远，须臾不可放松，任何时候都不能自满。温家宝总理在全国安全生产工作会议上特别强调，各地区、各部门和企业，一定要以对人民群众高度负责的精神，努力做好安全生产工作。各级质检部门要认真学习中央领导关于安全生产工作的重要讲话精神，对特种设备安全工作给予特别重视。

第一，要特别重视加强领导。各级质检部门要深刻地认识到，搞好安全生产，是全面落实科学发展观的必然要求。科学发展，必须坚持“以人为本”，把人的生命放在第一位。加强特种设备安全工作，保障人民群众的生命和财产安全，是我们质检部门的重要职责。各级领导班子都要进一步统一思想，提高并做好并对特种设备安全工作的重要性的认识，把特种设备安全工作纳入重要议事日程，定期分析特种设备安全形势，认真研究特种设备安全工作，真正做到放在心上，抓在手上。尤其要明确领导责任，健全责任制，真正做到有人管，有人抓。

第二，要特别重视加大投入。安全工作要舍得投入，如果平时舍不得花小钱，出了事就会花大钱。首先要督促企业加大对特种设备安全的投入，加快特种设备隐患治理和安全技术改造，及时淘汰存在安全隐患的特种设备，强化特种设备作业人员技术培训，提高特种设备安全管理水平。二是要加大对检验技术机构的经费投入，增强检验机构的综合实力，做优、做强，努力促进检验技术机构在规模和水平上与国民经济和社会发展相适应，在机制和功能上与社会主义市场经济相适应，在运作和规范上与国际通行做法相适应。三是要加大对特种设备安全监管工作装备和经费的投入。要争取在地方财政预算中建立并落实稳定充足的特种设备安全专项资金，主要用于特种

* 本文是作者在2006年全国特种设备安全监察工作会议上的讲话，本书发表时有删节。

设备安全领域科学技术基础研究、重大科技攻关和科技进步示范工程、安全信息通讯、应急救援体系、安全监督检查、安全文化、教育培训等基础建设，保证特种设备安全管理基本目标的实现和各项工作措施的贯彻执行。

第三，要特别重视加强队伍建设。首先要加强机构建设，强化教育培训。要加强和规范地方特种设备安全监管机构建设，依法建立健全能够独立履行《特种设备安全监察条例》执法主体责任的特种设备安全监管机构；要在保持足够、稳定的特种设备安全专业技术力量的基础上，制订有针对性的监察和检验人员培训计划，开展特种设备安全专业人员业务和执法培训、考核工作，实行持证上岗制度，努力提高干部队伍的思想、业务素质和执法水平。二是要严格要求，加强行风建设。有权就有责，用权受监督。无论是安全监察部门，还是检验技术机构，都要切实加强行风建设和政风建设。要认真落实党风廉政建设责任制，严格执行质检系统“八严禁”规定。要严格以完成工作目标为考核依据，坚决杜绝下达罚没收入指标、以追求经济效益为目的的乱收费，切实维护质检部门“科学、公正、廉洁、高效”的行业形象。三是要热情关怀，主动排忧解难。特种设备安全监察工作特别重要，也特别辛苦，责任很大。各级领导干部要多加关心，政治上多爱护，工作上多支持，生活上多帮助，确保这支队伍始终保持饱满的精神状态和战斗姿态。我特别强调，在关键时刻要给安全监察队伍撑腰。比如，最近总局开展行政许可抽查，特种设备局对10个单位提出批评，撤消2家许可，我们就坚决给予支持，有关省局也很支持。

第四，要特别重视营造良好的环境。特种设备安全工作涉及面广，必须争取地方政府的高度重视和有关部门及企业的通力合作。各级地方质检部门要积极向地方政府汇报特种设备安全工作，争取把这项工作纳入总体工作规划和重要议事日程。要积极争取与特种设备安全工作相关部门的支持和配合，协调解决重大问题，形成工作合力。要充分发挥新闻媒体的作用，采取多种有效的宣传方式，大力宣传特种设备安全工作的政策和法律法规，宣传总局和各级质检部门为加强特种设备安全工作而采取的一系列重大举措，宣传特种设备安全工作的成果和先进典型，保持正确的舆论导向。事故发生后要及时、如实报道，要侧重报道党和政府在救援一线采取的措施，侧重报道事故抢险中的好人好事。同时，也要正视特种设备安全工作中存在的差距和问题，充分发挥舆论监督作用，该曝光就曝光。努力营造全社会高度关注、广泛参与、积极有效监督特种设备安全工作的良好环境。

二、特种设备安全监察工作面临新情况新问题，要特别注重创新

当今时代是知识经济时代，科学技术突飞猛进，经济增长和社会进步比以往任何时候都更加依赖创新。江泽民同志曾经指出：“创新是一个民族进步的灵魂，是一个国家兴旺发达的不竭动力。”胡锦涛总书记指出：“一个国家只有拥有强大的自主创新能力，才能在激烈的国际竞争中把握先机，掌握主动。”党中央明确提出要建设创新型国家。创新，已经成为新世纪新阶段改革发展的重大战略举措，成为我们不能不与之适应的历史潮流和必然趋势。

总局成立5年来，特种设备安全监察工作树立“在创新中发展，在服务中监督”的理念，坚持改革创新，在行政许可、立法工作、现场安全监管方式、特种设备检验技术机构重组发展、科技攻关等方面取得了一系列可喜的成绩，法规体系进一步完善，安全监管进一步到位，事故率进一步降低，工作机制进一步健全，打开了新局面，得到了新发展。回顾5年来的工作，我们不难发现，取得这些成绩的一个很重要的原因就是坚持走了创新之路。

但是，时代在发展，特种设备安全监察工作仍然面临许多新情况和新问题，也有一些不尽如

人意的地方。比如，在社会主义市场经济条件下，如何进一步完善特种设备法规体系，如何全面落实企业的主体安全责任，如何在政府职能转变中实现安全监管到位。再比如，如何实现特种设备安全监察工作和检验工作的可持续发展，如何实现安全性与经济性的高度统一，如何解决特种设备安全工作东西部不平衡、各类设备监管方式和力度上不平衡的问题，如何继续保持特种设备安全状况稳中有降的平稳态势，如何追赶发达国家和地区的安全水平等。应对这些新情况，解决这些新问题，惟有改革创新。我们必须坚持“在创新中发展”的指导思想，把创新贯穿到特种设备安全工作的各个方面，不断创新监管理念，创新监管机制，创新监管手段，努力开创特种设备安全工作的新局面。

（一）创新监管理念。要着重创新和树立4种理念。一是要树立科学监管的理念。要以科学发展观统领特种设备安全工作。首先坚持以人为本，做好特种设备安全工作，关爱生命，服务大局，促进经济安全发展，社会安定和谐。同时，深入探索特种设备安全工作的规律，在继承和发扬过去行之有效的好的做法的同时，不断吸收国内外好的做法和理念，大胆进行改革创新，努力创造具有中国特色、时代特征的特种设备安全工作体系。二是要树立依法监管的理念。要在完善特种设备法规标准体系上进行创新，不断提高立法质量，不断提高执法能力和水平，切实做到有法可依、违法必纠，切实把特种设备安全工作纳入法制的轨道。三是要树立有效监管的理念。要注重明确各方责任，哪些事项该由政府机关管，哪些事项该由检验机构、社会中介机构干，哪些该由企业自主负责，做到责任明确。要进一步贯彻“分类分级监管、职责重心下移”的原则，充分发挥地方各级质检部门的作用，将更多的行政许可和后续监管工作交由地方局承担。四是要树立监督与服务相结合的理念。要正确处理好监督与服务的关系，不断创新执法方式，做到在监督中服务，在服务中监督，实现监督与服务的统一，做到既监管，又服务，实现人文监管、和谐监管。

（二）创新监管机制。当前要重点推进5个方面的体系建设。一是建立健全法规标准体系。要通过发挥技术机构、标准化组织和技术专家的作用，引入安全技术规范制修订竞争机制和审议过程民主决策机制，来完善立法机制，加快特种设备安全法制建设，完善法规标准体系，推进安全监察依法行政。“十一五”期间的目标是形成法律草案，完善条例，完成30至40件行政规章、400至500个安全技术规范、1 800至2 000个标准的制定工作。二是建立健全动态监管体系。要结合实际，在充分发挥各方力量和利用计算机信息技术的基础上，建立健全安全监察的组织网络和信息网络。各地要在区域监管和安全协管方面大胆探索，建立适合本地情况的动态监管机制，构建适应本地特点的动态监管体系。三是建立健全安全评价体系。要通过研究确定设备安全等级，确定重大危险源和监控措施；通过对不同特种设备的不同状况、条件进行分析，采取有针对性的监管方式；通过量化分析特种设备安全对经济社会发展的影响等，构建特种设备安全评价体系，实现科学监管。四是建立健全安全责任体系。要不断探索落实各方责任特别是企业安全主体责任的机制和方式，建立安全责任体系，把安全责任落实到每一个单位，每一管理层面，每一名员工，完善特种设备安全责任体系。五是建立健全应急救援体系。要制定和完善应急预案，加强应急救援体系建设。各级质检部门要严格事故报告制度，做到第一时间反应、第一时间到场、第一时间作出判断、第一时间进行处置、第一时间报送信息。总局特种设备局对事故的反应就快，发生特种设备相关事故，不管有无我们的责任，先派人到事故现场。应该把这个做法作为一个规矩。要制定重点设备专项预案，组织开展经常性的定期演练活动，并根据演练和应急实践，及时修订和完善预案，增强预案的可操作性和分工、流程的合理性。同时，要完善事故调查处理的工作机制，吸取事故教训，防止类似事故的发生。

（三）创新监管手段。首先要在监测设备和方法上创新。要对事故高发的重点设备开展预防预警、应急处置措施和设备寿命等课题的研究，加大应用科技创新成果力度，例如利用不开挖埋地管道检测、在线检验等新技术成果，探索在有条件的地区和行业开展基于风险的检验技术（RBI）应用等，既实施好产品准入把关，又加强使用环节的监管，强化现场安全监察。二是要在管理手段上创新。充分利用信息技术，依托“金质工程”，大力推广和实施电子政务，实现网上审批，实现要求公开、程序公开、过程公开、结果公开。要在数据统计分析、监察检验联动方面充分利用信息化技术，实现信息共享，提高监管效率。

三、特种设备安全监察工作具体实在，要特别注重抓实

抓落实、见实效，至关重要。“抓而不紧，等于不抓”，“抓而不实，等于白抓”。各级质检部门必须突出重点，以特别务实的作风，想实招，办实事，见实效，在狠抓落实上下功夫。

（一）抓指标，做到责任落实。2006 年，国务院下达给国家质检总局的唯一的工作指标就是针对特种设备安全的。这个指标的具体内容是，全国每万台特种设备事故起数从去年的 0.90 起降低到 0.88 起以内，每万台特种设备事故死亡人数从去年的 0.98 人降低到 0.96 人以内。这些指标是在去年特种设备事故统计分析的基础上提出的，是刚性的考核指标，必须确保实现。实现这一目标，要靠全国质检部门共同努力，只有各地把事故指标控制住了，全国的特种设备安全指标才能达到。各级质检部门特别是特种设备安全监察部门，都要强化指标意识、责任意识，建立完善特种设备安全工作考核制度和考核指标体系，把特种设备安全指标作为工作考核的一项重要内容，同心协力，坚决完成。

（二）抓源头，夯实安全基础。设计、制造和安装，是特种设备的源头，也是保障整体安全的基础。必须抓好这个源头，打好这个基础。一是要依据有关法律法规，严格实施行政许可，坚决取缔无证设计、无证制造、无证安装改造维修等违法行为；二是要加快建立许可程序严密、评审过程透明、中间环节减少、工作效率提高、审批责任明确、监督制约完善的特种设备行政许可工作机制，规范许可行为；三是要强化许可后续监管工作，加强对鉴定评审机构的监督检查，加大对获证企业抽查的力度；四是要对特种设备制造过程和安装改造重大维修过程实施监督检验，及时消除生产过程中的安全隐患，确保特种设备安全质量的可靠性；五是要严格特种设备使用登记，严禁存在事故隐患的特种设备进入使用环节，坚决查处无证使用的违法行为。

（三）抓覆盖，消灭盲点盲区。实现安全监察的全覆盖，是确保安全的重要前提，也是履行职责的必然要求。各级质检部门要加快安全监察组织网络建设，将特种设备及时纳入安全监察视野，切实做到全覆盖，消灭盲点盲区。目前各地实行的区域监管、在乡镇社区聘用安全监察协管人员、发挥基层政府安全监管人员作用、在大型企业聘用安全监察协管人员等做法，都是行之有效的好办法，应当不断总结完善，加大推广力度。同时，要加快信息化网络的建设，利用信息技术，及时掌握特种设备的安全状况，及时检验，及时登记，及时发现并消除事故隐患。目前绝大多数省、自治区、直辖市初步建立了特种设备数据库并与国家数据库互联，为实现动态监管创造了条件。下一步，要充分发挥动态监管的作用，不断提高设备登记率、定期检验率、持证上岗率，力争 100%，消除监管工作的盲点和死角，有效控制各类事故、特别是重大事故的发生。

（四）抓整治，排除事故隐患。各地要结合实际，针对安全监察薄弱的设备、薄弱的环节，因地制宜地抓好专项整治工作。要循序渐进地推进压力管道普查整治工作；抓紧开展以提高电站锅炉使用登记率、定期检验率，落实电站锅炉使用单位安全责任为目标的专项整治，做到企业管理

要到位、政府监管不缺位；继续开展危化品承压罐车和起重机械的专项整治工作，要全面总结云南“8.1”起重机械事故调查处理经验，尽快形成典型案例；继续开展对土锅炉、简易电梯的取缔工作。要通过开展专项整治，努力消除事故隐患，推动解决薄弱环节上的问题。

（五）抓救援（演练），提高应急能力。安全工作必须做到有备无患。一旦发生事故要能够不慌、不乱，从容应对，及时启动各级“应急救援预案”，果断地处理事故，防止次生灾害，把人员伤害和经济损失减少到最小程度，最大程度地维护社会稳定。一是要按照总局和地方政府应急救援工作的要求，在政府的统一规划下，完善特种设备应急预案，并指导企业建立特种设备专项预案。二是要不断完善救援队伍、救援装备等体系建设，提高应对特种设备突发事件的能力。三是要加强应急预案演练工作，尤其要加强危化品承压罐车、车载气瓶、大型游乐设施、客运索道等涉及公共安全的应急预案综合演练，不断提高应急救援水平。四是要规范特种设备事故调查处理工作，发生事故，要及时反应、报告、处置。

（六）抓督查，做到奖优罚劣。任何工作既要有部署，更要有落实。督查是促进工作落实的有效手段。去年底，总局组织了8个工作小组对地方特种设备安全工作进行了督查，各地也组织开展了相应的督查活动，收到了较好的效果。今后，总局和各地质检部门要进一步加大督查力度，对安全责任制落实情况、各项重点工作开展情况、安全工作指标完成情况等进行督查。对各项工作开展得好的地区，要总结推广其经验。对工作任务完成得不好的地区，要分析原因，加强重点指导。要对特种设备安全监察工作绩效实施量化考核，逐步建立健全激励约束机制。

要把特种设备安全工作抓实，关键在人。事必认真、功在专注，是事业成败的重要因素。特种设备安全监察工作责任特别重大，我们必须做到特别认真、特别负责、特别能战斗，以吃苦耐劳、任劳任怨、严谨细致、精益求精、全神贯注、一心一意的作风，坚决把各项工作做到位，把事故率降下来。

在全国民航航空安全工作会议上的讲话摘要

中国民用航空总局局长　杨元元

（2006年1月10日）

2005年民航安全的形势总体平稳，取得这样的成绩相当不容易，2005年航空运输发展较快，在全行业干部职工的共同努力下，实现了航空运输安全年，这是一件相当不容易的事情。我们经常说安全工作是件难事，难就难在虽然有规律，但是偶然性非常强；安全工作又是件苦事，苦就苦在永无止境，今天管好了，明天又要重新开始。但是安全工作是关系到人民群众生命财产的大事，所以必须要做好。

第一，要认真落实党中央、国务院领导有关安全生产的一系列指示，进一步提高对安全工作的认识。2004年党中央、国务院领导直接给民航的批示共有23次，其中17次讲安全问题；2005年党中央、国务院领导对民航的批示有19次，其中15次讲安全问题。从胡锦涛总书记、吴邦国委员长、温家宝总理、黄菊副总理，到罗干、周永康、华建敏同志都有批示。我觉得有些批示对民航安全讲得非常细致、非常具体。在从2005年10月3日到11月20日的一个多月内，党中央、国务院领导对全国安全生产有26次批示。这些批示中，把安全生产上升到政治的高度，上升到牵涉国家稳定和执政党执政能力的高度。周恩来总理在1957年10月对民航题词“保证安全第一，改善服务工作，争取飞行正常”。明年是周总理题词50周年，我们应该好好纪念一下。什么叫“保证安全第一”？我们在工作中是否落实了安全第一？应当说民航对安全工作历来是很重视的。什么叫“保证安全第一”？我们的认识还要提高，提高到党中央、国务院对我们要求的高度。在最近几次向国务院领导汇报时，国务院领导反复强调，民航一定不能出事，民航出事的影响和其他行业出事的影响不一样。希望大家进一步提高对安全生产的认识，就是要把周总理讲的“保证安全第一”时刻放在心上。“安全第一”是我们行业的生命线。如果没有安全，其他的都是徒劳。党中央、国务院对安全工作提出了更高的要求，公众对安全的要求也越来越高，我们政府也应该逐步地提高我们飞行安全标准。作为企业我以前讲过，不仅要遵守政府的安全规章，还应根据自己的情况，自觉采用更高的安全标准。

第二，保证安全必须严字当头，一级抓一级。根据目前的情况，各单位要认真抓一下严格管理的问题。温家宝总理在2003年12月17日对民航题词：“深化民航体制改革，建立一支过得硬的、高素质的民航队伍，为此要严格管理、严明制度，严肃纪律，切实做到安全第一；提高服务质量，提高经济和社会效益，民航的改革和发展大有可为。”题词中谈到了“严格管理、严明制度，严肃纪律”。民航在历史上有关“严格要求”的警句有很多，如“四严一保证”，这是一总队的经验，“三老四严”，“严是爱，松是害”，“送人情等于送人命”，“抓得紧，质量高，要求严，问题少”，类似的警句还有很多。这些都是从鲜血的教训中总结出来的，不是凭空造出来的。我认为全行业当前要狠抓严格管理。民航新一轮的改革2005年7月份已经完成。应该说改革建立了好的体制，为民航的发展起到了很大的促进作用，但任何事情都有好的一面和不好的一面。我们要尽量把不好的一面弥合好，这是管安全的领导的一项重要任务。过去民航管安全有一条，就是一级抓一级，严字当头。现在行政隶属关系变了，如何做到一级抓一级需要总局来创新。安全工作如果不是一级抓一级，不是严字当头是不行的，我相信在座的各位都有感觉。最近行业出现了“松”、“散”两种倾向，比较严重，各有各的想法，各有各的打算。我在总局党委会上讲过：去年专项整治有一条叫做“整顿停机坪秩序”，结果问题越整越多，去年在停机坪出的事比前年多很多，撞了多少飞机啊？要有人管啊！该吊销执照的就吊销。最近我们看国家对交通管理抓得很紧，又提高了部分处罚标准，超速一倍的要永久吊销执照，就得这么严格。停机坪管理也是一样，规定速度多少就不能超过多少。但是现在机坪就没人管，就是松散的。我想在座的各位经常在一线，你们会有这种感觉，应该警觉这个问题。我特别重视这个问题，最近我在机关、在党委反复讲，没有一级抓一级，没有严格要求，安全就没有保障。安全工作中我们要搞人性化的管理，要以人为本，总局也在推进SMS系统安全管理，也在推进无惩罚报告制度，这都是对的，但是我们的头脑必须要清醒，从我们目前这种安全管理真正过渡到人性化管理、法规化管理，是一个很长的过程，就像我们开车一样，没有交警行吗？现在不管是公司还是机场，监管部门的“警察”太少，我们下发了多少整改通知单？有多少改正了？起了多少作用？所以在目前的情况下，要特别强调严格管理。我们过去提过“五严”：“严在组织领导，严在规章标准，严在监督检查，严在教育培训，严在系统完善”，我认为“五严”提的是对的，这五个方面是从民航多年来严格要求中总结出来的，其中“严在规章标准”，根据安全管理的状况，要逐步把标准提高，要求航空公司、机场当局使用高于政府的标准来运行。去年我们把121部有关训练的标准、飞行员休息时间的标准和其他几个标准提高了，大家有些意见，意见我们都仔细看了，当然提意见是对的。但是在去年一次电视电话会议上我讲过，现在党中央、国务院对我们的要求提高了，公众、旅客对我们的要求提高了，我们是不是也应该提高点标准？况且总局下发的规章要先执行，先执行后提意见。有人提出对民营公司安全管理要严格，这是对的。有的民营公司提出要用新加坡航空公司飞行队伍的管理办法，我说我同意，人家绝对比我们标准高，起码他不会让飞行员一个月飞100小时，我估计最多70～80小时，乘务员也绝对不会超过100小时。人家安全水平为什么高，就是在细节标准上要求严。细节决定成败。连续飞行5天，不休息48小时的话，积累疲劳就会增加。去年总局下发过一个文件，把飞行员年飞行时间从文件要求的900小时恢复到规章规定的1 000小时，根据民航的生产发展，这种做法是对的，而且我们应该按规章来办事。文件里有一句话，是我增加的，就是要求航空公司用3年的时间，争取把飞行员的飞行小时控制在900小时以下。我不知道在座的各航空公司管飞行的领导是否认真研究过这个问题没有。我们要理解“安全第一”这句话。怎么样用高于政府的标准来运行，我希望大家认真考虑。

现在往往责任不落实，民航这个行业必须要有处罚机制。前几天空管的雷达天线掉下来差点砸着人，我说得处理，谁负责这件事？是张三还是李四？起码在全行业通报批评。有的通用公司的直升机，还没有批准作业就去飞行结果把飞机摔了。这个公司两年内不准重新申请，因为它存在欺诈行为。最近总局对一些公司的检查中，发现有的公司情况太差了，说明公司的领导不合格，不能发了整改通知书就完了，光发整改通知书解决不了问题。还有管理局的监管责任，不要弄得太复杂，就明确一下2006年应该怎么监管。一年一年来，现在把整个飞标系统的监管办法弄得很详细还做不到，情况也比较复杂。简单地说，南航北方公司由东北局监管，不要找中南局。包括特有项目的补充合格审定，所有的都是东北局监管。东北局跟公司签责任书，公司进了飞机，监管不到位就是局方的责任。北方公司的飞机飞到广东，东北局可与中南局签定协议，委托中南局监管，但监管责任是东北局的。“联合审定、属地管理”是指南航集团手册的审定由中南局负责，手册写错了中南局负责，监管出了问题由东北局负责，责任一定要落实。责任不落实，安全谈不上严格要求、这个问题不要搞得太复杂，要抓紧落实。在座的都是在一线抓安全的，一把手都来了，怎么样严格要求，回去后你们想一想。要和我讲的第一个问题联系起来，切实落实保证安全第一。

第三，要认真研究、切实改进和抓好培训工作。这两年各公司的发展都比较快，机场扩建和空管扩建也比较快，需要大量的新人，总局准备在签派员、维修人员和空管人员的训练上出一部分资金，给行业做个表率。这几年为什么民航的安全形势相对平稳一些，这与我们前几任的局领导狠抓了训练工作有很大关系，尤其是飞行员的复训工作，把复训由一年一次改为一年两次，大的公司都建立了自己的训练中心，训练都比较正规了，所以虽然每年遇到的特殊情况不少，但飞行员处理得比较好。目前维修人员、签派人员、管制人员的训练还不够。我对大家提两方面的要求：一是回去后要认真检查一下各类人员的训练大纲，大纲要符合规章标准的要求。最近出台的规章和标准对训练提出了更高的要求，包括飞行员的转机型、初始训练的本场训练都提出了更高的要求。去年，国航用两架 B737 在天津飞本场，专门做训练用。我去看过，看副驾驶怎么飞，在讲评室怎么讲评，我觉得很好，很正规。不一定每个公司都这么做，但是我们对初始训练的本场训练是有严格要求的，做到了没有？不少公司赶在航班前，早上 6 点多起飞，飞几个起落就完了？讲评了没有？波音的教员对我讲，日本航空公司新飞行员的训练，也是只飞过 200 多小时的，改装 B737 训练要求是一天飞本场一天飞模拟机，训练一个月。这样训练出来的质量能低吗？安全水平能低吗？波音教员说，日航的新飞行员转机型训练是带本场一个月，本场和模拟机每天轮换。最后是政府的检查员上飞机坐在中间看，教员任何时候不得动手，学员做几个复杂的科目，最后落地就行了。比起来我们现在差远了。前段时间某航空公司训练不到位出了问题，原因之一就是右座副驾驶才飞了 50 多个小时，什么都不懂，也不太会飞。类似情况在行业还有。二是要调整训练的程序，总结多年来训练的经验。不要学员来了就飞模拟机，一个月后就开始跟班，一跟就是一年两年。大家要好好看看 121 部对飞行员的近期经历要求。如果在多长时间没有起飞落地，就得重新接受模拟机训练。跟班一、二年后上右座，早已把飞行起落忘记了。是不是应该把我们的训练程序调整一下？包括维修人员、空管人员的训练程序。上次英国一家公司来推销他们的空管训练，我听后感觉我们的差距太大。英国的一家空管学校有 4 个机场，而我们是在教室里面和荧光屏前训练的。原来维修人员的培训是师傅带徒弟，现在要把岗位训练（on job training）加进去，不能只在课堂上讲。训练程序得改变。不能为了快出人才，降低训练标准，减少训练的时间，这样，人才是培养不出来的！调整训练程序，满足规章要求的时间，这样人才会培养得快些。最近，国航和飞标司在一起探讨，让飞了一定时间的 B737 副驾驶在飞机上飞 100 个起落，其中有单飞起落，问总局能不能把升机长的时间降低一点。我认为可以试一试。真要飞到 100 个起落，效果和以前是不一样的。手上的功夫、各方面都会有所提高。总之，在训练上要满足规章要求，要调整训练程序，使人员培养得更快更好。

在全国电力安全生产委员会第五次（扩大）会议上的讲话摘要

国家电力监管委员会主席　柴松岳

（2006 年 2 月 13 日）

电力工业是国民经济的基础产业，电力的安全生产关系到千家万户，关系到经济的发展和社会的稳定。美加 8.14 大停电，2005 年海南全省停电事故以及西藏藏中电网停电事故，都受到党中央、国务院领导同志的高度关注。对于电力安全问题，胡锦涛总书记、温家宝总理和黄菊副总理等中央领导同志都多次作出过重要批示，对我们做好电力安全工作具有很强的指导作用。我们要认真学习、深刻领会，全面贯彻落实温总理的讲话精神和全国安全生产工作会议部署，结合电力工业的实际，扎扎实实，努力做好 2006 年的电力安全生产工作。

一、坚持以科学发展观统领电力安全生产工作，实现电力工业的安全发展

党的十六届五中全会按照十六大对本世纪头二十年全面建设小康社会的总体部署，提出了“十一五”时期，实现 2010 年人均国内生产总值比 2000 年翻一番、城乡居民收入水平和生活质量普遍提高的经济社会发展目标。全会还从经济社会发展的全局出发，把安全摆在与资源、环境同等重要的战略位置上，强调“坚持节约发展、清洁发展、安全发展，实现可持续发展”。经济发展必须建立在安全生产的基础上，电力安全是保证国民经济发展和人民生活水平提高的重要基础，搞好电力安全生产，实现安全发展，是全面落实科学发展观的必然要求，是建设和谐社会的迫切需要。

以科学发展观统领电力安全生产工作，实现电力工业的安全发展，必须始终坚持“安全第一，预防为主”的方针不动摇，始终坚持把安全工作放在一切工作的首位。要正确处理电力安全与电力发展、电力安全与电力改革、电力安全与企业效益的关系，要把安全生产工作落实到改革和发展的各个环节，使电力安全生产做到同步规划，同步实施，同步发展。当电力安全与企业的经济效益发生冲突时，必须服从安全。企业在安排各项工作时，电力安全生产工作要和其他工作一起研究，一起部署，一起检查，一起落实，一起考核，保证电力安全生产工作与各项工作同步协调进行。

以科学发展观统领电力安全生产工作，实现电力工业的安全发展，必须要高度重视科学技术在安全生产工作中的重要作用。当前，我国的电力工业已经进入大电网、大机组、高电压、高自动化的阶段，我们要始终跟踪电力科技发展的最前沿，不断加大安全生产的资金投入，通过科技进步，提高电力安全生产水平，不断提高安全生产保障能力。

二、进一步加强电力安全生产管理，强化电力企业对安全生产的主体责任

抓安全生产工作，关键是狠抓安全生产责任制的落实。各电力企业必须建立起科学严密的安全生产管理责任体系，层层落实责任制，把安全生产的责任落实到每个环节、每个岗位、每个人。要通过加强安全生产制度建设、组织建设、监督检查和安全质量管理等，把电力安全生产工作落到实处。同时还要严明纪律，确保各项安全管理制度的严肃性，加大考核力度，不断提高安全生产的管理水平。

要加强电力建设施工安全的管理。去年以来，电力建设施工安全方面发生了多起重特大人身伤亡事故，为此，去年 8 月份，我们召开了安委会第四次会议进行专题研究部署。从目前的情况看，电力建设施工领域事故多发的现象仍没有得到有效遏制，因此，各有关单位要根据电力建设项目点多面广的特点，加强领导和管理，要有针对性地开展工作，明确责任，加强施工队伍管理。各项目单位在管理项目建设的同时，必须负起安全管理的责任。

电力企业是电力安全生产的责任主体，必须不断强化。电力企业的主要负责人，是电力安全生产的第一责任人，对企业的安全生产负主要责任，分管安全工作的各级领导也要分工明确，各负其责，共同承担起安全管理的责任。在依靠企业自身努力的同时，通过严格的监管、有效的指导和有力的社会监督，推动各电力企业安全主体责任的到位。

三、要确保电力系统的安全稳定，建立有效的电力安全应急机制

电力系统的安全稳定是各电力企业的共同责任。电网企业、发电企业、供电企业和电力用户，都要有大局意识、全局意识。网厂之间要主动配合，协调一致，在安排电网运行方式、系统备用容量、设备检修计划以及紧急事故处理等各个方面，要真正做到统筹考虑。

2006 年，电力供需形势将有所缓解，但是在部分地区、部分时段，仍将出现供需紧张的状况，我们不能掉以轻心，在供需矛盾缓解的情况下，也要加强负荷预测工作，加强需求侧管理工作，确保电网安全。电力调度机构要坚持统一调度、分级管理的原则，严肃调度纪律，严格按照调度指令安排运行方式，同时要切实做到公开、公平、公正。要继续加大电网建设与改造的力度，提高电网抵御自然灾害和突发事件的能力。去年海南和西藏藏中电网大面积停电事故引起了国务院领导同志的重视，对其教训及其所造成的影响，我们都要引以为戒。

在确保电力系统安全稳定的同时，要尽快建立起有效的电力安全应急机制，健全和完善安全生产应急救援体系，防患于未然。2005 年底，《国家突发公共事件总体应急预案》和 25 项专项应急预案已向全社会发布，《国家处置电网大面积停电应急预案》是专项预案之一。按照党中央、国务院的统一部署，根据全国应急管理工作会议精神，各有关电力企业要紧密协作，按照《国家突发公共事件总体应急预案》和《国家处置电网大面积停电应急预案》的要求，结合实际，做好本单位应急预案的编制和完善、应急指挥机构的建立、反事故演习等方面的工作，不断提高应对突发事件的能力。各单位还要做好《预案》的宣贯工作，要通过各种途径，向全社会宣传出现大面积停电紧急情况下如何采取正确的处置措施，提高全社会的应对能力。电监会将在今年对各单位的应急工作进行监督检查，以确保在面对紧急情况时能够正确、有效和快速地处理相关事件，最大限度地减少影响和损失，维护国家安全、社会稳定和人民生命财产安全。

四、不断提高电力监管工作能力，适应新形势下电力安全监管工作的需要

2003 年 12 月，国务院授权电监会具体履行电力安全监督管理职责。去年，《电力监管条例》

的颁布施行，又为我们依法履行电力安全监管提供了法律保证。经过三年的努力，电力监管机构建设取得了很大的进展。目前，华北、东北、华东、华中、南方、西北区域电监局，以及11各城市监管办公室已经相继成立，并开始履行监管职责，电力监管队伍的不断壮大，为全面履行电力安全监管职责提供了组织保证。

电力监管事业是一项全新的事业，没有现成的经验可以照搬，需要我们去开拓、去探索。我们必须适应不断变化的形势，不断加强学习，加强法律法规和业务知识的培训，努力提高业务能力。我们必须要注重调查研究，通过调查研究发现产生问题的原因，找出解决问题的方法；通过调查研究认识电力监管的客观规律，通过调查研究及时总结监管工作的经验，不断提升监管工作水平。

电力安全监管是全面履行电力监管职责的重要内容。电监会及各派出机构要进一步强化依法行政的意识，认真研究在新形势下如何进一步做好电力安全监管工作的问题，及时改进电力安全监管工作的机制和方法。要进一步加强对各电力企业安全生产的监督管理，加强与各电力企业的情况交流和信息沟通，确保电力安全监督管理到位，不断提高电力安全监管工作效率。

做好今年的电力安全生产工作，具有极为重大的意义。让我们紧密团结在以胡锦涛同志为总书记的党中央周围，以邓小平理论和“三个代表”重要思想为指导，全面落实科学发展观，开拓进取，扎实工作，为促进国民经济和社会发展，为构建和谐社会做出新的更大的贡献！

第六部分

中央企业负责人谈安全生产工作

唱响“三铁”精神　实现安全发展

中国兵器装备集团公司总经理　徐　斌

安全生产事关人民群众的生命财产、事关社会稳定、事关国民经济持续、稳定、健康发展，是一项重要国策，既是经济问题，也是政治问题。党的十六届四中全会强调“坚持以人为本、全面协调可持续的科学发展观，更好地推动经济社会发展”。“以人为本”是科学发展观的本质和核心。党的十六届五中全会把安全发展作为一个重要理念纳入我国社会主义现代化建设的总体战略。在对科学发展观认识的逐步深化中，中国兵器装备集团公司自觉地以科学发展观统领各项工作，唱响“三铁”精神，着力推动企业安全发展。

一、坚持安全发展是落实科学发展观的必然要求

安全生产实质上是保护人权，是实践“三个代表”重要思想的具体体现。以人为本，体现在安全生产管理上，就是必须以保障人的生命权和健康权为最高原则，杜绝以危害人的生命与健康去换取物的安全和经济效益的非人道行为。中国兵器装备集团公司党组始终高度重视安全生产工作，要求各级领导干部深刻认识科学发展观的内涵，务必坚持“安全第一，预防为主，综合治理”的方针，把坚持安全生产与经济协调发展作为落实科学发展观的必然要求，坚持人本管理的核心理念，以科学促安全、用安全保发展、靠发展谋和谐。“十五”期间，集团公司在经济持续快速增长的同时，通过努力，消灭了重大事故，一般事故发生率大幅度下降。2005年集团公司取得了未发生一起死亡事故的好成绩，安全生产工作迈上了一个新台阶。

经济社会的发展促进了安全发展观的确立与推行。一方面，在未来相当长的一段时期内，我国经济增长将明显具有以重工业为主导的特征。中国兵器装备集团公司作为特大型跨国经营公司，已经进入了以军品为根本、汽车为主导地位的产业提升，经济增长方式转变的高速发展阶段。集团公司从2003年开始，实施了“六年两步走，翻两番”的发展战略，经济自主增长能力明显增强。在经济规模日益扩大、运行质量逐步提高的同时，由于从事的行业属于高危行业、生产力水平的限制、多年积累的一些矛盾和问题在短时期内还不能完全解决等原因，使安全生产面临更加严峻的挑战。另一方面，随着企业经济基础的不断增强，职工群众生活的逐渐富足，使得安全需求、安全意识也在不断提升，客观上对安全生产提出了更高的要求。此外，国有企业的改革正处于攻坚阶段，伴随着改革的不断深入，一大批合资企业、兼并重组企业的诞生，股份制企业的建立与上市，要求安全生产管理实现不断创新。坚持安全发展，已成为企业发展的自觉需要。

二、不断创新安全生产管理模式是坚持安全发展的重要举措

企业是国家经济的细胞，是先进生产力的载体和经济增长的主体。安全生产工作的落脚点是

企业，是安全发展的直接体现。中国兵器装备集团公司在安全生产管理过程中，自觉把创新作为一项主要任务。经过近年来的探索与实践，逐步确立了安全管理“0345 模式”，即：实施零目标管理，把重大事故为零、死亡事故为零作为努力目标；坚持以人为本的管理理念、坚持快速发展与安全发展相统一的原则、坚持一把手负责的管理体制；以推动安全质量标准化、安全设施现代化、安全管理信息化、班组管理标准化为基础；以培育安全文化、实施科技兴安战略、狠抓弹药火工企业专项整治、强化企业管理和强制性安全评价为主要措施。通过安全管理模式的创新，把“人本”作为企业发展和安全管理的核心价值观，在“零”目标的牵引下，注重投入、科技、文化和体制建设并举，在继承传统、学习先进的基础上，更加强调的是一种理念，并将其提升为一种模式，使企业和员工把安全生产彻底由外化的约束变为内化的精神，以此来培养员工、凝聚员工、保护员工，保证企业和员工在安全中发展，达到员工与企业间的和谐、员工工作与生活的和谐、企业经济效益与社会责任的和谐。实践证明，安全生产新模式的实施，保证了安全生产管理效应的递增，也为安全发展长效机制的建立奠定了基础。

三、用“三铁”的精神推动安全发展

落实科学发展观，实现安全发展，必须站在加强党的执政能力建设、构建社会主义和谐社会的高度，自觉抓好安全生产工作。中国兵器装备集团公司在安全生产管理工作中坚持“完善铁的工作制度，建立铁的工作队伍，严肃铁的工作纪律”，严格执行安全生产一票否决制度，坚持安全优先于生产的原则，就是要坚决把职工群众的利益维护好，把影响安全发展的问题解决好。“搞好经济发展是政绩，搞好安全生产也是政绩”的观念已经深入各级领导干部的内心。在“十一五”开局之时，集团公司党组对企业和各级领导干部提出了明确要求：要切实学习好、贯彻好胡锦涛总书记和温家宝总理对安全生产的重要指示，用科学发展观统领安全生产工作，唱响“三铁”精神，切实推动安全发展，正确看待安全生产工作取得的成绩，正视安全生产存在的问题，用创新的思维加快安全生产由治标为主向标本兼治的转变，科学应用法律、经济、行政手段，调动各种资源，统筹规划，增强对安全生产工作的主动性和预见性，不断提高安全管理水平和本质安全程度，把安全生产放在第一重要的位置长抓不懈。

四、全面落实安全生产发展规划

在中国兵器装备集团公司的安全生产发展“十一五”规划中，确定到 2010 年要达到国内行业先进水平的目标。全面落实好规划，关键在于完善和落实企业一把手负总责的责任制体系，并不断推进安全管理体制机制和科技的创新。通过加大安全科技开发应用、完善突发事件的预防和应急救援体系、规范爆炸危险品的储存与运输安全、强化职业卫生管理及职业病防治等重点任务的完成，以及安全技术改造的实施、政策规范的健全、安全人才队伍的培养、资金投入与科技创新等措施的保障，构建既适应军工生产、又满足国际竞争需要的安全生产保障体系和持续改进的长效监管机制，实现安全发展，为集团公司“622”发展战略保驾护航，为建设创新型企业集团发挥中坚作用。

安全发展，国泰民安。以“保军报国，强企富民”为己任的中国兵器装备集团公司，必将为国家的昌盛和人民的幸福做出更大的贡献！

在中国石油化工集团公司暨股份公司安全环保电视电话会议上的讲话

中国石油化工集团公司总经理　陈同海

（2006 年 1 月）

一、不断提高对安全环保工作的认识

搞好安全生产和环境保护，实现安全发展、清洁发展，是进一步落实科学发展观和构建和谐社会重大战略思想的基本要求，是全党全社会的一项重要任务。近几年来，党和国家越来越把安全环保工作放在更加重要的位置，提出了更加严格的要求。从有关机构所做的民意调查看，人民群众对安全环保的要求也越来越高。中国石化是国有特大型企业，从事的是高危行业，更要带头认真贯彻落实中央的要求，深刻认识搞好安全发展、清洁发展的内涵，进一步增强责任感和紧迫感，把“安全第一”、“环境友好”落到实处，不断增强安全保障能力，持续改善环保状态，努力实现可持续发展。

安全生产也是企业各项工作的基础。我们今年的生产经营、改革发展、工程建设等各项任务非常艰巨，面临的困难和压力比较大。特别是在一年的时间里，无论是市场还是内部，都可能会有一些不确定因素。因此，越是工作头绪多、任务重、环境复杂，越是要高度重视并切实抓好安全生产。只有把安全生产抓实了、抓稳了（即通常讲的“坐稳屁股”），才能有更多的精力来促进改革、调整、创新、发展，抓好队伍建设和党的建设等工作。否则，没有安全生产作保障，各项工作都将陷入被动。

安全环保工作的好坏，不仅关系我们企业自身的发展，也直接影响企业的社会形象。近几年来，国内外对石油石化产品的质量要求和生产过程的安全环保要求越来越高。国内成品油质量升级步伐加快，中心城市特别是特大型中心城市控制汽车尾气排放的指标日益严格。重诚信、负责任是中国石化的宗旨。我们必须进一步增强环境保护意识，加大环境保护力度和投入，加快推进清洁生产，开发环境友好产品，努力建设环境友好型企业。

当前，安全和环保形势不容乐观。据统计，2005 年全国共发生各类安全生产事故 72.79 万起，死亡人员达到 12.68 万人，其中一次死亡 10 人以上的重特大事故就达 134 起，死亡人数达到 3 049 人，同比分别上升了 2.3% 和 17%。同时，重大未遂伤亡事故多发、次生事故多发，包括吉化事故造成严重水体污染等，涉险及疏散 7 万多人，大量农田及部分河流受到不同程度的污染。吉化事故对大家的震动很大。从我们自身情况看，虽然总体保持了安全生产，但仍然是事故不断，2005 年集团公司共发生 28 起上报事故。从对事故的调查分析看，“三违”、“低标准、老毛病、坏习惯”现象比较严重，已成为造成事故的主要原因。虽然去年上报事故次数比上年略有下降，但今年的开局并不好，令人担忧！同时，我们有些企业的环保工作仍然存在相当大的差距。对此，我们务必提高警觉，认真吸取事故教训，举一反三，引以为戒，通过扎实细致的工作，努力减少一般性事故，坚决遏制重特大事故。

这里我着重强调本质安全的问题。本质安全是设备、系统和人所具有的最佳安全品质，不会因为自身的原因造成事故。因此，本质安全包括物的本质安全和人的本质安全。物的本质安全，就是从项目设计开始就要认真进行审查和评估，从工艺、工程、设备等多方面提高安全保障能力，杜绝源头隐患问题的出现。中国石化是由过去分布在有关部门和地区的企业重组组建的企业集团，相关设备标准和工艺技术要求不尽相同，我们在调查中发现，有的企业现在执行的仍然是过去的标准，包括安全技术要求和标准相对偏低，这就容易带来生产过程中物的本质安全问题。所以，总部决定对设计标准和生产装置进行重新评估，力争实现物的本质安全。人的本质安全是本质安全的前提和基础。在生产实践中，人既是防止事故发生的主体，反过来讲也是事故的最大受害者。因此，我们要特别强调保证人的安全，只有首先实现人的本质安全，其他一切包括保证物的本质安全才有可能。

实现人的本质安全，首先要提高全员安全意识、安全素质和安全责任心。我认为关键是抓好两头：一是抓好各级领导干部责任制的落实。既然是企业的领导，就要对企业、对国有资产、对职工生命安全负责。关键还是在落实制度上下功夫，努力消除制度性的缺陷，通过制度把领导干部的安全生产责任制落到实处。二是抓好职工的操作技能和基本功训练。现在，我们的产业链很长，从上游的油气勘探开发，到炼油化工，再到成品油、化工产品销售，等等；专业面也很宽，有物化探、钻测录、井下作业、油建，有机电仪、水电汽风、建筑安装，有各种物料的储运，等等。而且，我们的钻井深度越来越深，装置开工周期越来越长，工作介质越来越复杂，操作条件越来越苛刻。如过去开采的天然气主要是低含硫的，现在大多数是高含硫的；过去炼油装置加工的主要是轻质低硫原油，现在加工的原油硫含量越来越高，API值越来越低，等等。特别是装置运行周期长了以后，有些职工对开停车以及紧急状态下的操作就会相对比较陌生，而一旦有一个误操作，就会出大事故。因此，我们必须强化所有职工的基本功训练，包括加强事故状态下的操作技能训练。大家知道，飞机驾驶是不允许出任何差错的。为此，商务飞机的飞行员每年必须接受一定时间的仿真模拟训练，主要内容就是训练飞行员在事故状态下的操纵技能和事故处理技能。虽然飞行员在航校都学过各种状态下的操作方法，但在平时的飞行中很少或几乎没有接触过事故状态下的操作，如果长时间不进行这方面的训练，一旦遇到事故状态，就可能会出现误操作，酿成重大事故。所以，国际航联明确规定，每个飞行员必须持有国际航联颁发的证书，而且证书必须每年确认一次，由国际航联指定的培训中心对飞行员反复培训、重复培训并确认其具有驾驶某种机型的技能。由此我想到，对我们的一线职工也必须强化这方面的训练。要建立仿真模拟基地，使我们的职工通过反复训练、反复考核，把各种状态下的应急操作变成每个职工的本能反应，使各种安全须知、生产流程、设备系统、操作规范以及应急操作都深深地印在职工的脑子里。我曾经讲过，我们的车间都挂着安全须知、应知应会等规范和制度，但光挂在墙上没有用，万一出了事故，一边看墙上须知一边去操作是来不及的。所以，要经过不断地反复培训、反复训练、反复考核，使之成为职工的一种本能反应，保证不出现误操作，在特殊、应急状况下能够正确地处理事故。我建议大家认真研究这个问题，怎样把各种规章制度、操作规范、安全须知深深印在职工的脑子里，使我们的职工真正养成“我要安全”的好习惯。

如果做到了以上这些要求，我们就能够把事故率降到最低，从而实现我们追求的“本质安全”。

二、安全环保工作必须严格要求、严格监管

做好安全环保工作，既难也不难。说不难，是因为这是一项常规性的基础工作，是石油石化行业最基本的要求；说难，是因为常年累月、每天每时、每分每秒都要一丝不苟地抓好落实。从目前一些事故和问题看，我感觉主要还是安全生产工作抓得不够实、不够狠，还没有真正做到我们一直提倡的“严、细、实、恒”。这里我着重讲一讲“严”的问题。

“严是爱，松是害，稀里糊涂是祸害”。这句话讲了几十年了，道理大家都懂，但在实际工作中往往落实不下去，一些领导同志在安全环保问题上抓的不狠，怕得罪人，恐怕这是“家丑不可外扬”尤其是“好人主义”思想在作祟。正是由于有这样一些同志不敢坚持原则、不敢严格监管、不愿严格监管，才使得安全环保监督管理“失之于松、失之于宽”，这是十分要不得的！过去石化总公司对安全监督管理有四句话，即“严之又严、吹毛求疵、铁面无私、六亲不认”。我感到，我们必须恢复和发扬这个好的传统，旗帜鲜明地反对“好人主义”。因为这个“好人主义”、“滥好人主义”，实在是害人害己。我们必须严格要求，严格监管。只有这样，才能把安全环保工作落到实处。

严格要求，严格监管，是对国家、对企业、对社会、对职工、包括对个人负责的表现，也是一项重要的纪律。大家对工作安排，要严格按照既定部署，周密安排，抓好落实；对生产管理，要严格按照规章制度进行监管，狠反“三违”，扫除“低老坏”；对设备管理，要认真按照规定程序和办法进行巡检、维护；对技能培训，要对照操作规程，模拟复杂环境，从严要求，反复训练；对隐患治理，要严格按照安全评估和整改要求，落实措施，限期整改；对事故处理，要严格执行“四不放过”原则。各级领导干部特别是“一把手”要切实负起责任，认真抓好安全和环保工作。去年，集团公司制定了重特大事故责任追究制度。建立这个制度，实际上就是要解决“滥好人主义”的问题。反对“好人主义”反了好多年，为什么落实不下去？主要还是缺乏责任心，因此就要制定问责制。出了事故，不仅要追究基层人员的责任，而且要追究领导人员的责任。也就是说，哪位领导干部不抓安全、不抓环保，党组就要对他进行问责，直至依法追究刑事责任。反过来，如果大家都能严细认真地做好工作，不发生事故，问责制也就不会执行。所以，我希望大家对待安全和环保工作，都要认真负责，严格要求，严格监管，发扬扎实的作风，采取有效的措施，持之以恒地抓好“三基”工作，为安全生产打好扎实的基础。

在中国海洋石油总公司安全生产电视电话会议上的讲话摘要

中国海洋石油总公司总经理　傅成玉

（2006 年 12 月）

一、各级党组织、各级管理单位、各级管理干部要进一步提高对安全生产和环境保护的认识

多年来，总公司是非常重视安全生产和环境保护的，也建立起了一套比较好的制度，同时，已经形成了很好的安全环保文化。但目前我们还不能说在安全、环保上已经做到万无一失了，从我们各个单位安全事故上来看，还有隐患和不足；各级管理干部对安全生产全面认识上，也有不到位的地方，所以今天还是要强调进一步提高对安全管理和环境保护的意识。我们要站在落实科学发展观、站在爱护职工的生命安全、站在职工家庭幸福的高度，“以人为本、关爱员工”的角度来看这个问题。一个安全事故、环保污染它不仅仅影响到公司的发展，牵扯到职工生命安全、人民的生命安全，也会对社会造成重大的影响，我们不能掉以轻心。安全生产是公司发展的基础保障，是效益的保障。安全管理永远是管理中的薄弱环节，全国出现的事故，不只是引起我们的重视，更要引起我们在行动中来解除目前安全管理当中的隐患。对领导干部来说，要把人民群众的生命财产安全放在第一位；对每一位职工来说，别人的生命、自己的生命和家庭幸福放在第一位。所以，我们不能允许破坏安全管理制度、违章操作、违犯规程、串岗乱岗的现象存在。各单位、各级一把手，各单位主管安全生产的领导、监督、班组长要把公司的规章制度、工作流程、岗位操作规程当作管理的第一环节来抓。在安全生产有隐患的情况下、在隐患没有解除的情况下、当不具备安全生产条件时，任何领导不可以强迫开始工作。我们的操作工人、班组岗位人员、各级现场监督，在不具备安全条件下，有权拒绝生产操作。所以抓违章、抓违反操作规程，抓串岗、乱岗作为落实生产环节的第一道工作来抓，由于违反操作规程、违反安全制度、串岗、乱岗造成的安全事故立即解雇，对于负责这方面的领导立即撤职。我们的安全文化，要落实在执行规章制度上，落实在执行操作流程上，所以在安全上没有任何余地可讲情面，这一点要作为制度落实下去。

二、抓落实，要落实到操作层面、落实在操作一线、操作岗位、落实到现场操作的每一个人头上

不能用会议的形势、一级传达一级的形式来落实安全生产责任制。要落实到每一个操作岗，各级一把手，主管安全生产的领导要到一线检查生产管理、安全管理制度是不是落实，不要听汇报，要查记录，对于存在违背操作规程的行为，要立即做出整改；对发生事故隐瞒不报的要采取

措施，该调离岗位的就调离岗位，需要给予处分的就给予处分。我们做的工作是涉及到人命的工作，是涉及到对人民负责的工作，尤其是对我们职工的生命安全和家庭幸福负责的工作，所以我们讲以人为本、关爱员工，首先要关爱他们的生命，关爱他们的健康，所以在管理上不准违背公司的制度、操作程序。在贯彻落实上，重在检查实行情况，重在防止纠正违规现象，重在做出防止重大事故发生的潜在风险上。同时，对易燃、易爆品要有特殊的管理措施，尤其是对海上、陆上容易造成重大污染的问题，要完善现有的规章制度，对目前执行的情况要了解清楚。化工厂、化肥厂周边有人群居住的，这些措施更要落实。要做好预案，尤其是发生最坏情况下的预案。要做到让周围的老百姓不受伤害。

三、对应急处理的各种措施，要重新进行一次审查，其中包括对社会的宣传、周围老百姓撤离时的保障、包括对媒体的各种应急反应

这涉及各地区公司和公司内部怎么沟通的问题，这个沟通环节要细化。总公司层面要拿出当出现重大事故时，面对政府、社会的分工，统一的行动方案，这些危机管理制度要进一步审查和完善，总公司需要做一些新的规定。从开县井喷、吉化爆炸看，我们这种中央管理的企业，在地方发生安全环保事故以后，对舆论的引导和管理；对地方的表态；尤其是对受到波及的当地群众，应当做出积极的解决方案。对地方做出经济上的补偿，先要由公司做出表示，同时确立那一级领导要到现场；通过这几个事故，我们要做出改进，明确一旦这种情况发生，各级领导要有什么样的反应。如果领导在外地或出国时，要立即终止其它工作。与当地的政府如何沟通，我们也要统一，而且不能拖时间。对于报告系统，要防止小事不报，大事不知道，或者不清楚怎么报或认识不到。作为基层单位不仅要如实上报小事，还要判断小事会演变成什么样的大事，你现在可能没发生，但要把可能发生的最坏情况，报告给上面，要按最坏情形报告。要把你所需要的各种援助，即使现在不需要，但以后可能需要的，如实提出来，不要把小事拖延变成大事。

在中国铝业公司年中工作会议上的专题报告

中国铝业公司副总经理　吕友清

（2006 年 7 月）

做好安全生产工作事关广大员工的健康和家庭幸福，是企业稳定、高效生产的保障，是创建世界一流企业的要求，也是对国家和社会的责任。由于我们对安全生产规律的把握尚不充分，风险控制仍需完善，安全生产工作面临着巨大压力。在安全生产方面要着重做好以下几项工作：

（一）进一步强化安全生产意识，提高执行力度。一是要加强安全生产法制意识，安全生产法已颁布多年，各种规章制度也已陆续下发，总部各职能部门、各企业一把手要率先垂范，认真学习；二是要在执行环节上、执行力度上、工作落实上狠下功夫，提高干部、员工的自觉意识；三是要严格执行安全生产“三同时”的有关规定，凡由公司投资的项目，要由公司组织安全预评价和验收评价，需要国家安监部门审批的项目，由中铝公司统一报送。

（二）落实安全生产责任，加强经济责任考核。目前，公司已全面推行干部责任书、员工承诺书制度，要认真细化并落实责任书、承诺书的内容，严格考核。公司已于 2003 年下发了《中国铝业公司安全考核暂行规定》，这里我再次重申，管理人员现场违规指挥就地解聘，工人违规操作 3 次脱岗学习；对于安全生产事故，要严格按照“四不放过”的原则进行处理；各单位要高度重视未遂事故的处置，认真分析事故原因，现场予以纠正，对事故责任者要给予一定的经济和行政处罚，以示警戒，决不允许轻描淡写、不了了之；公司将研究建立全员安全风险抵押金制度，并在绩效考核、未遂事故的纠正、风险预防等三个方面形成完整的考核体系。

（三）全面推广安全生产标准化和安全生产确认制，加大“三大管理体系”的持续改进力度。安全生产标准化和安全生产确认制是我们探索多年、行之有效的好办法，要坚定不移地推广应用，并不断总结提高。各单位要将安全生产标准化、安全生产确认制和“三大管理体系”有机地结合起来，不断提高安全生产管理水平。

（四）做好安全培训工作。安全培训要从干部做起，优先安排，建立起一支专业化的安全管理队伍。目前，公司共有 153 人通过注册安全工程师注册或考试，要鼓励、支持更多的同志报考；同时，要特别注意做好外来务工人员的安全培训和监管工作。

（五）实施“科技兴安”，加大安全投入，不断提高本质安全水平。要系统总结、研究我们的安全生产工作，创新工作方法，积极推动安全生产工作的深入发展。年内，公司要完成“中国铝业公司安全生产评价考核体系研究”的试点工作，各试点单位要积极配合；公司将启动安全、环保信息监控系统的建设，采用信息技术细化、量化安全生产管理；各单位要加大安全生产的投入力度，提高生产系统的装备水平，加强对安全生产隐患的治理，使我们的本质安全不断提高。

在中国冶金科工集团公司安全生产工作会议上的讲话摘要

中国冶金科工集团公司董事长　杨长恒

（2006年2月）

一、强化责任管理，抓住安全生产管理之本

安全工作虽然有它的特殊性，有它的不同特点，但也同其他任何工作一样，能否搞好的关键是责任。凡是安全出的重大事故，归根结底是责任心不强；或是责任制不落实；或是责任制有漏洞；或者说没有很好地坚持责任制，没有尽到自己的责任。尽管现象千差万别，原因多种多样，最终仍是责任问题。在安全工作中强化责任管理，关键要做到以下几点：

1. 强化责任心。从领导到每个员工都要牢固树立安全责任心，牢固树立"安全第一"的思想，真正做到时时、事事、处处都不忘记安全。

2. 明确责任人。使安全责任到人、责任到位，确保不留漏洞，真正做到要时时、事事、处处有人管安全。

3. 完善责任制。做到全过程、全方位都能确保安全，真正实现对安全生产时时、事事、处处都有控制。我们的责任制不是一成不变的。随着新的情况、新的领域开拓，会碰到很多新的问题，因此责任制也要随之不断完善。

4. 加强问责制。有错必究、有错必查必处理。对安全事故绝对不能放任，更不能不了了之，真正做到时时、事事、处处有监督且监督到底。不能开始说得很严厉，最后出错与不出错都一样。当然处理问题、处理事故、处理人时要十分慎重，要历史的全面的看问题。但必须有错必纠、有错必查，特别是发生重大事故、重大错误的必须给予纪律处分，违反法律的必须追究刑事责任。这点不能含糊，不然就不能引以为戒。

二、狠抓要害，保证安全生产的稳定

安全工作是个系统工程，必须以全面的、系统的方式推进。比如说，去年在北京西单工程发生的死亡8人的重大事故分析，事故造成的原因是多方面的。首先，在安全技术方案中的设计计算上有问题，受力只到规定的80%；第二个原因是钢管采购上的问题，规定壁厚最小是3.2 mm，采购的钢管最薄的只有2.8 mm，受载能力减小不少；第三是满堂红架子扣受力不均匀，搭架子的民工对架子与每个扣的搭设质量的重要性认识不足，结果是有紧有松；再加上赶工期，各种问题集中在一起，形成恶性叠加，结果出事了。这是一个典型的由多方面原因造成重大伤亡事故的案例，充分说明安全工作一定要系统地抓，哪个方面注意不到就可能会铸成大错，后悔莫及。根据

我们安全工作的实际情况，系统地抓安全生产管理应从十个方面做到常抓不懈，才有可能保持安全生产的稳定。

1. 抓领导。任何工作都要领导重视，领导认识不到位，领导工作不到位，想把安全工作抓好是不可能的。首先要求各级领导做到思想到位、责任到位、工作到位，哪一天也不能麻痹大意，要小心翼翼。

2. 抓队伍。要抓紧安全管理队伍的建设，形成一支有足够数量、足够素质的专职与兼职相结合的安全生产管理队伍。这点各单位必须下功夫、要花本钱。集团各子公司最近几年在这方面已有所进步，基本上改变了原来那种一减机构就精减安全机构、安全人员的现象，安全专业管理人员少的问题有所改变，但有的企业仍存在着差距。一定要保证安全管理机构具有足够数量和足够素质的人员，必须满足安全生产管理的需要，要设置独立的安全机构。企业安全生产事关重大，人命关天，责任如山，必要的专业人员配备、机构设置以及队伍建设，是安全生产管理最基本的保证条件，一定要落实。

3. 抓决策。我们的任何决策，包括总承包合同、分包合同、技术方案、施工组织设计等，都要确保生产安全，安全生产也要从源头抓起。如北京西单事故的例子，如果在技术方案上做到万无一失，在方案上能够百分之百的保证安全，从源头上抓住了安全生产，也就不会出那么大的问题。集团董事会讨论对本次事故涉及的有关人员处分时，我们首先是认真分析事故原因，它是具体安全管理工作的原因，还是出自技术原因？最后一致认为主要还是技术方案出了问题。技术方案有问题就应该由总工程师负责，管安全的应负次要责任，所以对总工程师处分比较严厉。技术决策一旦出现问题，给后面带来一系列事故隐患，所以要从源头上抓安全保障，从源头上确保安全生产。

4. 抓项目。特别是要抓项目部的安全生产管理。项目部是企业安全生产保障最基本的责任单位。我们行业拓宽后生产车间也同样是最基本的责任单位。只要最基本的责任单位——项目部把安全责任尽到了、落实了，把公司的各项制度要求都做到了，那么安全工作的保障度就可以大幅度提高。项目部一定要有完善的安全管理机制，要有专职负责安全工作的人员，决不能落空。如果落空了就等于把我们安全工作的基础搞空了，企业安全生产工作也就悬在空中，那就要出事。

5. 抓现场。按照建设文明工地、标准化工地的要求规范现场管理。现场的一切都要实现标准化，人员要标准化、岗位要标准化、生产线要标准化、工艺要标准化，都要按照标准去规定去操作。去年我去一个工地，给我的安全帽实际上是一个空壳，换了几个安全帽都不合格。安全帽是保护脑袋的，应具有一定的安全空间，能防震，使重物落下后不至于直接触及脑袋。给我的安全帽已完全失去了保障安全的意义，这样的现场管理肯定是不好的。

6. 抓分包队伍。在对分包队伍审查时首先要审查它的安全意识、安全责任、安全资质、安全机制、安全管理人员及机构等。这是最基本的审查，也是具有一票否决的审查。

7. 抓员工。要提高员工自我防护意识和自我保护能力。如果每个员工都有自觉的安全生产意识，在生产过程中都能小心谨慎地对待安全问题，每个员工都能确保自身的安全，企业也就不会出安全事故了。但也有看似意外的事情。如去年首钢的转炉煤气泄漏导致过路的9人中毒身亡，可以说是飞来的横祸。但如果这些人的警惕性高一点，对煤气有点基本知识，老远闻到异味后及时采取措施或改道走就不至于出这么严重的事故了。归根结底还是自我保护能力差，缺乏专业的安全知识，看似意外，实则必然。

8. 抓主要原因。安全工作一定要针对本企业特点和不同的作业环境，针对导致多发安全事故的主要原因，进行有效预防，特别是高空人员及物体坠落、坍塌、触电失火等发生率较高的事故。同时，不同企业在不同工作阶段的不同时期，都有导致发生安全事故的主要原因，安全部门应该认真分析这段时间安全事故可能发生的特点，找出主要原因和薄弱环节，使安全措施的制定更具有针对性。

9. 抓保障。要切实提供强有力的安全保障与支持，包括技术投入、技术措施、安全技术研究及有关的安全设施和设备，该花钱的地方一定要花。就像我上面提到的安全帽的故事，安全帽才值几个钱，一旦发生事故，人员可能会伤亡，为此还得花许多钱！一个严重伤亡事故处理，没有几十万元绝对下不来，还不说其他方面和无形的损失。

10. 抓预防。安全工作必须以预防为主。事故一旦发生，既使是抢救也好、抢险也好，最终都不可能改变已发生的事故而恢复成原样，永远不可能恢复原样！安全生产最有力的保证措施就是预防，就是不要发生事故。因此，要切实坚持预防第一，把所有可能发生的问题设想得更周全一些，把安全措施制定得更周密一些。我们的安全生产管理，不论在何时何地，都要坚持把预防作为最根本的第一道防线，也是最后的一道防线。这道防线守住了，就会安全生产，这道防线破了，就必然会出事故。

在中国葛洲坝集团公司安全质量环保工作会议上的讲话摘要

中国葛洲坝集团公司总经理　杨继学

（2006 年 3 月）

当前，国家对安全、质量、环保工作非常重视，从政治上、经济上、管理上、制度上、惩治上都在加大力度，这一点大家都看到了。今年 1 月 23 日国家召开安全生产工作会议，温家宝总理亲自到会讲话，语气非常严肃、非常严厉和非常严格，也非常中肯，要求充分认识安全生产工作的极端重要性。2 月 23 日在电监会召开的安全生产工作会议上有关领导讲的也很认真，提出了很多要求。2 月 28 日国资委与安全生产监督管理总局联合举办了中央企业第一责任人、主管责任人参加的安全管理体系建设培训班，李荣融主任、李毅中局长到会做了重要讲话，并请了世界著名企业杜邦集团亚泰地区安全执行顾问莫扎特介绍了企业安全管理经验。他们的管理理念和先进的管理方法对我感触很深，人家几十年如一日，先进的管理理念早我们很多年。他们的安全质量环保文化、方针、体系、制度、管理模式我们完全可以借鉴。

国家这两年正在加大安全生产的管理力度，从行政管理角度而言，凡是发生重大事故的，就是抓两条：第一，追究第一责任人的责任。采取行政的、经济的、甚至法律的手段来处理，非常严格。第二，从企业集体来讲，一是对领导者个人的要求，即：企业各级各层领导必须对安全生产负责，并负直接责任，不能推到老百姓身上去。这也是杜邦文化理论。二是对集体而言的，实行降级和禁入制度。降低规格，如去年有一个施工企业因为安全事故特级资质给降级了，全国具有水电特级资质的企业不多呀。禁入，分长期禁入、短期禁入和特别禁入。我最近在网上看到的消息报导，现在中国航空发生空难的赔偿由原来的人均 20 万元现在涨到 40 万元，翻了一番。交通事故的处理也已经不是过去的标准了，听说马上都要修改，这些都体现了国家以人为本，执政为民的宗旨和治国方略。在安全、质量、环保工作中，都始终停留在这八个字上，体现在这种根本宗旨和指导思想上。

去年国家对安全生产的综合评价是这样的，全国发生安全事故 77 万多起，77 万呀，你看一个月有多少，一天有多少呀。死了多少呢？死亡约 125 600 多人。特别是一些重特大事故在国际国内产生了非常不好的重大影响，仅从这一点来看，国家不重视是不行的。

今年我们从事的行业、工作面、难度都在加大，是历史任何时候都不可能比拟的。因此，我最最担心的是由于安全、质量、环境、进度导致的业主投诉大量增加。安全出了事故对具体的个人来讲是自然生命的结束。出了重大事故后，对企业的法人生命也面临着结束的危险。葛洲坝在市场上怎样树立形象，意义非常非常重大，我们一定要高度重视。

一、安全质量环保工作一定要快速实现两个转变

首先，要实现由人制向法制的转变。靠制度管人，这个转变要靠他律和自律的共同规范来实现，尤其强调自律。安全质量环境工作要做到四个凡事：第一，凡事有章可循；第二，凡事有人负责；第三，凡事有人监督；在今天安全质量环保会议上宣传和布置的工作，各单位、项目部要做好监督和落实，谁来监督、怎么监督、监督。第四，凡事有据可查。第二个转变，是由事后处理、被动防范向源头管理、过程控制转变。我认为这两个转变对我们今后的工作至关重要，什么时候实现了这两个转变，我们的安全质量环保工作就可以大大的进步。

我们今天的工作大量的是在被动的堵漏子，大量的是事后去查处和集中整治，这不好。跟我们过去葛洲坝工区脏、乱、差一样，年年搞大突击，大扫除。当我们建立了良好的思路，建立起了体系，十年后的现在，不需要过多的去集中整治了，规范的管理，制度的约束，已经使城区建设有了很大的改观，我相信有一天葛洲坝城区会成为文明、现代和繁荣的城市。在安全生产上做的好的企业都有一个好的企业文化。第一个是文化理念，总结了中国和世界上绝大多数安全事故，是由于人的不安全行为所造成的，人的行为是第一要素，因此控制人的不安全行为是我们工作的第一要务。第二个，任何安全事故都是可以预防的。第一个讲的是大多数安全事故由于人的不安全行为造成的，客观因素占很少。第二个讲的是即使有客观因素或主观因素，但任何安全隐患都是可以预防的，这是第二个文化，它是一种思想和认识。第三个，任何不安全的隐患或不规范的动作必须立即纠正，不允许它存在。我们在安全上出现问题，不外乎两个方面的原因，第一是没有发现，第二个是发现问题没有及时纠正。中国有很多的古训古话成语都非常经典，但没有引起我们的足够重视，外国人都在学习，如我们的“防微杜渐”、“防患于未然”等等简单、朴素、深刻的哲理思想，但是在我们的管理工作中并没有真正得到落实。发现不了问题本身就是问题，发现问题不去解决问题，是更严重的问题。因为发现不了问题有客观因素在里面，受我们知识和科学技术发展的局限，有主观的原因和很多技术、作风、知识、文化和体系等方面的客观的综合的因素，这本身就是问题，隐患就存在这里面。但是发现问题不去立即纠正是更严重的问题。

聪明人之所以聪明，第一，认识的快，第二，改正的快。人非圣贤，世界上圣贤是没有的，不可能不犯错误，我在这里强调以人为本的管理理念，人的行为决定了事情发生可能性的结果。

杜邦集团和中海油集团在讲演的过程中都利用的了海因里希事故理论来解释控制事故的方法。他们画了一个等腰三角形，并将等腰三角形分成了四格，第一格是基础，为人的行为，并将其分为安全行为和不安全行为。第二格是轻伤，由于人的不规范行为大小决定轻伤程度。第三格分重伤，取决于人的行为不规范的比例大小。最后一格是死亡、重特大事故，又和基础的人的不安全行为有关，并起决定作用。他们最后得出同一结论：如果将人的不安全行为减少一半，就可以把事故控制在轻伤事故范围内，不会发生重伤和死亡及重特大事故。这也是他们通过事故案例和科学研究得出的结论，这个核心的理论就是要消灭和减少人的不规范行为，这是它一系列的安全管理理念和文化的出发点。

杜邦集团和中海油集团还有一个很重要的企业制度，就是所有的员工都必须接受培训。就是要培养员工较强的安全质量环保意识和专业知识。重视程度，取决于认识程度。如果人们认识到这项工作的重要性了，就会对它重视起来，就会相当谨慎并且会考虑的非常周密和细致。因此，做好安全质量环保工作一定要坚持集团公司的六字治企方针“依法、从严、精细”。

二、安全生产方面要突出抓好的重点工作

第一个重点，要加强员工的培训和教育。去年国资委给所有中央企业的行政一把手、法人代表培训，关门学习了三天，强化培训，最后还考试。教我们安全生产基本常识，告诉我们如何层层抓落实。今年2月28日又去强化培训了一天。所以我们也要强化职工教育培训，好好抓抓安全意识、安全知识、安全规章制度的培训和宣传教育。我们有很多同志没有这种意识，安全生产意识也很淡漠，对安全生产的法律法规不熟悉，这样会有导致违规操作甚至违法操作和造成严重后果的可能性。

第二个重点，一定要加强过程监控，加强监督、检查。要实现两个转变，由事后查处、被动防范，转变为过程受控、源头治理，就必须要加强经常性的监督和检查。前面讲的教育培训是提高职工的安全意识和知识，要求的是员工自律，第二个讲就是他律，要有严格的他律。忙中最容易出乱，所以监督检查必须到位。

第三个重点，是持续整改。我们做任何事情都没有十全十美的，但敢于负起责任来，马上改正就是好的。现在不负责任、管理不精细、粗放的现象普遍存在。很多问题不是没有发现，关键是有了制度不执行，发现问题不纠正和纠正问题不坚决。中国有句古话“不因善小而不为，不因恶小而为之”。我们是一个一流的企业，现代化的企业。我们经常讲“以人为本”，真正的“以人为本”是管理的理念、管理的文化、管理的方针、管理的制度、管理的全过程都体现“人”。第二个提的多的是“精细”，尽管我们的安全质量环保工作取得了很大的进步，但很多工作还不够精细，还要进一步加强。第三个提到的是“责任”，中国造字很有讲究，“责任”两字，最终落实到人，“责”字，人放在最下面，顶起上面，“任”字也靠人在旁边撑着，再重的事，靠人。

汲取教训　认清形势　抓住关键　努力实现安全生产“有序可控　总体稳定”*

南车集团副总经理　刘化龙

（2006年3月）

一、汲取教训，认清安全生产所面临的形势

（一）党和国家领导及国资委对安全生产作的重视，为我们指明了方向。胡锦涛总书记在十六届五中全会讲话中指出，必须加快转变经济增长方式，积极推进经济结构的战略性调整，实现节约发展、清洁发展、安全发展和可持续发展。总书记的讲话，把安全发展与节约发展、清洁发展、可持续发展提到同等重要位置，共同构成了科学发展的重要内容，也给安全生产以更加科学的定位。这就为安全生产纳入经济社会发展的总体规划提供了充分的理论依据，为搞好新世纪新阶段安全生产工作指出了更加明确的方向。

为切实加强安全生产，国家于2006年1月23日召开了全国安全生产工作会议。会上，温家宝总理作了重要讲话，针对安全生产存在的问题，强调了责任意识，阐述了安全生产的极端重要性；针对实际情况，从10个方面，说明了安全生产必须标本兼治，重在治本；针对安全生产的形势，从4个方面，重点强调了要高度重视和切实加强对安全生产工作的领导。对于企业，温总理特别强调了：要全面加强企业管理，包括生产管理和安全管理，打牢企业管理的基础，尽快改变目前普遍存在的生产管理薄弱的状况。加强企业安全生产基础工作，建立严密、完整、有序的安全管理体系和规章制度。完善安全生产技术规范和质量工作标准，使安全生产工作经常化、规范化、标准化。严格执行各项规章制度，杜绝违章指挥、违章作业和违反劳动纪律现象。要大力培育企业安全文化，增强职工安全意识，充分发挥工会和职工在安全生产方面的监督作用。会上，国家安全生产监督管理总局局长李毅中代表国家安委会办公室对全国的安全生产进行了详细的部署，黄菊副总理和华建敏国务委员也作了重要指示。而且，在去年底的中央企业负责人会议上，黄菊副总理对中央企业的安全生产作了专门的要求，中央企业要从“落实责任、专项整治、加强基础工作、加大投入和科技开发”四个方面切实加强安全生产工作。在近期的中央企业经营业绩考核工作会议上，国资委副主任黄淑和代表国资委对中央企业安全生产又提出了10项具体要求：①中央企业要做安全生产的表率；②切实把安全生产工作摆到领导班子议事日程；③抓紧建立健全安全生产四个体系、四个机制（领导体系、工作机制；责任体系、落实机制；防范体系、运行机制；应急处理体系、日常演练机制）；④尽快完成企业重大安全隐患的专项整改和治理；⑤抓紧

* 这是作者在中国南方机车车辆工业集团公司2006年安全生产工作会议上的讲话摘要。

完善安全生产的各项规章制度，加强基础工作；⑥建立健全安全生产层层上报、及时上报制度；⑦要把安全生产纳入对所属企业的业绩考核；⑧加强安全生产的层层督促检查，对做的不好、不得力的要书面通报；⑨全面加强所属企业安全生产工作的档案管理，集团总部要建立专门的安全生产工作档案（所做的工作要记录在案，事故要记录在案，会议要记录在案）；⑩要重视做好重大安全生产事故的新闻处置工作，掌控主动权，引导社会舆论。

正是党和国家主要领导及有关部门对安全生产工作的高度重视，为我们进一步做好安全生产工作指明了方向。

（二）集团公司党政领导对安全生产工作的高度重视，给我们提出了更高的要求。一直以来，集团公司党、政领导对安全生产工作高度重视，“十五”期间连续两年实现了安全生产零死亡。但是，2005 年集团公司安全生产形势出现了波动，一年内发生 4 起死亡事故。为此，集团公司采取多种措施，遏制事故多发的势头。2005 年年底，集团公司安委会召开了专题会议，认真分析了集团公司的安全生产形势，研究了下一步的工作。会议明确提出：要进一步加大对安全生产工作的考核力度，严格追究有关领导和管理部门的责任。

集团公司党政主要领导对安全生产工作的重视，为我们搞好安全生产工作提出了更高的要求，同时也增强了我们搞好安全生产工作的信心。

二、抓住关键，全面推进安全生产的各项工作

按照国家、国资委对安全生产工作的要求，结合集团公司实际，集团公司“十一五”安全生产的总体思路是：按照党中央、国务院对安全生产工作的要求，围绕集团公司的发展战略和总体工作部署，以体系建设为主线，以保障员工生命为根本出发点，以控制重大危险源为重点，以减少员工伤亡为目标，倡导安全文化，健全安全制度，落实安全责任，依靠科技进步，加大安全投入，提高本质安全水平，努力形成“分级管理、分线负责、纵向到底、横向到边、全员参与，全面受控”的安全生产工作格局，建立安全生产长效机制，实现安全生产“有序可控、总体稳定”。

“十一五”集团公司安全生产的总目标是：杜绝重大伤亡事故、重大火灾和爆炸事故、重大交通事故，年死亡率低于 0.03‰，年重伤率低于 0.12‰。

为保证集团公司“十一五”安全生产总目标的实现，2006 年集团公司安全生产工作思路是：按照国家、国资委对安全生产工作的要求，围绕集团公司的发展战略和总体工作部署，在职业安全健康体系全面实施和深化的基础上，突出安全质量标准化建设这条主线，一手抓制度建设，一手抓责任考核，通过分级管理、分线负责、分项控制，严管重点企业，严控事故源头，严查制度执行，严细安全责任，确保安全生产“有序可控、总体稳定”目标的实现。

2006 年安全生产的目标是：杜绝重大伤亡事故、重大火灾和爆炸事故，重大交通事故，严格控制重伤事故，力争实现零死亡，五家以上生产型企业通过安全质量标准化评审。

为落实和实现集团公司安全生产目标，2006 年集团公司要重点做好以下几方面的工作。

（一）提高认识，进一步加强对安全生产的领导。各级领导要按照党中央、国务院和国资委的要求，深刻认识安全生产工作要为企业改革和生产经营保驾护航，要成为维护企业稳定的一个重要方面，不断增强使命感和责任感。

一要充分认识安全生产的重要性。各级领导要充分重视安全生产工作，按照国资委的要求，结合实际情况，具体布置安全生产工作，不要泛泛而谈，坚决消除传达贯彻过程中层层衰减的现象。特别是一些较长时间没有出现安全生产事故的企业，一定不要放松警惕，削弱对安全生产管

理的力度和力量。

二要进一步加强对安全生产的领导。实现安全生产是党、国家、企业和员工的基本要求，是构建和谐社会的重要内容。各企业在实行法定代表人对本企业安全生产全面负责的基础上，必须明确主管安全生产工作的副厂（公司）领导和相应的责任，对刚刚单独设立的安全生产管理机构要进一步加强力量，巩固其地位，充分发挥其作用。

三要实行安全生产会议制度化。在今年的中央企业工作报告中，李荣融主任明确提出了“党委（党组）每年至少两次专题研究安全生产工作，督促各项措施落实。”根据这一精神，集团公司党委常委会将每年至少召开两次专题会议，研究安全生产工作；集团公司安委会每季度都要具体研究安全生产工作；主管部门每月必须具体研究、布置安全生产工作。各企业要根据集团公司的具体要求，结合企业实际情况明确安全生产的“四会制度”。即：企业安委会每季至少召开一次工作会议；企业安全生产例会每月必须总结当月的安全生产，研究布置下月的安全生产工作；各车间（分厂）每周必须具体讲安全生产；班组每天班前必须结合实际突出针对性地讲安全事项。

（二）落实责任，实施分级管理、分线负责、分项控制。一是健全制度，落实分线负责。目前集团公司及各企业的安全生产制度还不够全面，有的制度时效性差。为此，我们要进一步加强制度建设，特别是要抓紧修订安全生产责任制，通过安全生产责任制的实施，把责任落实到企业决策、执行、监督、考核奖惩等各个层面，落实到生产经营的各个专业、各个环节和各个岗位。

二是严格考核，落实分级管理。各企业要逐级完善考核办法，严肃考核纪律，通过严格考核把分级管理落到实处。集团公司将继续把安全生产作为否决性考核指标。同时，为避免企业对安全生产只重视结果，不重视过程，解决安全生产“运气”论，集团公司还将安全生产的日常情况纳入二级企业的“四好”领导班子考核之列。

三是规范流程，落实分项控制。集团公司安全生产主管部门要和事业部一起，结合行业特点，突出重点企业，通过规范的流程管理，使事业部把对安全生产的监督和指导融入到具体工作中。针对项目负责制逐渐增多的情况，各企业要建立规范的项目负责制流程管理，落实项目负责人的安全生产责任，实行项目实施全程控制，确保安全生产。

（三）强基健体，全面推进安全质量标准化建设。真抓实干，加强基础管理。安全质量标准化工作重在基础、重在基层、重在落实、重在治本。为此，对于安全质量标准化建设工作，各企业一要和制度建设相结合。根据安全质量标准化的要求，结合自身的实际情况，分门别类地制定修订相关规章制度，建立完善的安全生产制度保障体系；二要和重大危险源管理相结合。通过安全质量标准化的实施进一步加强对重点部位场所、重要设备设施的管理，实现对重大危险源的有效监控；三要和隐患整改相结合。对安全检查中发现的隐患，要按照安全质量标准化的要求进行整改。四要和提升企业安全生产水平相结合。通过技术改造与创新能力的提升，加大持续改进和自我完善力度，加大企业淘汰落后生产技术、设备，特别是危及安全的落后技术、工艺和装备的力度，提高企业本质安全度。

结合实际，积极稳妥推进。2005 年，集团公司安全质量标准化工作有了一个良好的开端。2006 年，集团公司将突出安全质量标准化建设这条主线，按照“典型引路，经验共享，选对级别，稳步推进”的思路推进这项工作。一是已通过达标评审的企业要在保持巩固上下功夫；二是有条件的企业，如四方股份公司，戚墅堰、资阳、眉山、二七、石家庄、株辆厂及戚所等单位要积极行动，认真研究标准，汲取先进经验，选择相应级别，力争年内通过评审；三是条件较差的企业，在开展具体工作时也要按标的要求做好日常安全生产管理的每一项工作，为下一步实施安全质量标化工作打好基础。

（四）求真务实，抓好隐患排查整改工作。排查要全面，重点要突出。隐患排查要在全面、细致、不留死角的基础上突出重点。即在查规章制度、查责任落实、查“三违”现象、查劳动组织、查设备管理、查“三同时”状况、查危险源监控的基础上，重点排查企业生产作业现场工艺过程中的重点环节、部位、设施、设备、装置等方面存在的事故隐患。主要包括企业的热加工、冲压、装配、动力等车间（分厂）；特种设备方面的锅炉、压力容器、压力管道、起重设备等；变配电站、油气储运设施、易燃和易爆场所、剧毒品储存场地等；人员密集场所及其他存在隐患的环节、部位。

整改要认真，措施要到位。各企业要高度重视隐患排查整改工作，认真对待，严格进行，逐项整改，不走过场。结合重大危险源管理，对排查出的事故隐患进行评估，根据评估结果确定事故隐患的类型和危险程度，据此研究制定整改方案，落实整改资金、整改责任人、整改进度和整改期限，确保事故隐患得到及时有效的整改和消除。在重大事故隐患消除前或者消除过程中无法保证安全的，要立即停产或者停止使用，从危险区域内撤出作业人员，待隐患消除确认后再恢复作业和使用。由于条件所限，一时难以立即整改消除的重大事故隐患，要严密监控，并制定事故应急救援预案，组织模拟重大事故发生时应采取的紧急处置措施，采取切实有效的防范、监控手段，随时掌握重大事故隐患的动态变化，保持消防器材、救护用品完好有效，一旦发生事故，要及时有效地开展救援工作。

监管要有效，处罚要严肃。集团公司及各企业安全生产管理部门要加强监督检查和重点抽查，引导督促各单位搞好排查工作，制订整改计划，落实整改措施，加快整改进度，彻底消除隐患。对监督检查中发现存在重大事故隐患的单位，要责令其立即停止生产，排除隐患；对存在重大事故隐患有条件整改而拒不整改，仍然进行生产的单位，要责令其停产整顿，并提出整顿的内容、时间等具体要求；被责令停产整顿的单位必须制定整改方案，认真进行整改，整改结束后经验收合格方可恢复生产。对排查不力、未能及时发现重大事故隐患而酿成事故的，要严厉追究单位主要负责人的责任；对隐瞒重大事故隐患以及发现重大事故隐患而不及时采取防范措施、不积极整改消除的，一经发现，要严肃处理，酿成事故的，要从重处罚直至追究刑事责任。

（五）加强教育，提升员工的安全素质。培训教育要突出针对性。一是专业队伍培训要结合安全生产法律法规要求和新的安全知识，意在提升人员的专业素质；二是中层领导培训要结合岗位调整后的变化，意在增强领导的安全生产意识和安全生产管理水平；三是班组长培训要结合日常的具体工作和安全生产防范，意在强化班前安全讲话的针对性。四是转岗培训要结合岗位特点，意在提高转岗人员的安全操作技能。

特种培训和三级教育要保持规范性。关于特殊工种培训和三级安全教育国家已有明确的规定。为此，各企业要按照规定要求，对特殊工种的教育培训，结合实际需求，从计划、体检、派出等方面认真组织，规范操作，并建立严格的档案管理制度，确保特种作业人员持证上岗、合法作业；对三级安全教育要做到培训时间不少于规定时间，培训内容具体、考试严格。同时，三级的培训教育必须留存档案。

宣传教育要坚持时效性。各企业要根据国家、地方和集团公司的要求，结合自身实际情况，采取多种形式，及时将要求贯彻传达到每个员工。同时要利用“安全生产月”等契机，联合党、工、团及时开展宣传教育，增强宣传教育的时效性。

在中国航空集团公司年度工作会议上的讲话摘要

中国航空集团公司总经理　李家祥

（2006 年 1 月）

2005 年航空安全局面良好，在飞行小时增加 17.1％的情况下，不安全事件大幅下降。国航股份发生事故征候 8 起，同比减少 5 起，事故征候万时率 0.13（去年为 0.255）。安全品质居行业前列，获得中国民航航空安全“金鹏杯”。圆满完成了 23 次党和国家主要领导人专机任务。

集团进一步明确了安全监管责任，转变安全管理方式，以信息管理为基础，实施安全审计、安全监察和安全考核，建立了安全监察员、审计员队伍，完善了内部监督。

国航股份积极推进安全管理由经验型向科学型转变，创新训练机制，加强教员队伍建设，全年培养机长 135 人。加强安全信息化建设，建立飞行品质监控网上查询系统，强化了一线安全工作。飞行总队突出严格管理和按章办事，结合七大队成立，扎实推进安全工作；西南分公司飞行队伍建设取得进步；天津、重庆分公司分别实现了安全飞行 40 周年、30 周年；浙江分公司连续三年获安康杯；国航股份参加研发的新一代空中交通服务平台项目获国家科技进步一等奖。

2006 年，集团航空安全目标是：杜绝飞行事故、重大航空地面事故和特大航空器维修事故；在确保人、机安全前提下，制止劫、炸机事件的发生；运输飞行事故征候万时率不超过 0.5。

实现安全目标，首先要将思想认识统一到“以人为本、安全第一”的高度上来。中央强调要坚持科学发展观，坚持以人为本，构建和谐社会，对安全工作提出了更高要求。各级领导要高度重视安全工作，把安全作为生产运行中第一位要把握的问题，下大力气抓实、抓好。

明确安全责任。集团公司要发挥好监管职能，以安全信息管理为基础，实施有效的安全审计，对重点单位实行重点监察，促进提高安全管理品质。国航股份要在组织转型和各项改革过程中首先落实安全责任，细化安全管理，明确分公司的区域管理和横向协调责任，避免过渡期间各系统间的安全责任落空。

走科技兴安、管理兴安的路子，建立和完善安全管理系统。加强安全规范化建设，加强飞行、机务和运控三支队伍的建设，突出一线安全管理。认真贯彻落实安全规章制度，从标准、培训、资质、检查和提高五方面加强安全基础管理。按照总局和集团部署深入开展专项集中整治。建立飞行、机务和运控三大安全信息系统，统一飞行品质监控管理，发挥安全信息、安全监察、技术训练联动提升安全品质的综合效应。提升机务管理水平，针对老旧飞机的使用、维护和退役建立有序管理计划和严格的标准，增加安全裕度。确保专机安全。高度重视空防安全和客舱安全工作，全方位地做好安全工作。

在中国南方电网公司安全生产工作会议上的讲话摘要

中国南方电网公司董事长　袁懋振

（2006年2月）

一、站在新的发展起点上，要进一步认识安全生产的极端重要性

今年的全国安全生产工作会议规格很高，温家宝总理在会上作了重要讲话，内涵十分深刻，提出了新的理念和要求，大家要与时俱进，认真学习领会、贯彻落实。公司通过两年打基础、一年上水平，站在新的发展起点上，我们对安全生产工作要有更深的认识和更高的要求。

1. 搞好安全生产，是公司切实转入科学发展轨道、实现更快更好发展的必然要求。科学发展首先要安全发展。党的十六届五中全会把安全摆在重要的战略位置上，强调“坚持节约发展、清洁发展、安全发展，实现可持续发展”；全国安全生产工作会议又突出强调了安全发展的指导原则。在公司强本、创新、领先的发展思路中，安全生产是至关重要的前提和基础，是各项工作的重中之重。各单位都要树立正确的业绩观，我们电力企业只有安全生产工作做好了，其他工作才有取得成绩的基础。

2. 搞好安全生产，是打造本质安全型企业、建设责任南网的必然要求。建设责任南网，说到底，最大的责任就是保证电网的安全稳定运行，这是我们为社会服务的根本，是公司的生命线。我们要积极发挥企业作为安全生产责任主体的作用，结合实际，认真研究本质安全型企业的内涵、目标和实施途径，在全公司继续倡导管理零失误、行为零违章、设备零缺陷、安全零事故的工作理念。作为国有重要骨干企业，我们的安全生产工作要体现“国家队”和全球500强的水平和层次，发挥表率和带动作用，这也是我们的社会责任。

3. 搞好安全生产，是坚持以人为本、建设和谐南网的必然要求。建设和谐南网，必须坚持和落实“以人为本”。要关心人、爱护人、尊重人、激励人，把人的生命放在第一位，保证员工安全健康。要从维护人民群众根本利益出发，保证电网安全。这样才能构建一个稳定、和谐的企业，也才能构建与用户、发电企业和政府的和谐格局，维护社会稳定。

二、安全生产工作要在提高上下功夫

当前安全生产形势仍然不容乐观，绝不能掉以轻心。第一，我们这个交直流并联运行的复杂大电网，安全稳定问题还很突出；第二，电力供需形势还不宽松；第三，我们的安全基础还不牢固。还有很多设备处在高海拔地区、多雷区和重污区，运行环境复杂。这么庞大的系统、这么多的设备和操作，哪个环节出了差错，都有可能酿成大祸。此外，海南电网的基础还很薄弱，如果

今年再来强台风、再搞黑启动，我们对中央、对海南人民是无法交待的。我们要绷紧安全生产这根弦，不能有丝毫懈怠。

今年的安全生产要继续坚持“完善、规范、巩固、提高”的总体要求，立足于预防，着力于提高，重点实现“六个提高”：

第一，提高全员安全意识。任何高科技、高投入都代替不了人的安全意识。只有筑牢安全意识这道关键的屏障，才能时刻保持清醒的头脑，想尽办法超前控制，而不是亡羊补牢。要深入贯彻落实公司一号令，把“一切事故都可以预防”的安全理念，深入到每个员工的人心，并落实到工作实际中，贯穿于生产的全过程，成为公司安全文化的特色。安全生产关系到企业的全局，没有哪个部门、哪个人可以事不关己、高高挂起。要培养全体人员正确的安全观念、高度的责任意识和良好的工作态度，遇事当前，先讲安全。

第二，提高科技兴安的水平。南方电网的架构高、要求水平高，科技进步对安全生产具有不可代替的支撑和促进作用。要认真落实“更加注重依靠科技进步”的工作方针，结合公司“十一五”科技发展规划的制定，明确安全科技的发展目标和任务。要优化电网结构，逐步建设坚强的一次系统。巩固和发展二次系统管理年活动成果，优化安稳系统，严防多条直流同时闭锁和一条直流双极闭锁。加大安全投入，认真落实重点反措，对陈旧落后、健康水平差的设备下决心更新改造。围绕交直流混合电网安全稳定这个核心技术和±800千伏直流输电技术，不断增强自主创新的能力，建设自主创新型企业，切实依靠科技增强驾驭大电网的能力，提高安全生产的水平。

第三，提高标准化管理水平。要进一步开展好安全生产标准化活动，构建安全生产的最佳秩序。“世不患无法，而患无必行之法”，要进一步完善并严格落实各项制度规程，特别是两票三制，重点抓执行到位。大力推行现场作业指导书，规范工作流程。深入坚定不移、毫不含糊地开展与“违章、麻痹、不负责任”三大安全敌人做斗争的活动，狠抓作业现场的“低标准、老毛病、坏习惯”，使遵章作业成为生产人员最基本的行为准则。

第四，提高业务水平和安全技能。生产人员要具备扎实的专业知识，熟悉安全生产制度规程，熟悉电网的运行方式和设备的运行状态，对薄弱环节心中有数，尤其要不断提高调度指挥、应急处理的能力。我们的电网在不断采用新技术、新设备，要及时、深入地掌握其安全技术特性，增强驾驭能力。各单位要加大技能人才的培养力度，完善专业技术发展通道等激励机制，调动生产人员钻研业务、提高技能的积极性。

第五，提高安全监管水平。各单位要完善安全生产责任制体系，把责任落实到每一级和每一个岗位，各负其责。各部门要齐抓共管，形成合力。继续加强安全监管，真正做到重心下移、关口前移。坚持“四不放过”的原则，对事故和隐患要抓住不放，小题大做，查原因、讲危害、追责任、抓整改，尤其对倾向性、苗头性的问题和易发、频发事故，要进行专项整治，不彻底根除不罢休。

第六，提高生产技术指标。要以领先为导向，认真开展标杆管理，找出我们在生产技术指标上的差距。建立公司安全生产技术经济指标体系，抓紧出台“十一五”指标规划，既要求真务实，又要具有先进性和前瞻性。组织好供电局安全生产技术经济指标创优活动和农电企业管理创优活动。积极探索安全生产管理创新，完善长效机制。

在中国华能集团公司安委会 2006 年第一次电视电话会议上的讲话摘要

中国华能集团公司总经理　李小鹏

（2006 年 1 月 4 日）

安全生产关乎国计民生，关乎企业的发展，关乎社会的文明和进步，是落实科学发展观，构建社会主义和谐社会的重要基础。党的十六届五中全会审议通过的《中共中央关于制定国民经济和社会发展第十一个五年规划的建议》强调要坚持以科学发展观统领经济社会发展全局，切实走新型工业化道路，坚持节约发展、清洁发展、安全发展，实现可持续发展。《建议》从贯彻落实“以人为本，全面协调可持续发展”的科学发展观和构建社会主义和谐社会的客观要求出发，把安全生产纳入经济社会发展的总体布局。不久前，温家宝总理主持召开国务院常务会议，研究部署了当前的安全生产工作，会议强调加强安全生产工作，必须坚持标本兼治，要从健全法律法规、改革体制机制、完善经济政策、增加安全投入、严格责任管理着眼，建立源头治本、政策治本的长效机制，会议进一步明确了安全生产工作的重点和要求。党中央、国务院的一系列指示精神，为我们搞好当前和今后的安全生产工作指明了方向。

一、不断提高对搞好安全生产工作极端重要性的认识

安全生产关系到社会的和谐稳定，关系到广大人民群众的切身利益，关系到企业乃至于国民经济能否持续健康发展。华能集团公司作为中央直接管理的国有重要骨干企业，搞好安全生产工作是党、国家和人民赋予我们的责任，我们应该也能够做到成为全国和行业安全生产的表率。安全是我们做好各项工作的基础。当前正值全面落实党的十六届五中全会和中央经济工作会议精神，贯彻落实科学发展观，推进社会主义和谐社会建设的重要时期，正值华能集团公司全面建设以电为核心，煤为基础，电煤路港运一体化大型能源企业集团的关键时期，切实搞好安全生产工作，确保安全稳定发供电，不但具有十分重要的现实意义，同时也具有重大的政治意义。

广大员工要从个人利益、家庭利益、企业利益、国家利益不同层面充分理解和领会搞好安全生产工作的重要意义，增强做好安全工作的自觉性和责任感。广大党员和各级领导干部要站在讲政治、讲党性的高度，进一步提高对搞好安全生产工作极端重要性的认识，要争做安全生产的模范，做到党员身边无违章，发动和带领群众，全力提升企业的安全水平。各级领导班子要切实将安全生产摆到重要议事日程上，要始终把安全工作作为本单位各项工作的重中之重和最薄弱的环节来抓，任何时候都不能过高地估计我们的安全生产形势，不能过高地估计我们的干部职工对安全生产的认识，不能过高地估计我们的安全管理水平，做到如履薄冰，如临深渊，警钟长鸣，常抓不懈。

二、切实加强安全管理，夯实安全工作基础

安全生产工作要加快从传统的经验管理向制度化、规范化、标准化和法制化管理转变。要不断充实、更新和完善各项安全管理规章制度，做到有章可循。在继承电力系统多年来行之有效的安全管理方法的同时，积极探索和引进先进的安全管理方法，增加安全管理工作的科技含量。为进一步规范安全管理工作，提高安全管理水平，集团公司将制定《防止电力生产重大事故的重点要求》和《电力基建工程建设安全管理办法》等一系列技术监督和管理方面的标准和规定，颁布施行。

安全生产保证体系要担负起安全管理工作的重任，要切实抓好基层企业安全管理的基础工作，从“两票三制”抓起，加强四级控制的管理，努力实现员工无差错、班组无异常、车间无障碍、电厂无事故。要加强班组管理建设，以班组标准化作业为着手点，结合双达标、创一流和三位一体贯标活动，不断推动安全质量标准化工作的开展。

安全生产监督体系要认真履行好监督职能，确保安全生产的各项规章制度执行到位，加大安全生产的考核力度。各单位要进一步加强安全监督体系建设，不断提高安全监督人员的安全理论水平和分析处理问题的能力。要严格按照“四不放过”的原则做好事故调查处理工作，真正做到事故原因查清楚，整改措施落实到位，严格按照国家法规和集团公司的《电力生产事故调查规程》的规定对事故定性，决不允许大事化小，小事化了，要依照国家《安全生产违法行为行政处罚办法》和集团公司《重大事故行政责任追究制度》的有关规定，对事故责任人员和相关人员进行严肃处理，决不姑息迁就。

与此同时，随着集团公司的不断发展，其他产业公司和新成立的产业公司和企业也要结合产业特点，按照国家的要求建立健全安全生产的体系和机制，重视安全管理规章制度的完善，逐步规范安全行为，确保各产业生产安全。

三、加大安全投入，不断提高本质安全水平

安全投入不是成本，而是投资。要坚持安全生产“以人为本”的观念，加大安全设备、设施、工器具以及安全教育和人才培养的资金投入，努力为从业人员创造安全和谐的劳动作业环境；要切实关心从业人员的职业健康，加强对粉尘、工业噪声和工频电磁辐射的检测和治理，合理配置和增加必要的劳动保护用品；要按照国家和行业的有关规定，务必实现安全设施与工程建设的“三同时”，确保安全设施在设备投产时起到安全保障作用；要有针对性地加大对直接影响安全生产的重大技术问题开展科技攻关的力度，不断提高发电设备的技术水平。通过不断加大安全投入，追求人、机、环境的和谐统一，努力实现系统无缺陷、管理无漏洞、设备无障碍的本质安全水平。

四、认真做好各项例行工作，确保安全措施及时到位

各单位要认真做好春、秋季安全大检查、迎峰度夏、防汛及大坝安全、防台风和全国安全月活动等例行工作，坚决杜绝流于形式和走过场的现象。要通过例行检查工作深入排查各类设备缺陷、安全隐患和管理漏洞，不断提高设备的健康状况和企业的安全管理水平；要按照国家有关重大危险源和重大安全隐患的辨识标准，及时排查和确定企业目前存在的重大危险源和重大安全隐患，集团公司有关部门和各产业公司要对所管理的业务和所辖企业范围内的重大危险源和重大安全隐患进行登记和备案，做到心中有数，帮助和督促基层企业，确保监控、整治和防范措施的落

实；要按照国务院安全生产委员会《关于加强安全生产事故应急预案监督管理工作的通知》的要求，做好各级企业重特大事故处理应急预案的监督管理工作，企业要制定重特大事故应急预案，并通过实际演练检验是否行之有效和具有可操作，不断完善重大事故应急机制，最大程度降低企业的事故风险。

五、进一步加强电力基本建设工程、大修技改外包工程和电厂多经企业的安全管理

电力基本建设工程、大修技改外包工程和电厂多经企业的安全管理都属于电力企业自身生产经营管理活动的相关范畴，尽管工程建设施工单位、大修技改外包工程承包单位和多经企业依据国家和行业安全管理的有关规定承担本企业职责和工作范围内的全部安全责任，但电力企业作为项目法人业主单位对安全管理仍负有组织、协调和监督的责任。必须强调的是工程项目和电力生产的部分工作可以对外发包，但安全责任不能对外发包。各单位要坚决消除对外发包工程中的以包代管、安全管理监督失查等现象，坚决纠正安全生产工作中只重视生产事故，而放松对电力基本建设工程、生产大修技改外包工程和电厂多经企业安全事故监督管理的错误倾向。

按照《电力生产事故调查规程》的要求，凡是对外发包的工程，各单位必须严格审查承包单位的资质，确保符合安全要求；必须签订安全生产管理协议，明确双方各自的安全生产责任和应当采取的措施；必须在开工前对承包方负责人、工程技术人员和安监人员进行全面的安全技术交底，同时要做好记录；对在危险性生产区域内作业的，一定要进行专门的安全技术交底，要求承包方制定安全措施并做好相应配合工作。对没有严格按上述要求履行职责的，一旦承包方发生安全事故，电力企业必须承担相应的事故考核责任

再次强调，电力基建工程、生产大修技改外包工程和电厂多经企业一旦发生事故，必须严格执行国家、行业、地方和集团公司有关规定及时准确上报事故情况，对工作失查、缓报、延报和瞒报事故的一定要认真追查责任，对有关责任人和企业主要领导要严肃处理。

基本建设项目还要切实提前做好各项生产准备工作，要把生产准备工作的进度纳入工程建设的形象进度之中，确保工程投产之日就能发挥应有的作用。

六、牢固树立“大安全”思想，全方位抓好安全工作

各单位要全方位抓好安全工作，既要抓好电力核心产业的安全工作，也要抓好其他产业的安全工作；既要抓好电力生产安全工作，也要抓好工程建设、大修技改外包工程、多经企业和行政后勤等方面安全工作；既要抓好安全生产工作，也要抓好环境保护和职业健康工作。总之，我们要在力求做到生产一线的人机安全和人机环境和谐的本质安全的同时，努力实现包括交通、消防、保卫、环境保护、职业健康、职工生活、饮食卫生等方面在内的整体和谐的大安全。

这里我还要特别强调几点：首先是交通安全。交通事故目前是发生次数最多，伤亡人数也最多的事故，各单位要特别关注交通安全，认真吸取以往重大交通事故的教训，要加强对驾驶人员的法律法规教育培训工作，杜绝疲劳驾驶、违章驾驶和超速行驶；要加强车辆管理和车辆维护工作，杜绝病车上路；要加强职工交通安全教育，提高交通安全意识。其次是消防安全。今年包括北京在内的全国许多城市取消了禁放烟花爆竹令，给我们切实保证冬季节日期间的消防安全工作提出了更高的要求，各单位要加强日常消防检查工作，加强对重点防火部位的重点检查，对易燃易爆物品要加强管理，切实做好节日期间的消防安全工作，确保电力设施安全。第三是各单位要认真吸取吉林石化有关企业爆炸造成松花江水体严重污染事故的教训，加强对污染源的排查和管

理，认真制定重特大事故处理应急预案，确保不发生重大环境污染事故。

七、加强安全生产宣传、教育和培训工作

各单位要大力开展安全生产宣传、教育和培训工作，积极参加全国安全月活动，努力营造全员关注安全的氛围。要大力宣传“以人为本”和“安全发展”的思想以及“安全责任重于泰山”的意识和“安全就是效益，安全就是信誉，安全就是竞争力”的理念，不断提高华能系统广大员工的安全生产意识；要认真组织学习《安全生产法》、《道路交通安全法》、《消防法》、《环境保护法》、《职业病防治法》等有关法律法规以及集团公司《安全生产工作规定》、《电力生产事故调查规程》等有关安全生产的规定，不断提高华能系统广大从业人员安全生产的法制观念，进一步提升企业领导和安全监督人员依法办事的能力；要不断创建企业的安全文化，丰富企业的文化内涵，努力将遵纪守法和遵章守制变成“我要安全”和“我会安全”的自觉行为。通过积极开展安全生产宣传、教育和培训活动，努力为进一步提升集团公司整体安全生产水平奠定坚实的思想基础。

八、加强领导，落实责任

各级领导同志要以对党、国家和企业及员工高度负责的精神，不断增强做好安全生产工作的危机感、使命感和责任感，切实加强对本单位和各自分管工作范围内的安全工作的领导，真正把各项安全工作落到实处。要真正做到任何时候都不能过高估计当前的安全形势，不能过高估计企业领导和群众对安全生产的认识，不能过高估计各个单位的安全管理水平；要真正做到警钟长鸣，常备不懈，安全生产工作年年讲、月月讲、天天讲、时时讲；要真正做到在计划、布置、检查、考核、总结各项工作的同时，计划、布置、检查、考核、总结安全工作；要真正做到“五个绝对不允许”，尽职尽责确保本单位和所分管的业务一方平安。

落实各级安全生产责任是实现安全生产目标和确保公司系统总体安全的关键。各单位要层层分解安全生产目标，层层落实安全生产责任，推行逐层签订安全责任书及安全目标公开承诺制度，真正把安全生产工作责任落实到基层企业，落实到部门、车间，落实到班组，落实到全体员工。

第七部分

2005 年以来重要的安全生产法律、法规和文件

一、国务院颁发的重要法规和文件

国务院关于国家安全生产监督管理局（国家煤矿安全监察局）机构调整的通知

国发［2005］4号

为适应完善社会主义市场经济体制的要求，进一步加强安全生产监管和煤矿安全监察工作，强化监督执法，促进安全生产形势的稳定好转，国务院决定：

一、国家安全生产监督管理局调整为国家安全生产监督管理总局，规格为正部级，为国务院直属机构。

二、国家煤矿安全监察局单设，为副部级机构，作为国家安全生产监督管理总局管理的国家局。

上述两个机构的主要职责、内设机构和人员编制规定另行印发。

二〇〇五年二月二十六日

国务院关于预防煤矿生产安全事故的特别规定

中华人民共和国国务院令第 446 号

第一条 为了及时发现并排除煤矿安全生产隐患，落实煤矿安全生产责任，预防煤矿生产安全事故发生，保障职工的生命安全和煤矿安全生产，制定本规定。

第二条 煤矿企业是预防煤矿生产安全事故的责任主体。煤矿企业负责人（包括一些煤矿企业的实际控制人，下同）对预防煤矿生产安全事故负主要责任。

第三条 国务院有关部门和地方各级人民政府应当建立并落实预防煤矿生产安全事故的责任制，监督检查煤矿企业预防煤矿生产安全事故的情况，及时解决煤矿生产安全事故预防工作中的重大问题。

第四条 县级以上地方人民政府负责煤矿安全生产监督管理的部门、国家煤矿安全监察机构设在省、自治区、直辖市的煤矿安全监察机构（以下简称煤矿安全监察机构），对所辖区域的煤矿重大安全生产隐患和违法行为负有检查和依法查处的职责。

县级以上地方人民政府负责煤矿安全生产监督管理的部门、煤矿安全监察机构不依法履行职责，不及时查处所辖区域的煤矿重大安全生产隐患和违法行为的，对直接责任人和主要负责人，根据情节轻重，给予记过、记大过、降级、撤职或者开除的行政处分；构成犯罪的，依法追究刑事责任。

第五条 煤矿未依法取得采矿许可证、安全生产许可证、煤炭生产许可证、营业执照和矿长未依法取得矿长资格证、矿长安全资格证的，煤矿不得从事生产。擅自从事生产的，属非法煤矿。

负责颁发前款规定证照的部门，一经发现煤矿无证照或者证照不全从事生产的，应当责令该煤矿立即停止生产，没收违法所得和开采出的煤炭以及采掘设备，并处违法所得 1 倍以上 5 倍以下的罚款；构成犯罪的，依法追究刑事责任；同时于 2 日内提请当地县级以上地方人民政府予以关闭，并可以向上一级地方人民政府报告。

第六条 负责颁发采矿许可证、安全生产许可证、煤炭生产许可证、营业执照和矿长资格证、矿长安全资格证的部门，向不符合法定条件的煤矿或者矿长颁发有关证照的，对直接责任人，根据情节轻重，给予降级、撤职或者开除的行政处分；对主要负责人，根据情节轻重，给予记大过、降级、撤职或者开除的行政处分；构成犯罪的，依法追究刑事责任。

前款规定颁发证照的部门，应当加强对取得证照煤矿的日常监督管理，促使煤矿持续符合取得证照应当具备的条件。不依法履行日常监督管理职责的，对主要负责人，根据情节轻重，给予记过、记大过、降级、撤职或者开除的行政处分；构成犯罪的，依法追究刑事责任。

第七条 在乡、镇人民政府所辖区域内发现有非法煤矿并且没有采取有效制止措施的，对乡、镇人民政府的主要负责人以及负有责任的相关负责人，根据情节轻重，给予降级、撤职或者开除的行政处分；在县级人民政府所辖区域内1个月内发现有2处或者2处以上非法煤矿并且没有采取有效制止措施的，对县级人民政府的主要负责人以及负有责任的相关负责人，根据情节轻重，给予降级、撤职或者开除的行政处分；构成犯罪的，依法追究刑事责任。

其他有关机关和部门对存在非法煤矿负有责任的，对主要负责人，属于行政机关工作人员的，根据情节轻重，给予记过、记大过、降级或者撤职的行政处分；不属于行政机关工作人员的，建议有关机关和部门给予相应的处分。

第八条　煤矿的通风、防瓦斯、防水、防火、防煤尘、防冒顶等安全设备、设施和条件应当符合国家标准、行业标准，并有防范生产安全事故发生的措施和完善的应急处理预案。

煤矿有下列重大安全生产隐患和行为的，应当立即停止生产，排除隐患：

（一）超能力、超强度或者超定员组织生产的；

（二）瓦斯超限作业的；

（三）煤与瓦斯突出矿井，未依照规定实施防突出措施的；

（四）高瓦斯矿井未建立瓦斯抽放系统和监控系统，或者瓦斯监控系统不能正常运行的；

（五）通风系统不完善、不可靠的；

（六）有严重水患，未采取有效措施的；

（七）超层越界开采的；

（八）有冲击地压危险，未采取有效措施的；

（九）自然发火严重，未采取有效措施的；

（十）使用明令禁止使用或者淘汰的设备、工艺的；

（十一）年产6万吨以上的煤矿没有双回路供电系统的；

（十二）新建煤矿边建设边生产，煤矿改扩建期间，在改扩建的区域生产，或者在其他区域的生产超出安全设计规定的范围和规模的；

（十三）煤矿实行整体承包生产经营后，未重新取得安全生产许可证和煤炭生产许可证，从事生产的，或者承包方再次转包的，以及煤矿将井下采掘工作面和井巷维修作业进行劳务承包的；

（十四）煤矿改制期间，未明确安全生产责任人和安全管理机构的，或者在完成改制后，未重新取得或者变更采矿许可证、安全生产许可证、煤炭生产许可证和营业执照的；

（十五）有其他重大安全生产隐患的。

第九条　煤矿企业应当建立健全安全生产隐患排查、治理和报告制度。煤矿企业应当对本规定第八条第二款所列情形定期组织排查，并将排查情况每季度向县级以上地方人民政府负责煤矿安全生产监督管理的部门、煤矿安全监察机构写出书面报告。报告应当经煤矿企业负责人签字。

煤矿企业未依照前款规定排查和报告的，由县级以上地方人民政府负责煤矿安全生产监督管理的部门或者煤矿安全监察机构责令限期改正；逾期未改正的，责令停产整顿，并对煤矿企业负责人处3万元以上15万元以下的罚款。

第十条　煤矿有本规定第八条第二款所列情形之一，仍然进行生产的，由县级以上地方人民政府负责煤矿安全生产监督管理的部门或者煤矿安全监察机构责令停产整顿，提出整顿的内容、时间等具体要求，处50万元以上200万元以下的罚款；对煤矿企业负责人处3万元以上15万元以下的罚款。

对3个月内2次或者2次以上发现有重大安全生产隐患，仍然进行生产的煤矿，县级以上地方人民政府负责煤矿安全生产监督管理的部门、煤矿安全监察机构应当提请有关地方人民政府关闭该煤矿，并由颁发证照的部门立即吊销矿长资格证和矿长安全资格证，该煤矿的法定代表人和矿长5年内不得再担任任何煤矿的法定代表人或者矿长。

第十一条 对被责令停产整顿的煤矿，颁发证照的部门应当暂扣采矿许可证、安全生产许可证、煤炭生产许可证、营业执照和矿长资格证、矿长安全资格证。

被责令停产整顿的煤矿应当制定整改方案，落实整改措施和安全技术规定；整改结束后要求恢复生产的，应当由县级以上地方人民政府负责煤矿安全生产监督管理的部门自收到恢复生产申请之日起60日内组织验收完毕；验收合格的，经组织验收的地方人民政府负责煤矿安全生产监督管理的部门的主要负责人签字，并经有关煤矿安全监察机构审核同意，报请有关地方人民政府主要负责人签字批准，颁发证照的部门发还证照，煤矿方可恢复生产；验收不合格的，由有关地方人民政府予以关闭。

被责令停产整顿的煤矿擅自从事生产的，县级以上地方人民政府负责煤矿安全生产监督管理的部门、煤矿安全监察机构应当提请有关地方人民政府予以关闭，没收违法所得，并处违法所得1倍以上5倍以下的罚款；构成犯罪的，依法追究刑事责任。

第十二条 对被责令停产整顿的煤矿，在停产整顿期间，由有关地方人民政府采取有效措施进行监督检查。因监督检查不力，煤矿在停产整顿期间继续生产的，对直接责任人，根据情节轻重，给予降级、撤职或者开除的行政处分；对有关负责人，根据情节轻重，给予记大过、降级、撤职或者开除的行政处分；构成犯罪的，依法追究刑事责任。

第十三条 对提请关闭的煤矿，县级以上地方人民政府负责煤矿安全生产监督管理的部门或者煤矿安全监察机构应当责令立即停止生产；有关地方人民政府应当在7日内作出关闭或者不予关闭的决定，并由其主要负责人签字存档。对决定关闭的，有关地方人民政府应当立即组织实施。

关闭煤矿应当达到下列要求：

（一）吊销相关证照；

（二）停止供应并处理火工用品；

（三）停止供电，拆除矿井生产设备、供电、通信线路；

（四）封闭、填实矿井井筒，平整井口场地，恢复地貌；

（五）妥善遣散从业人员。

关闭煤矿未达到前款规定要求的，对组织实施关闭的地方人民政府及其有关部门的负责人和直接责任人给予记过、记大过、降级、撤职或者开除的行政处分；构成犯罪的，依法追究刑事责任。

依照本条第一款规定决定关闭的煤矿，仍有开采价值的，经依法批准可以进行拍卖。

关闭的煤矿擅自恢复生产的，依照本规定第五条第二款规定予以处罚；构成犯罪的，依法追究刑事责任。

第十四条 县级以上地方人民政府负责煤矿安全生产监督管理的部门或者煤矿安全监察机构，发现煤矿有本规定第八条第二款所列情形之一的，应当将情况报送有关地方人民政府。

第十五条 煤矿存在瓦斯突出、自然发火、冲击地压、水害威胁等重大安全生产隐患，该煤矿在现有技术条件下难以有效防治的，县级以上地方人民政府负责煤矿安全生产监督管理的部门、煤矿安全监察机构应当责令其立即停止生产，并提请有关地方人民政府组织专家进行论证。专家论证应当客观、公正、科学。有关地方人民政府应当根据论证结论，作出是否关闭煤矿的决定，并组织实施。

第十六条 煤矿企业应当依照国家有关规定对井下作业人员进行安全生产教育和培训，保证井下作业人员具有必要的安全生产知识，熟悉有关安全生产规章制度和安全操作规程，掌握本岗位的安全操作技能，并建立培训档案。未进行安全生产教育和培训或者经教育和培训不合格的人员不得下井作业。

县级以上地方人民政府负责煤矿安全生产监督管理的部门应当对煤矿井下作业人员的安全生产教育和培训情况进行监督检查；煤矿安全监察机构应当对煤矿特种作业人员持证上岗情况进行监督检查。发现煤矿企业未依照国家有关规定对井下作业人员进行安全生产教育和培训或者特种作业人员无证上岗的，应当责令限期改正，处10万元以上50万元以下的罚款；逾期未改正的，责令停产整顿。

县级以上地方人民政府负责煤矿安全生产监督管理的部门、煤矿安全监察机构未履行前款规定的监督检查职责的，对主要负责人，根据情节轻重，给予警告、记过或者记大过的行政处分。

第十七条 县级以上地方人民政府负责煤矿安全生产监督管理的部门、煤矿安全监察机构在监督检查中，1个月内3次或者3次以上发现煤矿企业未依照国家有关规定对井下作业人员进行安全生产教育和培训或者特种作业人员无证上岗的，应当提请有关地方人民政府对该煤矿予以关闭。

第十八条 煤矿拒不执行县级以上地方人民政府负责煤矿安全生产监督管理的部门或者煤矿安全监察机构依法下达的执法指令的，由颁发证照的部门吊销矿长资格证和矿长安全资格证；构成违反治安管理行为的，由公安机关依照治安管理的法律、行政法规的规定处罚；构成犯罪的，依法追究刑事责任。

第十九条 县级以上地方人民政府负责煤矿安全生产监督管理的部门、煤矿安全监察机构对被责令停产整顿或者关闭的煤矿，应当自煤矿被责令停产整顿或者关闭之日起3日内在当地主要媒体公告。

被责令停产整顿的煤矿经验收合格恢复生产的，县级以上地方人民政府负责煤矿安全生产监督管理的部门、煤矿安全监察机构应当自煤矿验收合格恢复生产之日起3日内在同一媒体公告。

县级以上地方人民政府负责煤矿安全生产监督管理的部门、煤矿安全监察机构未依照本条第一款、第二款规定进行公告的，对有关负责人，根据情节轻重，给予警告、记过、记大过或者降级的行政处分。

公告所需费用由同级财政列支。

第二十条 国家机关工作人员和国有企业负责人不得违反国家规定投资入股煤矿（依法取得上市公司股票的除外），不得对煤矿的违法行为予以纵容、包庇。

国家行政机关工作人员和国有企业负责人违反前款规定的，根据情节轻重，给予降级、撤职或者开除的处分；构成犯罪的，依法追究刑事责任。

第二十一条 煤矿企业负责人和生产经营管理人员应当按照国家规定轮流带班下井，并建立下井登记档案。

县级以上地方人民政府负责煤矿安全生产监督管理的部门或者煤矿安全监察机构发现煤矿企业在生产过程中，1周内其负责人或者生产经营管理人员没有按照国家规定带班下井，或者下井登记档案虚假的，责令改正，并对该煤矿企业处3万元以上15万元以下的罚款。

第二十二条 煤矿企业应当免费为每位职工发放煤矿职工安全手册。

煤矿职工安全手册应当载明职工的权利、义务，煤矿重大安全生产隐患的情形和应急保护措施、方法以及安全生产隐患和违法行为的举报电话、受理部门。

煤矿企业没有为每位职工发放符合要求的职工安全手册的，由县级以上地方人民政府负责煤矿安全生产监督管理的部门或者煤矿安全监察机构责令限期改正；逾期未改正的，处5万元以下的罚款。

第二十三条 任何单位和个人发现煤矿有本规定第五条第一款和第八条第二款所列情形之一的，都有权向县级以上地方人民政府负责煤矿安全生产监督管理的部门或者煤矿安全监察机构举报。

受理的举报经调查属实的，受理举报的部门或者机构应当给予最先举报人1 000元至1万元的奖励，所需费用由同级财政列支。

县级以上地方人民政府负责煤矿安全生产监督管理的部门或者煤矿安全监察机构接到举报后，应当及时调查处理；不及时调查处理的，对有关责任人，根据情节轻重，给予警告、记过、记大过或者降级的行政处分。

第二十四条 煤矿有违反本规定的违法行为，法律规定由有关部门查处的，有关部门应当依法进行查处。但是，对同一违法行为不得给予两次以上罚款的行政处罚。

第二十五条 国家行政机关工作人员、国有企业负责人有违反本规定的行为，依照本规定应当给予处分的，由监察机关或者任免机关依法作出处分决定。

国家行政机关工作人员、国有企业负责人对处分决定不服的，可以依法提出申诉。

第二十六条 当事人对行政处罚决定不服的，可以依法申请行政复议，或者依法直接向人民法院提起行政诉讼。

第二十七条 省、自治区、直辖市人民政府可以依据本规定制定具体实施办法。

第二十八条 本规定自公布之日起施行。

二〇〇五年九月三日

烟花爆竹安全管理条例

中华人民共和国国务院令第455号

第一章　总则

第一条　为了加强烟花爆竹安全管理，预防爆炸事故发生，保障公共安全和人身、财产的安全，制定本条例。

第二条　烟花爆竹的生产、经营、运输和燃放，适用本条例。

本条例所称烟花爆竹，是指烟花爆竹制品和用于生产烟花爆竹的民用黑火药、烟火药、引火线等物品。

第三条　国家对烟花爆竹的生产、经营、运输和举办焰火晚会以及其他大型焰火燃放活动，实行许可证制度。

未经许可，任何单位或者个人不得生产、经营、运输烟花爆竹，不得举办焰火晚会以及其他大型焰火燃放活动。

第四条　安全生产监督管理部门负责烟花爆竹的安全生产监督管理；公安部门负责烟花爆竹的公共安全管理；质量监督检验部门负责烟花爆竹的质量监督和进出口检验。

第五条　公安部门、安全生产监督管理部门、质量监督检验部门、工商行政管理部门应当按照职责分工，组织查处非法生产、经营、储存、运输、邮寄烟花爆竹以及非法燃放烟花爆竹的行为。

第六条　烟花爆竹生产、经营、运输企业和焰火晚会以及其他大型焰火燃放活动主办单位的主要负责人，对本单位的烟花爆竹安全工作负责。

烟花爆竹生产、经营、运输企业和焰火晚会以及其他大型焰火燃放活动主办单位应当建立健全安全责任制，制定各项安全管理制度和操作规程，并对从业人员定期进行安全教育、法制教育和岗位技术培训。

中华全国供销合作总社应当加强对本系统企业烟花爆竹经营活动的管理。

第七条　国家鼓励烟花爆竹生产企业采用提高安全程度和提升行业整体水平的新工艺、新配方和新技术。

第二章　生产安全

第八条　生产烟花爆竹的企业，应当具备下列条件：

（一）符合当地产业结构规划；

（二）基本建设项目经过批准；

（三）选址符合城乡规划，并与周边建筑、设施保持必要的安全距离；

（四）厂房和仓库的设计、结构和材料以及防火、防爆、防雷、防静电等安全设备、设施符合国家有关标准和规范；

（五）生产设备、工艺符合安全标准；

（六）产品品种、规格、质量符合国家标准；

（七）有健全的安全生产责任制；

（八）有安全生产管理机构和专职安全生产管理人员；

（九）依法进行了安全评价；

（十）有事故应急救援预案、应急救援组织和人员，并配备必要的应急救援器材、设备；

（十一）法律、法规规定的其他条件。

第九条 生产烟花爆竹的企业，应当在投入生产前向所在地设区的市人民政府安全生产监督管理部门提出安全审查申请，并提交能够证明符合本条例第八条规定条件的有关材料。设区的市人民政府安全生产监督管理部门应当自收到材料之日起20日内提出安全审查初步意见，报省、自治区、直辖市人民政府安全生产监督管理部门审查。省、自治区、直辖市人民政府安全生产监督管理部门应当自受理申请之日起45日内进行安全审查，对符合条件的，核发《烟花爆竹安全生产许可证》；对不符合条件的，应当说明理由。

第十条 生产烟花爆竹的企业为扩大生产能力进行基本建设或者技术改造的，应当依照本条例的规定申请办理安全生产许可证。

生产烟花爆竹的企业，持《烟花爆竹安全生产许可证》到工商行政管理部门办理登记手续后，方可从事烟花爆竹生产活动。

第十一条 生产烟花爆竹的企业，应当按照安全生产许可证核定的产品种类进行生产，生产工序和生产作业应当执行有关国家标准和行业标准。

第十二条 生产烟花爆竹的企业，应当对生产作业人员进行安全生产知识教育，对从事药物混合、造粒、筛选、装药、筑药、压药、切引、搬运等危险工序的作业人员进行专业技术培训。从事危险工序的作业人员经设区的市人民政府安全生产监督管理部门考核合格，方可上岗作业。

第十三条 生产烟花爆竹使用的原料，应当符合国家标准的规定。生产烟花爆竹使用的原料，国家标准有用量限制的，不得超过规定的用量。不得使用国家标准规定禁止使用或者禁忌配伍的物质生产烟花爆竹。

第十四条 生产烟花爆竹的企业，应当按照国家标准的规定，在烟花爆竹产品上标注燃放说明，并在烟花爆竹包装物上印制易燃易爆危险物品警示标志。

第十五条 生产烟花爆竹的企业，应当对黑火药、烟火药、引火线的保管采取必要的安全技术措施，建立购买、领用、销售登记制度，防止黑火药、烟火药、引火线丢失。黑火药、烟火药、引火线丢失的，企业应当立即向当地安全生产监督管理部门和公安部门报告。

第三章 经营安全

第十六条 烟花爆竹的经营分为批发和零售。

从事烟花爆竹批发的企业和零售经营者的经营布点，应当经安全生产监督管理部门审批。

禁止在城市市区布设烟花爆竹批发场所；城市市区的烟花爆竹零售网点，应当按照严格控制的原则合理布设。

第十七条 从事烟花爆竹批发的企业，应当具备下列条件：

（一）具有企业法人条件；

（二）经营场所与周边建筑、设施保持必要的安全距离；

（三）有符合国家标准的经营场所和储存仓库；

（四）有保管员、仓库守护员；

（五）依法进行了安全评价；

（六）有事故应急救援预案、应急救援组织和人员，并配备必要的应急救援器材、设备；

（七）法律、法规规定的其他条件。

第十八条　烟花爆竹零售经营者，应当具备下列条件：

（一）主要负责人经过安全知识教育；

（二）实行专店或者专柜销售，设专人负责安全管理；

（三）经营场所配备必要的消防器材，张贴明显的安全警示标志；

（四）法律、法规规定的其他条件。

第十九条　申请从事烟花爆竹批发的企业，应当向所在地省、自治区、直辖市人民政府安全生产监督管理部门或者其委托的设区的市人民政府安全生产监督管理部门提出申请，并提供能够证明符合本条例第十七条规定条件的有关材料。受理申请的安全生产监督管理部门应当自受理申请之日起30日内对提交的有关材料和经营场所进行审查，对符合条件的，核发《烟花爆竹经营（批发）许可证》；对不符合条件的，应当说明理由。

申请从事烟花爆竹零售的经营者，应当向所在地县级人民政府安全生产监督管理部门提出申请，并提供能够证明符合本条例第十八条规定条件的有关材料。受理申请的安全生产监督管理部门应当自受理申请之日起20日内对提交的有关材料和经营场所进行审查，对符合条件的，核发《烟花爆竹经营（零售）许可证》；对不符合条件的，应当说明理由。

《烟花爆竹经营（零售）许可证》，应当载明经营负责人、经营场所地址、经营期限、烟花爆竹种类和限制存放量。

烟花爆竹的批发企业、零售经营者，持烟花爆竹经营许可证到工商行政管理部门办理登记手续后，方可从事烟花爆竹经营活动。

第二十条　从事烟花爆竹批发的企业，应当向生产烟花爆竹的企业采购烟花爆竹，向从事烟花爆竹零售的经营者供应烟花爆竹。从事烟花爆竹零售的经营者，应当向从事烟花爆竹批发的企业采购烟花爆竹。

从事烟花爆竹批发的企业、零售经营者不得采购和销售非法生产、经营的烟花爆竹。

从事烟花爆竹批发的企业，不得向从事烟花爆竹零售的经营者供应按照国家标准规定应由专业燃放人员燃放的烟花爆竹。从事烟花爆竹零售的经营者，不得销售按照国家标准规定应由专业燃放人员燃放的烟花爆竹。

第二十一条　生产、经营黑火药、烟火药、引火线的企业，不得向未取得烟花爆竹安全生产许可的任何单位或者个人销售黑火药、烟火药和引火线。

第四章　运输安全

第二十二条　经由道路运输烟花爆竹的，应当经公安部门许可。

经由铁路、水路、航空运输烟花爆竹的，依照铁路、水路、航空运输安全管理的有关法律、法规、规章的规定执行。

第二十三条 经由道路运输烟花爆竹的，托运人应当向运达地县级人民政府公安部门提出申请，并提交下列有关材料：

（一）承运人从事危险货物运输的资质证明；

（二）驾驶员、押运员从事危险货物运输的资格证明；

（三）危险货物运输车辆的道路运输证明；

（四）托运人从事烟花爆竹生产、经营的资质证明；

（五）烟花爆竹的购销合同及运输烟花爆竹的种类、规格、数量；

（六）烟花爆竹的产品质量和包装合格证明；

（七）运输车辆牌号、运输时间、起始地点、行驶路线、经停地点。

第二十四条 受理申请的公安部门应当自受理申请之日起3日内对提交的有关材料进行审查，对符合条件的，核发《烟花爆竹道路运输许可证》；对不符合条件的，应当说明理由。

《烟花爆竹道路运输许可证》应当载明托运人、承运人、一次性运输有效期限、起始地点、行驶路线、经停地点、烟花爆竹的种类、规格和数量。

第二十五条 经由道路运输烟花爆竹的，除应当遵守《中华人民共和国道路交通安全法》外，还应当遵守下列规定：

（一）随车携带《烟花爆竹道路运输许可证》；

（二）不得违反运输许可事项；

（三）运输车辆悬挂或者安装符合国家标准的易燃易爆危险物品警示标志；

（四）烟花爆竹的装载符合国家有关标准和规范；

（五）装载烟花爆竹的车厢不得载人；

（六）运输车辆限速行驶，途中经停必须有专人看守；

（七）出现危险情况立即采取必要的措施，并报告当地公安部门。

第二十六条 烟花爆竹运达目的地后，收货人应当在3日内将《烟花爆竹道路运输许可证》交回发证机关核销。

第二十七条 禁止携带烟花爆竹搭乘公共交通工具。

禁止邮寄烟花爆竹，禁止在托运的行李、包裹、邮件中夹带烟花爆竹。

第五章　燃放安全

第二十八条 燃放烟花爆竹，应当遵守有关法律、法规和规章的规定。县级以上地方人民政府可以根据本行政区域的实际情况，确定限制或者禁止燃放烟花爆竹的时间、地点和种类。

第二十九条 各级人民政府和政府有关部门应当开展社会宣传活动，教育公民遵守有关法律、法规和规章，安全燃放烟花爆竹。

广播、电视、报刊等新闻媒体，应当做好安全燃放烟花爆竹的宣传、教育工作。

未成年人的监护人应当对未成年人进行安全燃放烟花爆竹的教育。

第三十条 禁止在下列地点燃放烟花爆竹：

（一）文物保护单位；

（二）车站、码头、飞机场等交通枢纽以及铁路线路安全保护区内；

（三）易燃易爆物品生产、储存单位；

（四）输变电设施安全保护区内；

（五）医疗机构、幼儿园、中小学校、敬老院；

（六）山林、草原等重点防火区；

（七）县级以上地方人民政府规定的禁止燃放烟花爆竹的其他地点。

第三十一条　燃放烟花爆竹，应当按照燃放说明燃放，不得以危害公共安全和人身、财产安全的方式燃放烟花爆竹。

第三十二条　举办焰火晚会以及其他大型焰火燃放活动，应当按照举办的时间、地点、环境、活动性质、规模以及燃放烟花爆竹的种类、规格和数量，确定危险等级，实行分级管理。分级管理的具体办法，由国务院公安部门规定。

第三十三条　申请举办焰火晚会以及其他大型焰火燃放活动，主办单位应当按照分级管理的规定，向有关人民政府公安部门提出申请，并提交下列有关材料：

（一）举办焰火晚会以及其他大型焰火燃放活动的时间、地点、环境、活动性质、规模；

（二）燃放烟花爆竹的种类、规格、数量；

（三）燃放作业方案；

（四）燃放作业单位、作业人员符合行业标准规定条件的证明。

受理申请的公安部门应当自受理申请之日起20日内对提交的有关材料进行审查，对符合条件的，核发《焰火燃放许可证》；对不符合条件的，应当说明理由。

第三十四条　焰火晚会以及其他大型焰火燃放活动燃放作业单位和作业人员，应当按照焰火燃放安全规程和经许可的燃放作业方案进行燃放作业。

第三十五条　公安部门应当加强对危险等级较高的焰火晚会以及其他大型焰火燃放活动的监督检查。

第六章　法律责任

第三十六条　对未经许可生产、经营烟花爆竹制品，或者向未取得烟花爆竹安全生产许可的单位或者个人销售黑火药、烟火药、引火线的，由安全生产监督管理部门责令停止非法生产、经营活动，处2万元以上10万元以下的罚款，并没收非法生产、经营的物品及违法所得。

对未经许可经由道路运输烟花爆竹的，由公安部门责令停止非法运输活动，处1万元以上5万元以下的罚款，并没收非法运输的物品及违法所得。

非法生产、经营、运输烟花爆竹，构成违反治安管理行为的，依法给予治安管理处罚；构成犯罪的，依法追究刑事责任。

第三十七条　生产烟花爆竹的企业有下列行为之一的，由安全生产监督管理部门责令限期改正，处1万元以上5万元以下的罚款；逾期不改正的，责令停产停业整顿，情节严重的，吊销安全生产许可证：

（一）未按照安全生产许可证核定的产品种类进行生产的；

（二）生产工序或者生产作业不符合有关国家标准、行业标准的；

（三）雇佣未经设区的市人民政府安全生产监督管理部门考核合格的人员从事危险工序作业的；

（四）生产烟花爆竹使用的原料不符合国家标准规定的，或者使用的原料超过国家标准规定的用量限制的；

（五）使用按照国家标准规定禁止使用或者禁忌配伍的物质生产烟花爆竹的；

（六）未按照国家标准的规定在烟花爆竹产品上标注燃放说明，或者未在烟花爆竹的包装物上印制易燃易爆危险物品警示标志的。

第三十八条 从事烟花爆竹批发的企业向从事烟花爆竹零售的经营者供应非法生产、经营的烟花爆竹，或者供应按照国家标准规定应由专业燃放人员燃放的烟花爆竹的，由安全生产监督管理部门责令停止违法行为，处2万元以上10万元以下的罚款，并没收非法经营的物品及违法所得；情节严重的，吊销烟花爆竹经营许可证。

从事烟花爆竹零售的经营者销售非法生产、经营的烟花爆竹，或者销售按照国家标准规定应由专业燃放人员燃放的烟花爆竹的，由安全生产监督管理部门责令停止违法行为，处1 000元以上5 000元以下的罚款，并没收非法经营的物品及违法所得；情节严重的，吊销烟花爆竹经营许可证。

第三十九条 生产、经营、使用黑火药、烟火药、引火线的企业，丢失黑火药、烟火药、引火线未及时向当地安全生产监督管理部门和公安部门报告的，由公安部门对企业主要负责人处5 000元以上2万元以下的罚款，对丢失的物品予以追缴。

第四十条 经由道路运输烟花爆竹，有下列行为之一的，由公安部门责令改正，处200元以上2 000元以下的罚款：

（一）违反运输许可事项的；

（二）未随车携带《烟花爆竹道路运输许可证》的；

（三）运输车辆没有悬挂或者安装符合国家标准的易燃易爆危险物品警示标志的；

（四）烟花爆竹的装载不符合国家有关标准和规范的；

（五）装载烟花爆竹的车厢载人的；

（六）超过危险物品运输车辆规定时速行驶的；

（七）运输车辆途中经停没有专人看守的；

（八）运达目的地后，未按规定时间将《烟花爆竹道路运输许可证》交回发证机关核销的。

第四十一条 对携带烟花爆竹搭乘公共交通工具，或者邮寄烟花爆竹以及在托运的行李、包裹、邮件中夹带烟花爆竹的，由公安部门没收非法携带、邮寄、夹带的烟花爆竹，可以并处200元以上1 000元以下的罚款。

第四十二条 对未经许可举办焰火晚会以及其他大型焰火燃放活动，或者焰火晚会以及其他大型焰火燃放活动燃放作业单位和作业人员违反焰火燃放安全规程、燃放作业方案进行燃放作业的，由公安部门责令停止燃放，对责任单位处1万元以上5万元以下的罚款。

在禁止燃放烟花爆竹的时间、地点燃放烟花爆竹，或者以危害公共安全和人身、财产安全的方式燃放烟花爆竹的，由公安部门责令停止燃放，处100元以上500元以下的罚款；构成违反治安管理行为的，依法给予治安管理处罚。

第四十三条 对没收的非法烟花爆竹以及生产、经营企业弃置的废旧烟花爆竹，应当就地封存，并由公安部门组织销毁、处置。

第四十四条 安全生产监督管理部门、公安部门、质量监督检验部门、工商行政管理部门的工作人员，在烟花爆竹安全监管工作中滥用职权、玩忽职守、徇私舞弊，构成犯罪的，依法追究刑事责任；尚不构成犯罪的，依法给予行政处分。

第七章　附则

第四十五条 《烟花爆竹安全生产许可证》、《烟花爆竹经营（批发）许可证》、《烟花爆竹经营（零售）许可证》，由国务院安全生产监督管理部门规定式样；《烟花爆竹道路运输许可证》、《焰火燃放许可证》，由国务院公安部门规定式样。

第四十六条　本条例自公布之日起施行。

二〇〇六年一月二十一日

《中华人民共和国国民经济和社会发展第十一个五年规划纲要》中有关安全生产的内容

坚持安全第一、预防为主、综合治理，落实安全生产责任制，强化企业安全生产主体责任，健全安全生产监管体制，严格执行重大安全生产事故责任追究制度。加强安全生产科研开发、监管监察和支撑体系建设。实施重大危险源普查和监测监控，加大安全设施投入，搞好隐患治理和安全技术改造。严格执行安全生产许可制度，加强煤炭等高危行业和重点领域的安全生产，抓好非煤矿山、特种设备、危险化学品、烟花爆竹、建筑施工、道路交通和人员密集场所消防安全等的专项整治。强化交通、消防基础设施建设和安全监管。培育和规范安全生产中介机构。加强安全生产宣传教育培训。建立安全生产指标考核体系，到2010年单位国内生产总值生产安全事故死亡率下降35%，工矿商贸就业人员生产安全事故死亡率下降25%。

国务院关于进一步加强消防工作的意见

国发〔2006〕15号

各省、自治区、直辖市人民政府，国务院各部委、各直属机构：

"十五"以来，在党中央、国务院和地方各级党委、政府的领导下，全国消防工作取得明显进步。消防安全责任制进一步落实，全社会防控火灾的能力明显提高，重特大火灾事故多发势头得到初步遏制。但是，当前消防工作形势依然严峻。一些地区、部门和单位对消防工作重视不够，公民消防安全素质仍然不高，全社会消防安全基础仍然薄弱，重特大火灾事故时有发生。为有效预防火灾事故，减轻火灾危害，保障公共安全，现就进一步加强消防工作提出以下意见：

一、指导思想、工作原则和工作目标

（一）指导思想。以邓小平理论和"三个代表"重要思想为指导，全面贯彻落实科学发展观，按照构建社会主义和谐社会的要求，深入贯彻《中华人民共和国消防法》等法律法规，全面落实预防为主、防消结合的方针，努力构建"政府统一领导、部门依法监管、单位全面负责、群众积极参与"的消防工作格局，着力整治各种火灾隐患，全面加强城乡消防工作，建立健全灭火应急救援工作机制，切实提高全社会防控火灾的意识和能力，有效预防和减少火灾事故发生，为我国经济发展、社会稳定和人民群众安居乐业创造良好的消防安全环境。

（二）工作原则。坚持协调发展，有效统筹消防工作与经济社会发展的关系；坚持城乡统筹，大力加强农村消防工作；坚持依法治火，严格落实消防法律法规、技术规范和消防工作责任制；坚持预防为主，不断改善城乡防火安全条件；坚持科技先行，依靠科技进步不断提升防火、灭火和救援能力；坚持以人为本，全面提高公民消防安全素质，切实保障人民群众生命财产安全。

（三）工作目标。到2010年，基本建立适应社会主义市场经济体制要求的消防法律法规和技术规范体系，基本实现消防工作与经济社会同步协调发展，基本形成覆盖城乡的专业灭火应急救援力量体系，消防工作社会化水平显著提升，全社会消防安全环境明显改善，抗御火灾的整体能力明显提高，重特大火灾尤其是群死群伤火灾事故得到有效遏制。

二、构建"政府统一领导、部门依法监管、单位全面负责、群众积极参与"的消防工作格局

（四）切实加强领导，认真履行消防工作职责。消防工作是政府履行社会管理和公共服务职能的重要内容。地方各级人民政府要将消防工作纳入"十一五"国民经济和社会发展总体规划，增加财政投入，认真组织实施。要切实落实地方各级人民政府消防工作负责制，建立政府分管领导牵头、有关部门领导参加的消防工作联席会议制度，定期研究并协调解决消防工作重大问题，适

时组织开展消防安全专项治理。

（五）切实加大联合执法力度，依法加强监管。要建立健全部门信息沟通和联合执法机制，有关部门各负其责，齐抓共管。公安消防部门要认真履行消防监督执法职责，并加强与有关部门的信息沟通，及时将消防安全专项治理以及认定的重大火灾隐患等情况报告当地政府并通报相关部门；安全监管、建设、工商、质检等部门要结合各自职责，对发现的火灾隐患，依法查处或者移送、通报公安消防等部门处理；教育、民政、铁路、交通、农业、文化、卫生、民航、广电、体育、旅游、文物、人防等部门和单位要建立健全消防安全工作领导机制和责任制，制订消防安全管理办法，定期组织消防安全专项检查，及时排查和整改火灾隐患。

（六）依法落实单位消防安全责任。各单位负责人对本单位消防安全负责。要严格落实消防安全责任制和岗位责任制，健全消防安全管理制度，定期组织防火检查和巡查，制订灭火和应急疏散预案并实施演练，加强对本单位员工尤其是流动务工人员的消防安全教育和培训，定期维护保养消防设施，建立并落实消防安全自我管理、自我检查、自我整改机制，确保本单位消防安全。

（七）充分发挥社会组织和市场机制的作用。要将单位消防安全信息纳入社会信用体系，推动建立行业、系统消防安全自律机制。鼓励发展提供消防安全技术服务的中介组织。居委会、村委会要制订防火安全公约，定期检查本区域公共消防安全，督促整改火灾隐患。

三、加强公共消防安全基础建设，提高全社会防控火灾能力

（八）切实加强公共消防设施建设。地方各级人民政府要结合实际编制城乡消防规划，确保公共消防设施建设与城镇和乡村建设同步实施；对缺少消防规划或消防规划不合理的城市总体规划、乡村和集镇建设规划，不得批准。对公共消防设施不能满足灭火应急救援需要的，要及时增建、改建、配置或者进行技术改造；要按照消防规划改造供水管网、修建消火栓、消防水池和天然水源取水设施，确保消防用水。

（九）大力发展多种形式的消防队伍。地方各级人民政府要根据经济社会发展需要，大力发展以公安消防队为主体的多种形式消防队伍。未设立公安消防队的城市人民政府应当按照国家规定的消防站建设标准，抓紧建立公安消防队、专职消防队；乡（镇）人民政府可以根据当地经济发展和消防工作的需要，建立专职消防队、义务消防队。

（十）充分发挥公安消防队作为应急抢险救援专业力量的骨干作用。公安消防队在地方各级人民政府统一领导下，除完成火灾扑救任务外，要积极参加以抢救人员生命为主的危险化学品泄漏、道路交通事故、地震及其次生灾害、建筑坍塌、重大安全生产事故、空难、爆炸及恐怖事件和群众遇险事件的救援工作，并参与配合处置水旱灾害、气象灾害、地质灾害、森林、草原火灾等自然灾害，矿山、水上事故，重大环境污染、核与辐射事故和突发公共卫生事件。

各级人民政府要按照现行事权、财权划分原则，进一步加强公安消防队力量特别是应急抢险救援能力建设，专项解决公安消防队应急抢险救援装备和队站、设施建设经费。

（十一）广泛开展消防安全宣传教育。地方各级人民政府每年要制订并组织实施消防宣传教育计划，公安消防等部门、单位和新闻媒体要改进消防宣传教育形式，普及消防法律法规，教育广大人民群众切实增强防范意识，掌握防火、灭火和逃生自救常识。教育部门、学校及其他教育机构要将消防知识纳入教学内容；科技、司法、劳动保障等部门和单位要将消防法律法规和消防知识列入科普、普法、就业教育工作内容；乡（镇）人民政府、街道办事处和单位要在乡村、社区、办公区等场所设立消防宣传教育专栏和消防安全标识；广播、电视、报刊、互联网站等新闻媒体

应当定期刊播消防公益广告，义务宣传消防知识。

（十二）认真组织消防安全培训。地方各级人民政府要加强对各级领导干部消防法律法规等知识的培训。有关行业、单位要大力加强对消防管理人员和消防设计、施工、检查维护、操作人员，以及电工、电气焊等特种作业人员、易燃易爆岗位作业人员、人员密集的营业性场所工作人员和导游、保安人员的消防安全培训，严格执行消防安全培训合格上岗制度。地方各级人民政府和有关部门要责成用人单位对农民工开展消防安全培训。

（十三）切实维护公民的消防安全权益。地方各级人民政府要切实采取措施保障公民对火灾危险的知情、监督、投诉、举报等权利，并定期向社会公布本地区的重大火灾隐患及整改情况。公安消防部门要公布举报电话、信箱或者电子邮件地址，认真受理并及时依法处理公民对火灾隐患和消防违法行为的投诉、举报；工会、共青团、妇联、残联、消费者权益保护组织等要切实承担起依法维护相关人员消防安全权益的责任。存在重大火灾隐患的生产经营场所和为公众服务的场所，要采取公告、广播、设置警示牌等方式告知公民火灾危险和保护生命财产安全的方法。

四、整治重点环节，预防和消除火灾隐患

（十四）坚决整治严重威胁公共安全的重大消防安全问题。地方各级人民政府对不符合城市消防安全布局的易燃易爆危险物品生产、储存场所等重大火灾危险源，要限期搬迁；对无法保证消防安全的，要责令停止使用。在制订近期建设规划和城镇房屋拆迁计划时，要依据城市总体规划和土地利用总体规划，优先安排“城中村”、易燃建筑密集区的拆迁、改造。要严格落实重点场所和部位的消防安全管理措施。对存在重大火灾隐患的人员密集场所，要责令限期整改；对不能保证人员生命财产安全的，要责令停止使用。

（十五）切实加强火灾隐患的源头控制。对涉及消防安全的审批项目，行政审批部门要严格依法审批。对不符合城镇消防安全布局要求的建设项目，城市规划部门不得核发建设用地规划许可证和建设工程规划许可证；对建筑工程消防设计未经审核合格的，建设部门不得核发施工许可证，房地产管理部门不得核发商品房预售许可证；对按照国家标准需要进行消防设计的建筑工程竣工验收资料中没有消防验收合格文件的，房地产管理部门不得颁发房屋权属证书。对消防安全条件未获得公安消防部门审查通过，拟开办的学校、幼儿园、托儿所、养老院、福利院、医疗机构以及文化、体育等公共场所，教育、民政、卫生、文化、体育等部门不得批准。对不具备安全生产条件的危险物品生产储存运输和建筑施工等企业，安全监管、建设等部门不得颁发安全生产许可证。对未经消防安全检查合格而擅自经营的歌舞厅、影剧院、宾馆、饭店、商场、集贸市场等公众聚集的场所，或者未依法获得批准而擅自从事大型集会、焰火晚会、灯会等具有火灾危险的大型活动的，公安消防等有关部门要及时依法采取相应的行政强制措施并依法给予行政处罚；对原已取得批准文件但不再具备法律法规、技术规范规定的消防安全条件的，必须撤销批准文件。对容易引发火灾事故的电气、燃气等设备，质检部门应制订标准对其防火性能提出要求，生产单位应标明火灾危险性和防火注意事项。

（十六）严格加强消防产品质量监督管理。各级公安消防部门要切实履行法定职责，各有关部门要按照国务院确定的职责分工，依法采取有力措施，加大对消防产品市场整顿和规范的力度。严禁生产、销售、进口、使用未取得市场准入证书的消防产品。严厉打击制售假冒伪劣消防产品的违法行为。要建立全国消防产品信息库，定期发布消防产品市场准入信息和质量信息。消防产品生产企业要实行不合格消防产品主动召回制度。

（十七）进一步建立健全重大火灾隐患立案销案和挂牌督办制度。地方各级人民政府及公安消防等部门要建立健全监督检查机制，依法督促有关单位及时整改和消除重大火灾隐患。公安消防部门对检查发现和群众举报、投诉并经认定的重大火灾隐患，要立案并抄报有关主管部门，及时提请当地人民政府挂牌督促整改。当地人民政府要明确整改责任，责令限期整改。下级人民政府要及时向上级人民政府报告重大火灾隐患整改情况，对未按期整改完毕的，上级人民政府要明确整改责任并备案督办。对严重威胁公共安全的重大火灾隐患，上级人民政府要直接挂牌督办，公安消防部门要依法报请当地人民政府决定责令停产停业，当地人民政府要在接报后 7 日内作出决定。对自身确无能力整改的严重威胁公共安全的重大火灾隐患，有关单位要及时报请本行业或本系统管理部门和当地人民政府确定整改措施，并认真落实。

五、建立健全考评机制，严格责任追究制度

（十八）地方各级人民政府要把消防工作作为政府目标责任考核和领导干部政绩考评的重要内容，纳入社会治安综合治理、创建文明城市（乡镇、村、社区）和平安地区等考评范围，建立科学的考核评价机制，定期检查考评。各省、自治区、直辖市人民政府每年要将本地区消防工作情况向国务院作出专题报告。公安消防部门要会同有关方面，对各地区消防工作进行督促检查。

（十九）地方各级人民政府和公安消防部门、其他有关部门不履行或不认真履行消防工作职责，对涉及消防安全的事项未依照法律法规和规章制度实施审批、监督检查的，或者对重大火灾隐患整改不力的，要依法依纪追究有关责任人员和负责人的责任；地方各级人民政府和公安消防部门、其他有关部门及其工作人员因工作不力、失职、渎职，导致重特大火灾事故发生的，或者造成重大人员伤亡和经济损失，社会影响恶劣的，要依法追究主要负责人的法律责任。

（二十）对不依法履行预防和消除火灾隐患职责的单位及其负责人和其他工作人员，公安等行政执法部门应当依法给予行政处罚。对拒不执行行政处罚的，要坚决依法追究有关人员的法律责任。对发生火灾造成人员伤亡和他人财产损失的，制售假冒伪劣消防产品造成严重后果的，明知是假冒伪劣消防产品仍购买和使用的，要依法追究有关单位和人员的法律责任。

二〇〇六年五月十日

国务院关于全面加强应急管理工作的意见

国发［2006］24号

各省、自治区、直辖市人民政府，国务院各部委、各直属机构：

加强应急管理，是关系国家经济社会发展全局和人民群众生命财产安全的大事，是全面落实科学发展观、构建社会主义和谐社会的重要内容，是各级政府坚持以人为本、执政为民、全面履行政府职能的重要体现。当前，我国现代化建设进入新的阶段，改革和发展处于关键时期，影响公共安全的因素增多，各类突发公共事件时有发生。但是，我国应急管理工作基础仍然比较薄弱，体制、机制、法制尚不完善，预防和处置突发公共事件的能力有待提高。为深入贯彻实施《国家突发公共事件总体应急预案》（以下简称《国家总体应急预案》），全面加强应急管理工作，提出以下意见：

一、明确指导思想和工作目标

（一）指导思想。以邓小平理论和“三个代表”重要思想为指导，全面落实科学发展观，坚持以人为本、预防为主，充分依靠法制、科技和人民群众，以保障公众生命财产安全为根本，以落实和完善应急预案为基础，以提高预防和处置突发公共事件能力为重点，全面加强应急管理工作，最大程度地减少突发公共事件及其造成的人员伤亡和危害，维护国家安全和社会稳定，促进经济社会全面、协调、可持续发展。

（二）工作目标。在“十一五”期间，建成覆盖各地区、各行业、各单位的应急预案体系；健全分类管理、分级负责、条块结合、属地为主的应急管理体制，落实党委领导下的行政领导责任制，加强应急管理机构和应急救援队伍建设；构建统一指挥、反应灵敏、协调有序、运转高效的应急管理机制；完善应急管理法律法规，建设突发公共事件预警预报信息系统和专业化、社会化相结合的应急管理保障体系，形成政府主导、部门协调、军地结合、全社会共同参与的应急管理工作格局。

二、加强应急管理规划和制度建设

（三）编制并实施突发公共事件应急体系建设规划。依据《国民经济和社会发展第十一个五年规划纲要》（以下简称“十一五”规划），编制并尽快组织实施《“十一五”期间国家突发公共事件应急体系建设规划》，优化、整合各类资源，统一规划突发公共事件预防预警、应急处置、恢复重建等方面的项目和基础设施，科学指导各项应急管理体系建设。各地区、各部门要在《“十一五”期间国家突发公共事件应急体系建设规划》指导下，编制本地区和本行业突发公共事件应急体系建设规划并纳入国民经济和社会发展规划。城乡建设等有关专项规划的编制要与应急体系建设规划相衔接，合理布局重点建设项目，统筹规划应对突发公共事件所必需的基础设施建设。

（四）健全应急管理法律法规。要加强应急管理的法制建设，逐步形成规范各类突发公共事件预防和处置工作的法律体系。抓紧做好突发事件应对法的立法准备工作和公布后的贯彻实施工作，研究制定配套法规和政策措施。国务院各有关部门要根据预防和处置自然灾害、事故灾难、公共卫生事件、社会安全事件等各类突发公共事件的需要，抓紧做好有关法律法规草案和修订草案的起草工作，以及有关规章、标准的修订工作。各地区要依据有关法律、行政法规，结合实际制定并完善应急管理的地方性法规和规章。

（五）加强应急预案体系建设和管理。各地区、各部门要根据《国家总体应急预案》，抓紧编制修订本地区、本行业和领域的各类预案，并加强对预案编制工作的领导和督促检查。各基层单位要根据实际情况制订和完善本单位预案，明确各类突发公共事件的防范措施和处置程序。尽快构建覆盖各地区、各行业、各单位的预案体系，并做好各级、各类相关预案的衔接工作。要加强对预案的动态管理，不断增强预案的针对性和实效性。狠抓预案落实工作，经常性地开展预案演练，特别是涉及多个地区和部门的预案，要通过开展联合演练等方式，促进各单位的协调配合和职责落实。

（六）加强应急管理体制和机制建设。国务院是全国应急管理工作的最高行政领导机关，国务院各有关部门依据有关法律、行政法规和各自职责，负责相关类别突发公共事件的应急管理工作。地方各级人民政府是本行政区域应急管理工作的行政领导机关，要根据《国家总体应急预案》的要求和应对各类突发公共事件的需要，结合实际明确应急管理的指挥机构、办事机构及其职责。各专项应急指挥机构要进一步强化职责，充分发挥在相关领域应对突发公共事件的作用。加强各地区、各部门以及各级各类应急管理机构的协调联动，积极推进资源整合和信息共享。加快突发公共事件预测预警、信息报告、应急响应、恢复重建及调查评估等机制建设。研究建立保险、社会捐赠等方面参与、支持应急管理工作的机制，充分发挥其在突发公共事件预防与处置等方面的作用。

三、做好各类突发公共事件的防范工作

（七）开展对各类突发公共事件风险隐患的普查和监控。各地区、各有关部门要组织力量认真开展风险隐患普查工作，全面掌握本行政区域、本行业和领域各类风险隐患情况，建立分级、分类管理制度，落实综合防范和处置措施，实行动态管理和监控，加强地区、部门之间的协调配合。对可能引发突发公共事件的风险隐患，要组织力量限期治理，特别是对位于城市和人口密集地区的高危企业，不符合安全布局要求、达不到安全防护距离的，要依法采取停产、停业、搬迁等措施，尽快消除隐患。要加强对影响社会稳定因素的排查调处，认真做好预警报告和快速处置工作。社区、乡村、企业、学校等基层单位要经常开展风险隐患的排查，及时解决存在的问题。

（八）促进各行业和领域安全防范措施的落实。地方各级人民政府及有关部门要进一步加强对本行政区域各单位、各重点部位安全管理的监督检查，严密防范各类安全事故；要加强监管监察队伍建设，充实必要的人员，完善监管手段。各有关部门要按照有关法律法规和职责分工，加强对本系统、本行业和领域的安全监管监察，严格执行安全许可制度，经常性开展监督检查，依法加大处罚力度；要提高监管效率，对事故多发的行业和领域进一步明确监管职责，实施联合执法。上级主管部门和有关监察机构要把督促风险隐患整改情况作为衡量监管机构履行职责是否到位的重要内容，加大监督检查和考核力度。各企业、事业单位要切实落实安全管理的主体责任，建立

健全安全管理的规章制度，加大安全投入，全面落实安全防范措施。

（九）加强突发公共事件的信息报告和预警工作。特别重大、重大突发公共事件发生后，事发地省级人民政府、国务院有关部门要按规定及时、准确地向国务院报告，并向有关地方、部门和应急管理机构通报。要进一步建立健全信息报告工作制度，明确信息报告的责任主体，对迟报、漏报甚至瞒报、谎报行为要依法追究责任。在加强地方各级人民政府和有关部门信息报告工作的同时，通过建立社会公众报告、举报奖励制度，设立基层信息员等多种方式，不断拓宽信息报告渠道。建设各级人民政府组织协调、有关部门分工负责的各类突发公共事件预警系统，建立预警信息通报与发布制度，充分利用广播、电视、互联网、手机短信息、电话、宣传车等各种媒体和手段，及时发布预警信息。

（十）积极开展应急管理培训。各地区、各有关部门要制订应急管理的培训规划和培训大纲，明确培训内容、标准和方式，充分运用多种方法和手段，做好应急管理培训工作，并加强培训资质管理。积极开展对地方和部门各级领导干部应急指挥和处置能力的培训，并纳入各级党校和行政学院培训内容。加强各单位从业人员安全知识和操作规程培训，负有安全监管职责的部门要强化培训考核，对未按要求开展安全培训的单位要责令其限期整改，达不到考核要求的管理人员和职工一律不准上岗。各级应急管理机构要加强对应急管理培训工作的组织和指导。

四、加强应对突发公共事件的能力建设

（十一）推进国家应急平台体系建设。要统筹规划建设具备监测监控、预测预警、信息报告、辅助决策、调度指挥和总结评估等功能的国家应急平台。加快国务院应急平台建设，完善有关专业应急平台功能，推进地方人民政府综合应急平台建设，形成连接各地区和各专业应急指挥机构、统一高效的应急平台体系。应急平台建设要结合实际，依托政府系统办公业务资源网络，规范技术标准，充分整合利用现有专业系统资源，实现互联互通和信息共享，避免重复建设。积极推进紧急信息接报平台整合，建立统一接报、分类分级处置的工作机制。

（十二）提高基层应急管理能力。要以社区、乡村、学校、企业等基层单位为重点，全面加强应急管理工作。充分发挥基层组织在应急管理中的作用，进一步明确行政负责人、法定代表人、社区或村级组织负责人在应急管理中的职责，确定专（兼）职的工作人员或机构，加强基层应急投入，结合实际制订各类应急预案，增强第一时间预防和处置各类突发公共事件的能力。社区要针对群众生活中可能遇到的突发公共事件，制订操作性强的应急预案，经常性地开展应急知识宣传，做到家喻户晓；乡村要结合社会主义新农村建设，因地制宜加强应急基础设施建设，努力提高群众自救、互救能力，并充分发挥城镇应急救援力量的辐射作用；学校要在加强校园安全工作的同时，积极开展公共安全知识和应急防护知识的教育和普及，增强师生公共安全意识；企业特别是高危行业企业要切实落实法定代表人负责制和安全生产主体责任，做到有预案、有救援队伍、有联动机制、有善后措施。地方各级人民政府和有关部门要加强对基层应急管理工作的指导和检查，及时协调解决人力、物力、财力等方面的问题，促进基层应急管理能力的全面提高。

（十三）加强应急救援队伍建设。落实“十一五”规划有关安全生产应急救援、国家灾害应急救援体系建设的重点工程。建立充分发挥公安消防、特警以及武警、解放军、预备役民兵的骨干作用，各专业应急救援队伍各负其责、互为补充，企业专兼职救援队伍和社会志愿者共同参与的应急救援体系。加强各类应急抢险救援队伍建设，改善技术装备，强化培训演练，提高应急救援能力。建立应急救援专家队伍，充分发挥专家学者的专业特长和技术优势。逐步建立社会化的应

急救援机制，大中型企业特别是高危行业企业要建立专职或者兼职应急救援队伍，并积极参与社会应急救援；研究制订动员和鼓励志愿者参与应急救援工作的办法，加强对志愿者队伍的招募、组织和培训。

（十四）加强各类应急资源的管理。建立国家、地方和基层单位应急资源储备制度，在对现有各类应急资源普查和有效整合的基础上，统筹规划应急处置所需物料、装备、通信器材、生活用品等物资和紧急避难场所，以及运输能力、通信能力、生产能力和有关技术、信息的储备。加强对储备物资的动态管理，保证及时补充和更新。要建立国家和地方重要物资监测网络及应急物资生产、储备、调拨和紧急配送体系，保障应急处置和恢复重建工作的需要。合理规划建设国家重要应急物资储备库，按照分级负责的原则，加强地方应急物资储备库建设。充分发挥社会各方面在应急物资的生产和储备方面的作用，实现社会储备与专业储备的有机结合。加强应急管理基础数据库建设和对有关技术资料、历史资料等的收集管理，实现资源共享，为妥善应对各类突发公共事件提供可靠的基础数据。

（十五）全力做好应急处置和善后工作。突发公共事件发生后，事发单位及直接受其影响的单位要根据预案立即采取有效措施，迅速开展先期处置工作，并按规定及时报告。地方各级人民政府和国务院有关部门要依照预案规定及时采取相关应急响应措施。按照属地管理为主的原则，事发地人民政府负有统一组织领导应急处置工作的职责，要积极调动有关救援队伍和力量开展救援工作，采取必要措施，防止发生次生、衍生灾害事件，并做好受影响群众的基本生活保障和事故现场环境评估工作。应急处置结束后，要及时组织受影响地区恢复正常的生产、生活和社会秩序。灾后恢复重建要与防灾减灾相结合，坚持统一领导、科学规划、加快实施。健全社会捐助和对口支援等社会动员机制，动员社会力量参与重大灾害应急救助和灾后恢复重建。各级人民政府及有关部门要依照有关法律法规及时开展事故调查处理工作，查明原因，依法依纪处理责任人员，总结事故教训，制订整改措施并督促落实。

（十六）加强评估和统计分析工作。建立健全突发公共事件的评估制度，研究制订客观、科学的评估方法。各级人民政府及有关部门在对各类突发公共事件调查处理的同时，要对事件的处置及相关防范工作做出评估，并对年度应急管理工作情况进行全面评估。各地区、各有关部门要加强应急管理统计分析工作，完善分类分级标准，明确责任部门和人员，及时、全面、准确地统计各类突发公共事件发生起数、伤亡人数、造成的经济损失等相关情况，并纳入经济和社会发展统计指标体系。突发公共事件的统计信息实行月度、季度和年度报告制度。要研究建立突发公共事件发生后统计系统快速应急机制，及时调查掌握突发公共事件对国民经济发展和城乡居民生活的影响并预测发展趋势。

五、制定和完善全面加强应急管理的政策措施

（十七）加大对应急管理的资金投入力度。根据《国家总体应急预案》的规定，各级财政部门要按照现行事权、财权划分原则，分级负担公共安全工作以及预防与处置突发公共事件中需由政府负担的经费，并纳入本级财政年度预算，健全应急资金拨付制度。对规划布局内的重大建设项目给予重点支持。支持地方应急管理工作，建立完善财政专项转移支付制度。建立健全国家、地方、企业、社会相结合的应急保障资金投入机制，适应应急队伍、装备、交通、通信、物资储备等方面建设与更新维护资金的要求。建立企业安全生产的长效投入机制，增强高危行业企业安全保障和应急救援能力。研究建立应对突发公共事件社会资源依法征用与补偿办法。

（十八）大力发展公共安全技术和产品。在推进产业结构调整中，要将具有较高技术含量的公共安全工艺、技术和产品列入《国家产业结构调整指导目录》的鼓励类发展项目，在政策上积极予以支持。对公共安全、应急处置重大项目和技术开发、产业化示范项目，政府给予直接投资或资金补助、贷款贴息等支持。采取政府采购等办法，推动国家公共安全应急成套设备及防护用品的研发和生产。加强对公共安全产品的质量监督管理，实行严格的市场准入制度，确保产品质量安全可靠。

（十九）建立公共安全科技支撑体系。按照《国家中长期科学和技术发展规划纲要》的要求，高度重视利用科技手段提高应对突发公共事件的能力，通过国家科技计划和科学基金等，对突发公共事件应急管理的基础理论、应用和关键技术研究给予支持，并在大专院校、科研院所加强公共安全与应急管理学科、专业建设，大力培养公共安全科技人才。坚持自主创新和引进消化吸收相结合，形成公共安全科技创新机制和应急管理技术支撑体系。扶持一批在公共安全领域拥有自主知识产权和核心技术的重点企业，实现成套核心技术与重大装备的突破，增强安全技术保障能力。

六、加强领导和协调配合，努力形成全民参与的合力

（二十）进一步加强对应急管理工作的领导。地方各级人民政府要在党委领导下，建立和完善突发公共事件应急处置工作责任制，并将落实情况纳入干部政绩考核的内容，特别要抓好市（地）、县（区）两级领导干部责任的落实。各地区、各部门要加强沟通协调，理顺关系，明确职责，搞好条块之间的衔接和配合。建立和完善应对突发公共事件部际联席会议制度，加强部门之间的协调配合，定期研究解决有关问题。各级领导干部要不断增强处置突发公共事件的能力，深入一线，加强组织指挥。要建立并落实责任追究制度，对有失职、渎职、玩忽职守等行为的，要依照法律法规追究责任。

（二十一）构建全社会共同参与的应急管理工作格局。全面加强应急管理工作，需要紧紧依靠群众，军地结合，动员社会各方面力量积极参与。要切实发挥工会、共青团、妇联等人民团体在动员群众、宣传教育、社会监督等方面的作用，重视培育和发展社会应急管理中介组织。鼓励公民、法人和其他社会组织为应对突发公共事件提供资金、物资捐赠和技术支持。积极开展基层公共安全创建活动，树立一批应急管理工作先进典型，表彰奖励取得显著成绩的单位和个人，形成全社会共同参与、齐心协力做好应急管理工作的局面。

（二十二）大力宣传普及公共安全和应急防护知识。加强应急管理科普宣教工作，提高社会公众维护公共安全意识和应对突发公共事件能力。深入宣传各类应急预案，全面普及预防、避险、自救、互救、减灾等知识和技能，逐步推广应急识别系统。尽快把公共安全和应急防护知识纳入学校教学内容，编制中小学公共安全教育指导纲要和适应全日制各级各类教育需要的公共安全教育读本，安排相应的课程或课时。要在各种招考和资格认证考试中逐步增加公共安全内容。充分运用各种现代传播手段，扩大应急管理科普宣教工作覆盖面。新闻媒体应无偿开展突发公共事件预防与处置、自救与互救知识的公益宣传，并支持社会各界发挥应急管理科普宣传作用。

（二十三）做好信息发布和舆论引导工作。要高度重视突发公共事件的信息发布、舆论引导和舆情分析工作，加强对相关信息的核实、审查和管理，为积极稳妥地处置突发公共事件营造良好的舆论环境。坚持及时准确、主动引导的原则和正面宣传为主的方针，完善政府信息发布制度和新闻发言人制度，建立健全重大突发公共事件新闻报道快速反应机制、舆情收集和分析机制，把

握正确的舆论导向。加强对信息发布、新闻报道工作的组织协调和归口管理，周密安排、精心组织信息发布工作，充分发挥中央和省级主要新闻媒体的舆论引导作用。新闻单位要严格遵守国家有关法律法规和新闻宣传纪律，不断提高新闻报道水平，自觉维护改革发展稳定的大局。

（二十四）开展国际交流与合作。加强与有关国家、地区及国际组织在应急管理领域的沟通与合作，参与有关国际组织并积极发挥作用，共同应对各类跨国或世界性突发公共事件。大力宣传我国在应对突发公共事件、加强应急管理方面的政策措施和成功做法，积极参与国际应急救援活动，向国际社会展示我国的良好形象。密切跟踪研究国际应急管理发展的动态和趋势，参与公共安全领域重大国际项目研究与合作，学习、借鉴有关国家在灾害预防、紧急处置和应急体系建设等方面的有益经验，促进我国应急管理工作水平的提高。

二〇〇六年六月十五日

二、国务院办公厅颁发的重要法规和文件

国务院办公厅关于进一步加强煤矿安全生产工作的紧急通知

国办发明电［2005］6 号

各省、自治区、直辖市人民政府，国务院各部委、各直属机构：

去年 10 月份以来，接连发生多起特别重大煤矿安全事故。2004 年 10 月 20 日，河南省郑煤集团大平煤矿发生煤与瓦斯突出引发的特别重大瓦斯爆炸事故，死亡 148 人；2004 年 11 月 28 日，陕西省铜川矿务局陈家山煤矿发生特别重大瓦斯爆炸事故，死亡 166 人；2005 年 2 月 14 日，辽宁省阜新矿业集团公司海州立井发生特别重大瓦斯爆炸事故，死亡 213 人，尚有 1 人下落不明。这些事故给人民群众生命财产造成重大损失，也反映出一些地方和企业安全生产制度、责任不落实，措施不到位，应急预案不完善。党中央、国务院领导同志对此高度重视，立即做出重要批示，要求全力抢救井下被困人员，救治受伤人员，并严防事故再次发生；同时派出国务院工作组，立即赶赴事故现场督促指导抢救工作。为进一步加强煤矿安全生产工作，遏制重特大事故的发生，特紧急通知如下：

一、进一步强化煤矿安全生产责任

煤矿安全生产事关人民群众的生命财产安全，事关经济发展和社会稳定。各级人民政府、有关部门和各煤矿企业要站在实践“三个代表”重要思想，树立和落实科学发展观的高度，充分认识当前煤矿安全生产工作的严峻性、艰巨性和复杂性，把确保煤矿安全摆在突出位置，加强领导，落实责任，正确处理好安全与生产、安全与效益、安全与发展的关系，牢固树立“安全第一”的思想，坚持做到不符合安全规定不生产，坚决遏制煤矿重特大事故的发生。各级领导干部要以对党和人民高度负责的精神，切实转变工作作风，深入一线，督促煤矿企业落实各项安全生产措施。要进一步强化煤矿安全生产责任，地方政府负责同志要分工联系本地区重点煤矿安全生产工作，帮助解决本地区煤矿安全生产中存在的突出问题；煤矿企业负责同志要深入井下带班作业，检查督促各项安全措施的落实。

二、立即开展全国范围的煤矿安全生产大检查

各产煤省（区、市）要立即组织开展煤矿安全生产大检查，检查的重点矿井是：高瓦斯矿井，煤与瓦斯突出矿井，已经发生过瓦斯动力现象还没有进行突出危险性鉴定的矿井，采用放顶煤工艺开采容易自燃煤层的矿井等。地方各级人民政府及有关部门要组织精干力量，对本地区煤矿企

业瓦斯治理措施制定和落实情况，采掘部署情况，瓦斯治理责任制落实情况，事故隐患排查整改情况以及是否存在超能力生产情况等进行深入的检查。对检查发现的问题，要建立隐患整改责任制，确保事故隐患得到全面整改。各煤矿企业要立即组织开展自查工作，对本企业存在的安全隐患，建档立案，责任到人，安排资金，逐项整改。国务院安全生产委员会将组织对重点产煤省（区、市）的煤矿特别是瓦斯灾害严重的煤矿进行检查，对各地区开展安全大检查的情况进行抽查。

三、加强对煤矿安全生产的督导，深入开展瓦斯集中整治

各产煤省（区、市）人民政府要成立由负责同志任组长的煤矿瓦斯集中整治工作领导小组，负责本行政区域煤矿瓦斯集中整治工作，组织本地区煤炭管理部门和煤矿安全监察机构组成瓦斯治理督导组，进驻国有重点煤矿，加强对煤矿安全生产特别是瓦斯灾害防范工作的监督检查，进驻时间从本通知下发之日起到12月底。督导组要以瓦斯防治为重点，对所督导煤矿的安全生产工作全面督查，督促各项安全生产措施的落实，发现问题及时曝光，对存在重大隐患的矿井，责令停产整顿；同时，对因督查不到位发生事故的，要承担相应责任。各煤矿企业也要向所属矿井派驻瓦斯治理工作组，认真落实瓦斯治理有关规定和技术措施。国家煤矿安全监察局要对各地区、各煤矿企业派驻瓦斯治理督导组情况开展巡回检查指导。

四、加强小煤矿关闭整顿工作，严厉打击非法煤矿生产行为

地方各级人民政府要进一步加强对小煤矿安全生产的检查，进一步规范其安全生产行为，防止事故发生。要认真贯彻国务院关于小煤矿关闭整顿工作的要求，落实关闭非法小煤矿的责任，凡按规定应关闭的矿井，必须坚决予以关闭；县（市）发现2处、乡镇发现1处非法生产或属“四个一律关闭”应关未关的煤矿，要按有关规定追究县、乡政府负责人的责任。对已关闭矿井、报废矿井和基建矿井等要搞好巡查和监控，采取有力措施，防止私自招工、非法生产。

五、认真落实煤矿安全生产的监督管理职责，加大煤矿安全监察执法力度

各产煤省（区、市）人民政府要认真贯彻落实《国务院办公厅关于完善煤矿安全监察体制的意见》（国办发［2004］79号），抓紧建立健全地方煤矿安全监管机构，并对其职责做出具体规定。各级地方煤矿安全监管机构要切实担负起煤矿安全生产日常性的监督检查工作，组织开展煤矿安全整治，对煤矿违法违规行为依法作出处理或处罚，依法关闭不具备安全生产条件的矿井，督促检查煤矿企业事故隐患的整改情况。煤矿安全监察机构要进一步加大对煤矿企业安全生产工作的监察执法力度，认真开展重点监察、专项监察和定期监察，严格执法，依法加大对违法生产行为的处罚力度，对超通风能力生产、未经设计审查和竣工验收擅自投入生产的矿井及其他存在重大事故隐患的矿井，要坚决予以停产整顿；同时，要加大对事故责任人员的查处力度。要建立重大隐患公告制度，充分发挥社会舆论的监督作用，督促煤矿企业改善安全生产条件。

国务院办公厅
二〇〇五年二月二十日

国务院办公厅关于印发国家安全生产监督管理总局主要职责内设机构和人员编制规定的通知

国办发［2005］11号

《国家安全生产监督管理总局主要职责内设机构和人员编制规定》已经国务院批准，现予印发。

国务院办公厅

二〇〇五年三月十六日

国家安全生产监督管理总局主要职责内设机构和人员编制规定

根据《国务院关于国家安全生产监督管理局（国家煤矿安全监察局）机构调整的通知》（国发［2005］4号），国家安全生产监督管理局调整为国家安全生产监督管理总局（正部级）。国家安全生产监督管理总局是国务院主管安全生产综合监督管理的直属机构，也是国务院安全生产委员会的办事机构。

一、职责调整

（一）将原国家安全生产监督管理局（国家煤矿安全监察局）的安全生产监督管理职责，划入国家安全生产监督管理总局。

（二）将国务院安全生产委员会办公室职责划入国家安全生产监督管理总局。

二、主要职责

（一）承担国务院安全生产委员会办公室的工作。具体职责是：研究提出安全生产重大方针政策和重要措施的建议；监督检查、指导协调国务院有关部门和各省、自治区、直辖市人民政府的安全生产工作；组织国务院安全生产大检查和专项督查；参与研究有关部门在产业政策、资金投入、科技发展等工作中涉及安全生产的相关工作；负责组织国务院特别重大事故调查处理和办理结案工作；组织协调特别重大事故应急救援工作；指导协调全国安全生产行政执法工作；承办国务院安全生产委员会召开的会议和重要活动，督促检查国务院安全生产委员会会议决定事项的贯彻落实情况。

（二）综合监督管理全国安全生产工作。组织起草安全生产方面的综合性法律和行政法规，制定发布工矿商贸行业及有关综合性安全生产规章，研究拟订安全生产方针政策和工矿商贸安全生产标准、规程，并组织实施。负责职责范围内非煤矿矿山企业和危险化学品、烟花爆竹生产企业安全生产许可证的颁发和管理工作。

（三）依法行使国家安全生产综合监督管理职权，按照分级、属地原则，指导、协调和监督有关部门安全生产监督管理工作，对地方安全生产监督管理部门进行业务指导；制定全国安全生产发展规划；定期分析和预测全国安全生产形势，研究、协调和解决安全生产中的重大问题。

（四）负责发布全国安全生产信息，综合管理全国生产安全伤亡事故调度统计和安全生产行政执法分析工作；依法组织、协调特大和特别重大事故的调查处理工作，并监督事故查处的落实情况；组织、指挥和协调安全生产应急救援工作。

（五）负责综合监督管理危险化学品和烟花爆竹安全生产工作。

（六）指导、协调全国和各省、自治区、直辖市安全生产检测检验工作；组织实施对工矿商贸生产经营单位安全生产条件和有关设备（特种设备除外）进行检测检验、安全评价、安全培训、安全咨询等社会中介组织的资质管理工作，并进行监督检查。

（七）组织、指导全国和各省、自治区、直辖市安全生产宣传教育工作，负责安全生产监督管理人员的安全培训、考核工作，依法组织、指导并监督特种作业人员（煤矿特种作业人员、特种设备作业人员除外）的考核工作和工矿商贸生产经营单位主要经营管理者、安全生产管理人员的安全资格考核工作（煤矿矿长安全资格除外）；监督检查工矿商贸生产经营单位安全培训工作。

（八）负责监督管理中央管理的工矿商贸生产经营单位安全生产工作，依法监督工矿商贸生产经营单位贯彻执行安全生产法律、法规情况及其安全生产条件和有关设备（特种设备除外）、材料、劳动防护用品的安全生产管理工作。

（九）依法监督检查职责范围内新建、改建、扩建工程项目的安全设施与主体工程同时设计、同时施工、同时投产使用情况；依法监督检查工矿商贸生产经营单位作业场所（煤矿作业场所除外）职业卫生情况，负责职业卫生安全许可证的颁发管理工作；监督检查重大危险源监控、重大事故隐患的整改工作，依法查处不具备安全生产条件的工矿商贸生产经营单位。

（十）组织拟订安全生产科技规划，组织、指导和协调相关部门和单位开展安全生产重大科学技术研究和技术示范工作。

（十一）组织实施注册安全工程师执业资格制度，监督和指导注册安全工程师执业资格考试和注册工作。

（十二）组织开展与外国政府、国际组织及民间组织安全生产方面的国际交流与合作。

（十三）承办国务院、国务院安全生产委员会交办的其他事项。

根据国务院规定，管理国家煤矿安全监察局并综合监督管理煤矿安全监察工作。

三、内设机构

根据上述主要职责，国家安全生产监督管理总局设 9 个职能机构：

（一）办公厅（国际合作司、财务司）

组织协调机关办公，拟订和监督执行机关的各项工作规则和制度；承担机关文秘、政务信息、保密、档案、提案、信访和行政事务等方面的工作；研究承办机关及所属单位管理体制、机构编制工作；承担机关和所属单位财务、经费、国有资产管理和审计工作；组织开展与外国政府、国际组织及民间组织安全生产方面的国际交流与合作；承担有关外事管理工作。

（二）政策法规司

组织起草安全生产方面的法律和行政法规；组织研究拟订工矿商贸行业及有关综合性安全生

产规章、规程和工矿商贸安全生产标准；承办安全生产方面的行政复议，指导安全生产系统的法制建设，监督执法行为；组织研究安全生产重大政策；组织起草重要文件、重要会议报告；承担全国安全生产信息发布工作；组织、指导安全生产新闻和宣传教育工作。

（三）规划科技司

组织研究拟订安全生产发展规划和科技规划；组织、指导和协调安全生产重大科学技术研究、技术示范及安全生产科研成果鉴定和技术推广工作；负责安全生产信息化建设工作；按照投资管理权限负责相应的固定资产投资项目管理；负责国家安全生产专家组工作；负责劳动防护用品和安全标志的监督管理工作；实施对工矿商贸生产经营单位安全生产条件和有关设备（特种设备除外）进行检测检验、安全评价、安全培训、安全咨询等社会中介机构的资质管理，并进行监督检查。

（四）安全生产协调司（国家安全生产监察专员办公室、职业安全监督管理司）

承担国务院安全生产委员会办公室日常工作。分析和预测全国安全生产形势；联系国务院有关部门和各省、自治区、直辖市的安全生产工作，及时掌握重要情况和重大事项；组织、协调全国性的安全生产大检查、专项督查和安全生产专项整治工作；负责组织特别重大事故调查处理工作；负责国家安全生产监察专员日常管理工作；承担综合监督管理煤矿安全监察的日常工作；负责作业场所（煤矿作业场所除外）职业卫生的监督检查工作，组织查处职业危害事故和有关违法行为。

（五）安全生产应急救援办公室

研究起草安全生产应急救援的相关法律、法规和有关规章、规程、标准；组织安全生产应急救援预案的编制和安全生产应急救援体系建设；组织指挥安全生产应急救援演习；统一指挥、协调特别重大安全生产事故应急救援工作；分析预测特别重大事故风险，及时发布预警信息。

（六）监督管理一司（海洋石油作业安全办公室）

依法监督检查非煤矿山、石油、冶金、有色、建材、地质等行业的工矿商贸生产经营单位贯彻执行安全生产法律、法规情况及其安全生产条件、设备设施安全情况；组织相关的大型建设项目安全设施设计审查和竣工验收；负责非煤矿山企业安全生产许可证的颁发和管理工作；指导和监督相关的安全评估工作；参与相关行业特别重大事故的调查处理，并监督事故查处的落实情况；指导、协调或参与相关的事故应急救援工作；承担海上石油安全生产的综合监督管理工作。

（七）监督管理二司

依法监督检查机械、轻工、纺织、烟草、贸易行业的工矿商贸生产经营单位贯彻执行安全生产法律、法规情况及其安全生产条件、设备设施安全情况；指导、监督相关的安全评估工作；组织相关的大型建设项目安全设施设计审查和竣工验收。指导、协调和监督公路、水运、铁路、民航、建筑、水利、电力、邮政、电信、林业、军工、旅游等行业的安全生产工作。参与调查处理相关的特别重大事故，并监督事故查处的落实情况；指导、协调或参与相关的事故应急救援工作。

（八）危险化学品安全监督管理司

综合监督管理危险化学品安全生产工作；依法负责危险化学品生产和储存企业设立及其改建和扩建的安全审查、危险化学品包装物和容器专业生产企业的安全审查和定点、危险化学品经营许可证的发放、国内危险化学品登记工作并监督检查。负责烟花爆竹生产经营单位的安全生产监督管理。依法监督检查化工（含石油化工）、医药和烟花爆竹行业生产经营单位贯彻执行安全生产法律、法规情况及其安全生产条件、设备设施安全情况；组织查处不具备安全生产基本条件的生产经营单位；组织相关的大型建设项目安全设施的设计审查和竣工验收；负责危险化学品、烟花爆竹生产经营单位安全生产许可证的颁发和管理工作；指导和监督相关的安全评估工作；参与调查处理相关的特别重大事故，并监督事故查处的落实情况；指导、协调或参与相关的事故应急救援工作。

（九）人事培训司

承担局机关和直属单位干部管理及人事、劳动工资和职称管理工作；组织实施注册安全工程师执业资格考试及注册管理工作；指导全国安全生产培训工作，负责本系统安全生产监督管理人员的安全培训和考核；依法组织、指导和监督特种作业人员（煤矿特种作业人员、特种设备作业人员除外）和工矿商贸生产经营单位主要经营管理者、安全生产管理人员的安全资格（煤矿矿长安全资格除外）考核工作；监督检查工矿商贸生产经营单位安全培训工作。

机关党委。负责局机关和在京直属单位的党群工作。

四、人员编制

国家安全生产监督管理总局机关行政编制为160名（含国家安全生产监察专员编制）。其中：局长1名，副局长4名，司局级领导职数33名（含机关党委专职副书记1名），国家安全生产监察专员14名（司局级）。

五、其他事项

（一）国家煤矿安全监察局的综合性业务和人事党务、机关财务后勤、煤矿安全监察人员的考核和组织培训等事务，依托国家安全生产监督管理总局管理。

（二）设在地方的煤矿安全监察局由国家安全生产监督管理总局领导，国家煤矿安全监察局负责业务管理。国家煤矿安全监察局可单独向设在地方的煤矿安全监察局行文，重要文件经国家安全生产监督管理总局审议，必要时可以国家安全生产监督管理总局名义行文或联合行文。国家煤矿安全监察局对设在地方的煤矿安全监察局的领导班子成员任免提出建议，由国家安全生产监督管理总局任免。设在地方的煤矿安全监察局的财务、发展规划和科技项目，经国家安全生产监督管理总局综合平衡后统一上报，由国家煤矿安全监察局下达并实施管理。

（三）工矿商贸生产经营单位的安全生产监督管理实行分级、属地管理。国家安全生产监督管理总局负责中央管理的工矿商贸生产经营单位总公司（总厂、集团公司）的安全生产监督管理工作。

（四）除工矿商贸行业外，交通、铁路、民航、水利、电力、建筑、国防工业、邮政、电信、旅游、特种设备、消防、核安全等有专门的安全生产主管部门的行业和领域的安全监督管理工作分别由公安、交通、铁道、民航、水利、电监、建设、国防科技、邮政、信息产业、旅游、质检、环保等国务院部门负责，国家安全生产监督管理总局从综合监督管理全国安全生产工作的角度，指导、协调和监督上述部门的安全生产监督管理工作，不取代这些部门具体的安全生产监督管理工作。特种设备的安全监督管理、特种设备作业人员的考核、特种设备事故的调查处理由国家质量监督检验检疫总局负责。

（五）国家安全生产监督管理总局负责烟花爆竹的安全生产监督管理，监督烟花爆竹生产经营单位贯彻执行安全生产法律法规情况，审查烟花爆竹生产经营单位安全生产条件和发放安全生产许可证、销售许可证，组织查处不具备安全生产基本条件的烟花爆竹生产经营单位，组织查处烟花爆竹安全生产事故。具体按照分级、属地的原则实施监督管理。

国家质量监督检验检疫总局负责烟花爆竹的质量监督管理，监督抽查烟花爆竹质量，检验进出口烟花爆竹的安全质量。

公安部负责烟花爆竹的公共安全管理，许可烟花爆竹运输和确定运输路线，许可焰火晚会燃放，组织销毁处置废旧和罚没的非法烟花爆竹，侦查非法生产、买卖、储存、运输、邮寄烟花爆竹的刑事案件。

公安部、国家安全生产监督管理总局、国家质量监督检验检疫总局、国家工商行政管理总局等部门按照职责分工，有责任组织查处非法制造、买卖、储存、运输、邮寄、燃放烟花爆竹的违法行为。

（六）国家安全生产监督管理总局负责作业场所（煤矿作业场所除外）职业卫生的监督检查工作，组织查处职业危害事故和有关违法行为；卫生部负责拟订职业卫生法律法规、标准，规范职业病的预防、保健、检查和救治，负责职业卫生技术服务机构资质认定和职业卫生评价及化学品毒性鉴定工作。

（七）国家安全生产监督管理总局与相关部门的职责调整，在下一步完善相关部门“三定”规定时进一步明确。

（八）本规定由中央机构编制委员会办公室负责解释，其调整由中央机构编制委员会办公室按规定程序办理。

国务院办公厅关于印发国家煤矿安全监察局主要职责内设机构和人员编制规定的通知

国办发［2005］12号

《国家煤矿安全监察局主要职责内设机构和人员编制规定》已经国务院批准，现予印发。

国务院办公厅

二〇〇五年三月十六日

国家煤矿安全监察局主要职责内设机构和人员编制规定

根据《国务院关于国家安全生产监督管理局（国家煤矿安全监察局）机构调整的通知》（国发［2005］4号），单设国家煤矿安全监察局（副部级）。国家煤矿安全监察局是国家安全生产监督管理总局管理的行使国家煤矿安全监察职能的行政机构。

一、职责调整

（一）划入原国家安全生产监督管理局（国家煤矿安全监察局）承担的国家煤矿安全监察职责。

（二）加强对地方煤矿安全监督管理工作的监督检查，保证国家有关煤矿安全生产法律法规的贯彻实施。

二、主要职责

（一）研究煤矿安全生产工作的方针、政策，参与起草有关煤矿安全生产的法律、法规，拟定煤矿安全生产规章、规程和安全标准，提出煤矿安全生产规划和目标。

（二）按照国家监察、地方监管、企业负责的原则，依法行使国家煤矿安全监察职权。依法监察煤矿企业贯彻执行安全生产法律、法规情况及其安全生产条件、设备设施安全和作业场所职业卫生情况，负责职业卫生安全许可证的颁发管理工作；对煤矿安全实施重点监察、专项监察和定期监察，对煤矿违法违规行为依法作出现场处理或实施行政处罚。

（三）组织或参与煤矿重大、特大和特别重大事故调查处理，负责全国煤矿事故与职业危害的统计分析，发布全国煤矿安全生产信息。

（四）指导煤矿安全生产科研工作，组织对煤矿使用的设备、材料、仪器仪表的安全监察工作。

（五）负责煤矿安全生产许可证的颁发管理和矿长安全资格、煤矿特种作业人员（含煤矿矿井使用的特种设备作业人员）的培训发证工作。

（六）组织煤矿建设工程安全设施的设计审查和竣工验收，对不符合安全生产标准的煤矿企业进行查处。

（七）检查指导地方煤矿安全监督管理工作，对地方贯彻落实煤矿安全生产法律法规、标准，关闭不具备安全生产条件矿井，煤矿安全监督检查执法，煤矿安全生产专项整治、事故隐患整改及复查，煤矿事故责任人的责任追究落实等情况进行监督检查，并向有关地方人民政府及其有关部门提出意见和建议。

（八）组织、指导和协调煤矿应急救援工作。

（九）承办国务院、国务院安全生产委员会及国家安全生产监督管理总局交办的其他事项。

三、内设机构

根据上述主要职责，国家煤矿安全监察局设3个职能机构：

（一）综合司（技术装备司）

组织协调机关办公，承担机关行政事务相关工作；研究和参与起草有关法律法规、生产规程和标准，拟定规章和命令；按分工负责有关人事、财务、发展规划和科技项目等管理工作；负责组织煤矿安全生产科研及科技成果推广工作；协调全国煤矿安全技术装备保障工作；组织煤矿使用的设备、材料、仪器仪表的安全监察管理工作。

（二）安全监察司

依法监察煤矿企业贯彻执行安全生产法律、法规情况及其安全生产条件、设备设施安全和作业场所职业卫生情况，依法查处不具备安全生产条件的煤矿；组织煤矿建设工程安全设施的设计审查和竣工验收；负责煤矿安全生产许可证的颁发管理和矿长安全资格、煤矿特种作业人员（含煤矿矿井使用的特种设备作业人员）的培训发证工作；指导和监督煤矿安全评估工作；负责为煤矿服务的其他煤炭企业的安全生产监督检查工作；对地方煤矿安全监督管理工作进行检查指导，并向有关地方人民政府及其有关部门提出意见和建议。

（三）事故调查司

依法组织或参与煤矿重大、特大和特别重大事故的调查处理并监督事故查处的落实情况；指导协调或参与煤矿事故应急救援工作；承办煤矿安全生产方面的行政复议，监督执法行为；负责全国煤矿事故与职业危害的统计分析，发布全国煤矿安全生产信息；负责国家煤矿安全监察专员的日常工作。

四、人员编制

国家煤矿安全监察局机关行政编制为48名（含国家煤矿安全监察专员编制）。其中：局长1名，副局长4名（其中1名兼总工程师），正副司长职数10名，国家煤矿安全监察专员6名（司局级）。

五、其他事项

（一）国家煤矿安全监察局的综合性业务和人事党务、机关财务后勤、煤矿安全监察人员的考核和组织培训等事务，依托国家安全生产监督管理总局管理。

（二）设在地方的煤矿安全监察局由国家安全生产监督管理总局领导，国家煤矿安全监察局负责业务管理。国家煤矿安全监察局可单独向设在地方的煤矿安全监察局行文，重要文件经国家安全生产监督管理总局审议，必要时可以国家安全生产监督管理总局名义行文或联合行文。国家煤矿安全监察局对设在地方的煤矿安全监察局的领导班子成员任免提出建议，由国家安全生产监督管理总局任免。设在地方的煤矿安全监察局的财务、发展规划和科技项目，经国家安全生产监督管理总局综合平衡后统一上报，由国家煤矿安全监察局下达并实施管理。

（三）国家煤矿安全监察局负责煤矿作业场所职业卫生的监督检查工作，组织查处职业危害事故和有关违法行为；卫生部负责拟订职业卫生法律法规、标准，规范职业病的预防、保健、检查和救治，负责职业卫生技术服务机构资质认定和职业卫生评价及化学品毒性鉴定工作。

（四）本规定由中央机构编制委员会办公室负责解释，其调整由中央机构编制委员会办公室按规定程序办理。

国务院办公厅关于坚决整顿关闭不具备安全生产条件和非法煤矿的紧急通知

国办发明电［2005］21号

7月份以来，全国煤矿安全生产形势严峻，山西、陕西、新疆、河南、河北、贵州、广东等地相继发生停产整顿煤矿和不具备安全生产条件煤矿非法生产造成的特大、特别重大事故，给人民群众生命财产造成严重损失，其中，8月7日，广东省梅州市兴宁市大兴煤矿发生的特别重大透水事故，造成123名矿工涉难。为坚决整顿关闭不具备安全生产条件和非法煤矿，遏制煤矿事故频发多发的势头，现就有关事项紧急通知如下：

一、立即停产整顿不具备安全生产条件的煤矿

凡属逾期没有提出办理煤矿安全生产许可证申请、煤矿安全监管监察机构已责令停产整顿的矿井，已提交申请、但经审查认定不具备安全生产条件、责令限期整顿的矿井，证照不全矿井，超能力生产矿井，没有按规定建立瓦斯监测和瓦斯抽放系统的矿井，没有采取防突措施的矿井，没有经过安全生产“三同时”竣工验收而投产的基建和改扩建井等，必须立即停止煤矿生产，认真进行整改。

对应当停产整顿的矿井，国家煤矿安全监察机构和地方政府煤矿安全监管部门要下达停产整顿指令，并分别抄送同级地方人民政府和国土资源、工商、煤炭行业管理等部门，依法暂扣其采矿许可证、煤炭生产许可证、矿长资格证、工商营业执照和安全生产许可证。

地方各级人民政府要制订煤矿停产整顿工作方案。对列入整顿名单的煤矿，要依据其安全生产状况和整顿工作难易程度，分批次规定整顿期限。鼓励有条件的煤矿早整顿、早达标，尽快恢复正常生产。所有不合格的煤矿，只能给予一次停产整顿的机会，届时达不到安全生产许可证颁证标准的，一律依法予以关闭。停产整顿最后期限不得超过今年年底。有关地方人民政府要向停产整顿煤矿派出监督员，坚决防止明停暗开，日停夜开，假整顿真生产。

停产整顿的煤矿要认真按照有关规定查证照，查隐患，查安全管理，查劳动组织，确定整改项目，制订整改方案及停产整顿期间保障安全的有关措施，报当地政府煤矿安全监管部门和煤矿安全监察机构。

二、坚决关闭取缔“停而不整”、经整顿仍不达标以及非法生产的矿井

凡属于证照不全拒不停产或无证生产的矿井，已被关闭又非法生产的矿井，明停暗开或“停而不整”的矿井，经整顿仍然达不到安全生产条件的矿井，必须立即依法予以关闭取缔。

关闭取缔工作由地方人民政府组织实施。对确定关闭取缔的矿井，地方人民政府要发布关闭矿井公告并采取有效措施，相关部门要吊销其所有证照，停止供电、供水、供火工品，拆除电源和地面设施，炸毁井筒，填平场地，恢复地貌，遣散从业人员。

三、实行联合执法，依法查处违法违规单位和人员

各地区要认真贯彻安全监管总局等五部门联合下发的《关于严厉打击煤矿违法生产活动的通知》，在地方人民政府统一领导下，落实联合执法牵头部门，组织煤矿安全监管监察、国土资源管理、煤炭行业管理、工商行政管理、公安、环保、电力等部门和单位，开展联合执法。地方各级行政监察、司法等部门，也要积极做好配合工作。

对拒不执行停产整顿指令、非法生产的，按妨碍执行公务处理。要依法没收其非法所得，按规定处以罚款，并严格查处直接责任者和有关人员的责任。触犯刑律的，要移送司法机关依法追究刑事责任。严格安全生产行政问责制，认真查处煤矿安全生产和煤矿事故背后的失职渎职、官商勾结和腐败现象。国家机关工作人员、国有企业负责人参与投资入股办矿、接受贿赂、公开或暗中包庇袒护，致使煤矿未能停产整顿或关闭取缔，甚至酿成事故的，要一查到底，依法严肃处理；凡已经投资入股煤矿（依法购买上市公司股票的除外）的国家机关工作人员、国有企业负责人，自本通知下达之日起1个月内撤出投资，逾期不撤出投资的，依照有关规定给予处罚。

四、加强领导，建立和落实煤矿整顿关闭工作责任制

整顿关闭不具备安全生产条件和非法煤矿工作，由省级人民政府统一负责。各省、自治区、直辖市人民政府要从实践“三个代表”重要思想、落实科学发展观、构建社会主义和谐社会的高度，充分认识安全生产工作的重要性，牢固树立“安全第一、预防为主”和“以人为本”的理念，把整顿关闭不具备安全生产条件和非法煤矿工作摆上重要日程，切实加强领导，把责任层层落实到市（地）、县、乡人民政府。对列为停产整顿和关闭对象的煤矿，要严整关死，并加强督促检查，不留后患。要把整顿关闭工作和强化地方政府煤矿安全监管结合起来，健全完善煤矿安全监管各项规章制度。各省、自治区、直辖市人民政府要将本地区煤矿整顿关闭工作方案报国家安全监管总局，并接受监督监察。各级煤矿安全监察机构要坚持从严执法，落实监察执法责任制，通过重点监察、定期监察和专项监察，切实加强对煤矿整顿关闭工作的监督。发现该停不停、该关不关或明停暗开的，要立即采取有力的监察执法措施。要严格煤矿安全生产许可证的审核发放，建立许可证年审制度，经审核不再具备安全生产许可证标准的，要依法进行停产整顿或关闭。煤矿企业要全面落实安全生产主体责任，深刻吸取事故教训，深入开展隐患排查。企业负责人要全面掌握本单位的安全隐患，积极组织采取整改措施，并报当地人民政府及煤矿安全监管部门、煤矿安全监察机构。凡属被责令停产整顿、关闭取缔的煤矿，必须严格自觉执行地方政府和煤矿安全监管监察机构的指令。

五、加强对整顿关闭工作的社会监督和舆论监督

地方各级人民政府和煤矿安全监管部门、煤矿安全监察机构对停产整顿和关闭取缔的矿井，要及时向社会公布。对已被责令停产整顿而明停暗开、非法生产造成重特大事故的案例，要公开查处情况，接受社会和舆论的监督。建立举报奖励制度，公开举报电话、举报信箱，

鼓励广大职工和人民群众积极举报非法生产和存在重大安全隐患的煤矿。各新闻单位要积极配合，做好舆论监督工作。各省（区、市）、各有关部门年底前要将本通知贯彻落实情况报国务院。

国务院办公厅

二〇〇五年八月二十二日

国务院办公厅转发发展改革委安全监管总局关于煤矿负责人和生产经营管理人员下井带班指导意见的通知

国办发［2005］53号

发展改革委、安全监管总局《关于煤矿负责人和生产经营管理人员下井带班的指导意见》已经国务院同意，现转发给你们，请认真贯彻执行。

国务院办公厅

二〇〇五年十月三十一日

关于煤矿负责人和生产经营管理人员下井带班的指导意见

煤矿负责人和生产经营管理人员下井带班，可以深入了解煤矿安全生产状况，及时发现和消除事故隐患，有效制止违章违纪现象，是加强煤矿安全生产的重要措施。为进一步提高煤矿安全管理水平，推动煤矿安全生产形势的稳定好转，根据《国务院关于预防煤矿生产安全事故的特别规定》（国务院令446号）和《国务院关于促进煤炭工业健康发展的若干意见》（国发［2005］18号）有关要求，现就煤矿负责人和生产经营管理人员下井带班提出以下意见：

一、煤矿负责人和生产经营管理人员要坚持下井带班

（一）各类煤矿企业必须安排负责人和生产经营管理人员下井带班，确保每个班次至少有1名负责人或生产经营管理人员在现场带班作业，与工人同下同上。

（二）国有煤矿采煤、掘进、通风、维修、井下机电和运输作业，一律由区队负责人带班进行。

（三）国有煤矿副总工程师以上的管理人员，每月在完成规定下井次数的同时，熟悉生产的，要保证1至2次下井带班。

（四）国有煤矿集团公司管理人员，要经常下井了解安全生产情况，研究解决井下存在的问题。煤矿在贯通、初次放顶、排瓦斯、揭露煤层、处理火区、探放水、过断层等关键阶段，集团公司的负责人要按规定到现场指导，确保安全生产。

（五）乡镇煤矿、其他民营煤矿的各类作业，必须由矿长、副矿长和生产经营管理人员在现场带班进行。

二、建立和完善下井带班制度

（六）煤矿企业要建立健全煤矿负责人和生产经营管理人员下井带班制度，明确下井带班的作业种类、下井带班人员范围、每月下井带班的次数、在井下工作时间、下井带班的任务和职责权限、日班与夜班比例，以及考核奖惩办法等。

（七）国有煤矿集团公司管理人员，以及集团公司机关处室负责人，所属各矿的负责人和生产经营管理人员的下井带班办法，由集团公司制订，报省煤炭行业管理部门批准，并报同级安全监管部门、煤矿安全监察机构和国有资产监管部门备案。基层区队负责人、矿机关科室负责人下井带班的具体办法，由煤矿根据实际情况制订。

（八）乡镇煤矿、其他民营煤矿负责人和生产经营管理人员以及出资人下井带班的具体办法，由煤矿所在县（市）煤炭行业管理部门制订并负责监督考核，报同级煤矿安全监管部门和煤矿安全监察机构备案。

三、明确下井带班人员的职责

（九）下井带班人员要把保证安全生产作为第一位的责任，切实掌握当班井下的安全生产状况，加强对重点部位、关键环节的检查巡视，及时发现和组织消除事故隐患，及时制止违章违纪行为，严禁违章指挥、严禁超能力组织生产。

（十）煤矿矿长、区队长是矿、区队安全生产第一责任人，下井带班人员协助矿长、区队长对当班安全生产负责。煤矿发生危及职工生命安全的重大隐患和严重问题时，带班人员必须立即组织采取停产、撤人、排除隐患等紧急处置措施，并及时向矿长、区队长报告。煤矿发生生产安全责任事故，要在追究矿长、区队长责任的同时，追究当班带班人员相应的责任。

四、严格企业内部管理和考核

（十一）实行井下交接班制度。上一班的带班人员要在井下向接班的带班人员详细说明井下安全状况、存在的问题及原因、需要注意的事项等，并认真填记交接班记录簿。

（十二）建立下井带班档案。下井带班的煤矿负责人和生产经营管理人员升井后，要将下井的时间、地点、经过路线、发现的问题及处理意见等有关情况进行详细登记，并存档备查。

（十三）加强企业内部监督考核。要把煤矿负责人和生产经营管理人员下井带班情况与矿长资格证、矿长安全生产资格证及经济收入等挂钩，严格考核。要建立奖惩制度，对认真履行职责、防止事故有功人员要给予奖励；对弄虚作假的，一经发现，要严肃处理。

五、加大监管监察力度

（十四）各级煤炭行业管理部门是落实煤矿负责人和生产经营管理人员下井带班制度的主管部门，要认真履行职责，抓好有关制度的建设和落实。

（十五）各级煤矿安全监管部门和煤矿安全监察机构要按照职责分工加强监督检查，把煤矿负责人和生产经营管理人员下井带班制度的建立和执行情况作为监管监察的重要内容，加强检查监督。

（十六）煤炭行业管理部门、煤矿安全监管部门和煤矿安全监察机构要把煤矿负责人和生产经营管理人员下井带班的主要情况，及时向组织人事部门或国有资产监管部门通报，作为干部考核的重要内容。

（十七）对不执行煤矿负责人和生产经营管理人员下井带班制度的，要按照《国务院关于预防煤矿生产安全事故的特别规定》等有关法律法规予以处罚。

六、加强群众监督和舆论监督

（十八）各煤矿企业要把煤矿负责人和生产经营管理人员下井带班制度的落实情况定期向全体职工及其家属和社会公开，接受职工群众监督。

（十九）各级煤炭行业管理部门、煤矿安全监管部门和煤矿安全监察机构，要将有关监督检查情况，以一定方式向社会公布。有关部门和煤矿企业要设立举报电话和举报信箱，对群众举报的问题要及时核查处理。

（二十）新闻媒体要加强舆论监督，对作风扎实、经常深入井下解决安全生产实际问题、表现突出的下井带班人员要大力宣传；对不负责任、甚至弄虚作假的，要予以公开曝光。

国务院办公厅关于加快煤层气（煤矿瓦斯）抽采利用的若干意见

国办发［2006］47号

各省、自治区、直辖市人民政府，国务院各部委、各直属机构：

煤层气俗称煤矿瓦斯，是宝贵的能源资源。我国高瓦斯、煤与瓦斯突出矿井多，煤矿瓦斯一直是煤矿安全生产的重大隐患。近年来，煤矿重特大瓦斯爆炸事故时有发生，给人民群众生命财产造成了重大损失；同时，未经处理或回收的煤层气直接排放到大气中，也造成了严重的环境污染和资源浪费。为进一步加大煤层气抽采利用力度，强化煤矿瓦斯治理，减轻煤矿瓦斯灾害，经国务院同意，现就加快煤层气抽采利用提出以下意见：

一、加快煤层气抽采利用是贯彻以人为本，落实科学发展观，建设节约型社会的重要体现。必须坚持先抽后采、治理与利用并举的方针，采取各种鼓励和扶持措施，防范煤矿瓦斯事故，充分利用能源资源，有效保护生态环境。

二、煤层气抽采利用项目经各省（区、市）煤炭行业管理部门会同同级人民政府资源综合利用主管部门认定后，可享受有关鼓励和扶持政策。主要包括：井下抽采系统项目，地面钻探、泵站项目，输配气管网项目，煤层气压缩、提纯、储存和销售站点项目，利用煤层气发电、供民用燃烧及生产化工产品项目等。

三、煤层气年输气能力5亿立方米及以上的输气管网项目或跨省（区、市）输气管网项目，由国务院投资主管部门核准；年输气能力5亿立方米以下的输气管网项目，由省级人民政府投资主管部门核准。煤层气发电并网项目，由省级人民政府投资主管部门核准。煤矿企业自采自用煤层气项目，由煤矿企业自主决策，报地方人民政府投资主管部门备案。

四、国土资源管理部门要依法加强对煤层气勘查开采活动的监督管理，严格执行国家关于最低勘探投入量和施工期的基本要求，对达不到要求的，按照《矿产资源勘查区块登记管理办法》的有关规定予以处理。

五、煤层中吨煤瓦斯含量必须降低到规定标准以下，方可实施煤炭开采。煤矿安监局要会同有关部门组织制订具体标准，并加强监督检查。

六、坚持采气采煤一体化，依法清理并妥善解决煤层气和煤炭资源的矿业权交叉问题。凡新设探矿权，必须对煤层气、煤炭资源进行综合勘查、评价和储量认定。煤层中吨煤瓦斯含量高于规定标准且具备地面开发条件的，必须统一编制煤层气和煤炭开发利用方案，并优先选择地面煤层气抽采。煤层气和煤炭资源实施综合勘查、评价和储量认定的具体办法由国土资源部研究制订。

七、限制企业直接向大气中排放煤层气，环保总局要研究制订煤层气大气污染物排放的具体标准，并对超标准排放煤层气的企业依法实施处罚。

八、煤层气抽采利用项目建设用地，按国家有关规定予以优先安排。

九、煤矿企业提取的生产安全费用可用于煤层气井上井下抽采系统建设。

十、统筹规划煤层气和天然气输送管网建设。煤层气经处理后，质量达到规定标准的，可优先并入天然气管网及城市公共供气管网。煤层气售价由供需双方协商确定，各级人民政府价格主管部门要加强监管，防止无序竞争。

十一、煤矿企业利用煤层气发电，可自发自用；多余电量需要上网的，由电网企业优先安排上网销售，不参与市场竞争，发电机组并网前要符合并网的技术要求和电网安全运行的有关标准。利用煤层气发电，其上网电价执行国家价格主管部门批准的上网电价或执行当地火电脱硫机组标杆电价。

十二、进一步加大煤层气抽采利用的科技攻关力度，加大科技投入，有关部门要积极研究制定相关政策措施。

十三、对煤层气抽采利用实行税收优惠政策，具体办法由财政部会同税务总局、发展改革委等有关部门制订。

十四、煤层气抽采利用设备在基准年限基础上实行加速折旧，折旧资金在企业成本中列支。加速折旧的具体比例由税务总局商有关部门研究确定。

十五、对地面直接从事煤层气勘查开采的企业，2020 年前可按国家有关规定申请减免探矿权使用费和采矿权使用费。

十六、各级人民政府要积极筹措资金，为煤层气抽采利用项目提供资金补助或贷款贴息。

二〇〇六年六月十五日

国务院办公厅关于切实加强民用爆炸物品安全管理的紧急通知

国办发明电［2006］30号

各省、自治区、直辖市人民政府，国务院各部委、各直属机构：

2006年7月7日6时许，山西省忻州市宁武县东寨村村民王二文住房着火，在救火过程中，6时25分左右突然发生爆炸，截至7月9日21时，共造成49人死亡、30人受伤，7间房屋被毁，周围房屋不同程度受损。王二文本人及妻子王凤仙、哥哥王大文在此次爆炸中也被炸死。经调查，王二文曾私自开采煤矿，非法买卖、使用爆炸物品，此次爆炸即是一起私藏炸药自燃自爆的爆炸事故。这是近年来因私制私藏爆炸物品发生爆炸造成死亡人数最多的一起重特大事故。党中央、国务院领导同志对此高度重视，迅速作出重要批示，并立即派出工作组前往现场，指导抢救、调查和善后工作。

据不完全统计，今年以来全国共发生类似重特大爆炸事故9起，造成123人死亡、75人受伤；其中，山西发生8起，造成112人死亡、56人受伤。这些爆炸事故均属非法行为所致，充分暴露出一些地方在民用爆炸物品管理上存在诸多问题。一是非法制贩爆炸物品特别是私炒炸药引发爆炸。6月8日，犯罪嫌疑人崔宝云等人在山西省忻州市繁峙县西沿口村私炒炸药发生爆炸，造成10人死亡、1人受伤。二是非法购销储存爆炸物品引发爆炸。2月4日，山西省临汾市蒲县非法煤矿主王建红非法购买的炸药发生爆炸，造成6人死亡、1人受伤。三是对整顿关闭矿点遗留爆炸物品查缴处置不力，不法矿主将爆炸物品转移到居民区非法储存引发爆炸。6月26日，陕西省榆林市府谷县后老高川村苏应祥家私存的爆炸物品发生爆炸，造成11人死亡、19人受伤。四是一些地方监管措施不落实，对涉爆违法犯罪活动发现、查处、打击不力。2005年4月5日，山西省忻州市原平市轩岗煤电公司职工医院王晋生经营的杏树卜煤矿被责令停产整顿并被取消爆炸物品购买、使用资格，但该煤矿仍多次非法购买爆炸物品从事非法生产，为逃避打击，甚至将非法购买的私炒炸药转运到医院闲置车库内藏匿，导致2006年4月10日凌晨2时发生自燃自爆，造成34人死亡、19人受伤。

类似上述的爆炸事故，给人民群众生命财产造成巨大损失，教训极为惨痛。为认真吸取教训，切实加强民用爆炸物品安全监督管理工作，有效防止重特大爆炸事故的发生，现就有关问题通知如下：

一、高度重视，进一步落实民用爆炸物品安全管理责任

民用爆炸物品安全管理事关人民群众的生命财产安全，事关经济发展和社会稳定。各地区、各有关部门务必高度重视，加强领导，落实责任，坚决遏制重特大爆炸事故的发生。地方各级人

民政府要认真查找安全工作的漏洞和隐患，切实加强民用爆炸物品安全管理。国防科工、公安、安全生产监管等有关部门要依法认真履行民用爆炸物品安全监管职责，确保监管工作到位。各级领导干部要以对党和人民高度负责的精神，切实转变工作作风，深入一线，督促落实各项安全管理措施。重特大爆炸事故发生后，不仅要依法严肃查处肇事者，也要依法从严倒查、追究当地政府和有关部门负责人的责任。要按照公安部、国防科工委、国土资源部、安全监管总局等四部门近期部署开展的集中整治爆炸物品、枪支弹药、管制刀具专项行动的要求，切实加强组织领导，确保专项行动取得实效。

二、迅速行动，进一步加大对民用爆炸物品重点地区、重点单位和重点人员的检查整治力度

各地要迅速组织开展一次民用爆炸物品拉网式安全大检查，对矿山数量多、爆炸物品使用量大、重特大爆炸事故多发的重点地区、重点单位和重点人员生产、销售、购买和使用民用爆炸物品的安全情况逐一进行检查，不留死角。所有重点地区、重点单位和重点人员都要立即开展自查，自觉消除安全隐患。检查中，对于重点地区，要对其是否加强领导，是否落实责任，是否强化监管逐一查清查实；对于重点单位，要对其民用爆炸物品管理有无规章制度，有无漏洞隐患，有无整改措施逐一查清查实；对于重点人员，要对其有无非法制造、贩卖，有无私存、藏匿，有无非法购买、使用情况逐一查清查实。对检查整治不力，造成严重后果的，要追究当地有关负责人的责任。对检查发现有涉爆非法行为的单位和个人，要坚决依法查处。对责令停产关闭的单位，要查清其民用爆炸物品的来源、流向和处置情况。对通过非法渠道获得的民用爆炸物品，要坚决予以收缴。各有关部门要进一步加大整顿矿产资源秩序的工作力度，彻底查封取缔各类非法矿点，关闭各类不具备安全生产条件的煤矿，并严格监督停产、关闭措施的落实，消除滋生非法购买、使用爆炸物品活动的土壤。对被责令关闭的矿点，公安机关要依法吊销其爆炸物品使用许可证和爆破作业人员的安全作业证件，会同有关部门妥善处置遗留爆炸物品。要把检查与整改隐患的责任落实到具体部门、单位与人员。

三、强化措施，进一步加大对非法爆炸物品的收缴和对涉爆案件的查处工作力度

各地要采取有效措施，进一步加大对私炒炸药以及非法买卖、运输、使用爆炸物品的查堵收缴力度。要充分发挥街道、乡镇等基层组织和公安派出所、工商所的作用，落实乡镇人民政府（街道办事处）、村委会（居委会）和有关单位的收缴责任。各级国防科工、公安、工商行政管理部门要按照职责分工，组织查处非法生产、销售、购买、储存、运输、邮寄、使用民用爆炸物品的行为，一经发现即坚决予以查处取缔，彻底收缴销毁其生产加工设备和成品、半成品及原材料。各级公安机关要进一步加大对涉爆犯罪案件的打击力度，对有关部门移送的涉嫌犯罪案件，要明确责任，及时查办，坚决依法打击，做到涉案物品没有全部收缴不放过、来源没有查清不放过、贩运网络没有打掉不放过、制贩窝点没有端掉不放过、涉案人员没有得到依法惩处不放过、监管失职人员没有被追究不放过。

四、广泛宣传，进一步提高广大群众的法制意识和安全意识

各地区、各有关部门和单位要充分利用广播、电视、报刊、互联网等新闻媒体，广泛开展有针对性的宣传教育活动，教育群众自觉遵守民用爆炸物品管理的法律、法规，充分认识爆炸物品特别是非法炒制炸药、私藏爆炸物品的严重危害性，积极检举揭发非法生产、买卖、运输、储存爆炸物品的违法犯罪行为。要建立举报奖励制度，公布举报电话，积极受理群众举报线索，认真核查，及时公布查证结果。

五、标本兼治，进一步强化民用爆炸物品安全管理长效机制建设

各地要按照《民用爆炸物品安全管理条例》和《国务院办公厅关于进一步加强民用爆炸物品安全管理的通知》（国办发［2002］52号）的要求，切实加强民用爆炸物品安全管理长效机制建设。近期重点是，一要按照《农用硝酸铵抗爆性能试验方法及判定》（WJ9050—2006）的规定，组织对本地相关企业生产及进口的农用硝酸铵以及硝酸铵含量超过50％的硝酸铵复混肥进行强制检测，凡达不到抗爆性能指标的，一律不得销售和进口。对违反规定生产、销售、进口农用硝酸铵和硝酸铵复混肥的，要依法严肃处理；未达到抗爆性能指标并已流入经营企业的，要责令退回生产企业做改性处理；已经进口的，要责令退回，从源头上遏制私炒炸药的违法犯罪活动。二要按照《工业雷管编码通则》（GA441—2003）的规定，对本地民用爆炸物品从业单位落实雷管编号管理的工作情况进行检查，凡不符合规定要求的，要依法责令企业限期整改；逾期整改不到位的，要坚决依法责令停业整顿。三要进一步加大对民用爆炸物品管理信息系统建设的资金投入，严格落实建设责任，确保今年年底之前全面完成建设任务，促进民用爆炸物品监管工作规范化、制度化。

国务院办公厅

二〇〇六年七月十日

国务院办公厅关于印发安全生产“十一五”规划的通知

国办发［2006］53号

各省、自治区、直辖市人民政府，国务院各部委、各直属机构：

《安全生产“十一五”规划》（以下简称《规划》）已经国务院同意，现印发给你们，请认真贯彻执行。

各地区、各部门要将《规划》相关内容纳入本地区、本行业和领域“十一五”发展规划，抓紧制订具体实施方案，做到安全生产与经济社会发展的各项工作同步规划、统一部署、协调推进。负有安全生产监管监察职责的各有关部门要按照职责分工，加强《规划》实施工作的组织指导和协调。对重点工程要编制工程专项规划，提出建设目标、建设内容、进度安排，以及国家、地方政府、企业分别承担的资金筹措方案。要研究建立《规划》实施的中期评估、调整和考核等制度，强化督促检查，确保安全生产“十一五”规划目标的实现。

国务院办公厅

二〇〇六年八月十七日

安全生产“十一五”规划

为贯彻落实党的十六大和十六届三中、四中、五中全会精神，进一步强化安全生产基础，维护人民群众生命财产安全，根据《国民经济和社会发展第十一个五年规划纲要》，依照《国务院关于进一步加强安全生产工作的决定》（国发［2004］2号），制定本规划。

一、安全生产现状与问题

安全生产事关人民群众生命财产安全，事关改革发展和社会稳定的大局，是贯彻落实科学发展观的必然要求。党中央、国务院始终高度重视安全生产工作。党的十六届五中全会明确提出要坚持节约发展、清洁发展、安全发展，把安全发展作为重要理念纳入我国社会主义现代化建设的总体战略。国务院把加强安全生产工作作为促进经济社会协调发展的重要工作来抓，多次召开常务会议研究部署安全生产工作，并制定了一系列强有力的政策措施。国家先后公布实施《中华人民共和国安全生产法》等一系列安全生产法律法规；改革和完善国家安全生产监管督察体制；在重点行业和领域集中开展一系列专项治理；增加安全生产投入，制定和实施有利于安全生产的经济政策；加大安全生产监督、监察执法力度，严肃查处事故。经过各方面的共同努力，近年来，全国安全生产状况总体稳定，从2002年开始各类生产安全事故死亡人数呈逐年下降趋势，2005年比2002年减少1.23万人，但形势依然严峻。

（一）存在的主要问题。

我国安全生产主要存在以下突出问题：一是事故总量大。近10年平均每年发生各类事故70多万起，死亡12万多人，伤残70多万人。在各类事故中，道路交通事故平均每年发生50多万起，死亡9万多人，约占各类事故总起数和死亡人数的71%、76%；工矿商贸企业事故平均每年发生1.6万多起，死亡1.6万多人，约占各类事故死亡人数的13%。二是特大事故多。2001年至2005年，全国共发生一次死亡30人以上特别重大事故73起，平均每年发生15起；一次死亡10～29人特大事故587起，平均每年发生117起。特别重大事故中，煤矿事故起数最多，平均每年发生8起，占58%；特大事故中，道路交通、煤矿事故平均每年发生42起，各占36%。三是职业危害严重。据有关部门统计，每年新发尘肺病超过1万例。目前，全国有50多万个厂矿存在不同程度的职业危害，实际接触粉尘、毒物和噪声等职业危害的职工高达2 500万人以上，农民工成为职业危害的主要受害群体。四是与发达国家相比差距大。20世纪90年代中期以来，发达国家工业生产中一次死亡3人以上的重特大事故已大幅度减少。而我国近年来重特大事故起数和死亡人数，以及职业病发病人数和死亡人数，仍是比较突出的国家之一。特别是煤矿、道路交通领域安全生产状况与发达国家相比差距较大。五是生产安全事故引发的生态环境问题突出。近年来，生产安全事故导致的环境污染和生态破坏事故日益增多。2001年至2005年发生的突发环境事故中，由生产安全事故引发的占总数50%以上。

（二）主要原因。

造成安全生产形势严峻的原因主要有以下几个方面：

一是一些地方政府和企业不能正确处理安全生产与经济发展的关系。对安全生产缺乏足够认识，存在重经济、轻安全的倾向，忽视安全发展，安全生产未能纳入地方经济社会发展规划和企业总体发展战略。"安全第一、预防为主、综合治理"的方针没有落到实处，在一些企业安全生产还没有成为自觉行动。

二是安全生产基础总体比较薄弱。经济快速增长的同时，传统的粗放型经济增长方式尚未根本转变。企业安全投入不足，安全生产欠账严重，尤其是一些老工业企业和中小企业，生产工艺技术落后，设备老化陈旧，安全生产管理水平低。重大危险源数量大、分布广，没有建立起完善的监控管理体系。有些对人民群众生命财产安全构成严重威胁的重大事故隐患尚未得到有效治理。

三是安全生产责任落实不到位。一些企业安全生产主体责任不落实，企业安全制度、安全培训、安全投入等方面与法律法规要求差距较大，安全生产管理混乱，甚至有些企业不顾职工生命安全，违法违规生产。有的地方领导干部特别是县乡两级领导干部安全生产意识不强，在安全生产上投入的精力不够，有的甚至存在失职渎职、徇私舞弊、纵容和庇护非法生产行为。

四是安全生产监管还存在许多薄弱环节。部分地方和部门安全监管监察措施不到位，执法不严格，安全生产监管监察缺乏权威性和有效性，对安全生产违法行为查处不力。部分行业安全生产管理弱化，一些专业监管部门存在组织不健全、监管手段落后等问题。部分地区安全生产监管机构、执法队伍建设缓慢，尤其是基层安全监管力量薄弱，少数市县尚未设立安全生产监管机构。一些部门联合执法机制不完善，未能形成合力。

五是安全生产支撑体系不健全。安全生产法律法规有待进一步完善，技术标准制修订工作滞后；信息化水平低，尚未建立全国统一的安全生产信息网络系统；科技支撑力量薄弱，基础设施落后，科研投入不足，成果转化率低；宣传教育培训工作相对滞后，培训方式和手段落后；应急救援体系不健全，救援装备落后，应急管理意识淡薄，应对重特大事故的能力较差。

（三）形势与挑战。

一是粗放型经济增长方式与安全生产的矛盾依然突出。经济快速增长的同时，粗放型经济增长方式短时间内难以根本改变。在矿山、建筑、危险化学品和烟花爆竹等危险性较大的行业和领域，安全保障水平低的企业还将在一定时期内存在。经济的快速发展也将进一步加剧煤、电、油、运等紧张的状况，安全生产面临新的更大的考验。

二是从业人员结构变化将增加安全管理难度。我国目前正处于城镇化快速发展阶段，大量农村剩余劳动力向城镇转移，从业人员结构变化和人员流动加快，而安全培训教育又相对滞后，从业人员安全技能和自我保护意识差，不能适应安全生产的要求，将进一步加大安全生产管理的难度。

三是事故风险转移对安全生产工作提出了更高要求。随着经济全球化进程加快，工业发达国家一些危险性较大的产业正向我国转移。同时，我国一些危险性较大的产业也将出现由发达地区向欠发达和不发达地区、大型企业向中小型企业、城市向农村转移的趋势。这些变化加大了事故风险，使安全生产面临新的挑战。

总之，做好安全生产工作既要解决历史遗留问题，又要妥善应对新情况、新问题，必须充分认识安全生产工作的长期性、艰巨性、复杂性和紧迫性，紧密结合经济结构战略性调整，统筹规划，突出重点，制订切实可行的阶段性目标，采取行之有效的措施，遏制事故增长和高发的态势。

二、指导思想和目标

（一）指导思想。

以邓小平理论和“三个代表”重要思想为指导，以科学发展观统领全局，坚持安全第一、预防为主、综合治理，坚持标本兼治、重在治本，坚持创新体制机制、强化安全管理，以保障人民群众生命财产安全为根本出发点、遏制重特大事故为重点、减少人员伤亡为目标，倡导安全文化，健全安全法制，落实安全责任，依靠科技进步，加大安全投入，建立安全生产长效机制，推动安全发展。

（二）总体目标。

到2010年，健全安全生产监管监察体系，初步形成规范完善的安全生产法治秩序，基本形成完善的安全生产法规标准体系、技术支撑体系、信息体系、培训体系、宣传教育体系和应急救援体系；亿元国内生产总值生产安全事故死亡率比2005年下降35%以上，工矿商贸就业人员十万人生产安全事故死亡率比2005年下降25%以上，一次死亡10人以上特大事故起数比2005年下降20%以上，职业危害严重的局面得到有效控制，安全生产状况进一步好转。

（三）到2010年部分重点行业和领域目标。（以2005年为基数）

煤矿：百万吨死亡率下降25%以上，一次死亡10人以上特大事故起数下降20%以上。

非煤矿山：死亡人数下降10%以上。

危险化学品：死亡人数下降10%以上。

烟花爆竹：死亡人数下降10%以上。

建筑：死亡人数下降10%以上。

特种设备：万台设备死亡人数控制在0.8人以下。

火灾（消防）：十万人口死亡率控制在0.19以下。

道路交通：万车死亡率控制在5.0以下。

水上交通：死亡和失踪人数下降10%以上。

铁路交通（含路外）：死亡人数下降10%以上。

民航飞行：民航运输飞行百万飞行小时重大事故率下降到0.3以下。

农业机械：死亡人数下降10%以上。

渔业船舶：死亡人数下降10%以上。

三、主要任务

（一）遏制煤矿重特大事故。

以遏制重特大事故为目标，强化对煤矿的定期监察、重点监察和专项监察。严格安全生产准入，严厉打击违法开工建设、违法组织生产的行为。加大煤矿事故隐患排查整改和对停产整顿矿井的监管力度。推动煤矿资源整合，规范矿山开发秩序，调整改造中小煤矿，促进煤炭企业改造重组和大型煤炭基地建设。争取用三年左右的时间，解决小煤矿安全生产条件差、事故多发、管理水平低、生产秩序混乱、规模小和违法开采现象严重等安全生产突出问题。

严格执行煤矿建设项目安全设施与主体工程同时设计、同时施工、同时投入生产和使用（简称“三同时”）制度、以及提取安全费用、建立风险抵押金、企业负责人和经营管理人员下井带班等制度。加强煤矿企业技术、设备、工艺和现场等基础管理。推行煤矿企业安全生产标准化，改善企业安全管理状况，消除违规作业、违章指挥、违反劳动纪律现象。加强对瓦斯、火、水等主要灾害的预测预报与防治。特别要加大瓦斯治理力度，推进“先抽后采”，提高瓦斯抽采率，到2010年瓦斯（煤层气）抽采量达到100亿立方米，煤矿瓦斯抽采率达到40%以上，鼓励和扶持瓦斯（煤层气）综合利用；井工煤矿装备瓦斯监测监控系统，实施瓦斯数字化监测监控系统联网。力争用两年左右的时间，使煤矿重特大瓦斯事故有较大幅度的下降，努力控制一次死亡50人以上煤矿瓦斯特别重大事故。对通风、防灭火、防尘等系统及主要设备、设施进行安全技术改造。开展矸石山灾害防范和治理及综合利用。

（二）深化重点行业和领域专项整治与监督管理。

进一步深化非煤矿山、危险化学品、烟花爆竹、人员密集场所消防安全的专项整治。加强道路、水上、铁路、民航和城市轨道等交通安全监管，坚持开展专项整治。开展对工业设施安全距离不足问题的治理。严格执行非煤矿山、危险化学品、烟花爆竹、建筑施工、民用爆破器材等行业和领域安全生产许可制度。淘汰不符合安全生产标准的工艺、设备，关闭破坏资源、污染环境和不具备安全生产条件的企业。

非煤矿山：通过联合、重组、股份制改造等多种形式，推进资源整合，整顿关闭违法生产的非煤矿山，推动非煤矿山逐步实现规模化、集约化和规范化生产，非煤矿山数量在两年内要减少15%以上。重点开展对地压、水害、热害、高硫矿火灾和井喷等灾害防治。加强海上石油勘探、开采安全监管。对设计库容1 000万立方米以上或设计主坝高60米以上的尾矿库，全部建立和完善安全监控系统，逐步建立尾矿库安全监控体系。

危险化学品：完善危险化学品安全监管部门协调机制，落实监管责任。按照属地管理的原则，各地区要加强危险化学品生产经营单位选址规划的管理，对威胁城市公共安全或饮用水源地的危险化学品生产经营单位，要采取“治理、限产、转产、搬迁、关停”等措施进行重点整治。开展化学工业园区区域风险评价和安全规划，实现合理布局，提高区域安全水平。重点对液氯、液氨、液化石油气和剧毒溶剂等危险化学品生产、储存及运输过程实行严格监控，逐步建立危险化学品生产、储存装置及运输过程实时监控系统。推广使用危险化学品道路运输车辆安全监控装置，实现危险化学品道路运输过程跨区域动态监控。

烟花爆竹：整顿规范烟花爆竹生产经营单位，推动烟花爆竹工厂化生产，实行烟花爆竹经营许可、运输配送和定点销售制度，加大生产、经营、运输、储存和燃放各个环节的安全监管力度，杜绝超量储存运输和超能力、超定员、超药量违规生产，依法查处非法生产经营烟花爆竹的行为，防范重特大烟花爆竹事故。

民用爆破器材：发展民用爆破器材新产品、新工艺、新设备、新技术，改变传统生产方式，不断提高生产自动化水平和安全技术防范水平。优化民用爆破器材产品结构和生产布局，规范生产和流通领域爆炸危险源的管理，使民用爆破器材安全生产管理水平显著提高。

建筑施工：完善建设工程安全生产法律法规体系，进一步理顺建设工程安全生产监管体制，加强监督执法队伍建设，落实安全生产监管责任。强化建筑施工企业安全生产许可证动态监管，规范事故调查处理机制。建立建设工程安全监管信息系统，健全建筑施工企业和从业人员安全生产信用体系和失信惩戒制度。强化高处坠落、施工坍塌等多发事故的专项整治，督促和检查重点地区、重点企业事故预防措施的制订和落实。

特种设备：构建较为完善的特种设备安全监察法规标准体系、动态监管体系、安全责任体系、安全评价体系和应急救援体系。加强特种设备基层监管能力建设，改善监管条件。严把特种设备安全准入关。继续开展气瓶、压力管道、电站锅炉、危险化学品承压罐车、起重机械以及取缔土锅炉、简易电梯等特种设备的专项整治。扶持一批国家重点特种设备检验检测机构，提升特种设备安全检验检测能力。

电力：建立并完善电网大面积停电应急体系，提高电力系统应对突发事件的能力。坚持“统一调度、分级管理”的原则，加强对电力调度的监督与管理，加强厂网之间的协调配合。开展涉网电力企业安全性评价工作。强化安全生产相关知识和技术培训。促进电力生产高新技术研究成果的推广应用。加强水电站大坝安全管理，做好水电站大坝安全注册、定检工作。健全电力可靠性管理和监督机制，推动电力可靠性与电力安全监管的有机结合。

消防：编制实施城乡消防规划，加强公共消防基础设施、消防装备和消防力量建设。落实消防安全责任制。提高特种消防能力，防止消防救援中产生次生灾害。强化对建设工程和人员密集场所的消防监督，加强农村和城市社区消防工作，及时预防、发现和消除影响公共消防安全的问题。建立社会消防安全宣传教育培训体系，提高全民消防素质。充分发挥社会组织和市场机制的作用，建立消防中介技术服务组织和消防职业资格制度，形成消防与保险良性互动机制。

道路交通：健全完善省、市、县、乡（镇）四级安全组织协调机构。开展“平安畅通县区”活动。强化机动车安全检验制度，建立健全机动车辆缺陷召回、机动车安全认证、营运车辆技术评定检测、机动车强制报废、驾驶员培训考试登记注册等制度。建立道路设计和建设安全审核机制。加强道路运输企业规范化管理，继续治理超载超限，建立与行车记录仪或全球定位系统装备相配套的安全管理制度。

水上交通：加强监管救助力量和船舶基地建设，加快救助船舶更新改造。推广安全系数高的新船型，逐步限制挂桨机船，淘汰水泥船，逐步实现重点水域的船型标准化。在沿海、内河等重点水域建立船舶定线制。加快内河船舶交通管理系统建设，开展渡口、渡船整治，杜绝非法渡运。

建设覆盖沿海近岸水域和长江干线的甚高频通信系统和船舶自动识别系统，完善和配套建设陆上搜救协调通信网，建设水上战备安全通信系统。

铁路运输：加强铁道部、铁路局两级安全监察机构和队伍建设。加快实施铁路与公路平交道口改立交道口工程。加强机车车辆、危险品和特种货物运输的安全管理。在主要繁忙干线建设集安全监测、信息传输、预测预警和抢险救援于一体的行车安全综合监控系统；在其他干线推广应用安全监测监控装备，初步形成铁路行车安全监控系统。逐步建成全路综合移动通信系统和功能完善的铁路行车安全保障体系。

民用航空：建立和完善民航航空安全管理体系和飞行运行监察、航空器适航管理、航空保安等系统。加强机场安全设施建设，在繁忙机场实现Ⅱ类/Ⅲ类运行。加快空管设施建设，提高航班流量大和边远地区的飞行指挥、监控能力。在航班运行的机场建立保安监控和反应系统。加强航空事故调查、安全科研和技术鉴定能力建设。建立完善飞行、机务、空管、航空保安等培训基地。建立航空安全综合管理信息系统，实现民用航空安全信息的一体化管理。

农业机械：以法制建设和基层管理网络建设为重点，完善农业机械安全监管体系。规范拖拉机等农业机械及驾驶员的管理，提高登记入户率和年检率。加强拖拉机、联合收割机登记、注册、牌证核发的规范化管理，严把安全检验关、驾驶员培训考试关。抓好重点农时季节的农业机械安全生产。建立农业机械安全管理信息系统，加强农机监理装备建设，提高事故调查处理能力，开展农机安全使用的宣传教育和创建“平安农机”活动。

渔业船舶：加强渔业船舶、船用产品、生产机械设备的安全检测检验，逐步实施渔业船舶报废制度。建立渔业船员培训基地，开展对职务船员、远洋及涉外渔业船员的特殊安全强制培训。加强渔港安全基础设施建设，配备港口安全监控设备，建立海洋渔业船舶动态管理信息系统。确保现有渔业航标正常使用，增建渔业航标。配备渔业执法船舶和改善救助设备，提高渔业安全应急处置能力。

（三）实施重大危险源监控和重大事故隐患治理。

在全国范围内开展重大危险源普查工作，构建重大危险源动态监管及监控预警体系。加强对重大危险源登记建档、检测、评估和监控工作的监督检查和指导。推动企业建立重大危险源安全管理及监测监控系统。

对矿山、危险化学品、建筑、特种设备、交通运输和消防等行业和领域的重大事故隐患进行登记建档、评估分级、治理和跟踪监督。重点对构成重大事故隐患的公路危险路段、铁路平交道口、城市轨道交通设施、尾矿库、采空区、高压高硫化氢油气田和仓储区等进行治理。以人员密集场所和城市公共基础设施为重点对象，加强重大火灾隐患治理。

（四）严格职业卫生监督检查。

建立健全职业卫生工作协调和重大事项通报机制，明确相关部门职责，落实监督管理责任。加快作业场所职业卫生监督检查队伍建设，充实人员，落实经费，配备专业监督检查装备。开展职业危害登记，建立全国作业场所职业危害因素申报登记系统，实行职业卫生安全许可证制度。加强对矿山、建筑、建材、冶金、化工、机械、轻工和纺织等职业危害较严重行业的监督检查。加大职业危害事故查处力度。

（五）加强安全生产监管监察能力建设。

加强各级政府和有关部门的安全生产监管机构、执法队伍和执法能力建设，保障安全生产监管监察机构设置及人员、设施和装备等配备到位。建立完善全国统一的安全生产信息系统，实现资源共享，形成安全生产信息体系。建设安全生产专业技术支撑中心，构建安全生产技术支撑体系。加快安全生产应急救援体系建设，逐步形成覆盖矿山、危险化学品、道路交通、海事、铁路、民航、消防、核工业、建筑、特种设备和渔业等有关行业和领域的应急救援体系。整合现有资源，合理布局，完善宣传教育、培训基地建设。建立各级安全生产专家队伍，充分发挥安全生产专家的作用。

（六）加快安全生产法制建设。

制定安全生产法律法规标准规划。进一步完善《中华人民共和国安全生产法》配套法规。组织修订矿山、交通、危险化学品、烟花爆竹和特种设备等领域的法律法规。制订、修订建设项目安全设施“三同时”、安全生产应急救援、事故调查处理和注册安全工程师执业资格等方面的法规与规章。制订、修订事故预防与控制、重大危险源、区域安全规划、安全监督管理、应急管理与处置等方面的安全生产技术标准与规范，构建安全生产技术标准体系。

（七）开展安全生产科技研发及成果推广应用。

推动安全生产科技资源整合，建立国家安全生产科技创新、技术研发与成果转化基地，形成以企业为主体、产学研相结合的安全生产科技创新机制。以煤矿、危险化学品等行业和领域的典型重大灾害事故致因机理及演化规律为突破口，创新安全生产理论，逐步建立安全生产理论体系。以煤矿、非煤矿山、危险化学品、特种设备、建筑和交通运输等行业和领域为重点，加强事故隐患诊断与治理的安全生产技术研究，开展道路交通安全基础理论、交通事故发生机理、预防科学和应用技术、交通安全设施及相关技术标准研究，推进矿井瓦斯、突水、动力性灾害监控预警，以及燃烧、爆炸、毒物泄漏重大工业事故防控与救援等技术研究及相关设备开发。开展安全生产监督监察技术的研究，创新安全生产监管监察手段。鼓励和支持先进、适用安全技术的推广应用，实施安全技术示范工程，提升安全生产科技水平。

（八）强化安全生产培训。

加强对各级安全生产监管人员、各行业安全管理及执法人员和煤矿安全监察员的培训。进一步推进对市（地）、县（市）领导干部的安全培训。强化煤矿等危险性较大行业和领域的企业主要负责人、安全生产管理人员和特种作业人员培训。加强对企业特别是中小企业安全培训的组织指导和监督检查。重点抓好矿山、危险化学品和建筑等行业农民工的安全培训。加强相关人员培训大纲、考核标准、教材和考试题库建设。

（九）推进安全生产宣传教育。

制订安全生产宣传教育体系规划，逐步建立安全生产宣传教育体系，形成覆盖全国的宣传教育网络。倡导安全文化，鼓励和支持编制出版安全科普读物和音像制品等安全文化产品。将安全生产相关法律法规纳入全民普法计划范围，将安全知识纳入中小学校教学内容。强化安全生产专业教育、职业教育、企业教育和社会宣传教育，提高全民安全素质。

建立舆论宣传和公众监督机制，鼓励群众举报安全生产违法行为，通过报刊、广播、电视和网络等媒体，开展安全文化、安全法制、安全责任、安全科技和安全投入等方面的宣传，普及安全知识。完善与规范安全生产信息发布制度。广泛开展安全社区建设。深入开展“安全生产月”、“安全生产万里行”等活动，在全社会形成关爱生命、关注安全的氛围。

（十）加强安全生产中介组织建设。

大力培育和发展安全评价、认证、检测检验、培训和咨询等安全生产中介组织，构建安全生产中介服务体系。强化对安全生产中介组织的监督管理，规范从业行为，促进建立自我约束机制，推动中介服务专业化、社会化和规范化，提高安全生产中介服务水平。进一步完善安全生产中介组织从业人员执业制度，充分发挥注册安全工程师等安全生产执业人员的作用。

四、规划实施的保障措施

“十一五”时期，必须加大政策引导、资金投入和监管监察力度，落实安全责任，强化安全意识，保证安全生产“十一五”规划目标的实现和主要任务的完成。

（一）把安全生产纳入经济社会发展规划。

安全生产是经济社会可持续发展的重要组成部分，各级政府及有关部门要编制安全生产规划，正确处理安全生产与经济发展、社会进步的关系，把安全生产摆在重要位置。要完善和强化安全生产规划实施保障体系，健全安全生产控制指标考核体系，将安全生产重要指标、主要任务和重点工程纳入各级政府国民经济和社会发展总体规划及统计指标体系，统筹安全生产与经济和社会的协调发展。

（二）落实安全生产责任。

强化地方人民政府行政负责人安全生产责任制，落实政府承担的安全生产监管主体职责，把安全生产作为领导干部政绩考核的重要内容之一，纳入各级领导干部政绩考核指标体系。强化企业安全生产主体责任，落实企业法定代表人作为安全生产第一责任人的职责，保证安全生产投入，确保各项安全防范措施到位。落实安全生产监管部门的监管职责。安全生产综合监管部门要依法监督检查地方人民政府和有关部门监管职责到位和事故防范措施的落实情况。国务院负有安全生产监管监察职责的部门应对本行业和领域安全生产监督管理工作负责。监察机关对负有安全生产监管职责的部门及其工作人员履行职责实施监察。充分发挥工会、共青团、社团组织以及社区基层组织对安全生产工作的监督作用。

（三）严格安全生产执法。

严格执行重大生产安全事故责任追究制度，严厉打击无视法律、无视监管、无视生命安全的违法犯罪行为。发挥政府各有关部门、公检法和纪检监察机关的作用，建立政府统一领导、部门联合执法工作机制，惩治安全生产领域的失职、渎职和腐败行为，将煤矿等行业和领域安全生产违法违纪问题纳入反腐败工作范围。完善安全生产举报奖励制度，建立安全生产违法行为及事故举报机制，设立全国统一的举报电话。严格落实安全生产许可和建设项目安全设施“三同时”制度。对安全设备设施和个体防护装备实行安全标志等市场准入制度，对达不到安全生产标准的工艺、设备实行淘汰制度。

（四）实行有利于安全生产的经济政策。

适度提高企业成本中资源、安全、科技和劳动保险费用含量。按照国务院有关文件要求，尽快完善矿产资源有偿使用制度和煤炭资源税费计征方法并抓紧组织实施。建立完善安全生产风险抵押金制度，建立健全矿山、建筑、危险化学品和烟花爆竹等危险性较大行业和领域的安全费用提取制度。加快推进企业特别是矿山、建筑等高风险企业参加工伤保险，逐步提高对工伤人员的补偿标准，切实保障职工的合法权益。建立工伤保险与事故预防相结合机制，运用工伤保险行业差别费率和企业浮动费率机制，促进企业加强事故预防和工伤预防，研究在工伤保险基金支出中安排一定的工伤预防费用。鼓励和推动意外伤害险、责任险等商业保险进入安全生产领域。对安全生产设备以及瓦斯（煤层气）的抽采利用实行税收优惠。

（五）加大安全生产投入。

各级人民政府要安排资金，用于涉及公共安全的重大事故预防与隐患治理、监管监察能力和保障体系基础设施建设、公益性和社会性安全生产宣传教育培训与文化建设，支持安全生产先进技术示范与推广等；要保障安全生产监管监察设施、装备和经费到位；要加大对道路交通安全和管理设施、安全宣传和执法装备的资金投入。国家要支持煤炭等重点行业、领域重大事故隐患治理和安全技术改造。企业必须加大事故隐患治理和安全技术改造投入。建立国家、地方、企业和社会相结合共同投入的机制。

（六）实施科教兴安战略。

加大安全技术与管理专业人才培养力度，支持和鼓励相关专业人才定向招生和培养。建立各级安全生产专家队伍，充分发挥安全生产专家作用。国家在制订艰苦专业奖学金管理办法时，将煤矿等危险性高、工作环境差、劳动强度大的艰苦专业纳入其中统筹考虑，鼓励企业在有关院校设立艰苦专业学生定向奖学金或助学金。强化矿山等危险性较大行业的职业教育。加强安全工程学科建设，争取将安全科学与工程列为国家一级学科。各级人民政府要对安全生产科技经费给予支持，将安全生产领域亟待解决的重大基础理论和公益性、共性、关键性技术研究纳入国家和地方相关科技计划。结合国家科技基础条件平台建设总体规划和实施方案，统筹考虑安全科技成果转化和推广平台建设。

（七）加强国际交流与合作。

进一步加强与各国政府、国际组织和国外民间团体在安全生产（职业安全健康）领域的交流与合作，不断扩展新的合作渠道，多形式、全方位和多层次、高质量地推进国际合作，努力提高对外交流与合作的水平，积极参与全球性、区域性合作。

跟踪国外安全生产发展前沿动向，加强国际信息交流与人员培训，学习借鉴国外安全生产先进经验与成果。做好对外宣传工作，充分利用国外的资金、技术、人才和管理等资源，加快技术引进、消化吸收和自主创新步伐。

五、重点工程

“十一五”时期，在充分发挥市场机制推动作用的前提下，通过政府引导，加大安全生产投入力度，以重点工程的实施带动安全生产“十一五”规划全面实施。

（一）煤矿事故预防与主要灾害治理工程。

以瓦斯防治为重点，对通风能力不足、安全系数小的高瓦斯及煤与瓦斯突出矿井补充建设风井及专用回风巷；对煤与瓦斯突出矿井的架线电机车运输系统进行改造，改用矿用防爆特殊型蓄电池电机车或胶带机运输；对已发生瓦斯动力现象但尚未升级为突出矿井的，继续改装架线电机车，增加井巷峒室，采取突出危险性预测、防治突出措施、防治效果检验、安全防护措施等综合防突措施；全部井工煤矿装备瓦斯监测系统，实施联网工程。对采用放顶煤方法开采易发火煤层的矿井建设防灭火工程。建立并完善矿井综合防尘系统。以华北地区受奥灰水威胁、带压开采矿井为重点，开展水害防治。改造小煤矿供电系统。

（二）重大事故隐患治理工程。

实施重大事故隐患登记，建立重大事故隐患数据库；在评价分级的基础上，确定各级政府、有关主管部门和企业重点治理的重大事故隐患；按照分级分期的原则，组织对城市公共基础设施、人员密集场所、地铁、石化企业、特种设备、危险化学品仓库、公路危险路段和铁路平交道口等构成重大事故隐患的设施、场所进行治理。重点治理尾矿库危库、险库和危险性较大的病库，搬迁城区内安全距离不达标的危险化学品生产和储存企业。

（三）重大危险源普查及安全监控系统建设工程。

在全国开展贮罐区（贮罐）、库区（库）、生产场所、特种设备、尾矿库等各类重大危险源普查登记，建立国家、省、市、县四级重大危险源数据库。重点建设1个国家级、若干省级及其所属的市、县级重大危险源监控预警中心，逐步构建国家、省、市、县四级重大危险源动态监管及监控预警体系。

建立各级危险化学品道路运输过程动态监控平台及网络系统。在京沪、京广、京哈（含京秦）、京九（含广深）、陇海、浙赣（含沪杭）等主要干线建设铁路危险化学品运输跟踪管理系统，建设完善铁路危险化学品三级运输安全跟踪系统。建立城市轨道运营安全动态监控指挥平台。在繁忙的机场建立助航灯光监视监控系统；在一定规模的机场建立保安监控和反应系统。在1177个渔港配备港口安全监控设备，建设海洋渔业船舶管理动态监控系统。

（四）重点技术支撑中心建设工程。

依托现有科研院所和高等院校，建设完善国家级与省级工矿商贸行业和领域事故预防与技术分析鉴定中心和国家级安全生产基础研究中心，中国安全生产科学研究院安全工程技术实验与研发基地，以及一批能承担安全生产监管监察职能的重点安全设备检测检验基地。完善公安部道路交通安全研究中心及国家重点实验室，建设道路交通安全管理培训基地；配备补充科研及实验装备，提高消防科研机构能力；完善国家级重大责任事故案件技术鉴定中心，对32个省级公安机关和333个市（地）级公安机关侦办队伍进行装备。在18个铁路局建立分专业系统的培训基地。建设完善国家公路路网管理及应急处置、安全研究、培训教育、检测试验等相关基地。建设民航安全技术分析与鉴定实验室，建设完善飞行、机务、空管、航空保安等培训基地。完善建筑事故分析鉴定中心和安全生产检测检验中心。完善中国特种设备检验检测技术研究中心和20个重点特种设备检验检测基地。建设渔船安全设备检测检验基地和17个省级渔业船员培训基地，以及农机安全监理人员培训基地。

（五）安全生产信息系统建设工程。

建设和完善国家安全生产综合监管监察信息系统，实现各级安全生产监管监察机构以及国务院安全生产委员会成员单位之间的信息互联互通、资源共享。完善道路交通快速报警系统，建设交通事故紧急救援信息平台。逐步建设铁路全路综合移动通信系统。建设完善水上交通安全监督系统，推广应用船舶动态管理系统。建设完善以航空安全管理、飞行标准管理、航空器适航管理、机场安全管理、航空保安管理、空中交通安全管理为主的航空安全综合管理信息系统。依托公安专网建设全国重大责任事故案件管理系统。建设全国建筑安全综合管理系统，推广应用建筑施工现场远程监控系统。建设完善特种设备安全动态监管网络系统。建设农机、渔业船舶安全综合管理系统。

（六）安全生产监管监察机构设施及装备建设工程。

配置与完善省、市、县安全生产监管部门的专用执法车辆和现场监督检查设备。补充和更新省级、区域煤矿安全监察机构有关装备，建设新增机构的业务用房。完善城市消防站，按标准配备消防装备；重点装备市（地）级以上城市消防特勤队。建设完善铁道部和铁路局两级安全监察、建筑安全监督、特种设备安全监察、农机安全监理及渔港安全监管等机构的基础设施。完善省级道路交通管理机构安全管理和执法装备。建设民航空管设施，对现行的陆基系统进行改造。

（七）安全生产应急救援体系建设工程。

建设国家安全生产应急救援指挥中心，完善省级和市级安全生产应急救援指挥平台。建设完善矿山、危险化学品、消防、海事、铁路、民航、核工业、旅游、电力、建筑、特种设备、农业机械、渔业、医疗救护等国家专业应急救援指挥平台。建设完善国家级综合性和专业区域应急救援基地，以及骨干专业救援队伍。建设全国安全生产应急救援指挥系统和国家、省级安全生产应急救援综合培训演练基地。

（八）科技创新和技术示范工程。

实施煤矿重大灾害防治、非煤矿山典型灾害预防与控制、危险化学品事故监控与应急救援、重大危险源动态监控预警、职业危害预防与控制、重大事故调查分析与仿真、特种设备完整性管理与风险检验、重大地下工程事故演化及安全保障、重大事故应急管理、交通运输安全与应急保障、安全生产基础理论与重大事故灾害机理等科技创新工程。建设煤矿瓦斯综合防治和矿山安全监测及信息化、重大危险源监控、石油化工设备完整性管理、交通运输安全监控、大型公共建筑质量安全监测与鉴定、城市主要生命线安全保障等安全技术示范工程。

（九）法规、标准及安全文化建设工程。

制订、修订安全生产相关的配套法规、规章和技术标准规范。通过建设安全知识展览馆、仿真模拟体验馆、影视教育馆和图书资料馆等，构建国家和地方安全宣传教育基地。实施以“保护生命、平安出行”为主题的交通安全宣传教育工程。在电视台、广播电台、网络等媒体上开办安全栏目，普及安全知识。建设若干安全社区，定期开展“安全生产月”、“安全生产万里行”、“安康杯”竞赛和“青年安全示范岗”等宣传教育活动。普及安全文化，编写相关人员培训大纲、考核标准、教材和考试题库等。

三、中央部委联合颁发的有关安全生产的重要法规和文件

关于调整煤炭生产安全费用提取标准加强煤炭生产安全费用使用管理与监督的通知

财建［2005］168号

各省、自治区、直辖市、计划单列市财政厅（局）、发展改革委（计委）、经贸委（经委）、安全生产监督管理局、煤矿安全监管机构、煤炭行业管理部门，各级煤矿安全监察机构，中央管理的煤矿企业：

为进一步加大煤炭生产企业对安全生产设施的投入，现对财政部、国家发展改革委、国家煤矿安全监察局《关于印发〈煤炭生产安全费用提取和使用管理办法〉和〈关于规范煤矿维简费管理问题的若干规定〉的通知》（财建［2004］119号）中涉及煤炭生产安全费用（以下简称“安全费用”）提取标准和使用管理等方面的内容进行调整和完善。具体通知如下：

一、调整安全费用提取标准

（一）大中型煤矿

1. 高瓦斯、煤与瓦斯突出、自然发火严重和涌水量大的矿井吨煤不低于8元，其中：45户重点监控煤炭生产企业吨煤不低于15元（名单附后）；

2. 低瓦斯矿井吨煤不低于5元；

3. 露天矿吨煤不低于3元。

（二）小型煤矿

1. 高瓦斯矿井、煤与瓦斯突出、自然发火严重和涌水量大的矿井吨煤不低于10元；

2. 低瓦斯矿井吨煤不低于6元。

煤炭生产企业应在上述标准的基础上，根据安全生产实际需要，科学合理地确定安全费用具体提取标准，并报当地主管税务机关、财政部门、煤炭行业管理部门、煤矿安全监管机构和各级煤矿安全监察机构备案。

安全费用提取标准一经确定，煤炭生产企业不得随意改动。确需变动的，经报当地主管税务机关、财政部门、煤炭行业管理部门、煤矿安全监管机构和各级煤矿安全监察机构备案后，从下一年度开始实施。

二、任何部门和单位不得以任何形式集中煤炭生产企业提取的安全费用

三、完善安全费用提取和使用的监管措施

煤炭生产企业必须按照已经确定的标准及时、足额提取安全费用，并按规定用途全部用于煤矿安全生产方面的支出。

各级煤矿安全监察机构及地方政府有关部门特别是煤矿安全监管机构，要严格按照有关规定，采取科学、有效的措施加大对煤炭生产企业提取和使用安全费用相关情况的监督检查，充分发挥此项资金的使用效益。

四、本通知未涉及事宜，仍按照财政部、国家发展改革委、国家煤矿安全监察局《关于印发〈煤炭生产安全费用提取和使用管理办法〉和〈关于规范煤矿维简费管理问题的若干规定〉的通知》（财建［2004］119号）执行。

五、本通知自2005年4月1日起执行。

安全生产监督管理部门可将本通知转发到境内所有煤炭生产企业。

财政部
国家发展和改革委员会
国安安全生产监督管理总局
国家煤矿安全监督局
二〇〇五年四月八日

关于严厉打击煤矿违法生产活动的通知

安监总煤矿字［2005］54号

各省、自治区、直辖市发展改革、经贸、国土资源管理、煤炭行业管理、安全生产监督管理、煤矿安全监管、工商行政管理部门，各省级煤矿安全监察机构，神华集团公司、中国中煤能源集团公司：

党中央、国务院对加强煤炭生产、安全监管，维护煤炭生产秩序高度重视，自1998年以来多次作出部署，在全国范围内先后开展了关井压产、关闭整顿小煤矿、煤矿安全专项整治等一系列活动。经过各级地方政府和有关部门共同努力，总体看煤炭生产秩序开始好转，矿井安全生产状况有所改善。但是在当前煤炭市场供不应求、煤价持续走高的情况下，受利益驱使，一些地方已关闭的小煤矿又死灰复燃、非法开采。一些煤矿企业无视国家法律、无视政府监管、无视矿工生命安全，违法违规生产、私挖乱采、破坏资源，近期已造成多起重、特大事故的发生，给国家财产和人民群众的生命造成了巨大损失，也造成了恶劣的社会影响。为进一步规范煤炭生产秩序，打击违法生产活动，促进安全生产形势的稳定好转，现将有关要求通知如下：

一、坚决整顿不具备安全生产条件的矿井。以下五类矿井要立即停产整顿：一是超通风能力生产的矿井；二是没有按规定建立瓦斯抽放系统，监测监控设施不完善、运转不正常的高瓦斯矿井；三是有瓦斯动力现象而没有采取防突措施的矿井；四是在建、改扩建矿井安全设施未经过煤矿安全监察机构竣工验收而擅自投产的，以及违反建设程序、未经核准（审批）或越权核准（审批）的矿井；五是在规定期限内没有申请办理安全生产许可证的矿井。上述矿井停产整顿结束后，必须按照隶属关系，由地方政府煤矿安全监管部门验收合格、并依法取得相关证照后方可恢复生产。经整顿仍不具备安全生产条件的，要坚决依法予以关闭。

二、依法严厉打击违法生产活动。以下四类矿井要依法予以关闭取缔：一是无证非法开采的矿井；二是以往关闭之后又擅自恢复生产的矿井；三是经整顿仍然达不到安全生产标准、不能取得安全生产许可证的矿井；四是无视政府安全监管，拒不进行整顿或者停而不整的矿井。对经确定属于关闭取缔的矿井中已取得相关证照的，国土资源管理部门要吊销采矿许可证、煤矿安全监察机构要吊销安全生产许可证、煤炭行业管理部门要吊销煤炭生产许可证和矿长资格证，工商管理部门要依法办理企业注销登记或者吊销营业执照。有关地方政府要发布关闭矿井公告并立即采取措施炸毁井筒、填平场地、恢复地表植被或复垦，同时遣送煤矿所有从业人员。

三、开展对“五整顿、四关闭”矿井的联合执法。各级煤矿安全监察机构要会同国土资源管理、地方煤矿安全监管、煤炭行业管理、工商行政管理、环保、公安、电力等部门，组织开展对四类应予关闭矿井和五类停产整顿矿井的联合执法。对四类关闭取缔的矿井要依法关闭到位；对在规定期限内没有提出申办煤矿安全生产许可证的矿井、提出申请未被受理及经审核不予颁证的矿井，以及其他属于立即停产整顿的五类矿井，由煤矿安全监察机构依法下达停产整顿的监察指令，并由原发证机关同时暂扣或收回相关证照。

四、加强对煤矿安全生产的监督检查。各级地方煤矿建设项目主管部门要加强对建设工程的管理，凡煤矿建设项目安全设施设计未通过煤矿安全监察机构审查的不得准许开工建设；凡未通过煤矿安全监察机构竣工验收的，不得准许投入生产。各级煤炭行业管理部门要组织辖区内的煤矿按规定进行瓦斯鉴定，督促煤矿企业按照矿井瓦斯等级的相应要求完善系统和装备并严格进行管理。各级地方煤矿安全监管部门要加强对本地区煤矿安全的日常性监督检查，凡属于停产整顿五类矿井的，要监督煤矿企业按要求进行整顿、整改，对不具备安全生产条件的矿井要依法组织实施关闭。各级煤矿安全监察机构要严格执法，对属于停产整顿的矿井，要依法下达相关执法文书并抄送有关地方政府及有关部门；发现非法生产的矿井，要及时提请地方人民政府依法予以关闭。停产整顿和关闭的矿井要及时向社会公布。

五、严格煤矿安全生产市场准入。各级国土资源管理部门、煤矿安全监察机构和煤炭行业管理部门要严格执行《行政许可法》、《矿产资源法》、《煤炭法》、《安全生产法》、《安全生产许可证条例》和《煤炭生产许可证管理办法》等法律法规，建立健全行政审批责任制，依法规范行政许可行为，加强采矿许可证、安全生产许可证、煤炭生产许可证审核颁证的管理工作，严格各项准入条件和标准，不得降低标准、放宽条件。要加强对取得相关许可证煤矿的监管、监察，按规定要求组织年检，对存在问题的矿井，年检机关要责令限期整改并依法予以处罚；经整改仍不合格的，由原发证机关依法吊销相关许可证。各部门要加强工作的联系，及时通报相关许可证颁证管理信息，共同严格把好煤矿安全生产的市场准入关。

六、严肃查处违法生产行为和煤矿各类事故。地方各级国土资源管理部门和地方煤矿安全监管部门对非法违规开采的矿井要依法予以处罚，造成严重后果的要移送司法机关依法追究矿主的刑事责任。凡县（市）发现两处、乡镇发现一处属于关闭取缔的矿井应关未关的，其上级地方政府要按照国务院办公厅国办发［2003］58号文件的规定对县、乡政府主要负责人给予行政处分，同时追究有关部门负责人失职、渎职的责任。各煤矿安全监察机构要按照有关法律法规的规定，从严查处煤矿违法生产活动；造成事故的要依法严厉追究有关责任人员的责任。各有关部门在打击煤矿非法开采和违法生产的过程中，要查处不正之风和腐败现象，发现公务人员与私挖滥采、违法违规生产的矿井有利益关系或在幕后纵容及为非法矿井充当保护伞的，要移送纪检、监察部门和检察机关依法严肃查处。对问题严重的地区，以及性质恶劣的案例，要通过新闻媒体予以曝光，形成打击非法开采、违法生产行为的强大舆论声势。要进一步建立和完善群众对非法开采和违法生产的举报制度，发挥群众对煤矿安全生产的监督作用。

请各省（区、市）安全生产监督管理部门将本通知转发至各煤矿企业，建议各省（区、市）人民政府将本通知转发至有关市（地）、县（区）。

国家安全生产监督管理总局
国家煤矿安全监察局
国家发展和改革委员会
国家资源部
国家工商行政管理总局
二〇〇五年六月十六日

关于印发《预防群死群伤特大道路交通事故工作意见》的通知

公通字［2005］49号

各省、自治区、直辖市公安厅（局）、交通厅（局）、安全生产监督管理局：

现将《预防群死群伤特大道路交通事故工作意见》印发给你们，请结合本地实际，认真贯彻执行。

公安部
交通部
国家安全生产监督管理总局
二〇〇五年八月二日

预防群死群伤特大道路交通事故工作意见

当前，全国道路交通安全面临的形势严峻，群死群伤特大道路交通事故比较突出。今年上半年，全国共发生一次死亡5人以上的特大道路交通事故151起，造成1 154人死亡、960人受伤。道路交通安全关系人民群众的生命安全和公私财产安全，也关系经济社会的协调发展。各有关部门要从践行“三个代表”重要思想、落实科学发展观、坚持执政为民的高度，进一步贯彻落实预防道路交通事故“五整顿”“三加强”工作措施，切实做好预防群死群伤特大道路交通事故工作，努力实现道路交通事故起数、死亡人数、万车死亡率“三下降”的目标。

一、加强路面交通管控，从严查处交通违法行为

进一步加强道路通行秩序管理。公安部门要会同有关部门加大对超速、客车超员、货车和拖拉机违法载客等交通违法行为和危险化学品运输及无牌无证车辆的整治力度，充分利用现有警力和科技手段加强路面交通监控。要主动与交通部门沟通协作，了解和掌握客运班次通过本辖区的时间和行驶路线等情况，有针对性地部署警力。在客运主要线路特别是跨省长途客运线路、重点旅游线路，要严格检查客运车辆特别是9座以上客运车辆乘载和驾驶人驾驶时间等情况并做好登记，及时发现和纠正客车特别是长途客车超员、超速行驶、驾驶人疲劳驾驶等严重交通违法行为。

从严查处严重交通违法行为。要以事故多发路段和交通要道为重点，对危及行车安全的超速行驶、超载超员和货车、拖拉机违法载客等严重交通违法行为，公安部门要依照《道路交通安全法》从重处罚，做到违法行为不消除不放行。对行驶速度超过规定时速50%的，一律吊销机动车驾驶证。对严重超员的，要责成驾驶人转运超员乘车人，并承担转运费用。对在路面执法过程中

发现的客运车辆交通违法行为，公安部门除依法严格处罚以外，还要向交通部门通报交通违法等情况。对一年内累计2次超员或1次超员50%以上的，交通部门应当及时通报其所属运输企业，责令企业对其进行再教育、调离岗位、解聘等处理。

充分发动群众，加强对客运驾驶人违法行为的监督。通过设立监督电话、发放安全监督卡等方式，鼓励乘客对车辆行驶途中超员载客、超速行驶、疲劳驾驶和货车、拖拉机违法载客等严重交通违法行为，向公安或交通部门举报，查实后对驾驶人依法处罚，对举报人给予奖励。

二、加强客运安全管理，落实运输企业安全生产责任制

加强对大型客车驾驶人的资格管理。报考大型客车准驾车型的驾驶人，不得有在造成人员死亡的交通事故中承担全部责任或者主要责任的记录，并且具备中型客车或者大型货车以上准驾车型驾龄5年以上，且在申请前最近连续3个记分周期内没有满分记录；或者具备牵引车准驾车型驾龄2年以上，且在申请前最近1个记分周期内没有满分记录。

加强对长途客运车辆驾驶人从业资格管理。严格审查申请客运经营驾驶人的安全驾驶经历，对近3年有重大以上交通责任事故记录的驾驶人，一律不得准许参加从业资格考试。对已经取得从业资格、在记分周期内交通违法记满12分，或发生重大交通事故负有责任的客运驾驶人，所属运输企业应对其调离岗位，不允许其继续从事长途客运。同时，运输企业要加强对从业资格经历不满1年客运驾驶人的管理，认真做好对所属从业人员的安全知识教育工作。

督促客运企业、客运场站严格履行安全管理职责。组织客运企业对9座以上客运车辆的运营安全状况集中进行定期全面检查，重点做好对出站客运车辆载客、车辆制动、轮胎及安全设备如安全门、灭火器等安全技术状况的安全检查工作，对不合格的客运车辆绝不允许上路行驶。督促客运场站做好客运车辆安全例检工作，防止危险品进站上车，杜绝超员客车出站上路。

推行长途客运车辆及驾驶人档案管理制度。交通、公安部门要掌握辖区长途客运企业、营运线路、客运车辆、驾驶人等情况，逐车逐人落实责任，对客运车辆的营运线路、车辆安全状况、驾驶人从业资格、安全驾驶等情况进行定期核查，督促其按时参加审验、检验和维护。

严格客运线路审批。对经常发生交通事故或安全制度不落实的客运企业，要责令其限期整改，并对整改情况进行监督指导；逾期仍未改正的，应当依法吊销其相应的经营许可。对夜间（22时至6时）途经三级以下（含三级）山区公路的客运班线达不到夜间安全通行要求的，交通部门不得批准开行客运班线。

利用科技手段加强对客运驾驶人驾驶行为的监督管理。积极引导运输企业对营运载客汽车安装使用汽车行驶记录仪或GPS等技术装备，加大对客运车辆及驾驶人运行过程的动态监控，及时发现并制止驾驶人疲劳驾驶、超速行驶等交通违法行为和违规经营等行为，及时采取有效的监管措施。

建立健全客运企业安全制度落实情况检查机制。交通部门要会同安全监管、公安部门定期对客运企业安全生产责任制和各项规章制度落实情况、安全投入和教育培训、车辆及设施设备的安全管理情况进行检查，对不具备基本安全生产条件的交通运输单位，要停业整顿，限期达标；逾期不能达标的要予以取缔。督促客运企业加大对包车客运、超长班线客运的安全管理力度。

规范客运车辆安全设施配置，提高客运车辆驾乘人员防范能力。研究客车车内灭火器的选用型号、配置标准、摆放位置以及车内装饰材料的防火性能等，制定或修改相关标准。在客运车辆驾驶人培训和考试中增加防灾、救灾等相关内容；督促指导道路客运企业，参照航空安全的有关

规定，在客运车辆上增加安全乘车、灭火器位置、逃生路线等提示标语，发车前由客运从业人员向乘客讲授安全乘车知识、逃生基本要领。

三、加大对事故多发路段的整治力度，进一步改善道路通行安全条件

交通部门要结合实施公路安全保障工程，加强对事故多发路段的整治力度，确保按时完成全国公路安全保障工程重点实施路段的治理工作。同时，按国家有关标准，完善一、二级国省干线公路和高速公路上的的限速标志、让行标志和指路标志。公安部门要加强对事故多发路段、施工绕行路段的交通疏导工作，维护良好的通行秩序。

四、深化交通安全宣传“五进”活动，进一步提高公民的交通安全意识

围绕“关爱生命、安全出行”这个主题，不断丰富宣传内容，掀起宣传高潮，增强宣传效果，使公众交通安全意识、法治意识和文明意识进一步提高。要充分利用电视、广播、报纸、互联网等大众传媒手段，深入到乡村、社区、单位和学校，深入到客运场站和高速公路服务区等场所，宣传交通法规和安全常识，使交通安全宣传渗透到社会的每个方面。

交通、公安、安全监管部门组织对运输企业管理人员和驾驶人、售票员、安全员等进行经常性的交通安全教育，观看交通安全宣传光盘、挂图，通报全国及本地客运车辆交通事故情况，提醒行车安全注意事项等。

要根据客运车辆驾驶人和乘客等不同人群的不同特点，选择、制作有针对性的宣传材料，提高交通安全宣传的有效性。对驾驶人以宣传《道路交通安全法》相关条款为主，辅以典型事故案例，教育驾驶人依法营运、安全驾驶；对乘客以宣传文明乘车、安全出行为主，鼓励乘客监督和举报客运车辆超速、超员等交通违法行为，自觉抵制乘坐违法营运车辆。

对发生特大道路交通事故的运输企业，除严肃追究责任人和相关领导责任外，还要及时公开报导，利用媒体和社会舆论进行监督。

五、大力发展农村客运网络

加强扶持农村客运发展的研究，通过政策优惠、税费减免等方式，鼓励发展农村公共交通，方便农民出行。各有关部门要根据实际情况，相互协调，统筹安排好农村客运班线及班次，切实解决好集市日、节假日等客流高峰时期农民、农村学生的出行问题，从源头上杜绝三轮汽车、低速货车、拖拉机违法载人现象。同时，推广使用适合农村实际的安全、经济、实用型客车，保证农民出行安全。

六、加强信息沟通和协调配合

建立客运驾驶人交通肇事、交通违法情况定期抄告制度。公安部门定期将客运驾驶人交通违法情况、交通肇事情况通报给所属运输企业和当地交通、安全监管部门。对交通肇事多、驾驶人交通违法行为多的运输企业，交通部门要责令其限期整改，对于整改不到位的，要停业整顿。安全监管部门要定期向社会公告发生交通事故、交通违法行为较多的运输企业名单。

建立新审批客运线路通报制度。交通部门要将新审批的客运线路特别是跨省长途客运线路及班次、停靠站点等情况，通报给公安部门。

建立特大事故责任倒查情况通报制度。对在交通管理或运输管理工作中存在不按规定履行职

责、不严格执法，以及对特大道路交通事故的发生负有责任的人员，除应按规定严格追究其责任外，还应将对责任人员的处理情况分别在公安、交通系统进行通报，增强公安交警和交通运管人员的自律意识。

七、制定并实施特大交通事故应急处置预案，提高事故救援能力

各地要根据本地道路特点、客运线路特点、恶劣天气条件特点等，制定专门的客运车辆交通事故应急处置预案，明确客运车辆交通事故发生后的现场组织指挥、医疗救援、交通疏导、事故勘查等一系列处理程序和具体工作部署，落实各部门责任，并适时组织演练，提高对客运车辆重特大交通事故的处置能力。要与农村公路沿线村镇医疗机构加强协作，构建交通事故医疗急救体系，提高快速救援能力，减少因救治不及时而造成的交通事故死亡人数。

关于印发《举报煤矿重大安全生产隐患和违法行为的奖励办法（试行）》的通知

安监总办字［2005］139号

各省、自治区、直辖市及新疆生产建设兵团安全生产监督管理局、煤矿安全监管部门，各省级煤矿安全监察机构，各省、自治区、直辖市及新疆生产建设兵团、计划单列市财政厅（局），神华集团公司、中国中煤能源集团公司：

为落实《国务院关于预防煤矿生产安全事故的特别规定》（国务院令第446号），加强煤矿安全生产的社会监督，鼓励和奖励举报煤矿重大安全生产隐患和违法行为，及时发现并排除隐患，制止和惩处违法行为，国家安全生产监督管理总局、财政部联合制定了《举报煤矿重大安全生产隐患和违法行为的奖励办法（试行）》，现予印发，请遵照执行。请各省（区、市）煤矿安全监督管理部门负责将此通知转发至各产煤市（地）、县（市）、乡（镇）人民政府及煤矿企业。

国家安全生产监督管理总局

财政部

二〇〇五年九月二十四日

举报煤矿重大安全生产隐患和违法行为的奖励办法（试行）

第一条　为了加强煤矿安全生产的社会监督，鼓励和奖励举报煤矿重大安全生产隐患和违法行为，及时发现并排除隐患，制止和惩处违法行为，依据《中华人民共和国安全生产法》、《国务院关于预防煤矿生产安全事故的特别规定》（国务院第446号令）等法律、行政法规和国家有关规定，制定本办法。

第二条　任何单位和个人（以下简称举报人）有权对其发现的煤矿重大安全生产隐患和煤矿有关安全生产的违规违法行为向县级以上地方人民政府负责煤矿安全生产监督管理的部门、国家安全生产监督管理部门或者国家煤矿安全监察机构及其设在各省、自治区、直辖市和煤矿矿区的煤矿安全监察机构举报。

第三条　受理的举报经调查属实的，受理举报的部门或者机构应当给予实名举报的最先举报人1 000元至1万元的奖励，依法免交个人所得税。

第四条　举报有下列情形之一、经核查属实的，给予举报人奖励：

（一）举报非法煤矿的，即煤矿未依法取得采矿许可证、安全生产许可证、煤炭生产许可证、营业执照和矿长未依法取得矿长资格证、矿长安全资格证擅自进行生产，或者未经批准擅自建设的；

（二）举报煤矿非法生产的，即煤矿已被责令关闭、停产整顿、停止作业，而擅自进行生产的；

（三）举报煤矿重大安全生产隐患的；

（四）举报隐瞒煤矿伤亡事故的；

（五）举报国家机关工作人员和国有企业负责人投资入股煤矿，及其他与煤矿安全生产有关的违规违法行为的；

（六）举报煤矿其他安全生产违规违法行为的。

举报人举报的事项，应当是地方人民政府负责煤矿安全生产监督管理的部门或者煤矿安全监察机构没有发现，或者虽然发现但未按有关规定依法处理的。

第五条 受理举报的部门或者机构应当建立健全受理举报煤矿重大安全生产隐患和违法行为的登记、核查、处理、督办、答复、统计和报告制度，并向社会公开举报电话（传真）、电子信箱、通信地址、邮政编码和领取奖金办法。

第六条 举报人可以采取书信、电子邮件、电话、传真、走访等方式举报。

举报人举报的事项应当客观真实，对其提供材料内容的真实性负责，不得捏造、歪曲事实，不得诬告、陷害他人。

第七条 核查处理煤矿重大安全生产隐患和煤矿有关安全生产的违规违法行为的举报事项以及对举报人的奖励，按照下列规定办理：

（一）县级人民政府负责煤矿安全生产监督管理的部门，负责受理本行政区域内煤矿（不含设区的市以上人民政府所属煤矿）的举报事项；设区的市人民政府负责煤矿安全生产监督管理的部门，负责受理本行政区域内市属煤矿的举报事项；省、自治区、直辖市人民政府负责煤矿安全生产监督管理的部门，负责受理本省、自治区、直辖市所属煤矿的举报事项。

（二）国家煤矿安全监察机构设在省、自治区、直辖市的煤矿安全监察机构以及设在煤矿矿区的分支机构，负责所辖区域内各类煤矿的举报事项。

（三）地方人民政府负责煤矿安全生产监督管理的部门与煤矿安全监察机构在核查受理的举报事项之前，应当相互沟通，避免重复核查和重复奖励。

（四）设区的市以上地方人民政府负责煤矿安全生产监督管理的部门、省级煤矿安全监察机构以及国家煤矿安全监察机构、国家安全生产监督管理部门可以直接核查处理辖区内的举报事项。

（五）举报国家机关工作人员和国有企业负责人投资入股煤矿及其他与煤矿安全生产有关的违规违法行为的，按照人事管理权限，由接到举报的部门或者机构及时转送相应的纪检、监察机关核查处理，经核查属实的，由接到举报的部门或者机构对举报人给予奖励。

（六）举报事项涉及其他部门的，由接到举报的部门或者机构及时转送相关部门核查处理，经核查属实的，由接到举报的部门或者机构对举报人给予奖励。

（七）受理举报的部门或者机构应当及时核查处理举报事项，自受理之日起60日内办结；情况复杂的，经上一级负责煤矿安全生产监督管理的部门或者煤矿安全监察机构批准后可以延长核查处理时间。

第八条 多人多次举报同一事项的，由最先受理举报的县级以上负责煤矿安全生产监督管理的部门或者煤矿安全监察机构给予实名举报的最先举报人一次性奖励。

多人联名举报同一事项的，奖金可以平均分配，由第一署名人或者第一署名人书面委托的其他署名人领取。

举报人接到领奖通知后，应当在60日内凭举报人有效证件到指定地点领取奖金；对举报人无法通知的，受理举报的部门或者机构可在一定范围内进行公告；逾期未领者，视为放弃权利。

第九条　奖金的具体数额由负责核查处理举报事项的部门或者机构根据具体情况评定，并报省级负责煤矿安全生产监督管理的部门或者省级煤矿安全监察机构备案。

第十条　县级以上地方人民政府负责煤矿安全生产监督管理的部门负责核查处理的举报事项，给予举报人的奖金由同级财政列支。

煤矿安全监察机构负责核查处理的举报事项，给予举报人的奖金由中央财政列支。

第十一条　受理举报的部门或者机构应当依法保护举报人的合法权益并为其保密。举报人要求答复的，应当及时将核查处理结果用适当方式向举报人反馈。举报人受到打击报复的，有关部门应当依法查处。

第十二条　本办法自公布之日起施行。

关于对清理纠正工作开展督查的通知

国监明电［2005］13号

各省、自治区、直辖市、新疆生产建设兵团纪委、监察厅（局）、国有资产监督管理委员会、安全生产监督管理局、煤矿安全监管部门，各省级煤矿安全监察局：

中央纪委、监察部、国资委和安全监管总局《关于清理纠正国家机关工作人员和国有企业负责人投资入股煤矿问题的通知》（以下简称《通知》）下发以来，各地认真进行了传达贯彻，开展了登记核实工作，但这项工作发展并不平衡。为确保清理纠正工作取得实效，现作如下通知：

一、继续学习贯彻《国务院关于预防煤矿生产安全事故的特别规定》、《国务院办公厅关于坚决整顿关闭不具备安全生产条件和非法煤矿的紧急通知》的精神，按照中纪发［2005］12号和国监明电［2005］11号的要求，切实加强组织领导，深入开展清理纠正工作，务必取得实效。

二、加强对清理纠正工作的督查。上级清理纠正工作小组要按照《通知》有关要求，组织督查组对下级清理纠正工作的进展情况开展督查。

督查内容包括：

（一）学习贯彻《通知》的情况。是否采取有效措施，对《通知》进行了深入学习、宣传和贯彻，对有关人员是否做好深入细致的思想政治工作。

（二）清理纠正工作的组织领导情况。是否成立了专门的清理工作机构，主要领导是否亲自抓，责任是否落实到位。

（三）开展报告登记和核实的情况。是否对本地、本单位的情况进行了排查。入股人员是否按要求进行了报告登记和撤资。对登记报告的，是否对投资人的情况、投资单位、投资时间和数额、资金来源及撤资证明等，逐项地进行了核实。

（四）开展社会监督和舆论监督的情况。是否建立了举报监督制度，公开了举报电话、设立举报箱等，深入发动群众进行举报，接受社会和舆论的监督。对群众举报的问题是否认真进行了核查。

（五）在查处近期发生的煤矿安全事故中，是否对国家机关工作人员和国有企业负责人在煤矿投资入股和收受贿赂、以权谋私、失职渎职等问题进行了调查处理。

（六）下一步如何采取措施，建立长效机制，从源头上防范国家机关工作人员和国有企业负责人在煤矿投资入股和其他腐败问题的发生。

三、督查方式

（一）听取汇报，查阅资料。督查组要听取所到地区政府关于开展清理纠正工作情况的汇报，查阅有关资料。

（二）突出重点，有针对性地抽查。督查组要选择重点产煤地区，深入到县、乡进行实地督查。

（二）总结情况，及时通报。对清理纠正工作情况和督查情况，要采取适当形式向社会公布。对清理纠正工作不重视、措施不得力的地方，要及时督促整改。清理纠正工作开展不认真的，要追究有关人员责任，典型的要公开曝光典型问题。

中央纪委、监察部、国资委、安全监管总局近期将派出督查组，对部分地区工作情况进行督导检查，具体安排另行通知。

中共中央纪委

监察部

国务院国家安全监督管理委员会

国家安全生产监督管理总局

二〇〇五年九月三十日

关于印发《煤矿企业安全生产风险抵押金管理暂行办法》的通知

财建［2005］918号

各省、自治区、直辖市、计划单列市财政厅（局）、安全生产监督管理局、煤矿安全监管机构、煤炭行业管理部门，各级煤矿安全监察机构，中央管理的煤矿企业：

为了强化煤矿企业安全生产意识，落实安全生产责任，保证煤矿生产安全事故抢险、救灾工作的顺利进行，根据《国务院关于进一步加强安全生产工作的决定》（国发［2004］2号），财政部、国家安全生产监督管理总局联合制定了《煤矿企业安全生产风险抵押金管理暂行办法》，现予印发，请遵照执行。

财政部

国家安全生产监督管理总局

二〇〇五年十二月十四日

煤矿企业安全生产风险抵押金管理暂行办法

第一章　总则

第一条　为了强化煤矿企业安全生产意识，落实安全生产责任，规范煤矿企业安全生产风险抵押金的管理，保证煤矿生产安全事故抢险、救灾工作的顺利进行，根据《国务院关于进一步加强安全生产工作的决定》（国发［2004］2号），制定本办法。

第二条　本办法所称煤矿企业安全生产风险抵押金（以下简称风险抵押金），是指煤矿企业以其法人名义将本企业资金专户存储，用于本企业生产安全事故抢险、救灾和善后处理的专项资金。

第三条　本办法适用于我国境内所有煤矿企业，包括集团公司、总公司、矿务局、煤矿等。

第二章　风险抵押金的存储

第四条　按照煤矿企业核定（设计）或者采矿许可证确定的生产能力，风险抵押金按以下标准存储：

（一）3万吨以下（含3万吨）存储60～100万元；

（二）3万吨以上至9万吨（含9万吨）存储150～200万元；

（三）9万吨以上至15万吨（含15万吨）存储250～300万元；

（四）15万吨以上，以300万元为基数，每增加10万吨增加50万元。

风险抵押金累计达到600万元时不再存储。

第五条 各省、自治区、直辖市人民政府安全生产监督管理部门（以下简称省级安全生产监督管理部门）及同级财政部门根据煤矿企业正常生产经营期间的规模产量和安全程度评估等有关因素，在相应分档区间内确定风险抵押金具体存储数额。

本办法颁发前，省级人民政府有关部门制定的风险抵押金存储标准高于本办法第四条规定标准上限的，仍按照原标准执行，并按规定程序报有关部门备案。

第六条 风险抵押金按以下规定存储：

（一）风险抵押金由煤矿企业按时足额存储。煤矿企业不得因变更企业法定代表人、停产整顿等情况迟（缓）存、少存或不存风险抵押金，也不得以任何形式向职工摊派风险抵押金；

（二）风险抵押金存储数额由省、市、县级安全生产监督管理部门及同级财政部门核定下达；

（三）风险抵押金实行专户管理。煤矿企业到经省级安全生产监督管理部门及同级财政部门指定的风险抵押金代理银行（以下简称代理银行）开设风险抵押金专户，并于核定通知送达后1个月内，将风险抵押金一次性存入代理银行风险抵押金专户；

（四）风险抵押金专户资金的具体监管办法，由省级安全生产监督管理部门及同级财政部门商代理银行制定。

第三章 风险抵押金的使用

第七条 风险抵押金的使用范围为：

（一）煤矿企业为处理本企业生产安全事故而直接发生的抢险、救灾费用支出；

（二）煤矿企业为处理本企业生产安全事故善后事宜而直接发生的费用支出。

煤矿企业发生生产安全事故后产生的抢险、救灾及善后处理费用，原则上应由煤矿企业先行支付。确需动用风险抵押金专户资金的，经安全生产监督管理部门及同级财政部门批准，由煤矿企业到代理银行具体办理有关手续。

第八条 发生下列情形之一的，省、市、县级安全生产监督管理部门及同级财政部门可以根据煤矿企业生产安全事故抢险、救灾及善后处理工作需要，将风险抵押金部分或者全部转作事故抢险、救灾和善后处理所需资金：

（一）煤矿企业负责人在生产安全事故发生后逃逸的；

（二）煤矿企业生产安全事故发生后，在规定时间内未主动承担责任，支付抢险、救灾及善后处理费用的。

第四章 风险抵押金的管理

第九条 风险抵押金实行分级管理，由省、市、县级安全生产监督管理部门及同级财政部门共同负责。中央管理煤矿企业的风险抵押金，按照属地原则管理，由所在地省级安全生产监督管理部门及同级财政部门确定后报国家安全生产监督管理总局及财政部备案。

第十条 煤矿企业持续生产经营期间，当年未发生生产安全事故、没有动用风险抵押金的，风险抵押金自然结转，下年不再存储。当年发生生产安全事故、动用风险抵押金的，省、市、县级安全生产监督管理部门及同级财政部门应当重新核定煤矿企业应存储的风险抵押金数额，并及时告知煤矿企业，煤矿企业在核定通知送达后1个月内按规定标准将风险抵押金补齐。

第十一条 煤矿企业生产经营规模如发生较大变化，省、市、县级安全生产监督管理部门及同级财政部门应于下年度第一季度结束前调整其风险抵押金存储数额，并按照调整后的差额通知煤矿企业补存（退还）风险抵押金。

第十二条 煤矿企业依法关闭、破产或者转为其他行业的，由企业提出申请，经省、市、县级安全生产监督管理部门及同级财政部门核准后，企业按照国家有关规定自主支配其风险抵押金专户结存资金。

第十三条 风险抵押金实际支出时计入煤矿企业成本，在缴纳企业所得税前列支。有关会计核算问题，按照国家统一会计制度处理。

第十四条 每年年度终了后3个月内，省级安全生产监督管理部门及同级财政部门将上年度本地区风险抵押金存储、使用、管理有关情况报国家安全生产监督管理总局及财政部。

第十五条 风险抵押金应当专款专用，不得挪用。安全生产监督管理部门、同级财政部门及其工作人员有挪用风险抵押金等违反本办法及国家有关法律法规行为的，依照国家有关规定进行处理。

第五章 附则

第十六条 省级安全生产监督管理部门及同级财政部门可以根据本办法制定具体实施办法。

第十七条 非煤矿企业的内部煤矿比照本办法执行。

第十八条 本办法由财政部、国家安全生产监督管理总局负责解释。

第十九条 本办法自2006年1月1日起施行。

关于对重特大安全事故责任追究落实情况开展检查的通知

中纪发［2006］13号

各省、自治区、直辖市纪委、高级人民法院、人民检察院、监察厅（局）、司法厅（局）、安全监管局，各省级煤矿安全监察机构：

党中央、国务院高度重视安全生产问题，近年来相继采取了一系列重要举措加强安全生产工作。各地区、各部门认真贯彻党中央、国务院的重要决策和部署，执行安全生产法律法规，不断强化安全生产工作，对事故责任人以及事故背后的权钱交易、官商勾结等腐败行为依法依纪进行了查处，使全国安全生产形势呈现出持续稳定、趋于好转的发展态势。

但是目前，仍有少数地区、部门和单位对重特大安全事故调查处理工作不认真、不严格，在对责任人的责任追究方面存在失之于宽、失之于轻、失之于偏的问题；对已查结的事故，在落实责任追究决定方面不坚决，有的甚至没有落实，致使一些事故责任人逃避了党纪政纪和刑事责任的追究，在社会上造成了不良影响。

根据党中央、国务院领导的批示精神，为认真贯彻落实《安全生产法》和《国务院关于特大安全事故行政责任追究的规定》等有关法律法规，加强执纪执法监督，加大责任追究力度，维护法纪的尊严和权威，维护广大人民群众的根本利益，强化安全生产责任，促进安全生产工作的开展，经中央纪委、最高人民法院、最高人民检察院、监察部、司法部、国家安全生产监督管理总局研究，决定对重特大安全事故责任追究落实情况进行一次全面检查。现将有关事项通知如下：

一、各地要在党委、政府的领导下，由纪检、监察机关牵头，会同法院、检察院、司法、安全监管、煤矿安全监察等部门，对2003年10月以来已经结案的重特大安全事故的调查处理及责任追究落实情况进行一次全面、认真、细致的检查。重点检查以下内容：

1. 各级人民政府及其有关部门对本地区、本部门发生的重特大安全事故，是否依据法律法规的有关规定对有关责任人员进行了责任追究；对事故有关责任人员的处分决定是否得到了落实，包括受降级以上处分人员的工资、级别、职务、公职等是否按有关规定落实，处分决定是否已装入本人档案；对上级政府查结的事故责任追究决定（建议）是否存在擅自变更、降低处分档次的情况；是否存在对事故责任人员作异地升职安排、拖延事故处理和其他不按规定落实责任追究的情况。

2. 追究刑事责任方面，是否存在以罚代刑、有案不立、有罪不究、重罪轻判，以及违反法定条件和程序适用取保候审、保外就医和减刑、假释等，使犯罪分子未受到应有惩处等情况；是否存在在逃事故责任人未被抓捕归案，事故迟迟不能结案等情况。

3. 经济处罚是否存在避重就轻、执行难等问题。

4. 是否存在地方保护主义或者其他有法不依、执法不严、违法不究的问题。

二、各地要高度重视此次检查工作，周密部署，认真组织自查。对检查中发现的问题，要及时予以纠正；对发现的在事故责任追究过程中存在严重问题或者造成重大影响的，要严肃追究有关单位领导的责任。

三、要充分发挥舆论和人民群众的监督作用。检查的结果要向社会公开，接受监督；对问题严重的地区、部门、单位要予以曝光。

四、各地要认真做好检查情况的汇总上报工作，并于 2006 年 6 月 30 前将检查情况分别上报中央纪委、最高人民法院、最高人民检察院、监察部、司法部、国家安全生产监督管理总局。

五、中央纪委、最高人民法院、最高人民检察院、监察部、司法部、国家安全生产监督管理总局将联合组成督查组，于 6 月下旬对各地自查情况进行一次督查。

中共中央纪委
最高人民法院
最高人民检察院
监察部
司法部
国家安全生产监督管理总局
二〇〇六年一月六日

关于进一步加强水路公路危险化学品运输管理的通知

交海发［2006］33号

各省、自治区、直辖市及新疆生产建设兵团交通厅（局、委）、公安厅（局）、安全生产监督管理局，上海市港口管理局，长江、珠江航务管理局，交通部各直属海事局：

今年以来，各地认真开展危险化学品运输安全专项整治工作，危险化学品运输市场秩序得到好转。但是，一些地方非法从事危险化学品运输的问题仍然较为严重，部分小化工企业与运输户相互庇护，形成了危险化学品非法装运“一条龙”。水运集装箱、车辆装运危险化学品瞒报谎报现象严重，存在重大事故隐患。为进一步加强危险化学品安全管理，严格执行《危险化学品安全管理条例》，保障运输安全，现就有关事项通知如下：

一、进一步加强对运输单位和从业人员的管理

交通部门要严把市场准入关，严格按照《道路运输条例》、《危险化学品安全管理条例》、《道路危险货物运输管理规定》、《国内运输船舶经营资质管理规定》（交通部令2001年第1号）等相关规定以及《道路车辆外廓尺寸、轴荷和质量限值》（GB 18565）、《营运车辆综合性能要求和检验方法》等相关技术标准进行审查。对企业安全制度不健全、车辆（船舶）达不到技术要求、从业人员不符合条件的，一律不予许可。对已进入运输市场但存在重大事故隐患的，要依法责令整改或吊销相关运输许可。对把关不严的，要依法对责任人进行严肃处理。同时，要进一步加强监督检查工作，对运输单位进行定期、不定期的实地监督检查，督促运输单位加强安全管理。要进一步加强对驾驶人员、押运人员和装卸管理人员的教育和培训，不断提高从业人员的安全意识、专业技术水平和操作能力，夯实安全工作的基础。

道路运输管理机构要在货运站场、货运集散地加强危险货物运输源头管理，对未取得道路危险货物运输许可从事危险货物运输的单位要按照有关规定给予严厉处罚，发生安全事故、造成严重后果的，应积极配合有关部门依法追究其相关责任。

所有从事危险化学品运输的个体船舶必须严格按照《关于整顿规范个体运输船舶经营管理的通知》（交水发［2001］360号）规定，实现企业化经营，严禁个体船舶以“挂靠”的方式从事危险品运输。各交通主管部门要对已取得危险品运输资格的企业进行全面排查，清理“挂靠”船舶。凡发现存在“挂靠”船舶的企业，要责令立即解除“挂靠”关系，并对该企业进行停业整顿。航运企业违规对个体船舶实施“挂靠”管理的，发生事故，视为航运企业的事故。

各有关部门要加大对托运人的监督检查力度，严厉查处谎报、瞒报等违规托运的行为。托运人必须将危险品的详细情况告知承运人，如果是多式联运，要告知各个运输方式的承运人。

运输危险化学品的车辆在运输过程中必须按 2005 年 8 月 1 日实施的《道路运输危险货物车辆标志》（GB 13392）的要求悬挂或喷涂相关标准，配备通讯工具；运输爆炸品和剧毒化学品的车辆，应安装符合《危险化学品汽车运输安全监控车载终端》（AQ 3004—2005）规定的安全监控定位系统。押运人员在运输过程中必须按 2004 年 3 月 1 日实施的《汽车运输危险货物规则》（JT 716）的要求携带《道路危险货物运输安全卡》。对拟经水运的危险品运输车辆和集装箱，托运人必须向承运人提供危险品车辆和集装箱装载管理人员的姓名、联系方式及装载管理人员所属企业名称、联系方式，同时要提供托运人的名称和联系方式。承运人发现托运人谎报、瞒报危险化学品行为，应拒绝运输；若在运输途中发现，应立即报告有关主管部门。由于谎报、瞒报或危险品性质标明不清等原因导致发生事故的，要严厉追究托运人的责任；触犯刑律的，要移交司法部门。

二、进一步加强对危险化学品运输船舶、车辆的监督检查

海事管理机构要加强对船舶载运危险化学品的监督检查，坚决阻止不满足技术条件的船舶从事危险化学品运输；要将关口适当前移，加强对拟装船的集装箱的开箱抽查，对查出的瞒报谎报集装箱和车辆应禁止其上船，并依法追究有关单位和人员的责任。海事管理机构要从船舶适装和货物适运两个方面严把载运危险化学品船舶申报管理关，要建立黑名单制度，对存在故意瞒报谎报行为的托运人和承运人，在按有关规定给予相应的行政处罚的同时，要列入黑名单，向社会公布，作为重点监督检查的对象。海事管理机构要进一步加强对申报人员和集装箱装箱检查人员的管理，对申报人员和集装箱装箱检查人员存在故意瞒报谎报行为的，禁止其继续从事危险货物申报和集装箱装箱检查工作，并按有关规定严肃处理。在今年船舶载运危险货物专项整治的基础上，明年海事部门要联合港口部门，以小型危险化学品码头、个体船舶为重点，进一步开展船舶载运危险货物安全专项整治活动。

各港口企业应加强对危险化学品装卸作业的安全管理，对发现谎报瞒报的危险化学品应拒绝装卸，并报告有关主管机关。从事客滚船运输的港口应按交通部的有关要求逐步配备客滚运输车辆安检系统。各港口行政管理部门要加强对港口企业装卸危险化学品的监督检查。从事危险化学品的港口企业要在明年 7 月 1 日前配备收集船舶危险化学品洗舱水的设施，否则不得从事相应危险化学品的装卸作业。海事管理机构要加强对危险化学品运输船舶货物洗舱水去向的检查，对未按要求配备船舶危险化学品洗舱水的港口、码头、装卸站和船舶修造厂，由港口行政管理部门依据有关规定责令其停止营业，限期改正；逾期不改正的，由作出行政许可决定的行政机关吊销《港口经营许可证》，并以适当方式向社会公布。

公安机关要加大执法力度，进一步加强对危险化学品运输车辆的检查。对超速、不按规定路线行驶等违反通行规定的行为，要严格查处；对无证运输剧毒化学品、未按照运输通行证注明事项运输剧毒化学品、未随身携带运输通行证明、擅自进入危险化学品运输车辆禁止通行区域的，要依法从严处罚；要严把剧毒化学品公路运输通行证的审批关，对于运输途中涉及通过内河运输的申请，严格依法不予批准。

三、进一步加强对危险化学品生产、储存企业的监督检查

安全监管部门要进一步加强对从事危险化学品生产、储存企业的监督检查，督促企业建立健全危险化学品发货和装载的查验、登记、核准等制度，严格按照国家有关规定，将危险化学

品委托给具有危险货物运输资质的企业和从业人员承运，从源头上防止非法运输危险化学品。危险化学品生产经营企业在开具提货单据前要检查车辆的资质证明、驾驶人员和押运人员的从业资格证件，检查车辆及罐体与行驶证照片是否一致，是否有悬挂符合国家标准的警示标志，生产经营企业应向驾驶人员和押运人员说明所运输危险化学品的品名、数量、危害、应急措施、生产企业的联系方式等，并出具危险化学品信息联系卡。有条件的企业要将车辆的资质证件、驾驶人员和押运人员的从业资格证件，装载数量、行驶证核定载质量等情况使用计算机进行登记。

四、进一步落实危险化学品包装要求

安全监管部门要采取措施，督促危险化学品生产企业遵守危险化学品包装的有关规定，严格按照国家法律法规和标准的要求，在危险化学品的包装内附有与危险化学品完全一致的化学品安全技术说明书，并在包装（包括外包装件）上加贴或者拴挂与包装内危险化学品完全一致的化学品安全标签。承运人要检查承运的危险化学品外包装是否符合要求，发现危险化学品包装不符合要求的，可拒绝运输，并报告有关主管机关。交通（港口）部门、海事管理机构在对载运危险化学品车辆、船舶和装运危险化学品的集装箱的检查中发现危险化学品包装不符合要求，应依法处理，并将有关信息通报质检部门和安全监管部门。

五、进一步加强宣传和舆论监督

各地要高度重视并切实加强宣传工作，深入开展形式多样的宣传教育活动，充分发挥舆论的宣传引导作用。要向全社会广泛宣传危险化学品安全管理的法律法规和安全知识，一方面要让从事危险货物生产、经营、运输单位的从业人员做到学法、懂法、守法、用法，另一方面也要让广大普通货物运输的驾驶人员了解非法运输危险化学品的危害和将要受到的严厉处罚。

六、进一步加强协调配合

各级交通（港口）、公安、安全监管部门、海事管理机构要各司其职，密切配合，建立信息沟通和共享的渠道，形成危险化学品安全监管的合力。安全监管部门在审查危险化学品生产、储存企业设立及其改建、扩建时，应考虑危险化学品的运输问题，并征求有关主管部门的意见。公安机关在划定危险化学品运输车辆禁行区域时，应在确保安全的前提下，主动与交通部门、海事管理机构协商沟通，充分考虑各种交通方式的衔接。交通主管部门在涉及危险化学品运输的有关决策时要主动与公安机关、安监部门和海事管理机构沟通。港口主管部门和海事机构要加大对渡口、港口（码头）和船舶的检查力度，及时查处危险化学品水上违法运输行为，对于在渡口、港口或船舶上发现的通过公路无证运输剧毒化学品、普通货物中夹带危险化学品、无资质运输危险化学品的车辆，要及时通报属地公安机关、交通部门予以查处，并追究运输企业相关人员责任。对危险品运输存在严重问题的地区，各有关部门要联合开展专项整治。各管理机关在依法行政过程中发现涉及触犯刑律的，要及时移交司法部门。

七、进一步加强事故应急工作

各有关部门要积极推动各省（市）人民政府根据有关法律法规和国务院的要求制定和完善省

级和市级船舶污染应急计划及其危险化学品事故应急救援预案，省级计划或预案要在2006年底前完成，市级计划或预案要在2007年底前完成。

交通部

公安部

国家安全生产监督管理总局

二〇〇六年一月二十三日

关于加强煤矿安全生产工作规范煤炭资源整合的若干意见

安监总煤矿［2006］48号

各省、自治区、直辖市及新疆生产建设兵团安全生产监督管理局、煤矿安全监管部门、发展改革委（经贸委）、煤炭局（办）、公安厅（局）、监察厅（局、委）、财政厅、国土资源厅（局）、国资委、工商局、电力部门、总工会，各省级煤矿安全监察机构：

为有效遏制煤矿重特大事故多发的势头，国务院于2005年9月颁布实施了《国务院关于预防煤矿生产安全事故的特别规定》（国务院令第446号，以下简称《特别规定》）。地方各级人民政府、各有关部门按照国务院的工作部署，加大整顿关闭不具备安全生产条件和非法煤矿的工作力度，取得了一定成效。但随着整顿关闭工作的不断深入，也暴露出一些亟待解决和规范的问题。根据《国务院关于促进煤炭工业健康发展的若干意见》（国发［2005］18号）和《国务院关于全面整顿和规范矿产资源开发秩序的通知》（国发［2005］28号）的要求，为了规范煤炭资源整合工作，加强安全生产，进一步推进煤炭整顿关闭工作的整体进度和质量，现提出以下意见：

一、充分认识煤炭资源整合对煤炭工业安全发展的重大意义

煤炭资源整合是指合法矿井之间对煤炭资源、资金、资产、技术、管理、人才等生产要素的优化重组，以及合法矿井对已关闭煤矿尚有开采价值资源的整合。

煤炭资源整合是淘汰落后、优化布局，提高产业集中度的重要手段；是提高矿井安全保障能力的有效途径；是落实全国人大常委会安全生产法执法检查提出、国务院确定的“争取用三年左右的时间完成小煤矿的整顿工作”目标任务的重要举措；是提高小煤矿本质安全水平、确保煤炭资源合理开发的必然选择；是煤炭工业节约发展、安全发展、实现可持续发展的重大举措。通过资源整合，可大幅度减少小煤矿数量，提高办矿规模和安全、装备、技术管理水平，从源头上减少和控制煤矿事故。各地要充分认识搞好煤炭资源整合工作的重要性，将煤炭资源整合工作纳入重要日程，统一部署，规范动作，积极推进。

二、切实加强对煤炭资源整合工作的领导

煤炭资源整合工作由省级人民政府统一组织和领导，成立专门的工作机构，健全工作机制，采取法律、经济和必要的行政手段，组织国土资源、煤炭行业管理、煤矿安全监管、国有资产监管、工商行政管理、公安、电力等部门和工会组织及煤矿安全监察机构制定煤炭资源整合的规划，明确煤炭资源整合的范围、规模和操作程序，落实各部门在资源整合工作中的职责，明

确煤炭资源整合工作的牵头部门。各部门要在地方人民政府的统一领导下，认真履行职责，齐抓共管、形成合力。各市（地）、县（市、区）人民政府要按照省级人民政府的统一部署和要求，切实加强对煤炭资源整合工作的领导，结合本地实际，统筹规划，合理布局，制定煤炭资源整合实施方案，落实各部门在煤炭资源整合工作中的职责，确保煤矿资源整合工作规范、有序进行。

三、明确煤炭资源整合的目标、范围和原则

（一）煤炭资源整合的目标

1. 坚决依法关闭不具备安全生产条件、非法和破坏浪费资源的煤矿。

2. 淘汰落后生产力。2007年末淘汰年生产能力在3万吨以下的矿井；各省（区、市）规定淘汰生产能力在3万吨以上的，从其规定。

3. 提升煤矿安全生产条件，提高煤矿本质安全程度。矿井必须采用正规采煤方法。

4. 压减小煤矿数量，提高矿井单井规模。经整合形成的矿井的规模不得低于以下要求：山西、内蒙古、陕西30万吨/年，新疆、甘肃、青海、宁夏、北京、河北、东北及华东地区15万吨/年，西南和中南地区9万吨/年。

5. 合理开发和保护煤炭资源，符合已经批准的矿区总体规划和矿业权设置方案，回采率符合国家有关规定。

（二）煤炭资源整合的范围

1. 纳入煤炭资源整合的矿井必须是合法的生产矿井或建设（新建、改扩建）矿井。

2. 已关闭煤矿原则上不得纳入资源整合范围，经省级国土资源部门认定尚有开采价值的资源可以纳入整合范围。

3. 煤炭资源接近枯竭且2007年年底前采矿许可证到期的煤矿，一律不得纳入资源整合范围，采矿许可证到期后应注销其各种证照，一律予以关闭。

4. 年生产能力3万吨以下的煤与瓦斯突出矿井，一律不得纳入资源整合范围，不符合安全生产条件的，应按照《特别规定》依法予以关闭。

（三）煤炭资源整合的原则

1. 煤炭资源整合工作应按照经省级人民政府批准的整合方案有计划、分步骤地进行。煤炭国家规划矿区的资源整合工作应遵循已批复的矿业权设置方案。

2. 必须先关闭后整合。对于不具备安全生产条件、非法开采的煤矿，由地方人民政府作出关闭决定后，相关部门必须吊（注）销其所有证照，停止供电，地方人民政府组织实施关闭。

3. 必须坚持以大并小、以优并差。合法矿井参与煤炭资源整合，应以规模大、技术、管理和装备水平高的矿井作为主体整合其他矿井。鼓励大型煤矿企业采取兼并、收购等方式整合小煤矿。

4. 坚持一个法人主体。煤炭资源整合只能由一个法人主体实施，必须是一个有资质、有资金、有技术的法人主体整合其他矿井。整合后形成的矿井只能有一套生产系统，选用先进开采技术和先进装备，杜绝一矿多井或一矿多坑。

5. 整合后形成的矿井的生产能力、服务年限应符合国家有关规定，其资源（储量）要与生产规模、服务年限相匹配。

6. 对实施整合的矿井，要按建设项目进行管理。矿井必须依法取得（变更）采矿权，履行

煤矿建设项目相关核准手续和“三同时”审核批准程序；有关部门按照建设项目对其实施监督管理。

四、严格遵循煤炭资源整合程序

（一）县级（含，下同）以上地方人民政府确定纳入资源整合范围的矿井，并责令停止一切生产活动，暂扣采矿许可证，吊（注）销安全生产许可证、煤炭生产许可证和工商营业执照；供电部门限制供电，公安部门依法注销民用爆炸物品使用、储存许可证，并监督煤矿企业妥善处理剩余民用爆炸物品。

（二）县级以上人民政府制定资源整合方案，经省级人民政府批准后实施，对方案中明确直接关闭的矿井要立即实施关闭。

（三）拟设立的法人企业由工商行政管理部门对企业名称进行预核准。

（四）国土资源主管部门对整合后的资源依法划定矿区范围，对整合后的资源开发利用方案进行审查，并颁发（变更）采矿许可证。

（五）由整合矿井的法人主体委托有相应资质的设计单位进行矿井设计、安全设施设计，并按项目建设程序规定报批。经批准的设计中明确不予利用的井筒要立即封闭。矿井设计必须坚持高标准，采用先进技术、先进装备。

（六）矿井设计和安全设施设计经批准后，由整合矿井的法人主体委托有相应资质的施工单位按照批准的设计进行施工，并在规定的建设工期内完成施工。同时，委托有相应资质的监理单位进行施工监理。

（七）资源整合矿井建设项目完工后，由矿井法人主体向设计批准部门或机构提出竣工验收申请，有关部门或机构要在规定的时限内组织验收并审批。

（八）验收合格的矿井依法向有关证照颁发管理机关提出办证申请，取得各种证照后，方可投入生产。

五、认真做好对煤炭资源整合的监督管理

各地要明确对资源整合矿井的监管职责，行业管理、国土资源、煤矿安全监管等部门和煤矿安全监察机构要加强对资源整合矿井的监督管理和监察。为确保煤炭资源整合期间的安全，县级以上地方人民政府要向纳入资源整合范围的矿井派驻监督人员，专人盯守，防止违法生产。整合过程中必须做到“四个严防”，即严防借整合之名拖延或逃避关闭、严防整合期间突击生产、严防边施工边生产、严防验收走过场。

各地要加强对资源整合矿井施工期间的安全监管，督促施工单位制定施工方案，按照设计核准的建设工期组织施工，确保施工期间的安全。要督促整合矿井的法人主体建立安全管理机构，制定安全生产工作制度，落实安全生产责任制，完善劳动组织定员，强化安全培训，制订应急预案，为竣工投入生产奠定基础。

煤矿整顿关闭工作部际联席会议各成员单位将加强对煤炭资源整合工作的领导和监督检查，及时研究解决煤炭资源整合过程中出现的新情况、新问题。各地要及时将煤炭资源整合过程中出现的新情况、新问题及时报告煤矿整顿关闭工作部际联席会议办公室（设在国家安全监管总局）。

国家安全生产监督管理总局
国家煤矿安全监察局
国家发展和改革委员会
公安部
监察部
财政部
国土资源部
国务院国有资产监督管理委员会
国家工商行政管理总局
国家电力监管委员会
全国总工会
二〇〇六年三月十五日

关于印发《烟花爆竹生产企业安全费用提取与使用管理办法》的通知

财建［2006］180号

各省、自治区、直辖市、计划单列市财政厅（局），安全生产监督管理局：

为了确保烟花爆竹生产企业安全生产所需资金投入，形成安全生产设施的长效投入机制，根据《国务院关于进一步加强安全生产工作的决定》（国发［2004］2号），财政部、国家安全生产监督管理总局联合制定了《烟花爆竹生产企业安全费用提取与使用管理办法》，现予印发，请遵照执行。

附件：烟花爆竹生产企业安全费用提取与使用管理办法

财政部

国家安全生产监督管理总局

二〇〇六年三月二十四日

烟花爆竹生产企业安全费用提取与使用管理办法

第一条　为了保证烟花爆竹生产企业安全生产所需资金投入，形成安全生产设施的长效投入机制，建立烟花爆竹生产企业安全费用提取制度，根据《国务院关于进一步加强安全生产工作的决定》（国发［2004］2号），制定本办法。

第二条　本办法适用于烟花爆竹生产企业（以下简称企业）。

本办法所称烟花爆竹，是指烟花爆竹制品和用于生产烟花爆竹的民用黑火药、烟火药、引火线等物品。

第三条　本办法所称烟花爆竹生产企业安全费用（以下简称安全费用），是指企业按照年度销售收入提取，列入成本，专门用于安全生产投入的资金。

第四条　安全费用按年计算，分月提取。具体提取标准是：

（一）当年销售收入在200万元（含200万元）以下的按3．5%提取；

（二）当年销售收入超过200万元至500万元（含500万元）的部分按3%提取；

（三）当年销售收入超过500万元至1 000万元（含1 000万元）的部分按2．5%提取；

（四）当年销售收入超过1 000万元以上的部分按2%提取。

第五条　安全费用由企业自行提取，专户核算。年度结余资金结转下年继续使用。

第六条　安全费用使用范围包括：

（一）安全设施完善和改造支出；

（二）防爆机械电器设备配备和完善以及仪器检验检测支出；

（三）设施设备及危险源监控支出；

（四）与企业安全生产直接相关的其他支出。

第七条 企业提取安全费用的税务处理办法由财政部、国家税务总局另行制定。具体会计核算问题，按照国家统一会计制度处理。

第八条 任何部门和单位不得以任何形式集中企业提取的安全费用。

第九条 企业应当按照本办法规定的提取标准足额提取安全费用，并根据本办法规定的使用范围制定年度使用计划，纳入企业预算管理。

每一年度终了，企业应当将安全费用提取和使用情况报当地主管安全生产监督管理、财政、税务部门备案，接受监督。

第十条 对于不按照本办法提取和使用安全费用的企业，有关部门应当责令其限期整改，并按照有关法律法规的规定予以处罚。

第十一条 各省（自治区、直辖市）安全生产监督管理部门及同级财政部门可以结合本地区企业实际情况，根据本办法制定相应的实施办法。

第十二条 本办法自 2006 年 5 月 1 日起施行。

关于在安全生产领域深入开展平安创建活动的意见

安监总协调〔2006〕67号

各省、自治区、直辖市及新疆生产建设兵团社会治安综合治理委员会办公室、安全生产监督管理局：

为深入贯彻党的十六届五中全会和全国安全生产工作会议精神，落实中共中央办公厅、国务院办公厅转发的《中央政法委员会、中央社会治安综合治理委员会关于深入开展平安建设的意见》中提出的有关安全生产的具体要求，充分发挥各地安全监管部门在平安建设中的职能作用，通过平安企业等多种形式创建活动，促进全国安全生产的长治久安，现提出以下几点意见：

一、充分认识在安全生产领域开展平安创建活动的重要性

安全生产关系人民群众生命财产安全，关系改革开放、经济发展和社会稳定的大局。在安全生产领域开展平安创建活动是国民经济健康平稳发展的必然要求，是贯彻落实科学发展观的重要举措，是平安建设活动的重要内容，也是构建社会主义和谐社会的基础工作。当前，国民经济持续快速健康发展，全国安全生产形势呈现总体稳定趋于好转的态势，但形势依然十分严峻。一些重特大事故造成人员伤亡和财产损失，给经济发展和社会稳定带来严重负面影响；一些事故发生后因群众安置、损失赔偿、工伤待遇等方面处理不周导致矛盾激化，有的演变成重大的社会治安问题；一些事故背后存在着官商勾结、权钱交易等腐败问题，严重破坏了执政党和政府的社会形象。中央将安全生产纳入“平安建设”，有利于深化社会治安综合治理工作，确保经济发展与社会稳定的大局。同时，依靠社会治安综合治理工作机制和群防群治网络组织促进安全生产工作的开展，有利于落实“安全发展”的指导原则，有利于贯彻落实“安全第一、预防为主、综合治理”的方针，有利于促进国民经济持续、快速、健康、协调发展。各级安全监管部门要深刻认识“平安创建”工作对安全生产工作的促进作用，增强做好安全生产工作的责任感、紧迫感和使命感，认真履行职责，积极参与“平安建设”，共同落实“平安建设”各项措施。

二、加强组织领导，落实安全生产责任

搞好安全生产，领导重视是关键。各级安全监管部门要充分认识加强安全生产工作的长期性、艰巨性、复杂性，在各级党委、政府的领导下，加强领导，转变作风，狠抓落实。要坚持把实现安全发展、保障人民群众生命财产安全和健康作为关系全局的重大责任。要坚持“谁主管、谁负责”的原则，采取有力措施，落实行政首长负责制，落实政府及其有关部门的监管责任；落实企业的安全生产主体责任，尤其是法定代表人负责制。要完善安全生产管理的体制机制，严格执行安全生产的各项规章制度，把安全生产的各项要求落到实处。要配合有关部门把安全生产控制指

标的实施情况纳入各地社会治安综合治理考核内容，建立安全生产激励约束机制，对安全生产工作先进单位的党政领导要予以表彰，对发生重特大事故，造成重大人员伤亡和财产损失，严重影响社会稳定的单位和领导要严肃追究责任。

三、坚持预防为主，实现标本兼治，政策治本

实现安全生产重在预防，重在治本，标本兼治，综合治理。各级社会治安综合治理部门和安全监管部门要把开展“平安建设”与贯彻落实“安全第一、预防为主、综合治理”的安全生产方针结合起来，积极探索有利于本地区安全生产的治本之策。要认真做好事故隐患排查和专项治理工作，牢记“隐患险于明火”。各级社会治安综合治理部门要积极协调配合有关部门和单位做好事故隐患排查，安全监管部门要紧紧依靠当地党委、政府和社会治安综合治理部门，组织、督促、引导企业经常深入地开展隐患排查整改工作，及时协调和解决本地区存在的重大事故隐患和其他安全生产突出问题，尤其是搞好煤矿瓦斯治理和整顿关闭，促进安全生产专项整治工作的顺利进行。要加强安全生产宣传教育，充分利用社会治安综合治理现有的工作机制和工作网络，组织开展对本地区从业人员、社区居民和劳务输出人员安全生产知识普及宣传教育，重点宣传安全生产法律法规基本知识、火灾自防自救知识和逃生等安全常识，增强其依法维护安全生产权益的意识，努力提高广大职工和居民的安全防范技能。各级安全监管部门要会同有关部门联合执法、严格执法，严肃查处责任事故，按照“四不放过”的原则依法认真查处事故，严厉追究事故责任者的责任，严厉打击非法行为，尤其要严厉查处事故背后的腐败行为。各级社会治安综合治理委员会要对依法处理的落实情况进行监督，协助安全监管部门做好重特大事故的善后处理工作，做好灾民安置、恢复生产生活秩序等工作，防止引发群体性事件，维护生产秩序。

四、注重实效，建立有效的工作机制

安全生产是一项复杂的系统工程。2004年国务院《关于进一步加强安全生产工作的决定》提出，要构建“政府统一领导，部门依法监管，企业全面负责，群众参与监督，全社会广泛支持”的工作格局，经过几年的努力，安全生产齐抓共管的局面初步形成。中央社会治安综合治理委员会将安全生产纳入“平安建设”之中，为各地进一步推动安全生产工作提供了新的途径，各级安全生产监管部门要在地方党委、政府领导下，在各级社会治安综合治理部门的配合与支持下，结合安全生产工作的特点，注重实效，进一步完善安全生产齐抓共管的工作机制。

一是建立信息交流机制。各级社会治安综合治理委员会办公室要与安全监管部门及相关单位每半年召开一次联席会议，定期分析本地区安全生产形势，深入把握安全生产的规律性和特点，抓紧解决安全生产中的突出矛盾和问题，充分发挥和利用好社会治安综合治理现有工作机制和手段，及时加以协调解决，预防和减少事故的发生，确保安全生产和社会稳定，实现安全、和谐发展。要建立彼此间经常性的信息交流通报制度，安全监管部门要将安全生产重大问题向社会治安综合治理委员会办公室进行通报，各级社会治安综合治理委员会办公室要会同安全生产监管部门组织开展“平安建设”专项检查活动。

二是大力开展基层安全生产创建活动。要将开展基层安全生产创建活动作为推动“平安建设”的切入点，积极推动各地创建安全生产示范县（乡镇、街村、社区）活动，有计划逐步推进安全生产示范城市、示范省的创建活动，并组织进行验收和评比。

三是加强舆论宣传和引导。各级安全监管部门要会同综治部门联合组织开展群众性的安全生

产法律知识和基本知识的普及教育活动，进一步提高公众的安全意识。要充分利用当地主流媒体，加强对安全生产工作宣传报道力度，大力宣传安全生产与“平安建设”的重大意义和主要任务，宣传本地在安全生产综合治理方面创造的典型经验和做法。对一些重特大典型案例要予以曝光。通过舆论宣传和引导，努力营造重视安全生产的社会氛围。

四是发动和依靠人民群众参与和监督安全生产。各级社会治安综合治理部门要发动群众参与本地区、本单位、本社区安全生产事故隐患排查，对本地区企业安全生产管理中违法、违纪和违规现象进行举报，并建立举报奖励制度，在企业职工中广泛开展维权岗活动，充分调动广大人民群众参与和监督安全生产的积极性。

中央社会治安综合治理委员会办公室
国家安全生产监督管理总局
二〇〇六年四月十八日

关于加强国有重点煤矿安全基础管理的指导意见

安监总煤矿［2006］116号

各省、自治区、直辖市及新疆生产建设兵团安全生产监督管理局、煤矿安全监管部门、发展改革委（经贸委）、煤炭局（办）、监察厅（局、委）、劳动和社会保障厅（局）、国资委、总工会，各省级煤矿安全监察机构，神华集团公司、中煤能源集团公司：

根据《安全生产法》、《煤炭法》和《国务院关于进一步加强安全生产工作的决定》（国发［2004］2号，以下简称国务院《决定》）、《国务院关于预防煤矿生产安全事故的特别规定》（国务院令第446号，以下简称《特别规定》）等有关法律法规的规定，为加强国有重点煤矿安全基础管理，落实企业安全生产主体责任，有效遏制重特大事故，实现安全形势稳定好转，促进煤炭工业健康发展，提出以下指导意见。

一、认清加强安全基础管理的重要性和紧迫性

（一）国有重点煤矿是我国煤炭工业的骨干，代表着煤炭工业的先进水平，在我国以煤为主的能源发展战略中占有十分重要的地位。国有重点煤矿的安全状况直接影响煤矿安全的全局。党中央、国务院对安全生产高度重视，近年来出台了一系列加强煤矿安全工作的重大决策和部署。经过认真治理，煤矿安全生产状况总体稳定、趋于好转。但煤矿安全形势依然严峻，事故总量仍然很大，特别是国有重点煤矿重特大事故多发的势头尚未得到有效遏制，重大事故隐患依然存在，重大未遂事故时有发生，一些重大技术难题仍没有得到有效解决。必须采取有效措施，遏制重特大事故多发的势头。

（二）安全基础管理薄弱是当前国有重点煤矿安全生产的突出问题。总体上看，国有重点煤矿安全管理有基础、有经验，但由于体制、结构、市场等诸多因素的变化，安全基础管理出现不相适应、甚至滑坡的状况。主要表现在：一些企业领导思想认识不到位，对安全生产不重视，安全责任制落实不到位；技术管理、现场管理、设备管理弱化，劳动组织管理松弛，以包代管较为普遍；安全投入不足，工作质量、工程质量、材料设备质量达不到安全标准要求；规章制度执行不严，“三违”现象时有发生；队伍培训缺失，不适应安全生产的要求等。必须把加强安全基础管理工作摆上重要位置，抓住关键、抓住薄弱环节，采取有力措施，迅速改变上述不良状况。

二、指导原则、工作目标和主要任务

（三）全面贯彻“安全第一、预防为主、综合治理”方针。在煤矿生产过程中，必须始终把安全放在首位。坚持生产必须安全，坚决做到不安全不生产；坚持抓基层、打基础，强基固本，把安全工作的着力点放在现场、区队和班组；坚持标本兼治、重在治本，既要下大力气解决当前影

响安全的突出问题，又要研究影响煤矿安全的深层次问题，着力推动政策治本；坚持当前和长远的统一，既要抓好当前的薄弱环节，治理整改安全隐患，又要全面抓好安全生产“五要素”，建立长效机制，实现长治久安。

（四）工作目标：坚决遏制一次死亡30人以上的特别重大事故，力争到2007年使国有重点煤矿重特大瓦斯事故比2005年下降25%以上，煤炭生产百万吨死亡率比2005年下降20%以上，降到0.8以下，产量在600万吨以上的煤矿率先达到国际水平，百万吨死亡率降到0.5以下，安全状况稳定好转；到2010年，煤炭生产百万吨死亡率比2005年下降30%以上，降到0.7以下，实现安全状况明显好转。

（五）主要任务：建立健全安全生产责任制，加大投入、加强技术管理和现场管理，不断提高安全管理水平；强化安全教育培训，着力加强区队班组建设，全面提高从业人员的安全技术素质；深入开展安全质量标准化工作，建设本质安全型矿井，把国有重点煤矿安全生产工作提高到一个新水平。

三、依法治矿，建立和完善安全管理机构和制度

（六）加大对安全生产法律法规的贯彻执行力度。要认真学习贯彻《安全生产法》、《煤炭法》、《矿山安全法》、《职业病防治法》、《煤矿安全监察条例》、《安全生产许可证条例》、《工伤保险条例》、国务院《决定》、《特别规定》等一系列关于煤矿安全生产的法律法规，加大宣传教育力度，普及安全生产法律知识，提高全员的法律素质，把煤矿安全生产建立在法制的基础之上，推进依法治安战略的实施。

（七）依法建立健全安全管理机构。煤矿企业必须按照《安全生产法》的规定，建立安全管理机构，配齐安全管理人员。煤矿的“一通三防”、煤与瓦斯突出矿井的防突、电气设备防爆、水文地质等安全管理工作必须明确专门人员负责。企业内部的安全管理机构实行派驻制。驻各矿安全管理机构由集团公司直接领导。企业内部安全管理机构在检查中发现“三违”行为或安全隐患，依照有关规定，有经济处罚权、停产整顿权、提出免去矿长和有关管理人员的建议权，并应定期向地方政府及相关部门报告煤矿安全情况。企业必须接受政府安全监管部门、行业管理部门和煤矿安全监察机构的监管监察。

（八）建立和完善各项安全管理制度。企业应当依照有关规定，建立以下安全管理制度：1. 安全生产责任制度；2. 安全会议制度；3. 安全目标管理制度；4. 安全投入保障制度；5. 安全质量标准化管理制度；6. 安全教育与培训制度；7. 事故隐患排查与整改制度；8. 安全监督检查制度；9. 安全技术审批制度；10. 矿用设备器材使用管理制度；11. 矿井主要灾害预防制度；12. 事故应急救援制度；13. 安全与经济利益挂钩制度；14. 入井人员管理制度；15. 安全举报制度；16. 管理人员下井及带班制度；17. 安全操作管理制度；18. 企业认为需要制定的其它制度。

（九）依法依纪查处失职渎职和违法违纪行为。煤矿职工必须严格遵纪守法。煤矿企业负责人和各级管理人员必须严格履行法律赋予的安全管理职责。要建立并实施举报奖励制度。对群众举报的违法违纪现象和失职渎职行为，一经查实，依法依纪严肃处理。同时奖励举报人。

四、强化责任制，建立健全责任考核体系

（十）强化企业安全生产第一责任人的责任。企业法定代表人是安全生产的第一责任人。其主要职责是：贯彻执行国家安全生产方针政策、法律法规和标准；制定安全规划、安全目标和安全

技术措施计划，使企业安全与发展同步规划、同步部署、同步推进；建立企业内部安全指标考核体系，落实各级管理人员的安全生产责任；健全安全管理机构，建立安全管理制度，充实安全管理人员，加强企业内部安全管理；足额提取和有效使用安全费用，保障必需的安全投入，治理和消除事故隐患；组织制定安全技术培训、考核方案和事故应急救援预案；依法办理保险；建立以安全为重点的干部考核制度，把安全业绩作为管理人员晋升、奖励的重要因素；及时、如实报告安全生产事故。

（十一）建立并严格落实各个岗位的安全责任制。必须建立各级管理人员、工程技术人员的安全生产责任制、职能部门的业务保安责任制和各工种的安全岗位责任制，明确企业各级管理人员和各个岗位的职工在安全生产中应负的职责，分级管理，层层落实。

（十二）落实新建、改建、扩建矿井的安全管理责任。建设项目要严格按照有关规定办理项目核准手续。建设项目的安全设施，必须与主体工程同时设计、同时施工、同时投入生产和使用。严禁盲目追求规模和速度，严禁边建设边生产。实施煤矿井下施工企业安全生产许可。严把建井队伍的资质等级关，杜绝井下工程转包，严禁资质证书出租、外借。井下工程严禁使用与资质不相符的施工队伍。严禁将煤与瓦斯突出矿井建设工程承包给没有防突专业技术和装备的队伍施工。安全管理上，实行属地管理，事故统计在建设单位。一旦发生事故，要视情况严肃追究建设单位、施工单位的责任，同时还应查清设计、监理、评价等单位和机构的相关责任。异地办矿的，谁办矿谁负安全生产主体责任。

（十三）明确改制、破产、重组矿井的安全管理责任。破产重组的国有重点煤矿，按照管人、管事必须管安全的原则，由主管单位负责安全；收购兼并地方中小煤矿的，由收购单位负责安全。股份制煤矿由法定代表人（或实际控制人）负责安全；不论何种形式在安全管理上必须统一标准，必须明确责任单位和责任人。

（十四）加强对安全生产责任落实情况的跟踪考核。建立安全生产跟踪考核制度，把考核结果与经济利益挂钩。企业领导年薪中与安全挂钩的份额占结构工资总额的比例应不低于30%。对安全业绩较好的单位和个人给予奖励。实施井下岗位安全责任津贴和安全风险抵押制度。

五、加强和改进安全技术管理

（十五）健全以总工程师为核心的技术管理体系。总工程师对技术工作全面负责，对“一通三防”工作负技术管理责任。必须设立由总工程师直接管理的科研、设计、地测、生产技术、“一通三防”等技术部门和机构，负责落实技术管理工作。集团公司对各矿总工程师、公司技术管理部门负责人的任命，要征得总工程师的同意；矿井开拓巷道布置，采掘部署，生产系统调整，技术规范、标准、措施的制定，新技术、新装备、新工艺推广应用等重大技术问题由总工程师负责决策。总工程师负责组织制定安全技术措施费用使用方案。采、掘、机、运、通、安监、地测等基层单位必须配备专职技术人员，负责现场安全技术措施的制定和实施。

（十六）建立和完善安全科技开发机制。煤矿企业集团应逐步建立安全科研机构，配备足够的科研人员，高瓦斯和煤与瓦斯突出矿井要配备专门的瓦斯治理研究人员。确定安全科研项目，保证安全科研经费。制定奖励制度，激励企业职工和科技人员开展技术攻关、技术革新活动，推动科技创新和先进科技成果在安全生产中的广泛应用。

（十七）研究解决安全生产技术难题。企业要根据安全生产实际，与科研、地质、高校、设计、协会等机构联合，对安全生产过程中遇到的技术难题开展科研攻关。对灾害严重、经专家论证现有技术条件难以保障安全的煤层，应停止开采。

（十八）加强现场技术管理。矿总工程师要定期组织对技术措施、作业规程、操作规程进行审批，增强针对性和可操作性。定期组织在用安全设备、仪器、仪表的检测检验。坚持单项工程编制专门措施。技术人员必须动态掌握施工环境的变化，及时对措施进行修改、补充。对巷道贯通、系统调整、排放瓦斯、盲巷管理、火区启封等重要技术工作，必须成立由总工程师负责的技术协调管理小组，加强现场协调指挥。要严格技术资料档案管理，准确、及时标注图纸资料，健全技术资料档案，对记载矿井开采情况和隐患的技术资料，以及周边小煤矿的开采技术资料要妥善保管。

（十九）严格执行“一通三防”技术管理的有关规定。做好矿井瓦斯等级、煤尘爆炸性、自燃倾向性的鉴定报批工作。采煤工作面提高单产、采用放顶煤回采工艺、增加采掘工作面数量，必须由集团公司总工程师组织技术论证，在通风系统可靠，瓦斯、火灾、煤尘防治技术有保障的前提下实施，严禁超通风能力生产。高瓦斯和煤与瓦斯突出矿井采区必须设专用回风巷，采煤工作面设置排放瓦斯尾巷必须符合规程规定，掘进巷道必须按规定形成独立的通风系统。要保证通风设施的质量，从巷道设计入手优化矿井通风系统。高瓦斯矿井、突出矿井必须“先抽后采”，达到国家有关规定要求，保证正常配风条件下采掘工作面瓦斯不超限。在完善防尘系统的基础上，强化采煤机、掘进机内外喷雾和运输转载点等自动喷雾的使用，推广煤体注水工艺，从源头治理粉尘。必须按标准建立瓦斯监测监控系统，并要有专职管理队伍，专人维护，定时检验，确保真正发挥作用。

（二十）加强矿井水患防治工作。要摸清矿区水文地质情况，定期组织对矿区及周边积水情况调查，加强预测预报。要完善有关水文图纸资料，公示技术预测结果，让职工清楚水情、水患，掌握防范措施。坚持“有疑必探、先探后掘”的原则，制定和完善防治水措施，配备足够的防治水装备，制订防治水应急预案，确保水患的有效防治。

六、提高现场安全管理水平

（二十一）加强煤矿管理人员的现场指挥。强化集团公司、矿两级调度指挥系统，确保指挥畅通、及时、有力。对各级管理人员下井作出规定，集团公司党委书记、董事长、总经理每月下井不少于3次，安全生产系统领导每月下井不少于6次，其他领导每月下井不少于3次。煤矿党委书记、矿长每月下井不少于10次，安全生产系统领导每月下井不少于15次，其他领导每月下井不少于6次。煤矿每班必须至少有一名矿副总工程师以上管理人员带班下井，深入重点区域和关键环节，及时发现和消除隐患；区队管理人员必须与工人同上同下；生产系统管理人员重点巡回检查，抓住重点、抓住关键、抓住细节，盯住薄弱环节，消灭死角。强化夜班现场指挥。定期公布煤矿负责人和管理人员下井情况，接受群众监督。

（二十二）加强基层班组建设。重点加强区队、班组建设，把安全生产法律法规、方针政策和各项措施细化落实到班组。要提高班组长的素质，根据企业实际制定班组长任职标准，将班组长岗位工作经历纳入煤矿各级管理人员选拔的基本前提。建立以安全为核心的班组考核标准，规范班前活动程序，每班进行考核。煤矿企业集团每年召开安全生产班组建设工作会议。

（二十三）严格按照规定的定编、定员、定额组织生产。严格正规循环作业，严禁违反定员标准组织生产。采掘一线逐步推行“四班六小时工作制”，严格控制加班加点。严禁同一区域多单位违反程序作业，多头指挥。执行特殊岗位现场交接班制度，严禁交接班时两班人员在现场交叉作业。

（二十四）加强设备管理。严把设备的安全准入关。定期对在用设备进行检修、维护、保养和检测，确保安全有效。加快设备更新，严禁超期服役。禁止使用国家明令淘汰的机电设备。杜绝电气失爆。

（二十五）有效制止煤矿“三违”行为。建立和完善井下人员岗位责任考核制度，所有作业人员必须严格执行作业规程、操作规程，履行岗位责任，遵守劳动纪律。要制定能够有效制止“三违”现象的处罚、教育规定，严肃查处“三违”行为。

七、加大安全投入，治理整改隐患

（二十六）多渠道筹措安全生产费用。各煤矿企业在正常提取维简、折旧等费用的前提下，必须按规定足额提取安全费用。提取安全费用不足的要提高标准并按财建字［2005］168号文件的规定报有关部门和机构备案。各企业要用好上述资金及税后利润与自有资金，多渠道筹措资金增加安全投入，结合实际制定补还安全欠账的具体方案，并抓好落实，力争两年内（到2007年底）补还安全欠账。要建立安全持续投入机制，切实做到不欠新账。

（二十七）加强对安全费用的管理。提取的安全费用必须用于安全生产，重点突出“一通三防”和重大水患的防治，保证通风系统稳定可靠，瓦斯抽放设备和工艺先进，防火、防尘、监测监控系统完善有效，防治水工程、设备到位，推广先进适用的技术、装备和工艺。安全费用必须专款专用。对提取不足、挪用安全费用、投入不到位的行为，要追究责任。

（二十八）认真排查治理整改安全隐患。对矿井隐患实行分级管理，定期排查、治理和报告。制定职工报告隐患的奖励办法。由矿长组织实施隐患排查活动，明确隐患整改的期限和质量要求。对发现的隐患要分类定级，制定措施，做到“项目、资金、设备材料、责任人、进度”五落实。对存在《特别规定》所列重大隐患的矿井必须停产整改，对3个月内2次或2次以上发现有重大隐患仍然进行生产的矿井，吊销该煤矿矿长的安全资格证，5年内不得重新核发。

八、加强教育和培训，实行全员安全准入

（二十九）加大煤矿人才培养力度。开展校企联合办学，采取委托培养、设立定向奖学金、偿还助学贷款、提高就业待遇等措施，培养采矿、矿建、通风、机电、地质、测量等煤矿主体专业的学生，同时培养好技术工人，解决人才短缺问题。选送有基层工作经验、热爱矿山事业、有一定文化基础的基层管理人员和先进模范人物到大专院校脱产学习，培养后备人才。

（三十）加强安全培训。煤矿企业和各生产矿井必须建立培训基地，满足安全生产管理对提升员工专业素质的要求。加强培训师资建设，规范培训教材。做到培训计划、机构、基地、费用、教材、人员、考核、档案、制度“九落实”。积极推广以区队、班组为单位，成建制进行培训。改进煤矿安全活动日，结合生产实际，提高活动效果。要建立培训档案，严格考核，不合格不准上岗，尤其要加强对农民工的培训。煤矿企业要定期组织开展岗位练兵和技术比武活动。

（三十一）开展安全警示教育。确定全国煤矿安全生产警示教育基地。各重点产煤省（区、市）根据情况，在重点矿区确定若干个安全警示教育基地。经常组织开展警示教育活动，警示职工认真吸取事故教训，促进安全工作。

（三十二）严格安全管理人员准入。新任命的煤矿矿长、副矿长、总工程师、安全监察处处长必须具有煤矿安全生产相关专业大专以上学历和从事煤矿井下工作3年以上的经历；矿长还必须

具备生产（机电）、技术、安全等副职岗位2年以上的工作经历。煤矿科区级安全生产管理人员必须有煤矿安全生产相关专业中专以上学历和从事煤矿井下工作2年以上的经历，经正规培训，考核合格后方可担任。现任的上述管理人员不具备上述条件的，2年内必须调整到位。新毕业的大中专学生，至少应在生产一线锻炼1年以上，才能从事技术和管理工作。

（三十三）尽快变招工为招生，三年内实施到位。从事井下工作的新工人必须接受技工学校至少1年的正规教育，经考试合格方可上岗。上岗后要与老工人签订至少一年一对一的师徒合同，发挥老工人的技术“传、帮、带”作用。煤矿特种作业人员必须具备初中以上文化程度，并经过符合资质条件的培训机构正规培训，考试合格后方可上岗。

（三十四）加强劳动用工管理，规范劳动用工行为。招用职工（包括招用农民工），必须按规定到当地劳动保障部门办理录用备案手续，完成就业前培训，与职工签订劳动合同。生产矿井井下禁止使用“包工队”。

九、推进科学管理，建设本质安全型矿井

（三十五）积极推进安全质量标准化建设。推行作业现场精细化管理，制定各岗位工作质量标准和各单项工程质量标准，由跟班负责人、安监员、质量检查员依据标准每班对作业现场工程质量、岗位工作质量进行评估，实现动态达标。制定质量与经济利益挂钩的办法，实行重奖重罚。严把质量毫米关，杜绝劣质工程。企业每季度开展安全质量标准化考核工作。

（三十六）建设“本质安全型”矿井。通过规范制度、科学管理、采用先进技术，实现人、机、环境的高度和谐统一，提高安全保障水平，逐步实现煤矿企业的本质安全。借鉴推广国内外先进的安全管理经验，建立和完善职业安全健康体系。各煤矿企业要结合实际，选择基础较好、管理水平较高的矿井；生产矿井要选择基础设施好、装备先进、管理水平较高的采掘工作面，进行试点，总结经验，不断推广。不断改善劳动条件和劳动保护，积极开展职业病防治。

（三十七）建立煤矿安全应急救援体系。各煤矿企业必须建立专职应急救援队伍，保证资金投入。要制定各类事故的应急救援预案，经常开展演练。要加强预案宣传和应急救援教育，公示应急救援流程，普及事故灾难预防、避险、报警、自救、互救知识。

十、积极推进党政工团齐抓共管

（三十八）充分发挥企业党组织在安全生产中的重要作用。要充分发挥企业党组织的政治核心作用，切实保障党的安全生产方针政策在企业得到贯彻落实。要充分发挥基层党组织的战斗堡垒作用和广大党员的先锋模范作用，在加强安全生产工作中体现共产党员的先进性。要加强安全生产宣传教育，加强思想政治工作，关心职工生活。要把安全生产纳入党组织日常工作的重要内容，定期召开党委会议专题研究安全生产问题。

（三十九）要发挥各级企业工会、共青团等群众组织的优势，开展切合实际、各具特色、行之有效、形式多样的群众性安全文化活动。积级组织开展“安康杯”活动，广泛开展亲情教育活动；充分发挥工会组织对安全生产的监督作用，特别是发挥煤矿安全群众监督员的作用；组织开展“人人都是安全员”、“安全社区”等活动，营造浓厚的安全文化氛围。

（四十）充分发挥职工代表大会的作用，维护职工合法权益。要全心全意依靠职工群众搞好煤矿安全生产，实行安全生产矿务公开，定期组织开展职工代表安全巡视、安全督查等活动。要督促企业依法为职工办理工伤、养老、医疗、失业等保险，积极参加意外伤害保险等。认真核查处

理群众安全举报，接受职工提出的安全建议。要教育职工遵章守纪，接受安全生产教育和培训，赋予井下职工以下十项权利：带班人员不下井，工人有权不下井；带班人员早出井，工人有权早出井；安全隐患不排查，工人有权不作业；管理人员违章指挥，工人有权不执行；没有安全措施，工人有权不开工；不组织班前安全学习，工人有权不下井；未进行“三位一体”（班长、安全检查员、瓦斯检查员）安全检查，工人有权不开工；监测监控系统安装不到位、运行不正常，工人有权不开工；不配全合格的劳动保护、防护用品，工人有权不下井；避灾路线不标识，工人有权不下井。煤矿不得因上述原因扣发职工工资、辞退职工。

（四十一）大力弘扬先进的安全文化理念。强化安全意识，规范安全行为，增强安全措施的执行力。积极借鉴吸收国内外优秀企业的安全文化理念，推进企业安全文化建设的创新和发展。办好企业电视、报纸和网站安全专栏，使安全知识、安全文化传遍矿山、进入社区、深入人心。

十一、支持和促进企业加强安全基础管理工作

（四十二）加强宏观政策支持。选择有代表性的灾害严重矿区建立国家级“产、学、研”联合研究基地，研究煤与瓦斯突出机理及预测预报、瓦斯抽采技术、采空区火区探测与治理、冲击地压、软岩支护、地下水防治、放顶煤开采、深井开采等重大技术难题。制定有效的政策措施，加大煤矿专业人才培养力度。推进结构调整，建设大型煤炭生产基地，淘汰规模小、生产力水平低、安全无保障等落后的生产能力，支持大型煤矿企业收购、兼并、重组和改造小煤矿。完善煤炭成本核算办法，足额核算安全成本、资源成本、环境成本、转产成本，逐步使煤炭开采外部成本内在化。以储量计征煤矿资源税费并与回采率挂钩，加大经济调控力度。规范和推动煤矿资源整合工作。制定鼓励煤矿抽采瓦斯的政策。控制基本建设规模，防止产能过剩，保持煤炭经济健康运行。在安全生产领域引入商业保险。分离企业办社会职能。

（四十三）加强政府和职能部门监管。政府作为安全监管的责任主体，要依法加大监管力度，督促职能部门严格依法行政，严格规范煤矿企业的生产行为。同时要加强对国有重点煤矿周边小煤矿开采行为的监督、检查。职能部门对超层越界开采的小煤矿，要及时启动关闭程序，依法予以关闭。煤矿安全监察机构要加大监察执法力度，严格查处各类违法行为。对发生一次死亡10人以上或一年内两次3至9人责任事故的矿长，吊销其矿长资格证和安全资格证，5年内不得颁发；对一次死亡30人以上或一年内两次10至29人责任事故的集团公司总经理，一次死亡50人以上或两次30人至49人责任事故的集团公司董事长，吊销其企业主要负责人安全资格证，3年内不得颁发；依法追究事故责任人的责任。省级各有关部门和煤矿企业可根据情况作出更加严格的规定。对重大未遂伤亡事故，国家煤矿安全监察机构将研究制定具体的事故报告和责任追究办法。加强对国有重点煤矿企业领导班子的经营业绩考核，要把安全生产作为重要内容。

（四十四）加强社会监督。要加强正面宣传引导，加大宣传报道力度，在全社会营造关心煤炭行业、关注煤矿矿区、关爱煤矿矿工的良好氛围。定期公告安全生产周期在1000天以上的井工矿井，授予相应的荣誉称号。定期组织安全生产管理经验交流，适时召开全国班组建设工作会议，每年组织安全质量标准化矿井评定和命名，抓好本质安全型矿井试点，举办安全文化建设论坛，培养和树立先进典型，为企业创造学习交流的平台。对典型事故案例和严重违法违纪行为，要在媒体曝光，接受社会监督。

（四十五）各产煤省、自治区、直辖市和新疆生产建设兵团根据本《指导意见》，结合各地实际，制定具体的意见。国务院国有资产管理委员会根据中央煤矿企业的实际情况，制定具体的实

施意见。本《指导意见》所称国有重点煤矿包括：中央管理的煤矿企业、国有或国有控股的省属煤矿企业管理的煤矿；所称集团公司是指直接管理煤矿的集团公司或矿务局。对其他形式集团公司的要求，由各产煤省（区、市）在制定本地具体意见时作出规定。

请各省、自治区、直辖市煤矿安全监管部门及时将本指导意见转发给辖区内国有重点煤矿企业。

国家安全生产监督管理总局
国家煤矿安全监察局
国家发展和改革委员会
监察部
劳动和社会保障部
国务院国有资产监督管理委员会
中华全国总工会
二〇〇六年六月七日

关于印发《企业安全生产风险抵押金管理暂行办法》的通知

财建［2006］369 号

各省、自治区、直辖市、计划单列市财政厅（局）、安全生产监督管理局，新疆生产建设兵团财务局、安全生产监督管理局，中国人民银行上海总部，各分行、营业管理部、各省会（首府）城市中心支行：

为了强化企业安全生产意识，落实安全生产责任，保证生产安全事故抢险、救灾工作的顺利进行，根据《国务院关于进一步加强安全生产工作的决定》（国发（2004）2 号），财政部、安全监管总局、人民银行联合制定了《企业安全生产风险抵押金管理暂行办法》，现予印发，请遵照执行。

附件：企业安全生产风险抵押金管理暂行办法

财政部
国家安全生产监督管理总局
中国人民银行
二OO六年七月二十六日

企业安全生产风险抵押金管理暂行办法

第一章　总则

第一条　为了强化企业安全生产意识，落实安全生产责任，规范安全生产风险抵押金的管理，保证生产安全事故抢险、救灾工作的顺利进行，根据《国务院关于进一步加强安全生产工作的决定》（国发（2004）2 号），制定本办法。

第二条　本办法所称企业，是指矿山（煤矿除外）、交通运输、建筑施工、危险化学品、烟花爆竹等行业或领域从事生产经营活动的企业。

本办法所称安全生产风险抵押金（以下简称风险抵押金），是指企业以其法人或合伙人名义将本企业资金专户存储，用于本企业生产安全事故抢险、救灾和善后处理的专项资金。

第二章　风险抵押金的存储

第三条　各省、自治区、直辖市、计划单列市安全生产监督管理部门（以下简称省级安全生产监督管理部门）及同级财政部门按照以下标准，结合企业正常生产经营期间的规模大小和行业特点，综合考虑产量、从业人数、销售收入等因素，确定具体存储金额：

（一）小型企业存储金额不低于人民币30万元（不含30万元）；

（二）中型企业存储金额不低于人民币100万元（不含100万元）；

（三）大型企业存储金额不低于人民币150万元（不含150万元）；

（四）特大型企业存储金额不低于人民币200万元（不含200万元）。

风险抵押金存储原则上不超过500万元。

企业规模划分标准按照国家统一规定执行。

第四条　本办法施行前，省级人民政府有关部门制定的风险抵押金存储标准高于本办法规定标准的，仍然按照原标准执行，并按照规定程序报有关部门备案。

第五条　风险抵押金按照以下规定存储：

（一）风险抵押金由企业按时足额存储。企业不得因变更企业法定代表人或合伙人、停产整顿等情况迟（缓）存、少存或不存风险抵押金，也不得以任何形式向职工摊派风险抵押金。

（二）风险抵押金存储数额由省、市、县级安全生产监督管理部门及同级财政部门核定下达。

（三）风险抵押金实行专户管理。企业到经省级安全生产监督管理部门及同级财政部门指定的风险抵押金代理银行（以下简称代理银行）开设风险抵押金专户，并于核定通知送达后1个月内，将风险抵押金一次性存入代理银行风险抵押金专户；企业可以在本办法规定的风险抵押金使用范围内，按国家关于现金管理的规定通过该账户支取现金。

（四）风险抵押金专户资金的具体监管办法，由省级安全监管部门及同级财政部门共同制定。

第六条　跨省（自治区、直辖市、计划单列市）、市、县（区）经营的建筑施工企业和交通运输企业，在企业注册地已缴纳风险抵押金并能出示有效证明的，不再另外存储风险抵押金。

第三章　风险抵押金的使用

第七条　企业风险抵押金的使用范围为：

（一）为处理本企业生产安全事故而直接发生的抢险、救灾费用支出；

（二）为处理本企业生产安全事故善后事宜而直接发生的费用支出。

第八条　企业发生生产安全事故后产生的抢险、救灾及善后处理费用，全部由企业负担，原则上应当由企业先行支付，确实需要动用风险抵押金专产资金的，经安全生产监督管理部门及同级财政部门批准，由代理银行具体办理有关手续。

第九条　发生下列情形之一的，省、市、县级安全生产监督管理部门及同级财政部门可以根据企业生产安全事故抢险、救灾及善后处理工作需要，将风险抵押金部分或者全部转作事故抢险、救灾和善后处理所需资金：

（一）企业负责人在生产安全事故发生后逃逸的；

（二）企业在生产安全事故发生后，未在规定时间内主动承担责任，支付抢险、救灾及善后处理费用的。

第四章　风险抵押金的管理

第十条　风险抵押金实行分级管理，由省、市、县级安全生产监督管理部门及同级财政部门按照属地原则共同负责。

中央管理企业的风险抵押金，由所在地省级安全生产监督管理部门及同级财政部门确定后报国家安全生产监督管理总局及财政部备案。

第十一条 企业持续生产经营期间，当年未发生生产安全事故、没有动用风险抵押金的，风险抵押金自然结转，下年不再增加存储。当年发生生产安全事故、动用风险抵押金的，省、市、县级安全生产监督管理部门及同级财政部门应当重新核定企业应存储的风险抵押金数额，并及时告知企业，企业在核定通知送达后1个月内按规定标准将风险抵押金补齐。

第十二条 企业生产经营规模如发生较大变化，省、市、县级安全生产监督管理部门及同级财政部门应当于下年度第一季度结束前调整其风险抵押金存储数额，并按照调整后的差额通知企业补存（退还）风险抵押金。

第十三条 企业依法关闭、破产或者转入其他行业的，在企业提出申请，并经过省、市、县级安全生产监督管理部门及同级财政部门核准后，企业可以按照国家有关规定自主支配其风险抵押金专户结存资金。

企业实施产权转让或者公司制改建的，其存储的风险抵押金仍按照本办法管理和使用。

第十四条 风险抵押金实际支出时适用的税务处理办法由财政部、国家税务总局另行制定。具体会计核算问题，按照国家统一会计制度处理。

第十五条 每年年度终了后3个月内，省级安全生产监督管理部门及同级财政部门应当将上年度本地区风险抵押金存储、使用、管理有关情况报国家安全生产监督管理总局及财政部备案。

第十六条 风险抵押金应当专款专用，不得挪用。安全生产监督管理部门、同级财政部门及其工作人员有挪用风险抵押金等违反本办法及国家有关法律、法规行为的，依照国家有关规定进行处理。

第五章 附则

第十七条 省级安全生产监督管理部门及同级财政部门可以根据本办法制定具体实施办法。

第十八条 不属于本办法第二条第一款规定范围的企业集团，其内部分公司、车间属于规定范围的，参照本办法执行。

第十九条 本办法由财政部、国家安全生产监督管理总局、中国人民银行负责解释。

第二十条 煤矿企业按照《财政部、国家安全生产监督管理总局关于印发〈煤矿企业安全生产风险抵押金管理暂行办法〉的通知》（财建［2005］918号）相关规定执行。

第二十一条 本办法自2006年8月1日起施行。

四、以局长令发布的国家安全生产监督管理总局重要文件

劳动防护用品监督管理规定

国家安全生产监督管理总局令第1号

第一章　总则

第一条　为加强和规范劳动防护用品的监督管理，保障从业人员的安全与健康，根据安全生产法及有关法律、行政法规，制定本规定。

第二条　在中华人民共和国境内生产、检验、经营和使用劳动防护用品，适用本规定。

第三条　本规定所称劳动防护用品，是指由生产经营单位为从业人员配备的，使其在劳动过程中免遭或者减轻事故伤害及职业危害的个人防护装备。

第四条　劳动防护用品分为特种劳动防护用品和一般劳动防护用品。

特种劳动防护用品目录由国家安全生产监督管理总局确定并公布；未列入目录的劳动防护用品为一般劳动防护用品。

第五条　国家安全生产监督管理总局对全国劳动防护用品的生产、检验、经营和使用的情况实施综合监督管理。

省级安全生产监督管理部门对本行政区域内劳动防护用品的生产、检验、经营和使用的情况实施综合监督管理。

煤矿安全监察机构对监察区域内煤矿企业劳动防护用品使用情况实施监察。

第六条　特种劳动防护用品实行安全标志管理。特种劳动防护用品安全标志管理工作由国家安全生产监督管理总局指定的特种劳动防护用品安全标志管理机构实施，受指定的特种劳动防护用品安全标志管理机构对其核发的安全标志负责。

第二章　劳动防护用品的生产、检验、经营

第七条　生产劳动防护用品的企业应当具备下列条件：

（一）有工商行政管理部门核发的营业执照；

（二）有满足生产需要的生产场所和技术人员；

（三）有保证产品安全防护性能的生产设备；

（四）有满足产品安全防护性能要求的检验与测试手段；

（五）有完善的质量保证体系；

（六）有产品标准和相关技术文件；

（七）产品符合国家标准或者行业标准的要求；

（八）法律、法规规定的其他条件。

第八条 生产劳动防护用品的企业应当按其产品所依据的国家标准或者行业标准进行生产和自检，出具产品合格证，并对产品的安全防护性能负责。

第九条 新研制和开发的劳动防护用品，应当对其安全防护性能进行严格的科学试验，并经具有安全生产检测检验资质的机构（以下简称检测检验机构）检测检验合格后，方可生产、使用。

第十条 生产劳动防护用品的企业生产的特种劳动防护用品，必须取得特种劳动防护用品安全标志。

第十一条 检测检验机构必须取得国家安全生产监督管理总局认可的安全生产检测检验资质，并在批准的业务范围内开展劳动防护用品检测检验工作。

第十二条 检测检验机构应当严格按照有关标准和规范对劳动防护用品的安全防护性能进行检测检验，并对所出具的检测检验报告负责。

第十三条 经营劳动防护用品的单位应有工商行政管理部门核发的营业执照、有满足需要的固定场所和了解相关防护用品知识的人员。经营劳动防护用品的单位不得经营假冒伪劣劳动防护用品和无安全标志的特种劳动防护用品。

第三章　劳动防护用品的配备与使用

第十四条 生产经营单位应当按照《劳动防护用品选用规则》（GB 11651）和国家颁发的劳动防护用品配备标准以及有关规定，为从业人员配备劳动防护用品。

第十五条 生产经营单位应当安排用于配备劳动防护用品的专项经费。

生产经营单位不得以货币或者其他物品替代应当按规定配备的劳动防护用品。

第十六条 生产经营单位为从业人员提供的劳动防护用品，必须符合国家标准或者行业标准，不得超过使用期限。

生产经营单位应当督促、教育从业人员正确佩戴和使用劳动防护用品。

第十七条 生产经营单位应当建立健全劳动防护用品的采购、验收、保管、发放、使用、报废等管理制度。

第十八条 生产经营单位不得采购和使用无安全标志的特种劳动防护用品；购买的特种劳动防护用品须经本单位的安全生产技术部门或者管理人员检查验收。

第十九条 从业人员在作业过程中，必须按照安全生产规章制度和劳动防护用品使用规则，正确佩戴和使用劳动防护用品；未按规定佩戴和使用劳动防护用品的，不得上岗作业。

第四章　监督管理

第二十条 安全生产监督管理部门、煤矿安全监察机构依法对劳动防护用品使用情况和特种劳动防护用品安全标志进行监督检查，督促生产经营单位按照国家有关规定为从业人员配备符合国家标准或者行业标准的劳动防护用品。

第二十一条 安全生产监督管理部门、煤矿安全监察机构对有下列行为之一的生产经营单位，应当依法查处：

（一）不配发劳动防护用品的；

（二）不按有关规定或者标准配发劳动防护用品的；

（三）配发无安全标志的特种劳动防护用品的；

（四）配发不合格的劳动防护用品的；

（五）配发超过使用期限的劳动防护用品的；

（六）劳动防护用品管理混乱，由此对从业人员造成事故伤害及职业危害的；

（七）生产或者经营假冒伪劣劳动防护用品和无安全标志的特种劳动防护用品的；

（八）其他违反劳动防护用品管理有关法律、法规、规章、标准的行为。

第二十二条　特种劳动防护用品安全标志管理机构及其工作人员应当坚持公开、公平、公正的原则，严格审查、核发安全标志，并应接受安全生产监督管理部门、煤矿安全监察机构的监督。

第二十三条　生产经营单位的从业人员有权依法向本单位提出配备所需劳动防护用品的要求；有权对本单位劳动防护用品管理的违法行为提出批评、检举、控告。

安全生产监督管理部门、煤矿安全监察机构对从业人员提出的批评、检举、控告，经查实后应当依法处理。

第二十四条　生产经营单位应当接受工会的监督。工会对生产经营单位劳动防护用品管理的违法行为有权要求纠正，并对纠正情况进行监督。

第五章　罚则

第二十五条　生产经营单位未按国家有关规定为从业人员提供符合国家标准或者行业标准的劳动防护用品，有本规定第二十一条第（一）（二）（三）（四）（五）（六）项行为的，安全生产监督管理部门或者煤矿安全监察机构责令限期改正；逾期未改正的，责令停产停业整顿，可以并处五万元以下的罚款；造成严重后果，构成犯罪的，依法追究刑事责任。

第二十六条　生产或者经营劳动防护用品的企业或者单位有本规定第二十一条第（七）（八）项行为的，安全生产监督管理部门或者煤矿安全监察机构责令停止违法行为，可以并处三万元以下的罚款。

第二十七条　检测检验机构出具虚假证明，构成犯罪的，依照刑法有关规定追究刑事责任；尚不够刑事处罚的，由安全生产监督管理部门没收违法所得，违法所得在五千元以上的，并处违法所得二倍以上五倍以下罚款，没有违法所得或者违法所得不足五千元的，单处或者并处五千元以上二万元以下的罚款，对其直接负责的主管人员和直接责任人员处五千元以上五万元以下的罚款；给他人造成损害的，与生产经营单位承担连带赔偿责任。

对有前款违法行为的检测检验机构，由国家安全生产监督管理总局撤销其检测检验资质。

第二十八条　特种劳动防护用品安全标志管理机构的工作人员滥用职权、玩忽职守、弄虚作假、徇私舞弊的，依照有关规定给予行政处分；构成犯罪的，依法追究刑事责任。

第六章　附则

第二十九条　进口的一般劳动防护用品的安全防护性能不得低于我国相关标准，并向国家安全生产监督管理总局指定的特种劳动防护用品安全标志管理机构申请办理准用手续；进口的特种劳动防护用品应当按照本规定取得安全标志。

第三十条 各省、自治区、直辖市安全生产监督管理部门可以根据本规定，制定劳动防护用品监督管理实施细则，并报国家安全生产监督管理总局备案。

第三十一条 本规定自2005年9月1日起施行。

二〇〇五年七月二十二日

矿山救护队资质认定管理规定

国家安全生产监督管理总局令第2号

第一条　为实施矿山救护队资质认定和管理，提高矿山救护队的战斗力，保障和促进矿山事故救援工作，根据《安全生产法》和国务院关于设定行政许可的决定，制定本规定。

第二条　煤矿和非煤矿矿山（石油、天然气开采除外）矿山救护队的资质认定和监督管理，适用本规定。

第三条　矿山救护队从事救援技术服务活动，必须进行资质认定，取得资质证书。

第四条　矿山救护队资质认定和管理工作，实行两级发证、属地监管。

第五条　根据矿山救护队的编制、人员构成与素质、技术装备、训练与培训设施和救援业绩等条件，矿山救护队资质分为一级、二级、三级、四级。

矿山救护队应当具备的相应资质条件见本规定的附件。

第六条　国家安全生产监督管理总局（以下简称资质认定机关）负责一级、二级矿山救护队的资质认定管理工作，国家安全生产监督管理总局矿山救援指挥机构负责一级、二级矿山救护队资质认定的审查和管理工作。

省、自治区、直辖市安全生产监督管理部门和省级煤矿安全监察机构（以下简称资质认定机关）按照职责分工，负责本行政区域内三级、四级矿山救护队的资质认定管理工作，其矿山救援指挥机构负责三级、四级矿山救护队的资质认定的审查和管理工作。

第七条　一级、二级、三级矿山救护队可以面向社会从事矿山及相关的救援技术服务活动。

一级、二级矿山救护队可以根据国家安全生产监督管理总局的有关规定，承担矿山救护队员的培训工作。

一级矿山救护队可以参与或承担有关国际交流合作工作。

第八条　取得矿山救护队资质，应由具有法人资格的矿山救护队、矿山救护队主管部门或者矿山救护队所在企事业单位（以下统称申请单位）向资质认定机关提出申请。

第九条　申请单位应当向资质认定机关提供下列材料，并对其真实性负责：

（一）资质认定申请书（一式三份）；

（二）组织机构及队伍的情况；

（三）参加重大事故抢救与处理的情况简介；

（四）规章制度目录清单（复印件）；

（五）管理机构和矿山救护管理人员配置的文件（复印件）；

（六）救护队负责人培训考核合格的证明材料（有效证书复印件），救护队队员培训考核的情况；

（七）矿山救护队的资产、主要装备清单、训练场地及设施的情况；

（八）为救护队从业人员办理工伤保险和人身伤害保险的有关证明材料；

（九）经省级安全生产监督管理部门或者煤矿安全监察机构批复确认的质量标准化等级。

第十条 资质认定机关收到申请单位提交的申请书及文件、资料后，应当按照下列规定办理：

（一）经审查符合规定要求的，及时出具受理的书面凭证；

（二）申请材料不齐全或者不符合要求的，应当在5个工作日内一次告知申请人需要补正的全部内容；逾期不告知的，视为受理；

（三）申请单位按照要求全部补正的，自收到申请材料或者全部补正材料之日起为受理；

（四）自受理之日起30个工作日内，作出颁发或者不予颁发资质证书的决定。需要进行现场核查的，可以延长15个工作日，并告知申请单位。

第十一条 经资质认定机关审查符合规定的，应当向申请单位颁发资质证书。决定颁发的，应当自决定之日起10个工作日内通知申请单位领取资质证书；不予颁发的，应当在10个工作日内书面通知申请单位，并说明理由。

第十二条 矿山救护队在资质证书有效期内符合下列条件的，可向资质认定机关提出资质晋级申请；经资质认定机关审查同意的，可以逐级晋级：

（一）取得资质证书2年以上的；

（二）圆满完成各项应急救援工作的；

（三）取得资质证书后，加强日常矿山救护管理，及时更新和补充救护装备，改善矿山救护演习训练设施，达到晋升资质等级条件的。

第十三条 资质证书分为正副本，具有同等法律效力；正本为悬挂式，副本为折页式。资质证书由资质认定机关统一印制和编号。

矿山救护队资质认定申请书、资质证书、晋级申请书、延期申请书、变更申请书等文书由资质认定机关规定统一格式。

第十四条 矿山救护队资质证书的有效期为3年。资质证书有效期满需要延期的，应当于有效期届满60日前，向原资质认定机关提出延期申请，并提交相应的文件、资料和资质证书副本。申请延期的矿山救护队符合下列条件的，资质证书有效期届满时，资质认定机关予以办理延期手续：

（一）日常管理严格，能够胜任相应资质职能的；

（二）接受资质认定机关及其矿山救援指挥机构监督检查的；

（三）未发生因违章指挥、违章作业造成矿山救护队员伤亡事故的。

第十五条 矿山救护队的主要负责人、隶属关系、业务范围和地址等其中之一发生变更的，应当在变更之日起15日内向资质认定机关提出变更申请。未经资质认定机关予以变更的，不得从事矿山救援技术服务活动。

第十六条 任何人不得转让、买卖、出租、出借、伪造资质证书。

第十七条 资质认定机关应当坚持公开、公平、公正的原则，严格依照本规定实施资质认定工作。

资质认定机关应当加强对资质证书的管理，建立、健全资质证书档案管理制度；定期公布取得资质证书的矿山救护队的信息。

第十八条 取得资质证书的矿山救护队有下列行为之一的，由资质认定机关责令限期整改、暂扣资质证书或者降低资质等级：

（一）因违章指挥、违章作业造成矿山救护队员伤亡事故的；

（二）不具备本规定的矿山救护队资质条件的；

（三）实施矿山事故救援时，应召不到、畏缩不前、临阵脱逃或者拒不执行救援命令的；

（四）在矿山事故救援中玩忽职守，贻误时机，隐瞒事实真相，谎报灾情，导致指挥失误，造成严重后果的。

第十九条　取得资质证书的矿山救护队有下列行为之一的，由资质认定机关吊销资质证书：

（一）转让买卖、出租、出借或者允许他人冒用资质证书的；

（二）提供虚假证明文件、资料或者采取其他欺骗手段取得资质证书的；

（三）暂扣资质证书后未按期整改或者逾期仍不具备本资质条件的。

第二十条　未取得矿山救护队资质，或者被吊销资质证书，或者未经审查批准晋级、延期、变更而擅自从事矿山救援技术服务活动的，由资质认定机关依法取缔。

第二十一条　资质认定机关的工作人员有下列行为之一的，应当进行批评教育；情节严重的，给予相应的行政处分：

（一）向不符合本规定的矿山救护队颁发资质证书的；

（二）发现未取得资质证书的矿山救护队擅自从事救援技术服务，不依法处理的；

（三）发现取得资质证书的矿山救护队不再具备资质条件，不依法处理的；

（四）接到对违反本规定行为的举报后，不及时处理的；

（五）在资质审查、发证、管理和监督检查工作中，索取或者接受申请单位和有关人员的财物，或者谋取其他利益的。

第二十二条　本规定自2005年9月1日起施行。

二〇〇五年八月二十三日

生产经营单位安全培训规定

国家安全生产监督管理总局令第3号

第一章　总则

第一条　为加强和规范生产经营单位安全培训工作，提高从业人员安全素质，防范伤亡事故，减轻职业危害，根据安全生产法和有关法律、行政法规，制定本规定。

第二条　工矿商贸生产经营单位（以下简称生产经营单位）从业人员的安全培训，适用本规定。

第三条　生产经营单位负责本单位从业人员安全培训工作。

生产经营单位应当按照安全生产法和有关法律、行政法规和本规定，建立健全安全培训工作制度。

第四条　生产经营单位应当进行安全培训的从业人员包括主要负责人、安全生产管理人员、特种作业人员和其他从业人员。

生产经营单位从业人员应当接受安全培训，熟悉有关安全生产规章制度和安全操作规程，具备必要的安全生产知识，掌握本岗位的安全操作技能，增强预防事故、控制职业危害和应急处理的能力。

未经安全生产培训合格的从业人员，不得上岗作业。

第五条　国家安全生产监督管理总局指导全国安全培训工作，依法对全国的安全培训工作实施监督管理。

国务院有关主管部门按照各自职责指导监督本行业安全培训工作，并按照本规定制定实施办法。

国家煤矿安全监察局指导监督检查全国煤矿安全培训工作。

各级安全生产监督管理部门和煤矿安全监察机构（以下简称安全生产监管监察部门）按照各自的职责，依法对生产经营单位的安全培训工作实施监督管理。

第二章　主要负责人、安全生产管理人员的安全培训

第六条　生产经营单位主要负责人和安全生产管理人员应当接受安全培训，具备与所从事的生产经营活动相适应的安全生产知识和管理能力。

煤矿、非煤矿山、危险化学品、烟花爆竹等生产经营单位主要负责人和安全生产管理人员，必须接受专门的安全培训，经安全生产监管监察部门对其安全生产知识和管理能力考核合格，取得安全资格证书后，方可任职。

第七条　生产经营单位主要负责人安全培训应当包括下列内容：

（一）国家安全生产方针、政策和有关安全生产的法律、法规、规章及标准；

（二）安全生产管理基本知识、安全生产技术、安全生产专业知识；

（三）重大危险源管理、重大事故防范、应急管理和救援组织以及事故调查处理的有关规定；

（四）职业危害及其预防措施；

（五）国内外先进的安全生产管理经验；

（六）典型事故和应急救援案例分析；

（七）其他需要培训的内容。

第八条 生产经营单位安全生产管理人员安全培训应当包括下列内容：

（一）国家安全生产方针、政策和有关安全生产的法律、法规、规章及标准；

（二）安全生产管理、安全生产技术、职业卫生等知识；

（三）伤亡事故统计、报告及职业危害的调查处理方法；

（四）应急管理、应急预案编制以及应急处置的内容和要求；

（五）国内外先进的安全生产管理经验；

（六）典型事故和应急救援案例分析；

（七）其他需要培训的内容。

第九条 生产经营单位主要负责人和安全生产管理人员初次安全培训时间不得少于32学时。每年再培训时间不得少于12学时。

煤矿、非煤矿山、危险化学品、烟花爆竹等生产经营单位主要负责人和安全生产管理人员安全资格培训时间不得少于48学时；每年再培训时间不得少于16学时。

第十条 生产经营单位主要负责人和安全生产管理人员的安全培训必须依照安全生产监管监察部门制定的安全培训大纲实施。

非煤矿山、危险化学品、烟花爆竹等生产经营单位主要负责人和安全生产管理人员的安全培训大纲及考核标准由国家安全生产监督管理总局统一制定。

煤矿主要负责人和安全生产管理人员的安全培训大纲及考核标准由国家煤矿安全监察局制定。

煤矿、非煤矿山、危险化学品、烟花爆竹以外的其他生产经营单位主要负责人和安全管理人员的安全培训大纲及考核标准，由省、自治区、直辖市安全生产监督管理部门制定。

第十一条 煤矿、非煤矿山、危险化学品、烟花爆竹等生产经营单位主要负责人和安全生产管理人员安全资格培训，必须由安全生产监管监察部门认定的具备相应资质的安全培训机构实施。

第十二条 煤矿、非煤矿山、危险化学品、烟花爆竹等生产经营单位主要负责人和安全生产管理人员，经安全资格培训考核合格，由安全生产监管监察部门发给安全资格证书。

其他生产经营单位主要负责人和安全生产管理人员经安全生产监管监察部门认定的具备相应资质的培训机构培训合格后，由培训机构发给相应的培训合格证书。

第三章 其他从业人员的安全培训

第十三条 煤矿、非煤矿山、危险化学品、烟花爆竹等生产经营单位必须对新上岗的临时工、合同工、劳务工、轮换工、协议工等进行强制性安全培训，保证其具备本岗位安全操作、自救互救以及应急处置所需的知识和技能后，方能安排上岗作业。

第十四条 加工、制造业等生产单位的其他从业人员，在上岗前必须经过厂（矿）、车间（工段、区、队）、班组三级安全培训教育。

生产经营单位可以根据工作性质对其他从业人员进行安全培训，保证其具备本岗位安全操作、应急处置等知识和技能。

第十五条 生产经营单位新上岗的从业人员，岗前培训时间不得少于24学时。

煤矿、非煤矿山、危险化学品、烟花爆竹等生产经营单位新上岗的从业人员安全培训时间不得少于72学时，每年接受再培训的时间不得少于20学时。

第十六条 厂（矿）级岗前安全培训内容应当包括：

（一）本单位安全生产情况及安全生产基本知识；

（二）本单位安全生产规章制度和劳动纪律；

（三）从业人员安全生产权利和义务；

（四）有关事故案例等。

煤矿、非煤矿山、危险化学品、烟花爆竹等生产经营单位厂（矿）级安全培训除包括上述内容外，应当增加事故应急救援、事故应急预案演练及防范措施等内容。

第十七条 车间（工段、区、队）级岗前安全培训内容应当包括：

（一）工作环境及危险因素；

（二）所从事工种可能遭受的职业伤害和伤亡事故；

（三）所从事工种的安全职责、操作技能及强制性标准；

（四）自救互救、急救方法、疏散和现场紧急情况的处理；

（五）安全设备设施、个人防护用品的使用和维护；

（六）本车间（工段、区、队）安全生产状况及规章制度；

（七）预防事故和职业危害的措施及应注意的安全事项；

（八）有关事故案例；

（九）其他需要培训的内容。

第十八条 班组级岗前安全培训内容应当包括：

（一）岗位安全操作规程；

（二）岗位之间工作衔接配合的安全与职业卫生事项；

（三）有关事故案例；

（四）其他需要培训的内容。

第十九条 从业人员在本生产经营单位内调整工作岗位或离岗一年以上重新上岗时，应当重新接受车间（工段、区、队）和班组级的安全培训。

生产经营单位实施新工艺、新技术或者使用新设备、新材料时，应当对有关从业人员重新进行有针对性的安全培训。

第二十条 生产经营单位的特种作业人员，必须按照国家有关法律、法规的规定接受专门的安全培训，经考核合格，取得特种作业操作资格证书后，方可上岗作业。

特种作业人员的范围和培训考核管理办法，另行规定。

第四章 安全培训的组织实施

第二十一条 国家安全生产监督管理总局组织、指导和监督中央管理的生产经营单位的总公司（集团公司、总厂）的主要负责人和安全生产管理人员的安全培训工作。

国家煤矿安全监察局组织、指导和监督中央管理的煤矿企业集团公司（总公司）的主要负责人和安全生产管理人员的安全培训工作。

省级安全生产监督管理部门组织、指导和监督省属生产经营单位及所辖区域内中央管理的工矿商贸生产经营单位的分公司、子公司主要负责人和安全生产管理人员的培训工作；组织、指导和监督特种作业人员的培训工作。

省级煤矿安全监察机构组织、指导和监督所辖区域内煤矿企业的主要负责人、安全生产管理人员和特种作业人员（含煤矿矿井使用的特种设备作业人员）的安全培训工作。

市级、县级安全生产监督管理部门组织、指导和监督本行政区域内除中央企业、省属生产经营单位以外的其他生产经营单位的主要负责人和安全生产管理人员的安全培训工作。

生产经营单位除主要负责人、安全生产管理人员、特种作业人员以外的从业人员的安全培训工作，由生产经营单位组织实施。

第二十二条　具备安全培训条件的生产经营单位，应当以自主培训为主；可以委托具有相应资质的安全培训机构，对从业人员进行安全培训。

不具备安全培训条件的生产经营单位，应当委托具有相应资质的安全培训机构，对从业人员进行安全培训。

第二十三条　生产经营单位应当将安全培训工作纳入本单位年度工作计划。保证本单位安全培训工作所需资金。

第二十四条　生产经营单位应建立健全从业人员安全培训档案，详细、准确记录培训考核情况。

第二十五条　生产经营单位安排从业人员进行安全培训期间，应当支付工资和必要的费用。

第五章　监督管理

第二十六条　安全生产监管监察部门依法对生产经营单位安全培训情况进行监督检查，督促生产经营单位按照国家有关法律法规和本规定开展安全培训工作。

县级以上地方人民政府负责煤矿安全生产监督管理的部门对煤矿井下作业人员的安全培训情况进行监督检查。煤矿安全监察机构对煤矿特种作业人员安全培训及其持证上岗的情况进行监督检查。

第二十七条　各级安全生产监管监察部门对生产经营单位安全培训及其持证上岗的情况进行监督检查，主要包括以下内容：

（一）安全培训制度、计划的制定及其实施的情况；

（二）煤矿、非煤矿山、危险化学品、烟花爆竹等生产经营单位主要负责人和安全生产管理人员安全资格证持证上岗的情况；其他生产经营单位主要负责人和安全生产管理人员培训的情况；

（三）特种作业人员操作资格证持证上岗的情况；

（四）建立安全培训档案的情况；

（五）其他需要检查的内容。

第二十八条　安全生产监管监察部门对煤矿、非煤矿山、危险化学品、烟花爆竹等生产经营单位的主要负责人、安全管理人员应当按照本规定严格考核和颁发安全资格证书。考核不得收费。

安全生产监管监察部门负责考核、发证的有关人员不得玩忽职守和滥用职权。

第六章　罚则

第二十九条　生产经营单位有下列行为之一的，由安全生产监管监察部门责令其限期改正，并处2万元以下的罚款：

（一）未将安全培训工作纳入本单位工作计划并保证安全培训工作所需资金的；

（二）未建立健全从业人员安全培训档案的；

（三）从业人员进行安全培训期间未支付工资并承担安全培训费用的。

第三十条 生产经营单位有下列行为之一的，由安全生产监管监察部门责令其限期改正；逾期未改正的，责令停产停业整顿，并处2万元以下的罚款：

（一）煤矿、非煤矿山、危险化学品、烟花爆竹等生产经营单位主要负责人和安全管理人员未按本规定经考核合格的；

（二）非煤矿山、危险化学品、烟花爆竹等生产经营单位未按照本规定对其他从业人员进行安全培训的；

（三）非煤矿山、危险化学品、烟花爆竹等生产经营单位未如实告知从业人员有关安全生产事项的；

（四）生产经营单位特种作业人员未按照规定经专门的安全培训机构培训并取得特种作业人员操作资格证书，上岗作业的。

县级以上地方人民政府负责煤矿安全生产监督管理的部门发现煤矿未按照本规定对井下作业人员进行安全培训的，责令限期改正，处10万元以上50万元以下的罚款；逾期未改正的，责令停产停业整顿。

煤矿安全监察机构发现煤矿特种作业人员无证上岗作业的，责令限期改正，处10万元以上50万元以下的罚款；逾期未改正的，责令停产停业整顿。

第三十一条 生产经营单位有下列行为之一的，由安全生产监管监察部门给予警告，吊销安全资格证书，并处3万元以下的罚款：

（一）编造安全培训记录、档案的；

（二）骗取安全资格证书的。

第三十二条 安全生产监管监察部门有关人员在考核、发证工作中玩忽职守、滥用职权的，由上级安全生产监管监察部门或者行政监察部门给予记过、记大过的行政处分。

第七章 附则

第三十三条 生产经营单位主要负责人是指有限责任公司或者股份有限公司的董事长、总经理，其他生产经营单位的厂长、经理、（矿务局）局长、矿长（含实际控制人）等。

生产经营单位安全生产管理人员是指生产经营单位分管安全生产的负责人、安全生产管理机构负责人及其管理人员，以及未设安全生产管理机构的生产经营单位专、兼职安全生产管理人员等。

生产经营单位其他从业人员是指除主要负责人、安全生产管理人员和特种作业人员以外，该单位从事生产经营活动的所有人员，包括其他负责人、其他管理人员、技术人员和各岗位的工人以及临时聘用的人员。

第三十四条 省、自治区、直辖市安全生产监督管理部门和省级煤矿安全监察机构可以根据本规定制定实施细则，报国家安全生产监督管理总局和国家煤矿安全监察局备案。

第三十五条 本规定自2006年3月1日起施行。

二〇〇六年一月十七日

海洋石油安全生产规定

国家安全生产监督管理总局令第4号

第一章　总则

第一条　为了加强海洋石油安全生产工作，防止和减少海洋石油生产安全事故和职业危害，保障从业人员生命和财产安全，根据《安全生产法》及有关法律、行政法规，制定本规定。

第二条　在中华人民共和国的内水、领海、毗连区、专属经济区、大陆架以及中华人民共和国管辖的其他海域内的海洋石油开采活动的安全生产，适用本规定。

第三条　海洋石油作业者和承包者是海洋石油安全生产的责任主体。

本规定所称作业者是指负责实施海洋石油开采活动的企业，或者按照石油合同的约定负责实施海洋石油开采活动的实体。

本规定所称承包者是指向作业者提供服务的企业或者实体。

第四条　国家安全生产监督管理总局（以下简称安全监管总局）对海洋石油安全生产实施综合监督管理。

安全监管总局设立海洋石油作业安全办公室（以下简称海油安办）作为实施海洋石油安全生产综合监督管理的执行机构。海油安办根据需要设立分部，各分部依照有关规定实施具体的安全监督管理。

第二章　安全生产保障

第五条　作业者和承包者应当遵守有关安全生产的法律、行政法规、部门规章、国家标准和行业标准，具备安全生产条件。

第六条　作业者应当加强对承包者的安全监督和管理，并在承包合同中约定各自的安全生产管理职责。

第七条　作业者和承包者的主要负责人对本单位的安全生产工作全面负责。

作业者和从事物探、钻井、测井、录井、试油、井下作业等活动的承包者及海洋石油生产设施的主要负责人、安全管理人员应当按照安全监管总局的规定，经过安全资格培训，具备相应的安全生产知识和管理能力，经考核合格取得证书后方可任职。

第八条　作业者和承包者应当对从业人员进行安全生产教育和培训，保证从业人员具备必要的安全生产知识，熟悉有关的安全生产规章制度和安全操作规程，掌握本岗位的安全操作技能。

第九条　出海作业人员应当接受海洋石油作业安全救生培训，经考核合格后方可出海作业。

临时出海人员应接受必要的安全教育。

第十条　特种作业人员应当按照安全监管总局有关规定经专门的安全技术培训，考核合格取得特种作业操作资格证书后方可上岗作业。

第十一条 海洋石油建设项目在可行性研究阶段或者总体开发方案编制阶段应当进行安全预评价。安全预评价报告经评审后报海油安办备案。

在设计阶段，海洋石油生产设施的重要设计文件及安全专篇，应当经海洋石油生产设施发证检验机构（以下简称发证检验机构）审查同意。发证检验机构应当在审查同意的设计文件、图纸上加盖印章。

第十二条 海洋石油生产设施应当由具有相应资质或者能力的专业单位施工，施工单位应当按照审查同意的设计方案或者图纸施工。

第十三条 海洋石油生产设施试生产前，应当经发证检验机构检验合格，取得最终检验证书或者临时检验证书，并制订试生产的安全措施，于试生产前45日报海油安办有关分部备案。

海油安办有关分部应对海洋石油生产设施的状况及安全措施的落实情况进行检查。

第十四条 海洋石油生产设施试生产正常后，应当向海油安办申请安全竣工验收。

经验收合格并办理安全生产许可证后，方可正式投入生产使用。

第十五条 作业者和承包者应当向作业人员如实告知作业现场和工作岗位存在的危险因素和职业危害因素，以及相应的防范措施和应急措施。

第十六条 作业者和承包者应当为作业人员提供符合国家标准或者行业标准的劳动防护用品，并监督、教育作业人员按照使用规则佩戴、使用。

第十七条 作业者和承包者应当制定海洋石油作业设施、生产设施及其专业设备的安全检查、维护保养制度，建立安全检查、维护保养档案，并指定专人负责。

第十八条 作业者和承包者应当加强防火防爆管理，按照有关规定划分和标明安全区与危险区；在危险区作业时，应当对作业程序和安全措施进行审查。

第十九条 作业者和承包者应当加强对易燃、易爆、有毒、腐蚀性等危险物品的管理，按国家有关规定进行装卸、运输、储存、使用和处置。

第二十条 海洋石油的专业设备应当由专业设备检验机构检验合格，方可投入使用。专业设备检验机构对检验结果负责。

第二十一条 海洋石油作业设施首次投入使用前或者变更作业区块前，应当制订作业计划和安全措施。

作业计划和安全措施应当在开始作业前15日报海油安办有关分部备案。

外国海洋石油作业设施进入中华人民共和国管辖海域前按照上述要求执行。

第二十二条 作业者和承包者应当建立守护船值班制度，在海洋石油生产设施和移动式钻井船（平台）周围应备有守护船值班。无人值守的生产设施和陆岸结构物除外。

第二十三条 作业者或者承包者在编制钻井、采油和井下作业等作业计划时，应当根据地质条件与海域环境确定安全可靠的井控程序和防硫化氢措施。

打开油（气）层前，作业者或者承包者应当确认井控和防硫化氢措施的落实情况。

第二十四条 作业者和承包者应当保存安全生产的相关资料，主要包括作业人员名册、工作日志、培训记录、事故和险情记录、安全设备维修记录、海况和气象情况等。

第二十五条 在海洋石油生产设施的设计、建造、安装以及生产的全过程中，实施发证检验制度。

海洋石油生产设施的发证检验包括建造检验、生产过程中的定期检验和临时检验。

第二十六条　发证检验工作由作业者委托具有资质的发证检验机构进行。

第二十七条　发证检验机构应当依照有关法律、行政法规、部门规章和国家标准、行业标准或者作业者选定的技术标准实施审查、检验，并对审查、检验结果负责。

作业者选定的技术标准不得低于国家标准和行业标准。

海油安办对发证检验机构实施的设计审查程序、检验程序进行监督。

第三章　安全生产监督管理

第二十八条　海油安办及其各分部对海洋石油安全生产履行以下监督管理职责：

（一）组织起草海洋石油安全生产法规、规章、标准；

（二）监督检查作业者和承包者安全生产条件、设备设施安全和劳动防护用品使用情况；

（三）监督检查作业者和承包者安全生产教育培训情况；负责作业者，从事物探、钻井、测井、录井、试油、井下作业等的承包者和海洋石油生产设施的主要负责人、安全管理人员和特种作业人员的安全培训考核工作；

（四）监督检查海洋石油建设项目生产设施“三同时”情况，负责建设项目安全预评价报告的备案管理，组织建设项目生产设施安全竣工验收工作，负责安全生产许可证的发放工作；

（五）负责海洋石油生产设施发证检验、专业设备检测检验、安全评价、安全培训和安全咨询等社会中介服务机构的资质审查；

（六）组织生产安全事故的调查处理；协调事故和险情的应急救援工作。

第二十九条　监督检查人员必须熟悉海洋石油安全法律法规和安全技术知识，能胜任海洋石油安全检查工作，经考核合格，取得相应的执法资格。

第三十条　海油安办及其各分部依法对作业者和承包者执行有关安全生产的法律、行政法规和国家标准或者行业标准的情况进行监督检查，行使以下职权：

（一）对作业者和承包者进行安全检查，调阅有关资料，向有关单位和人员了解情况；

（二）对检查中发现的安全生产违法行为，当场予以纠正或者要求限期改正；

（三）对检查中发现的事故隐患，应当责令立即排除；重大事故隐患排除前或者排除过程中无法保证安全的，应当责令从危险区域内撤出作业人员，责令暂时停产停业或者停止使用；重大事故隐患排除后，经审查同意，方可恢复生产和使用；

（四）对有根据认为不符合保障安全生产的国家标准或者行业标准的设施、设备、器材予以查封或者扣押，并应当在15日内依法作出处理决定。

第三十一条　监督检查人员进行监督检查时，应履行以下义务：

（一）忠于职守，坚持原则，秉公执法；

（二）执行监督检查任务时，必须出示有效的监督执法证件，使用统一的行政执法文书；

（三）遵守作业者和承包者的有关现场管理规定，不得影响正常生产活动；

（四）保守作业者和承包者的有关技术秘密和商业秘密。

第三十二条　监督检查人员在进行安全监督检查期间，作业者或者承包者应当免费提供必要的交通工具、防护用品等工作条件。

第三十三条　承担海洋石油生产设施发证检验、专业设备检测检验、安全评价、安全培训和安全咨询的中介机构应当具备国家规定的资质。

第四章　应急预案与事故处理

第三十四条　作业者应当建立应急救援组织，配备专职或者兼职救援人员，或者与专业救援组织签订救援协议，并在实施作业前编制应急预案。

承包者在实施作业前应编制应急预案。

应急预案应当报海油安办有关分部和其他有关政府部门备案。

第三十五条　应急预案应当包括以下主要内容：作业者和承包者的基本情况、危险特性、可利用的应急救援设备；应急组织机构、职责划分、通讯联络；应急预案启动、应急响应、信息处理、应急状态中止、后续恢复等处置程序；应急演习与训练。

第三十六条　应急预案应充分考虑作业内容、作业海区的环境条件、作业设施的类型、自救能力和可以获得的外部支援等因素，应能够预防和处置各类突发性事故和可能引发事故的险情，并随实际情况的变化及时修改或者补充。

事故和险情包括以下情况：井喷失控、火灾与爆炸、平台遇险、飞机或者直升机失事、船舶海损、油（气）生产设施与管线破损/泄漏、有毒有害物质泄漏、放射性物质遗散、潜水作业事故；人员重伤、死亡、失踪及暴发性传染病、中毒；溢油事故、自然灾害以及其他紧急情况等。

第三十七条　当发生事故或者出现可能引发事故的险情时，作业者和承包者应当按应急预案的规定实施应急措施，防止事态扩大，减少人员伤亡和财产损失。

当发生应急预案中未规定的事件时，现场工作人员应当及时向主要负责人报告。主要负责人应当及时采取相应的措施。

第三十八条　事故和险情发生后，当事人、现场人员、作业者和承包者负责人、各分部和海油安办根据有关规定逐级上报。

第三十九条　海油安办及其有关分部、有关部门接到重大事故报告后，应当立即赶到事故现场，组织事故抢救、事故调查。

第四十条　无人员伤亡事故、轻伤、重伤事故由作业者和承包者负责人或其指定的人员组织生产、技术、安全等有关人员及工会代表参加的事故调查组进行调查。

其他事故的调查处理，按有关规定执行。

第四十一条　作业者应当建立事故统计和分析制度，定期对事故进行统计和分析。事故统计年报应当报海油安办有关分部、政府有关部门。

承包者在提供服务期间发生的事故由作业者负责统计。

第五章　罚则

第四十二条　监督检查人员在海洋石油安全生产监督检查中滥用职权、玩忽职守、徇私舞弊的，依照有关规定给予行政处分；构成犯罪的，依法追究刑事责任。

第四十三条　作业者和承包者有下列行为之一的，给予警告，并处3万元以下的罚款：

（一）未按规定执行发证检验或者用非法手段获取检验证书的；

（二）未按规定配备守护船，或者使用不满足有关规定要求的船舶做守护船，或者守护船未按规定履行登记手续的；

（三）未按照本规定第十一条、第十三条、第二十一条和第三十四条的规定履行备案手续的；

（四）未按有关规定制订井控措施和防硫化氢措施，或者井控措施和防硫化氢措施不落实的；

（五）出海作业人员未按照规定经过海洋石油作业安全救生培训并考核合格上岗作业的。

第四十四条 本规定所列行政处罚，由海油安办及其各分部实施。

《安全生产法》等法律、行政法规对安全生产违法行为的行政处罚另有规定的，依照其规定。

第六章 附则

第四十五条 本规定下列用语的定义：

（一）石油，是指蕴藏在地下的、正在采出的和已经采出的原油和天然气。

（二）石油合同，是指中国石油企业与外国企业为合作开采中华人民共和国海洋石油资源，依法订立的石油勘探、开发和生产的合同。

（三）海洋石油开采活动，是指在本规定第二条所述海域内从事的石油勘探、开发、生产、储运、油田废弃及其有关的活动。

（四）海洋石油作业设施，是指用于海洋石油作业的海上移动式钻井船（平台）、物探船、铺管船、起重船、固井船、酸化压裂船等设施。

（五）海洋石油生产设施，是指以开采海洋石油为目的的海上固定平台、单点系泊、浮式生产储油装置、海底管线、海上输油码头、滩海陆岸、人工岛和陆岸终端等海上和陆岸结构物。

（六）专业设备，是指海洋石油开采过程中使用的危险性较大或者对安全生产有较大影响的设备，包括海上结构、采油设备、海上锅炉和压力容器、钻井和修井设备、起重和升降设备、火灾和可燃气体探测、报警及控制系统、安全阀、救生设备、消防器材、钢丝绳等系物及被系物、电气仪表等。

第四十六条 内陆湖泊的石油开采的安全生产监督管理，参照本规定相应条款执行。

第四十七条 本规定自2006年5月1日起施行，原石油工业部1986年颁布的《海洋石油作业安全管理规定》同时废止。

二〇〇六年二月七日

非药品类易制毒化学品生产、经营许可办法

国家安全生产监督管理总局令第5号

第一章　总则

第一条　为加强非药品类易制毒化学品管理，规范非药品类易制毒化学品生产、经营行为，防止非药品类易制毒化学品被用于制造毒品，维护经济和社会秩序，根据《易制毒化学品管理条例》（以下简称《条例》）和有关法律、行政法规，制定本办法。

第二条　本办法所称非药品类易制毒化学品，是指《条例》附表确定的可以用于制毒的非药品类主要原料和化学配剂。

非药品类易制毒化学品的分类和品种，见本办法附表《非药品类易制毒化学品分类和品种目录》。

《条例》附表《易制毒化学品的分类和品种目录》调整或者《危险化学品目录》调整涉及本办法附表时，《非药品类易制毒化学品分类和品种目录》随之进行调整并公布。

第三条　国家对非药品类易制毒化学品的生产、经营实行许可制度。对第一类非药品类易制毒化学品的生产、经营实行许可证管理，对第二类、第三类易制毒化学品的生产、经营实行备案证明管理。

省、自治区、直辖市人民政府安全生产监督管理部门负责本行政区域内第一类非药品类易制毒化学品生产、经营的审批和许可证的颁发工作。

设区的市级人民政府安全生产监督管理部门负责本行政区域内第二类非药品类易制毒化学品生产、经营和第三类非药品类易制毒化学品生产的备案证明颁发工作。

县级人民政府安全生产监督管理部门负责本行政区域内第三类非药品类易制毒化学品经营的备案证明颁发工作。

第四条　国家安全生产监督管理总局监督、指导全国非药品类易制毒化学品生产、经营许可和备案管理工作。

县级以上人民政府安全生产监督管理部门负责本行政区域内执行非药品类易制毒化学品生产、经营许可制度的监督管理工作。

第二章　生产、经营许可

第五条　生产、经营第一类非药品类易制毒化学品的，必须取得非药品类易制毒化学品生产、经营许可证方可从事生产、经营活动。

第六条　生产、经营第一类非药品类易制毒化学品的，应当分别符合《条例》第七条、第九条规定的条件。

第七条　生产单位申请非药品类易制毒化学品生产许可证，应当向所在地的省级人民政府安全生产监督管理部门提交下列文件、资料，并对其真实性负责：

（一）非药品类易制毒化学品生产许可证申请书（一式两份）；

（二）生产设备、仓储设施和污染物处理设施情况说明材料；

（三）易制毒化学品管理制度和环境突发事件应急预案；

（四）安全生产管理制度；

（五）单位法定代表人或者主要负责人和技术、管理人员具有相应安全生产知识的证明材料；

（六）单位法定代表人或者主要负责人和技术、管理人员具有相应易制毒化学品知识的证明材料及无毒品犯罪记录证明材料；

（七）工商营业执照副本（复印件）；

（八）产品包装说明和使用说明书。

属于危险化学品生产单位的，还应当提交危险化学品生产企业安全生产许可证和危险化学品登记证（复印件），免于提交本条第（四）、（五）、（七）项所要求的文件、资料。

第八条　经营单位申请非药品类易制毒化学品经营许可证，应当向所在地的省级人民政府安全生产监督管理部门提交下列文件、资料，并对其真实性负责：

（一）非药品类易制毒化学品经营许可证申请书（一式两份）；

（二）经营场所、仓储设施情况说明材料；

（三）易制毒化学品经营管理制度和包括销售机构、销售代理商、用户等内容的销售网络文件；

（四）单位法定代表人或者主要负责人和销售、管理人员具有相应易制毒化学品知识的证明材料及无毒品犯罪记录证明材料；

（五）工商营业执照副本（复印件）；

（六）产品包装说明和使用说明书。

属于危险化学品经营单位的，还应当提交危险化学品经营许可证（复印件），免于提交本条第（五）项所要求的文件、资料。

第九条　省、自治区、直辖市人民政府安全生产监督管理部门对申请人提交的申请书及文件、资料，应当按照下列规定分别处理：

（一）申请事项不属于本部门职权范围的，应当即时出具不予受理的书面凭证；

（二）申请材料存在可以当场更正的错误的，应当允许或者要求申请人当场更正；

（三）申请材料不齐全或者不符合要求的，应当当场或者在5个工作日内书面一次告知申请人需要补正的全部内容，逾期不告知的，自收到申请材料之日起即为受理；

（四）申请材料齐全、符合要求或者按照要求全部补正的，自收到申请材料或者全部补正材料之日起为受理。

第十条　对已经受理的申请材料，省、自治区、直辖市人民政府安全生产监督管理部门应当进行审查，根据需要可以进行实地核查。

第十一条　自受理之日起，对非药品类易制毒化学品的生产许可证申请在60个工作日内、对经营许可证申请在30个工作日内，省、自治区、直辖市人民政府安全生产监督管理部门应当作出颁发或者不予颁发许可证的决定。

对决定颁发的，应当自决定之日起10个工作日内送达或者通知申请人领取许可证；对不予颁发的，应当在10个工作日内书面通知申请人并说明理由。

第十二条 非药品类易制毒化学品生产、经营许可证有效期为3年。许可证有效期满后需继续生产、经营第一类非药品类易制毒化学品的，应当于许可证有效期满前3个月内向原许可证颁发管理部门提出换证申请并提交相应资料，经审查合格后换领新证。

第十三条 第一类非药品类易制毒化学品生产、经营单位在非药品类易制毒化学品生产、经营许可证有效期内出现下列情形之一的，应当向原许可证颁发管理部门申请变更许可证：

（一）单位法定代表人或者主要负责人改变；

（二）单位名称改变；

（三）许可品种主要流向改变；

（四）需要增加许可品种、数量。

属于本条第（一）、（三）项的变更，应当自发生改变之日起20个工作日内提出申请；属于本条第（二）项的变更，应当自工商营业执照变更后提出申请。

申请本条第（一）项的变更，应当提供变更后的法定代表人或者主要负责人符合本办法第七条第（五）、（六）项或第八条第（四）项要求的有关证明材料；申请本条第（二）项的变更，应当提供变更后的工商营业执照副本（复印件）；申请本条第（三）项的变更，生产、经营单位应当分别提供主要流向改变说明、第八条第（三）项要求的有关资料；申请本条第（四）项的变更，应当提供本办法第七条第（二）、（三）、（八）项或第八条第（二）、（三）、（六）项要求的有关资料。

第十四条 对已经受理的本办法第十三条第（一）、（二）、（三）项的变更申请，许可证颁发管理部门在对申请人提交的文件、资料审核后，即可办理非药品类易制毒化学品生产、经营许可证变更手续。

对已经受理的本办法第十三条第（四）项的变更申请，许可证颁发管理部门应当按照本办法第十条、第十一条的规定，办理非药品类易制毒化学品生产、经营许可证变更手续。

第十五条 非药品类易制毒化学品生产、经营单位原有技术或者销售人员、管理人员变动的，变动人员应当具有相应的安全生产和易制毒化学品知识。

第十六条 第一类非药品类易制毒化学品生产、经营单位不再生产、经营非药品类易制毒化学品时，应当在停止生产、经营后3个月内办理注销许可手续。

第三章　生产、经营备案

第十七条 生产、经营第二类、第三类非药品类易制毒化学品的，必须进行非药品类易制毒化学品生产、经营备案。

第十八条 生产第二类、第三类非药品类易制毒化学品的，应当自生产之日起30个工作日内，将生产的品种、数量等情况，向所在地的设区的市级人民政府安全生产监督管理部门备案。

经营第二类非药品类易制毒化学品的，应当自经营之日起30个工作日内，将经营的品种、数量、主要流向等情况，向所在地的设区的市级人民政府安全生产监督管理部门备案。

经营第三类非药品类易制毒化学品的，应当自经营之日起30个工作日内，将经营的品种、数量、主要流向等情况，向所在地的县级人民政府安全生产监督管理部门备案。

第十九条 第二类、第三类非药品类易制毒化学品生产单位进行备案时，应当提交下列资料：

（一）非药品类易制毒化学品品种、产量、销售量等情况的备案申请书；

（二）易制毒化学品管理制度；

（三）产品包装说明和使用说明书；

（四）工商营业执照副本（复印件）。

属于危险化学品生产单位的，还应当提交危险化学品生产企业安全生产许可证和危险化学品登记证（复印件），免于提交本条第（四）项所要求的文件、资料。

第二十条　第二类、第三类非药品类易制毒化学品经营单位进行备案时，应当提交下列资料：

（一）非药品类易制毒化学品销售品种、销售量、主要流向等情况的备案申请书；

（二）易制毒化学品管理制度；

（三）产品包装说明和使用说明书；

（四）工商营业执照副本（复印件）。

属于危险化学品经营单位的，还应当提交危险化学品经营许可证，免于提交本条第（四）项所要求的文件、资料。

第二十一条　第二类、第三类非药品类易制毒化学品生产、经营备案主管部门收到本办法第十九条、第二十条规定的备案材料后，应当于当日发给备案证明。

第二十二条　第二类、第三类非药品类易制毒化学品生产、经营备案证明有效期为3年。有效期满后需继续生产、经营的，应当在备案证明有效期满前3个月内重新办理备案手续。

第二十三条　第二类、第三类非药品类易制毒化学品生产、经营单位的法定代表人或者主要负责人、单位名称、单位地址发生变化的，应当自工商营业执照变更之日起30个工作日内重新办理备案手续；生产或者经营的备案品种增加、主要流向改变的，在发生变化后30个工作日内重新办理备案手续。

第二十四条　第二类、第三类非药品类易制毒化学品生产、经营单位不再生产、经营非药品类易制毒化学品时，应当在终止生产、经营后3个月内办理备案注销手续。

第四章　监督管理

第二十五条　县级以上人民政府安全生产监督管理部门应当加强非药品类易制毒化学品生产、经营的监督检查工作。

县级以上人民政府安全生产监督管理部门对非药品类易制毒化学品的生产、经营活动进行监督检查时，可以查看现场、查阅和复制有关资料、记录有关情况、扣押相关的证据材料和违法物品；必要时，可以临时查封有关场所。

被检查的单位或者个人应当如实提供有关情况和资料、物品，不得拒绝或者隐匿。

第二十六条　生产、经营单位应当于每年3月31日前，向许可或者备案的安全生产监督管理部门报告本单位上年度非药品类易制毒化学品生产经营的品种、数量和主要流向等情况。

安全生产监督管理部门应当自收到报告后10个工作日内将本行政区域内上年度非药品类易制毒化学品生产、经营汇总情况报上级安全生产监督管理部门。

第二十七条　各级安全生产监督管理部门应当建立非药品类易制毒化学品许可和备案档案并加强信息管理。

第二十八条　安全生产监督管理部门应当及时将非药品类易制毒化学品生产、经营许可及吊销许可情况，向同级公安机关和工商行政管理部门通报；向商务主管部门通报许可证和备案证明颁发等有关情况。

第五章　罚则

第二十九条　对于有下列行为之一的，县级以上人民政府安全生产监督管理部门可以自《条例》第三十八条规定的部门作出行政处罚决定之日起的3年内，停止受理其非药品类易制毒化学品生产、经营许可或备案申请：

（一）未经许可或者备案擅自生产、经营非药品类易制毒化学品的；

（二）伪造申请材料骗取非药品类易制毒化学品生产、经营许可证或者备案证明的；

（三）使用他人的非药品类易制毒化学品生产、经营许可证或者备案证明的；

（四）使用伪造、变造、失效的非药品类易制毒化学品生产、经营许可证或者备案证明的。

第三十条　对于有下列行为之一的，由县级以上人民政府安全生产监督管理部门给予警告，责令限期改正，处1万元以上5万元以下的罚款；对违反规定生产、经营的非药品类易制毒化学品，可以予以没收；逾期不改正的，责令限期停产停业整顿；逾期整顿不合格的，吊销相应的许可证：

（一）易制毒化学品生产、经营单位未按规定建立易制毒化学品的管理制度和安全管理制度的；

（二）将许可证或者备案证明转借他人使用的；

（三）超出许可的品种、数量，生产、经营非药品类易制毒化学品的；

（四）易制毒化学品的产品包装和使用说明书不符合《条例》规定要求的；

（五）生产、经营非药品类易制毒化学品的单位不如实或者不按时向安全生产监督管理部门报告年度生产、经营等情况的。

第三十一条　生产、经营非药品类易制毒化学品的单位或者个人拒不接受安全生产监督管理部门监督检查的，由县级以上人民政府安全生产监督管理部门责令改正，对直接负责的主管人员以及其他直接责任人员给予警告；情节严重的，对单位处1万元以上5万元以下的罚款，对直接负责的主管人员以及其他直接责任人员处1 000元以上5 000元以下的罚款。

第三十二条　安全生产监督管理部门工作人员在管理工作中，有滥用职权、玩忽职守、徇私舞弊行为或泄露企业商业秘密的，依法给予行政处分；构成犯罪的，依法追究刑事责任。

第六章　附则

第三十三条　非药品类易制毒化学品生产许可证、经营许可证和备案证明由国家安全生产监督管理总局监制。

非药品类易制毒化学品年度报告表及许可、备案、变更申请书由国家安全生产监督管理总局规定式样。

第三十四条　本办法自2006年4月15日起施行。

二〇〇六年四月五日

尾矿库安全监督管理规定

国家安全生产监督管理总局令第6号

第一条　为了预防和减少尾矿库生产安全事故，保障人民群众生命和财产安全，根据《安全生产法》、《矿山安全法》和有关法律、行政法规，制定本规定。

第二条　尾矿库的建设、运行、闭库和闭库后再利用及其安全监督管理，适用本规定。

核工业矿山和其他具有放射性物质的尾矿库安全监督管理工作，不适用本规定。

第三条　尾矿库建设、运行、闭库和闭库后再利用的安全技术要求以及尾矿库等级划分标准，按照《尾矿库安全技术规程》（AQ 2006—2005）执行。

第四条　国家安全生产监督管理总局负责对国务院或者国务院有关部门审批、核准、备案的尾矿库建设项目进行安全设施设计审查和竣工验收。

前款规定以外的其他尾矿库建设项目安全设施设计审查和竣工验收，由省级安全生产监督管理部门按照分级管理的原则作出规定。

省级安全生产监督管理部门负责总库容100万立方米（含100万）以上尾矿库的安全监督管理；地（市）级安全生产监督管理部门负责总库容100万立方米以下尾矿库的安全监督管理，并可以结合实际情况委托县级安全生产监督管理部门进行监督管理。

第五条　生产经营单位负责组织建立、健全尾矿库安全生产责任制，制定完备的安全生产规章制度和操作规程，实施安全管理。

第六条　生产经营单位应当保证尾矿库具备安全生产条件所必需的资金投入，配备相应的安全管理机构或者安全管理人员，并配备与工作需要相适应的专业技术人员或者具有相应工作能力的人员。

第七条　生产经营单位应当针对垮坝、漫顶等生产安全事故和重大险情制定应急救援预案，并进行预案演练。

第八条　生产经营单位应当建立尾矿库工程档案，特别是隐蔽工程的档案，并长期保管。

尾矿库施工应当执行有关法律、法规和国家标准、行业标准的规定，严格按照设计施工，做好施工记录，确保工程质量。

第九条　从事尾矿库放矿、筑坝、排洪和排渗设施操作的专职作业人员必须取得特种作业人员操作资格证书，方可上岗作业。

第十条　尾矿库的勘察、设计、安全评价、施工及施工监理等应当由具有相应资质的单位承担。

第十一条　尾矿库建设项目包括新建、改建、扩建、闭库以及在用尾矿库回采再利用和闭库后再利用的尾矿库建设工程。

尾矿库建设项目安全设施设计审查与竣工验收应当符合《非煤矿矿山建设项目安全设施设计

审查与竣工验收办法》及有关法律、法规的规定。

第十二条 尾矿库工程设计应当包括安全专篇。安全专篇应当对尾矿库及尾矿坝稳定性、尾矿库防洪能力及排洪设施和安全观测设施的可靠性进行充分论证。

第十三条 尾矿库建设项目应当进行安全设施设计并经审查合格，方可施工。无安全设施设计或者安全设施设计未通过审查，不得施工。

已经投入生产运营的尾矿库无正规设计或者资料不齐全的，生产经营单位应当在安全生产监督管理部门规定的限期内进行必要的勘测，补齐必要的资料。

第十四条 对涉及尾矿库库址、等别、尾矿坝坝型、排洪方式等重大设计方案变更时，应当报经尾矿库建设项目安全设施设计的原审批部门批准。

第十五条 施工中需要对设计进行局部修改的，应当经原设计单位认可；对设计进行重大修改的，应当由原设计单位重新设计，并报尾矿库建设项目安全设施设计的原审批部门批准。

第十六条 生产经营单位应当按照《非煤矿矿山企业安全生产许可证实施办法》的有关规定，为其尾矿库申请领取安全生产许可证。未依法取得安全生产许可证的尾矿库，不得生产运行。

新建尾矿库建设项目经验收合格后，生产经营单位在申请尾矿库安全生产许可证时，对于验收申请时已提交的符合颁证条件的文件、资料可以不再提交；安全生产监督管理部门在审核颁发安全生产许可证时，可以不再审查。

第十七条 对生产运行中的尾矿库，未经技术论证和安全生产监督管理部门的批准，任何单位和个人不得对下列事项进行变更：

（一）筑坝方式；

（二）坝型、坝外坡坡比、最终堆积标高和最终坝轴线的位置；

（三）坝体防渗、排渗及反滤层的设置；

（四）排洪系统的型式、布置及尺寸；

（五）设计以外的尾矿、废料或者废水进库等。

第十八条 尾矿库应当每三年至少进行一次安全评价。安全评价包括现场调查、收集资料、危险因素识别、相关安全性验算和编写安全评价报告。

尾矿库安全评价工作应有能够进行尾矿坝稳定性验算、尾矿库水文计算、构筑物计算的专业技术人员参加。

第十九条 尾矿库经过安全评价被确定为危库、险库和病库的，生产经营单位应当分别采取下列措施：

（一）确定为危库或者出现严重险情威胁尾矿库安全的，应当立即停产，进行抢险，并向上级单位和安全生产监督管理部门报告；

（二）确定为险库的，应当在限定的时间内消除险情；

（三）确定为病库的，应当在限定的时间内按照正常库标准进行整治，消除事故隐患。

第二十条 尾矿库出现下列重大险情之一的，生产经营单位应当立即报告安全生产监督管理部门和当地政府，并启动应急预案，进行应急抢险救援，防止险情扩大，避免人员伤亡：

（一）坝体出现严重的管涌、流土等现象，威胁坝体安全的；

（二）坝体出现严重裂缝、坍塌和滑动迹象，有垮坝危险的；

（三）库内水位超过限制的最高洪水位，有洪水漫顶危险的；

（四）在用排水井倒塌或者排水管（洞）坍塌堵塞，丧失或者降低排洪能力的；

（五）其他危及尾矿库安全的险情。

第二十一条 尾矿库发生坝体坍塌、洪水漫顶等事故时，生产经营单位应当启动应急预案，进行事故抢救，防止事故扩大，避免和减少人员伤亡，并立即报告安全生产监督管理部门和当地政府。

第二十二条 未经尾矿库管理单位同意、技术论证及原尾矿库建设审批的安全生产监督管理部门批准，任何单位和个人不得在库区从事爆破、采砂等危害尾矿库安全的活动。

第二十三条 尾矿库闭库工作及闭库后的安全管理由原生产经营单位负责。对解散或者关闭破产的生产经营单位，其已关闭或者废弃的尾矿库的管理工作，由生产经营单位出资人或者其上级主管部门负责；无上级主管部门或者出资人不明确的，由县级以上人民政府指定管理单位。

第二十四条 生产经营单位申请尾矿库闭库验收，应当具备下列条件：

（一）尾矿库已停止使用；

（二）闭库安全评价报告已报安全生产监督管理部门备案；

（三）尾矿库闭库设计已经安全生产监督管理部门批准；

（四）有完备的闭库工程施工记录、竣工报告、竣工图和施工监理报告等；

（五）其他相关事项。

第二十五条 生产经营单位向安全生产监督管理部门提交尾矿库闭库工程安全设施验收申请报告，应当包括下列内容及资料：

（一）尾矿库库址所在行政区域位置、占地面积及尾矿库下游村庄、居民等情况；

（二）尾矿库建设和运行时间以及在建设和运行中曾出现的重大问题和处理措施；

（三）尾矿库主要技术参数，包括堆坝方式、坝高、总库容、尾矿堆积量、防洪排水型式等；

（四）闭库安全评价报告；

（五）闭库设计及审批文件；

（六）闭库设计的主要工程措施和闭库工程施工概况；

（七）闭库工程竣工报告及竣工图；

（八）施工监理报告；

（九）其他相关资料。

第二十六条 安全生产监督管理部门的工作人员，未依法履行安全监督管理职责，按照有关规定给予行政处分。

第二十七条 尾矿库管理单位违反本规定，有下列行为之一的，由安全生产监督管理部门责令改正，并处2万元以下的罚款；情节严重的，责令其对尾矿库实施停产整顿；对主管人员和直接责任人员由其所在单位或者上级主管单位给予行政处分；构成犯罪的，依法追究刑事责任：

（一）未按有关规定对职工进行安全教育、培训，分配职工上岗作业的；

（二）特种作业人员未按照规定经专门的安全作业培训并取得特种作业人员操作资格证书，上岗作业的；

（三）拒绝安全生产监督管理人员现场检查或者在被检查时隐瞒事故隐患、不如实反映情况的；

（四）未按照规定及时、如实报告尾矿库事故或者重大险情的。

第二十八条 本规定第二十六条、第二十七条以外的其他违法行为，依照《安全生产法》和

《非煤矿矿山建设项目安全设施设计审查与竣工验收办法》、《非煤矿矿山企业安全生产许可证实施办法》等规章的有关规定进行处罚。

第二十九条 本规定自 2006 年 6 月 1 日起施行，原国家经济贸易委员会 2000 年颁布的《尾矿库安全管理规定》同时废止。

二〇〇六年四月二十一日

五、国家安全生产监督管理总局发布的其他重要文件

关于做好生产安全事故调查处理及有关工作的通知

安监总协调字［2005］32 号

各省、自治区、直辖市、计划单列市及新疆生产建设兵团安全生产监督管理局，各省级煤矿安全监察机构，国务院有关部门安全监管机构，中央管理的有关企业：

为进一步贯彻落实《安全生产法》等安全生产的法律、法规，加强事故（含未遂事故）的调查处理工作，强化安全生产综合监管和舆论监督，现就有关问题通知如下：

一、加强特大、特别重大事故的调查处理工作

一次死亡 30 人以上（含 30 人）的特别重大事故和经济损失巨大、社会影响恶劣或国务院领导有明确指示的特大事故，按国家现行有关规定，由国家安全生产监督管理总局（以下称安全监管总局）组织调查。事故调查的有关事项仍按《国务院特别重大事故调查程序暂行规定》（国务院第 34 号令）和《企业职工伤亡事故报告和处理暂行规定》（国务院第 75 号令）执行。事故调查报告报请国务院审批，安全监管总局下达结案通知。

事故发生地省、自治区、直辖市人民政府安全生产监督管理部门负责组织调查处理的一次死亡 10～29 人的特大事故，事故调查结束后，省级安全监管部门要向安全监管总局汇报事故调查处理情况，听取安全监管总局意见后，将事故调查报告报请省、自治区、直辖市人民政府批复，同时报安全监管总局备案。煤矿特大事故的调查处理，仍按国家现行规定办理，由国家煤矿安监局批复。

二、加强未遂事故的调查处理工作

各地区、各有关部门和单位要认真贯彻“安全第一，预防为主”的方针，加强对未遂事故的调查处理工作。凡发生社会影响较大、涉险人数 50 人以上或可能造成很大经济损失的特别重大未遂事故（包括民航发生的飞行征候），以及媒体向社会披露的特大未遂事故，国务院有关部门、省级安全监管部门和煤矿安全监察机构以及中央管理的工矿商贸企业应及时将未遂事故报安全监管总局（煤矿未遂事故报国家煤矿安全监察局）。安全监管总局主管业务司和调度中心或国家煤矿安全监察局要跟踪了解有关情况，督促整改措施的落实。

三、加强对事故调查处理情况的监督检查

各级安全监管部门和煤矿安全监察机构要会同同级人民政府监察等有关部门采取定期检查、重点抽查等方式，加强对事故调查处理工作尤其是对责任追究落实情况和防范、整改措施的监督检查，及时发现问题，予以纠正。同时，要将检查结果向同级人民政府报告，对问题严重和责任追究、防范措施、整改措施不落实的，要建议同级人民政府追究有关领导人员的责任。

四、加强事故信息的管理工作

各省（区、市）安全监管部门、煤矿安全监察机构和国务院有关部门及中央管理的工矿商贸企业，凡发生一次死亡 10 人以上（含 10 人）的特大事故，要及时将事故信息报安全监管总局。省级地方政府和国务院有关部门直接将事故信息报送国务院的，请同时抄送安全监管总局。接到事故信息报告后，由安全监管总局提出处理意见，并按程序上报。根据党中央、国务院领导的批示精神，安全监管总局负责做好落实实施工作，并将实施过程中的重要进展情况及时报告国务院。

五、做好事故信息的披露与报道工作

一次死亡 30 人以上（含 30 人）的特别重大事故，党中央、国务院领导同志有明确批示的特大事故以及社会影响大的未遂事故的有关信息和情况，由安全监管总局商有关部门在中央新闻媒体上予以披露、报道与曝光。一次死亡 30 人以下（不含 30 人）的事故和一般未遂事故的有关信息和情况，由省级以下安全监管部门或煤矿安全监察机构商有关部门在当地相关新闻媒体上予以披露、报道与曝光。

六、建立并不断完善事故通报制度

对特别重大事故、典型的特大事故和一个月内在一个省（区、市）发生 3 起以上（含 3 起）一次死亡 10～29 人以上特大事故的，安全监管总局要将有关情况通报全国，并在中央新闻媒体上予以曝光。同时，向国务院有关部门发出督办函，促其加强本行业的安全监管工作，控制事故发生。凡中央企业发生一次死亡 10 人以上（含 10 人）事故的，除通报发生事故的中央企业外，要向国务院负责安全监管的有关主管部门和企业的出资人机构发出督办函，督促其加强安全监管，采取有效措施，改进安全工作。各级安全监管部门和煤矿安全监察机构也要建立健全相关制度，及时对相关事故予以通报，督促各有关方面和单位改进和加强安全生产工作。

七、做好安全生产的新闻发布工作

各级安全监管部门要会同同级人民政府新闻主管部门，定期召开所在地区安全生产新闻发布会，向媒体、社会通报和发布有关安全生产情况和信息。遇有特殊或紧急情况，如发生社会影响较大的事故等，可随时召开新闻发布会。

二〇〇五年四月三十日

关于做好非煤矿矿山企业安全生产许可证颁发管理工作有关问题的通知

安监总厅［2005］51号

各省、自治区、直辖市及新疆生产建设兵团安全生产监督管理局：

《安全生产许可证条例》颁布实施以来，各地在非煤矿矿山安全许可证颁发管理方面制定了相关办法、建立了颁证机构、开展了培训工作和认定临时中介机构资质等，做了大量工作，取得了一定进展。2004年5月，国家安全生产监督管理局颁发了《非煤矿矿山企业安全生产许可证实施办法》，对全国非煤矿矿山企业安全生产许可证的申请、审查和颁发管理工作进行了统一规范。但在实际工作中也出现了一些问题，需要在实践中不断总结和完善。根据总局工作安排，为推进非煤矿矿山安全生产许可制度的贯彻执行，现就做好非煤矿矿山安全生产许可证颁发管理工作有关问题通知如下：

一、提高认识，坚定颁证工作信心

实施安全生产行政许可制度，是加强安全生产监管工作，提高非煤矿矿山准入门槛，从源头上防范和减少事故的重要举措。安全生产许可是安全监管中一项基础性的工作，充分运用好行政许可制度，是反映安全监管部门行政执法能力的一个重要标志。

但是，从近期的统计数据情况看，全国非煤矿矿山企业申报安全生产许可证的仅有15 421个，占现有10.16万个非煤矿矿山的15%；已颁发非煤矿矿山企业安全生产许可证6 201个，仅占全国非煤矿矿山的6%；有的省（区）甚至没有一个非煤矿矿山企业提出申请，或者尚未颁发非煤矿矿山企业安全生产许可证。为此，要提高实施安全生产许可制度重要性的认识，坚决维护法律法规的严肃性和权威性，进一步增强做好安全生产行政许可工作的责任感和紧迫感。

开展非煤矿矿山企业安全生产许可证颁发工作以来，出现了一些问题和困难，应当正确对待。要坚定不怕困难和勇于解决问题的决心，树立做好安全许可工作的信心，坚持实施安全生产许可制度不动摇。同时，还要坚持依法行政，积极负责地开展审查颁证工作。各级安全监管部门要将非煤矿矿山安全生产许可工作摆上重要日程，集中精力，务必抓紧抓好。

二、树立服务思想，大力宣传安全生产许可制度

开展安全生产许可制度的宣传贯彻工作，是推动当前颁证工作的一项重要措施。目前，非煤矿矿山企业申报许可证的数量过少，其原因之一就是宣传贯彻安全生产许可制度的工作尚不到位。要使所有非煤矿矿山企业树立起依法办矿、依法生产的意识，认识到未依法取得安全生产许可证，其生产行为就是违法，就要受到相应的法律处罚和制裁。对此，各级安全监管部门有责任就有关

安全生产方面的法律法规进行宣传和培训，要让符合条件或者经过努力可以达到颁证条件的企业领到安全生产许可证，做到持证生产并安全生产；同时，依法采取强制措施，让不具备安全生产条件的企业退出生产领域。

从为企业服务的指导思想出发，各级安全监管部门应积极主动地开展工作，包括了解企业的实际状况，指导企业改进安全设施和条件，督促企业落实整改措施等。通过这些必要的工作，企业再不依法申报安全生产许可证，各级安全监管部门就应当依法采取相应措施。要依法关停那些存在重大事故隐患的矿山，必须把“安全第一，预防为主”的方针真正落到实处。

三、因地制宜，积极采取有效措施

非煤矿矿山企业点多面广，特别是小矿山基础条件差，存在的问题多，各级安全监管部门应当正视非煤矿矿山的这个基本现状。要本着实事求是的精神，依照法律法规的规定，因地制宜，采取多种措施，千方百计地做好非煤矿矿山企业安全生产许可工作；要坚决杜绝无所作为的现象，克服等待、观望的消极情绪。

目前，有些省针对人手少、任务重的问题，将一些非煤小矿山的受理、审查工作委托到基层安全监管部门，以减轻省级安全监管部门的工作压力，也有利于加快颁证工作的进度。有的省根据本省实际，对危险性较大设备的检测检验工作，在国家尚未颁发相关规定前，采取了相应办法。还有其它一些根据本地实际采取的相应措施，在当前情况下，比较妥善地解决了审查颁证工作中的问题，值得各地学习和借鉴。

四、加大工作力度，制定具体实施方案

为做好下一步安全生产许可工作，省级安全监管部门要切实履行职责，加大工作力度，根据有关法规的规定，制定具体实施方案，要针对颁证工作中存在的问题，研究制定切实可行的具体目标、任务、办法和措施；按照总局的统一部署，务必于7月10日之前将本省（区、市）的非煤矿矿山企业安全生产许可工作计划和具体实施方案报送总局（监管一司）。在上报的实施方案中，针对本省实际情况，提出加快发证工作的具体解决办法，包括对首次申请许可证的企业，经审查不符合许可条件的要明确适当期限，促其整改；对经限期整改仍不符合条件的，要依法采取停产或关闭等相应措施。

对于矿泉水、地热、粘土矿、采砂等危险性较低的非煤矿矿山企业，依照《安全生产许可证条例》规定，必须依法实施安全生产许可证制度。各地不得擅自决定不发或者暂时不发安全生产许可证。各级安全监管部门应当按照《非煤矿矿山安全生产许可证实施办法》等相关规定，结合本地实际制定相应办法，抓紧开展颁证工作。

五、准确获取信息，强化安全许可信息管理

各地要正确理解“企业申请”的含义，并做到准确统计各相关数据。目前，有些省级安全监管部门将未受理的企业申请，排除在“企业申请”的统计数据之外，应当予以纠正。为此，请各地对许可证信息统计数据进行清理，凡是企业向安全监管部门提出安全生产许可证申请的，不论是否受理和向哪一级申请，都要作为“企业申请”数据予以统计，省级安全监管部门应当及时掌握并记录在案，要区别不同情况，以分清相关责任。

按照总局有关非煤矿矿山企业安全生产许可证信息管理工作的要求，各级安全监管部门要充

分认识信息管理工作在安全监管工作中的基础性作用，配备专门人员和相应设备，做到及时、准确、全面地报送各相关信息，特别要推动市、县安全监管部门的基础信息采集工作，做好为上级领导部门决策提供参考依据的工作。

六、保证质量，加快颁证工作进度

根据《安全生产许可证条例》中有关许可证申请办理期限的规定，企业申报的期限已过。各地一定要加大工作力度，集中精力完成安全生产许可工作任务。同时，要正确处理质量和进度的关系，在保证颁证工作质量的前提下，加快颁证工作进度。各级安全监管部门一定要切实履行职责，积极推进非煤矿矿山企业安全生产许可工作，为防范生产安全事故发生和促进安全生产形势稳定好转做出贡献。

二〇〇五年六月二十二日

关于认真做好重大危险源监督管理工作的通知

安监总协调字［2005］62号

各省、自治区、直辖市及新疆生产建设兵团安全生产监督管理局：

为全面贯彻落实全国重大危险源监督管理工作现场会议精神，推动重大危险源监督管理工作的深入开展，现就有关事项通知如下：

一、切实把重大危险源监督管理工作摆在重要位置抓紧抓好

各地要深入贯彻全国重大危险源监督管理工作现场会议精神，从构建和谐社会，树立和落实科学发展观的高度，充分认识做好重大危险源监督管理工作的重要性和必要性。要把做好重大危险源监督管理工作作为转变安全生产监管方式、创新安全生产监管手段、提高安全生产监管效果的重要途径，真正把重大危险源监督管理工作摆在重要位置；作为安全生产领域的一项基础工程，一项治本之策，一项长久任务，切实加强领导，认真抓好落实。凡没有启动此项工作的地区，要尽快明确领导分工，建立工作机构，健全工作制度，制定工作方案，落实工作责任；已经启动的地区要加快工作进度，完善工作制度，理顺工作体制，确保工作质量。

各地要认真学习借鉴无锡市等单位的经验与做法，并结合本地实际，逐步建立本区域重大危险源信息管理系统，建立强有力的技术保障体系，健全监督管理网络体系。要运用现代信息技术逐步建立政府重大危险源信息管理和预警监控平台，了解和掌握辖区内重大危险源的数量和分布状况，对重大危险源实施有效预警监控，提高安全生产监管水平与效果。

请各单位于7月15日之前将贯彻落实全国重大危险源监督管理工作现场会的情况报送总局协调司。

二、全面落实企业重大危险源管理监控的主体责任

企业是安全生产的主体，也是重大危险源管理监控的主体，在重大危险源管理与监控中负有重要责任。各级安全生产监督管理部门要监督检查并指导督促企业做好以下工作：一是要做好重大危险源登记建档工作，如实向安全监管部门申报。二是要保证重大危险源安全管理与监控所必需的资金投入。三是要建立健全本单位重大危险源安全管理规章制度，落实重大危险源安全管理和监控责任，制定重大危险源安全管理与监控的实施方案。四是要对从业人员进行安全教育和技术培训，使其掌握本岗位的安全操作技能和在紧急情况下应当采取的应急措施。五是要在重大危险源现场设置明显的安全警示标志，并加强重大危险源的监控和有关设备、设施的安全管理。六是要对重大危险源的工艺参数、危险物质进行定期的检测，对重要的设备、设施进行经常性的检测、检验，并做好检测、检验纪录。七是要对重大危险源的安全状况进行定期检查，并建立重大危险源安全管理档案。八是要对存在事故隐患和缺陷的重大危险源认真进行整改，不能立即整改的，必须采取切实可行的安全措施，防止事故发生。九是要制定重大危险源应急救援预案，落实

应急救援预案的各项措施。十是要贯彻执行国家、地区、行业的技术标准，推动技术进步，不断改进监控管理手段，提高监控管理水平，提高重大危险源的安全稳定性。

三、规范有序、稳步推进重大危险源信息管理与监控系统建设

各地要严格按照原国家安全监管局《关于开展重大危险源监督管理工作的指导意见》、《关于进一步加强和规范重大危险源监督管理工作的通知》要求和全国重大危险源监督管理工作现场会的部署，认真开展重大危险源普查登记和管理监控工作。凡总局有明确统一要求的，各地要认真贯彻执行。为了规范有序、稳步推进重大危险源信息管理与监控系统建设，为各地提供技术服务，截至目前，全国共有8家单位按照《关于进一步加强和规范重大危险源监督管理工作的通知》要求，向总局申报了重大危险源监督管理软件（名单附后），并已经通过了总局组织的专家组的应用技术审查。各地在开展重大危险源监督管理工作、建立信息网络过程中，要避免重复开发、资源浪费，可通过市场运作方式选择研发单位的软件，以确保重大危险源申报登记、辨识评价和管理监控各个环节的标准统一、数据规范和系统兼容。已通过总局组织的专家组应用技术审查的研发单位要不断改进和提高产品质量，降低成本，提供优质服务。

四、进一步加大执法检查力度

各级安全监管部门要依法加大监督检查力度，督促企业开展重大危险源的普查、建档、检测、评估，切实履行重大危险源的监督管理制度。要重点检查企业贯彻执行国家有关法规、标准和加强重大危险源监控管理的情况，以及对存在隐患和缺陷的重大危险源的整改情况。对在监督检查中发现重大危险源存在事故隐患的，要责令企业立即整改；在整改前或者整改中无法保证安全的，要责令企业从危险区域内撤出作业人员，暂时停产、停业或者停止使用；难以立即整改的，要限期完成整改，并督促企业采取有效的防范、监控措施。对因重大危险源监控不力、管理失控酿成事故的，要依照有关规定严格追究企业和相关人员的责任。

五、认真做好宣传培训工作

各地在开展重大危险源监督管理工作中，要严格执行重大危险源监督管理制度，切实做好相关的技术培训工作，通过培训，使企业主要负责人、职工学习和掌握重大危险源监督管理的政策理论、方法和相关法规、标准，掌握开展重大危险源监督管理所必备的业务知识和技能，了解做好重大危险源管理监控工作的重要意义，从而进一步提高认识，转变观念，改进工作方式。要加大宣传力度，在报刊、杂志和网站上大力宣传各地、各单位开展重大危险源监督管理工作的先进经验和有效做法，宣传重大危险源的有关法规标准、政策规定和技术知识，为深入开展重大危险源监督管理工作营造良好的工作氛围。

为了推进重大危险源监督管理制度的实施，提高对事故的防范能力和对安全生产事故的控制力，总局将于年底前组织一次专项的监督检查，重点检查各地安全监管部门开展重大危险源监督管理工作的情况，并将在《全国安全生产简报》中予以通报。

附件：通过应用技术审查的重大危险源监督管理软件单位名单（略）

二〇〇五年六月二十七日

关于印发《煤矿重大安全生产隐患认定办法（试行）》的通知

安监总煤矿字［2005］133号

各省、自治区、直辖市及新疆建设兵团安全生产监督管理局、煤矿安全监管部门，各省级煤矿安全监察机构，神华集团公司、中国中煤能源集团公司：

为进一步贯彻《国务院关于预防煤矿生产安全事故的特别规定》（国务院令第446号，以下简称《特别规定》）和《国务院办公厅关于坚决整顿关闭不具备安全生产条件和非法煤矿的紧急通知》（国办发明电［2005］21号）精神，国家安全生产监督管理总局和国家煤矿安全监察局对《特别规定》第八条第二款所列15种重大安全生产隐患进行了分解细化，制定了《煤矿重大安全生产隐患认定办法（试行）》。现印发给你们，请遵照执行。

请各省（区、市）煤矿安全监管部门负责将本通知转发辖区内各产煤市（地）、县（市）、乡（镇）人民政府及煤矿企业。

二〇〇五年九月二十六日

煤矿重大安全生产隐患认定办法（试行）

第一条 为了准确认定、及时消除重大安全生产隐患和违法行为，根据《安全生产法》和《国务院关于预防煤矿生产安全事故的特别规定》等法律、法规，制定本办法。

第二条 本办法适用于各类煤矿重大安全生产隐患的认定。

第三条 “超能力、超强度或者超定员组织生产”，是指有下列情形之一的：

（一）矿井全年产量超过矿井核定生产能力的；

（二）矿井月产量超过当月产量计划10%的；

（三）一个采区内同一煤层布置3个（含3个）以上回采工作面或5个（含5个）以上掘进工作面同时作业的；

（四）未按规定制定主要采掘设备、提升运输设备检修计划或者未按计划检修的；

（五）煤矿企业未制定井下劳动定员或者实际入井人数超过规定人数的。

第四条 “瓦斯超限作业”，是指有下列情形之一的：

（一）瓦斯检查员配备数量不足的；

（二）不按规定检查瓦斯，存在漏检、假检的；

（三）井下瓦斯超限后不采取措施继续作业的。

第五条　“煤与瓦斯突出矿井，未依照规定实施防突出措施”，是指有下列情形之一的：

（一）未建立防治突出机构并配备相应专业人员的；

（二）未装备矿井安全监控系统和抽放瓦斯系统，未设置采区专用回风巷的；

（三）未进行区域突出危险性预测的；

（四）未采取防治突出措施的；

（五）未进行防治突出措施效果检验的；

（六）未采取安全防护措施的；

（七）未按规定配备防治突出装备和仪器的。

第六条　“高瓦斯矿井未建立瓦斯抽放系统和监控系统，或者瓦斯监控系统不能正常运行”，是指有下列情形之一的：

（一）1个采煤工作面的瓦斯涌出量大于5米3/分钟或1个掘进工作面瓦斯涌出量大于3米3/分钟，用通风方法解决瓦斯问题不合理而未建立抽放瓦斯系统的；

（二）矿井绝对瓦斯涌出量达到《煤矿安全规程》第145条第（二）项规定而未建立抽放瓦斯系统的；

（三）未配备专职人员对矿井安全监控系统进行管理、使用和维护的；

（四）传感器设置数量不足、安设位置不当、调校不及时，瓦斯超限后不能断电并发出声光报警的。

第七条　“通风系统不完善、不可靠”，是指有下列情形之一的：

（一）矿井总风量不足的；

（二）主井、回风井同时出煤的；

（三）没有备用主要通风机或者两台主要通风机能力不匹配的；

（四）违反规定串联通风的；

（五）没有按正规设计形成通风系统的；

（六）采掘工作面等主要用风地点风量不足的；

（七）采区进（回）风巷未贯穿整个采区，或者虽贯穿整个采区但一段进风、一段回风的；

（八）风门、风桥、密闭等通风设施构筑质量不符合标准、设置不能满足通风安全需要的；

（九）煤巷、半煤岩巷和有瓦斯涌出的岩巷的掘进工作面未装备甲烷风电闭锁装置或者甲烷断电仪和风电闭锁装置的。

第八条　“有严重水患，未采取有效措施”，是指有下列情形之一的：

（一）未查明矿井水文地质条件和采空区、相邻矿井及废弃老窑积水等情况而组织生产的；

（二）矿井水文地质条件复杂没有配备防治水机构或人员，未按规定设置防治水设施和配备有关技术装备、仪器的；

（三）在有突水威胁区域进行采掘作业未按规定进行探放水的；

（四）擅自开采各种防隔水煤柱的；

（五）有明显透水征兆未撤出井下作业人员的。

第九条　“超层越界开采”，是指有下列情形之一的：

（一）国土资源部门认定为超层越界的；

（二）超出采矿许可证规定开采煤层层位进行开采的；

（三）超出采矿许可证载明的坐标控制范围开采的；

（四）擅自开采保安煤柱的。

第十条 “有冲击地压危险，未采取有效措施”，是指有下列情形之一的：

（一）有冲击地压危险的矿井未配备专业人员并编制专门设计的；

（二）未进行冲击地压预测预报、未采取有效防治措施的。

第十一条 “自然发火严重，未采取有效措施”，是指有下列情形之一的：

（一）开采容易自燃和自燃的煤层时，未编制防止自然发火设计或者未按设计组织生产的；

（二）高瓦斯矿井采用放顶煤采煤法采取措施后仍不能有效防治煤层自然发火的；

（三）开采容易自燃和自燃煤层的矿井，未选定自然发火观测站或者观测点位置并建立监测系统、未建立自然发火预测预报制度，未按规定采取预防性灌浆或者全部充填、注隋性气体等措施的；

（四）有自然发火征兆没有采取相应的安全防范措施并继续生产的；

（五）开采容易自燃煤层未设置采区专用回风巷的。

第十二条 “使用明令禁止使用或者淘汰的设备、工艺”，是指有下列情形之一的：

（一）被列入国家应予淘汰的煤矿机电设备和工艺目录的产品或工艺，超过规定期限仍在使用的；

（二）突出矿井在 2006 年 1 月 6 日之前未采取安全措施使用架线式电机车或者在此之后仍继续使用架线式电机车的；

（三）矿井提升人员的绞车、钢丝绳、提升容器、斜井人车等未取得煤矿矿用产品安全标志，未按规定进行定期检验的；

（四）使用非阻燃皮带、非阻燃电缆，采区内电气设备未取得煤矿矿用产品安全标志的；

（五）未按矿井瓦斯等级选用相应的煤矿许用炸药和雷管、未使用专用发爆器的；

（六）采用不能保证 2 个畅通安全出口采煤工艺开采（三角煤、残留煤柱按规定开采者除外）的；

（七）高瓦斯矿井、煤与瓦斯突出矿井、开采容易自燃和自燃煤层（薄煤层除外）矿井采用前进式采煤方法的。

第十三条 “年产 6 万吨以上的煤矿没有双回路供电系统”，是指有下列情形之一的：

（一）单回路供电的；

（二）有两个回路但取自一个区域变电所同一母线端的。

第十四条 “新建煤矿边建设边生产，煤矿改扩建期间，在改扩建的区域生产，或者在其他区域的生产超出安全设计规定的范围和规模”，是指有下列情形之一的：

（一）建设项目安全设施设计未经审查批准擅自组织施工的；

（二）对批准的安全设施设计做出重大变更后未经再次审批并组织施工的；

（三）改扩建矿井在改扩建区域生产的；

（四）改扩建矿井在非改扩建区域超出安全设计规定范围和规模生产的；

（五）建设项目安全设施未经竣工验收并批准而擅自组织生产的。

第十五条 “煤矿实行整体承包生产经营后，未重新取得煤炭生产许可证和安全生产许可证，从事生产的，或者承包方再次转包的，以及煤矿将井下采掘工作面和井巷维修作业进行劳务承包”，是指有下列情形之一的：

（一）生产经营单位将煤矿（矿井）承包或者出租给不具备安全生产条件或者相应资质的单位

或者个人的；

（二）煤矿（矿井）实行承包（托管）但未签订安全生产管理协议或者载有双方安全责任与权力内容的承包合同进行生产的；

（三）承包方（承托方）未重新取得煤炭生产许可证和安全生产许可证进行生产的；

（四）承包方（承托方）再次转包的；

（五）煤矿将井下采掘工作面或者井巷维修作业对外承包的。

第十六条　“煤矿改制期间，未明确安全生产责任人和安全管理机构，或者在完成改制后，未重新取得或者变更采矿许可证、安全生产许可证、煤炭生产许可证和营业执照”，是指有下列情形之一的：

（一）煤矿改制期间，未明确安全生产责任人进行生产的；

（二）煤矿改制期间，未明确安全生产管理机构及其管理人员进行生产的；

（三）完成改制后，未重新取得或者变更采矿许可证、安全生产许可证、煤炭生产许可证、营业执照以及矿长资格证、矿长安全资格证进行生产的。

第十七条　“有其他重大安全生产隐患”，是指省、自治区、直辖市人民政府负责煤矿安全生产监督管理的部门、煤矿安全监察机构，根据实际情况认定的可能造成重大事故的其他重大安全生产隐患。

第十八条　本办法自印发之日起施行。

关于印发《煤矿隐患排查和整顿关闭实施办法（试行）》的通知

安监总煤矿字［2005］134 号

各省、自治区、直辖市及新疆建设兵团安全生产监督管理局、煤矿安全监管部门，各省级煤矿安全监察机构，神华集团公司、中国中煤能源集团公司：

为进一步贯彻《国务院关于预防煤矿生产安全事故的特别规定》（国务院令第 446 号）和《国务院办公厅关于坚决整顿关闭不具备安全生产条件和非法煤矿的紧急通知》（国办发明电［2005］21 号）精神，国家安全生产监督管理总局和国家煤矿安全监察局制定了《煤矿隐患排查和整顿关闭实施办法（试行）》。现印发给你们，请遵照执行。

请各省（区、市）煤矿安全监管部门负责将本通知转发辖区内各产煤市（地）、县（市）、乡（镇）人民政府及煤矿企业。

二〇〇五年九月二十六日

煤矿隐患排查和整顿关闭实施办法（试行）

第一章　总则

第一条　为了排查煤矿安全生产隐患，整顿关闭不具备安全生产条件和非法煤矿，根据《安全生产法》、《国务院关于预防煤矿生产安全事故的特别规定》（以下简称《特别规定》）和《国务院办公厅关于坚决整顿关闭不具备安全生产条件和非法煤矿的紧急通知》（以下简称《紧急通知》）等相关法律、法规及国务院有关文件规定，制定本实施办法。

第二条　煤矿企业是安全生产隐患排查、治理的责任主体，煤矿企业主要负责人（包括一些煤矿企业的实际控制人）对本企业安全生产隐患的排查和治理全面负责。

煤矿企业应当以矿（井）为单位进行安全生产隐患排查、治理，矿（井）主要负责人对安全生产隐患的排查和治理负直接责任。

煤矿实际控制人是指一些煤矿企业生产、经营、安全、投资和人事任免等重大事项的实际决策人，或者对重大决策起决定作用的人。

第三条　县级以上地方人民政府负责煤矿安全生产监督管理的部门对本行政区域内煤矿的重大隐患和违法行为负有日常监督检查和依法查处的职责；煤矿安全监察机构对所辖区域内煤矿的重大隐患和违法行为负有重点监察、专项监察、定期监察和依法查处的职责。

负责颁发采矿许可证、安全生产许可证、煤炭生产许可证、工商营业执照和矿长资格证、矿长安全资格证的部门应当对取得证照的煤矿加强日常监督管理，促使煤矿持续符合取得证照应当具备的条件。

第四条　煤矿停产整顿和关闭取缔工作由省、自治区、直辖市人民政府统一负责，制定本地区煤矿停产整顿和关闭取缔工作方案，并组织实施。

第二章　隐患排查

第五条　本办法所称重大隐患是指《特别规定》第八条第二款所列15种重大安全生产隐患(具体分解细化内容，见《煤矿重大安全生产隐患认定办法》)。煤矿企业有重大隐患的，应当立即停止生产，排除隐患。

第六条　煤矿企业要建立安全生产隐患排查、治理制度，组织职工发现和排除隐患。煤矿主要负责人应当每月组织一次由相关煤矿安全管理人员、工程技术人员和职工参加的安全生产隐患排查。查出的隐患登记建档。

煤矿企业要加强现场监督检查，及时发现和查处违章指挥、违章作业和违反操作规程的行为。发现存在重大隐患，要立即停止生产，并向煤矿主要负责人报告。

第七条　煤矿安全生产隐患实行分级管理和监控。

一般隐患由煤矿主要负责人指定隐患整改责任人，责成立即整改或限期整改。对限期整改的隐患，由整改责任人负责监督检查和整改验收，验收合格后报煤矿主要负责人审核签字备案。

重大隐患由煤矿主要负责人组织制定隐患整改方案、安全保障措施，落实整改的内容、资金、期限、下井人数、整改作业范围，并组织实施。整改结束后要按照本办法第十五条第一款的要求认真自检。

第八条　煤矿企业应当于每季度第一周将上季度重大隐患及排查整改情况向县级以上地方人民政府负责煤矿安全生产监督管理的部门、煤矿安全监察机构提交书面报告，报告应当经煤矿企业主要负责人签字。报告要包括产生重大隐患的原因、现状、危害程度分析、整改方案、安全措施和整改结果等内容。重要情况应当随时报告。

第九条　县级以上地方人民政府负责煤矿安全生产监督管理的部门、煤矿安全监察机构接到煤矿企业重大隐患整改报告后，对不符合要求和措施不完善的提出修改意见，并对煤矿重大隐患登记建档，指定专人负责跟踪监控，督促企业认真整改。

第三章　停产整顿

第十条　县级以上地方人民政府负责煤矿安全生产监督管理的部门、煤矿安全监察机构发现煤矿有下列情形之一的，责令停产整顿，并将情况在5日内报送有关地方人民政府：

(一) 超通风能力生产的；

(二) 高瓦斯矿井没有按规定建立瓦斯抽放系统，监测监控设施不完善、运转不正常的；

(三) 有瓦斯动力现象而没有采取防突措施的；

(四) 在建、改扩建矿井安全设施未经过煤矿安全监察机构竣工验收而擅自投产的，以及违反建设程序、未经核准（审批）或越权核准（审批）的；

(五) 逾期未提出办理煤矿安全生产许可证申请、申请未被受理或受理后经审核不予颁证的；

(六) 未建立健全安全生产隐患排查、治理制度，未定期排查和报告重大隐患，逾期未改正的；

（七）存在重大隐患，仍然进行生产的；

（八）未对井下作业人员进行安全生产教育和培训或者特种作业人员无证上岗，逾期未改正的。

第十一条 县级以上地方人民政府负责煤矿安全生产监督管理的部门、煤矿安全监察机构现场检查发现应当责令停产整顿的矿井，按照下列规定处理：

（一）下达停产整顿指令，明确整改内容和期限；

（二）依法实施经济处罚；

（三）告知相关部门暂扣采矿许可证、安全生产许可证、煤炭生产许可证、营业执照和矿长资格证、矿长安全资格证；

（四）告知公安部门控制火工品供应、供电单位限制供电；

（五）3日内将停产整顿矿井的决定报送县级以上地方人民政府，并在当地主要媒体公告停产整顿矿井名单。

第十二条 煤矿企业自接到有关部门下达的停产整顿指令之日起，必须立即停止生产。由煤矿主要负责人组织制定整改方案，查证照、查隐患、查安全管理、查劳动组织，确定整改项目、整改目标、整改时限、整改作业范围、从事整改的作业人员，落实整改责任人、资金，安全技术措施和应急预案。整改方案报县级以上人民政府负责煤矿安全生产监督管理的部门和煤矿安全监察机构备案。

停产整顿期间，煤矿要组织职工进行安全教育和培训。

第十三条 有关地方人民政府应当向被责令停产整顿的煤矿派出监督人员盯守；县级以上地方人民政府负责煤矿安全生产监督管理的部门应当组织巡回检查或者实行分片包干，督促指导煤矿按整改方案进行整改，严禁明停暗开、日停夜开、假整顿真生产等非法生产行为。

第十四条 各省、自治区、直辖市人民政府负责煤矿安全生产监督管理的部门应制定重大隐患整改验收标准。验收标准应当符合煤矿取得各种证照所规定的安全生产条件。

第十五条 煤矿整改项目完成后，煤矿企业应当按照重大隐患整改验收标准，由煤矿主要负责人组织自检。

煤矿企业自检合格后，可向县级以上地方人民政府负责煤矿安全生产监督管理的部门提出书面恢复生产的申请。申请报告应包括整改方案中内容、项目和自检结果，并由煤矿主要负责人签署验收意见。

第十六条 县级以上地方人民政府负责煤矿安全生产监督管理的部门收到煤矿企业恢复生产申请报告后，应当组织国土资源部门、煤矿安全监察机构、煤炭行业管理部门、工商管理部门、公安机关、供电单位等进行联合验收，并在60日内组织验收完毕。

验收合格的，由组织验收的地方人民政府负责煤矿安全生产监督管理部门的主要负责人签字，并经煤矿安全监察机构审核同意后，报请同级人民政府主要负责人签字批准。

验收不合格的，由负责组织验收的部门提请县级以上地方人民政府予以关闭。

第十七条 停产整顿的矿井验收合格经批准的，由验收组织部门通知颁发证照的部门发还证照，煤矿方可恢复生产。

煤矿恢复生产要制定恢复生产方案、职工培训方案和安全措施，由煤矿主要负责人组织实施。

第十八条 县级以上人民政府负责煤矿安全生产监督管理的部门、煤矿安全监察机构应在验收合格并发还证照之日起3日内，在公告停产整顿的同一媒体上进行公告。

第四章　关闭煤矿

第十九条　煤矿有下列情形之一的，负责煤矿有关证照颁发的部门应当责令该煤矿立即停止生产，提请县级以上地方人民政府予以关闭，并可以向上一级地方人民政府报告：

（一）无证或者证照不全非法开采的；

（二）以往关闭之后又擅自恢复生产的；

（三）经整顿仍然达不到安全生产标准、不能取得安全生产许可证的；

（四）责令停产整顿后擅自进行生产的；无视政府安全监管，拒不进行整顿或者停而不整、明停暗采的。

（五）3个月内2次或者2次以上发现有重大安全生产隐患，仍然进行生产的；

（六）停产整顿验收不合格的；

（七）煤矿1个月内3次或者3次以上未依照国家有关规定对井下作业人员进行安全生产教育和培训或者特种作业人员无证上岗的。

第二十条　有关地方人民政府接到提请关闭矿井的报告后，应在7日内作出关闭或者不予关闭的决定，并由其主要负责人签字存档。

第二十一条　对决定关闭的煤矿，由有关地方人民政府立即组织实施：

（一）吊销相关证照：有关颁发证照的部门应当立即依法吊销已颁发的采矿许可证、安全生产许可证、煤炭生产许可证、营业执照；有本办法第十九条第（一）至第（六）项所列情形之一的，同时吊销矿长资格证、矿长安全资格证；

（二）公安部门注销爆炸物品使用许可证和储存证，停止供应火工用品，收缴剩余火工用品；

（三）供电部门停止供电、拆除供电设备和线路；

（四）拆除矿井生产设备和通信设施；封闭、填实矿井井筒，平整井口场地，恢复地貌；

（五）煤矿企业妥善遣散从业人员，按规定解除劳动关系，发还职工工资，发放遣散费用。

第二十二条　有关地方人民政府关闭封井前，要制定关井方案和处置预案，做好政策宣传和引导工作，做好充分准备，保持社会的稳定。

第二十三条　县级以上地方人民政府负责煤矿安全生产监督管理的部门、煤矿安全监察机构对被关闭煤矿，应当自煤矿关闭之日起3日内在当地主要媒体公告。

第二十四条　乡镇和县级人民政府负责对关闭矿井的监督检查，组织人员定期巡查，防止已经实施关闭的煤矿非法生产。

第二十五条　决定关闭的煤矿，仍有开采价值的，经省级人民政府依法批准进行拍卖的，应当按照新建矿井依法办理有关手续。

第五章　联合执法

第二十六条　根据《紧急通知》的规定，煤矿整顿关闭工作在地方人民政府统一领导下，实行联合执法。要落实联合执法牵头部门，建立联合执法协调工作机制，明确各部门在煤矿停产整顿和关闭取缔工作中的职责。由地方人民政府或指定的牵头部门组织煤矿安全监管、煤炭行业管理、国土资源管理、煤矿安全监察、工商行政管理、公安、环保、电力等部门和单位，开展联合执法。要依靠地方各级纪检监察、司法等部门，做好煤矿整顿关闭工作。

第二十七条 建立协调会议制度。协调会议应确定联合执法的具体事宜和阶段性任务。协调会议每季度至少召开一次。

第二十八条 建立信息交流制度。各联合执法组成部门应及时通报行政执法情况及有关信息。各级地方人民政府负责煤矿安全生产监督管理的部门要制定年度、季度、月度监管执法计划，煤矿安全监察机构在地方煤矿安全生产监督管理部门执法计划的基础上制定重点、定期、专项监察执法计划，并报上一级煤矿安全监察机构备案。要定期交流信息，防止出现多头执法和执法空白。

第二十九条 县级以上地方人民政府负责煤矿安全生产监督管理的部门和煤矿安全监察机构要及时掌握煤矿整顿关闭工作动态，发现煤矿整顿关闭工作中出现的新情况、新问题，要及时向县级以上地方人民政府请示报告。

第六章 附则

第三十条 对煤矿企业、企业负责人、国家公务人员的违法、违规行为依据《特别规定》及相关法律法规进行处罚。

第三十一条 本办法自印发之日起施行。

关于印发《煤矿安全培训监督检查办法（试行）》的通知

安监总煤矿字［2005］135号

各省、自治区、直辖市及新疆建设兵团安全生产监督管理局、煤矿安全监管部门，各省级煤矿安全监察机构，神华集团公司、中国中煤能源集团公司：

为进一步落实煤矿安全生产教育和培训责任，建立健全煤矿安全生产教育和培训监督检查制度，根据《安全生产法》、《国务院关于预防煤矿生产安全事故的特别规定》（国务院令446号）等有关法律法规，国家安全生产监督管理总局、国家煤矿安全监察局制定了《煤矿安全培训监督检查办法（试行）》，现予印发，请遵照执行，并及时将执行过程遇到的问题反馈国家安全生产监督管理总局、国家煤矿安全监察局。

请各省（区、市）安全生产监督管理局负责将本通知转发到辖区内各产煤市（地）、县（市）、乡（镇）人民政府及煤矿企业。

二〇〇五年九月二十六日

煤矿安全培训监督检查办法（试行）

第一条　为了进一步落实煤矿安全生产教育和培训责任，建立健全煤矿安全生产教育和培训监督检查制度，依据《安全生产法》、《国务院关于预防煤矿生产安全事故的特别规定》等有关法律法规，制定本办法。

第二条　煤矿企业是安全生产教育和培训的责任主体。煤矿企业主要负责人（包括董事长、总经理、矿长）对安全生产教育和培训工作负主要责任。

第三条　煤矿企业必须按规定组织实施对全体从业人员的安全教育和培训，及时选送主要负责人、安全生产管理人员和特种作业人员到具备相应资质的煤矿安全培训机构参加培训。

第四条　煤矿矿长必须参加省级人民政府负责矿长资格证颁发的部门组织的培训，经考核合格后取得矿长资格证。

煤矿企业主要负责人、安全生产管理人员必须参加具备相应资质的煤矿安全培训机构组织的安全培训，经煤矿安全监察机构对其安全生产知识和管理能力考核合格，取得安全资格证。

煤矿矿长依法取得矿长安全资格证、矿长资格证后方可任职，未取得上述两证的不得任职。

第五条　煤矿瓦斯检查工、井下爆破工、安全检查工、主提升机操作工、井下电钳工、采煤机司机等特种作业人员，必须参加具备相应资质的煤矿安全培训机构组织的安全作业培训，经省级煤矿安全监察机构考核合格，取得特种作业操作资格证书，方可上岗作业。

第六条 煤矿企业应当对井下作业人员进行安全生产教育和培训，保证井下作业人员具有必要的安全生产法律法规和安全生产知识，熟悉有关安全生产规章制度和安全规程，掌握本岗位的安全操作规程；未经安全生产教育和培训合格的井下作业人员不得上岗作业。

井下作业人员安全教育和培训应当使从业人员掌握下列知识和技能：

（一）安全生产法律法规知识；

（二）矿井概况、工作环境及井下危险因素，所从事工种可能造成的职业健康伤害和伤亡事故，该工种的安全职责、操作技能及强制性标准；

（三）拒绝违章指挥和强令冒险作业，紧急情况下停止作业和撤离现场的责任、义务与权利；

（四）应急救援预案和发生瓦斯爆炸、水害、火灾、顶板等灾害的自救、互救方法与避灾路线；

（五）安全生产规章制度和劳动纪律；

（六）自救器等安全逃生装备和设施的使用与维护；

（七）入井需知、通风安全系统、报警系统和安全指示标志；

（八）瓦斯、一氧化碳等有害气体的性质、危害及瓦斯积聚的预防；

（九）其它相关的安全生产知识和技能。

第七条 国家安全生产监督管理总局对全国的煤矿安全生产教育与培训工作实施监督管理，负责一、二级煤矿安全培训机构资质的审批及监督管理工作。

第八条 国家煤矿安全监察局负责全国煤矿企业主要负责人、安全生产管理人员和特种作业人员的安全培训、考核和发证工作的监督检查。

负责制定煤矿企业主要负责人、安全生产管理人员和特种作业人员的安全培训大纲、考核标准，评选、推荐煤矿安全教育和培训教材，制发相关证件；负责组织实施中央管理的煤矿企业的总公司、集团公司的主要负责人和安全生产管理人员的安全资格培训、考核与发证工作。

第九条 省级煤矿安全监察机构负责辖区内三、四级煤矿安全培训机构资质的审批及监督管理工作；负责辖区内煤矿企业（含辖区内中央管理的煤矿企业的分公司、子公司及其所属煤矿）主要负责人、安全生产管理人员安全资格和特种作业人员操作资格的培训、考核与发证工作。未设立煤矿安全监察机构的省、自治区、直辖市，煤矿企业主要负责人、安全生产管理人员和特种作业人员的培训、考核和发证工作由省、自治区、直辖市安全生产监督管理部门负责。

第十条 省级人民政府负责煤矿矿长资格证颁发的部门负责对煤矿矿长资格的培训、考核和发证工作进行监督检查。

第十一条 负责颁发煤矿矿长资格证、矿长安全资格证和特种作业操作资格证的部门，应当向社会公开培训大纲、考核标准和推荐教材、考核具体操作程序或者管理办法；向社会公开具备资质的煤矿安全培训机构承训范围，制定并至少每半年向社会公布一次考核计划；在规定时限内，对考核合格的人员颁发相关的证件，对考核不合格的人员告知本人或者用人单位。

第十二条 煤矿企业必须建立健全从业人员安全生产教育和培训制度，制定并落实安全生产教育和培训计划，建立培训档案，详细、准确记录培训考核情况。

对煤矿从业人员的安全生产教育和培训由煤矿企业自行组织。不具备安全生产教育和培训条件的煤矿企业，应当与临近具备资质的煤矿安全培训机构或者大中型煤矿企业签订安全生产教育和培训协议，组织从业人员进行安全生产教育和培训。

第十三条　煤矿井下作业人员上岗前安全生产教育和培训的时间不得少于72学时，考试合格后，必须在有安全工作经验的职工带领下工作满4个月后经考核合格，方可独立工作。每年接受安全生产教育和培训的时间不得少于20学时。

第十四条　安全培训机构从事煤矿安全教育和培训活动，必须取得相应的资质证书，教师应当接受专门的培训，经考核合格后方可上岗执教。煤矿安全培训机构要严格按照统一大纲组织教学活动，并每半年向社会公布一次培训计划。

第十五条　煤矿企业应当建立健全从业人员安全教育和培训工作检查制度，每半年进行一次自查自纠活动，研究制定整改措施，责任落实到人。年终进行总结，表彰先进，改进提高。

第十六条　县级以上地方人民政府负责煤矿安全生产监督管理的部门，应当对井下作业人员的安全生产教育和培训情况进行监督检查。监督检查的主要内容，包括安全生产教育和培训制度、计划的制定、落实情况；教育和培训活动的记录、档案；煤矿职工安全手册发放等。

上述监督检查应当作为对煤矿安全实施日常性监督检查的重要内容之一。可采取抽查和定期检查的方式。

第十七条　煤矿安全监察机构应当对煤矿特种作业人员持证上岗情况进行监督检查。监督检查的主要内容，包括证件的合法性（颁证机关、印章、项目内容是否过期等）；人员、证件是否相符；在岗人员是否做到持证上岗等。

监督检查应当作为对煤矿安全实施重点监察、专项监察和定期监察的重要内容之一。每年开展一次对重点地区煤矿特种作业人员持证上岗情况的专项监察。

第十八条　负责颁发煤矿矿长资格证、矿长及安全管理人员安全资格证、特种作业操作证的部门，发现煤矿企业聘用未取得矿长资格证、矿长及安全管理人员安全资格证人员担任矿长从事生产或者安全管理工作、特种作业人员无证上岗的，依照有关法律、行政法规的规定实施行政处罚。

第十九条　煤矿企业未依法组织从业人员进行安全生产教育和培训的，依照有关法律、行政法规的规定实施行政处罚。

第二十条　负责颁发煤矿矿长资格证、矿长及安全管理人员安全资格证、特种作业操作资格证的部门的工作人员，玩忽职守、滥用职权、徇私舞弊，或者在监督检查中发现问题未按规定处理或者实施处罚的，依照有关法律、行政法规的规定进行处罚。

第二十一条　本办法自印发之日起施行。

关于加强煤矿水害防治工作的指导意见

安监总煤矿［2006］98号

各省、自治区、直辖市及新疆生产建设兵团安全生产监督管理局、煤矿安全监管部门，各省级煤矿安全监察机构，司法部直属煤矿管理局，神华集团公司、中煤能源集团公司：

去年以来，煤矿重特大水害事故多发。2005年全国煤矿共发生水害事故109起、死亡605人。其中发生一次死亡10人以上特大水害事故13起、死亡360人，同比分别上升160%、233.6%；分别占全国煤矿特大事故起数、死亡人数的22.4%和20.7%。今年1～4月份，全国煤矿发生水害事故24起、死亡108人。其中，发生3人以上水害事故12起、死亡90人。特别是今年4月份以来，山西省连续发生两起特大和特别重大透水事故：3月18日，吕梁市临县胜利煤焦有限公司樊家山井发生一起特大透水事故，死亡28人；5月18日，大同市左云县张家场乡新井煤矿又发生一起特别重大透水事故，初步核查井下被困矿工56人。

2005年以来发生的16起特大透水事故，属透老空水的有12起、死亡382人，分别占75%和83.8%；属断层突水的2起、死亡26人，分别占12.5%和5.7%；属溶洞突水的2起、死亡48人，分别占12.5%和10.5%。事故原因主要有：在矿井水文地质条件不清的情况下盲目开采；在水体下开采的防护措施不落实；超层越界开采，破坏防、隔水煤柱；现场人员水害防治知识匮乏，已有水患预兆而未采取措施；雨季“三防”工作不落实，特别是下雨期间井上下水情无监测、无应急措施等。

分析水害事故原因，反映出一些煤矿企业不重视矿井水文地质工作，水害防治工作管理滑坡；“三违”现象时有发生；一些地区煤矿水害防治监管监察制度不落实。为了有效遏制煤矿水害事故的发生，根据《安全生产法》、《国务院关于预防煤矿生产安全事故的特别规定》等法律、法规和《煤矿安全规程》等有关技术标准，现就加强煤矿水害防治工作提出以下指导意见：

一、提高对矿井水害防治工作重要性的认识

当前煤矿水害重特大事故多发，形势十分严峻。煤矿企业和各级煤矿安全生产监管部门、煤矿安全监察机构要充分认识做好煤矿水害防治工作的重要性和紧迫性，提高认识，加强领导，将水害防治监管监察工作摆上重要议事日程。认真分析研究本单位、本地区矿井水害防治的现状和加强此项工作的措施，有效遏制煤矿重特大水害事故的发生。

二、认真落实矿井水害防治责任制

煤矿企业法定代表人是矿井水害防治工作的第一责任人，要切实加强对水害防治工作的领

导；总工程师（技术负责人）对矿井水害防治负技术责任。水文地质条件复杂或水害隐患严重的煤矿企业应设立专门防治水机构，并根据煤矿企业实际情况，配备一定数量的专职水害防治技术人员。专职水害防治人员要具备地质类相关专业学历或经专业培训，熟悉地质与水文地质专业技术工作。

三、加强矿井水文地质基础工作

煤矿企业要认真编制矿区水害防治规划、年度水害防治计划和水害应急预案，并负责组织实施。保证水害防治的资金、工程、设备仪器落实到位。要采用适合本地区的物探、钻探、化探等先进的综合探测技术，查明矿井或采区水文地质条件；定期收集、调查核对本矿及相邻煤矿的废弃老窑情况，编制《矿井综合水文地质图》、《矿井充水性图》等基础图纸，建立健全矿区地下水动态观测网，为水害防治工作提供详实、可靠的技术依据。

四、建立健全矿井水害预测预报制度

煤矿企业应建立水害预测预报制度，对矿井生产区域的地质构造情况、水害类型等进行预测预报，提出预防处理水害的措施。水文地质条件复杂的矿井每月应定期开展水害隐患排查，其它矿井每季度至少开展一次水害隐患的排查。查出的水害隐患，要落实责任，采取切实可行的防治措施。水害防治工程应编制设计、施工方案及安全措施，工程结束后及时进行验收总结。

五、严格矿井防隔水煤柱的管理

井田内有与河流、湖泊、溶洞、强含水层等有水力联系的导水断层、裂隙（带）、导水陷落柱时，必须查清位置，并按规定留设防水煤（岩）柱。相邻矿井的分界处，必须留设防水煤柱。已破坏的防隔水煤柱必须重新建立，按照《煤矿安全规程》规定，严禁在防隔水煤柱中进行采掘活动。

六、加强断层水、底板承压水、溶洞水的超前治理

巷道过导水断层、裂隙（带）、陷落柱等构造地带时，必须探水前进。如果含水丰富，应超前预注浆封堵加固。井筒工程穿过强含水层时，必须进行预注浆封堵加固。受底板承压水威胁的矿井，要进行疏水降压，保证安全开采；无法保证安全开采时，必须进行底板加固注浆。受溶洞水威胁的矿井，必须坚持“有疑必探，先探后掘”的原则，落实防范措施后方可进行采掘活动。

七、严格控制水体下采煤

水体下采煤必须进行安全试采。试采前，要由具有资质的设计单位编制开采设计，报省级煤炭行业管理部门审批，并严格落实“三同时”的有关规定；试采时，要设立观测站，观测地表移动与变形，查明垮落带和导水裂隙带的高度以及水文地质条件的变化等情况；试采结束后，要提出试采报告，报原审批部门审查，进一步完善安全防范措施。未按有关规程进行安全试采的矿井一律不得进行生产。

八、建立完善的井下排水系统

矿井排水系统应按照《煤矿安全规程》的要求，配备与矿井涌水量相匹配的水仓、水泵、输

电线路等设施，确保矿井正常排水，并满足特殊情况下排水需要。涌水量大的矿井或水文地质条件复杂的矿井，井底车场或井下中央泵房应设置防水闸门等防水工程。

九、做好老空（窑）水的探放工作

老空（窑）水是煤矿的主要水害之一，必须高度重视老空（窑）水的探放工作。在探水前，分析查明老窑水的空间位置、积水量和水压；探放水时，要撤出探放水点部位受水害威胁区域的所有人员；探放水孔必须打中老空水体，并要监视放水全过程，直到老空水放完为止；探放水时，要认真检查瓦斯或其它有害气体，确保探放水安全进行。搞好防治矿井水害的培训教育。矿井有突水预兆时，应立即撤出井下所有人员。煤矿企业应配备齐全的探放水设备和专业队伍。

十、加强矿井的雨季“三防”工作

认真编制雨季“三防”工作计划和实施方案，成立雨季“三防”领导小组，组织抢险队伍，储备足够数量的抢险物资；雨季前，要对矿井排水设备和供电设施进行一次全面检修，清挖水仓、水沟和沉淀池，开展一次联合排水试验。煤矿位于地表河流、山洪部位、水库等附近，井口、工业广场要修筑堤坝、开挖沟渠等截流措施，防止地表水体倒灌矿井。地表水体、采煤塌陷区、煤系地层露头等部位有漏水现象时，要对漏水的水体基底进行防漏加固处理。

十一、严肃查处超层越界和非法开采行为

超层越界和非法开采是导致水害事故的重要原因之一。煤矿安全监管、监察部门要协同国土资源、行业管理部门定期组织开展联合执法活动，严肃查处煤矿超层越界和非法开采活动。督促煤矿企业绘制真实可靠的井上下采掘工程平面图，为煤矿水害防治和应急救援工作提供真实可靠的基础资料。煤矿企业每年应向有关部门提供真实的采掘工程平面图。对超层越界和非法开采的煤矿，地方各级政府应做出规定，依法实施关闭。

十二、加强煤矿水害防治监管工作

各级煤矿安全监管部门要认真履行对煤矿水害的日常监管工作，对辖区内重大水害隐患要登记建档，重点跟踪落实隐患整治情况，督促煤矿企业认真落实水害防治责任制。督促煤矿企业成立雨季“三防”领导机构、落实防汛物资、进行矿井联合排水试验。在雨季期间未落实水害防治措施的煤矿，要监督其停止生产，将井下人员全部撤到地面。凡煤矿企业没有配备地质或水文地质专业技术人员的，未按规定配备探放水设备和队伍的；水文地质条件复杂或水害隐患严重的企业，没有设立专门防治水机构的；防治水规划、年度计划资金和工程不落实的；没有建立水害隐患排查制度、制定水害防治应急预案的，要责令企业停产整改，限期整改不合格的，立即依法关闭。

十三、加强对煤矿水害的监察力度

各级煤矿安全监察机构对受老空水、底板奥灰水或溶洞水威胁的矿井和水体下采煤的矿井以及煤矿雨季“三防”工作等实施重点监察，对存在重大隐患的，责令停产整顿，凡整改不合格无法保障安全开采时，要移送地方政府依法予以关闭。对发生事故的矿井要认真查清水害发生的原

因，严肃追究事故责任，公布处理结果，吸取教训，接受社会舆论监督。

十四、加强水害应急救援工作

各主要产煤地区县级以上地方人民政府要完善水害应急预案，配备能够满足抢险救灾的各种排水设备和专业抢险队伍；大型煤矿企业也要完善水害应急预案，储备足够数量的抢险物资和设备，确保抢险救灾时能够及时到位，并发挥作用。

二〇〇六年五月二十五日

关于印发《生产安全重特大事故和重大未遂伤亡事故信息处置办法（试行）》的通知

安监总调度［2006］126号

各省、自治区、直辖市及新疆生产建设兵团安全生产监督管理局，各省级煤矿安全监察机构，有关直属事业单位：

《生产安全重特大事故和重大未遂伤亡事故信息处置办法（试行）》已经2006年6月6日总局局长办公会议审议通过，现予印发，自发布之日执行。

特此通知。

二〇〇六年七月二日

生产安全重特大事故和重大未遂伤亡事故信息处置办法（试行）

为适应全国安全生产新形势新情况的要求，建立快速反应、运行有序的信息处置工作机制，进一步规范安全生产监督管理、煤矿安全监察、应急救援，指导协调有关部门做好生产安全重特大事故和重大未遂伤亡事故的信息处置和现场督导工作，制定本办法。

一、重特大事故和重大未遂伤亡事故范围

（一）一次死亡30人以上（含30人，下同）特别重大事故；

（二）一次死亡10～29人特大事故；

（三）一次死亡3～9人重大事故；

（四）一次受伤10人以上（含10人，下同）的事故；

（五）重大未遂伤亡事故包括：

1. 涉险10人以上（含10人，下同）的事故；

2. 造成3人以上被困或下落不明的事故；

3. 紧急疏散人员500人以上（含500人，下同）和住院观察治疗20人以上（含20人，下同）的事故；

4. 对环境造成严重污染（人员密集场所、生活水源、农田、河流、水库、湖泊等）事故；

5. 危及重要场所和设施安全（电站、重要水利设施、核设施、危化品库、油气站和车站、码头、港口、机场及其他人员密集场所等）事故；

6. 危险化学品大量泄漏、大面积火灾（不含森林火灾）、大面积停电、建筑施工大面积坍塌，

大型水利设施、电力设施、海上石油钻井平台垮塌事故；

7. 轮船触礁、碰撞、搁浅，列车、地铁、城铁脱轨、碰撞、民航飞行重大故障和事故征候；

8. 涉外事故；

9. 其它重大未遂伤亡事故；

（六）新闻媒体、互联网披露和群众举报的重特大事故、重大未遂伤亡事故；

（七）社会影响重大的其它事故；

国务院有明确规定后，执行新规定。

二、重特大事故和重大未遂伤亡事故信息报送

（一）报送时限。

1. 省级安全生产监督管理部门、煤矿安全监察机构接到或查到事故信息后，要及时报送至国家安全生产监督管理总局（以下简称总局）调度统计司，可先报送事故概况，有新情况及时续报。

2. 总局接到一次死亡（或下落不明）10人以上特大事故、特别重大事故或社会影响严重的重大事故、重大未遂伤亡事故，要按规定报送中央办公厅、国务院办公厅。

（二）报送内容。

总局和国家煤矿安全监察局（以下简称煤矿安监局）有关司局、国家安全生产应急救援指挥中心（以下简称应急指挥中心）有关部门、省级安全生产监督管理部门和省级煤矿安全监察机构要按照不同行业和领域、不同事故类型，规定事故报告应包括的内容，做到信息规范化、科学化。

三、重特大事故和重大未遂伤亡事故信息的处置

（一）处置原则。

事故信息的处置按照“快速反应、规范运作、分工负责、协调配合、积极处置”的原则进行。总局、煤矿安监局有关司局、应急指挥中心有关部门，省级安全生产监督管理部门和省级煤矿安全监察机构要按照职责范围和业务分工落实工作职责。

（二）处置分工。

1. 总局办公厅：负责向总局领导报送事故信息，涉及煤矿事故同时报送煤矿安监局领导，传达总局领导关于事故抢救及核查工作的批示和意见；及时向中央办公厅、国务院办公厅报送事故信息。接收党中央、国务院领导同志的重要批示，迅速呈报总局领导阅批，并负责督办落实。

2. 总局政策法规司：按照总局有关规定，负责有关事故信息新闻发布；负责与中宣部、国务院新闻办及主要新闻媒体的联系，进行有关宣传报导工作；协助地方有关部门做好事故现场新闻发布工作。

3. 总局安全生产协调司（专员办）：按照总局有关规定，负责30天内连续发生3起（含3起）以上特大事故的省（自治区、直辖市）和发生1起以上特大事故的中央企业的通报工作。督促协调中央企业的事故信息处置和现场督导工作。

4. 总局调度统计司：负责事故信息的接报工作，及时跟踪事故抢救情况；起草有关事故抢救处理工作指导意见，并负责传达。负责编制《全国伤亡事故日报》。

5. 总局监督管理一司（海油安办）、监督管理二司、危险化学品安全监督管理司：按照业务分工和工作职责，负责有关行业和领域事故信息的跟踪了解和现场督导工作。

6. 煤矿安监局事故调查司：按照业务分工和工作职责，负责煤矿事故信息的跟踪了解和现场

督导工作。

7. 应急指挥中心有关部门：对煤矿、金属与非金属矿、危险化学品、烟花爆竹和其它工矿商贸企业的事故，商总局或煤矿安监局有关司组织相关人员参加应急救援，跟踪情况，及时提出意见和建议。了解掌握其他行业和领域相关事故的抢救情况。

8. 总局机关服务中心：负责事故信息处置过程中票务、交通等后勤保障工作。

9. 总局通信信息中心：负责互联网事故信息的搜集和发布工作。

10. 省级安全生产监督管理部门：负责本地区事故信息报告和处置工作及现场督导工作。

11. 省级煤矿安全监察机构：负责驻地（或辖区）煤矿事故信息报告、处置工作及现场督导工作。负责指导协助特大事故应急救援工作。

（三）重特大事故和重大未遂伤亡事故信息的处置。

1. 总局调度统计司接到或发现事故信息后，要及时调度事故基本情况，传送总局办公厅值班室、总局和煤矿安监局有关业务司局和应急指挥中心有关部门，并跟踪调度事故抢救进展情况。及时起草《特大生产安全事故报告》，传送总局办公厅值班室报送总局领导。重要情况及时报送总局领导。其中：

煤矿事故信息传送煤矿安监局事故调查司；

金属与非金属矿、石油、冶金、有色、建材、地质等行业事故信息传送总局监督管理一司（海油安办）；

军工、民爆、建筑、水利、电力、教育、邮政、电信、林业、机械、轻工、纺织、烟草、贸易、旅游、道路交通、水上交通、铁路交通、民航、消防、农机、渔业船舶等行业和领域事故信息传送总局监督管理二司；

危险化学品、化工（含石油化工）、医药、烟花爆竹等行业和领域事故信息传送总局危险化学品安全监督管理司；

涉及中央企业事故信息，在传送有关司局的同时传送总局安全生产协调司（专员办）；

事故信息同时传送应急指挥中心综合部和指挥协调部；

特大事故、性质严重、社会影响较大的重大事故和重大未遂伤亡事故，按照总局领导的要求，通知总局或煤矿安监局有关司局负责人和应急指挥中心负责人（副主任）到总局调度统计司调度室，研究抢救和处理工作。

2. 总局办公厅值班室接到事故信息后，及时报送总局主要领导和分管领导，涉及煤矿事故同时报送煤矿安监局领导，并及时将总局领导的批示和意见传送总局调度统计司和有关业务司局、煤矿安监局有关司、应急指挥中心有关部门。根据规定及时向中央办公厅、国务院办公厅报送事故信息。

3. 总局政策法规司接到事故信息后，做好有关事故信息的新闻发布和宣传报导工作。

4. 总局有关司局接到或查到事故信息后，要按照本专业事故跟踪内容及时跟踪事故情况，并及时报送总局主要领导和分管领导；协调、督促事故发生地区的地方安全监督管理部门、行业主管部门开展事故抢救和现场督导工作。情况不清楚的，要派人或督促有关地方安全生产监督管理部门赶赴现场查明情况后及时报告。

5. 煤矿安监局综合司和事故调查司接到或发现事故信息后，及时报送煤矿安监局领导。煤矿安监局有关司要及时跟踪了解事故情况，指导、协助事故抢救工作，督促驻地煤矿安全监察机构开展现场督导工作，报告事故抢救情况。情况不清楚的，要派人或督促驻地有关煤矿安全监察机构赶赴现场查明情况后及时报告。

6. 应急指挥中心有关部门接到事故信息后，要及时跟踪事故应急救援情况，根据需要，协调组织救援队伍、设备开展救援，或组织专家和有关人员赶赴现场。对煤矿、金属与非金属矿、危险化学品、烟花爆竹等工矿商贸企业事故要提出救援意见。

7. 省级安全生产监督管理部门接到或查到事故信息后，要及时向总局调度统计司报送事故信息，跟踪事故抢救进展情况并及时续报；派人赶赴事故现场，组织、指导事故抢救工作。

8. 省级煤矿安全监察机构接到或查到事故信息后，要及时向总局调度统计司报送事故信息，跟踪事故抢救进展情况并及时续报；派人赶赴事故现场，协助地方政府开展事故抢救工作。

9. 发生特别重大事故后，除执行上述条款外，总局调度统计司、办公厅或相关司局要立即报总局主要领导和分管领导，涉及煤矿事故同时报煤矿安监局领导。调度统计司要立即通知总局和煤矿安监局机关有关司局主要负责人、应急指挥中心副主任到总局调度统计司调度室，研究处置工作；办公厅要及时向中央办公厅、国务院办公厅报送事故信息。

省级安全生产监督管理部门、煤矿安全监察机构接到事故信息后，要立即报送总局调度统计司；主要领导和分管领导要立即组织研究处置工作，赶赴事故现场。

（四）举报事故信息处置。

总局和煤矿安监局机关司局、省级安全生产监督管理部门和省级煤矿安全监察机构接到事故举报后，要按照《关于进一步规范生产安全事故和事故隐患举报受理及处置工作的通知》（安监总办字［2005］154号）的规定，做好事故信息处置和调查核实工作。

1. 即时举报的重特大事故。

总局和煤矿安监局机关司局接到即时举报后，要及时与省级安全生产监督管理部门或煤矿安全监察机构联系，核实情况，提出处置意见。其中举报一次死亡30人以上事故信息传送总局办公厅值班室报总局主要领导和分管领导；举报一次死亡10～29人事故信息传送总局办公厅值班室报总局分管领导；有重大问题、重要情节的应及时报告总局主要领导和分管领导。

2. 事后（指事故抢救期已过）举报的重特大事故。

总局和煤矿安监局机关司局接到事后举报重特大事故信息后，要及时转送总局调度统计司。

调度统计司接到举报信息后，对一次死亡10人以上事故举报，起草《特大安全生产举报信息》，传送总局办公厅值班室报总局分管领导；对一次死亡3～9人事故举报，起草事故核查通知书，通知省级安全生产监督管理部门或煤矿安全监察机构组织调查核实；有重大问题、重要情节的，应及时传送总局办公厅值班室报总局主要领导和分管领导。

3. 省级安全生产监督管理部门、煤矿安全监察机构接到举报信息或总局核查通知书后，要组织调查核实，并在60日内向总局报告核查结果（有特殊要求的除外）。对于举报一次死亡10人以上及性质严重、社会影响重大的举报信息，主要领导要亲自组织研究，并及时派员进行调查核实。

4. 举报事故结果的处理。

举报事故一经调查核实，要按照有关规定对第一举报人予以奖励。瞒报事故要按照“四不放过”的原则，依法从重、从严进行查处。

四、重特大事故和重大未遂伤亡事故的现场督导

（一）特别重大事故的现场督导。

1. 发生一次死亡50人以上的特别重大事故，总局主要领导和分管领导率队，赶赴现场。

2. 发生一次死亡 30～49 人的特别重大事故，总局分管领导或主要领导率队，赶赴现场。

（二）煤矿重特大事故和重大未遂伤亡事故的督导。

1. 煤矿发生一次死亡（含被困或下落不明）20 人以上或一次死亡（含被困或下落不明）10～19 人有重大影响的事故，煤矿安监局分管领导或有关司派员赶赴现场。

2. 煤矿发生一次死亡（含被困或下落不明）3 人以上、一次受伤 10 人以上的事故，省级煤矿安全监察机构派员赶赴现场。

（三）金属与非金属矿、石油、冶金、有色、建材、地质重特大事故和重大未遂伤亡事故的督导。

1. 下列事故，总局监督管理一司派员赶赴现场：

金属与非金属矿发生一次死亡（含被困或下落不明）10 人以上、一次受伤 20 人以上的事故；

冶金、有色、建材、地质发生一次死亡 6 人以上、一次受伤 20 人以上和涉险 30 人以上的事故；

海上石油发生一次死亡 3 人以上及钻井平台垮塌事故；

石油、天然气井（含有毒气体）发生重大井喷失控事故。

2. 金属与非金属矿、石油、冶金、有色、建材、地质发生一次死亡 3 人以上、一次受伤 10 人以上、涉险 10 人以上和石油、天然气井（含有毒气体）重大井喷事故，省级安全生产监督管理部门派员赶赴现场。

（四）有关行业和领域重特大事故和重大未遂伤亡事故的督导。

1. 下列事故，总局监督管理二司派员赶赴现场：

军工、民爆、建筑、水利、电力、教育、邮政、电信、林业、机械、轻工、纺织、烟草、贸易等行业发生一次死亡 6 人以上、一次受伤 20 人以上和涉险 30 人以上的事故；

道路交通、水上交通、火灾发生一次死亡 20 人以上或一次死亡 10～19 人的典型特大事故和涉险 30 人以上的事故；

民航飞行发生空难事故；

列车、地铁、城铁重大碰撞事故；

建筑施工大面积坍塌、大面积停电，大型水利设施、电力设施及核设施事故。

2. 下列事故，省级安全生产监督管理部门派员赶赴现场：

军工、民爆、建筑、水利、电力、教育、邮政、电信、林业、机械、轻工、纺织、烟草、贸易等行业发生一次死亡 3 人以上、一次受伤 10 人以上和涉险 10 人以上的事故；

道路交通、水上交通、火灾发生一次死亡 8 人以上、一次受伤 10 人以上和涉险 10 人以上的事故；

严重飞行事故征候；

列车、地铁、城铁重大碰撞事故；

大面积火灾（不含森林火灾）、大面积停电、建筑物大面积坍塌，大型水利设施、电力设施及核设施事故；

危及重要场所和设施安全（电站、重要水利设施，核设施，车站、码头、港口、机场及其他人员密集场所等）事故。

（五）危险化学品、烟花爆竹重特大事故和重大未遂伤亡事故的督导。

1. 下列事故，总局危险化学品安全监督管理司派员赶赴现场：

一次死亡6人以上、一次受伤20人以上和涉险30人以上的危险化学品、烟花爆竹事故；

危险化学品大量泄漏、对环境造成严重污染的危险化学品事故；

紧急疏散人员1000人以上和住院观察治疗50人以上的危险化学品事故。

2. 下列事故，省级安全生产监督管理部门派员赶赴现场：

一次死亡3人以上的、一次受伤10人以上、涉险10人以上的烟花爆竹和危险化学品事故；

危险化学品大量泄漏、对环境造成严重污染的危险化学品事故；

紧急疏散人员500人以上和住院观察治疗20人以上的危险化学品事故。

（六）中央企业重特大事故和重大未遂伤亡事故的督导。

中央企业发生一次死亡6人以上和一次涉险10人以上的事故，由安全生产协调司（专员办）按总局领导的要求组织国家安全生产监察专员会同总局有关业务司、省级安全生产监督管理部门或省级煤矿安全监察机构派员赶赴现场。

（七）按照相关职责和联系地区，由安全生产协调司（专员办）组织国家安全生产监察专员参加相关地区重特大事故和重大未遂伤亡事故的现场督导工作。

（八）重特大事故和重大未遂伤亡事故现场救援。

煤矿、金属与非金属矿发生一次死亡（或被困）10人以上或影响重大的事故，危险化学品、烟花爆竹和其它工商贸企业发生一次死亡（或被困）6人以上或影响重大的事故，需要现场协调、指导救援工作的，应急指挥中心直接派员赶赴现场开展救援指导工作；有主管部门的行业和领域发生一次死亡（或被困）10人以上或影响重大的事故，必要时派员赶赴现场协助主管部门处置。

（九）党中央、国务院及总局领导批示和社会影响严重的重特大事故和重大未遂伤亡事故，总局和煤矿安监局有关司局、应急指挥中心有关部门及省级安全生产监督管理部门和省级煤矿安全监察机构派员赶赴现场。

五、重特大事故和重大未遂伤亡事故抢险和核查情况的公布

（一）总局、煤矿安监局、省级安全监督管理部门和省级煤矿安全监察机构对重特大典型事故要在情况基本查清后及时发出或联合有关部门发出事故通报。

（二）重特大事故和重大未遂伤亡事故抢险、核查情况，省级安全监督管理部门、省级煤矿安全监察机构要向总局报备（一式四份）；总局办公厅要将抢险、核查情况分送总局主要领导和分管领导以及有关司局，有关司局阅核后按规定存档。国务院领导批示的和重大典型事故由总局报国务院或国务院办公厅。

（三）重特大事故和重大未遂伤亡事故抢险、核查情况，要通过各种方式向社会公布。

省级安全生产监督管理部门、省级煤矿安全监察机构依照本办法，结合实际情况，制定本地区的重特大事故和重大未遂伤亡事故信息处置办法。

关于印发《国家安全生产监督管理总局法制宣传教育的第五个五年规划》的通知

安监总政法［2006］155号

各省、自治区、直辖市及新疆生产建设兵团安全生产监督管理局，各省级煤矿安全监察机构：

为做好安全生产“五五”普法工作，安全监管总局制定了《国家安全生产监督管理总局法制宣传教育的第五个五年规划》，现印发给你们，请结合实际，认真贯彻执行。

二〇〇六年八月一日

国家安全生产监督管理总局法制宣传教育的第五个五年规划

为全面、深入开展安全生产“五五”普法工作，普及安全生产法律知识，进一步提高安全监管监察人员依法行政水平和全民的安全生产意识，加强安全生产法制建设，根据《中共中央国务院转发〈中央宣传部、司法部关于在公民中开展法制宣传教育的第五个五年规划〉的通知》（中发［2006］7号）和全国人大常委会《关于加强法制宣传教育的决议》，结合安全生产工作实际，制定本规划。

一、指导思想

以邓小平理论和“三个代表”重要思想为指导，深入贯彻党的十六大和十六届三中、四中、五中全会精神，按照构建社会主义和谐社会和依法治国基本方略的要求，全面落实科学发展观，坚持“安全发展”指导原则，紧紧围绕安全生产监管监察工作，加强领导，突出重点，坚持宣传教育与法治实践相结合，深入开展安全生产法制宣传教育，依法治安，为实现安全生产稳定好转营造良好的法治环境。

二、基本目标

通过全面实施安全生产“五五”普法规划，深入开展安全生产相关法律、法规、规章、规程和标准的宣传教育，加快安全生产法制建设步伐，提升安全生产监管执法人员的法制观念和行政执法水平，增强各类生产经营单位和广大从业人员的安全生产法律意识，营造安全生产法制氛围，努力开创安全生产法制宣传教育和安全生产监管监察工作新局面，促进安全生产状况的稳定好转。

三、主要任务

1. 深入学习宣传宪法和依法治国基本方略。宪法是国家的根本大法，是治国安邦的总章程。

依法治国是落实科学发展观和构建社会主义和谐社会的基本要求。要深入学习宣传宪法和依法治国基本方略，提高各级领导干部的法制理论水平和依法决策、依法行政的能力，增强人民群众的权利义务观念和民主参与、民主监督的法律意识，保证国家关于安全生产大政方针和法律法规顺利贯彻落实。

2. 深入学习宣传安全生产法律法规。“五五”普法期间要反复深入学习宣传《安全生产法》、《矿山安全法》、《安全生产许可证条例》、《煤矿安全监察条例》、《国务院关于预防煤矿生产安全事故的特别规定》、《危险化学品安全管理条例》、《烟花爆竹安全管理条例》、《民用爆炸物品安全管理条例》、《建设工程安全生产管理条例》等法律、行政法规、总局发布的安全生产部门规章和地方性法规。

3. 深入学习宣传《行政许可法》、《行政处罚法》、《行政复议法》等行政法律。这是安全生产行政执法必须遵循的法律规范，也是维护行政相对人合法权益的法律规范。深入学习宣传有关行政法律，提高行政执法人员的法制观念，增强依法行政的自觉性；同时提高相对人的维权意识，促使安全生产行政执法人员严格依法办事。

4. 深入学习宣传《刑法》关于安全生产犯罪的有关规定。为了严厉打击安全生产刑事犯罪行为，2006年6月29日，第十届全国人大常委会第二十二次会议审议通过了《中华人民共和国刑法修正案（六）》，扩大了对安全生产违法犯罪行为的适用范围，提高了量刑幅度。各级安全监管部门和煤矿安全监察机构要充分发挥《刑法》对惩治安全生产犯罪的威慑作用，在安全生产专项整治和查处事故工作中，配合司法机关依法严惩安全生产刑事犯罪分子，加大法律制裁力度，重典治乱。

四、工作原则

1. 坚持围绕工作重点，服务安全生产全局的原则。安全生产“五五”普法工作要以《安全生产“十一五”规划》所确立的总体目标和主要任务为重点，紧密结合推进安全文化、安全法制、安全责任、安全科技、安全投入“五要素”建设，使安全生产法制宣传教育服务于安全生产工作全局。

2. 坚持从实际出发，讲求实效的原则。安全生产法制宣传教育必须从实际出发，按照各类生产经营单位的特点，针对企业管理人员和从业人员法律意识、法律知识的现实情况和存在问题，有的放矢，因人施教，避免形式主义，真正把安全生产法制宣传教育工作落到实处，取得实效。

3. 坚持法制宣传教育与依法治安相结合的原则。要认真做好安全生产法制宣传教育工作，寓学于教，寓教于治，以学促治，良性互动。

五、工作方式

1. 加快安全生产立法进程。完备的安全生产立法是做好法制宣传教育工作的重要前提和重要内容。“五五”普法期间国家要修订《矿山安全法》、《煤矿安全监察条例》和《危险化学品安全管理条例》，制定《事故报告和调查处理条例》和《生产安全事故应急救援条例》等法律、行政法规，并制（修）订大批安全生产行业标准。尚未制定安全生产地方性法规的地区，要加大地方安全生产立法工作力度，制定立法计划，尽快完善相关地方性法规、规章，将安全生产监管监察工作全面纳入法制轨道。

2. 加强安全生产法律法规的学习宣传和培训工作。各级安全监管部门和煤矿安全监察机构要加强领导，精心组织，总体推进。要坚持法律法规学习宣传进基层，加强对生产经营单位主要负责人、管理人员及其他从业人员的教育培训，将安全生产法律知识列为安全教育培训的必修内容。要坚持法律法规学习宣传进学校，培养学生的安全生产法制观念。要坚持法律法规学习宣传进社区，增强全民的安全生产法律意识，营造人人关注安全、关爱生命的社会氛围。

3. 充分运用各种宣传形式进行法制宣传教育。要利用广播、电视、报纸、杂志、网络等媒体，采取领导电视讲话、开办安全生产专版专栏、刊发专题文章、播放公益广告、组织知识竞赛、发放宣传资料等形式，大张旗鼓、有声有色地进行宣传教育。要定期召开新闻发布会，通报安全生产情况，曝光严重的安全生产违法行为，公布重大生产安全事故的调查处理情况。要坚持正确舆论导向，客观分析安全生产形势，宣传安全生产工作取得的成绩、积累的经验和典型事例，将公众的注意力引导到国家的大政方针和安全生产法律法规上来。

4. 继续搞好“全国安全生产月”和“安全生产万里行”等法制宣传教育活动。安全监管总局和中宣部、广电总局、中华全国总工会、共青团中央联合举办的“全国安全生产月”和“安全生产万里行”活动已经连续举办五年，在社会上形成了强大的宣传态势，使安全生产法律法规广为人知，使安全生产观念深入人心。要在总结以往活动经验的基础上进行创新，采取人民群众和广大从业人员喜闻乐见的形式，深入企业、深入基层进行宣传，打造一批像“全国安全生产月”和“安全生产万里行”那样的安全生产宣传教育品牌工程。

5. 做好重点对象的法制宣传教育工作。各级安全生产监管监察执法人员要带头学法、普法，大力学习宣传《安全生产法》、《矿山安全法》、《安全生产许可证条例》等安全生产专业性法律法规和《行政处罚法》、《行政许可法》、《行政复议法》等通用性法律法规，公正执法。安全生产法制宣传教育的重点对象是生产经营单位主要负责人、安全管理人员和生产一线的从业人员，特别是矿产资源开采、建筑施工、危险化学品生产和烟花爆竹生产等高危行业生产经营单位主要负责人、安全管理人员和从业人员。要特别重视农民工的安全生产知识和法律法规的宣传教育，使其掌握相关作业规程，强化对作业场所有害因素和危险源的识别，提高其自我保护能力，借助法律武器维护自己的合法权益。

六、工作步骤

安全生产“五五”普法工作从2006年开始实施，到2010年结束。共分三个阶段：

第一阶段：宣传发动阶段，自安全监管总局印发《关于全面开展安全生产“五五”普法工作的通知》和本规划下发至2006年8月底。各省级安全监管部门和省级煤矿安全监察机构，要根据本规划和地方政府普法办的要求，研究制定“五五”普法规划（或计划），进行动员部署，启动安全生产“五五”普法工作。

第二阶段：组织实施阶段，自2006年9月至2010年。各级安全监管部门和煤矿安全监察机构要根据本规划以及各地普法规划（或计划）确定的目标、任务和要求，结合本地的实际情况，加强领导，全面组织实施安全生产“五五”普法工作。

第三阶段：检查验收阶段，2010年。上级安全监管部门和煤矿安全监察机构要制定验收标准和办法，组织专门人员对下级安全监管部门和煤矿安全监察机构“五五”普法工作的情况进行检查验收，总结经验，树立典型、表彰先进。

七、组织领导

安全监管总局成立安全生产“五五”普法工作领导小组，由王显政同志任组长，办公厅、政策法规司、人事培训司、机关党委负责人为小组成员。领导小组的主要职责是：统一领导、部署安全监管监察系统“五五”普法工作，对各级安全监管部门和煤矿安全监察机构“五五”普法情况进行监督、检查和指导。领导小组办公室设在政策法规司，负责“五五”普法的日常工作。

各省级安全监管部门和煤矿安全监察机构也要成立由主管领导任组长的领导小组，并设立办公室承办日常工作，从组织机构上保障安全生产“五五”普法工作的顺利进行。

八、其他要求

1. 要高度重视安全生产“五五”普法工作，充实普法力量，保证普法经费，认真落实法制宣传教育工作。

2. 领导干部要带头学法用法，依法决策，依法行政，努力转变观念和监管方式。要利用开展安全生产“五五”普法工作的有利时机，查找安全生产监管执法工作中存在的问题，做到边学、边查、边改。

3. 各单位要结合本地实际情况制定安全生产“五五”普法规划（或计划），并于2006年9月10前报安全监管总局政策法规司。